Astronomischer Jahresbericht

Gegründet von Walter F. Wislicenus

Mit Unterstützung der Astronomischen Gesellschaft

herausgegeben vom

Astronomischen Rechen-Institut

in Heidelberg

49. Band

Die Literatur des Jahres 1949

Walter de Gruyter & Co.

vormals G. J. Göschen'sche Verlagshandlung — J. Guttentag, Verlagsbuchhandlung — Georg Reimer — Karl J. Trübner — Veit & Comp.

Berlin 1952

Archiv-Nr. 180152

Gedruckt mit Unterstützung der
Deutschen Forschungsgemeinschaft

Druck: G. Braun (vorm. G. Braunsche Hofbuchdruckerei und Verlag) G.m.b.H.
Karlsruhe in Baden

Printed in Germany

Auflage 500 — Mai 1952

Vorwort

Der vorliegende 49. Band des Astronomischen Jahresberichtes (AJB) enthält die Übersicht der astronomischen Literatur und ihrer Grenzgebiete aus dem Jahr 1949 sowie einige vereinzelte Nachträge aus den Jahren 1939—1948.

Die Gliederung des gesamten Stoffes ist identisch mit dem in AJB 48, 1948 erstmals zugrunde gelegten Inhaltsverzeichnis.

Die russische Literatur ist wiederum von Herrn Dr. W. Lohmann nach den in AJB **46** dargelegten Grundsätzen bearbeitet und besprochen worden, wobei nicht im Original vorliegende Arbeiten den Literaturanzeigern des Astronomischen Journals der Sowjetunion entnommen wurden.

Einige Besprechungen spanischer Arbeiten wurden uns dankenswerterweise von den Herren F. Armenter und J. M. Torroja zur Verfügung gestellt.

Für diejenigen Zeitschriften, die nicht direkt eingesehen werden konnten, wurde in der Übersicht der referierten Zeitschriften (Liste III und IV) die laufende Nummer der Zeitschrift mit einem Stern (*) versehen.

Die Schriftleitung des Astronomischen Jahresberichtes oblag Herrn Prof. K. Heinemann. An der Bearbeitung war Herr Dr. W. Lohmann beteiligt.

Den Autoren, Gesellschaften, Instituten und Sternwarten sei an dieser Stelle für die Zusendung ihrer Veröffentlichungen herzlichst gedankt. Ferner sei hier allen Förderern des AJB sowie allen Mitarbeitern, deren Namen in dem Verzeichnis auf Seite IV zusammengestellt sind, der verbindlichste Dank ausgesprochen. Insbesondere hat die Deutsche Forschungsgemeinschaft den Druck dieses Bandes durch einen Zuschuß ermöglicht.

Heidelberg, November 1951

Astronomisches Rechen-Institut

Verzeichnis der Mitarbeiter

Schriftleitung: K. Heinemann
unter Mitwirkung von W. Lohmann (Loh.)

U. Baehr, Heidelberg
S. Böhme, Heidelberg (Böh.)
A. Bohrmann, Heidelberg (Bo.)
Jr. Bouška, Prag — Tschechoslowakische Literatur (J. B.)
H. C. Freiesleben, Hamburg — Navigation (Fr.)
W. Gliese, Heidelberg
A. Güttler, München (Gü.)
H. Klauder, Heidelberg (Kdr.)
A. König, Heidelberg (Kö.)
A. Kopff, Heidelberg
T. Lederle, Heidelberg (T. L.)
G. R. Miczaika, Heidelberg (Micz.)
J. Ramberg, Stockholm (Ra.)
P. Sconzo, La Plata — Südamerikanische Literatur
W. Strobel, Heidelberg — Nachweis der Beobachtungen und Berechnungen Kleiner Planeten
G. Thiessen, Hamburg-Bergedorf (Thi.)
F. Zagar, Brera-Milano — Italienische Literatur (F. Z.)

Inhaltsverzeichnis

Fünfter Teil: Theoretische Astronomie

Sechster Teil: Theoretische Astrophysik

Siebenter Teil: Sonne

Achter Teil: Planeten und Monde

Neunter Teil: Kometen. Meteore. Meteorite. Zodiakallicht

Zehnter Teil: Sterne

Elfter Teil: Doppelsterne

Zwölfter Teil: Veränderliche Sterne. Novae

Dreizehnter Teil: Sternsysteme. Nebel. Interstellarer Raum

Vierzehnter Teil: Geodäsie. Nautik

Übersicht über die referierten Zeitschriften

Unter Zeitschriften sind nicht nur alle periodisch erscheinenden Schriften verstanden, sondern im weiteren Sinne auch alle zwanglos erscheinenden Veröffentlichungen von Sternwarten, Instituten und Gesellschaften.

Die durchgesehenen Zeitschriften sind in den folgenden Abschnitten III—IV zusammengestellt.

Einzelne Zeitschriftennummern, die nicht direkt eingesehen werden konnten, sind durch einen Stern (*) kenntlich gemacht.

Die im Astronomischen Jahresbericht angewandten Abkürzungen sind in den Abschnitten I—II gegeben.

Spezielle Abkürzungen in § **75** Kleine Planeten bzw. in § **112** Listen veränderlicher Sterne, Einzelbeobachtungen siehe S. 189—190 bzw. S. 326.

I. Allgemeine Abkürzungen

Abh.	Abhandlungen
Abstr.	Abstrakt, abstract
Acad.	Académie, Academy
Accad.	Accadémia
Akad.	Akademie
Ann.	Annalen, Annales, Annals
Astr.	Astronomie usw.
Astrophys.	Astrophysik usw.
Beob.	Beobachtungen
Ber.	Berichte
Bol.	Boletin
Bull.	Bulletin
bzw.	beziehungsweise
Circ.	Circular, Zirkular
Cl.	Classe
Commun.	Communications
Comun.	Comunicazioni
Contr.	Contributions usw.
Desgl.	Desgleichen
Diss.	Dissertation
Geod.	Geodäsie usw.
Ges.	Gesellschaft
Inst.	Institut usw.
J.	Journal
Kl.	Klasse
Math.	Mathematik usw.
Medd.	Meddelanden, Meddelelser
Mém.	Mémoires
Mem.	Memoirs, Memorie
Mitt.	Mitteilungen
Nachr.	Nachrichten
(NF)	Neue Folge
(NR)	Neue Reihe
(NS)	Neue Serie
Obs.	Observatorium
Oss.	Osservatorio, Osservazioni
Phil.	Philosophical
Phys.	Physik usw.
Proc.	Proceedings
Pubbl.	Pubblicazioni
Publ.	Publikationen, Publications
Rech.	Recherches
Ref.	Referat
Rend.	Rendiconti
Repr.	Reprint
Res.	Research
Rev.	Review, Revue
Ric.	Ricerche
Sci.	Science, scientific
Ser.	Serie, Series
Sér.	Série
Sitzber.	Sitzungsberichte
Soc.	Società, Société, Society
Sternw.	Sternwarte
Suppl.	Supplement
T.	Tidskrift, Tidsskrift, Tijdschrift
Trans.	Transactions
Univ.	Universität usw.
Veröff.	Veröffentlichungen
Vgl.	Vergleiche
VJS	Vierteljahrsschrift
Wetensch.	Wetenschappen
Wiss.	Wissenschaften
Z.	Zeitschrift

II. Abkürzungen von Zeitschriften

Die Nummern beziehen sich auf den ausführlichen Titel der Zeitschriften und Veröffentlichungen in Liste III S. X und Liste IV S. XVI.

	Nr.
AA(a), AA(b), AA(c)	6
AJ	46
AJB = Astronomischer Jahresbericht	
AJ UdSSR	45
AN	60
Ann d'Astrophys	9
ApJ	42
Ark Astr	11
Ark Mat Astr Fys	12
Astr Circ UdSSR	121
BA	22
BAA Circ	30
BAAH	Ref. 412
BAB	276
BAC	28
BAF	25
BAN	21
BIA	204
BSAF	13
Bull hor	23
CR	33
DAN	17
DOB	24
DOPPP	238
Gaz astr	36
Harv Ann	145
Harv Bull	147
Harv Card	150
Harv Circ	146
Harv Repr	148
JBAA	48
JJAG	50
JO	44
J RAS Canada	51
Kop Akt Medd	194
LOB	224
McDC	165
Mem BAA	57
Mem RAS	56
Mem SA It	55
MN	72
MN ASSA	70
MN Geophys Suppl	73
MPC	159
MWC	226
NAT	107
NAZ	65
NAZvM	64
Obs	74
PAT	106
Pop Astr	77
Publ AAS	85
Publ ASP	83
RH	94
TAB	266
UAI Circ	193
UC	185
Union Circ	185
Urania Barcelona	111
VS Bull	112
ZfA	115
ZfMG	120

AAVSO	vgl. 1102
Ref. AAS	vgl. 1103
Ref. AG	vgl. 1106
Ref. ASP	vgl. 1104

III. Zeitschriften und Veröffentlichungen von Gesellschaften

1. Astronomische **Abhandlungen**. Ergänzungshefte zu den Astronomischen Nachrichten. Akademie-Verlag, Berlin. — Band **12** Nr. 1.

2. **Abhandlungen** der Deutschen Akademie der Wissenschaften zu Berlin, Mathematisch-naturwissenschaftliche Klasse. — Jahrgang **1947** Nr. 8—9. Jahrgang **1948** Nr. 1—4. Jahrgang **1949** Nr. 1.

3. **Abhandlungen** (Utschonye Sapiski) der Shdanow-Staatsuniversität des Leninordens in Leningrad. Serie der mathematischen Wissenschaften. — Nr. **18** (Astronomie) = Nr. **116** der ganzen Reihe = Publ. Astr. Obs. Leningrad Tom **13**.
Nr. **20** (Astronomie) = Nr. **132** der ganzen Reihe = Publ. Astr. Obs. Leningrad Tom **14**.

4*. **Abhandlungen** (Utschonye Sapiski) der Franko-Staatsuniversität Lwow (Lemberg). — Tom **15**. Physikalisch-Mathematische Serie Nr. 4 (Astronomie).

5*. **Abhandlungen** (Utschonye Sapiski) der Lomonossow-Staatsuniversität des Leninordens in Moskau. — Nr. **113**.

6. **Acta** Astronomica. Krakau. — AA (a) Vol. **4** S. 141—194, Vol. **5** S. 1—18. AA(c) Vol. **4** S. 85—112.

7. **Annalen** der Physik. Johann Ambrosius Barth, Leipzig. — 6. Folge Band **4—6** = Band **439—441**.

8. **Annales** Françaises de Chronométrie. Besançon. — Année **19**, 2e Série, Tome **3** Trimestre 1—4.

9. **Annales** d'Astrophysique. — Tome **12** Nr. 1—4.

10. **Annales** de Physique. Masson et Cie, Editeurs, Paris. — Série 12 Tome **4** Nr. 1—12.

11. **Arkiv** för Astronomi. Utgivet av K. Svenska Vetenskapsakademien Stockholm. — Band **1** Häfte 1.

12. **Arkiv** för Matematik, Astronomi och Fysik. Stockholm. — Band **36** Häfte 3—4.

13. **L'Astronomie**. Revue Mensuelle d'Astronomie, de Météorologie et de Physique du Globe. Bulletin de la Société Astronomique de France. Paris. — **63**e année, Jan.—Déc. 1949.

14. **Astrophysica Norvegica**. Edited by the Institute of Theoretical Astrophysics, University of Oslo. — Vol. **5** Nr. 1.

15. Physikalische **Blätter**. Physik Verlag, Mosbach (Baden). — **5**. Jahrgang Heft 1—12.

16*. **Berichte** (Doklady) der Akademie der Wissenschaften der armenischen Sowjetrepublik. Erewan. — Tom **9** Nr. 4. Tom **10** Nr. 1—2.

17*. **Berichte** (Doklady) der Akademie der Wissenschaften der UdSSR. Moskau-Leningrad. — Tom **64** Nr. 1—6. Tom **65** Nr. 1—6. Tom **66** Nr. 1—6. Tom **67** Nr. 1—6. Tom **68** Nr. 1—6. Tom **69** Nr. 1—6.

18*. Bote (Westnik) der Leningrader Universität. — Tom **3** Nr. 11. Tom **4** Nr. 2, 4, 5, 8, 11.

19*. Bote (Westnik) der Akademie der Wissenschaften der UdSSR. Moskau-Leningrad. — Tom **19** Nr. 6, 9.

20*. Bote (Westnik) der Moskauer Universität. — Tom **4** Nr. 6, 8, 11.

21. Bulletin of the Astronomical Institutes of the Netherlands. Haarlem. — Vol. **10** Nr. 400. Vol. **11** Nr. 401—407.

22. Bulletin Astronomique. Publié par l'Observatoire de Paris. — Tome **13** Fasc. 4. Tome **14** Fasc. 1—4. Tome **15** Fasc. 1.

23. Bulletin horaire du Bureau International de l'Heure. Observatoire de Paris. 2me Série: Janvier—Juin, Juillet—Décembre 1949.
Série D: Janvier—Juin 1945. Janvier—Juin, Juillet—Décembre 1948. Janvier—Juin 1949.

24. Documentation des Observateurs. Institut d'Astrophysique de Paris. Bulletin. — **1949** Nr. 1—12.

25. Bulletin de l'Association Française d'Observateurs d'Etoiles Variables. Lyon. — Tome **8** fasc. 2.

26. Bulletin der Astronomisch-Geodätischen Gesellschaft der UdSSR. Verlag der Akademie der Wissenschaften der UdSSR. Moskau-Leningrad. — Nr. **5** (**12**), Nr. **6** (**13**)*, Nr. **7** (**14**).

27*. Bulletin der Kommission für Sonnenforschung. Verlag der Akademie der Wissenschaften der UdSSR. Moskau-Leningrad. — Nr. **1** (**15**), Nr. **2** (**16**), Nr. **3** (**17**), Nr. **4** (**18**).

28. Bulletin of the Astronomical Institutes of Czechoslovakia. National Observatory Praha. — Vol. **1** Nr. 5—10.

29. Ciel et Terre. Bulletin mensuel de la Société Belge d'Astronomie, de Météorologie et de Physique du Globe. Uccle-Brüssel. — Année **65** Nr. 1—12.

30. British Astronomical Association Circular. London. — Nr. 307—312.

31. Coelum. Periodico Bimestrale per la Divulgazione dell'Astronomia. Bologna. — Vol. **17** (von F. Zagar referiert).

32. Sterrekundig Colloquium van de Nederlandsche Astronomen-Club. Gravenhage. — Nr. 7—8.

33. Comptes Rendus hebdomadaires des Séances de l'Académie des Sciences. Paris. — Tome **228—229**.

34. Extraits d'Astronomie et de Géophysique du Centre National de la Recherche Scientifique. (Continuation de la Bibliographie Mensuelle de l'Astronomie). Paris. — Vol. **10** Nr. 1—12.

35. Forschungen und Fortschritte. Nachrichtenblatt der Deutschen Wissenschaft und Technik. Akademie-Verlag, Berlin. — Jahrgang **25** Heft 1—24.

36. Gazette astronomique. Bulletin de la Société d'Astronomie d'Anvers. — Année **31** Nr. 1—12. Gesamtnummer 349—360.

37. Glasnik. Societas Scientiarum Naturalium Croatica. Periodicum Mathematico-Physicum et Astronomicum. Zagreb. — Ser. (2) T. **4** Nr. 1—5.

38. Heelal. Tijdschrift der Vereniging voor Sterrenkunde, Meteorologie, Geophysica en aanverwante Wetenschappen. Antwerpen. — Jaargang **5** Afl. 1–6.

39. Hemel en Dampkring. J. B. Wolters, Groningen. — **47** (von A. Güttler referiert).

40. Die Himmelswelt. F. Dümmlers Verlag, Bonn. — Band **56** Lieferung 1—8, Gesamtnummer 607—614.

41. Journal of Geophysical Research. The Continuation of Terrestrial Magnetism and Atmospheric Electricity. The Johns Hopkins Press, Baltimore. — Vol. **54** No. 1—4.

42. The Astrophysical Journal. Chicago. — Vol. **109** Nr. 1—3. Vol. **110** Nr. 1—3.

43. Journal of the Institute of Navigation. London W 1. — Vol. **2** Nr. 1—4.

44. Journal des Observateurs. Publié avec le concours du Centre National de la Recherche Scientifique. Marseille. — Vol. **32** Nr. 1—12.

45. Astronomisches Journal. Akademie der Wissenschaften der UdSSR. Moskau-Leningrad. — Tom **26** Nr. 1—6.

46. The Astronomical Journal. Yale Univ. Office, New Haven. — Vol. **54** Nr. 4—8. Vol. **55** Nr. 1. Gesamtnummer 1176—1181.

47. Journal of Calendar Reform. Published by the World Calendar Association, Inc. New York. — Vol. **19** Quarter 1—4.

48. Journal of the British Astronomical Association. Oxford. — Vol. **59** Nr. 2—8. Vol. **60** Nr. 1.

49*. Journal of the Franklin Institute. Philadelphia.

50. Japanese Journal of Astronomy (Continuation of «Japanese Journal of Astronomy and Geophysics»). Tokyo. — Vol. **1** Nr. 1.

51. Journal of the Royal Astronomical Society of Canada. Toronto. — Vol. **42** Nr. 1, 5—6 (1948). Vol. **43** Nr. 1—6. Gesamtnummer 370, 374—381.

52. Journal of the Optical Society of America. Published for the Optical Society of America by American Institute of Physics. — Vol. **39** Nr. 1—12.

53. Astronomical Society of the Pacific, San Francisco, Cal. Leaflet. — Nr. 238—247, (248 nicht eingegangen), 249.

54. Memorias y Revista de la Academia Nacional de Ciencias (antigua Sociedad Científica Antonio Alzate) Mexico. — Tomo **56** (1945—49).

55. Memorie della Società Astronomica Italiana. Nuova Serie. Pavia. — Vol. **20** Nr. 1—4.

56. Memoirs of the Royal Astronomical Society. London.

57. Memoirs of the British Astronomical Association. Oxford.

58. Memoirs and Observations of the Czechoslovak Astronomical Society at Prague. — Nr. **10**.

59*. Meteoritika. Sammlung von Aufsätzen unter Redaktion von W. G. Fessenkow. Verlag der Akademie der Wissenschaften der UdSSR. Moskau-Leningrad. — Nr. **5**—**6**.

60. Astronomische Nachrichten. Im Auftrage der Deutschen Akademie der Wissenschaften zu Berlin. — Band **277** Heft 1—6. Band **278** Heft 1—2.

61. Nachrichten der Akademie der Wissenschaften in Göttingen. Mathematisch-Physikalische Klasse, Mathematisch-Physikalisch-Chemische Abteilung. — Jahrgang **1949** Nr. 1—4.

62*. Nachrichten (Iswestija) der Akademie der Wissenschaften der UdSSR. Abteilung für technische Wissenschaften. Moskau-Leningrad. — Nr. **9**.

63*. Nachrichten (Iswestija) der Akademie der Wissenschaften der UdSSR. Geographische und geophysikalische Serie. Moskau-Leningrad. — Tom **13** Nr. 3, 6.

64. Nachrichtenblatt der Astronomischen Zentralstelle. Vorläufige Mitteilung. Astronomisches Rechen-Institut, Heidelberg. — Nr. 57—81.

65. Nachrichtenblatt der Astronomischen Zentralstelle. Astronomisches Rechen-Institut, Heidelberg. — Jahrgang **3** Nr. 1—10.

65a. Name-List of Variable Stars. International Astronomical Union. Commission for Variable Stars of the Astronomical Council of the Academy of Science of the USSR and the Sternberg Astronomical Institute, Moscow. — Nr. **45**.

66. Nature. A Weekly Journal of Science. Macmillan and Co., London, The Macmillan Company, New York. — Vol. **163** Nr. 4131—4156. Vol. **164** Nr. 4157—4183.

67. Die Naturwissenschaften. Springer-Verlag, Berlin-Göttingen-Heidelberg. — **36**. Jahrgang Heft 1—12.

68. Navigation. Los Angeles, Cal. — Vol. **2** Nr. 1—4.

69*. Neuigkeiten (Nowosti) der Raketentechnik. Referatbulletin. UdSSR. — Nr. 1—2.

70. Monthly Notes of the Astronomical Society of South Africa. Cape Town. — Vol. **8** Nr. 1—11.

71. Occasional Notes. Royal Astronomical Society. London. — Vol. **2** Nr. 13.

72. Monthly Notices of the Royal Astronomical Society. London. — Vol. **109** Nr. 1—6.

73. Monthly Notices. Geophysical Supplement. London. — Vol. **5** Nr. 8—9.

74. The Observatory. Oxford. — Vol. **69** Nr. 848—853.

75. Optik. Siehe Nr. 118.

76. Orion. Zeitschrift der Schweizerischen Astronomischen Gesellschaft. Bulletin de la Société Astronomique de Suisse. Schaffhausen. — Band **2** Nr. 22—24. Band **3** Nr. 25.

77. Popular Astronomy. A Review of Astronomy and Allied Sciences. Northfield, Minn., Carleton College. — Vol. **57** Nr. 1—10.

78*. Priroda (Natur). Leningrad. — Tom **38** Nr. 1—12.

79. Proceedings of the Section of Science. Koninklijke Akademie von Wetenschappen te Amsterdam.

80. Proceedings of the Royal Society. Series A. Mathematical and Physical Sciences. London. — Vol. **195—200** Nr. 1043—1060.

81. The Proceedings of the Physical Society. Section A, Section B. London. — Vol. **62** Nr. 349—360.

82. Proceedings of the National Academy of Sciences of the United States of America. Washington. — Vol. **35** Nr. 1—12.

83. Publications of the Astronomical Society of the Pacific. San Francisco. — Vol. **61** Nr. 358—363.

84. Publications of the Astronomical Society of Japan. Tokyo. — Vol. 1 Nr. 1—3.

85. **Publications** of the American Astronomical Society. — Nachträge aus den Jahren 1939—1944: Vol. **9** Nr. 6 (1939). Vol. **10** Nr. 1 (1940), Nr. 4—6 (1942), Nr. 7 (1943), Nr. 8 (1944).

86*. **Publikationen** (Trudy) des zentralen Forschungsinstituts für Geodäsie, Luftbildaufnahme und Kartographie. Verlag für geodätische und kartographische Literatur. Moskau. — Nr. **43, 55, 63.**

87. The Physical **Review**. Series 2. Published for the American Physical Society by the American Institute of Physics. Lancaster, Pa. and New York. — Vol. **75** Nr. 1—12. Vol. **76** Nr. 1—12.

88. The **Review** of Scientific Instruments, New Series. Lancaster, Pa and New York. — Vol. **20** Nr. 1—12.

89. Hydrographic **Review**. (Erscheint auch als Revue Hydrographique). Monte Carlo, Monaco. — Vol. **26**, Mai- und Novemberheft.

90. Mathematical **Reviews**. Published by the American Mathematical Society. Lancaster, Pa. — Vol. **10** Nr. 1—11.

91. **Reviews** of Modern Physics. Published for the American Physical Society by the American Institute of Physics. Lancaster, Pa. and New York. — Vol. **21** Nr. 1—4.

92*. **Revista** Astronomica. Organo Trimestral de la Asociacion Argentina «Amigos de la Astronomia». Buenos Aires.

93. **Revue** d'Optique Théorique et Instrumentale. Paris. — Tome **28** Nr. 1—11.

94. **Říše hvězd**. Herausgegeben von der Tschechischen Astronomischen Gesellschaft in Prag. — **30** Nr. 1—10 (tschechisch, Inhalt auch in russischer und englischer Sprache) von J. Bouška, Prag, referiert.

95. Naturwissenschaftliche **Rundschau**. Wissenschaftliche Verlagsgesellschaft m. b. H., Stuttgart. — Jahrgang **2** Heft 1—12.

96*. **Scientia**. Revue de synthèse scientifique. Mailand.

97. **Service** de prévision ionosphérique marine.
Observations solaires en Juillet—Décembre 1948. SPIM— S **25—30**, Partie solaire.
Observations ionosphériques en Octobre 1948—Juin 1949. SPIM — O **28—36.**

98. **Sitzungsberichte** der Deutschen Akademie der Wissenschaften zu Berlin. Mathematisch-naturwissenschaftliche Klasse. Akademie-Verlag, Berlin. — Jahrgang **1948** Nr. 5—8. Jahrgang **1949** Nr. 1—6.

99. **Sitzungsberichte** der mathematisch-naturwissenschaftlichen Klasse der Bayerischen Akademie der Wissenschaften zu München. — Jahrgang **1947, 1948** (in AJB **48** referiert).

100. Österreichische Akademie der Wissenschaften. Mathematisch-naturwissenschaftliche Klasse. **Sitzungsberichte**, Abteilung IIa, Mathematik, Astronomie, Physik, Meteorologie und Technik, Wien. — Band **155** Heft 3—10 (1947). Band **156** Heft 1—10 (1948). Band **157** Heft 1—10.

101. **Sky** and Telescope. Harvard College Observatory, Cambridge, Mass. — Vol. **8** Nr. 3—12. Vol. **9** Nr. 1—2. Gesamtnummer 87—98.

102. **Southern Stars**. The Journal of the Royal Astronomical Society of New Zealand. — Vol. **14** Nr. 4—6 (Nr. 3 nicht eingegangen). Serial No. 98—100.

103. Die Sterne. Monatsschrift über alle Gebiete der Himmelskunde. Verlag Johann Ambrosius Barth, Leipzig. — **25**. Jahrgang Heft 1—12.

104. Sternenwelt. Populäre Zeitschrift für Astronomie und ihre Geschichte. München. Verlag S. Lux, Murnau (Obb.). — **1**. Jahrgang Heft 1—12.

105. The Strolling Astronomer. Association of Lunar and Planetary Observers. Albuquerque, New Mexico. — Vol. **3** Nr. 1—12.

106. Populär Astronomisk Tidskrift. Stockholm. — Årgång **30** Häfte 1—4.

107. Nordisk Astronomisk Tidsskrift. Kopenhagen. — **1949** Nr. 1—4.

108. Transactions of the International Astronomical Union.

109*. Die Umschau. Halbmonatsschrift für die Fortschritte in Wissenschaft und Technik. Frankfurt am Main.

110*. Universitas. Zeitschrift für Wissenschaft, Kunst und Literatur. Stuttgart.

111. Urania. Revista de Astronomia y Ciencias Afines. Organo Oficial de la Sociedad Astronómica de España y América y de la Unión Nacional de Astronomia y Ciencias Afines. Barcelona, Madrid. — Año **34** Nr. 220.

112. Veränderliche Sterne. Bulletin, herausgegeben vom Astronomischen Rat der Akademie der Wissenschaften der UdSSR. Moskau-Leningrad. — Tom **6** Nr. 6 (66). Tom **7** Nr. 1 (67), Nr. 2 (68), Nr. 3 (69).

113. Veröffentlichungen des Instituts für Erdmessung, Bamberg. — Nr. **1**, **4**, **6**, **8**, **9**.

114. Vierteljahrsschrift der Naturforschenden Gesellschaft Zürich. Verlag Gebr. Fretz AG., Zürich. — Jahrgang **94** Heft 1—4.

115. Zeitschrift für Astrophysik. Springer-Verlag, Berlin-Göttingen-Heidelberg. — Band **26** Heft 1—3.

116. Zeitschrift für Physik. Springer-Verlag, Berlin-Göttingen-Heidelberg. — Band **125** Heft Nr. 1—12. Band **126** Heft 1—12.

117. Deutsche Hydrographische Zeitschrift. Deutsches Hydrographisches Institut Hamburg. — Band **2** Heft 1—6.

118*. Zeitschrift für das gesamte Gebiet der wissenschaftlichen und angewandten Optik. Stuttgart.

119. Zeitschrift für Naturforschung. Verlag der Zeitschrift für Naturforschung, Tübingen. a: Astrophysik, Physik und physikalische Chemie. — Band **4a** Heft 1—9.

120. Zentralblatt für Mathematik und ihre Grenzgebiete. Springer-Verlag, Berlin-Göttingen-Heidelberg. — Band **30** Heft 1—10. Band **31** Heft 1—10. Band **32** Heft 1—2.

121. Astronomisches Zirkular. Herausgegeben vom Büro der Astronomischen Mitteilungen der Akademie der Wissenschaften der UdSSR. Kasan. — Nr. **82**—**93**.

IV. Veröffentlichungen von Sternwarten und Instituten

Abastumani

122. Bulletin des Astrophysikalischen Observatoriums Abastumani auf dem Kanobili.

Nr. **9**: T. G. Megrelischwili, Die Erforschung einiger physikalischer Eigenschaften hoher Atmosphärenschichten nach der Methode der Dämmerungselektrokolorimetrie. Ref. 7256.

10: N. L. Magalaschwili, Elektrokolorimetrie des Bedeckungsveränderlichen U Ophiuchi. Ref. 11125.

N. B. Kalandadse, Die Bestimmung der absoluten Größen schwacher Sterne später Spektraltypen (G und K) aus Objektivprismenspektren. Ref. 9709.

E. K. Charadse, Farbenindizes von 4488 Sternen in 18 Kapteynschen Eichfeldern in mittleren und hohen galaktischen Breiten. Ref. 9402.

A. W. Purzchwanidse, Über die Untersuchung der Lagrangeschen Gleichungen in der Methode der Bahnbestimmung aus drei Beobachtungen. Ref. 4512.

E. K. Charadse, Kurzer Tätigkeitsbericht des Astrophysikalischen Observatoriums Abastumani auf dem Kanobili für die Jahre 1943—1948. Ref. 1101.

Verzeichnis der Arbeiten und Autoren in den Bulletins Nr. 1—10 des Astrophysikalischen Observatoriums Abastumani. Ref. 709.

Amsterdam

123. Publications of the Astronomical Institute of the University of Amsterdam.

Nr. **9**: A. Pannekoek, D. Koelbloed, Photographic photometry of the southern Milky Way after negatives chiefly taken at the Bosscha Observatory at Lembang by Dr. J. G. E. G. Voûte. Ref. 12332.

Ann Arbor

124. Publications of the Observatory of the University of Michigan.

9 3: D. B. McLaughlin, The spectrum of Nova Persei 1901. Ref. 11327.

Arcetri

125. Osservazioni e Memorie dell'Osservatorio Astrofisico di Arcetri.

Nr. **65**: G. Abetti, Osservazioni di protuberanze e della cromosfera solare eseguite nel 1947. Vgl. AJB **48** Ref. 6636.

M. G. Fracastoro, G. Righini, Misure della diffusione atmosferica e della radiazione solare eseguite col fotocianometro di Arcetri. Vgl. AJB **48** Ref. 6507.

M. C. Ballario, Misure fotometriche dei brillamenti cromosferici in luce d'idrogeno. Vgl. AJB **48** Ref. 6604.

A. Colacevich, Sulla distribuzione delle macchie solari. Ref. 6308.

M. G. Fracastoro, Ulteriori misure di diffusione atmosferica e di radiazione solare. Ref. 6507.

G. Righini, La calibrazione della scala di King. Ref. 234.

M. C. Ballario, M. Hack, Ricerche spettrofotometriche su SZ Tauri. Ref. 11148.
G. Abetti, Osservazioni di protuberanze e della cromosfera solare eseguite nel 1948. Ref. 6644.
M. C. Ballario, A. Colacevich, Moto preferenziale di 454 stelle. Ref. 12345.

Armagh

126. Contributions from the Armagh Observatory.
Nr. 2: E. J. Öpik, Stellar models with variable composition. I. Models with a discontinuity of molecular weight. Ref. 5228.

Asiago

127. Contributi dell'Osservatorio Astrofisico dell'Università di Padova in Asiago.
Nr. 11: F. Zagar, Posizioni di tre nebulose planetarie. Ref. 12232.
12: G. Mannino, Posizioni del pianeta Plutone e delle comete Timmers (1946a), Giacobini-Zinner (1946c) dedotte da fotografie prese con il riflettore di 120 cm dell'Osservatorio Astrofisico di Asiago. Ref. 7816, 8151, 8122.
13: S. Taffara, Grandezze fotovisuali e fotografiche della Nova T Coronae Borealis determinate intorno all'epoca del massimo del 1946. Ref. 11321.

Bamberg

128. Kleine Veröffentlichungen der Remeis-Sternwarte.
Nr. 3: E. Zinner, Die griechischen Himmelsbeschreibungen. Schicksalsscheiben, Tolederbriefe und Horoskope. Literatur zu Zinner. Vgl. AJB 48 Ref. 1428, 1429.

Belgrad

129. Publications de l'Observatoire Astronomique de l'Université de Belgrade.
Nr. 3: Ephémérides de 106 des petites planètes pour l'an 1949. Ref. 7502.
130. Bulletin de l'Observatoire Astronomique de l'Université de Belgrade 4 Nr. 7—12, 5 Nr. 1—12, 14. (6—13 erscheinen später).

Berlin-Babelsberg

131. Veröffentlichungen der Universitätssternwarte zu Berlin-Babelsberg.
12 6: L. Courvoisier, Nachtrag zum Katalog von 1668 Reststernen. Reduktionen der Sternörter vom A_V auf den FK3 und Berichtigungen. Ref. 9107.

Berlin-Treptow

132. Mitteilungen der Archenhold-Sternwarte, Berlin-Treptow.
Nr. 10: D. Wattenberg, Tätigkeitsbericht für das Jahr 1948. Ref. 1101.
11: D. Wattenberg, Die Supernovae des Milchstraßensystems. Ref. 11342.
12: D. Wattenberg, Die Sichtbarkeit der Gestirne am Tage. Ref. 2059.

Bern

133. Veröffentlichungen des Astronomischen Instituts der Universität Bern.
Nr. 3: R. Kurth, Über Sternsysteme zeitlich oder räumlich veränderlicher Dichte. Ref. 4412.

Besançon

134. Annales de l'Observatoire de Besançon. Astronomie et Géophysique (Nouvelle Série).

4 2: M. Weimer-Chofardet, Etude du climat bisontin. Nicht referiert.
Goudey, Mendès, Varchon, Catalogue d'étoiles circompolaires observées à l'Observatoire de Besançon. Vgl. AJB **46** Ref. 7112.
V. Maître, Occultations d'étoiles par la lune. Vgl. AJB **46** Ref. 5443.
V. Maître, Observation de l'éclipse de soleil du 9 juillet 1945. Vgl. AJB **46** Ref. 4211.
V. Maître, Observations de petites planètes. Ref. 7549.
V. Maître, Occultations d'étoiles par la lune. Vgl. AJB **46** Ref. 5443.
V. Maître, Répartitions des magnitudes, couleurs et masses dans les amas globulaires d'étoiles. Vgl. AJB **48** Ref. 12113.
V. Maître, Observations méridiennes de planètes, effectuées à l'Observatoire de Besançon. Ref. 7401, 7701, 7801.

Bjurakan

135*. Mitteilungen (Soobschtschenija) des Observatoriums Bjurakan.

Nr. **2**: W. A. Ambarzumjan, B. E. Markarjan, Die Sterngesellschaft um P Cygni. Ref. 12304.
3: G. S. Badaljan, Die langperiodischen Cepheiden und die selektive Absorption im Raum. Ref. 11146.
4: G. A. Gursadjan, Über die Dynamik der Sternhaufen. Ref. 12117.

Bloomington

136. Publications of the Goethe Link Observatory of Indiana University.

Nr. **2**: L. H. Aller, C. W. Ufford, J. H. van Vleck, Multiplet intensities for the nebular lines $^4S—^2D$ of O II. Ref. 12202.

Bologna

137. Pubblicazioni dell'Osservatorio astronomico universitario di Bologna.

5 8: L. Rosino, P. Tempesti, Osservazioni fotografiche ed elementi di variabili poco note o peculiari. Ref. 11220.
9: L. Rosino, Ricerche sugli ammassi globulari. I. Distribuzione e variabilità delle stelle dell'ammasso M30 e valutazione della sua distanza. Ref. 12135.
10: L. Rosino, Ricerche sugli ammassi globulari. II. Sui periodi e curve di luce di 10 stelle variabili appartenenti all' ammasso globulare NGC 5053. Ref. 12136.

Bonn

138. Veröffentlichungen der Universitäts-Sternwarte zu Bonn.

Nr. **34**: J. Meurers, Natürliche und künstliche Sternfelder. Ref. 12005.
35: H. Schmidt, Untersuchungen über das lokale Sternsystem. Ref. 12340.
36: H. Strassl, Nomogramme zur Lösung astronomischer Aufgaben. Erste Folge. Ref. 132.

Bordeaux

139. Publications de l'Observatoire de Bordeaux. Nouvelle Série.

Nr. **7**: G. Rougier, Observations des phénomènes des satellites de Jupiter. Vgl. AJB **46** Ref. 5707.

P. Sémirot, Comète Whipple-Fedtke 1942 g. — Observations photographiques. Vgl. AJB **46** Ref. **6649**.
G. Rougier, P. Sémirot, Mesures d'étoiles doubles au micromètre à double image de Muller. Vgl. AJB **46** Ref. 8210.

Bruxelles

140. Université de Bruxelles. Institut d'Astronomie.
(2) Nr. **45**: F. J. Cox, Notice sur Paul Stroobant. Ref. **1011**.
46: J. Lefèvre, La variation des latitudes et le magnétisme terrestre. Ref. **13215a**.
46: G. de Nockere, Tables numériques des polynomes de Legendre $P_{n,0}$ (cos Θ) et des fonctions associées $P_{n,j}$ (cos Θ) ainsi que de leurs intégrales [P] jusqu'à n = 15 et j = 4, pour l'argument Θ (colatitude) variant de degré en degré. Ref. 126.
47: Vgl. AJB **48**.
48: J. F. Cox, F. H. van den Dungen, Sur l'analyse des déplacements du pôle instantané à la surface de la terre. Ref. **13206**.
49: M. Laurent, Table de la fonction elliptique de Dixon pour l'intervalle 0—0.1030. Ref. **13007**.
50: F. H. van den Dungen, J. F. Cox, J. van Mieghem, Sur les fluctuations de période annuelle de la rotation de la terre. Ref. **13105**.
51: M. Laurent, Sur les fluctuations de période annuelle de la rotation de la terre. Ref. **13113**.
52: E. Schatzman, Sur certains trajets évolutifs des étoiles. I. Remarques préliminaires. Ref. **5424**.
53: J. F. Cox, O. Goche, Sur la réalisation d'un miroir flottant. Ref. 2012.

Budapest-Szabadsághegy

141. Mitteilungen der Konkoly Sternwarte.
Nr. **21**: J. Balázs, L. Detre, Untersuchungen über die Perioden- und Lichtkurvenänderungen von kurzperiodischen δ Cephei-Sternen. V. RR Leonis. Ref. **11147**.
22: I. K. Csada, The differential rotation and the large-scale meridional motion of the stars. Ref. **5211**.

Cambridge, Engl.

142. Annals of the Solar Physics Observatory, Cambridge.
1: F. J. M. Stratton, The history of the Cambridge Observatories. Ref. **1205**.
143. Contributions from the Cambridge Observatories.
Nr. **2**: E. H. Linfoot, On the optics of the Schmidt camera. Ref. **2034**.
3: E. H. Linfoot, P. A. Wayman, On the aberrations of the field-flattened Schmidt camera. Ref. **2035**.
144. Report of the Observatories Syndicate for the year ending 1949, September 30. Ref. **1101**.

Cambridge, Mass.

145. Annals of Harvard College Observatory.
112 : A. J. Cannon, M. W. Mayall, The Annie J. Cannon Memorial Volume of the Henry Draper Extension. Ref. **9511**.
120 1: L. Larmore, Solar prominence distribution during 1942—1945. Ref. **6622**.

146. Harvard College Observatory Circular.

Nr. **453**: G. Münch, S. Chandrasekhar, The monochromatic coefficients of darkening for the main sequence stars. Ref. **5127**.

454: Z. Kopal, Detailed effects of limb darkening upon light and velocity curves of close binary systems. Ref. **11118**.

147. Harvard College Observatory Bulletin.

Nr. **919**: B. J. Bok, M. Olmsted, Colors of four faint Cepheids in Cygnus. Ref. **11149**.

H. Shapley, V. McKibben Nail, List of 105 new variables, with 35 new periods in the Large Magellanic Cloud. Ref. **11216**.

V. McKibben Nail, List of 103 new variable stars and 28 periods in the Small Magellanic Cloud. Ref. **11213**.

V. McKibben Nail, A long period Cepheid in the Large Magellanic Cloud. Ref. **11220**.

D. Hoffleit, A new RV Tauri star, BD $+20° 2337$ (HV 11092). Ref. **11222**.

M. W. Mayall, Recent variations of RR Telescopii. Ref. **11220**.

S. Gaposchkin, Minimum of ϱ Cassiopeiae. Ref. **11220**.

B. Bell, Four color photographic photometry of SS Cygni. Ref. **11220**.

S. Gaposchkin, The variable star AE Aquarii. Ref. **11220**.

V. McKibben Nail, Supernova in NGC 6946. Ref. **11347**.

S. Gaposchkin, The eclipsing system RZ Cancri. Ref. **11220**.

S. Gaposchkin, The eclipsing system DN Orionis. Ref. **11220**.

S. Gaposchkin, A new eclipsing variable (HD $193611 = +37° 3890 =$ HV 11091). Ref. **11222**.

S. Gaposchkin, The system of RY Persei in photographic light. Ref. **11220**.

H. Shapley, New magellanic type galaxy in Phoenix. Ref. **12412**.

I. King, Some new galactic clusters. Ref. **12121**.

148. Harvard Reprint.

Nr. **319**: F. L. Whipple, The Harvard photographic meteor program. Ref. **8249**.

320: H. Shapley, A half century of globular clusters. Ref. **12141**.

321: D. Hoffleit, The quest for stellar parallax. Ref. **9307**.

322: R. N. Thomas, Superthermic phenomena in stellar atmospheres. III. The chromospheric radiation field. Ref. **6635**.

323: E. van Dien, The Stark effect of the higher Balmer lines in stars of spectral types A and B. Ref. **5107**.

324: F. L. Whipple, J. L. Gossner, An upper limit to the electron density near the earth's orbit. Ref. **8410**.

325: Z. Kopal, Nonradial oscillations of the standard model. Ref. **5221**.

326: F. L. Whipple, The polar axis adjustment of photographic telescopes. Ref. **2061**.

327: L. Campbell, Variable star notes from the American Association of Variable Star Observers in 1949. Ref. **11204**.

328: M. E. Walther, Anomalous spectra of stars of class A. Ref. **9569**.

329: H. K. Sen, The radiative equilibrium of a spherical planetary nebula. Ref. **5310**.

330: D. H. Menzel, H. K. Sen, Transfer of radiation. Ref. **5122**.

331: B. J. Bok, M. Olmsted, B. D. Boutelle, The Milky Way at the junction of Gemini, Monoceros, and Orion. Ref. **12307**.

332: D. H. Menzel, D. Layzer, The physical principles of the quantum theory. Ref. 226/7.

149. Harvard Reprint Series II.
Nr. **30**: J. W. Evans, The birefringent filter. Ref. 2211.
31: L. G. Jacchia, Photographic meteor phenomena and theory. Ref. 8221.
32: L. G. Jacchia, Atmospheric density profile and gradients from early parts of photographic meteor trails. Ref. 7248.

150. Harvard College Observatory. Announcement Card 968—1053.

Canberra

151. Report of the Commonwealth Astronomer for the year 1948. Ref. 1101.

Cape

152. Second Cape Catalogue of Stars for the equinox of 1925.0. Ref. **9125**.

Cartuja

153. Boletin Mensual del Observatorio de Cartuja, Granada.
Observaciones astronómicas y sísmicas. Enero, Febrero y Marzo de 1947. Ref. **6359**.

Castel Gandolfo

154. Specola Astronomica Vaticana. Ricerche Astronomiche.
2 5: G. Stein, Francesco de Vico e i suoi contributi alle scienze astronomiche. Ref. **1049**.
6: J. de Kort, Astronomical appreciation of the Gregorian Calendar. Ref. 3308.

Catania

155. Osservatorio Astrofisico — Catania. Contributi Astrofisici.
Nr. **65**: L. Taffara, L'attività del Sole nell'anno 1947. Vgl. AJB **48** Ref. **6350**.
66: E. de Caro, P. Sconzo, Posizione della Nova Lacertae 1936 dedotta da osservazioni fotografiche. Ref. **11324**.
67: L. Taffara, L'attività del Sole nell'anno 1948. Ref. **6359**, **6644**.
68: E. de Caro, E. Fichera, La trasparenza dell'atmosfera in tre regioni dello spettro visibile ($\lambda_A = 452 \mu\mu$, $\lambda_V = 526 \mu\mu$, $\lambda_G = 537 \mu\mu$) da osservazioni fotografiche di stelle eseguite in Catania (serie estiva). Ref. 7271.

156. Osservatorio Astrofisico di Catania. Annuario 1950. Ref. 417.

Charlottesville

157. Publications of the Leander McCormick Observatory of the University of Virginia.
11 1: B. A. Mateer, The system of the McCormick spectral classification in the Yale zones. Vgl. AJB **48** Ref. **9520**.
2: K. G. Henize, Rapid variation of AE Aquarii. Ref. **11220**.
12 1: K. G. Henize, A systematic search for novae. Ref. **11303**.
2: F. K. Edmondson, A. N. Vyssotsky, E. M. Janssen, Luminosity distribution and proper motions of tenth-magnitude K stars. Ref. 12314.

Cincinnati

158. Minor planets for 1950. Opposition Ephemerides. Ref. **7503**.

159. Minor Planet Circulars. MPC Nr. 202—342. Ref. **7549**. (Beobachtungen von Kometen siehe auch AJB **50**).

Cluj

160. Publicaţiile Observatorului Astronomic din Cluj.
Nr. 1: J. Armeanca, Vorläufige Bestimmung der geographischen Länge der Universitäts-Sternwarte zu Cluj-Timişoara. Ref. 13201.
2: J. Armeanca, Untersuchungen der Schraube des Positionsmikrometers der Universitäts-Sternwarte zu Cluj-Timişoara. Ref. 2201.
3: J. Armeanca, Die Polhöhe von Timişoara nach Beobachtungen im 1. Vertikal. Ref. 13202.
4: G. Chiş, Détermination des coordonnées géographiques de l'Observatoire Astronomique de l'Université «V. Babeş» de Cluj. Ref. 13205.
5: G. Chiş, Observations de comètes faites à l'équatorial Prin (f = 300 cm, D = 20 cm) avec micromètre filaire de l'Observatoire de l'Université de Cluj. § 81.

Coimbra

161. Anais do Observatório Astronómico da Universidade de Coimbra. Primeira Secção.
10 1938: Fenómenos solares. Ref. 6359, 6644.

Cordoba

162. Observatorio de Cordoba, Tirada Aparte.
Nr. 29: R. Platzeck, A. Maiztegui, E. Gaviola, Determination of the instants of totality in solar eclipses. Ref. 3204.
30: R. Platzeck, A. Maiztegui, E. Gaviola, Non-focal methods for determining 2nd and 3rd contacts in total and center in annular solar eclipses. Ref. 3205.
31: J. Sahade, Spectrographic observations of the eclipsing variable RS Sagittarii. Ref. 11130.
32: J. Sahade, New spectrographic investigations of the eclipsing star XZ Sagittarii. Ref. 11131.
33: J. Sahade, The spectrum of AR Pavonis. Ref. 11132.
34: E. Gaviola, On seeing, fine structure of stellar images, and inversion layer spectra. Ref. 2022.
35: J. Bobone, Photographic observations of asteroids and comets. Ref. 7549, § 81.

Edinburgh

163. Publications of the Royal Observatory, Edinburgh.
1 1: E. A. Baker, The variables in the selected areas at 75° and 60° north declination. I. Instrumental. Ref. 2202.
2: E. A. Baker, Spectrophotometric measurements of early type stars. 1. Methods of observation and results for Oe5 stars. Ref. 9505.
3: E. A. Baker, R. W. Wrigley, The variables in the selected areas at 75° and 60° north declination. 2. Working methods and results for areas 5—7. Ref. 11202.

164. Communication from the Royal Observatory, Edinburgh.
Nr. 1: M. A. Ellison, Characteristic properties of chromospheric flares. Ref. 6611.

Fort Davis

165. Contributions from the McDonald Observatory, University of Texas.
Nr. 158: O. Struve, M. Rudkjöbing, Stellar spectra with emission lines in the obscuring clouds of Ophiuchus and Scorpius. Ref. 9565.

159: J. L. Greenstein, Analysis of the metallic-line stars. II. Ref. **9517**.
160: W. A. Hiltner, B. Smith, O. Struve, Spectrographic observations of TW Andromedae. Ref. **11113**.
161: G. P. Kuiper, Survey of planetary atmospheres. Ref. **7010**.
162: J. L. Greenstein, W. A. Hiltner, Spectrophotometry of the F stars Alpha Canis Minoris and Alpha Persei. III. Ref. **9518**.
163: P. Swings, M. Nicolet, Comparison of the Na and N_2^+ flashes at twilight and dawn. Ref. 72155.
164: O. Struve, A. van Hoof, The radial velocity of XZ Cygni. Ref. **11173**.
165: O. Struve, Spectrographic observations of the eclipsing variable SW Lacertae. Ref. 11135.
166: G. P. Kuiper, The law of planetary and satellite distances. Ref. **7013**.
167: W. P. Bidelman, Displaced absorption lines in the spectrum of Upsilon Sagittarii. Ref. **9509**.
168: W. A. Hiltner, On the presence of polarization in the continuous radiation of stars. II. Ref. **9522**.
169: B. Smith, Spectroscopic observations of TW Draconis. Ref. **11220**.
170: W. A. Hiltner, An ultraviolet light-curve of V **444** Cygni. Ref. **11114**.
171: A. B. Underhill, A photometric study of the spectrum of Pleione. Ref. **9568**.
172: O. Struve, W. J. Luyten, The spectroscopic binary VV Orionis (HD 36695). Ref. **10213**.
173: G. H. Herbig, Spectroscopic observations of the short-period variable AI Velorum. Ref. **11158**.
174: G. H. Herbig, The spectrum of R Coronae Borealis at the 1948—1949 minimum. Ref. 11189.
175: P. Swings, P. D. Jose, The spectrum of nova DQ Herculis (1934) in 1947 and 1949. Ref. **11323**.
176: P. D. Jose, P. Swings, The spectrum of comet 1948 l. Vgl. AJB **50**.
177: A. Unsöld, O. Struve, Curves of growth and line contours. Ref. **5144**.
178: O. Struve, H. G. Horak, The spectroscopic binary AO Cassiopeiae. Ref. **11136**.
179: G. P. Kuiper, The diameter of Neptune. Ref. **7812**.
180: W. A. Hiltner, R. H. Hardie, The spectrum of RW Tauri. Ref. 11115.

Freiburg i. B.

166. Veröffentlichungen des Fraunhofer-Instituts Freiburg i. B.
Sonnen-Zirkular für den Monat Januar 1949—Juni 1949. Ref. **6359**, **6644**.

Gent

167. Universiteit te Gent. Sterrenkundig Instituut.
Nr. **13**: P. Dingens, Kinematical criterion of tilt and direction of rotation in spiral nebulae. Ref. **4406**.
14: P. Dingens, Uniform motion along spiral orbits in stellar systems. Ref. 4407.

Göttingen

168. Veröffentlichungen der Universitäts-Sternwarte zu Göttingen.
Nr. **91**: S. Günther, Über das Spektrum-Helligkeitsdiagramm der hellen Plejadensterne. Ref. **12116**.

92: P. ten Bruggencate, H. Gollnow, S. Günther, W. Strohmeier, Die Mitte-Rand-Variation der Balmerlinien Hα—Hδ auf der Sonnenscheibe. Ref. **6407**.
93: H. Haffner, Die Bestimmung von integralen UV-Helligkeiten mit Refraktoren. Ref. **2408**.
94: F. W. Jäger, Messung von Gesamtabsorptionen schwacher Fraunhofer-Linien nach der Methode der effektiven Linienbreiten. Ref. 2411.

Groningen

169. Publications of the Kapteyn Astronomical Laboratory at Groningen.
Nr. **53**: P. J. van Rhijn, On the distribution of interstellar grains. Ref. 12521.

Hamburg-Bergedorf

170. Mitteilungen der Hamburger Sternwarte in Bergedorf.
8 64: W. Becker, Der physische Lichtwechsel der Planeten Saturn und Uranus. Ref. **7704**.
65: W. Becker, V. Osvalds, Kolorimetrische Untersuchungen an offenen Sternhaufen in den Standard-Spektralbereichen der Integralphotometrie. NGC 6823. Ref. **12104**.
66: W. Becker, J. Stock, Kolorimetrische Untersuchungen an offenen Sternhaufen in den Standard-Spektralbereichen der Integralphotometrie. NGC 6910. Ref. **12105**.
67: Vgl. AJB **50**.
68: W. Fricke, Über den Beitrag der Sterne hoher Geschwindigkeit zur Kinematik des Sternsystems. Ref. **12348**.
69: W. Fricke, Die Rotationsgeschwindigkeit der Milchstraße in Sonnennähe. Ref. **12349**.
21 208: G. Thiessen, Visuelle Untersuchung des allgemeinen Magnetfeldes des Sonne. Ref. **6113**.
209: L. Biermann, K. Lübeck, Wellenfunktionen und Oszillatorenstärken im Grenzkontinuum der Spektren von Mg II und Si II. Ref. **204**.
210: W. Lehmann, Die Berechnung des Dissoziationsgleichgewichts eines Gemisches der zweiatomigen Verbindungen H_2, C_2, N_2, CH, NH, CN bei vergleichbaren Häufigkeiten der Elemente H, N und C. Ref. **223**.

171. Jahresbericht der Hamburger Sternwarte in Bergedorf für die Jahre 1943—1947. Ref. **1101**.

Haute Provence

172. Publications de l'Observatoire de Haute-Provence.
(A) Nr. **18**: Vgl. AJB **50**.
19: D. Barbier, Recherches sur les nébuleuses. III. Le spectre continu de la nébuleuse d'Orion dans la région des grandes longueurs d'onde. Ref. **12207**.
20: M. Dufay, Recherches sur l'émission des bandes négatives de l'azote au crépuscule. Ref. **72134**.
21: J. Dufay, Tcheng Mao-Lin, Recherches sur les spectres des éclairs. Première partie. Étude des spectres, de 3830 à 6570 Å, au moyen de spectrographes à fente. Ref. **72135**.
22: C. Fehrenbach, G. Courtès, R. Mévolhon, Le spectre des comètes Bester 1947k et Honda Bernasconi 1948g. Ref. **8162**, **8166**.
23: J. Dufay, Spectre du ciel nocturne dans le proche infrarouge. Ref. 72101.

24: Tcheng Mao-Lin, Le spectre de Z Andromedae. Ref. **111108**.
25: Vgl. AJB **50**.
26: J. Dufay, Recherches sur les spectres des éclairs. Deuxième partie. Étude du spectre dans les régions violette et ultraviolette. Ref. **72136**.

173. Publications de l'Observatoire de Haute-Provence.
(B) Nr. **20**: J. Dufay, Tcheng Mao-Lin, Spectres des éclairs, de 3830 à 6570 Å. Ref. **72137**.
21: R. Grandmontagne, C. Delestrade, Variations de la couleur du ciel nocturne de mars 1947 à mai 1948. Ref. **72103**.
22: J. Dufay, Raies permises des atomes neutres d'oxygène et d'azote dans les spectres des aurores. Ref. **72121**.
23: J. Dufay, Le problème de l'absorption neutre dans l'espace interstellaire. Ref. **12508**.
24: Tcheng Mao-Lin, Le spectre de l'étoile Z Andromedae. Ref. **111109**.
25: C. Fehrenbach, Sur le spectre de nova Scuti 1949. Ref. **11335**.
26: R. Bouigue, C. Fehrenbach, Sur le spectre des étoiles carbonées. Ref. **9510**.
27: Tcheng Mao-Lin; Le spectre de χ Cygni. Ref. **111110**.

Heidelberg

174. Astronomisch-Geodätisches Jahrbuch für 1950. Ref. **403**.

175. Astronomische Grundlagen für den Kalender 1950. Ref. **411a**.

176. Veröffentlichungen des Astronomischen Rechen-Instituts zu Heidelberg.
Nr. **1**: W. Strobel, Elemente und Grundlagen der Kleinen Planeten. Ref. **7535**.

177. Mitteilungen des Astronomischen Rechen-Instituts in Heidelberg.
T. Lederle, Berechnung der Bahn des Planeten 1036 Ganymed nach der Cowellschen Methode der Integration gestörter rechtwinkliger Koordinaten. Ref. **7519**.

178. Veröffentlichungen der Badischen Landessternwarte Heidelberg (Königstuhl).
15 10: H. F. A. Tschunko, Ein neues astronomisches Fernrohr. Ref. **2129**.

179. Mitteilungen der Badischen Landessternwarte Heidelberg (Königstuhl).
Nr. **62**: G. R. Miczaika, Das Spektrum von 15f Ursae Majoris. Ref. **9551**.
63—65: Vgl. AJB **48**.
66: G. R. Miczaika, Über die Absorptionslinien im Spektrum von β Cephei. Ref. **9546**.
67: G. R. Miczaika, Spektrographische Beobachtungen von Be- und Ae-Sternen. Ref. **9547**.
68: U. Becker, Ein Leuchtkraftkriterium für F-Sterne. Ref. **9702**.
69: W. Lohmann, Visuelle Beobachtungen der Nova Serpentis 1948. Ref. **11336**.
70: G. R. Miczaika, Über die Spektren einiger schnellbewegter Sterne frühen Typs. Ref. **9550**.
71: G. R. Miczaika, Spektrographische Beobachtungen von Be- und Ae-Sternen. II. Ref. **9548**.
72: A. König, Ein neues Verfahren zur Ableitung von Planetenörtern aus photographischen Himmelsaufnahmen im Anschluß an zwei Anhaltssterne. Ref. **2414**.
73: S. Böhme, Nachweis von Zeitschwankungen an den Quarzuhren der Physikalisch-Technischen Reichsanstalt 1934—45. Ref. **2303**.
74: H. F. A. Tschunko, Theoretische Photometrie des Erdmondes. Ref. **7324**.

Helsinki

180. Veröffentlichungen des Astronomischen Observatoriums Helsinki.

G. Järnefelt, A plane geometry with a finite number of elements. Nicht referiert.

G. Järnefelt, Om sambandet mellan de axiomatiska grunderna för Einsteins relativitetsteori och arten av relativitetsteorins astronomiska tillämpningar. Ref. 4126.

G. Järnefelt, H. A. Alikoski, P. Kustaanheimo, Photometry of a part of the solar corona during the total eclipse on 9th July 1945. Ref. 6204.

P. Kustaanheimo, Über die Vollständigkeit der Axiomensysteme mit einem endlichen Individuenbereich. Nicht referiert.

J. Tuominen, On the appearance of vortex movements in the sun. Ref. 6114.

Hyderabad

181. Nizamiah Observatory. Reprint.

Nr. 6: Faint stars with proper motions exceeding 0ʺ15 per annum in Hyderabad Astrographic Zones, list VI. Ref. 9213.

7: Occultations of stars by the moon observed at the Nizamiah Observatory, Hyderabad, during the year 1947. Ref. 7354.

8: Occultations of stars by the moon observed at the Nizamiah Observatory, Hyderabad, during the year 1948. Ref. 7354.

Istanbul

182. Publications of the Istanbul University Observatory.

Nr. 35: W. Gleissberg, On the difference between Zürich and American sunspot numbers. Ref. 6316.

36: W. Gleissberg, Formeln zur Sonnenfleckenprognose. Ref. 6317.

183. Observations des taches solaires en 1948. Ref. 6359.

Jena

184. Mitteilungen der Universitäts-Sternwarte zu Jena.

Nr. 11/2: H. Lambrecht, Über die Bewegungsverhältnisse des interstellaren Gases. Ref. 5306.

11/3: W. Kühn, Über den inneren Aufbau eines mit konstanter Winkelgeschwindigkeit rotierenden polytropen Sterns. Ref. 5222.

12/1: H. Lambrecht, Zur Theorie der kosmischen Kurzwellenstrahlung. Ref. 12606.

Johannesburg

185. Union Observatory. Circular.

Nr. 108: W. H. van den Bos, J. A. Bruwer, Occultations of stars by the moon, 1948. Ref. 7354.

E. L. Johnson, Approximate positions of minor planets, 1948. Ref. 7549.

E. L. Johnson, Photographic observations of minor planets, 1948. Ref. 7549.

W. P. Hirst, Preliminary orbits of new minor planets, 1948. Ref. 7549.

E. L. Johnson, Photographic observations of comets, 1948. § 81.

W. H. van den Bos, Orbits of double stars. Ref. 10128.

W. H. van den Bos, Measures of double stars, 28th series. Ref. 10123.

Kalocsa

186. Publications of the Haynald Observatory.
Nr. 17: J. Fényi, M. Tibor, Maps of the solar prominences observed by Fr. J. Fényi in the course of the years 1896—1902. Ref. 6613.

Kasan

187. Mitteilungen (Iswestija) des Astronomischen Engelhardt-Observatoriums der Lenin-Staatsuniversität Kasan.
Nr. 24: Igor Wladimirowitsch Belkowitsch. Ref. 1001.
I. W. Belkowitsch, Die physische Libration des Mondes. Ref. 7307.
25: D. J. Martynow, Untersuchung der periodischen Ungleichheiten in den Epochen der Minima der Bedeckungsveränderlichen. Ref. 11126.

Kiel

188. Sonderdruck der Sternwarte Kiel.
A. Unsöld, Origin of the radio frequency emission and cosmic radiation in the milky way. Ref. 12616.
A. Unsöld, Über den Ursprung der Radiofrequenzstrahlung und der Ultrastrahlung in der Milchstraße. Ref. 12617.
A. Unsöld, W. Kurz, Zur Berechnung der Intensitätsverteilung in Fraunhoferlinien. Ref. 5145.
A. Unsöld, Fraunhofer lines and their center-limb-variation on the solar disc. Ref. 6442.

Kiew

189. Astronomisches Zirkular des Observatoriums der Staatsuniversität Kiew.
Nr. 22: S. K. Wsechswjatskij, Die Sonnenaktivität September—Oktober 1948. Ref. 6359, 6644.
23: S. K. Wsechswjatskij, Die Sonnenaktivität November—Dezember 1948. Ref. 6359, 6644.

Kodaikanal

190. Kodaikanal Observatory Bulletin.
Nr. 120/124: Erscheinen später.
125: A. K. Das, Summary of prominence observations for the year 1946. Ref. 6644.
191. Report of the Kodaikanal Observatory for the year 1948. Ref. 1101.

Kopenhagen

192. Publikationer og mindre Meddelelser fra Köbenhavns Observatory.
Nr. 149: E. Schatzman, Le spectre des naines blanches et leur débit d'énergie. Ref. 5131.
150: M. Rudkjöbing, Wave-mechanical calculations of electron collision damping constants for Fraunhofer lines. Ref. 236.
193. Union Astronomique Internationale. Circulaire Nr. 1196—1249.
194. Aktuelle Meddelelser fra Astronomisk Selskab Nr. 327—332.

Krakau

195. Cracow Observatory Reprint.
Nr. 25: T. Banachiewicz, Les cracoviens et quelques-unes de leurs applications en Géodésie. Ref. 105.

Krim

196. Mitteilungen (Iswestija) des Astrophysikalischen Observatoriums auf der Krim.

4: A. B. Sewerny, A. B. Gilwarg, Ein Interferenz-Polarisationsfilter zur Untersuchung der Sonne und die Erfahrung mit seiner Anwendung. Ref. 2234.
E. R. Mustel, Über die Deutung der Erscheinungen, welche den Ersatz des vormaximalen Spektrums der Neuen Sterne durch das Hauptspektrum begleiten. Ref. 11311.
G. A. Schajn, P. F. Schajn, Differentielle systematische Linienverschiebungen in den Spektren von weißen Überriesen. Ref. 9560.
W. A. Albizkij, Die Bahn des spektroskopischen Doppelsterns H. D. 218154. Ref. 10221.
I. S. Schklowskij, Die ultraviolette Strahlung von Korona und Chromosphäre und die Ionisation der Erdatmosphäre. Ref. 6834.
E. K. Nikonowa, Photoelektrische Bestimmung der Helligkeit von Sonne und Mond. Ref. 6010.
W. A. Albizkij, Die Bahn des spektroskopischen Doppelsterns H. D. 211433. Ref. 10221.
G. A. Schajn, Die Bahn des spektroskopischen Doppelsterns H. R. 4536. Ref. 10221.
E. R. Mustel, Über den Expansionsmechanismus der Neuen Sterne vor dem Helligkeitsmaximum und die Massen der Neuen Sterne. Ref. 11312.
A. B. Sewerny, Das Spektrohelioskop in Verbindung mit dem Spektrographen. Ref. 6438.
W. A. Albizkij, Beobachtungen Kleiner Planeten 1948. Ref. 7549.
P. F. Schajn, Beobachtungen Kleiner Planeten und des Kometen Ashbrook. Ref. 7549, 8168.
E. F. Schaposchnikowa, Beobachtungen am Spektrohelioskop 1948. Ref. 6644.

Kyoto

197. Contributions from the Institute of Astrophysics, Kyoto University.

Nr. 1: S. Miyamoto, Ionization theory of solar corona. Ref. 6706.
2: S. Miyamoto, Dynamical theory of the corona and chromosphere. Ref. 6707.
3: Y. Suzuki, Non-homogeneous temperature radiation, and its application to the sun. I. Ref. 5135.
4: S. Ueno, On the spectral sequence of the stellar atmospheres. I. Ref. 5139.

198. Contributions from the Department of Astronomy, Kyoto University.

S. Miyamoto, On the radiation field of Be-stars. I. Ref. 5125.

La Plata

199. Publicaciones del Observatorio Astronomico de la Universidad Nacional de La Plata. Circular.

Nr. 6: P. Sconzo, Elementos orbitales de asteroides y cometas. Ref. 7549, § 81.

200*. Publicaciones del Observatorio de La Plata.

25 1: A. Wilkens, Teoría sobre la acumulación de los perihélios y nodos de los asteroides. Ref. 7538.
27 1: P. Sconzo, Tablas para el cálculo de las efemérides planetarias por el método de extrapolación. Ref. 3013.

201. Publicaciones del Observatorio Astronomico de la Universidad Nacional de La Plata. Serie Especial.

Nr. **4**: B. J. Meneclier, Fórmulas de Fabritius. Ref. **3120**.
5: M. Gonzales Fernandez, Transformación del problema geodésico-elipsoídico en un problema esférico. Ref. **13004**.
6: G. O. Wallbrecher, Memoria Anual correspondiente al año 1947. Ref. 1220.
7: P. Sconzo, Sobre la actualidad de la reforma del calendario. Ref. **3313**.
8: L. Gratton, Ideas modernas sobre la interpretación del diagrama espectro-luminosidad. Ref. **9704**.

Leiden

202. Annalen van de Sterrewacht te Leiden.

19 1B: E. Hertzsprung, Catalogue de 3259 étoiles dans les pléiades contenant les mouvements propres relatifs. Tableau des détails. Ref. 12120.
20 1: Vgl. AJB **48** Ref. 11208.
2: J. Uitterdijk, P. T. Oosterhoff, Discussion of 157 mostly new variable stars discovered by Dr. H. van Gent in the region around BD−18° 5206. Ref. 11217.

Leningrad

203. Publikationen (Trudy) des Astronomischen Observatoriums Leningrad.

13: W. W. Sobolew, Über die Polarisation des gestreuten Lichtes. Ref. 237.
W. W. Sobolew, Über die Streuung des Lichtes in den Atmosphären der Erde und Planeten. Ref. **7025**.
G. I. Russakow, Die Helligkeitsschwankungen der Milchstraße und die physikalischen Merkmale der diffusen Nebel. Ref. **12335**.
K. F. Ogorodnikow, Eine Methode zur Bestimmung der konkreten Form des verallgemeinerten ellipsoidischen Geschwindigkeitsgesetzes. Ref. **4416**.
K. F. Ogorodnikow, Die Entwicklung der Helligkeitsfunktion in eine Reihe unter Berücksichtigung der interstellaren Absorption. Ref. **4417**.
T. A. Agekjan, Bestimmung der Dichtefunktion und des Absorptionskoeffizienten in der galaktischen Ebene. Ref. **12301**.
T. A. Agekjan, Über die Abschätzung der Gesamtzahl der Sterne in der Galaxis mit Hilfe der Extrapolation der Helligkeitsfunktion. Ref. **12302**.
N. N. Sytinskaja, Bestimmung des Glättegrades der Planetenoberflächen mit photometrischen Methoden. Ref. **2424**.
N. N. Sytinskaja, Untersuchungen nach der Methodik der absoluten photographischen Photometrie ausgedehnter Himmelsobjekte. Ref. **2425**.
N. N. Sytinskaja, Untersuchung der Kontrastempfindlichkeitsschwelle der Sehkraft bei niedrigen Helligkeitswerten. Ref. **2057**.
D. W. Sagrebin, Über eine Lösung des Stokesschen Problems für den Fall des dreiachsigen Ellipsoids und Ableitung der verallgemeinerten Clairautschen Formel. Ref. **13118**.
D. W. Sagrebin, Die normale Verteilung der Schwerkraft auf dem Krassowskijschen Ellipsoid und auf dem ellipsoidalen Geoid mit drei ungleichen Achsen. Ref. **13119**.
P. M. Gorschkow, Über die Geschichte der russischen Wissenschaft

an der Petersburger-Leningrader Universität. Professor Alexander Alexandrowitsch Iwanow — der Gründer der Schule theoretischer Astronomen an der Petersburger-Leningrader Universität (1867 4 IV—1939 23 XI). Ref. **1015**.

14: W. W. Scharonow, Bericht der photometrischen Expedition des Astronomischen Observatoriums der Staatsuniversität Leningrad über die Beobachtung der totalen Sonnenfinsternis vom 21. September 1941. Ref. **6202**.
N. N. Sytinskaja, Absolute Oberflächenphotometrie und -kolorimetrie der inneren Korona während der Sonnenfinsternis vom 21. September 1941. Ref. **6202**.
N. N. Sytinskaja, Absolute Photometrie des Himmelsgewölbes während der totalen Phase der Sonnenfinsternis vom 21. September 1941. Ref. **6202**.
W. W. Scharonow, Messungen der Integralhelligkeit der Sonnenkorona am 21. September 1941. Ref. **6202**.
W. W. Scharonow, Bericht der photometrischen Expedition der Leningrader Staatsuniversität des Orden Lenins über die Beobachtung der Sonnenfinsternis vom 9. Juli 1945. Ref. **6204**.
N. N. Sytinskaja, Aufbau und Helligkeit der Sonnenkorona am 9. Juli 1945. Ref. **6204**.
N. S. Orlowa, Helligkeits- und Farbmessungen des Himmels im Vertikal der Sonne während der totalen Phase der Sonnenfinsternis vom 9. Juli 1945. Ref. **6204**.
O. M. Gromowa, Der rötliche Ring und seine Beobachtung während der Sonnenfinsternis vom 9. Juli 1945. Ref. **6204**.
W. W. Scharonow, Kolorimetrische Beobachtungen des Sonnenlichtes und der Sonnenkorona während der Sonnenfinsternisse von 1941 und 1945. Ref. **6202**.
T. M. Antipenko, Bestimmung der Integralhelligkeit und der Farbe der Korona im Jahr 1945 auf photographischem Wege. Ref. **6204**.
O. P. Wassiljanowskaja, Bestimmung der Integralhelligkeit der Korona und der Himmelshelligkeit bei der Sonnenfinsternis vom 9. Juli 1945. Ref. **6204**.
N. L. Iwanowa, Photometrische Beobachtungen der Sonnenkorona, ausgeführt am 9. Juli 1945 im Dorf Domoshirowo des Leningrader Gebiets. Ref. **6204**.

204. Bulletin des Instituts für Theoretische Astronomie der Akademie der Wissenschaften der UdSSR.

4 3 (56): S. G. Makower, Näherungsformeln zur Vorausberechnung der Oppositionsdaten Kleiner Planeten. Ref. **7524**.
S. G. Makower, Verbesserung der Bahn des Planeten (250) Bettina. Ref. **7525**.
W. S. Moschkowa, Die genaue Bahn des Planeten (51) Nemausa. Ref. **7526**.
W. W. Jekimow, Der genaue Ausdruck für den Normalwert des Schweregradienten und seiner Komponenten. Ref. **13110**.
D. N. Chramow, Zur gravimetrischen Ableitung der Lotabweichung. Ref. **13104**.
D. W. Sagrebin, Über die Genauigkeit der Stokesschen Formel. Ref. **13120**.

4 (57): G. M. Bashenow, Über einige Anwendungen der Matrizen in der Himmelsmechanik. Ref. **4203**.
W. F. Proskurin, Über die Möglichkeit der Darstellung der Bewegung des VIII. Jupitermondes durch die analytische Theorie Browns. Ref. **7616**.

5 (58): G. M. Bashenow, Untersuchung der Konvergenz sukzessiver Näherungen in der Bahnbestimmung. Ref. 4501.
I. I. Putilin, Die Bahn des Kleinen Planeten (1036) Ganymed. Teil II. Die Bahnverbesserung aus den 12 Oppositionen von 1924—1938. Ref. 7530.
N. F. Bojewa, Verbesserung der Elemente des Planeten (39) Laetitia. Ref. 7507.
M. J. Schmakowa, Bahnverbesserung des Planeten (401) Ottilia. Ref. 7534.
W. S. Moschkowa, Die Bahn des Planeten (748) Simeïsa. Ref. 7527.
6 (59): N. S. Samojlowa-Jachontowa, Über die Verbesserung elliptischer Bahnelemente. Ref. 4232.
W. S. Moschkowa, Verbesserung der Bahnelemente des Planeten Hekuba 108. Ref. 7528.
I. D. Shongolowitsch, Die Bedingungen zur Anwendung der klassischen Formel von Stokes. Ref. 13122.
D. K. Kulikow, Die Anwendung der Lochkartenmaschinen zur Multiplikation trigonometrischer Reihen. Ref. 118.
S. D. Tscherny, Die Bewegung eines materiellen Punktes unter der Wirkung einer Kraft, die ihm die Beschleunigung $-\mu_1 r^{-2} - 3\mu_2 r^{-4}$ erteilt. Ref. 4240.

205. Ephemeriden Kleiner Planeten für das Jahr 1950. Ref. 7504.

Liége

206. Institut d'Astrophysique. Collection in 4° de Spectroscopie et Astrophysique.
Nr. **15**: P. Ledoux, Note sur la structure et la composition interne du soleil. Vgl. AJB **48** Ref. **6120**.
16: P. Swings, Le spectre de la comète d'Encke, 1947i. Vgl. AJB **48** Ref. 8125.
17: J. Duchesne, B. Rosen, Contribution to the study of electronic spectra of bent triatomic molecules. Nicht referiert.
18: P. Swings, Spectroscopie optique. Possibilités et progrès récents de la méthode. Nicht referiert.
19: P. Swings, Anomalies in the earliest spectral types. Vgl. AJB **48** Ref. **9549**.

207. Institut d'Astrophysique. Collection de Mémoires in 8°.
Nr. **301**: P. Swings, Le premier demi-siècle de l'Observatoire Yerkes. Vgl. AJB **47** Ref. 425.
302: P. Swings, La physicochimie des comètes. Vgl. AJB **48** Ref. 8021.
303: M. Migeotte, La chambre photographique de Schmidt et ses applications. Vgl. AJB **48** Ref. 2119.
304: P. Ledoux, Sur la structure interne des étoiles. Vgl. AJB **48** Ref. 5213.
305: P. Swings, A. McKellar, Polyatomic molecules in late-type stars. Vgl. AJB **48** Ref. **9550**.
306: P. Swings, The spectra of the night sky and the aurora. Ref. 72111.
307: B. Rosen, Prédissociation et règle de non-intersection des courbes d'énergie potentielle de même espèce. Nicht referiert.
308: P. J. Ledoux, La stabilité des étoiles. Ref. 5224.
309: P. Ledoux, Contribution à l'étude de la structure interne des étoiles et de leur stabilité. Ref. 5223.
310: P. Swings, P. D. Jose, The spectrum of Nova DQ Herculis (1934) in 1947 and 1949. Ref. 11323.
311: P. Swings, H. Sauvenier, Le spectre de la queue de la comète Cunningham (1940c, 1941 I). Ref. 8144.

312: A. Monfils, B. Rosen, New method of excitation of the cometary emission bands at 4050 Å. Ref. **8010**.
313: Vgl. AJB **50**.
314: P. Swings, M. Nicolet, Comparison of the Na and N_2^+ flashes at twilight and dawn. Ref. **72155**.

London

208. Communications from the University of London Observatory.

Nr. **1**: A. Beer, C. C. L. Gregory, Observed photographic magnitudes of the Super-Nova 145.1937 Persei in N. G. C. 1003. Vgl. AJB **40** Ref. **8663**.
2: P. C. Chaudhuri, The photographic proper motions of stars belonging to the cluster Praesepe from plates taken with the Radcliffe telescope. Vgl. AJB **42** Ref. **7203**.
3: E. M. Peachey, Some recent changes in the spectrum of γ Cassiopeiae. Vgl. AJB **44** Ref. **7519**.
4: C. C. L. Gregory, E. M. Peachey, The spectrum of T Coronae Borealis on 1946 February 11. Vgl. AJB **46** Ref. **8637**.
5: Stellar parallaxes determined at the University of London Observatory, Mill Hill. Ref. **9313**.

Los Angeles

209. Astronomical Papers of the Department of Astronomy of the University of California.

Nr. **8**: D. M. Popper, Radial-velocity observations with the Bruce spectrograph. Ref. **9222**.

Louvain

210. Publications du Laboratoire d'Astronomie et de Géodésie de l'Université de Louvain.

Nr. **107**: G. Lemaître, Interpolation dans la méthode de Runge-Kutta. Ref. 120.
108: G. Lemaître, Calcul des intégrales elliptiques. Ref. 121.
109: R. Deurinck, Photographic estimates of nine new variable stars. § **112**.
A. van Hoof, Four new variable stars in Canis major and Puppis. § **112**.
R. Deurinck, Provisional ephemerides of two new eclipsing variable stars. § **112**.
110: G. Lemaître, L'hypothèse de l'atome primitif. Ref. 224.
111: A. van Hoof, R. Deurinck, Two new eclipsing binaries with large eccentricities of the orbits. § **112**.
A. van Hoof, Note on SY CMa, VY CMa, and VX Pup. Ref. **11220**.
A. van Hoof, Provisional ephemerides of three new eclipsing variables. § **112**.
R. Deurinck, Fourteen new variable stars in Canis major, Puppis and Monoceros. § **112**.
112: G. Lemaître, Modèles mécaniques d'amas de nébuleuses. Ref. **4414**.
113: G. Lemaître, Rayons cosmiques et cosmologie. Ref. **12723**.
114: G. Lemaître, R. Vander Borght, Modèles de nébuleuses à vitesses radiales. Ref. **4415**.

Lund

211. Meddelande från Lunds Astronomiska Observatorium.

(1) Nr. **167**: A. Reiz, A composite giant star model with isothermal core. Second note. Ref. **5235**.

168: K. Lundmark, Do planetary systems exist? Ref. 632.
169: A. Reiz, The structure of degenerate stellar configurations near the limiting mass. Ref. 5236.

212. Meddelande från Lunds Astronomiska Observatorium.

(2) Nr. 125: A. Ljunghall, The intensity of twilight and its connection with the density of the atmosphere. Ref. 7253.
126: A. N. Vyssotsky, Astronomical records in the russian chronicles from 1000 to 1600 A. D. Ref. 1434.
127: A. Reiz, On quadrature formulae. Ref. 128.

Lyon

213. Publications de l'Observatoire de Lyon.

4 26: J. Dufay, M. Bloch, Recherches sur les spectres des comètes. Première partie. Introduction; le spectre de la comète Peltier (1936a). Vgl. AJB 47 Ref. 6636.
27: J. Dufay, M. Bloch, Recherches sur les spectres des comètes. Deuxième partie. Spectres des comètes Wilk (1937c), Whipple (1937b) et Encke (1937h). Vgl. AJB 48 Ref. 8157, 8155, 8125.
28: J. Gauzit, P. Proisy, Mesure de la température de couleur de 146 étoiles. Vgl. AJB 48 Ref. 9605.
29: P. Proisy, L'indice de réfraction de l'atmosphère solaire et la trajectoire des rayons lumineux au bord extrême du disque solaire. Ref. 6431.
5 1: J. Cabannes, J. Dufay, Variation annuelle de l'intensité des bandes de Vegard-Kaplan dans le rayonnement du ciel nocturne. Ref. 7299.
2: J. Cabannes, J. Dufay, Tcheng Mao-Lin, Ciel nocturne et phénomènes solaires. Ref. 72100.
3: J. Dufay, J. Gauzit, La raie 5577 Å de l'oxygène au crépuscule. Ref. 72138.
4: L. Herman, R. Herman, Phosphorescence des gaz par suite d'une recombinaison atomique ou ionique. Ref. 219.
5: R. Herman, L. Herman, Excitation au laboratoire des bandes de Vegard-Kaplan de l'azote correspondant à des niveaux de vibration élevés. Ref. 220.
6: M. Dufay, J. Dufay, Excitation des bandes de N_2^+ au crépuscule. Ref. 72139.
7: Tcheng Mao-Lin, J. Dufay, Nouvelles mesures de la brillance et de la polarisation de la lumière zodiacale. Ref. 8409.
8: J. Dufay, Lumière zodiacale et activité solaire. Ref. 8404.
9: M.-T. Martel, Absorption différentielle dans la direction perpendiculaire au plan galactique. Ref. 12517.
10: M. Bloch, R. Falgon, Observations photométriques de l'éclipse de Lune du 13 avril 1949, à l'Observatoire de Lyon. Ref. 7349.
11: J. Dufay, Absorption interstellaire et rotation galactique. Ref. 12507.

Madison

214. Publications of the Washburn Observatory of the University of Wisconsin.

13 2: A. S. Flint, A. J. Roy, Madison Catalogue of 2786 stars for the epoch 1910. Vgl. AJB 41 Ref. 7131.

Madrid

215. Boletin Astronomico del Observatorio de Madrid.

3 9[1]): E. Gullón, Protuberancias solares. Resumen de las observaciones realizadas durante el año 1947. Ref. 6644.
E. Gullón, Altura de la cromosfera en 1947. Ref. 6644.
E. Gullón, Actividad solar. Observaciones de manchas solares efectuadas en los Observatorios de Madrid, Valencia, Cartuja (Granada) y Ebro en 1947. Ref. 6359.
R. Carrasco, Observaciones fotográficas de pequeños planetas. Ref. 7549.
R. Carrasco, Observaciones del cometa 1948 l, efectuadas en Madrid. Ref. 8171.

216. Universidad de Madrid. Facultad de Ciencias. Seminario de Astronomia y Geodesia. Publicacion.
Nr. 1: Efemérides de 63 asteroides para 1950. Ref. 7505.
2: E. Pajares, Sobre el cálculo gráfico de valores medios. Ref. 127.

Milano-Merate

217. Pubblicazioni dell'Osservatorio Astronomico di Milano-Merate. Nuova Serie.
Nr. 5: F. Zagar, Sui movimenti interni negli ammassi stellari sferici. Ref. 12143.

218. Contributi dell'Osservatorio Astronomico di Milano-Merate. Nuova Serie.
Nr. 27: A. Masotti, Una relazione inedita di Paolo Frisi sopra l'Osservatorio di Brera. Ref. 1416.
28: L. Gratton, E. C. Krüger, Lo spettro della Nova T Coronae Borealis nell'esplosione del febbraio 1946. Ref. 11321.
29: C. Lombardi, Nuovi elementi dei piccoli pianeti (25) Phocaea e (1423) Jose. Ref. 7549.

219. Osservatorio di Brera in Milano. Anno 1950. Articoli generali del Calendario. Ref. 423.

Minneapolis

220. Publications of the Astronomical Observatory, University of Minnesota.
2 13: W. J. Luyten, A new star of large proper motion L 726—8. Ref. 9209.
3 5: W. J. Luyten, An atlas of identification charts of white dwarfs. Ref. 9136.

Mizusawa

221. Contribution from the Mizusawa Latitude Observatory.
T. Hattori, On the periodic components of latitude variation. Ref. 13211.

Moskau

222. Publikationen (Trudy) des Staatlichen Astronomischen Sternberg-Instituts.
16 1: N. F. Florja, Untersuchung der Absorption des Lichtes im interstellaren Raum. Ref. 12509.
P. P. Parenago, B. W. Kukarkin, N. F. Florja, Das System der kugelförmigen Sternhaufen. Ref. 12133.
P. P. Parenago, Die Bewegungen der langperiodischen Cepheiden und die galaktische Dynamik. Ref. 11167.
N. M. Artjuchina, Der Andromedanebel. Ref. 12401.
B. W. Kukarkin, Untersuchung der veränderlichen Sterne in den Feldern 6 und 15. Ref. 11209.

[1]) Auf dem Heftumschlag mit 4 Nr. 1 bezeichnet.

N. F. Florja, Untersuchung von 78 Veränderlichen im Feld Nr. 24. Ref. 11205.

18 1: M. S. Swerew, Der Zeitdienst des Staatlichen Astronomischen Sternberg-Instituts an der Staatsuniversität Moskau in den Jahren 1941—1944. Ref. 2342.

M. S. Swerew, Der Kommutator des Zeitdienstes des Staatlichen Astronomischen Sternberg-Instituts. Ref. 2343.

M. S. Swerew, Die Verbesserungen der Zeitsignale in der zweiten Hälfte des Jahres 1941. Ref. 2353.

222a. B. W. Kukarkin, P. P. Parenago, Erster Nachtrag zur ersten Ausgabe des Generalkatalogs Veränderlicher Sterne. Ref. 11002.

Mount Hamilton

223. Contributions from the Lick Observatory.

(2) Nr. 24: H. F. Weaver, Color excess, total photographic absorption, and the distance of the dark cloud in the Aquila region of the Milky Way. Ref. 12535.

224. Lick Observatory Bulletin.

Nr. 522: H. M. Jeffers, Observations of comets and asteroids. § 81, 75.

Mount Stromlo

225. Memoirs of the Commonwealth Observatory Mount Stromlo, Canberra.

2 5 (10): A. R. Hogg, Measurements of the intensity of cosmic rays. Ref. 12717.

Mount Wilson

226. Contributions from the Mount Wilson Observatory.

Nr. 754: G. H. Herbig, Identification of a molecular band at λ 3682 in the spectra of late-type stars. Ref. 9520.

755: O. C. Wilson, The Wolf-Rayet spectroscopic binary HD 190918. Ref. 10216.

756: R. F. Sanford, High-dispersion spectrograms of T Coronae Borealis. Ref. 11321.

757: R. F. Sanford, Radial velocities of RR Lyrae from Coudé spectrograms. Ref. 11170.

758: A. H. Joy, R. E. Wilson, Stars whose spectra have bright H and K lines of Calcium. Ref. 9525.

759: J. C. Duncan, Photographic studies of nebula. VI. The great nebulous region in Cygnus photographed in red light. Ref. 12209.

760: W. S. Adams, Observations of interstellar H and K, molecular lines, and radial velocities in the spectra of 300 O and B stars. Ref. 12501.

Mount Wilson und Mount Palomar

227. Mount Wilson and Palomar Observatories. Reprint.

Nr. 1: I. Whitney, Sunspot activity during 1948. Ref. 6359.

E. Pettit, An improved form of the wedge photometer. Ref. 2233.

A. H. Joy, Eight faint dwarf stars having no emission lines. Ref. 9527.

P. W. Merrill, Stars having shell spectra. Ref. 9545.

E. Pettit, Light-curve of Nova Puppis 1942. Ref. 11329.

R. F. Sanford, Spectral types and radial velocities of 21 red stars. Ref. 9558.

Summary of Mount Wilson magnetic observations of sunspots for November and December, 1948. Ref. 6359.

Summary of Mount Wilson magnetic observations of sunspots for January and February, 1949. Ref. 6359.
2: P. W. Merrill, The spectrum of HD 187399. Ref. 9540.
3: H. W. Babcock, Magnetic intensification of stellar absorption lines. Ref. 9801.
4: E. Hubble, First photographs with the 200-inch Hale telescope. Ref. 1226.
O. C. Wilson, Proportionality of nebular red shifts to wave length. Ref. 12422.
A. H. Joy, M. L. Humason, Observations of the faint dwarf star L 726—8. Ref. 10124.
R. F. Sanford, Double absorption lines in the spectrum of W Virginis. Ref. 11220.
Summary of Mount Wilson magnetic observations of sunspots for March and April, 1949. Ref. 6359.
5: A. H. Joy, Spectra of the brighter variables in globular clusters. Ref. 12131.
6: R. F. Sanford, Interstellar calcium lines in the spectra of stars in open clusters. Ref. 12123.
7: P. W. Merrill, Measurements in the spectrum of the shell star HD 218393. Ref. 9542.
8: P. W. Merrill, C. G. Burwell, Second supplement to the Mount Wilson Catalogue and bibliography of stars of classes B and A whose spectra have bright hydrogen lines. Ref. 9541.
9: R. Minkowski, The diffuse nebula in Monoceros. Ref. 12216.
R. S. Richardson, A new asteroid with smallest known mean distance. Ref. 7541.
O. R. Wulf, S. B. Nicholson, The production of geomagnetic activity. Ref. 6839.
E. Pettit, The eruptive prominence of June 3—4, 1949. Ref. 6627.
Summary of Mount Wilson magnetic observations of sunspots for May and June, 1949. Ref. 6359.
10—11: Vgl. AJB 50.
12: A. H. Joy, Bright-line stars among the Taurus dark clouds. Ref. 9526.
13: H. W. Babcock, Three magnetic variable stars showing reversal of polarity. Ref. 9803.
Summary of Mount Wilson magnetic observations of sunspots for July and August, 1949. Ref. 6359.
R. F. Sanford, Phases for emission lines in the spectrum of UV Aurigae. Ref. 11220.
Summary of Mount Wilson magnetic observations of sunspots for September and October, 1949. Ref. 6359.

München

228. Veröffentlichungen der Sternwarte München.
3 11: E. Schoenberg, Refraktion und Dämmerungsbogen des Planeten Venus. Ref. 7110.
12: E. Schoenberg, G. Tolmár, Die Absorption und die Dichte in 31 Dunkelwolken der südlichen Milchstraße. Ref. 12525.
13: P. Labitzke, Katalog von 615 Sternen des FK3 und seiner nördlichen Zusatzsterne nach Beobachtungen am Repsoldschen Meridiankreis der Sternwarte Königsberg. Ref. 9111.
14: E. Schoenberg, Die Dichteverteilung in den Dunkelwolken und ihre Massen. Ref. 12526.

Napoli

229. Osservatorio Astronomico di Capodimonte-Napoli. Contributi astronomici. Serie 2.
- **3** 10: T. Nicolini, Serie oscillatorie ad autoregressione disturbata e moto polare di Chandler. Ref. **13220**.
- **4** 1: Vgl. AJB **47** Ref. **9703**.
- 2: Vgl. AJB **48** Ref. **13202**.
- 3: A. Colacevich, Studio del sistema monocentrico composto da tre specchi sferici. Ref. **2008**.
- 4: A. Colacevich, Condizione per l'annullamento dell'aberrazione monocromatica di qualsiasi ordine in un sistema monocentrico. Ref. **2009**.
- 5[1]: L. Carnera, Le variazioni di latitudine ed il movimento del polo di rotazione terrestre nell'anno 1947. Vgl. AJB **48** Ref. **13203**.
- 6: L. Carnera, Le variazioni di latitudine ed il movimento del polo di rotazione terrestre negli anni 1946—1948. Ref. **13204**.

New Haven

230. Transactions of the Astronomical Observatory of Yale University.
- **20**: I. Barney, Catalogue of the positions and proper motions of 7996 stars. Re-observation by photography of the Astronomische Gesellschaft Zone between declinations +1° and +5° reduced to 1950.0 without applying proper motions. Ref. **9106**.

Oslo

231. Institute of Theoretical Astrophysics, University of Oslo. Astrophysica Norvegica.
- **5** 1: V. Kourganoff, Sur l'anisotropie du rayonnement dans les atmosphères stellaires, et les erreurs qui en résultent dans «Les approximations d'Eddington». Ref. **5115**.

Ottawa

232. Publications of the Dominion Observatory Ottawa.
- **11** 8: D. W. R. McKinley, P. M. Millman, A phenomenological theory of radar echoes from meteors. Ref. **8234**.
- **15** 1: W. S. McClenahan, Catalogue of 2436 stars from observations with the reversible meridian circle, made at the Dominion Observatory, Ottawa, during the years 1911—1923. Ref. **9112**.

233. Contributions from the Dominion Observatory Ottawa.
- **2** 3: Vgl. AJB **48** Ref. **8224**.
- 4: C. S. Beals, M. S. Burland, Wave lengths, equivalent widths, and line profiles in the spectrum of the star H. D. 190073. Ref. **9507**.
- 5: D. W. R. McKinley, P. M. Millman, Determination of the elements of meteor paths from radar observations. Ref. **8235**.
- 6: V. E. Hollinsworth, On the use of crystal controlled synchronous motors for the accurate measurement of time. Ref. **2315**.

234. Dominion Observatory Reprint.
- Nr. **43**: P. M. Millman, D. W. R. McKinley, Three-station radar and visual triangulation of meteors. Ref. **8238**.

Oxford

235. Communications from the University Observatory, Oxford.

[1] Zuerst mit **4** 3 bezeichnet.

Nr. 27: G. Merton, A modification of the perturbations-of-elements method. Ref. 4510.
28: P. J. Treanor, High-resolution interferometry of the solar spectrum. Ref. 2236.
29: E. A. Milne, The luminosity-velocity relation for pulsating stars. Ref. 5227.

Palermo

236. Pubblicazioni dell'Osservatorio Astronomico di Palermo. Nuova Serie.
9 Nr. 16: S. Leone, Sulla determinazione della mass ratio in un sistema binario visuale. Nota I — Il metodo analitico e la mass ratio di η Cassiopeiae. Ref. 10125.
17: S. Leone, Sulla determinazione della mass ratio in un sistema binario visuale. Nota II — Valutazione teorica in 22 sistemi, legge statistica. Ref. 10127.

Paris

237. Observatoire de Paris.
R. Bonnet, Addenda au mémoire «Spectres, périodes et excentricités des binaires». Ref. 10002.

Institut d'Astrophysique de Paris.
238. Documents pour l'Observation Physique des Petites Planètes. f° 1—7.

239. Annales du Bureau des Longitudes.
12: E. Fichot, Exposé critique de la théorie des marées (fin). Ref. 4304.
G. Fayet, Contribution à l'étude des proximités d'orbites dans le système solaire. Ref. 4211.

Potsdam

240. Mitteilungen des Astrophysikalischen Observatoriums Potsdam.
Nr. 26: K. Brunnckow, W. Grotrian, Über die zeitliche Änderung der magnetischen Feldstärke von Sonnenflecken im Laufe eines Tages. Ref. 6304.
27: W. Grotrian, H. Künzel, Statistische Untersuchung der täglichen Änderung der magnetischen Feldstärke von Sonnenflecken. Ref. 6321.

Poznań (Posen)

241. Poznań Reprint.
Nr. 13: A. Przybylski, Orbite définitive de la comète 1932b (Houghton-Ensor). Ref. 8136.
14: H. Hurnik, Photographic positions of asteroids and comets obtained at the Poznań University Observatory in 1946—1948. Ref. 7549, § 81.
H. Hurnik, Occultations of stars by the Moon, observed at the Astronomical Observatory of Poznań University 1946—1949. Ref. 7354.
15: H. Hurnik, Examination of the photographic Steinheil lens No 43262. Ref. 2030.
16: S. Wierzbiński, Sur la détermination des erreurs de division d'un cercle pour chaque degré d'après Bruns-Fayet. Ref. 2505.
17: A. Kwiek, Ephéméride de la petite planète 1949 SC. Ref. 7549.
18: F. Koebcke, Photoelectric observations of the partial eclipse of 1949 April 28. Ref. 6208.

19: F. Koebcke, On a method of integration of the one-dimensional equation of thermal conductivity, when the surface temperature is a given function of time. Ref. 116.
20: S. Wierzbiński, Orbite de l'étoile double visuelle Hu 575 = ADS 9352. Ref. 10128.
21: S. Wierzbiński, Orbite vraie de l'étoile double visuelle β 64 = ADS 14238. Ref. 10128.
22: S. Wierzbiński, Orbite de l'étoile double visuelle Hu 1080 = ADS 3248. Ref. 10128.
23: Minor planet 1949 SC. Ref. 7549.

Prag

242. Publications de l'Observatoire National de Prague.
Nr. 21: J. Bouška, V. Guth, F. Link, Supplément international de l'Annuaire Astronomique pour 1950. Ref. 432.

243. Publications de l'Institut Astronomique de l'Université Charles de Prague.
(2) Nr. 23: Z. Bochníček, On the determination of the colour temperature from the continuous spectrum. Ref. 206.

244. Contributions from the Astronomical Institute of the Charles University Prague.
Nr. 1: J. Bouška, V. Vanýsek, Absolute brightness of the comet Bester — 1947k. Ref. 8162.
J. Bouška, Cometary study I. Absolute brightness of the comet 1947n. Ref. 8163.
V. Vanýsek, Cometary study II. Absolute brightness of the comet Giacobini-Zinner 1946c. Ref. 8122.
J. Bouška, Cometary study III. Absolute brightness of the comet 1948g. Ref. 8166.
J. Bouška, Cometary study IV. Comet Timmers — 1946a. Ref. 8151.
J. Bouška, Enlargement and form of the shadow during the eclipse of the moon of December 8, 1946. Ref. 7348.
M. Plavec, Radiant and orbit of β-Pegasids. Ref. 8281.
L. Kresák, V. Vanýsek, Astrographic positions of comets and minor planets. Ref. 7549, § 81.

Pretoria

245. Communications from the Radcliffe Observatory, Pretoria.
Nr. 12: D. S. Evans, Photometry of NGC 5128. Ref. 12210.

Pulkowo

246. Publikationen (Trudy) des Astronomischen Hauptobservatoriums Pulkowo.
(2) 62*: R. S. Gnewyschewa, Katalog der Sonnentätigkeit 1940—1945. Ref. 6359, 6644.
R. S. Gnewyschewa, Katalog wiederkehrender Gruppen von Sonnenflecken in den Jahren 1933—1935. Ref. 6319.
63 : L. I. Semjonow, Rektaszensionen von 674 Sternen nach Beobachtungen in Nikolajew (1930.0). Ref. 9117.
L. I. Semjonow, Rektaszensionen von Sonne, Merkur und Venus nach Beobachtungen in Nikolajew in den Jahren 1929—1935. Ref. 6001, 7101, 7104.
A. A. Nemiro, Rektaszensionen von 423 Sternen nach Beobachtungen am Observatorium Pulkowo in den Jahren 1936—1941. Ref. 9115.

64 : Vgl. AJB **50**.
65 : R. S. Gnewyschewa, Katalog der Sonnentätigkeit 1946—1947. Ref. **6359**, **6644**.

247*. Mitteilungen (Iswestija) des Astronomischen Hauptobservatoriums Pulkowo.

18 1 (142): W. Krat, Theorie der Sonnenatmosphäre, II. Ref. **6417**.
W. Krat, Das Spektrum der Sonnenkorona vom 9. Juli 1945. Ref. **6204**.
O. A. Melnikow, Vergleichende Untersuchung des Chromosphärenspektrums zweier Sonnenfinsternisse (21. September 1941 und 9. Juli 1945). Ref. **6202**, **6204**.
O. A. Melnikow, Neue Bestimmung der Anregungstemperatur der umkehrenden Schicht der Sonne. Ref. **6421**.
W. N. Kutscherowa, Untersuchung der Extinktion in Sortwala vom 6. bis zum 14. Juli 1945. Ref. **7273**.
T. Krat, Über das Licht der Sonnenkorona in der grünen Koronalinie λ 5303 Å. Ref. **6705**.
W. Sujkow, Spektralphotometrie der Sonnenflocculi in den Linien H_α und H-K Ca^+. Ref. **6441**.
T. M. Fofanowa, Über den Dispersionseffekt des Spektrographen bei der Untersuchung von Stern- und Sonnenspektren. Ref. **2501**.

Richmond Hill, Ontario

248. Publications of the David Dunlap Observatory, University of Toronto.

1 21: R. W. Tanner, Spurious periods in spectroscopic binaries, II. Ref. **10214**.
22: J. F. Heard, R. J. Northcott, The orbits of three spectroscopic binaries H. D. 2019, H. D. 10588, and H. D. 14688. Ref. **10203**.
23: D. K. Norris, W. T. Sharp, R. W. Tanner, The orbits of four spectroscopic binaries, H. D. 3264, H. D. 158013, H. D. 170829, and H. D. 201032. Ref. **10206**.

249. Communications from the David Dunlap Observatory.

Nr. **18**: H. B. Sawyer, Two RV Tauri-type variables in globular clusters. Ref. **12138**.
19: J. F. Heard, An analysis of radial-velocity measures of eight stars formerly assigned to the Beta Cephei group. Ref. **9218**.
20: R. E. Williamson, G. F. D. Duff, Variable guillotine factor models for late type main sequence stars. Ref. **5243**.
21: R. E. Williamson, G. F. D. Duff, On the role of the guillotine factor in determining the structure of late type main sequence stars. Ref. **5245**.
22: J. F. Heard, The fireball of April 3, 1949. Ref. **8288**.

Riverview

250. Riverview College Observatory Publications.

2 5 (9): D. O'Connell, The eclipsing binary, SV Centauri. Ref. **11220**.
D. O'Connell, The eclipsing binary, V 525 Sagittarii. Ref. **11220**.
D. O'Connell, The period of the eclipsing binary, RS Sagittarii. Ref. **11220**.

Roma

251. Osservatorio Astronomico Roma-Monte Mario. Contributi Scientifici.

Nr. **145**: L. Gialanella, Sul problema dei due corpi di masse variabili in cui la forza attrattiva è proporzionale alla distanza. Applicazione agli ammassi globulari di stelle. Ref. **4212**.

146: G. Armellini, Osservazioni di posizioni dei pianeti ed occultazioni lunari. Ref. 7801, 7701, 7601, 7401, § 75 siehe AJB **50**, 7354.
147: M. A. Giannuzzi, Sopra la doppia 12050 del Catalogo di Aitken. Ref. **10124**.
148: G. Armellini Conti, La pioggia invernale a Roma dal 1825 al 1949. Nicht referiert.
149: M. Cimino, G. Tarantini, T. Fortini, M. A. Giannuzzi, Posizioni eliografica, classifica ed area delle macchie solari durante il 1° semestre del 1948, secondo i rilievi fotografici giornalieri dell'Osservatorio astronomico di Roma. Ref. **6359**.
150: T. Fortini, Analisi periodale col metodo di Schuster della curva di variazione del diametro solare ottenuto al Campidoglio dal 1877 al 1937 ed a Monte Mario dal 1937 al 1947. Ref. **6005**.
151: M. Cimino, Le teorie astronomiche delle epoche glaciali. Ref. **7209**.
152: G. Armellini, Risultati delle misure micrometriche di centodue stelle doppie. Ref. **10123**.
153: T. Fortini, Le oscillazioni del diametro solare secondo le osservazioni di Monte Mario negli anni 1941—42 e 1943. Ref. **6006**.
154: M. A. Giannuzzi, Orbita provvisoria della stella binaria ADS 7871. Ref. **10128**.

Sendai

252. Sendai Astronomiaj Raportoj.
2 4: Z. Hitotuyanagi, Über die Adiabatengleichung in Sternatmosphären. Ref. **5112**.
5: T. Matukuma, Theory of Schmidt camera. Ref. **2037**.
6: Y. Iinuma, On the determination of chemical composition of stars. Ref. **5219**.
7: Y. Iinuma, On the equation of stellar evolution. I. Ref. **5415**.
8: Y. Hosokawa, On the determination of the coefficient of darkening in eclipsing binaries. Ref. **11117**.
9: T. Matukuma, Motion of perihelion and node of the planets. Ref. **4221**.

Sonneberg

253. Veröffentlichungen der Sternwarte in Sonneberg.
1 3: P. Ahnert, C. Hoffmeister, E. Rohlfs, A. van de Voorde, Die veränderlichen Sterne der nördlichen Milchstraße. Teil V. Ref. **11201**.
4: H. Schneller, Eine einfache Methode zur Bestimmung der Systemkonstanten bei Bedeckungsveränderlichen. Ref. **11133**.

254. Mitteilungen der Sternwarte zu Sonneberg.
Nr. **39**: C. Hoffmeister, Polarlicht und Nachthimmellicht in Theorie und Erfahrung. Ref. **72124**.

Stalinabad

255. Zirkular des Astronomischen Observatoriums Stalinabad Nr. 67—76.

Stockholm

256. Stockholms Observatoriums Annaler.
15 6: H. Alfvén, Results from observations of the total solar eclipse of 1945, July 9. II. Photoelectric intensity measurements of the corona and the sun during the eclipse. Ref. **6204**.
7: R. Brahde, A spectrophotometric investigation of Nova T Coronae Borealis 1946. Ref. **11321**.

8: Y. Öhman, Photoelectric work by the flicker method. Ref. **2230**.
9: B. Lindblad, J. Delhaye, On the distribution of light-intensity and colour in the spiral nebula Messier 63. Ref. **12408**.

257. Stockholms Observatorium Meddelande.

Nr. **61**: Y. Öhman, On the possibility of measuring the polarization of the «Electron-Corona» without eclipses by a polarimetric analysis of the Fraunhofer absorption lines. Ref. **6710**.

258. Stockholms Observatoriums Årsberättelse för året 1948. Ref. 1101.

Strasbourg

259. Annales de l'Observatoire de Strasbourg.

5 2: P. Muller, Mesures photométriques d'étoiles doubles serrées. Ref. **10123**.

Sydney

260. Sydney Observatory Papers.

Nr. **8**: Catalogue of 1499 intermediate stars between 30° and 51° south declination for the equinox 1925.0 from observations made at Sydney Observatory during the years 1923 and 1924 under the direction of W. E. Cooke, M. A. Ref. **9128**.

261. Sydney Observatory.

28: Astrographic Catalogue 1900.0. Sydney Section. R. A. 18^h to 24^h. Dec. −57° to −59°. Ref. **9127**.

Taschkent

262. Bulletin des Astronomischen Observatoriums Taschkent.

2 Nr. 10(20): I. M. Ischtschenko, Ergebnisse photographischer Beobachtungen von veränderlichen Sternen im Feld Nr. 39 (α von $21^h\,0^m$ bis $22^h\,30^m$ und δ von +30° bis +45°). Ref. **11208**.

263. Zirkular des Astronomischen Observatoriums Taschkent Nr. 214—225. § **23**, **63**, **66**.

Teramo

264. Osservatorio astronomico di Collurania-Teramo. Memorie ed Osservazioni.

2 Nr. 1: G. Peisino, Studio del clima di Collurania-Teramo. Ref. **1209**.

Tokyo

265. Annals of the Tokyo Astronomical Observatory, University of Tokyo. Second Series.

2 1: K. Tuzi, Tokyo Mitaka catalogue of zodiacal stars for the equinox 1950.0. Ref. **9120**.
2: Y. Sato, Heliocentric co-ordinates of Jupiter for the years 1960—2060 referred to the equinox 2000.0. Ref. **7605**.

266. Tokyo Astronomical Bulletin.

(2) Nr. **13**: M. Notuki, I. Semba, M. Ono, T. Oe, Recent solar activity. Ref. **6359**, **6644**.
M. Notuki, Solar eruptions on July 16, 1947. Ref. **6644**.
M. Notuki, A short note on an expression of sunspot activity and the relation between sunspots and eruptions. Ref. **6337**.
M. Notuki, Preliminary note on trial observations of solar corona without an eclipse. Ref. **6708**.

14: Time observations, 1945—1948. § **23**.
15: K. Tuzi, The observation of right ascensions of zenith stars. Ref. **9121**.
16: T. Ura, T. Takenouchi, On mechanical quadratures. Ref. **134**.
17: M. Torao, Studies on the deflexion of vertical (I). Ref. **13125**.
18: S. Kaho, Photometric observations of asteroid 433 Eros in 1942. Ref. **7543**.
S. Kaho, Photometric observations of asteroid 433 Eros in 1945 and in 1947. Ref. **7544**.
19: Monthly Bulletin of solar phenomena, January—December, 1948. Ref. **6359**, **6644**.
20: K. Osawa, A note on the effect of the solar eclipse upon the terrestrial ionosphere. Ref. **6206**.

267. Tokyo Astronomical Observatory. Bulletin of Solar Phenomena.
1 1: Sunspots, Ca flocculi and H_α prominences. January—March, 1949. Ref. **6359**, **6644**.
2: Sunspots, Ca flocculi and H_α prominences. April—June, 1949. Ref. **6359**, **6644**.

268. Tokyo Astronomical Observatory Reprints.
Nr. **33**: Y. Hagihara, N. Soma, Electron velocity distribution in a planetary nebula. Part IV. Vgl. AJB **43** Ref. **3516**.
34: Y. Fujita, On the M-S differentiation of the late type stars. Second paper. Vgl. AJB **43** Ref. **7512**.
35: M. Hasimoto, Astronomical latitude of the Tokyo Astronomical Observatory. Old site at Azabu, Tokyo. Ref. **1228**.
36: Y. Fujita, Über die totale Sonnenfinsternis am 21. September, 1941. Spektralphotometrie der Korona mit einem spaltlosen Spektrographen. I. Ref. **6202**.
37: Y. Fujita, Energy distribution in the continuous spectra of the late type stars. Ref. **5108**.
38: Y. Hagihara, On the functional equation for the transfer of radiation. First paper. Ref. **5110**.
39: Provisional reports of observations of the annular eclipse on May 9, 1948 by the members of the Tokyo Astronomical Observatory. Ref. **6206**.
40: K. Osawa, A note on the problem of the stellar envelopes and the central condensation of the stars. Ref. **5128**.
41: Z. Suemoto, Ionization equilibrium in the solar chromosphere. Ref. **6633**.
42: W. Unno, On the equation for the transfer of the Lyman continuum radiation in the circumstellar atmosphere. Ref. **5312**.
43: M. Notuki, On the ascending motion of the eruptive prominence of the sun. Second paper. Ref. **6625**.
44: T. Ura, On solutions near a formally stable equilibrium point. Ref. **4241**.
45: T. Takenouchi, On Hill's equation. Ref. **4239**.
46: G. Ishida, The stellar problem of three bodies, with application to the ternary system: ζ Cancri. Ref. **4215**.
47: N. Sekiguchi, Theory of the rotation of the earth having three unequal principal moments of inertia. Ref. **13121**.
48: Y. Fujita, Observation of limb spectra of the sun with a slitless spectrograph. Report of the solar eclipse of February 5, 1943 at Hokkaido. Ref. **6203**.
49: M. Huruhata, Radar observations of meteors. I. Ref. **8220**.
50: Orbital works of the Computing Section of the Astronomical Society of Japan. Ref. **7549**.

51: K. Osawa, On a star-model with convective core and radiative envelope with constant opacity. Ref. 5229.
52: Z. Suemoto, Effect of non-coherent scattering on the center limb variation of strong Fraunhofer lines. Ref. 6440.

Tortosa

269. Memorias del Observatorio del Ebro.
Nr. 9: Erscheint später.
10: J. Mª. Princep Curto, Bahias Geomagneticas. Nicht referiert.
270. Boletín mensual del Observatorio del Ebro. Serie A. Heliofísica — Meteorología — Sismología.
35 1—6: Ref. 6359, 6644.

Toruń (Thorn)

271. Bulletin of the Astronomical Observatory in Toruń.
Nr. 1: W. Dziewulski, W. Iwanowska, A. Dziewulska, M. Mackiewicz, Photometric observations of Cepheids in two spectral regions. Part I. Photometric results. Ref. 11156.
W. Iwanowska, Photometric observations of Cepheids in two spectral regions. Part II. The discussion. Ref. 11161.
W. Dziewulski, Visual observations of the variable star TU Cassiopeiae. Ref. 11220.
2: W. Iwanowska, J. Jacyna, A spectrophotometric study of the Cepheids RT Aur, SU Cas, T Mon. Ref. 11162.
W. Dziewulski, On the motion of the giant stars. Ref. 12347.
J. Jacyna. Ref. 1001.
K. Jantzen. Ref. 1001.
W. Ehrenfeucht. Ref. 1001.
S. Gesundheit. Ref. 1001.
3: W. Dziewulski, Secular perturbations of the minor planet (1474), arising from action of the eight major planets. Ref. 7508.
W. Dziewulski, Visual observations of the variable stars Z, RR, X and V Lacertae. Ref. 11220.
W. Dziewulski, Visual observations of the variable stars RX and RW Camelopardalis. Ref. 11220.
W. Dziewulski, W. Iwanowska, Visual observations of the variable star SU Cygni. Ref. 11220.
W. Dziewulski, W. Iwanowska, Visual observations of the variable star SV Vulpeculae. Ref. 11220.
4: T. Rakowiecki, Détermination de l'orbite d'une binaire spectroscopique à l'aide de deux positions. Ref. 10209.
W. Dziewulski, Visual observations of the variable star SZ Cygni. Ref. 11220.
W. Dziewulski, Visual observations of the variable star RZ Cephei. Ref. 11220.
5: S. Szeligowski, Secular perturbations of (1221) Amor, arising from the actions of the eight major planets. Ref. 7536.
W. Dziewulski, Secular perturbations of the minor planet (1474), arising from action of the eight major planets. Supplement. Ref. 7509.
W. Dziewulski, W. Iwanowska, Visual observations of the variable star RX Aurigae. Ref. 11220.
A. Dziewulska, Reduction of the visual observations of the variable star RW Cassiopeiae. Ref. 11220.
A. Dziewulska, Reduction of the visual observations of the variable star AH Cephei. Ref. 11220.

6: W. **Dziewulski**, Photographic observations of the variable star X Cygni. Ref. **11220**.
W. **Dziewulski**, Visual observations of the variable star X Cygni. Ref. **11220**.
W. **Dziewulski**, Visual observations of the variable star S Sagittae. Ref. **11220**.
W. **Dziewulski**, Observations of the long-period variable star χ Cygni. Ref. **11220**.
W. **Dziewulski**, Observations of meteors. Ref. **8289**.
7: W. **Dziewulski**, Secular perturbations of the minor planet (1009) Sirene, arising from the action of Mars. Ref. **7510**.
H. **Gadzikowska**, Secular perturbations of the minor planet (1009) Sirene, arising from the action of Venus. Ref. **7514**.
H. **Iwaniszewski**, Secular perturbations of the minor planet (1009) Sirene, arising from the action of Neptune. Ref. **7517**.
W. **Dziewulski**, Secular perturbations of the minor planet (1009) Sirene, arising from the action of Mercury, Earth, Jupiter, Saturn and Uranus. Ref. **7511**.
W. **Dziewulski**, Secular perturbations of the minor planet (1009) Sirene, arising from the action of eight major planets. Ref. **7512**.
W. **Dziewulski**, Visual observations of the variable star TX Cygni. Ref. **11220**.
W. **Dziewulski**, Visual observations of the variable star V 367 Cygni. Ref. **11220**.
W. **Dziewulski**, Observations of meteors. Ref. **8289**.

Toulouse

272. Annales de l'Observatoire Astronomique et Météorologique de Toulouse.

19: E. **Paloque**, Quatrième Catalogue de Toulouse. Positions et mouvements propres des étoiles de repère de la zone +4°, +12° pour l'époque et l'équinoxe 1900.0 (Suite). Ref. **9116**.
H. **Fabre**, Théorie dissipative des rotations dans la galaxie, les astres fluides et l'anneau des astéroides. (Suite et fin). II. Le principe de la moindre dissipation appliqué à un cas barocline: analyse des rotations solaire, jovienne, saturnienne. Ref. **4303**.
P. **Lacroute**, L'équipement spectrographique de l'Observatoire de Toulouse. Ref. **2223**.
R. **Bouigue**, Sur le spectre de ζ Persei. Ref. **9582**.

Trieste

273. Osservatorio Astronomico di Trieste.

Nr. **215** : G. B. **Lacchini**, Attività dell'Osservatorio Astronomico di Trieste dal 1° gennaio 1946 al 31 maggio 1947. Ref. **1101**.
216—220 : Nicht eingegangen.
221 : E. L. **Martin**, Elenco delle pubblicazioni dell'Osservatorio Astronomico di Trieste e del suo personale dal 1923 al 31 maggio 1947. Ref. **703**.
222*: G. B. **Lacchini**, Società dei Variabilisti Italiani. Le Carte per l'osservazione.
223 : Annuario Astronomico per l'Anno bisestile 1948. AJB **48** Ref. **445**.
224 : G. B. **Lacchini**, Atlante Celeste con 43 Carte. AJB **48** Ref. **9132**.
225 : G. B. **Lacchini**, Osservazioni (474) di stelle variabili (58) fatte dall'agosto al dicembre 1948 con binocolo Zeiss (a. cm 5, ingr. 18). Ref. **11211**.
226 : Annuario Astronomico per l'Anno 1949 con due carte celesti. AJB **48** Ref. **445**.

227 : B. Cester, Il sistema binario Σ 2576. Ref. **10128**.
228 : Nitram, Sulle tastiere, con segni matematici, per macchine da scrivere. Nicht referiert.
229 : L. V. Scuor, La stella doppia visuale ω Leonis = ADS 7390. Ref. **10128**.
230 : G. B. Lacchini, Stelle variabili (Con appendice per conoscere l'ora esatta a mezzo dei segnali radio). Ref. **11212**.
231 : E. L. Martin, La coppia stretta Kuiper 1934 I = Furuhjelm 46. Ref. **10128**.
232 : G. B. Lacchini, Nozioni astronomiche varie. Ref. **439**.
233 : Annuario Astronomico per l'Anno 1950. Ref. **430**.

Turku

274. Astronomia Observatorio de Universitato de Turku.
Nr. **5**: Y. Väisälä, L. Oterma, Beobachtungen von Kleinen Planeten an der Sternwarte der Universität Turku. Ref. **7537**.

Uccle

275. Annales de l'Observatoire Royal de Belgique. Troisième série.
4 2: E. Vandekerkhove, Etude des objets célestes résultants. Ref. **2426**.
3: R. Coutrez, Contribution à l'étude de la dynamique des systèmes stellaires. Ref. **4405**.
4: S. Arend, Mesures micrométriques d'étoiles doubles. Ref. **10102**, **10123**.
S. Arend, Orbites de neuf étoiles doubles visuelles. Ref. **10128**.
L. Neven, Mesures micrométriques d'étoiles doubles. Ref. **10123**.

276. Bulletin astronomique de l'Observatoire Royal de Belgique à Uccle.
4 3: F. Moreau, J. Verbaandert, G. Becq, Heures de réception des signaux rythmés radiotélégraphiques et longitudes conclues. § **23**.
Observations photographiques de petites planètes, de comètes et de Pluton. § **75**, **81**, Ref. **7816**.
E. Vandekerkhove, Les variations d'Algol en gradients, magnitudes et discontinuité de Balmer. Ref. **11138**.
J. Hunaerts, Etude de l'objectif de l'Astrographe de Zeiss. Ref. **2029**.
J. Dommanget, Résolution du système d'équations transcendantes conduisant à la valeur du moyen mouvement μ, dans le calcul, par la méthode de Thiele-Innes, d'orbites d'étoiles doubles. Ref. **10003**.
J. Dommanget, Orbite de l'étoile double A. D. S. 6871 = B. D. S. 4668 = β 205. Ref. **10028**.
4: F. Moreau, G. Becq, Heures de réception des signaux rythmés radiotélégraphiques et longitudes conclues en 1948. § **23**.
S. Arend, F. Rigaux, Observations photographiques de petites planètes, Ref. **7549**.
S. Arend, F. Rigaux, Observations photographiques de petites planètes, de Saturne, de Pluton et de comètes à l'Astrographe Double de 40 cm. Ref. **7549**, **7701**, **7816**.
Observations d'éclipses. Ref. **6208**, **7349**, **7350**.
S. Arend, Cracoviens rotationnels. Leur utilisation dans les transformations fondamentales de coordonnées astronomiques, dans la théorie de la lunette méridienne et dans celle du théodolite. Ref. **102**.
E. Vandekerkhove, Procédé d'enregistrement direct des densités et des intensités des spectrogrammes. Ref. **2238**.
D. de Potter, Sur l'indice de couleur de la petite planète 8 Flora. Ref. **7545**.
J. Gorren, Sur le cracovien exponentiel. Ref. **110**.

277. Communications de l'Observatoire Royal de Belgique.

Nr. **6**: Rapport sur les travaux scientifiques effectués pendant l'année 1948. Ref. 1101.

7: Vgl. AJB **48** Ref. **12331**.

8: J. Warzée, Sur la résolution de l'équation intégrale fondamentale de la statistique stellaire. Ref. **4421**.

9: A. Velghe, Sur la diversité des tables d'extinction en photométrie stellaire. Ref. **7277**.

10: P. Melchior, Sur les variations de la période chandlérienne du mouvement du pôle et la rigidité de la Terre. Ref. **13219**.

11: R. Coutrez, Amélioration des fonctions de fréquence à plusieurs variables dans le cas où les variables sont déterminées avec une erreur dont on connaît la distribution statistique. Ref. **109**.

12: Loodts, Le rattachement de l'Observatoire royal d'Uccle à la triangulation du Royaume. Ref. **13216**.
Loodts, La détermination d'un azimut astronomique à l'Observatoire d'Uccle. Ref. **13217**.

13: J. Warzée, Correction d'une erreur systématique affectant les densités stellaires dans l'espace calculées par une méthode numérique. Ref. **4422**.

Upper Darby

278. Publications of the University of Pennsylvania. Astronomical Series.

7 1: S. G. Barton, C. P. Olivier, 1162 measures of 1125 double and multiple stars made with the eighteen-inch refractor of the Flower Astronomical Observatory. Ref. **10123**.

279. Flower Observatory of the University of Pennsylvania. Reprint.

Nr. **61**: D. A. MacRae, Stellar photometry with a rotating sector. Ref. 2417.

62—67: Vgl. AJB **46**.

68—72: Vgl. AJB **47**.

73: Vgl. AJB **48**.

74: S. G. Barton, The Quaker calendar. Ref. **3304**.

75: C. P. Olivier, Meteor notes (January, 1948—December, 1948). Vgl. AJB **48** Ref. **8225**.

76: I. M. Levitt, The problem of eclipsing binaries. Ref. **11123**.
I. M. Levitt, Photometric research on the eclipsing variable ZZ Cassiopeiae. Ref. **11124**.

77: C. P. Olivier, Meteor notes (January, 1949—December, 1949). Ref. **8241**.

Uppsala

280. Uppsala Astronomiska Observatoriums Annaler.

2 6: C. Schalén, Neuere Untersuchungen über die interstellare Materie. Ref. **12522**.

3 1: K. G. Malmquist, Å. Wallenquist, The Uppsala Observatory expeditions to North Sweden for studying the total solar eclipse of July 9, 1945. I, II. Ref. **6204**.

2: Å. Wallenquist, Photoelectric photometry at the Uppsala Observatory. Ref. **2240**.

3: C. Schalén, Spectra, magnitudes and colours of stars in regions of different galactic latitude. II. +40° galactic latitude. Ref. **12336**.

281. Meddelanden från Astronomiska Observatorium Uppsala.

Nr. **92**: Å. Wallenquist, On the photometry of double stars. Ref. **10119**.
93: E. Lyttkens, On a class of conditional distributions, connected with some astronomical problems. Ref. 122.
94: E. Lyttkens, On a class of multidimensional conditional characteristic functions and semi-invariants. Ref. 123.
95: E. Lyttkens, A generalisation of the multidimensional A-series. Ref. 124.
96: Å. Wallenquist, A photoelectric study of the eclipsing variable BD +31° 3932. Ref. 11139.
97: E. Lyttkens, Determination of unknown distributions by means of conditional frequency functions. Ref. 125.
98: O. Eklöf, Blue and red magnitudes in the Auriga region. I. Preliminary note. Ref. **12316**.
99: B. Westerlund, A method for the determination of stellar magnitudes and colours. Ref. **2427**.

Utrecht

282. Recherches Astronomiques de l'Observatoire d'Utrecht.

11 2: H. C. van de Hulst, The solid particles in interstellar space. Ref. **5305**.

Victoria

283. Publications of the Dominion Astrophysical Observatory Victoria, B. C.

8 1: K. O. Wright, A study of line intensities in the spectra of four solar-type stars. Ref. **9575**.
2: R. M. Petrie, New radial velocities of nineteen bright members of the Ursa Major cluster and the space motion of the nucleus stars. Ref. **12361**.
3: T. S. Jacobsen, R. P. Kraft, The spectrographic orbit of H. D. 198784. Ref. **10221**.
4: J. K. McDonald, The spectrographic orbits and dimensions of the eclipsing binary H. D. 193611. Ref. **10221**, **11224**.

284. Contributions from the Dominion Astrophysical Observatory.

Nr. **10**: R. M. Petrie, Wave-length standards for radial-velocity determinations, II. The «A» stars with high dispersion. Ref. **9220**.
11: R. M. Petrie, Wave-length standards for radial-velocity determinations, III. The A-stars with single-prism dispersion. Ref. **9221**.
12: J. K. McDonald, Wave-length standards for radial-velocity determinations, IV. The solar-type stars with low dispersion. Ref. **9219**.
13: R. M. Petrie, S. S. Girling, A new projection instrument for the rapid determination of stellar radial velocities. Ref. **2232**.
14: E. van Dien, Axial rotation of the brighter stars in the Pleiades cluster. Ref. **12112**.
15—16: Vgl. AJB **48** S. XLII.
17: K. O. Wright, E. van Dien, The spectrum of Epsilon Aurigae, 1946—1948. Ref. **11143**.
18: T. S. Jacobsen, Radial-velocity curves for Delta Cephei from lines of different chromospheric levels. Ref. **11163**.
20: A. McKellar, Isotopes in stellar atmospheres. Ref. **9539**.
21: H. L. Welsh, The extent of the chromosphere of the K-type component of Zeta Aurigae. Ref. **11141**.

Warschau

285. Institut d'Astronomie Pratique de l'Ecole Polytechnique de Varsovie. Publication.
Nr. 25: F. Kępiński, Barycentric reductions of the sun co-ordinates X, Y, Z for the years 1940—1946. Ref. 3110.

286. Circular of the Astronomical Observatory of the Warsaw University.
Nr. 23: J. Pagaczewski, M. Mazur, J. Gadomski, Observations of visual total brightness of comets. § 81.
24: J. Pagaczewski, TY Capricorni. AB Cassiopeiae. RW Ceti. The light elements of the variable star RW Comae. New light-elements of eclipsing binary EP Monocerotis. XY Puppis. Ref. 11220.
M. Mazur, RZ Cassiopeiae. X Trianguli. Ref. 11220.
A. Lisicki, TV Cassiopeiae. Ref. 11220.

Washington

286. Astronomical Papers prepared for the use of the American Ephemeris and Nautical Almanac.
11 2: G. M. Clemence, First-order theory of Mars. Ref. 7405.

287. Publications of the United States Naval Observatory. Second Series.
16 part 1: C. B. Watts, A. N. Adams, Results of observations made with the six-inch transit circle 1925—1941. Observations of the sun, moon, and planets. Catalog of 2383 stars for 1925,0. Catalog of 1536 stars for 1950,0. Corrections to GC and FK3. Ref. 9122, 9123.

288. United States Naval Observatory Circular.
Nr. 1: Tracks of total solar eclipses in 1952, 1953, 1954. Ref. 6210.
2: Tracks of total solar eclipses in 1955, 1956, 1957. Ref. 6211.
3: L. T. Day, Positions, areas, and counts of sunspots. January—April, 1948. Ref. 6359.
4: L. T. Day, Positions, areas, and counts of sunspots. May—July, 1948. Ref. 6359.
5: Ephemeris of Juno, 1949—50. Ref. 7549.
6: L. T. Day, Positions, areas, and counts of sunspots. August-October, 1948. Ref. 6359.

289. Smithsonian Miscellaneous Collections.
111 12: L. B. Aldrich, Note on Fowle's spectroscopic method for the determination of aqueous vapor in the atmosphere. Ref. 7235.
13: C. G. Abbot, Short periodic solar variations and the temperatures of Washington and New York. Ref. 6801.
14: L. B. Aldrich, The Abbot silver-disk pyrheliometer. Ref. 2102.

290. Smithsonian Institution. Publication.
3957: E. H. Krause, High-altitude research with V-2 rockets. Ref. 13407.
3962: E. P. Henderson, American meteorites and the national collection. Ref. 8308.
3981: C. G. Abbot, Montezuma solar-constant values and their periodic solar variations. Ref. 6501.

Wellington, N. Z.

291. Astronomical Bulletin.
Nr. 28: Report of the Carter Observatory Board for the year ended 1949, March 31. Ref. 1101.
29: I. L. Thomsen, Manual for visual observations of the aurora australis. Ref. 2077.
30: Programme for public sessions, 1950. Ref. 1234.

Wien

292. Mitteilungen der Wiener Sternwarte.
4 5: K. Graff, Raumverfärbung in der Milchstraße nach photoelektrischen und visuell-kolorimetrischen Messungen. Ref. 12510.
6: K. Graff, Zur photographischen Photometrie der Vollmondformationen. Ref. 7310.
7: H. Roth, Ortsbestimmung von 433 Punkten hoher Albedo auf einer Vollmondaufnahme. Ref. 7321.
8: T. Widorn, Eine Beziehung zwischen Radius und Masse und über den Aufbau der inneren Planeten. Ref. 7028.
9: T. Widorn, Zur absoluten Helligkeit extragalaktischer Nebel. Ref. 12421.

Wrocław (Breslau)

293. Contributions from the Wrocław Astronomical Observatory.
Nr. 3: E. Rybka, Photovisual magnitudes of 635 stars north of $\delta = +80°$. Ref. 9409.

Zürich

294. Publikationen der Eidgenössischen Sternwarte Zürich.
9 3: M. Waldmeier, Heliographische Karten der Photosphäre für das Jahr 1948. Ref. 6644.

295. Astronomische Mitteilungen der Eidgenössischen Sternwarte Zürich.
Nr. 156: M. Waldmeier, Die Sonnenaktivität im Jahre 1947. Ref. 6359.
157: M. Waldmeier, Aktivitätszonen und Zirkulation in der Sonnenkorona. Ref. 6714.
158: M. Waldmeier, Beobachtungen der Korona während der Sonnenfinsternis vom 1. November 1948. Ref. 6207.
159: M. Waldmeier, Die Sichtbarkeitsfunktion der Sonnenfackeln. Ref. 6356.
160: M. Waldmeier, Über die Möglichkeit fortlaufender Koronabeobachtungen. Ref. 6715.
161: M. Waldmeier, Die Sonnenaktivität im Jahre 1948. Ref. 6359.
162: M. Waldmeier, Der Eruptionenindikator. Ref. 2239.
163: M. Waldmeier, Das Spektrum der Protuberanzen und chromosphärischen Eruptionen im Gebiet 4900—6700 Å. Ref. 6637.
164: M. Waldmeier, Die Variation der monochromatischen Gesamtemission der Sonnenkorona im 11jährigen Zyklus. Ref. 6716.

296. M. Waldmeier, Tätigkeitsbericht der Eidgenössischen Sternwarte Zürich für das Jahr 1948. Ref. 1101.

297. Quarterly Bulletin on Solar Activity Nr. 83/84. Ref. 6359, 6543, 6644, 6717.

Erster Teil

Allgemeines

§ 1

Mathematisches

101. **L. Arbey,** Les erreurs d'observations considérées comme liées. BA **14** 75—87, 89—144, mit 1 Fig. — Die Arbeit behandelt die statistische Auswertung von Beobachtungsreihen, bei denen die einzelnen Beobachtungswerte nicht völlig unabhängig voneinander sind, sondern eine gewisse Abhängigkeit besteht, die dadurch hervorgerufen wird, daß bestimmte Fehlerursachen über kürzere oder längere Zeiträume hinweg einseitig wirken. (Beispiel: variable persönliche Fehler bei Einstellungen oder Schätzungen). Im mathematischen Ansatz wird der bei einer bestimmten Messung begangene Fehler angesetzt als Funktion der bei den vorangegangenen Messungen begangenen Fehler der gleichen Art, d. h. jeder Fehler wirkt bei einer mehr oder weniger großen Zahl der folgenden Messungen nach einem bestimmten Gesetz nach. Verschiedene solcher Gesetze werden diskutiert, wobei besonders Formeln abgeleitet werden für die Korrelationskoeffizienten zwischen den einzelnen Beobachtungswerten. An einem Beispiel werden diese Formeln angewandt, um eine «innere Abhängigkeit» in dieser Beobachtungsreihe nachzuweisen. Wichtig ist auch die Formel für den mittleren Fehler des Endwertes, der größer wird, als im Falle unabhängiger Beobachtungen. Bo.

102. **S. Arend,** Cracoviens rotationnels. Leur utilisation dans les transformations fondamentales de coordonnées astronomiques, dans la théorie de la lunette méridienne et dans celle du théodolite. BAB **4** Nr. 4 S. 64—70. — Nach Definition der eine Rotation um die drei Achsen eines rechtwinkligen Koordinatensystems darstellenden Krakoviane **p** (n), **q** (n) und **r** (n) werden mit ihrer Hilfe die in der Astronomie üblichen Koordinatentransformationen in Matrizenform gebracht, wird ihre Anwendbarkeit bei der Reduktion von Meridiankreisbeobachtungen und für die Theorie des Universalinstrumentes gezeigt. Böh.

103. **T. Banachiewicz,** Doolittle contra Doolittle and the Gaussian algorism. AA(a) **4** 177—178. — Es wird auf einen Irrtum in dem Lehrbuch von P. Herget «The computation of orbits» hingewiesen. In dem Kapitel über die Methode der Kleinsten Quadrate wird zur Auflösung der Normalgleichungen das Verfahren von Doolittle empfohlen und dabei auf das Buch «Practical Astronomy» von Doolittle verwiesen. In diesem Buch ist aber nur der Gauß'sche Algorithmus behandelt! Der Irrtum rührt daher, daß der Verfasser des Buches, C. L. Doolittle, nicht identisch ist mit dem Entdecker des Doolittleschen Rechenschemas, nämlich M. H. Doolittle. Zum Schluß wird noch kurz auf die Vorteile der neueren Methoden gegenüber Gauß hingewiesen. Bo.

104. **T. Banachiewicz,** On the use of Cracovians for theoretical purposes in pure and applied mathematics. AA(c) **4** 97—100. — Die Krakovianen sind nicht nur für das numerische Rechnen vorteilhaft, sondern auch für die Theorie von Nutzen, wie durch Aufzählung verschiedener Anwendungen gezeigt wird. T. L.

105. **T. Banachiewicz,** Les cracoviens et quelques-unes de leurs applications en Géodésie. Bull. Soc. Amis Sci. Lettres Poznań, Séance du 6 Avril 1949, 39 S. = Cracow Obs. Repr. Nr. **25.** — Die wichtigsten Formeln für das Rechnen mit Krakovianen, insbesondere auch für das Ausziehen der Quadratwurzel und die Division, sowie die Multiplikation und Transformation von Polynomen, werden gegeben. Es folgen einige Anwendungen auf spezielle geodätische Probleme und schließlich die Auflösung eines Gleichungssystems ohne und mit Bedingungsgleichungen in der Krakovianentheorie. T. L.

106. **T. Banachiewicz,** Fragmento de novo algorithmo de methodo de minimo quadratos. Rocznik Astronomiczny Obserwatorjum Krakowskiego 1949, Supplemento Internationale Nr. **20,** S. 87—95. — Die Auflösung eines Systems von Normalgleichungen mittels der Quadratwurzelmethode der Krakovianentheorie kann durch Hinzufügen einer weiteren Gleichung mit einer neuen Unbekannten im Ergebnis symmetrisch gemacht werden. Eine weitere Auflösungsart ergibt sich durch Aufspaltung der Koeffizientenkrakoviane in zwei „proportionale Faktoren". Schließlich werden die beiden Methoden untereinander und mit früheren verglichen. T. L.

107. **G. Boaga,** Calcolo numerico. Milano, Editoriale Fasani, 1948. 472 S. — Ausführliches Lehrbuch des numerischen Rechnens. Die Hauptteile behandeln: I. Die elementaren Operationen, Entwicklungen in Reihen, Logarithmen und Determinaten; II. Graphische Lösungen von Gleichungen; III. Numerische Lösungen von Gleichungen; IV. Interpolation, bestimmte Integrale und Integration der Differentialgleichungen; V. Empirische Formeln. F. Z.

108. **E. C. Bower,** Natural circular functions for decimals of a circle. AJ **54** 161—163.

109. **R. Coutrez,** Amélioration des fonctions de fréquence à plusieurs variables dans le cas où les variables sont déterminées avec une erreur dont on connaît la distribution statistique. Commun. Obs. Roy. Belgique Nr. **11,** 11 S. — Die vom Verf. in BAB **3** 329 (AJB **46** Ref. **1703**) für ein Argument entwickelte Methode, die wahre Verteilung aus der beobachteten herzuleiten ohne Voraussetzung eines speziellen Verteilungsgesetzes der Beobachtungsfehler, mit denen das Argument behaftet ist, wird auf mehrere Argumente ausgedehnt und für zwei Argumente explizit durchgeführt (die Anwendung auf mehr als zwei Argumente bietet keine Schwierigkeit). Zum Schluß werden die Formeln bei Annahme spezieller Verteilungsgesetze der Beobachtungsfehler angegeben. Böh.

110. **J. Gorren,** Sur le cracovien exponentiel. BAB **4** Nr. 4 S. 78—79. — Definition der Exponentialkrakoviane (eine spezielle Rotationskrakoviane, bei der die Kreisfunktionen durch die hyperbolischen Funktionen ersetzt sind), Ableitung der für sie geltenden Reihengesetze, Anwendung auf die Lorentz-transformation, Zusammenhang mit den reellen Drehungen. Böh.

111. **S. Herrick jr.,** Smoothing. Publ AAS **9** 261, 1939. — Ref. AAS.

112. **M. Herzberger,** The normal equations of the method of least squares and their solution. Quart. Appl. Math. **7** 217—223. — Ref. in Math. Rev. **11** 57.

113. **H. Jeffreys,** Theory of Probability. Oxford, Clarendon Press; London, Oxford University Press, 1948. International Series of Monographs on Physics. 2. Auflage. 8 + 412 S. Preis 30 s. net. — Besprechung in Nature **163** 464—465 (D. G. Kendall).

114. **W. Jenne,** Zur Auflösung linearer Gleichungssysteme. AN **278** 73—95, mit 25 Abb. — Ref. in Math. Rev. **11** 692.

115. **K. Katterbach, H. Krause,** Die Logarithmen der Integralexponentialfunktionen. ZfA **26** 137—146. — Ref. in Math. Rev. **11** 618.

116. **F. Koebcke,** On a method of integration of the one-dimensional equation of thermal conductivity, when the surface temperature is a given function of time. Bull. Soc. Amis Sci. Lettres Poznań (B) **10** 213—221, mit 2 Fig. = Poznań Repr. Nr. **19**.

117. **V. Kourganoff, C. Pecker,** Sur le choix des formules d'intégration numérique dans la résolution des équations intégro-différentielles de transfert (rayonnement, neutrons) par la «méthode des ordonnées discrètes». Ann d'Astrophys **12** 247—263, mit 7 Fig. — In seinen ausgedehnten Untersuchungen über das Strahlungsgleichgewicht in Sternatmosphären entwickelt Chandrasekhar im Anschluß an Wick eine Lösungsmethode, die wesentlich auf der Gauß'schen Quadraturformel beruht. In der vorliegenden Arbeit wird die Zweckmäßigkeit der ausschließlichen Verwendung dieser Formel geprüft und für einige Fälle nachgewiesen, daß unter Umständen andere Verfahren zur numerischen Integration z. B. das von Tschebycheff oder das von Newton-Cotes vorzuziehen sind. Kdr.

118. **D. K. Kulikow,** Die Anwendung der Lochkartenmaschinen zur Multiplikation trigonometrischer Reihen. BIA **4** Nr. 6 (59) S. 283—286.

119. **L. La Paz,** Trigonometric solution of the quadratic. Publ ASP **61** 222—224.

120. **G. Lemaître,** Interpolation dans la méthode de Runge-Kutta. Ann. Soc. sci. Bruxelles (1) **61** 106—111 = Publ. Laboratoire Astr. Géod. Univ. Louvain Nr. **107**.

121. **G. Lemaître,** Calcul des intégrales elliptiques. Bull. Acad. royale Belgique, Cl. Sci., Séance 6 mai 1947 = Publ. Laboratoire Astr. Géod. Univ. Louvain Nr. **108**, 12 S.

122. **E. Lyttkens,** On a class of conditional distributions, connected with some astronomical problems. Ark Astr **1** 11—25 = Medd. Astr. Obs. Uppsala Nr. **93**.

123. **E. Lyttkens,** On a class of multidimensional conditional characteristic functions and semi-invariants. Ark Astr **1** 27—45 = Medd. Astr. Obs. Uppsala Nr. **94**.

124. **E. Lyttkens,** A generalisation of the multidimensional A-series. Ark Astr **1** 47—57 = Medd. Astr. Obs. Uppsala Nr. **95**.

125. **E. Lyttkens,** Determination of unknown distributions by means of conditional frequency functions. Ark Astr **1** 69—75 = Medd. Astr. Obs. Uppsala Nr. **97**.

125a. **S. Miyahara,** Determination of the normal co-ordinates by the contact transformation. Publ. Astr. Soc. Japan **1** 85—90. — Über die Untersuchungen von E. T. Whittaker (Analytische Dynamik § 184) hinausgehend wird bewiesen, daß eine Bestimmung der Normalkoordinaten durch eine Berührungstransformation auch dann möglich ist, wenn die Determinantengleichung $f(s) = 0$ mehrfache Wurzeln und die Wurzeln Null hat. Böh.

126. **G. de Nockere,** Tables numériques des polynomes de Legendre $P_{n,o}$ (cosΘ) et des fonctions associées $P_{n,j}$ (cosΘ) ainsi que de leurs intégrales P jusqu'à n = 15 et j = 4, pour l'argument Θ (colatitude) variant de degré en degré. Acad. roy. Belgique, Cl. Sci., Mem. **24** fasc. 4, 166 S. = Inst. Astr. Bruxelles (2) Nr. **46**. — Ref. in Math. Rev. **11** 618 (J. C. P. Miller).

127. **E. Pajares,** Sobre el cálculo gráfico de valores medios. Urania Barcelona **34** Nr. 220 S. 136—150, mit 7 Fig. = Seminario Astr. Geod. Univ. Madrid Publ. Nr. **2**. — Es handelt sich um eine graphische Methode zur sukzessiven Bestimmung von Mittelwerten einer diskreten Variablen oder von Größen, die in eine solche verwandelt werden können. Sie zeichnet sich durch ihre Schnelligkeit aus, wenn auch in gewisser Weise auf Kosten der Exaktheit. Es werden Methoden für die graphische Berechnung des arithmetischen, geometrischen und harmonischen Mittels (diese Mittel mögen einfach oder zusammengesetzt sein) gegeben. Torroja

128. **A. Reiz,** On quadrature formulae. Proc. Cambridge Philos. Soc. **46** 119—126 = Lund Medd (2) Nr. **127**.

129. **H. Römpp,** Die Wunderwelt der Atome. München, Bernhard Funck Verlag, 1949. 192 S. mit 34 Abb. Preis 9.— DM. — Besprechung in Sternenwelt **1** 287.

130. **F. K. Rubbert,** Zur Praxis der numerischen Integration. AN **277** 161—166. — Ref. in Math. Rev. **11** 266. — Statt der von Adams angegebenen Extrapolationsformel benutzt man heute die einfachere Formel von Nyström; sie kann durch eine Iterationsformel mit gleich einfachen Koeffizienten ergänzt werden. Auch der Extrapolationsformel von Störmer für Differentialgleichungen zweiter Ordnung läßt sich eine sehr einfache Iterationsformel an die Seite stellen. Die Anwendung von Differenzen negativer Ordnung ergibt weitere Vorteile. Die genaue Stellenzahl wird zweckmäßig durch eine einfache Rückwärtsrechnung festgestellt. Entsprechende Formeln für Differentialgleichungen höherer Ordnung werden angegeben. Alle Entwicklungskoeffizienten lassen sich durch Bernoullische Zahlen ausdrücken. Verf.

131. **W. Schmeidler,** Vorträge über Determinanten und Matrizen mit Anwendung in Physik und Technik. Berlin, Akademie-Verlag, 1949. 8 + 155 S. Preis brosch. 10.– DM. — Besprechung in AN **277** 276 (J. Wempe).

132. **H. Strassl,** Nomogramme zur Lösung astronomischer Aufgaben. Erste Folge. Veröff. Univ.-Sternw. Bonn Nr. **36**, 14 S. mit 7 Nomogrammen. — Die Arbeit behandelt sieben Nomogramme, die als praktische Hilfsmittel für zahlenmäßige Rechnungen bei vier verschiedenen Aufgaben gedacht sind und zwecks bequemer Handhabung in Form loser Blätter dargeboten werden. A. Nr. 1 und 2 sind zwei selbständige verschiedene Nomogramme für die gleiche Aufgabe: Berechnung genäherter Präzessionswerte in Rektaszension und Deklination für t Jahre. B. Nr. 3, 4 und 5 bilden drei selbständige, ganz verschieden ausgeführte Darstellungen der Keplerschen Gleichung. C. Nr. 6 vermittelt den Übergang zwischen Sterngrößenklassen und Intensitäten. D. Nr. 7 gibt den Zusammenhang zwischen scheinbarer und absoluter Helligkeit einerseits und Entfernung andererseits bei gleichförmiger interstellarer Absorption. Verf.

133. **H. Strassl,** Nomographische Hilfsmittel, insbesondere zur Bahnbestimmung. Himmelswelt **56** 141. — Ref. AG.

134. **T. Ura, T. Takenouchi,** On mechanical quadratures. TAB (2) Nr. **16** S. 123—128. — Es werden Formeln entwickelt zur numerischen Auswertung von einfachen und Doppelintegralen nach der Summenmethode bei beliebigen Integrationsgrenzen. Das Verfahren ist durch je ein Beispiel erläutert; für die Interpolationskoeffizienten ist eine Tafel beigegeben. Böh.

§ 2

Physikalisches

* * **L. H. Aller, C. W. Ufford, J. H. van Vleck,** Multiplet intensities for the nebular lines ^4S—^2D of O II. Vgl. Ref. **12202.**

201. **H. Bartels,** Über Linienemission aus inhomogener Schicht. II. Teil. Z. f. Phys. **126** 108—140, mit 7 Abb. — Ref. des 1. Teiles (Z. f. Phys. **125** 597—614) und des 2. Teiles in ZfMG **31** 237. — Es wird die Theorie der „Linienkontur bei konstanter Linienform" unter sehr allgemeinen Voraussetzungen auf den Fall erweitert, daß die Linienform in der emittierenden Schicht variiert. Es wird der Verlauf der Kontur und sein Zusammenhang mit dem Aufbau der emittierenden Schicht diskutiert. Abschließend wird auf einige wesentliche Unterschiede hingewiesen, die in bezug auf Voraussetzungen und Methode zwischen der Behandlung des vorliegenden Problems und der Behandlung astrophysikalischer Problemstellungen bestehen. Verf.

202. **D. R. Bates, M. J. Seaton,** The quantal theory of continuous absorption of radiation by various atoms in their ground states. II. Further calculations on oxygen, nitrogen and carbon. MN **109** 698—704, mit 1 Fig. — Unter Benützung von Austausch-Wellenfunktionen und der Dipol-Moment- und Dipol-Geschwindigkeit-Formeln werden die Absorptionsquerschnitte für Strahlung des atomaren Sauerstoffs, Stickstoffs und Kohlenstoffs berechnet und an den Seriengrenzen dafür die Werte 2.6 für O, 9 für N und 11 für C (Einheit: 10^{-18} cm^2) gefunden. Kdr.

203. **E. Bergstrand,** A preliminary determination of the velocity of light. Ark Mat Astr Fys **36** A Nr. 20, 11 S. mit 7 Fig. — $c = 299\,796 \pm 2$ km/sec.

204. **L. Biermann, K. Lübeck,** Wellenfunktionen und Oszillatorenstärken im Grenzkontinuum der Spektren von Mg II und Si II. ZfA **26** 43—50, mit 1 Abb. = Mitt. Sternw. Hamburg-Bergedorf **21** Nr. 209. — Es werden die in Babelsberg und Hamburg-Bergedorf durchgeführten Berechnungen kontinuierlicher Wellenfunktionen und der zugehörigen Übergangswahrscheinlichkeiten für die Ionen Mg II und Si II beschrieben. Verf.

205. **L. Biermann, E. Trefftz,** Wellenfunktionen und Übergangswahrscheinlichkeiten der Leuchtelektronen des Atoms Mg I. I. Teil. ZfA **26** 213—239, mit 3 Abb. — Nach den von Fock abgeleiteten Wellengleichungen für Mehrelektronensysteme werden normierte Wellenfunktionen für die Zustände ^1S (3 s, 3 s), ^1P (3 s, 3 p), ^3P (3 s, 3 p), ^3D (3 s, 3 d), ^3F (3 s, 4 f) des Mg I berechnet. Die Orthogonalität der Wellenfunktionen ist ausreichend gegeben, ohne daß sie explizit berücksichtigt wurde. Auf die Polarisation wurde Rücksicht genommen. Oszillatorenstärken und Übergangswahrscheinlichkeiten der Mg I-Linien λ 2852, λ 3832 und λ 14877 werden angegeben. Die quantentheoretischen Grundlagen und das Rechenverfahren dieser ersten Rechnungen zur Ermittlung von Wellenfunktionen und Übergangswahrscheinlichkeiten eines Zweielektronensystems werden ausführlich beschrieben. Micz.

206. **Z. Bochníček,** On the determination of the colour temperature from the continuous spectrum. Publ. Inst. Astr. Univ. Prague (2) No. **23,** 21 S. mit 7 Fig. — Enthält Übersicht der klassischen Theorie des Strahlungsgleichgewichtes in den photosphärischen Schichten und Anwendung einer visuellen dichromatischen Methode zur Bestimmung der Farbtemperatur mittels zwei schmaler Filter Zeiss K3 und K6. Beigefügt sind Messungen der Farbtemperatur der normalen Hefnerkerze $T_e = 1830 \pm 8$ Grad, der Sonnenphotosphäre $T_e = 6470 \pm 100$ Grad und des diffusen Tageslichtes im Zenith $T_e = 16000$ Grad. Die entwickelte Methode ist sehr rasch und genau. Verf.

207. **S. Chandrasekhar,** Turbulence — a physical theory of astrophysical interest. ApJ **110** 329—339. — Nach Erläuterung der Bedeutung des Turbulenzphänomens in der Astrophysik an einigen charakteristischen Beispielen wird über die neuere Entwicklung der Turbulenztheorie im Anschluß an Kolmogoroff, Heisenberg u. a. referiert. Kdr.

208. **S. Chandrasekhar,** Turbulence — a physical theory of astrophysical interest. Sky and Telescope 8 279—280. — Ref. AAS.

209. **W. W. Coblentz,** Note on the spectral reflectivity of rhodium. Publ AAS **10** 9, 1940. — Ref. AAS.

210. **W. W. Coblentz,** The emissivity and energy distribution of Tungsten in the photographic region of the spectrum. Publ AAS **10** 222—223, 1942. — Ref. AAS.

211. **A. Daudin, C. Fehrenbach,** Note sur les bandes isotopiques du système rouge de CN. Ann d'Astrophys **12** 79. — Verf. weisen auf die Unverträglichkeit ihrer Ergebnisse bezüglich spektraler Isotopieeffekte des CN-Moleküls in CR **222** 1083 und **225** 1127 mit einer neuen Analyse des roten Bandensystems dieses Moleküls von Herzberg und Phillips hin und stellen neue Rechnungen in Aussicht. Micz.

212. **W. H. Davis,** Self-consistent field with exchange for Ca XIII. ApJ **110** 17—20. — Im Hinblick auf die Bedeutung des Ca XIII in der Sonnenkorona werden für den 3 P-Grundzustand dieses Ions Wellenfunktionen nach den Methoden von Hartree und von Fock berechnet und die daraus sich ergebenden Werte der Energiedifferenzen für die dem Ca XIII zuzuordnende Koronalinie mit den beobachteten Werten verglichen. Kdr.

213. **J. V. Garwick,** Sur la surface libre d'un bain de mercure. BA **14** 145—151.

214. **A. Gatterer, J. Junkes,** Atlas der Restlinien. Vol. **3**. Spektren seltener Metalle und einiger Metalloide. Specola Vaticana. Laboratorio Astrofisico, 1949. Preis **$** 25. 80 S. mit 42 photographischen Aufnahmen.

215. **L. Goldberg, L. H. Aller,** Continuous absorption coefficients for complex atoms. Publ AAS **10** 162, 1942. — Ref. AAS.

216. **L. C. Green,** Oscillator strengths for the continua of Ca II. ApJ **109** 289—297. — Durch numerische Integration der Schrödinger-Gleichung werden Wellenfunktionen und daraus Werte der Größe $df/d\varepsilon$ für Übergänge aus den drei niedrigsten Zuständen von Ca II in die zugeordneten Kontinua berechnet und ihre noch gering einzuschätzende Zuverlässigkeit diskutiert. Kdr.

217. **G. R. Harrison, R. C. Lord, J. R. Loofbourow,** Practical Spectroscopy. New York, Prentice-Hall, Inc., 1948. 605 S. mit Abb. Preis **$** 6,65. — Besprechung in Rev. Sci. Instruments **20** 315 (A. G. Shenstone), Sky and Telescope **9** 13—14 (L. Goldberg).

218. **H.-U. Harten,** Zur Streureflexion an matten Oberflächen. Z. f. Phys. **126** 27—34, mit 8 Abb. — An ZnO-Schichten verschiedener Körnung wird die Streureflexion im Bereich der Einfallsebene gemessen und mit licht- und elektronenmikroskopischen Aufnahmen verglichen. Das Spiegelungsvermögen der Schichten steigt in grober Näherung exponentiell mit dem Einfallswinkel bis zum Grenzwert 1 an. Auch das Streuvermögen nimmt mit dem Einfallswinkel stark zu. Sein Maximum liegt keineswegs symmetrisch zur Spiegelungsrichtung. Verf.

219. **L. Herman, R. Herman,** Phosphorescence des gaz par suite d'une recombinaison atomique ou ionique. Publ. Obs. Lyon **5** Nr. 4, 7 S. mit 3 Fig. — Es wird zusammenfassend über Laboratoriumsuntersuchungen an der Sternwarte Lyon berichtet, die zum Ziel haben, die Emissionsspektren der Gase, angeregt durch Stöße 2. Art, zu studieren. Eingegangen wird auf Rekombination von Atomionen mit Elektronen (Edelgase, Sauerstoff, Wasserstoff), Molekülen mit Elektronen (Stickstoff) und Atomen mit Atomen (Stickstoff, Kohlenstoff, Sauerstoff). Micz.

220. **R. Herman, L. Herman,** Excitation au laboratoire des bandes de Vegard-Kaplan de l'azote correspondant à des niveaux de vibration élevés. Publ. Obs. Lyon **5** Nr. 5, 10 S. mit 2 Fig. Mit Diskussion von A. Dauvillier, L. Vegard, R. Bernard. — Es wird zunächst die von den Verf. benutzte Apparatur und Methode beschrieben, um die Vegard-Kaplan-Banden des Stickstoffs im Laboratorium anzuregen (Stickstoff geringen Partialdrucks in einer Xenonatmosphäre). Nach Ermittlung der Kurven potentieller Energie der beteiligten Zustände ($X^1\Sigma$, $A^3\Sigma$), werden die Ergebnisse zusammen mit denen betrachtet, die aus Untersuchungen von Nachthimmelspektren vorliegen. Micz.

221. **C. de Jager,** Lichtsterkte, verlichtingssterkte, helderheid. Hemel en Dampkring **47** 89—91, mit 2 Fig. — Gemeinverständliche Erläuterung der Begriffe Lichtstärke, Beleuchtungsstärke und Helligkeit. Gü.

222. **C. C. Kiess,** Wave lengths of the (0,0) band heads in the infrared system of CN. ApJ **109** 551.

223. **W. Lehmann,** Die Berechnung des Dissoziationsgleichgewichts eines Gemisches der zweiatomigen Verbindungen H_2, C_2, N_2, CH, NH, CN bei vergleichbaren Häufigkeiten der Elemente H, N und C. ZfA **26** 334—340 = Mitt. Sternw. Hamburg-Bergedorf **21** Nr. **210**[1]). — Bei vergleichbaren Häufigkeiten der Elemente in einer Gasmischung führt die Behandlung eines Dissoziationsgleichgewichts auf ein System quadratischer Gleichungen, die simultan zu lösen sind. Es wird ein Näherungsverfahren angegeben, welches relativ rasch zu ausreichend genauen Lösungswerten führt. Dasselbe wird an dem Beispiel einer Elementenmischung H, N, C erläutert. Verf.

224. **G. Lemaître,** L'hypothèse de l'atome primitif. Rev. Questions sci., 20 juillet 1948 = Publ. Laboratoire Astr. Géod. Univ. Louvain Nr. **110,** 19 S.

225. **S. O. Maisel,** Die theoretischen Grundlagen der Photometrie. Nachr. (Iswestija) Akad. Wiss. UdSSR (techn. Wiss.) Nr. **9** S. 1274—1282 (russisch).

226/7. **D. H. Menzel, D. Layzer,** The physical principles of the quantum theory. Philosophy of Science **16** 303—324, mit 3 Fig. = Harv Repr Nr. **332.** — Es werden die Prinzipien dargelegt, auf denen die klassische Physik beruht, und ihre Unzulänglichkeit beim Übergang von der Makrophysik zu atomaren Dimensionen nachgewiesen. Daran anknüpfend werden die für die quantentheoretische Betrachtungsweise charakteristischen Grundgedanken entwickelt und an einigen Beispielen erläutert. Kdr.

228. **C. E. Moore,** Progress on the revision of the multiplet table. Publ AAS **10** 256—257, 1942. — Ref. AAS.

229. **C. E. Moore,** Atomic Energy Levels as derived from the analyses of optical spectra. Volume **1.** The spectra of Hydrogen, Deuterium, Tritium, Helium, Lithium, Beryllium, Boron, Carbon, Nitrogen, Oxygen, Fluorine,

---

[1]) In ZfA irrtümlich mit Nr. 20 bezeichnet.

Neon, Sodium, Magnesium, Aluminum, Silicon, Phosphorus, Sulfur, Chlorine, Argon, Potassium, Calcium, Scandium, Titanium, and Vanadium. Circular of the National Bureau of Standards 467. Washington, 1949. 43 + 309 S. Preis $ 2.75. — Besprechung in J RAS Canada **43** 206—207, Nature **165** 7 (A. G. Gaydon), Pop Astr **57** 416—417.

230. **C. E. Moore,** Selected Tables from Atomic Energy Levels Volume I. Landé g-values ionization potentials of neutral atoms. The periodic system. Reprinted from National Bureau of Standards Circular 467. 14 S.

231. **W. Petrie,** Calibration of the King intensity scale. Publ AAS **10** 257—258, 1942. — Ref. AAS.

232. **J. G. Phillips,** The Fox-Herzberg system of the C_2 molecule. ApJ **110** 73—89, mit 1 Fig. und 1 Tafel. — Von neun neubeobachteten Banden im Spektrum des C_2-Moleküls wird gezeigt, daß sie Glieder des sogenannten Fox-Herzberg-Systems (Phys. Rev. **52** 638, 1937) sind. Dadurch wird die Ableitung verbesserter Werte der molekularen Konstanten des entsprechenden Zustands des C_2-Moleküls ermöglicht. Kdr.

233. **K. N. Rao,** Structure of the Cameron bands of carbon monoxide. ApJ **110** 304—311, mit 1 Fig. und 1 Tafel. — Aus Spektren der $^3\Pi$—$^1\Sigma$-Banden des CO (Cameron-Banden), aufgenommen mit 0.5 Å/mm bzw. 0.625 Å/mm Dispersion, werden die Rotations- und Vibrationskonstanten des Moleküls abgeleitet. Abschließend werden die Molekülkonstanten des Grundzustandes zusammengestellt. Micz.

234. **G. Righini,** La calibrazione della scala di King. Mem SA It (NS) **20** 141—157, mit 3 Fig. = Oss. e Mem. Astrofis. Arcetri Nr. **65** S. 67—85. — Mit gemessenen gf-Werten wurden die von King geschätzten Intensitäten von Spektrallinien des Fe I, Ti I und V I kalibriert.

235. **G. Righini,** Valori relativi di gf per 335 righe del Vanadio neutro. Mem SA It (NS) **20** 303—311, mit 1 Fig. = Oss. e Mem. Oss. astrofis. Arcetri Nr. **66** S. 3—11. — Anwendung der Theorie der Wachstumskurve für die Dichte auf die Emissionslinien des Vanadiums und Ableitung der gf für 335 Linien dieses Elementes. F. Z.

236. **M. Rudkjöbing,** Wave-mechanical calculation of electron collision damping constants for Fraunhofer lines. Ann d'Astrophys **12** 229—242 = Publ. Köbenhavns Obs. Nr. **150**. — Verf. untersucht die Dämpfung infolge von Stößen von Atomen und Ionen mit freien Elektronen und ihre Wirkung auf Linien des optischen Spektralbereichs. Zur Ableitung einer die Dämpfungskonstante bestimmenden Funktion von Temperatur und Elektronendichte wird für die Wechselwirkung zwischen freien und gebundenen Elektronen ein Hartree-Feld angenommen. Der Beitrag der Elektronenstoßdämpfung auf die Stärke von Absorptionslinien überwiegt bei heißen Sternen mit starker Wasserstoff- und Heliumionisation weitaus den aller sonstigen Stoßdämpfungsprozesse. Micz.

237. **W. W. Sobolew,** Über die Polarisation des gestreuten Lichtes. Abh. Shdanow-Staatsuniv. Leningrad Nr. **116** (Math. Wiss. Nr. **18**, Astr.) S. 3—16, mit 1 Fig. = Publ. Astr. Obs. Leningrad **13** 3—16 (russisch). — Das Ziel dieser Arbeit, die sich in methodischer Hinsicht von denen Chandrasekhars (vgl. AJB **45** Ref. **3614**/15) unterscheidet, ist die Ermittlung des Polarisationszustandes des gestreuten Lichtes unter Annahme des Rayleighschen Gesetzes. Nach Ableitung der die Polarisation berücksichtigenden Gleichungen des Strahlungstransportes und des Strahlungsgleichgewichtes werden diese auf ein Me-

dium unendlich großer optischer Dicke angewandt, wobei die Strahlungsverhältnisse in tiefen Schichten und die Intensitäten des diffus reflektierten und diffus durchgelassenen Lichtes ermittelt werden. Die Anwendung auf den Fall endlicher optischer Dicke soll in einem weiteren Artikel behandelt werden. Loh.

238. **W. W. Sobolew,** On the diffuse reflection and transmission of light in a plane layer of a turbid medium. DAN **69** 353—356 (russisch). — Ref. in Math. Rev. **11** 546.

239. **W. Steubing, W. Junge,** Der Stark-Effekt der Balmerserie des Wasserstoffs bei niedrigen Feldstärken. Ann. Physik **440** 108—116, mit 2 Abb. — Eine Überprüfung des Verhaltens des Stark-Effektes bis zu Feldstärken von 20000 V/cm an H_β und H_γ ergab, daß er im Bereich von 20000 bis 5000 V/cm linear verläuft, daß unterhalb von 5000 V/cm die Aufspaltung stärker als linear abnimmt (etwa mit der 2. Potenz der Feldstärke) und daß er bei 2000 V/cm verschwindet. Loh.

240. **G. A. Tichow,** Spektralanalyse und Fluoreszenz des Grüns und der Pflanzenfarben. Priroda **38** Nr. 6 S. 3—7 (russisch).

241. **S. Tolansky, J. Ranade,** High intensity reflection interferometry for weak sources. MN **109** 86—93, mit 4 Fig. und 1 Tafel. — Abänderung des Fabry-Perot Interferometers zur Messung von Wellenlängen und zur Abschätzung der Linienbreiten schwacher Lichtquellen. Loh.

242. **E. Trefftz,** Wellenfunktionen und Übergangswahrscheinlichkeiten der Leuchtelektronen des Atoms Mg I. 2. Teil. ZfA **26** 240—263. — Es werden Zustände des Mg I berechnet, an denen mehrere Elektronenkonfigurationen beteiligt sind. Die Theorie der Termmischung wird am Beispiel der durch (3p, 3p)^{1}D gestörten (3s, nd) ^{1}D-Terme dargestellt. Der Einfluß von (3p, 3p) ^{1}S auf den Grundzustand wird ebenfalls untersucht. Als teilweise sehr empfindlich gegen Termmischung erweisen sich die Oszillatorenstärken. Nach dem Verfahren von Fock werden die ungestörten (3p, 3p)-Zustände (^{1}D, ^{1}S, ^{3}P) sowie (3s, 4s) ^{3}S berechnet. Die sich ergebenden Oszillatorenstärken werden schließlich zum Teil mit Messungen von Kersten und Ornstein verglichen. Die Differenzen sind bei starken Linien gering ($< 20\%$), bei schwachen treten Abweichungen bis zu einem Faktor 4 auf. Micz.

243. **M. T. Gold,** Wave functions for Fe XIV. MN **109** 471—477. — Mit Hilfe der Hartreeschen Methode des self-consistent field werden die Wellenfunktionen der Grundfiguration (3s^{2}3p) und der dicht darüber liegenden Konfiguration 3s 3p^2 des Fe XIV ohne Berücksichtigung des Austauschs berechnet. Ferner werden die Trennung der beiden Terme der Grundkonfiguration, die Übergangswahrscheinlichkeit zwischen ihnen und die Übergangswahrscheinlichkeit für 3s 3p^2→3s^2 3p neben dem zugehörigen f-Wert ermittelt. Micz.

244. **E. Vitense,** Unter welchen Bedingungen könnte man den kontinuierlichen Absorptionskoeffizienten des negativen Wasserstoffions H^- im Laboratorium messen? Himmelswelt **56** 33—35, mit 1 Abb. — Die Ergebnisse theoretischer Überlegungen über günstige Versuchsbedingungen zur Messung des kontinuierlichen Absorptionskoeffizienten des Wasserstoffions H^- werden mitgeteilt. Zur Erzeugung des optimalen Druck- (20—30 atm) und Temperaturbereichs (10000°) wird die Verwendung von Stoßwellen vorgeschlagen. Micz.

245. **R. C. Williams,** An international comparison of standard lamps. Publ AAS **10** 34, 1940. — Ref. AAS.

246. Tables of Scattering Functions for Spherical Particles. National Bureau of Standards. Appl. Math. Ser., Nr. 4. 13+119 S. — Ref. in Math. Rev. **10** 625—626.

247. Atomic energy levels. Sky and Telescope 8 223.

§ 3

Rechentafeln, Funktionstafeln, Rechenmaschinen

301. **C. Attwood,** Practical Five-Figure Mathematical Tables. London, Macmillan and Co., Ltd., 1948. 5+74 S. Preis 3 s. — Besprechung in Nature **163** 306 (J. A. Pearce).

302. **M. Boll,** Remarques et Compléments aux Tables Numériques Universelles. Paris, Dunod, 1949. 32 S. — Ref. in Math. Rev. **10** 483.

303. **L. S. Chrenow,** Fünfstellige Tafeln der trigonometrischen Funktionen, enthaltend die natürlichen Werte der sechs trigonometrischen Funktionen für jede Minute von 0° bis 360° und die Werte der Kotangenten und Kosekanten für jede Bogensekunde von 0° 00′ bis 0° 50′ und für alle 10″ von 0° bis 10°. Moskau-Leningrad, Staatsverlag für technisch-theoretische Literatur, 1949. 2. Auflage. 104 S. Preis 4 R. 40 Kop. (russisch).

304. **L. J. Comrie,** Chamber's Six-Figure Mathematical Tables. Vol. 1: Logarithmic Values. 22+567 S. Vol. 2: Natural Values. 36+576 S. Edinburgh and London, W. and R. Chambers, Ltd., New York, N. Y., D. Van Nostrand Company, Inc., 1948—1949. Preis je 42 s. net. bzw. $ 10,00. — Besprechung in Nature **163** 972—973 (M. V. Wilkes), NAT **1949** S. 38, Math. Rev. **11** 56 (D. H. Lehmer), Obs **69** 116—118 (H. D. Sadler).

305. **F. Emde,** Tafeln elementarer Funktionen. Leipzig, B. G. Teubner Verlagsgesellschaft, 1948. 2. Auflage. 181 S. mit 83 Abb. Preis 11,60 DM. — Besprechung in Z.f. Naturforschung **4a** 318 (A. Klemm), Math. Rev. **11** 263.

306. **L. C. Green,** Wave functions with I. B. M. equipment AJ **54** 186. — Ref. AAS.

307. **J. Peters,** Dreistellige Tafeln für logarithmisches und numerisches Rechnen. Bonn, Ferd. Dümmlers Verlag, 1948. 2. Auflage. 36 S. Preis 2.40 DM. — Besprechung in AN **277** 273 (J. Wempe), Himmelswelt **56** 136, Naturwiss. Rundschau **2** 378 (J. Heinhold).

308. **J. Peters,** Sechsstellige Tafel der trigonometrischen Funktionen. Vgl. AJB **47** Ref. **905**. — Weitere Besprechung in Himmelswelt **56** 136.

309. **A. Rohrberg,** Graphische Funktionentafeln, enthaltend die Mantissen der dekadischen Logarithmen und die goniometrischen Funktionen von Minute zu Minute auf vier Stellen. Berlin SO 36, Fachverlag Schiele u. Schön, 1949. 32 S. Preis 4.50 DM. — Besprechung in Z. f. Naturforschung **4a** 479 (E. Ullrich).

310. **H. M. Sassenfeld, H. F. A. Tschunko,** Mathematische Tafeln für Mathematiker, Naturwissenschaftler, Ingenieure. 1. Teil: Elementare Funktionen. Walldorf bei Heidelberg, Verlag Fr. Lamadé, 1949. 8 + 36 S. Preis 5.75 DM. — Besprechung in AN **277** 275 (J. Wempe), Naturwiss. Rundschau **2** 377—378 (E. Mohr), Sterne **24** 183, Z. f. Naturforschung **4a** 319 (G. Reichel).

311. Five-Figure Tables of Natural Trigonometrical Functions. Vgl. AJB **47** Ref. **906**. — Weitere Besprechung in BA **13** 341 (A. Danjon), Nature **163** 347 (J. H. Pearce).

312. Tables of Bessel Functions of Fractional Order. Vol. **1**. — Vgl. AJB **48** Ref. **314**. — Weitere Besprechung in Obs **69** 118.

313. Tables of Bessel Functions of Fractional Order. Prepared by the Computation Laboratory of the National Applied Mathematics Laboratories, National Bureau of Standards. Vol. **2**. New York, Columbia University Press, 1949. 18 + 365 S. Preis $ 10.00. — Ref. in Math. Rev. **10** 483.

314. Vega-Bremiker, Logarithmisch-Trigonometrisches Handbuch. Berlin-Frankfurt/Main, Weidmannsche Verlagsbuchhandlung, 1949. 97. Auflage. Besorgt von A. Kopff. 10 + 570 S.

315. Tables of Sines and Cosines to Fifteen Decimal Places at Hundredths of a Degree. Washington, D. C., National Bureau of Standards. 95 S. Preis 40 c. — Besprechung in Obs **69** 234, Sky and Telescope 8 287.

316. Tables of Generalized Sine- and Cosine-Integral Functions. Part I. By the Staff of the Computation Laboratory. Cambridge, Mass., Harvard University Press, 1949. 38 + 462 S. Preis $ 10.00. — Part II. 8 + 560 S. Preis $ 10.00. — Besprechung in Math. Rev. **10** 572—573.

317. Tables of Inverse Hyperbolic Functions. By the Staff of the Computation Laboratory. Cambridge, Mass., Harvard University Press, 1949. 20 + 290 S. Preis $ 10.00. — Besprechung in Math. Rev. **10** 573.

318. Tables of Circular and Hyperbolic Sines and Cosines for Radian Arguments. Prepared by U. S. Department of Commerce, National Bureau of Standards, The Computation Laboratory. Mathematical Table MT3. Washington, D. C., United States Government Printing Office, 1949. 2. Auflage. 18 + 405 S. Preis $ 2,50. — Besprechung in Math. Rev. **11** 263.

319. Jahnke-Emde, Tafeln höherer Funktionen. Bearbeitet von F. Emde, Leipzig, B. G. Teubner Verlagsgesellschaft, 1948. 4. Auflage. 300 S. mit 177 Abb. Preis 11.80 DM. — Besprechung in Z. f. Naturforschung **4a** 318 (A. Klemm).

320. Tables of the Bessel Functions of the First Kind of Orders Ten, Eleven and Twelve. 10 + 636 S.

Tables of the Bessel Functions of the First Kind of Orders Thirteen, Fourteen and Fifteen. 10 + 616 S.

Tables of the Bessel Functions of the First Kind of Orders Sixteen through Twenty-seven. 11 + 764 S.

Tables of the Bessel Functions of the First Kind of Orders Twenty-eight through Thirty-nine. 9 + 694 S.

Vgl. AJB **48** Ref. **315/16**. — Weitere Besprechung dieser Fortführungen in Nature **163** 152 (W. G. Bickley).

321. Tables of the Bessel Functions of the First Kind of Orders Fifty-Two Trough Sixty-Three. By the Staff of the Computation Laboratory. Cambridge, Mass., Harvard University Press, 1949. 9 + 544 S. Preis $ 8,00. — Besprechung in Math. Rev. **11** 135.

322. Tables of the Bessel Functions of the First Kind of Orders Sixty-Four Through Seventy-Eight. By the Staff of the Computation Laboratory. Cambridge, Mass., Harvard Univ. Press, 1949. 10 + 566 S. Preis $ 8,00. — Besprechung in Math. Rev. **11** 463.

Rechenmaschinen

323. **E. C. Berkeley,** Giant Brains or Machines That Think. New York, N. Y., John Wiley & Sons, Inc., 1949. 16 + 270 S. Preis **$** 4,00. — Besprechung in Math. Rev. **11** 263.

324. **M. V. Wilkes,** Progress in high-speed calculating machine design. Nature **164** 341—343. — Konferenz in Cambridge anläßlich der Fertigstellung der als EDSAC (electronic delay storage automatic calculator) bezeichneten Rechenmaschine.

325. **M. V. Wilkes,** Electronic calculating-machine development in Cambridge. Nature **164** 557—558, mit 2 Fig.

326. High-speed orbit computing. Sky and Telescope **9** 11.

§ 4

Astronomische Jahrbücher, Ephemeriden, Kalender

401. Berliner Astronomisches Jahrbuch 1950. Herausgeber: Astronomisches Recheninstitut der Deutschen Akademie der Wissenschaften zu Berlin und Astronomisches Recheninstitut zu Heidelberg. Berlin, Akademie-Verlag, 1949. 175. Jahrgang. 16 + 112 + 428 S. mit 2 Tafeln. Preis kart. 12 DM. — Besprechung in AN **277** 276 (J. Wempe).

402. Efemérides Astronómicas para o ano de 1948. Observatório Astronómico da Universidade de Coimbra. 13 + 239 S.
Desgl. für 1949. 13 + 239 S.
Desgl. für 1950. 13 + 239 S.

403. Astronomisch-Geodätisches Jahrbuch für 1950. Herausgegeben vom Astronomischen Rechen-Institut in Heidelberg. Karlsruhe, Verlag G. Braun GmbH., 1949. 8 + 478 S. Preis 8.— DM. — Besprechung in der Österreichischen Z. f. Vermessungswesen **38** Nr. 1/2 (K. Ledersteger).

404. Astronomisches Jahrbuch der UdSSR für das Jahr 1951. Unter Redaktion von A. M. Gishizkij herausgegeben vom Institut für theoretische Astronomie der Akademie der Wissenschaften der UdSSR. Moskau-Leningrad, Verlag Akad. Wiss. UdSSR, 1949. 468 S. mit 2 Karten. Preis 75. R. (russisch).

405. Connaissance des Temps ou des mouvements célestes à l'usage des astronomes et des navigateurs pour l'an 1950, publiée par Le Bureau des Longitudes. Paris, Gauthier-Villars, 1949. 32 + 733 S.

406. Almanaque Nautico para el año 1950, publicado de orden de la superioridad por el Instituto y Observatorio de Marina de San Fernando (Cádiz) para el meridiano de Greenwich. Imprenta del Observatorio de Marina, 1949. Vol. **159**. 16 + 504 S. Preis 25 Pesetas, para el extranjero 50 Pesetas.

407. Nautical Almanac 1950. Tokyo, Hydrographic Office. Publ Nr. 681. 2 + 383 S.

408. The American Ephemeris and Nautical Almanac for the year 1951. Washington, United States Government Printing Office, 1949. 17 + 620 S. Preis geb. 3.25 **$**.

409. Apparent Places of Fundamental Stars 1950. Containing the 1533 stars in the Third Fundamental Catalogue (FK 3) of the Berliner Jahrbuch. Produced by international co-operation under the auspices of the International

Astronomical Union. Published by Order of the Lords Commissioners of the Admiralty. London, His Majesty's Stationery Office, 1949. 32 + 538 S. Preis £ 2 10 s. 0 d. net.

410. Anuário para o ano de 1950 publicado pelo Observatório Nacional Rio de Janeiro. Suplemento. Posições aparentes de 619 estrêlas e efemérides do Sol. Rio de Janeiro, 1949. 182 S.

411. Grundkalender 1950. Herausgegeben vom Statistischen Zentralamt. Berlin, Deutscher Zentralverlag, 1949. 250. Jahrgang. 124 S. Preis kart. 15.— DM. — Besprechung in AN **277** 144.

411a. Astronomische Grundlagen für den Kalender 1950. Herausgegeben vom Astronomischen Rechen-Institut in Heidelberg. Heidelberg, Universitätsverlag C. Winter, 1949. 36 S. Nicht im Handel. Preis 8.— DM. — Besprechung in Himmelswelt **56** 136.
Desgl. für 1951. 36 S. Nicht im Handel. Preis 8.— DM.

411b. Rocznik Astronomiczny Obserwatorjum Krakowskiego 1949. Supplemento Internationale Nr. **20**. Krakow 1949. 8 + 99 S. — Veränderliche, eine Arbeit von T. Banachiewicz (vgl. Ref. 106), Präzessionsgrößen, Schiefe der Ekliptik, Sternbedeckungen für Poznania, Wroclawia, Torunia, Krakowa, Warszawy.

412. The Handbook of the British Astronomical Association 1950. Twenty-ninth year of publication 1949 November. 63 S. Preis 5 s.

413. Nautisches Jahrbuch oder Ephemeriden und Tafeln für das Jahr 1950 zur Bestimmung der Zeit, Länge und Breite zur See nach astronomischen Beobachtungen. Herausgegeben vom Deutschen Hydrographischen Institut. Hamburg, Kommissionsverlag Broschek, 1949. **99**. Jahrgang. 14 + 196 S. mit 8 Sternkarten.

414. Ephémérides Nautiques ou extrait de la Connaissance des Temps pour l'an 1950, ouvrage publié par Le Bureau des Longitudes spécialement à l'usage des marins. Paris, Gauthier-Villars, 1949. 146 S. mit 2 Karten.

415. The Air Almanac 1950. Prepared by H. M. Nautical Almanac Office on behalf of the Air Ministry. London, published by His Majesty's Stationery Office, 1949. January - April, 27 + 242 S.; May - August, 27 + 248 S.; September - December, 27 + 246 S. Preis je Band 7 s. 6 d. net.

416. Himmelsalmanach 1949. Herausgegeben von der Hamburger Sternwarte. Bonn, Ferd. Dümmlers Verlag, 1948. 4. Jahrgang. 20 S. Preis kart. DM 1.50. — Besprechung in AN **277** 144.

417. Osservatorio Astrofisico di Catania, Annuario 1950. — Kalender, Sonnen-, Mond- und Planetenephemeriden, verschiedene Tabellen, zwei kleinere Artikel von E. De Caro über die Tätigkeit der Sternwarte und Sternentfernungen und ein Artikel von L. Taffara über die Sonnentätigkeit, sowie ein Nachruf zum Tode L. Gabbas. F. Z.

418. Astronomischer Kalender, Veränderlicher Teil, 1949. Herausgegeben von K. K. Dubrowskij. Gorkowsker Gebietsverlag, 1949. 82 S. Preis 2 R. 35 Kop. (russisch).

419. Astronomischer Kalender für das Jahr 1950. **5**. Jahrgang. Herausgegeben von Prof. Dr. A. Kopff. Heidelberg, C. Winter Universitätsverlag, 1949. 80 S. mit 5 Sternkarten. Preis 3.15 DM. — Besprechung in Sterne **25** 188 (C. Hoffmeister).

420. Annuaire Astronomique et Météorologique Camille Flammarion pour 1950. Publié par l'Observatoire de Juvisy. 86e année. 399 S.

421. Kurzer astronomischer Kalender für das Jahr 1949. Herausgegeben von A. J. Orlow. Kiew, Verlag Akad. Wiss. ukrain. Sowjetrepublik, 1949. 28 S. Preis 2 R. (ukrainisch).

Desgl. für 1950. 27 S. Preis 1 R. 50 Kop. (ukrainisch).

422. Anuario del Observatorio Astronómico de Madrid para 1950. Madrid, Talleres del Instituto Geográfico, 1949. 6 + 382 S.

423. Osservatorio di Brera in Milano. Anno 1950. Articoli generali del Calendario. Milano, U. Hoepli Editore, 1949. 20 S. — Kalender, Sonnen- und Mondephemeriden, einige Tafeln. F. Z.

424. Astronomischer Kalender für das Jahr 1950. Zusammengestellt von S. N. Sredinskij und T. L. Truchan. Minsk, Ges. zur Verbreitung politischer und wissenschaftlicher Kenntnisse, 1949. Preis 50 Kop. (weißrussisch).

425. Der Sternenlauf 1949. Herausgegeben im Auftrag der Vereinigung «Volkssternwarte e. V.» München, Leibniz-Verlag, 1948. 128 S. mit 46 Abb. Preis DM 5,80. — Besprechung in AN **277** 144, Gaz astr **31** 59, Himmelswelt **56** 92 (H. Strassl), Phys. Blätter **5** 193 (D. Gudzent), Pop Astr **57** 254, Sternenwelt **1** 71 (G. Schindler).

426. Annuaire pour l'an 1950 publié par Le Bureau des Longitudes, avec un supplément pour l'an 1951. Paris, Gauthier-Villars, 1949. 8 + 604 + A 15 + B 86 + C 61 S.

427. Das Himmelsjahr 1950. Herausgegeben vom Kosmos, Gesellschaft der Naturfreunde. Stuttgart, Franckhsche Verlagshandlung, 1949. Preis 3.80 DM. — Besprechung in Sternenwelt **1** 240.

428. Anuario del Observatorio Astronomico Nacional de Tacubaya para el año de 1949. Año **49**, 1949. 205 S. Preis **$** 4.00.

429. Kalender der Sternwarte Tartu. Herausgegeben von T. Rootsmjaä. Tartu, Estnischer Staatsverlag «Nautschnaja Literatura», 1949. 90 S. mit Abb. und einer beweglichen Sternkarte. Preis 12 R. (estnisch).

430. Osservatorio Astronomico di Trieste. Annuario Astronomico per l'anno 1950. Bologna, 1949. 64 S. mit 5 Fig. = Oss. Astr. Trieste Nr. **233**.

431. **P. Ahnert,** Kalender für Sternfreunde 1950. Pössneck, Rudolf A. Lang Verlag, 160 S. mit 48 Abb. und 8 Karten. Preis 4,25 DM. — Besprechung in AN **278** 144, Sterne **25** 142—143.

432. **J. Bouška, V. Guth, F. Link,** Supplément international de l'Annuaire Astronomique pour 1950. Publ. Obs. National Prague Nr. **21**, 17 S. mit 2 Fig. — Ausführliche Ephemeride der Mondfinsternisse, der Sternbedekkungen (auch während der Mondfinsternisse) und eine eintägige Ephemeride des Erdapex. J. B.

433. **W. Büdeler,** Der Sternenlauf 1948. Vgl. AJB **48** Ref. **449**. — Weitere Besprechung in Himmelswelt **56** 91—92 (K. Lübeck).

434. **W. Büdeler,** Der Sternenlauf 1950. München, Verlag W. Schütz, 1949. Preis DM 4,50.

435. **W. J. Eckert,** The construction of the american air almanac. Publ AAS **10** 249, 1942. — Ref. AAS.

436. **V. Guth, F. Link,** Hvězdářská ročenka 1950. Prag, Verlag JČMF, 1949. 108 S. mit 20 Abb. **26.** Jahrgang. — Tschechisches Astronomisches Jahrbuch, enthaltend eine ausführliche Ephemeride der Mondfinsternisse, Ephemeride der Sternbedeckungen für Prag und eintägige Ephemeride des Erdapex. J. B.

437. **R. Henseling,** Sternbüchlein 1949. 37. Jahrgang. Berlin, Palmen-Verlag (vormals Dietrich Reimer), 1949. 96 S. mit 41 Abb., 2 Tafeln und 12 Sternkarten. Preis 3.00 DM. — Besprechung in AN **277** 275 (J. Wempe), Sterne **25** 48 (C. Hoffmeister), Sternenwelt **1** 191 (W. Sandner).

Desgl. 1950. Besprechung in AN **278** 143—144, Himmelswelt **56** 189 (W. Dieckvoss), Sterne **25** 187 (C. Hoffmeister). — Berichtigung des Verf.: S. 6, Zeilen 9, 10 Saturn auf der Februarkarte rund 30 Grad hoch, 25 Grad südlich v. Ostpunkt.

438. **R. Henseling,** Planetentafel mit astronomischer Jahresübersicht und Tafel des Mondlaufs, 1949. Berlin, Palmen-Verlag (vormals Dietrich Reimer), 1949. Preis 1.00 DM. — Besprechung in Sternenwelt **1** 191 (W. Sandner).

439. **G. B. Lacchini,** Nozioni astronomiche varie. Oss. Astr. Trieste Nr. **232**, 32 S. mit 6 Fig. und 3 Tafeln. — Allgemeinere Bemerkungen über Kalenderwesen, sphärischer Astronomie, Planetensystem und Veränderliche. F. Z.

440. **M. E. Nabokow,** Graphischer astronomischer Kalender für 1949. Bull. Astr.-Geod. Ges. UdSSR Nr. **5** (**12**) S. 42—46, mit 5 Abb.

441. **R. A. Naef,** Der Sternenhimmel 1949. Vgl. AJB **48** Ref. **453.** — Weitere Besprechung in Himmelswelt **56** 92 (G. Schindler), Sterne **25** 45 (E. Krug).

442. **R. A. Naef,** Der Sternenhimmel 1950. Kleines astronomisches Jahrbuch für Sternfreunde für alle Tage des Jahres zum Beobachten von bloßem Auge, mittels Feldstecher und Fernrohr, herausgegeben unter dem Patronat der Schweizerischen Astronomischen Gesellschaft. Aarau, Verlag H. R. Sauerländer Co., 1949. **10.** Jahrgang. 102 S. Preis 6.80 Fr. — Besprechungen in AN **278** 144, Sterne **26** 45—46 (E. Krug).

443. **J. J. Raimond jr.,** Sterrengids 1949. Uitgegeven in opdracht van de Nederlandse Vereniging voor Weer- en Sterrenkunde. Groningen-Batavia, J. B. Wolters, 1949. 64 S. mit 28 Abb., 12 Himmelskarten und 14 Tafeln. Preis 2.25 fl. — Besprechung in Ciel et Terre **65** 284, Heelal **5** 32[1]), Hemel en Dampkring **47** 33 (P. de Bruijn).

444. **C. H. Smiley,** Accuracy of modern navigation tables. Publ AAS **10** 334, 1944. — Ref. AAS.

445. **E. Walker,** Sterne. Astronomisches Volksjahrbuch 1949. Vgl. AJB **48** Ref. 455. — Weitere Besprechung in Gaz astr **31** 60 (G. Schindler), Himmelswelt **56** 92 (H. Strassl), Sterne **25** 45 (C. Hoffmeister), Sternenwelt **1** 72 (H. Bucerius).

446. **E. Walker,** Sterne. Astronomisches Volksjahrbuch 1950. Schopfheim (Baden), Fr. Haberer-Kalenderwerk, 1949. 96 S. mit Abb. Preis DM 2,40. — Besprechung in AN **278** 144.

447. Standard dates for ephemerides. NAZ **3** 25, UAI Circ Nr. 1226. — 1950 Jan. 9 — Dez. 25.

---

[1]) In AJB **48** Ref. 454 zu streichen.

§ 5

Wissenschaftliche und populäre Bücher zur gesamten Astronomie

501. **J. Andrejew,** Ungewöhnliche Erscheinungen am Himmel. Moskau, Staatsverlag für kulturell-aufklärende Literatur, 1949. 56 S. mit Abb. Preis 1 R. 40 Kop. (russisch).

502. **G. A. Aristow,** Erde und Sonne. Moskau, Staatsverlag für kulturell-aufklärende Literatur, 1949. 48 S. mit Abb. Preis 1 R. 20 Kop. (russisch).

503. **K. L. Bajew, W. A. Schischakow,** Einführung in die Astronomie. Riga, Lettischer Staatsverlag, 1949. 92 S. mit 35 Abb. Preis 2 R. 10 Kop. (lettisch).

504. **K. L. Bajew, W. A. Schischakow,** Anfangsgründe der Weltallkunde. Molotowsker staatlicher Gebietsverlag, 1949. 104 S. mit 35 Abb. Preis 1 R. 85 Kop. (russisch).

505. **R. H. Baker,** Hviezdna obloha. Bratislava, Verlag Pravda, 1949. 183 S. mit 34 Abb. Slowakische Übersetzung des amerikanischen Buches «When the stars come out».

506. **R. H. Baker,** Astronomy. Vgl. AJB **46** Ref. 803. — Besprechung in Naturwiss. Rundschau **2** 334.

507. **F. Becker,** Einführung in die Astronomie. Vgl. AJB **47** Ref. 803. — Weitere Besprechung in Naturwissenschaften **36** 61 (H. Haffner), Naturwiss. Rundschau **2** 334.

508. **W. Becker,** Sterne und Sternsysteme. Siehe AJB **44** Ref. **9002**. — Weitere Besprechung in AJ UdSSR **26** 373 (russisch, P. P. Parenago).

509. **H. J. Bernhard, D. A. Bennett, H. S. Rice,** New Handbook of the Heavens. New York, London, Mc Graw-Hill Book Co., Inc., 1948. Revised edition. 11 + 360 S. Preis 18 s. — Besprechung in Nature **163** 744—745 (W. H. Steavenson).

510. **B. H. Bürgel,** Der Mensch und die Sterne. Berlin, Aufbau-Verlag, 1946. 196 S. — Besprechung in Naturwiss. Rundschau **2** 334 (H. Werner).

511. **B. H. Bürgel,** La scienza del cielo. Traduzione di Anna Abetti. Torino, G. Einaudi Editore, 1948. 10 + 637 S. mit 17 Tafeln. — Übersetzung von Bürgels Buch «Aus fernen Welten». — Vgl. AJB **41** Ref. 809. F. Z.

512. **C. A. Chant,** Our Wonderful Universe. London, George G. Harrap; Toronto, Clarke, Irwin and Co., 1949. Revised edition. 280 S. Preis $ 2,25. — Besprechung in J RAS Canada **43** 207.

513. **E. Charadse,** In der Welt der Sterne. Tiflis, Staatsverlag der grusinischen Sowjetrepublik, 1949. 44 S. mit 5 Abb. Preis 2 R. (grusinisch).

514. **E. Charadse,** Der Bau des Weltalls. Tiflis, Staatsverlag der grusinischen Sowjetrepublik, 1949. 72 S. mit 12 Abb. Preis 3 R. 55 Kop. (grusinisch).

515. **J.-F. Cox,** Eléments d'Astronomie et de Géodésie. Bruxelles, Les Presses Universitaires, 1949. 351 S. mit 167 Fig. — Besprechung in Ciel et Terre **65** 299—300 (P. Bourgeois).

516. **F. Denza,** Le Armonie dei Cieli. Firenze, Ed. Le Monnier, 1949. Quinta edizione aggiornata a cura di N. Giannuzzi. 274 S. Preis L. 900. — Besprechung in Mem SA It (NS) **20 343** (G. Righini).

517. **F. Dessauer,** Weltfahrt der Erkenntnis. Leben und Werk Isaac Newtons. Zürich, Rascher Verlag, 1945. 430 S. — Besprechung in Sternenwelt **1** 119—120 (H. Weber).

518. **D. S. Evans,** Les Frontières de l'Astronomie. Aus dem Englischen ins Französische übersetzt. Paris, Editions Eyrolles. 250 S. — Besprechung in BSAF **63** 64.

519. **W. G. Fessenkow,** Die heutigen Vorstellungen über das Weltall. Moskau-Leningrad, Verlag Akad. Wiss. UdSSR, 1949. 260 S. mit 86 Abb. im Text und auf 27 Tafeln. Preis 15 R. (russisch). — Inhalt: Die hauptsächlichsten Entwicklungsstufen in der Wissenschaft über das Weltall, S. 5—75; Die Grundzüge der Entwicklung der Erde und Planeten, S. 76—129; Die physikalische Natur der Sonne und der Sterne, S. 130—186; Der Bau des Weltalls, S. 187—219; Die interstellare Materie in der Galaxis, S. 220—239; Das Alter der Galaxis. Das große Weltall, S. 240—255. Loh.

520. **Gauzit jr.,** La vie et la mort des étoiles. Paris, Presses Universitaires de France, 1949. 128 S. — Besprechung in Ann d'Astrophys **12** 165.

521. **I. del Giudice,** Le meraviglie dell'Universo spiegate ed illustrate al popolo. Firenze, G. Nerbini Editore, 1948. 4ª. edizione aggiornata e corretta. 239 S. mit 14 Tafeln. — Volkstümliche Beschreibung der Himmelserscheinungen. F. Z.

522. **S. G. Gordeladse,** Die Erde und das Weltall. Kiew, Ges. zur Verbreitung politischer und wissenschaftlicher Kenntnisse der ukrainischen Sowjetrepublik, 1949. 39 S. Preis 95 Kop. (ukrainisch).

523. **G. A. Gurew,** Země a vesmír. Prag, Verlag Svoboda, 1949. 147 S. Tschechische Übersetzung des russischen Buches «Erde und Himmel».

524. **A. R. Hinks,** Einführung in die Astronomie. Vgl. AJB **45** Ref. 826. — Weitere Besprechung in Sternenwelt **1** 192 (G. Schindler).

525. **J. Jeans,** The Universe Around Us. 4. Aufl. Vgl. AJB **45** Ref. 828, **46** Ref. 828. — Weitere Besprechung in Hemel en Dampkring **47** 19 (A. J. M. Wanders).

526. **H. S. Jones,** Worlds Without End. London, English Universities Press, Ltd., 1948. Revised edition. 15 + 262 S. mit 32 Tafeln. Preis 10 s. 6 d. net. — Besprechung in Nature **163** 744—745 (W. H. Steavenson).

527. **W. L. Kennon,** Astronomy. A Textbook for Colleges. Vgl. AJB **48** Ref. 527. — Weitere Besprechung in J RAS Canada **42** 238, Sky and Telescope **8** 98 (J. H. Pitman).

528. **H. Kienle,** Vom Wesen astronomischer Forschung. Vgl. AJB **48** Ref. 528. — Weitere Besprechung in Himmelswelt **56** 135 (J. Meurers).

529. **M. L. Kobus, J. J. Raimond jr.,** Cosmografie. Sterrenkunde voor middelbaar en gymnasiaal onderwijs. Vgl. AJB **48** Ref. 529. — Weitere Besprechung in Hemel en Dampkring **47** 34—35 (H. M. Janett).

530. **P. G. Kulikowskij,** Handbuch für Liebhaber der Astronomie. Moskau-Leningrad, Staatsverlag für technisch-theoretische Literatur, 1949. 316 S. mit 123 Abb., 9 Karten im Text und 11 Tafeln. Preis 8 R. 20 Kop. (russisch). — Inhalt: Allgemeines über Erde, Mond, Sonne, Sonnensystem, Sternenwelt, S. 12—85. Einiges aus der Mathematik, S. 86—101. Sphärische und praktische Astronomie, S. 102—159. Astronomische Beobachtungen, S. 160—207, Bibliographie, Tabellen, Anhang, S. 208—316.

531. **R. V. Kunickij,** Deň a noc. Ročné obdobia. Bratislava, Verlag Tatran, 1949. 39 S. mit 13 Abb. — Slowakische Übersetzung des russischen Büchleins «Tag und Nacht, die Jahreszeiten». — Vgl. AJB **48** Ref. 3008.

532. **W. I. Kuryschew,** Das unendliche Weltall. Irkutsker staatlicher Gebietsverlag, 1949. 56 S. mit 6 Abb. Preis 1 R. (russisch).

533. **F. Link,** Jak poznává astrofysika vesmír? Prag, Verlag JČMF, 1949. Zweite, ergänzte Auflage. 108 S. mit 32 Abb. und 2 Beilagen (tschechisch). — Einführung in die Astrophysik.

534. **P. Lum,** The Stars in Our Heavens. Pantheon, 1948. 245 S. Preis $ 3.75. — Besprechung in Sky and Telescope 8 231.

535. **R. W. Mouser, Forbes,** Star Names. Published by the authors, 1949. 38 S. Preis $ 1.25. — Besprechung in Sky and Telescope 8 315.

536. **K. F. Ogorodnikow,** Na čom sa drží Zem. Bratislava, Verlag Tatran, 1949. 28 S. mit 15 Abb. — Slowakische Übersetzung des russischen Büchleins «Worauf sich die Erde hält». — Vgl. AJB 48 Ref. 533.

537. **K. F. Ogorodnikow,** Worauf sich die Erde hält. Moskau-Leningrad, Staatsverlag für technisch-theoretische Literatur, 1949. 2. Auflage. 24 S. mit 12 Abb. Preis 45 Kop. (russisch).

538. **D. Papp,** Più in là del Sole. Milano, Valentino Bompiani Editore, 1949. Avventure del Pensiero Vol. **66**. 183 S. mit zahlreichen Fig. — Sternentfernungen, innerer Aufbau und Entwicklung der Sterne, Milchstraßensystem und Kosmologie werden auf Grund der neuesten Ergebnisse allgemeinverständlich dargestellt. F. Z.

539. **P. P. Parenago,** Der Aufbau des Weltalls. Moskau, Staatsverlag für kulturell-aufklärende Literatur, 1949. 80 S. mit 16 Abb. und 1 Tafel. Preis 3 R. (russisch).

540. **J. I. Perelman,** Unterhaltende Astronomie. Moskau-Leningrad, Staatsverlag für technisch-theoretische Literatur, 1949. 5. verbesserte Auflage. Redigiert von P. G. Kulikowskij. 224 S. mit 105 Abb. Preis 3 R. 90 Kop. (russisch). — Verf. hat sich bemüht, in diese allgemeinverständliche Darstellung auch Dinge zu den Themen Erde, Mond, Planeten, Sterne und Schwerkraft aufzunehmen, die sonst nicht in solchen Büchern gebracht werden. Loh.

541. **H. Pfaffe,** Sterne und Welten im All. Für junge Menschen durchgesehen und umgeschrieben von Henry-Marcel Gerstmeier. Berlin, Verlag Erich Beyer, 1948. 267 S. — Besprechung in Sterne **25** 92—94 (C. Hoffmeister).

542. **J. S. Pickering,** The Stars are Yours. Vgl. AJB **48** Ref. **536**. — Weitere Besprechung in Obs **69** 154—155, Sky and Telescope 8 98—99 (C. H. Cleminshaw).

543. **I. F. Polak,** Wie das Weltall aufgebaut ist. Moskau-Leningrad, Staatsverlag für technisch-theoretische Literatur, 1949. 2. Auflage. 40 S. mit 17 Abb. Preis 60 Kop. (russisch).

544. **P. I. Popow,** Sonne und Erde. Moskau, Verlag der Prawda, 1949. 20 S. mit 8 Abb. Preis 50 Kop. (russisch).

545. **P. I. Popow, K. L. Bajew, B. A. Woronzow-Weljaminow, R. W. Kunizkij,** Astronomie. Moskau, Staatsverlag für Lehr- und Erziehungsbücher des Ministeriums für Bildungswesen der russischen Sowjetrepublik, 1949. 2. Auflage. 504 S. mit 264 Abb. und 16 Tafeln. Preis 16 R. 25 Kop. (russisch). — Lehrbuch für pädagogische Hochschulen.

546. **W. Prjanischnikow,** Die Welt, in der wir leben. Kiew, Staatsverlag für Lehr- und Erziehungsbücher «Radjanska Schkola», 1949. 172 S. mit 88 Abb. Preis 4 R. 60 Kop. (ukrainisch).

547. **M. Questiaux,** L'univers et la planète Terre. Dinant, Bellevue, Editions «Le Guide de la Nature». 40 S. Preis 18 fr. — Besprechung in Ciel et Terre **65** 123.

548. **P. Rousseau,** Pour comprendre ... l'Astrophysique. Avec un préface de l'Abbé T. Moreux. Paris, Gaston Doin et Cie, 1949. 191 S. mit 58 Fig. — Besprechung in Ciel et Terre **65** 283, Gaz astr **31** 58—59.

549. **L. Rudaux, G. de Vaucouleurs,** Astronomie — les astres, l'univers. Vgl. AJB **48** Ref. **542**. — Weitere Besprechung in Hemel en Dampkring **47** 198 (J. J. Raimond jr.), PAT **30** 175—176.

550. **B. Russell,** Human Knowledge: its Scope and Limits. London, Allen and Unwin; New York, Simon & Schuster, 1948. Preis 5.00 $. — Besprechung in J RAS Canada **43** 114—116 (R. L. Baglow).

551. **H. van Schewick,** Aufbau des Kosmos. Kevelaer Rhld., Verlag Butzon & Bercker, 1949. 32 S. — Alte Vorstellungen vom Aufbau des Kosmos. Das moderne Weltbild.

552. **E. Selikowitsch,** Sonnenwelten. Moskau, Staatsverlag für kulturell-aufklärende Literatur, 1949. 80 S. mit Abb. und 1 Sternkarte. Preis 2 R. (russisch).

553. **E. Selikowitsch,** Sonnenwelten. Abriß der Stellarastronomie. Tiflis, Technischer Staatsverlag der grusinischen Sowjetrepublik, 1949. 92 S. mit Abb. Preis 4 R. (grusinisch). — Vgl. AJB **48** Ref. **544**.

554. **I. W. Sergejew, F. D. Bublejnikow,** Ungewöhnliche Himmelserscheinungen. Nowosibirsker staatlicher Gebietsverlag, 1949. 52 S. mit Abb. Preis 95 Kop. (russisch).

555. **H. Siedentopf,** Die physikalische Erforschung des Weltalls. Köln und Opladen, Westdeutscher Verlag, 1949. 38 S. Preis 2.75 DM. — Besprechung in AN **278** 143, Universitas **5** 731 (H. Klauder), Z. f. Naturforschung **4a** 475—476 (W. Westphal).

556. **P. Sizaire,** Le Guide des Etoiles. Paris, Les Grandes Editions Françaises. 50 S. — Besprechung in BSAF **63** 96.

557. **W. T. Skilling, R. S. Richardson,** Sun, Moon, and Stars. Vgl. AJB **45** Ref. 861. Ins Deutsche übersetzt von H. Lindemann. Stuttgart, Union Deutsche Verlagsgesellschaft, 1949. — Besprechung in Sterne **25** 94—95 (C. Hoffmeister).

558. **W. T. Skilling, R. S. Richardson,** Astronomy. New York, Henry Holt and Co.; London, Chapman and Hall, Ltd., 1948. Revised edition. 11 + 692 S. Preis 28 s. net. — Besprechung in Nature **163** 744—745 (W. H. Steavenson).

559. **H. Slouka,** Pohledy do nebe. Vgl. AJB **47** Ref. 824. — Weitere Besprechung in Nature **163** 623.

560. **C. H. Sluiter,** Atoom en kosmos. Problemen der astrophysica. Amsterdam, G. W. Breughel, 1949. 231 S., 120 Abb. — Besprechung in Hemel en Dampkring **47** 79—80 (H. Hubenet).

561. **W. Stein,** Das Kleine Sternenbuch. Berlin und Bielefeld, Verlag Klasing & Co., GmbH, 1948. 182 S. mit 140 Abb. Preis 6.90 DM. — Besprechung in Sternenwelt **1** 262—263 (W. Sandner).

562. **B. Šternberk, F. Link,** Jen bychom rádi věděli ... Prag, Verlag JČMF, 1949. 129 S. (tschechisch). Zweite Auflage eines astronomischen Wörterbüchleins.

563. **O. Thomas,** Astronomie. Tatsachen und Probleme. Salzburg, Verlag «Das Bergland-Buch», 1949. 6. Auflage. 632 S. mit 282 Originalzeichnungen und 38 Tiefdruckbildern auf 31 Tafeln. Preis 38.— S. oder 14.— DM. — Besprechung in Gaz astr **31** 86—88, NAT **1949** S. 119, Orion Schaffhausen **3** 30—31,

Pop Astr 57 152. — Die 6. Auflage (29.—33. Tausend) des viel verbreiteten Buches ist mit der 5. Auflage identisch und durch einzelne Zusätze ergänzt. Das didaktisch sehr geschickte Buch führt in die Gesamtheit der Himmelserscheinungen, vor allem unterstützt durch schematische Zeichnungen von großer Anschaulichkeit, ein. Selbst schwierige Probleme, wie etwa die Bestimmung der Sterndurchmesser durch Interferenzen oder die Bedeutung der Relativitätstheorie für die Astronomie werden wenigstens im Prinzip erläutert. Besonders wertvoll sind die zahlreichen tabellarischen Zusammenstellungen, wobei man freilich über den Wert der Einführung einer weiteren Längeneinheit im Kosmos (1 Lichtmeile = 10^{13} km $\approx$ 1 Lichtjahr) verschiedener Meinung sein kann. A. Kopff

564. **H. Vogt,** Der Bau des Weltalls. Stuttgart, C. E. Schwab - Verlag, 1949. CES-Bücherei Band **16**. 108 S. mit 18 Abb. Preis 4.80 DM. — Besprechung in AN **277** 276 (J. Wempe), Sterne **25** 45—46 (C. Hoffmeister), Sternenwelt **1** 191—192 (H. Rügemer), Z. f. Naturforschung **4a** 315 (H. Klauder). — In vier Abschnitten: das Sonnensystem (8 S.), das Milchstraßensystem (31 S.), die fernen Weltinseln (43 S.) und der Zustand der Welt als Ganzes (13 S.) wird eine übersichtliche Zusammenfassung unserer derzeitigen Kenntnisse von der Struktur und vom Bewegungszustand des Weltalls gegeben. Soweit es der Umfang des Büchleins zuläßt, werden darin alle astronomisch wesentlichen Gesichtspunkte und Resultate erörtert, wodurch einem breiteren Leserkreis eine zuverlässige Orientierung über das Gebiet ermöglicht wird. Kdr.

565. **K. W. Wagner,** Bau und Entstehung des Weltalls. Naturwissenschaft, Technik und Religion. Braunschweig, Fr. Vieweg & Sohn, 1949. 57 S. Preis 2.70 DM. — Besprechung in AN **278** 144 (J. Wempe).

566. **H. Werner,** Vom Polarstern bis zum Kreuz des Südens. Eine allgemeinverständliche Einführung in die Astronomie der Himmelskugel und Anleitung zur Orientierung im Gelände nach Gestirnen auf der ganzen Erde. Jena, Gustav Fischer, 1946. 2. verbesserte Auflage. 210 S. mit 53 Abb. und 14 Tafeln. — Besprechung in Naturwiss. Rundschau **2** 86—87 (H. Klauder).

567. **G. J. Whitrow,** The Structure of the Universe. London, Hutchinson's University Library, 1949. 171 S. Preis 7 s. 6 d. net. — Besprechung in JBAA **61** 28.

568. **B. A. Woronzow - Weljaminow,** Das Weltall. Moskau-Leningrad, Technischer Staatsverlag, 1947. 488 S. Preis 10 R. (russisch). — Besprechung in AJ UdSSR **26** 262—264 (B. W. Kukarkin).

569. **B. A. Woronzow - Weljaminow,** Astronomie. Moskau, Staatsverlag für Lehr- und Erziehungsbücher des Ministeriums für Bildungswesen der russischen Sowjetrepublik, 1949. 3. Auflage. 176 S. mit 124 Abb. und 2 Tafeln. Preis 2 R. 90 Kop. (russisch). — Lehrbuch für die 10. Mittelschulklasse, das auch in weiteren regionalen Ausgaben innerhalb der UdSSR erschienen ist.

570. **B. A. Woronzow - Weljaminow,** Sammlung von Aufgaben und Übungen zur Astronomie. Moskau-Leningrad, Staatsverlag für technisch-theoretische Literatur, 1949. 2. verbesserte Auflage. 260 S. mit 55 Abb. Preis 5 R. 60 Kop. (russisch). — Enthält 1200 Aufgaben und 14 Übungen für reifere Schüler und junge Studenten pädagogischer Hochschulen. Loh.

571. **B. A. Woronzow - Weljaminow,** Der Bau des Weltalls. Moskau-Leningrad, Staatsverlag für Jugendliteratur, 1949. 2. Auflage. 48 S. mit Abb. Preis 60 Kop. (russisch).

572. **B. A. Woronzow - Weljaminow,** Der Bau des Weltalls. Moskau, Verlag «Prawda», 1949. 20 S. mit 12 Abb. Preis 50 Kop. (russisch).

573. **S. K. Wsechswjatskij, A. A. Jakowkin,** Astronomie. Heft 2. Kiew, Staatsverlag für Lehr- und Erziehungsbücher «Radjanska Schkola», 1949. 131 S. mit 69 Abb. Preis 6 R. (ukrainisch). — Inhalt: Sphärische Astronomie, S. 5—31; Astronomische Instrumente und die mit ihnen durchzuführenden Beobachtungen, S. 32—68; Die modernen Methoden der Astrophysik, S. 69—95; Stellarastronomie, S. 96—128. Loh.

574. How to Find the Stars and Planets. Cincinnati, Univ. Cincinnati Obs. Preis 25 cents. — Besprechung in Sky and Telescope **8** 99.

575. Newcomb-Engelmann, Populäre Astronomie. Vgl. AJB **48** Ref. 559. — Weitere Besprechung in Naturwissenschaften **36** 284—285 (P. ten Bruggencate), Phys. Blätter **5** 43 (D. Gudzent).

576. Das Weltall in Zahlen. Vgl. AJB **48** Ref. 556. — Weitere Besprechung in Himmelswelt **56** 190 (H. Strassl).

577. 100 Facts in Astronomy. London, The Naldrett Press. 32 S. mit 6 Abb. Preis 6 d. — Besprechung in JBAA **59** 131—132.

§ 6

Schriften allgemeiner Art

601. **P. Ahnert,** Lebensmöglichkeiten im Weltall. Sterne **25** 49—59.

602. **R. G. Aitken,** The James Arthur Foundation. Astr. Soc. Pacific Leaflet Nr. 238, 8 S.

603. **K. L. Bajew, W. A. Schischakow,** Die Wahrheit über den Himmel. Alma - Ata, Kasachischer Staatsverlag, 1949. 56 S. mit 26 Abb. Preis 1 R. 20 Kop. (russisch).

604. **F. Becker,** Das astronomische Weltbild der Gegenwart. Universitas **4** 701—712.

605. **E. A. Beet,** The film strip in education. JBAA **59** 128—130.

606. **J. C. Bently,** The movements of the heavens. MN ASSA **8** 86—88.

607. **A. E. H. Bleksley,** Life on other worlds. MN ASSA **8** 99—101.

608. **L. S. Copeland,** Sixty major marvels of the sky. Sky and Telescope **8** 226—228, mit 4 Fig.

609. **L. S. Copeland,** All night with the stars. Sky and Telescope **9** 3—4, mit 2 Fig.

610. **R. Cubero,** Sobre la forma aparente de la bóveda celeste. Urania Barcelona **34** Nr. 220 S. 94—111, mit 9 Fig. — Kurze Übersicht über die wichtigsten Theorien zur Erklärung der scheinbaren Abplattung des Himmelsgewölbes. Torroja

611. **K. Cuypers,** Reizigers voor de Maan, instappen! Aard- en Maanrijkskunde voor de jeugd. Antwerpen, De Garve, Hopland 27. 80 S. Preis 35.8 fr. — Besprechung in Heelal **5** Nr. 6, 3. Umschlagseite. (P. Kempeneers).

612. **M. Daisomont,** Où en est l'astrologie ? Bruges, Editions «De Tempel», 1947. 51 S. mit 11 Fig. Preis 50 frs. — Besprechung in Ciel et Terre **65** 41.

613. **F. Dessauer,** Mensch und Kosmos. Frankfurt a. M., Verlag Josef Knecht, Carolusdruckerei, 1949. 234 S. Preis 7.80 DM. — Besprechung in Z. f. Naturforschung **4a** 480 (P. Walden).

614. **A. Due Rojo,** Labor astronomica de aficionados. Urania Barcelona **34** Nr. 220 S. 207—209.

615. **A. Due Rojo,** Actualidades astronómicas. Razón y Fe. V. 140 (1949) pgs. 319—326. — Besprechung in Urania Barcelona **34** Nr. 220 S. 231.

616. **A. Eddington,** Philosophie der Naturwissenschaft. Aus dem Englischen übersetzt von K. Hauptvogel. Wien, Humboldt-Verlag, 1949. 288 S. Preis S. 23.—.

617. **M. S. Eigenson,** Der Kampf des Materialismus mit dem Idealismus in der heutigen Kosmologie. Bull. Astr.-Geod. Ges. UdSSR Nr. **6(13)** S. 5—7 (russisch).

618. **R. Eisler,** The Royal Art of Astrology. London, Herbert Joseph, Ltd. 296 S. Preis 18/—. — Besprechung in Ciel et Terre **65** 302.

619. **F. Eredia,** Il fuoco e la luce. Milano, Valentino Bompiani Editore, 1949. Avventure del Pensiero Vol. **68.** 154 S. mit 21 Fig. — Beschreibung von Lichterscheinungen, unter besonderer Berücksichtigung der Sonnentätigkeit und des Himmels- und Sternlichtes. F. Z.

620. **A. Fritz,** Unsere Welt. Der rätselvolle Bau des Kosmos. Stuttgart, Union Deutsche Verlagsgesellschaft, 1949. 304 S. Preis 8.50 DM. — Besprechung in Sternenwelt **1** 167 (W. Sandner).

621. **S. I. Gale,** Popularizing astronomy with a portable Observatory. Sky and Telescope **8** 220—221, mit 4 Fig., Titelblatt des Heftes (Nr. 9).

622. **F. J. Göschl,** Assemblement de planètes derrière le soleil. Gaz astr **31** 73—75.

623. **G. H. A. Grosheide,** De sterrenkunde als wetenschap. Vrije Universiteit, Referaat voor de negenentwintigste Wetenschappelijke Samenkomst op 10 Juli 1946. 24 S.

624. **F. Gruber,** Das negative Proton. Astrophysikalische Beweisgründe für seine Existenz. Neue Kosmogonie. Wien, Selbstverlag des Verfassers, 1949. 24 S. — 1. Allgemeine physikalische und kosmogonische Annahmen. 2. Anwendung der skizzierten Hypothese auf kosmogonische und astrophysikalische Probleme.

625. **G. A. Gurew,** Gab es einen Anfang und wird es ein Ende der Welt geben? Kasan, Tatarischer Staatsverlag, 1949. 56 S. Preis 2 R. 50 Kop. (tatarisch).

626. **R. Hennig,** Die Richtgestirne der Schiffahrt in kompaßloser Zeit. Sterne **25** 120—125.

627. **H. Hirschfeld,** Psychologie van de amateur-astronoom. Hemel en Dampkring **47** 128—131.

628. **C. M. Huffer,** Report on photoelectric studies. Publ AAS **10** 165, 1942. — Ref. AAS.

629. **N. N. Kalitin,** Die Form des Himmelsgewölbes. Priroda **38** Nr. 4 S. 7—10 (russisch).

630. **R. W. Kunizkij,** Gab es einen Anfang der Welt? Moskau-Leningrad, Staatsverlag für technisch-theoretische Literatur, 1949. 2. Auflage. 32 S. mit 7 Abb. Preis 50 Kop. (russisch).

631. **A. Lundbak,** Atomet og Universet. Serien «Kultur og Videnskab». Forlaget Fremad. Preis 12.00 Kr. — Besprechung in NAT **1949** S. 119—120.

632. **K. Lundmark,** Do planetary systems exist? Lund Medd (1) Nr. **168,** 20 S. mit 1 Fig. — Der Aufsatz bietet im 1. Teil eine Übersicht über die wichtigsten Hypothesen der Entstehung von Planetensystemen. Im 2. Teil wird über die Arbeiten referiert, die aus Parallaxen- und Eigenbewegungsmessungen die Existenz unsichtbarer Begleiter bei einigen Sternen nachgewiesen haben. Micz.

633. **K. F. Ogorodnikow,** Über den Kampf mit dem Formalismus in der Astronomie. Bull. Astr. - Geod. Ges. UdSSR Nr. **6**(13) S. 4—5 (russisch).

634. **S. A. Pachuto,** Der Zusammenbruch der religiösen Legende über die Weltschöpfung. Tallin, Staatsverlag «Politische Literatur», 1949. 36 S. Preis 1 R. 50 Kop. (estnisch).

635. **G. Parson,** Why north at the top? J RAS Canada **42** 233—234, 1948.

636. **I. A. Prokofjewa,** Die Konferenz über ideologische Fragen der Astronomie. Priroda **38** Nr. 6 S. 71—77 (russisch).

637. **J. H. Pruett,** Terminology talks. Sky and Telescope 8 61, 95, 116, 149, 178, 198, 219, 221, 245, 277, 305, **9** 5, 31, mit 20 Fig. — Behandelt Begriffe aus folgenden Gebieten: Kometen, Ellipse, Parabel, Hyperbel, Mond, Jupitersatelliten, Sonnenflecken, geometrische Optik.

638. **N. Puchnatschew,** Gab es einen Anfang und wird es ein Ende der Welt geben? Nowosibirsk, Nowosibirsker städtisches Lektionsbüro, 1949. 36 S. (russisch).

639. **W. C. Rufus,** Astronomy for an emperor in the twelfth century. Publ AAS **10** 316—317, 1943. — Ref. AAS.

640. **H. B. Rumrill,** Errors in astronomical spelling. Pop Astr **57** 114—116.

641. **H. U. Sandig,** Frauen am Fernrohr. Sternenwelt **1** 265—268, mit 3 Abb. — Elisabeth Hevel, Margaretha und Christine Kirch, Karoline Herschel, Margret Huggins, Gabrielle Flammarion.

642. **G. Schindler,** Sternkundliches auf Briefmarken. Sternenwelt **1** 148—151, 177—178, mit 20 Abb. — Besprechung in Sky and Telescope **9** 5.

643. **E. Schrödinger,** Die Besonderheit des Weltbildes der Naturwissenschaft. Acta physica Austriaca **1** 201—245, 1948.

644. **I. Sergejew,** Ungewöhnliche Himmelsbeobachtungen. Ulan-Ude, Burjat-mongolischer Verlag, 1949. Preis 1 R. 95 Kop. (burjat-mongolisch).

645. **A. F. Steepleton,** The knowledge of the Astronomer. Pop Astr **57** 280—283. — Kurzer Umriß des heutigen astronomischen Wissens.

646. **O. Struve,** The requirements for a graduate student at an observatory. Pop Astr **57** 382—386.

647. **O. Thomas,** The center of the universe. Changing concepts during the centuries. Pop Astr **57** 128—130.

648. **N. N. Sytinskaja,** Gibt es ein Leben auf den Himmelskörpern? Moskau-Leningrad, Verlag Akad. Wiss. UdSSR, 1949. 108 S. mit 10 Abb. und 2 Tafeln. Preis 2 R. 75 Kop. (russisch). — Inhalt: Der große Traum, S. 5—21; Die für das Leben notwendigen Bedingungen, S. 21—34; Der Weg zum Himmel, S. 34—44; Gibt es Leben auf dem Mond? S. 45—62; Die Kleinkörper des Sonnensystems — ein Todesreich, S. 62—66; Die Welt des Planeten Venus, S. 66—78; Die großen Planeten, S. 78—82; Das Klima des Planeten Mars, S. 82—94; Gibt es Leben auf dem Mars? S. 94—99; Von der Wissenschaft zur Phantasie, S. 99—105. Loh.

649. **G. A. Tichow,** Astrobotanik. Alma-Ata, Verlag Akad. Wiss. kasach. Sowjetrepublik, 1949. 23 S. mit 19 Abb. Preis 1 R. 50 Kop. (russisch). — Enthält einen kurzen Bericht über die an der Akad. Wiss. kasach. Sowjetrepublik unter Leitung des Verf. durchgeführten astrobotanischen Arbeiten. Loh.

650. **G. de Vaucouleurs,** Progrès économique et progrès astronomique. BSAF **63** 294—300, mit 3 Fig., Annexe: Liste des plus grands instruments astronomiques. BSAF **63** 298—300.

651. **F. R. Vaughn,** The «amateur» astronomer. J RAS Canada **42** 209—212, 1948.

652. **K. W. Wagner,** Bau und Entstehung des Weltalls. Braunschweig, Friedrich Vieweg und Sohn, 1949. 57 S. — Besprechung in Sterne **25** 187—188 (C. Hoffmeister).

653. **C. A. Wahl,** Making astronomy interesting for beginners. MN ASSA 8 46—48.

654. **S. L. Walgard,** Leben im Weltall. Moskau, Verlag «Moskowskij Rabotschij», 1949. 96 S. mit 17 Abb. Preis 2 R. (russisch).

655. **O. R. Walkey,** Some biblical anticipations in astronomy. Pop Astr **57** 355—356.

656. **D. Wattenberg,** Materie und Leben. Berlin-Frohnau, Condor-Verlag, 1949. — Besprechung in Himmelswelt **56** 190 (G. Schindler).

657. **H. Werner,** Licht und Schatten im Weltall. Naturwiss. Rundschau **2** 61—64, mit 5 Abb. — Erklärung der Sonnen- und Mondfinsternisse sowie der Sternbedeckungen.

658. **H. Werner,** Die Bedeutung der klassischen Sternbeobachtungen für die Lösung astronomischer Probleme. Naturwiss. Rundschau **2** 464—468, mit 6 Abb. — Die Lunisolarpräzession. Die Veränderlichkeit der Schiefe der Ekliptik. Die Entdeckung der ersten Fixstern-Eigenbewegungen durch Halley.

659. **H. Weyl,** Philosophy of Mathematics and Natural Science. Princeton, Princeton University Press, 1949. 311 S. Preis **$** 5,00. — Besprechung in Publ ASP **61** 234—235 (R. Hayner).

660. **B. A. Woronzow-Weljaminow,** Das Licht — ein Bote ferner Welten. Moskau, Verlag der Prawda, 1949. 28 S. mit 8 Abb. Preis 60 Kop. (russisch).

661. **B. A. Woronzow-Weljaminow,** Gab es einen Anfang und wird es ein Ende der Welt geben? Tschkalowsker Verlag, 1949. 44 S. mit Abb. Preis 55 Kop. (russisch). — Außerdem in weiteren regionalen Ausgaben innerhalb der UdSSR erschienen.

662. The home of Copernicus. JBAA **59** 83—84.

663. Problems in astronomy. Nature **163** 632—633. — Bericht über die von F. G. Gibbs gehaltene Cawthron Lecture für 1947 „problems in astronomy, solved and unsolved".

664. The teaching of astronomy. Pop Astr **57** 386—388.

665. Invasion of Mars. Sky and Telescope 8 142. — Besprechung in JBAA **59** 187.

666. Stellungnahme der Astronomischen Gesellschaft zur Astrologie. Sterne **25** 160—161.

667. Dichters over sterren. Een bloemlezing verzameld en ingeleid door Dr M. G. J. Minnaert. Arnhem, van Loghum Slaterus, 1949. 219 S. — Die Sammlung enthält eine Auswahl von Gedichten oder Stellen aus Dichtungen der gesamten Weltliteratur, die irgend zur Sternenwelt in Beziehung stehen. Die Wiedergabe erfolgt teils in der Originalsprache, teils in Übersetzung in die holländische, deutsche oder englische Sprache. Neben Erläuterungen ist eine Zusammenstellung nicht aufgenommener Dichtungen gegeben.
A. Kopff

668. Unterhaltungen über naturwissenschaftliche Themen. Rostow/Don, Abteilung für kulturell-aufklärende Arbeiten des Rostower Gebiets, 1949. 164 S. (russisch). — Aus dem Inhalt: B. A. Keller, Wie das Leben auf der Erde entstand, S. 3—28; K. F. Ogorodnikow, Woran sich die Erde hält, S. 29—42; I. Sergejew, Ungewöhnliche Himmelserscheinungen, S. 65—86; A. A. Michajlow, Sonnen- und Mondfinsternisse, S. 87—115. Loh.

§ 7

Bibliographie, Neuausgaben, Gesamtausgaben, Lexika, Sammelwerke, Festschriften

701. **W. G. Fessenkow,** Zum fünfundzwanzigjährigen Jubiläum des Astronomischen Journals. AJ UdSSR **26** 65—66 (russisch).

702. P. N. Lebedew, Ausgewählte Werke. Redigiert von A. K. Timirjasew. Moskau-Leningrad, Staatsverlag für technisch-theoretische Literatur, 1949. 244 S. mit Abb. und 4 Tafeln. Preis 7 R. 80 Kop. (russisch). — Enthält unter anderem: Über die abstoßende Kraft strahlungaussendender Körper, S. 60—65; Experimentelle Untersuchungen über den Lichtdruck, S. 151—180; Physikalische Ursachen, die Abweichungen vom Newtonschen Gravitationsgesetz bedingen, S. 181—188; Thermoelemente im Vakuum als Strahlungsmeßgeräte, S. 189—194; Experimentelle Untersuchungen über den Lichtdruck auf Gase, S. 195—224. Loh.

703. **E. L. Martin,** Elenco delle pubblicazioni dell'Osservatorio Astronomico di Trieste e del suo personale dal 1923 al 31 Maggio 1947. Oss. Astr. Trieste Nr. **221**, 22 S. — Verzeichnis der Veröffentlichungen mit neuer Numerierung.

704. **H. Michel,** Les manuscrits astronomiques de la Bibliothèque Royale de Belgique. Ciel et Terre **65** 199—204.

705. **S. A. Schorygin,** Literaturanzeiger der in der UdSSR erschienenen astronomischen Veröffentlichungen Nr. 58—63. AJ UdSSR **26** 60—64, 124—128, 195—200, 268—272, 324—328, 378—382 (russisch).

706. N. E. Shukowskij, Gesammelte Werke. Band I, Allgemeine Mechanik, Mathematik und Astronomie. Moskau-Leningrad, Staatsverlag für technisch-theoretische Literatur, 1948. 656 S. mit Abb. und 1 Bild. Preis 24 R. (russisch). — Enthält unter anderem: Die geometrische Deutung der Theorie der Polbewegung auf der Erdoberfläche, S. 419—440; Schlußfolgerung über die genauen Formeln einer abstoßenden Kräften von der Sonne gehorchenden Bewegung, S. 578—580; Vereinfachte Darlegung der Gauss'schen Methode der Bahnbestimmung der Planeten, S. 581—600; Über die graphische Lösung der Grundgleichung in der Berechnung der Planetenbahnen, S. 601—604; Über einen neuen Beweis des Lambertschen Theorems, S. 605—609; Lösung einer Aufgabe aus der Theorie der Kometen, S. 610—614. Loh.

707. Extraits d'Astronomie et de Géophysique du Bulletin Analytique du Centre National de la Recherche Scientifique (Continuation de la «Bibliographie Mensuelle de l'Astronomie»). Janvier—Décembre 1948. 4 + 196 S.

708. Extraits d'Astronomie et de Géophysique du Bulletin Analytique du Centre National de la Recherche Scientifique. Vol. **10** fascicule 1—12. Janvier—Décembre 1949. Section II A: 288 S. Section II B (Physique du Globe): 179 S.

709. Verzeichnis der Arbeiten und Autoren in den Bulletins Nr. 1—10 des Astrophysikalischen Observatoriums Abastumani. Bull. Astrophys. Obs. Abastumani Nr. **10** S. 215—226 (englisch, russisch, grusinisch).

710. Mathematical Reviews. Published monthly except August by The American Mathematical Society, Lancaster, Penn. Edited by W. Feller, M. H. Stone, H. Whitney, R. P. Boas jr. Vol. **10** Nr. 1—11, 1949.

711. Zentralblatt für Mathematik und ihre Grenzgebiete. Deutsche Akad. Wiss. Berlin. Berlin-Göttingen-Heidelberg, 1949. Geleitet von H. L. Schmid. Band **30** Heft 1—10, Band **31** Heft 1—10, Band **32** Heft 1—2.

712. Tycho Brahe's Description of his Instruments and Scientific Work, as given in Astronomiae Instauratae Mechanica (Wandesburgi 1598). Vgl. AJB **46** Ref 709. — Besprechung in J RAS Canada **43** 244—246.

713. Giordano Bruno, Dialoge. Ins Russische übersetzt und herausgegeben von der Akad. Wiss. UdSSR, Institut für Philosophie. Staatsverlag für politische Literatur, 1949. 552 S. mit 8 Abb. und 5 Tafeln. Preis 10 R.

714. Nicolaus Copernicus, De Revolutionibus. Vgl. AJB **47** Ref. 705. — Weitere Besprechung in J RAS Canada **42** 239.

715. Nikolaus Kopernikus Gesamtausgabe. Begründet im Auftrag der Deutschen Forschungsgemeinschaft, herausgegeben von der Kopernikus-Kommission. Band 2. De Revolutionibus Orbium Caelestium Libri Sex. Textkritische Ausgabe. München, Verlag von R. Oldenbourg, 1949. 470 S. — Der vorliegende Text, in der Bearbeitung von Franz Zeller und Karl Zeller, beruht auf der in Band 1 der Gesamtausgabe wiedergegebenen Handschrift (vgl. vorstehendes Ref.) und auf den vier früheren Ausgaben von Nürnberg (1543), Basel (1556), Amsterdam (1617), Warschau (1854) und Thorn (1873). Die verschiedenen Lesarten sind in den Fußnoten gegeben. Die als abschließend anzusehende kritische Textausgabe diente als Grundlage für eine bereits fertiggestellte deutsche Übersetzung. Die in lateinischer Sprache beigefügten Erläuterungen (Epilegomena), die auch auf philologische Fragen eingehen, beschäftigen sich vor allem mit dem Vergleich der Handschrift und der einzelnen älteren Ausgaben untereinander. A. Kopff

716. Nikolaus Kopernikus. Sammlung von Aufsätzen zu seinem vierhundertsten Todestag. Herausgegeben von der Kommission für Geschichte der physikalisch-mathematischen Wissenschaften unter Redaktion von A. A. Michajlow. Moskau-Leningrad, Verlag Akad. Wiss. UdSSR, 1947. 220 S. mit zahlreichen Abb. und 3 Tafeln (russisch). — Vgl. AJB **48** Ref. 1038. — Inhalt: N. I. Idelson, Leben und Schaffen des Kopernikus, S. 5—42; S. D. Skaskin, Die kopernikanische Epoche und ihre Menschen, S. 43—63; I. I. Tolstoj, Kopernikus und seine lateinische Übersetzung der „Briefe" des Theophylaktos Simokattes, S. 64—83; N. I. Idelson, Studien zur Geschichte der Planetentheorien, S. 84—179; W. A. Fok, Das kopernikanische und das ptolomäische System im Lichte der allgemeinen Relativitätstheorie, S. 180—186; Nicolai Copernici Torinensis De Revolutionibus Orbitum Coelestium, Libri VI (Übersetzung der ersten zehn Kapitel des ersten Buches), S. 187—213; N. I. Idelson, Anmerkungen, S. 214—217. Loh.

717. N. Kopernikus: Erster Entwurf eines Weltsystems sowie eine Auseinandersetzung Johannes Keplers mit Aristoteles über die Bewegung der Erde. Nach den Handschriften herausgegeben, übersetzt und erläutert von Fritz Rossmann. München, Verlag Hermann Rinn, 1948. 100 S. mit 1 Tafel. Preis 6.00 DM. — Besprechung in AN **277** 273 (J. Wempe).

718. Johannes Kepler, Gesammelte Werke. Herausgegeben im Auftrag der Deutschen Forschungsgemeinschaft und der Bayerischen Akademie der Wissenschaften unter der Leitung von Walther von Dyck † und Max Caspar. Bd. **13**. Briefe 1590—1599. Herausgegeben von M. Caspar. München, C. H. Beck'sche Verlagsbuchhandlung, 1945. 17 + 432 S. Preis in Halb-Pergament 40.— DM. — Von den 20 Bänden der neuen Ausgabe der gesammelten Werke von Johannes Kepler fallen die Bände 13 bis 18 auf den von Max Caspar

herausgegebenen Briefwechsel, der sich sowohl auf die wissenschaftliche Tätigkeit als auch die äußeren Lebensumstände Keplers bezieht. Im ganzen enthalten diese Bände rund 400 Briefe von Kepler und 700 an ihn. Die Briefe, meist in lateinischer Sprache, befinden sich in den verschiedensten Bibliotheken Europas zerstreut; an erster Stelle steht die Bibliothek des Observatoriums Pulkowo mit einem Viertel der Keplerbriefe. Eine ganze Anzahl von Briefen ist heute im Original nicht mehr nachweisbar oder ganz verschollen. Aber durch die Ausdauer des verstorbenen W. v. Dyck und von M. Caspar ist doch die Zahl der veröffentlichten Keplerbriefe seit der Ausgabe von Frisch (264 Keplerbriefe) in erstaunlichem Umfang erhöht worden. — Erschienen ist im Jahre 1945 Bd. 13 mit den Briefen der Jahre 1590—1599; 1949 Bd. 14, umfassend die Jahre 1599—1603; und neuerdings 1951 Bd. 15, die Jahre 1604—1607 umfassend. Dem ersten dieser Bände ist eine Einleitung beigefügt und jedem Band ein Nachbericht, der soweit notwendig zu jedem Brief Erläuterungen gibt, welche die Benutzung der Bände erleichtern. Angeschlossen ist ein alphabetisches Briefverzeichnis und ein Personenregister. A. Kopff

719. Johannes Kepler, Gesammelte Werke. Herausgegeben im Auftrag der Bayerischen Akademie der Wissenschaften mit Unterstützung des Bayerischen Staates unter der Leitung von Walther von Dyck † und Max Caspar. Bd. 14. Briefe 1599—1603. Herausgegeben von M. Caspar. München, C. H. Beck'sche Verlagsbuchhandlung, 1949. 520 S. Preis in Halb-Pergament 40.— DM. — Siehe vorstehendes Ref.

720. Astrophysikalisches Sammelwerk. Moskau, Verlag für ausländische Literatur, 1949. 244 S. Preis 16 R. (russisch). — Das von N. N. Parijskij redigierte Werk enthält folgende Beiträge: B. Edlén, Die Identifizierung der Linien im Spektrum der Sonnenkorona (S. 7—43), C. Allen, Das Spektrum der Korona während der Sonnenfinsternis vom 1. Okt. 1940 (S. 44—67), G. van de Hulst, Das Zodiakallicht in der Sonnenkorona (S. 68—95), D. Martin, Die Sonnenstrahlung im Radiospektrum. Die Strahlung der ruhigen Sonnne (S. 96—115), H. Bethe, Die Energieerzeugung in den Sternen (S. 116—160), H. Bethe, Neue Daten über die Kernreaktionen des Kohlenstoffzyklus (S. 161—164), N. Seni, U. Berman, Ein Modell der Sonne mit einer Energiequelle nach Bethe (S. 165—175), M. Schwarzschild, Über den Heliumgehalt der Sonne (S. 176—184), H. Babcock, Der Zeeman-Effekt in Sternspektren (S. 185—207), H. Babcock, Bemerkungen zum Sternmagnetismus (S. 208—219), H. Babcock, Das veränderliche Magnetfeld von BD—18°3789 (S. 220—221), B. Strömgren, Der physikalische Zustand des interstellaren Wasserstoffs (S. 222—242).

721. Centennial Symposia, December, 1946. Vgl. AJB **48** Ref. 557. — Weitere Besprechung in J RAS Canada **43** 93—94, PAT **30** 87—88, Pop Astr **57** 48 (O. C. Wilson), Sky and Telescope **8** 127—128 (L. H. Aller).

722. Fortschritte der astronomischen Wissenschaften. Band IV. Vgl. AJB **48** Ref. 723. — Weitere Besprechung in AJ UdSSR **26** 320—321 (W. A. Ambarzumjan).

Zweiter Teil
Tätigkeit. Geschichte

§ 10
Personalien, Biographie, Briefwechsel

1001. Nekrologe und Todesanzeigen

1939

J. Jacyna, 1903—1939 Sept. 7. Bull. Astr. Obs. Toruń Nr. **2** S. 22—23, 28, 1947.

1940

K. Jantzen, 1885 Nov. 19—1940 Okt. 5. Bull. Astr. Obs. Toruń Nr. **2** S. 23—25, 28, 1947.

1943

W. Ehrenfeucht, † 1943 Jan. Bull. Astr. Obs. Toruń Nr. **2** S. 25—26, 28, 1947.

1944

S. Gesundheit, 1910—1944. Bull. Astr. Obs. Toruń Nr. **2** S. 26—27, 29, 1947.

E. Leroy, 1867 Juli 23—1944 Dez. 23. BSAF **63** 353—354, mit Bild (G. C. Flammarion).

1945

H. Paetsch, † 1945 Febr. 14. Himmelswelt **56** 192.

1947

H. Boltz, 1883 Mai 9—1947 März 28. AN **277** 47—48 (W. Jenne).

P. Guthnick, 1879 Jan. 12—1947 Sept. 6. Jahrbuch der Deutschen Akademie der Wiss. zu Berlin 1946—1949 S. 159 (H. Kienle).

L. Herrero y Garcia, 1862—1947 Juni 3. MN **109** 144—145 (H. S. Jones).

R. Invrea, 1890 April 5—1947 Aug. 5. Mem SA It (NS) **20** 249—250 (L. Volta).

E. Strömgren, 1870 Mai 31—1947 April 5. Himmelswelt **56** 145—146, mit Bild (J. Larink).

1948

K. Andèl, † 1948 März 17. BSAF **63** 190.

B. F. Bawtree, † 1948 Juni 3. JBAA **59** 107.

C. Ö. E. Bergstrand, 1873 Sept. 1—1948 Sept. 27. CR **228** 521—523 (A. Danjon), NAT **1949** S. 1—2, mit Bild (B. Lindblad), Obs **69** 80.

C. H. Bouton, † 1948 Okt. 24. Pop Astr **57** 38 (L. Campbell).

B. H. Bürgel, 1875 Nov. 14—1948 Juli 8. Himmelswelt **56** 49—50, mit Bild (H. A. Hahne), Sternenwelt **1** 40—41, mit Bild (H. Werner).

H. A. Deslandres, 1853 Juli 24—1948 Jan. 15. MN **109** 141—144 (F. J. M. Stratton).

L. Gabba, 1872 Dez. 18—1948 Sept. 28. Mem SA It (NS) **20** 3—21, mit Bild und Schriftenverzeichnis (L. Volta, A. Masotti), Rend. Seminario Mat. Fis. Milano **19** XV—XVI, mit Bild (A. Masotti).

W. Gaertner, 1864—1948 Dez. 3. Pop Astr **57** 65—68 (R. T. O'Connor).

A. C. Gifford, 1861—1948 Febr. 27. J RAS Canada **42** 287, 1948, MN **109** 146—148 (I. L. Thomsen).

E. K. Giz, 1907 März 4—1948 Sept. 22. VS Bull **7** 55—56 (P. P. Parenago).

R. F. T. Granger, 1900 Febr. 7—1948 Jan. 19. MN **109** 148—149 (W. M. Lindley).

C. Hamann, † 1948 Juni 9. Himmelswelt **56** 144.
W. C. Kearons, † 1948 Aug. 13. Pop Astr **57** 40.
J. P. Rowland, 1875 Juni 29—1948 Dez. 26. J. Geophys. Res. **54** 203, Nature **163** 353—354, MN **109** 149—150 (P. J. Treanor), Obs **69** 61—62.
F. Sacco, 1864 Febr. 5—1948 Okt. 2. Mem SA It (NS) **20** 87—88 (G. Cecchini).
E. Sternberg Mulders, † 1948 Dez. 18. J. Geophys. Res. **54** 203—204, Obs **69** 80, Publ ASP **61** 57.
R. C. Tolman, † 1948 Aug. 14. Obs **69** 80.

1949

I. W. Belkowitsch, 1904 Okt. 15—1949 Mai 30. Mitt. Obs. Engelhardt Kasan Nr. **24** S. 5—7, mit Bild, Astr Circ UdSSR Nr. **87** S. 9.
G. B. Blair, 1879 Sept. 13—1949 Sept. 19. Pop Astr **57** 464, Publ ASP **61** 242, Sky and Telescope **9** 9 (E. W. Harris), Strolling Astronomer **3** Nr. 12 S. 1—2.
A. M. Briede, 1921 Mai 19—1949 Jan. 16. VS Bull **7** 158—159 (J. J. Ikaunieks).
A. Brill, † 1949 Juli 29. AN **277** 276.
T. Claes, 1865 Febr. 25—1949 März 3. Gaz astr **31** 25.
P. H. Cowell, † 1949 Juni 6. Nature **164** 133 (J. Jackson), Obs **69** 159, Publ ASP **61** 242.
P. L. Dupont, 1878 Juni 17—1949 Juni 9. BSAF **63** 359—360, Gaz astr **31** 45—46.
C. Fisher, 1878 Mai 22—1949 Jan. 7. Sky and Telescope 8 89, 111—113, mit 6 Abb. (M. Lockwood).
M. Gillespie, 1884—1949 Febr. 2. Pop Astr **57** 295—296 (H. H. Nininger).
W. T. Hay, 1888 Dez. 6—1949 April 18. JBAA **59** 215—216, Obs **69** 120, 194 (R. M. Fry).
W. P. Henderson, 1868 Juni 6—1949 Juni 22. Mem SA It (NS) **20** 345—346 (G. Abetti).
K. Himpel, 1912 Juli 27—1949 Febr. 25. AN **277** 276, Himmelswelt **56** 192, Sterne **25** 144 (H.-J. Binge).
O. Jasse, 1899—1949 Jan. 9. JO **32** 33—34, mit Bild (J. Bosler).
R. Jouaust, 1875 Nov. 8—1949 Nov. 28. Bull hor (2) Juillet—Décembre 1949 S. 31—32.
J. H. Moore, 1878 Sept. 7—1949 März 15. NAT **1949** S. 79, Obs **69** 159, Pop Astr **57** 300, 372—375 (R. G. Aitken, C. D. Shane, R. J. Trumpler, W. H. Wright), Publ ASP **61** 111, 125—128, mit Bild (R. G. Aitken), Sky and Telescope 8 165, 197—198, mit Bild (F. J. Neubauer).
K. Oertel, † 1949 März 6. Himmelswelt **56** 192.
R. W. Porter, 1871 Dez. 13—1949 Febr. 22. Hemel en Dampkring **47** 112, NAT **1949** S. 120, Obs **69** 80, Orion Schaffhausen **2** 582—583, Pop Astr **57** 235—240, mit 2 Bildern (O. S. Marshall), 436—439 (K. A. Reyerson), Publ ASP **61** 110, Sky and Telescope 8 143—145, mit 5 Abb.
A. Prey, 1873 Okt. 16—1949 Dez. Amtl. Wiener Zeitung vom 24. 12. 1949 (O. Thomas).
K. F. Sundman, 1873 Okt. 28—1949 Sept. 28. NAT **1949** S. 151—152 (G. Järnefelt), PAT **30** 150—151, mit Bild (B. Lindblad).

A. Jarson, † BSAF **63** 95, mit Bild.
J. Šourek, †. RH **30** 48.

1002. Personalien

C. Fehrenbach, Direktor der Sternwarte Marseille als Nachfolger von J. Bosler. Ann d'Astrophys **12** 79, 164, BSAF **63** 190.

C. H. Hins, Direktor der Bosscha-Sternwarte in Lembang. Himmelswelt **56** 144.

H. Siedentopf, Leiter des Astronomischen Instituts an der Universität Tübingen. AN **278** 96.

A. E. Whitford, Direktor des Washburn Observatory als Nachfolger von J. Stebbins. Publ ASP **61** 57.

A. Einstein, 70. Geburtstag. Hemel en Dampkring **47** 61—64, Himmelswelt **56** 144, NAT **1949** S. 78.

W. G. Fessenkow, Glückwunschadresse zum 60. Geburtstag. AJ UdSSR **26** 1—2, mit Bild (russisch).

Ehrung. Bote Akad. Wiss. UdSSR **19** 100—102 (russisch).

Jubiläum. Bote Univ. Moskau **4** Nr. 8 S. 158—159 (russisch).

60. Geburtstag. Astr Circ UdSSR Nr. **85** S. 13—14 (russisch).

P. M. S. Blackett erhielt die Dalton-Medaille der Manchester Literary and Philosophical Society. Obs **69** 40.

I. S. Bowen erhielt die Rumford-Medaille der American Academy of Arts and Sciences. Nature **163** 671, Obs **69** 120, Sky and Telescope **8** 178.

S. Chapman erhielt die Goldmedaille der Royal Astronomical Society. JBAA **59** 213—214, J. Geophys. Res. **54** 203, Nature **163** 163, 945—946, MN **109** 117. — Adress delivered by the President, Prof. W. M. H. Greaves, on presenting the Gold Medal of the Society to Prof. Sydney Chapman. MN **109** 258—275, mit 7 Fig.

H. S. Jones erhielt die Catherine Wolfe Bruce - Goldmedaille der Astronomical Society of the Pacific. Nature **163** 127, Obs **69** 40, Publ ASP **61** 56, 61—62, mit Bild (I. S. Bowen).

A. H. Joy erhielt die Catherine Wolfe Bruce-Medaille. Publ ASP **61** 275.

B. Lindblad erhielt die Goldmedaille der Royal Astronomical Society. Sky and Telescope **8** 62.

S. A. Mitchell erhielt die James Craig Watson-Goldmedaille der National Academy of Sciences, United States. Obs **69** 120, Publ ASP **61** 150.

A. M. Newbegin erhielt die Jackson-Gwilt-Medaille der Royal Astronomical Society. MN **109** 118, Obs **69** 40.

F. L. Whipple erhielt die J. Lawrence Smith-Medaille der National Academy of Sciences of the United States. Nature **164** 861—862, Sky and Telescope **9** 32.

I. K. Williamson erhielt die Chant-Medaille. J RAS Canada **43** 66—67.

1003. **A. Armitage,** Baron von Zach and his astronomical correspondence. Pop Astr **57** 326—333.

1004. **W. v. Bezold,** Edwin Powell Hubble. Sternenwelt **1** 241—243, mit 3 Abb.

1005. **J. Blaquier,** Sir Isaac Newton. The man and the mathematician. Anales Acad. Nac. Ci. Ex. Fís. Nat. Buenos Aires **12** 9—32, 1947 (spanisch).

1006. **C. B. Boyer,** Newton as an originator of polar coordinates. Amer. math. Monthly **56** 73—78. — Ref. in ZfMG **32** 51.

1007. **R. Brandt,** Ein Doppeljubiläum. 50 Jahre Zeiss-Fernrohre — Zum 100. Geburtstag von Max Pauly. Sterne **25** 174—177.

1008. **R. Brandt,** Karoline Herschel. Zur 200. Wiederkehr ihres Geburtstages. Sterne **25** 180—181.

1009. **R. Brockman,** Bernhard Schmidt. JBAA **59** 111—113.

1010. **A. Cotton,** La vie et l'œuvre de Raymond Jouaust. Annuaire pour l'an 1951 publié par Le Bureau des Longitudes B1—B13.

1011. **F. J. Cox,** Notice sur Paul Stroobant. Extrait de l'Annuaire de l'Acad. Roy. Belgique. 40 S. mit Bild, 1949 = Inst. Astr. Bruxelles (2) Nr. **45.**

1012. **E. J. Dijksterhuis,** Ole Römer. Hemel en Dampkring **47** 141—152, 172—177, mit 9 Bildnissen und Abb.

1013. **B. Freise,** Karl Ludwig Hencke, Postsekretär und Astronom. (Zur Geschichte der Entdeckung der „Asträa"). Sterne **25** 78—82.

1014. **P. M. Gorschkow,** Der hervorragende russische Astronom Prof. S. P. Glasenap. Bote Univ. Leningrad **4** Nr. 2 S. 110—117 (russisch).

1015. **P. M. Gorschkow,** Über die Geschichte der russischen Wissenschaft an der Petersburger-Leningrader Universität. Professor Alexander Alexandrowitsch Iwanow — der Gründer der Schule theoretischer Astronomen an der Petersburger-Leningrader Universität (1867 4 IV—1939 23 XI). Abh. Shdanow-Staatsuniv. Leningrad Nr. **116** (Math. Wiss. Nr. **18**, Astr.) S. 192—252 = Publ. Astr. Obs. Leningrad **13** 192—252 (russisch).

1016. **W. Heybrock,** Bunsen zum 50. Todestag. Sternenwelt **1** 183, mit Bild.

1017. **N. I. Idelson,** Lobatschewskij als Astronom. Mathematikgeschichtliche Untersuchungen Nr. **2** S. 137—167, Moskau-Leningrad (russisch).

1018. **P. Jacquinet,** Commémoration du deux-centième anniversaire de la naissance de J. B. Delambre, son œuvre astronomique et géodésique. BSAF **63** 193—207, mit Bild und 2 Figuren.

1019. **H. L. Kelly,** Pierre Simon Laplace, 1749—1827. JBAA **59** 210—213.

1020. **H. Kienle,** In Memoriam Hugo von Seeliger, geboren 20. 9. 1849 — gestorben 2. 12. 1924. Sterne **25** 97—98.

1021. **H. C. King,** The optical work of Charles Tulley. Pop Astr **57** 74—79.

1022. **G. Kowalewski,** Zur Erinnerung an Laplace. Naturwissenschaften **36** 97—98.

1023. **B. B. Kudrjawzew,** Michail Wassiljewitsch Lomonossow, sein Leben und Werk. Moskau-Leningrad, Staatsverlag für technisch-theoretische Literatur, 1949. 108 S. mit 14 Abb. Preis 1 R. 65 Kop. (russisch).

1024. **N. I. Leonow,** Ulugbek — ein großer Astronom des 15. Jahrhunderts. Moskau-Leningrad, Staatsverlag für technisch-theoretische Literatur, 1949. 64 S. mit Abb. Preis 95 Kop. (russisch). — Die Broschüre enthält eine kurze Biographie Ulugbeks und eine Beschreibung der Ruinen seiner Sternwarte in Samarkand. Loh.

1025. **S. Lilley,** Pierre Simon Laplace (1749—1827). Nature **163** 468—469.

1026. **G. Loria,** Galileo Galilei. Prag, Verlag Svoboda, 1949. 185 S. mit 8 Abb. Tschechische Übersetzung aus dem italienischen Original.

1027. **N. A. Mackenzie,** He broke through the barriers of the skies. Sky and Telescope 8 119—121, mit 7 Fig. — Biographische Notizen über William Herschel.

1028. **M. du Martheray,** Deux grandes familles d'astronomes britanniques : les Herschel et les Parsons. Orion Schaffhausen Nr. **23** S. 539—543, mit 1 Abb., Nr. **24** S. 565—569, mit 1 Abb., Nr. **25** S. 7—12, mit 2 Abb.

1029. **A. Mikkelsen,** Sösterkærlighed og Videnskab. Carolina Herschel. NAT **1949** S. 81—88, mit Bild.

1030. **A. V. Nielsen,** Professor H. C. Schumacher og observatoriet i Altona under opröret 1848—1850. NAT **1949** S. 8—21, 41—52, mit 1 Bild.

1031. **N. N. Parijskij,** Die wissenschaftliche Tätigkeit des Akademikers W. G. Fessenkow. (Zum 60-jährigen Geburtstag). Priroda **38** Nr. 5 S. 81—86 (russisch).

1032. **M. Pihl,** Ole Römer og John Flamsteed. NAT **1949** S. 95—102.

1033. **J. J. Raimond jr.,** Pierre Simon de Laplace. Hemel en Dampkring **47** 110.

1034. **G. Rewsin,** Nikolaus Kopernikus (1473—1543). Verlag des Leninschen Kommunistischen Jugendverbandes der UdSSR, 1949. 432 S. mit Abb. Preis 7 R. 50 Kop. (russisch).

1035. **V. Ronchi,** Galileo e il cannocchiale. Vgl. AJB **45** Ref. **385**. — Weitere Besprechung in Heelal **5** 32 (M. Daisomont).

1036. **H. U. Sandig,** Friedrich Wilhelm Argelander (1799—1875). Sternenwelt **1** 64—65, mit Bild.

1037. **H. U. Sandig,** William Huggins. Sternenwelt **1** 41.

1038. **W. Sandner,** J. B. J. Delambre (1749—1822). Sternenwelt **1** 207—208, mit Bild.

1039. **H. Sawyer Hogg,** Jean Sylvain Bailly, the guillotined astronomer. J RAS Canada **43** 117—121, 195—203, 237—240.

1040. **W. F. H. Schirach,** Sir William Herschel. MN ASSA 8 21—27.

1041. **F. Schmeidler,** Pierre Simon Laplace. Sternenwelt **1** 62—63, mit Bild.

1042. **F. Schmeidler,** Hugo v. Seeliger (1849—1924). Sternenwelt **1** 208—209, mit Bild.

1043. **E. Schoenberg,** Johannes Kepler. Gedanken zum Erscheinen einer neuen Kepler-Biographie. Sternenwelt **1** 220—224, mit 5 Abb.

1044. **E. Schoenberg,** Hugo von Seeliger zum 100. Geburtstag. Z. f. Naturforschung **4a** 474—475.

1045. **P. Sergescu,** Le bicentenaire de la naissance de Laplace. Rev. génér. Sci. pur. appl.; Bull. Soc. philomathique **56** 241—244.

1046. **H. Slouka,** A. Einstein — seventy years. RH **30** 87—89 (tschechisch).

1047. **H. Slouka,** Pierre Simon de Laplace. RH **30** 128—132 (tschechisch).

1048. **E. C. Smith,** J. B. Delambre (1749—1822). Nature **164** 473.

1049. **G. Stein,** Francesco de Vico e i suoi contributi alle scienze astronomiche (Nel primo centenario della sua morte). La Civiltá Cattolica **2** 190—200, 314—324, mit Bild und einer Tafel = Specola Astr. Vaticana, Ric. astr. **2** Nr. 5. — Lebensbeschreibung und astronomische Werke De Vicos.

1050. **A. Unsöld,** Arnold Sommerfeld zum achtzigsten Geburtstag. Himmelswelt **56** 1—2, mit Bild.

1051. **E. Whittaker,** Laplace. Amer. math. Monthly **56** 369—372.

1052. **E. Whittaker,** Laplace. Math. Gaz. London **33** 1—12.— Ref. in ZfMG **33** 2.

1053. **H. Wright,** Sweeper in the Sky. The Life of Maria Mitchell. New York, The Macmillan Company, 1949. 253 S. Preis $ 4.00. — Besprechung in Pop Astr **57** 255—256 (H. H. Swope), Sky and Telescope 8 151 (R. Hayner).

1054. Newton Tercentenary Celebrations. Vgl. AJB **47** Ref. **331**. — Weitere Besprechung in Sky and Telescope 8 74 (H. S. Hogg).

1055. En souvenir de Camille Flammarion. BSAF **63** 310—311.

1056. A Quincentenary. JBAA **59** 136. — Dem Gedenken des 1449 verstorbenen Mohamed Taragai Ibn-Shah-rokh Ibn-Timar (Ulugh Beigh).

1057. Report of the comet medal committee. Publ ASP **61** 51—53. — Enthält unter anderem eine Liste der Medaillenempfänger.

1058. The «Miss Cannon of the West». Sky and Telescope 8 278. — Cora G. Burwell.

§ 11

Tätigkeitsberichte von Instituten und Gesellschaften, Tagungen

1101. **Tätigkeitsberichte von Instituten**

Abastumani. Astrophysikalisches Observatorium auf dem Kanobili. Bull. Astrophys. Obs. Abastumani Nr. **10** S. 203—211 (E. K. Charadse, russisch). — Berichtszeit 1943—1948.

Ann Arbor, Mich. The Observatory of the University. Publ AAS **9** 283—285, 1939, **10** 187—190, 1942 (H. D. Curtis), **10** 274—276, 1942, **10** 344—347, 1944 (W. C. Rufus).

—. The Observatories of the University of Michigan. AJ **54** 209—214 (L. Goldberg, R. R. McMath).

Bamberg. Remeis-Sternwarte. Himmelswelt **56** 37. — Tätigkeitsbericht von Kriegsende bis Herbst 1947.

—. Mitt. AG 1949 S. 28 (E. Zinner).

Barnehurst, Kent. H. P. Wilkins' Observatory. MN **109** 178.

Belgrad. Services et travaux d'obseivations en 1939 à l'Observatoire Astronomique de l'Université de Belgrade. Bull. Obs. Astr. Univ. Belgrade **5** 1—5, 1940 (V. V. Michkovitch).

—. Services et travaux d'observations en 1949 à l'Observatoire Astronomique de Belgrade. Bull. Obs. Astr. Belgrade **14** VII—XV (B. Popović).

Berkeley, Calif. Students' Observatory. Publ AAS **10** 267—269, 1942 (R. T. Crawford).

Berlin. Astronomisches Rechen-Institut. Himmelswelt **56** 37—38. — Tätigkeitsbericht von Kriegsende bis Herbst 1947.

—. Mitt. AG 1949 S. 28—29 (A. Kahrstedt).

Berlin-Treptow. Tätigkeitsbericht 1948. Mitt. Archenhold-Sternwarte Berlin-Treptow Nr. **10**, 8 S. (D. Wattenberg).

Besançon. Observatoire National. Activité Chronométrique en 1948—1949. Ann. Françaises Chronométrie **19** 451—455.

Bloemfontein, South Africa. The Lamont-Hussey Observatory. Publ AAS **9** 285, 1939, **10** 190, 1942 (H. D. Curtis), **10** 276—277, 1942, **10** 347—348, 1944 (W. C. Rufus).

—. Vgl. Ann Arbor.

Bloomington, Ind. Goethe Link Observatory. AJ **54** 206—207 (F. K. Edmondson).

Bonn. Universitäts-Sternwarte. Himmelswelt **56** 38. — Tätigkeitsbericht von Kriegsende bis Herbst 1947.

—. Mitt. AG 1949 S. 29—30 (F. Becker).

Bonn. Geschichte des Fixsternhimmels. Mitt. AG 1949 S. 30 (J. Haas).

Bordeaux. Observatoire. Rapport présenté au Conseil de l'Université. Année scolaire 1944—1945. Bordeaux 1946, 10 S. (G. Rougier).

Brooklyn, Ind. Goethe Link Observatory. Publ AAS **10** 185—186, 1942 (J. Cuffey).

Brno. Institut Astronomique de l'Université Masaryk. BAC **1** 141 (J. M. Mohr).

Brno. Institut Astronomique de l'Ecole polytechnique. BAC 1 141.

Buckhorn Weston, Dorset. F. Addey's Observatory. MN **109** 176.

Cambridge, Engl. University of Cambridge. The Observatories. MN **109** 161—163 (R. O. Redman). Eigenbericht: Report of the Observatories Syndicate for the year ending 1949, September 30. 3 S.

Cambridge. W. H. Steavenson's Observatory. MN **109** 178.

Cambridge, Mass. 103. annual report of the director of the Astronomical Observatory of Harvard College for the year ending September 30, 1948. Cambridge, Mass. Published by the University, 1949. 4 S. (H. Shapley).

Canberra. Commonwealth Observatory. Report of the Commonwealth Astronomer for the year 1948. 6 S. (R. v. d. R. Woolley). — Maschinenschriftvervielfältigung.

Cape of Good Hope. Royal Observatory. MN **109** 158—161 (J. Jackson). Eigenbericht: Report of His Majesty's astronomer at the Cape of Good Hope to the Secretary of the Admiralty for the year 1948. 10 S. (J. Jackson).

Cartuja (Granada). Observatorio Geofisico. Urania Barcelona **34** Nr. 220 S. 191—192.

Charlottesville, Va. Leander McCormick Observatory. Publ AAS **9** 282—283, 1939, **10** 186—187, 272—273, 1942 (S. A. Mitchell).

—. AJ **54** 207—209 (H. L. Alden).

Cheshunt, Hertfordshire. R. Barker's Observatory. MN **109** 176—177.

Cleveland, Ohio. Warner and Swasey Observatory. Publ AAS **10** 39—40, 1940, **10** 198—199, 284—285, 1942, **10** 351—352, 1944 (J. J. Nassau).

—. AJ **54** 222—223 (J. J. Nassau).

Delaware, Ohio. Perkins Observatory. Publ AAS **10** 36, 1940, **10** 283, 1942 (N. T. Bobrovnikoff).

—. AJ **54** 214—216 (P. C. Keenan).

Denver, Col. Chamberlin Observatory. Publ AAS **10** 35, 1940 (A. W. Recht).

—. AJ **54** 201—202 (A. W. Recht).

Dublin. Dunsink Observatory. MN **109** 166—167 (H. A. Brück).

Edinburgh. Royal Observatory. MN **109** 156—158 (W. M. H. Greaves).

Ewhurst, Surrey. J. Evershed's Observatory. MN **109** 177.

Exeter. Norman Lockyer Observatory of the University College of the South West. MN **109** 166 (D. L. Edwards).

Fort Davis, Tex. McDonald Observatory. Vgl. Williams Bay.

Frankfurt. Sternwarte. Himmelswelt **56** 38—39. — Tätigkeitsbericht von Kriegsende bis Herbst 1947 (K. Schiller).

—. Mitt. AG 1949 S. 30—31 (K. Schiller).

Freiburg i. Br. Fraunhofer-Institut. Himmelswelt **56** 39—40. — Tätigkeitsbericht von Kriegsende bis Herbst 1947 (K. O. Kiepenheuer).

—. Mitt. AG 1949 S. 31—33 (K. O. Kiepenheuer).

Glasgow. University Observatory. MN **109** 163—164 (W. M. Smart).

Göttingen. Universitätssternwarte. Himmelswelt **56** 40—41. — Tätigkeitsbericht von Kriegsende bis Herbst 1947 (P. ten Bruggencate).

—. Mitt. AG 1949 S. 33—36 (P. ten Bruggencate).

Greenwich. Royal Observatory. MN **109** 152—155 (H. S. Jones).

Hamburg. Jahresbericht der Hamburger Sternwarte in Bergedorf für die Jahre 1943—1947. Himmelswelt **56** 41—44 (O. Heckmann). — Außerdem Eigenbericht.

—. Mitt. AG 1949 S. 36—41 (O. Heckmann).

Hamburg. Deutsches Hydrographisches Institut. Jahresbericht Nr. 3, 1948. 66 S. mit 8 Karten, 1 Tafel und 7 Abb.

Hampstead. The Observatory of the Hampstead Scientific Society. MN **109** 176 (H. Wildey).

Hampstead, London. H. Wildey's Observatory. MN **109** 178.

Heidelberg. Astronomisches Rechen-Institut. Himmelswelt **56** 44—45. — Tätigkeitsbericht von Kriegsende bis Herbst 1947 (A. Kopff).

—. Mitt. AG 1949 S. 41—43 (A. Kopff).
Heidelberg. Badische Landessternwarte. Himmelswelt **56** 44. — Tätigkeitsbericht von Kriegsende bis Herbst 1947 (A. Kopff).
—. Mitt. AG 1949 S. 43—45 (A. Kopff).
Hyderabad. Nizamiah Observatory. MN **109** 170—171 (A. Ali).
Iowa. University of Iowa Observatory. Publ AAS **9** 281—282, 1939 (C. C. Wylie).
Ithaca, N. Y. Fuertes Observatory. Publ AAS **10** 342—343, 1944 (R. W. Shaw).
—. AJ **54** 205—206 (R. W. Shaw).
Jena. Universitätssternwarte. Himmelswelt **56** 45—46. — Tätigkeitsbericht von Kriegsende bis Herbst 1947 (H. Lambrecht).
—. Mitt. AG 1949 S. 45—48 (H. Lambrecht).
Johannesburg. Union Observatory. MN **109** 169—170 (W. H. van den Bos).
Kiel. Universitätssternwarte. Himmelswelt **56** 46—47. — Tätigkeitsbericht von Kriegsende bis Herbst 1947 (A. Unsöld).
—. Mitt. AG 1949 S. 48 (A. Unsöld).
Kingsteignton, Devon. M. B. B. Heath's Observatory. MN **109** 177.
Kodaikanal. Solar Physics Observatory. MN **109** 171—172 (A. K. Das). — Eigenbericht: Annual report of the Kodaikanal Observatory for the year 1948. 6 S. (A. K. Das).
Lake Angelus, Pontiac, Mich. The McMath-Hulbert Observatory. Publ AAS **9** 285—289, 1939 (H. D. Curtis), **10** 190—192, 277—278, 1942, **10** 348—349, 1944 (R. R. McMath).
—. Vgl. Ann Arbor.
Leipzig. Mitt. AG 1949 S. 49 (C. Fischer).
Liverpool. Liverpool Observatory and Tidal Institute. Annual report 1948. 11 S. (A. T. Doodson).
London. University of London Observatory, Mill Hill, and University College Observatory. MN **109** 164 (C. C. L. Gregory).
London. Imperial College Observatory, South Kensington. MN **109** 164 (R. W. B. Pearse).
Madison, Wis. Washburn Observatory. Publ AAS **9** 295—296, 1939, **10** 285—286, 1942, **10** 352—353, 1944 (J. Stebbins).
—. AJ **54** 223—224 (A. E. Whitford).
Middletown, Conn. Van Vleck Observatory. Publ AAS **9** 294—295, 1939, **10** 197—198, 1942 (F. Slocum).
—. AJ **54** 222 (C. L. Stearns).
Minneapolis. University of Minnesota Observatory. Publ AAS **9** 289, 1939 (W. J. Luyten).
Mount Stromlo. Commonwealth Observatory. MN **109** 172—174 (R. v. d. R. Woolley).
Mount Wilson and Palomar. Observatories. Publ ASP **61** 243—253 (I. S. Bowen).
München. Sternwarte. Himmelswelt **56** 47. — Tätigkeitsbericht von Kriegsende bis Herbst 1947 (E. Schoenberg).
—. Mitt. AG 1949 S. 49—52 (E. Schoenberg).
Münster. Universitäts-Sternwarte. Himmelswelt **56** 47—48. — Tätigkeitsbericht von Kriegsende bis Herbst 1947 (H. Hellerich).
—. Mitt. AG 1949 S. 52—53 (J. Hellerich).
Muswell Hill, London. F. J. Sellers' Observatory. MN **109** 177.
Needham, Mass. Cosmic Terrestrial Research Laboratory. Publ AAS **10** 182—183, 269—271, 1942, **10** 343—344, 1944 (H. T. Stetson).
—. AJ **54** 202—204 (H. T. Stetson).
Neuchatel. Rapport du directeur de l'Observatoire Cantonal de Neuchatel à la commission de l'Observatoire sur l'exercice 1948, suivi du rapport spécial

sur les concours des chronomètres et des pendules observés en 1948. 32 S. und 4 Tafeln (E. Guyot).

New Haven, Conn. Yale University Observatory. Publ AAS **10** 199—201, 1942 (F. Schlesinger), **10** 286—289, 1942, **10** 353—355, 1944 (D. Brouwer).

—. AJ **54** 224—225 (D. Brouwer).

Norman, Okla. University of Oklahoma Observatory. Publ AAS **10** 282, 1942 (J. O. Hassler).

Ottawa, Canada. Dominion Observatory. Publ AAS **9** 278—281, 1939 (R. M. Stewart).

—. MN **109** 167—168 (C. S. Beals).

Oxford. University Observatory. MN **109** 164—165 (H. H. Plaskett).

Paris. Bureau International de l'Heure. Rapport annuel sur les travaux du Bureau International de l'Heure en 1949. Bull hor (2) Juillet-Décembre 1949 S. 33—41.

Perth. Observatory. MN **109** 174—175 (H. S. Spigl).

Pittsburgh, Pa. Allegheny Observatory. Publ AAS **10** 179—180, 1942 (K. Burns), **10** 265—266, 1942, **10** 339—340, 1944 (N. E. Wagman).

—. AJ **54** 142—143, 201 (N. E. Wagman).

Prag. Observatoire National de Prague. BAC **1** 141—142 (F. Link).

Prag. Institut d'Astronomie et de Géophysique, Ecole Polytechnique à Prague. BAC **1** 142 (E. Buchar).

Prag. Institut Astronomique de l'Université Charles. BAC **1** 143.

Pretoria. Radcliffe Observatory. MN **109** 170. (H. Knox-Shaw).

Princeton, N. J. University Observatory. Publ AAS **9** 290—292, 1939, **10** 195—196, 1942 (H. N. Russell).

—. AJ **54** 143—144, 216—218 (L. Spitzer jr.).

Richmond Hill, Ontario. David Dunlap Observatory, University of Toronto. Publ AAS **10** 183—185, 1942 (R. K. Young).

—. AJ **54** 204—205, MN **109** 169 (F. S. Hogg).

Riverview, N. S. W. Riverview College Observatory. MN **109** 174 (D. O'Connell).

St. Andrews. University Observatory. MN **109** 165—166 (E. Finlay-Freundlich).

Santiago. Observatorio Astronomico de la Universidad de Santiago. Urania Barcelona **34** Nr. 220 S. 195—197.

Silwood Park, Sunningdale. R. L. Waterfield's Observatory. MN **109** 178.

Skalnaté Pleso. Observatoire National. BAC **1** 143 (A. Bečvář).

Sonneberg. Sternwarte. Himmelswelt **56** 48. — Tätigkeitsbericht von Kriegsende bis Herbst 1947 (C. Hoffmeister).

—. Mitt. AG 1949 S. 53—55 (C. Hoffmeister).

Stalinabad. Astronomisches Observatorium der tadshikistanschen Abteilung der Akademie der Wissenschaften der UdSSR. Circ. Astr. Obs. Stalinabad Nr. 74—75 S. 7—8. — Berichtsjahr 1948.

Stockholm. Institutionsföreståndarnas årsberättelser 1948. K. Svenska Vet. Årsbok 1949 S. 135—143 (B. Lindblad).

Streatham, London. F. M. Holborn's Observatory. MN **109** 177.

Swarthmore, Pa. Sproul Observatory. Publ AAS **9** 292, 1939, **10** 197, 283—284, 1942, **10** 351, 1944 (P. van de Kamp).

—. AJ **54** 218 (P. van de Kamp).

Sydney. Observatory. MN **109** 174 (H. W. Wood).

Tortosa. Observatorio de Fisica Cosmica del Ebro. Urania Barcelona **34** Nr. 220 S. 193—195.

Toulouse. Observatoire de l'Université de Toulouse. Rapport annuel 1943—1944. 13 S.

Desgl. 1944—1945. 11 S.
Desgl. 1945—1946. 10 S.
Desgl. 1946—1947. 12 S.

Trieste. Attività dell' Osservatorio Astronomico di Trieste dal 1° gennaio 1946 al 31 maggio 1947. Oss. Astr. Trieste Nr. **215**, 4 S. (G. B. Lacchini).

Tucson. Steward Observatory. Publ AAS **9** 293—294, 1939 (E. F. Carpenter).

Uccle. Observatoire Royal de Belgique. Commun. Obs. Roy. Belgique Nr. **6**, 12 S. Rapport sur les travaux scientifiques effectués pendant l'année 1948 (P. Bourgeois).

Upper Darby, Pa. and Wynnewood, Pa. Flower and Cook Observatories. Publ AAS **10** 271—272, 1942 (C. P. Olivier).

—. AJ **54** 205 (C. P. Olivier).

Victoria, B. C. Dominion Astrophysical Observatory. Publ AAS **9** 296—298, 1939 (W. E. Harper).

Villafranca. Observatorio Geofisico de Villafranca de los Barros (Badajoz). Urania Barcelona **34** Nr. 220 S. 197—198.

Washington, D. C. United States Coast and Geodetic Survey. Publ AAS **9** 278, 1939, **10** 181—182, 269, 1942 (L. O. Colbert), **10** 341—342, 1944 (J. H. Hawley).

—. AJ **54** 219 (L. O. Colbert).

Washington, D. C. United States Naval Observatory. Publ AAS **10** 36—38, 1940, **10** 192—195, 1942 (J. F. Hellweg), **10** 279—281, 1942 (V. K. Coman), **10** 349—351, 1944 (J. F. Hellweg).

—. AJ **54** 219—222 (G. W. Welker).

—. Nature **164** 177. — Work of the United States Naval Observatory.

Washington, D. C. National Bureau of Standards. Publ AAS **9** 277, 1939, **10** 180—181, 266—267, 1942, **10** 340—341, 1944 (L. J. Briggs).

Wellington, N. Z. Report of the Carter Observatory Board for the year ended 1949, March 31. Astr. Bull. Carter Obs. Nr. **28**, 12 S. (I. L. Thomsen), MN **109** 175—176 (I. L. Thomsen).

Wellington, N. Z. Dominion Observatory. MN **109** 176 (R. C. Hayes).

Williams Bay, Wis. Yerkes Observatory. Publ AAS **9** 298—306, 1939, **10** 201—211, 289—298, 1942, **10** 355—361, 1944 (O. Struve).

—. AJ **54** 225—230 (G. P. Kuiper).

Wynnewood, Pa. Vgl. Upper Darby, Pa.

Zürich. Eidgenössische Sternwarte. Tätigkeitsbericht für das Jahr 1948. 8 S. mit Bild der Teilnehmer am 7. Kongreß der Internationalen Astronomischen Union in Zürich vom 10. — 18. August 1948 (M. Waldmeier).

1102. American Association of Variable Star Observers

Sky and Telescope **9** 34—35, mit Bild. 1948-49 among the Variable Star Observers.

1103. American Astronomical Society

Publ AAS **9** 241—246, mit 2 Tafeln, 1939. Sixty-second meeting. — Berkeley, Cal. 1939 August 7—9.

Publ AAS **10** 1—3, mit 2 Tafeln, 1939. Sixty-third meeting. — Delaware, Ohio 1939 Dez. 27—29.

Publ AAS **10** 153—156, 1942. Sixty-sixth meeting. — Williams Bay, Wisc. 1941 Sept. 7—9.

Publ AAS **10** 213—214, mit 2 Tafeln, 1942. Sixty-seventh meeting. — Cleveland, Ohio 1941 Dez. 28—30.

Publ AAS **10** 241—243, mit 2 Tafeln, 1942. Sixty-eighth meeting. — New Haven, Conn. 1942 Juni 12—14.

Publ AAS **10** 299, 1942. A statement concerning the publications of the American Astronomical Society. D. B. McLaughlin.

Publ AAS **10** 301—302, mit 1 Tafel, 1943. Sixty-ninth meeting. — Evanston, Ill. 1942 Dez. 28—30.

Publ AAS **10** 325—326, mit 2 Tafeln, 1944. Seventieth meeting. — Cambridge, Mass. 1943 Mai 28—30.

J RAS Canada **42** 201—208, 1948. The joint meeting of the American Astronomical Society and the Astronomical Society of the Pacific, Pasadena, California. K. O. Wright.— 1948 Juni 28—Juli 1.

Obs **69** 78—79. Meeting of the American Astronomical Society. — New Haven, Conn. 1948 Dez. 28—31.

Pop Astr **57** 49—52, mit 4 Tafeln. The eightieth meeting of the American Astronomical Society. C. M. Huffer.

Sky and Telescope 8 96—97, mit 1 Abb. — 80. Meeting.

J RAS Canada **43** 138—141. American Astronomical Society: Eighty-first meeting. C. A. Chant.

Pop Astr **57** 307—312, mit 4 Tafeln. The eighty-first meeting of the American Astronomical Society. C. H. Gingrich. — Ottawa, Ontario 1949 Juni 19—23.

Sky and Telescope 8 254—255, mit 1 Abb. — 81. Meeting.

Die kurzen Berichte über die auf den Versammlungen gehaltenen Vorträge sind durch «Ref. AAS» gekennzeichnet.

1104. Astronomical Society of the Pacific

J RAS Canada **42** 201—208, 1948. The joint meeting of the American Astronomical Society and the Astronomical Society of the Pacific, Pasadena, California. K. O. Wright. — 1948 Juni 28—Juli 1.

Publ ASP **61** 58. Minutes of the special meeting of the directors, November 27, 1948.

Publ ASP **61** 58—60. Minutes of the adjourned special meeting of the directors December 15, 1948. E. A. Mayers.

Publ ASP **61** 112—113. Minutes of the annual meeting of the Astronomical Society of the Pacific February 2, 1949. E. A. Mayers.

Publ ASP **61** 113—114. Minutes of the meeting of the newly elected board of directors, February 2, 1949. E. A. Mayers.

Publ ASP **61** 115—120. Annual report of the secretary-treasurer for the year ending December 31, 1948. C. H. Adams.

Publ ASP **61** 154—157. Seattle meeting of the Astronomical Society of the Pacific. T. S. Jacobsen.

Publ ASP **61** 276—278. Minutes of the special meeting of the directors, October 21, 1949. E. A. Mayers.

Die kurzen Berichte über die auf den Versammlungen gehaltenen Vorträge sind durch «Ref. ASP» gekennzeichnet.

1105. Astronomical Society of South Africa

MN ASSA 8 59—60. Report of the Council Session 1948—49. A. Menzies, R. P. de Kock, H. E. Krumm.

1106. Astronomische Gesellschaft

Himmelswelt **56** 93—96. Bericht über die Versammlung der Astronomischen Gesellschaft vom 5. bis 7. Oktober 1948 in Hamburg.

Himmelswelt **56** 97—99. Ansprache des Vorsitzenden der Astronomischen Gesellschaft in der Britischen Zone im Oktober 1948. A. Unsöld.

Himmelswelt **56** 191—192. Bericht über die Versammlung der Astronomischen Gesellschaft in Bonn 1949. H. Haffner.

Mem SA It (NS) **20** 333—341. Il Convegno astronomico di Bonn (Settembre 1949). F. Zagar.

Mitt. AG 1949. 55 S. — Bericht über die Versammlung der Astronomischen Gesellschaft in Bonn, 16.—20. September 1949, Wissenschaftliche Vorträge, Statuten, Mitgliederverzeichnis, Jahresberichte der deutschen Sternwarten für 1948/49.

Sterne **25** 139—142. Die Versammlung der Astronomischen Gesellschaft in Bonn, 16.—20. September 1949. C. Hoffmeister.

Sternenwelt **1** 257. Tagung der Astronomischen Gesellschaft in Bonn. W. Strohmeier.

Die kurzen Berichte über die auf den Versammlungen gehaltenen Vorträge sind durch «Ref. AG» gekennzeichnet.

1107. **Astronomisch-Geodätische Gesellschaft der UdSSR**

Bull. Astr.-Geod. Ges. UdSSR Nr. **5** (**12**) S. 30—37 (russisch). Die Tätigkeit der Abteilungen der Astronomisch-Geodätischen Gesellschaft der UdSSR im Jahre 1947.

Bull. Astr.-Geod. Ges. UdSSR Nr. **6** (**13**) S. 3 (russisch). Konferenz der Leningrader Abteilung der Astronomisch-Geodätischen Gesellschaft der UdSSR über ideologische Fragen in der Astronomie.

Bull. Astr.-Geod. Ges. UdSSR Nr. **6** (**13**) S. 13—15 (russisch). Resolution der Generalversammlung der Leningrader Abteilung der Astronomisch-Geodätischen Gesellschaft der UdSSR vom 14. Dezember 1948.

Bull. Astr.-Geod. Ges. UdSSR Nr. **6** (**13**) S. 47—55, **7** (**14**) S. 36—40 (russisch). Die Tätigkeit der Abteilungen der Astronomisch-Geodätischen Gesellschaft der UdSSR im Jahre 1948.

1108. **British Astronomical Association**

JBAA **59** 221—239. Report of the Council on the work of the Session 1948 July 1 to 1949 June 30, to be presented to members of the Association at the annual general meeting 1949 October 26.

JBAA **60** 1—18. Annual general meeting, 1949 October 26.

Mem BAA **36** part 2. The history of the British Astronomical Association. The first fifty years. H. L. Kelly. — Vgl. AJB **48** Ref. 1110. — Weitere Besprechung in Publ ASP **61** 144—146 (E. Pettit), Sky and Telescope **8** 177 (D. Hoffleit).

Obs **69** 197—199. Astronomy at the British Association.

Pop Astr **57** 145—146. — 50jähriges Jubiläum.

1109. **Bund der Sternfreunde**

Sternenwelt **1** 144. — Wiederbegründung.

1110. **International Astronomical Union**

Ann. Françaises Chronométrie **19** 199—206. L'assemblée de Zurich de l'Union Astronomique Internationale et la Chronométrie. N. Stoyko. — Bericht über die auf der Tagung der UAI in Zürich zur Frage der Zeitmessung abgegebenen Vorschläge und Beschlüsse. Böh.

Astr Circ UdSSR Nr. **82** S. 8—11 (russisch). Die Versammlung der Internationalen Astronomischen Union in Zürich. A. A. Michajlow.

BSAF **63** 1—8, mit 5 Fig. Les progrès récents de l'astronomie. A. Danjon.

BSAF **63** 19—24. Les travaux de l'assemblée générale de l'Union Astronomique Internationale. P. Couderc. — Bericht von der Züricher Tagung 1948 Aug. 11—18.

Himmelswelt **56** 50—51. Die Versammlung der «International Astronomical Union» in Zürich. F. Becker.

J RAS Canada **43** 61—65. International Astronomical Union. A V. Douglas.

Orion Schaffhausen Nr. **22** S. 518—523. Zum Kongreß der Internationalen Astronomischen Union in Zürich vom 11.—18. August 1948. B. Beck.

Publ ASP **61** 5—12. The history of the International Astronomical Union. W. S. Adams.

Urania Barcelona **34** Nr. 220 S. 211—217. La asamblea de Zürich de la Union Astronomica Internacional.

1111. Meteoritical Society
Pop Astr **57** 454—457. Report on the 12 th meeting of the Society. J. A. Russell. — Los Angeles, Calif. 1949 Sept. 6—8.

1112. The Nantucket Maria Mitchell Association
Forty-Seventh Annual Report for the year ending January 31, 1949. Memorial House, Nantucket, Mass. 44 S.

1113. Nederlandse Vereniging voor Weer-en Sterrenkunde
Hemel en Dampkring **47** 54—60. — Rechenschaftsbericht 1948.
Hemel en Dampkring **47** 139—140. — Jahresberichte 1948 der Arbeitsgruppen Meteore und Sternbedeckungen.
Hemel en Dampkring **47** 199—200. — Bericht über die 6. Versammlung der Amateurastronomen am 24. und 25. September 1949.

1114. Royal Astronomical Society
MN **109** 119—140. Annual general meeting of 1949 February 11. W. M. H. Greaves.
Obs **69** 41—46. Anniversary meeting and annual general meeting of the Royal Astronomical Society.

1115. Royal Astronomical Society of Canada
J RAS Canada **43** 68—90. Minutes of the annual meeting of the Royal Astronomical Society of Canada. — 59. Jahresversammlung am 10. Januar 1949 in Toronto.

1116. Royal Astronomical Society of New Zealand
Southern Stars **14** 55—63. Annual Meeting. Report of the Council for the year ended 30 th September, 1948. Reports of Sections.
Southern Stars **14** 82—91. Report of the Council for the year ended 30 th September, 1949. Reports of Sections.

1117. Sociedad Astronomica de España y America
Urania Barcelona **34** Nr. 220 S. 198—199. Inauguracion del nuevo local de la Sociedad Astronomica de España y America.

1118. Société Astronomique de France
BSAF **63** 9—11. La vie de la Société Astronomique de France en 1947—1948. G. C. Flammarion.
BSAF **63** 12—19. Assemblée générale annuelle de la Société Astronomique de France. — Bericht der Tagung vom 5. Dez. 1948.
BSAF **63** 58—59, mit 1 Fig. Activité de la cinémathèque S. A. F. en 1947—1948. J. Leclerc.

1119. Société d'Astronomie d'Anvers
Vingt-neuvième rapport 1947—1948. Anvers, 1949. 15 S. C. de Bièvre, A. Dermul.

1120. Société Belge d'Astronomie, de Météorologie et de Physique du Globe
Ciel et Terre **65** 184—189. Assemblée générale annuelle du 26 mars 1949.

1121. Société Chronométrique de France
Ann. Françaises Chronométrie **19** 91—94. Assemblée générale du 20 novembre 1948 à Paris.
Ann. Françaises Chronométrie **19** 326—329. Assemblée générale des 23, 24, 25 avril 1949 à Paris.

1122. **Svenska Astronomiska Sällskapet**
PAT **30** 69—71. — Jahresbericht für 1948.
PAT **30** 152—154. Svenska Astronomiska Sällskapet trettio år. N. V. E. Nordenmark.

1123. **Vereinigung von Freunden der Astronomie und kosmischen Physik, Frankfurt/M.**
Sternenwelt 1 263. — Wiederaufnahme ihrer Tätigkeit.

1124. **W. A. Bronstein,** Die Konferenz über Planetenphysik. Bull. Astr.-Geod. Ges. UdSSR Nr. **7 (14)** S. 45—46 (russisch). — Bericht über die Konferenz in Charkow vom 21. bis 23. Mai 1949.

1125. **E. S. Burxer,** Einige Ergebnisse der Plenarsitzung des Meteoritenkomitees der Akademie der ukrainischen Sowjetrepublik (Kiew, 24.—27. Nov. 1947). Meteoritika Nr. **5** S. 68—70 (russisch).

1126. **T. R. Cave jr.,** The Los Angeles meeting of western amateur astronomers. Publ ASP **61** 239—240.

1127. **T. R. Cave jr.,** The first convention of western amateurs. Strolling Astronomer **3** Nr. 10 S. 10—12.

1128. **A. Dehaen,** Congrès annuel des astronomes amateurs (1949). Ciel et Terre **65** 239—243.

1129. **E. L. Krinow,** Die erste Meteoritenkonferenz. AJ UdSSR **26** 265—267 (russisch). — Bericht über die in Moskau abgehaltene Konferenz vom 16.—19. März 1949.

1130. **E. L. Krinow,** Die erste Meteoritenkonferenz. Bull. Astr.-Geod. Ges. UdSSR Nr. **7 (14)** S. 42—44 (russisch). — Bericht über die Konferenz in Moskau vom 16.—19. März 1949.

1131. **E. L. Krinow,** Die erste Meteoritenkonferenz. Priroda **38** Nr. 8 S. 95—97 (russisch).

1132. **P. G. Kulikowskij,** Vollsitzung des Astronomischen Rates der Akademie der Wissenschaften der UdSSR. AJ UdSSR **26** 189—191 (russisch). — Sitzung vom 18.—20. Dezember 1948.

1133. **A. A. Nemiro,** Die astrometrische Konferenz in der UdSSR vom 15. bis 17. Dezember 1948. AJ UdSSR **26** 375—377 (russisch). — Tagung in Leningrad.

1134. **L. N. Radlowa,** Die erste allbündische Konferenz über Planetenphysik. AJ UdSSR **26** 322—323 (russisch). — Tagung vom 21.—23. Mai 1949 in Charkow.

1135. **N. Richter,** Astronomie und Geophysik in Wechselbeziehung. Sterne **25** 128—130. — Bericht über die Geophysikalische Arbeitstagung in Jena vom 25. bis 28. Juli 1949.

1136. **W. W. Scharonow,** Die sowjetische Konferenz über die Physik der Planeten. Priroda **38** Nr. 12 S. 61—64 (russisch).

1137. **C. J. Schopke, C. Anderson,** Western amateurs' conference. Sky and Telescope 8 309—312, mit 7 Abb.

1138. **S. A. Schorygin,** Die Tagung über Planetenphysik vom 15.—16. Dezember 1948. AJ UdSSR **26** 191—194 (russisch).

1139. **A. Unsöld,** The astronomical outlook in Germany. Pop Astr **57** 107—111.

1140. Die 9. Versammlung der Kommission der Akademie der Wissenschaften der UdSSR zur Erforschung der Veränderlichen Sterne. Astr Circ UdSSR Nr. 88 S. 9—10 (russisch).

1141. Die erste Tagung über Heliotechnik in der UdSSR. Bote Akad. Wiss. UdSSR **19** Nr. 9 S. 88—93 (russisch).

1142. VII. Kolloquium über Meteorastronomie. Bull. Astr.-Geod. Ges. UdSSR Nr. **7** (**14**) S. 33—35 (russisch). — Moskau 1949 April 14.

1143. Le quatrième congrès des amateurs. Gaz astr **31** 51—52. — Charleroi 1949 Juni 11.

1144. Astronomie in Latein-Amerika. Himmelswelt **56** 143—144.

1145. Astronomical observations in Australia. Nature **163** 38—39. — Aus dem Jahresbericht der Sternwarte Canberra für die Zeit 1947 Jan. 1— Dez. 31.

1146. The Royal Astronomical Society at Manchester. Obs **69** 121—122, mit 2 Abb.

1147. The Paris symposium. Obs **69** 222—227.

1148. Amateur Astronomy in Germany. Pop Astr **57** 41—42.

1149. Amateur Astronomers in Germany surmont difficulties. Pop Astr **57** 414.

§ 12

Sternwarten, Planetarien

1201. **Belgrad**
V. V. Michkovitch, Le service méridien et de l'heure de l'Observatoire Astronomique de l'Université de Belgrade. Bull. Obs. Astr. Univ. Belgrade **5** 9—10, 1940.
Z. Brkić, B. M. Ševarlić, Le service méridien et de l'heure. Bull. Obs. Astr. Belgrade **14** 2.
P. Durković, Le service de latitude à la lunette zénithale de l'Observatoire Astronomique de Belgrade. Bull. Obs. Astr. Belgrade **14** 4—5.

1202. **Berkeley**
R. T. Crawford, Contributions of the Students' Observatory (Berkeley Astronomical Department) to astronomy. Publ AAS **9** 248—249, 1939. — Ref. AAS.

1203. **Bloemfontein**
Sky and Telescope 8 278. Survey transferred to South Africa.

1204. **Bloomington**
MPC 226. The Goethe Link Observatory at Brooklyn, Indiana. —Koordinaten.

1205. **Cambridge,** Engl.
F. J. M. Stratton, The history of the Cambridge Observatories. Ann. Solar Phys. Obs. Cambridge **1**, 26 S. mit 8 Tafeln. — Besprechung in Sky and Telescope 8 231.

1206. **Cambridge,** Mass.
G. Z. Dimitroff, The 24—33- inch Schmidt telescope of the Harvard Observatory. Publ AAS **10** 161, 1942. — Ref. AAS.
M. Harwood, Fifty years at HCO. Sky and Telescope 8 191—193, mit 3 Fig.

1207. Charlottesville
A. N. Vyssotsky, Report on the spectroscopic program of the McCormick Observatory. Publ AAS **10** 31—32, 1940. — Ref. AAS.

1208. Cluj
J. Armeanca, Vorläufige Bestimmung der geographischen Länge der Universitäts-Sternwarte zu Cluj-Timișoara. Vgl. Ref. **13201**.
J. Armeanca, Die Polhöhe von Timișoara nach Beobachtungen im 1. Vertikal. Vgl. Ref. **13202**.

* * G. Chiș, Détermination des coordonnées géographiques de l'Observatoire Astronomique de l'Université «V. Babeș» de Cluj. Vgl. Ref. **13205**.

1209. Collurania-Teramo
G. Peisino, Studio del clima di Collurania-Teramo. Oss. astr. Collurania-Teramo, Mem. Oss. **2** Fasc. 1, 52 S. — Meteorologisch-klimatische Daten und Verhältnis der meteorologischen Elemente zur Sonnenaktivität. F. Z.

1210. Delaware
C. E. Hesthal, The two-prism spectrograph of the Perkins Observatory. Publ AAS **10** 15, 1940. — Ref. AAS.

1211. Decatur, Georgia
Pop Astr **57** 100. Telescope for Agnes Scott College.

1212. Evanston
O. J. Lee, The moving of Dearborn Observatory. Publ AAS **10** 19, 1940. — Ref. AAS.

1213. Flagstaff
E. C. Slipher, The Lowell Observatory expedition to the Lamont-Hussey Observatory, Bloemfontein, South Africa. Publ AAS **10** 26, 1940. — Ref. AAS.

1214. Fort Davis
D. Hinds, G. P. Kuiper, The observing record for the first ten years of the McDonald Observatory. Pop Astr **57** 233—235.
B. Strömgren, Indryk fra amerikanske observatorier. III. Yerkes- og McDonald-Observatorierne. NAT **1949** S. 64—71, mit 3 Fig.
Sky and Telescope **8** 222. Ten years at McDonald.

1215. Frankfurt a. Main
K. Schiller, Sternwarte und Planeteninstitut 1924—1949. Festschrift zur 125-Jahrfeier des Physikalischen Vereins zu Frankfurt am Main 1949, S. 31—32.
W. Lorey, Die ehemalige Sternwarte des Physikalischen Vereins auf dem Turm der Paulskirche. Festschrift zur 125-Jahrfeier des Physikalischen Vereins zu Frankfurt am Main 1949, S. 33—37.

1216. Greenwich-Herstmonceux Castle
H. S. Jones, The Royal Greenwich Observatory. Proc. Roy. Soc. (A) **198** 141—169, mit 4 Tafeln.
H. M. Smith, Le service des signaux horaires de Greenwich. Vgl. Ref. **2331**.
W. Woering, New 100-inch reflector for Britain's Royal Observatory. Pop Astr **57** 120—121.
BAA Circ Nr. 310. Isaac Newton telescope.
Nature **163** 595—596. Royal Observatory, Greenwich: Transfer to Herstmonceux.

Nature **163** 867, Publ ASP **61** 197. Disk for the Isaac Newton telescope.
Pop Astr **57** 375—378. Magnetic observations at Abinger, England.
Sky and Telescope 8 223, mit 1 Fig. Astronomer Royal procures 98-inch disk.

* * **Hamburg**
J. Larink, Der Zeitdienst der Hamburger Sternwarte in Bergedorf. Vgl. Ref. 2322.

1217. **Haute Provence**
J. Houtgast, Het observatorium van Haute Provence, de grootste moderne sterrenwacht van Europa. Hemel en Dampkring **47** 4—11, mit 4 Abb. (Berichtigung zu AJB **48** Ref. 1218). — Bericht über die dortigen Einrichtungen und Beobachtungen des grünen Strahls bei Sonnenaufgang. Gü.

1218. **Kiew**
S. K. Wsechswjatskij, Die Sternwarte der Schewtschenko-Staatsuniversität Kiew. Priroda **38** Nr. 12 S. 57—60 (russisch).

1219. **Kujbyschew**
I. W. Matwejew, Das Astronomische Observatorium Kujbyschew. Astr Circ UdSSR Nr. **92** S. 11 (russisch).

1220. **La Plata**
G. O. Wallbrecher, Memoria Anual correspondiente al año 1947. Publ. Obs. La Plata, Serie especial Nr. **6**. — Aus dem Inhalt sind folgende Mitteilungen wichtig zu erwähnen: 1. Anfang des Baues einer astronomischen Station (Filiale des La Plata-Observatoriums in 50° südlicher Breite). 2. Inbetriebnahme einer optischen Werkstätte. Sconzo

1221. **Leiden**
G. Bakoš, Sterrewacht te Leiden. RH **30** 119—121, mit 3 Abb. (tschechisch).

1222. **Leipzig**
W. Hänig, Astronomische Praktika für Pädagogen und Naturwissenschaftler am Physikalischen Institut der Universität Leipzig. Sterne **25** 183—184.

1223. **Michigan**
Nature **164** 1077. 25-inch telescope disk for the university of Michigan. — Notiz über die Fertigstellung der Spiegelscheibe.

1224. **Moskau**
M. E. Nabokow, Astronomisch klare Nächte in Moskau. Bull. Astr.-Geod. Ges. UdSSR Nr. **6** (**13**) S. 42—45 (russisch).

1225. **Mount Hamilton**
W. H. Wright, Recent work of the Lick Observatory. Publ AAS **9** 252—253, 1939. — Ref. AAS.
Pop Astr **57** 413—414. University of California acquires mirror for big telescope. — Betrifft 120-inch Spiegel.
Sky and Telescope 8 301. Lick Observatory acquires 120-inch mirror disk.

1226. **Mount Palomar**
J. A. Anderson, The two-hundred-inch telescope. Publ AAS **9** 247—248, 1939. — Ref. AAS.
A. Beach, A new celestial camera surveys the universe. Astr. Soc. Pacific Leaflet Nr. 244, 8 S. — Daten und Programm für das 48-inch Schmidt-Teleskop auf Mt. Palomar.

M. Egger, F. Egger, Premiers essais du télescope Hale de 200". Orion Schaffhausen **3** 17—18.

E. Hubble, First photographs with the 200-inch Hale telescope. Publ ASP **61** 121—124, mit 6 Tafeln = Mt. Wilson and Palomar Obs. Repr. Nr. **4**. — Besprechung in PAT **30** 165—166, mit 2 Fig., Sterne **25** 131—132 (F. W. Jäger). — Enthält neben einigen technischen Bemerkungen Photos von NGC 2261, einem Gebiet in SA 57, M 87, NGC 5204, 3359 und einem Teil von M 3.

M. Korach, Che accade al telescopio di Mt. Palomar? Coelum **17** 42—45. — Nach einigen Bemerkungen zum 5m-Spiegel vom Mt. Palomar schließt der Verf., daß derselbe weniger Kopfzerbrechen verursacht hätte, wenn er statt aus Glas aus Porzellan gebaut worden wäre. F. Z.

J. Lagemann, Men of Palomar. Southern Stars **14** 65—67. — Kleine Anekdotensammlung.

P. Maffei, La stampa quotidiana e il telescopio di Monte Palomar. Coelum **17** 8—9. — Bericht über die neuesten Nachrichten vom 5m-Spiegel des Mt. Palomar. F. Z.

J. J. Raimond, The Hale telescope. De grootste camera ter wereld. Heelal **5** 33—46, 49—54, mit 9 Abb.

J. J. Raimond jr., De Hale Telescope — de eerste foto's. Hemel en Dampkring **47** 219, mit 2 Tafeln.

H. Siedentopf, Mt. Palomar. Naturwiss. Rundschau **2** 289—295, mit 9 Abb.

Astr Circ UdSSR Nr. **89** S. 7—8. Der Palomar-Reflektor (russisch).

BAA Circ Nr. 307, 308. The 200-inch.

Gaz astr **31** 126. Le miroir de 200" du Mont Palomar.

Heelal **5** 26. Mt. Palomar.

Himmelswelt **56** 143. Neues vom 200-zölligen Spiegel.

J RAS Canada **43** 123—124. Perfecting the 200-inch mirror.

Nature **164** 97. Sky survey by the Schmidt telescope at Palomar. — Bericht über den Plan der National Geographical Society, mit dem 48" Schmidt-Spiegel des Mt. Palomar Observatory einen photographischen Himmelsatlas mit Rot- und Blauaufnahmen herzustellen. Die Aufnahmen sollen bis 1953 beendet sein und etwa 500 Millionen Sterne und etwa 10 Millionen Galaxien auf $^3/_4$ des Himmels umfassen. — Mitteilungen über den Himmelsatlas in weiteren Zeitschriften siehe § **91**.

NAT **1949** S. 76. Det store spejlteleskop på Mt. Palomar.

NAT **1949** S. 118—119. Den store reflektor på Mt. Palomar-Observatoriet.

Orion Schaffhausen **2** 584. Das Hale-Teleskop des Palomar Mountain Observatoriums dringt in eine Entfernung von 1000 Millionen Lichtjahren vor.

PAT **30** 84—85. Mount Palomar-problem.

Pop Astr **57** 302—303. The 200-inch telescope.

Pop Astr **57** 468—470. The 200-inch telescope ready for use. — Besprechung in JBAA **60** 62.

Pop Astr **57** 488—490. Mt. Wilson and Palomar Observatories receive award.

Publ ASP **61** 273—274. The 200-inch Hale telescope.

Sky and Telescope 8 86. Mount Palomar problems. — Besprechung in JBAA **59** 133.

Sky and Telescope 8 145. The Hale telescope probes depths of space.

Sky and Telescope 8 242, 257. A new atlas and the first Hale photographs.

Sky and Telescope 8 270, 291, mit 2 Fig. Palomar's 48 inch Schmidt camera.

Sky and Telescope **9** 11, mit 3 Fig. Installing the 200-inch mirror in the tube after a polishing period.

Sky and Telescope 8 Nr. 3 (R), Nr. 6 (R), Nr. 9 (R), Nr. 11 (V), (R), **9** Nr. 2 (V), (R) mit Erläuterungen S. 30, 42. — Abbildungen über Mt. Palomar auf der Vorderseite (V) bzw. Rückseite (R) des Heftumschlages.

Sterne **25** 87—88. Weitere Nachrichten vom Fünf-Meter-Spiegel.

Sternenwelt **1** 49—52, mit 5 Abb. Besuch in Palomar. Beim größten Fernrohr der Welt. — Aus Scientific American August 1948.

1227. Pretoria
A. D. Thackeray, A Newtonian spectrograph. Vgl. Ref. **2235**.

1228. Tokyo
M. Hasimoto, Astronomical latitude of the Tokyo Astronomical Observatory. Old site at Azabu, Tokyo. JJAG **19** 225—251, mit 1 Fig., 1942 = Tokyo Astr. Obs. Repr. Nr. **35**. — $\varphi = +35° 39' 17\overset{s}{.}023$ bzw. $17\overset{s}{.}135$ (System GC bzw. FK3).

1229. Toulouse
P. Lacroute, L'équipement spectrographique de l'Observatoire de Toulouse. Vgl. Ref. **2223**.

1230. Tucson, Arizona
E. F. Carpenter, F. B. Wood, The photomultiplier photometers of the Steward Observatory. Vgl. Ref. **2204**.

1231. Turku
L. Oterma, Actividades astronómicas del Observatorio de Turku, Finlandia. Urania Barcelona **34** Nr. 220 S. 79—88, mit 6 Fig.

* * **Uccle**
J. Hunaerts, Etude de l'objectif de l'Astrographe de Zeiss. Vgl. Ref. **2029**.

1232. Uppsala
N. V. E. Nordenmark, Astronomien i Uppsala under förra hälften av 1800-talet. PAT **30** 89—97, mit 1 Fig. — Verf. berichtet über die Stellung der Astronomie an der Universität Uppsala während der ersten Hälfte des neunzehnten Jahrhunderts. Ra.
Å. Wallenquist, Photoelectric photometry at the Uppsala Observatory. Vgl. Ref. **2240**.

1233. Victoria
J. A. Pearce, Researches in progress at the Dominion Astrophysical Observatory, Victoria. Publ AAS **9** 250—251, 1939. — Ref. AAS.

1234. Wellington, N. Z.
G. A. Eiby, Time service equipment at Dominion Observatory. Vgl. Ref. **2311**.
Astr. Bull. Carter Obs. Nr. **30**, 7 S. Programme for public sessions, 1950.

1235. Wendelstein
Sternenwelt **1** 216. E. Schoenberg. — Übergabe des Sonnenobservatoriums Wendelstein an die Universitätssternwarte München am 6. 8. 1949.

1236. Williams Bay
B. Strömgren, Indryk fra amerikanske observatorier. III. Yerkes- og McDonald-Observatorierne. NAT **1949** S. 64—71, mit 3 Fig.

1237. **S. Melmore,** The site of John Goodricke's Observatory. Obs **69** 95—99, mit 2 Fig.

1238. **R. H. Wilson jr.,** Temple University Astronomical equipment. Pop Astr **57** 250—251.

1239. Eine neue italienische Sternwarte. Himmelswelt **56** **144**. — Grundsteinlegung einer neuen Sternwarte auf dem Gran Sasso (Apenninen).

1240. Nyt norsk observatorium. NAT **1949** S. 76—77.

1241. Himalayan station. Sky and Telescope **9** 11.

1242. Observatories invited to Australia. Sky and Telescope **9** 32.

1243. New instruments for India. Sky and Telescope **9** 33.

1244. **Privat- und Volkssternwarten**
Himmelswelt **56** 188—189, mit 2 Abb. Privat-Sternwarte Phaëton. H. König.
JBAA **59** 103—104. The Observatory of Mr. F. M. Bateson, Rarotonga, Cook Islands.
J RAS Canada **43** 161. Amateur observatories in Canada.
NAT **1949** S. 77—78. Australsk Amatörobservatorium.
NAT **1949** S. 78. Sirius-Observatoriet.
NAZ **3** 30. — Gründung einer Liebhabersternwarte in Berlin. Leitung R. Sommer.
PAT **30** 66—68, mit 4 Fig. Borggårds Observatorium. J. M. Ramberg.
RH **30** 17—20, mit 3 Abb. (tschechisch). Amateurastronomers in Poland. J. Gadomski.
Schwäbische Sternwarte e. V. Stuttgart. Aus der Arbeit der Stuttgarter Sternwarte 1947—1949. 18 S. H. Bühler.
Sky and Telescope 8 87—88, mit 2 Fig. One man's telescope. S. Barrie.
Sterne **25** 43—44, mit 1 Abb. Bericht über die Sternwarte Apolda. E. Bartl.
Sterne **25** 90—91. Ein Jahr «Wilhelm-Foerster-Institut». H.-D. Haage.
Sterne **25** 184—185. Die Bürgel-Sternwarte in Chemnitz. D. Kipsch.
Sterne **25** 185—186, mit 1 Abb. Die Heide-Sternwarte in Königsbrück. W. Lauterbach.
Sternenwelt **1** 124—127, mit 5 Abb. Die Urania-Sternwarte in Eilenburg. E. Otto.
Sternenwelt **1** 174—176, mit 3 Abb. Meine Beobachtungshütte. F. Frey. — Linthal/Schweiz.
Sternenwelt **1** 250—252, mit 3 Abb. Die astronomische Arbeitsgemeinschaft Hannover. H. Krüger.
Urania Barcelona **34** Nr. 220 S. 200—202, mit 2 Fig. Observatorio astronomico particular del Dr. Calvet Pascual.

Planetarien

1245. **R. Brandt,** 25 Jahre Zeiss-Planetarium. Orion Schaffhausen **3** 13—17, mit 2 Abb.

1246. **G. Hartwig,** Zeiss-Planetarien in aller Welt. Sterne **25** 125—128, mit 2 Abb.

1247. **R. K. Marshall,** More about the Fels Planetarium breakdown. Sky and Telescope 8 75.

1248. **R. K. Marshall,** The Morehead Planetarium. Sky and Telescope 8 243—245, mit 4 Fig.

1249. **I. L. Thomsen,** Planetaria. Southern Stars **14** 49—54.

1250. **H. Werner,** Neue Zusatzeinrichtung zum Zeiss-Planetarium zur Darstellung des nautischen Dreiecks und anderer Elemente der sphärischen Astronomie. Optik **4** 323—328, mit 4 Abb.

1251. Moreheadplanetariet, gamla Stockholmsplanetariet, i North Carolina. PAT **30** 171—172, mit 2 Fig.

1252. Trail blazing with Spitz planetariums. Sky and Telescope 8 66—69, mit 6 Fig.

1253. Morehead planetarium. Sky and Telescope 8 89.

§ 13

Geschichte und Fortschritte der Astronomie

1301. **G. Abetti,** Storia dell'Astronomia. Firenze, Vallecchi Editore, 1949. 370 S. mit 32 Tafeln. Preis 1800 Lire. — Besprechung in Mem SA It **21** (NS) 263—264. — Geschichte der Astronomie von ihren Anfängen bis zur Gegenwart. Besonders hervorgehoben werden das Zeitalter von Coppernicus bis Newton und die Fortschritte auf dem Gebiete der Astrophysik. Eine kurze Geschichte der italienischen Sternwarten beschließt das Buch. F. Z.

1302. **K. L. Bajew,** Tvorcovia novej astronomie. Bratislava, Verlag Tatran, 1949. 95 S. mit 24 Abb. — Slowakische Übersetzung des russischen Buches «Die Begründer der modernen Astronomie: Koppernikus, Bruno, Kepler und Galilei». — Vgl. AJB **48** Ref. **1302**.

1303. **H. Balss,** Antike Astronomie. Aus griechischen und lateinischen Quellen mit Text, Übersetzung und Erläuterungen geschichtlich dargestellt. München, E. Heimeran, 1949. 312 S. mit Abb. Preis 9.— DM. — Besprechung in Hemel en Dampkring **47** 198 (E. J. Dijsterhuis). — Inhalt: Antike Textstellen zur Entwicklung der Astronomie in chronologischer Reihenfolge. Darstellung der Geschichte der Astronomie (Kugelgestalt der Erde und Form des Himmelsgewölbes, Die Vorstellung vom Fixsternhimmel, Sonne und Mond in der griechischen Astronomie, Die Planeten, Sternwarten und Geräte, Von der Göttlichkeit der Gestirne, Antike Geschichte der Astronomie). Einzelerläuterungen zu den Textstellen.

1304. **F. Becker,** Geschichte der Astronomie. Vgl. AJB **47** Ref. **502**. — Weitere Besprechung in Naturwiss. Rundschau **2** 86 (H. Werner).

1305. **A. Danjon,** Les progrès récents de l'astronomie. BSAF **63** 1—8, mit 5 Fig.

1306. **A. Dermul,** L'astronomie, science royale. Gaz astr **31** 26—32.

1307. **G. A. Gurew,** Erde und Himmel. Abriß zur Geschichte der Astronomie. Eriwan, Armenischer Staatsverlag, 1948. 196 S. mit 47 Abb. Preis 6 R. (armenisch).

1308. **H. C. van de Hulst,** De beoefening van de astrophysica. Hemel en Dampkring **47** 201—209. — Bericht über Zweck und Geschichte der Astrophysik und ihre modernen Probleme. Gü.

1309. **P. Humbert,** Histoire des découvertes astronomiques. Paris, Revue des Jeunes, Coll. «Initiations», 1948. 272 S. Preis 180 f. f. — Besprechung in Ciel et Terre **65** 85 (H. Michel).

1310. **J. Jeans,** The Growth of Physical Science. Vgl. AJB **48** Ref. **1317**. — Besprechung der schwedischen Übersetzung mit dem Titel «Hur fysiken utvecklats och vad den betyder för mänskligheten» in PAT **30** 174—175.

1311. **Z. Kopal,** Progress of Astronomy in the past thirthy years. RH **30** 11—15, 66—70, 90—94, 122—125, 173—175, 198—202, 243—246, mit 1 Abb. (tschechisch).

1312. **W. A. Krat,** Die gegenwärtige Kosmogonie und Astrophysik. Priroda **38** Nr. 5 S. 3—13 (russisch).

1313. **A. v. Mörl,** Das astronomische Weltbild der Antike. Innsbruck, Verlag Felizian Rauch. 27 S. — Besprechung in Sternenwelt **1** 286—287.

* * **N. V. E. Nordenmark,** Astronomien i Uppsala under förra hälften av 1800-talet. Vgl. Ref. **1232**.

1314. **G. Silva,** L'evoluzione dell'Astronomia. Padova, Tipografia Seminario, «Nel Centenario del Quarantotto» S. 67—82. — Übersicht über die astronomischen Errungenschaften von 1848—1948. F. Z.

1315. **R. L. Waterfield,** Sto let astronomie. Prag, Máj, 1948. 484 S. mit 8 Abb. Tschechische Übersetzung von O. Seydl des Buches «A Hundred Years of Astronomy».

1316. **E. Whittaker,** From Euclid to Eddington. A study of conceptions of the external world. Cambridge University Press, 1949. 9 + 212 S. Preis 4.00 $. — Ref. in Math. Rev. 11 2, Sky and Telescope 8 315 (R. S. Bates).

1317. **E. W. Woolard,** The impress of past ages in modern astronomy. Pop Astr **57** 363—372.

1318. **E. Zinner,** Quellen zur Geschichte der Sternkunde. Sternenwelt **1** 12—15.

1319. **F. Zwicky,** Morphological astronomy. Vgl. AJB **48** Ref. 1336. — Weitere Besprechung in JBAA **59** 110—111.

1320. **F. Zwicky,** Morphologische Astronomie. Phys. Blätter **5** 4—10. — Vgl. vorstehendes Ref. — Verf. zeigt die Notwendigkeit des morphologischen Denkens und Handelns in der wissenschaftlichen Forschung von heute und wie die morphologische Methode in der Astronomie anzuwenden sei. Verf. erläutert seine Gedanken am Beispiel des Teleskopes. Zum Schluß werden andere Probleme morphologischer Art behandelt.

1321. Tafeln zur Geschichte der Astronomie. Astronomischer Kalender Heidelberg 1950 (Vgl. Ref. 419) S. 76—78.

§ 14

Geschichtliche Untersuchungen über Spezialgebiete

1401. **A. Aragon y Leon,** Estudio crítico del Curso de Cosmografía de los maestros Joaquín Gallo y Agustín Anfossi. Memorias y Revista de la Acad. Nacional de Ciencias (antigua Soc. Científica Antonio Alzate) **56** 589—596.

1402. **R. Boeker,** Berechnungen zur vorgriechischen Astronomie. Leipzig, 1948. Einleitung und Abschnitte I—III. 20 S. — Besprechung in Obs **69** 34—35 (H. Chatley).

1403. **C. B. Boyer,** Note on epicycles and the ellipse from Copernicus to Lahire. Isis, Cambridge, Mass. **38** 54—56, 1948. — Ref. in ZfMG **30** 100.

1404. **A. Chapuis,** Nécessité de la mesure du temps. — L'horométrie primitive. La Suisse Horlogère Nr. 6 Déc. 1948 S. 23—32.

1405. **A. W. J. Cousins,** The evolution of the magnitude scale. MN ASSA **8** 37—40.

1406. **A. Dittrich,** Die ältesten Beobachtungen im Meridian. RH **30** 28—29 (tschechisch).

1407. **A. Dittrich,** The mystery of Hipparch's eclipse. RH **30** 189—192, mit 1 Fig. (tschechisch).

1408. **U. Fedele,** Le prime osservazioni di stelle doppie. Coelum **17** 65—69. — Geschichtlicher Bericht über die ersten Doppelsternbeobachter. F. Z.

1409. **N. Gurjew,** Ulugh Beg's Sternwarte in Samarkand. Sternenwelt **1** 169—171, mit 2 Abb.

1410. **R. Henseling,** Das Alter der Maya-Astronomie und die Oktaeteris. Forschungen und Fortschritte **25** 25—27, mit 1 Abb. — Verf. verweist zunächst auf die bisher von ihm vertretene Auffassung, wonach es als unmöglich erscheint, daß die Maya das weit zurückliegende Nulldatum ihres Kalendersystems durch Berechnung der dieses Datum bestimmenden astronomischen Konstellationen festlegen konnten. Im Gegensatz zu dieser früheren Auffassung liegt jetzt die Deutung einer altperuanischen Brustplatte und der Opferdarstellung im Dresdener Kodex als Ausdrucksform der Oktaeteris den Gedanken nahe, daß die Oktaeteris-Gesetzmäßigkeit eine derartige Rückwärtsrechnung möglich machte. U. Baehr

1411. **P. Humbert,** L'année astronomique 1649. Ciel et Terre **65** 80.

1412. **A. Kahrstedt,** 175 Jahre Berliner Astronomisches Jahrbuch. Sterne **25** 111—116.

1413. **R. Kühn,** Die Entdeckung des Uranus. Sternenwelt **1** 57—59, mit 2 Abb.

1414. **L. P. Lee,** Scorpius or Scorpio? Southern Stars **14** 91—92.

1415. **W. Lindemann,** Die Düsseldorfer Planeten. Sterne **25** 23—25.

1416. **A. Masotti,** Una relazione inedita di Paolo Frisi sopra l'Osservatorio di Brera. Rend. Ist. Lombardo sci. Lettere **81** 3—43 = Contr. Oss. astr. Milano-Merate (NS) Nr. **27**. — Geschichtliche Notizen über einen Bericht des Mathematikers P. Frisi für die Sternwarte Brera. F. Z.

1417. **H. Mesnard,** Les noms arabes d'étoiles. Ciel et Terre **65** 1—19, 70—79, 104—115. — Die griechischen Sternnamen des Ptolomäus sind ins Arabische übersetzt worden und im Almagest enthalten. Die Übersetzung des Almagest ins Lateinische, ferner die von den chaldäischen Astrologen überlieferten Bezeichnungen der Gestirne sowie die Alfonsinischen Tafeln waren die Quellen, denen die im Abendland gebräuchlichen Sternbezeichnungen entstammen. Durch falsche Übersetzungen aus dem Arabischen wie durch eine große Anzahl anderer Irrtümer der Kopisten entstanden Verfälschungen der arabischen Namen. Die Fehler werden an zahlreichen Beispielen erläutert. Es folgt in zwei Fortsetzungen eine ausführliche Behandlung der Hauptsternbilder. Es wird dabei auf die Untersuchung der Namensänderung von Sternbildern und Sternen und auf die Feststellung der oben genannten Fehler besonderes Gewicht gelegt. U. Baehr

1418. **J. M. Millás Vallicrosa,** Über die Autentizität eines astronomischen Werkes von R. Abraham ibn'Ezra. Isis, Cambridge, Mass. **40** 32—33, 1948 (spanisch). — Ref. in ZfMG **32** 50.

1419. **J. M. Millás Vallicrosa,** Les sources de l'œuvre astronomique de R. Abraham Bar-Hiyya de Barcelone. Arch. internat. Hist. Sci. **28** 855—863. — Ref. in ZfMG **33** 241.

1420. **R. Müller,** Altnordische Eyktmarken und die Entdeckung Amerikas. Soc. Sci. Islandica Greinar (Verh.) **2** 33—82, mit 20 Abb. — Das Ziel der Untersuchung ist, das Zeitmarkenbild des germanischen Nordens durch örtliche astronomische Vermessung zu überprüfen und darüber hinaus — im Anschluß an die Meßergebnisse — das Vinlandproblem erneut zu diskutieren. Verf.

1421. **R. Müller,** Astronomische Betrachtungen zum Kalender der Maya. Sternenwelt **1** 197—199, mit 1 Abb.

1422. **O. Neugebauer,** Mathematical methods in ancient astronomy. Bull. Amer. math. Soc. **54** 1013—1041, 1948. — Ref. in ZfMG **33** 241.

1423. **A. Pannekoek,** Planetary theories. Vgl. AJB **47** Ref. **616**, **48** Ref. **1418—1421**. — Besprechung in Hemel en Dampkring **47** 114 (E. J. Dijksterhuis), Obs **69** 72—73.

1424. **S. Plakidis,** Das Studium der Astronomie bei den Byzantinern. Sonderdruck aus dem Festband zur Feier des 35-jährigen Jubiläums des Professors N. A. Critikos, Athen S. 68—91, 1943. — Behandelt einen Zeitraum von mehr als 1000 Jahren byzantinischer Geschichte. Hierbei werden folgende drei Hauptpunkte untersucht: A. Welchen Platz nimmt das Studium der Astronomie im gesamten wissenschaftlichen Leben der Byzantiner ein. B. Während welcher Perioden der byzantinischen Geschichte und in welchen Gegenden des byzantinischen Reiches wurde hauptsächlich Astronomie als Wissenschaft betrieben und gepflegt. C. Welches war der Beitrag der Byzantiner zur Verbreitung und Vertiefung der astronomischen Kenntnisse.

1425. **W. C. Rufus,** Idealization in chinese asterisms. Publ AAS **10** 171—172, 1942. — Ref. AAS.

1426. **H. Sawyer Hogg,** Schwabe's determination of the sun-spot cycle. J RAS Canada **42** 42—46, 1948.

1427. **H. Sawyer Hogg,** The early discovery of four globular clusters. J RAS Canada **43** 45—48.

1428. **R. Schöldström,** Drivverk för teleskop. PAT **30** 13—25, mit 11 Fig. — Eine geschichtliche Darstellung der Entwicklung der Antriebsvorrichtungen der Fernrohre. Ra.

* * **E. Schoenberg,** Die Saturnringe. Geschichte ihrer Erforschung. Vgl. Ref. 7709.

1429. **D. Shapley,** Pre-Huygenian observations of Saturn's ring. Isis, Cambridge, Mass. **40** 12—17. — Ref. in ZfMG **32** 51.

* * **H. Shapley,** A half century of globular clusters. Vgl. Ref. **12141.**

1430. **J. Stein,** Giovanni Domenico Cassini e la rotazione di Venere 23 ore o 23 giorni? Mem SA It (NS) **20** 137—139. — Cassini vermutete, daß die Rotationsperiode der Venus 23 Stunden und nicht 23 Tage beträgt, wie kürzlich behauptet wurde. Verf.

1431. **J. Stein,** The triple conjunctions of Jupiter and Saturn. Pop Astr **57** 182—184.

1432. **L. Thorndike,** Some little known astronomical and mathematical manuscripts. Osiris, Bruges 8 41—72, 1948. — Ref. in ZfMG **32** 242.

1433. **J. Vernet Ginés,** Dos notas sobre historia de la astronomía árabe. Urania Barcelona **34** Nr. 220 S. 50—54. — 1. Über die Herkunft der Ära Alexanders des Großen. Es werden die von Ibn al-Banna (Arabisches Manuskript des Escorial Nr. 909) gegebenen Regeln für die Umrechnung der arabischen Daten in die entsprechenden Daten der Ära Alexanders untersucht. Durch Anwendung des so gewonnenen Resultats auf ein nach beiden Zeitrechnungen datiertes Dokument aus der ägyptischen Kanzlei wird bestätigt, daß im mamelukischen Ägypten das julianische Jahr am 1. Oktober begann. 2. Die Zeitgleichung im 13. Jahrhundert. Handelt von der Säkularkorrektion des «zweiten Vorrückens», die von einigen arabischen Astronomen auf die Zeitgleichung angewandt wird. Armenter

1434. **A. N. Vyssotsky,** Astronomical records in the russian chronicles from 1000 to 1600 A. D. Lund Medd (2) Nr. **126,** 52 S. mit 1 Karte.

1435. **B. L. van der Waerden,** Babylonian astronomy. II. The thirty-six stars. J. Near Eastern Studies 8 6—26. — Ref. in Math. Rev. **10** 173.

1436. **D. Wattenberg,** Aus der Geschichte des Enckeschen Kometen. Zu seinem 50. Periheldurchgang am 27. Nov. 1947. Himmelswelt **56** 16—23.

1437. **P. Wellmann,** Ein Beitrag zur Geschichte des Spiegelteleskops. Himmelswelt **56** 163—164. — Es wird aus einem im Jahre 1651 erschienenen Werk von Père Mersenne die gedankliche Entwicklung der Spiegelteleskope aufgezeigt.

1438. **H. Werner,** Siebengestirn und Kuckuck. Sternenwelt **1** 80—81, mit 1 Abb.

1439. **E. W. Woolard,** The evolution of fundamental astronomical concepts as reflected in the terminology of astronomy. Pop Astr **57** 482—488.

1440. **E. Zinner,** Die griechischen Himmelsbeschreibungen. Naturforschende Ges. Bamberg **31,** 23 S., 1948.

1441. **E. Zinner,** Schicksalsscheiben, Tolederbriefe und Horoskope. Naturforschende Ges. Bamberg **31,** 15 S., 1948.

1442. Jupiter Pluvius – Origin of the name. J RAS Canada **42** 286, 1948.

1443. Invention of the sextant. Southern Stars **14** 80.

Dritter Teil

Instrumente. Beobachtungstechnik

§ 20

Allgemeines, Optik, Beobachtungsanleitungen, Alte Instrumente

2001. **M. N. Acket,** Het oog als astronomisch instrument. Hemel en Dampkring **47** 46—48, 65—67, 85—88, mit 2 Fig. Nachtrag S. 109.

* * **S. Arend,** Cracoviens rotationnels. Leur utilisation dans les transformations fondamentales de coordonnées astronomiques, dans la théorie de la lunette méridienne et dans celle du théodolite. Vgl. Ref. 102.

2002. **W. K. Arkadjew,** Der Einfluß von Augenfehlern auf die Reinheit des Gesichtsfeldes. DAN **68** 289—291 (russisch).

2003. **J. G. Baker,** A family of flat-field cameras, equivalent in performance to the Schmidt-camera. Publ AAS **9** 255—256, 1939. — Ref. AAS.

2004. **J. G. Baker,** Modification of the Schmidt. Publ AAS **10** 218, 1942. — Ref. AAS.

2005. **M. Berek,** Die Nutzleistung binokularer Erdfernrohre. Z. f. Phys. **125** 657—678, mit 9 Abb. — Die Untersuchung befaßt sich mit den aus den physiologischen Gesetzen beim Gebrauch von binokularen Erdfernrohren folgenden Schwellen der Sichtung und mit dem Nutzen, den solche Fernrohre dabei gewähren. Verf.

* * **R. Brandt,** Ein Doppeljubiläum. 50 Jahre Zeiss-Fernrohre — Zum 100. Geburtstag von Max Pauly. Vgl. Ref. 1007.

2006. **R. Brockman,** The Schmidt optical system — a medical application. JBAA **59** 163.

2007. **E. B. Brown,** Gleanings for ATM's. Sky and Telescope **8** 76—78, 100—102, 129—131, 152—154, 179—181, 204—205, 232—235, 260—262, 288—290, 316—318, **9** 15—18, 40—42, mit 35 Fig.

2008. **A. Colacevich,** Studio del sistema monocentrico composto da tre specchi sferici. Atti della Fondazione Giorgio Ronchi Nr. 1/2 S. 36—43 = Oss. Astr. Capodimonte-Napoli Contr. astr. (2) **4** Nr. 3, 8 S. mit 6 Fig. — Untersuchung eines aus drei sphärischen Spiegeln mit gemeinsamem Zentrum bestehenden optischen Systems. Berücksichtigung der sphärischen Aberration bis zur dritten Ordnung. Praktisches Beispiel mit einem Öffnungsverhältnis f/0.86. F. Z.

2009. **A. Colacevich,** Condizione per l'annullamento dell'aberrazione monocromatica di qualsiasi ordine in un sistema monocentrico. Atti della Fondazione Giorgio Ronchi Nr. 1/2 S. 44—46 = Oss. Astr. Capodimonte-Napoli Contr. astr. (2) **4** Nr. 4, 3 S. — Es werden die Bedingungen gegeben, damit ein beliebiges aus konzentrischen sphärischen Dioptern bestehendes System monochromatisch aberrationsfrei bis zu einer beliebigen Ordnung sei. F. Z.

2010. **H. J. Cooper,** Scientific Instruments. London, Hutchinson. 306 S. Preis 30/. — Besprechung in Ciel et Terre **65** 157.

2011. **A. Couder,** Sur un effet thermique observé dans les télescopes à réflexion. BSAF **63** 253—258, mit 2 Fig. — Es wird nachgewiesen, daß die bekannten Strahlenkreuze, welche an den von Spiegelteleskopen entworfenen Sternbildchen auftreten, nicht nur auf Beugung an den Trägern des Hilfsspiegels zurückzuführen sind. Vielmehr spielt die Brechung des Lichts in einer kalten, die Träger umgebenden Luftschicht eine größere Rolle. Es werden verschiedene Mittel zur Behebung dieses Übelstandes und damit zur Verminderung der Intensität der Strahlenkreuze angegeben. Kö.

2012. **J. F. Cox, O. Goche,** Sur la réalisation d'un miroir flottant. Bull. Acad. Roy. Belgique, Cl. Sci. (5) **35** 1111—1112 = Inst. Astr. Bruxelles (2) Nr. **53.** — Beschreibt die Herstellung schwimmender Spiegel durch Aufbringen sehr dünner Silberfilme auf Flüssigkeitsoberflächen (Wasser und Glyzerin). Vorversuche über die Verwendung an Zenitteleskopen scheinen erfolgversprechend. Kö.

2013. **M. Czerny,** Über die Rotgrenze der Augenempfindlichkeit. Z. f. Naturforschung **4a** 521—523. — Neuere Messungen zeigen, daß das Auge eine definierte Empfindlichkeit bis zu 1 μ Wellenlänge besitzt. Die Abhängigkeit von der Wellenlänge kann durch eine einfache Formel dargestellt werden. Sie läßt sich auch physikalisch aus der Forderung ableiten, daß die Augenempfindlichkeit nach dem Ultraroten mindestens so stark abnehmen muß, wie die der Bluttemperatur entsprechende Anzahl von Quanten (bzw. ausreichend energiereiche Moleküle) zunimmt. Micz.

2014. **H. H. Dahlerup-Petersen,** Schmidt-Teleskopet som amatörinstrument. NAT **1949** S. 53—60, mit 3 Fig.

2015. **M. Daisomont,** Une machine simple pour tailler les miroirs de télescope. Ciel et Terre **65** 35—37, mit 3 Fig.

2016. **M. Daisomont,** Le contrôle méthodique de la parabolisation d'un miroir-objectif de télescope. Gaz astr **31** 72—73.

2017. **M. Daisomont,** Een eenvoudige slijpmachine. Heelal **5** 55—57, mit 3 Abb.

2018. **H. C. Davies,** The bigger the better. MN ASSA 8 13—15, 27—29. — Betrachtungen über den Nutzeffekt von Fernrohren verschiedener Größe.

2019. **C. Florian,** Optique sans formules. Paris, Dunod, 1949. 402 S. mit 391 Fig. Preis 355,50 fs. b. — Besprechung in Ciel et Terre **65** 283 (M. Daisomont).

2020. **F. Frey,** Die Beobachtungshütte. Orion Schaffhausen Nr. **22** S. 515—517, mit 2 Abb. — Konstruktion einer Beobachtungshütte mit abfahrbarem Dach.

2021. **I. C. Gardner, C. H. Hahner,** Research and Development in Applied Optics and Optical Glass at the National Bureau of Standards. National Bureau of Standards Miscellaneous Publ. Nr. **194**, 20 S. — Besprechung in Pop Astr **57** 416.

2022. **E. Gaviola,** On seeing, fine structure of stellar images, and inversion layer spectra. AJ **54** 155—161, mit 4 Fig. = Obs. Cordoba Tirada Ap. Nr. **34**. — Der Einfluß der Luftunruhe, insbesondere der «Umkehrschichten», wird nach verschiedenen photographischen Methoden untersucht, deren Technik erst entwickelt werden mußte. Außer den altbekannten Erscheinungen tanzender oder pulsierender Bilder zeigten sich auch solche, die spektralen Charakter tragen. Verschiedene Anwendungen der Resultate werden besprochen. Kö.

2023. **F. Gianni,** L'astrofilo autocostruttore. Genova, Briano Editore, 1949. 96 S. mit 51 Fig. und 16 Tafeln. — Anleitung zum Selbstbau astronomischer Fernrohre und Geräte. F. Z.

2024. **A. Grabe,** Om beräkning och amatörmässig framställning av aplanatiska kikareobjektiv. PAT **30** 49—55, mit 1 Fig.

2025. **F. J. Hargreaves,** A spurious aberration in reflecting telescopes. JBAA **59** 180—181, mit 1 Fig.

2026. **H. Harting,** Photographische Optik. Pößneck, R. A. Lang Verlag, 1948. 3. Auflage. 164 S. mit 76 Abb. und 1 Plan. Preis 15.00 DM. — Besprechung in AN **277** 273 (J. Wempe).

2027. **W. Heybrock,** Die astrophotographische Leistungsfähigkeit der Kleinbildkamera. Sterne **25** 39—40, mit 1 Abb.

2028. **E. C. Hornby,** Visibility of stars in daytime. JBAA **59** 252.

2029. **J. Hunaerts,** Étude de l'objectif de l'astrographe de Zeiss. BAB **4** Nr. 3 S. 24—28, mit 7 Fig.

2030. **H. Hurnik,** Examination of the photographic Steinheil lens No 43262. Poznań Soc. of Friends of Science, Publ. Math. Nat. Sci. Section (A) **5** 193—233, mit 13 Fig. und 3 Tafeln (polnisch mit engl. Zusammenfassung) = Poznań Repr. Nr. **15**.

2031. **S. R. Jurow,** Die Veränderung der spektralen Empfindlichkeit des Auges bei starken Helligkeiten. DAN **67** 271—273 (russisch).

2032. **O. E. Kádner,** On the efficiency of astronomical telescopes and its measurements. Publ. Militär-Geogr. Inst. Prag, Nr. A/5 (tschechisch mit russ. und engl. Zusammenfassung).

2033. **H. Köhler,** Die Entwicklung der aplanatischen Spiegelsysteme. AN **278** 1—23, mit 16 Abb. — Nach einer kurzen Zusammenstellung der wichtigsten Beziehungen der Seidelschen Bildfehlertheorie wird der größte Teil der bis jetzt bekannten aplanatischen Spiegelsysteme besprochen. Die Bildfehler 3. Ordnung werden ausführlich erörtert, und bei einem Teil der Systeme werden die Seidelschen Bildfehler den Ergebnissen der trigonometrischen Durchrechnung gegenübergestellt. Aus diesen Erörterungen werden Schlußfolgerungen für die astronomische Anwendung dieser Systeme gezogen. Es zeigt sich, daß für die allgemeinen Aufgaben der Sternphotographie der einfache Schmidt-Spiegel vorläufig noch die beste Lösung ist. Er wird von den neueren Systemen nicht übertroffen. Konkurrenzfähig mit dem Schmidt-Spiegel ist nur ein neues katadioptrisches System von A. Sonnefeld, über das ebenfalls berichtet wird. Dieses System gestattet bei fast gleich großen Bildfehlern eine wesentlich kürzere Baulänge und zwar unter Verhältnissen, die bis zu Gesichtsfeldern von $\pm 4^\circ$ noch eine erträgliche Vignettierung erlauben. Eine weitere Gruppe neuerer Systeme mit extrem großem Gesichtsfeld und sehr großem Öffnungsverhältnis findet seine Hauptanwendung für astronomische Spezialzwecke (Meteorüberwachung) und als Kameraobjektiv für Sternspektrographen. Verf.

2034. **E. H. Linfoot,** On the optics of the Schmidt camera. MN **109** 279—297, mit 9 Fig. = Contr. Cambridge Obs. Nr. 2. — Die Bildfehler 5. Ordnung sowie die Farbfehler einer klassischen Schmidtkamera werden ausführlich behandelt. Anschließend schlägt Verf. eine Modifikation vor, bei der sehr geringe Beträge von Astigmatismus und sphärischer Aberration zugelassen werden; dadurch können aber die monochromatischen Fehler 5. Ordnung innerhalb eines begrenzten Feldes größtenteils behoben werden. Kö.

2035. **E. H. Linfoot, P. A. Wayman,** On the aberrations of the field-flattened Schmidt camera. MN **109** 535—556, mit 11 Fig. — Enthält eine sehr ausführliche Theorie der Fehler einer Schmidtkamera mit Bildebnungslinse. Die verschiedenen Möglichkeiten der Kompensation der Fehler 5. Ordnung werden miteinander verglichen. Kö.

2036. **E. H. Linfoot, E. Wolf,** On the corrector plates of Schmidt cameras. J. Optical Soc. America **39** 752—756, mit 2 Fig. — Es wird dargelegt, wie die Auswahl eines Plattenprofils getroffen werden kann, das die optische Vollkommenheit der Kamera über ein gegebenes Feld so gut wie möglich gewährleistet. Loh.

2037. **T. Matukuma,** Theory of Schmidt camera. Preliminary report. Sci. Rep. Tôhoku Univ. (1) **33** 43—50, mit 4 Fig. = Sendai Astr. Rap. **2** Nr. 5. — Gibt eine Erweiterung der Carathéodory'schen Theorie der Schmidt-Kamera in ihrer klassischen Form. Es werden die analytischen Ausdrücke sowie numerische Werte der verschiedenen Abbildungsfehler mitgeteilt. Kö.

2038. **I. W. Matwejew,** Astronomische Eigenschaften photographischer Objektive. Bull. Astr.-Geod. Ges. UdSSR Nr. **5** (**12**) S. 3—4 (russisch). — Enthält Angaben über Grenzgröße und Auflösungsvermögen von vier kleinen photographischen Objektiven. Loh.

2039. **F. A. Myers,** Telescopes for juniors. Sky and Telescope 8 282—284, mit 4 Fig.

2040. **M. S. Nawaschin,** Anleitung zur Herstellung eines Reflektors. Moskau-Leningrad, Verlag Akad. Wiss. UdSSR, 1949. 34 S. mit 9 Abb. Preis 3 R. (russisch).

2041. **L. Neuroth,** Der Bau eines Spiegelfernrohres. Eine Anleitung zur Selbstherstellung für Liebhaber-Astronomen und solche, die es werden wollen. Ravensburg, Verlag Otto Maier. 76 S. mit 25 Abb., 6 Tafeln und 2 Konstruktionszeichnungen. Preis 3.50 DM. — Besprechung in Sterne **25** 94 (C. Hoffmeister), Sternenwelt 1 286 (W. Sandner).

2042. **A. Nielsen,** Vor store chance. NAT **1949** S. 60—63, mit 1 Fig.

2043. **E. Pfannenschmidt,** Der Schmidt-Spiegel. Sternenwelt 1 171—173, mit 6 Abb.

2044. **E. Pfannenschmidt,** Selbstbau eines kleinen Newton-Reflektors. Sternenwelt 1 228—230, 273—276, mit 8 Abb.

2045. **H. Pick,** Herstellung spiegelnder Niederschläge durch chemische Reaktionen. Z. f. Phys. **126** 12—19, mit 3 Abb. — Bei der Herstellung spiegelnder Niederschläge durch chemische Reaktionen ist die Reaktionsgeschwindigkeit die maßgebende Größe. Nur bei geringen Reaktionsgeschwindigkeiten kann eine Spiegelbildung auftreten. Man erreicht sie durch Verwendung von Reaktionen mit Zwischenstufen über Komplexverbindungen mit merklicher Lebensdauer. Die Güte des Spiegels, d. h. eine gleichmäßige Belegung mit kleinen Kristalliten wird wesentlich bestimmt durch die Art und Verteilung der Kristallisationskeime. Für ihre Bildung sind gewisse Zusätze von Bedeutung. Verf.

2046. **M. H. Pirenne,** Vision and the Eye. London, The Pilot Press Ltd., 1948. 187 S. Preis 12 s. 6 d. net. — Besprechung in JBAA **59** 162.

2047. **D. H. Rank, P. Yoder jr., J. Vrabel,** Sensitivity of a rapid test for high speed parabolic mirrors. J. Optical Soc. America **39** 36—38, mit 3 Fig. — Es wird ein Verfahren zur Prüfung von Schmidt-Kameras während der Konstruktion beschrieben und es werden die Bedingungen umrissen, unter denen das auf H. A. Lower zurückgehende Verfahren den höchsten Genauigkeitsgrad erreicht. Loh.

2048. **H. Rohr,** Das Fernrohr für Jedermann. Wie baue ich mir ein Spiegelteleskop? Eine gründliche Anleitung zum Bau eines leistungsfähigen astronomischen Fernrohres. Geleitwort von W. Brunner. Zürich, Rascher-Verlag, 1949. 173 S. mit 63 Abb. und 1 Tafel. Preis Fr. 8.50. — Besprechung in Ciel et Terre **65** 41 (M. Daisomont), Heelal **4** 80 (M. Daisomont), J RAS Canada **42** 282 (R. L. Baglow), Optik **5** 123 (H. von Klüber), Orion Schaffhausen Nr. **22** S. 530—531, Sterne **24** 92—93 (H. von Klüber), Sternenwelt 1 167 (W. Sandner).

2049. **D. W. Rosebrugh,** Notes on resolving power. Strolling Astronomer 3 Nr. 9 S. 1—2.

2050. **E. Rosen,** The Naming of the Telescope. Vgl. AJB **47** Ref. 821. — Weitere Besprechung in Nature **164** 46 (F. S. Taylor).

2051. **J. Rosenhagen,** Zur Theorie der Instrumente. Himmelswelt **56** 137—138. — Ref. AG.

2052. **G. Ruggieri,** I piccoli strumenti e l'osservazione dei pianeti. Coelum **17** 4—8. — Betrachtungen zur Nützlichkeit der kleineren Beobachtungsinstrumente und deren Anwendung zur Beobachtung der großen Planeten. F. Z.

2053. **B. Smid,** De telescoop. Haarlem-Antwerpen, J. H. Gottmer, 1949. 214 S., 141 Abb. — Besprechung in Hemel en Dampkring **47** 100 (A. C. S. van Heel).

2054. **C. H. Smiley,** Chromatic aberration in the Schmidt camera. Publ AAS **10** 26, 1940. — Ref. AAS.

2055. **E. Strohal,** Radio-Astronomie. Sternenwelt 1 202—203, mit 1 Abb.

2056. **W. S. Suchorukich,** Mikroskop und Teleskop. Moskau-Leningrad, Staatsverlag für technisch-theoretische Literatur, 1949. 56 S. mit 35 Abb. Preis 95 Kop. (russisch).

2057. **N. N. Sytinskaja,** Untersuchung der Kontrastempfindlichkeitsschwelle der Sehkraft bei niedrigen Helligkeitswerten. Abh. Shdanow-Staatsuniv. Leningrad Nr. **116** (Math. Wiss. Nr. 18, Astr.) S. 158—173, mit 2 Abb. = Publ. Astr. Obs. Leningrad **13** 158—173 (russisch).

2058. **S. Taffara,** Come si argentano gli specchi. Scienza e Lavoro **1949** 131—132. — Beschreibung des Verfahrens zur Versilberung der großen astronomischen Spiegel. F. Z.

2059. **D. Wattenberg,** Die Sichtbarkeit der Gestirne am Tage. Mitt. Archenhold-Sternwarte Berlin-Treptow Nr. **12**, 16 S. mit 2 Abb. — Inhalt: Fixsternbeobachtungen am Tage. Die Photographie von Sternen bei Tageslicht. Planeten am Taghimmel. Kometenentdeckungen bei Sonnenschein. Tagesmeteore. Das Neulicht des Mondes in der Dämmerung.

2060. **P. Wellmann,** Über die Chemie des Spiegelversilberns. Himmelswelt **56** 24—28.

2061. **F. L. Whipple,** The polar axis adjustment of photographic telescopes. Pop Astr **57** 419—421 = Harv Repr Nr. **326.**

2062. **B. D. Wilson,** The astrolabe and medieval English life. Pop Astr **57** 155—170, mit 4 Fig.

2063. **A. A. Wolkenstein, A. A. Gerschun,** Über visuelle photometrische Messungen bei kleinen Helligkeiten. DAN **66** 59—31 (russisch).

2064. **A. A. Wolkenstein,** Die Veränderung der spektralen Empfindlichkeit des Auges bei kurzzeitiger Beleuchtung. DAN **66** 203—205 (russisch).

2065. **P. B. Wood,** An unused 62-inch mirror. Pop Astr **57** 276—280. — Geschichte des kurz vor der Jahrhundertwende von J. Peate geschliffenen Spiegels.

2066. **O. Zimmermann,** Radar in der Astronomie. Sternenwelt **1** 29—34, mit 4 Abb.

2067. Waarnemingen met het ongewapend oog. Heelal **5** 81—85.

2068. Some developments in astronomical instruments. Nature **164** 387—388. — Referat über die Präsidialansprache von H. S. Jones vor Section A der Royal Society.

2069. Om finstrukturen hos bilden av en stjärna i ett teleskop. PAT **30** 169—171, mit 2 Fig.

2070. Lens cleaner. Rev. Sci. Instruments **20** 92. — Flüssiger Reiniger für optische Glasflächen, der gegen Feuchtigkeit und Frost schützt und außerdem die Lichtdurchlässigkeit erhöht.

Beobachtungsanleitungen

2071. **F. Gianni,** La fotografia degli astri. Genova, Briano Editore, 1949. 72 S. mit 64 Fig. und 12 Tafeln. — Anleitung für Amateure zur photographischen Beobachtung des Himmels. F. Z.

2072. **R. S. Gnewyschewa,** Anleitungen zur Aufstellung eines Normal heliographen, zu Beobachtungen mit ihm und zur Bearbeitung von Heliogrammen. Bull. Kommission für Sonnenforschung Nr. **3—4** (17—18) S. 13—20 (russisch).

2073. **M. M. Lagajew, W. W. Fedynskij,** Anleitung zur Beobachtung von Meteoren. Moskau-Leningrad, Verlag Akad. Wiss. UdSSR, 1949. 26 S. mit 7 Abb. Preis 1 R. 50 Kop. (russisch). — Für Liebhaber bestimmt.

2074. **J. M. Slonim,** Anleitung zur visuellen Beobachtung der Sonnenflecken. Bull. Kommission für Sonnenforschung Nr. **3—4** (17—18) S. 1—12 (russisch).

2075. **J. M. Slonim,** Anleitung zur Beobachtung von Protuberanzen am Protuberanzenspektroskop. Bull. Kommission für Sonnenforschung Nr. **3—4** (17—18) S. 25—32 (russisch).

2076. **J. M. Slonim,** Anleitung zur Bestimmung der Koordinaten chromosphärischer Details am Spektroheliosk op. Bull. Kommission für Sonnenforschung Nr. **3—4** (17—18) S. 33—50 (russisch).

2077. **I. L. Thomsen,** Manual for visual observations of the aurora australis. Astr. Bull. Carter Obs. Nr. **29**, 72 S. mit 19 Fig.

Alte Instrumente

2078. **S. García Franco,** Catálogo crítico de Astrolabios existentes en España. Madrid, Instituto Histórico de Marina, 1945. 466 S. — Besprechung in Ciel et Terre **65** 284—285 (H. Michel).

2079. **G. J. Jalalov,** The sextant of Ulugh-Bek observatory. Vgl. AJB **47** Ref. **613**. — Ref. in Ann. Françaises Chronométrie **19** 216.

2080. Tycho Brahes instrumenter. Drejelig Azimuthalkvadrant. NAT **1949** S. 25—28, mit 1 Fig., Stor Staalquadrant indesluttet i et Kvadrat, der ogsaa er af Staal, og samtidig kan drejes i Azimuth. NAT **1949** S. 110—113, mit 1 Fig.

§ 21

Beobachtungsinstrumente

2101. **K. D. Adams,** The electronic telescope. Southern Stars **14** 70—72.

2102. **L. B. Aldrich,** The Abbot silver-disk pyrheliometer. Smithsonian Miscellaneous Collections **111** Nr. 14, 11 S., mit 1 Fig. und 1 Tafel. — Der Aufsatz gibt einen Überblick über die jetzige Form des Silberscheiben-Pyrheliometers nach Abbot, ausführliche Gebrauchsanweisungen sowie ein Verzeichnis der Konstanten von mehr als 90 an verschiedene Institute gelieferten Exemplaren. Micz.

2103. **L. Andrenko,** L'ultratélescope. Gaz astr **31** 52—53.

2104. **R. Brandt,** Zum Thema: Das Fernrohr des Sternfreundes. Sterne **25** 31—34, mit 4 Abb.

* * **C. R. Burrows,** Radio astronomy. Vgl. Ref. **12602**.

2105. **A. C. Clarke,** The radio telescope. JBAA **59** 156—159, mit 2 Fig.

2106. **P. P. Dobronrawin,** Ein neuer Apparat zur automatischen Führung des Teleskops. Priroda **38** Nr. 8 S. 47—49 (russisch).

2107. **P. W. Dobytschin,** Der Normalheliograph. Bull. Kommission für Sonnenforschung Nr. **2** (**16**) S. 1—4 (russisch).

2108. **F. Fernández de la Puente,** El Astrolabio de Prisma como instrumento de posición. Urania Barcelona **34** Nr. 220 S. 11—23, mit 2 Fig. — Bericht über die im Observatorium von San Fernando während mehr als zwei Jahren mit dem Prismen-Astrolab als Positionsinstrument angewandten Methoden und die damit erhaltenen Ergebnisse. Die Beobachtungen wurden mit einem Astrolab S. O. M. und mit dem Astrolab vom Typ Kern des Instituto Geográfico y Catastral durchgeführt, wobei sehr gute Resultate erzielt wurden. Torroja

2109. **E. Gigas,** Teodoliti a registrazione fotografica. Rivista del Catasto e dei Servizi Tecnici Erariali (NS) **4** Nr. 2, 12 S. mit 8 Fig.

2110. **H. Gollnow,** Turmteleskope. Naturwissenschaften **36** 175—182, 213—217, mit 11 Fig. — Beschreibung einer Reihe von Turmteleskopen und ihrer Hilfseinrichtungen, wobei eine Anzahl von Daten tabellenmäßig zusammengefaßt ist.

2111. **S. F. W. Hart,** Constructing an Astronomical Reflecting Telescope. Mechanics 1949 June 3, 10, 17 and 49. — Besprechung in JBAA **60** 37—38.

2112. **C. Hoffmeister,** Das Radio-Teleskop und die kosmische Kurzwellenstrahlung. Sterne **25** 38—39, mit 1 Abb.

2113. **J. Labs,** Refractoren en reflectoren. Heelal **5** 22—25.

2114. **F. v. Marnitz,** Selbstbau eines leichten $4^1/_2$'-Refraktors. Sterne **25** 171—174, mit 4 Abb.

2115. **M. du Martheray,** Cercles divisés pour l'équatorial d'amateur. Orion Schaffhausen Nr. **24** S. 574—576, mit 1 Abb.

2116. **E. G. Martin,** Transit circles, past and present. Obs **69** 140—142. — Enthält Liste über 83 Meridiankreise.

2117. **R. Müller,** Der Koronograph im Dienste der Protuberanzenforschung. Sterne **25** 34—36, mit 3 Abb.

2118. **J. J. Nassau,** The 24-36-inch Schmidt-type telescope of the Case School of Applied Science. Publ AAS **10** 217—218, 1942. — Ref. AAS.

2119. **M. S. Nawaschin,** Das Fernrohr des Liebhaberastronomen. Moskau-Leningrad, Staatsverlag für technisch-theoretische Literatur, 1949. 155 S. mit 52 Abb. Preis 3 R. 20 Kop. (russisch). — Inhalt: Die Grundlagen der Wirkungsweise des Fernrohres, S. 5—30; Die Grundlagen des Fernrohrbaues, S. 31—123; Die Prüfung des Fernrohres, S. 124—137; Die Arbeit mit dem Fernrohr und seine Handhabung, S. 138—146; Das Fernrohr des Liebhaberastronomen, S. 147—154. Loh.

2120. **H. K. Paetzold,** Ein vielseitiges, kleineres Spiegelteleskop. Himmelswelt **56** 185—188, mit 1 Abb. — Beschreibung eines bequem zu bedienenden, transportablen Spiegelteleskops, das für visuelle, photographische und spektrographische Arbeiten in einer kleinen Werkstatt gebaut wurde. Micz.

2121. **O. Petráček, J. Mrázek,** Un émetteur-recepteur pour l'étude de l'ionosphère par la méthode des échos. BAC **1** 72.

2122. **D. Reuyl,** Optical instrumentation for guided missiles. Sky and Telescope **8** 299—301, mit 7 Fig.

2123. **W. A. Rhodes,** A photo-multiplier telescope. Pop Astr **57** 193—194.

2124. **J. L. Sanders,** A method of applying hydraulic control to a weight-driven equatorial telescope. JBAA **59** 182—183, mit 1 Fig.

* * **R. Schöldström,** Drivverk för teleskop. — Vgl. Ref. **1428.**

* * **A. B. Sewerny,** Das Spektrohelioskop in Verbindung mit dem Spektrographen. Vgl. Ref. **6438.**

2125. **N. W. Storer,** An instrument for the simultaneous direct determination of latitude and sidereal time. Publ AAS **10** 175, 1942. — Ref. AAS.

2126. **W. Strohmeier, A. Güttler,** Kleiner Mehrfach-Astrograph hoher Lichtstärke. Sternenwelt **1** 15—18, mit 3 Abb.

2127. **J. Texereau,** Construction d'un petit télescope d'amateur. Annuaire Astronomique et Météorologique Camille Flammarion pour 1950 S. 350—368.

2128. **J. Texereau,** La construction du télescope d'amateur. II. Réalisation du grand miroir. BSAF **63** 42—45, 85—92, 119—123, 152—155, 180—186, 227—234, 263—269, 302—310, 347—350, mit 32 Fig. — Die vorausgehenden Kapitel siehe AJB **48** Ref. **2131**.

2129. **H. F. A. Tschunko,** Ein neues astronomisches Fernrohr. Veröff. Landessternwarte Heidelberg **15** Nr. 10 S. 93—99, mit 10 Abb. — Für astronomische Fernrohre wird für Beobachtungen der Äquator-Ekliptikzone eine neue optische Anordnung gegeben. In einfachstem Aufbau für festen Einblick und geschlossenen Beobachtungsraum sind Deklinationen bis etwa $\pm 45°$ erreichbar. Eine neue konstruktive Ausbildung wird dargestellt, die für astronomische Fernrohre in Gabelmontierung verwendbar ist. Einzelheiten über Hilfsinstrumente sind angeschlossen. Verf.

2130. **Y. Väisälä,** Om prisbilliga jätteteleskop. PAT **30** 98—105, mit 7 Fig. — Verf. berichtet über seine Pläne und Versuche, große Spiegel und Prismen nach dem Teiloptikprinzip zu machen. Ra.

2131. **Y. Väisälä,** Nuevo procedimiento para construir telescopios gigantes. Urania Barcelona **34** Nr. 220 S. 89—93, mit 3 Fig. — Verf. schlägt vor, den Hauptspiegel bei großen Spiegelteleskopen aus Teilen zu bauen, die an einer besonderen Fassung aus Stahlstangen regulierbar befestigt werden. Die Vorteile der Konstruktion: Das Gewicht des Spiegelsystems beträgt nur einen Bruchteil von dem eines einheitlichen Spiegels, die Konstruktion ist gegen Verbiegungen ziemlich unempfindlich, und die kleinen Spiegel und die Fassung folgen schnell den Temperaturveränderungen, da die Luft zwischen den Stangen und Spiegeln frei zirkulieren kann. Mit dieser Konstruktion könten vielleicht die Dimensionen der heutigen Riesenspiegel überschritten werden. Ein Versuchsteleskop mit 7 sphärischen Spiegeln von 31 cm Durchmesser und 2,5 m Brennweite ist im Bau. Bei den Vorversuchen im Laboratorium zeigten sich keine wesentlichen Schwierigkeiten bei dem Justieren der Spiegel. Armenter

2132. **H. Werner,** Einrichtung zur gleichzeitigen Bestimmung zweier Gestirnshöhen zum Zwecke astronomischer Ortung. Optik **4** 329—330, mit 2 Abb.

2133. **H. Wildey,** Predictor telescopes. JBAA **59** 126—128, mit 4 Fig. — Abstract von F. Perry in JBAA **59** 184.

2134. **E. G. Woolsey,** Declination cameras for the meridian circle. AJ **54** 196—197. — Ref. AAS.

2135. Tips för teleskopbyggare. PAT **30** 83—84.

2136. Fotoelektronteleskop. PAT **30** 85—86, mit 1 Fig.

2137. Radio Astronomy and the Cornell Radio Telescope. Pop Astr **57** 71—74, mit 1 Fig. — Beschreibung des parallaktisch montierten, mit einem parabolischen Reflektor von 17 Fuß Öffnung ausgerüsteten Cornell Radioteleskops nebst einigen Bemerkungen über Radioastronomie. Loh.

2138. Baker-Perkin-Elmer Super-Schmidt Meteor Camera. Sky and Telescope 8 Nr. 4, Rückseite des Titelblattes.

2139. Automatische Fernrohrnachführung. Sterne **25** 88—89. — Besprechung der unter AJB **48** Ref. **2101** zitierten Arbeit von H. W. Babcock.

§ 22

Zusatz- und Auswertegeräte, Photographie

2201. **J. Armeanca,** Untersuchungen der Schraube des Positionsmikrometers der Universitäts-Sternwarte zu Cluj-Timisoara. Bull. Soc. Sci. Cluj **9** 467—474, 1943 = Publ. Obs. Astr. Cluj Nr. **2.**

2202. **E. A. Baker,** The variables in the selected areas at 75° and 60° north declination. I. Instrumental. Publ. Roy. Obs. Edinburgh **1** Nr. 1 S. 1—10, mit 6 Fig. und 1 Tafel, 1939. — Beschreibt die genaue Justierung des Grubb-Triplets von 250 mm Öffnung und 1.5 m Brennweite. Hierfür wurden an der Fassung nachträglich Justiervorrichtungen für die beiden Kronlinsen angebracht. — Anschließend wird ein in der Werkstatt der Sternwarte gebauter Blinkkomparator beschrieben. Er ist vom gleichen Typ wie der von Curtis beschriebene (Publ. Allegheny VIII, Nr. 2); doch wurden verschiedene Änderungen gegenüber dieser Konstruktion vorgenommen. Bemerkenswert sind eine Kamera zur Aufnahme der jeweils eingestellten Gegend in vergrößertem Maßstab sowie die Ablesevorrichtung für die Koordinaten-Skalen. Kö.

2203. **C. de Bièvre,** Un croisillon (réticule) de guidage immatériel. Gaz astr **31** 93—96, mit 3 Fig.

2204. **E. F. Carpenter, F. B. Wood,** The photomultiplier photometers of the Steward Observatory. AJ **54** 182—183. — Ref. AAS.

2205. **P. N. Cholopow,** Ein Gerät für photometrische Anschlüsse. VS Bull **7** 51—52, mit 1 Abb. (russisch). — Verf. beschreibt ein einfaches Gerät zum Anschluß der Helligkeiten von Sternen einer photographischen Platte an Standardsterne einer zweiten Platte. Loh.

2206. **A. C. Clarke,** Infrared image tubes. JBAA **59** 106.

2207. **M. Daisomont,** Deux sphéromètres d'amateur. Ciel et Terre **65** 244, mit 2 Fig.

2208. **F. K. Dalton,** Erecting solar diagonals. J RAS Canada **42** 33—41, mit 4 Fig., 1948. — Gibt eine Modifikation der schon früher (J RAS Canada **41** 225, AJB **47** Ref. 1111) beschriebenen Zenitprismen an. Die neue Einrichtung eignet sich besonders für Sonnenbeobachtungen; sie besteht aus zwei miteinander verkitteten Dachprismen, bei denen je eine unbelegte Außenfläche zur Reflexion benutzt wird. Die optischen Eigenschaften des Apparats werden diskutiert. Kö.

2209. **F. K. Dalton,** Star diagonals on finder telescopes. J RAS Canada **43** 34—37, mit 2 Fig. — Verf. schlägt vor, bei weitwinkligen Okularen, wie sie z. B. an Sucherfernrohren verwendet werden, die von ihm beschriebenen bildaufrichtenden Zenitprismen (J RAS Canada **41** 225, AJB **47** Ref. 1111) zwischen Feldlinse und Augenlinse des Okulars anzubringen. Kö.

2210. **G. Z. Dimitroff, H. W. French jr.,** The electron-multiplier photometer. Publ AAS **10** 161, 1942. — Ref. AAS.

2211. **J. W. Evans,** The birefringent filter. J. Optical Soc. America **39** 229—242, mit 8 Fig. = Harv Repr (2) Nr. **30.** — Split element birefringent filters. A correction (3 S. Maschinenschrift). — Es wird die Theorie der Polarisationsfilter, soweit sie für ihre Berechnung notwendig ist, dargestellt. Neben den drei Filtertypen von Lyot wird ein Filter mit großem Feld behandelt. Besondere Aufmerksamkeit wird der Einstellbarkeit des Filterbandes auf eine bestimmte Wellenlänge mit Hilfe von Platten veränderlicher Dicke und Phasenschiebern (darunter auch elektro-optischen) gewidmet. Geeignetes Filtermaterial wird kurz besprochen und schließlich die Möglichkeit von Polarisationsinterferometern mit Filtern sehr schmaler Bandbreite (10^{-2} bzw. 10^{-3} Å) erörtert. Micz.

* * **M. G. Fracastoro,** Ulteriori misure di diffusione atmosferica e di radiazione solare. Vgl. Ref. **6507**.

2212. **C. W. Gartlein,** Alternating current amplifier for astronomical photometry. AJ **54** 186. — Ref. AAS.

2213. **O. Hachenberg,** Der elektronenoptische Bildverstärker als Hilfsmittel der astronomischen Aufnahmetechnik. Himmelswelt **56** 108—113, mit 7 Abb. — Neben einer einführenden Darstellung der Wirkungsweise der elektronenoptischen Bildwandler und -verstärker werden ihre astronomischen Anwendungsmöglichkeiten in grundsätzlicher Weise erörtert. Micz.

2214. **M. Hack,** Risultati ottenuti con un nuovo tipo di spettrografo per usi astronomici. Atti Fondazione Ronchi Nr. **4**, 3 S. = Pubbl. Ist. Nazionale Ottica Arcetri-Firenze (2) Nr. **461**. — Kurzer Bericht über die Ergebnisse eines neuen lichtstarken Spiegelspektrographen mit Elimination der Koma bis zur 5. Ordnung. F. Z.

2215. **J. S. Hall, J. F. Jewett,** A simple DC photometer for photoelectric photometry. Sky and Telescope **8** 169—171, mit 4 Fig. — Beschreibung und Bauanleitung eines einfachen Gleichstromverstärkers für ein lichtelektrisches Photometer mit Elektronenvervielfacher. Micz.

2216. **S. Janss,** Über die Abbildung durch ein Prisma außerhalb des Minimums der Ablenkung. Himmelswelt **56** 182—185, mit 7 Abb. — Verf. berichtet über Rechnungen und Versuche, die Lichtstärke eines Spektrographen bzw. die Länge der Spektren durch Verzicht auf Stellung des Prismas im Minimum der Ablenkung zu erhöhen. Micz.

2217. **S. Janss,** Über die Benutzung einer Zylinderlinse vor der Kassette eines Spektrographen. Himmelswelt **56** 89—91, mit 2 Abb. — Die Behauptung von Gehrcke (auch in Kohlrausch, Prakt. Physik), daß eine Zylinderlinse vor der Platte eines Spektrographen die Spektrallinien zu Punkten zusammenzieht, wird durch Rechnung und Versuche widerlegt. Micz.

2218. **H. L. Johnson,** An electronic plate-measuring machine. AJ **54** 190. — Ref. AAS.

2219. **H. L. Johnson,** A comparison of the «constant-deflection» method of photoelectric photometry with «electron-counting» methods. Publ ASP **61** 85—87. — Das Verhältnis Signal-/Störpegel bei lichtelektrischen Photometern, die nach der Auflademethode bzw. elektronenzählend arbeiten, wird theoretisch verglichen, wobei sich das Elektronenzählverfahren prinzipiell als leicht überlegen erweist. Für die Praxis der Auflademethode werden einige Hinweise zur Verbesserung ihrer Leistungsfähigkeit gegeben. Micz.

2220. **W. W. A. Johnson,** An astronomical use for selectively reflecting filters. Publ AAS **9** 262, 1939. — Ref. AAS.

* * **H. Kienle,** Zur Photometrie der Doppelsterne. Vgl. Ref. **10109**.

2221. **A. König,** Eine mikrometrische Libellenablesung. Himmelswelt **56** 138. — Ref. AG.

2222. **G. P. Kuiper, W. Wilson, R. J. Cashman,** An infrared stellar spectrometer. Vgl. AJB **47** Ref. **1517**. — Besprechung in Urania Barcelona **34** Nr. 220 S. 226.

2223. **P. Lacroute,** L'équipement spectrographique de l'Observatoire de Toulouse. Ann. Obs. Astr. Meteorol. Toulouse **19** 67—69, mit 6 Fig. auf 2 Tafeln. — Für das nur in Newton-Anordnung benutzbare Spiegelteleskop von 810 mm Öffnung (1:6) sind zwei Spektrographen vorgesehen. 1.) Ein kleiner UV-Spektrograph von schwacher Dispersion mit 4 Prismen. 2.) Ein Spektrograph von großer Dispersion (8—19 Å/mm), ausgerüstet mit zwei verschiedenen optischen Systemen (je 4 Prismen). Das eine System erfaßt den Bereich 4200—4800 Å, das zweite den Bereich 3600—4200 Å. In beiden Fällen ist die Kamerabrennweite etwa doppelt so groß wie die Objektivbrennweite. Zur Auswertung der Spektren dient ein Registrierphotometer vom Moll'schen Typ. Kö.

* * **G. Mannino,** Posizioni del pianeta Plutone e delle comete Timmers (1946a), Giacobini-Zinner (1946c) dedotte da fotografia prese con il riflettore di 120 cm. dell'Osservatorio astrofisico di Asiago. Vgl. Ref. 7816.

2224. **D. Marlow, J. C. Pemberton,** An automatic scanning and recording photometer for night sky studies. Rev. Sci. Instruments **20** 724—728, mit 5 Fig. — Beschreibung eines lichtelektrischen Photometers, das den gesamten Himmel in 32 Minuten überprüft und dabei die Helligkeit in 100 Å Breite als Funktion von Höhe und Azimut registriert. Am häufigsten wurden bei Beobachtungen die 3 Bereiche um 6300 [O I], 5890—6 NaI und 5577 [O I] mit Interferenzfiltern ausgewählt. Loh.

2225. **S. W. McCuskey, R. M. Scott,** A photoelectric star counter – preliminary report. Publ AAS **10** 20—21, 1940. — Ref. AAS.

2226. **S. W. McCuskey,** A photoelectric star counter. Publ AAS **10** 230—231, 1942. — Ref. AAS.

2227. **R. R. McMath, O. C. Mohler,** Solar spectroscopy with a Cashman cell. J. Optical Soc. America **39** 903—907, mit 6 Fig. — Verf. beschreiben ein in Anlehnung an einen Vorschlag von Pfund konstruiertes Spektrometer des McMath-Hulbert Observatoriums. Mit ihm kann das Sonnenspektrum zwischen 1,0 μ und 3,6 μ bei hohem Auflösungsvermögen registriert werden. Die beobachteten Linientrennungen zeigen, daß etwa 80% des theoretischen Auflösungsvermögens erreicht worden sind. Loh.

2228. **A. H. Mikesell,** Comparison of signal-to-noise ratios of a number of 1P21 photo-multipliers. AJ **54** 191—192. — Ref. AAS.

2229. **P. Muller,** Sur un nouveau micromètre à double image, ses possibilités, et quelques questions connexes. BA **14** 177—256, 257—313, mit 38+23 Fig. — Nach Darlegung des Prinzips der Doppelbildmethode wird eine Beschreibung des Instruments gegeben. Den Hauptteil bildet ein doppelbrechendes Prisma neuartiger Konstruktion, welches durch eine Mikrometerschraube verschoben wird. Verschiedene mikrometrische und photometrische Anwendungen werden diskutiert und hinsichtlich der Genauigkeit mit anderen Messungen verglichen. — Die Theorie der doppelbrechenden Prismen wird entwickelt speziell hinsichtlich der Durchrechnung von Strahlenbüscheln, welche die Prismen passieren. Die Anwendung der theoretischen Rechnungen wird durch Laboratoriumsuntersuchungen ergänzt. Kö.

2230. **Y. Öhman,** Photoelectric work by the flicker method. Stockholms Obs. Ann. **15** Nr. 8, 46 S. mit 26 Fig. — Es wird ein lichtelektrisches Photometer und seine Anwendung beschrieben, das aus einem Elektronenvervielfacher und einem (Wechselstrom-) Röhrenvoltmeter besteht. Die Intensität des Sternlichts wird durch rotierende Sektoren oder Polarisatoren mit der geeigneten Frequenz moduliert. Der Verstärker ist auf diese Frequenz abgestimmt und hat eine kleine Bandbreite, um den Wechselstromanteil des Dunkelstroms möglichst zu verringern. Das Instrument erlaubt nicht nur Helligkeiten, sondern auch Polarisationsgrade und Farbenindizes direkt zu messen. Bei der Messung von Helligkeiten dient der Elektronenvervielfacher nur als Null-Instrument. Die Arbeit enthält neben zahlreichen Einzelheiten der in Stockholm durchgeführten Entwicklungsarbeit auch die Ergebnisse der Versuchsmessungen. Micz.

2231. **Y. Öhman,** A simple but sensitive photoelectric photometer. Obs **69** 66—67, mit 1 Fig.

2232. **R. M. Petrie, S. S. Girling,** A new projection instrument for the rapid determination of stellar radial velocities. J RAS Canada **42** 226—232, mit 2 Tafeln, 1948 = Contr. Dominion Astrophys. Obs. Victoria Nr. **13**. — Ein mit Projektion arbeitendes Gerät zur Messung von Radialgeschwindigkeiten wird beschrieben, bei dem die Reduktion der Messungen auf eine Standarddispersionskurve und die Niederschrift der Ablesungen des Vergleichsspektrums durch optische und mechanische Manipulationen ersetzt werden. Trotz einer erheblichen Zeitersparnis bei der Bestimmung einer Radialgeschwindigkeit tritt keine Verringerung der Genauigkeit ein. Micz.

2233. **E. Pettit,** An improved form of the wedge photometer. Publ ASP **61** 25—29, mit 1 Fig. und 1 Tafel = Mt. Wilson and Palomar Obs. Repr. Nr. **1**. — Für das Keilphotometer der Art nach Pickering werden einige Verbesserungen mitgeteilt, die sich vor allem auf die Anpassung des künstlichen Sternbildchens an das natürliche und die Vermeidung von Doppelreflexen an der 45°-Platte im Strahlengang des Fernrohrs beziehen. Die 45°-Platte wird durch einen 2 μ starken Film ersetzt, dessen Herstellung genauer beschrieben wird. Micz.

2234. **A. B. Sewerny, A. B. Gilwarg,** Ein Interferenz-Polarisationsfilter zur Untersuchung der Sonne und die Erfahrung mit seiner Anwendung. Krim Mitt. **4** 3—22, mit 8 Abb. und 4 Tafeln (russisch). — Verf. berechnet und beschreibt ein aus Quarz hergestelltes und für Sonnenbeobachtungen bestimmtes Interferenz-Polarisationslichtfilter, das bei Hα ein Lichtband von 1,8 Å Breite durchläßt. Bei seiner Verwendung wird es von einem Thermostaten auf einer Temperatur von 32° gehalten und kann nach einer Anpassungszeit von 20 Minuten benutzt werden. Mit diesem in einen Lyotschen Koronographen eingebauten Filter wurden Protuberanzen aufgenommen und der Anregungszustand der Wasserstoffatome in ihnen untersucht. Loh.

2235. **A. D. Thackeray,** A Newtonian spectrograph. MN ASSA 8 57. — Beschreibung des neuen Spektrographen für den 74-inch Reflektor, Pretoria.

2236. **P. J. Treanor,** High-resolution interferometry of the solar spectrum. MN **109** 389—408, mit 5 Fig. und 2 Tafeln = Commun. Univ. Obs. Oxford Nr. **28** . — In der Arbeit wird untersucht, ob es möglich ist, mit Hilfe einer Interferometeranordnung ein Spektroskop mit einem Auflösungsvermögen von etwa 10^6 zu konstruieren. Ein Auflösungsvermögen dieser Größenordnung ist für zahlreiche Fragen der Sonnenspektroskopie erwünscht. Die Hauptschwierigkeit einer interferometrischen Analyse des Sonnenspektrums besteht in der Notwendigkeit einer ausreichend weit zu treibenden Monochromatisierung, um ein Überlagern der Bilder verschiedener Ordnung zu verhindern. Nach Diskussion der damit zusammenhängenden Fragen wird eine Interferometeranordnung beschrieben, die den aufgefundenen Bedingungen entspricht und am Oxford Observatory im Gebrauch ist. Wellenlängenmessungen erbrachten einen wahrscheinlichen Fehler von etwa ± 0.001 Å. Das Verfahren bietet ferner auch die Möglichkeit photometrischer Messungen, insbesondere der Profilbestimmung schwacher Linien. Messungen in der Nähe von Ca I λ 4227 sind im Gang. Micz.

2237. **N. O. Tschetschik,** Die Anwendung von Sekundärelektronenvervielfachern in der Spektralanalyse. Fortschritte phys. Wiss. **37** 74—113 (russisch).

2238. **E. Vandekerkhove,** Procédé d'enregistrement direct des densités et des intensités des spectrogrammes. BAB **4** Nr. 4 S. 70—74, mit 3 Fig. — Eine Kombination aus einem Zeißschen Registrierphotometer und einem Rosenbergschen Mikrophotometer, die es ermöglicht, unmittelbar Intensitäten oder Dichten der Platte zu registrieren, wird beschrieben. Die Anordnung kann auch zur Bestimmung von Isophoten benutzt werden. Micz.

2239. **M. Waldmeier,** Der Eruptionenindikator. ZfA **26** 205—212, mit 5 Abb. = Astr. Mitt. Sternw. Zürich Nr. **162**. — Es wird ein Gerät beschrieben, welches das Auftreten chromosphärischer Eruptionen anzeigt. Es beruht auf der Erscheinung, daß die Häufigkeit der im Langwellengebiet registrierten atmosphärischen Parasiten beim Ausbruch einer Eruption stark ansteigt. Verf.

2240. **Å. Wallenquist,** Photoelectric photometry at the Uppsala Observatory. Kungl. Svenska Vet. Handl. (4) **1** Nr. 5, 18 S. mit 12 Fig. = Uppsala Astr. Obs. Ann. **3** Nr. 2. — Nach Beschreibung eines lichtelektrischen Photometers, das aus einem Elektronenvervielfacher 1P21 und einem Toroid-Galvanometer nach Ising besteht, wird das Farbenindexsystem des Instrumentes durch Messungen an Polsternen bestimmt. Farbenindex und Helligkeitsmessungen im Doppelhaufen χ und h Persei werden benutzt, um die Verfärbung der Haufensterne zu ermitteln. Von Messungen des Bedeckungsveränderlichen BD + 31°3932 wird eine Lichtkurve des Hauptminimums mitgeteilt. Micz.

2241. **Å. Wallenquist,** Astrofotometri med elektronmultiplikator. PAT **30** 1—12, mit 19 Fig. — Nach einer kurzen Übersicht der lichtelektrischen Methoden für Farben- und Helligkeitsmessungen wird eine Beschreibung der lichtelektrischen Beobachtungen des Verfassers mit einem Photometer vom Kron-Typ am 33 cm Refraktor der Sternwarte Uppsala gegeben. Ra.

2242. **H. Wille,** Zur lichtelektrischen Photometrie der Sonnenkorona. Naturwissenschaften **36** 25—26, mit 1 Fig. — Verf. beschreibt kurz ein Gerät zur Trennung der von der Korona und von dem atmosphärischen und instrumentellen Streulicht herrührenden Photoströme durch Zwischenschaltung einer rotierenden $\lambda/2$-Platte und eines Polarisators, wobei der polarisierte Anteil des Koronalichtes (etwa 10%) auf diese Weise moduliert wird und einen pulsierenden Gleichstrom von 133 Hz erzeugt, während das unpolarisierte Streulicht einen konstanten Strom hervorruft. Eine ausführliche Mitteilung der Methode mit den Ergebnissen erfolgt an anderer Stelle. Loh.

2243. **R. C. Williams, W. A. Hiltner,** A self-recording direct-intensity microphotometer. Publ AAS **10** 33, 1940. — Ref. AAS.

2244. **R. W. Wood,** Large diffraction gratings for Schmidt telescopes. Publ AAS **10** 218—220, 1942. — Ref. AAS.

2245. **V. K. Zworykin, E. G. Ramberg,** Photoelectricity and its Application. New York, John Wiley & Sons, Inc., 1949. 12 + 494 S., mit 379 Abb. Preis $ 7.50. — Das Buch stellt eine erheblich erweiterte Neuauflage von Zworykin & Wilson, Photocells and their Application, New York, 1934, dar. Die ersten zwei Drittel geben eine umfassende Übersicht über die Grundlagen des lichtelektrischen Effektes, die lichtempfindlichen Oberflächen, die Werkstoffe, Geräte und Methoden zur Herstellung von Photozellen, Beschreibung, Wirkungsweise und besondere Eigenschaften von Vakuumzellen, Gaszellen, Sekundärelektronenvervielfacher, Bildwandlern, Photowiderständen und Sperrschichtelementen, Photozellenschaltungen und Verstärkern, Messung kleiner Photoströme, lichtelektrische Meßanordnungen. Der Rest des Buches befaßt sich mit technischen Anwendungen. Den Anwendungen in der Astronomie sind 5 Seiten gewidmet. Behr

2246. Electron multiplier photometer. Rev. Sci. Instruments **20** 377. — Kurzer Hinweis auf das von der Farrand Optical Company, New York, hergestellte Photometer, das vielseitig verwendbar ist und sich vor allem zur Messung schwacher Lichtintensitäten eignet.

2247. Sky-brightness photometer. Sky and Telescope 8 125. — Besprechung des von J. W. Evans konstruierten und in J. Optical Soc. America 38 1083, 1948 beschriebenen Photometers. Vgl. AJB 48 Ref. 2202.

2248. Plate-measuring machine. Sky and Telescope 8 280—281. — Ref. AAS.

Photographie

2249. **P. Brix,** Die photographische Wirkung mittelschneller Protonen. (Messungen an Agfa-Autolith-Platten.) Z. f. Phys. **126** 35—48, mit 5 Abb. — Mit Protonen von 2,6—7,0 keV Energie auf Agfa-Autolith-Platten aufgenommene Schwärzungskurven zeigen einen ausgeprägten „Bukkel" bei kleinen Schwärzungen. Er wird durch die direkten Korntreffer der auftreffenden Protonen innerhalb ihrer Reichweite erklärt, während der weitere Anstieg der Schwärzungskurve auf Sekundärprozesse zurückgeführt wird. Es wird gezeigt, daß es sich im Bereich der „Primärschwärzung" um Eintreffervorgänge handelt und die Korntrefferausbeute von der Größenordnung 1 ist. Im Bereich der „Sekundärschwärzung" dagegen ist die Schwärzungskurve der von Licht ähnlich, und es machen durchschnittlich nur etwa 10^5 Protonen ein Korn entwickelbar. Verf.

2250. **P. Brix, H.-G. Dehmelt,** Die photographische Wirkung mittelschneller Protonen. II. Mitteilung. Messungen an Ilford-Q-Platten. Z. f. Phys. **126** 728—733, mit 2 Abb. — Gelatinearme Q_1-Platten der Ilford wurden mit Protonen von 5 bis 17 keV Energie bestrahlt und absolute Schwärzungskurven gemessen. Aus Kornzählungen bei kleinen Schwärzungen ergab sich, daß bei 5 keV etwa jedes fünfte und bei 17 keV etwa jedes zweite Proton ein Korn entwickelbar macht. Die Energieabhängigkeit der Trefferausbeute für den Einzelprozeß stimmt gut mit den aus Untersuchungen an kernphysikalischen Platten für energiereiche Teilchen gewonnenen Daten überein. Verf.

2251. **J. C. Duncan,** Celestial photographs in color. Publ AAS **9** 259, 1939. — Ref. AAS.

2252. **F. G. Hargreaves,** The photography of planets. JBAA **59** 178—180, mit 2 Fig.

2253. **W. A. Hiltner, R. G. Fowler,** Large irregularities in the wavelength sensitization of the 103-f emulsion. Publ AAS **10** 225—226, 1942. — Ref. AAS.

2254. **T. H. James, G. C. Higgins,** Fundamentals of Photographic Theory. New York, John Wiley and Sons, Inc.; London, Chapman and Hall, Ltd., 1948. 7 + 286 S. Preis 21 s. net. — Besprechung in Nature **163** 786.

2255. **R. N. Mayall, M. L. Mayall,** Skyshooting, hunting the stars with your camera. New York, Ronald Press Company, 1949. 11 + 174 S. Preis $ 3,75.— Besprechung in J RAS Canada **43** 204, Pop Astr **57** 524—525 (M. G. Utter), Publ ASP **61** 234 (P. W. Merrill), Sky and Telescope **9** 38—39 (E. A. Halbach).

2256. **F. E. Ross,** Limiting magnitudes with red sensitive plates. Publ AAS **9** 270—271, 1939. — Ref. AAS.

2257. **C. H. Smiley,** Continuous spectra photographed on three brands of color film. Publ AAS **9** 272—273, 1939. — Ref. AAS.

2258. **W. F. Swann,** Spectroscopic plates. Publ AAS **10** 320—321, 1943. — Ref. AAS.

2259. An emulsion for the extreme ultraviolet. Sky and Telescope 8 165.

§ 23

Uhren, Chronographen, Zeitdienst, Sonnenuhren

2301. **R. Baillaud,** Les Etats Européens occidentaux ont-ils pratiquement adopté l'heure définie d'après les accords internationaux par le fuseau de l'Europe Centrale. Ann. Françaises Chronométrie **19** 255—260. — Entstehungsgeschichte der «Sommerzeit», ihre Einführung während des 2. Weltkrieges in den verschiedenen europäischen Ländern und ihre weitere Entwicklung nach dem Kriege. Böh.

2302. **W. A. Barinow,** Die Zeit und ihre Messung. Moskau, Verlag «Prawda», 1949. 24 S. mit 9 Abb. Preis 60 Kop. (russisch). — Außerdem in weiteren regionalen Ausgaben der UdSSR erschienen.

2303. **S. Böhme,** Nachweis von Zeitschwankungen an den Quarzuhren der Physikalisch-Technischen Reichsanstalt 1934—45. AN **278** 41—48 = Mitt. Landessternwarte Heidelberg Nr. **73**. — Die täglichen Gänge von sechs Quarzuhren der Physikalisch-Technischen Reichsanstalt während der Jahre 1934—45 werden ausgeglichen; die Reste zeigen einen einfachen Verlauf mit jährlicher Periode und einer mittleren Amplitude von 0.0015 s/d und werden als Zeitschwankungen gedeutet. Verf.

2304. **L. Brisjew,** On the construction of perfect pendulum clock. Vgl. AJB **47** Ref. 1601. — Ref. in Ann. Françaises Chronométrie **19** 213—214.

2305. **W. Brunner-Hagger,** Cadrans solaires. La Suisse horlogère Nr. 1, mars 1949, S. 35—40. — Besprechung in Ann. Françaises Chronométrie **19** 216.

2306. **A. Danjon,** Les pendules des observatoires astronomiques et la mesure du temps. Ann. Françaises Chronométrie **19** 365—385, mit 8 Fig. — Beschreibung der Instrumente und Methoden der Zeitbestimmung und -bewahrung an einem modernen Zeitinstitut sowie des neuesten Standes der Uhrentechnik und der Bemühungen um eine absolute Frequenznormale. Böh.

2307. **B. Decaux,** Les travaux du Comité Consultatif International des Radiocommunications relatifs aux émissions de fréquences étalon et de signaux horaires. Ann. Françaises Chronométrie **19** 207—212, mit 2 Fig. — Es werden die technischen Voraussetzungen zu einem internationalen Plan geprüft, der an jedem Ort der Erde den Empfang von Zeitzeichen und Normalfrequenzen hoher Genauigkeit ermöglichen soll. Böh.

2308. **Delhomme,** Note sur la mesure très précise des temps. Essais et réalisations effectués à l'Institut Géographique National. Ann. Françaises Chronométrie **19** 261—268, mit 4 Fig. — Zur genauen Messung der Schwingungszeit eines Pendels werden zwei Methoden beschrieben: 1. mit einem Kathodenstrahloszillographen, 2. mit einem Synchronmotor in Verbindung mit einer Frequenznormale; die Meßgenauigkeit bei einem Zeitintervall von 100 sec liegt in beiden Fällen über 10^{-6}. Böh.

2309. **Delhomme,** Le chronographe imprimant, type Sahara de l'Institut Géographique National. Ann. Françaises Chronométrie **19** 295—311, mit 8 Fig. — Beschreibung der technischen Einrichtung des Chronographen, seiner Handhabung und der mit ihm erzielten Genauigkeit. Böh.

2310. **L. Duqueroix,** Horloges à quartz. Ann. Françaises Chronométrie **19** 145—155, mit 12 Fig. — Kritische Betrachtung der bisherigen Frequenzteiler und Beschreibung eines neuen, der die Nachteile der anderen ausschaltet und sich besonders für den Betrieb von Uhren eignet. Böh.

2311. **G. A. Eiby,** Time service equipment at Dominion Observatory. New Zealand J. Sci. and Technology **29** (B) 296—308, 1948. — Ref. in Ann. Françaises Chronométrie **19** 332.

2312. **E. Guyot,** Sur la précision du service horaire de l'Observatoire de Neuchâtel et d'autres instituts astronomiques. Rev. Internationale Horlogerie 1 Nr. 16 S. 37—43. — Ref. in Ann. Françaises Chronométrie **19** 459.

2313. **O. R. Hagans,** L'horloge atomique. Rev. française Bijoutiers-Horlogers Nr. **103** S. 114—119, Nr. **105** S. 67—69. — Ref. in Ann. Françaises Chronométrie **19** 334.

2314. **C. Hoffrogge,** Gangstörungen von Schuler-Uhren durch Gezeitenkräfte, Erdbeben und Änderungen der Pendellänge. Z. f. Phys. **126** 671—688, mit 13 Abb. — Mit einer Uhrenanlage, bestehend aus 2 Schuler-Pendeln und einer Rohde-Quarzuhr, wurden die durch die Gezeitenkräfte hervorgerufenen Störungen des Standes der Pendeluhren gemessen. Die erzielte Genauigkeit des Standvergleiches von etwa $\pm$ 0.05 msec reicht aus, um die Standänderungen durch die Gezeiten in ihrem Verlauf und in ihrer Größenordnung darzustellen. Desgleichen werden Störungen der beiden Pendel durch Beben behandelt. Auch Störungen, die sich in plötzlichen Gangsprüngen äußern und wahrscheinlich von Längenänderungen der Invarpendel herrühren, werden einer eingehenden Betrachtung unterzogen. Verf.

2315. **V. E. Hollinsworth,** On the use of crystal controlled synchronous motors for the accurate measurement of time. Canadian J. Research (F) **27** 470—478, mit 5 Fig. und 3 Tafeln = Contr. Dominion Obs. Ottawa **2** Nr. 6. — Es wird ein Frequenzteiler beschrieben, der die von einem Schwingquarz mit 5 kHz Eigenfrequenz abgegebene Frequenz von 1000 Hz der Reihe nach auf 100 Hz, 10 Hz und 60 Hz transformiert, um mit Hilfe eines Verstärkers einen Synchronmotor betreiben zu können, der dann für genaue Zeitmessungen zum Betrieb von Chronographen mannigfacher Bauart dient. Böh.

2316. **F. Hope-Jones,** Electrical Timekeeping. London, N. A. G. Press, Ltd., 1949. 2. Auflage. 279 S. mit 125 Fig. und 9 Tafeln. Preis 21 s. net. — Besprechung in JBAA **60** 61.

2317. **B. Humbert,** Chronographe et aimantation. J. suisse Horlogerie Bijouterie Nr. **5-6** S. 179-182. — Ref. in Ann. Françaises Chronométrie **19** 335.

2318. **B. Humbert,** Le chronographe et son emploi. Rev. Internationale Horlogerie **50** 14—16. — Ref. in Ann. Françaises Chronométrie **19** 334.

2319. **J. Jackson,** The estimation of the time from the position of the Southern Cross. MN ASSA **8** 36, mit 1 Fig.

2320. **R. Jouaust,** Les horloges à quartz. Annuaire pour l'an 1950 publiée par Le Bureau des Longitudes A 1 — A 15, mit 8 Fig. — Geschichte, Wirkungsweise und Aufbau der Quarzuhren; Vergleich mit den Shortt-Uhren.

2321. **W. Keil,** Sind die Leistungen der Pendeluhren zu steigern? Himmelswelt **56** 138. — Ref. AG.

2322. **J. Larink,** Der Zeitdienst der Hamburger Sternwarte in Bergedorf. Himmelswelt **56** 61—63.

2323. **J.-A. Madeira,** O problema da hora na actualidade. Mit einem Vorwort von N. Stoyko. Porto, Publicacoes do sindicato nacional dos Engenheiros geografos (3) Nr. **5**, 116 S. — Ref. in Ann. Françaises Chronométrie **19** 218—219.

2324. **D. McIntyre,** A star clock. MN ASSA **8** 51—53, mit 2 Fig. — Angabe eines Diagramms (für den Südhimmel) zur Bestimmung der genäherten Ortszeit.

2325. **K. Novák,** Time signals for the amateur. RH **30** 193—198, mit 2 Fig. (tschechisch).

2326. **M. W. Ovenden,** The fundamental principles of the quartz oscillation clock. JBAA **60** 31—36, mit 2 Fig.

2327. **W. I. Prjanischnikow,** Selbstgebaute Sonnenuhren. Verlag des Leninschen Kommunistischen Jugendverbandes der UdSSR, 1949. 32 S. mit 9 Abb. Preis 50 Kop. (russisch). — Enthält eine allgemeine Beschreibung der äquatorialen Sonnenuhren.

2328. **G. Schaefer,** Un cadran solaire sur la main. J. suisse Horlogerie et Bijouterie **1949** Nr. 7—8 S. 275—278. — Ref. in Ann. Françaises Chronométrie **19** 463.

2329. **R. Schneider,** Přesný čas. Prag, Verlag Orbis, 1949. 112 S. mit 34 Abb. (tschechisch). — Besprechung in RH **30** 153. — Vierte Auflage des Buches «Die genaue Zeit». Aus dem Inhalt: Historische Einführung, Zeitmessung, Konstruktion der Uhren, Pendeluhr, Schiffschronometer, Taschenuhr, Gang und Variation, Zeitsignale. J. B.

2330. **W. P. Schtscheglow,** On the accuracy of the astronomical determinations of clock corrections. Vgl. AJB **47** Ref. **1613**. — Ref. in Ann. Françaises Chronométrie **19** 220.

2331. **H. M. Smith,** Le service des signaux horaires de Greenwich. Ann. Françaises Chronométrie **19** 227—254, mit 7 Fig. — Beschreibung sämtlicher technischer Einrichtungen und Methoden für den Zeitdienst an der Sternwarte Greenwich; Genauigkeitsangaben zum Empfang und zur Ausstrahlung der Zeitzeichen; mögliche Weiterentwicklung. Böh.

2332. **H. M. Smith,** Phonic motors for quartz clocks. Brit. Sci. News **1949** Nr. 18 S. 169—172, mit 4 Fig. — Ref. in Ann. Françaises Chronométrie **19** 463.

2333. **B. Šternberk,** The speaking clock of the General Post Office. RH **30** 37—40, mit 5 Abb. (tschechisch).

2334. **R. M. Stewart,** Some remarks on gravity clock escapements. Publ AAS **10** 29, 1940. — Ref. AAS.

2335. **N. Stoyko,** L'heure définitive des signaux horaires en 1944. Bull hor (Série D) Janvier-Juin **1944**, 44 S.

2336. **N. Stoyko,** Précision des services horaires de 17 Observatoires en 1944 compte tenu du déplacement du pôle. Bull hor (Série D) Juillet-Décembre **1944**, 89 S., mit 1 Fig.

2337. **N. Stoyko,** Sur la variation journalière de la marche des pendules et de la déviation de la verticale. CR **224** 1440—1441, 1947.

2338. **N. Stoyko,** Précision des services horaires de 18 Observatoires en 1948 compte tenu du déplacement du pôle. Bull hor (Série D) Juillet-Décembre 1948, S. 51—56.

2339. **N. Stoyko,** L'heure définitive des signaux horaires en 1945. Bull hor (Série D) Janvier-Juin 1945, 33 S.

Desgl. für 1948. Bull hor (Série D) Janvier-Juin 1948, S. 1—50. Fortsetzung in Bull hor (Série D) Juillet-Décembre 1948 S. 57—104.

Desgl. für 1949. Bull hor (Série D) Janvier-Juni 1949, 50 S.

2340. **N. Stoyko,** Sur le calcul de la variation accidentelle de marche des garde-temps. Ann. Françaises Chronométrie **19** 139—144. — Die täglichen Gangänderungen von Uhren an aufeinanderfolgenden Tagen sind nicht unabhängig voneinander; es werden Formeln für den Einfluß der Nachwirkung auf die tägliche Gangänderung aufgestellt. Böh.

2341. **N. Stoyko,** L'attraction luni-solaire et les pendules. BA **14** 1—36, mit 3 Fig. — Besprechung in Ann. Françaises Chronométrie **19** 102. — Der Einfluß der Gravitationswirkung von Sonne und Mond auf den Gang von Pendeluhren wird theoretisch unter Berücksichtigung aller möglichen sonstigen mechanischen Einwirkungen abgeleitet und für die Pariser Uhren zahlenmäßig angegeben. Es werden die Ergebnisse mitgeteilt, die eine eingehende Untersuchung der Gänge der Pariser Uhren von 1940 bis 1944 gebracht hat. Böh.

2342. **M. S. Swerew,** Der Zeitdienst des Staatlichen Astronomischen Sternberg-Institutes an der Staatsuniversität Moskau in den Jahren 1941—1944. Moskau Sternberg-Inst. Publ. 18 Nr. 1 S. 1—123, mit 22 Abb. (russisch). — Inhalt: Anwendung der stroboskopischen Methode, Untersuchung der Uhrgänge, Aussendung der Zeitsignale, Empfang von Zeitsignalen, Astronomische Beobachtungen, Korrektionen von Zeitsignalen, Elektrotechnisches. Loh.

2343. **M. S. Swerew,** Der Kommutator des Zeitdienstes des Staatlichen Astronomischen Sternberg-Institutes. Moskau Sternberg-Inst. Publ. 18 Nr. 1 S. 124—136, mit 13 Abb. und 4 Tafeln (russisch).

2344. **G. Tiercy,** Les chronomètres et les théories qui s'y rapportent. La Suisse Horlogère Nr. 2 mai 1949 S. 37—40. — Ref. in Ann. Françaises Chronométrie **19** 341.

2345. **E. Treusein,** Die Zeitgeber des Deutschen Hydrographischen Instituts. Deutsche Hydrographische Z. **2** 245—251, mit 6 Abb. — Durch Verwendung von Quarzuhren ist die Genauigkeit in den letzten 10 Jahren beträchtlich erhöht worden. Die Genauigkeitsanforderungen, welche an moderne Zeitsignale zu stellen sind, werden besprochen. Die bei dem Deutschen Hydrographischen Institut zur selbsttätigen Abgabe von Zeitzeichen benutzten Geräte werden beschrieben. Verf.

2346. **H. Voß,** Über die graphische Ermittlung der Frequenzabweichung einer Quarzuhr vom Sollwert. Deutsche Hydrographische Z. **2** 162—163.

2347. **H. Wolf,** Zur Frage der Einlauferscheinungen bei erzwungenen Schwingungen. (Ein Beitrag zu den Frequenzänderungs-Erscheinungen bei Quarzuhren). AN **278** 64—68. — Es wird der Versuch unternommen, bei Schwingungsvorgängen, wie sie in Quarzuhren stattfinden, der Frage nach den Einschwingungserscheinungen näherzutreten. Unter bestimmten Voraussetzungen wird ein allgemeiner Ausdruck für die auftretenden Frequenzänderungen gewonnen. Versucht man, hiermit die nach der Gangformel von Uhink sich zeigenden Darstellungsreste zu interpretieren, so ergibt sich bei einem Zahlenbeispiel, daß nach etwa 9 Stunden diese Erscheinung so weit abgeklungen ist, daß die Beobachtungen als hiervon nicht mehr beeinflußt anzusehen sind. Verf.

2348. L'étalon de temps à principe nucléaire du National Bureau of Standards. Mesures Nr. **144**, mai 1949, S. 181—182, mit 4 Fig. — Ref. in Ann. Françaises Chronométrie **19** 462.

2349. An atomic clock. MN ASSA **8** 12.

2350. Atomic clock developed by National Bureau of Standards. Pop Astr **57** 102—103.

2351. Atomic clock. Rev. Sci. Instruments **20** 141—142, mit 1 Fig. — Kurze Beschreibung der von H. Lyons im Prinzip entwickelten und unter Mithilfe von B. F. Husten und E. D. Heberling konstruierten Atomuhr, bei der die Frequenz eines Quarzkristalls nach entsprechender Vervielfachung durch die natürliche Schwingungsfrequenz von Ammoniakgas konstant gehalten wird. Loh.

2352. The atomic clock. Sky and Telescope **8** 223. — Besprechung in PAT **30** 164.

2353. **Zeitsignale**

Regelmäßige Mitteilungen:

AN, Astr Circ UdSSR, BAB, Bull hor, Bull. Obs. Astr. Univ. Belgrade, Moskau Sternberg-Inst. Publ, TAB, Taschkent Circ.

Sendezeiten:
BSAF **63** 159. L'heure exacte à tout moment par T. S. F. sur ondes courtes.
J. Keil.
JBAA **59** 162—163. Station W. W. V.
MN ASSA 8 45, Sterne **25** 184, UAI Circ 1216.

§ 24

Beobachtungs- und Reduktionsmethoden

2401. **V. Blahák,** Astronomical measuring with almucanthar. Publ. Militär-Geogr. Inst. Prag, Nr. A/1 (tschechisch mit russ. und engl. Zusammenfassung).

2402. **S. Chilardi,** Etoiles variables et petites planètes. Leur observation visuelle. Orion Schaffhausen Nr. **22** S. 509—515.

2403. **A. W. J. Cousins,** Some methods of stellar photometry. MN ASSA 8 95—99.

2404. **A. J. Deutsch,** The quantitative determination of stellar colors by the grating and filter method of Whipple and Norman. Publ AAS **10** 161, 1942. — Ref. AAS.

2405. **W. S. Finsen,** Reduction of background fog in astronomical photography by the use of polaroid screens. Obs **69** 106—107.

2406. **E. P. Fjodorow, N. A. Popow, F. I. Jewtuschenko,** Ein Skalenpaar zur Bestimmung des Schraubenwertes des Okularmikrometers tragbarer Instrumente. Kiew, Verlag Akad. Wiss. ukrain. Sowjetrepublik, 1949. 16 S. (russisch). — Es wird das Paar δ UMi-24 UMi empfohlen.

2407. **K. Gyldenkærne,** En objektivprismemetode til måling af radialhastigheder. NAT **1949** S. 89—95, mit 6 Fig.

2408. **H. Haffner,** Die Bestimmung von integralen UV-Helligkeiten mit Refraktoren. ZfA **26** 79—99, mit 6 Abb. = Veröff. Univ.-Sternw. Göttingen Nr. **93**. — Aus Aufnahmen, die im kurzwelligen, sehr steilen Teil der Farbkurve eines photogr. korrigierten Objektivs mit UG 2-Filter gewonnen sind, werden quasimonochromatische Helligkeiten mit einer Empfindlichkeitsbreite von 6 mμ bei λ 373 mμ für 51 Praesepesterne hergeleitet. Der Bildaufbau (Farbigkeit des Saumes) wird theoretisch untersucht. Die Art des Photometers ist bei solchen Bildern von entscheidender Bedeutung. Die chromatische Aberration $d\lambda/df$ wird angegeben, die das für Integralphotometrie günstigste Objektiv mit $d\lambda/df$ = const. haben muß. Das kurzwellige FHD (λ 373/427) der Praesepe zeigt einige bemerkenswerte Eigentümlichkeiten. Verf.

2409. **F. Henroteau,** Improvements of the electronic method for measuring visual double stars. Publ AAS **10** 164, 1942. — Ref. AAS.

2410. **C. de Jager,** Noteer elke meteoorwaarneming! Hemel en Dampkring **47** 112. — Kurze Anleitung zu Meteorbeobachtungen. Gü.

2411. **F. W. Jäger,** Messung von Gesamtabsorptionen schwacher Fraunhofer-Linien nach der Methode der effektiven Linienbreiten. ZfA **26** 341—373, mit 10 Abb. = Veröff. Univ.-Sternw. Göttingen Nr. **94**. — Zur Ableitung der Gesamtabsorption von Spektrallinien wird ein Verfahren entwickelt, das in Anlehnung an die Methode des breiten Spalts von Y. Öhman bei der Linienphotometrie einen integralen Intensitätswert zu Grunde legt. Durch Verwendung eines Spalts variabler Breite, der es gestattet, den auf die Photozelle des Photometers auffallenden Lichtstrom konstant zu halten, kann in Analogie zu dem in der stellaren Integralphotometrie erprobten Meßprinzip von H. Siedentopf jeder Linie als Maß ihrer Gesamtabsorption eine bestimmte Linienbreite, die sog. „effektive Linienbreite" zugeordnet werden. Verglichen mit der normalen Methode der Planimetrierung der Linienkontur ist bei dem neuen Verfahren, das sowohl theoretisch diskutiert als auch an Sonnenspektren großer Dispersion praktisch erprobt wird, der benötigte Arbeitsaufwand bei etwa gleicher Genauigkeit wesentlich geringer. Verf.

2412. **L. G. Jelissejewa,** Die Methodik visueller Beobachtungen von Meteoren. Nachr. (Iswestija) turkmen. Abteilung Akad. Wiss. UdSSR Nr. 1 = Meteorbulletin Nr. 1, 2 S. (russisch).

2413. **H. von Klüber,** Über den Nachweis von Magnetfeldern auf Himmelskörpern. Orion Schaffhausen **3** 1—6, mit 2 Abb.

2414. **A. König,** Ein neues Verfahren zur Ableitung von Planetenörtern aus photographischen Himmelsaufnahmen im Anschluß an zwei Anhaltsterne. AN **277** 264—270 = Mitt. Landessternwarte Heidelberg Nr. **72**. — Die bekannten Reihenentwicklungen zur Verwandlung sphärischer Koordinaten in tangentiale werden durch Einführung der Deklination des Objekts statt der des Tangentialpunkts umgeformt. Dadurch entstehen besonders einfache und trotzdem im vorliegenden Fall ausreichende Formeln, zu deren bequemer Auswertung Hilfstafeln gegeben werden. Hierauf wird ein Verfahren aufgebaut zur Ableitung von Planetenörtern im Anschluß an zwei Anhaltsterne, welche Zahl mit Rücksicht auf die erforderliche Genauigkeit ausreicht, wenn die Örter der Yale-Kataloge oder der neuen AG-Kataloge benutzt werden. Es wird gezeigt, daß das Verfahren bei hinreichender Näherung rechnerisch bequemer ist als die bisher angewandte Interpolationsmethode. Besonders angenehm ist, daß Logarithmen nicht gebraucht werden, daß der größte Teil der Rechnung mit dem Rechenschieber erledigt werden kann, und daß die früher notwendige Korrektionsrechnung wegen Krümmung des Parallels fortfällt. Verf.

2415. **G. Land,** Geometrical features of dependences. AJ **54** 96—102, mit 2 Fig. — Die geometrische Deutung der Dependenzen wird diskutiert für den Fall eines Objekts mit rascher Ortsveränderung gegenüber dem System der Anhaltsterne, speziell für das Beispiel des Barnard'schen Pfeilsterns. Es handelt sich einmal um die Anwendung eines Satzes von Plummer (MN **92** 892, AJB **34** Ref. **2408**) über die geometrische Deutung der Dependenzen im Falle von mehr als drei Anhaltsternen, zum andern werden verschiedene geometrische Darstellungen gegeben, welche die zeitliche Veränderung der Dependenzen infolge der Ortsveränderung des zu messenden Objekts bequem und anschaulich zu überblicken gestatten. Bo.

2416. **A. Losinskij,** Über die astrophotographische Bestimmung der Örter heller Sterne. Astr Circ UdSSR Nr. **90—91** S. 7 (russisch). — Verf. spannte vor das Objektiv des 15-zölligen Moskauer Astrographen zwei sich senkrecht kreuzende dünne Fäden, sodaß helle Sterne — wie am Reflektor — Beugungsstrahlen zeigten. Dadurch wurde die Ausmessung der Platten erleichtert und die Meßgenauigkeit erhöht. Loh.

2417. **D. A. MacRae,** Stellar photometry with a rotating sector. MN **109** 557—561, mit 2 Fig. = Repr. Flower Obs. Nr. **61**. — Die Arbeit berichtet über Versuche des Verf., das Laboratoriumsergebnis von Webb über die Brauchbarkeit rotierender Sektoren zur Aufstellung photographischer Intensitätsskalen auch für die Verhältnisse am Fernrohr sicher zu stellen. Die Verringerung der Lichtintensität ist durch die geometrischen Verhältnisse des Sektors bestimmt, wenn die Intermittenzfrequenz ausreichend hoch ist. Die kritische Frequenz scheint die Frequenz der auf das Plattenkorn fallenden Quanten zu sein. Ein Sicherheitsfaktor 100 bis 1 000 wird empfohlen. Micz.

2418. **A. Menzies, R. O. Redman, R. H. Stoy,** The determination of stellar magnitudes by in-focus photographic photometry. MN **109** 647—669. — Der Aufsatz behandelt zahlreiche praktische Fragen, die sich im Laufe des photometrischen Programms der Kap- und Radcliffe-Sternwarten (Sterne der AG-Zonenwiederholung südlich —30° Dekl.) ergeben haben. Sie betreffen die Fehler beim eigentlichen Photometrieren, das Entwicklungsverfahren, die Farbgleichung, den photographischen Purkinje-Effekt, Wirkung des Himmelshintergrundes, Aufstellung der Skala, die überhaupt erreichbare Genauigkeit der Integralphotometrie, und anderes. Micz.

2419. **A. J. Moran,** On the measurement of altitudes by shadow-pole. MN ASSA 8 90—91.

* * **E. K. Nikonowa,** Photoelektrische Bestimmung der Helligkeit von Sonne und Mond. Vgl. Ref. **6010**.

2420. **W. D. Oliphant,** A method of contour densitometry. Obs **69** 108—109.

2421. **H. U. Sandig,** Helligkeitsschätzungen von Sternen. Sternenwelt **1** 20—21, 67—68, 89—90, 111—112, mit 4 Abb. — Beobachtungsverfahren von Pogson und Argelander, Vergleichssternhelligkeiten für α, γ, ϱ Cas. Sechs Mirasterne für das Feldglas. Die Berechnung der Beobachtungen.

2422. **F. Schmeidler,** Neue Wege der astronomischen Photometrie. Sternenwelt **1** 6—9, mit 2 Abb.

2423. **H. Slouka,** Astronomické praktikum. Beilage zu RH **30** Nr. 6 (tschechisch). 16 S. mit 1 Abb.

2424. **N. N. Sytinskaja,** Bestimmung des Glättegrades der Planetenoberflächen mit photometrischen Methoden. Abh. Shdanow-Staatsuniv. Leningrad Nr. **116** (Math. Wiss. Nr. 18, Astr.) S. 123—137, mit 2 Abb. = Publ. Astr. Obs. Leningrad **13** 123—137 (russisch). — Mittels eines Photometers wurde zuerst das Reflexionsvermögen des Sonnenlichtes an irdischen Gebilden (Gestein, Sand, Rasen, Moos) unter verschiedenen Einfallswinkeln untersucht und der durch $B = B_0 \times \cos^q \varphi$ definierte Glättekoeffizient q bestimmt. Später wurde das Sonnenlicht durch eine Lampe ersetzt und mit dem unmittelbar daneben befindlichen Photometer die Reflexion des Lampenlichtes an etwa 3 m entfernt, drehbar aufgestellten Materialproben unter Einfallswinkeln zwischen 0° und 70° gemessen und q berechnet. Die Anwendung der Ergebnisse auf den Mond ($q \approx 0$) zeigt wiederum, daß dessen Oberfläche außerordentlich durchschnitten ist. Für Mars ($1{,}08 \leqq q \leqq 1{,}16$) ergeben sich Schwierigkeiten bei Annahme einer Vegetation, da für Rasen und Moose $q \approx 0$, teilweise sogar negativ ist. Das Hauptmerkmal der Marsoberfläche ist eine ausgeprägte Glätte, die in irdischen Landschaften kaum ihresgleichen findet. Loh.

2425. **N. N. Sytinskaja,** Untersuchungen nach der Methodik der absoluten photographischen Photometrie ausgedehnter Himmelsobjekte. Abh. Shdanow-Staatsuniv. Leningrad Nr. **116** (Math. Wiss. Nr. 18, Astr.) S. 138—157, mit 1 Abb. = Publ. Astr. Obs. Leningrad **13** 138—157 (russisch). — Mitteilung einer Reihe von Hinweisen zur Erzielung hoher Genauigkeit photographischer Aufnahmen. Loh.

2426. **E. Vandekerkhove,** Étude des objets célestes résultants. Ann. Obs. Roy. Belgique (3) **4** Nr. 2, 144 S. mit Abb. — Die umfangreiche Monographie behandelt in ausführlicher Weise unter Beifügung zahlreicher Beispiele und Hilfstafeln die Bildung resultierender Größen aus mehreren einzelnen: Die Gradienten der Energieverteilung im Spektrum, Spektrallinien (Wellenlängen, Tiefen, Breiten und Äquivalentbreiten von Blends), Diskontinuitäten (z. B. Balmersprung), Helligkeiten und Farbenindizes. Im Anhang wird versucht, die magnetische Feldstärke an der Oberfläche der beiden Weißen Zwerge 40 Eridani B und Wolf 1346 aus dem Profil von Hγ unter der Voraussetzung, daß es durch den Paschen-Back-Effekt zustandekommt, zu ermitteln. Die Feldstärken ergeben sich zu einigen 10^6 Gauß. Micz.

* * **Å. Wallenquist,** Astrofotometri med elektronmultiplikator. Vgl. Ref. **2241**.

2427. **B. Westerlund,** A method for the determination of stellar magnitudes and colours. Ark Astr **1** 91—99, mit 5 Fig. = Medd. Astr. Obs. Uppsala Nr. **99**. — Besprechung in PAT **30** 165, mit 2 Fig. — Es wird eine Methode beschrieben, um mit einer Aufnahme Sternhelligkeiten in wenigstens drei Farbbereichen zu bestimmen. Aufnahmeinstrument ist eine Schmidt-Kamera mit Objektivgitter. Eastman 103a-E-Platten, die zwei wohldefinierte Empfindlichkeitsmaxima bei λ 5500 und λ 6250 sowie ein Minimum bei λ 4350 besitzen, wurden verwendet. Die ersten Ergebnisse — Messungen an Praesepe-Sternen — lassen das Verfahren als brauchbar zur Bestimmung von Helligkeiten bzw. Farbenindizes erscheinen. Micz.

§ 25

Systematische, Instrumentelle, Methodische Fehler

* * **P. Baize,** Valeur comparée des micromètres filaires et non-filaires dans la mesure des distances d'étoiles doubles. Vgl. Ref. **10103**.

2501. **T. M. Fofanowa,** Über den Dispersionseffekt des Spektrographen bei der Untersuchung von Stern- und Sonnenspektren. Pulkowo Mitt. **18** Nr. 1 (142) S. **94—96** (russisch).

2502. **R. G. Hall jr.,** Photographic blending of images of astrometric binaries. AJ **54** 188. — Ref. AAS.

2503. **T. Hattori,** On the closing error in the latitude observations. Publ. Astr. Soc. Japan **1** 5—9, mit 3 Abb. — Die in Mizusawa in den Jahren 1942—46 mit dem Zenitteleskop des internationalen Breitendienstes und dem photographischen Zenitteleskop durchgeführten Breitenbestimmungen ergeben für beide Instrumente sehr nahe die gleichen Schlußfehler. Daraus folgt, daß die Ursache für das Auftreten derselben nicht im Instrument, sondern in der Atmosphäre zu suchen ist. Es besteht auch tatsächlich eine Korrelation zwischen der Größe des Schlußfehlers in den einzelnen Jahren und der Änderung des Barometerstandes zwischen Abend- und Morgenbeobachtungen. Bo.

2504. **G. Land,** On displacements of photographic emulsions in positional measurements. Publ AAS **10** 230, 1942. — Ref. AAS.

2505. **S. Wierzbiński,** Sur la détermination des erreurs de division d'un cercle pour chaque degré d'après Bruns-Fayet. Bull. Soc. Amis Sci. Lettres Poznań (B) **10** 50—62, mit 2 Fig. = Poznań Repr. Nr. **16**. — Um die Teilungsfehler einer Kreisteilung von Grad zu Grad zu bestimmen sind drei Gruppen von Messungen mit den Winkeln 45°, 36° und 20° und deren Vielfachen zwischen den beiden Mikroskoppaaren erforderlich. Das bedeutet im Ganzen 21600 Mikroskopeinstellungen. Es werden die Formeln entwickelt, um aus der Gesamtheit dieser Messungen den Fehler eines jeden Gradstriches sowie die dabei erzielte Genauigkeit zu berechnen. Bo.

2506. **H. Wolf,** Zur Frage der systematischen Fehler bei den Distanzmessungen an visuellen Doppelsternen. Dargestellt am Beispiel γ Virginis. AN **277** 172—176, mit 1 Abb. — Auf Grund einiger Untersuchungen konnte festgestellt werden, daß die Distanzmessungen mit einem systematischen Fehler behaftet sind, der neben dem persönlichen Auffassungsfehler mit dem Quadrat des Sinus im Positionswinkel und mit der reziproken Quadratwurzel aus der Distanz zu variieren scheint. Verf.

Vierter Teil

Sphärische Astronomie. Chronologie

§ 30

Allgemeines, Tafeln

3001. **M. Davidson,** Elements of Mathematical Astronomy. Vgl. AJB 47 Ref. 806. — Weitere Besprechung in Sky and Telescope 8 73—74. (R. I. Wolff).

3002. **F. Gondolatsch,** Sternbilder und Tierkreiszeichen. Astronomischer Kalender Heidelberg 1950 (Vgl. Ref. 419) S. 70—76.

3003. **G. L. Hosmer, J. M. Robbins,** Practical Astronomy. Vgl. AJB 48 Ref. 3007. — Weitere Besprechung in J RAS Canada **42** 239—240, Obs **69** 231, Sky and Telescope 8 72—73 (J. A. Hynek).

3004. **A. Höss,** Photographische Gestirnspuren. Natur und Technik 1949 Heft 7/8, 2 S. mit 8 Abb. — Form der photographischen Gestirnspuren. Verlauf der Sonnenbahn im Augenschein und Sonnenspuren in der Photographie.

3005. **M. Iljin,** Wie spät ist es ? Tiflis, Jugendverlag des Ministeriums für Volksbildung der grusinischen Sowjetrepublik, 1949. 88 S. mit Abb. Preis 5 R. (grusinisch).

3006. **A. P. Juschtschenko,** Azimute der Sterne $\delta \leqq 30°$. Band 2. Für die Breiten zwischen 30° und 50°. Zweite, verbesserte und überarbeitete Auflage. Hydrographische Verwaltung WMS, 1949. 337 S. mit 1 Tafel. Preis 21 R. (russisch).

3007. **A. I. Kajgorodow,** Die astronomischen Grundlagen zur Berechnung der Zeit und der solaren Geographie. Moskau, Staatlicher Unterrichtsverlag des Ministeriums für Volksaufklärung der russ. Sowjetrepublik, 1949. 80 S. mit 26 Fig. und 1 Tafel (Nomogramm). Preis 3 R. 30 Kop. (russisch).

3008. **K. Koziel,** The differential formulae of spherical polygonometry and their applications to astronomy. Bull. Int. Acad. Polon. Sci. Cl. Sci. Math. Nat. (A) Sci. Math. **1949** 1—16. — Ref. in Math. Rev. **11** 694.

3009. **A. J. Moran,** Locating the south celestial pole. MN ASSA 8 65, mit 1 Fig.

3010. **J. J. Nassau,** Practical Astronomy. Vgl. AJB 48 Ref. 3009. — Weitere Besprechung in Hemel en Dampkring **47** 113—114 (J. van der Bilt), Nature **163** 744—745 (W. H. Steavenson), Obs **69** 157, Sky and Telescope 8 72—73 (J. A. Hynek).

3011. **T. Niethammer,** Die genauen Methoden der astronomisch-geographischen Ortsbestimmung. Vgl. AJB 47 Ref. 2103. — Weitere Besprechung in Naturwiss. Rundschau **2** 86.

3012. **H. Q. Rasmusen,** Stjernetidstabel. NAT **1949** S. 30—32.

3013. **P. Sconzo,** Tablas para el cálculo de las efemérides planetarias por el método de extrapolación. Publ. Obs. La Plata, Serie astronómica **27** Nr. 1. — Tafeln der Koeffizienten $10^7\, w^2k^2r^{-3}$ und $2\, -w^2k^2r^{-3}$ mit Argument r^2, für die Berechnung geozentrischer Ephemeriden von Kleinen Planeten und Kometen nach der Extrapolationsmethode und für die Intervalle $w=5^d$ und 10^d. Erläuterungen und numerische Beispiele sind beigefügt.
Sconzo

3014. H. Sulzer, Nomogramme pour le calcul de précession. Orion Schaffhausen Nr. **22** S. 523—525, mit 1 Abb.

3015. Ephemeriden zur Breitenbestimmung aus korrespondierenden Sternhöhen (nach der Methode von Pewzow) für die Zone von 44°45' bis 49° 45' nördlicher Breite, Band **2**. Moskau, Verlag für geodätische und kartographische Literatur, 1949. 122 S. Preis 18 R. (russisch). — Als Heft **63** der Publ. (Trudy) des zentralen Forschungsinstituts für Geodäsie, Luftbildaufnahme und Kartographie erschienen.

3016. Planetary aberration. Nature **163** 249. — Beantwortung einer Leseranfrage.

3017. Ein nützliches Diagramm. Sternenwelt **1** 95—96, mit 1 Abb. — Diagramm zur genäherten Berechnung der Auf- und Untergangszeiten von Sonne und Mond.

§ 31

Astronomische Koordinaten und Konstanten, Ortsbestimmung

* * **S. Arend,** Cracoviens rotationnels. Leur utilisation dans les transformations fondamentales de coordonnées astronomiques, dans la théorie de la lunette méridienne et dans celle du théodolite. Vgl. Ref. 102.

3101. N. A. Beljajew, Synoptische Verbesserung der astronomischen Refraktion. AJ UdSSR **26** 363—372, mit 3 Abb. (russisch). — Verf. gibt eine Lösung des Problems über den Einfluß des synoptischen Zustandes der Atmosphäre auf die Refraktion bei Zenitdistanz-, Zeitverbesserungs- und Azimutmessungen. Verf. (übersetzt)

* * **K. Burns,** Differential refraction in stellar parallax. Vgl. Ref. 9303.

3102. L. Courvoisier, Beobachtungen kurzperiodischer Refraktionsschwankungen. AN **277** 259—263. — In Wiederholung früherer Beobachtungen (1914) und in Bestätigung ihrer Resultate wurden (1945) periodische Schwankungen der astronomischen Refraktion festgestellt, mit einer Dauer von durchschnittlich einer Zeitminute und einer mittleren Amplitude, die 1'' übersteigt und auch am Zenit noch bis zu 0''5 beträgt. Sie werden als Wirkung einer bisher meteorologisch noch unerforschten Art von Helmholtzschen Luftwogen aufgefaßt, deren Dimensionen daraus abzuschätzen sind und die als Dauerzustand in mittleren Höhen der Troposphäre erscheinen. Eine ständige astronomische Überwachung dieser Wellenbewegung in Basel wird empfohlen. Verf.

3103. J. Delhaye, Calcul des corrections de précession pour des étoiles d'une même zone. BA **13** 291—297, mit 2 Fig., 1948. — Die Formeln für die Übertragung mittlerer Sternörter von einem Äquinox auf ein anderes werden für den Fall, daß es sich nur um Sterne in einer engen δ-Zone handelt, umgeformt und vereinfacht, indem an Stelle der Deklination eines jeden Sternes die mittlere Deklination der Zone und der Unterschied der Einzeldeklinationen gegen diesen Mittelwert eingeführt werden. Bis $\delta = \pm 50°$ und für eine Zonenbreite bis zu 1° erhält man praktische Formeln. Bo.

3104. P. Dubois, Méthode simplifiée pour le calcul de la réfraction entre 0° et 30° de distance zénithale. BA **13** 283—289, mit 1 Fig., 1948. — Zur Berechnung der Refraktion wird die Formel $r = r_m - \varrho \cdot r_m$ benutzt, wo r_m die mittlere Refraktion und ϱ der Korrektionsfaktor für Druck und Temperatur bedeutet. Für ϱ wird eine Tabelle mit den Argumenten Barometerstand und Temperatur auf 3 Dezimalen gegeben, sowie eine entsprechende graphische Darstellung. Diese Genauigkeit genügt bis $z = 30°$. Bo.

3105. **J. O. Fleckenstein,** Das fundamentale Koordinatensystem der Positionsastronomie. Verhandlungen Naturforschende Ges. Basel **60** 42—60, mit 5 Fig. — 1. Astronomische Koordinaten. 2. Die Präzession. 3. Die Sternkataloge. 4. Verbesserung der Fundamentalkataloge.

3106. **R. Gavache,** Temps moyen et temps sidéral. BSAF **63** 83—85, mit 1 Fig. — Besprechung in Ann. Françaises Chronométrie **19** 215.

3107. **A. Gishizkij,** Ephemeriden von Sternen zur Bestimmung astronomischer Punkte in hohen Breiten. Moskau-Leningrad, Verlag Akad. Wiss. UdSSR, 1947. 82 S. mit 5 Diagrammen. — Inhalt: Tabelle A, Ephemeriden heller Sterne zur Bestimmung der Zeit aus Azimuten und der Breite aus meridiannahen Höhen von 66° bis 78°, S. 5—29; Tabelle B, Ephemeriden von Sternen zur Breitenbestimmung aus Azimutbeobachtungen in Breiten von 66° bis 78°, S. 30—61; Tabelle C, Diagramme und Tabellen zur Aufstellung von Sternephemeriden in der Nähe des ersten Vertikals in Breiten von 60° bis 80°, S. 62—82. Loh.

3108. **J. Hers,** Conversion of mean solar time to mean sidereal time. Nature **164** 841.

3109. **P. van de Kamp,** On the choice of configurations of stars in long-term astrometric problems. Publ AAS **10** 262—263, 1942. — Ref. AAS.

3110. **F. Kępiński,** Barycentric reductions of the sun co-ordinates X, Y, Z for the years 1940—1946. Publ. Inst. Astr. Pratique Ecole Polytechnique Varsovie Nr. **25**, 15 S., 1948.

3111. **A. P. Kolupajew,** Die Zeitbestimmung im Norden. Enthalten in der Sammlung wiss.-technischer und fördernder Aufsätze aus der Geodäsie, Kartographie, Topographie, Luftbildaufnahme und Gravimetrie. Heft **23**, 104 S. mit 20 Abb. Moskau, Verlag für geodätische und kartographische Literatur, 1949. Preis 10 R. (russisch).

3112. **A. Kopff,** Über den Zusammenhang der astronomischen Konstanten. NAZ **3** 24.

3113. **A. K. Korol,** Über eine Eigenschaft der Zenitteleskopprogramme. Astr Circ UdSSR Nr. **85** S. 7 (russisch).

3114. **K. A. Kulikow,** Die Bestimmung der Aberrationskonstanten aus Beobachtungen mit dem großen Pulkowoer Zenitteleskop. AJ UdSSR **26** 44—48 (russisch). — Die vorliegende Arbeit umfaßt einen Teil der Arbeiten zur Bestimmung der Nutations- und Aberrationskonstanten aus Beobachtungen mit dem großen Pulkowoer Zenitteleskop, und zwar zunächst die Bestimmung der Aberrationskonstanten aus den Beobachtungen zwischen 1915 und 1929. Die Ergebnisse über die Bestimmung der Nutationskonstanten sollen in den Veröffentlichungen des Sternberg-Instituts mitgeteilt werden. Der Endwert der Aberrationskonstanten beträgt $k = 20\overset{''}{.}512 \pm 0\overset{''}{.}003$, der Sonnenparallaxe $\pi_\odot = 8\overset{''}{.}788$. Loh.

3115. **K. A. Kulikow,** Bestimmung der Nutationskonstanten aus Beobachtungen am großen Pulkowoer Zenitteleskop. AJ UdSSR **26** 165—174, mit 1 Abb. (russisch). — $N = 9\overset{''}{.}2108 \pm 0\overset{''}{.}0019$.

3116. **F. C. Leonard,** The relation between the latitude of a place and the declination and meridional zenith-distance of a star. Pop Astr **57** 492.

3117. **J. Lévy,** Réduction à janvier 0 des éléments des étoiles de repère des catalogues photographiques. BA **13** 299—308, 1948. — Zur Reduktion von beobachteten Sternörtern auf mittlere Örter für den Jahresanfang werden die gebräuchlichen Formeln vereinfacht für den häufig vorkommenden Fall von Zonenbeobachtungen, wobei alle Sterne einer Zone in einem engen δ-Intervall liegen. Die Vereinfachung wird erzielt durch Einführung der Differenz der Deklination eines jeden Sterns gegen die mittlere Deklination der Zone und durch die wegen der Kleinheit dieser Differenz erlaubten Vernachlässigungen. Das Verfahren lohnt sich nur bei großer Sternzahl. Bo.

3118. **V. Maître,** Calcul de la réfraction. JO **32** 75—76. — Die Arbeit stellt eine Erweiterung einer Arbeit von P. Dubois (BA **13** 283, Ref. **3104**) dar. Das dort vorgeschlagene graphische Verfahren zur vereinfachten Berechnung der Refraktion kann bei sorgfältiger Zeichnung und einem Maßstab, der genügend groß ist, um den Faktor ϱ mit einer Genauigkeit von 0.0002 als Funktion von B und T abzulesen, bis $z = 60°$ angewandt werden. Bo.

3119. **W. Malsch,** Einfluß der Refraktion auf Stundenwinkel und Deklination. Himmelswelt **56** 178—179, mit 2 Abb. – Für die Einstellung bzw. Ablesung der Koordinaten eines Gestirns an den Teilkreisen eines parallaktisch aufgestellten Fernrohrs werden zwei Nomogramme entworfen, welche den Einfluß der Refraktion auf Stundenwinkel und Deklination zu berücksichtigen gestatten.

3120. **B. J. Meneclier,** Fórmulas de Fabritius. Publ. Obs. La Plata, Serie especial Nr. **4.** — Ableitung der bekannten Fabritius-Formel für polnahe Sterne mit Anwendungsbeispiel. Sconzo

3121. **A. A. Michajlow,** Über die Bestimmung der Aberrations-, Nutations- und Präzessionskonstanten mittels Polaufnahmen. AJ UdSSR **26** 38—43, mit 1 Abb. (russisch). — Die von K. A. Kulikow (RAJ **24** 191, AJB **47** Ref. **2503**) zur Bestimmung der Nutationskonstanten vorgeschlagene Methode wird in Hinblick auf die zu erwartende Genauigkeit der Bestimmung der Aberrations-, Nutations- und Präzessionskonstanten in Pulkowo eingehender untersucht. Für die beiden ersten Konstanten wird eine Genauigkeit von $\pm$ 0″002 abgeschätzt, für die dritte ein etwas unter $\pm$ 0″005 liegender Wert. Loh.

3122. **A. J. Moran,** A graphical method of time-azimuth. MN ASSA 8 71—73, mit 1 Fig.

3123. **H. R. Morgan,** A possible lag in the nutation. AJ **54** 133—134. — Ref. AAS.

3124. **P. Muller,** Indicateur universel de temps sidéral et de temps moyen. BSAF **63** 116—118, mit 1 Fig. — Besprechung in Ann. Françaises Chronométrie **19** 337—338.

3125. **K. Ramsayer,** Das Grundprinzip der astronomischen Orts- und Zeitbestimmung. Z. f. Vermessungswesen Jahrgang **1949** Heft **4,** 7 S. mit 11 Abb. — Durch klare Herausarbeitung des Zusammenhangs zwischen Erd- und Gestirnskoordinaten soll das Verständnis und die Ausführung der astronomischen Orts- und Zeitbestimmung erleichtert werden. Die Übertragung des geographischen Koordinatensystems der Erde auf die Himmelskugel führt zu den Begriffen «Geographische Länge eines Gestirns» = Greenwicher Stundenwinkel und «Geographische Breite eines Gestirns» = Deklination. Damit wird «Astronomische Ortsbestimmung = Einmessung des Zenitpunktes gegenüber der bekannten geographischen Lage der Gestirne» und «Astronomische Zeitbestimmung = Messung der geographischen Länge eines Gestirns und Entnahme der zur gemessenen Länge gehörigen Zeit aus dem astronomischen Jahrbuch». — Vier Gruppen gebräuchlicher Meßverfahren der astronomischen Orts- und Zeitbestimmung: Messung von Zenitdistanzen, Zenitdistanzdifferenzen, Azimuten, Azimutdifferenzen. Geometrische Erklärung der vier Gruppen von Meßverfahren. Gondolatsch

3126. **E. Schoenberg,** Die Methoden der Koinzidenzen zweier Sterne in Höhe bei Ortsbestimmungen aus der Luft und zur See. Sitzber. math.-naturwiss. Kl. Bayerischen Akad. Wiss. München Jahrgang **1947** 139—154, mit 1 Fig. — 1. Die Theorie der Methoden der Koinzidenz in Höhe. 2. Die Bestimmung der Breite. 3. Die Bestimmung der Ortszeit. 4. Die Auswahl der Sternpaare. 5. Das Instrument und die Art der Beobachtung. (Eine Zusammenfassung der Arbeit ist in den Sitzungsber. S. 15* gegeben).

3127. **M. G. Schostak,** Vergleichende Abschätzung der Genauigkeit und relativen Güte verschiedener Zeit- und Breitenbestimmungsmethoden. Shdanow-Staatsuniv. Leningrad. 6 S. — Autorenreferat über die Dissertation.

3128. **O. Steppes,** Einfache Erzeugung der Höhendifferenzgleiche. Deutsche Hydrograph. Z. **2** 156—157, mit 2 Abb.

3129. **N. Stoyko,** Sur la réfraction latérale dans la détermination de l'heure à l'Observatoire de Paris. CR **220** 442—444, 1945.

3130. **K. Stumpff,** Über das Problem der Ortsbestimmung aus drei relativen Zenitdistanzen oder Azimuten. AN **277** 145—152, mit 1 Abb. — Ref. in Math. Rev. **11** 545. — Es wird eine neue Lösung des allgemeinen Dreihöhenproblems gezeigt, die in den Grundzügen mit der von Harzer übereinstimmt, diese aber an Einfachheit der praktischen Ausführung übertrifft, da sie im wesentlichen auf lineare Gleichungssysteme zurückgeführt wird. Die gleiche Methode läßt sich auch auf das kompliziertere Problem der drei Azimute anwenden. Die Auflösung der quadratischen bzw. der biquadratischen Schlüsselgleichung der beiden Probleme kann durch bequeme Näherungsmethoden erleichtert werden, wenn die unbekannten Nullpunktsfehler der Kreise klein sind. Die Konvergenz dieser Näherungsverfahren läßt sich durch Verschärfung der Beobachtungsbedingungen bis zu einem Optimum steigern. Verf.

3131. **K. Stumpff,** Über die Wendepunkte des Azimuts der Fixsterne. AN **277** 229—232, mit 1 Abb. — Ref. in Math. Rev. **11** 545. — Die Wendepunkte im zeitlichen Verlauf des Azimuts werden untersucht. Die sphärischen Kurven, auf denen für eine gegebene Polhöhe alle nicht trivialen Wendepunkte liegen, werden in einer winkeltreuen Polarprojektion dargestellt. Verf.

3132. **P. Tardi,** Le temps et sa définition astronomique. Ann. Françaises Chronométrie **19** 347—363, mit 5 Fig. — Darstellung der in der Astronomie gebräuchlichen Zeitmaße und der Schwierigkeiten bei der Definition und Verwirklichung einer völlig gleichförmigen Zeit. Böh.

3133. De fundamentala astronomiska konstanterna. PAT **30** 79—82. — Besprechung von AJB 48 Ref. 3103.

§ 32

Finsternisse, Bedeckungen

3201. **F. Koebcke,** Elimination of errors due to irregularities in the limb of the moon in the reduction of star-occultations by Comrie's and Davidson's methods. Vgl. AJB **47** Ref. 2302. — Besprechung in Urania Barcelona **34** Nr. 220 S. 227.

3202. **A. A. Michajlow,** Zatmenie Slnka a Mesiaca. Bratislava, Verlag Tatran, 1949. 39 S., mit 14 Abb. und 2 Tafeln der totalen Sonnen- und Mondfinsternisse 1945—1950. — Slowakische Übersetzung des russischen Büchleins «Sonnen- und Mondfinsternisse». — Vgl. AJB 48 Ref. 3205.

3203. **R. A. Naef,** Zur partiellen Sonnenfinsternis vom 28. April 1949. Orion Schaffhausen Nr. **23** S. 549—550. — Betrifft den allgemeinen Charakter dieser Finsternis und den ihr nach dem Saroszyklus in Vergangenheit und Zukunft entsprechenden.

3204. **R. Platzeck, A. Maiztegui, E. Gaviola,** Determination of the instants of totality in solar eclipses. Nature **163** 63 = Obs. Cordoba Tirada Ap. Nr. **29**.

3205. **R. Platzeck, A. Maiztegui, E. Gaviola,** Non-focal methods for determining 2nd and 3rd contacts in total and center in annular solar eclipses. Veröff. Finn. Geod. Inst. Nr. **36,** S. 191—208, mit 9 Fig. = Obs. Cordoba Tirada Ap. Nr. **30**. — Es wird vorgeschlagen, die genauen Zeitpunkte des 2. und 3. Kontakts bei totalen Sonnenfinsternissen auf photometrischem Wege zu bestimmen. Die Änderung der Gesamthelligkeit unmittelbar vor dem Verschwinden bzw. nach dem Wiederauftauchen der «Sonnensichel» ist so groß, daß es sogar bei bedecktem Himmel möglich ist, die genauen Zeitmomente auf wenige 0.01 Sek. genau festzulegen. Die Beobachtung erfolgt entweder durch Registrieren der Schwärzung auf bewegtem Film oder genauer mittels Photozellen. Es werden Betrachtungen angestellt über Einfluß von Bewölkung, Randverdunklung der Sonne und Profil des Mondrandes. Auch bei ringförmigen Finsternissen ist die Methode in abgeänderter Form brauchbar. Bo.

§ 33

Chronologie, Kalenderwesen

3301. **R. G. Aitken,** The calendar again. Astr. Soc. Pacific Leaflet Nr. 246, 8 S.

3302. **R. K. Allen,** When is Easter? Astr. Soc. Pacific Leaflet Nr. 239, 7 S.

3303. **G. Asero,** Propuesta para la corrección del Calendario. Buenos Aires, 1949. 12 S.

3304. **S. G. Barton,** The Quaker calendar. Proc. American Philos. Soc. **93** 32—39 = Flower Astr. Obs. Repr. Nr. **74**. — Der gregorianische Jahresstil wurde von den Quäkern erst 1752 eingeführt. In der bis dahin gebräuchlichen julianischen Zählung der Jahre begann dieses entweder am 1. März oder am 25. März. Zur Entscheidung, welches der beiden Daten den Jahresanfang bestimmte, werden zahlreiche Datierungen herangezogen. U. Baehr

3305. **N. Boneff,** L'éclipse totale de soleil du 25 novembre 29 et l'ère moderne. Annuaire Univ. Sofia Fac. Sci. Tome **45,** 1948—1949, Livre 1 (Mat. et Phys.) S. 93—108. — Die totale Sonnenfinsternis vom 24. November 29 n. Chr. wird mit der in den Evangelien genannten identifiziert. Diese Finsternis fand zwar ein halbes Jahr nach der Kreuzigung statt und ihre Totalitätszone verlief nördlich von Jerusalem. Durch geschichtliche Belege wird jedoch nachgewiesen, daß ein derartiges Zusammenlegen zeitlich getrennter bedeutsamer Ereignisse in später verfaßten Berichten gelegentlich anzutreffen ist. Außerdem sei in diesem Zusammenhang die irrige, aber häufig zu findende Ansicht zu beachten, daß eine totale Finsternis überall total erscheint. U. Baehr

3306. **C. M. Botley,** Egyptian chronology. JBAA **59** 184. Mit Erwiderung von D. Macnaughton in JBAA **59** 252—253. — Von Hölzern aus der Zeit des Zoser und Sneferus wird durch Anwendung des radioaktiven Verfahrens das Alter bestimmt. Es werden dabei die vorhandenen Unsicherheitsfaktoren besonders berücksichtigt und daraus Schlüsse auf die Sicherheit der Datierung gezogen. U. Baehr

3307. **C. Brachet,** Le calendrier, ses bases, son évolution et sa réforme éventuelle. Science et Vie Nr. 381 S. 395—399. — Ref. in Ann. Françaises Chronométrie **19** 331.

3308. **J. de Kort,** Astronomical appreciation of the Gregorian Calendar. Pontificia Acad. Sci. Acta **13** 55—62 = Specola Astr. Vaticana Ric. Astr. **2** 109—116, mit 3 Fig. — Nach einer Darlegung der Ziele der gregorianischen Kalenderreform wird diese auf ihre astronomischen Grundlagen hin untersucht. Maßgebend war bei der Kalenderreform neben der Korrektion des Epaktenzyklus die zeitliche Festlegung des Frühlingsäquinox als Durchgangsmoment der wahren Sonne durch den Frühlingspunkt. Die durch die Reform erreichte Anpassung des Kalenders an den Sonnenlauf kann aus einer graphischen Skizze abgelesen werden. Eine weitere Figur veranschaulicht, in welchem Grade es gelang, den Mondkalender mit dem Lauf des Mondes in Einklang zu bringen. U. Baehr

3309. **C. M. Morin,** The perpetual world calendar that we need. J RAS Canada **43** 181—194. — Der Entwurf eines Weltkalenders wurde 1834 von Abbé Marco Mastrofini veröffentlicht und später von Flammarion weiterentwickelt. Der Weltkalender stellt in seiner Form ein Höchstmaß an Symmetrie und Geschlossenheit dar und soll als Vervollkommnung des gregorianischen Kalenders angesehen werden. Zum Schluß wird die Haltung der wissenschaftlichen, politischen und geistlichen Körperschaften gegenüber der Einführung des Weltkalenders erörtert. U. Baehr

3310. **G. Palamà,** Su di alcune formule relative al calendario. Mem SA It (NS) **20** 131—135. — Es werden die Formeln zur Bestimmung des Sonntagsbuchstabens und der Epakte im julianischen und gregorianischen Kalender mitgeteilt. Im Anschluß daran wird die Auffindung des Osterdatums behandelt, im besonderen Falle mit der vereinfachten Fragestellung, unter welchen Bedingungen Ostern auf März oder April fällt. Die angeführten Formeln werden durch Beispiele erläutert. U. Baehr

3311. **I. F. Polak,** Zeit und Kalender. Moskau-Leningrad, Staatsverlag für technisch-theoretische Literatur, 1949. 3. Auflage. 40 S. mit 7 Abb. Preis 70 Kop. (russisch).

3312. **G. Schindler,** Les fêtes mobiles et leur dépendance de l'âge de la lune. Gaz astr **31** 33—35. —Besprechung in Ann. Françaises Chronométrie **19** 220.

3313. **P. Sconzo,** Sobre la actualidad de la reforma del calendario. Publ. Obs. La Plata, Serie especial Nr. 7. — Die aktuelle Frage der Kalenderreform vor der Tagung des «Congreso Interamericano de Economia». Sconzo

3314. **G. Tiercy,** Calendrier et chronologie. La Suisse horlogère Nr. 1, mars 1949 S. 25—28. — Ref. in Ann. Françaises Chronométrie **19** 221.

* * **J. Vernet Ginés,** Dos notas sobre historia de la astronomía árabe. Vgl. Ref. **1433**.

3315. **M. Veyrac,** Vers un nouveau calendrier. Atomes Nr. **41** S. 273—277. — Ref. in Ann. Françaises Chronométrie **19** 464.

3316. **M. Veyrac,** Sur un système inédit de calendrier perpétuel conservant la continuité des semaines. CR **228** 976—978. — Ref. in Ann. Françaises Chronométrie **19** 221. — Verf. geht bei seinen Betrachtungen davon aus, daß 4 gregorianische Jahrhunderte mit 146097 Tagen genau 20871 Wochen umfassen. Daraus lassen sich 3 Jahrhunderte mit je 5218 Wochen und eines mit 5217 Wochen festlegen. Loh.

3317. **H. Werner,** Die astronomische Konstellation zur Zeit Christi Geburt. Universitas **4** 1461—1464, mit 1 Abb. — Die dreifache Konjunktion von Jupiter und Saturn in den Fischen im Jahre 7 v. Chr. ist die einzige astronomisch haltbare Deutung für den Stern von Bethlehem. Den Anstoß zu dieser Erklärung gab als erster Kepler, der die Konjunktion von 1603 mit dem Erscheinen der nach ihm benannten Nova in Beziehung zu der dreifachen Konjunktion zur Zeit der Geburt Christi brachte. Es werden die kulturgeschichtlichen Momente genannt, die eine Erklärung in diesem Sinne rechtfertigen. U. Baehr

3318. Synchronische Tafeln zum Übergang von der Mondjahrsrechnung zur Sonnenjahrsrechnung und umgekehrt. Redigiert von G. Mamedbejli. Baku, Verlag der aserbajdshanischen Kirow-Staatsuniversität, 1949. 12 S. Preis 70 Kop. (aserbajdshanisch).

Fünfter Teil

Theoretische Astronomie

§ 40

Allgemeines, Tafeln

4001. **S. Herrick,** Tables for nearly parabolic and rectilinear orbits. AJ **54** 189. — Ref. AAS.

4002. **W. Schaub,** Wie groß ist das Weltall? Sterne **25** 163—170, mit 1 Abb.

§ 41

Raum, Zeit, Licht, Gravitation, Relativitätstheorie, Kosmologie

4101. **R. A. Alpher, R. C. Herman,** Remarks on the evolution of the expanding universe. Phys. Rev. **75** 1089—1095, mit 2 Fig. — Die relativistische Energiegleichung für das nichtstatische kosmologische Modell wird unter der Voraussetzung einer homogenen und isotropen Mischung von nicht ineinander verwandelbarer Materie und Strahlung integriert und die zeitliche Abhängigkeit von Dichte und Temperatur bestimmt. Für die augenblicklichen galaktischen Abstände ergeben sich größenordnungsmäßig 10^6 Lichtjahre. Loh.

4102. **R. A. Alpher, R. C. Herman,** Remarks on the evolution of the expanding universe. Phys. Rev. **75** 1333. — Ref. Am. Phys. Soc.

4103. **D. Belorizky,** Sur l'universalité de la loi de Newton. CR **227** 715—717, 1948. — Ref. in ZfMG **33** 311.

4104. **E. Bergstrand,** A preliminary determination of the velocity of light. Ark Mat Astr Fys **36** A Nr. 20, 11 S. mit 7 Fig. — Bestimmung der Lichtgeschwindigkeit mit einer Kerr-Zelle und einer Photozelle. $V_{vac.} = 299796 \pm 2$ km/sec.

4105. **O. Blüh,** The galaxies and time. J RAS Canada **43** 169—180. — Vor dem Vancouver Centre der Roy. Astr. Soc. Canada gehaltene Vorlesung mit den einzelnen Kapiteln: die Relativität, der Vorrang der Zeit, die Rotverschiebung und die Galaxien, das expandierende Universum, zwei Welten, zwei Zeitskalen, die Trennung von «Zeit» und «Raum». Loh.

4106. **J. W. Campbell,** The universe – whence? J RAS Canada **43** 49—60. – Im Rahmen eines Vortrags werden einige Gesichtspunkte zu der Frage behandelt, ob das Weltall von jeher existiert habe oder ob für seine Entwicklung ein Anfang in der Zeit anzunehmen sei. Kdr.

4107. **M. Causse,** Les notions de masses et d'énergie et le problème des deux corps en relativité cinématique. CR **228** 542—544. — Ref. in Math. Rev. **10** 578.

4108. **G. Cecchini,** Sguardo alla struttura geometrico-dinamica del nostro Universo. Rend. Seminario Mat. Torino **8** 32—47. — Darstellung der Methoden zur Erforschung der Konstitution des Universums und der modernen Errungenschaften auf diesem Gebiete. F. Z.

4109. **G. M. Clemence,** Relativity effects in planetary motion. Proc. American Philosophical Soc. **93** 532—534. — Verf. erörtert zunächst die Nachweisbarkeit der relativistischen Periheldrehung der Planeten Merkur-Jupiter. Ferner wird auf ein von Anding vorgeschlagenes Verfahren zur Bestimmung der Präzession aus dem Unterschied der theoretischen Bewegung der Perihele und Knoten und der beobachteten Werte hingewiesen, für dessen Durchführung die Beobachtungsunterlagen jetzt ausreichend sein dürften. Ein Lösungsversuch wird skizziert. Micz.

4110. **O. Costa de Beauregard,** La Théorie de la Relativité Restreinte. Paris, Masson et Cie, 1949. 6 + 173 S. Preis 800 fr. — Besprechung in Math. Rev. **11** 546.

4111. **P. Drumaux,** La récession des nébuleuses extra-galactiques. IV. Ann. Soc. Sci. Bruxelles (1) **63** 46—57. — Ref. in ZfMG **31** 239—240.

4112. **G. Gamow,** On relativistic cosmogony. Rev. Modern Phys. **21** 367—373, mit 3 Fig. — Ohne Rücksicht auf Modifikationen der ursprünglichen Einsteinschen Theorie wird zu zeigen versucht, ob Probleme der Kosmologie und Kosmogonie völlig verstanden werden können nur auf der Basis der «altmodischen» allgemeinen Relativitätstheorie in ihrer von Einstein gegebenen ursprünglichen Form. Loh.

4112a. **G. Gamow,** Milchstraßen im Flug. Universitas **4** 427—434. — Kurze Behandlung der Theorie vom sich ausbreitenden Universum nach Alpher, Bethe und Gamow.

4113. **A. Gião,** La constante cosmologique gravifique et les équations de Gauss d'une hypersurface. CR **228** 812—813. — Ref. in Math. Rev. **10** 581.

4114. **A. Gião,** La distribution des galaxies et la structure cosmologique de l'espace-temps. CR **229** 981—982. — Verf. hat in einer früheren Arbeit (vgl. CR **228** 812) eine Formel für die kosmologische Gravitationskonstante λ_g abgeleitet. In vorliegender Arbeit werden weitere kosmologische Folgerungen gezogen. Insbesondere ergibt sich für die Zahl N der Galaxien in einem Volumen V

$$N = (6\chi^2 - \lambda_g)\, V c^2 / 8\pi K M,$$

wobei M die mittlere Masse der Galaxien, χ die mittlere Krümmung des den Untersuchungen zugrunde gelegten Raumes, K die Newtonsche Gravitationskonstante bedeutet. Das vierdimensionale raumzeitliche Kontinuum kann kosmologisch als deformierte Hypersphäre von De Sitter angesehen werden, deren Deformationen sich als klein erweisen. Henn

4115. **A. Gião,** Théorie des rapports entre gravitation et électromagnétisme et ses applications astrophysiques et géophysiques. J. Phys. Radium **10** 240—249. — Ref. in Math. Rev. **11** 217.

4116. **K. Gödel,** An example of a new type of cosmological solutions of Einstein's field equations of gravitation. Rev. Modern Phys. **21** 447—450. — Ref. in Math. Rev. 11 216. — Verf. diskutiert eine Lösung der Einsteinschen Feldgleichung (mit kosmologischer Konstanten ≠0), deren physikalischer Inhalt das Nichtvorhandensein einer Rotverschiebung entfernter Objekte besagt. Für Galaxien wird eine durchschnittliche Rotationsperiode von 5×10^6 Jahren abgeschätzt. Loh.

4117. **T. Gold,** Creation of matter in the universe. Nature **164** 1006—1007. — Kritische Bemerkungen zu den Jordanschen Ansichten über die Entstehung von Materie im Kosmos. Kdr.

4118. **C. Graef Fernandez,** The bolometric correction of the magnitudes of the galaxies in Birkhoff's cosmology. Comisión Impulsora y Coordinadora de la Investigación Científica (Mexico). Anuario **1945** 51—66, 1947. — Ref. in Math. Rev. 11 60.

4119. **W. Grotrian,** Neuere Vorstellungen über die Entstehung des Weltalls. Berlin-Frohnau, Condor-Verlag, 1949. 2. Auflage. 40 S. mit 22 Abb. — Besprechung in Sternenwelt 1 192 (W. Jahn).

4120. **F. I. Havlíček,** O konstanti gravitacije. Glasnik Mat.-Fiz. Astr. (2) 4 176.

4121. **H. Hönl,** Zwei Bemerkungen zum kosmologischen Problem. Ann. Phys. **441** 169–176, mit 1 Abb. – Ref. in Math. Rev. 11 468–469. – Es wird gezeigt, daß für die Trägheitsbewegung einer im expandierenden Kugelraum sich frei überlassenen Masse das einfache Gesetz $p \cdot R =$ const. gilt, wobei p der Impuls der Masse und R der Krümmungsradius des Raumes ist. Es ergeben sich Folgerungen hinsichtlich der Lichtausbreitung, der Höhenstrahlung und der Eigenbewegung extragalaktischer Nebel. Ferner wird gezeigt, daß das Expansionsgesetz der allgemeinen (metrischen) Relativitätstheorie (bei Absehung vom kosmologischen Gliede) eher zu einer Verschärfung als zu einer Minderung des Widerspruches zwischen dem aus der allgemeinen Nebelflucht ermittelten Weltalter und der Altersbestimmung von ältesten Gesteinen und Meteoriten führt. Verf.

4122. **R. A. Houstoun,** A measurement of the velocity of light. Nature **164** 1004. — 299 775 km/sec.

4123. **F. Hoyle,** On the cosmological problem. MN **109** 365—371.

4124. **F. Hoyle,** Stellar evolution and the expanding universe. Nature **163** 196—198. — Nach Aufstellung der empirischen Grundmerkmale des Universums werden einzelne kosmologische Modelle kritisch betrachtet. Abschließend wird erwähnt, daß 1.) das resultierende Universum sowohl eine unendliche Vergangenheit als auch eine unendliche Zukunft besitzt, in denen die groß-skaligen Eigenschaften unverändert bleiben und daß 2.) die Existenz einer auf Eddington zurückgehenden Beziehung zwischen mikrophysikalischen Konstanten und der Konstanten in der Beziehung zwischen Rotverschiebung und scheinbarer Nebelhelligkeit darauf hinweist, daß die Theorie in ihrer gegenwärtigen Form wahrscheinlich noch weit von der Vollständigkeit entfernt ist. Loh.

4125. **H. E. Ives,** Lorentz-type transformations as derived from performable rod and clock operations. J. Optical Soc. America **39** 757—761. — Ref. in Math. Rev. 11 546—547.

4126. **G. Järnefelt,** Om sambandet mellan de axiomatiska grunderna för Einsteins relativitetsteori och arten av relativitetsteorins astronomiska tillämpningar. Veröff. Astr. Obs. Helsinki, 16 S. mit 2 Fig.— Särtryck ur Astronomiska Sällskapet Tycho Brahe. Årsbok 1949.

4127. **P. Jordan,** Formation of the stars and development of the universe. Nature **164** 637—640. — Verf. gibt einen kurzen Bericht über seine bereits an mehreren Stellen mitgeteilten Anschauungen zur Kosmologie und Sternentwicklung (vgl. z. B. AJB **45** Ref. **3910** und **3911**, **47** Ref. **3121**, **48** Ref. **4140**). Kdr.

4128. **R. O. Kapp,** Effects of the origin of matter on cosmology. Obs **69** 149—150.

4129. **R. Kurth,** Über den Zusammenhang zwischen dynamischer Kosmologie und Stellardynamik. ZfA **26** 272—278. — Bei kugelsymmetrischer Geschwindigkeitsverteilung eines Sternsystems können die Grundgleichungen der Hydrodynamik aus denen der Stellardynamik hergeleitet werden. Dieser Sachverhalt erlaubt es, Milnes «dynamische Kosmologie» als eine unmittelbare Folge der Dynamik instationärer Sternsysteme zu deuten, wie sie von Chandrasekhar und von Schürer entwickelt wurde. Verf.

* * **G. Lemaître,** Rayons cosmiques et cosmologie. Vgl. Ref. **12723/25**.

4130. **G. Lemaître,** Cosmological application of relativity. Rev. Modern Phys. **21** 357—366. — Ref. in Math. Rev. **11** 216—217. — Inhalt: 1. Koordinaten und Metrik, 2. Gravitation, 3. Sphärische Symmetrie, 4. Die Lösungen von Schwarzschild und de Sitter, 5. Der expandierende Raum — die Friedmannsche Gleichung, 6. Geodätische Eigengeschwindigkeiten — Rotverschiebung, 7. Instabilität, 8. Nebelhaufen, 9. Kosmische Strahlung.

4131. **R. Lennuier,** Confrontations récentes entre la théorie de la relativité et l'expérience. BSAF **63** 214—221, mit 5 Fig.

4132. **G. Ludwig,** Zur projektiven Relativitätstheorie mit variabler Gravitationsinvarianten. 2. Mitteilung. Variationsprinzipien und Feldgleichungen für Gravitation und Materie. Z. f. Phys. **125** 545—562. — Es werden die grundlegenden Feldgleichungen für das Gravitations-, elektromagnetische und das $\varkappa$-Feld aufgestellt. Weiterhin werden die formalen Ausdrücke für den Energie-Impulstensor und den Viererstrom der Materie abgeleitet und die zugehörigen Erhaltungssätze untersucht. In einem bestimmten Fall ergibt sich eine deduktive Begründung der Jordanschen induktiven Theorie der Sternentstehung. Loh.

4133. **G. C. McVittie,** Cosmological Theory. New York, N. Y., John Wiley & Sons, Inc.; London, Methuen & Co., Ltd., 1949. 2. Auflage. 8 + 103 S. Preis $ 1,50. — Besprechung in Math. Rev. **11** 468.

4134. **E. A. Milne,** Kinematic Relativity. A Sequel to Relativity, Gravitation and World Structure. Vgl. AJB **48** Ref. **4154**. — Weitere Besprechung in ApJ **110** 99—101 (E. L. Hill), Nature **163** 931—932 (H. S. Ruse), Obs **69** 152—154 (W. H. McCrea).

4135. **E. A. Milne, G. J. Whitrow,** On the so-called «clock paradox» of special relativity. Philos. Mag. (7) **40** 1244—1249. — Ref. in Math. Rev. **11** 409.

4136. **V. V. Narlikar, A. Prasad,** The Doppler effect in the field of a thick spherical shell. Proc. Indian Acad. Sci., Sect. A. **30** 181—183. — Ref. in Math. Rev. **11** 468.

4137. **Z. Nubar,** Sur une théorie physique de la gravitation. CR **229** 743—745. Mit einer Bemerkung von J. Chazy, CR **229** 745. — Verf. greift die Ergebnisse seiner früher entwickelten Theorie der Gravitation (vgl. AJB **33** Ref. **3170**) wieder auf und wendet sie zur Berechnung der Perihelverschiebung der Planeten an. In der anschließenden Note von Chazy werden gewisse Bedenken zu dieser Theorie geäußert. Henn

4138. **G. C. Omer jr.,** Local behavior of spherically symmetric relativistic solutions. AJ **54** 135. — Ref. AAS.

4139. **G. C. Omer jr.,** A relativistic model for a cluster of nebulae. AJ 54 135. — Ref. AAS.

4140. **G. C. Omer jr.,** A nonhomogeneous cosmological model. ApJ **109** 164—176.

4141. **M. Pierucci,** Una correzione relativistica della legge di Newton e la tendenza delle orbite planetarie alla circolarità e alla complanarità. Atti Soc. Natur. Mat. Modena (6) **78** 1—4, 1947. — Ref. in ZfMG **33** 311.

4142. **H. J. Rodewald,** Über eine Näherungsformel für den Wirkungsradius gravitierender Massen. Z. f. Naturforschung **4a** 224—226.

4143. **K. P. Stanjukowitsch,** Über die Zunahme der Entropie im unendlichen Weltall. DAN **69** 793—796 (russisch).

4144. A relativistic model. Sky and Telescope 8 123—124, mit 2 Fig.

§ 42

Himmelsmechanik, Störungstheorie

4201. **C. Agostinelli,** Sullo spostamento dei perieli dei pianeti. Rend. Seminario Mat. Torino 8 21—31. — Anwendung des Weberschen Gesetzes, nach dem die Anziehung nicht nur von der Entfernung sondern auch von der radialen Geschwindigkeit und von der radialen Beschleunigung abhängt, zur Erklärung der Bewegung des Merkurperihels. Nach einigen theoretischen Betrachtungen zum Weberschen Gesetz wird dasselbe auf das Problem Sonne-Merkur angewandt, wobei aber die Sonne nicht punktförmig angenommen wird, sondern mit ihren Dimensionen und rotierend. Die angenäherte Integration führt in die Bahngleichung eine von der Abplattung der Sonne abhängige Konstante ein, und wenn man noch für die Abplattung den Wert 1/1700 annimmt, dann ergibt sich für die Perihelbewegung der beobachtete Wert von 42″ im Jahrhundert. F. Z.

4202. **C. Agostinelli,** Sulla variazione degli elementi ellittici dell'orbita di un pianeta attratto dal Sole con una legge analoga a quella di Weber. Rend. Seminario Mat. Torino 8 167—190. — Ref. in Math. Rev. **11** 407. — Anwendung des Weberschen elektrodynamischen Gesetzes auf die Planetenbewegungen und Ableitung der Störungen in den Elementen. Die große Achse bleibt unverändert, Neigung und die Exzentrizität wachsen oder verringern sich um unbedeutende Beträge, die Perihelbewegung ist bei allen positiv und für Merkur kommt numerisch genau der beobachtete Wert heraus, wenn man für die Sonne eine gewisse Abplattung annimmt. F. Z.

4203. **G. M. Bashenow,** Über einige Anwendungen der Matrizen in der Himmelsmechanik. BIA **4** Nr. 4 (57) S. 143—168, mit 2 Abb. (russisch). — Ref. in Math. Rev. **11** 407. — Nach allgemeinen Bemerkungen über Matrizen und ihre Anwendungsmöglichkeiten werden in Zusammenhang mit ihnen besonders behandelt: Die Matrizen der Präzession, die Differentialgleichungen im problème restreint, die Ableitung der Differentialgleichungen für die gestörten Bahnelemente, die kanonischen Elemente, die Bahnverbesserung und das Schema zur Berechnung gestörter Elemente. Loh.

4204. **A. A. Batyrew,** Über die Bahnformen im Zweikörperproblem bei veränderlichen Massen. AJ UdSSR **26** 56—59, mit 4 Abb. (russisch). — Ref. in Math. Rev. **10** 577, ZfMG **33** 219. — Verf. untersucht Bahnformen elliptischen, parabolischen und hyperbolischen Typs, wenn die Massensumme nach dem Gesetz $M = M_0/1 + \alpha t$ abnimmt. Loh.

4205. **D. Belorizky,** Solution simple du problème de J. Bertrand. JO **32** 122—127. — Ohne auf die Differentialgleichung der Kegelschnitte zurückzugehen, wird das Gesetz für die Zentralkraft bestimmt, unter deren Einfluß ein materieller Punkt eine Ellipse beschreibt: aus der Parameterdarstellung der scheinbaren (Doppelstern-)Bahn wird ein Ausdruck für die scheinbare Kraft hergeleitet, der sich als Projektion der Newtonschen Kraft erweist; aus der Forderung, die wahre Ellipse so zu bestimmen, daß ihre Projektion die scheinbare ist, ergibt sich eine Bestimmung der wahren Elemente. Böh.

4206. **A. Bilimović,** Pfaff's expressions and the vector differential equations of planetary perturbations. Glas Srpske Akad. Nauka **191** 83—115, 1948 (serbisch mit russ. Zusammenfassung). — Ref. in Math. Rev. **11** 466.

4207. **A. D. Bilimovitch,** Application of Pfaff's method and of vectoral elements to the problem of three bodies. Glas Srpske Akad. Nauka **191** 139—148, 1948. — Ref. in Math. Rev. **11** 139.

4208. **D. Brouwer,** Variation orbits of the restricted problem of three bodies. Publ AAS **10** 158, 1942. — Ref. AAS.

4209. **J. Chazy,** Solutions périodiques de la première sorte du problème des trois corps. BA **14** 153—175, mit 2 Fig. — In der Untersuchung der periodischen Lösungen der 1. Sorte des Dreikörperproblems werden von Poincaré und anderen gefundene Sätze neu abgeleitet, erweitert und verschärft. Böh.

4210. **J. Chazy,** Sur le calcul de l'avance du périhélie de Mercure sous l'action des autres planètes. CR **229** 729—731. — Die von Leverrier, Newcomb und Doolittle berechneten Werte für die Bewegung des Merkurperihels werden auf Newcombs Massen umgerechnet und zum Teil revidiert. Es ergibt sich eine gute Übereinstimmung zwischen den drei Zahlen; der Wert von Doolittle wird für den besten gehalten. Böh.

4211. **G. Fayet,** Contribution à l'étude des proximités d'orbites dans le système solaire. Ann. Bureau Longitudes Paris **12** B 1— B 156, mit 15 Fig. — Für 800 Kleine Planeten und etwa 40 Kometen werden untersucht die gegenseitigen Annäherungen der Planetenbahnen, die Annäherungen der Bahnen der Kometen mit denen der Großen Planeten, die gegenseitigen Annäherungen der Kometenbahnen und die Annäherungen der Kometenbahnen mit denen von etwa 150 der Kleinen Planeten. Die Daten und Ergebnisse sind in Tabellen und Figuren zusammengestellt. Das Material ist nach allen möglichen Gesichtspunkten diskutiert. Als Annäherung ist eine Minimaldistanz $\leqq 0.015$ a. E. (später $\leqq 0.010$ a. E.) bezeichnet. Böh.

4212. **L. Gialanella,** Sul problema dei due corpi di masse variabili in cui la forza attrattiva è proporzionale alla distanza. Applicazione agli ammassi globulari di stelle. Mem SA It (NS) **20** 93—105 = Oss. Astr. Roma - Monte Mario, Contr. sci. Nr. **145**. – Ref. in Math. Rev. **11** 408. – Verf. untersucht die Bewegung eines Sternes in einem kugelförmigen Sternhaufen homogener Dichte unter der Voraussetzung, daß die Dichte mit der Zeit abnimmt. Es wird gezeigt, daß die Bewegungsgleichungen nur dann integriert werden können, wenn die Gesamtmasse des Haufens mit dem Quadrat der Zeit abnimmt. Loh.

4213. **P. Herget,** On the group theory of general perturbations. Publ AAS **9** 261, 1939. — Ref. AAS.

4214. **H. G. Hertz,** Libration orbits of the restricted problem in the neighborhood of the triangular solutions. Publ AAS **10** 164—165, 1942. — Ref. AAS.

4215. **G. Ishida,** The stellar problem of three bodies, with application to the ternary system: ζ Cancri. Jap. J. Astr. 1 73—86, mit 2 Fig. = Tokyo Astr. Obs. Repr. Nr. **46**. — Die von Brown angegebene Methode, die Bewegung eines dreifachen Sternsystems zu bestimmen, wird weiterentwickelt und auf das System ζ Cancri angewandt, wobei eine Annahme Seeligers bestätigt wird. Böh.

4216. **N. Jelenewskaja,** Über die Koeffizienten der Koordinatenentwicklung der ungestörten Bewegung in Fourierreihen nach Potenzen der exzentrischen Anomalie. Abh. Staatsuniv. Lwow **15** (Phys., Math., Nr. 4, Astr.) 117—147 (russisch).

4217. **N. Jelenewskaja,** Über die Konvergenzgebiete der Koordinatenentwicklungen der hyperbolischen Bewegung. Abh. Staatsuniv. Lwow **15** (Phys., Math., Nr. 4, Astr.) 149—159 (russisch).

4218. **B. I. Kaminskij,** Das stellare Dreikörperproblem. Leningrad, (Wilnaer Staatsuniv.), 1949. 6 S. — Autorenreferat über die Dissertation.

4219. **A. S. Lapin,** The problem of two bodies with varying masses. Leningrad State Univ. Ann. **87** (Math. **13**, Mechanics) 3—55, 1944 (russisch). — Ref. in Math. Rev. **11** 213.

4220. **E. Magenes,** Una questione di stabilità relativa ad un problema di moto centrale a massa variabile. Pont. Acad. Sci. Comment. **12** 229—259, 1948. — Ref. in Math. Rev. **11** 212—213.

4221. **T. Matukuma,** Motion of perihelion and node of the planets. Sci. Rep. Tôhoku Univ. (1) **33** 115—121, mit 5 Fig. = Sendai Astr. Rap. **2** Nr. 9. — Aus den Stockwellschen Konstanten für die Säkularstörungen der Großen Planeten werden die Bewegung der Perihel- und Knotenlänge von Venus und Erde im Sinne von H. Weyl abgeleitet und an Figuren veranschaulicht. Böh.

4222. **D. Mihailović,** Sur les directions des mouvements instantanés relatifs dans le problème d'entre-choc de trois corps de la mécanique céleste. Bull. Soc. Math. Phys. Serbie **1** 11—16 (serbisch mit russ. und franz. Zusammenfassung). — Ref. in Math. Rev. **11** 465, ZfMG **35** 114.

4223. **D. Mihailović,** Les intégrales premières dans le problème d'entre-choc de trois corps. Bull. Soc. Math. Phys. Serbie **1** 45—61 (serbisch mit russ. und franz. Zusammenfassung). — Ref. in Math. Rev. **11** 465.

4224. **H. Mineur,** Quelques propriétés générales des équations de la mécanique. BA **13** 309—328, 1948. — Von einem Hamiltonschen System $\frac{dq_i}{dt} = \frac{\delta H}{\delta p_i}, \frac{dp_i}{dt} = -\frac{\delta H}{\delta q_i}$, $H = H(q,p)$ $(i = 1, \ldots, n)$ seien k zueinander involutorische Integrale $f_1, \ldots, f_k$ bekannt. Es wird die Integrabilität des Systems $\frac{\delta q_i}{\delta w_h} = \frac{\delta f_h}{\delta p_i}, \frac{\delta p_i}{\delta w_h} = -\frac{\delta f_h}{\delta q_i}$ $(i = 1, \ldots, n;\ h = 1, \ldots, k)$ und der Zusammenhang seiner allgemeinen Lösung mit der des Hamiltonschen Systems untersucht, sowie die Jacobische Gleichung und der Satz von Liouville hierauf ausgedehnt. Die Untersuchung wird verallgemeinert für den Fall, wo H durch eine implizite Funktion $F(H, t; q_1, \ldots, q_n; p_1, \ldots, p_n) = 0$ definiert ist, und am Schluß für $k = n$ spezialisiert. Böh.

4225. **D. Negri,** Su un notevole integrale primo che si incontra in cosmogonia. Atti Sem. mat. Univ. Modena **3** 223—226. — Ref. in Math. Rev. **11** 748, ZfMG **33** 406.

4226. **J. J. de Orus Navarro,** On a problem of celestial mechanics. Rev. Mat. Hisp.-Amer. (4) **9** 13—15 (spanisch). — Ref. in Math. Rev. **11** 138—139.

4227. **M. E. Paloque,** Sur le mouvement des planètes troyennes. Coimbra, 1948. Separata de O Istituto, Vol. 111, 28 S. — Skizzierung von drei Methoden für die Theorie der Trojaner: 1.) einer interpolatorischen, bei der die Entwicklung der rechten Seiten der leicht umgeformten klassischen Bewegungsgleichungen in Fourierreihen numerisch ausgeführt wird, 2.) einer durch Einführung neuer Veränderlicher umgeformten klassischen mit entsprechenden Reihenentwicklungen, 3.) einer Poincaréschen, wobei eine periodische Lösung als intermediäre Bahn zugrundegelegt wird und die Integration der Bewegungsgleichungen nach dem Verfahren von Hill und Brown erfolgt. Böh.

4228. **O. Pylarinos,** Über das Dreikörperproblem. Acta Math. Uppsala **81** 257—263. — Ref. in Math. Rev. **11** 545, ZfMG **34** 406.

4229. **C. A. C. Rivera,** Über die Regularisierung des ebenen Dreikörperproblems. Rev. Ci. Lima **49** 3—69, 1947 (spanisch). — Ref. in ZfMG **30** 223.

4230. **H. Roure,** Théorie nouvelle des grosses planètes du système solaire. BA **15** 1—74. — Die von Hill und Brown in der Mondtheorie angewandte Methode dient als Ausgangspunkt für eine neue Theorie der Großen Planeten, die von Anfang an die Berücksichtigung aller Potenzen der Massen zuläßt, das Auftreten säkularer Glieder vermeidet und Erleichterungen bei der Berechnung und Tabulierung der Störungen bringt. Die Methode bestimmt unmittelbar rechtwinklige und polare Koordinaten und bezieht die Bewegung der Planeten auf ein synodisches Achsenkreuz in der Ekliptik. — Der erste Teil, die Auseinandersetzung der Methode am Dreikörperproblem, ist vollständig; der zweite, die Entwicklung der Koordinaten nach Potenzen der Exzentrizitäten und Neigungen, begonnen. Böh.

4231. **F. K. Rubbert,** Direkte Integration des Zweikörperproblems. Zweite Mitteilung. AN **277** 112—114. — In der ersten Mitteilung (AN **276** 238, AJB 48 Ref. 4224) wurde aus der Newtonschen Grundgleichung eine Differentialgleichung für den reziproken Abstand abgeleitet und integriert. Eine einfachere Differentialgleichung ergibt sich, wenn man von der Energiegleichung ausgeht. Entsprechende Gleichungen eignen sich auch zur Untersuchung der Zeitabhängigkeit der verallgemeinerten Zentralbewegung. Verf.

4232. **N. S. Samojlowa-Jachontowa,** Über die Verbesserung elliptischer Bahnelemente. BIA **4** Nr. 6 (59) S. 255—264 (russisch).

4233. **P. Sémirot,** Solutions périodiques et stabilité dans le mouvement pendulaire. BA **13** 253—256, 1948. — Nach den von Poincaré in die Himmelsmechanik eingeführten Methoden (Aufsuchen einer periodischen Lösung des Hamiltonschen Systems, Integration der Variationsgleichungen) wird die Bewegung des Pendels untersucht und aus der Form der charakteristischen Exponenten ihre Stabilität gefolgert. — Aus methodischen Gründen hier eingereiht. Böh.

4234. **P. Sémirot,** Stabilité des solutions périodiques dans le problème des deux centres fixes. BA **14** 37—60. — Es wird die Stabilität der periodischen Lösungen im Problem der zwei Zentren für verschiedene Bahnformen untersucht. Böh.

4235. **C. D. Shane,** An approximate method of special perturbations. Publ AAS **9** 272, 1939. — Ref. AAS.

4236. **J. D. Sokolow,** On a spatial homographic motion of a system of three material points. Vgl. AJB **47** Ref. **3231**. — Weitere Besprechung in ZfMG **30** 83.

4237. **J. D. Sokolow,** Über die Trajektorien der unbeschränkten Entfernung von drei materiellen Punkten, die sich unter der Wirkung ihrer gegenseitigen Kräfte befinden. DAN **58** 539—541, 1947 (russisch). — Übersetzung des Titels und Besprechung in ZfMG **30** 83.

4238. **M. F. Subbotin,** Lehrbuch der Himmelsmechanik. 3. Band. Moskau-Leningrad, Staatsverlag für technisch-theoretische Literatur, 1949. 280 S. mit 11 Abb. Preis 7 R. 30 Kop. (russisch). — Inhalt: Die Anziehung fester Massen, S. 9—125; Theorie der Figur der Himmelskörper, S. 126—278. Loh.

4239. **T. Takenouchi,** On Hill's equation. Jap. J. Astr. **1** 69—72 = Tokyo Astr. Obs. Repr. Nr. **45**. — Die Hillsche Differentialgleichung wird nach der von Baker eingeführten und besonders von Hagihara auf himmelsmechanische Probleme angewandten Matrixmethode integriert. Bei der Anwendung auf die Bewegung des Mondperigäums wird das Ergebnis mit dem von Hill verglichen. Böh.

4240. **S. D. Tscherny,** Die Bewegung eines materiellen Punktes unter der Wirkung einer Kraft, die ihm die Beschleunigung $-\mu_1 r^{-2} - 3\mu_2 r^{-4}$ erteilt. BIA **4** Nr. 6 (59) S. 287—308, mit 2 Abb. (russisch).

4241. **T. Ura,** On solutions near a formally stable equilibrium point. Jap. J. Astr. **1** 59—67 = Tokyo Astr. Obs. Repr. Nr. **44**. — Unter Verwendung von Sätzen Poincarés werden von einem mechanischen System mit zwei Freiheitsgraden die Lösungen in der Nachbarschaft eines Punktes formal stabilen Gleichgewichts untersucht. Böh.

§ 43

Figur der Himmelskörper, Rotation, Gezeiten

4301. **T. Banachiewicz,** On the higher order effects of a small rotation AA (a) **4** 194. — Verf. gibt zunächst eine endliche Lösung für den Einfluß einer kleinen, aber nicht infinitesimalen Rotation (wie sie die Bahnverbesserung liefert) auf die vektoriellen Bahnkonstanten (Herget hat dafür ein unendliches Krakovianenverfahren angegeben). Weiter wird darauf hingewiesen, daß diese Lösung (wie die von Herget) auf die Bahnverbesserung nicht unmittelbar anwendbar ist, weil die Reihenfolge der Rotationen um drei zueinander senkrechte Achsen auf das Ergebnis nicht gleichgültig ist und diese Reihenfolge aus der Bahnverbesserung nicht bestimmt werden kann. Zum Schluß wird eine Lösung angegeben, die nach Ausgleichung formal mit der Formel für infinitesimale Rotation auskommt. Böh.

4302. **T. G. Cowling, R. A. Newing,** The oscillations of a rotating star. ApJ **109** 149—158. — Ref. in Math. Rev. **10** 746. — Auf Grund einer verallgemeinerten Form des Rayleighschen Prinzips werden die Grundschwingungen eines rotierenden Sterns angenähert bestimmt und für einige Spezialfälle numerisch ausgewertet. Der Einfluß der Rotation ergibt sich etwas größer als nach früheren Näherungslösungen von Ledoux (ApJ **102** 143, ABJ **45** Ref. **3719**). Abschließend wird das Problem radialer und nichtradialer Oberschwingungen behandelt. Kdr.

4303. **H. Fabre,** Théorie dissipative des rotations dans la galaxie, les astres fluides et l'anneau des astéroïdes. (Suite et fin). II. Le principe de la moindre dissipation appliqué à un cas barocline: analyse des rotations solaire, jovienne, saturnienne. — Ann. Obs. Astr. Meteorol. Toulouse **19** 16—65, mit 3 Fig. — Nachdem Verf. in einem ersten Teil (vgl. AJB **45** Ref. **9057**) das Prinzip der geringsten Energiedissipation auf die Rotation der Milchstraße angewandt hatte, diskutiert er nunmehr ausführlich die Rotation von Sternen und versucht auf Grund des genannten Prinzips die äquatoriale Beschleunigung von Sonne, Jupiter und Saturn zu erklären. Im abschließenden dritten Kapitel schließlich betrachtet er die Bewegung von Kleinen Planeten in einem widerstehenden Mittel vom Standpunkt der Energiedissipation mit dem Ziel, auf dieser Basis zum Verständnis der Kommensurabilitätslücken im Planetoidenring zu gelangen. Kdr.

4304. **E. Fichot,** Exposé critique de la théorie des marées (fin). Ann. Bureau Longitudes Paris **12** A 1 — A 115, mit 5 Tafeln.

4305. **N. L. Gosh,** Gases with a pressure — density relation. Impossibility of confocal density distributions. Bull. Calcutta Math. Soc. **41** 183—186. — Ref. in Math. Rev. **11** 408.

* * **C. Hoffrogge,** Gangstörungen von Schuler-Uhren durch Gezeitenkräfte, Erdbeben und Änderungen der Pendellänge. Vgl. Ref. **2314.**

4306. **C. Prasad,** On a general theorem on rotating masses by Jeans. Proc. Benares Math. Soc. (NS) **9** 33—35, 1947. — Ref. in Math. Rev. **11** 745.

4307. **H. Vogt,** Zur Theorie der Sternrotation. AN **277** 49—54. — Ref. in Math. Rev. **11** 139. — Es wird gezeigt, daß im Inneren jedes rotierenden Sternes, welches Rotationsgesetz auch für ihn gelten mag, als Folge der Rotation Strömungen auftreten. Ferner wird die Druck-, Dichte- und Temperaturverteilung im Inneren eines rotierenden Sternes bestimmt, für den ein Rotationsgesetz von der Form $\omega^2 = f(s)\, g(r)$ besteht, wo f (s) eine beliebige Funktion des Abstandes s von der Rotationsachse des Sternes und g (r) eine beliebige Funktion des Abstandes r von dem Sternmittelpunkt bedeutet. Schließlich wird versucht, eine Erklärung zu geben für die in den äußeren Schichten der Sonne bestehende Abhängigkeit der Winkelgeschwindigkeit von der heliographischen Breite. Verf.

§ 44

Sternsysteme

* * **T. A. Agekjan,** Zur Dynamik von Sterndurchgängen durch Wolken aus meteorischer Materie. Vgl. Ref. **5301.**

4401. **S. Chandrasekhar,** A statistical theory of stellar encounters. Publ AAS **10** 159—160, 1942. — Ref. AAS.

4402. **S. Chandrasekhar,** Dynamical friction. Publ AAS **10** 305, 1943. — Ref. AAS.

4403. **S. Chandrasekhar,** Brownian motion, dynamical friction and stellar dynamics. Dialectica, Neuchâtel **3** 114—126. — Ref. in ZfMG **34** 143—144.

4404. **S. Chandrasekhar,** Brownian motion, dynamical friction, and stellar dynamics. Rev. Modern Phys. **21** 383—388. — Ref. in Math. Rev. **11** 213. — Betrachtung zur Analogie zwischen Brownscher Bewegung und den durch dynamische Reibung beeinflußten Bewegungen der Sterne.

4405. **R. Coutrez,** Contribution à l'étude de la dynamique des systèmes stellaires. Ann. Obs. Roy. Belgique (3) **4** Nr. 3, 88 S. mit 28 Fig. — Die Arbeit will, ausgehend vom «elliptischen» Zustand eines Sternsystems, den Ursprung des Spiralphänomens erklären. Kap. I betrachtet die Bewegung einzelner Sterne in einem System mit Achsensymmetrie und Symmetrie in Bezug auf eine «Äquatorebene». Die Stabilität der Sternbahnen wird untersucht. Eine geometrische Interpretation erlaubt verschiedene Fälle zu prüfen: Bewegungen in einem sphärischen System, Bewegungen in der Äquatorebene, Raumbahnen, kreisnahe Bahnen. Kap. II geht vom Zustand des dynamischen Gleichgewichts aus. Die allgemeine Form der Verteilungsfunktion der Orts- und Geschwindigkeitskomponenten wird auf die kreisnahen Bahnen angewandt, wobei die periodische und die säkulare Abhängigkeit dieser Funktion von der Zeit berücksichtigt wird. Lokale Verdichtungen werden untersucht. Die Vertexabweichung läßt sich nur durch eine nichtstationäre Verteilung erklären. Kap. III behandelt Zustände, die dem vorhergehenden symmetrischen «Entstehungszustand» benachbart sind. Untersuchungen des Dichtefeldes und des Deformationsfeldes führen in einem Instabilitätsfalle zu Materieausströmungen an der Peripherie des Systems. Die Bewegungen solcher Punkte können zu Spiralarmen führen. Die Resultate von Lindblad scheinen sich dabei zu bestätigen. Mehrfach sind Vergleiche dieser theoretischen Untersuchungen mit den beobachteten Werten eingeschoben. Gliese

4406. **P. Dingens,** Kinematical criterion of tilt and direction of rotation in spiral nebulae. Med. Koninkl. Vlaamse Acad. België, Klasse Wetenschappen **11** Nr. 1, 19 S. = Universiteit te Gent, Sterrenkundig Instituut Nr. **13.**

4407. **P. Dingens,** Uniform motion along spiral orbits in stellar systems. Med. Koninkl. Vlaamse Acad. België, Klasse Wetenschappen **11** Nr. **10, 16** S. = Universiteit te Gent, Sterrenkundig Instituut Nr. **14.**

4408. **H. Fabre,** Systèmes dissipatifs quasi permanents dans l'univers céleste. CR **228** 1399—1400. — Kurze Zusammenfassung einer Untersuchung der Energiedissipation in bestimmten quasipermanenten dynamischen Systemen. Es wird der Einfluß der Energiedissipation auf Struktur und Bewegungszustand stärker abgeplatteter Sternsysteme, auf die Oberflächenrotation von Himmelskörpern mit äquatorialer Beschleunigung und auf die Kommensurabilitätslücken im System der Kleinen Planeten behandelt. Kdr.

* * **H. Fabre,** Théorie dissipative des rotations dans la galaxie, les astres fluides et l'anneau des astéroïdes. (Suite et fin). II. Le principe de la moindre dissipation appliqué à un cas barocline: analyse des rotations solaire, jovienne, saturnienne. Vgl. Ref. **4303.**

4409. **H. Fabre,** Sur l'évolution des galaxies en spirale barrée. CR **228** 1569—1571. — Sowohl nach der Theorie von Lindblad, als auch nach der des Verf.'s läßt sich begründen, daß in Sternsystemen mit zunehmender Abplattung bei einem bestimmten kritischen Wert dieser Größe Spiralarmbildung einsetzen sollte. Es existieren jedoch einige Ausnahmefälle. So wird z. B. darauf hingewiesen, daß im Falle eines homogenen Sphäroids, überlagert von einer Zentralmasse und am Äquator umgeben von einem materiellen Ring bestimmter Form, die Bedingungen für die Bildung von Spiralarmen nicht erfüllt sind. Statt dessen könnte dieser Sonderfall für die Deutung der Balkenspiralen in Frage kommen. Kdr.

4410. **W. Heisenberg, C. F. von Weizsäcker,** Die Gestalt der Spiralnebel. Z. f. Phys. **125** 290—292, mit 2 Abb. — Verf. suchen die Frage zu beantworten, wie es zur Bildung radialer, zweistrahliger Materieansammlungen kommt, aus denen sich die zwei Spiralarme entwickeln. An Hand einer als Beispiel gewählten länglichen irdischen Wolke, die rechnerisch um einen Punkt in ihrem Innern so gedreht wurde, wie es dem dritten Keplerschen Gesetz entspricht, gelang es zu zeigen, daß jede beliebige längliche Figur durch differentielle Rotation eine zweizählige Spiralstruktur ergeben muß. Unter Berücksichtigung der in Spiralnebeln wirkenden Gravitation, Zentrifugalkraft und Reibung ergibt sich dann, daß der mit dem Drehimpulssatz verträgliche energetisch tiefste Zustand des ganzen Nebels der sein wird, in dem sich alle Materie auf einer durch den Schwerpunkt gehenden Geraden sammelt. Dieses Bild zeigen die Balkenspiralen in ihrem Innern. Dort herrscht starre Rotation; in den Außengebieten, wo die Balken in Spiralarme übergehen, hingegen unstarre. Aus all dem folgt, daß die Spiralarme mit der konvexen Seite voraus rotieren sollten und daß sich wegen der Bedeutung der Turbulenz für die Bildung der Spiralarme die Spiralstruktur vorzugsweise in der interstellaren Materie und den jungen Sternen (B-Sterne) ausprägen sollte. Loh.

4411. **I. King,** The effect of stellar encounters on a velocity distribution. AJ **54** 131. — Ref. AAS.

4412. **R. Kurth,** Über Sternsysteme zeitlich oder räumlich veränderlicher Dichte. ZfA **26** 100—136 = Veröff. Astr. Inst. Bern Nr. **3** (Diss.). — Ref. in Math. Rev. **11** 745—746. — Die Liouvillesche Gleichung hat Lösungen für Sternsysteme mit zeitlich veränderlicher Verteilungsfunktion oder zeitlich veränderlichem Potential. Aus der Poisson-Gleichung folgt bei Annahme analytischer Funktionen räumlich oder zeitlich konstante Sterndichte bzw. beides. Die Zeitveränderlichkeit bei räumlicher Konstanz bzw. die Verteilungsfunktion bei zeitlicher Konstanz werden diskutiert. Die Integration der Poisson-Gleichung wird nach vier verschiedenen Verfahren vorgenommen. Der kugelsymmetrische Fall wird etwas eingehender behandelt. Micz.

4413. **R. Kurth,** Zur Dynamik instationärer Sternsysteme. ZfA **26** 168—175. — Ref. in Math. Rev. **11** 746. — Ein instationäres Sternsystem, dem eine (von M. Schürer auf Grund der Arbeiten Chandrasekhars angegebene) Raum-Zeit-Transformation ein stationäres zuordnet, hat notwendig konstante Dichte. Ein Verfahren, unter Voraussetzung einer bekannten ellipsoidischen Geschwindigkeitsverteilung aus der Dichte die Verteilungsfunktion zu bestimmen, wird auf zwei besondere, durch die Theorie der Raum-Zeit-Transformation erschlossene instationäre Systeme angewandt. Das eine ist durch kugelförmige Geschwindigkeitsverteilung, das andere durch kugelsymmetrischen räumlichen Aufbau gekennzeichnet. In beiden Fällen ergibt sich die Dichte Null. Verf.

4414. **G. Lemaître,** Modèles mécaniques d'amas de nébuleuses. Bull. Acad. royale Belgique, Cl. Sci., Séance 3 juillet 1948 = Publ. Laboratoire Astr. Géod. Univ. Louvain Nr. **112**, 15 S. — Ref. in Math. Rev. **10** 406. — Zum Verständnis der Existenz von mehr oder weniger permanenten Verdichtungen im Feld der sich mit relativ großen Geschwindigkeiten bewegenden extra-galaktischen Nebel werden einige idealisierte Modelle untersucht mit dem Ziel, zunächst die zur Behandlung des Problems geeigneten mathematischen Methoden aufzufinden. Kdr.

4415. **G. Lemaitre, R. Vander Borght,** Modèles de nébuleuses à vitesses radiales. Bull. Acad. royale Belgique, Cl. Sci., Séance 11 décembre 1948 = Publ. Laboratoire Astr. Géod. Univ. Louvain Nr. **114**, 11 S. — Ref. in Math. Rev. **10** 578. — Es werden zwei Modelle von elliptischen Nebeln behandelt, in denen für die Radialgeschwindigkeiten der Sterne, d. h. für deren Geschwindigkeiten in der Richtung zum Symmetriezentrum der Nebel, bestimmte Bedingungen angenommen werden. Die hierdurch bei Stationarität festgelegte Dichteverteilung wird für beide Modelle abgeleitet und mit Beobachtungswerten verglichen. Kdr.

4416. **K. F. Ogorodnikow,** Eine Methode zur Bestimmung der konkreten Form des verallgemeinerten ellipsoidischen Geschwindigkeitsgesetzes. Abh. Shdanow-Staatsuniv. Leningrad Nr. **116** (Math. Wiss. Nr. 18, Astr.) S. 80—85 = Publ. Astr. Obs. Leningrad **13** 80—85 (russisch). — Da die von Ambarzumjan 1936 (MN **96** 172, 1936; AJB **38** Ref. **9017**) entwickelte Theorie über die Bestimmung der Verteilungsfunktion φ der Raumgeschwindigkeiten aus der Verteilung der Radialgeschwindigkeiten nur auf Gruppen von Sternen mit hinreichend gleichmäßiger Verteilung am Himmel anwendbar ist, wird hier eine Methode vorgeschlagen, nach der man φ konkret aus der Verteilung der Radialgeschwindigkeiten einer genügend zahlreichen Gruppe von Sternen eines beliebigen (kleinen) Himmelsareals bestimmen kann, wenn nur $\varphi = \varphi\,(Q + \sigma)$ ist, wo Q eine quadratische Funktion der Geschwindigkeiten und σ irgendeine nur von den Koordinaten abhängige Funktion ist. Gehorchen die Radialgeschwindigkeiten speziell einer Gaußverteilung, dann hat φ die Form des Schwarzschildschen Gesetzes. Loh.

4417. **K. F. Ogorodnikow,** Die Entwicklung der Helligkeitsfunktion in eine Reihe unter Berücksichtigung der interstellaren Absorption. Abh. Shdanow-Staatsuniv. Leningrad Nr. **116** (Math. Wiss. Nr. 18, Astr.) S. 86—92 = Publ. Astr. Obs. Leningrad **13** 86—92 (russisch). — Mit Hilfe einer Lagrangeschen Formel wird die durch Berücksichtigung der interstellaren Absorption modifizierte Dichtefunktion in eine Reihe entwickelt und daraus eine Reihe für die Helligkeitsfunktion gewonnen. Diese kann dann umgekehrt zur Ermittlung des Absorptionskoeffizienten dienen. Loh.

4418. **E. von der Pahlen,** Einführung in die Dynamik von Sternsystemen. Vgl. AJB **47** Ref. **9012**. — Weitere Besprechung in Ann d'Astrophys **12** 80 (J. H. Oort), AJ UdSSR **26** 374 (P. P. Parenago), ApJ **110** 99 (S. Chandrasekhar), Ciel et Terre **65** 246 (R. Coutrez), Nature **163** 4—5 (H. S. Jones), Universitas **4** 77 (H. Siedentopf).

4419. **T. Shimizu,** Space motion of stars in the vicinity of the sun. (Second report). Publ. Astr. Soc. Japan **1** 43—47. — Verf. entwickelt im Anschluß an seine Untersuchung (Jap. J. Astr. 1 47) der Raumgeschwindigkeiten der Sterne in der Sonnenumgebung ein Verfahren, um die Konstanten der Geschwindigkeitsellipsoide zu bestimmen. Micz.

4420. **P. Stehle,** The dynamics of star streaming. ApJ **110** 250—260. — Ref. in Math. Rev. **11** 466. — Verf. beschreibt das hydrodynamische Modell eines Sternsystems von Chandrasekhar durch den Tensorkalkül. Die Kontinuitätsgleichung zerfällt dabei in Gleichungen, die zumindest im statischen Fall unmittelbare geometrische Bedeutung besitzen. Micz.

4421. **J. Warzée,** Sur la résolution de l'équation intégrale fondamentale de la statistique stellaire. Commun. Obs. Roy. Belgique Nr. 8, 22 S. — Die Arbeit beschäftigt sich mit einigen Vereinfachungen für die Methode des Verf. (Ann. Bruxelles (3) III, 5, 1948) zur numerischen Lösung der Fundamentalgleichung der Stellarstatistik. Die eine betrifft die Berechnung der effektiven absoluten Helligkeit bei Annahme analytisch oder nichtanalytisch gegebener Leuchtkraftfunktion. Die andere dient zur Verbesserung der für die Berechnung der A(m) angenommenen Ausgangswerte aus den Abweichungen der gerechneten und der beobachteten A(m). Ein numerisches Beispiel wird durchgerechnet. Micz.

4422. **J. Warzée,** Correction d'une erreur systématique affectant les densités stellaires dans l'espace calculées par une méthode numérique. Commun. Obs. Roy. Belgique Nr. **13**, 9 S. — Bei dem üblichen numerischen Verfahren zur Auflösung der Fundamentalgleichung der Stellarstatistik wird angenommen, daß die mittleren Dichten D_i aufeinanderfolgender Zellen i mit der Entfernung r_i die Dichten $D(r_i)$ charakterisieren. Verf. zeigt, daß diese Annahme nicht allgemein zutrifft, vielmehr systematische Fehler mit sich bringt, und berechnet sowohl für eine Dichteverteilung nach Seeliger als auch eine beliebige Korrektion, um aus den D_i die $D(r_i)$ zu erhalten. Micz.

4423. **M. L. White,** Dynamical friction. ApJ **109** 159—163, mit 2 Fig. — Ref. in Math. Rev. **10** 487. — Bei der Ableitung des Koeffizienten der dynamischen Reibung durch Chandrasekhar (ApJ **97** 255, AJB **45** Ref. **9050**) wurden nur Feldsterne berücksichtigt, deren Geschwindigkeit kleiner ist als die des betrachteten Sterns. Es wird nun ein Korrektionsglied berechnet, das dem Einfluß der Sterne mit größeren Geschwindigkeiten Rechnung trägt. Kdr.

4424. **U. van Wijk,** On the dynamics of galactic clusters. Ann d'Astrophys **12** 81—95, mit 1 Fig. — Ref. in Math. Rev. **11** 695. — Die Arbeit verfolgt das Ziel, die Konsequenzen des Virialsatzes für nicht notwendig im Gleichgewicht befindliche galaktische Sternhaufen zu prüfen. Die Durchführung ergibt in mehreren Fällen eine Bestätigung bzw. Erweiterung von Resultaten, die von

Mineur für Haufen im Gleichgewicht gefunden wurden, z. B. hinsichtlich der Gestalt von homogenen und nichthomogenen ellipsoidischen Haufen. Ferner wird zwischen einem in bestimmter Weise definierten Mittelwert der Dichte und der Streuung der Eigenbewegungen der Haufensterne eine Beziehung abgeleitet, die ebenfalls mit einem Ergebnis Mineurs nahe übereinstimmt und die eine Massenbestimmung galaktischer Haufen erlaubt. Die Anwendung auf Plejaden und Praesepe führt auf Massenwerte von etwa 500 $M_\odot$ und 700 $M_\odot$.
Kdr.

§ 45

Bahnbestimmung

4501. **G. M. Bashenow,** Untersuchung der Konvergenz sukzessiver Näherungen in der Bahnbestimmung. BIA **4** Nr. 5 (58) S. 207—225 (russisch). — Ref. in Math. Rev. **11** 466. — Nach allgemeinen Bemerkungen über die notwendigen und hinreichenden Bedingungen für die Konvergenz der sukzessiven Näherungen bei der Lösung eines aus zwei Gleichungen mit zwei Unbekannten bestehenden Gleichungssystems wird die Konvergenz der sukzessiven Näherungen bei der Bestimmung des Verhältnisses Sektor/Dreieck mit Hilfe der Gaußschen Gleichungen und bei der Bahnbestimmung nach der Harzerschen und Gaußschen Methode untersucht. Loh.

4502. **A. D. Bilimovitch,** On a geometrical construction and apparatus for approximate solution of Kepler's equation. Glas Srpske Akad. Nauka **191** 117—124, 1948 (serbisch mit engl. Zusammenfassung). — Ref. in Math. Rev. **11** 266.

4503. **A. D. Dubjago,** Bahnbestimmung. Moskau-Leningrad, Staatsverlag für technisch-theoretische Literatur, 1949. 444 S. mit 32 Abb. Preis 20 R. 50 Kop. (russisch). — Handbuch der Bahnbestimmung der Planeten, Kometen und Meteore. Inhalt: Die Aufgabe der Bahnbestimmung und ihre Geschichte, S. 11—29; Das Zweikörperproblem, S. 30—53; Die geozentrische Bewegung, S. 54—96; Reduktion der beobachteten Örter Kleiner Planeten und Kometen. Vergleich mit den Ephemeriden. Normalörter, S. 97—118; Das allgemeine Problem der Bahnbestimmung aus drei Beobachtungen, S. 119—159; Die Bahnbestimmung aus vier Beobachtungen, S. 160—172; Die Bahnbestimmung aus zwei Beobachtungen und die Frage der Identifizierung Kleiner Planeten und Kometen, S. 173—190; Die Bestimmung parabolischer Bahnen, S. 191—233; Die numerischen Methoden der Störungsrechnung, S. 234—277; Die vorläufige Bahnverbesserung, S. 278—288; Die Bestimmung definitiver Bahnen, S. 289—325; Die Bahnbestimmung der Meteore, S. 326—364; Tabellen, S. 365—443.
Loh.

4504. **S. Günther,** Eine anschauliche Bahnbestimmung. Sternenwelt 1 153—155, mit 2 Abb.

4505. **P. Herget,** The Computation of Orbits. Vgl. AJB 48 Ref. 4502. — Weitere Besprechung in JBAA **60** 169—170, Obs **69** 113—115 (D. H. Sadler), Pop Astr **57** 105 (S. W. McCuskey), Sky and Telescope 8 126 (F. L. Whipple).

4506. **W. P. Hirst,** Orbit computing. MN ASSA 8 77—80.

4507. **B. de Jekhowsky,** Sur les méthodes de première approximation dans la détermination des orbites cométaires. BA **13** 329—339, 1948. — Nach kurzer Skizzierung der verschiedenen Methoden zur parabolischen Bahnbestimmung wird eine Methode entwickelt, welche die Bestimmung der mittleren geozentrischen Distanz ermöglicht unter Verwendung der modifizierten Eulerschen Gleichung. Ein Vergleich der Ergebnisse mit denen aus anderen Methoden zeigt ihre Überlegenheit. Böh.

4508. **B. de Jekhowsky,** Sur la détermination du paramètre dans le problème d'Euler. CR **228** 1925—1927. — Ref. in Math. Rev. **11** 139. — Zur Bestimmung der Bahnelemente aus zwei heliozentrischen Örtern wird für den Parameter eine Reihenentwicklung gegeben, die sukzessive Näherungen umgeht und in ihrem ersten Glied mit Eulers Näherungsformel übereinstimmt. Böh.

4509. **F. Kaiser,** Eine weitere raschfördernde Variante der Gauß'schen Gleichung in der Bahnbestimmung. AN **277** 255—258. — Ref. in Math. Rev. **11** 545. — Es wird ein Verfahren zur Lösung der klassischen Gleichung 8. Grades der Bahnbestimmung gegeben, das in gewöhnlichen Fällen Kleiner Planeten in 17 Rechenzeilen unter Benutzung einer früheren Hilfstafel zum Ziele führt. Verf.

4510. **G. Merton,** A modification of the perturbations-of-elements method. MN **109** 421—435, mit 1 Fig. = Commun. Univ. Obs. Oxford Nr. **27**. — Ref. in Math. Rev. **11** 407. — Um die übliche Methode zur Berechnung spezieller Störungen in den Elementen durch Verwendung von Tafeln zu erleichtern und ihr gleichzeitig jeden gewünschten Grad an Genauigkeit zu verschaffen, wird eine Modifikation vorgeschlagen, bei der als unabhängige Veränderliche die mittlere Anomalie dient und die Zeit als gestörtes Element auftritt. Die Formeln werden entwickelt und die Rechenvorschriften ausführlich zusammengestellt. Um die Tafeln von Crommelin (Mem RAS **64**) und Stracke (Veröff. Astr. Rechen-Institut Berlin-Dahlem Nr. **48**) zu verwenden, werden die dann nötigen Änderungen im Rechnungsgang angegeben; ebenso ein ausführlicher Plan für neu zu schaffende Tafeln, die allen Ansprüchen genügen. Böh.

* * **F. Pavel,** Bestimmung einer Doppelsternbahn mit 90° Neigung. Vgl. Ref. **10113**.

4511. **J. G. Porter,** The differential correction of orbits. MN **109** 409—420. — Ref. in Math. Rev. **11** 407. — Die Formeln zur Bahnverbesserung von Tietjen werden unter Beibehaltung derselben Veränderlichen in einer Form aufgestellt, die sie für das Rechnen mit der Maschine brauchbar macht, was durch Verwendung der vektoriellen Bahnkonstanten unmittelbar gelingt. Bei Kometen wird eine weitere Vereinfachung erzielt, die eine schärfere Bestimmung der mittleren Bewegung ermöglicht und im ersten System der Bedingungsgleichungen nur drei Unbekannte beläßt. Böh.

4512. **A. W. Purzchwanidse,** Über die Untersuchung der Lagrangeschen Gleichungen in der Methode der Bahnbestimmung aus drei Beobachtungen. Abastumani Bull. Nr. **10** S. 187—201, mit 5 Abb. (russisch mit grusin. Zusammenfassung). — Es wird die Frage über die Anzahl der Wurzeln der Lagrangeschen Gleichungen behandelt und ein einfaches Verfahren zur Lösung der Gleichungen dargestellt. Loh.

* * **P. Sconzo,** Tablas para el cálculo de las efemérides planetarias por el método de extrapolación. Vgl. Ref. **3013**.

4513. **K. Stumpff,** Neue Theorie und Methode der Ephemeridenrechnung. Abh. Deutsch. Akad. Wiss. Berlin (Math.-naturw. Klasse, Jahrgang 1947 Nr. 1). Berlin, Akademie-Verlag, 1949. 88 S. mit 12 Abb. — Ref. in Math. Rev. **11** 545. — Ausgehend von der Bemerkung, daß in gewissen Methoden der Bahnbestimmung und der speziellen Störungsrechnung die Bahnelemente eines Himmelskörpers in der unentwickelten Form der zu einem gewissen Bahnpunkt gehörigen rechtwinkligen Orts- und Geschwindigkeitskoordinaten gegeben sind, wird die Aufgabe gestellt, ohne Zurückgreifen auf die Kegelschnittselemente die entsprechenden Koordinaten für beliebige andere Bahnpunkte streng zu berechnen. Es gelingt, ein Formelsystem aufzustellen, das diese Größen als Funktionen der gegebenen Koordinaten (lokalen Elemente), gewisser von der Wahl des Koordinatensystems unabhängiger Ausdrücke (lokaler Invarianten) und der Zwischenzeit zu berechnen erlaubt. Die transzendente Keplersche Gleichung geht dabei über in eine andere Beziehung (Hauptgleichung der Ephemeridenrechnung), die in allen praktischen Fällen stets in erster Näherung als eine Gleichung dritten Grades betrachtet werden darf, und die vor der Keplerschen Gleichung den Vorzug hat, für alle Bahnarten (Ellipsen, Parabeln, Hyperbeln) reell zu sein und die gleiche Form zu besitzen. Die wichtigsten speziellen Probleme der Ephemeridenrechnung werden auf Grund dieser Theorie neu behandelt. Im zweiten Hauptteil der Abhandlung wird eine vollständige Diskussion der Hauptgleichung ausgeführt. Verf.

4514. K. Stumpff, Über die Beziehungen zwischen den Anomalien der Keplerbewegung. AN **277** 55—58, mit 5 Abb. — Besprechung in Math. Rev. **11** 139. — Die Beziehungen zwischen der exzentrischen Anomalie der elliptischen Bewegung einerseits und der wahren und der antifokalen Anomalie andererseits lassen sich aus sphärischen Dreiecken ablesen, deren Seiten und Winkel durch diese Anomalien und den Exzentrizitätswinkel der Bahnellipse bestimmt sind. Die entsprechenden Beziehungen für Hyperbelbahnen lassen eine geometrische Interpretation gleicher Form zu. Verf.

* * **H. Wolf,** Zur Anwendung der Methode der kleinsten Quadrate auf die Bahnverbesserung visueller Doppelsterne. (Mit einem Beispiel der Bahnverbesserung für γ Virginis). Vgl. Ref. **10121.**

Sechster Teil

Theoretische Astrophysik

§ 50

Allgemeines

5001. H. Brown, A table of relative abundances of nuclear species. Rev. Modern Phys. **21** 625—634, mit 3 Fig. — Besprechung in Sternenwelt **2** 159. — Aus den besten zur Zeit verfügbaren Daten über die relative Häufigkeit der Elemente in Sonne, Sternen und Meteoriten wird eine generelle Häufigkeitsfunktion zusammengestellt. Bei Vergleich der auf der Sonne und in Meteoriten gemeinsam vorkommenden und untersuchten Elemente zeigt sich, daß mit Ausnahme der flüchtigen Elemente ihre chemischen Zusammensetzungen etwa gleich sind. Loh.

5002. F. Gruber, Das negative Proton. Astrophysikalische Beweisgründe für seine Existenz. Neue Kosmogonie. Wien, Selbstverlag des Verf., 1949. 24 S. mit 1 Fig. — Qualitative Betrachtungen rein spekulativen Charakters über zahlreiche astrophysikalische Probleme — von der Expansion des Weltalls bis zu den Meteoren — auf Grund des Postulats der Existenz negativer Protonen. Kdr.

5003. J. Meurers, Die Turbulenz und ihre Bedeutung für die Astrophysik. Himmelswelt **56** 156—162. — Nach einer kurzen Einführung über das Wesen der Turbulenz gibt der Verf. eine Übersicht über die Turbulenzerscheinungen in den Atmosphären von Erde und Sternen sowie die Ursachen ihrer Auslösung (Ionisation, atomare Energieerzeugung, Rotation). Im letzten Kapitel wird die Ausbildung von kosmischer Turbulenz durch reine Gravitationsbewegung und Expansionseffekte behandelt. Micz.

5004. **H. Steinwedel, J. H. D. Jensen,** Zur Zustandsgleichung bei hohen Temperaturen und Dichten. Z. f. Phys. **125** 394—404, mit 3 Abb. — Verf. erörtern die Zustandsgleichung der Materie bei Temperaturen der Größenordnung k·T ~ 1 MeV und solchen Dichten, die zwar noch nicht diejenige der Kernmaterie erreichen, aber erheblich über der Dichte in «normalen» Sternen liegen. Loh.

5005. **H. E. Suess,** Kosmische Kernhäufigkeit und natürliche β-Aktivität. Z. f. Phys. **125** 386—393, mit 1 Abb. — Bei den Massenzahlen, bei denen langlebige instabile Isobare existieren, tritt meist auch eine Unregelmäßigkeit in der Häufigkeit der betreffenden Kerne auf. Die Ursachen hierfür werden von Fall zu Fall (für die Massenzahlen 40, 87, 96—103, 129, 137, 146 und 176) diskutiert. Verf. (gekürzt)

5006. **M. Waldmeier,** Einführung in die Astrophysik. Vgl. AJB **48** Ref. **5014**. — Weitere Besprechung in Ann d'Astrophys **12** 165 (J. L. Greenstein), Ciel et Terre **65** 182 (J. Hunaerts), Obs **69** 232—233 (W. H. McCrea), Orion Schaffhausen Nr. **23** S. 560—561, PAT **30** 86—87, Publ ASP **61** 109 (P. W. Merrill).

§ 51

Sternatmosphäre, Spektrum

5101. **W. N. Abbott,** Pressure and temperature cycles in the reversing layers of Cepheid variables. MN **109** 108—114, mit 2 Fig. — Besprechung in Sterne **26** 86. — Von den Sternen η Aql, U Vul, U Aql, W Gem und W Sgr werden die Zustandsgrößen (Masse, Radius, Dichte, Gasdruck, Temperatur) berechnet. Es zeigt sich, daß die Pulsation der umkehrenden Schicht mit der der Photosphäre nicht in Phase ist. Loh.

* * **L. H. Aller,** The atmosphere of Gamma Pegasi. Vgl. Ref. **9502**.

5102. **L. M. Biberman,** Über die Gleichungen des Strahlungstransportes in Sternatmosphären. DAN **67** 443—445 (russisch). — Ref. in Math. Rev. **11** 139.

5103. **P. Bouvier,** Sur la diffusion par électrons libres dans une atmosphère stellaire étendue. Arch. Sci. Genève **2** 87—98. — Ref. in ZfMG **32** 383—384.

5104. **R. Canavaggia, D. Chalonge, V. Kourganoff,** Sur une méthode d'étude des propriétés absorbantes des atmosphères stellaires. CR **229** 108—109. — Ausgehend von genäherter Gleichheit von monochromatischem Strahlungsfluß $F_\lambda(o)$ an der Oberfläche eines Sterns und Quellenfunktion $B_\lambda(\tau_\lambda)$ in der optischen Tiefe 2/3 (Vgl. Ref. **5118**) werden einige qualitative Schlüsse über die Absorption in Sternatmosphären und über die Farbtemperatur bei unbekanntem Randverdunklungsgesetz gezogen. Kdr.

5105. **S. Chandrasekhar,** The functions $G_{n,\,m}(\tau)$ and $G'_{n,\,m}(\tau)$ of order 6 (m = 6 and m ≧ n). ApJ **109** 555—556. — Ref. in Math. Rev. **11** 264.

5106. **A. D. Code,** The effect of electron scattering in stellar atmospheres. AJ **54** 124—125. — Ref. AAS.

5107. **E. van Dien,** The Stark effect of the higher Balmer lines in stars of spectral types A and B. ApJ **109** 452—470, mit 3 Fig. = Harv Repr Nr. **323**. — Unter der Voraussetzung, daß die Sternatmosphären nur aus Wasserstoff bestehen und der Stark-Effekt die einzige Ursache der Linienverbreiterung ist, sowie einer weiteren über die Schichtung der Atmosphären, wird die Zahl der im Spektrum von B- und A-Sternen zu erwartenden Balmerlinien unter Verwendung der Holtsmarkschen Theorie für verschiedene Temperaturen und Oberflächenbeschleunigungen berechnet. Ein Vergleich der Ergebnisse mit den Beobachtungen erbringt, daß im allgemeinen mehr Linien beobachtet werden als theoretisch zu erwarten sind. Abschließend wird versucht, die Ursache für die Diskrepanz zu ermitteln. Micz.

5108. **Y. Fujita,** Energy distribution in the continuous spectra of the late type stars. JJAG **20** 101—111, mit 4 Fig., 1943 = Tokyo Astr. Obs. Repr. Nr. **37**. — Numerische Rechnungen über Elektronendichte, Gasdruck, Molekulargewicht und Absorptionskoeffizient der Atmosphären sowie die Intensitätsverteilung im Spektrum der Sterne späten Spektraltyps werden mitgeteilt. Micz.

5109. **J. L. Greenstein,** Theoretical ultra-violet energy distributions. Publ AAS **10** 307—308, 1943. — Ref. AAS.

5110. **Y. Hagihara,** On the functional equation for the transfer of radiation. JJAG **20** 113—138, 1943 = Tokyo Astr. Obs. Repr. Nr. **38**. — Die für den Strahlungstransport der kontinuierlichen Lyman-Strahlung in planetarischen Nebeln grundlegende Integro-Differentialgleichung für $J\nu$ wird abgeleitet und eingehend in mathematischer Hinsicht diskutiert. Kdr.

5111. **D. L. Harris III,** Theoretical contours of absorption lines. ApJ **109** 53—65, mit 6 Fig. — An Hand der zur Zeit zuverlässigsten empirischen und theoretischen Unterlagen für die Sonnenatmosphäre werden theoretische Konturen der beiden D-Linien des Natriums für das Zentrum und einen randnahen Punkt der Sonnenscheibe berechnet. Unter der Voraussetzung eines log N = 18.0 für Na ergibt sich gute Übereinstimmung mit Beobachtungen von Shane und Allen. Kdr.

5112. **Z. Hitotuyanagi,** Über die Adiabatengleichung in Sternatmosphären. JJAG **21** 119—124, 1947 = Sendai Astr. Rap. **2** Nr. 4. — Ableitung einer allgemeinen Adiabatengleichung für Sternatmosphären unter Berücksichtigung der zweiten Ionisation. Kdr.

5113. **V. Kourganoff, R. Michard,** Nouvelles solutions variationnelles du problème de Milne. CR **227** 1020—1022, 1948. — Ref. in ZfMG **33** 336.

5114. **V. Kourganoff,** Une nouvelle solution du problème de Milne pour la diffusion des neutrons et le transfert du rayonnement. Ann d'Astrophys **12** 169—196, mit 2 Fig. — Verf. zeigt, daß das physikalische Problem der isotropen Diffusion von Neutronen in einem Medium dem astrophysikalischen Problem des Strahlungstransports in einer Sternatmosphäre mathematisch äquivalent ist, und entwickelt dafür eine neue Lösungsmethode, die die wichtigsten Resultate in direkterer Weise als bisher abzuleiten gestattet. Kdr.

5115. **V. Kourganoff,** Sur l'anisotropie du rayonnement dans les atmosphères stellaires, et les erreurs qui en résultent dans «Les approximations d'Eddington». Astrophysica Norvegica **5** 1—18, mit 2 Fig. — Ref. in Math. Rev. **11** 214. — Die Arbeit untersucht die Güte der Eddingtonschen Näherungslösung des Strahlungstransportproblems in Sternatmosphären durch Vergleich mit den exakten theoretischen Werten im Falle grauer Strahlung und mit den aus monochromatischen Randverdunklungsbeobachtungen folgenden Werten im Falle der Sonnenphotosphäre. Die Fehler der Eddingtonlösung, und dazu parallellaufend die Anisotropie der Strahlung, nehmen von der Oberfläche, wo sie 30—35% betragen können, nach innen und außerdem vom Ultraviolett nach dem Infrarot stark ab. Kdr.

5116. **V. Kourganoff,** Une solution du problème de Milne par la méthode variationnelle, appliquée à un développement exponentiel de la fonction source. CR **227** 895—897, 1948. — Ref. in ZfMG **33** 336.

5117. **V. Kourganoff,** Sur l'application pratique de la méthode variationelle au calcul de modèles d'atmosphères stellaires. CR **228** 300—302. — Eine frühere Note über die Berechnung von Atmosphärenmodellen (CR **225** 1124, AJB **47** Ref. **3612**) wird durch einige Betrachtungen über die praktische Anwendung der dort angegebenen Variationsmethode ergänzt. Kdr.

5118. **V. Kourganoff,** Sur les relations approchées d'Eddington-Barbier exprimant la loi d'assombrissement et le flux de rayonnement en fonction des conditions locales d'une atmosphère stellaire. CR **228** 1931—1934. — Ableitung neuer Näherungsformeln für Strahlungsintensität und Strahlungsfluß in Abhängigkeit von den örtlichen Bedingungen an bestimmten Punkten einer Sternatmosphäre und Abschätzung des Grades ihrer Genauigkeit. Kdr.

5119. **M. K. Krogdahl,** On the broadening of hydrogen lines in stellar spectra. I. ApJ **110** 355—374, mit 2 Fig. — Die Arbeit befaßt sich mit den Modifikationen, die die Holtsmarksche Theorie der Verbreiterung der Wasserstofflinien, in der eine statische Konfiguration störender geladener Teilchen angenommen wird, durch Berücksichtigung von deren Bewegung erfährt. Die hierdurch bedingten Korrektionen erweisen sich vor allem für die niederen Glieder der Lyman- und Balmer-Serie von Belang, worüber genauere Resultate in einer späteren Arbeit mitgeteilt werden sollen. Kdr.

5120. **G. A. Lejkin,** Über die Strahlung des Wasserstoffs in den Sternatmosphären. Bote Univ. Moskau **4** Nr. 8 S. 27—33 (russisch).

5121. **D. H. Menzel,** A symbolic solution of the equation of radiative transfer. AJ **54** 132. — Ref. AAS.

5122. **D. H. Menzel, H. K. Sen,** Transfer of radiation. ApJ **110** 1—11 = Harv Repr Nr. **330**. — Zur Lösung der Strahlungstransportgleichung im Falle einer grauen plan-parallelen Atmosphäre wird eine neue Operatoren-Methode entwickelt und ihre Brauchbarkeit und Genauigkeit diskutiert. Kdr.

5123. **R. Michard,** Sur l'usage des coefficients d'absorption moyens dans la construction des modèles d'atmosphères stellaires. Ann d'Astrophys **12** 291—304, mit 3 Fig. — Bei der Berechnung von stellaren Atmosphärenmodellen bedingt die zur Vereinfachung des Problems vorgenommene Einführung einer grauen Atmosphäre mit einem zweckmäßig definierten Mittelwert des Absorptionskoeffizienten $\varkappa_\nu$ Abweichungen von den wahren Verhältnissen, die zum Teil auf die Art der Mittelbildung von $\varkappa_\nu$ zurückzuführen sind. Unter den drei in der Atmosphärentheorie benützten Mittelwerten — dem Rosselandschen, dem Chandrasekharschen und dem Planckschen Mittel — ergibt die Verwendung des ersten die geringsten Fehler, wie durch Vergleich von drei mit den drei Werten berechneten grauen Modellen mit einem nichtgrauen Modell der Sonnenatmosphäre gezeigt wird. Kdr.

5124. **R. Michard,** Sur l'usage des coefficients d'absorption moyens dans la théorie des atmosphères stellaires. CR **229** 702—704. — Es werden die Ergebnisse von Rechnungen mitgeteilt, die Verf. zur Beurteilung der bei Verwendung von Mittelwerten für den Absorptionskoeffizienten in der Atmosphärentheorie begangenen Fehler durchgeführt hat. Er findet, daß das Rosselandsche Mittel gegenüber dem Chandrasekharschen und Planckschen Mittel die günstigeren Resultate liefert. Kdr.

5125. **S. Miyamoto,** On the radiation field of Be-stars. I. Jap. J. Astr. **1** 17—25 = Contr. Department Astr. Univ. Kyoto. — Die Arbeit enthält eine Neudiskussion des Strahlungsfeldes in Wasserstoffatmosphären von Be-Sternen. Es wird angenommen, daß ein H-Atom nur in drei Zuständen mit den Hauptquantenzahlen 1, 2 und ∞ vorkommen könne, und dementsprechend werden für das Lyman- und Balmerkontinuum, sowie für die $L\alpha$-Strahlung Intensität und Strahlungsfluß berechnet. Kdr.

5126. **G. Münch,** On the formation of absorption lines by noncoherent scattering. ApJ **109** 275—288, mit 4 Fig. — Nach den Methoden Chandrasekhars zur Behandlung von Strahlungstransportproblemen in Sternatmosphären wird die Bildung von Absorptionslinien im Falle nichtkohärenter Streuung untersucht und die Theorie auf die K-Linie des Ca II im Sonnenspektrum angewandt. Verf. findet eine sehr befriedigende Übereinstimmung zwischen theoretischen und empirischen Linienprofilen für den Mittelpunkt und einen randnahen Punkt der Sonnenscheibe. Kdr.

5127. **G. Münch, S. Chandrasekhar,** The monochromatic coefficients of darkening for the main sequence stars. Harv Circ Nr. **453**, 3 S. — Unter Annahme eines linearen Randverdunklungsgesetzes, was einer linearen Entwicklung der Planckfunktion in Abhängigkeit von der optischen Tiefe τ_λ äquivalent ist, werden monochromatische Randverdunklungskoeffizienten berechnet, und zwar für 7 Wellenlängen zwischen 3647 Å und 8203 Å für Sterne der Spektralklassen A1 bis G2. Die unterschiedliche Güte der Näherung in den verschiedenen Teilen des untersuchten Bereichs wird kurz diskutiert. Kdr.

5128. **K. Osawa,** A note on the problem of the stellar envelopes and the central condensation of the stars. Jap. J. Astr. **1** 1—6, mit 3 Fig. = Tokyo Astr. Obs. Repr. Nr. **40**. — Für das von Chandrasekhar behandelte Problem, als Maß für die Dichtekonzentration den Bruchteil ξ^* des Sternradius zu berechnen, der 90% der Gesamtmasse einschließt, wird eine kurze graphische Lösungsmethode der Ausgangsgleichung angegeben und nach den Ergebnissen ein Diagramm gezeichnet für die Änderung von ξ^* mit M, R und L. Kdr.

5129. **J.-C. Pecker,** Sur le calcul théorique de l'intensité des raies dans les spectres stellaires. CR **227** 1341—1343, 1948. — Ref. in ZfMG **34** 431.

5130. **E. Schatzman,** Les vitesses d'agitation dans les atmosphères des géantes rouges. CR **228** 814—816. — Versuch einer Interpretation der großen Turbulenzgeschwindigkeiten in den Atmosphären der roten Riesen als Folge der geringen Schwerebeschleunigung bzw. der verhältnismäßig schwachen Energiedissipation der Stoßwellen in diesen Objekten. Kdr.

5131. **E. Schatzman,** Le spectre des naines blanches et leur débit d'énergie. Kgl. Danske Vid. Selskab, Mat.-fys. Medd. **25** Nr. 7, 100 S. mit 9 Fig. = Publ. Köbenhavns Obs. Nr. **149**. — In der vorliegenden Abhandlung ergänzt Verf. seine bisherigen Studien über weiße Zwerge durch eine ausführliche Untersuchung ihrer Atmosphären. Nach Beweis, daß in starken Schwerefeldern eine Sedimentation der Elemente zu erwarten ist, was die Atmosphären weißer Zwerge als aus fast reinem Wasserstoff bestehend aufzufassen erlaubt und damit das Fehlen von Metallinien in ihren Spektren erklärt, werden Druckionisation und Starkeffekt in H studiert und sodann ein Atmosphärenmodell für 40 Eridani B und van Maanen 2 berechnet. Daraus läßt sich für weiße Zwerge der Zusammenhang zwischen Farbtemperatur und effektiver Temperatur herleiten, und zwar ergibt sich die letztere für weiße Zwerge wesentlich größer als für Hauptreihensterne gleicher Farbtemperatur, was in Verbindung mit der Theorie der Energieerzeugung bei großen Dichten auf kleineren Radius und kleinen H-Gehalt weißer Zwerge schließen läßt. Die Energieerzeugung wird durch Annahme der H-H-Reaktion in der Wasserstoffatmosphäre befriedigend gedeutet. Noch bestehende Schwierigkeiten bei van Maanen 2 sollen weiter verfolgt werden. Kdr.

5132. **W. W. Sobolew,** Über die Helligkeitsverteilung auf der Sternscheibe. AJ UdSSR **26** 22—27 (russisch). — Ref. in Math. Rev. **10** 746. — Verf. gibt eine strenge Lösung der Strahlungstransportgleichung an bei beliebiger Phasenfunktion der Streuung und beliebigem Verhältnis des Streukoeffizienten zum Absorptionskoeffizienten für den Fall einer planparallelen, optisch dicken Atmosphäre. Die Lösung wird dann für verschiedene Phasenfunktionen und Koeffizientenverhältnisse numerisch ausgewertet. Loh.

5133. **W. W. Sobolew,** Die inkohärente Streuung des Lichtes in den Sternatmosphären. AJ UdSSR **26** 129—137, mit 1 Abb. (russisch). — Ref. in Math. Rev. 11 139—140. — Nach Ableitung einer allgemeinen und strengen Lösung des Problems der Linienkonturen im Fall inkohärenter Streuung des Lichtes wird das Ergebnis auf die Berechnung der zentralen Intensitäten der Fraunhofer-Linien und der Veränderungen der Linienkonturen bei Annäherung zum Sonnenrand angewandt. Es zeigt sich, daß die inkohärente Streuung eine viel stärkere Intensität in den Linienmitten ergibt als die kohärente und daß die Linienschärfe bei Annäherung zum Rand abnimmt. Loh.

5134. **O. Struve,** Departures from thermodynamic equilibrium in extended stellar atmospheres. Publ AAS **10** 238, 1942. — Ref. AAS.

5135. **Y. Suzuki,** Non-homogeneous temperature radiation, and its application to the sun. I. Publ. Astr. Soc. Japan **1** 33—38 = Contr. Inst. Astrophys. Kyoto Univ. Nr. **3**. — Zur Erfassung der Abweichungen der Sternstrahlung von schwarzer Strahlung wird durch Integration der Planckschen Funktion über alle Temperaturen mit einer Gewichtsfunktion η (T) eine «nichthomogene Temperaturstrahlung» eingeführt und ihr Einfluß auf Übergangswahrscheinlichkeiten und Ionisationsgrad diskutiert. Kdr.

5136. **R. N. Thomas,** On emission lines at high kinetic temperature. AJ **54** 137. — Ref. AAS.

* * **R. N. Thomas,** Superthermic phenomena in stellar atmospheres. III. The chromospheric radiation field. Vgl. Ref. **6635**.

5137. **R. N. Thomas,** Superthermic phenomena in stellar atmospheres. IV. The Wolf-Rayet atmosphere. ApJ **109** 500—508. — Die Arbeit interpretiert gewisse Ergebnisse Allers an Wolf-Rayet-Sternen (ApJ **97** 135, AJB **45** Ref. **7510**) auf Grund der Vorstellung, daß deren Atmosphären nicht geschichtet, sondern homogen seien, daß aber in ihnen die kinetische Temperatur größer als die dem Strahlungsfeld entsprechende sei. Hieraus und aus dem beobachteten Dichtegradienten bei V **444** Cygni wird auf anisotrope makroskopische Bewegungen in den Wolf-Rayet-Atmosphären geschlossen. Ihre nach außen abnehmenden Geschwindigkeiten lassen sich mit denen vereinbaren, die aus der Breite der Emissionsbanden folgen. Ferner ist eine Zunahme der Ionisation nach außen mindestens in den tieferen Atmosphärenschichten angedeutet. Kdr.

5138. **R. N. Thomas,** Superthermic phenomena in stellar atmospheres. V. On emission lines at high kinetic temperature. ApJ **110** 12—16. — Die Arbeit erörtert die rein formalen Bedingungen für das Auftreten von Emissionslinien in Sternen mit Chromosphären hoher kinetischer Temperatur. Ferner wird untersucht, ob und wann die effektive Photosphäre in die Chromosphäre rücken kann. Um das Verhalten z. B. der Balmerlinien unter diesen Gesichtspunkten diskutieren zu können, ist zuvor die Bestimmung inelastischer Stoßquerschnitte des Wasserstoffs erforderlich. Kdr.

5139. **S. Ueno,** On the spectral sequence of the stellar atmospheres. I. Publ. Astr. Soc. Japan **1** 59—63 = Contr. Inst. Astrophys. Kyoto Univ. Nr. **4**. — Die Arbeit versucht, noch bestehende Unstimmigkeiten zwischen Theorie und Beobachtung bezüglich der Lage des Maximums von Hγ in der Spektralreihe durch Berücksichtigung der Absorption des negativen Wasserstoffions zu beheben. Kdr.

5140. **A. B. Underhill,** A note on the effects of radiation in the convection zone. Ann d'Astrophys **12** 243—246, mit 1 Fig. — Bei der Berechnung des adiabatischen Temperaturgradienten in Konvektionszonen, die durch Ionisation bedingt sind, wird im allgemeinen der Einfluß der Strahlung außer Acht gelassen und die Rechnung nur für das materielle Gas durchgeführt. Es wird nun gezeigt, daß in Sternen hoher Oberflächentemperatur dieser Beitrag der Strahlung nicht zu vernachlässigen ist und in welcher Richtung er sich auswirkt. Kdr.

5141. **A. B. Underhill,** Transfer problems in an atmosphere with continuous scattering and continuous absorption. ApJ **110** 340—354. — Ref. in Math. Rev. **11** 409. — Es wird ein Atmosphärenmodell, in dem die Opazität auf kontinuierliche Streuung und kontinuierliche Absorption zurückzuführen ist, nach den von Chandrasekhar entwickelten Methoden untersucht, und zwar wird für diesen Fall die Temperaturverteilung und das Problem der Linienbildung behandelt. Als Bedingung für das Auftreten von Emission wird gefunden, daß in der Atmosphäre ein bestimmter Teil der Opazität durch kontinuierliche Streuung bedingt sein muß und der Temperaturgradient nicht zu steil ist. Kdr.

5142. **A. B. Underhill,** On the effect of radiation pressure in the atmospheres of early-type stars. MN **109** 562—570. — Der Einfluß des Strahlungsdrucks auf die Stabilitätsverhältnisse in Sternatmosphären wird für Objekte frühen Spektraltyps mit effektiven Temperaturen über 20000° als nicht vernachlässigbar klein nachgewiesen und der adiabatische Temperaturgradient eines Gemischs von ionisierbarem Gas und Strahlung abgeleitet. Für Sterne hoher effektiver Temperatur und niedriger Oberflächengravitation dürften keine stabilen Atmosphären zu erwarten sein. Kdr.

5143. **A. Unsöld,** Physik der Sternatmosphären. Unter Redaktion von E. R. Mustel von N. B. Jegorowa aus dem Deutschen ins Russische übersetzt. Mit einem Nachtrag von E. R. Mustel. Moskau, Staatsverlag für ausländische Literatur, 1949. 630 S. mit 145 + 18 Abb. im Text und auf 5 Tafeln. Preis 54 R.

5144. **A. Unsöld, O. Struve,** Curves of growth and line contours. ApJ **110** 455—462, mit 1 Fig. = Contr. McDonald Obs. Nr. **177**. — Bei δ CMa hatten Wachstumskurve (Steel, ApJ **102** 429, AJB **45** Ref. **7576**) und Linienkonturen (Struve, ApJ **104** 138, AJB **45** Ref. **7587**) hinsichtlich der Turbulenz zunächst zu verschiedenen Ergebnissen geführt, die jetzt durch Annahme einer Makroturbulenz von 22 km/sec — oder auch einer Rotationsgeschwindigkeit von $v \cdot \sin i \approx 30$ km/sec — einheitlich interpretiert werden können, wenn noch die Intensität des kontinuierlichen Grundes bei 4000—4100 Å im Verhältnis 1 : 0,7 vergrößert wird. Ferner werden die von K. O. Wright festgestellten Differenzen zwischen den Wachstumskurven neutraler und ionisierter Atome, sowie denen verschiedener Anregungszustände in sonnenähnlichen Sternen durch eine Zunahme der Turbulenzgeschwindigkeit mit abnehmendem Druck erklärt und die Ursachen der noch verbleibenden Unstimmigkeiten diskutiert. Kdr.

5145. **A. Unsöld, W. Kurz,** Zur Berechnung der Intensitätsverteilung in Fraunhoferlinien. ZfA **26** 200—204 = Sonderdruck Sternw. Kiel. — Die zur Berechnung Fraunhoferscher Linien dienenden Gewichtsfunktionen werden exakt berechnet unter der Annahme, daß die Kirchhoff-Planck-Funktion E (τ) als Potenzreihe nach der optischen Tiefe τ für kontinuierliche Absorption vorgegeben ist. Der Vergleich mit früheren Rechnungen von Minnaert ergibt gute Übereinstimmung. Für die höheren Integralexponentialfunktionen K_n (τ) wird eine einfache Abschätzungsformel angegeben. Verf.

5146. **R. E. Williamson,** The opacity of stellar atmospheres and the continuous spectra of stars. Publ AAS **10** 322—323, 1943. — Ref. AAS.

5147. **K. O. Wright,** The atmospheres of four solar-type stars. Publ AAS **10** 323, 1943. — Ref. AAS.

5148. **M. H. Wrubel,** Exact curves of growth for the formation of absorption lines according to the Milne-Eddington model. I. Total flux. ApJ **109** 66—75, mit 4 Fig. — Die Berechnung der mitgeteilten Kurven basiert auf Chandrasekhars exakter Lösung der Transportgleichung für das Milne-Eddington-Modell (ApJ **106** 145, AJB **47** Ref. **3608**) und den von Hjerting tabulierten Werten des Linienabsorptionskoeffizienten (ApJ **88** 508, AJB **40** Ref. **35124**). Es werden 24 Fälle berechnet für 4 verschiedene Annahmen über den Verlauf der Planckfunktion mit der optischen Tiefe und je 6 Werte der Dämpfung. Kdr.

5149. **M. H. Wrubel,** The transfer of radiation in a spherical atmosphere of electrons. ApJ **110** 288—303, mit 3 Fig. — Ref. in Math. Rev. **11** 408. — Die Arbeit behandelt die Polarisationsverhältnisse von Strahlung, die unpolarisiert von einer Photosphäre ausgeht und in einer darübergelagerten ausgedehnten sphärischen Elektronenatmosphäre gestreut wird, in der die Opazität dem Quadrat des Radius umgekehrt proportional variiert. Als Beispiel wird auf die Wolf-Rayet-Komponente des Bedeckungssystems V **444** Cygni verwiesen. Verf. findet, daß der Polarisationsgrad des gestreuten Lichtes von 0% im Sternzentrum bis zum Rande der Photosphäre zunimmt, und zwar umso stärker, je größer die optische Dicke der Elektronenatmosphäre ist. Anschließend an die Photosphäre bleibt er zunächst fast konstant (Größenordnung 20%), um in größeren Abständen langsam abzufallen. Kdr.

§ 52

Sterninneres

5201. **L. H. Aller,** Proton-proton reactions in red dwarf stars. AJ **54** 180—181. — Ref. AAS.

5202. **R. d'E. Atkinson,** The energy of the stars. Obs **69** 161—184, mit 6 Fig. — Halley Lecture für 1949, gehalten in Oxford 1949 Mai 12. — Verf. gibt in der Halley Lecture 1949 eine Übersicht über die historische Entwicklung der Theorie der stellaren Energieerzeugung und zahlreicher damit verknüpfter Fragen. Micz.

5203. **A. E. H. Bleksley,** The generation of stellar energy. MN ASSA 8 61—64.

5204. **C. M. Bondi, H. Bondi,** The integration of the equations of stellar structure. MN **109** 62—85, mit 1 Fig. — Ref. in Math. Rev. **11** 695. — In den Grundgleichungen des Sternaufbaus werden die ursprünglichen physikalischen Veränderlichen r, M, P, ϱ durch neue, bei homologen Transformationen invariante Veränderliche ersetzt, die in bestimmter Weise aus den alten kombiniert sind. Für die resultierenden Gleichungen wird eine teils graphische, teils numerische Lösungsmethode entwickelt, deren Vorteile an einigen Beispielen erläutert werden. Kdr.

5205. **C. M. Bondi,** A stellar model with a mixed opacity law. MN **109** 571—579. — Nach einer früher entwickelten Methode (MN **109** 62, Ref. **5204**) wird das verallgemeinerte Cowling-Modell numerisch integriert, und zwar unter der Annahme, daß an der Opazität sowohl der photoelektrische Effekt als auch Elektronenstreuung beteiligt sind. Es werden die beiden Grenzfälle reinen Photoeffekts bzw. reiner Streuung behandelt, sowie drei Fälle, in denen beide Ursachen in verschiedenem Maße wirksam sind. Für den Außenteil im Strahlungsgleichgewicht werden die wesentlichen Daten als Funktion des Mittelpunktsabstandes tabuliert. Kdr.

5206. **H. Bucerius,** Zum Potentialverlauf in der polytropen Gaskugel n = 3. AN **277** 128. — Bemerkung zur Untersuchung in AN **276** 85, AJB **48** Ref. **5208**.

5207. **U. R. Burman,** On the possibility of fitting of convective cores of different compositions to a given envelope solution of the stellar equations. Proc. Nat. Inst. Sci. India **15** 269—275. — Ref. in Math. Rev. **11** 408.

5208. **S. Chandrasekhar, G. W. Wares,** The isothermal function. ApJ **109** 551—554. — Ref. in Math. Rev. **11** 264. — Tafeln der die Verteilung von Materie im hydrostatischen Gleichgewicht des eigenen Gravitationsfeldes bei konstanter Temperatur regelnden Funktion

$$\frac{1}{\xi^2}\frac{d}{d\xi}\left(\xi^2\frac{d\psi}{d\xi}\right) = e^{-\psi}, \quad \text{sowie } u = \frac{\xi e^{-\psi}}{\psi'} \text{ und } v = \xi\,\psi' \text{ werden gegeben.}$$

5209. **S. Chandrasekhar, L. R. Henrich,** The radii of white dwarf stars. Publ AAS **10** 306, 1943. — Ref. AAS.

5210. **P. Couderc,** Au sein des étoiles. BSAF **63** 321—334, mit 6 Fig. — In diesem Vortrag vor der Société Astronomique de France wurden die Grundlagen der Erforschung des Sterninnern und die wichtigsten Ergebnisse von Eddington bis heute allgemeinverständlich zusammengefaßt. Zum Schluß wird auf eine Reihe noch ungelöster Probleme hingewiesen. Kdr.

5211. **I. K. Csada,** The differential rotation and the large-scale meridional motion of the stars. Mitt. Konkoly Sternw. Nr. **22**, 20 S., mit 2 Abb. — Unter Vernachlässigung elektromagnetischer Effekte werden für den Fall barokliner Rotation Differentialbeziehungen für das Vektorpotential der Geschwindigkeit meridionaler Strömungen und für die Rotationsgeschwindigkeit aufgestellt und durch Reihenentwicklung nach Kugelfunktionen formale Lösungen abgeleitet, deren Abhängigkeit vom inneren Aufbau diskutiert wird. Kdr.

5212. **G. F. D. Duff, R. E. Williamson,** Broken line guillotine factor models for late-type main sequence stars. AJ **54** 183. — Ref. AAS.

5213. **I. Epstein,** Pulsation periods of noise-zone models. AJ **54** 185. — Ref. AAS.

5214. **T. Gold,** A thermodynamic consideration in relation to acoustic energy in stellar models. MN **109** 115—116. — Besprechung in Nature **164** 306, Sterne **26** 87. — Es wird darauf hingewiesen, daß die neuerdings für Riesensterne in Erwägung gezogene Möglichkeit, in bestimmten Zonen würde der Energietransport wesentlich durch akustische Wellen vermittelt, in ihrer Wirksamkeit durch den zweiten Hauptsatz der Thermodynamik stark eingeschränkt wird, sodaß sie in Wirklichkeit nur eine untergeordnete Rolle spielen kann. Kdr.

5215. **L. E. Gurewitsch, A. I. Lebedinskij,** Die Pulsation der Cepheiden. I, II. AJ UdSSR **26** 97—103, mit 1 Abb., 138—148 (russisch). — Ref. in Math. Rev. **11** 214. — Im ersten Teil werden qualitative Aussagen zur Hypothese gemacht, daß die Helligkeitsschwankungen der Cepheiden durch veränderliche Deformationen einer relativ dünnen Oberflächenschicht hervorgerufen werden. Diese Hypothese wird im zweiten Teil quantitativ nachgeprüft und dabei ein bestimmter Zusammenhang zwischen den Lichtkurven und den Radialgeschwindigkeitskurven gefunden. Dadurch wird es auf Grund der Beobachtungen möglich, die optische Dicke des pulsierenden Gebiets zu beurteilen. Verf. (übersetzt)

5216. **C. Hayashi,** Stars built on the shell source model. Phys. Rev. **75** 1619, mit 2 Fig. — Es werden nach dem Gamowschen Schalenquellenmodell aufgebaute Sternmodelle mit den Massen $M_\odot$ und 8 $M_\odot$ untersucht, deren Energie nach dem C-N-Zyklus erzeugt wird. Für die chemische Zusammensetzung werden 65% Russell-Mischung, davon 1% C und N, und 35% H in der Hülle bzw. 35% He im Kern angenommen. Als unabhängiger Parameter dient der Mittelpunktswert einer Größe ψ, die ein Maß für die Entartung der Elektronen darstellt. Die Ergebnisse werden graphisch als Beziehung zwischen den Radien und Leuchtkräften, sowie den Radien und Kernmassen mitgeteilt. Kdr.

5217. **F. Hoyle,** The chemical composition of the stars. Vgl. AJB **46** Ref. **3710**. — Besprechung in Urania Barcelona **34** Nr. 220 S. 227.

5218. **F. Hoyle, R. A. Lyttleton,** The structure of stars of non-uniform composition. MN **109** 614—630, mit 1 Fig. — Es wird gezeigt, daß Sternmodelle mit nichtgleichförmiger chemischer Zusammensetzung, und zwar, wenn das Molekulargewicht innen größer als außen ist, an Ausdehnung die entsprechenden Modelle mit gleichförmiger Zusammensetzung übertreffen und daß auf dieser Basis die Radien der Riesensterne zu erklären sind. Eine Diskussion des Russell-Diagramms und der Unterschiede zwischen den beiden Sterngemischen I und II schließt sich an. (Vgl. auch MN **109** 631). Kdr.

5219. **Y. Iinuma,** On the determination of chemical composition of stars. Publ. Astr. Soc. Japan **1** 18—23, mit 2 Fig. = Sendai Astr. Rap. **2** Nr. 6. — In ähnlicher Weise wie Schwarzschild (ApJ **104** 203, AJB **45** Ref. **4129**) versucht Verf. aus M-L-Beziehung und Energieerzeugungsgleichung für Sonne, Sirius A und Capella A den Gehalt an H, He und schweren Elementen zu bestimmen. Die Rechnungen basieren auf den Tafeln von Morse für die Opazität und auf der Cowlingschen Integration des Punktquellenmodells, womit sich jedoch nur für Sonne und Sirius A, dagegen nicht für Capella A Lösungen ergeben. Kdr.

5220. **S. A. Kaplan,** «Überdichte» Sterne. Abh. Staatsuniv. Lwow **15** (Phys. Math., Nr. 4, Astr.) 109—116 (russisch).

5221. **Z. Kopal,** Nonradial oscillations of the standard model. ApJ **109** 509—527, mit 4 Fig. = Harv Repr Nr. **325**. — Ref. in Math. Rev. **11** 214. — Die Differentialgleichungen kleiner nichtradialer Schwingungen von Gaskugeln werden unter Vernachlässigung der durch die Schwingungen verursachten Änderungen des Gravitationspotentials allgemein entwickelt und für die polytropen Modelle spezialisiert. Ihre Integration wird für den Fall des Standardmodells mit Hilfe eines Differential-Analysators mechanisch durchgeführt und das Ergebnis, nämlich die als Produkt einer Funktion des Mittelpunktsabstandes r und einer Kugelfunktion der Ordnung j angesetzten Schwankungen des Drucks P und der Dichte ϱ, sowie diejenigen von r in Abhängigkeit vom Mittelpunktsabstand für die $j = 2, 3, 4$ entsprechenden freien Schwingungen, deren Frequenzen bestimmt werden, numerisch und graphisch wiedergegeben. Zum Schluß wird der Einfluß der vereinfachenden Voraussetzungen abgeschätzt. Kdr.

5222. **W. Kühn,** Über den inneren Aufbau eines mit konstanter Winkelgeschwindigkeit rotierenden polytropen Sterns. AN **277** 97—111, mit 10 Abb. = Mitt. Univ.-Sternwarte Jena Nr. **11**/3. — Ref. in Math. Rev. **11** 745. — Zur Bestimmung des inneren Aufbaus von rotierenden polytropen Sternen wird ein Näherungsverfahren entwickelt, bei dem die Flächen gleichen Potentials, gleicher Dichte bzw. gleichen Druckes durch Ellipsoide ersetzt werden. Dieses Verfahren wird auf Sterne mit beliebig großer Winkelgeschwindigkeit angewandt. Der Aufbau der rotierenden Sterne wird mit dem Aufbau jener nichtrotierenden Sterne verglichen, die dieselbe Dichte und denselben Druck im Mittelpunkt aufweisen bzw. dieselbe Masse besitzen. Die Ergebnisse in bezug auf charakteristische Größen wie Abplattung, Volumen und Masse sind für kompressible Sterne im wesentlichen dieselben wie für inkompressible. Verf.

5223. **P. Ledoux,** Contribution à l'étude de la structure interne des étoiles et de leur stabilité. Thèse Univ. Liége. 295 S. mit 15 Fig. = Mem. Inst. d'Astrophys Liége (8°) Nr. **309.** — In der umfangreichen Abhandlung gibt Verf. nach einer Skizze der Hauptprobleme der theoretischen Astrophysik eine ausführliche Darstellung seiner zum Teil schon früher publizierten Studien über die Wirkungen von Diskontinuitäten des mittleren Molekulargewichts in Hauptreihensternen, sowie über die dynamische Stabilität und über Pulsationen von nichtrotierenden und rotierenden Sternen. Kdr.

5224. **P. J. Ledoux,** La stabilité des étoiles. Ciel et Terre **65** 57—69, 89—103. — Der Aufsatz gibt einen Überblick über die verschiedenen Formen der Stabilität der Sterne und skizziert die Lösungsmethoden und bisher erzielten Ergebnisse. Kdr.

5225. **Li Hen, M. Schwarzschild,** Red-giant models with chemical inhomogeneities. MN **109** 631—646, mit 1 Fig. — Die Arbeit behandelt Sternmodelle, die aus einem konvektiven Kern und einer Mittelzone im Strahlungsgleichgewicht mit dem Molekulargewicht μ_i und einer Außenzone im Strahlungsgleichgewicht mit dem Molekulargewicht μ_e bestehen. Infolge der Umwandlung von H in He bei der Energieerzeugung im Innern oder infolge Aufnahme von H aus dem interstellaren Raum an der Oberfläche sei μ_i größer als μ_e. Die Integration der Modelle wird ausführlich dargelegt und die Resultate für 15 Musterbeispiele angegeben, die sich durch die relative Ausdehnung der drei Teile und durch die Werte für Molekulargewicht und Absorptionskoeffizient innen und außen unterscheiden. Bei einigen der Modelle (mit relativ kleinem dichten Kern und weit ausgedehnter Hülle) ergeben sich Radien von der Größenordnung derjenigen von mäßig ausgedehnten roten Riesen, sodaß es möglich erscheint, deren Aufbau auf Grund von chemischen Inhomogenitäten zu interpretieren. Kdr.

5226. **A. G. Massewitsch,** Die Energiequelle von Sonne und Sternen. Moskau-Leningrad, Verlag Akad. Wiss. UdSSR, 1949. 92 S. mit 25 Abb. Preis 2 R. 25 Kop. (russisch). — Inhalt dieser populärwissenschaftlichen Darstellung: Die Sonne und die Sterne, S. 5—24; Der Atomkern und seine Umwandlungen, S. 25—39; Woraus die Sonne besteht, S. 40—52; Der Aufbau der Sonne, S. 53—69; Was im Innern der Sonne vor sich geht, S. 70—83. Loh.

5227. **E. A. Milne,** The luminosity-velocity relation for pulsating stars. MN **109** 517—527 = Commun. Univ. Obs. Oxford Nr. **29.** — Auf Grund des Virialsatzes wird gezeigt, daß in homolog pulsierenden Sternen die Maxima der Leuchtkraft mit denen der Expansionsgeschwindigkeit der Oberflächenschichten zusammenfallen, wenn die Sterne hinreichend homogen sind (Cepheiden). Bei Sternen mit stärkerer Dichtekonzentration ist das Umgekehrte der Fall (langperiodische Veränderliche). Dabei ist die Voraussetzung der Adiabasie nicht notwendig. Bei streng adiabatischen Pulsationen sollte die Schwankung der Leuchtkraft verschwinden. Zum Schluß wird der Einfluß von Strahlung und Rotation diskutiert. Kdr.

5228. **E. J. Öpik,** Stellar models with a variable composition. I. Models with a discontinuity of molecular weight. Proc. Roy. Irish. Acad. **53** (A) Nr. 1, 16 S. = Contr. Armagh Obs. Nr. **2.** — Die Diskussion der in zwei früheren Arbeiten (AJB **40** Ref. **3579, 45** Ref. **3724**) behandelten Sternmodelle mit variabler chemischer Zusammensetzung wird fortgeführt. Nach ihrem Stabilitätscharakter werden die Modelle in Gruppen eingeteilt und die dafür maßgebenden Bedingungen erörtert. Kdr.

5229. **K. Osawa,** On a star-model with convective core and radiative envelope with constant opacity. Proc. Jap. Acad. **22** 289—293, mit 2 Fig., 1946 = Tokyo Astr. Obs. Repr. Nr. **51.** — Verf. diskutiert für das obige Sternmodell unter verschiedenen Annahmen die Emden-Lösungen und ihre Lage im Masse-Leuchtkraft-Diagramm. Kdr.

* * **K. Osawa,** A note on the problem of the stellar envelopes and the central condensation of the stars. Vgl. Ref. **5128**.

5230. **C. Prasad,** Anharmonic pulsations of two particular models. ApJ **110** 375—381. — Ref. in Math. Rev. **11** 467. — Die anharmonischen Schwingungen eines Sternmodells mit konstanter Dichte und eines solchen mit umgekehrt proportional dem Quadrat des Mittelpunktsabstands nach außen abnehmender Dichte werden untersucht besonders hinsichtlich des Einflusses der Oberschwingungen. Diese treten im ersten Fall nicht auf und es resultiert eine geringe Schiefe der Radialgeschwindigkeitskurve. Im zweiten Fall ergibt sich ein abwechselnd positiver und negativer Effekt der Oberschwingungen und eine mäßige Schiefe der Radialgeschwindigkeitskurve in entgegengesetzter Richtung, als bei pulsierenden Sternen beobachtet wird. Kdr.

5231. **C. Prasad,** Radial oscillations of a stellar model. MN **109** 103—107. — Ref. in Math. Rev. **11** 695—696. — Die Differentialgleichung kleiner radialer Schwingungen eines Sternmodells, in dem die Dichte sich proportional $1-r^2/R^2$ ändert, wird auf Grund einer Potenzreihenentwicklung gelöst und Periode und Amplitude der Schwingungen berechnet. Kdr.

5232. **C. Prasad,** On the anharmonic pulsations of the standard model. MN **109** 528—534, mit 1 Fig. — In der Arbeit wird eine Lösungsmethode der Differentialgleichungen anharmonischer Schwingungen mit Hilfe von Fourier-Reihen entwickelt. Ihre Anwendung auf das Standardmodell ergibt, daß die ersten beiden Oberschwingungen eine merkliche Schiefe der Radialgeschwindigkeitskurve, dagegen eine nur geringe Vergrößerung der Periode verursachen. Kdr.

5233. **C. Prasad,** Anharmonic pulsations of the standard model: commensurable periods. MN **109** 711—719. — Im Anschluß an Arbeiten von Woltjer, Rosseland u. a. werden für das Standardmodell die Gleichungen für anharmonische Pulsationen für den Wert $\alpha = 3-4/\gamma = 0{,}4$ aufgestellt und mit Hilfe von Fourier-Reihen gelöst. Besondere Beachtung finden die Fälle, in denen die Perioden von Schwingungen verschieden hoher Ordnung nahezu kommensurabel sind. Auf die dann auftretenden Interferenzperioden werden die langperiodischen Schwankungen von RR Lyrae-Sternen zurückgeführt. Kdr.

5234. **D. G. Ravenhall,** Notes on the pulsations of stars. MN **109** 705—710, mit 2 Fig. — Es wird die Stabilität der Oberschwingungen eines pulsierenden Sternes untersucht und gezeigt, daß die dritte Oberschwingung stabiler als die Grundschwingung ist. Ferner wird eine Näherungsformel für die Amplitude der Pulsationen abgeleitet. Kdr.

5235. **A. Reiz,** A composite giant star model with isothermal core. Second note. Ark Astr **1** 7—10, mit 1 Fig. = Lund Medd (1) Nr. **167**. — Als Ergänzung einer früheren Arbeit (AJB **48** Ref. **5225**) wird gezeigt, daß sich die Leuchtkraft von Capella A durch das für Riesen vorgeschlagene Sternmodell (isothermer Kern ohne H und Punktquellenhülle ohne He, an deren Grenze in einer dünnen Schicht die Energie erzeugt wird) mit einer Temperatur der energieerzeugenden Schicht von $33 \cdot 10^6$ Grad befriedigend deuten läßt. Kdr.

5236. **A. Reiz,** The structure of degenerate stellar configurations near the limiting mass. ApJ **109** 303—307 = Lund Medd (1) Nr. **169**. — Für stellare Konfigurationen aus vollständig entartetem Gas bedingt das Unendlichwerden eines bestimmten Parameters y_0 (im wesentlichen ein Maß für die Zentraldichte) die Existenz einer oberen Massengrenze. Verf. löst die den Aufbau solcher entarteter Sterne beherrschende Differentialgleichung nach einer Störungsmethode für einige sehr kleine Werte von $1/y_0^2$. Kdr.

* * **S. Rosseland,** The Pulsation Theory of Variable Stars. Vgl. Ref. 11169.

5237. **E. Sauvenier-Goffin,** La stabilité dynamique des naines blanches. Ann d'Astrophys **12** 39—51, mit 1 Fig. — Ref. in Math. Rev. **11** 214—215. — Für vollkommen entartete Sterne werden die Stabilitätsbedingungen bis zur dritten Näherung abgeleitet und für ein etwa Sirius B entsprechendes Modell numerisch ausgewertet. Dieses Modell erweist sich als dynamisch stabil, seine Pulsationsperiode ist sehr kurz von der Größenordnung einiger Sekunden. Ferner wird gezeigt, daß bei Annäherung an vollkommene relativistische Entartung die Stabilität erhalten bleibt und sogar zunimmt, trotzdem dann die Sterne nach der Polytropen 3 aufgebaut sind, was im Fall der Zustandsgleichung idealer Gase indifferentes Gleichgewicht und verschwindende Stabilität bedeutet. Kdr.

5238. **E. Schatzman,** Regions with varying mean molecular weight. (White dwarfs with complex structures). ApJ **110** 261—275, mit 4 Fig. — Das Auftreten von Metallinien im Spektrum des weißen Zwergs van Maanen 2 widerspricht der unter dem Einfluß des starken Gravitationsfeldes bei Strahlungsgleichgewicht sich ausbildenden Schichtung, wonach die äußersten Schichten eines weißen Zwergs fast gänzlich aus Wasserstoff bestehen sollten. Verf. untersucht daher die Bedingungen für das Auftreten von Konvektion, die eine stärkere Durchmischung verursachen würde, und findet, daß für einen Gehalt an Metallen zwischen 0,000064 und 0,086 kein stabiles Strahlungsgleichgewicht existieren kann. Dies Ergebnis ist jedoch noch etwas zu modifizieren, wenn Diskontinuitäten im Dichtegradienten, verbunden mit solchen im Molekulargewicht, zugelassen werden. Betreffs Einzelheiten muß auf die Arbeit selbst verwiesen werden. Für van Maanen 2 läßt sich unter der Annahme, daß der Metallgehalt in den Außenschichten den Wert 0.086 übersteigt, ein Modell konstruieren, das sich mit der beobachteten Energieerzeugung und dem spektralen Befund vereinbaren läßt. Kdr.

* * **E. Schatzman,** Le spectre des naines blanches et leur débit d'énergie. Vgl. Ref. 5131.

5239. **M. Schwarzschild,** Magnetic oscillations of a highly idealized star. Ann d'Astrophys **12** 148—160, mit 4 Fig. — Zur Deutung der periodischen Veränderlichkeit der Magnetfelder von Spektrumvariablen werden magnetohydrodynamische nichtradiale Schwingungen der Sterne als Ganzes vorgeschlagen. Die Möglichkeit solcher Schwingungen wird an einem sehr vereinfachten Modell bewiesen und hierfür zwei Sonderfälle — eine Schwingung, bei der das Vektorpotential der Geschwindigkeiten zur Äquatorebene symmetrisch ist und eine, bei der es antisymmetrisch ist — genauer ausgeführt. Ein roher Vergleich mit der Erfahrung führt zu keinen ernstlichen Widersprüchen. Kdr.

5240. **M. Schwarzschild, M. P. Savedoff,** Anharmonic pulsations of the standard model. ApJ **109** 298—302, mit 1 Fig. — Die Anwendung der Rosselandschen Theorie anharmonischer Pulsationen von Sternen auf das Standardmodell ergibt für anharmonische Pulsationen praktisch dieselben Perioden wie für harmonische. Ferner tritt bei anharmonischen Pulsationen eine merkliche Schärfe in der Radialgeschwindigkeitskurve auf. Kdr.

5241. **S. A. Shewakin,** Die Cepheiden als thermomechanische schwingende Systeme. Shdanow-Staatsuniv. Leningrad, Eigenbericht. 6 S. (russisch).

5242. **H. Simamura,** Positrons and photons in the stellar interior. Publ. Astr. Soc. Japan **1** 30—33, mit 2 Fig. — Im Hinblick auf die Erzeugung von Positronen und Protonen hoher Energie durch Kernreaktionen im Sterninnern werden die Wechselwirkungsprozesse zwischen ihnen und der Sternmaterie (Zerstrahlung, Bremsstrahlung, Comptonstreuung, Paarbildung, gebunden-frei- und frei-frei-Übergänge) betrachtet. Micz.

5243. **R. E. Williamson, G. F. D. Duff,** Variable guillotine factor models for late type main sequence stars. MN **109** 46—54 = Commun. Dunlap Obs. Nr. **20**. — Unter der Annahme, der Guillotine-Faktor variiere mit einer bestimmten Potenz der Dichte, werden für 5 Werte des Exponenten in dieser Beziehung (zwischen 0.375 und 0.625) Integrationen des Punktquellenmodells für späte Hauptreihensterne durchgeführt. Kdr.

5244. **R. E. Williamson, G. F. D. Duff,** On the role of the guillotine factor in stellar structure. AJ **54** 140. — Ref. AAS.

5245. **R. E. Williamson, G. F. D. Duff,** On the role of the guillotine factor in determining the structure of late type main sequence stars. MN **109** 55—61, mit 2 Fig. = Commun. Dunlap Obs. Nr. **21**. — Die Diskussion der Ergebnisse der vorstehend referierten Arbeit läßt erkennen, daß der Guillotine-Faktor für den Aufbau von späten Hauptreihensternen von wesentlicher Bedeutung ist. Insbesondere ergeben sich für chemische Zusammensetzung und Zentraldichte in den 5 behandelten Fällen beträchtliche Unterschiede. Kdr.

5246. Ein Sternmodell für rote Riesen. Sterne **25** 89—90. — Besprechung der unter AJB **48** Ref. **5226** zitierten Arbeit von R. S. Richardson und M. Schwarzschild.

§ 53

Nebel, Interstellare Materie

5301. **T. A. Agekjan,** Zur Dynamik von Sterndurchgängen durch Wolken aus meteorischer Materie. DAN **69** 515—518 (russisch). — Ref. in Math. Rev. **11** 409.

5302. **J. Gauzit,** Remarques sur les conditions d'excitation des raies interdites et sur la fréquence des collisions dans les nébuleuses gazeuses. CR **217** 289—291, 1943. — Ref. in Phys. Ber. **28** 588.

5303. **L. Goldberg,** Statistical equilibrium of Helium atoms in gaseous nebulae. Publ. AAS **10** 13, 1940. — Ref. AAS.

5304. **G. A. Gursadjan,** Das Gravitationsgleichgewicht des interstellaren Wasserstoffs. AJ UdSSR **26** 104—109 (russisch). — Besprechung in Sternenwelt **1** 278. — Verf. zeigt zunächst, daß Sterne mit Oberflächentemperaturen über 6000° in der Lage sind, durch ihre mehr oder weniger hohe ultraviolette Strahlung entsprechend auf das interstellare Wasserstoffgas einzuwirken. Es wird dann der Schluß gezogen, daß der Strahlungsdruck einzelner Sterne in gewissen Fällen die Ausbildung von Strömungen des Wasserstoffgases hervorrufen kann. Loh.

5305. **H. C. van de Hulst,** The solid particles in interstellar space. Rech. Astr. Obs. Utrecht **11** part 2, 50 S. mit 8 Fig. — Im ersten Kapitel werden die bisherigen Arbeiten über die Kondensation fester Rauchpartikel aus dem interstellaren Gas in einigen Punkten weitergeführt. Kapitel II behandelt die Optik sphärischer interstellarer Teilchen. Hier wird vor allem die Extinktion einer Mischung von Teilchen verschiedener Größe berechnet, sowie die Optik von Partikeln mit schwacher Absorption und von solchen im Gebiet einer Absorptionslinie untersucht. Im dritten Kapitel wird das beobachtete Verfärbungsgesetz der interstellaren Extinktion am Beispiel von ζ Persei mit den theoretischen Ergebnissen verglichen. Außerdem werden die etwas abweichenden Verhältnisse bei Θ_1 Orionis und das Problem noch nicht identifizierter interstellarer Absorptionslinien diskutiert. Kdr.

5306. **H. Lambrecht,** Über die Bewegungsverhältnisse des interstellaren Gases. AN **277** 1—11, mit 5 Abb. = Mitt. Univ.-Sternwarte Jena Nr. **11**/2. — Die Entdeckung Wilsons der Diskrepanz in den «thermischen» Geschwindigkeiten der Natrium- und Kalziumatome wird im Anschluß an eine Zusammenfassung der Methoden und Hauptergebnisse der Untersuchung der Bewegungsvorgänge im interstellaren Gas durch eine Abschätzung des Verf. aus den Dunhamschen Beobachtungen ergänzt und kurz diskutiert. Sie wird als Folge der selektiven Wirkung der vom galaktischen Strahlungsfeld auf die Atome einer Gaswolke ausgeübten Strahlungskraft gedeutet. Für die Strahlungsdruck-Geschwindigkeit wird eine Gleichung abgeleitet und unter Berücksichtigung der im interstellaren Raum vorliegenden Bedingungen ausgewertet, wobei sich das Verhältnis der Kalzium- zur Natriumgeschwindigkeit von der durch Wilson bestimmten Größenordnung ergibt. Schließlich wird noch auf einige Fragen hingewiesen, die für eine eingehendere Untersuchung des Bewegungsproblems des interstellaren Gases von Bedeutung sind.
Verf. (gekürzt)

5307. **H. Lambrecht,** Über die Wechselwirkung zwischen Strahlung und Materie in den interstellaren Gaswolken. Forschungen und Fortschritte **25** 104—106, mit 2 Abb. — Die von Wilson entdeckte Geschwindigkeitsdiskrepanz in den thermischen Bewegungen der Na- und Ca-Atome innerhalb interstellarer Gaswolken läßt sich dann erklären, wenn man eine Einwirkung des (von außen kommenden) Sternlichtes auf die Atome und Ionen der Gaswolken annimmt. Falls vornehmlich Resonanzlinien absorbiert werden und die Atome größtenteils ionisiert sind, übernehmen die (schwereren) Ca II-Ionen wesentlich mehr Impuls von den Lichtquanten als die (leichteren) Na II-Ionen, da deren Resonanzlinien zu weit im Ultravioletten liegen, wo die Sternstrahlung nur sehr schwach ist. Loh.

5308. **H. Lambrecht,** Der Bewegungszustand des interstellaren Gases. Himmelswelt **56** 113—119, mit 2 Abb. — Nach einigen Bemerkungen über die bisher identifizierten interstellaren Linien berichtet Verf. über seine unter Ref. **5306** und **5307** zitierten Untersuchungen.

5309. **H. K. Sen,** The radiative equilibrium of a spherical planetary nebula. AJ **54** 136—137. — Ref. AAS.

5310. **H. K. Sen,** The radiative equilibrium of a spherical planetary nebula. ApJ **110** 276—287, mit 1 Fig. = Harv Repr Nr. **329**. — Ref. in Math. Rev. **11** 467. — Der Einfluß der Schichtenkrümmung auf das ultraviolette und L_α-Strahlungsfeld in einem sphärischen planetarischen Nebel wird untersucht mit dem Ergebnis, daß die Krümmung, verglichen mit planparalleler Schichtung, eine Zunahme des Strahlungsflusses im UV und eine Abnahme für L_α bedingt. In einem gleichförmig expandierenden Nebel nimmt der L_α-Fluß im ebenen Fall erheblich schneller nach innen ab als im sphärischen Fall. Kdr.

5311. **L. Spitzer jr.,** The temperature of interstellar matter. II. ApJ **109** 337—353. — Die Dissipationsprozesse der kinetischen Energie interstellarer Partikel werden diskutiert und für Temperaturbestimmungen numerisch brauchbare Formeln entwickelt. Betrachtet werden folgende Prozesse: Frei-Frei-Übergänge von Elektronen bei Stößen mit Protonen und Wasserstoffatomen, Anregung von neutralen und ionisierten Atomen durch Elektronen, Anregung von Molekülen durch Stöße von Elektronen, Atomen und anderen Molekülen, Anregung von Atomen und Molekülen durch Stöße mit gröberen Partikeln, sog. «grains». Besondere Beachtung finden dabei die Verhältnisse bei H und H_2. In Aussicht gestellt wird eine Diskussion der interstellaren Temperaturen mit Hilfe der abgeleiteten Formeln. Micz.

5312. **W. Unno,** On the equation for the transfer of the Lyman continuum radiation in the circumstellar atmosphere. Jap. J. Astr. **1** 27—35 = Tokyo Astr. Obs. Repr. Nr. **42**. — An der von Hagihara (JJAG **20**

113 = Tokyo Astr. Obs. Repr. Nr. **38**, Ref. **5110**) behandelten Integro-Differentialgleichung, die den Transport der kontinuierlichen Lyman-Strahlung in planetarischen Nebeln und in ähnlichen Fällen regelt, werden einige Umformungen vorgenommen, die es ermöglichen, zu ihrer Lösung die Methode der sukzessiven Approximationen anzuwenden. Kdr.

5313. R. Wildt, Continuous absorption by interstellar molecules. AJ **54** 139—140. — Ref. ASS.

5314. H. Zanstra, On scattering with redistribution and radiation pressure in a stationary nebula. BAN **11** 1—10, mit 4 Fig. — Die Arbeit enthält eine Neudiskussion des Strahlungsgleichgewichts und Strahlungsdrucks in einem stationären Nebel, wobei die in den früheren Arbeiten über dieses Problem gemachten Voraussetzungen rechteckiger Linienprofile und gewöhnlicher Streuung durch die Annahmen thermischer Doppler-Profile der Linien und nichtkohärenter Streuung der L_α-Strahlung infolge thermischen Doppler-Effekts ersetzt werden. Als Hauptresultat der so verbesserten Rechnung ergeben sich für den L_α-Strahlungsdruck Werte, die nur 1/300 der unter den vereinfachten Annahmen gefundenen betragen, womit eine Hauptschwierigkeit der bisherigen Theorie größtenteils beseitigt wird. Kdr.

§ 54

Herkunft, Alter und Entwicklung der Himmelskörper

* * **T. A. Agekjan,** Zur Dynamik von Sterndurchgängen durch Wolken aus meteorischer Materie. — Vgl. Ref. **5301**.

5401. A. C. Banerji, Non-solar planetary systems. Nature **153** 779, 1944. — Ref. in Phys. Ber. **28** 543.

5402. E. C. Bullard, J. P. Stanley, The age of the earth. Veröff. Finn. Geod. Inst. Nr. **36** S. 33—40. — Besprechung in J. Geophys. Res. **54** 314. — Als Alter der Erdkruste ergeben sich 3290 ± 200 Millionen Jahre.

5403. R. Dehm, Geologisches Erdalter und astrophysikalisches Weltalter. Naturwissenschaften **36** 166—171, mit 1 Fig. — Inhalt: Das astrophysikalische Weltalter; die bisher ältesten Gesteine der Erdoberfläche (mit einer Alterstafel der geologischen Formationen); der stationäre Zustand der Erde, Sonne und (?) des Kosmos (mit dem aus der Untersuchung präkambrischer Gesteine folgendem Ergebnis: alle geologisch beurteilten Verhältnisse auf der Erde selbst, bis auf die höhere Entwicklung des Lebens, und in ihrer Umgebung von Mond und Sonne sind seit zwei Milliarden Jahren unverändert geblieben); die vorgeologische Zeit der Erde (mit dem Schluß, daß sich das Mindestalter der Erde auf ein Mehrfaches von 2×10^9 Jahren belaufen dürfte und daß, je weiter die Erdfrühzeit entrückt, auf 10^{10} und mehr Jahre, desto eher der stationäre Zustand der geologischen Zeit bis heute verständlich wird); das geologische Erdalter im Widerspruch zum kosmologischen. Loh.

5404. W. G. Fessenkow, Das kosmogonische Problem in der gegenwärtigen Astronomie. AJ UdSSR **26** 67—83 (russisch). — Besprechung in Sternenwelt **1** 256. — Nach kritischen Bemerkungen zu bisherigen kosmogonischen Betrachtungen entwirft Verf. ein Bild der Stern- und Sonnenentwicklung, in dem neben der Wasserstoffverbrennung die korpuskulare Ejektion eine wesentliche Rolle spielt und in welchem die Sterne jederzeit die Masse-Leuchtkraftfunktion erfüllen. Es zeigt sich dann, daß die Hauptreihe des Russell-Diagramms den ursprünglich in sie hineingelegten Sinn, auch eine Entwicklungsreihe zu sein, wieder erhält. In der stellaren Ejektion und der interstellaren Kontraktion, d. h. der Sternbildung aus interstellaren Wolken, geben sich die zwei gegensätzlichen — abstoßenden und anziehenden — kosmischen Tendenzen zu erkennen. Loh.

5405. **G. Gamow,** Geburt und Tod der Sonne. Vgl. AJB **47** Ref. 4109. — Weitere Besprechung in Sternenwelt **1** 168 (P. A. Schultz).

5406. **G. Gamow,** Het ontstaan en vergaan van de Zon. Subatomaire energie en de levensloop van de sterren. Bewerkt (naar de 2e uitg.) door J. J. Raimond jr. Den Haag, Van Stockum, 1949. 257 S. mit 63 Fig. und 16 Tafeln. Preis 8.90 fl. — Besprechung in Ciel et Terre **65** 284 (J. Hunaerts), Gaz astr **31** 84—86, Heelal **5** 92—95, mit 3 Abb., Hemel en Dampkring **47** 197 (M. Minnaert).

5407. **E. Gastardi,** La evolución estelar. Anuario Obs. Madrid para 1950 S. 299—377, mit 9 Fig.

5408. **L. Gialanella,** Alcuni aspetti della cosmogonia moderna. La Ricerca Scientifica **19** 15—27. — Betrachtungen zur allgemeinen Kosmogonie. Ausgehend von einem Urzustand der Materie, für die ein einziger Schöpfungsakt postuliert wird, bespricht der Verf. zuerst die Natur des Raumes, die Lemaîtresche Hypothese und die Expansion der Welt, dann die Bildung der Milchstraßensysteme und der einzelnen Sterne, die Entwicklung der Sternmaterie und zuletzt die Kosmogonie des Planetensystems. F. Z.

5409. **G. A. Gursadjan,** Über die Entwicklung der O-Sterne. AJ UdSSR **26** 329—335, mit 1 Abb. (russisch). — Die OA-Sterne und frühen B-Sterne sind in den Sternassoziationen nicht gleichmäßig verteilt, sondern man findet die späteren dieser Typen gewöhnlich am Rand, die früheren im Inneren. Infolge der Konzentration der Assoziationen zur galaktischen Hauptebene haben sich daher auch die OA-Sterne weniger von ihr entfernt, als die B-Sterne. Dies weist darauf hin, daß sich die Entwicklung der OA-Sterne so rasch vollzieht, daß sie sich bis zur Auflösung der Assoziationen in B-Sterne verwandeln. Man findet daher auch nur selten in offenen Sternhaufen OA-Sterne. Durch die Anwesenheit von Wolf-Rayet- und P Cygni-Sternen in den Assoziationen wird deren geringes Alter bestätigt. Größenordnungsmäßig liegt das Alter der O-, W- bzw. P Cygni-Sterne bei 10^7, 10^6 bzw. 10^5 Jahren. Loh.

5410. **A. Güttler,** Die Entstehung der Sterne. Sternenwelt **1** 225—228, mit 6 Abb.

5411. **D. ter Haar,** Stellar rotation and age. ApJ **110** 321—328, mit 1 Fig. — Es werden verschiedene Möglichkeiten für eine Abnahme des Drehimpulses rotierender Sterne untersucht. Als am wirksamsten erweist sich die Wechselwirkung der Magnetfelder der Sterne mit ionisierter interstellarer Materie in ihrer Umgebung (Strömgrens H II-Regionen). In dem speziell diskutierten Fall ergibt sich das Verhältnis des Drehimpulsverlustes pro Zeiteinheit zum Gesamtdrehimpuls eines Sterns der Quadratwurzel des Radius der umgebenden H II-Region proportional. Die Gesamtabnahme an Drehimpuls ist dann gleich dem Produkt aus dem Verlust pro Zeiteinheit und dem Alter der Sterne. In Übereinstimmung mit der Beobachtung sollten daher die relativ jungen Sterne frühen Spektraltyps noch schnell rotieren, während für die älteren Sterne der späten Typen geringere Rotationsgeschwindigkeiten zu erwarten sind. Kdr.

5412. **W. Heybrock,** Das Alter der Welt. Sternenwelt **1** 121—124, mit 3 Abb.

5413. **A. Holmes,** Lead isotopes and the age of the earth. Nature **163** 453—456, mit 1 Fig. — Aufgetauchte Diskrepanzen zwischen den Ergebnissen von Verf. und Jeffreys, die letzteren zum Schluß führten, daß die von Verf. auf der Häufigkeit von Pb^{207} beruhenden Altersbestimmungen der Erdkruste unzuverlässig seien, finden jetzt ihre Erklärung. Während schon die Ergebnisse Jeffreys' für verschiedene (numerische) Konstanten und das Alter der Erdkruste ($1{,}4 \times 10^9$ Jahre) miteinander unverträglich sind, stehen die Ergebnisse von Verf. ($3{,}3 \times 10^9$ Jahre) nicht nur mit geochemischen Daten, sondern auch mit den Ergebnissen Houtermans ($2{,}9 \times 10^9$ Jahre) in Einklang. Loh.

5414. **F. Hoyle,** The synthesis of the elements from hydrogen. Vgl. AJB **46** Ref. 3711. — Besprechung in Urania Barcelona **34** Nr. 220 S. 227—228.

5415. **Y. Iinuma,** On the equation of stellar evolution. I. Publ. Astr. Soc. Japan 1 64—69 = Sendai Astr. Raportoj **2** Nr. 7 (19). — An Hand der theoretischen Leuchtkraft-Masse-Radius-Beziehung und der Energieerzeugungsgleichung auf Grund des C-N- und des H-H-Zyklus werden die Auswirkungen der Änderung der chemischen Zusammensetzung infolge der energieerzeugenden Prozesse auf Leuchtkraft und Radius diskutiert, wobei in erster Näherung angenommen wird, daß ein Stern während seiner Entwicklung homolog aufgebaut bleibt und die chemische Zusammensetzung durch den ganzen Stern jeweils konstant ist. Im allgemeinen wird danach L monoton zunehmen, während R monoton oder nach anfänglicher Zunahme abnehmen sollte. Kdr.

5416. **H. Jeffreys,** Lead isotopes and the age of the earth. Nature **164** 1046—1047. — Bemerkung zu der Arbeit von Holmes, Ref. **5413**.

5417. **H. S. Jones,** The age of the universe. Proc. R. Inst. **34** 210—218.

5418. **S. A. Kaplan,** Die Energiequellen und die Entwicklung der weißen Zwerge. Abh. Staatsuniv. Lwow **15** (Phys. Math., Nr. **4**, Astr.) 101—107 (russisch).

* * **B. W. Kukarkin,** Untersuchung des Aufbaues und der Entwicklung der Sternsysteme auf Grund des Studiums der veränderlichen Sterne. Vgl. Ref. **12004**.

5419. **A. G. Massewitsch,** Die von korpuskularer Abstrahlung begleitete Entwicklung der Sterne im Rahmen der Theorie des inneren Aufbaues. AJ UdSSR **26** 207—218, mit 3 Abb. (russisch). — Unter den Voraussetzungen, daß der Gehalt an schweren Elementen bei den Sternen der Hauptreihe gleich und zeitlich konstant ist und die Masse-Leuchtkraft-funktion immer gültig bleibt, kann man aus den Schwarzschildschen oder Harrisonschen Gleichungen Radius und Wasserstoffgehalt der Hauptreihensterne berechnen. Letzterer wird mit abnehmender Masse geringer. Mit Hilfe der Verbrennungsgleichung des Wasserstoffs läßt sich dann der statistische Zusammenhang entlang der Hauptreihe auch als evolutionärer in Richtung von höheren zu niederen Massen deuten, wobei große Massen einen starken Massenverlust durch korpuskulare Abstrahlung erleiden. Loh.

5420. **A. G. Massewitsch,** Die von korpuskularer Ausstrahlung begleitete Sonnenentwicklung. Nachr. (Iswestija) Akad. Wiss. Moskau-Leningrad (Phys.) **13** 621—627 (russisch).

5421. **M. G. Mayer, E. Teller,** On the origin of elements. Phys. Rev. **76** 1226—1231, mit 2 Fig. — Die Häufigkeiten der Elemente und Isotope weisen auf verschiedene Entstehungsprozesse der schweren und leichten Elemente hin. Da man begründet annehmen darf, daß zur Zeit der Entstehung der schwereren Kerne ein Überschuß an Neutronen existierte, so diskutiert Verf. die Möglichkeit, daß die schweren Kerne durch Teilungen in einer «kalten» neutronenreichen Nukleonenflüssigkeit entstanden. Unter einfachen Voraussetzungen über den Zerfallprozeß und unter Verwendung der halbempirischen Formel für die Masse eines Atoms ergeben sich Isotopenhäufigkeiten der schweren Elemente, die mit den beobachteten verträglich sind. Loh.

5422. **S. W. Orlow,** Die Herkunft der Kleinen Planeten, Kometen und Meteorite. Bote Univ. Moskau **4** Nr. 11 S. 43—52 (russisch).

5423. **E. Schatzman,** Remarques sur l'évolution des nuages interstellaires. Ann d'Astrophys **12** 161. — Kurze Diskussion der Frage, ob die Kontraktion von Globulen aus interstellarer Materie, bewirkt durch den Strahlungsdruck der außerhalb befindlichen Sterne auf die staubförmige Komponente, sich auch auf den gasförmigen Anteil auswirkt. Es ergibt sich, daß dies nicht der Fall ist, daß also der Gehalt der Globulen an interstellarem Gas mit fortschreitender Kontraktion abnimmt. Kdr.

5424. **E. Schatzman,** Sur certains trajets évolutifs des étoiles. I. Remarques préliminaires. Bull. Acad. Roy. Belgique, Cl. Sci. (5) **35** 1141—1152, mit 4 Fig. = Bull. Inst. Astr. Bruxelles (2) Nr. **52**. — Nach Struve besteht die Möglichkeit, daß gewisse Sterne unter Massenverlust infolge schneller Rotation während ihrer Entwicklung einen Teil der Hauptreihe durchlaufen. Es wird an Hand des Standardmodells diskutiert, ob dieser Gedanke mit den derzeitigen Kenntnissen über den inneren Aufbau der Sterne vereinbar ist. Verf. findet, daß dem einige Schwierigkeiten entgegenstehen. Kdr.

5425. **P. Slawenas,** Bau und Entwicklung des Weltalls. Kaunas, Staatsverlag für Enzyklopädien, Lexika und wiss. Literatur, 1949. 40 S. Preis 75 Kop. (litauisch).

5426. **J. S. Smart,** The effects of nuclear stability on the formation of the chemical elements. Phys. Rev. **75** 1379—1384, mit 1 Fig. — Betrachtungen über Kernstabilität werden auf die Theorie des Neutroneneinfangs angewandt. Zur Zeit der Entstehung der chemischen Elemente muß die Materiedichte zwischen den Grenzen 10^{-1} und 10^{-11} g/cm^3 gelegen haben. Die Kerne entstanden wahrscheinlich mit einem gewissen Neutronenüberschuß und bis zur Erreichung der relativen Häufigkeiten waren sowohl Neutroneneinfang als auch β-Zerfall wirksam. Dieser Prozeß war neben dem Kernphotoeffekt und der Kernspaltung vor allem für Kerne mit $A > 16$ wesentlich. Für $A < 16$ sind verschiedene Reaktionen denkbar. Die größere Häufigkeit der Kerne mit geradem Atomgewicht wird ebenfalls durch die Theorie erklärt. Loh.

5427. **L. Spitzer jr.,** The formation of stars. Astr. Soc. Pacific Leaflet Nr. 241, 8 S., mit 1 Fig.

5428. **O. Struve,** Some problems of the evolution of stars. Proc. National Acad. Sci. USA **35** 161—167. — Auf Grund einer Erörterung der Eigenschaften der W UMa-Sterne wird die Ansicht begründet, daß diese unter Massenverlust aus Doppelsternen frühen Spektraltyps hervorgegangen seien und weiterhin vielleicht in langsam rotierende Einzelsterne vom Sonnentyp übergehen könnten. Kdr.

5429. **M. F. Subbotin,** Entstehung und Alter der Erde. Archangelsker staatlicher Gebietsverlag, 1949. 40 S. mit 5 Abb. Preis 70 Kop. (russisch). — Außerdem weitere regionale Ausgaben innerhalb der UdSSR.

5430. **R. C. Tolman,** The age of the universe. Rev. Modern Phys. **21** 374—378. — Der vorliegende Artikel ist ein Brief auf die Anfrage eines Freundes zur Meinung Tolmans über die augenblicklichen Ansichten über das Alter des Universums. Während die Schlußfolgerungen aus den Wechselwirkungen der Sterne und den Untersuchungen über den radioaktiven Zerfall irdischer und meteorischer Materie zu einem Alter von $(3 \text{ bis } 5) \times 10^9$ Jahren führen, bleibt der aus der Rotverschiebung der Spiralnebel resultierende Wert $1{,}86 \times 10^9$ Jahre merklich darunter. Bei der Wahl eines homogenen expandierenden Modells ergibt sich nach der relativistischen Theorie der Gravitation sogar ein noch niedrigerer Wert ($< 1{,}24 \times 10^9$ Jahre) für den Beginn der Expansion. Wahrscheinlich ist das weniger der Unsicherheit der Hubbleschen Beobachtung zuzuschreiben, als vielmehr dem Umstand, daß das gewählte Modell nicht das passende ist. Der Verzicht auf Homogenität dürfte genügend Spielraum für die Betrachtungen geben, sodaß auch keine Zweifel über die Zeitskala auftauchen, wenn die relativistische Theorie der Gravitation auf die Behandlung der Bewegung der Nebel angewandt wird. Loh.

5431. **U. van Wijk,** On the evolution of galactic clusters. AJ **54** 138. — Ref. AAS.

5432. **B. A. Woronzow-Weljaminow,** Die Entstehung der Himmelskörper. Vgl. AJB **48** Ref. **5427**. — Außerdem in Grusinisch und Jakutisch erschienen.

5433. **B. A. Woronzow-Weljaminow,** Ako vznikol vesmír. Bratislava, Verlag Tatran, 1949. 35 S. mit 5 Abb. — Slowakische Übersetzung des russischen Büchleins «Wie ist das Weltall entstanden?».

5434. Galactic cluster evolution. Sky and Telescope 8 123. — Ref. AAS.

§ 55

Kosmogonie

5501. **N. Boneff,** Une application de la théorie des marées au problème de l'atlantide. Annuaire Univ. Sofia, Faculté Sci. Tome **45** 1948—1949, Livre 1 S. 155—165, mit 2 Fig. — Es wird die Möglichkeit erörtert, daß der Untergang von Atlantis durch einen Zusammenstoß der Erde mit einem kleinen Planeten und durch die dabei auftretenden Gezeiten verursacht worden sei. Kdr.

5502. **N. Boneff,** La théorie des marées et l'origine des satellites. Annuaire Univ. Sofia, Faculté Sci. Tome **45** 1948—1949 Livre 1 S. 293—301, mit 1 Fig. — Nimmt man an, die Planeten und ihre Monde seien aus ursprünglich vorhandenen nebligen Wolken hervorgegangen, so ergeben sich für die Radien dieser Wolken, damit unter dem Einfluß der gezeitenerregenden Wirkung der Sonne Stabilität bestehen kann, obere Grenzwerte. Die heutigen Abstände sämtlicher Monde von ihren Planeten liegen innerhalb der berechneten Grenzen, welchem Befund nach des Verf.'s Ansicht eine Bedeutung für die Entstehung der Monde zukommt. Kdr.

5503. **K. E. Edgeworth,** The origin and evolution of the solar system. MN **109** 600—609. — Verschiedene Hypothesen über Entstehung und Entwicklung der Planeten, Monde und Kometen werden erörtert mit dem Ergebnis, daß unter Ablehnung aller Zusammenstoß- und Gezeitentheorien als plausibelster Anfangszustand des Planetensystems eine die Sonne umgebende rotierende Scheibe aus kleinen festen Partikeln anzusehen sei, deren Material die Sonne aus dem interstellaren Raum aufgesammelt habe und in der sich dann Kondensationen gebildet hätten. Einzelheiten des vermutlichen Entwicklungsganges solcher Kondensationen werden diskutiert. Kdr.

* * **L. Gialanella,** Alcuni aspetti della cosmogonia moderna. Vgl. Ref. **5408**.

5504. **L. E. Gurewitsch, A. I. Lebedinskij,** Probleme der heutigen Kosmogonie. Bull. Astr.-Geod. Ges. UdSSR Nr. **6** (**13**) S. 7—10 (russisch).

5505. **F. Hoyle,** On the condensation of the planets. Vgl. AJB **46** Ref. **5113**. — Besprechung in Urania Barcelona **34** Nr. 220 S. 225—226.

5506. **A. Hunter,** Origin of the solar system. Nature **153** 255—256, 1944. — Ref. in Phys. Ber. **28** 544—545.

5507. **H. P. Lee,** How did the solar system originate? Pop Astr **57** 352—354.

5508. **G. Lemaître,** L'hypotèse de l'atome primitif. Essai de cosmogonie. Neuchâtel, Editions du Griffon; London, H. K. Lewis and Co., Ltd., 1946. 203 S. Preis 8 francs; 10 s. — Besprechung in Nature **163** 855—856 (E. A. Milne).

5509. **B. J. Lewin,** Der Aufbau der Erde und der Planeten und die Meteoritenhypothese ihrer Entstehung. Priroda **38** Nr. 10 S. 3—14 (russisch).

5510. **W. Lohmann,** Theorien der Entstehung des Sonnensystems I, II. Sternenwelt **1** 59—60, 127—130, mit 2 Abb.

5511. **R. A. Lyttleton,** Origin of the planets. Nature **153** 592, 1944. — Ref. in Phys. Ber. **28** 545.

5512. **E. J. Moulton,** On the dynamics of the origin of the solar system. Publ AAS **10** 24—25, 1940. — Ref. AAS.

5513. **K. F. Ogorodnikow,** Über die Wahrscheinlichkeit eines Sternvorübergangs in der Kosmogonie von Jeans. DAN **66** 357—358 (russisch).

5514. **L. L. Rice,** Planetary evolution: a new hypothesis. Pop Astr **57** 194—196. — Spekulative Betrachtungen über die Entstehung der Planeten auf Grund der Gezeitenhypothese. Danach sollen die Planeten außer dem schon ursprünglich als Begleiter der Sonne vorhandenen Jupiter aus diesem bei einer Begegnung mit einem anderen Fixstern hervorgegangen sein. Kdr.

5515. **E. Schatzman,** Sur un problème de mécanique rationnelle en relation avec la formation des planètes. BA **14** 69—74, mit 2 Fig. — Im Anschluß an die v. Weizsäckersche Theorie wird angenommen, daß die Planetenbildung beim Zusammentreffen zweier Gasströme mit entgegengesetzt gleicher Geschwindigkeit vor sich geht. Es werden die Bildungszeiten der Planeten und ihre Rotationsdauern abgeschätzt. Letztere ergeben sich von der Größenordnung einiger Stunden. Kdr.

5516. **O. J. Schmidt,** Vier Vorlesungen über die Theorie der Erdentstehung. Moskau-Leningrad, Verlag Akad. Wiss. UdSSR, 1949. 72 S. mit 3 Abb. Preis 2 R. 50 Kop. (russisch). — Die einzelnen Vorlesungen enthalten Ausführungen über Grundsätzliches, das Einfangproblem einschließlich Doppelsterne, die Hauptgesetzmäßigkeiten im Sonnensystem und Hinweise auf zugehörige geophysikalische Fragen.

5517. **W. T. Skilling,** A continued search for the beginning. The Scientific Monthly **69** 84—90, mit 4 Abb. — Kant's nebular theory 1775. The nebular hypothesis of Laplace 1796. The planetesimal hypothesis of Chamberlin and Moulton 1900. The dust cloud theory of Whipple 1948.

5518. **L. Spitzer jr.,** The encounter theory of the origin of the solar system. Publ AAS **9** 273, 1939. — Ref. AAS.

5519. **D. Stanley-Jones,** Cosmical zero, and the origin of radiation and dense matter. Nature **164** 279—280. — Kritische Bemerkung zu der Arbeit von Haldane über eine Quantentheorie des Ursprungs des Sonnensystems in Nature **155** 133, 1945. Darnach ist es unwahrscheinlich, daß die von Haldane festgesetzten Bedingungen bei der Entstehung des Sonnensystems erfüllt waren, da die Theorie schwer mit dem 2. Hauptsatz der Thermodynamik in Einklang zu bringen ist. Loh.

5520. **O. Struve,** New trends in cosmogony. Sky and Telescope 8 302—305, mit 9 Fig. — Allgemeinverständliche Darstellung älterer und neuerer Kosmogonien und den ihnen zu Grunde liegenden Prinzipien.

5521. Die Erörterung der kosmogonischen Hypothese von O. J. Schmidt am Geophysikalischen Institut der Akademie der Wissenschaften der UdSSR. Nachr. (Iswestija) Akad. Wiss. Moskau-Leningrad (Geograph., Geophys.) **13** 563—570 (russisch).

5522. Origin of the solar system. Nature **163** 262—263. — Besprechung einer Arbeit von H. Jeffreys in MN **108** 94, 1948. Vgl. AJB **48** Ref. 5505.

5523. The origin of the solar system. Pop Astr **57** 470—472. — Bericht über eine neue Planetenkosmogonie, die von Kuiper im September 1949 im Rahmen eines Kolloquiums in Chikago vorgetragen wurde. Kdr.

5524. Pancake theory. Sky and Telescope **9** 32.

Siebenter Teil

Sonne

§ 60

Astrometrische Beobachtungen, Allgemeines

6001. Astrometrische Beobachtungen
Publ. US Naval Obs. (2) **16** part 1, S. 1—104. Results of observations made with the six-inch transit circle 1925—1941. Observations of the sun, moon, and planets. C. B. Watts, A. N. Adams. — α, δ.

Pulkowo Publ. (2) **63** 117—126 (russisch). Rektaszensionen von Sonne, Merkur und Venus nach Beobachtungen in Nikolajew in den Jahren 1929—1935. L. I. Semjonow.

6002. E. Charadse, Was wir von der Sonne wissen. Tiflis, Staatsverlag der grusinischen Sowjetrepublik, 1949. 54 S. mit 12 Abb. Preis 1 R. 50 Kop. (grusinisch).

6003. A. Colacevich, Alcuni metodi ottici moderni di investigazione dei fenomeni solari — La luce del cielo notturno. Accad. Nazionale Lincei, Problemi attuali di scienza e cultura, Quaderno Nr. **7** S. 51—56. — Beschreibung eigener Methoden und Instrumente zur Beobachtung der Sonne (Koronograph und Interferenzfilter) und Darstellung unserer Kenntnisse über das Licht des Nachthimmels, sowie Projekte für die photographische Beobachtung desselben. F. Z.

6004. J. W. Duffie, The yardstick of the universe. J RAS Canada **42** 1—8, 1948. — Ansprache über die Erforschung der Sonnenentfernung vor dem Montreal Centre der RAS Canada bei der Tagung im Oktober 1947.

6005. T. Fortini, Analisi periodale col metodo di Schuster della curva di variazione del diametro solare ottenuta al Campidoglio dal 1877 al 1937 ed a Monte Mario dal 1937 al 1947. Mem SA It (NS) **20** 327—331, mit 1 Fig. = Oss. Astr. Roma-Monte Mario Contr. Sci. Nr. **150.** — Eine Periodenanalyse der zwischen 1876 und 1947 in Rom (Kapitol und Monte Mario) gemessenen Sonnendurchmesser ergab Perioden von 8, 11, 15 und 22,5 Jahren. Loh.

6006. T. Fortini, Le oscillazioni del diametro solare secondo le osservazioni di Monte Mario negli anni 1941—42 e 1943. Rend. Accad. Lincei (8) **7** 304—306 = Oss. astr. Roma-Monte Mario, Contr. sci. Nr. **153.** — Kurzer Bericht über die Schwankung des Sonnendurchmessers aus Beobachtungen in Rom in den Jahren 1941—43. F. Z.

6007. F. Hoyle, Some Recent Researches in Solar Physics. Cambridge Monographs on Physics. London, Cambridge University Press. 12 + 134 S. mit 8 Diagrammen. Preis 12 s. 6 d. net bzw. $ 3.00. — Besprechung in Obs **69** 233—234, Sky and Telescope **9** 39.

6008. D. H. Menzel, Our Sun. Philadelphia and Toronto, Blakiston Company, 1949. The Harvard Books on Astronomy. 8 + 326 S. mit 178 Abb. Preis $ 4.50. — Besprechung in Ann d'Astrophys **12** 168, JBAA **60** 87—88, J RAS Canada **43** 205—206, PAT **30** 173—174, Publ ASP **61** 235—238 (E. Pettit), Sky and Telescope **8** 314 (W. A. Calder).

6009. **M. G. J. Minnaert,** Het Onderzoek van de Zon: zijn theoretische en praktische Betekenis. Kon. Nederl. Akad. Wet., Akademie-Dagen Deel II, 1949. S. 181—196, mit 2 Fig.

6010. **E. K. Nikonowa,** Photoelektrische Bestimmung der Helligkeit von Sonne und Mond. Krim Mitt. **4** 114—143, mit 8 Abb. (russisch). — Zur Bestimmung der Helligkeiten von Sonne und Mond wurde ein mit einer Antimon-Zäsium-Zelle und einem Gleichstromverstärker ausgestattetes Elektrophotometer verwandt, wobei die Sonne an den Mond und dieser wiederum an helle Sterne angeschlossen wurde. Die Dämpfung der jeweils wesentlich helleren Lichtquelle erfolgte durch Reflexion ihres Lichtes an einer barytweißen Fläche. Die Sonnenhelligkeit wurde auf zweierlei Arten gemessen: einmal durch Verbindung von Nachtbeobachtungen des Mondes mit der Sonne und zum anderen durch Tagesbeobachtungen beider Gestirne. Die Ergebnisse stimmen gut überein. Die in photovisuelle Größen umgewandelten photoelektrischen Helligkeiten sind $m_{pv\odot} = -26^m.69 \pm 0^m.04$ und $m_{pv☾} = -12^m.67 \pm 0^m.04$. Daraus folgt $M_{pv\odot} = +4^M.88$. Loh.

6011. **W. O. Roberts,** Solar research in the Rocky Mountains of U. S. A. RH **30** 71—76, 96—97, 100—102, 125—128, mit 11 Abb. (tschechisch).

6012. **W. W. Scharonow,** Die Sonne und ihre Beobachtung. Vgl. AJB **48** Ref. **6014**. — Besprechung in Priroda **38** Nr. 8 S. 98—99 (A. I. Ohl, russisch).

6013. **E. Selikowitsch,** Das Rätsel der Sonne. Taschkent, Staatsverlag der usbekischen Sowjetrepublik, 1949. 24 S. mit 9 Abb. Preis 60 Kop. (usbekisch).

6014. **M. Waldmeier,** Sonne und Erde. Vgl. AJB **45** Ref. **4103**. — Weitere Besprechung in Sternenwelt **1** 71 (W. Sandner).

6015. **R. H. Woodward,** A tentative model of the sun. J. Geophys. Res. **54** 387—396. — Zusammenfassende Darstellung der Erscheinungen in der Sonnenatmosphäre. Im Besonderen werden behandelt: das solare elektrische Feld, Photosphäre und Fackeln, Sonnenflecke, umkehrende Schicht und Chromosphäre, Protuberanzen und Flocculi, Korona, allgemeines Magnetfeld, Radiostrahlung, Herkunft der kosmischen Strahlung. Dazu: das elektrische Feld der Erde, Ionosphäre. Loh.

* * The orbit of Eros. Vgl. Ref. **7539**.

6016. Solar parallax from occultations. Sky and Telescope **8** 96. — Ref. AAS, Besprechung in JBAA **59** 163—164.

6017. The stellar magnitude of the sun. Sky and Telescope **8** 278. — Besprechung der Untersuchung von R. v. d. R. Woolley und S. C. B. Gascoigne in MN **108** 491. Vgl. AJB **48** Ref. **6018**.

6018. Die Sterngröße der Sonne. Sterne **25** 135. — Besprechung der unter AJB **48** Ref. **6018** zitierten Arbeit von R. v. d. R. Woolley, S. C. B. Gascoigne.

§ 61

Theorie, Rotation, Magnetfeld

6101. **W. J. Claas,** The partition function for the elements in the solar atmosphere. Kon. Nederl. Akad. Wetensch. Proc. **52** Nr. 5 S. 518—525, mit 2 Fig. — Die Verteilungsfunktion der Elemente in der Sonnenatmosphäre wird unter Berücksichtigung der störenden Wirkung von neutralen H-Atomen und von H-Ionen auf die höheren Quantenzustände berechnet, wobei sich der Einfluß der Ionen als der wichtigere erweist. Die Ergebnisse werden für vier verschiedene Temperaturwerte tabuliert. Kdr.

6102. **V. C. A. Ferraro, H. W. Unthank,** On the solar electric field engendered by the rotation of the Sun in its magnetic field. MN **109** 462—470. — Es wird gezeigt, daß die Äquipotentialflächen des elektrischen Feldes, das bei einem rotierenden magnetischen Stern infolge der Rotation zu erwarten ist, identisch sind mit den Flächen, die sich durch Rotation der magnetischen Kraftlinien um die Achse ergeben. Ferner werden das elektrostatische Potential und die Oberflächenladung, sowie das durch ihre Rotation entstehende zusätzliche Magnetfeld für die Sonne berechnet und als vernachlässigbar klein gefunden. Kdr.

6103. **W. G. Fessenkow,** Über die säkulare Veränderung der Sonnenmasse. DAN **64** 795—797 (russisch).

* * **S. E. Forbush, I. Lange,** Search for systematic variations in cosmic-ray intensity predicted on the basis of a permanent solar magnetic moment. Vgl. Ref. **12713.**

6104. **W. Grotrian,** Magnetfelder auf der Sonne. Forschungsarbeiten am Einsteinturm in Potsdam seit 1941. Forschungen und Fortschritte **25** 280—282.

6105. **J. Houtgast,** Shock waves in the solar atmosphere. Relations entre les phénomènes solaires et géophysiques. Colloques internationaux de Lyon, Septembre 1947. Paris, Editions de la Revue d'Optique, 1949. 10 S. mit 3 Abb. — Nach einigen allgemeinen Ausführungen über Stoßwellen zeigt Verf. an mehreren Beispielen (Korona, Protuberanzen), daß solche Wellen für die Sonnenphysik von Bedeutung sein dürften. Die Kompliziertheit der Sonnenphänomene führt allerdings vorerst nur zu provisorischen, qualitativen Resultaten. Kdr.

6106. **M. A. Pomerantz, M. S. Vallarta,** On the low energy spectrum of primary cosmic radiation and the sun's magnetic dipole moment. Phys. Rev. **76** 1889—1890, mit 2 Fig. — Aus Beobachtungen der Vertikalintensität in Swarthmore (52° geomagn. N.) und Fort Churchill (69° geogmagn. N.) wird in Verbindung mit der These von Dwight geschlossen, daß das magnetische Dipolmoment der Sonne im August 1949 nicht 10^{34} sondern nur $0{,}6 \times 10^{33}$ Gauss cm^3 betrug. Es besteht der Verdacht, daß das solare Magnetfeld veränderlich ist. Loh.

6107. **W. W. Radsijewskij,** Über die Ursache der äquatorialen Beschleunigung der Sonne. DAN **67** 807—810 (russisch).

* * **B. M. Rubaschew,** Der Zusammenhang zwischen der Entstehung der Sonnenflecke und dem Magnetfeld der Sonne. Vgl. Ref. **6341.**

6108. **D. Saxon,** The neutrinos from the sun and the source of the earth's heat. Phys. Rev. **76** 986. — Solare Neutrinos dürften keinen wesentlichen Beitrag zur Erdwärme liefern.

6109. **M. Schwarzschild,** The energy source in the interior of the sun. Astr. Soc. Pacific Leaflet Nr. 249, 7 S.

6110. **P. A. Sweet,** The Sun's general magnetic field. MN **109** 507—516, mit 1 Fig. — Verf. untersucht die Auswirkungen großräumiger Konvektionsströme und der differentiellen Rotation auf das allgemeine Magnetfeld der Sonne. Frühere Ergebnisse von Cowling und Ferraro werden unter etwas verallgemeinerten Bedingungen abgeleitet, wobei besonders der Einfluß des Hall-Effekts Berücksichtigung findet. Kdr.

6111. **G. Thiessen,** Visuelle Messungen des Magnetfeldes der Sonne. Himmelswelt **56** 139—140. — Ref. AG.

6112. **G. Thiessen,** The sun's magnetic field. Obs **69** 228. — Die vom Verf. früher benutzte visuelle Interferenzmethode zum Nachweis eines allgemeinen Magnetfeldes der Sonne wurde auf ein lichtelektrisches Verfahren umgestellt. Vorläufige Ergebnisse werden mitgeteilt. Micz.

6113. **G. Thiessen,** Visuelle Untersuchung des allgemeinen Magnetfeldes der Sonne. ZfA **26** 16—30, mit 6 Abb. = Mitt. Sternw. Hamburg-Bergedorf **21** Nr. 208. — Es wird über die Methode und die Ergebnisse der Untersuchung des allgemeinen solaren Magnetfeldes am 60 cm Refraktor der Hamburger Sternwarte in den Jahren 1947/48 berichtet. Zur Beobachtungszeit hat kein Feld in der von Hale angegebenen Richtung mit einer Polfeldstärke > 5 Gauss existiert; es war vielmehr ein sehr schwaches Feld von umgekehrter Richtung angedeutet. Verf.

6114. **J. Tuominen,** On the appearance of vortex movements in the sun. Proc. K. Nederl. Akad. Wet. **52** 747—759, mit 2 Fig. = Med. Labor. Aero- en Hydr. Delft Nr. **62** = Veröff. Astr. Obs. Helsinki. — Die allgemeinen Bewegungsgleichungen der rotierenden Sonne werden daraufhin untersucht, ob in Verbindung mit der differentiellen Rotation Abweichungen von der allgemeinen rotationssymetrischen Bewegung möglich sind. Unter starker mathematischer Vereinfachung des Problems wird gezeigt, daß in einer dünnen äußeren Schicht gewisse Schwingungsbewegungen auftreten können. Kdr.

6115. Magnetic field of the sun. Nature **163** 165. — Besprechung der Arbeit von S. Chapman in MN **108** 236, 1948. Vgl. AJB **48** Ref. **6105**.

6116. No general magnetic field on the sun. Publ ASP **61** 274. — Kurze Mitteilung auf Grund von Beobachtungen der primären kosmischen Strahlung.

§ 62

Sonnenfinsternisse

6201. **Sonnenfinsternis 1936 Juni 19**

A. A. Michajlow, Die Beobachtung des Einsteineffektes während der Sonnenfinsternis vom 19. Juni 1936. Vgl. Publikationen (Trudy) der Expedition zur Beobachtung der Sonnenfinsternis vom 21. September 1941; S. 337—351. Ref. **6202**.

S. K. Wsechswjatskij, I. I. Iljinskij, Bestimmung der Verbesserungen der Mondkoordinaten aus Aufnahmen der partiellen Phasen der Sonnenfinsternis vom 19. Juni 1936. Vgl. Publikationen (Trudy) der Expedition zur Beobachtung der Sonnenfinsternis vom 21. September 1941; S. 266—336. Ref. **6202**.

6202. **Sonnenfinsternis 1941 Sept. 21**

Y. Fujita, Über die totale Sonnenfinsternis am 21. September, 1941. Spektralphotometrie der Korona mit einem spaltlosen Spektrographen. I. JJAG **20** 83—100, mit 15 Abb., 1943 = Tokyo Astr. Obs. Repr. Nr. **36**. — Nach Beschreibung eines spaltlosen Spektrographen zur Photometrie der Sonnenkorona wird die Intensität der grünen Koronalinie λ 5303 während der Finsternis 1941 September 21 auf zwei verschiedenen photometrischen Wegen bestimmt. Micz.

O. A. Melnikow, Vergleichende Untersuchung des Chromosphärenspektrums zweier Sonnenfinsternisse (21. September 1941 und 9. Juli 1945). Pulkowo Mitt. **18** Nr. 1 (142) S. 39—46 (russisch).

W. W. Scharonow, Bericht der photometrischen Expedition des Astronomischen Observatoriums der Staatsuniversität Leningrad über die Beobachtung der totalen Sonnenfinsternis vom 21. September 1941. Abh. Shdanow-Staatsuniv. Leningrad Nr. 132 (Math. Wiss. Nr. 20, Astr.) S. 3—6 = Publ. Astr. Obs. Leningrad 14 3—6 (russisch). — Allgemeinere Mitteilung.

W. W. Scharonow, Messungen der Integralhelligkeit der Sonnenkorona am 21. September 1941. Abh. Shdanow-Staatsuniv. Leningrad Nr. 132 (Math. Wiss. Nr. 20, Astr.) S. 37—77, mit 4 Abb. = Publ. Astr. Obs. Leningrad 14 37—77 (russisch). — Die von der Korona ausgeübte visuelle Beleuchtung betrug 0,0671 Lux.

W. W. Scharonow, Kolorimetrische Beobachtungen des Sonnenlichtes und der Sonnenkorona während der Sonnenfinsternisse von 1941 und 1945. Abh. Shdanow-Staatsuniv. Leningrad Nr. 132 (Math. Wiss. Nr. 20, Astr.) S. 139—152, mit 4 Abb. = Publ. Astr. Obs. Leningrad 14 139—152 (russisch). — Aus kolorimetrischen Beobachtungen wurden die Farbtemperaturen der Sonne während der partiellen und totalen Phasen ermittelt. Die Farben von Sonne (vor der Finsternis) und Korona (während der Totalität) unterschieden sich nicht. Loh.

N. N. Sytinskaja, Absolute Oberflächenphotometrie und -kolorimetrie der inneren Korona während der Sonnenfinsternis vom 21. September 1941. Abh. Shdanow-Staatsuniversität Leningrad Nr. 132 (Math. Wiss. Nr. 20, Astr.) S. 7—27, mit 3 Abb. und 4 Tafeln = Publ. Astr. Obs. Leningrad 14 6—27 (russisch). — Bericht über den Verlauf der Isophoten im photographischen, isochromen und photovisuellen Licht. Loh.

N. N. Sytinskaja, Absolute Photometrie des Himmelsgewölbes während der totalen Phase der Sonnenfinsternis vom 21. September 1941. Abh. Shdanow-Staatsuniv. Leningrad Nr. 132 (Math. Wiss. Nr. 20, Astr.) S. 28—36, mit 2 Abb. = Publ. Astr. Obs. Leningrad 14 28—36 (russisch). — Mit sechs Kameras wurden am geophysikalischen Observatorium von Alma-Ata während der Totalität auf Isochromplatten Aufnahmen zur Photometrierung des Sonnenvertikals gemacht. Die Helligkeitszunahme vom Zenit zum Horizont verlief unsymmetrisch. Horizontaufnahmen, auch von höher gelegenen Punkten der Umgebung zur Photometrie des «rötlichen Ringes» konnten nur in einem 110° großen Azimutintervall (Süd bis West) erhalten werden. Die Himmelshelligkeit war in 4° Höhe am größten. Loh.

Publikationen (Trudy) der Expeditionen zur Beobachtung der Sonnenfinsternis vom 21. September 1941. Herausgegeben von W. G. Fessenkow. Moskau-Leningrad, Verlag Akad. Wiss. UdSSR, 1949. 367 S. mit Abb. und 1 Tafel. Preis 26 R. 50 Kop. (russisch). — Enthält folgende Beiträge:

W. G. Fessenkow, Die Beobachtung der totalen Sonnenfinsternis vom 21. September 1941, S. 3—10.

W. G. Fessenkow, Die strukturellen Formen der Sonnenkorona am 21. September 1941, S. 11—14.

G. Moshar, Die Änderung der meteorologischen Elemente während der totalen Sonnenfinsternis, S. 15—17.

W. F. Litwinow, Die Änderung der Dichte der leichten Ionen während der totalen Sonnenfinsternis vom 21. September 1941, S. 18—22.

N. N. Sytinskaja, Über die Quellen der Himmelshelligkeit und die Landschaftsbeleuchtung während der totalen Phase der Sonnenfinsternis, S. 23—25.

N. G. Gussew, Bestimmung der Verbesserungen der Mondkoordinaten aus Beobachtungen der Expedition des TAO in Ksyl Orde, S. 26—39.

N. N. Sytinskaja, Integralphotometrie der Sonnenkorona am 21. September 1941 in verschiedenen Spektralbereichen, S. 40—42.

W. W. Nikonow, Radiometrische Beobachtungen der Sonnenkorona während der totalen Sonnenfinsternis am 21. September 1941, S. 43—78.

N. I. Tschudowitschew, Elektrophotometrie der Sonnenkorona während der totalen Sonnenfinsternis am 21. September 1941, S. 79—92.

I. M. Ischtschenko, Allgemeine Photometrie der Sonnenkorona am 21. September 1941, S. 93—99.

W. W. Scharonow, Helligkeit und Farbe der Sonnenkorona während der totalen Sonnenfinsternis vom 21. September 1941, S. 99—104.

G. A. Tichow, Die Hauptergebnisse der Beobachtungen der Sonnenfinsternis vom 21. September 1941 am Vierfachkoronographen, S. 105—116.

E. J. Bugoslawskaja, Die Struktur der Sonnenkorona am 21. September 1941, S. 117—144.

E. J. Bugoslawskaja, Vergleich photographischer Aufnahmen der Sonnenkorona vom 21. September 1941 im allgemeinen Licht mit den Beobachtungen in der grünen ($\lambda = 5303$ Å) und roten ($\lambda = 6374$ Å) Linie, S. 144—149.

E. J. Bugoslawskaja, M. S. Selzer, A. W. Markow, Das nördliche Polargebiet der Korona und Chromosphäre am 21. September 1941, S. 150—153.

M. S. Selzer, A. W. Markow, Photometrie der polaren Chromosphäre und der inneren Korona nach Negativen der totalen Sonnenfinsternis vom 21. September 1941, S. 154—182.

W. G. Fessenkow, Die äußere Sonnenkorona während der Sonnenfinsternis am 21. September 1941, S. 183—185.

M. A. Waschakidse, Untersuchung der Polarisation der während der totalen Sonnenfinsternis 1941 beobachteten Sonnenkorona, S. 186—207.

D. J. Martynow, Die totale Sonnenfinsternis vom 21. September 1941. Absolute Spektralphotometrie der H_β- und D_3-Linie im Spektrum einer Protuberanz, S. 208—237.

W. A. Krat, Das ultraviolette Spektrum der umkehrenden Schicht und der Chromosphäre, S. 238—261.

A. A. Kalinjak, Bestimmung der Breite der grünen Koronalinie 5303 Å mit Hilfe eines Interferometers während der Sonnenfinsternis vom 21. September 1941, S. 352—363.

6203. Sonnenfinsternis 1943 Febr. 5

Y. Fujita, Observation of limb spectra of the sun with a slitless spectrograph. Report of the solar eclipse of February 5, 1943 at Hokkaido. Publ. Astr. Soc. Japan 1 23—30, mit 4 Fig. = Tokyo Astr. Obs. Repr. Nr. 48. — Aus spektralphotometrischen Messungen anläßlich der totalen Sonnenfinsternis 1943 Februar 5 wird die Mitte-Rand-Variation der Sonnenstrahlung des Wellenlängenbereichs λ 5200 — λ 5800 für $0{,}133 < \cos\vartheta < 0{,}467$ ermittelt und mit anderweitigen Bestimmungen einschließlich theoretischer verglichen. Aus Intensitätsmessungen von Mg I λ 5183 in Abhängigkeit von $\cos\vartheta$ wird die Abhängigkeit von $\varkappa_\lambda + \sigma_\lambda/\varkappa$ von der optischen Tiefe zwischen $\tau = 0{,}05$ und $\tau = 0{,}95$ bestimmt. Micz.

6204. Sonnenfinsternis 1945 Juli 9

H. Alfvén, Results from observations of the total solar eclipse of 1945, July 9. II. Photoelectric intensity measurements of the corona and the sun during the eclipse. Stockholms Obs. Ann. **15** Nr. 6, 10 S. mit 5 Fig.

T. M. Antipenko, Bestimmung der Integralhelligkeit und der Farbe der Korona im Jahr 1945 auf photographischem Wege. Abh. Shdanow-Staatsuniv. Leningrad Nr. **132** (Math. Wiss. Nr. **20**, Astr.) S. 153—158 = Publ. Astr. Obs. Leningrad **14** 153—158 (russisch). — Mit zwei Lochkameras und sektorenförmig vor den photographischen Platten angeordneten Farb- und Graufiltern wurde die von der Korona herrührende Beleuchtung aus dem Beleuchtungsunterschied (Korona + Himmel) — Himmel abgeleitet. Ein späterer Vergleich mit dem Vollmondlicht ergab als Beleuchtungsverhältnisse Korona: Mond im Visuellen bzw. Photographischen 0,25 bzw. 0,44. Loh.

O. M. Gromowa, Der rötliche Ring und seine Beobachtung während der Sonnenfinsternis vom 9. Juli 1945. Abh. Shdanow-Staatsuniv. Leningrad Nr. **132** (Math. Wiss. Nr. **20**, Astr.) S. 117—138, mit 7 Abb. = Publ. Astr. Obs. Leningrad **14** 117—138 (russisch). — Geometrische Betrachtungen zur Theorie des sich längs des Horizontes hinziehenden «rötlichen Ringes» und Bericht über photometrische Messungen. Loh.

N. L. Iwanowa, Photometrische Beobachtungen der Sonnenkorona, ausgeführt am 9. Juli 1945 im Dorf Domoshirowo des Leningrader Gebiets. Abh. Shdanow-Staatsuniv. Leningrad Nr. **132** (Math. Wiss. Nr. **20**, Astr.) S. 177—183 = Publ. Astr. Obs. Leningrad **14** 177—183 (russisch). — Die Beobachtungen wurden von mehreren Teilnehmern der Expedition mit zwei Keilphotometern und drei Lochkameras ausgeführt. Die visuelle Beleuchtung durch die Korona ergab sich zu 0,084 Lux, für das Beleuchtungsverhältnis Korona : Sonne folgte $6{,}3 \times 10^{-7}$. Loh.

G. Järnefelt, H. A. Alikoski, P. Kustaanheimo, Photometry of a part of the solar corona during the total eclipse on 9th July 1945. Ann. Acad. Sci. Fennicae (A) Math.-Phys. Nr. **48**, 48 S. mit 10 Fig. = Veröff. Astr. Obs. Helsinki. — Zwei photographische Aufnahmen, eine im gelben Licht (5000—5600 AE), die andere in rotem Licht (6000—6400 Å), welche simultan mit zwei Refraktoren erhalten wurden, wurden photometriert. Der wahren Korona-Intensität überlagert ist das diffuse Himmelslicht und ein Halo-Effekt, der durch die Aufnahmeapparatur bedingt ist. Unter der Voraussetzung, daß der Halo-Effekt außerhalb des Abstandes 0.5 bzw 0.75 Radien vom Sonnenrand unbedeutend wird, und unter Benutzung der Öhman'schen wahren Korona-Intensität in äquatorialer Richtung zur Streulichtbestimmung, werden Isophoten für beide Wellenlängenbereiche gezeichnet. Thi.

W. Krat, Das Spektrum der Sonnenkorona vom 9. Juli 1945. Pulkowo Mitt. **18** Nr. 1 (142) S. 30—38 (russisch).

K. G. Malmquist, The Uppsala Observatory expeditions to North Sweden for studying the total solar eclipse of July 9, 1945. Part I. The general programme and organisation of the Uppsala eclipse expeditions. Kungl. Svenska Vet. Handl. (4) **1** Nr. 3, 4 S. mit 2 Fig. = Uppsala Astr. Obs. Ann. **3** Nr. 1. — Es wird das Programm und die Organisation der von der Sternwarte Uppsala veranstalteten zwei Expeditionen zur Beobachtung der totalen Sonnenfinsternis 1945, Juli 9 nach Nordschweden beschrieben.

O. A. Melnikow, Vergleichende Untersuchung des Chromosphärenspektrums zweier Sonnenfinsternisse (21. September 1941 und 9. Juli 1945). Pulkowo Mitt. **18** Nr. 1 (142) S. 39—46 (russisch).

N. S. Orlowa, Helligkeits- und Farbmessungen des Himmels im Vertikal der Sonne während der totalen Phase der Sonnenfinsternis vom 9. Juli 1945. Abh. Shdanow-Staatsuniv. Leningrad Nr. **132** (Math. Wiss. Nr. **20**, Astr.) S. 105—116, mit 4 Abb. = Publ. Astr. Obs. Leningrad **14** 105—116 (russisch). — Aus Aufnahmen an sechs Kameras (1 : 4.5; 13.5 cm) wurden in zwei Farben (λ_e = 4600 Å bzw. 6800 Å) Helligkeiten und Farben in vielen Punkten des Vertikals der Sonne abgeleitet. Loh.

W. W. Scharonow, Bericht der photometrischen Expedition der Leningrader Staatsuniversität des Orden Lenins über die Beobachtung der Sonnenfinsternis vom 9. Juli 1945. Abh. Shdanow-Staatsuniv. Leningrad Nr. **132** (Math. Wiss. Nr. **20**, Astr.) S. 78—86 = Publ. Astr. Obs. Leningrad **14** 78—86 (russisch). — Mitteilungen organisatorischen Charakters über Aufgaben und Teilnehmer der Expedition, Auswahl der Beobachtungsorte, Wetterverhältnisse und Durchführung der Arbeiten. Loh.

W. W. Scharonow, Kolorimetrische Beobachtungen des Sonnenlichtes und der Sonnenkorona während der Sonnenfinsternisse von 1941 und 1945. Vgl. Ref. **6202**.

N. N. Sytinskaja, Aufbau und Helligkeit der Sonnenkorona am 9. Juli 1945. Abh. Shdanow-Staatsuniv. Leningrad Nr. **132** (Math. Wiss. Nr. **20**, Astr.) S. 87—104, mit 5 Abb. und 2 Tafeln = Publ. Astr. Obs. Leningrad **14** 87—104 (russisch). — Aus drei photographischen Aufnahmen wurden die Isophoten der Korona abgeleitet.

A. Wallenquist, The Uppsala Observatory expeditions to North Sweden for studying the total solar eclipse of July 9, 1945. Part II. The distribution of light in the solar corona of July 9, 1945 determined on the basis of plates secured at Bjuröklubb. Kungl. Svenska Vet. Handl. (4) 1 Nr. 3, 13 S. mit 6 Fig. und 1 Tafel = Uppsala Astr. Obs. Ann. 3 Nr. 1. — Es wird die Form und die Lichtverteilung der Korona während der totalen Sonnenfinsternis 1945, Juli 9 nach Aufnahmen der Expedition der Sternwarte Uppsala nach Nordschweden mitgeteilt. Micz.

O. P. Wassiljanowskaja, Bestimmung der Integralhelligkeit der Korona und der Himmelshelligkeit bei der Sonnenfinsternis vom 9. Juli 1945. Abh. Shdanow-Staatsuniv. Leningrad Nr. **132** (Math. Wiss. Nr. **20**, Astr.) S. 159—176 = Publ. Astr. Obs. Leningrad **14** 159—176 (russisch). — Die photometrischen Beobachtungen wurden von mehreren Teilnehmern der Expedition mit einem Luxmeter und drei Keilphotometern ausgeführt. Die Beleuchtung durch die Korona betrug 0,074 Lux, das Beleuchtungsverhältnis Korona : Sonne $5{,}5 \times 10^{-7}$. Loh.

6205. Sonnenfinsternis 1947 Mai 20

J. Hargreaves, Observations of the total solar eclipse at Araxa, Brazil, 1947 May 20. J RAS Canada **43** 229—236, mit 3 Fig.

R. A. Richardson, E. O. Hulburt, Solar illumination and zenith sky brightness during the total solar eclipse of May 20, 1947. J. Geophys. Res. **54** 229—238, mit 5 Fig. — Während der partiellen Phasen wurde die Sonnenhelligkeit mit einem visuellen Illuminometer, die Helligkeit des Zenithimmels mit einem photoelektrischen Photometer gemessen. Die solare Illumination betrug vor und nach der Finsternis etwa 5700 Fußkerzen, zur Zeit der Totalität nur 0,037. Loh.

6206. Sonnenfinsternis 1948 Mai 8—9

W. W. Borissow, Die partielle Sonnenfinsternis vom 9. Mai 1948. Bull. Astr.-Geod. Ges. UdSSR Nr. **6** (**13**) S. 28—31 (russisch).

K. Osawa, A note on the effect of the solar eclipse upon the terrestrial ionosphere. TAB (2) Nr. **20** S. 157—158, mit 3 Fig.

C. Sugawa, Cinematographic observation of the annular solar eclipse of May 9, 1948. Publ. Astr. Soc. Japan **1** 99—100.

Sky and Telescope **8** 165. Operation eclipse : 1948.

Tokyo Astr. Obs. Repr. Nr. **39**. Provisional reports of observations of the annular eclipse on May 9, 1948 by the members of the Tokyo Astronomical Observatory. — Inhalt: M. Torao, Report of observation for solar eclipse 1948, S. 2. H. Hirose, Y. Sato, Preliminary report of contact observations, S. 3. S. Kaho, Photographic observations of partial phases of the annular eclipse on May 9th, 1948, S. 4. K. Osawa, Provisional report of the measurement of the distribution of brightness near the solar limb, S. 5—6, mit 1 Fig.

6207. Sonnenfinsternis 1948 Nov. 1

W. N. Christiansen, D. E. Yabsley, B. Y. Mills, Eclipse observations of solar radiation at a wave-length of 50 cm. Nature **164** 569—570, mit 2 Fig. — Vorläufige Mitteilung.

M. Waldmeier, Beobachtungen der Korona während der Sonnenfinsternis vom 1. November 1948. ZfA **26** 1—6, mit 4 Abb. = Astr. Mitt. Sternw. Zürich Nr. **158**. — Es werden die am Finsternistag mit dem Koronagraphen des Observatoriums Arosa erhaltenen Beobachtungen an den Emissionslinien 5303 und 6374 Å mitgeteilt. Verf.

Himmelswelt **56** 142. Die Sonnenfinsternis vom 1. November 1948. — Finsternisexpedition zur Bestimmung genauer Mondörter.

JBAA **59** 61, mit 6 Fig. H. T. Burgers.

PAT **30** 75. Solförmörkelsen den 1 november 1948.

6208. Sonnenfinsternis 1949 April 28

H. d'Halluin, L'éclipse de soleil du 28 avril 1949. Ciel et Terre **65** 297—298.

F. Koebcke, Photoelectric observations of the partial eclipse of 1949 April 28. Bull. Soc. Amis Sci. Lettres Poznań (B) **10** 209—212, mit 2 Fig. = Poznań Repr. Nr. 18.

M. Laffineur, R. Michard, J.-L. Steinberg, S. Zisler, Observations radioélectriques de l'éclipse de soleil du 28 avril 1949. CR **228** 1636—1637.

J. Prochazka, Observations de l'éclipse de Soleil du 28 avril 1949. BAC **1** 152.

J. Rouch, Observations du champ électrique de l'atmosphère pendant l'éclipse de soleil du 28 avril 1949. CR **228** 1547—1549, mit 1 Fig.

BAB **4** Nr. 4 S. 62—63. Eclipse partielle de Soleil du 28 avril 1949. J. Warzée, L. de Clerck, J. Hunaerts, G. Coutrez, L. Neven, A. Velghe, J. Biezemans, D. de Potter, J. Dommanget. — Beginn und Ende der Finsternis.

BSAF **63** 161—164, mit 1 Fig. L'éclipse partielle de soleil du 28 avril 1949. — Berichte über Beobachtungen.

BSAF **63** 209—210. Berichte über Beobachtungen.

Gaz astr **31** 47—48. W. de Kort. — Beobachtungen in Ste Mariaburg.

Hemel en Dampkring **47** 50—53, mit 3 Fig. Koordemetingen tijdens de gedeeltelijke zonsverduistering op 28 April 1949. — Anweisung für Sehnenmessungen bei Sonnenfinsternissen. Gü.

Hemel en Dampkring **47** 119, mit 1 Abb. De gedeeltelijke zonsverduistering van 28 April 1949.

Himmelswelt **56** 175. F. Kaiser. — Beobachtung des letzten Kontaktes in Wiesbaden.

NAZ **3** 11. F. Kaiser. — Beobachtung in Wiesbaden.

NAZ **3** 15. Becker, Krüger, Neis. — Beobachtung in Hannover.

NAZ **3** 19. W. Malsch. — Beobachtung in Karlsruhe.

NAZ **3** 30. F. Koch, W. Hänig, Jackisch, Paschedag, Weidner. — Beobachtung in Leipzig.

Sterne **25** 43. Partielle Sonnenfinsternis 1949 April 28. — Beobachtung in Hannover.

6209. Sonnenfinsternis 1950 September 12

A. A. Michajlow, Die Sonnenfinsternis vom 12. September 1950. AJ UdSSR **26** 162—164, mit 1 Tafel (russisch). — Vorausberechnung.

6210. Tracks of total solar eclipses in 1952, 1953, 1954. US Naval Obs. Circ. Nr. 1, 3 S.

6211. Tracks of total solar eclipses in 1955, 1956, 1957. US Naval Obs. Circ. Nr. 2, 2 S.

6212. Bestämning av kontakttiderna vid totala solförmörkelser. PAT **30** 75—76.

§ 63

Flecke, Fackeln

6301. **H. D. Babcock**, Some transient features of a sunspot spectrum. Publ AAS **10** 4—5, 1940. — Ref. AAS.

6302. **J. W. Broxon**, Magnetic moments of sunspots. Phys. Rev. **75** 349. — Ref. Am. Phys. Soc.

6303. **J. W. Broxon**, Magnetic moments of sunspots. Phys. Rev. **75** 606—611, mit 3 Fig. — Nach Betrachtung genäherter Darstellungen der Magnetfelder von Sonnenflecken durch Dipole oder Ringströme werden Ausdrücke für das magnetische Moment eines Sonnenflecks in Abhängigkeit von seiner Fläche und maximalen zentralen magnetischen Feldstärke abgeleitet. Diese werden, um Sonnenfleckengruppen einzuschließen, erweitert und es wird eine Funktion (SS-MM) als arithmetische Summe der Äquivalentmomente aller sichtbaren Fleckengruppen definiert, die für statistische Zwecke besonders vorteilhaft ist. Loh.

* * **J. W. Broxon,** Relation of the cosmic radiation to sunspot magnetic moments. Vgl. Ref. 12708/09.

6304. **K. Brunnckow, W. Grotrian,** Über die zeitliche Änderung der magnetischen Feldstärke von Sonnenflecken im Laufe eines Tages. ZfA **26** 313—324, mit 13 Abb. = Mitt. Astrophys. Obs. Potsdam Nr. **26**. — Besprechung in Sternenwelt **2** 112. — Die Meßergebnisse von Serienaufnahmen der magnetischen Feldstärken von fünf Sonnenflecken im Jahre 1948 werden mitgeteilt. Es ergibt sich, daß auch ruhige Flecken im Laufe eines Tages Änderungen der Feldstärke im Betrage von 20 bis 30 Gauss pro Stunde zeigen. Kurzzeitige Schwankungen mit größeren Änderungsgeschwindigkeiten sind angedeutet, übersteigen aber die Fehlergrenze zu wenig, um als sichergestellt gelten zu können. Verf.

6305. **V. Bumba,** Influence de l'activité solaire sur le nombre des observations de météores, de traînées météoriques et de chutes météoritiques. BAC **1** 93—95, mit 3 Fig.

6306. **K. C. Chadha,** Sunspots and cosmic ray intensity. Current Science **18** Nr. 6 S. 202—203.

6307. **H. W. Clough,** An apparent earth-effect upon sunspot activity. Pop Astr **57** 122—125, mit 1 Fig.

6308. **A. Colacevich,** Sulla distribuzione delle macchie solari. Mem SA It (NS) **20** 117—122, mit 3 Fig. = Oss. e Mem. Oss. Astrofis. Arcetri Nr. **65** S. 49—56. — Die Arbeit behandelt die Abhängigkeit der Sonnenflecken von der heliographischen Breite während dreier elfjähriger Fleckenzyklen. Im einzelnen werden die Anzahl der Fleckengruppen, ihre Gesamtfläche und Lebensdauer als Funktion des Abstandes in heliographischer Breite vom monatlichen Mittelwert bestimmt. Ferner werden die Mittelwerte dieser Größen als Funktion der genannten Breitendifferenz gegeben. Micz.

6309. **A. F. Cook,** On the mathematical characteristics of sunspot-variations. J. Geophys. Res. **54** 347—354, mit 4 Fig. — Aufstellung neuer Beziehungen zur mathematischen Darstellung der Sonnenfleckentätigkeit von 1750 bis 1948.

6310. **J. F. Denisse,** Microwave solar noise and sunspot. AJ **54** 183. — Ref. AAS.

* * **O. W. Dobrowolskij,** Sonnenaktivität und Integralhelligkeit der Kometenköpfe. Vgl. Ref. 8007.

* * **J. Dufay,** Lumière zodiacale et activité solaire. Vgl. Ref. 8404.

6311. **M. S. Eigenson,** Über die Natur des gegenwärtigen hohen Standes der Sonnenaktivität. Bull. Kommission für Sonnenforschung Nr. **1** (**15**) S. 9—11 (russisch).

6312. **M. S. Eigenson, R. S. Gnewyschewa,** Die Extrema des laufenden 11-jährigen Sonnenfleckenzyklus. Bull. Kommission für Sonnenforschung Nr. **2** (**16**) S. 8 (russisch).

6313. **W. Gleissberg,** The predictability of the probable features of the sunspot cycles. ApJ **109** 321—326. — Beschreibung eines Verfahrens zur Vorhersage der Sonnenaktivität.

6314. W. Gleissberg, The probable behavior of the next sunspot cycle. ApJ **110** 90—92. — Besprechung in Sterne **26** 29. — Verf. sagt auf Grund einiger von ihm aufgestellter Wahrscheinlichkeitsregeln über die Sonnenfleckentätigkeit einige Eigenschaften des bevorstehenden neuen Zyklus voraus.

6315. W. Gleissberg, Note on the physical significance of Stewart's sunspot formula. ApJ **110** 94—95.

6316. W. Gleissberg, On the difference between Zürich and American sunspot numbers. Publ. Istanbul Univ. Obs. Nr. **35,** 3 S. — Die amerikanische Sonnenfleckenrelativzahl liegt seit Januar 1948 systematisch höher als die Züricher Relativzahl. Durch Vergleich mit der Fleckenfläche ergibt sich, daß diese Differenz durch eine Abweichung der amerikanischen Relativzahl von der ursprünglichen Züricher Skala bedingt ist, die sich selbst nicht geändert hat. Thi.

6317. W. Gleissberg, Formeln zur Sonnenfleckenprognose. Publ. Istanbul Univ. Obs. Nr. **36,** 13 S. (mit engl. Referat). — Es werden Formeln abgeleitet, die Wahrscheinlichkeitsaussagen von 90 bzw. 95% über den Verlauf eines Sonnenfleckenzyklus enthalten. Prognosen über die Zeit geringer Aktivität, die reduzierte Anstiegszeit und die Höhe des Maximums können gemacht werden, sobald das Maximum des vorhergehenden Zyklus vorüber ist. Für die Prognose über die reduzierte Abstiegszeit muß im vorhergehenden Zyklus die Relativzahl auf ¼ des Maximumwertes abgenommen haben. Thi.

6318. M. N. Gnewyschew, R. S. Gnewyschewa, Der Zusammenhang zwischen den Gesetzen von Schwabe-Wolf und Spörer. Bull. Kommission für Sonnenforschung Nr. **1** (**15**) S. 1—8 (russisch).

6319. R. S. Gnewyschewa, Katalog wiederkehrender Gruppen von Sonnenflecken in den Jahren 1933—1935. Pulkowo Publ. (2) **62** 203—215 (russisch).

6320. F. J. A. Göschl, Influence des positions des planètes sur l'activité solaire. Gaz astr **31** 117—120.

6321. W. Grotrian, H. Künzel, Statistische Untersuchung der täglichen Änderung der magnetischen Feldstärke von Sonnenflecken. ZfA **26** 325—333, mit 3 Abb. = Mitt. Astrophys. Obs. Potsdam Nr. **27.** — Auf Grund einer statistischen Bearbeitung des Beobachtungsmaterials der Mt. Wilson-Sternwarte für die Zeit von 1917—1924 wird gezeigt, daß die Häufigkeit der täglichen Änderungen der magnetischen Feldstärken der Sonnenflecken sich sehr gut durch die Überlagerung zweier Verteilungen mit mittleren täglichen Feldstärkeänderungen von 230 und 500 Gauß darstellen läßt. Die Ursache dieser Zweiteilung wird diskutiert. Verf.

6322. M. Kiessig, Die Verteilung der Flecken auf der Sonnenscheibe. Himmelswelt **56** 181—182, mit 2 Abb. — Die scheinbare Verteilung der Sonnenflecken ist infolge der perspektivischen Verkürzung nicht gleichmäßig über die sichtbare Sonnenscheibe. Verf. zeigt an Hand von Zählungen, daß außer der Perspektive noch andere Faktoren die Sichtbarkeit der Flecken nach dem Rand hin verschlechtern. Micz.

6323. I. G. Koltschinskij, Über die säkulare Veränderung der Sonnenaktivität. Bull. Kommission für Sonnenforschung Nr. **2** (**16**) S. 9—10 (russisch).

6324. M. Kopecký, Influences planétaires sur le Soleil V. BAC **1** 143—146, mit 1 Fig. — Variation der Sonnenfleckenflächen und Zahl der Sonnenflecken in der Nähe der Venuskonjunktionen. J. B.

6325. S. M. Kosik, Das allgemeine Aussehen des elfjährigen Sonnenfleckenzyklus. AJ UdSSR **26** 28—37, mit 5 Abb. (russisch). — Aus dem Zusammenhang zwischen der Form der Fleckenzyklen und den maximalen Fleckenrelativzahlen findet Verf. eine Schar von Normalkurven mit hohen, mittleren und niederen maximalen Fleckenrelativzahlen. Jede Normalkurve läßt sich stückweise durch 3 Gerade approximieren, wobei von Kurve zu Kurve die Neigungen der ansteigenden und mittleren Geraden verschieden, die der absteigenden aber gleich sind. Loh.

* * **L. Kresák,** On the connection between long-enduring meteor trains and changes of solar activity. Vgl. Ref. 8224.

6326. **H. Leinbach,** Equatorial acceleration of sunspots. Pop Astr 57 427—432. — Nach einer kurzen Beschreibung und Diskussion wird der Schluß gezogen, daß endgültige Schlüsse über die Ursache der äquatorialen Beschleunigung der Sonnenflecke noch nicht gezogen werden können. Loh.

6327. **F. Link, Z. Ceplecha,** Influences planétaires sur le Soleil II. BAC 1 61—62, mit 2 Fig. — Die Sonnenfleckenzahl ist systematisch kleiner oder größer in der Zeit der unteren bzw. oberen Konjunktion der Venus. Die Arbeit gibt eine kritische Prüfung dieses Effekts. J. B.

6328. **F. Link, M. Kopecký, J. Plechatý,** Influences planétaires sur le Soleil III. BAC 1 67—69, mit 1 Fig. — Eine Arbeit über den Effekt der Venuskonjunktionen auf die Sonnenflecken, Fackeln und Ca-Flocculi. J. B.

6329. **F. Link,** The influence of planets on our Sun. RH **30** 49—55, mit 5 Fig. (tschechisch).

6330. **M. Mayot,** La prévision des taches solaires. Vgl. AJB **47** Ref. **4319**. — Besprechung in Urania Barcelona **34** Nr. 220 S. 224.

6331. **A. P. Moissejew,** Die Abnahme der Sonnenaktivität. Priroda **38** Nr. 5 S. 37 (russisch).

6332. **A. P. Moissejew,** Über die Sichtbarkeit der Sonnenflecke mit unbewaffnetem Auge. Priroda **38** Nr. 7 S. 41—43 (russisch).

6333. **F. P. Morgan,** Observations of the rotations of sun-spots. J RAS Canada **42** 262—268, mit 1 Tafel, 1948. — Verf. teilt für eine Anzahl Flecken, die zwischen Dez. 1946 und Sept. 1947 am Projektionsschirm eines Sechszöllers beobachtet wurden, Rotationen mit und fügt einige Bemerkungen zur Deutung der Beobachtungen hinzu. Loh.

6334. **R. Müller,** Die Sonnentätigkeit der letzten Jahre. Sternenwelt **1** 184—185, mit 2 Abb.

6335. **H. W. Newton,** Reports on the progress of astronomy: Solar activity. Sunspots. MN **109** 246. — Bericht 1948.

6336. **H. W. Newton,** Observational aspects of the sunspot-geomagnetic storm relationships. MN Geophys Suppl **5** 321—335, mit 6 Fig.

6337. **M. Notuki,** A short note on an expression of sunspot activity and the relation between sunspots and eruptions. TAB (2) Nr. **13** S. 95.

6338. **A. I. Ohl,** Über die langfristige Prognose der Sonnenaktivität. Bull. Kommission für Sonnenforschung Nr. **1** (**15**) S. 17—22 (russisch).

6339. **A. I. Ohl,** Über die langfristige Prognose der Sonnenaktivität am Ende des laufenden und am folgenden 11-jährigen Zyklus. Bull. Kommission für Sonnenforschung Nr. **2** (**16**) S. 13—16 (russisch).

6340. **B. M. Rubaschew,** Über die Existenzmöglichkeit von Sonnenzyklen höherer Ordnung. Bull. Kommission für Sonnenforschung Nr. **2** (**16**) S. 31 —34 (russisch).

6341. **B. M. Rubaschew,** Der Zusammenhang zwischen der Entstehung der Sonnenflecke und dem Magnetfeld der Sonne. Priroda **38** Nr. 1 S. 59 (russisch).

6342. **H. B. Rumrill,** Some aspects of evolution in sun-spot cycles. Pop Astr **57** 378—382.

6343. **W. I. Sakiss,** Über die Ausdehnung der bipolaren Sonnenflecken-gruppen in Länge. Bull. Astr.-Geod. Ges. UdSSR Nr. **6** (**13**) S. 31—33 (russisch).

6344. **W. W. Scharonow,** Anleitung zur Klassifikation der Sonnen-fleckengruppen. Bull. Kommission für Sonnenforschung Nr. **3—4** (17—18) S. 21—24 (russisch).

6345. **A. H. Shapley,** Reduction of sunspot-number observations. Publ ASP **61** 13—21, mit 2 Fig. — Die Sonnenfleckenbeobachtungen der Sonnen-abteilung der AAVSO und verschiedener Observatorien (Mount Wilson, U. S. Naval Obs., Climax, Mt. Holyoke) von Dezember 1944 bis Dezember 1947 werden nach einem Vergleich mit den Züricher Fleckenrelativzahlen von Dez. 1944 bis Sept. 1945 in Anlehnung an ein von Wald diskutiertes Regressions-problem auf die Züricher Skala reduziert und für jeden Tag der 3 Jahre an-gegeben. Loh.

6346. **H. Siedentopf,** Die Entwicklung der Sonnentätigkeit seit dem letzten Minimum. Naturwiss. Rundschau **2** 61. — Monatsmittel der be-obachteten Relativzahlen 1944 bis 1948.

6347. **W. E. Stepanow,** Über die elektromagnetische Natur der Sonnen-flecke. Abh. Staatsuniv. Lwow **15** (Phys. Math., Nr. 4, Astr.) 45—77 (russisch).

6348. **H. T. Stetson,** Bursts of solar noise at 45 Mc accompanying large sunspots of 1947. Science **108** 354—355, 1948.

6349. **W. N. Sujkow,** Sonnenflocculi. Priroda **38** Nr. 11 S. 3—9 (russisch).

6350. **W. M. Tschernow,** Beobachtungen von Sonnenflecken ohne Fern-rohr. Bull. Astr.-Geod. Ges. UdSSR Nr. **5** (**12**) S. 14 (russisch). — Kurze Be-merkung über das erfolgreiche Beobachten von Sonnenflecken mit einer Lochkammer. Loh.

6351. **W. F. Tschistjakow,** Über den Aufbau der Sonnenfleckengruppen. Bull. Astr.-Geod. Ges. UdSSR Nr. **5** (**12**) S. 5—8 (russisch). — Kurze Statistik über den Aufbau und die Veränderungen von 480 Sonnenfleckengruppen nach Beobachtungen von 1946 Mai — 1947 November. Loh.

6352. **W. F. Tschistjakow,** Über Fälle kettenförmiger Anordnung von Sonnenflecken. Bull. Astr.-Geod. Ges. UdSSR Nr. **5** (**12**) S. 9—13, mit 4 Abb. (russisch). — Auf Grund von Beobachtungen in den Jahren 1946 und 1947 schließt Verf., daß eine kettenförmige, parallel zum Äquator verlaufende An-ordnung von Sonnenfleckengruppen zur Zeit hoher Fleckentätigkeit vorkommt und daß die Ketten durch den raschen Zerfall großer Fleckengruppen entstehen. Loh.

6353. **W. F. Tschistjakow,** Die Sonnentätigkeit in den vergangenen 350 Jahren. Bull. Astr.-Geod. Ges. UdSSR Nr. **7** (**14**) S. 14—17, mit 2 Abb. (russisch).

6354. **M. Waldmeier,** Tetrapolare Sonnenfleckengruppen. Experientia **5** 44. — Der primären Fleckengruppe entspricht eine solche an der Stelle $-\beta$, $\lambda + \pi$ und dieser wiederum eine solche am Ort β, $\lambda + \pi$. Es bilden somit die vier Gruppen β, λ $-\beta, \lambda$ $\beta, \lambda + \pi$ $-\beta, \lambda + \pi$ einen einzigen Störungsherd. Solche Herde werden als tetrapolare Störungsherde bezeichnet.

6355. **M. Waldmeier,** Die Sonnenaktivität im Jahre 1947. VJS Natur-forschenden Ges. Zürich **94** 15—28, mit 2 Abb. — Gibt die die Sonnenaktivität charakterisierenden Häufigkeitszahlen der Sonnenflecken, der photosphärischen Fackeln, der Protuberanzen und die Intensität der Koronalinie 5303 Å für das Jahr 1947.

Desgl. für 1948. VJS Naturforschenden Ges. Zürich **94** 166—179, mit 2 Abb.

6356. **M. Waldmeier,** Die Sichtbarkeitsfunktion der Sonnenfackeln. ZfA **26** 147—157, mit 1 Abb. = Astr. Mitt. Sternw. Zürich Nr. **159**. — Es wird gezeigt, daß die Sichtbarkeit der Fackeln ein Maximum bei 63° Abstand vom Sonnenzentrum aufweist. Die Abnahme der Sichtbarkeit zwischen 63° und dem Sonnenrand wird z. T. erklärt durch perspektivische Verkürzung und z. T. durch die Variation des Kontrastes der Fackeln, welcher beim Abstand 71° vom Sonnenzentrum am größten ist. Aus der Mitte-Rand-Variation des Kontrastes wird auf die Tiefenvariation der Ergiebigkeit der Fackelgebiete geschlossen, welche bei $\tau = 0.6$ den größten Überschuß über die Ergiebigkeit der ungestörten Photosphäre aufweist. Verf.

6357. Der Verlauf der Wolfschen Fleckenrelativzahlen von 1939 bis 1948. Bull. Astr.-Geod. Ges. UdSSR Nr. **7** (**14**) S. 12—14, mit 1 Abb. (russisch). — Monatsmittel von Beobachtungen der Sonnenabteilung der Moskauer Gruppe der Astr.-Geod. Ges. UdSSR.

6358. Bemerkung zur Mitteilung: «Zur Statistik der Züricher Sonnenfleckenreihe». Himmelswelt **56** 67.

6359. **Beobachtungen von Sonnenflecken**

Abh. Staatsuniv. Lwow **15** (Phys. Math., Nr. 4, Astr.) 23—27 (russisch). Die Sonnenfleckentätigkeit in den Jahren 1947—48. T. L. Mandrykina.

Anais do Observatório Astronómico da Universidade de Coimbra. Primeira Secção. Fenómenos solares. Tomo **10** 1938. Coimbra, 1947. 8 + 325 S. mit Tafeln. — Beob. 1938.

Astr. Mitt. Sternw. Zürich Nr. **156**, 13 S. mit 2 Abb. Die Sonnenaktivität im Jahre 1947. M. Waldmeier.

Desgl. 1948. Nr. **161**, 14 S. mit 2 Abb. M. Waldmeier.

BAC **1** 119—122. Observations solaires et ionosphériques. F. Link. — Beobachtungen auf der Sternwarte Ondřejov im ersten Halbjahr 1949. J. B.

Bol. Mensual Obs. Cartuja, Granada, 1947—1949. Estadistica de Actividad Solar. Estadistica de Manchas Solares. Enero de 1944 — Marzo de 1947. J. A. Burgos, A. Due. — Rotationen 1208—1251.

Bol. Mensual Obs. Ebro (A) **35** 1—3, 4—6. — Beobachtungen von Jan.—März, April — Juni 1947.

Bol. Astr. Madrid **3** Nr. 9 S. 33—62, mit 6 Fig. Actividad solar. Observaciones de manchas solares efectuadas en los Observatorios de Madrid, Valencia, Cartuja (Granada) y Ebro en 1947. E. Gullón.

BSAF **63** 27—29, 55, 92—93, 127, 158, 187, 239—240, 276—277, 312, 351—352, mit 14 Fig. L'activité solaire. Cartes synoptiques de la chromosphère et des taches. M. d'Azambuja. — Rotationen Nr. 1272—1285.

Bull. Obs. Astr. Univ. Belgrade **4** 33—34, 37—38, 41—42, 45—46, 1939. Activité des taches solaires aux mois de juin — décembre 1939. M. Protitch, M. Simić.

Bull. Obs. Astr. Univ. Belgrade **5** 6, 12—13, 15—16, 20—21, 24—25, 30, 1940. Activité des taches solaires aux mois de janvier — décembre 1940. M. Protitch.

Bull. Obs. Astr. Belgrade **14** 20—21, 38—39, 52—53, 68. Activité des taches solaires aux mois de janvier — décembre 1949. M. Protitch, M. Simić, V. Oskanjan.

Ciel et Terre **65** 43—48, 82—83, 120—121, 148—153, 179—181, mit 1 Fig., 221—223, 251—254, 287—292, 304—308. Observations des taches solaires. G. Coutrez. — Rotationen Nr. 1270—1285 vom 16. Aug. 1948 — 26. Okt. 1949.

Ciel et Terre **65** 141—147, mit 2 Fig. Les taches solaires en 1948. G. Coutrez.

Gaz astr **31** 48—49. Détermination du nombre de Wolf. W. de Kort, E. Michiels, L. Michiels.

Gaz astr **31** 101—104, mit 1 Fig. W. de Kort, E. Michiels. — Fleckenbeobachtungen 1949 Mai — Juli.

Istanbul Kandilli. Observations des taches solaires en 1948. Istanbul, 1949. 35 S. mit 2 Abb.

JBAA **59** 222—223. British Astronomical Association. Solar Section. F. J. Sellers. — Bericht.

J. Geophys. Res. **54** 64, 192, 300, 398. Provisional sunspot-numbers for October 1948 to September 1949. M. Waldmeier.

J. Geophys. Res. **54** 187—189, mit 1 Fig. Final relative sunspot-numbers for 1948. M. Waldmeier.

Kiew Circ. Nr. **22—23**, 14 S. (russisch). Die Sonnenaktivität September — Dezember 1948. S. K. Wsechswjatskij.

Mem SA It (NS) **20** 183—196, mit 4 Fig. = Oss. Astrofis. Catania Contr. Astrofis. Nr. **67**. L'attività del Sole nell' anno 1948. L. Taffara.

Mem SA It (NS) **20** 313—326 = Oss. Astr. Roma-Monte Mario Contr. Sci. Nr. **149**. Posizione eliografica, classifica ed area delle macchie solari durante il 1° semestre del 1948, secondo i rilievi fotografici giornalieri dell' Osservatorio astronomico di Roma. M. Cimino, G. Tarantini, T. Fortini, M. A. Giannuzzi.

MN **109** 481—484. Mean areas and heliographic latitudes of sunspots in the years 1943 and 1944. Royal Observatory, Greenwich.

Nature **163** 203—204. Giant sunspot and geomagnetic storm. — 1949 Jan. 16—29.

Nature **163** 241. Another big sunspot. — 1949 Febr. 1—4.

Obs **69** 74—75, mit 1 Fig. Solar notes. H. W. Newton.

Obs **69** 235—239, mit 2 Fig. Solar notes. H. W. Newton.

Orion Schaffhausen **2** 528, Nr. **23** S. 552, Nr. **24** S. 586, Nr. **25** S. 27. — Fleckenbeobachtungen 1948 Okt. — 1949 Sept.

Orion Schaffhausen **2** 551. Die Sonnenfleckenrelativzahlen für 1948. M. Waldmeier.

Orion Schaffhausen **2** 551—553. — Bemerkungen über Sonnenflecken 1946—1949.

Pop Astr **57** 101. Summary of sun-spot observations at Mount Holyoke College, 1948. A. H. Farnsworth.

Pop Astr **57** 103—104, 147, 198, 251, 302, 359, 413, 465, 523. Provisional relative sunspot numbers. — 1948 Nov. — 1949 Okt.

Publ ASP **61** 22—24, mit 1 Fig. = Mt. Wilson and Palomar Obs. Repr. Nr. 1. Sunspot activity during 1948. I. Whitney.

Publ ASP **61** 45—48, 100—104, 137—141, 191—194, 228—231, 263—266 = Mt. Wilson and Palomar Obs. Repr. Nr. **1**, **4**, **9**, **13**. Summary of Mount Wilson magnetic observations of sunspots for November 1948 — October 1949.

Pulkowo Publ. (2) **62** 5—202 (russisch). Katalog der Sonnentätigkeit 1940—1945. R. S. Gnewyschewa.

Pulkowo Publ. (2) **65**, 191 S. mit 2 Abb. (russisch). Katalog der Sonnentätigkeit 1946—1947. R. S. Gnewyschewa.

Quarterly Bulletin on Solar Activity Nr. **83—84**, July — December 1948.

RH **30** 217—218, mit 1 Fig. (tschechisch). Sonnentätigkeit im ersten Halbjahr 1949. Z. Ceplecha.

Service de prévision ionosphérique marine S **25—30**. Observations solaires en juillet — décembre 1948. 81 + 77 S. mit Abb.

Sky and Telescope **8** 219. — Aufnahme der Sonnenfleckengruppe 1947 März 10.

Sternenwelt **1** 21—22, mit 1 Abb. Die Sonnenfleckentätigkeit der letzten Monate. R. Müller. — 1947 Jan. — 1948 Aug.

Sternenwelt **1** 91, mit 2 Abb. Die Sonnentätigkeit der letzten Monate. R. Müller. — 1948 Nov. — 1949 Jan.

Taschkent Circ. Nr. 214—225. A. Merkulow, J. Slonim. — 1948 Dezember — 1949 November.

TAB (2) Nr. **13** S. 91—92, mit 1 Fig. Recent solar activity. M. Notuki, I. Semba, M. Ono, T. Oe. — 1941 Jan. — 1947 Dez.

TAB (2) Nr. **19** S. 143—151. Monthly Bulletin of solar phenomena, January — December, 1948. M. Notuki, I. Semba, I. Shimizu, M. Ono, K. Tanaka.

Tokyo Astr. Obs. Bull. Solar Phenomena **1** Nr. 1—2 S. 1—26. Sunspots, Ca flocculi and Hα prominences. January — June 1949. M. Notuki, I. Semba, I. Shimizu, M. Ono, T. Oe, Y. Tanaka, Y. Nojima, M. Miyazawa, Y. Yamamoto, T. Oki.

US Naval Obs. Circ. Nr. **3**, **4**, **6**. 16 + 16 + 16 S. Positions, areas, and counts of sunspots. January — October, 1948.

Veröff. Fraunhofer-Inst. Freiburg i. B. Sonnen-Zirkular Januar — Juni 1949. 28 + 32 + 30 + 28 + 28 + 32 S. mit Abb.

§ 64

Photosphäre, Spektrum

6401. **A. Adel,** Form of the solar energy curve between 8,5 μ and 12 μ. Publ AAS **10** 4, 1940. — Ref. AAS.

6402. **A. Adel,** Extension of the prismatic solar spectrum from 14 μ to 24 μ. Publ AAS **10** 244, 1942. — Ref. AAS.

6403. **C. W. Allen,** Centre-limb variations of Fraunhofer line-breadths and intensities. MN **109** 343—351, mit 3 Fig. — Von 20 zumeist schwachen Linien (Fraunhofer-Intensität 0) im blauen und violetten Teil des Sonnenspektrums werden Breiten, Äquivalentbreiten und Zentralintensitäten gemessen. Aus der beobachteten Mitte-Randvariation der Werte wird auf nicht-isotrope Turbulenz in der umkehrenden Schicht geschlossen. Die vertikale Turbulenzgeschwindigkeit beträgt 1.74 km/sec, die horizontale 2.79 km/sec. Die aus Wachstumskurven resultierende Turbulenz ist dagegen isotrop. Es wird angenommen, daß sich die neuen Beobachtungen auf eine Turbulenz großer Elemente (large-scale turbulence) beziehen. Bei der Diskussion der Mitte-Randvariation der Breiten, Äquivalentbreiten und Linientiefen konnte kein Unterschied zwischen Zonen am Äquator und an den Polen gefunden werden.

Micz.

6404. **H. D. Babcock, C. E. Moore,** The solar spectrum, λ 6600 — λ 13495. Vgl. AJB **48** Ref. **6401**. — Weitere Besprechung in BSAF **63** 192, Naturwiss. Rundschau **2** 476.

6405. **H. D. Babcock, C. E. Moore, M. F. Coffeen,** The ultra-violet solar spectrum, λλ 2935—3060. ApJ **107** 287—302 = Contr. Mt. Wilson Obs. Nr. **745**. — Vgl. AJB **48** Ref. **6402**. — Berichtigung in ApJ **110** 104. — Weitere Besprechung in Naturwiss. Rundschau **2** 476.

* * **Z. Bochníček,** On the determination of the colour temperature from the continuous spectrum. Vgl. Ref. **206**.

6406. **P. ten Bruggencate,** Beobachtungsergebnisse über die Mitte-Rand-Variation der Balmerlinien auf der Sonnenscheibe. Himmelswelt **56** 139. — Ref. AG.

6407. **P. ten Bruggencate, H. Gollnow, S. Günther, W. Strohmeier,** Die Mitte-Rand-Variation der Balmerlinien Hα - Hδ auf der Sonnenscheibe. ZfA **26** 51—78, mit 10 Abb. = Veröff. Univ.-Sternw. Göttingen Nr. **92**. — I. Die Beobachtungen: 1. Das Göttinger Turmteleskop. 2. Der Gitterspektrograph. 3. Aufnahme- und Auswertetechnik der Spektren. 4. Berücksichtigung des endlichen Auflösungsvermögens und der Gittergeister. 5. Die gemessenen Linienprofile, sowie deren Mitte-Rand-Variation als Funktion von cos ϑ. 6. Vergleich der Göttinger Messungen von Hα mit den Oxforder Messungen.

II. Vergleich zwischen Theorie und Beobachtung: 1. Allgemeine Voraussetzungen für eine Theorie der Linienflügel der Balmerlinien. 2. Berechnung der optischen Tiefen für das Kontinuum neben den Linien als Funktion von $\Theta = 5040/T$. 3. Die Linienabsorptionskoeffizienten und die optischen Tiefen τ_ν und x_ν. 4. Berechnung der Intensitätsverhältnisse I_ν/I_0. 5. Vergleich zwischen beobachteten und gerechneten Linienflügeln für $\sin\vartheta = 0{,}00$ und $\sin\vartheta = 0.98$. 6. Mitte-Rand-Variation und Durchsichtigkeit der Sonnenatmosphäre. 7. Bemerkungen über eine Verfeinerung der Theorie zur Beseitigung von Diskrepanzen zwischen den beobachteten und gerechneten Linienflügeln. Verf.

6408. **W. W. Carter,** Measurement of f-values in the iron spectrum with applications to solar and stellar atmospheres. Phys. Rev. **76** 962—966, mit 2 Fig. — Aus Intensitätsmessungen von Emissionslinien im elektrischen Ofen wurden relative f-Werte von 47 Fe I-Linien abgeleitet und daraus Wachstumskurven für Sonne und γ Cyg konstruiert. Die Streuung ist bei der Sonne wesentlich größer als bei γ Cyg. Sie wird durch einen systematischen Unterschied zwischen Linien von geraden und ungeraden niederen Termen hervorgerufen. Nach Messungen bei verschiedenen Drucken im Laboratorium scheint dieser Effekt reell zu sein und auf einen relativ hohen Druck in der Sonnenatmosphäre hinzuweisen. Loh.

6409. **H. E. Clearman,** The upper atmosphere studied from rockets. The ultraviolet solar spectrum. Aus: G. P. Kuiper, The Atmospheres of the Earth and Planets (Ref. **7030**), Kapitel **4** B S. 125—134. — Der in die V2-Rakete eingebaute Spektrograph wird ausführlich beschrieben. An zwei Tagen gelangen Aufnahmen des Sonnenspektrums bis etwa 2300 Å. Ein großer Reichtum an Linien ist vorhanden, die mit Hilfe eines Eisenspektrums als Linien von besonders zum Teil mehrfach ionisierten Fe, Mg und Si identifiziert wurden. Die Intensität des kontinuierlichen Spektrums liegt anscheinend unter der des schwarzen Körpers von effektiver Sonnentemperatur. A. Kopff

6410. **E. Durand, J. J. Oberly, R. Tousey,** Analysis of the first rocket ultraviolet solar spectra. ApJ **109** 1—16, mit 2 Fig. und 3 Tafeln. — Besprechung in Sterne **25** 132. — Auf zwei Raketenaufstiegen (V2) 1946/47 wurde das Sonnenspektrum zwischen 2200 Å und 2900 Å aufgenommen. Dem ausführlichen Linienverzeichnis zufolge erscheinen gewisse Multipletts von Fe I, Fe II, Si I und Mn II in großer Stärke. Drei Mg-Linien und eine Si-Linie haben ähnlich den H- und K-Linien große Breiten. Das Gebiet zwischen 2200 Å und 2300 Å konnte nicht durch atomare Linien erklärt werden. Vielleicht handelt es sich hierbei um molekulare terrestrische NO-Linien. Loh.

6411. **J. Evershed,** Further measures of the decrease of wave-length of solar lines. MN **109** 594—595. — In Fortsetzung der Mitteilung in MN **108** 347 (Vgl. AJB 48 Ref. **6407**) wird über weitere Wellenlängenmessungen von 11 Fe- und Ni-Linien berichtet. Gegenüber früheren Werten haben sich um 0,002 bis 0,007 Å niedrigere Wellenlängen ergeben. Zukünftige Messungen müßten zeigen, ob es sich dabei um Vorgänge handelt, die mit Zustandsänderungen der Sonnenatmosphäre (chromosphärische Turbulenz) verknüpft sind. Loh.

6412. **J. Evershed,** The central intensities of the Fraunhofer lines. Obs **69** 109—110.

6413. **R. G. Giovanelli,** The hydrogen spectrum of the Sun. MN **109** 298—323, mit 2 Fig. — Unter der Voraussetzung einer isothermen Chromosphäre mit $T = 2.5 \times 10^4$ °K wird die Intensität von Lα, Lβ, Lyman-Kontinuum und Hα berechnet. Bei Annahme kohärenter Streuung entsprechen die Zentralintensitäten von Lα und Lβ der Strahlung eines schwarzen Körpers von 1.16×10^4 °K. Das Lyman-Kontinuum hat eine um den Faktor 2×10^4 erhöhte Intensität gegenüber der Strahlung eines schwarzen Körpers von 6000° K.

Der Faktor wächst stark mit abnehmender Wellenlänge. Im Gegensatz zu Lα und Lβ soll es eine deutliche Mitte-Randvariation (Intensivierung) besitzen. Die Zentralintensität von Hα ergibt sich zu 0.19 in Einheiten des umgebenden Kontinuums. Abschließend wird auf notwendige Modifizierungen bei Annahme einer nicht-isothermen Atmosphäre eingegangen. Micz.

6414. **L. Goldberg, O. C. Mohler, R. R. McMath,** New solar lines in the spectral region 1.52—1.75 μ. ApJ **109** 28—41, mit 2.Fig. — Auf direkten Intensitätsregistrierungen des Sonnenspektrums zwischen 1.52 und 1.75 μ, erhalten mit einem Spektrometer und Cashmanzelle, werden Wellenlängen und Zentralintensitäten von fast 300 Linien bestimmt. Nahezu ein Drittel der Linien konnte identifiziert werden. Darunter von der Brackettserie des Wasserstoff das 3., 7. und 8. Serienglied. Micz.

6415. **J. Hunaerts,** Détermination de la température d'excitation et de l'abondance des molécules CN, CH, C_2, NH, et OH par l'analyse du spectre de Fraunhofer. Vgl. AJB **47** Ref. **4409**. — Besprechung in Urania Barcelona **34** Nr. 220 S. 225.

6416. **V. Kourganoff,** Sur la représentation empirique de la fonction source de la photosphère solaire. CR **228** 2011—2014. — Die bisher gebrauchte Näherungsdarstellung der monochromatischen Quellenfunktion $B_\lambda(\tau_\lambda)$ durch Polynome wird kritisiert und eine neue Näherungsformel angegeben, mit der eine etwas höhere Genauigkeit erzielt werden kann. Kdr.

6417. **W. Krat,** Theorie der Sonnenatmosphäre, II. Pulkowo Mitt. 18 Nr. 1 (142) S. 1—29 (russisch).

6418. **C. Macris,** Sur les dimensions des granules photosphériques. CR **228** 1792—1794, mit 1 Fig. — Auf zwei Sonnenaufnahmen (Pic du Midi, 1943) wurden die Durchmesser von 325 Granulen bestimmt. Als Mittelwert ergaben sich 1ʺ7. 53,5% der Granulen sind länglich in ost-westlicher Richtung, 13,9% in nord-südlicher und 32,6% rund. Die Verteilung der Granulendurchmesser läßt sich sehr gut durch eine Gaußkurve darstellen. Loh.

6419. **C. Macris,** Sur les dimensions des granules photosphériques au voisinage des taches solaires. CR **228** 2010—2011. — Die sich in der Nähe von Flecken befindlichen Granulen sind im Mittel um 0ʺ31 kleiner als die entfernteren, deren Durchmesser 1ʺ56 beträgt. Loh.

6420. **C. Macris,** Sur les déplacements lateraux des granules photosphériques. CR **229** 112—113. — Die Ausmessung photosphärischer Reihenaufnahmen des Observatoriums auf dem Pic du Midi hat ergeben, daß die seitlichen Bewegungen der Granulen betragsmäßig unterhalb der Meßgenauigkeit von ± 670 m/sec liegen. Loh.

* * **R. R. McMath, O. C. Mohler,** Solar spectroscopy with a Cashman cell. Vgl. Ref. 2227.

6421. **O. A. Melnikow,** Neue Bestimmung der Anregungstemperatur der umkehrenden Schicht der Sonne. Pulkowo Mitt. 18 Nr. 1 (142) S. 47—55 (russisch).

6422. **M. G. J. Minnaert,** The theoretical intensities of faint Fraunhofer lines (fourth paper). The intensities of molecular lines. BAN 11 51—53, mit 1 Fig. — Verf. wendet seine zur Berechnung der Profile und Äquivalentbreiten schwacher Atom- und Ionenlinien entwickelte Methode (BAN **10** 339, AJB **48** Ref. **6418**) auf Moleküllinien an. Es ergeben sich theoretische Rotationstemperaturen zwischen 5250° und 5400°, die die aus den Beobachtungen folgenden Werte beträchtlich übersteigen. Die Unterschiede werden dem benützten Atmosphärenmodell zugeschrieben, das danach besonders in den höheren Schichten zu modifizieren ist. Kdr.

6423. **M. Minnaert, F. van den Hoven van Genderen, J. van Diggelen,** The brightness distribution near the sun's limb. BAN **11** 55—61, mit 8 Fig. — 11 Sonnenaufnahmen mit dem 40 zölligen Yerkes-Refraktor wurden photographisch photometriert und daraus für λ 5593 und mit geringerer Genauigkeit für λ 6245 die Helligkeitsverteilung am Sonnenrand zwischen 0,90 R und 0.995 R abgeleitet. Kdr.

6424. **O. Mohler, A. K. Pierce,** An improved tracing of the solar spectrum between 2,9 and 3,6 microns. Publ ASP **61** 221—222, mit 1 Fig. — Besprechung in Sterne **26** 30. — Eine Registrierkurve des Sonnenspektrums zwischen 2,9 μ und 3,6 μ, aufgenommen mit einem Spektrometer mit PbS-Zelle, wird wiedergegeben.

6425. **A. I. Ohl,** Über die Konturen der H- und K-Linien im Sonnenspektrum während eines magnetischen Sturmes. Bull. Kommission für Sonnenforschung Nr. 1 (**15**) S. 23—24 (russisch).

6426. **J.-C. Pecker,** Variation des raies de CH sur le disque solaire. Ann d'Astrophys **12** 9—20, mit 10 Fig. — Von 4 Linien der (0,0)-Bande des $^2\Delta$-$^2\Pi$-Übergangs des CH-Moleküls wird die Mitte-Rand-Variation der Äquivalentbreite bestimmt. Bei der Diskussion der Messungen wird geschlossen, daß die betreffenden Linien durch reine Streuung entstehen, wobei es notwendig ist, den von Redman eingeführten Begriff der «Rauheit» der Sonnenoberfläche («roughening») zu verwenden. Die durch Unregelmäßigkeiten der Oberfläche bedingte Rauheit führt zu einer Differenz zwischen dem beobachteten und dem tatsächlichen Wert von cos ϑ. Micz.

6427. **C. Pecker, J.-C. Pecker,** Variation de certaines raies de Swan du carbone du centre au bord du disque solaire. Ann d'Astrophys **12** 197—202, mit 3 Fig. — Die Mitte-Rand-Variation der Tiefen der Linien λ 5104,45 und λ 5132,67 der Swan-Bande des C_2 wurde gemessen. Bei beiden Linien ist die Tiefe der Äquivalentbreite proportional. Es wird gezeigt, daß sie durch reine Streuung gebildet werden. Die Übereinstimmung der theoretischen Mitte-Rand-Variation mit der Beobachtung wird besser, wenn man die von Redman eingeführte Korrektur wegen «Rauheit» der Sonnenoberfläche heranzieht, wie es ähnlich bei Messungen des Verf. an CH-Linien (Ann d'Astrophys **12** 9, Ref. **6426**) zweckmäßig war. Micz.

6428. **J.-C. Pecker,** The theoretical intensities of faint Fraunhofer lines (third paper). Weighting functions for different points of the solar disc. BAN **11** 43—50. — Die von Unsöld und Minnaert zur Berechnung der Intensität schwacher Fraunhoferlinien eingeführten Gewichtsfunktionen, von denen bisher nur für das Zentrum der Sonnenscheibe Tabellen vorlagen, werden in Abhängigkeit von λ und τ, sowie von cos Θ berechnet und tabuliert. Kdr.

6429. **W. Petri,** Die Randverdunklung der Sonne. Sternenwelt **1** 200—201, mit 1 Abb.

6430. **A. K. Pierce,** Solar observations with a Perkin-Elmer infrared spectrometer. Publ ASP **61** 217—219, mit 1 Fig. und 1 Tafel. — Mit dem neuen Spektrometer ist die Randverdunklung bei 4,5 μ, 9 μ, 11 μ und 18 μ gemessen worden. Die graphisch dargestellte 9 μ-Kurve verläuft von Sonnenmitte bis zum Sonnenrand praktisch horizontal und nimmt erst unmittelbar am Rande ein wenig und dann plötzlich steil auf Null ab. Dies spricht für einen außerordentlich hohen Wert des kontinuierlichen Absorptionskoeffizienten, was mit Rechnungen von Chandrasekhar und Breen über den Absorptionskoeffizienten des negativen H-Ions in Einklang steht. Loh.

6431. **P. Proisy,** L'indice de réfraction de l'atmosphère solaire et la trajectoire des rayons lumineux au bord extrême du disque solaire. Ann d'Astrophys **12** 123—136, mit 4 Fig. = Publ. Obs. Lyon **4** Nr. 29.

— Im ersten Teil der Arbeit wird der Brechungsindex der solaren Atmosphärenmaterie für Licht mit $\lambda = 5000$ Å in Abhängigkeit von der optischen Tiefe unter der Voraussetzung berechnet, daß sich die Atmosphäre nur aus Wasserstoff (positive und negative Ionen), Helium und freien Elektronen zusammensetzt. Im zweiten Teil wird die Trajektorie eines Lichtstrahls am äußersten Sonnenrand ermittelt. Selbst bei kleinen durch die Refraktion bedingten Verschiebungen des scheinbaren Ortes von Objekten am Sonnenrand ergeben sich bereits merkliche Korrektionen für ihre optische Tiefe. Micz.

6432. **P. Proisy,** Variations de l'abondance des constituants de l'atmosphère solaire et de son indice de réfraction avec la profondeur. CR **228** 739—741. — Auf Grund des Sonnenatmosphärenmodells von Barbier und de Jager, bestehend aus H und He im Verhältnis 4 : 1, hat Verf. die Häufigkeit der einzelnen Komponenten der Sonnenatmosphäre — $N_H + N_{He}$, N_{H^-} und N_e — sowie den Brechungsindex für $\lambda = 0.^{\mu}5$ in Abhängigkeit von der optischen und geometrischen Tiefe berechnet. Der Gang der Rechnungen wird skizziert und das Ergebnis in Tabellenform mitgeteilt. Kdr.

6433. **P. Proisy,** Influence de la courbure de l'atmosphère solaire sur l'intensité d'une radiation monochromatique au voisinage du bord du disque. CR **228** 1102—1104. — Die Auswirkungen der Schichtenkrümmung in der Sonnenatmosphäre auf die Intensität der austretenden Strahlung werden diskutiert und gegenüber ebener Schichtung für $\lambda = 0.^{\mu}5$ in Nähe des äußersten Sonnenrandes Unterschiede von einigen Prozent gefunden. Kdr.

6434. **P. Proisy,** Influence de la réfraction des rayons lumineux dans l'atmosphère solaire sur le rayonnement au voisinage du bord du disque. Variations de l'intensité d'une radiation près du bord extrême. CR **228** 1369—1371. — In einer sphärisch geschichteten Atmosphäre beeinflußt die Refraktion den Winkel, unter dem ein Strahl die atmosphärischen Schichten durchläuft, die optische Tiefe, aus der die austretende Strahlung stammt, und deren Intensität. Der erste Effekt ist im Fall der Sonne sehr klein, die beiden anderen jedoch können am Sonnenrande beträchtliche Werte erreichen, wie durch numerische Rechnung für Strahlung der Wellenlänge $0.^{\mu}5$ gezeigt wird. Kdr.

6435. **P. Proisy,** La courbure des couches de l'atmosphère solaire, son incidence sur l'assombrissement et sur la fonction J. CR **229** 467—469. — Es werden Formeln für Randverdunklung und Ergiebigkeit J angegeben unter Berücksichtigung des Einflusses der Schichtenkrümmung in der Sonnenatmosphäre. Mit Ausnahme des äußersten Sonnenrandes sind die Unterschiede gegenüber planparalleler Schichtung zu vernachlässigen. Kdr.

6436. **E. J. Prouse,** A photometric investigation of two Titanium multiplets in the sun's spectrum. Publ AAS **9** 269, 1939. — Ref. AAS.

6437. **F. E. Roach, P. J. Rubenstein,** On the abundance of H, C, N, and O in the sun from molecular spectra. Publ AAS **10** 170, 1942. — Ref. AAS.

6438. **A. B. Sewerny,** Das Spektrohelioskop in Verbindung mit dem Spektrographen. Krim Mitt. **4** 191—196, mit 3 Abb. und 1 Tafel (russisch). — Beschreibung der instrumentellen Anordnung zur Verwendung des an der Sternwarte von Simeis befindlichen Spektrohelioskops als Spektrographen und Mitteilung vorläufiger Ergebnisse über die Spektralphotometrie der H- und K-Linien, deren Totalabsorptionen sich zu 9,6 Å bzw. 13,7 Å ergeben. Loh.

6439. **C. D. Shane,** Photometric measures of the D lines in the solar spectrum. Publ AAS **9** 271—272, 1939. — Ref. AAS.

6440. **Z. Suemoto,** Effect of non-coherent scattering on the center limb variation of strong Fraunhofer lines. Publ. Astr. Soc. Japan 1 78—85, mit 6 Fig. = Tokyo Astr. Obs. Repr. Nr. **52.** — Es wird gezeigt, daß im Falle nichtkohärenter Streuung die Konturen starker Fraunhoferlinien etwas flacher sind als im Fall kohärenter Streuung bei etwa gleicher Äquivalentbreite. Der Effekt nimmt nach dem Rande und nach Violett hin zu und dürfte, wie ein Vergleich mit Beobachtungen von Houtgast über Änderungen von Linienprofilen längs des Sonnenradius ergibt, eine nicht zu vernachlässigende Rolle spielen. Kdr.

6441. **W. Sujkow,** Spektralphotometrie der Sonnenflocculi in den Linien $H\alpha$ und H-K Ca^{+}. Pulkowo Mitt. 18 Nr. 1 (142) S. 83—93 (russisch).

* * **Y. Suzuki,** Non-homogeneous temperature radiation, and its application to the sun. I. Vgl. Ref. 5135.

* * **P. J. Treanor,** High-resolution interferometry of the solar spectrum. Vgl. Ref. 2236.

6442. **A. Unsöld,** Fraunhofer lines and their center-limb-variation on the solar disc. Mem SAIt (NS) **20** 49—53, mit 1 Fig. = Sonderdruck Sternw. Kiel. — Kurzer Bericht über neuere Fortschritte in der Interpretation der Fraunhoferlinien und ihrer Zentrum-Randvariation auf der Sonnenscheibe.

6443. **K. O. Wright,** Revised solar line strengths and their application to curves of growth for solar-type stars. Publ AAS **10** 338, 1944. — Ref. AAS.

6444. Observationer af intensitetsfordelingen på solskiven i infrarödt lys. NAT **1949** S. 153—154. — Besprechung in Sternenwelt **2** 137.

6445. V-2 solar spectra. Sky and Telescope 8 89. — Besprechung in PAT **30** 73—74.

§ 65

Strahlung

6501. **C. G. Abbot,** Montezuma solar-constant values and their periodic solar variations. Smithsonian Inst. Publ. 3981, 12 S. mit 1 Fig.

6502. **L. B. Aldrich, C. G. Abbot,** A supposed error in Smithsonian solar constant determinations. J. Geophys. Res. **54** 404—406. — Antwort auf die Einwände Wegeners (vgl. Ref. 6515) und Betonung der Richtigkeit des Smithsonian-Wertes der Solarkonstanten.

6503. **H. Alfvén,** On the solar origin of cosmic radiation. Phys. Rev. **75** 1732—1735, mit 1 Fig. — Es wird gezeigt, daß im solaren Magnetfeld kreisende oder trochoierende elektrische Partikel durch elektrische Felder solarer Korpuskularströme bis in den Energiebereich kosmischer Strahlung beschleunigt werden können. Loh.

6504. **L. Biermann,** Die Erzeugung von Ultrastrahlung auf der Sonne. Himmelswelt **56** 140. — Ref. AG.

6505. **L. Biermann, E. Bagge,** Über die Entstehung der solaren Komponente der Ultrastrahlung. Z. f. Naturforschung **4a** 303—315, mit 2 Abb. — Die Änderungen der Magnetfelder aktiver Flecken können elektrische Felder induzieren, deren Ringintegrale 10^9—10^{10} V erreichen. Die Verf. beschreiben einen Mechanismus, der geladenen Teilchen den Potentialdifferenzen entsprechende Energien erteilen kann. Es wird die einfachste und analytisch streng integrierbare Lösung der Bewegungsgleichung angegeben. Die Bewegungsverhältnisse für andere Lösungen werden in allgemeinerer Weise diskutiert. In komplizierten Fleckengruppen scheinen Beschleunigungen, die auf Ultrastrahlenenergie führen, längs magnetischer Feldlinien möglich zu sein. Führen diese in große Entfernungen vom Fleck, so können die Teilchen die Sonne verlassen. Im letzten Abschnitt wird erörtert, ob die gesamte Ultrastrahlung durch Mechanismen der entwickelten Art zustandekommen kann. Ein Teil der beobachteten Intensitätsschwankungen kann durch Strahlungsemission von der Sonne durch den geschilderten Beschleunigungsvorgang erklärt werden. Micz.

* * **A. Dauvillier,** Puissante émission solaire de rayons cosmiques. Vgl. Ref. **12711.**

6506. **A. Ehmert,** Solare Ultrastrahlung am 24. und 25. Dez. 1948. Z. f. Naturforschung **4a** 559—560, mit 1 Abb. — Verf. berichtet über zwei beobachtete Anstiege der Ultrastrahlkoinzidenzen, die solaren Ursprungs zu sein scheinen.

6507. **M. G. Fracastoro,** Ulteriori misure di diffusione atmosferica e di radiazione solare. Mem SA It (NS) **20** 123—129, mit 2 Fig. und 1 Tafel = Oss. e Mem. Oss. Astrofis. Arcetri Nr. **65** S. 57—65. — Verf. beschreibt ein verbessertes Photocyanometer und berichtet über die Ergebnisse photoelektrischer Messungen der Sonnenstrahlung und der atmosphärischen Lichtstreuung von Febr.—Aug. 1948. Über die Wahl eines passenden Ortes zur Beobachtung der Sonne außerhalb von Finsternissen werden Schlüsse gezogen. Loh.

6508. **H. Hermann,** Die Brennflecktemperatur im Sonnenofen. Himmelswelt **56** 23—24. — Notiz über die thermischen Verhältnisse im Brennpunkt eines in Meudon benutzten Spiegels zur Erzeugung hoher Temperaturen mit Hilfe der Sonne. Micz.

* * **A. R. Hogg,** Measurements of the intensity of cosmic rays. Vgl. Ref. **12717.**

6509. **F. D. Kahn,** An investigation into the possibility of observing streams of corpuscles emitted by solar flares. MN **109** 324—336. — Besprechung in JBAA **60** 117—118. — Die Arbeit diskutiert eine von Chapman geäußerte Vermutung, daß ein von der Sonne ausgehender Korpuskelstrom zwischen dem Auftreten des Flare und dem Ende des ausgelösten magnetischen Stroms spektroskopisch nachweisbar sein könnte. Verf. hält anormale Absorption bei den Ca II-Linien H und K auf Grund seiner Rechnungen über Ionisationsgrad und Expansion der Partikelwolke für möglich, andere Absorptionslinien fallen in unzugängliche Wellenlängenbereiche oder sind für einen Nachweis zu schwach. Micz.

6510. **J. D. Purcell, R. Tousey, K. Watanabe,** Observations at high altitudes of extreme ultraviolet and X-rays from the sun. Phys. Rev. **76** 165—166. — Ref. Am. Phys. Soc.

6511. **G. Righini,** La radiazione ultravioletta corpuscolare e hertziana del Sole. Accad. Nazionale Lincei, Problemi attuali di scienza e cultura, Quaderno Nr. **7** S. 9—37. — Ausführliche Beschreibung des Sonnenspektrums im Radiowellengebiet, der Technik für den Empfang der Radiostrahlung, der verschiedenen Eigenschaften (wie Schwankungen und Polarisation) der Sonnenstrahlung und endlich des Ursprungs dieser Strahlung. Ebenso ausführlicher Bericht über die ultraviolette und die korpuskulare Strahlung, die Erscheinungen in der Ionosphäre, die Polarlichter und die kosmische Strahlung. F. Z.

6512. **W. W. Scharonow,** Die Solarkonstante und ihr wahrscheinlichster Wert. Nachr. (Iswestija) Akad. Wiss. UdSSR (techn. Wiss.) Nr. **9** S. 1284—1296 (russisch).

6513. **E. Schatzman,** Sur la valeur de la constante solaire. Ann d'Astrophys **12** 305, mit 1 Fig. — Unter Benutzung der UV-Messungen des Sonnenspektrums von V2-Raketen aus wird eine Korrektur der Solarkonstanten vorgenommen und ein neuer Wert der effektiven Temperatur (5 697°K) sowie der absoluten bolometrischen Helligkeit ($4^m.67$) der Sonne berechnet. Micz.

6514. **A. Unsöld, S. Chapman,** Optical and radiofrequency absorption by solar corpuscular bursts. Obs **69** 219—221. — Die von der Sonne ausgehenden Korpuskelströme, die die magnetischen Stürme bewirken, scheinen nach einigen Beobachtungen auch in den H- und K-Linien des Ca II nachweisbar zu sein. Gleichzeitig scheinen sie eine Schwächung der solaren Kurzwellenstrahlung zu verursachen. Verf. zeigen, daß beide Beobachtungen unabhängig voneinander zu verträglichen Abschätzungen der Partikeldichte in den Strömen führen. Micz.

6515. **K. Wegener,** Die Messung der Sonnenstrahlung und der Solarkonstante. J. Geophys. Res. **54** 53—56, mit 1 Fig. — Kritische Betrachtung zu den Smithsonian-Messungen der Solarkonstanten.

6516. **J. Zirkler,** Ultrastrahlung von der Sonne. Z. f. Naturforschung **4a** 394. — Hinweis auf Zusammenhänge zwischen Ultrastrahlung und aktiven Sonnenvorgängen.

6517. Solar X-rays. Sky and Telescope 8 223.

Solare Radiostrahlung

6518. **G. Burkhardt,** Die Strahlung der Sonne im Radiofrequenzgebiet. Himmelswelt **56** 139. — Ref. AG.

6519. **G. Burkhardt, A. Schlüter,** Ausbreitung und Ausstrahlung radiofrequenter Wellen in der Sonnenkorona. ZfA **26** 295—304, mit 3 Abb. — Es wird die Intensitätsverteilung des ruhigen Anteils der Sonnenstrahlung im Wellenlängenbereich von 5 m bis 15 m über die Sonnenscheibe berechnet mit Berücksichtigung der Strahlenbrechung im inhomogenen Medium. Der Anteil der verschiedenen Schichten der Korona an der Ausstrahlung wird angegeben und die Laufzeitdifferenz eines Signals für verschiedene Wellenlängen diskutiert. Verf.

6520. **A. E. Covington, W. J. Medd,** Simultaneous observations of solar radio noise on 1,5 meters and 10,7 centimeters. J RAS Canada **43** 106—110, mit 3 Fig. — Ende 1948 wurden 8 Rauschausbrüche gleichzeitig bei 1,52 m und 10,7 cm Wellenlänge registriert. Im Gegensatz zum glatten Verlauf der Registrierungen bei 10,7 cm zeigen die langwelligeren zahlreiche (nachfolgende) unregelmäßige Schwankungen. Loh.

* * **J.-F. Denisse,** Microwave solar noise and sunspot. — Vgl. Ref. **6310**.

6521. **J.-F. Denisse,** Relations entre les émissions solaires radioélectriques et les rayons cosmiques. CR **228** 467—469, mit 2 Fig. — Es wird vermutet, daß die primäre kosmische Strahlung aus einer konstanten Komponente I_0 und einer solaren, der Radiostrahlung proportionalen Komponente I_s besteht, die gegenüber I_0 relativ weich ist und sich nur bei außergewöhnlichen Eruptionen auf der Erdoberfläche bemerkbar machen kann. Loh.

6522. **J.-F. Denisse,** Relation entre les émissions radioélectriques solaires décimétriques et les taches du soleil. CR **228** 1571—1572, mit 3 Fig. — Die mittlere tägliche Intensität der solaren Radiostrahlung wird mit den Fleckenrelativzahlen, den Fleckenflächen und den magnetischen korrigierten Fleckenflächen verglichen. Als Korrelationskoeffizienten ergeben sich 0.53 bzw 0.76 und 0.87. Loh.

6523. **A. V. Haeff,** On the origin of solar radio noise. Phys. Rev. **75** 1333. — Ref. Am. Phys. Soc.

6524. **A. V. Haeff,** On the origin of solar radio noise. Phys. Rev. **75** 1546—1551, mit 3 Fig. — Verf. beschreibt einen neuen Mechanismus über die Erzeugung von Radioenergie, der das beobachtete anomale Rauschen erklären dürfte. Danach haben sich gegenseitig mischende Ströme geladener Partikel, die von aktiven Flächen der Sonne ausgehen, die Eigenschaft, Fluktuationen der ursprünglichen Raumladungen sehr zu verstärken. Auf Kosten der kinetischen Energie der Strompartikel wird dann elektromagnetische Energie abgestrahlt. Dadurch verändert sich auch das Energiespektrum des Stromkomplexes nach einer gewissen Zeit stark. Die Frequenz, in der das Rauschen am stärksten ist, stimmt auf Grund plausibler kinematischer und elektrischer Voraussetzungen über den Stromkomplex und seiner Partikel mit der beobachteten von rund 50 MHz überein. Loh.

6525. **J. P. Hagen,** The measurement of extra-terrestrial radio wave emission. AJ **54** 122. — Ref. AAS, Symposium of micro-wave astronomy.

6526. **J. P. Hagen,** A study of the effect of the solar atmosphere on the emission of short radio waves. AJ **54** 186—187. — Ref. AAS.

* * **J. S. Hey,** Radio Astronomy. Vgl. Ref. 12604.

6527. **J. Houtgast,** De radiostraling van de zon. Hemel en Dampkring **47** 181—191, 210—214, mit 11 Abb. (holländisch mit engl. Zusammenfassung). — Gemeinverständlicher Bericht über die solare m-Strahlung: Entdeckung, Forschungsergebnisse, Energie, Theorien der Entstehung, Polarisation, bursts, galaktische Strahlung. Gü.

6528. **M. Kopecký,** Radio and the Sun. RH **30** 234—237, mit 3 Abb. (tschechisch).

6529. **M. Laffineur,** Radio-Astronomie 1949. BSAF **63** 281—292, mit 8 Fig.

6530. **M. Laffineur, J. Houtgast,** Observations du rayonnement solaire sur la longueur d'onde de 55 centimètres. Ann d'Astrophys **12** 137—147, mit 8 Fig. — Die Verf. haben Funkmeßbeobachtungen der Sonne bei $\lambda = 54$ cm angestellt, aus denen sie einen zugehörigen Energiestrom von $15{,}4 \times 10^{-22}$ Watt $m^{-2}c/s$ an der Erdoberfläche bzw. eine effektive Sonnentemperatur von 240 000°K (untere Grenzwerte) ableiten. Sie berichten ferner über Beobachtungen einiger Kurzwelleneruptionen im September und Oktober 1948. Messungen der Milchstraßenstrahlung erbrachten für die effektive Temperatur $< 75°$K. Micz.

6531. **D. F. Martyn,** Temperature radiation from the quiet sun in the radio spectrum. Nature **158** 632—633, 1946. — Ref. in Phys. Ber. **28** 555.

6532. **D. F. Martyn,** Origin of radio emission from the disturbed sun. Nature **159** 26—27, 1947. — Ref. in Phys. Ber. **28** 555.

6533. **R. Pastiels,** Les émissions radio-électriques du soleil. Ciel et Terre **65** 280—282, mit 1 Fig.

6534. **J. L. Pawsey,** Observation of million degree thermal radiation from the sun at a wavelength of 1,5 metres. Nature **158** 633, 1946. — Ref. in Phys. Ber. **28** 555—556.

6535. **G. Reber,** Solar radiation at 480 Mc./sec. Nature **158** 945, 1946. — Ref. in Phys. Ber. **28** 556—557.

6536. **M. Ryle,** The significance of the observation of intense radiofrequency emission from the sun. Proc. Phys. Soc. (A) **62** 483—491. — Ein Vergleich von Theorie und Beobachtung führt zu dem Schluß, daß die Beobachtungen nur durch das Vorkommen von Elektronentemperaturen bis zu 10^{10} Grad in der Korona in Sonnenfleckennähe erklärt werden können.

6537. M. N. Saha, Origin of radio-waves from the sun and the stars. Nature **158** 717—718, 1946. — Ref. in Phys. Ber. **28** 556.

* * **I. S. Schklowskij,** Emission of radiowaves by the galaxy and the sun. Vgl. Ref. **12611**.

* * **H. Siedentopf,** Die Strahlung der Milchstraße und der Sonne im Gebiete der kurzen elektrischen Wellen. Vgl. Ref. **12613**.

6538. S. F. Smeerd, K. C. Westfold, The characteristics of radio-frequency radiation in an ionized gas, with applications to the transfer of radiation in the solar atmosphere. Philos. Mag., J. theor. exper. appl. Phys. (7) **40** 831—848. — Ref. in ZfMG **35** 143—144.

6539. M. E. Stahr, The variation of solar radiation at 205 megacycles. AJ **54** 195—196. — Ref. AAS.

6540. J.-L. Steinberg, S. Zisler, Détection du rayonnement radioélectrique solaire réfléchi par la Lune. CR **229** 811—812. — Mit einer Empfangsanlage für 158 MHz, bei der die von der Antenne kommende Signalspannung mit 530 Hz Frequenz (rechteckig) moduliert wird, kann noch Kurzwellenstrahlung nachgewiesen werden, deren Energie nur $2{,}5 \times 10^{-23}$ W/Hz/m^2 beträgt. Es gelang damit die Feststellung der am Mond reflektierten solaren Kurzwellenstrahlung. Das Reflexionsvermögen des Mondes für diese Strahlung wird abgeschätzt. Micz.

6541. R. E. Williamson, Current theories of solar radio emission. AJ **54** 121—122. — Ref. AAS, Symposium of micro-wave astronomy.

6542. Solar noise. Nature **163** 312.

6543. Beobachtungen der Radiostrahlung

Bol. Mensual Obs. Cartuja, Granada, 1947. Estadistica de Actividad Solar Radiación Solar. Enero de 1944—Diciembre de 1944. A. Due.

CR **229** 110. Sur une recrudescence exceptionnellement importante de l'émission radioélectrique solaire dans la journée du 8 mai 1949. M. Laffineur, R. Servajean.

Quarterly Bulletin on Solar Activity Nr. **83—84**, July—December 1948.

§ 66

Chromosphäre, Flares, Protuberanzen

6601. G. Abetti, Altezza della cromosfera nell'anno 1948 ed andamento del ciclo solare. Rend. Accad. Lincei (8) **6** 555—556. — Kurze Zusammenfassung der Beobachtungsergebnisse in Arcetri. F. Z.

6602. R. N. Bracewell, T. W. Straker, The study of solar flares by means of very long radio waves. MN **109** 28—45, mit 12 Fig. — Die Phase sehr langer, von der Ionosphäre reflektierter Radiowellen ist sehr empfindlich gegenüber dem Auftreten chromosphärischer Eruptionen. Der Verlauf der ionosphärischen Störung kann im Detail verfolgt werden und es wird ein Maß der maximalen Störung gegeben. Es wird eine Methode entworfen, die zur Identifizierung der die Ionosphäre störenden Strahlung führen kann. Fortlaufende automatische Registrierungen sind für das Studium solar-terrestrischer Beziehungen von hohem Wert. Verf.

6603. C. E. R. Bruce, M. A. Ellison, Solar flares and the Zeeman effect. Nature **164** 280—281. — In der ersten von zwei Mitteilungen zu Thema wird von Bruce die Ansicht vertreten, daß die Breite der Hα—Hγ-Emissionen eher ein Zeemaneffekt als nach Ellison ein Starkeffekt ist und daß während der flash-Phase die magnetische Feldstärke einer kräftigen Eruption 10^5 Gauss beträgt. In der zweiten Notiz weist Ellison darauf hin, daß demgegenüber die Emissionslinien von Fe, Ca und Si keinen vergleichbaren Zeemaneffekt zeigen und daß die von Bruce gezogenen Schlüsse hinsichtlich der Hα—Hγ-Emissionen auf zu spärlichem Beobachtungsmaterial beruhen. Loh.

6604. **C. E. R. Bruce,** Zeeman effect in astrophysical spectra. Obs **69** 110—111. — Die nach der Formel von F. Croze (CR **154** 1410, 1912) berechneten Linienverbreiterungen $\delta\lambda = 9{,}5 \times 10^{-5} H\lambda^2$ stehen für Hα bei Feldstärken von 4×10^4 bis 4×10^5 Γ mit den von Ellison in Flares beobachteten (1,75 bis 16 Å) in Einklang. Die Linienverbreiterung im Novaspektrum könnte in größerem Maßstab vielleicht auch der Wirkung magnetischer Felder verdankt werden, wenn die Sternatmosphäre elektrisch zusammenbricht. Loh.

6605. **A. K. Das,** Reports on the progress of astronomy: Solar activity. Prominences. MN **109** 247. — Bericht für die Periode 1947 Dez. 1. — 1948 Nov. 30.

6606. **H. W. Dodson, E. R. Cornwall,** Bright chromospheric eruptions studied at the Whitin Observatory in 1939. Publ AAS **9** 258, 1939. — Ref. AAS.

6607. **H. W. Dodson, E. R. Hedeman,** The frequency and positions of flares within three active sunspot areas. ApJ **110** 242—249, mit 7 Tafeln. — Fortlaufende spektroheliographische Überwachung von drei aktiven Fleckengruppen erbrachte während 105 Stunden 83 Flares mit mindestens der vierfachen Intensität ungestörter Stellen. Zumeist erschienen sie zwischen Flecken bzw. in der Nähe oder über der Penumbra, gelegentlich traten sie jedoch auch über der Fleckenumbra auf und wiesen eine deutliche Wiederholungstendenz zu bestimmten Stellen auf. Bei einer Fleckengruppe wurde ein bisher unbekanntes Phänomen im Anschluß an mehrere auf der gleichen Stelle nacheinander aufgetretenen Flares beobachtet, das in der Ejektion zunächst hell später jedoch dunkel erscheinender Materie bestand. Micz.

6608. **H. W. Dodson, R. Hedeman,** Positions of solar flares within a spot group. AJ **54** 125—126. — Ref. AAS.

6609. **H. W. Dodson,** Position and development of the solar flares of May 8 and 10, 1949. ApJ **110** 382—386, mit 4 Fig. und 1 Tafel. — Durch Wiedergabe von Zeichnungen und Spektroheliogrammen wird die Entwicklung eines Flare (1949 Mai 10) beschrieben. Der Helligkeitsanstieg bis zur vierfachen Intensität der Hα-Strahlung der ungestörten Scheibe verlief sehr viel schneller als der Abfall. Die Struktur war offensichtlich durch unterliegende Flecken mitbestimmt. Mit dem Auftreten des Flare verbunden waren Kurzwellenempfangs- und ionosphärische Störungen. Micz.

6610. **H. W. Dodson,** Position and development of the great solar flare of May 10, 1949. AJ **54** 183. — Ref. AAS.

6611. **M. A. Ellison,** Characteristic properties of chromospheric flares. MN **109** 3—27, mit 10 Fig. und 4 Tafeln = Commun. Roy. Obs. Edinburgh. — Zusammenfassende Darstellung der charakteristischen Merkmale der Flares, wie sie sich über den Zeitraum von 9 Jahren hinweg aus visuellen und photographischen Beobachtungen ergeben haben. Es werden behandelt: Beobachtungsmethoden, Eigenschaften, Flare-Flächen und ihre Größenverteilung, Entwicklung, Dauer, Lage in Bezug zu Sonnenflecken, Vorkommen in verschiedenen chromosphärischen Höhen, von Flares ausgestoßene Absorptionsfilamente (surges), Flare-Spektren und Linienprofile, Asymmetrie der Emissionslinienflügel und ihre Ursache, die vielleicht in der absorbierenden Wirkung eines abgestrahlten, nordlichterregenden Partikelschwarmes oder einem unsymmetrischen Starkeffekt zu suchen ist. Loh.

6612. D. S. Evans, Electromagnetic forces in solar prominences. Vgl. AJB **46** Ref. **4609.** — Besprechung in Urania Barcelona **34** Nr. 220 S. 224.

6613. J. Fényi, M. Tibor, Maps of the solar prominences observed by Fr. J. Fényi in the course of the years 1896—1902. Publ. Haynald Obs. Kalocsa Nr. **17.** 5 S. und 20 Tafeln.

6614. S. E. Forbush, P. S. Gill, M. S. Vallarta, On the mechanism of sudden increases of cosmic radiation associated with solar flares. Rev. Modern Phys. **21** 44—48, mit 10 Fig. — Nur selten sind alle Bedingungen erfüllt, daß die in den Fleckenfeldern hochbeschleunigten elektrisch geladenen Partikel die Sonne als kosmische Strahlung verlassen können. Fälle, in denen das Feld eines Fleckenpaares den Partikeln eine Gasse (Tunnel) durch die verbotene Störmersche Region des allgemeinen Magnetfeldes der Sonne bahnte bzw. nicht bahnen konnte, werden erörtert. Bei den zu erwartenden Energien können die Partikel die Erde — in Übereinstimmung mit den Beobachtungen — nur in mittleren und hohen Breiten erreichen. Die Tatsache, daß nur auf wenige chromosphärische Eruptionen plötzliche Anstiege der kosmischen Strahlung nachfolgen, scheint stark für die Existenz eines permanenten solaren Magnetfeldes zu sprechen. Loh.

6615. R. G. Giovanelli, The emission of radiation from flares. MN **109** 337—342, mit 1 Fig. — Eine Erweiterung neuester Theorien über die Emission und Absorption der Strahlung zeigt, daß die Temperatur eines typischen Flare unterhalb von 2×10^5 Grad liegt und daß die Elektronenkonzentration geringer als 10^{13} cm^{-3} ist. Verf.

6616. R. Giovanelli, A note on heat transfer in the upper chromosphere and corona. MN **109** 372—378, mit 1 Fig. — Eine Abschätzung des Energietransports in der Korona und in der oberen Chromosphäre unter Berücksichtigung des Einflusses des allgemeinen Magnetfeldes der Sonne ergibt, daß in der Korona die Energieübertragung hauptsächlich durch Leitung, in der oberen Chromosphäre durch Konvektion vermittelt werden dürfte. Kdr.

6617. F. J. Göschl, Influence des positions des planètes sur les éruptions chromosphériques. Gaz astr **31** 17.

6618. E. R. Hedeman, Spectra of very small prominences. Publ ASP **61** 224—226, mit 1 Tafel. — Die Höhen dieser kleinen Protuberanzen betragen 3600 bis 11200 km, ihre Lebensdauern 5 bis 15 Minuten. Die sehr kleinen von ihnen gehören eher zur Klasse der chromosphärischen Nadeln. Die Radialgeschwindigkeiten liegen zwischen + 50 und − 50 km/sec. Die Hα-Emissionslinien sind relativ breit. Radialgeschwindigkeiten und Linienbreiten variieren mit der Zeit und der Form der Protuberanzen. Loh.

6619. J. Houtgast, De buitenste lagen van de zonne-atmosfeer. Verschijnselen in de chromosfeer. Vgl. AJB **48** Ref. **6409.** — Außerdem Sonderdruck in Sterrekundig Colloquium Nederl. Astronomen-Club Nr. **7** S. 2—11.

6620. J. Houtgast, De protuberansen-film van Lyot. Vgl. AJB **48** Ref. **6619.** — Außerdem Sonderdruck in Sterrekundig Colloquium Nederl. Astronomen-Club Nr. **7** S. 14.

* * **F. D. Kahn,** An investigation into the possibility of observing streams of corpuscles emitted by solar flares. Vgl. Ref. **6509.**

6621. J. Kleczek, The life curve and distribution of great flare regions. BAC **1** 150—152, mit 3 Fig. — Verf. ergänzt die Untersuchung von F. Link, J. Kleczek (Ref. **6623**) und zeigt den terrestrischen Einfluß auf die unsymmetrische Längenverteilung der Eruptionen. Verf.

6622. L. Larmore, Solar prominence distribution during 1942—1945. Harv Ann **120** Nr. 1, 78 S. mit 9 Fig. — Ausmessungen der Protuberanzen, die mit dem Koronographen in Climax, Colorado in Hα mit 4 Å Gesamtspektralbreite 1943—45 gemacht wurden, sind für 3000 Protuberanzen tabuliert. Es werden angegeben: Positionswinkel, Winkelausdehnung, Intensitätsschätzungen und gemessene Flächen. Graphische Darstellungen zeigen Vier-Monats-Mittel der Protuberanzenfläche pro Tag als Funktion der heliographischen Breite. Die mittlere tägliche Protuberanzenfläche erreichte Jan. — April 1944, zur Zeit des Beginnes des neuen Fleckenzyklus, ihr Minimum. Thi.

6623. **F. Link, J. Kleczek,** Influences planétaires sur le Soleil IV. BAC 1 69—72, mit 2 Fig. — Die Verteilung der Eruptionen in der heliographischen Länge ist unsymmetrischer als diejenige der Sonnenflecken. Es wird die Möglichkeit des Einflusses der Erde untersucht. J. B.

* * **S. Miyamoto,** Dynamical theory of the corona and chromosphere. Vgl. Ref. 6707.

6624. **R. Müller,** Aufnahmen und Beobachtungen von aufsteigenden Protuberanzen. Sternenwelt 1 10—12, mit 2 Abb. — Enthält unter anderem Berichte über die Protuberanzenaufstiege 1948 Sept. 9 und 10.

6625. **M. Notuki,** On the ascending motion of the eruptive prominence of the sun. Second paper. Jap. J. Astr. 1 37—46 = Tokyo Astr. Obs. Repr. Nr. 43. — Die Bewegungsgesetze der eruptiven Protuberanzen und ihrer Beschleunigungsmechanismen werden erneut diskutiert. Als wichtigste Größen, die die Bewegung bestimmen, werden die Anfangsdichte und ihre Änderung während der Bewegung sowie Schwerebeschleunigung und Strahlungsdruck betrachtet. Micz.

6626. **W. Petrie,** The temperature gradient of the solar chromosphere. Publ AAS 10 333—334, 1944. — Ref. AAS.

6627. **E. Pettit,** The eruptive prominence of June 3—4, 1949. Publ ASP 61 186—190, mit 3 Fig. und 1 Tafel = Mt. Wilson and Palomar Obs. Repr. Nr. 9. — Diese eruptive Protuberanz muß sich innerhalb von 26 Stunden im Koronaraum in einer Höhe von etwa 40000 bis 110000 km gebildet haben. Sie erreichte bei zunehmenden Geschwindigkeiten (1,5 ; 7 ; 33 ; 85 ; 137 ; 192 km/sec) eine Höhe von 870000 km. Bemerkenswert war während der Phase großer Aufstiegsgeschwindigkeit die Verbindung lose aneinandergereihter Protuberanzenflocken mit einem Anziehungszentrum in 30° Abstand vom Fußpunkt der Protuberanz am Sonnenrand. Loh.

6628. **N. R. Rao, A. K. Das, H. Ananthakrishnan, K. C. A. Raheem, K. Sethumadhavan,** Line-broadening in solar flares. Nature 164 964—965. — Mit dem Protuberanzenspektroskop des Solar Physics Observatory in Kodaikanal wurden mehrmals die Linienbreiten von Hα und Hβ der am 3. Oktober 1949 aufgetretenen Eruption geschätzt und als maximale Breite 8 bzw. 6 Å gefunden. Diese Werte sind mit der Starkeffekthypothese der Linienverbreiterung in Eruptionsspektren unvereinbar; auch eine Erklärung durch Zeemaneffekt läßt sich schwer geben. Am einfachsten scheint es noch, die Beobachtungen durch Dopplereffekt zu erklären. Loh.

6629. **W. O. Roberts, D. H. Menzel,** An interesting prominence. Publ AAS 10 170, 1942. — Ref. AAS.

6630. **W. O. Roberts, V. K. Brenton, M. B. Shapley, Z. Kopal,** Further measures of chromospheric spicules. Publ ASP 61 160—161. — Ein Film vom 21. Febr. 1946 bestätigte im großen ganzen das bereits am 12. Dez. 1943 beobachtete Verhalten chromosphärischer Nadeln (Hα). Von ausgewählten Nadeln ergaben sich Geschwindigkeiten von 72 km/sec. Loh.

6631. **E. Schatzman,** The heating of the solar corona and chromosphere. Ann d'Astrophys 12 203—218, mit 1 Fig. — Die Aufheizung der Korona und Chromosphäre wird als Folge einer Energiezufuhr durch Stoßwellen betrachtet.

Nach einer Übersicht über das vorliegende Beobachtungsmaterial wird der Strahlungstransport in Korona und Chromosphäre diskutiert. Sodann wird die Transportgleichung mechanischer Energie in einer Atmosphäre aufgestellt, wobei von dem Gedanken M. Schwarzschilds ausgegangen wird, daß die Granulation mit akustischen Begleiterscheinungen verbunden ist. Die von den aufsteigenden Granulen ausgehenden Kompressionswellen werden beim Erreichen von Zonen geringerer Dichte zu Stoßwellen. Die Bedeutung der Leitfähigkeit der Materie wird behandelt und schließlich ein Modell der inneren Korona aufgestellt. Die Temperatur steigt danach in der äußeren Chromosphäre rasch an und erreicht bei 0.056 $R_{\odot}$ über dem Sonnenrand ein Maximum von 1.24×10^6 °K. Weiter außen wird die Korona durch die hohe Leitfähigkeit des Elektronengases nahezu isotherm gehalten. Theoretischer Dichte- und Temperaturverlauf sind mit der Erfahrung verträglich. Micz.

6632. **I. S. Schklowskij,** Über die Ionisation der Chromosphäre und Protuberanzen. DAN **68** 1009—1011 (russisch).

* * **A. B. Sewerny, A. B. Gilwarg,** Ein Interferenz-Polarisationsfilter zur Untersuchung der Sonne und die Erfahrung mit seiner Anwendung. Vgl. Ref. **2234**.

6633. **Z. Suemoto,** Ionization equilibrium in the solar chromosphere. Jap. J. Astr. 1 7—16, mit 1 Fig. = Tokyo Astr. Obs. Repr. Nr. **41**. — Die Anregungsbedingungen in der Chromosphäre werden unter Annahme des Strahlungsgleichgewichts diskutiert mit dem Ergebnis, daß diese Voraussetzung beim Studium von Sternatmosphären mit geringer Verdünnung der Strahlung nicht vorzeitig fallen gelassen werden sollte. Kdr.

6634. **Z. Švestka,** On the real number of solar flares. BAC **1** 95—98, mit 3 Fig. — Eine Diskussion systematischer Unterschiede in den Angaben über die mittlere Anzahl von Sonneneruptionen an verschiedenen Sternwarten führt zu dem Ergebnis, daß die Waldmeierschen Eruptionszahlen im Verhältnis 0,7 : 1 zu reduzieren sind. Die mittlere stündliche Anzahl der Eruptionen hängt sehr von der Beobachtungsmethode ab. Loh.

6635. **R. N. Thomas,** Superthermic phenomena in stellar atmospheres. III. The chromospheric radiation field. ApJ **109** 480—499, mit 1 Fig. = Harv Repr Nr. **322**. — In einer Wasserstoffchromosphäre der kinetischen Temperatur 35000° werden die Besetzungszahlen berechnet für ein Strahlungsfeld, das aus einer durch Absorptionslinien geschwächten schwarzen Strahlung von 6000° aus der Photosphäre und aus einer Emission im Lyman-Liniengebiet aus der Chromosphäre selbst besteht. Die relativ starke Besetzung des 2. Niveaus bedingt Absorptionseffekte in den chromosphärischen Balmerlinien, die theoretisch ein Balmer-Dekrement liefern, wie es im Flash-Spektrum beobachtet worden ist. Thi.

6636. **R. N. Thomas,** Hydrogen self-absorption in the solar chromosphere. AJ **54** 196. — Ref. AAS.

* * **M. Waldmeier,** Die Sonnenaktivität im Jahre 1947, 1948. Vgl. Ref. **6355**, **6359**.

6637. **M. Waldmeier,** Das Spektrum der Protuberanzen und chromosphärischen Eruptionen im Gebiet 4900—6700 Å. ZfA **26** 305—312 = Astr. Mitt. Sternw. Zürich Nr. **163**. — Es wird ein Verzeichnis von 93 im Bereich 4900—6700 Å gelegenen Emissionslinien gegeben, von denen die meisten im Protuberanzenspektrum erstmals beobachtet worden sind. Verf.

6638. **R. Wildt,** An interpretation of the heights of lines in the solar chromosphere. Vgl. AJB **47** Ref. **4611**. — Besprechung in Urania Barcelona **34** Nr. 220 S. 222—224.

6639. Velocity of solar spicules. Harv Card 1014.

6640. De buitenste lagen van de zonne-atmosfeer. Sterrekundig Colloquium van de Nederlandsche Astronomen-Club Nr. 7. 's-Gravenhage, M. Nijhoff, 1949. 14 S. mit 8 Abb. Preis 1 fl. — Besprechung in Gaz astr **31** 40. — Inhalt: J. Houtgast, Verschijnselen in de chromosfeer. E. van den Hoven van Genderen, Veranderingen van de corona. J. Houtgast, De protuberansen-film van Lyot.

6641. A new film on solar prominences. Sky and Telescope **8** 58.

6642. Solar flares. Sky and Telescope **8** 122—123, mit 4 Fig. — Ref. AAS.

6643. The temperature gradient in the chromosphere. Sky and Telescope **9** 30.

6644. Beobachtungen der Chromosphäre, Flares und Protuberanzen

Abh. Staatsuniv. Lwow **15** (Phys. Math., Nr. 4, Astr.) 5—17 (russisch). Die Ergebnisse der Protuberanzenbeobachtungen in den Jahren 1947—1948. G. N. Rodionow, W. E. Stepanow.

Abh. Staatsuniv. Lwow **15** (Phys. Math., Nr. 4, Astr.) 19—21 (russisch). Beobachtungen von chromosphärischen Eruptionen. W. E. Stepanow.

Anais do Observatório Astronómico da Universidade de Coimbra. Primeira Secção. Fenómenos solares. Tomo **10**, 1938. Coimbra, 1947. 8 + 325 S. mit Tafeln. — Beob. 1938.

Astr. Mitt. Sternw. Zürich Nr. **156**, 13 S. mit 2 Abb. Die Sonnenaktivität im Jahre 1947. M. Waldmeier.

Desgl. 1948. Nr. **161**, 14 S. mit 2 Abb. M. Waldmeier.

BAC **1** 73—75, mit 1 Fig. Observations of solar flares and high-speed prominences from July to December 1948. Z. Švestka. — In der Arbeit sind die maximalen effektiven Linienbreiten von Hα für 38 Eruptionen angegeben, sowie 9 Kurven der Zeitvariationen der Linienbreite. Verf.

BAC **1** 100—102, mit 3 Fig. Eruption chromosphérique du 23 décembre 1948. F. Link, Z. Švestka. — Übersicht der Beobachtungen. Einfluß der Eruption auf Ionosphäre und Erdmagnetismus. Verf.

BAC **1** 119—122. Observations solaires et ionosphériques. F. Link. — Beobachtungen auf der Sternwarte Ondřejov im ersten Halbjahr 1949. J. B.

Bol. mensual Obs. Ebro (A) **35** 1—3, 4—6. Beobachtungen von Jan. — März, April — Juni 1947.

Bol. Astr. Madrid **3** Nr. 9 S. 1—31, mit 1 Fig. Protuberancias solares. Resumen de las observaciones realizadas durante el ano 1947. E. Gullón.

Bol. Astr. Madrid **3** Nr. 9 S. 32. Altura de la cromosfera en 1947. E. Gullón.

BSAF **63** 27—29, 55, 92—93, 127, 158, 187—188, 239—240, 276—277, 312, 351—352, mit 14 Fig. — L'activité solaire. Cartes synoptiques de la chromosphère et des taches. M. d'Azambuja. — Rotationen Nr. 1272—1285.

BSAF **63** 29, 93, 127, 158, 187, 240, 277, 312, 352. Protubérances les plus remarquables.

Himmelswelt **56** 175—178, mit 5 Abb. Beobachtung einer langlebigen Sonnenprotuberanz. Nach Aufnahmen auf dem Sonnenobservatorium Wendelstein. S. Günther. — Verfolgung einer Protuberanz über 5 Sonnenumdrehungen in der Zeit von 1947 Mai 4 bis 1947 Okt. 1.

Kiew Circ. Nr. **22—23**, 14 S. (russisch). Die Sonnenaktivität September—Dezember 1948. S. K. Wsechswjatskij.

Kodaikanal Obs. Bull. Nr. **125** S. 189—207, mit 4 Fig. Summary of prominence observations for the year 1946. A. K. Das.

Krim Mitt. **4** 211—223. Beobachtungen am Spektrohelioskop 1948. E. F. Schaposchnikowa.

Mem SA It (NS) **20** 177—181, mit 2 Fig. = Oss. e Mem. Oss. Astrofis. Arcetri Nr. **65** S. 99—105. Osservazioni di protuberanze e della cromosfera solare eseguite nel 1948. G. Abetti.

Mem SA It (NS) **20** 183—196, mit 4 Fig. = Oss. Astrofis. Catania Contr. Astrofis. Nr. **67**. L'attività del Sole nell' anno 1948. L. Taffara.

Obs **69** 68—69, mit 1 Fig. Observations of a chromospheric flare, 1949 February 11. M. Conway.

Obs **69** 70—71. M. A. Ellison. — Ergänzung zur vorstehenden Mitteilung.

Obs **69** 74—75, mit 1 Fig. Solar notes. H. W. Newton.

Obs **69** 145—147, mit 1 Fig. Observations of the chromospheric flare of 1949 February 11. M. W. Ovenden.

Obs **69** 228—229, mit 1 Fig. Observation of a solar flare, 1949 August 5. V. Barocas, G. Righini.

Obs **69** 229—230. Brilliant solar flares observed 1949 August 5. M. C. Ballario.

PAT **30** 160—163, mit 2 Fig. Kromosfärobservationer vid Stockholms Observatorium.

Publ ASP **61** 186—190, mit 3 Fig. und 1 Tafel = Mt. Wilson and Palomar Obs. Repr. Nr. **9**. The eruptive prominence of June 3—4, 1949. E. Pettit. — Vgl. Ref. **6627**.

Publ. Sternw. Zürich **9** Heft 3 S. 59—85, mit 13 Abb. Heliographische Karten der Photosphäre für das Jahr 1948. M. Waldmeier.

Pulkowo Publ. (2) **62** 5—202 (russisch). Katalog der Sonnentätigkeit 1940—1945. R. S. Gnewyschewa.

Pulkowo Publ. (2) **65**, 191 S. mit 2 Abb. (russisch). Katalog der Sonnentätigkeit 1946—1947. R. S. Gnewyschewa.

Quarterly Bulletin on Solar Activity Nr. 83—84, July—December 1948.

Science **110** 159—161. Solar eruption of May 10, 1949. A.H. Shapley, R. M. Davis jr.

Service de prévision ionosphérique marine S **25**—**30**. Observations solaires en juillet—décembre 1948. 81 + 77 S. mit Abb.

Sky and Telescope 8 307, mit 2 Fig. May 10 th solar flare. — Ref. AAS.

Sterne **25** 82—83, mit 2 Abb. Die Sonnen-Eruption vom 23. Januar 1949. C. Hoffmeister.

Taschkent Circ. Nr. 214—225. A. Merkulow, J. Slonim. — 1948 Dezember—1949 November.

TAB (2) Nr. **13** S. 91—92, mit 1 Fig. Recent solar activity. M. Notuki, I. Semba, M. Ono, T. Oe. — 1941 Jan.—1947 Dez.

TAB (2) Nr. **13** S. 92—94, mit 4 Fig. Solar eruptions on July 16, 1947. M. Notuki.

TAB (2) Nr. **19** S. 151—155. Monthly Bulletin of solar phenomena, January—December, 1948. M. Notuki, I. Semba, I. Shimizu, M. Ono, T. Oe.

Tokyo Astr. Obs. Bull. Solar Phenomena **1** Nr. 1—2 S. 1—26. Sunspots, Ca flocculi and Hα prominences. January—June 1949. M. Notuki, I. Semba, I. Shimizu, M. Ono, T. Oe, Y. Tanaka, Y. Nojima, M. Miyazawa, Y. Yamamoto, T. Oki.

Urania Barcelona **34** Nr. 220 S. 181—186, mit 6 Fig. Protuberancias solares. Resumen de las observaciones realizadas en el Observatorio de Madrid, durante el año 1946. E. Gullón.

Veröff. Fraunhofer-Inst. Freiburg i. B. Sonnen-Zirkular Januar—Juni 1949. 28 + 32 + 30 + 28 + 28 + 32 S. mit Abb.

§ 67

Korona

* * Koronabeobachtungen während Sonnenfinsternissen siehe § **62**.

6701. **L. Biermann,** Neuere Erkenntnisse über die Sonnenkorona. Himmelswelt **56** 75—78, mit 2 Abb. — Übersicht über die hauptsächlichen Ergebnisse der Koronaforschung von 1934—1947.

* * **R. Giovanelli,** A note on heat transfer in the upper chromosphere and corona. Vgl. Ref. **6616**.

6702. **W. L. Hinsburg,** Über die Absorption der Radiowellen in der Sonnenkorona. AJ UdSSR **26** 84—96 (russisch). — Nach einer Diskussion der Absorption von Radiowellen in einem ionisiertem Gas (Ionosphäre, Sonnenkorona, interstellares Gas) wird die optische Dicke der Sonnenkorona für Wellen verschiedener Länge (zwischen 60 cm und 50 m) berechnet. Loh.

6703. **E. van den Hoven van Genderen,** Veranderingen van de corona in monochromatisch licht en haar betrekking tot magnetische verschijnselen op aarde. Vgl. AJB **48** Ref. **6703**. — Außerdem Sonderdruck in Sterrekundig Colloquium Nederl. Astronomen-Club Nr. **7** S. 11—14.

6704. **H. C. van de Hulst,** Brightness variations of the solar corona. Nature **163** 24. — Nach Abtrennung der von Beugung an interstellarem Staub stammenden F-Komponente wird die von Elektronenstreuung herrührende K-Komponente der Koronahelligkeit aus der Tiefe der Fraunhoferlinien und der beobachteten Polarisation berechnet und die Elektronendichte der K-Korona aus deren Helligkeitsverlauf nach der Methode von Baumbach als Funktion vom Abstand vom Sonnenrand während des Maximums und Minimums des Sonnenzyklus bestimmt. Überraschenderweise ergibt sich, daß die Elektronendichte während des Zyklus um den Faktor 1.8 schwankt. Es zeigt sich weiterhin, daß die Sonne insbesondere bei $\lambda = 50$ cm als Veränderlicher zu betrachten ist, da dort die Helligkeit um den Faktor 2 schwankt. Loh.

6705. **T. Krat,** Über das Licht der Sonnenkorona in der grünen Koronalinie λ 5303 Å. Pulkowo Mitt. **18** Nr. 1 (142) S. 69—82 (russisch).

6706. **S. Miyamoto,** Ionization theory of solar corona. Publ. Astr. Soc. Japan **1** 10—13, mit 1 Fig. = Contr. Inst. Astrophys. Univ. Kyoto Nr. **1**. — Es wird angenommen, daß bei einer Strahlungstemperatur von 6000° und einer Elektronentemperatur von einigen 10^6 ° der Ionisationsgrad der Korona durch Rekombination und Stoßionisation aufrecht erhalten wird. Eine die Stoßionisation berücksichtigende Ionisationsformel wird aufgestellt und die Ionisation von Fe in der Korona näher erörtert. Micz.

6707. **S. Miyamoto,** Dynamical theory of the corona and chromosphere. Publ. Astr. Soc. Japan **1** 14—17 = Contr. Inst. Astrophys. Univ. Kyoto Nr. **2**. — Zur Erklärung der hohen Elektronentemperatur der Korona wird angenommen, daß bei ihrer geringen Gasdichte die Turbulenz der Chromosphäre die thermische Energie der Elektronen liefert. Ein stabiler Zustand wird durch die UV-Abstrahlung der Korona bei einigen 10^6 ° gehalten. Einige Bemerkungen werden über die Lα-Strahlung als Ursache der Bewegung der Protuberanzen angeführt. Micz.

6708. **M. Notuki,** Preliminary note on trial observations of solar corona without an eclipse. TAB (2) Nr. **13** S. 96.

6709. **A. I. Ohl,** Die Helligkeitsänderung der Sonnenkorona. Priroda **38** Nr. 11 S. 46—47 (russisch).

6710. Y. Öhman, On the possibility of measuring the polarization of the «Electron-Corona» without eclipses by a polarimetric analysis of the Fraunhofer absorption lines. Ark Astr **1** 1—6, mit 1 Fig. = Stockholms Obs. Medd. Nr. **61**. — Es wird gezeigt, daß es möglich ist, aus polarimetrischen Beobachtungen an den Absorptionslinien der Sonnenumgebung infolge der starken Intensitätsverminderung des Streulichts aus F-Komponente der Korona, Erdatmosphäre und Instrument in ihren Zentren Polarisationseffekte der K-Komponente der Korona (Elektronen-Korona) zu messen. Die Beobachtungstechnik (Monochromator bzw. Spektrograph) wird kurz gestreift. Micz.

6711. J. J. Raimond jr., De echte en de namaak corona. Hemel en Dampkring **47** 121—127. — Gemeinverständlicher Bericht über K- und F-Korona und die interplanetare Materie unter besonderer Berücksichtigung der Arbeiten von van de Hulst. Gü.

6712. E. Schatzman, Le chauffage de la couronne solaire. CR **228** 738—739. — Die Note enthält einige numerische Abschätzungen zur Prüfung der Schwarzschildschen Vorstellung, daß die Aufheizung der Sonnenkorona durch Kompressionswellen bewirkt wird, die bei der Abbremsung der aufsteigenden Granulen im stabilen Teil der Photosphäre ausgelöst werden. Kdr.

* * **E. Schatzman,** The heating of the solar corona and chromosphere. Vgl. Ref. **6631**.

6713. M. Waldmeier, Das Verhalten der Sonnenkorona im 11-jährigen Zyklus. Himmelswelt **56** 139. — Ref. AG.

6714. M. Waldmeier, Aktivitätszonen und Zirkulation in der Sonnenkorona. VJS Naturforschenden Ges. Zürich **94** 92—108, mit 6 Abb. = Astr. Mitt. Sternw. Zürich Nr. **157**. — Besprechung in Sternenwelt **2** 64. — Das vom Verf. auf dem Astrophysikalischen Observatorium Arosa seit 1938 erhaltene Beobachtungsmaterial umfaßt einen vollen Zyklus der Sonnenaktivität. In der vorliegenden Arbeit ist dasselbe hinsichtlich der zonalen Struktur der Korona untersucht. Es lassen sich zwei Aktivitätszonen der Korona unterscheiden, in denen die Intensität der Linie 5303 ein Maximum aufweist. Die Hauptzone fällt nahe mit der Flecken- und Fackelzone zusammen und verschiebt sich wie diese von Beginn bis Ende des Zyklus gegen den Äquator. Die Nebenzone erscheint kurz nach dem Fleckenmaximum in etwa 45° heliographischer Breite, verschiebt sich nach 60° und bleibt bis zum Fleckenminimum stationär, worauf sie sich weiter polwärts verschiebt, etwa zur Zeit des Sonnenfleckenmaximums den Pol erreicht und erlöscht. Verf.

6715. M. Waldmeier, Über die Möglichkeit fortlaufender Koronabeobachtungen. ZfA **26** 158—167 = Astr. Mitt. Sternw. Zürich Nr. **160**. — Auf Grund einer Statistik folgt, daß auf dem Aroser Observatorium der Eidgen. Sternwarte (2050 m) in den Jahren 1940—48 im Durchschnitt an 54% aller Tage Koronabeobachtungen möglich waren. Im Mittel herrschen während 2,5 Stunden pro Tag «koronale» Bedingungen. Verf.

6716. M. Waldmeier, Die Variation der monochromatischen Gesamtemission der Sonnenkorona im 11jährigen Zyklus. I. Die Linie 5303 Å. ZfA **26** 264—271, mit 4 Abb. = Astr. Mitt. Sternw. Zürich Nr. **164**. — Besprechung in Sternenwelt **2** 112. — Es werden die Totalemissionen der Korona im monochromatischen Licht der Linie 5303 Å während eines vollen Sonnenzyklus mitgeteilt (1939—49). Die Gesamtemission unterliegt dem 11jährigen Zyklus. Die Extrema fallen mit denjenigen der Sonnenfleckentätigkeit zusammen. Im Maximumsjahr 1947 betrug die Totalemission das Fünffache derjenigen des Minimumsjahres 1944. Verf.

* * **M. Waldmeier,** Die Sonnenaktivität im Jahre 1947, 1948. Vgl. Ref. **6355**.

* * De buitenste lagen van de zonne-atmosfeer. Vgl. Ref. **6640**.

6717. Koronabeobachtungen

Astr. Mitt. Sternw. Zürich Nr. **156**, 13 S. mit 2 Abb. Die Sonnenaktivität im Jahre 1947. M. Waldmeier.

Astr. Mitt. Sternw. Zürich Nr. **161**, 14 S. mit 2 Abb. Die Sonnenaktivität im Jahre 1948. M. Waldmeier.

Quarterly Bulletin on Solar Activity Nr. **83—84**, July—December 1948.

Service de prévision ionosphérique marine S **25—30**. Observations solaires en juillet—décembre 1948. 81 + 77 S. mit Abb.

Veröff. Fraunhofer-Inst. Freiburg i. B. Sonnen-Zirkular Januar—Juni 1949. 28 + 32 + 30 + 28 + 28 + 32 S. mit Abb.

§ 68

Sonnentätigkeit in Beziehung zu terrestrischen Erscheinungen

6801. **C. G. Abbot,** Short periodic solar variations and the temperatures of Washington and New York. Smithsonian Miscellaneous Collections **111** Nr. 13, 8 S., mit 2 Fig. — Besprechung in Sterne **26** 30. — Die früher (Smithsonian Misc. Coll. **107** No. 4, 1947) gefundene Periode von etwa 6 $^{2}/_{3}{}^{d}$ der Temperaturen von Washington und der Solarkonstanten läßt sich auch in den Temperaturen von New York zwischen 1928 und 1948 nachweisen. In den Temperaturen tritt außer der Periode $6^{d}_{.}6485$ eine zweite von halber Länge auf. Die Phase der Variation ist an beiden Orten die gleiche. Micz.

6802. **G. Abetti,** Lo studio delle relazioni fra fenomeni solari e terrestri. Accad. Nazionale Lincei, Problemi attuali di scienza e cultura, Quaderno Nr. **7** S. 3—8. — Bericht über den Einfluß der solaren Erscheinungen auf die Erde. Einer kurzen Beschreibung der Sonnenphänomene, ihrer Beobachtung und ihrer Veröffentlichung folgt die Darstellung der wichtigsten Einflüsse, wie magnetische Stürme und Radiostörungen. F. Z.

6803. **L. d'Azambuja,** Les informations rapides sur l'activité solaire par messages «ursigrammes» radiodiffusés. BSAF **63** 241—252, mit 3 Fig. — Nach einem Überblick über die durch Vorgänge auf der Sonne hervorgerufenen terrestrischen Erscheinungen berichtet die Arbeit über die Entwicklung der durch Rundfunk verbreiteten «Ursigramme». Deren Gliederung in fünf Gruppen wird erklärt: tägliche Berichte über ionosphärische Störungen, Aktivität der Sonnenoberfläche und der Chromosphäre, Sonnenstrahlung in Radiofrequenzen, monochromatische Intensität der Sonnenkorona und über Erdmagnetismus. Gliese

6804. **A. J. Besrukowa,** Die solare Natur der geomagnetischen Störungen. Bull. Kommission für Sonnenforschung Nr. **2 (16)** S. 21—23 (russisch).

6805. **A. J. Besrukowa,** Magnetische Stürme und Sonnenaktivität. Bull. Kommission für Sonnenforschung Nr. **2 (16)** S. 17—20 (russisch).

* * **R. N. Bracewell, T. W. Straker,** The study of solar flares by means of very long radio waves. Vgl. Ref. **6602**.

6806. **U. Buli,** Radiazione solare e cicli meristematici nella pineta de Ravenna. Coelum **17** 87—91, mit 2 Tafeln. — Untersuchung der Abhängigkeit der Baumringe im Fichtenwald von Ravenna von der Sonnenaktivität. F. Z.

6807. **R. P. M. Burgaud,** Eruptions chromosphériques crochets et perturbations magnétiques à début brusque. Ann. Géophys. **3** 264—281, 1947. — Ref. in Phys. Ber. **28** 587.

6808. **N. Carrara,** La ionosfera e l'attività solare. Accad. Nazionale Lincei, Problemi attuali di scienza e cultura, Quaderno Nr. 7 S. 38—50. — Darstellung unserer Kenntnisse über die Ionosphäre und deren Erscheinungen in Bezug zur Sonnentätigkeit. F. Z.

6809. **F. L. Cooper,** Correlation between atmospheric potential gradient anomalies and solar eruptions. Amer. J. Sci. (Sill.) **240** 584—593, 1942. — Ref. in Phys. Ber. **28** 615.

6810. **H. W. Clough,** Some solar and related meteorological periods. Pop Astr **57** 495—500, mit 1 Fig.

6811. **A. K. Das, R. Ananthakrishnan,** Existe-t-il une corrélation entre les protubérances à disparition brusque et les perturbations géomagnétiques? BSAF **63** 177—179. — Es werden die Beobachtungen von vier Protuberanzen beschrieben und mit den Messungen des erdmagnetischen Feldes verglichen. Dabei zeigt sich kein eindeutiger Zusammenhang zwischen dem plötzlichen Aufsteigen und Verschwinden der Protuberanzen und den Magnetogrammen des Observatoriums von Kodaikanal. Gliese

6812. **M. S. Eigenson,** Über die Natur der Sonnenbeziehungen. Bull. Kommission für Sonnenforschung Nr. **2** (**16**) S. 11—12 (russisch).

6813. **M. S. Eigenson,** Die säkulare Veränderung der Sonnenaktivität und ihre geophysikalischen Folgen. Teil 2. Die geophysikalischen Folgen. Bull. Kommission für Sonnenforschung Nr. **3—4** (**17—18**) S. 51—56 (russisch).

6814. **M. S. Eigenson,** Der Zusammenhang zwischen der Intensität solarer Erscheinungen, der Intensität geophysikalischer Erscheinungen sowie der Härte und Richtung der Sonnenkorpuskeln. Bull. Kommission für Sonnenforschung Nr. **1** (**15**) S. 12—16 (russisch).

6815. **M. A. Ellison,** Solar flares and their terrestrial effects. Nature **163** 749—753, mit 4 Fig. — Besprechung in Sternenwelt **2** 166. — Auszug eines vor der Radio Section, Cavendish Laboratory, Cambridge gehaltenen Vortrages. Nach Beschreibung der Eigenschaften der Eruptionen werden die auf Wellenstrahlung zurückgehenden (Ultraviolett-)Effekte und die auf korpuskularen Emissionen basierenden (Partikel-)Effekte dargestellt. Im ersten Fall sind es geomagnetische crochets, Kurzwellenfading und Langwellen-Phasenanomalie; im zweiten geomagnetische Stürme und kosmische Strahlung. Der Bericht endet mit einem kurzen Hinweis auf die von Giovanelli entwickelte Theorie der Eruptionen und die von Unsöld wahrscheinlich gemachte stellare Herkunft der galaktischen Radio- und Ultrastrahlung. Loh.

6816. **H. Faust,** Wetterlage — Großwetterlage — Großwetterperiode. Forschungen und Fortschritte **25** 62—65, mit 1 Fig. — Das großräumige Wettergeschehen scheint mit Schwankungen planetaren Ausmaßes der allgemeinen Zirkulation der irdischen Atmosphäre zusammenzuhängen.

6817. **S. E. Forbush, P. S. Gill, M. S. Vallarta,** Sobre el mecanismo de los aumentos bruscos de la radiación cósmica que acompañan a algunas erupciones solares. Mecixo Mem. Colegio Nac. **3** Nr. 3, S. 29—40.

6818. **J. M. van Gils,** Etude statistique des tremblements de terre enregistrés à Uccle de 1910 à 1945. Ciel et Terre **65** 125—140, mit 4 Fig. — Zwischen der Sonnenaktivität und der seismischen Aktivität besteht kein Zusammenhang.

6819. **F. J. A. Göschl,** Planetare Wetterbeeinflussung nach Apexstellung und Konstellation. Salzburg, Salzburger Druckerei und Verlag, 1949. 16 S. Preis 3.— Sch. — Besprechung in Gaz astr **31** 88—89.

6820. **H. von Klüber,** Ionosphäre und Sonnenforschung. Funk und Ton 1947 Nr. 2 S. 61—77. — Ref. in Phys. Ber. **28** 592—593.

6821. **L. Křivský,** The activity of the Sun and yearly atmospheric precipitations in the ocean zone of NW Europe and the NE part of the Atlantic. BAC **1** 147—149, mit 5 Fig.

6822. **J. V. Lincoln, A. H. Shapley,** Correlation of coronal and geomagnetic observations, 1944—1946. Trans. Amer. Geophys. Union **29** 849—854, 1948.

6823. **W. Malsch,** Sonnentätigkeit und Wetter. Sterne **25** 135—136.

6824. **C. Morelli,** Sui fenomeni di magnetismo terrestre in dipendenza da quelli solari. Accad. Nazionale Lincei, Problemi attuali di scienza e cultura, Quaderno Nr. **7** S. 57—74. — Beschreibung der wichtigsten Erscheinungen des erdmagnetischen Feldes, seiner Schwankungen und Störungen, sowie deren Ursachen im Zusammenhang mit den Erscheinungen auf der Sonne. F. Z.

6825. **C. Morelli,** Sui fenomeni di magnetismo terrestre in dipendenza da quelli solari. Instituto Geofis. Trieste Pubbl. Nr. **240**, 19 S., 1948.

6826. **J. Pícha,** L'influence de l'activité solaire sur la circulation atmosphérique. Bull. météorologique tchécoslovaque **3** 64—70, mit 21 Fig. (tschechisch).

6827. **S. Polli, F. Vercelli,** Relazioni tra attività solare e fenomeni meteorologici e climatici, con speciale riguardo ai lavori compiuti in Italia. Accad. Nazionale Lincei, Problemi attuali di scienza e cultura, Quaderno Nr. **7** S. 75—77. — Kurze Notizen über den Einfluß der Sonnentätigkeit auf meteorologische und klimatische Verhältnisse auf der Erde. F. Z.

6828. **I. A. Prokofjewa,** Atmosphärisches Ozon, Sonnenaktivität und Geomagnetismus. Bull. Kommission für Sonnenforschung Nr. **1 (15)** S. 30—37 (russisch).

6829. **F. J. Ryder,** Climate in the Upper Midwestern United States, and its relation to sunspots. Pop Astr **57** 286—290.

6830. **W. Sandner,** La périodicité des aurores polaires dans leur rapport avec l'activité solaire. Gaz astr **31** 96—101.

6831. **W. Sandner,** Sonnenflecken, Erdmagnetismus und Polarlicht. Himmelswelt **56** 63—66, mit 5 Abb. — Verf. hatte früher eine 27-tägige Wiederholungstendenz großer Nordlichter gefunden. Eine ähnliche Untersuchung der in Tromsö 1930—1944 beobachteten erdmagnetischen Stürme läßt die gleiche Tendenz erkennen. Eine Abhängigkeit der Periodenlänge von der Phase des Fleckenzyklus kann nicht angegeben werden. Micz.

6832. **H. R. Sarna, O. Parkash,** Magnetic storms and cosmic-ray intensity. Nature **164** 588—589. — Vorläufige Mitteilung über den Vergleich der in Lahore von Febr.—April 1947 beobachteten Intensität der kosmischen Strahlung und der in Alibag (Bombay) gemessenen erdmagnetischen Feldstärke. Dabei wird besonders hervorgehoben, daß während magnetischer Stürme die Schwankungen der Intensität der kosmischen Strahlung und der erdmagnetischen Feldstärke in einigen Fällen positiv, in anderen negativ korreliert waren. Loh.

6833. **I. S. Schklowskij,** Neue Theorie der solaren Ausbrüche und der von ihnen bedingten plötzlichen Anregungen der Ionosphäre in der D-Schicht. DAN **64** 37—39 (russisch).

6834. I. S. Schklowskij, Die ultraviolette Strahlung von Korona und Chromosphäre und die Ionisation der Erdatmosphäre. Krim Mitt. **4** 80—113, mit 4 Abb. (russisch). — Unter Zugrundelegung einer Elektronentemperatur der Korona von 10^6K wird die spektrale Energieverteilung der ultravioletten Koronastrahlung (λ <912 Å) und ihre Intensitätsverteilung über der Sonnenscheibe berechnet, für die sich ein spitzes Maximum am Sonnenrand ergibt. Der Gesamtstrom der harten Koronastrahlung beträgt an der Grenze der Erdatmosphäre $5{,}6 \times 10^{-2}$ erg/cm² sec; die in den Resonanzlinien von Ne VIII (776 Å) und Mg X (625 Å) eingestrahlte Energie 1,15 erg/cm² sec, die damit zur Ionisation der F-Schicht ausreicht. Der von der hohen Chromosphäre (20000°) herrührende ultraviolette Energiestrom beträgt 0,1 erg/cm² sec und reicht ebenfalls zur Ionisation der F-Schicht aus. Von der härtesten UV-Strahlung vermag nur der Teil mit λ <75 Å zur E-Schicht vorzudringen. Abschließend werden die Theorien des Dellinger-Effektes einer Kritik unterzogen. Loh.

6835. A. W. Schnitnikow, Die Hauptzüge der zyklischen Schwankungen des Seenspiegels und der Feuchtigkeit des eurasischen Gebiets in Zusammenhang mit der Sonnenaktivität. Bull. Kommission für Sonnenforschung Nr. 3—4 (17—18) S. 65—78 (russisch).

* * **H. Siedentopf,** Das Nordlicht vom 27. Juli 1946 und seine Ursache. Vgl. Ref. **72128**.

6836. P. Tempesti, Le variazioni della costante solare ed i loro effetti sui fenomeni meteorologici. Coelum **17** 21—26. — Allgemeinverständlicher Bericht über die Schwankungen der Solarkonstante und deren Einflüsse auf meteorologische Erscheinungen. F. Z.

6837. S. W. Visser, Les taches solaires et la météorologie. Ann. Géophys. **3** 15—23, 1947, **4** 65—73, 1948. — Ref. in Phys. Ber. **28** 627.

6838. L. A. Witels, Magnetische Stürme als solarer Richtungspunkt der atmosphärischen Zirkulation. Bull. Kommission für Sonnenforschung Nr. 1 (15) S. 38—48 (russisch).

6839. O. R. Wulf, S. B. Nicholson, The production of geomagnetic activity. The activity of the years 1941 and 1942. Publ ASP **61** 166—174, mit 2 Fig. und 1 Tafel = Mt. Wilson and Palomar Obs. Repr. Nr. **9**. — Die geomagnetische Aktivität dürfte durch unregelmäßige Bewegungen in der Luftzirkulation der unteren Ionosphäre entstehen.

6840. Relations entre les phénomènes solaires et géophysiques. Paris, Editions de la Revue d'Optique, Editions du Centre National de la Recherche Scientifique, 1949. 312 S. — Besprechung in Ann d'Astrophys **12** 166—168 (M. Nicolet).

6841. Solar-terrestrische Beobachtungen

BAA Circ Nr. 307. The magnetic storm of January 24—25.

BAC **1** 119—122. Observations solaires et ionosphériques. F. Link. — Beobachtungen auf der Sternwarte Ondřejov im ersten Halbjahr 1949. J. B.

Obs **69** 38—40. Magnetic storms and solar activity, 1948. H. W. Newton.

Obs **69** 69—70, mit 1 Fig. A sudden phase anomaly, 1949 February 11. T. W. Straker, R. N. Bracewell.

Obs **69** 76—77, mit 1 Fig. The magnetic storm of 1949 January 24—26. W. Jackson.

Obs **69** 143—145, mit 1 Fig. Fidelity of sudden phase anomalies. R. N. Bracewell, T. W. Straker. — Beobachtung 1949 Febr. 11.

Obs **69** 147—149. The brilliant solar flare of 1949 January 23 and the great magnetic storm of January 24—26. A. K. Das, K. S. Raja Rao.

Obs **69** 195—196, mit 1 Fig. Recurrence features of the magnetic storm of 1949 January 24—26.

Obs **69** 235—239, mit 2 Fig. Solar notes. H. W. Newton.

Service de prévision ionosphérique marine O 28—**36**. Observations ionosphériques en octobre 1948—juin 1949. 86 + 76 + 120 S. mit Abb.

Urania Barcelona **34** Nr. 220 S. 180. Datos relativos a la actividad solar y geomagnética en 1947.

Achter Teil

Planeten und Monde

§ 70

Sonnensystem, Allgemeines

7001. **A. Adel,** Selected topics in the infrared spectroscopy of the solar system. Aus: G. P. Kuiper, The Atmospheres of the Earth and Planets (Ref. **7030**), Kapitel **10** S. 269—283. — Die verschiedenen Anwendungsmöglichkeiten der Infrarotspektroskopie in Astronomie und Meteorologie werden an neuen Ergebnissen dargelegt. Die chemische Zusammensetzung der Atmosphäre der Erde (Absorptionslinien im Sonnenspektrum; Nachweis von HDO und N_2O), sowie der Planeten (CO_2 bei Mars) wird erörtert, wobei auch der Versuch quantitativer Bestimmungen bemerkenswert ist; Temperaturbestimmung der Oberfläche der Planeten (Venus wesentlich höher als 50°C). Die Infrarotspektroskopie gibt Aufschluß über die Atmosphäre der Venus, die Oberflächenbeschaffenheit von Mond und Mars. Das Sonnenspektrum ist mittels eines KBr-Prismas auf das Gebiet 14 bis 22 μ erweitert worden, woraus Schlüsse auf die Transmission der Erdatmosphäre zu ziehen sind. Aufschluß über die Temperatur der Ozonschicht geben Aufnahmen im Gebiet 4 bis 14 μ.
A. Kopff

7002. **T. Dunham jr.,** Spectroscopic observations of the planets at Mount Wilson. Aus: G. P. Kuiper, The Atmospheres of the Earth and Planets (Ref. **7030**), Kapitel **11** S. 286—303. — Nach Beschreibung des Coudé-Spektrographen erfolgt eine Übersicht über die bei den einzelnen Planeten erhaltenen Ergebnisse. 1932 gelang bei Venus der Nachweis der CO_2-Bande bei 7820 und 7882; später auch bei 8688. Bei Mars ist von besonderem Interesse die Diskussion der Beobachtungen des B-Bandes von O_2 und der Versuch, H_2O nachzuweisen. Bei den großen Planeten ist der Nachweis von NH_3 hervorzuheben. Das Spektrum des Jupiter konnte bis 10000 Å erhalten werden.
A. Kopff

7003. **G. C. Flammarion,** Les atmosphères de la Terre et des planètes et les conditions de la vie sur les autres mondes. BSAF **63** 269—273.

7004. **P. Guintini,** Les Planètes. Paris, Presses Universitaires de France, 1949. 126 S. — Besprechung in Ann d'Astrophys **12** 308.

7005. **W. H. Haas,** Concerning the observability of meteoritical phenomena on the moon and the near planets (abstract). Pop Astr **57** 459.

7006. H. C. van de Hulst, Scattering in the atmospheres of the Earth and the planets. Aus: G. P. Kuiper, The Atmospheres of the Earth and Planets (Ref. 7030), Kapitel 3 S. 49—111. — Die optischen Erscheinungen der Erdatmosphäre werden in 4 Kapiteln behandelt: Extinktion (Messungsmethoden und Ursachen der Extinktion); Lichtstreuung durch Dunst, Nebel und Staub; blaues Himmelslicht; Erforschung der oberen Atmosphäre durch optische Methoden (Dämmerung, Mondfinsternisse, Höhe der Emissionen des leuchtenden Nachthimmels). Ein abschließendes Kapitel beschäftigt sich mit der Streuung in den Atmosphären der Planeten. Theoretische Überlegungen beschäftigen sich mit Atmosphären von unendlicher und endlicher Ausdehnung; daran anschließend werden Fragen der Randverdunkelung, Bildung der Absorptionslinien und Polarisation behandelt. A. Kopff

7007. M. Imnadse, Das Sonnensystem. Tiflis, Verlag Akad. Wiss. grusin Sowjetrepublik, 1949. 40 S. mit 5 Abb. Preis 2 R. (grusinisch).

7008. I. M. Klotz, On the calculation of planet temperatures from the composition of meteoritic matter. Science **109** 248—251.

7009. W. A. Krat, Über die positiven Ladungen der Planetenatmosphären. AJ UdSSR **26** 201—206 (russisch).

7010. G. P. Kuiper, Survey of planetary atmospheres. Aus: G. P. Kuiper, The Atmospheres of the Earth and Planets (Ref. 7030) Kapitel 13 S. 304—345 = Contr. McDonald Obs. Nr. **161**. — In den letzten Jahren wurden am McDonald Observatory sehr bemerkenswerte Fortschritte in der Erforschung der Atmosphären der Planeten und Satelliten erzielt. Die Diskussion erstreckt sich auf die Spektren, die Wolken und Dämmerungserscheinungen, Polarisation, indirekte Kriterien (Farbe, Randverdunklung) und physikalische Daten (Temperatur, Entweichgeschwindigkeit u. a.). Dem zuletzt genannten Punkt ist der erste, sehr ausführliche Abschnitt gewidmet, der eine zusammenfassende Darstellung der Arbeiten auf diesem Gebiet (von R. Wildt, J. Greenstein u. a.) gibt. Der folgende Abschnitt über die Spektren der Planeten und Satelliten berichtet vor allem auch über die eigenen Beobachtungen unter Verwendung einer PbS-Zelle (infrarot 1—3 μ). Die Ergebnisse sind für drei Spektralgebiete getrennt diskutiert: UV-Spektren; Gebiet 0,4—1,0 μ; infrarot 1,0—2,5 μ und in einer Tabelle «McDonald Spectra» (S. 326) zusammengestellt. Für Mars fehlt auch hier wie bei den Mt. Wilson-Beobachtungen der Nachweis von H_2O, dennoch spricht vieles für dessen Existenz; vor allem sind die Polarkalotten und der Dunstschleier als Schnee anzusprechen. Besonders hervorzuheben ist das Vorkommen von CH_4 in großer Menge bei Titan. Auf Polarisationsmessungen im Infrarot bei Venus ist kurz hingewiesen. A. Kopff

7011. G. P. Kuiper, Infrared spectra of planets. Vgl. AJB **47** Ref. 5106. — Besprechung in Urania Barcelona **34** Nr. 220 S. 226—227.

7012. G. P. Kuiper, Some results on planets. AJ **54** 191. — Ref. AAS.

7013. G. P. Kuiper, The law of planetary and satellite distances. ApJ **109** 308—313, mit 3 Fig. = Contr. McDonald Obs. Nr. **166**. — Besprechung in Sterne **25** 133—134 (F. W. Jäger). — Es wird ein neues Abstandsgesetz der Planeten $\mu/\Delta^3 \sim 10^{-4}$ (erste Näherung) diskutiert, in dem μ der Mittelwert der Massen zweier aufeinanderfolgender Planeten relativ zur Sonne und Δ der Unterschied ihrer großen Bahnhalbachsen a_1 und a_2 in Einheiten des Mittelwertes $(a_1 + a_2)/2$ ist. Das Gesetz gilt analog für Satelliten, solange ihre Bahn nicht retrograd bzw. ihre Neigung sehr groß wird. Verf. deutet die Beziehung aus kosmogonischen Vorstellungen über das Planetensystem. Auf das Fehlen echter Lücken im Planeten- und Satellitensystem sowie auf Satellitenanaloga zu «Großen» und «Kleinen» Planeten wird aufmerksam gemacht.

Micz.

* * **B. J. Lewin,** Der Aufbau der Erde und der Planeten und die Meteoritenhypothese ihrer Entstehung. Vgl. Ref. 5509.

7014. **B. Lindblad,** Nyare undersökningar över planeternas fysiska beskaffenhet. PAT **30** 106—117, mit 11 Fig. — Eine gemeinverständliche Übersicht über die letzten Fortschritte der Planetenforschung. Ra.

7015. **G. Mamedbejli,** Die Sonnenwelt. Baku, 1949. 24 S. Gratis. (aserbajdshanisch).

7016. **S. A. Pachuto, S. N. Sredinskij,** Gibt es Leben auf anderen Planeten? Minsk, Staatsverlag der belorussischen Sowjetrepublik, 1949. 40 S. mit Abb.

7017. **C. D. Perrine,** The inversion of gravitation laws. Pop Astr **57** 117—120. — Verf. versucht, eine Umkehrung des Gravitationsgesetzes im Planeten- und in den Satellitensystemen nachzuweisen. Böh.

7018. **M. Pierucci,** La regolarità nel sistema solare dopo la scoperta del quinto satellite di Urano. Interpretazione quantistica e previsione dell' esistenza di uno o due pianeti ultraplutoniani. Atti Sem. mat. Univ. Modena **3** 191—204. — Ref. in ZfMG **33** 406.

7019. **L. Rosino,** Atmosfere planetarie e condizioni ambientali alla superficie dei pianeti. Coelum **17** 91—98. — Allgemeinverständlicher Bericht über die neueren Errungenschaften auf dem Gebiete der Planetenatmosphären. F. Z.

7020. **H. Sawyer Hogg,** The Titius-Bode Law and the discovery of Ceres. J RAS Canada **42** 241—246, 1948.

7021. **W. W. Scharonow,** Gibt es Leben auf den Planeten? Moskau, Verlag «Prawda», 1949. 24 S. mit 10 Abb. Preis 50 Kop. (russisch).

7022. **K. Schütte,** Der heutige Stand der Planetenforschung. Naturwiss. Rundschau **2** 14—21. — Inhalt: Geschichtliche Bemerkungen, Methoden und Ziele der Planetenforschung, Forschungsergebnisse für die einzelnen Planeten.

7023. **J. Simenhoff,** The satellites of the solar system. MN ASSA **8** 2—6.

7024. **P. Slawenas,** Der Bau des Sonnensystems. Wilna, Komitee für die Angelegenheiten kulturell-aufklärender Institutionen beim Ministerrat der litauischen Sowjetrepublik, 1949. 16 S. (russisch).

7025. **W. W. Sobolew,** Über die Streuung des Lichtes in den Atmosphären der Erde und Planeten. Abh. Shdanow-Staatsuniv. Leningrad Nr. **116** (Math. Wiss. Nr. 18, Astr.) S. 17—52, mit 2 Abb. = Publ. Astr. Obs. Leningrad **13** 17—52 (russisch). — Die Arbeit bringt eine gekürzte Wiederholung einiger früherer Formelentwicklungen nebst einer Reihe von Tabellen zur Erleichterung der Rechnungen mit diesen Formeln und Hinweise auf deren mögliche Anwendungen auf Erd- und Planetenatmosphären. Loh.

* * **N. N. Sytinskaja,** Bestimmung des Glättegrades der Planetenoberflächen mit photometrischen Methoden. Ref. 2424.

7026. **S. B. Ullman,** A mathematical formulation of Bode's law. Pop Astr **57** 197. — Die Titius-Bodesche Formel wird im Falle Neptun und Pluto um ein Glied $-[(n-8)\,3]^2$ mit $n = 9$ bzw. 10 ergänzt.

7027. **A. J. M. Wanders,** De planeten en hun raadsels. 3., vermehrte Auflage. (Ohne Angabe des Druckortes), Erven J. Bijleveld, 1948. 268 S., 34 Abb., 16 Tafeln. — Besprechung in Hemel en Dampkring **47** 113 (J. J. Raimond jr).

7028. **T. Widorn,** Eine Beziehung zwischen Radius und Masse und über den Aufbau der inneren Planeten. Sitzber. Österreichische Akad. Wiss. Math.-naturwiss. Kl. Abteilung IIa **157** 101—124, mit 5 Abb. = Wien Mitt. **4**

Nr. 8. — Unter den Voraussetzungen, die inneren Planeten seien stofflich einheitlich aufgebaut und die Unterschiede in den mittleren Dichten durch den unterschiedlichen Druck im Innern verursacht, wird für zwei Ansätze für den Dichteanstieg nach innen (nach Lipschitz und nach Helmert) eine Beziehung zwischen Planetenmasse und -radius abgeleitet und mit den Beobachtungsdaten verglichen. Die Übereinstimmung ist gut. Die für die Zentraldichte der Erde berechneten Werte widersprechen einem reinen Eisenkern und deuten auf einen höheren Gehalt an leichteren Elementen hin. Ferner wird unter verschiedenen Annahmen versucht, aus Rotationsdauer und Abplattung Rückschlüsse auf den inneren Aufbau der Planeten zu ziehen. Kdr.

7029. **B. A. Woronzow-Weljaminow,** Gibt es ein Leben auf den Planeten? Nowosibirsker Gebietsverlag, 1949. 24 S. mit Abb. Preis 50 Kop. (russisch). — Außerdem weitere regionale Ausgaben innerhalb der UdSSR.

7030. The Atmospheres of the Earth and Planets. Papers presented at the Fiftieth Anniversary Symposium of the Yerkes Observatory, 1947. Edited by G. P. Kuiper. Chicago, The University of Chicago Press, 1949. 7 + 366 S. mit 91 Fig. und 17 Tafeln. Preis $ 7,50. — Besprechung in ApJ **110** 102—104 (H. N. Russell), BSAF **63** 269—273 (G. C. Flammarion), **63** 320, Obs **70** 120, Pop Astr **57** 201—202 (T. Page), Publ ASP **61** 106—108 (R. S. Richardson), Rev. Sci. Instruments **20** 688—689 (J. B. Irwin), Sky and Telescope 8 230—231 (H. B. Pettit), Strolling Astronomer **3** Nr. 4 S. 4—5 (R. M. Johnson). — Aus Anlaß des 50. Jahres der Gründung des Yerkes Observatory fand Sept. 1947 ein Symposium statt. Die von G. P. Kuiper herausgegebenen Vorträge geben einen Überblick über den Stand der Erforschung der Atmosphäre der Erde und der Planeten. Ein ausführliches Namens- und Sachregister, sowie alle notwendigen Literaturangaben machen das Werk zu einem sehr wertvollen Lehrbuch und Nachschlagewerk für die behandelten Gebiete. Es ist in 14 Kapitel geteilt. Kap. **1**, Introduction, von G. P. Kuiper gibt einen Überblick über die Probleme des physikalischen und chemischen Aufbaus der Erdatmosphäre und Analogieschlüsse auf die Planetenatmosphären. Die folgenden Kapitel enthalten teils meteorologische, teils astronomische Probleme. Für die ersteren sind nur die Titel angegeben, für die astronomischen Vorträge finden sich außerdem Referate bei den einzelnen Abschnitten des Jahresberichtes. Die Kapitel sind: **2.** C.-G. Rossby, On the nature of the general circulation of the lower atmosphere. **3.** H. C. van de Hulst, Scattering in the atmospheres of the Earth and the planets (Ref. **7006**). **4.** The upper atmosphere studied from rockets: J. L. Greenstein, Research programs. (Ref. **13403**). H. E. Clearman, The ultraviolet solar spectrum (Ref. **6409**). E. Durand, Rocket sonde research at the Naval Research Laboratory. **5.** F. L. Whipple, L. Jacchia, Z. Kopal, Seasonal variations in the density of the upper atmosphere (Ref. **7265**). **6.** P. Swings, The spectra of the night sky and the aurora (Ref. **72111**). **7.** L. Spitzer jr., The terrestrial atmosphere above 300 km. **8.** R. T. Chamberlin, Geological evidence on the evolution of the earth's atmosphere. **9.** H. Brown, Rare gases and the formation of the Earth's atmosphere. **10.** A. Adel. Selected topics in the infrared spectroscopy of the solar system (Ref. **7001**). M. V. Migeotte, On the presence of CH_4, N_2O, and NH_3 in the Earth's atmosphere. **11.** T. Dunham jr., Spectroscopic observations of the planets at Mount Wilson (Ref. **7002**). **12.** G. P. Kuiper, Survey of planetary atmospheres (Ref. **7010**). **13.** G. Herzberg, Laboratory absorption spectra obtained with long paths. **14.** J. Frank, Possibility of photosynthesis on Mars (Ref. **7407**).

* * The orbit of Eros. Vgl. Ref. **7539**.

7031. Constitution of the terrestrial planets. Nature **163** 814. — Besprechung der Arbeit von W. H. Ramsey in MN **108** 406, 1948. Vgl. AJB **48** Ref. **7014**.

7032. New theory on the earth's interior. Nature **164** 344.

7033. Planeternas uppbyggnad. PAT **30** 77. — Besprechung von AJB **47** Ref. 5113.

§ 71

Merkur, Venus

7101. **Merkur. Astrometrische Beobachtungen**

Publ. US Naval Obs. (2) **16** part 1, S. 1—55, 138—153. Results of observations made with the six-inch transit circle 1925—1941. Observations of the sun, moon, and planets. C. B. Watts, A. N. Adams. — α, δ.

Pulkowo Publ. (2) **63** 117—126. Rektaszensionen von Sonne, Merkur und Venus nach Beobachtungen in Nikolajew in den Jahren 1929—1935. L. I. Semjonow.

7102. **Merkur. Physische Beobachtungen**

JBAA **59** 224. British Astronomical Association. Mercury and Venus Section. H. McEwen. — Bericht.

RH **30** 23—24, mit 1 Fig. (tschechisch). Merkurbeobachtungen in den Jahren 1944—1948. M. Veselá.

Sternenwelt **1** 41—42, 161, mit 2 Abb. Beobachtungen der Planeten. E. Pfannenschmidt.

Strolling Astronomer **3** Nr. 10 S. 4—5. Mercury in July, 1949. C. B. Stephenson.

7103. **A. Danjon,** Photométrie et colorimétrie des planètes Mercure et Vénus. BA **14** 315—345, mit 9 Fig. — Es werden das Photometer, seine Montierung und die Farbfilter beschrieben, mit denen beide inneren Planeten bei Tage möglichst horizontfern mit der Sonne verglichen wurden. Die provisorische Skala wurde mit Hilfe von 8 hellen Fixsternen geeicht. 335 Beobachtungen der Venus zwischen den Phasenwinkeln 0°9 und 170°7 und 225 Messungen des Merkur zwischen 2°9 und 123°1 lassen die scheinbare Helligkeit der Planeten (reduziert auf $r = \Delta = 1$) als Funktion 3. Grades des Phasenwinkels darstellen. Der Farbenindex ergibt sich für beide Planeten gleich zu $+ 1^m00$, die Albedo visuell und photographisch für Venus zu 0.73 und 0.60, für Merkur zu 0.063 und 0.052. Vergleich mit älteren Beobachtungen. Merkur wird mit dem Mond verglichen und eine Anwendung seiner Helligkeitsfunktion auf die Sichtbarkeitsbedingungen während eines synodischen Umlaufs wird gezeigt. Gliese

7104. **Venus. Astrometrische Beobachtungen**

Publ. US Naval Obs. (2) **16** part 1, S. 1—55, 154—178. Results of observations made with the six-inch transit circle 1925—1941. Observations of the sun, moon, and planets. C. B. Watts, A. N. Adams. — α, δ.

Pulkowo Publ. (2) **63** 117—126. Rektaszensionen von Sonne, Merkur und Venus nach Beobachtungen in Nikolajew in den Jahren 1929—1935. L. I. Semjonow.

7105. **Venus. Physische Beobachtungen**

Gaz astr **31** 78—79. Observations de Vénus en 1943—1948. L. Andrenko.

JBAA **59** 224. British Astronomical Association. Mercury and Venus Section. H. McEwen. — Bericht.

RH **30** 214—216, mit 4 Fig. (tschechisch). Observations of Venus in the year 1948. A. Hruška.

Sternenwelt **1** 18, 42. Beobachtungen der Planeten. E. Pfannenschmidt.
Strolling Astronomer **3** Nr. 8 S. 7—8. Interim report on Venus, May, June, July 1949. T. R. Cave jr.
Strolling Astronomer **3** Nr. 10 S. 5—8. Observations of Venus during July and August, 1949. T. R. Cave jr.
Strolling Astronomer **3** Nr. 11 S. 3—5. Venus in August and September. T. R. Cave jr.
Strolling Astronomer **3** Nr. 12 S. 5—7. Venus in October. T. R. Cave jr.

7106. **K. E. Bullen,** On the constitution of Venus. MN **109** 457—461. — Der innere Aufbau der Venus wird auf Grund der neuen Theorie von Ramsey (MN **108** 406, AJB **48** Ref. **7014**; MN Geophys. Suppl. **5** 409, Ref. **7215**) über chemische Zusammensetzung und Dichteverteilung im Erdinnern behandelt und eine Möglichkeit aufgezeigt, aus genaueren Messungen des Venusdurchmessers auf die chemische Homogenität des Erdmantels zu schließen. Kdr.

7107. **A. Danjon,** Photométrie et colorimétrie des planètes Mercure et Vénus. Vgl. Ref. **7103**.

7108. **F. Link,** Allongement des cornes de Vénus. BAC **1** 77—81, mit 5 Fig. — Diskussion über die Ursachen der Verlängerung der Venushörner. Verf.

7109. **E. Schoenberg,** Bestimmung der Höhe der Venus-Atmosphäre. Sternenwelt **1** 237, mit 1 Abb.

7110. **E. Schoenberg,** Refraktion und Dämmerungsbogen des Planeten Venus. AN **277** 123—128, mit 2 Abb. = Veröff. Sternw. München **3** Nr. 11. — Es wird gezeigt, daß für die unteren Schichten der Venusatmosphäre Diffusion und Brechung nicht zu trennen sind und daß auch bei größeren Werten der Horizontalrefraktion (65—70′) und dem alten Werte der Diffusionskonstanten der Schluß auf Kohlendioxyd als Hauptbestandteil der Venusatmosphäre zwingend ist. Für die hohen Atmosphärenschichten, die auf dunklem Himmelsgrund sichtbar werden, kann die Refraktion vernachläßigt und auch die Höhe der Schicht bestimmt werden. Verf.

7111. **I. T. Sotkin, R. A. Ejduk, R. W. Popowkina,** Venus im Jahr 1948. Bull. Astr.-Geod. Ges. UdSSR Nr. **7** (14) S. 17—21, mit 6 Abb. (russisch). — Bericht von Planeten- und Mondbeobachtern der Moskauer Abteilung der Astr.-Geod. Ges. UdSSR über Phasenabweichungen, Verlängerung der Hörnerspitzen, Oberflächeneinzelheiten und dunkle Schattierungen am Terminator. Loh.

7112. **N. M. Tajekina, G. P. Swjaginzewa,** Laboratoriumsversuch über die Phasenabweichungen der Venus. Bull. Astr.-Geod. Ges. UdSSR Nr. **7** (**14**) S. 22—23, mit 1 Abb. (russisch). — Die an einer kleinen, beleuchteten, mattweißen Kugel im Labor mittels eines Theodoliten bei kleiner Vergrößerung beobachteten Phasen zeigen gegenüber den theoretischen Abweichungen, die für Phasen zwischen 0,1 und 0,2 negativ, 0,2 und 0,55 positiv und dann bis 1,0 wieder negativ sind. Mit Merkurbeobachtungen zwischen den Phasen 0,6 und 0,8 wird Übereinstimmung gefunden. Es werden weitere Versuche angekündigt, die es ermöglichen sollen, diesen physiologischen Effekt aus den Venusbeobachtungen zu eliminieren. Loh.

7113. **W. W. Wolkow,** Venus im Frühjahr 1940. Bull. Astr.-Geod. Ges. UdSSR Nr. **5** (**12**) S. 17—21, mit 5 Abb. (russisch). — Neben physischen Beobachtungen und Messungen der Hörnerspitzen wird mitgeteilt, daß sich aus Fleckenbeobachtungen eine Rotationsperiode der Venus von 60 Tagen ergibt und daß die Neigung der Rotationsachse 38° beträgt. Loh.

§ 72

Erde

Allgemeines

7201. **H. Berg,** Einführung in die Physik der festen Erde. Stuttgart, S. Hirzel Verlag, 1949. 7 + 296 S. mit 107 Abb. Preis Halbleinen 14.80 DM. — Die einzelnen Abschnitte behandeln die Gestalt der Erde, die Erdschwere, Isostasie, Seismik, ferner Dichte, Temperatur, Aufbau und Alter der Erde und schließlich den Erdmagnetismus. Die einleitenden Kapitel gehen auf die Bestimmung des Ortes und der Zeit besonders ein. Die Darstellung ist bei aller Kürze vollständig unter Berücksichtigung der neuen Ergebnisse auf den verschiedenen Gebieten. A. Kopff

7202. **H.-J. Binge,** Über die Ursachen der Eiszeiten. Naturwiss. Rundschau **2** 163—167, mit 3 Abb. — Darstellung der Hypothesen von Wegener, Milankowitsch, Nölke und Shapley.

7203. **N. Boneff,** La théorie des marées et l'origine des formations lunaires et des régions sismiques terrestres. Annuaire Univ. Sofia, Faculté Sci. Tome **45** 1948—1949, Livre 1 S. 353—364. — Verf. erörtert einige Argumente zur Stützung der Ansicht, daß bei der Bildung der Oberflächenformationen des Mondes Gezeiteneinflüsse der Erde von Bedeutung gewesen seien. Kdr.

7204. **F. Bublejnikow,** Die Erde, ihr Aufbau und ihre Entwicklung. Moskau, Staatsverlag für Lehr- und Erziehungsbücher des Ministeriums für Bildungswesen der russischen Sowjetrepublik, 1949. 176 S. mit 66 Abb. Preis 4 R. (russisch). — Das zur Unterstützung der Lehrer an Mittelschulen gedachte Buch gibt einen Überblick über die heutigen Vorstellungen vom Aufbau und der Entwicklung der Erde, wobei der Behandlung der Schalenstruktur besonders Raum gegeben wird. Loh.

7205. **F. D. Bublejnikow,** Wie die Erde aufgebaut ist. Moskau, Staatsverlag für geologische Literatur, 1949. 220 S. mit 33 Abb. Preis 7 R. 25 Kop. (russisch). — Populärwissenschaftliches Buch über Form, Bewegung, Ausmessung, Vergangenheit und Zukunft der Erde. Loh.

7206. **F. D. Bublejnikow,** Die Rätsel der Erde. Moskau-Leningrad, Staatsverlag für Jugendliteratur des Ministeriums für Bildungswesen der russischen Sowjetrepublik, 1949. 120 S. mit Abb. Preis 1 R. 50 Kop. (russisch).

7207. **H. Bucka,** Zwei einfache Vorlesungsversuche zum Nachweis der Erddrehung. Z. f. Phys. **126** 98—105, mit 1 Abb.

7208. **E. C. Bullard,** The magnetic field within the earth. Proc. Roy. Soc. (A) **197** 433—453, mit 6 Fig. — Innere Bewegungen im Erdkern können magnetische Wirkungen mit sich bringen. Verf. zeigt, daß Gezeitenbewegungen, Schwankungen der Rotationsgeschwindigkeit der Erde, Nutation und Breitenschwankungen keine Effekte merklicher Größe hervorrufen. Präzession ist ebenso unwirksam, wenn der Satz von Poincaré über die gebundene Präzessionsbewegung von Kern und äußerer Schale der Erde zutrifft. Thermische Konvektion zieht dagegen in Verbindung mit radialen Gradienten der Winkelgeschwindigkeit starke magnetische Wirkung nach sich. Dabei kommt es zu Wechselwirkungen zwischen dem Dipol- und Toroidfeld mit den Konvektions- und Rotationsbewegungen («Dynamo mit Selbsterregung»). Diese Wechselwirkungen sind vielleicht im Hinblick auf die säkulare magnetische Variation von Bedeutung. Micz.

7209. **M. Cimino,** Le teorie astronomiche delle epoche glaciali. Accad. Nazionale Lincei, Problemi attuali di sci. e cultura, Quaderno Nr. **16** = Oss.

Astr. Roma-Monte Mario Contr. Sci. Nr. **151**, 19 S. mit 4 Fig. — Der Aufsatz referiert in erster Linie über die astronomischen Theorien der Eiszeiten nach Croll und — besonders ausführlich und unter Berücksichtigung seines Beitrags zur Paläoklimatologie — nach Milankovich. Abschließend werden einige Bemerkungen über das Problem säkularer Änderungen der Erdbahnelemente und ihrer Bedeutung für die Entwicklung des Erdklimas angefügt. Micz.

7210. **W. M. Elsasser,** Non-uniformity of the earth's rotation and geomagnetism. Nature **163** 351—352. — Eine Verzögerung der Erdrotation kann durch eine langsamere Rotation des Erdkernes gegenüber der Erdhülle erklärt werden, was wiederum durch die säkulare magnetische Variation mit ihrem Driftcharakter nahegelegt wird. Loh.

7211. **R. Gheyselinck,** Die ruhelose Erde. Herausgegeben und eingeleitet von P. Karlson. Berlin, Verlag des Druckhauses Tempelhof, 1947. 272 S. mit 62 Abb. und 60 Tafeln. Preis 15.00 DM. — Besprechung in Sternenwelt 1 192 (W. Sandner).

7212. **B. S. Gurewitsch,** Über die Ursache der Klimaveränderung in der heutigen Zeit. Bull. Kommission für Sonnenforschung Nr. **2** (**16**) S. 24—27 (russisch).

7213. **F. Hitzig,** Die Kuhn-Rittmann'sche Theorie über den Aufbau des Erdinnern. Phys. Blätter **5** 544—549.

7214. **D. B. McLaughlin,** Geologic time and the stars. Astr. Soc. Pacific Leaflet Nr. 247, 8 S.

7215. **W. H. Ramsey,** On the nature of the Earth's core. MN Geophys Suppl **5** 409—426, mit 3 Fig.

7216. **N. Richter,** Die Vulkanoase Wau en Namus — ein irdisches Gegenstück zu bestimmten Mondkratern. Sterne **25** 62—71, mit 6 Abb.

7217. **N. Richter,** Ngorongoro — ein weiteres irdisches Gegenstück zu bestimmten Mondkratern. Sterne **25** 177—180, mit 2 Abb.

7218. **T. A. Ryder,** Mother Earth. A popular account of the earth in the light of recent knowledge. London, Hutchinson's Scientific and Technical Publications, 1947. 184 S. Preis 15 s. net. — Besprechung in Nature **163** 81.

7219. **J. I. Schur,** Biographie der Erde. Tiflis, Technischer Staatsverlag der grusinischen Sowjetrepublik, 1949. 168 S. mit Abb. Preis 6 R. (grusinisch).

7220. **H. Shapley,** Galactic rotation and cosmic seasons. Sky and Telescope **9** 36—37, mit 5 Fig. — Besprechung in PAT **31** 80—81. — Es wird darauf hingewiesen, daß (periodische) Klimaschwankungen größeren Stils möglicherweise durch die mit der galaktischen Rotation der Sonne verbundenen Durchdringungen interstellarer Wolken erklärt werden können. Loh.

7221. **R. M. Stewart,** Gravity in the interior of the earth. J RAS Canada **43** 129—137, mit 1 Fig.

7222. **P. E. Wylie,** The paradox of the Foucault pendulum. Pop Astr **57** 170—176, mit 3 Fig.

7223. Secular changes in the earth's magnetic field. Nature **163** 147. — Besprechung der Arbeit von E. C. Bullard in MN Geophys Suppl **5** 248, 1948.

7224. Rotation and terrestrial magnetism. Nature **163** 513—515. — Bericht über die geophysikalische Diskussion der Royal Astr. Soc. vom 25. Februar 1949 (T. Gold).

7225. Post-glacial climatic change. Obs **69** 55—57. — Geophysikalische Diskussion der Royal Astronomical Society.

7226. Rotation and terrestrial magnetism. Obs **69** 100—105. — Geophysikalische Diskussion der Astronomical Society.

7227. Istiderna orsakade av en nebulosa? PAT **30** 76. — Besprechung von AJB **48** Ref. 7222.

Atmosphäre

7228. **A. Adel,** Comparison of atmospheric methane content above Flagstaff, Arizona, and Columbus, Ohio. AJ **54** 123. — Ref. AAS.

7229. **A. Adel,** Comparison of atmospheric methane content above Flagstaff, Arizona, and Columbus, Ohio. Phys. Rev. **75** 322, mit 1 Fig. — Aus einem Vergleich von noch nicht publizierten Beobachtungen der 3,3 μ-Bande des Methans von Migeotte aus dem Jahre 1940 in Flagstaff mit Messungen in Columbus kann man schließen, daß bei der Übereinstimmung der Stärke der terrestrischen Absorptionen Methan in der Erdatmosphäre uniform verteilt ist. Loh.

7230. **A. Adel,** Excited-state bands in atmospheric spectra. Phys. Rev. **75** 1262. — Verf. stellt an Beispielen fest, daß nicht erst kürzlich von Mohler McMath und Goldberg (vgl. Ref. 7260) ein Hinweis auf Absorptionsübergänge von einem angeregten Molekülzustand in der Erdatmosphäre erfolgt ist, sondern bereits 1941 von Verf. selbst. Loh.

7231. **A. Adel,** Concerning the abundance of atmospheric carbon monoxide. Phys. Rev. **75** 1766—1767. — Es scheint, daß die Anwesenheit von CO in der Luft sehr ortsabhängig ist und auch am selben Ort stark veränderlich ist. Vielleicht kann man einen Zusammenhang mit dem lokalen Brennstoffverbrauch und Wetter finden. Loh.

7232. **A. Adel,** An observation of non-Rayleigh scattering of the infrared solar spectrum by the earth's atmosphere. Phys. Rev. **76** 446—447, mit 1 Fig. — Die Beobachtungen wurden in Alamogordo in 4° bis 8° Abstand von der Sonne zwischen 1 μ und 4 μ durchgeführt. Sie deuten eher auf ein λ^{-1} als λ^{-4} Gesetz hin. Loh.

7233. **A. Adel, C. O. Lampland,** Variations in the telluric spectrum between five and eight Mu. Publ AAS **9** 254, 1939. — Ref. AAS.

7234. **A. Adel, C. O. Lampland,** The infra-red absorption spectrum and transmission of the earth's atmosphere. Publ AAS **10** 4, 1940. — Ref. AAS.

7235. **L. B. Aldrich,** Note on Fowle's spectroscopic method for the determination of aqueous vapor in the atmosphere. Smithsonian Miscellaneous Collections **111** Nr. 12, 6 S., mit 2 Fig. und 1 Tafel. — Nach der von Fowle (ApJ **35** 149, **37** 359) entwickelten spektroskopischen Methode wurden Bestimmungen des atmosphärischen Wasserdampfgehalts in Miami, Fla., vorgenommen, die mit den Werten der Fowleschen Standardtafeln übereinstimmen. Micz.

7236. **D. Barbier, F. E. Roach,** Sodium in the upper atmosphere. Publ ASP **61** 91—92. — Die Verteilung von Na-Atomen in der Erdatmosphäre nach Messungen der Intensität von Na I λ 5893 durch die Verf. wird erörtert. Micz.

7237. **D. R. Bates,** The Earth's upper atmosphere. MN **109** 215—245. — Unter dem Obertitel: Berichte über den Fortschritt der Astronomie erschienene Gesamtdarstellung mit den Abschnitten: 1. Die Grundeigenschaften, 2. Die ionisierten Schichten, 3. Polarlichter, 4. Das Licht des Nachthimmels.

7238. **D. R. Bates,** The intensity distribution in the nitrogen band systems emitted from the earth's upper atmosphere. Proc. Roy. Soc. (A) **196** 217—250, mit 1 Fig. — Für verschiedene Anregungsmechanismen wird die Intensitätsverteilung einiger Stickstoffbanden theoretisch bestimmt und mit der verglichen, die bei ihrer Emission in der oberen Atmosphäre erwartet wird. Wenn die Emission der Nordlichter durch Elektronenstöße angeregt wird, muß eine Temperatur von mehreren Tausend Grad für die Moleküle angenommen werden. Wahrscheinlich sind aber auch schwere Partikeln der in die Atmosphäre einfallenden Korpuskularströme bei der Anregung beteiligt. Von der Sonne beschienene Nordlichter zeigen infolge Erhöhung der Schwingungstemperatur der Moleküle durch Absorptions- und Emissionsprozesse der Resonanzbanden zum Teil eine modifizierte Intensitätsverteilung. Diskutiert wird ferner die Identifizierung der kräftigen Nachthimmelbanden im Infraroten mit der (0,0)-Bande des 1. positiven Systems. Sie verlangt einen hohen Dissoziationsgrad des Stickstoffs in der oberen Atmosphäre. Abschließend wird versucht, die Energieverteilung der Elektronen in den Nordlichtern zu ermitteln. Micz.

7239. **D. R. Bates,** The emission of the negative system of nitrogen from the upper atmosphere and the significance of the twilight flash in the theory of the ionosphere. Proc. Roy. Soc. (A) **196** 562—591, mit 1 Fig. — Es wird der Anregungsmechanismus der Emission des negativen Bandensystems des Stickstoffs in der oberen Atmosphäre während der Dämmerung untersucht. Zahlreiche Fragen, die mit dem Ionisationsmechanismus der ionosphärischen Schichten zusammenhängen, werden behandelt. U. a. wird darauf hingewiesen, daß bei der geringen Dichte der N_2^+-Ionen das Auftreten der Stickstoffbanden im Nachthimmelspektrum kein Rekombinationsleuchten sein kann. Gelegentlich erhöhte Emission der Resonanzbanden in der Dämmerung wird auf Erhöhung der N_2^+-Ionenzahl durch einfallende geladene Teilchen zurückgeführt. Auf ähnliche Fragen bei den sonnenbestrahlten Nordlichtern wird ebenfalls eingegangen. Micz.

7240. **J. A. Chalmers,** Atmospheric Electricity. Oxford, Clarendon Press, 1949. 175 S. mit 36 Fig. Preis $ 3,75. — Besprechung in Rev. Sci. Instruments **20** 688—689 (R. Gunn).

7241. **J. Dubois,** Resultats de nouvelles recherches sur l'ombre de la Terre. CR **226** 1180—1183, 1948. — Kurze Notiz über spektrographische Beobachtungen des Erdschattens in der Atmosphäre und die Bedeutung des Ozons für seine Ausbildung. Micz.

* * **W. G. Fessenkow,** Die durch den Fall des tungusischen Meteorits vom 30. Juni 1908 hervorgerufene Trübung der Atmosphäre. Vgl. Ref. 8306.

7242. **H. A. Gebbie, W. R. Harding, C. Hilsum, V. Roberts,** Atmospheric HDO. Phys. Rev. **76** 1534, mit 1 Fig. — Eine Absorption bei 3,67 μ entspricht dem Q-Zweig von ν_1 HDO. Eine ausführliche Darstellung wird angekündigt.

7243. **L. Goldberg, O. C. Mohler, R. R. McMath, A. K. Pierce,** Carbon dioxide in the infra-red solar spectrum. Phys. Rev. **76** 1848—1858, mit 7 Fig. — Von 13 Rotationsschwingungsbanden des CO_2 zwischen 1,5 μ und 2,1 μ werden Wellenlängenmessungen mitgeteilt. Von den 13 Banden gehen 7 vom Grundzustand und 2 vom ersten angeregten Zustand des $C^{12}O_2^{16}$ aus. Die übrigen 4 lassen sich mit Übergängen aus dem Grundzustand der isotopen Moleküle $C^{13}O_2^{16}$ und $C^{12}O^{16}O^{18}$ identifizieren. Anschließend werden einige Rotationskonstanten bestimmt. Loh.

7244. **G. Grimminger,** Analysis of Temperature, Pressure, and Density of the Atmosphere Extending to Extreme Altitudes. Santa Monica, Calif., The RAND Corporation, 1948. Preis $ 2.85. — Besprechung in Pop Astr **57** 152—153.

7245. **P. Groen,** Iets over de chemische samenstelling van de lucht op zeventig kilometer hoogte. Hemel en Dampkring **47** 157. — Kurzer Bericht über vorläufige Analysenergebnisse für die Luft in 70 km Höhe anhand der bei V 2-Raketen-Aufstiegen gewonnenen Proben. Gü.

7246. **H. Hartridge, R. Weale,** The scintillation of stars. Nature **164** 999—1000. — Die Szintillation der Sterne ist nach Versuchen des Verf. nicht nur ein atmosphärisches, sondern auch ein augenphysiologisches Phänomen. Loh.

7247. **R. Herman, L. Herman,** Emission des bandes atmosphériques de la molécule O_2. CR **229** 931—933, mit 1 Fig. — Notiz über die Anregung von O_2-Banden in einer Helium- bzw. Xenonatmosphäre. Neben den zahlreichen z. T. bisher nicht beobachteten Banden treten auch die aus der Erdatmosphäre im nahen Infrarot bekannten auf. Micz.

* * **H. C. van de Hulst,** Scattering in the atmospheres of the Earth and the planets. Vgl. Ref. 7006.

7248. **L. G. Jacchia,** Atmospheric density profile and gradients from early parts of photographic meteor trails. Harv Repr (2) Nr. **32**, 12 S. mit 1 Fig. — In Fortsetzung früherer Arbeiten werden Dichtewerte der Atmosphäre abgeleitet aus Helligkeit, Geschwindigkeit und Masse von Meteoren kurz nach ihrem Aufleuchten, wodurch das Dichteprofil bis auf 110 km Höhe erweitert wird. Oberhalb von 80 km ergeben sich etwas geringere Werte als nach dem vorläufigen Standard-Profil, und zwar um -0.14 in log ϱ bei 110 km. Hoffmeister

7249. **C. de Jager,** Meteoren en de hoge atmosfeer. Ned T. Natuurk. **15** 193—202, mit 2 Fig. und 1 Tafel = Sterrekundig Colloquium Nederl. Astronomen-Club Nr. 8 S. 25—34. — Vortrag.

7250. **I. G. Koltschinskij,** Zwei Methoden zur Bestimmung der atmosphärischen Dispersion. AJ UdSSR **26** 49—55, mit 1 Abb. (russisch). — Die erste der mitgeteilten Methoden beruht auf der Messung der Exzentrizität der Kerne von Sternbildchen, die nach einer von Tichow zur Farbenmessung angegebenen Methode («Längsspektrograph») erzeugt wurden. Bei der zweiten Methode wird von einer Vorrichtung Gebrauch gemacht, die, wie beim Heliometer, zwei Abbildungen eines Gestirns liefert. Verf.

7251. **W. A. Krassilnikow,** Über die Schwankungen des Einfallswinkels bei der Szintillation der Sterne. DAN **65** 291—294 (russisch).

7252. **V. Letfus,** Ombre de la terre. BAC 1 102—105, mit 5 Fig. — Photometrische Theorie des Erdschattens, Berechnung der photometrischen Kurven in der Nähe des Erdschattens für die Wellenlängen 7000 Å und 5900 Å, Einfluß der Ozonabsorption bei 5400 Å und Vergleich der Theorie mit den Beobachtungen. Verf.

7253. **A. Ljunghall,** The intensity of twilight and its connection with the density of the atmosphere. Lund Medd (2) Nr. **125**, 171 S. mit 12 Fig. und 10 Tafeln. — Das Ziel der umfangreichen Arbeit ist die Ermittlung der Beleuchtung einer vertikalen Fläche durch das diffuse Himmelslicht während der Dämmerung bei verschiedenen Bewölkungsgraden. Die Messungen reichen bis zu 15° Sonnendepressionen und wurden getrennt für Beleuchtung von der Sonnen- und der gegenüberliegenden Seite her ausgeführt. Der erste Teil der Messungen erfolgte in Hälsingborg mit einem visuellen Photometer. Sie geben den Dämmerungsverlauf wieder, wobei auch der Einfluß des Mondlichtes behandelt wird. Die Fortführung der Messungen erfolgte später mit lichtelektrischen Photometern in Abisko, Hälsingborg, Heluan und Addis Abeba. Gemessen wurden u. a. die Helligkeitsverteilung an der Sphäre im Vertikal der Sonne bei verschiedenen Wellenlängen und die Helligkeit des Mondes. Die Messungen werden mit meteorologischen Daten diskutiert und dienen zur Ableitung der Dichteverteilung der oberen Atmosphäre. Eine längere Sammlung von Diagrammen und Tabellen der Messungen sowie ein ausführliches Literaturverzeichnis älterer einschlägiger Arbeiten beschließen die Publikation. Micz.

7254. **R. R. McMath, O. C. Mohler, L. Goldberg,** Telluric bands of CH_4 in the solar spectrum. ApJ **109** 17—27, mit 3 Fig. — In Verbindung mit einem Spektrometer wurden mit einer Bleisulfidzelle nach Cashman direkte Intensitätsregistrierungen des Sonnenspektrums zwischen 0.8 und 2.5 μ bei einer Dispersion zwischen 2.5 bis 4.85 Å/mm (Auflösungsvermögen 50000) aufgenommen. Vier Bandensysteme bei 1.66, 2.20, 2.32 und 2.37 μ werden als $2\nu_3$-, $\nu_1 + \nu_4$-, $\nu_3 + \nu_4$- und $\nu_2 + \nu_3$-Übergänge des atmosphärischen CH_4 identifiziert. Die $2\nu_3$-Bande wird einer näheren Analyse unterzogen. Aus dem Vergleich mit der Absorptionswirkung einer Methanschicht bei Zimmertemperatur wurde die relative Häufigkeit atmosphärischen Methans zu 1.18×10^{-6} und seine Temperatur zu $-37°$ C gefunden. Micz.

7255. **R. R. McMath, O. C. Mohler, A. K. Pierce, L. Goldberg,** Note on methane in the infra-red solar spectrum. Phys. Rev. **76** 1533—1534. — Nach einem Vergleich von Laboratoriumsmessungen mit Sonnenbeobachtungen sind alle im Labor gefundenen CH_4-Banden im Sonnenspektrum vorhanden. Da die Banden terrestrischen Ursprunges sind, so sind ihre Intensitäten stark von der Sonnenhöhe abhängig. Die beiden Banden bei 1,7 μ machen sich erst bei 3 Luftmassen bemerkbar. Vier Banden bei 2 μ heben sich auch bei großer Sonnenhöhe ab. Etwa 330 Linien zwischen 2,15 μ und 2,45 μ geben sich zwischen den Luftmassen 1 und 13 zu erkennen. Loh.

7256. **T. G. Megrelischwili,** Die Erforschung einiger physikalischer Eigenschaften hoher Atmosphärenschichten nach der Methode der Dämmerungselektrokolorimetrie. Abastumani Bull. Nr. **9** S. 1, 1948 (grusinisch mit russ. Zusammenfassung).

7257. **R. Meyer,** Die Streuung des Lichtes an Wassertropfen und die dadurch bedingten atmosphärischen Lichterscheinungen. Himmelswelt **56** 169—172.

7258. **M. V. Migeotte,** The fundamental band of carbon monoxide at 4,7 μ in the solar spectrum. Phys. Rev. **75** 1108—1109. — Neue Spektrogramme wurden auf die Anwesenheit der Fundamentalbanden von $C^{12}O^{16}$ und $C^{13}O^{16}$ im 4,7 μ-Gebiet hin untersucht und mit früheren verglichen. Durch die Überlagerung von N_2O_2- und CO_2-Banden und einzelnen Sonnenlinien konnten nur 20 Linien von $C^{12}O^{16}$ identifiziert werden, während es infolge der Kompliziertheit der Spektrogramme nicht möglich war, Linien der $C^{13}O^{16}$-Bande festzustellen. Nach Unterschieden der Bandenintensität zu urteilen, war die (terrestrische) CO-Absorption in April und Mai 1948 stärker als im Juni. Der solare Beitrag dürfte vernachlässigbar klein sein. Loh.

7259. **M. V. Migeotte, R. M. Chapman,** On the question of atmospheric ammonia. Phys. Rev. **75** 1611, mit 1 Fig. — Wenn überhaupt, dann ist Ammoniak nur spurenweise in der Erdatmosphäre enthalten. Es ist insbesondere zweifelhaft, ob 8 Linien bei 2 μ, die kürzlich als Ammoniaklinien von Mohler, Goldberg und McMath identifiziert worden sind (vgl. AJB **48** Ref. **7247**), terrestrischen Ursprungs sind. Es sei denn, man läßt zu, daß damals eine besonders hohe atmosphärische Konzentration am Beobachtungsort von Ammoniak vorhanden war. Loh.

7260. **O. C. Mohler, R. R. McMath, L. Goldberg,** Excited-state bands of atmospheric CO_2. Phys. Rev. **75** 520—521. — Nach einer Untersuchung der 2,08 μ-Bande scheint es ziemlich sicher zu sein, daß diese der negative Zweig der CO_2-Bande ist, die aus dem Übergang $01_1 0$—$05_1 1$ hervorgeht. Loh.

7261. **E. W. Pjaskowskaja-Fessenkowa,** Über das Stabilitätskriterium der optischen Eigenschaften der Atmosphäre. AJ UdSSR **26** 175—186, mit 6 Abb. (russisch).

7262. **F. E. Roach,** On the detection of atmospheric sodium. Publ ASP **61** 184—185, mit 1 Fig. — Bei der Konzentration des neutralen Natriums in der Erdatmosphäre zwischen 5×10^9 und 2×10^{13} Atomen/cm² Atmosphärensäule dürften die terrestrischen D-Linien im unteren Grenzfall nur im Spektrum horizontnaher Sterne, im oberen jedoch auch im Spektrum von Zenitsternen nachweisbar sein. Zur Temperatur von 300° K wird eine theoretische Wachstumskurve für die D-Linien gegeben. Loh.

7263. **I. S. Schklowskij,** Über die anormale Dichteverteilung in der Atmosphäre. DAN **68** 829—831 (russisch).

7264. **T. Schlomka,** Zum Grundproblem der atmosphärischen Elektrizität. (Bemerkung zu einer Arbeit des Herrn G. Michel). Z. f. Phys. **125** 733—738, mit 3 Abb. — Zur Aufrechterhaltung der negativen Ladung der Erde muß ein Vorgang angegeben werden, der der Erdoberfläche dauernd negative Ladung zuführt; das wird durch die von G. Michel herangezogene Unipolarinduktion bei der rotierenden Erde jedoch nicht bewirkt, denn diese veranlaßt nur eine statische Ladungsverteilung in der Atmosphäre und im Erdinnern. Verf. (gekürzt)

7265. **F. L. Whipple, L. Jacchia, Z. Kopal,** Seasonal variations in the density of the upper atmosphere. Aus: G. P. Kuiper, The Atmospheres of the Earth and Planets (Ref. 7030), Kapitel 5 S. 149—158. — Die Resultate der Bestimmung der Dichte der Atmosphäre in Höhen von 45 km bis 95 km aus Beobachtungen der Geschwindigkeitsabnahme und Helligkeit von Meteoren werden mitgeteilt. Die Abweichungen von einer mittleren Dichtekurve zeigen ausgesprochen jahreszeitlichen Charakter, und zwar eine Abhängigkeit von der mittleren Bodentemperatur des Beobachtungstages. A. Kopff

7266. **B. H. Wilson,** Behavior of the atmosphere under atomic disruption. Pop Astr **57** 312—323.

7267. The ozone shadow. Sky and Telescope 8 62.

7268. Tides in the atmosphere. Sky and Telescope 8 78.

7269. Carbon dioxide isotopes. Sky and Telescope 8 124, mit 1 Fig. — Ref. AAS.

7270. Methan in der Erdatmosphäre. Sterne **25** 132—133. — Besprechung von AJB 48 Ref. 7242.

Extinktion

7271. **E. de Caro, E. Fichera,** La trasparenza dell' atmosfera in tre regioni dello spettro visible ($\lambda_A = 452$ $\mu\mu$, $\lambda_V = 526$ $\mu\mu$, $\lambda_G = 537$ $\mu\mu$) da osservazioni fotografiche di stelle eseguite in Catania (Serie estiva). Mem SA It (NS) **20** 275—301, mit 2 Fig. = Oss. Astrofis. Catania Contr. Astrofis. Nr. **68**. — Resultate der Beobachtungen mit Filtern und Objektivgitter in Catania zwecks Bestimmung der atmosphärischen Extinktion in $\lambda = 452$, 526, 537 $\mu\mu$, samt Deutung derselben auf Grund der Theorie der molekularen Diffusion. F. Z.

7272. **A. M. Bacharew,** Der Transmissionskoeffizient in Ordshonikidseabad. Stalinabad Circ. Nr. **76** S. 4 (russisch). — $k_{vis} = 0{,}878 \pm 0{,}013$.

7273. **W. N. Kutscherowa,** Untersuchung der Extinktion in Sortwala vom 6. bis zum 14. Juli 1945. Pulkowo Mitt. **18** Nr. 1 (142) S. 56—68 (russisch).

7274. **W. Malsch,** Messungen der atmosphärischen Extinktion und ihre Beeinflussung durch meteorologische Faktoren. Meteorologische Rundschau **2** 5—10. — Mittels Photometermessungen an Sternen wird der

Transmissionskoeffizient für die Beobachtungsorte Köln, Nürnberg und Karlsruhe bestimmt. Es ergeben sich klare Abhängigkeiten von den durchstrahlten Luftmassen je nach dem aerologischen Zustand und von der Lage des Beobachtungsortes zu den Trübungsquellen der Stadt, abhängig hauptsächlich vom Wind. Es zeigt sich, daß die astronomischen Extinktionstabellen in Stadtnähe zu günstige Werte enthalten. Daraus ergibt sich bei genauen astrophysikalischen Messungen in stadtnahen Sternwarten die Notwendigkeit, daß der Trübungsgrad eines Abends unmittelbar bestimmt werden muß.

7275. **W. Malsch,** Die Ermittlung des atmosphärischen Transmissionskoeffizienten durch einfache astronomische Beobachtungen. Meteorologische Rundschau **2** 202—206, mit 1 Fig. — Darlegung der Methode von Wirtz zur Bestimmung des Transmissionskoeffizienten unter Beifügung der für die Reduktion der Beobachtungen mittels Fernglas und Taschenuhr notwendigen Tabellen. Ein Rechenbeispiel ist beigefügt.

7276. **N. Richter,** Bestimmung des nächtlichen Transmissionskoeffizienten der Atmosphäre in der Libyschen Sahara und an der Küste Tripolitaniens. Z. f. Meteorologie **3** 309—312. — Die Durchsichtigkeit der Luft ist an der tripolitanischen Küste nicht so gut, wie im Inneren der Wüste. Verf.

7277. **A. Velghe,** Sur la diversité des tables d'extinction en photométrie stellaire. Commun. Obs. Roy. Belgique Nr. **9,** 33 S. mit 2 Fig. — Die Arbeit behandelt in systematischer Weise die Abhängigkeit der Extinktion von terrestrischen und extraterrestrischen Größen. Der erste Teil betrifft die monochromatische Extinktion, der zweite die Extinktion der Gesamtstrahlung und der dritte die vorliegenden Extinktionstafeln. Aus den großen Abweichungen zwischen den Tafeln wird geschlossen, daß sie nur die mittlere Extinktion am Beobachtungsort repräsentieren und nicht ohne weiteres für andere Orte benutzt werden dürfen. Verf. leitet einige Empfehlungen für photometrische Arbeiten bei Benutzung von Pol- oder anderen Helligkeitssequenzen ab. Micz.

Ionosphäre

7278. **E. V. Appleton, W. J. G. Beynon,** Lunar oscillations in the D-layer of the ionosphere. Nature **164** 308, mit 1 Fig. — Bei der Frequenz von 2 MHz zeigt die ionosphärische Absorption der D-Schicht nach Beobachtungen zwischen 1943 und 1948 im Verlauf eines lunaren Halbtags eine klare Sinuswelle. Loh.

7279. **W. A. Baranulko,** Neues über die sporadische E-Schicht. Priroda **38** Nr. 1 S. 68—69 (russisch).

7280. **N. J. Bugoslawskaja,** Die ultraviolette Sonnenfinsternis in der Ionosphäre. Bull. Kommission für Sonnenforschung Nr. **2** (**16**) S. 28—30 (russisch).

7281. **O. Burkard,** Schichtbildung in der höheren Ionosphäre. Sitzber. Akad. Wiss. Wien (Abteilung IIa) **155** 189—203, mit 6 Abb., 1947. — Der von Chapman gegebene Ansatz zur Erklärung der Ausbildung ionosphärischer Schichten wird zu einer Theorie der höheren Ionosphärenschichten entwickelt. Es wird angenommen, daß atomarer Sauerstoff bzw. Stickstoff durch solare UV-Strahlung ionisiert wird. Der Ionisationsgrad wird als Funktion des Einfallswinkels und der Schichthöhe berechnet. Die theoretische Winkelabhängigkeit folgt nicht dem einfachen Cosinus-Gesetz und ist mit der Erfahrung in guter Übereinstimmung. Der neue Ansatz läßt das beobachtete Auftreten einer Ionisationszunahme der F_2-Schicht vor Sonnenaufgang am Erdboden verstehen und erzielt auch sonst für die F_2-Schicht bessere Übereinstimmung mit den Beobachtungen als ältere. Micz.

7282. **N. C. Gerson,** Nocturnal ionization in the F_2 ionospheric region. Rev. Modern Phys. **21** 606—624, mit 5 Fig. — Nach Untersuchung der allgemeinen atmosphärischen Verhältnisse bis zur Höhe von 300 km und den photochemischen Prozessen wird versucht, die nächtliche Ionisation zu erklären, was durch Überprüfung der Natur der Elektronenkombinationsprozesse (temperaturabhängiger Rekombinationskoeffizient und atmosphärische Kontraktion durch tägliche Temperaturschwankung) gelingt. Sternstrahlung, kosmische Strahlung und Mondlicht tragen nichts zur nächtlichen Ionisation bei, die Einwirkung meteorischer Materie ist für die F_2-Schicht noch ungewiß. Loh.

7283. **H. J. Groenewold,** Ionosfeeronderzoek. Sterrekundig Colloquium Nederl. Astronomen-Club Nr. 8 S. 1—12, mit 4 Fig. — Vortrag.

7284. **F. J. Kerr, C. A. Shain, C. S. Higgins,** Moon echoes and penetration of the ionosphere. Nature **163** 310—313, mit 1 Fig. — Die bei den Frequenzen 17.84 MHz und 21.54 MHz beobachteten Mondechos zeigen eine beträchtliche Amplitudenvariation. Der Empfang von Mondechos ist nur oberhalb einer Mondhöhe von durchschnittlich 13° möglich. Aus dem Vergleich mit dem Empfang des solaren Rauschens folgt, daß die Durchlässigkeit der Ionosphäre in den Richtungen von außen und innen verschieden zu sein scheint. Loh.

* * **H. von Klüber,** Ionosphäre und Sonnenforschung. Vgl. Ref. 6820.

7285. **H. L. Lung,** The existence of E_2-layer in the ionosphere near sunrise. Q. J. Sci., Wuchang, **9** Nr. 1 S. 35—40, 1948.

7286. **D. F. Martyn,** Lunar variations in the principal ionospheric regions. Nature **163** 34—36. — Verf. erbringt empirisch den Nachweis, daß die vom Mond verursachten ionosphärischen Höhenschwankungen aus elektrodynamischen Gründen — Wechselwirkung von erdmagnetischem Feld und Ladungsträgern — viel größer sein müssen, als gewöhnliche vertikale Flutbewegungen der Luft. Loh.

7287. **A. G. McNish, T. N. Gautier,** Theory of lunar effects and midday decrease in F_2 ion-density at Huancayo, Peru. J. Geophys. Res. **54** 181—185, mit 2 Fig. — Es wurde das Verhalten der F2-Daten untersucht, ob dann, wenn solare und lunare magnetische tägliche Variationen in Phase sind, die Mittagswerte der kritischen Frequenzen niedriger sind, als wenn die Variationen außer Phase sind. Durch Beobachtungen wird der vorhergesagte Effekt verifiziert. Loh.

7288. **A. G. McNish, T. N. Gautier,** Lunar ionospheric variations at low-latitude stations. J. Geophys. Res. **54** 303—304. — Ergänzend zu den in Ref. **7287** erhaltenen Ergebnissen wird gezeigt, daß Mondvariationen an all den Stationen gefunden worden sind, an denen entsprechende Untersuchungen durchgeführt wurden. Die Resultate zeigen aber verwickeltere Verhältnisse an, als zu erwarten war. Loh.

7289. **D. H. Menzel, D. K. Bailey,** The G layer of the ionosphere. Colloques internationaux de Lyon, Septembre 1947, 4 S. mit 3 Fig. Edition de la «Rev. d'Optique». — Aus Ionosphärenregistrierungen von Stationen in der Nähe des magnetischen Äquators (Singapur und Makassar) wird die bereits aus theoretischen Gründen vermutete vierte Ionosphärenschicht (G-Schicht) nachzuweisen versucht. Für beide Orte wird die Elektronendichte in Abhängigkeit von der Höhe ermittelt. Verteilungsunterschiede werden als Folge von Driftbewegungen der Elektronen gedeutet. Micz.

7290. **G. H. Munro,** Short period variations in the ionosphere. Nature **163** 812—814, mit 2 Fig. — Bericht über Beobachtungen, deren Erklärung noch aussteht.

7291. **M. Nicolet,** Le problème des régions ionosphériques. J. Geophys. Res. **54** 373—381, mit 1 Fig. — Verf. behandelt das Problem der Ausbildung der ionosphärischen Schichten durch Prozesse der Lichtabsorption, Emission und Rekombination in der oberen Atmosphäre. Das von der Sonne kommende ultraviolette Licht beeinflußt durch Photodissoziation und Photoionisation die Bestandteile der Atmosphäre. Loh.

7292. **O. Rydbeck, L. Strantz,** Ionospheric effects of solar flares 1948. Tellus, Stockholm 1 6—21.

7293. **H. W. Wells,** Sunrise effects in F region from high speed ionospheric recordings. J. Geophys. Res. **54** 277—280, mit 3 Fig. — Messungen zwischen 1949 Mai 5 und Juni 10.

7294. **H. W. Wells,** Effects of solar activity on the ionosphere and radio communication. Proc. Inst. Radio Eng. **30** 254, 1942.

7295. **H. W. Wells,** Effects of solar activity on the ionosphere and radio communications. Proc. Inst. Radio Eng. **31** 147—157, 1943. — Ref. in Phys. Ber. **28** 597.

7296. Région ionosphérique E. DOB **1949** Nr. 12.

7297. Ionization in the Earth's upper atmosphere. Obs **69** 185—191. — Geophysikalische Diskussion an der Universität Manchester.

Licht des Nachthimmels

7298. **P. Abadie, A. Vassy, E. Vassy,** Sur la lumière du ciel nocturne; effet de latitude. Ann. Géophys. **5** 157—163.

7299. **J. Cabannes, J. Dufay,** Variation annuelle de l'intensité des bandes de Vegard-Kaplan dans le rayonnement du ciel nocturne. Publ. Obs. Lyon **5** Nr. 1, 19 S., mit 3 Fig. Mit Diskussion von D. Barbier. — 14 Monate lang ausgeführte Intensitätsmessungen der Vegard-Kaplan-Banden des Nachthimmels bei λ 4175 und λ 4420 lassen neben beträchtlichen Schwankungen von Nacht zu Nacht einen ausgeprägten langsamen Gang mit Maxima im März und August sowie Minima im Mai und Januar erkennen. Die Extrema werden in Verbindung gebracht zur Stellung der Erde in ihrer Bahn. Die Intensitätsänderungen werden verglichen mit dem Verhalten der Emissionen bei λ 5577, λ 5893 und λ 6300 sowie den Helligkeitsänderungen des Nachthimmellichtes im Blauen und Roten. Die Diskussion spricht gegen die Hypothese von Barbier, wonach das Kontinuum des Nachthimmelspektrums überwiegend durch die Überlagerung der Flügel starker Banden und nicht aufgelöste schwache Banden zustande kommen soll. Ein erkennbarer Zusammenhang zwischen der Intensität der Vegard-Kaplan-Banden und der Sonnenaktivität besteht im allgemeinen nicht, jedoch besitzen ungewöhnlich große Intensitäten eine Wiederholungstendenz mit 27^d Periode. Micz.

72100. **J. Cabannes, J. Dufay, Tcheng Mao-Lin,** Ciel nocturne et phénomènes solaires. Publ. Obs. Lyon **5** Nr. 2, 4 S. — Der Aufsatz vermittelt einen kurzen Überblick über die Frage, wie weit Beziehungen zwischen den Banden- und Linienintensitäten des Nachthimmelspektrums und der Sonnenaktivität bestehen bzw. nachgewiesen sind. Micz.

* * **A. Colacevich,** Alcuni metodi ottici moderni di investigazione dei fenomeni solari — La luce del cielo notturno. Vgl. Ref. **6003**.

72101. **J. Dufay,** Spectre du ciel nocturne dans le proche infrarouge. Ann. Géophysique **5** 183—187, mit 1 Fig. = Publ. Obs. Haute-Provence (A) Nr. **23**. — Auf Spektren des Nachthimmels, die mit kleiner Dispersion aufgenommen worden waren, wurden Wellenlängen von Emissionsbanden im Bereich λ 7500 Å bis λ 9000 Å gemessen und mit den Wellenlängen von Meinel (Publ ASP **60** 373, AJB **48** Ref. 7297) verglichen. Micz.

72102. **C. T. Elvey, W. Linke,** Intensity variations in the spectrum of the night sky. Publ AAS **10** 11, 1940. — Ref. AAS.

72103. **R. Grandmontagne, C. Delestrade,** Variations de la couleur du ciel nocturne de mars 1947 à mai 1948. CR **228** 415—416 = Publ. Obs. Haute-Provence (B) Nr. **21**. — Um unmittelbar Farbänderungen der Nachthimmelhelligkeit messen zu können, wird ein Photometer benutzt (Rubidium-Zelle), das mit Hilfe einiger Filter (BG4, RG1, RG5, Wratten 88) die Helligkeit verschiedener Wellenlängenbereiche relativ zur Nachthimmelhelligkeit gemessen hinter einem UG2-Filter registriert. Farbmessungen 1947/48 werden mitgeteilt. Micz.

72104. **E. O. Hulburt,** Night sky brightness measurements in latitudes below 45°. J. Optical Soc. America **39** 211—215, mit 6 Fig. — Nach den von Verf. mitgeteilten Messungen der Helligkeit des Nachthimmels mit einem visuellen Photometer zwischen den Breiten —17° und +45° gibt es keine merkliche Abhängigkeit von der Breite. In Verein mit neueren Korrektionen von Piotrowski über die atmosphärische Dichteabnahme und Streuung zeigt sich, daß keine sicheren Werte über die Höhe des Nachthimmellichtes, wie zum Beispiel früher zwischen 60 und 500 km, abgeleitet werden können. Loh.

72105. **J. Kaplan,** The light of the night sky. Publ AAS **9** 262—263, 1939. — Ref. AAS.

72106. **W. I. Krassowskij,** Über das Licht des Nachthimmels im infraroten Gebiet. DAN **66** 53—54 (russisch).

72107. **F. E. Roach, D. Barbier,** Photometric studies of the light of the night sky. AJ **54** 193. — Ref. AAS.

72108. **F. E. Roach, D. Barbier,** The height to upper-atmosphere emissions. Publ ASP **61** 88—91. — Ein automatisch die Sphäre abtastendes Photometer zur Messung der Nachthimmelstrahlung in ausgewählten Spektralbereichen wird beschrieben, dessen Messungen der Variation der Strahlungsintensität mit der Zenitdistanz in 8 verschiedenen Azimuten zur Berechnung der Höhe der emittierenden Schichten dienen. Für [O I] λ 5577- und NaI λ 5893-Emission wurde im November und Dezember 1948 im Mittel 100 km bzw. 280 km Höhe gefunden. Micz.

72109. **S. N. Rodionow, E. N. Pawlowa,** Über die infrarote Strahlung des Nachthimmels. DAN **65** 831—834 (russisch).

72110. **S. F. Rodionow, E. N. Pawlowa, E. W. Rdultowskaja,** Messung der grünen Linie des Nachthimmellichtes mit einem mit Sekundärelektronenvervielfacher ausgestattetem Photometer. DAN **66** 55–57 (russisch).

72111. **P. Swings,** The spectra of the night sky and the aurora. Aus: G. P. Kuiper, The Atmospheres of the Earth and Planets (Ref. **7030**) Kapitel **6** S. 159—212 = Mém. Inst. d'Astrophys. Liége Nr. **306**. — Behandelt wird das Spektrum des Nachthimmels und des Dämmerungslichtes, sowie das Nordlichtspektrum, wobei vor allem die neueren Beobachtungen dargestellt werden. Bei der Deutung der Beobachtungen wird besonders auf den Zusammenhang mit dem Aufbau der Ionosphäre und auf die Einflüsse von außen auf diese hingewiesen. A. Kopff

72112. **A. Vassy, P. Abadie, E. Vassy,** L'altitude des couches émettant la lumière du ciel nocturne dans les régions tropicales et sa variation au cours de la nuit. CR **228** 592—593. — Messungen der Intensität der Nachthimmellinien λ 5577 und λ 6300 an einem Ort mit der geographischen Breite +22°41′ als Funktion der Zenitdistanz lassen auf eine erheblich weniger komplexe Struktur der emittierenden Schicht schließen, als es die Verf. auf dem weiter nördlich gelegenen Pic du Midi gefunden hatten. Für die Höhe der Schicht ergibt sich ein starker nächtlicher Gang: Die Emissionshöhe der grünen Linie nimmt vom Abend bis zum Morgen von 750—1000 km auf 300—500 km, die der roten von 1000—1200 km auf 450—600 km ab. Micz.

72113. The emission spectra of the night sky and aurorae. London, Publication of the Physical Society, 1948. Vgl. AJB **47** Ref. 5358. — Weitere Besprechung in Ann d'Astrophys **12** 165—166 (M. Nicolet).

72114. **Beobachtungen des Nachthimmels**
JBAA **59** 154—155. Luminous night sky.
JBAA **60** 23. Luminous sky.

Halo

72115. **H. A. Luft,** La périodicité des halos. Gaz astr **31** 121.

72116. **V. Tshernov,** La fréquence des halos lunaires et la périodicité des halos. Gaz astr **31** 53.

72117. **Halobeobachtungen**
Gaz astr **31** 14—15. Observations de halos faites à Bad Homburg v. d. H. (Grand-Hesse) en 1948. G. Schindler.
Gaz astr **31** 57. Observations de halos en 1948. W. Sandner.
Gaz astr **31** 75—77. Observations de halos en 1948. V. Tshernov.
Nature **163** 904. An unusual solar halo. J. E. Bowman. — Beob. 1949 Mai 10.

Polarlicht

72118. **J. N. Chljustow,** Polarlichter und Radioempfangsstörungen. Bull. Astr.-Geod. Ges. UdSSR Nr. **5** (**12**) S. 15—16 (russisch). — Der Zusammenhang zwischen Polarlichtern und Radioempfangsstörungen besteht darin, daß der Entstehung solcher Störungen die Erscheinung bestimmter Polarlichtformen vorangeht. Loh.

72119. **J. N. Chljustow,** Die täglichen und jährlichen Bewegungen der Polarlichter. Bull. Astr.-Geod. Ges. UdSSR Nr. **6** (**13**) S. 46 (russisch).

72120. **F. E. Dixon,** The aurora of January 25 to 26 1938 and associated magnetic storm. Geophys. Mem. 81. London, 1948. Preis 2 s. — Besprechung in JBAA **59** 110.

72121. **J. Dufay,** Raies permises des atomes neutres d'oxygène et d'azote dans les spectres des aurores. CR **228** 496—498 = Publ. Obs. Haute-Provence (B) Nr. **22**. — Unter Heranziehung der Identifizierung von erlaubten O I- und N I-Übergängen im infraroten Spektrum der Nordlichter durch Meinel werden eine Reihe von Linien im visuellen Bereich dem O I und N I zugeschrieben. Das Auftreten der N I-Linien wird als ein neuer Hinweis für die Dissoziation von N_2 in der oberen Atmosphäre angesehen. Micz.

72122. **C. T. Elvey, D. Williams,** Recent spectroscopic observations of the aurora, night sky and twilight. AJ **54** 184—185. — Ref. AAS.

72123. **P. A. Forsyth, W. Petrie, B. W. Currie,** Auroral radiation in the 3,000-megacycle region. Nature **164** 453. — Besprechung in Sternenwelt **2** 279. — Während des Nordlichtes vom 24. Januar 1949 wurden von einem Radargerät Impulse aufgenommen, die aller Wahrscheinlichkeit nach nur von diesem Nordlicht stammen konnten, da der Sender zu dieser Zeit abgeschaltet war. Beobachtungen an 20 weiteren Nordlichtern bei der Frequenz von 3000 MHz bestätigten diesen Schluß. Die Impulse kommen dabei nicht regelmäßig an, sondern verteilen sich hinsichtlich ihrer Häufigkeit mehr nach dem Zufall.

Diese Häufigkeit schwankt in weiten Grenzen, die von der Intensität und dem Typ des Nordlichtes abhängen. Jedenfalls kommen auch Intervalle von 10 Millisekunden vor. Die Länge der Impulse beträgt etwa ein bis fünf Mikrosekunden.
Loh.

72124. **C. Hoffmeister,** Polarlicht und Nachthimmellicht in Theorie und Erfahrung. Sterne **25** 1—7, 71—78 = Mitt. Sternw. Sonneberg Nr. **39**. — 1. Teil: Die Ergebnisse der neueren Beobachtungen. 2. Teil: Die Theorie des Polarlichts und des Nachthimmellichts.

72125. **W. Sandner,** Existe-t-il un rapport entre les aurores polaires et les halos? Gaz astr **31** 113—117, mit 3 Fig.

72126. **C. Störmer,** Etendue verticale des rayons d'aurore boréale dans les parties de l'atmosphère à l'ombre et au soleil. CR **228** 1904—1906, mit 2 Fig. — In der kurzen Notiz wird auf Unterschiede hingewiesen, die der Verf. für die oberste Höhe und die Basis von sonnenbeschienenen und nichtbeschienenen Nordlichtstrahlen gefunden hat. Basis und größte Höhe der beleuchteten Strahlen ist etwa doppelt so groß wie die der nichtbeleuchteten.
Micz.

* * **I. L. Thomsen,** Manual for visual observations of the aurora australis. Vgl. Ref. **2077**.

72127. **J. Veldkamp,** Aardmagnetisme en Poollicht. Servire's Encyclopaedie, Den Haag 1949. 192 S. mit 64 Abb. Preis f. 3,50. — Besprechung in Hemel en Dampkring **47** 198 (S. W. Visser).

72128. **Polarlichtbeobachtungen**

BAA Circ Nr. 310. Auroral activity.
BAA Circ Nr. 311. The aurora of october 14/15/16.
BSAF **63** 31. La belle aurore boréale du 25 janvier 1949. L. T. Clarkson, A. Duflot, R. Duflot, E. Geneslay.
BSAF **63** 59—61. Du Soleil à la Terre. — Nordlicht 1948 Jan. 24—25. Dazu eine Bemerkung über Radioempfang während dieser Zeit in BSAF **63** 94.
BSAF **63** 76. Aurore boréale. R. L. T. Clarkson. — Beob. 1947 Aug. 15.
BSAF **63** 140. — Beob. 1949 Jan. 25.
BSAF **63** 317—318. Aurore boréale observée en Angleterre le 15—16 octobre 1949. L. T. Clarkson, D. Burns.
BSAF **63** 346—347, mit 1 Fig. L'aurore boréale du 14 octobre 1949. H. Andrillat.
Ciel et Terre **65** 39—40. Observations d'aurores boréales. — Zusammenstellung verschiedener Beobachtungen vom 15. August 1947, 8./9. August 1948 und 20. November 1948.
Ciel et Terre **65** 282. L'aurore boréale du 14 octobre 1949.
Glasnik Mat.-Fiz. Astr. (2) **4** 70—77, mit 1 Abb. (kroatisch mit franz. Zusammenfassung). Observation d'une aurore boréale. V. Glumac. — 1949 Jan. 26.
Himmelswelt **56** 134. Das Nordlicht vom 25. Januar 1949.
JBAA **59** 151—154. British Astronomical Association. Aurora and Zodiacal Light Section. Interim Report, 1948 July to December 31. W. B. Housman.
JBAA **60** 20—25, mit 1 Tafel. British Astronomical Association. Aurora and Zodiacal Light Section. Interim Report, 1949 Jan. 1 to June 30. W. B. Housman.
JBAA **59** 249. Aurorae and magnetic storms 1948. C. M. Botley.
JBAA **60** 36—37. — Beobachtungen zur See.
Met. Off. London, Geophys. Mem. Nr. **81**, 16 S., 1948. The aurora of January 25 to 26, 1938, and associated magnetic storm. F. E. Dixon.
NAT **1949** S. 37. — Beobachtung 1949 Jan. 24.
Naturwiss. Rundschau **2** 255—257, mit 2 Abb. Das Nordlicht vom 27. Juli 1946 und seine Ursache. H. Siedentopf.

Obs **69** 119, mit 2 Tafeln. The aurora of 1949 January 24—26. J. Paton.
Orion Schaffhausen **2** 544—547. Das helle Polarlicht vom 25./26. Januar 1949 und die Nordlicht-Erscheinungen vom 27. Nov. 1948 bis 24. Febr. 1949. F. Schmid und andere.
Orion Schaffhausen **3** 20. Nordlichtschein-Beobachtungen. F. Schmid. — 1949 Okt. 14, 15, 16.
RH **30** 16, mit 1 Abb. (tschechisch). Beobachtung des Polarlichtes vom 20. Nov. 1948. A. Mrkos, L. Pajdušáková.
Sterne **25** 26—27, mit 5 Abb. Das große Nordlicht in der Nacht vom 25. zum 26. Januar 1949. C. Hoffmeister.
Sterne **25** 28—31, mit 7 Abb. Solare Ursachen und magnetische Begleiterscheinungen des Nordlichts vom 25. Januar 1949. C. Hoffmeister.
Sterne **25** 83—85. Das Nordlicht vom 25. bis 26. Januar 1949 und die 28tägige Periode der Polarlichter. W. Sandner.
Sternenwelt **1** 73—77, mit 5 Abb. Das Nordlicht am 25. und 26. Januar 1949. W. Sandner. — Zusammenfassender, ausführlicher Bericht.
Sternenwelt **1** 188. Nordlichttage 1948. W. Sandner.
Sternenwelt **1** 271—273, mit 7 Abb. Zwei Nordlichter im Oktober. W. Sandner. — Beobachtung Oktober 14—16.

Sonstige Erscheinungen

72129. **D. M. Barringer,** Note on the «green flash». Pop Astr **57** 252—253· — Seinen 15 bis 20 Beobachtungen des Grünen Strahls zufolge neigt Verf. zu der Ansicht, daß es sich hierbei um ein rein subjektives Phänomen handelt, nämlich um einen Komplementäreffekt des Auges im Augenblick des Verschwindens des roten Sonnenlichtes bei Sonnenuntergang. Loh.

72130. **J. Bricard, A. Kastler, R. Robley,** Polarisation et mécanisme d'excitation de la raie D du sodium dans le ciel crépusculaire. CR **228** 1601—1603. — Verf. haben Polarisationsmessungen der im Dämmerungsspektrum auftretenden Natrium-D-Linie ausgeführt und kommen zu dem Schluß, daß diese Linie durch optische Resonanz in einer etwa 80 km über dem Erdboden gelegenen Schicht angeregt wird. Micz.

72131. **L. J. Comrie,** The green (?) flash (?). Pop Astr **57** 42—43.

72132. **N. B. Diwari,** Photometrische Analyse des sommerlichen Nachdämmerungsleuchtens. Meteoritika Nr. **5** S. 71—76 (russisch).

72133. **N. B. Diwari,** Über die Himmelshelligkeit zu Beginn und am Ende der Nacht. Mitt. Akad. Wiss. UdSSR (geogr., geophys.) **13** 242—246 (russisch).

72134. **M. Dufay,** Recherches sur l'émission des bandes négatives de l'azote au crépuscule. Ann. Géophysique **5** 2—24, mit 8 Fig. = Publ. Obs. Haute-Provence (A) Nr. **20.** — Aus zahlreichen Beobachtungen mit verschiedenen Spektrographen geht hervor, daß die Emission der N_2^+-Banden des Dämmerungsspektrums ein sich täglich wiederholender Vorgang ist. Im Azimut des Sonnenuntergangs erscheinen sie in 10°—20° Höhe über dem Horizont, wenn die Beleuchtungsgrenze der Atmosphäre etwa $\geqq 90$ km beträgt, bei Erreichen einer Grenze von > 130 km verschwinden sie. Sie erscheinen danach vorübergehend und schwächer im Zenit. Ihre wahre Höhe dürfte der E-Schicht entsprechen. Struktur und Anregungsmechanismus der Banden werden gestreift. Ferner wird auf Intensitätsänderungen eingegangen; die größten Intensitäten scheinen vorzugsweise zu Zeiten kräftiger magnetischer Störungen vorzukommen, jedoch gibt es auch Ausnahmen, die vielleicht mit ungewöhnlichen Ionisationsverhältnissen der E-Schicht zusammenhängen. Micz.

72135. **J. Dufay, Tcheng Mao-Lin,** Recherches sur les spectres des éclairs. Première partie. Étude des spectres, de 3830 à 6570 Å, au moyen de spectrographes à fente. Ann. Géophysique **5** 137—149, mit 3 Fig. und 1 Tafel = Publ. Obs. Haute-Provence (A) Nr. **21**. — Auf Spektralaufnahmen von Blitzen, die mit Spaltspektrographen erhalten wurden, haben die Verf. Wellenlängen von etwa 80 Linien zwischen λ 3830 und λ 6570 gemessen und zum großen Teil identifiziert. Sie gehören vor allem dem N I, O I, N II, O II und H an. Die negativen Banden des N_2^+ erscheinen meist kräftig, das zweite positive System N_2 ist dagegen nur schwach vorhanden. Die Linienintensitäten sind von Fall zu Fall erheblich verschieden. Ein Klassifizierungsschema nach der Stärke der N II-Linien wird aufgestellt. Micz.

72136. **J. Dufay,** Recherches sur les spectres des éclairs. Deuxième partie. Étude du spectre dans les régions violette et ultraviolette. Ann. Géophysique **5** 255—263, mit 3 Fig. = Publ. Obs. Haute-Provence (A) Nr. **26**. — Verf. hat ein UV-Spektrum eines Blitzes erhalten und teilt die Wellenlängen von über 80 Linien zwischen λ 4861 und λ 2952 einschließlich ihrer Identifizierungen mit. Die Linien sind molekularen und — etwas weniger häufig — atomaren Ursprungs. Die stärksten Banden gehören dem N_2^+ und N_2(2P) an, auch die OH-Bande bei λ 3064 findet sich. Das beobachtete Kontinuum fällt unterhalb λ 3050 infolge Absorption durch das bei der Entladung gebildete Ozon stark ab. Eine Abschätzung der Ozondichte wird versucht. Micz.

72137. **J. Dufay, Tcheng Mao-Lin,** Spectres des éclairs, de 3830 à 6570 Å. CR **228** 330—332, mit 1 Fig. = Publ. Obs. Haute-Provence (B) Nr. **20**. — Es werden Spektren von Blitzen, aufgenommen mit kleiner Dispersion, beschrieben sowie einige Atomlinien und Molekülbanden identifiziert. Die Intensitäten sind starken Schwankungen unterworfen. Micz.

72138. **J. Dufay, J. Gauzit,** La raie 5577 Å de l'oxygène au crépuscule. Publ. Obs. Lyon **5** Nr. 3, 4 S. mit 2 Fig. Mit Diskussion von L. Vegard, M. Nicolet. — Die Verf. diskutieren das Verhalten der im Dämmerungsspektrum zeitweise auftretenden O I-Linie λ 5577 in Abhängigkeit von der Tiefe der Sonne unter dem Horizont. Ein möglicher Anregungsmechanismus dieser sowie der O I-Linien λ 6300—6364 wird kurz gestreift. Micz.

72139. **M. Dufay, J. Dufay,** Excitation des bandes de N_2^+ au crépuscule. Publ. Obs. Lyon **5** Nr. 6, 1 S. (Résumé). Mit Diskussion von M. Nicolet, H. S. W. Massey. — Kurzes Referat über Dämmerungsspektren der Verf., die in Höhen von 10°—20° und im Azimut der Sonne erhalten wurden, während die Depression der Sonne kleiner als 9° war. Dabei wurden mit stark wechselnder Intensität die N_2^+-Banden λ 3914 und λ 4278 beobachtet. Die Höhe der emittierenden Schicht wird abgeschätzt. Micz.

72140. **T. L. Eckersley,** Observations of scatter clouds. Nature **162** 24—25, 1948. — Ref. in Phys. Ber. **28** 596.

72141. **W. G. Fessenkow,** Über den atmosphärischen Erdschatten. AJ UdSSR **26** 233—248, mit 10 Abb. (russisch). — Beschreibung und Diskussion von Beobachtungen des Erdschattens im Oktober 1948 in Zentralasien. Loh.

72142. **H. O. Grönstrand,** Den gröna strålen. PAT **30** 26—36, mit 4 Fig. — Es wird über den grünen Strahl berichtet, der infolge der Dispersion der Atmosphäre bei Sonnenuntergang beim Verschwinden des letzten Segmentes der Sonne zu sehen ist. Ra.

72143. **S. Günther,** Die Himmelshelligkeit in der Nähe der Sonne. Optik **5** 240—257, mit 6 Abb. = Mitteilung des Fraunhofer-Institutes. — Mit dem Koronographen des Sonnenobservatoriums Wendelstein wurden Messungen der Himmelshelligkeit in der Umgebung der Sonne (Abstand 2′—8′ u. 2°—16°)

durchgeführt. Die so erhaltenen Streufunktionen ändern sich stark mit dem Gehalt der Luft an Wassertröpfchen und Eiskristallen. Der Einfluß der Größe der Sonnenscheibe auf die Messungsergebnisse wird an einem Beispiel aufgezeigt. Durch Vergleich mit anderen Beobachtungen und mit theoretischen Ergebnissen ergibt sich die Größe der streuenden Teilchen zu 5μ bis $150\,\mu$, also größer als bei Scheinwerfermessungen an bodennahem Dunst. Es wird eine Vorrichtung vorgeschlagen, die noch besser als der Koronograph zu Messungen dieser Art geeignet erscheint. Verf.

72144. **J. Houtgast,** Het licht van de hoge luchtlagen. Ned. T. Natuurk. **15** 181—192, mit 1 Fig. und 1 Tafel = Sterrekundig Colloquium Nederl. Astronomen-Club Nr. 8 S. 13—24. — Vortrag.

72145. **H. Lehne,** Eine bemerkenswerte Lichtsäule. Himmelswelt **56** 135.

72146. **W. Ley,** The green flash. Pop Astr **57** 147. — Beobachtung des grünen Strahls auf einer Seereise von Swinemünde nach Danzig im Juni 1934.

72147. **F. Link,** Situation actuelle des recherches crépusculaires. BAC **1** 135—140, mit 5 Fig. — Übersicht über die Untersuchungen der hohen Erdatmosphäre durch Dämmerungserscheinungen. J. B.

72148. **G. R. Miczaika,** Helle Nächte. NAZ **3** 4. — 1948 Nov. 24—Dez. 1.

* * **A. B. Moody,** Recent development in polar navigation. Vgl. Ref. **13316.**

72149. **J. Paton,** Luminous night clouds. Nature **164** 192, mit 1 Fig. — Beobachtungen 1949 Juli 9—10 und 10—11 in Schottland.

72150. **S. Piotrowski, A. Strzalkowski,** The law of darkening of clouds. AA(a) **4** 152. — Vorläufige Bemerkung.

72151. **J. Ranneft,** De groene straal, waargenomen op 31 Mei 1949. Hemel en Dampkring **47** 159. — Beobachtung des grünen Strahls bei Sonnenuntergang, daran anschließend «waargenomen op 1 Juli 1949» Bericht über ähnliche Wahrnehmungen anderer Beobachter (J. J. Raimond jr.). Gü.

72152. **R. A. Richardson, E. O. Hulburt,** Sky-brightness measurements near Bocaiuva, Brazil. J. Geophys. Res. **54** 215—227, mit 8 Fig. — Einige Wochen lang wurden vor der Sonnenfinsternis 1947 Mai 20 mit einem photoelektrischen Photometer Helligkeitsmessungen des Taghimmels und mit einem visuellen Photometer solche am Nachthimmel durchgeführt. Die mittlere Helligkeit des Nachthimmels nahm von 250 $m\mu L$ in 10° Höhe auf 150 $m\mu L$ im Zenit ab. Einige Messungen der Helligkeit der Milchstraße, der Magellanschen Wolken und des Zodiakallichtes wurden zusätzlich ausgeführt. Loh.

72153. **J. Rosenhagen,** Dämmerungsmessungen auf See. Deutsche Hydrograph. Z. **2** 82—96, mit 4 Abb. — Mit einem Photoelement wurden auf See 35 Meßreihen der Beleuchtungsstärke während der Dämmerung erhalten. Es wurde der Einfluß verschiedener Bewölkungszustände auf die Zeiten der Dämmerungsmitte, die unabhängig vom Sonnenstand durch eine Globalbeleuchtungsstärke von 50 lux definiert ist, ermittelt. Das Ergebnis ist eine Verschiebung dieser Zeiten bei starker Bewölkung um etwa 15 min für $\varphi = 50°$, was mit anderen Reihen übereinstimmt, aber zu subjektiven Beobachtungen (Leseproben) in starkem Widerspruch steht. Verf.

72154. **J. Rosenhagen,** Zum Begriff der astronomischen und der bürgerlichen Dämmerung. Deutsche Hydrograph. Z. **2** 102—107, mit 1 Abb.

72155. **P. Swings, M. Nicolet,** Comparison of the Na and N_2^+ flashes at twilight and dawn. ApJ **109** 327—330 = Contr. McDonald Obs. Nr. **163** = Inst. d'Astrophys. Liége Nr. **314.**

* * **F. E. Zaccheo,** Notes on astro navigation in polar regions. Vgl. Ref. **13324.**

72156. The green flash. JBAA 59 105—106. — Mitteilungen über verschiedene Beobachtungen.

72157. Noctilucent clouds. JBAA 59 154. — Beob. 1948 Juli 7, 23^h—24^h.

72158. Additional note on the «green flash». Pop Astr 57 301. — Zwischen 1922 und 1949 ist der Grüne Strahl von W. Norlind, Barsebäck/Schweden, 26 mal deutlich beobachtet worden.

§ 73

Mond

7301. **Astrometrische Beobachtungen**
Publ. US Naval Obs. (2) 16 part 1, S. 1—55, 105—137. Results of observations made with the six-inch transit circle 1925—1941. Observations of the sun, moon, and planets. C. B. Watts, A. N. Adams. — α, δ.

Allgemeines

7302. **D. W. G. Arthur,** The graphical interpolation of detail from lunar photographs. JBAA 59 100—102, mit 6 Abb.

7303. **R. B. Baldwin,** The Face of the Moon. Chicago, University of Chicago Press, 1949. 239 S. Preis $ 5.00. — Besprechung in JBAA 60 58—59, Pop Astr 57 257—258 (J. A. Hynek), Sky and Telescope 8 258—259 (F. L. Whipple).

7304. **T. Banachiewicz,** La thèse de M. Koziel et un nouveau travail sur la libration physique de la Lune. AA(c) 4 100.

7305. **Z. Bay,** Reflection of microwaves from the moon. Hung. Acta Phys. 1 1—22, 1947. — Ref. in Phys. Ber. 28 563.

7306. **I. W. Belkowitsch,** Über die Asymmetrie der Mondscheibe. Astr Circ UdSSR Nr. 83 S. 4—5, 11 (russisch). — Verf. versucht, aus den Heliometerbeobachtungen zur Bestimmung der physischen Libration des Mondes von Hartwig, Banachiewicz, Jakowkin und Belkowitsch die seinerzeit von Jakowkin (Engelhardt Bull. Nr. 4, 1934, AJB 37 Ref. 5407) festgestellte Veränderlichkeit des Mondradius von der optischen Libration in Breite erneut nachzuprüfen. Das Jakowkinsche Ergebnis wird bestätigt und außerdem aus allen Reihen gezeigt, daß für die mittlere Libration der Radius des östlichen Randes um $0\overset{''}{.}14 \pm 0\overset{''}{.}03$ m. F. größer ist als der westliche. Böh.

7307. **I. W. Belkowitsch,** Die physische Libration des Mondes. Kasan Engelhardt Obs. Mitt. Nr. 24 S. 9—247, mit 5 Abb. (russisch). — Inhalt: Die Laplacesche Theorie, S. 9—22. Die Bestimmung der Konstanten der physischen Libration aus heliometrischen Beobachtungen während der Jahre 1932—1942, S. 22—163. Über die Genauigkeit der Beobachtungen am Kasaner Heliometer und die Ableitung der Größe f aus den Kasaner Beobachtungen, S. 163—190. Die freie Libration des Mondes, S. 190—222. Die Asymmetrie der Mondscheibe, S. 222—243. Schlußwort, S. 243—246. Loh.

7308. **A. W. Chabakow,** Über die Grundfragen der Entwicklungsgeschichte der Mondoberfläche. Moskau, Staatsverlag für geographische Literatur, 1949. 195 S. mit 25 Abb. Preis 7 R. (russisch). — Inhalt: Der gegenwärtige Stand der Erforschung der Mondoberfläche und die hauptsächlichen Forschungsmethoden S. 11—40, Die physikalischen Bedingungen, welche den Charakter des Reliefs der Mondoberfläche bestimmen S. 41—50, Die Formen der Mondoberfläche, ihre Entstehung und ihr relatives Alter S. 51—176. Loh.

7309. **J. H. Dewitt jr., E. K. Stodola,** Detection of radio signals reflected from the moon. Proc. Inst. Radio Eng. **37** 229—242.

7310. **K. Graff,** Zur photographischen Photometrie der Vollmondformationen. Sitzber. Österreichische Akad. Wiss. (Abteilung IIa) **157** 17—24, mit 2 Abb. = Wien Mitt. **4** Nr. 6. — Die photographischen Vollmondhelligkeiten von 79 ausgewählten Feldern der Mondscheibe werden mitgeteilt und mit 24 Feldern der Messungen von P. Götz (AJB **21** Ref. **4215**) verglichen. Die Meßwerte von 35 Meßfeldern in einigen Strahlen des Tycho sind angeschlossen. Tschunko

7311. **J. Hopmann,** Mondbeobachtungen und Erddimensionen. Himmelswelt **56** 138. — Ref. AG.

7312. **P. J. H. Kemp, A. G. H. Kemp,** Waarneming van de maansikkel op Zaterdag 28 Mai 1949. Hemel en Dampkring **47** 138. — Beobachtung des 22 Stunden alten Mondes.

7313. **K. Koziel,** The Moon's libration and figure as derived from Hartwig's Dorpat heliometric observations. IV. A comparison of the libration observations of the Moon with theory. AA(a) **4** 141—152, mit 1 Fig. — Nach Reduktion der Beobachtungen (siehe AJB **48** Ref. **7308/10**) werden mit den Zahlen von Hayn für die Koordinaten von Mösting A und die Konstanten der physischen Libration die Abstände des Kraters vom Mondrand berechnet und mit den beobachteten verglichen. Böh.

7314. **K. Koziel,** The Moon's libration and figure as derived from Hartwig's Dorpat heliometric observations. V. The adjustment of the observations of the Dorpat series. AA(a) **4** 153—177, mit 1 Fig. — In Fortsetzung von Ref. **7313** werden die Bedingungsgleichungen aufgestellt und gelöst; dabei wird in allen Punkten mit äußerster Genauigkeit verfahren, wie es bei dieser Aufgabe bisher nie vollständig geübt wurde. Wegen des bei der Ausgleichung erhaltenen Wertes für f (= 0.645) ist diese Lösung nur als erste Näherung anzusehen. Böh.

7315. **K. Koziel,** The Moon's libration and figure as derived from Hartwig's Dorpat heliometric observations. VI. Discussion of conclusions and final results. AA(a) **4** 179—193, mit 1 Fig. — Nach Diskussion der Größen, die den Wert von f bestimmen, wird in mehreren Näherungen dessen Einfluß auf die Beobachtungen untersucht. Ausgehend von den Werten 0,50 und 0.73 für f werden die Bedingungsgleichungen erneut aufgelöst; es ergeben sich insbesondere zwei verschiedene Werte von f auf verschiedenen Seiten der singulären Stelle f = 0.662, ohne daß es möglich ist, zu Gunsten einer der beiden Zahlen zu entscheiden. Zum Schluß wird untersucht, ob eine Abhängigkeit des Mondradius von der optischen Libration in Breite vorliegt (Yakowkin-Effekt). Böh.

7316. **J. N. Lipskij,** Über das Vorhandensein einer Mondatmosphäre. DAN **65** 465—468 (russisch).

7317. **B. Lyot, A. Dollfus,** Recherche d'une atmosphère au voisinage de la lune. CR **229** 1277—1280, mit 1 Fig. — Versuche, mit dem Koronographen des Observatoriums auf dem Pic du Midi zur Zeit der Viertel die Existenz einer Mondatmosphäre photographisch nachzuweisen, verliefen negativ. Loh.

7318. **M. G. J. Minnaert,** Het fotometrisch onderzoek van het oppervlak der Maan. Kon. Nederl. Akad. Wetensch. Verslag Deel **58** Nr. 4 S. 25—26.

7319. **T. Murakami,** On the possibility of estimating the figure of the moon from the uniformity of the lunar craters. Pop Astr **57** 440—443. — Besprechung in Sterne **26** 125.

* * **E. K. Nikonowa,** Photoelektrische Bestimmung der Helligkeit von Sonne und Mond. Vgl. Ref. **6010**.

7320. **A. Romañá, J. O. Cardús,** Contribucion al estudio de la influencia de la luna en las corrientes telúricas. Urania Barcelona **34** Nr. 220 S. 151—164, mit 4 Fig.

7321. **H. Roth,** Ortsbestimmung von 433 Punkten hoher Albedo auf einer Vollmondaufnahme. Sitzber. Österreichische Akad. Wiss. (Abteilung IIa) **157** 25—52, mit 2 Abb. und 4 Tafeln = Wien Mitt. **4** Nr. 7. — Die rechtwinkeligen und sphärischen Koordinaten von 433 ausgewählten Punkten hoher Albedo der Mondoberfläche werden abgeleitet, in Katalogform mitgeteilt und in 4 Übersichtsskizzen der Quadranten dargestellt. Die gegebenen benannten und bezeichneten Mondformationen sind nicht nach den Named lunar Formations aufgeführt. Tschunko

7322. **J. E. Spurr,** Geology applied to Selenology. III. Lunar Catastrophic History. Vgl. AJB **48** Ref. **7314**. — Weitere Besprechung in Sky and Telescope 8 72 (R. K. Marshall).

7323. **H. R. Steel,** The surface temperature of the moon. Publ AAS **10** 236—237, 1942. — Ref. AAS.

* * **N. N. Sytinskaja,** Bestimmung des Glättegrades der Planetenoberflächen mit photometrischen Methoden. Ref. **2424**.

7324. **H. F. A. Tschunko,** Theoretische Photometrie des Erdmondes. ZfA **26** 279—294, mit 8 Abb. = Mitt. Landessternwarte Heidelberg Nr. **74**. — Mit den bisher bekannten photometrischen Beobachtungen wird das Reflexionsgesetz für das Oberflächenfeld des Erdmondes im Intensitätsäquator aufgestellt und das Gesetz für die Phasenintensitäten abgeleitet. Aus den Reflexionsgesetzen für die Wärme- und Lichtstrahlung wird auf eine gegliederte Oberfläche des Mondbodens geschlossen. Bei der Auswertung wurden polarimetrische und ausführlichere Albedountersuchungen in diese stark gekürzte Zusammenfassung nicht aufgenommen. Verf.

7325. **W. S. Wawilow,** Versuche zur Radiolokalisation des Mondes. Fortschritte Phys. Wiss. **39** 359—370 (russisch).

7326. **T. Weimer,** Libration physique de la lune. CR **229** 105—107. — Nachdem eine Revision der durch einen Vorzeichenfehler verunglückten Arbeit von Puiseux durch Chandon zu anderen Autoren widersprechenden Ergebnissen geführt hatte, die Verf. auf ungünstige Auswahl der Krater zurückführt, wird die Arbeit mit 72 neuen, günstiger verteilten Kratern wiederholt. Für die Größe f ergeben sich die Werte 0.57 und 0.61 je nach Gewichtsannahme. Die Schwäche der Arbeit liegt in der Unsicherheit der Kraterpositionen und ihrer Abstände vom Mondzentrum; es sollte auch nur gezeigt werden, daß die photographische Methode zur Bestimmung der physischen Libration mit der heliometrischen konkurrenzfähig ist. Böh.

7327. **R. B. Weitzel,** Mean new moons. Pop Astr **57** 283—285. — An Hand von Rechenbeispielen wird die Bestimmung des mittleren Neumonddatums mit Hilfe der American Ephemeris, der Brownschen Tafeln und der Mondtafeln von Schram gezeigt. U. Baehr

---

7328. **J. C. Bartlett jr.,** Principles of environmental adaption as applied to possible lunar plants. Strolling Astronomer **3** Nr. 12 S. 13—14.

7329. **M. Bauer, H. Oberndorfer,** Kleine Mondkunde. Sternenwelt **1** 217—220, mit 5 Abb.

7330. **G. Delmotte,** Recherches sur la Lune. BSAF **63** 24.

7331. **G. Delmotte,** La Lune et la Terre. BSAF **63** 129—134, mit 5 Fig. und 1 Tafel.

7332. **K. H. Engel, S. I. Gale, F. H. Megson,** Crystallization — and the moon's surface. Sky and Telescope **9** 6—8, mit 5 Fig.

7333. **F. Gruber,** Wirkungen der Vernichtung von Meteoriten aus kontraterrener und kontralunarer Materie auf der Erde und auf dem Mond. Wien, Selbstverlag des Verfassers, 1949. 23 S. — Fortsetzung und Ergänzung der Schrift «Das negative Proton» (Ref. **624**). Die Hypothese vom negativen Proton wird hier auf einige geologische und selenologische Probleme angewandt.

7334. **E. Mora,** L'orbita della Luna. Coelum **17** 111—112. — Elementare Betrachtungen zur Konkavität der Mondbahn zur Sonne. F. Z.

7335. **E. Mora,** L'età della Luna — Regola mnemonica. Coelum **17** 112—114. — Einfache Regel zur Bestimmung des Mondalters. F. Z.

7336. **C. S. Ogilvy,** Lights in the moon. Pop Astr **57** 229—233.

7337. **W. Porthouse,** Cuestiones lunares. Aus dem Englischen ins Spanische übersetzt von A. Palucie Borrell. Urania Barcelona **34** Nr. 220 S. 203—207.

7338. **F. K. Vreeland,** Lights on the moon. Pop Astr **57** 354—355.

7339. **H. P. Wilkins,** The moon's other side. Pop Astr **57** 125—127.

7340. Meteors on the Moon. J RAS Canada **42** 288—290, 1948.

7341. Mond-Meteore. Orion Schaffhausen **3** 26.

7342. Moon miscellanea. Sky and Telescope 8 174—175, mit 3 Fig.

Mondfinsternisse

7343. **J. Bouška, V. Letfus, F. Link, Z. Švestka,** Lunar eclipses. RH **30** 205—210, mit 5 Fig. (tschechisch).

7344. **F. Link,** Exploration de la haute atmosphère à l'aide des éclipses de Lune. Deuxième partie. Bases numériques de la théorie photométrique des éclipses de Lune et comparaison de la théorie avec les observations. Ann. Géophysique **4** 211—231, 1948.

7345. **Z. Švestka,** The influence of clouds on the density of the central part of the earth's shadow. BAC **1** 131—135, mit 3 Fig. — Verf. untersucht den Einfluß der Wolken verschiedener Höhe und Durchsichtigkeit auf die Dichte des Erdschattens. Eine einfache Methode zur Bestimmung dieses Effektes wird gegeben. Verf.

7346. **Z. Švestka,** On the observed density of the earth's shadow near its centre. BAC **1** 109—118, mit 7 Fig. — Aus dem Vergleich der beobachteten und berechneten Schattendichten für 11 photometrisch beobachtete Finsternisse wurde eine auffallende Erhellung in den zentralen Teilen des Schattens gefunden. Diese Erhellung wird durch verschiedene Wolkenhöhen in verschiedenen geographischen Breiten erklärt. Die Arbeit enthält die Berechnung der Schattendichte in der zentralen Partie mit Rücksicht auf Veränderungen der atmosphärischen Verhältnisse mit der geographischen Breite. Verf.

7347. **Mondfinsternis 1939 Oktober 27**

W. T. Whitney, The lunar eclipse of october 27, 1939, photographed in color and motion. Publ AAS **10** 32—33, 1940. — Ref. AAS.

7348. **Mondfinsternis 1946 Dezember 8**

J. Bouška, Enlargement and form of the shadow during the eclipse of the moon of December 8, 1946. BAC **1** 75—76, mit 1 Fig. = Contr. Astr. Inst. Charles Univ. Prague Nr. **1**, 2 S. — Berechnung der Vergrößerung und der Form des Erdschattens. Als Vergrößerung wurde 2,8% gefunden. Der Schatten ist elliptisch mit viel größerer Abplattung als die der Erde. Verf.

7349. Mondfinsternis 1949 April 13

M. Bloch, R. Falgon, Observations photométriques dans le proche infrarouge de l'éclipse de Lune du 13 avril 1949. CR **229** 466—467, mit 1 Fig.

M. Bloch, R. Falgon, Observations photométriques de l'éclipse de Lune du 13 avril 1949, à l'Observatoire de Lyon. JO **32** 117—119, mit 3 Fig. = Publ. Obs. Lyon (1) **5** fasc. 10.

J. Dufay, J. Dubois, L'éclipse totale de Lune du 13 avril 1949. BSAF **63** 165—168, mit 1 Fig. — Beobachtungen in Lyon und Bordeaux. — Besprechung in Sternenwelt **2** 165.

J. E. Garnsey, Painting the eclipse of the moon. Sky and Telescope 8 199.

W. H. Haas, The lunar eclipse of April 13, 1949. Strolling Astronomer **3** Nr. 7 S. 1—6, Nr. 8 S. 8—12, Nr. 9 S. 3—9.

D. W. Rosebrugh, An optical illusion. Strolling Astronomer **3** Nr. 11 S. 2—3.

BAB **4** Nr. 4 S. 62. Eclipse totale de Lune du 13 avril 1949. F. Rigaux, L. Neven, A. Velghe, J. Dommanget, G. Coutrez. — Beginn, Totalität der Finsternis, Kraterantritte.

BSAF **63** 168—171. — Berichte über Beobachtungen.

BSAF **63** 210. — Berichte über Beobachtungen.

Sky and Telescope 8 200—201, mit **4** Fig. A somewhat dark eclipse.

7350. Mondfinsternis 1949 Oktober 6/7

L. Andrenko, A. Andrenko, Observations de l'éclipse totale de Lune du 6—7 octobre 1949. Gaz astr **31** 122—125.

A. Dermul, L'éclipse totale de Lune du 6—7 octobre 1949 à Anvers. Gaz astr **31** 125.

E. Esclangon, Sur l'éclipse totale de lune du 7 octobre 1949. CR **229** 862.

W. Scharonow, Beobachtungen der Mondfinsternis vom 7. Oktober 1949. Astr Circ UdSSR Nr. **92** S. 10—11 (russisch). — Kontakte und physische Beobachtungen.

B. M. Ševarlić, Observations de l'éclipse de lune du 7 octobre 1949. Bull. Obs. Astr. Belgrade **14** 66—67.

W. M. Tschernow, Die totale Mondfinsternis vom 7. Oktober 1949. Astr Circ UdSSR Nr. **92** S. 8—10 (russisch). — Physische Beobachtungen und Integralhelligkeiten.

S. K. Wsechswjatskij, Beobachtungen der Mondfinsternis vom 7. Oktober 1949 am Astronomischen Observatorium Kiew. Astr Circ UdSSR Nr. **92** S. 6—8 (russisch). — Kontakte, Kraterantritte, Integralhelligkeit.

BAB **4** Nr. 4 S. 63—64. Eclipse totale de Lune des 6—7 octobre 1949. F. Rigaux, J. Hunaerts, G. Coutrez, A. Velghe. — Beginn, Totalität, Ende der Finsternis, Kraterantritte.

BSAF **63** 292. J. Dufay. — Beobachtungen in Haute Provence.

BSAF **63** 293. C. Roques. — Beobachtungen in Candillargues.

BSAF **63** 354—355. G. Bourquardez, G. Gauthier. — Beobachtungen in Mülhausen und Sanary (Var).

Sky and Telescope **9** 19, 43. The eclipse of the moon is widely observed. More eclipse reports.

Sternbedeckungen

7351. F. M. McBain, Discussion of occultations observed in 1944 and 1945. AJ **55** 7—8, mit 1 Fig. — Es werden aus den Beobachtungen während der Lunationen 260—272 (1943 Dez. 27 bis 1945 Jan. 14) und 273—284 (1945 Jan. 14 bis 1946 Jan. 3) Mittelwerte für die Korrektion der Mondlänge hergeleitet. Bei Beschränkung auf Eintritte am dunklen Rand betragen diese −0ˢ11 bzw. −0ˢ55 für 1944.5 bzw. 1945.5. Die Arbeit ist eine Fortsetzung von AJB **45** Ref. 5417—5420 und AJB **48** Ref. 3204. Gliese

7352. Reduction of observations of occultations. Pop Astr 57 467. — Korrektion der mittleren Länge des Mondes für 1950: −1"5.

7353. Vorausberechnungen

Bull. Obs. Astr. Belgrade **14** 18—19. Predictions for 1949 of lunar occultations visible at Belgrade, supplied by the Nautical Almanac Office, London. Desgl. für 1950. **14** 64—65.

NAT **1949** S. 108—110. Måneokkultationer 1950, beregnet for København. 25. Liste.

Oss. Astr. di Trieste, Annuario Astronomico per l'anno 1950 S. 46—48. — Vorausberechnung für Trieste, Torino, Firenze, Roma, Catania.

Pop Astr **57** 26—27, 81—82, 131—132, 186, 242, 292, 336—337, 392—393, 445—446, 502—503. Occultation predictions.

Publ. Obs. Nat. Prague Nr. **21** S. 50—52. Occultations des étoiles par la Lune visible à Prague en 1950.

Rocznik Astr. Obs. Krakowskiego 1949, Suppl. Internationale Nr. **20**, S. 97—98. Occultationes de estrellas per luna. — Vorausberechnungen für Poznania, Wroclawia, Torunia, Krakowa, Warszawy.

Sky and Telescope **8** 81, 104, 134, 157, 183, 209, 237, 264, 321, **9** 20, 46. Occultations predictions.

Sternenwelt **1** 23, 47 mit Erläuterungen auf S. 46, 69, 95, 117, 141, 164, 189, 213, 238, 262, 284. — Vorausberechnungen für Berlin-Babelsberg, Frankfurt a.M. und München.

7354. Beobachtungen und Reduktionen

AA(c) **4** 110—112 = Poznań Repr. Nr. **14**. Occultations of stars by the Moon observed at the Astronomical Observatory of Poznań University 1946—1949. — S. Andruszewski, J. Dobrzycki, H. Hurnik, F. Koebcke, K. Rudnicki, S. Wierzbiński, J. Witkowski.

AN **277** 141. Sternbedeckungen durch den Mond 1948. Beobachtet auf der Sternwarte Sonneberg. P. Ahnert, C. Hoffmeister, H. Schneller.

Astr Circ UdSSR Nr. **82** S. 2. Stalinabad 1948. A. M. Bacharew, A. J. Filin.

Astr Circ UdSSR Nr. **84** S. 11. Irkutsk 1948 Nov. — 1949 Febr. N. I. Korotajewa, A. Shurawlew.

Astr Circ UdSSR Nr. **85** S. 11—12. Kasan 1948 Jan. — 1949 März. I. A. Djukow, A. D. Dubjago, L. J. Ananjewa, M. N. Balaschowa, N. T. Iljassowa.

Astr Circ UdSSR Nr. **86** S. 7. Irkutsk 1949 März 5—10. N. I. Korotajewa.

BAC **1** 106—107. Observations of occultations in the years 1947 and 1948. K. Novák.

BAC **1** 107—108. Observations of occultations made at the Ondřejov Observatory in the years 1947 and 1948. V. Guth.

Bull. Obs. Astr. Belgrade **14** 36. Occultations d'étoiles par la lune. B. Popović.

Bull. Obs. Astr. Belgrade **14** 36—37, 63. Observations des occultations aux mois janvier-décembre 1949. Z. Brkić, P. Durković, V. Oskanjan, L. Paunović, M. Protitch, D. Šaletić, B. Ševarlić.

JBAA **60** 36. Reduction of observations of occultations. — Korrektion der mittleren Mondlänge für 1950 = −1"5.

JO **32** 64. Occultations observées à l'Observatoire de Paris. D. Barbier, R. Canavaggia.

Mem SA It (NS) **20** 113—115 = Oss. Astr. Roma-Monte Mario, Contr. sci. Nr. **146**. Rom 1947, 1948. G. Armellini, G. Conti, L. Gialanella.

MN **109** 381—382 = Nizamiah Obs. Repr. Nr. **7**. Occultations of stars by the moon observed at the Nizamiah Observatory, Hyderabad, during the year 1947. M. V. V. Sastry, M. Ghouse.

MN **109** 383—384 = Nizamiah Obs. Repr. Nr. 8. Occultations of stars by the moon observed at the Nizamiah Observatory, Hyderabad, during the year 1948. M. V. V. Sastry, M. Ghouse, N. Pillay.

NAT **1949** S. 29—30. Observationer af maaneokkultationer. — 1948 Jan. 16 — Nov. 21.

NAZ **3** 12. München 1949 Feb. 3 — März 9. R. Schneider.

NAZ **3** 19. Karlsruhe 1948—49. W. Malsch.

NAZ **3** 37. Stuttgart 1949. R. Schneider.

Orion Schaffhausen **2** 559—560. Beobachtung einer Streifbedeckung des Doppelsterns Sigma Scorpii am 24. Januar 1949. W. Maurer.

Publ. Astr. Soc. Japan **1** 49. Reduction of occultations observed at Kyoto University Observatory. T. Watanabe.

Sky and Telescope **9** 11. Non-instantaneous occultation.

Strolling Astronomer **3** Nr. 9 S. 2—3. Note on occultation of Antares by the moon on June 9, 1949. D. W. Rosebrugh.

Union Circ **5** Nr. 108 S. 298—301. Occultations of stars by the moon, 1948. W. H. van den Bos, J. A. Bruwer.

7355. Bedeckungen von Planeten

Venus

JBAA **60** Tafel 1 neben S. 22. L. Rebello. — Aufnahme der Bedeckung 1949 Aug. 26.

Mars

AJ **54** 200. Occultations of Mars reported to A. A. V. S. O. Occultation Committee. A. H. Farnsworth.

BSAF **63** 138—139. P. Elias. — Beob. 1948 Febr. 24.

Mondformationen

7356. **R. K. Marshall,** The origin of the lunar craters. Publ AAS **10** 167—168, 1942. — Ref. AAS.

7357. **H. de Meyer,** Maanreis in en om de Mare Imbrium. Heelal **5** 58—74, 85—91, mit 12 Abb.

7358. **K. Stöckl,** Die hellen Streifen auf dem Monde. Sternenwelt **1** 65—66, mit 1 Abb.

7359. Mitteilungen über Mondformationen

Ciel et Terre **65** 237—238, mit 2 Fig. L'observation lunaire par l'amateur. Publication de quelques résultats pratiques d'observation. L. Michiels. — Betrifft Abulfeda und Archimedes.

DOB **1949** Nr. 2, mit 2 Fig. Cirque Atlas.

DOB **1949** Nr. 3 (Annexe), mit 4 Fig. Observations du cirque Atlas. E. Roques, J. M. Roques, C. Roques.

DOB **1949** Nr. 5 (Annexe), mit 9 Fig. Schéma et tableau des changements observés dans le cirque lunaire Atlas en conséquence de l'éclipse de Lune du 26 août 1942. W. H. Haas, E. Roques, J. M. Roques, C. Roques, A. Hestin.

DOB **1949** Nr. 8 (Annexe), mit 12 Fig. Cirque Atlas, cirque Linné. C. Roques, E. Roques, J. M. Roques, A. Hestin.

Himmelswelt **56** 172—173, mit 6 Abb. Untersuchung der Wallebene Spörer. F. Billerbeck-Gentz.

Himmelswelt **56** 173—175, mit 1 Abb. Abermals die Strahlensysteme des Mondes. F. Billerbeck-Gentz.

JBAA **59** 96—99, 176—178, 223. British Astronomical Association. Lunar Section. H. P. Wilkins. — Berichte.

JBAA **59** 102—103, mit 1 Fig. The lunar formation Sven Hedin, and beyond. A. N. Neate.

JBAA **59** 160—161, mit 1 Fig. Ptolomaeus. H. P. Wilkins.

JBAA **59** 181—182, mit 1 Tafel. A lunar physical change. R. Barker.

JBAA **59** 250—252, mit 1 Fig. The Picard — Cape Agarum area of the moon. P. A. Moore.

Orion Schaffhausen **2** 560. Der Lichtstrahl im Mondkrater Phocylides. R. A. Naef.

Orion Schaffhausen **2** 586—587, mit 1 Abb. — Atlas, Alpetragius d.

Pop Astr **57** 301. The lunar crater Russell W. Porter. — Der Krater Clavius B ist nach Russell W. Porter benannt worden. Vgl. auch «Lunar nomenclature» Pop Astr **57** 356.

Publ ASP **61** 272, mit 1 Tafel. Lunar crater named for Russell W. Porter.

Sky and Telescope 8 206. Lunar crater Porter.

Strolling Astronomer **3** Nr. 1 S. 3—5. The twin craterlets in Plato.

Strolling Astronomer **3** Nr. 2 S. 1—4, Nr. 3 S. 2—3. Grimaldi, a lunar enigma. J. C. Bartlett jr.

Strolling Astronomer **3** Nr. 5 S. 7—8. An astronomer's memorial. — Benennung eines Kraters nach Russell W. Porter.

Strolling Astronomer **3** Nr. 11 S. 7—10. Some recent lunar observations.

Strolling Astronomer **3** Nr. 12 S. 7—12. Moon, Mars, and Saturn.

§ 74

Mars

7401. Astrometrische Beobachtungen

JO **32** 32 = Ann. Obs. Besançon Astr. Geophys. (NS) **4** 197. Observations méridiennes de planètes, effectuées à l'Observatoire de Besançon. V. Maitre, Prétot. — α, δ.

Mem SA It (NS) **20** 107—115 = Oss. Astr. Roma-Monte Mario, Contr. sci. Nr. **146**. G. Armellini. — α.

Publ. US Naval Obs. (2) **16** part 1, S. 1—55, 179—181. Results of observations made with the six-inch transit circle 1925—1941. Observations of the sun, moon, and planets. C. B. Watts, A. N. Adams. — α, δ.

7402. Physische Beobachtungen

Sternenwelt **1** 110, 258—259, mit 5 Abb. Beobachtungen der Planeten. E. Pfannenschmidt.

Strolling Astronomer **3** Nr. 10 S. 12. Mars not at its nearest.

Strolling Astronomer **3** Nr. 11 S. 10—11. Mars, Saturn, and Andromeda nebula object.

Strolling Astronomer **3** Nr. 12 S. 7—12. Moon, Mars, and Saturn.

7403. M. Beyer, Die zeichnerische Darstellung der Marsoberfläche. Himmelswelt **56** 131—133, mit 1 Abb. — Verf. berichtet über seine Marsbeobachtungen und -zeichnungen während der Opposition 1948 mit einem 26 cm-Refraktor. Trotz außergewöhnlich guter Luft- und Sichtbedingungen gelang es nicht, die Marskanäle zu Gesicht zu bekommen. Micz.

7404. K. E. Bullen, On the constitution of Mars. MN **109** 688—692. — Ein auf einer Kompressibilität-Druck-Beziehung beruhendes Erdmodell wird auf den Mars angewandt mit dem Resultat, daß dieser danach bei gleicher Zusammensetzung wie die Erde einen inneren Kern besitzen sollte, der denselben Bruchteil der Gesamtmasse wie der Erdkern umfaßt und dessen Material von dem der Außenschichten chemisch verschieden ist. Kdr.

7405. **G. M. Clemence,** First-order theory of Mars. Washington, Astronomical Papers prepared for the use of the American Ephemeris and Nautical Almanac 11 223—500.

7406. **W. G. Fessenkow,** Über das Vorkommen offener Wasserflächen auf dem Mars. AJ UdSSR 26 273—277 (russisch). — Besprechung in Sternenwelt 2 42. — Es wird abgeschätzt, daß mit den größten heutigen Instrumenten visuell Reflexe des Sonnenlichtes an Wasserflächen des Mars beobachtet werden müßten, wenn deren Durchmesser nur 300 m beträgt. Da solche Lichtreflexe noch nicht wahrgenommen worden sind, muß man schließen, daß Wasserflächen — wenn überhaupt — nur unterhalb dieser Größe auf Mars vorkommen können. Loh.

7407. **J. Franck,** Possibility of photosynthesis on Mars. Aus: G. P. Kuiper, The Atmospheres of the Earth and Planets (Ref. 7030), Kapitel 14 S. 355—356. — Die grüne Färbung im Äquatorgürtel des Mars wird meist durch das Vorhandensein niederer, nur schwach chlorophyllhaltiger Pflanzen zurückgeführt (Flechten und Moose). Solange die Schlüsse sich nur auf Befunde der Farbe und des Spektrums (auch im Infrarot) stützen, muß man damit rechnen, daß es sich ebenso gut um eine jahreszeitlich gebundene Hydratisierung von Mineralien oder Salzen handeln kann. A. Kopff

7408. **W. H. Haas,** A planned international study of Mars. Strolling Astronomer 3 Nr. 10 S. 1—3.

7409. **G. de Mottoni,** Osservazioni del pianeta Marte durante l'opposizione afelica del 1948. Mem SA It (NS) 20 23—31, mit 2 Fig. und 2 Tafeln. — Die während der Aphelopposition 1948 mit einem 7'-Refraktor in Genua durchgeführten Beobachtungen erstrecken sich auf die über 4 Monate lang beobachteten Veränderungen der nördlichen Polkappe und den Vergleich mit früheren Feststellungen, sowie auf die Beschreibung einzelner heller und dunkler Formationen nach Sichtbarkeit, Form und Farbe. Loh.

7410. **E. Pfannenschmidt,** On photometric and colorimetric naked-eye observations of Mars. Strolling Astronomer 3 Nr. 11 S. 1—2. — Einige Beobachtungshinweise.

7411. **I. F. Polak,** Der Planet Mars und die Möglichkeit des Lebens auf ihm. Riga, Lettischer Staatsverlag, 1949. 27 S. mit 12 Abb. Preis 60 Kop. (lettisch).

7412. **E. C. Slipher,** The 1939 observations of Mars at the Lamont-Hussey Observatory. Publ AAS 10 26, 1940. — Ref. AAS.

* * **N. N. Sytinskaja,** Bestimmung des Glättegrades der Planetenoberflächen mit photometrischen Methoden. Ref. 2424.

7413. **G. A. Tichow,** Über die Vegetation auf dem Mars. Bote Univ. Leningrad 4 Nr. 11 S. 29—42 (russisch).

7414. **G. A. Tichow,** Gibt es eine Vegetation auf dem Planeten Mars? Priroda 38 Nr. 7 S. 3—8 (russisch).

7415. **G. de Vaucouleurs,** La planète Mars en 1939. 5. Sur les propriétés optiques des voiles atmosphériques observés sur la planète Mars en 1939. Ciel et Terre 65 257—268, mit 4 Fig.

7416. Marsphotographie. Sternenwelt 1 61. — Besprechung der in AJB 47 Ref. 5507, 5508 zitierten Arbeiten von E. Pettit.

7417. Die Zusammensetzung der Marsatmosphäre. Sternenwelt 1 108. — Besprechung der in AJB 47 Ref. 5514 zitierten Mitteilung.

§ 75

Kleine Planeten

7501. Opposition ephemeris of asteroids for 1949. Part 1. Perturbed ephemeris. Herausgegeben vom Research Committee for Comets and Asteroids, National Research Council of Japan unter Redaktion von Y. Hagihara. 17 S. — Enthält Elemente von 57 Kleinen Planeten, S. 3—10. Es folgen die Ephemeriden für 43 Planeten, welche 1949 in Opposition gelangen. Auf S. 16—17 ist eine ausführliche photometrische Ephemeride von 433 Eros für die Opposition 1949 gegeben.

7502. Ephémérides de 106 des petites planètes pour l'an 1949. Publ. Obs. Astr. Univ. Belgrade Nr. 3, 15 S.

7503. Minor planets for 1950. Opposition Ephemerides. Published under the auspices of the International Astronomical Union by the Cincinnati Observatory, 1949. 4 + 110 S. — Enthält Oppositionsdaten und Ephemeriden von 1217 Kleinen Planeten, die 1950 in Opposition kommen.

7504. Ephemeriden Kleiner Planeten für das Jahr 1950. Herausgegeben vom Institut für theoretische Astronomie der Akademie der Wissenschaften der UdSSR. Moskau-Leningrad, Verlag Akad. Wiss. UdSSR, 1949. 124 S. (russisch).

7505. Efemerides de 63 asteroides para 1950. Calculadas en el Seminario de Astronomía y Geodesia de la Facultad de Ciencias de la Universidad de Madrid. Urania Barcelona 34 Nr. 220 S. 1—10 = Seminario Astr. Geod. Univ. Madrid Publ. Nr. 1.

7506. **I. G. Behrens,** Anwendung der «Neuen Methode» Brendels auf den Planeten 349 Dembowska. AN 277 59—64. — Die Jupiter-Störungen des Planeten 349 Dembowska werden nach der von M. Brendel entwickelten Methode berechnet und in Tafeln gebracht. Eine Bahnverbesserung über einen Zeitraum von 54 Jahren stellt die Beobachtungen mit der größten Abweichung von ± 0°.04 in geozentrischer Länge dar. Bemerkungen zur Theorie und Praxis der Störungsrechnungen sind eingeflochten. Verf.

7507. **N. F. Bojewa,** Verbesserung der Elemente des Planeten (39) Laetitia. BIA 4 Nr. 5 (58) S. 245—247 (russisch).

7508. **W. Dziewulski,** Secular perturbations of the minor planet (1474), arising from action of the eight major planets. Bull. Astr. Obs. Toruń Nr. 3 S. 3—9, 1947.

7509. **W. Dziewulski,** Secular perturbations of the minor planet (1474), arising from action of the eight major planets. Supplement. Bull. Astr. Obs. Toruń Nr. 5 S. 11, 1948.

7510. **W. Dziewulski,** Secular perturbations of the minor planet (1009) Sirene, arising from the action of Mars. Bull. Astr. Obs. Toruń Nr. 7 S. 3—5.

7511. **W. Dziewulski,** Secular perturbations of the minor planet (1009) Sirene, arising from the action of Mercury, Earth, Jupiter, Saturn and Uranus. Bull. Astr. Obs. Toruń Nr. 7 S. 9—10.

7512. **W. Dziewulski,** Secular perturbations of the minor planet (1009) Sirene, arising from the action of eight major planets. Bull. Astr. Obs. Toruń Nr. 7 S. 11—12.

7513. **F. K. Edmondson,** The minor planet program at the Goethe Link Observatory. AJ 54 184. — Ref. AAS.

* * **W. G. Fessenkow,** Die Helligkeit der Zodiakalzone und die Gesamtmasse der asteroidischen Materie. Vgl. Ref. 8407.

7514. **H. Gadzikowska,** Secular perturbations of the minor planet (1009) Sirene, arising from the action of Venus. Bull. Astr. Obs Toruń Nr. 7 S. 6.

7515. **P. Herget,** The accuracy of approximate general perturbations. Publ AAS **10** 225, 1942. — Ref. AAS.

7516. **H. G. Hertz,** The general perturbations of (659) Nestor. AJ **54** 128—129. — Ref. AAS.

7517. **H. Iwaniszewski,** Secular perturbations of the minor planet (1009) Sirene, arising from the action of Neptune. Bull Astr. Obs. Toruń Nr. 7 S. 7—8.

7518. **A. Kahrstedt,** Neues auf dem Gebiete der Planetoiden. Sterne **25** 98—106. — Besprechung einiger ungewöhnlicher neuer Planetoiden. Elemente.

7519. **T. Lederle,** Berechnung der Bahn des Planeten 1036 Ganymed nach der Cowellschen Methode der Integration gestörter rechtwinkliger Koordinaten. AN **277** 115—122 (Diss.) = Mitt. Astr. Rechen-Inst. Heidelberg. — Nach der zweiten Cowellschen Methode wurden die gestörten rechtwinkligen Koordinaten des Planeten für 1925 bis 1934 gerechnet unter Berücksichtigung der Störungen von Venus bis Neptun. Verbesserte Elemente wurden durch Ausgleichung nach Eckert-Brouwer erhalten. Eine allgemeine Formel zur Interpolation des Doppelintegrals für ein beliebiges Argument wird abgeleitet und deren Koeffizienten tabuliert. Verf.

7520. **O. J. Lee, N. L. Pierce, H. Thiele,** Eros observations at the Dearborn Observatory. Publ AAS **10** 19—20, 1940. — Ref. AAS.

7521. **S. H. Levy,** Analysis of some applications of the Berkeley tables to minor planets of the Hecuba group. Publ AAS **9** 265, 1939. — Ref. AAS.

7522. **S. H. Levy, E. J. Barndollar,** Further applications of the Berkeley tables to critical cases of minor planets of the Hecuba group. Publ AAS **10** 166, 1942. — Ref. AAS.

7523. **V. Maitre,** Observations de petites planètes. JO **28** 76, 1946 = Ann. Obs. Besançon, Astr. et Géophys. (NS) **4** fasc. 2. — Der Nachweis der Beobachtungen ist in Veröff. Astr. Rechen-Institut Heidelberg Nr. 2 geführt.

7524. **S. G. Makower,** Näherungsformeln zur Vorausberechnung der Oppositionsdaten Kleiner Planeten. BIA **4** Nr. 3 (56) S. 91—93 (russisch).

7525. **S. G. Makower,** Verbesserung der Bahn des Planeten (250) Bettina. BIA **4** Nr. 3 (56) S. 94—96 (russisch).

7526. **W. S. Moschkowa,** Die genaue Bahn des Planeten (51) Nemausa. BIA **4** Nr. 3 (56) S. 97—102 (russisch).

7527. **W. S. Moschkowa,** Die Bahn des Planeten (748) Simeïsa. BIA **4** Nr. 5 (58) S. 250—251.

7528. **W. S. Moschkowa,** Verbesserung der Bahnelemente des Planeten Hecuba 108. BIA **4** Nr. 6 (59) S. 265—269.

7529. **S. W. Orlow,** Asteroiden und Meteorite. Meteoritika Nr. **5** S. 3—13 (russisch).

* * **M. E. Paloque,** Sur le mouvement des planètes troyennes. Vgl. Ref. 4227.

7530. **I. I. Putilin,** Die Bahn des Kleinen Planeten (1036) Ganymed. Teil II. Die Bahnverbesserung aus den 12 Oppositionen von 1924—1938. BIA **4** Nr. 5 (58) S. 226—244 (russisch).

7531. **E. Rabe,** Interessante kleine Planeten. Sternenwelt **1** 2—6, mit 3 Abb. — Hidalgo, Amor, Objekt Wirtanen **1948**.3.

7532. **H. S. Rice,** Asteroid notes. Pop Astr **57** 80—81, 241, 291—292, 391—392, 444—445, 501—502.

7533. **N. Richter,** Zwei neue Trojaner. Sterne **25** 181. — Bericht über die in Heidelberg entdeckten zwei neuen Trojaner.

7534. **M. J. Schmakowa,** Bahnverbesserung des Planeten (401) Ottilia. BIA **4** Nr. 5 (58) S. 248—249.

7535. **W. Strobel,** Elemente und Grundlagen der Kleinen Planeten. Veröff. Astr. Rechen-Inst. Heidelberg Nr. 1, 71 S. — Von 1565 numerierten Kleinen Planeten, sowie von den drei nicht numerierten ungewöhnlichen Planeten Apollo, Adonis und Hermes sind die bis 1949 vorliegenden und zur Ephemeridenrechnung benutzten Elemente und deren Grundlagen zusammengestellt.

7536. **S. Szeligowski,** Secular perturbations of (1221) Amor, arising from the actions of the eight major planets. Bull. Astr. Obs. Toruń Nr. **5** S. 3—10, 1948 (polnisch mit englischer Zusammenfassung).

7537. **Y. Väisälä, L. Oterma,** Beobachtungen von Kleinen Planeten an der Sternwarte der Universität Turku. Annales Univ. Turkuensis (A) Tom **10** Nr. 1, 54 S. = Astr. Obs. Univ. Turku Informo Nr. **5**. — Der Nachweis der Einzelbeobachtungen wird in Ref. **7549** geführt.

7538. **A. Wilkens,** Teoría sobre la acumulación de los perihélios y nodos de los asteroides. Publ. Obs. La Plata **25** Nr. 1 (spanisch mit deutscher Zusammenfassung). — Die Abhandlung gibt die Theorie und ihre Anwendung auf 1500 kleine Planeten (1942) unter Berücksichtigung der säkularen wie periodischen Störungen durch die großen Planeten. Das überraschende Ergebnis ist, daß kein einziger Planet in Strenge eine libratorische Bewegung des Perihels um das Jupiterperihel ausführt, auch nicht im Falle des analogen Phänomens in Bezug auf die Knotenlinien (mit einer einzigen unsicheren Ausnahme). Deshalb ist das beobachtete Phänomen entweder als eine in langsamster Entwicklung begriffene kosmogonische Erscheinung der Auflösung oder der Konzentration der Perihelien resp. Knoten in unendlich ferner Zukunft resp. Vergangenheit zu betrachten, wobei die säkulare Jupiterwirkung noch nicht merklich in Erscheinung getreten ist. Verf.

7539. The orbit of Eros. Harv Card 1051. — Ergebnisse der Rechnungen von Rabe über Sonnenparallaxe und Planetenmassen. — Besprechung in NAT **1950** S. 36.

7540. New Trojan asteroids. Sky and Telescope **9** 32.

7541. **Objekt Baade = 1949 MA = 1566 Ikarus**

BSAF **63** 317. Une étrange petite planète.

DOB **1949** Nr. 11, mit 1 Fig. Découverte d'un astéroïde de très courte distance périhélie: l'objet Baade 1949 MA.

Gaz astr **31** 126—127. Une remarquable nouvelle petite planète (1949 MA).

Hemel en Dampkring **47** 156. Een «intermercuriale» planetoide. J. J. Raimond jr.

Himmelswelt **56** 142. Die Auffindung eines eigentümlichen Kleinen Planeten.

MN ASSA 8 82—83. Object Baade. W. P. Hirst.

NAT **1949** S. 117—118. Baades objekt.

Obs **69** 199. An exceptional minor planet.

Obs **69** 240. Baade's planet, 1949 MA.

Orion Schaffhausen **3** 25. Entdeckung eines Planetoiden mit Perihel innerhalb der Merkurbahn.

PAT **30** 158—159, mit 2 Fig. Den nya asteroiden med minsta kända medelavstånd.

Pop Astr **57** 358—359. An unusually near asteroid.
Publ ASP **61** 162—165, mit 1 Fig. = Mt. Wilson and Palomar Obs. Repr. Nr. **9**. A new asteroid with smallest known mean distance. R. S. Richardson. — Besprechung in JBAA **60** 63, Sterne **25** 182—183.
Sky and Telescope 8 271—273, mit 5 Fig. The new asteroid with smallest known mean distance. R. S. Richardson.
Sternenwelt 1 269—270, mit 3 Abb. Der sonnennächste Planetoid. W. v. Bezold.

Helligkeiten Kleiner Planeten

7542. **W. K. Green, J. S. Hall,** Simultaneous photographic and photoelectric observations of Vesta during 1939. Publ AAS **10** 13—14, 1940. — Ref. AAS.
7543. **S. Kaho,** Photometric observations of asteroid 433 Eros in 1942. TAB (2) Nr. **18** S. 137—140.
7544. **S. Kaho,** Photometric observations of asteroid 433 Eros in 1945 and in 1947. TAB (2) Nr. **18** S. 141—142.
7545. **D. de Potter,** Sur l'indice de couleur de la petite planète 8 Flora. BAB **4** Nr. 4 S. 75—78, mit 1 Fig.
7546. **F. E. Roach, E. Bailey,** Photographic light curves of Eros during the 1940 opposition. Publ AAS **10** 170, 1942. — Ref. AAS.
7547. **J. Sitar,** Nomogramm zur Bestimmung der Helligkeit für die Kleinen Planeten. RH **30** 76—78, mit 1 Fig. (tschechisch).

7548. **Helligkeitsbeobachtungen**

1 Ceres	Astr Circ UdSSR Nr. **85** S. 12. W. M. Tschernow.
	BAA Circ Nr. 309. W. Malsch.
	NAZ vM Nr. 62, NAZ **3** 10, 13. W. Malsch. — Helligkeitsschwankungen, Elemente.
	NAZ **3** 10. M. Beyer.
	UAI Circ Nr. 1210. W. Malsch. — Periode $3^h 30^m\!.66$.
2 Pallas	BSAF **63** 26. E. Douillet, L. Dumser, R. Rigollet, R. Weber.
3 Juno	Gaz astr **31** 38. H. Haupt.
4 Vesta	Astr Circ UdSSR Nr. **89** S. 4—6. W. M. Tschernow.
	NAZ **3** 26. Bomm, Pocher.
39 Laetitia	Astr Circ UdSSR Nr. **87** S. 1—2. D. J. Martynow, F. K. Ustanowa.
80 Sappho	BSAF **63** 143. E. Antonini, L. Rebuffat, R. Rigollet.
124 Alkeste	BSAF **63** 41. E. Douillet.
324 Bamberga	BSAF **63** 26. E. Douillet, L. Dumser, R. Rigollet, R. Weber.

7549. **Nachweis der Beobachtungen und Berechnungen Kleiner Planeten**
Zeichenerklärung: * = genäherter Ort, † = vergeblich gesucht, Id = identisch

Abkürzungen der Sternwarten

Abastumani	Aba	Bordeaux	Bor	Fort Davis	FtD
Algier	Alg	Bosque Alegre	BoA	Greenwich	Gre
Arcetri	Arc	Budapest	Bud	Hamburg	Ham
Athen	Ath	Bukarest	Buk	Headley	Hea
Babelsberg	Bab	Cambridge, Engl.	CaE	Heidelberg	Hei
Barcelona	Bar	Cambridge, Mass.	CaM	Innsbruck	Inn
Belgrad	Bel	Cape of Good Hope	Cap	Istanbul	Ist
Bergedorf	Bgf	Charkow	Chw	Johannesburg	Joh
Berkeley	Bky	Charlottesville	Cha	Karlsruhe	Kar
Besançon	Bes	Cordoba	Cor	Kasan	Kas
Blaye	Bla	Düsseldorf	Düs	Kiel	Kil
Bloomington	Blo	Flagstaff	Fla	Kiew	Kiw

Kitzingen	Kit	Oak Ridge	Oak	Sonneberg	Son
Kobe	Kob	Ohte	Oht	Stalinabad	Sta
Königsberg	Kön	Padua	Pad	Stuttgart	Stu
Kopenhagen	Kop	Palermo	Pal	Suma	Sum
Krakau	Kra	Paris	Par	Tacubaya	Tac
Kyoto	Kyo	Pittsburgh	Pit	Taschkent	Tkt
La Plata	LaP	Poznań	Poz	Tokyo	Tok
Leiden	Lei	Prag	Pra	Tomsk	Tom
Leipzig	Lzg	Pretoria	Pre	Toulouse	Tou
Lemberg (Lwow)	Lem	Pulkowo	Pul	Triest	Tri
Lissabon	Lis	Rom	Rom	Turin	Tui
London	Lon	Rostow	Ros	Turku	Tuk
Madrid	Mad	Rutherford	Rut	Uccle	Ucc
Mailand	Mai	San Fernando (Cadiz)	SFe	Utrecht	Utr
Moskau	Mos	Santiago	San	Warschau	War
Mt. Hamilton	MtH	Saragossa	Sar	Washington	Was
Mt. Palomar	MtP	Schwäbisch Hall	SHa	Wien	Wie
Mt. Wilson	MtW	Simada	Sia	Wiesbaden	Wis
München	Mün	Simeis	Sim	Williams Bay	WiB
Nizza	Niz	Sizuoka	Siz	Zô-Sè	ZoS
Northfield	Nor	Skalnaté Pleso	SPl		

---

1 Ceres

28/35 Publ. U. S. Naval Obs. (2) **16** part 1 S. 200, 201 Was

47 AA (c) **4** 103 = Poznań Repr. **14** Poz. MPC 214 Tok*

49 MPC 228 Alg*. MPC 268 Alg. MPC 285 Bar. Astr Circ UdSSR Nr. 85 Kas. Astr Circ UdSSR Nr. 84/85 Kiw*. MPC 335 Kyo*. Bol. Madrid **3** Nr. 9 Mad*. MPC 327 SFe. MPC 251 San. BAB **4** Nr. 4 Ucc

Eph JBAA **59** 78, 109, Pop Astr **57** 81, Sternenwelt **1** 36

2 Pallas

47 AA (c) **4** 102 = Poznań Repr. **14** Poz

48 MPC 212 San

Eph (1949) DOB **1949** 2

Eph (1950) DOPPP f° 7

3 Juno

41 Turku Informo Nr. **5** Tuk*. Turku Informo Nr. **5** Tuk

46 MPC 222 Tuk*

48 MPC 258 Ath. MPC 232 Bar. MPC 209 Kyo*. MPC 296 Rom. MPC 217 SFe. Krim Mitt. **4** 207 Sim*. MPC 215 Tok*. MPC 278 Tui*. MPC 237 Tuk*

Eph (1949/50) U. S. Naval Obs. Circ. Nr. **5**

Eph (1950) DOPPP f° 7

4 Vesta

28/32 Publ. U. S. Naval Obs. (2) **16** part 1 S. 202, 203 Was

46 AA (c) **4** 101 = Poznań Repr. **14** Poz

48 MPC 214, 215 Tok*

49 MPC 268 Alg. MPC 316, 338 Ath. JO **32** 74 Bor. MPC 286 Bar. MPC 272 Joh*. Astr Circ. UdSSR Nr. **89** Kiw. Astr Circ UdSSR Nr. **90/91** Lem*. MPC 328 SFe. Stalinabad Circ. Nr. **74/75** Sta

Eph Pop Astr **57** 241, Sternenwelt **1** 113

5 Astraea

46 MPC 222 Tuk*

48 MPC 258 Ath. AA (c) **4** 105 = Poznań Repr. **14** Poz. MPC 217 SFe. Krim Mitt. **4** 200, 201 Sim*. MPC 215 Tok*

Eph (1950) DOPPP f° 5

6 Hebe

44 Turku Informo Nr. **5** Tuk*

46 AA (c) **4** 101 = Poznań Repr. **14** Poz

48 Krim Mitt. **4** 198 Sim. MPC 215 Tok

49 MPC 316 Ath. MPC 286 Bar. DOPPP f° 1a Bla*. JO **32** 74 Bor. MPC 273, 274, NAZ **3** 22 Hei*. Astr Circ UdSSR Nr. **86, 87** Kas. Astr Circ UdSSR Nr. **90/91** Lem*. MPC 323 Niz*. MPC 328 SFe

Eph Pop Astr **57** 241, Sternenwelt **1** 113, Astr Circ UdSSR Nr. 85, DOPPP f° 1a

7 Iris

49 MPC 239 Joh*. Astr Circ UdSSR Nr. **86** Kiw*. MPC 336 Kyo*. Astr Circ UdSSR Nr. 88 Ros*. MPC 327 SFe. MPC 337 San

8 Flora

48 MPC 258 Ath. JO **32** 38 Bor. MPC 340, AN **278** 96 Kar. MPC 209 Kyo*. AA (c) **4** 102, 104 = Poznań Repr. **14** Poz. Astr Circ UdSSR Nr. **83** 12 Ros*. MPC 217 SFe. MPC 215 Tok*

9 Metis

47 MPC 205, 206 Tuk*
49 DOPPP f° 4 Bla*. NAZ **3** 43 Kar*. Astr Circ UdSSR Nr. **93** Ros*
Eph JBAA **59** 254, DOPPP f° 2b, Pop Astr **57** 392, Sternenwelt **1** 235

10 Hygiea

43 Turku Informo Nr. **5** Tuk*
46 MPC 223, 224 Tuk*
47 MPC 214 Tok*
49 Astr Circ UdSSR Nr. 85 Kiw*. MPC 335[1]) Kyo*. Bol. Madrid **3** Nr. 9 Mad*. MPC 248 Niz*. Astr Circ UdSSR Nr. 88 Ros*. MPC 327 SFe. MPC 251 San. MPC 294 Tuk*
Eph Pop Astr **57** 81

11 Parthenope

47 AA (c) **4** 103 = Poznań Repr. **14** Poz
49 MPC 228 Alg*. MPC 268 Alg. MPC 285 Bar. MPC 243 Blo. Astr Circ UdSSR Nr. **84** Kiw*. MPC 335 Kyo*. Bol. Madrid **3** Nr. 9 Mad*. MPC 230 Niz*. MPC 327 SFe. MPC 251 San. MPC 291, Turku Informo Nr. **5** Tuk*

12 Victoria

49 Astr Circ UdSSR Nr. **86** Kiw*. MPC 335 Kyo*. Bol. Madrid **3** Nr. 9 Mad*. MPC 249 Niz*. MPC 327 SFe*. MPC 337 San

13 Egeria

43 Turku Informo Nr. **5** Tuk*
48 UC **108** Joh*
49 Astr Circ UdSSR Nr. **92** Lem*

14 Irene

42 Turku Informo Nr. **5** Tuk*
46 MPC 220 Tuk*
48 MPC 258 Ath[2]). MPC 209 Kyo*. AA (c) **4** 105 = Poznań Repr. **14** Poz. MPC 217 SFe
Eph (1949/50) Pop Astr **57** 445
El NAZ **3** 3

15 Eunomia

46 AA (c) **4** 101 = Poznań Repr. **14** Poz. MPC 222 Tuk*
48 MPC 215 Tok*. MPC 236 Tuk*
49 MPC 286 Bar*. MPC 239 Joh*. MPC 336 Kyo*. MPC 327 SFe. MPC 337 San

16 Psyche

47 MPC 205, 206 Tuk*
48 UC **108** Joh*. Krim Mitt. **4** 203 Sim*
49 DOPPP f° 2a Bla*. MPC 283 Joh*. Astr Circ UdSSR Nr. **90/91** Kiw. Astr Circ UdSSR Nr. **90/91**, **92** Lem*
Eph DOPPP f° 1b, 2a

17 Thetis

39 Belgrade Bull. **4** 46, 47 Bel*
41 Turku Informo Nr. **5** Tuk
49 Astr Circ UdSSR Nr. **86**, 88 Kiw*. MPC 335 Kyo*. MPC 327 SFe. MPC 337 San. MPC 292, 294 Tuk*. BAB **4** Nr. 4 Ucc
Eph Pop Astr **57** 81
El NAZ **3** 3

18 Melpomene

48 MPC 215 Tok*. MPC 236 Tuk*
49 MPC 338 Ath. Astr Circ UdSSR Nr. 88 Kiw*. Astr Circ UdSSR Nr. **89** Kiw. MPC 336 Kyo*. Astr Circ UdSSR Nr. **90/91** Lem*. Astr Circ UdSSR Nr. 88 Ros*. MPC 327 SFe

19 Fortuna

42 Turku Informo Nr. **5** Tuk*
46 MPC 222 Tuk
48 JO **32** 38 Bor. MPC 233 Bar. AN **270** 96, MPC 340 Kar. Astr Circ UdSSR Nr. **84** Kiw*. MPC 334 Kyo*. Astr Circ UdSSR Nr. **83** Ros*. MPC 212 San. MPC 278 Tui*

20 Massalia

42 Turku Informo Nr. **5** Tuk*
46 AA (c) **4** 102 = Poznań Repr. **14** Poz
48 MPC 232 Bar. UC **108** Joh*. Krim Mitt. **4** 204 Sim*
49 Astr Circ UdSSR Nr. **93** Kiw*. Astr Circ UdSSR Nr. **90/91** Lem*

21 Lutetia

42 Turku Informo Nr. **5** Tuk*
49 MPC 286 Bar*. Astr Circ UdSSR Nr. **84**, **85** Kiw*. MPC 335 Kyo*. Bol. Madrid **3** Nr. 9 Mad*. MPC 247, 248 Niz*. MPC 327 SFe. MPC 251 San

22 Kalliope

43 Turku Informo Nr. **5** Tuk*
46 AA (c) **4** 101 = Poznań Repr. **14** Poz. MPC 225 Tuk*
48 AA (c) **4** 104 = Poznań Repr. **14** Poz. MPC 215 Tok*
49 MPC 336 Kyo*. MPC 327 SFe

[1]) Berichtigung in MPC 380.

[2]) Berichtigung in MPC 316.

23 Thalia

43 Turku Informo Nr. 5 Tuk*
48 UC **108** Joh*
49 MPC 284 Joh*

24 Themis

42 Turku Informo Nr. 5 Tuk*
47 MPC 333 Kyo*. MPC 204—207 Tuk*. Turku Informo Nr. 5 Tuk
48 UC **108** Joh*. Krim Mitt. **4** 203 Sim*
49 MPC 287, NAZ **3** 27 Hei*. MPC 283 Joh*

25 Phocaea

49 MPC 248 Niz*
Eph (1950) Mem SA It (NS) **20** 237—241 = Contr. Oss. Astr. Milano-Merate (NS) Nr. **29**
El Mem SA It (NS) **20** 237—241 = Contr. Oss. Astr. Milano-Merate (NS) Nr. **29**

26 Proserpina

48 BAB **4** Nr. 3 Ucc. Krim Mitt. **4** 198 Sim*
49 Astr Circ UdSSR Nr. **92** Aba*. MPC 283 Joh*

27 Euterpe

48 MPC 242 Blo. MPC 237 Tuk*. BAB **4** Nr. 3 Ucc
49 MPC 276 Fla*. MPC 273 Joh*

28 Bellona

42 Turku Informo Nr. 5 Tuk
47 AA (c) **4** 102 = Poznań Repr. **14** Poz
48 UC **108** Joh*. MPC 208 Kyo*. MPC 216 SFe. Krim Mitt. **4** 199, 204 Sim*
49 Astr Circ UdSSR Nr. **92** Lem*

29 Amphitrite

46 AA (c) **4** 101 = Poznań Repr. **14** Poz
48 UC **108** Joh*. Krim Mitt. **4** 198 Sim*
49 MPC 283 Joh*
Eph Pop Astr **57** 292

30 Urania

40 Belgrade Bull. **5** 13 Bel
47 MPC 205 Tuk*
48 Krim Mitt. **4** 198, 204 Sim*
49 DOPPP f° 4 Bla*. Astr Circ UdSSR Nr. **93** Kiw. Astr Circ UdSSR Nr. **92** Lem*. Astr Circ UdSSR Nr. **93** Ros*
Eph DOPPP f° 2b, 6, Pop Astr **57** 392

31 Euphrosyne

48 UC **108** Joh*
49 MPC 316 Joh*

32 Pomona

48 Krim Mitt. **4** 198 Sim*
49 Astr Circ UdSSR Nr. **92** Aba*. Astr Circ UdSSR Nr. **90/91** Kiw

33 Polyhymnia

44 Turku Informo Nr. **5** Tuk*
48 MPC 214 Tok*
49 MPC 248 Niz*. MPC 293 Tuk*

34 Circe

43 Turku Informo Nr. **5** Tuk*
47 MPC 205 Tuk*
48 UC **108** Joh*. Bol. Madrid **3** Nr. 9 Mad*

35 Leukothea

43 Turku Informo Nr. **5** Tuk*
48 MPC 215 Tok*. BAB **4** Nr. 3 Ucc
49 MPC 272 Joh*

36 Atalante

49 MPC 253 Joh*

37 Fides

43 Turku Informo Nr. **5** Tuk*
47 MPC 205 Tuk*
48 UC **108** Joh*. Krim Mitt. **4** 198, 204 Sim*
49 MPC 283 Joh*

38 Leda

48 UC **108** Joh*
49 MPC 324—326 Fla*

39 Laetitia

39 Belgrade Bull. **5** 18 Bel*
44 Turku Informo Nr. **5** Tuk*
46 AA (c) **4** 101 = Poznań Repr. **14** Poz
48 MPC 215 Tok*. MPC 236 Tuk*
49 MPC 286 Bar. Astr Circ UdSSR Nr. **85/87** Kas. Astr Circ UdSSR Nr. **89** Kiw. Astr Circ UdSSR Nr. 88 Kiw*. MPC 336 Kyo*. Astr Circ UdSSR Nr. **90/91** Lem*. Astr Circ UdSSR Nr. 88 Ros*. MPC 327 SFe
Eph Astr Circ UdSSR Nr. 85
El BIA **4** 245

40 Harmonia

46 AA (c) **4** 101 = Poznań Repr. **14** Poz. MPC 224, 225 Tuk*
48 Krim Mitt. **4** 198 Sim*
49 Astr Circ UdSSR Nr. **92** Aba*. MPC 284 Joh*. Astr Circ UdSSR Nr. **90/91** Lem*
Eph DOPPP f° 1a, Pop Astr **57** 292, Sternenwelt **1** 163

41 Daphne

48 MPC 296 Ros*
49 Astr Circ UdSSR Nr. **90/91, 93** Kiw

42 Isis

43 Turku Informo Nr. **5** Tuk*
47 MPC 206 Tuk*
48 UC **108** Joh*. MPC 259 LaP

43 Ariadne

43 Turku Informo Nr. **5** Tuk*
46 AA (c) **4** 101 = Poznań Repr. Nr. **14** Poz. MPC 223, 224 Tuk*
48 MPC 215 Tok*. MPC 236 Tuk*
49 Astr Circ UdSSR Nr. **92** (?) Aba*. DOPPP f° 3 Bla. Astr Circ UdSSR Nr. **90/91** Kiw.

Astr Circ UdSSR Nr. **90/91** Lem*
Eph DOPPP f° 1a, 3, Pop Astr **57** 292, Sternenwelt 1 163

44 Nysa
40 Belgrade Bull. **5** 17 Bel. Belgrade Bull. **5** 18 Bel*
42/43 Turku Informo Nr. 5 Tuk*
48 UC **108** Joh*
49 Astr Circ UdSSR Nr. **92** Lem*. MPC 323 Niz*

45 Eugenia
39 Belgrade Bull. **4** 43 Bel*
42 Turku Informo Nr. 5 Tuk*
46 MPC 220 Tuk*
48 MPC 217 SFe. Krim Mitt. **4** 200, 201 Sim*. MPC 215 Tok*

46 Hestia
46 AA (c) **4** 102 = Poznań Repr. **14** Poz
48 BAB **4** Nr. 3 Ucc
49 MPC 286 Bar. JO **32** 74 Bor. Astr Circ UdSSR Nr. **89** Kiw. MPC 272 Joh*. MPC 328 SFe

47 Aglaja
40 Belgrade Bull. **5** 22 Bel*
43 Turku Informo Nr. 5 Tuk*
48 MPC 236 Tuk*. BAB **4** Nr. 3 Ucc
49 MPC 266 Joh*. MPC 336 Kyo*

48 Doris
48 BAB **4** Nr. 3 Ucc
49 MPC 286 Bar. MPC 336 Kyo*

49 Pales
39 Belgrade Bull. **4** 47 Bel*
44 Turku Informo Nr. 5 Tuk*
46 MPC 221 Tuk*
48 UC **108** Joh*
49 MPC 287, NAZ **3** 27 Hei*. MPC 283 Joh*

50 Virginia
39 Belgrade Bull. **4** 46, 47 Bel*
42 Turku Informo Nr. 5 Tuk*
48 BAB **4** Nr. 4 Ucc*
49 MPC 285 (?) Bar

51 Nemausa
43 Turku Informo Nr. 5 Tuk*
47 AA (c) **4** 103 = Poznań Repr. **14** Poz
49 MPC 228, 254, 255 Alg*. MPC 268 Alg. MPC 338 Ath. MPC 285 Bar. MPC 265 Cor. Astr Circ UdSSR Nr. 87 Kas. Astr Circ UdSSR Nr. **86** Kiw*. MPC 335 Kyo*. Bol. Madrid **3** Nr. 9 Mad*. MPC 249 Niz*. Astr Circ UdSSR Nr. 88 Ros*. MPC 337 San. MPC 327 SFe. MPC 292, 293 Tuk*. BAB **4** Nr. 4 Ucc
Eph NAZ **3** 7, UAI Circ Nr. 1204
Eph (1950) MPC 266, 267
El BIA **4** 97

52 Europa
48 MPC 258 Ath. MPC 209 Kyo*. AA (c) **4** 104 = Poznań Repr. **14** Poz. MPC 217 SFe. Krim Mitt. **4** 200 Sim*
Eph (1949/50) Pop Astr **57** 445

53 Kalypso
40 Belgrade Bull. **5** 33 Bel*
43 Turku Informo Nr. 5 Tuk*
47 MPC 206, 207 Tuk*
48 MPC 232 Bar. UC **108** Joh*. Bol. Madrid **3** Nr. 9 Mad*
49 Astr Circ UdSSR Nr. **93** Kiw

54 Alexandra
46 MPC 221 Tuk*
48 MPC 227 Alg*. Krim Mitt. **4** 210 Sim*

55 Pandora
43 Turku Informo Nr. 5 Tuk*
47 MPC 205 Tuk*
48 Krim Mitt. **4** 198, 203 Sim*
49 MPC 273 Joh*

56 Melete
40 Belgrade Bull. **5** 14, 17 Bel*
48 MPC 236 Tuk*
49 Astr Circ UdSSR Nr. **92** Aba. Astr Circ UdSSR Nr. **90/91** Kiw. Astr Circ UdSSR Nr. **90/91** Lem*

57 Mnemosyne
43 Turku Informo Nr. 5 Tuk*
48 MPC 208 Kyo*. Krim Mitt. **4** 205 Sim*
Eph (1949) Pop Astr **57** 392

58 Concordia
42 Turku Informo Nr. 5 Tuk*
44 Turku Informo Nr. 5 Tuk*
48 MPC 214 Tok*
49 MPC 267, NAZ **3** 14 Hei*. Astr Circ UdSSR Nr. 88 Kiw*. MPC 336 Kyo*. MPC 250 Niz*. MPC 327 SFe. BAB **4** 14 Ucc. MPC 294, 295 Tuk*

59 Elpis
43 Turku Informo Nr. 5 Tuk*
47 MPC 205 Tuk*
48 Krim Mitt. **4** 203 Sim*. BAB **4** Nr. 3 Ucc
49 Astr Circ UdSSR Nr. **92** Aba*. Astr Circ UdSSR Nr. **90/91** Kiw. Astr Circ UdSSR Nr. **92** Lem*

60 Echo
40 Belgrade Bull. **5** 14 Bel*
47 MPC 205 Tuk*
48 MPC 232 Bar. UC **108** Joh*. Bol. Madrid **3** Nr. 9 Mad*. MPC 323 Niz*. Krim Mitt. **4** 198 Sim*

62 Erato

46 MPC 222 Tuk*
48 Krim Mitt. 4 199 Sim*

63 Ausonia

44 Turku Informo Nr. 5 Tuk*
46 MPC 221 Tuk*
48 MPC 232, 233 Bar. Astr Circ UdSSR Nr. 84 Kiw*. MPC 334 Kyo*. Bol. Madrid 3 Nr. 9 Mad*. MPC 217 SFe. Krim Mitt. 4 210 Sim*. MPC 278 Tui*. BAB 4 Nr. 4 Ucc

64 Angelina

40 Belgrade Bull. 5 13 Bel*
42 Turku Informo Nr. 5 Tuk*
43 Turku Informo Nr. 5 Tuk*
49 MPC 285 Bar. Astr Circ UdSSR Nr. 86 Kas. Astr Circ UdSSR Nr. 86, 88 Kiw*. MPC 335 Kyo*. MPC 249 Niz*. MPC 327 SFe. MPC 337 San

65 Cybele

43 Turku Informo Nr. 5 Tuk*
46 MPC 224, 225 Tuk*
49 MPC 229 Niz*. MPC 327 SFe

66 Maja

48 UC 108 Joh*
49 MPC 319 Alg*. MPC 323 Niz*

67 Asia

47 MPC 205 Tuk*
48 MPC 208 Kyo*. MPC 216 SFe. Krim Mitt. 4 198, 205, 206 Sim*. MPC 215 Tok*

68 Leto

44 Turku Informo Nr. 5 Tuk*
46 MPC 223, 224 Tuk*
48 BAB 4 Nr. 3 Ucc
49 MPC 303—305 Blo. MPC 239 Joh*. Astr Circ UdSSR Nr. 86 Kiw*. MPC 335 Kyo*. MPC 249, 323 Niz*. MPC 327 SFe. MPC 294, 295 Tuk*

69 Hesperia

46 MPC 222 Tuk*
48 MPC 214 Tok*
49 MPC 268, NAZ 3 14 Hei*. Astr Circ UdSSR Nr. 88 Kiw*. MPC 336 Kyo*. Astr Circ UdSSR Nr. 90/91 Lem*. MPC 327 SFe

70 Panopaea

49 Astr Circ UdSSR Nr. 85 Kiw*. MPC 335 Kyo. Bol. Madrid 3 Nr. 9 Mad*. MPC 248 Niz*

71 Niobe

42 Turku Informo Nr. 5 Tuk*
48 MPC 216 SFe. Krim Mitt. 4 206 Sim*

72 Feronia

44 Turku Informo Nr. 5 Tuk*
49 Bol. Madrid 3 Nr. 9 Mad*

73 Klytia

42 Turku Informo Nr. 5 Tuk*
49 MPC 254, 255 Alg*. MPC 268 Alg. Astr Circ UdSSR Nr. 86 Kiw*. MPC 335 Kyo*. Bol. Madrid 3 Nr. 9 Mad*. MPC 249 Niz*. MPC 292, 293 Tuk*. BAB 4 Nr. 4 Ucc

74 Galatea

43 Turku Informo Nr. 5 Tuk*
48 BAB 4 Nr. 3 Ucc
49 MPC 253 Joh*. MPC 336 Kyo*

75 Eurydike

43 Turku Informo Nr. 5 Tuk*
47 MPC 205 Tuk*
48 Krim Mitt. 4 198 Sim*. MPC 237 Tuk*. BAB 4 Nr. 3 Ucc*
49 MPC 283 Joh*

76 Freia

48 UC 108 Joh*

77 Frigga

47 MPC 206 Tuk*
48 UC 108 Joh*
49 Astr Circ UdSSR Nr. 93 Kiw. Astr Circ UdSSR Nr. 92 Lem*

78 Diana

46 MPC 224, 225 Tuk*
48 MPC 242 Blo. UC 108 Joh*. Krim Mitt. 4 198 Sim*
49 MPC 283 Joh*

79 Eurynome

42 Turku Informo Nr. 5 Tuk*
47 AA (c) 4 103 = Poznań Repr. 14 Poz. MPC 207 Tuk*
49 Astr Circ UdSSR Nr. 86 Kiw*. MPC 323 Niz*. MPC 327 SFe. MPC 293 Tuk*

80 Sappho

45 MPC 333 Kyo*
47 MPC 207 Tuk*
48 MPC 232 Bar. BSAF 63 142 Par*. MPC 296 Ros*. MPC 216 SFe. Krim Mitt. 4 205, 206 Sim*. MPC 215 Tok*

81 Terpsichore

46 MPC 222, 225 Tuk*
48 BAB 4 Nr. 3 Ucc
49 MPC 253 Joh*

82 Alkmene

46 MPC 222 Tuk*
48 MPC 215 Tok*
49 MPC 266 Joh*. MPC 336 Kyo*

83 Beatrix

40 Belgrade Bull. 5 7 Bel*
42 Turku Informo Nr. 5 Tuk*
46 MPC 225 Tuk*
48 Astr Circ UdSSR Nr. 88 Kas. MPC 215 Tok* BAB 4 Nr. 3 Ucc
49 MPC 283 Joh*

84 Klio

40 Belgrade Bull. 5 13 Bel*
47 MPC 205 Tuk*
48 UC 108 Joh*

85 Io
47 AA (c) **4** 103 = Poznań Repr. **14** Poz.MPC 207 Tuk*
48 MPC 202 Niz*

86 Semele
40 Belgrade Bull. **5** 17 Bel*. Belgrade Bull. **5** 17 Bel
42 Turku Informo Nr. 5 Tuk*
44 Turku Informo Nr. 5 Tuk*
48 MPC 202 Niz*

87 Sylvia
42 Turku Informo Nr. 5 Tuk*
43 Turku Informo Nr. 5 Tuk*
49 MPC 335 Kyo*. Bol. Madrid **3** Nr. 9 Mad*. MPC 248 Niz*. BAB **4** Nr. 4 Ucc

88 Thisbe
42 Turku Informo Nr. 5 Tuk*
43 Turku Informo Nr. 5 Tuk*
47 MPC 204 Tuk*
48 UC **108** Joh*. MPC 259 LaP
49 Astr Circ UdSSR Nr. **92** Aba*. Astr Circ UdSSR Nr. **90/91** Kiw. Astr Circ UdSSR Nr. **90/91** Lem*

89 Julia
42 Turku Informo Nr. 5 Tuk*
46 MPC 221 Tuk*
48 MPC 217 SFe

90 Antiope
42 Turku Informo Nr. 5 Tuk*
45 MPC 204 Tuk*
47 MPC 204 Tuk*
48 UC **108** Joh*. Krim Mitt. **4** 198 Sim*. BAB **4** Nr. 3 Ucc
49 MPC 286 Bar. MPC 275, 276 Fla*. MPC 272 Joh.* MPC 328 SFe

91 Aegina
43 Turku Informo Nr. 5 Tuk*
47 MPC 205 Tuk*
48 UC **108** Joh*
49 Astr Circ UdSSR Nr. **93** Kiw

92 Undina
48 MPC 233 Bar*. Bol. Madrid **3** Nr. 9 Mad*. Astr Circ UdSSR Nr. **84** Kiw*. MPC 217 SFe. Krim Mitt. **4** 200 Sim*. BAB **4** Nr. 4 Ucc

93 Minerva
43 Turku Informo Nr. 5 Tuk*
48 UC **108** Joh*. Krim Mitt. **4** 198 Sim*. MPC 237 Tuk*. BAB **4** Nr. 3 Ucc
49 MPC 284 Joh*

94 Aurora
43 Turku Informo Nr. 5 Tuk*
46 MPC 225, 226 Tuk*
48 MPC 236 Tuk*
49 MPC 314 Blo. MPC 336 Kyo*. MPC 253 Joh*

95 Arethusa
42 Turku Informo Nr. 5 Tuk*
48 Astr Circ UdSSR Nr. **84** Kiw*. BAB **4** Nr. 4 Ucc
49 MPC 285 Bar

96 Aegle
40 Belgrade Bull. **5** 27 Bel*
49 MPC 266 Joh

97 Klotho
42 Turku Informo Nr. 5 Tuk*
43 Turku Informo Nr. 5 Tuk*
48 MPC 232 Bar. Bol. Madrid **3** Nr. 9 Mad*. Krim Mitt. **4** 204 Sim*
49 DOPPP f° 6 Bla*. Astr Circ UdSSR Nr. **92** Lem*. DOPPP f° 6 Par (?)
Eph DOPPP f° 4

98 Ianthe
48 UC **108** Joh*
49 Astr Circ UdSSR Nr. **93** Kiw

99 Dike
48 Krim Mitt. **4** 200 Sim*. MPC 237 Tuk*

100 Hekate
42 Turku Informo Nr. 5 Tuk*
43 Turku Informo Nr. 5 Tuk*
48 MPC 237 Tuk*. BAB **4** Nr. 3 Ucc
49 MPC 336 Kyo*. Astr Circ UdSSR Nr. **90/91** Lem*

101 Helena
43 Turku Informo Nr. 5 Tuk*
47 AA (c) **4** 103 = Poznań Repr. **14** Poz
49 Astr Circ UdSSR Nr. **84** Kiw*. MPC 334 Kyo*. Bol. Madrid **3** Nr. 9 Mad*. MPC 229, 230, 248 Niz*. MPC 327 SFe

102 Miriam
42 Turku Informo Nr. 5 Tuk*
46 MPC 222 Tuk*
49 MPC 249 Niz*. MPC 294 Tuk*

103 Hera
42 Turku Informo Nr. 5 Tuk*
46 MPC 221 Tuk*
48 MPC 258 Ath. MPC 232 Bar. MPC 209 Kyo*. AA (c) **4** 104 = Poznań Repr. **14** Poz. Astr Circ UdSSR Nr. **83** Ros*. MPC 217 SFe. BAB **4** Nr. 3 Ucc

104 Klymene
43 Turku Informo Nr. 5 Tuk*
49 MPC 255 Alg*. MPC 268 Alg. MPC 285 Bar. Astr Circ UdSSR Nr. **86** Kiw*. MPC 335 Kyo*. Bol. Madrid **3** Nr. 9 Mad*. MPC 249

Niz*. MPC 292, 293 Tuk*. BAB 4 Nr. 4 Ucc

105 Artemis

40 Belgrade Bull. 5 7 Bel*
48 MPC 216 SFe. MPC 215 Tok*. BAB 4 Nr. 3 Ucc

106 Dione

40 Belgrade Bull. 5 17 Bel
42 Turku Informo Nr. 5 Tuk*
44 Turku Informo Nr. 5 Tuk*

107 Camilla

43 Turku Informo Nr. 5 Tuk*
46 MPC 224, 225 Tuk*
48 MPC 214 Tok*
49 Astr Circ UdSSR Nr. 86 Kiw*. MPC 335 Kyo*. Bol. Madrid 3 Nr. 9 Mad*. Astr Circ UdSSR Nr. 88 Ros*. MPC 327 SFe. MPC 292 Tuk*

108 Hecuba

46 MPC 222 Tuk*
49 Astr Circ UdSSR Nr. 85 Kiw*. MPC 335 Kyo*. MPC 230 Niz*. MPC 327 SFe. MPC 291 Tuk*
El BIA 4 265

109 Felicitas

48 UC 108 Joh*
Eph (1949/50) Pop Astr 57 445

110 Lydia

42 Turku Informo Nr. 5 Tuk*
46 MPC 220 Tuk*
47 AA (c) 4 102 = Poznań Repr. 14 Poz. MPC 206, 207 Tuk*
48 UC 108 Joh*. MPC 259 LaP

111 Ate

42 Turku Informo Nr. 5 Tuk*
46 MPC 225 Tuk*
49 MPC 283 Joh*

112 Iphigenia

42 Turku Informo Nr. 5 Tuk*
44 Turku Informo Nr. 5 Tuk*
46 MPC 223 Tuk*
48 MPC 236 Tuk*
49 MPC 266 Joh*. MPC 336 Kyo*

113 Amalthea

44 Turku Informo Nr. 5 Tuk*
48 Krim Mitt. 4 198 Sim*
49 Astr Circ UdSSR Nr. 93 Kiw

114 Kassandra

42 Turku Informo Nr. 5 Tuk*
46 MPC 222, 223 Tuk*
48 MPC 215 Tok*
49 MPC 286 Bar. MPC 315 (?) Blo. MPC 336 Kyo*. Astr Circ UdSSR Nr. 90/91 Lem*. MPC 323 Niz*. MPC 327 SFe

115 Thyra

48 MPC 208 Kyo*. Krim Mitt. 4 199, 204 Sim*

116 Sirona

40 Belgrade Bull. 5 27 Bel
47 MPC 333 Kyo*. MPC 204, 205 Tuk*
48 UC 108 Joh*

117 Lomia

48 UC 108 Joh*. MPC 259, 260 LaP

118 Peitho

40 Belgrade Bull. 5 7 Bel*
49 MPC 272 Joh*

119 Althaea

44 Turku Informo Nr. 5 Tuk*
48 MPC 258 Ath. AA (c) 4 104 = Poznań Repr. 14 Poz. MPC 216 SFe. Krim Mitt. 4 206 Sim*

120 Lachesis

43 Turku Informo Nr. 5 Tuk*
46 MPC 223, 224 Tuk*
48 MPC 232 Bar

49 Astr Circ UdSSR Nr. 86 Kiw*. MPC 249, 250 Niz*. MPC 294 Tuk*

121 Hermione

42 Turku Informo Nr. 5 Tuk*
47 MPC 205 Tuk*
48 Krim Mitt. 4 203 Sim* MPC 237 Tuk*
49 MPC 266 Joh*. MPC 336 Kyo*

122 Gerda

40 Belgrade Bull. 5 17 Bel*. Belgrade Bull. 5 17 Bel
48 Krim Mitt. 4 209 Sim* BAB 4 Nr. 4 Ucc

123 Brunhild

43 Turku Informo Nr. 5 Tuk*
48 MPC 233 Bar. Astr Circ UdSSR Nr. 84 Kiw*. MPC 334 Kyo*. Bol. Madrid 3 Nr. 9 Mad*. MPC 217 SFe. Krim Mitt. 4 210 Sim*. MPC 278 Tuk*. BAB 4 Nr. 4 Ucc

124 Alkeste

40 Belgrade Bull. 5 33 Bel*
43 Turku Informo Nr. 5 Tuk*
48 BSAF 63 41 Bla*. UC 108 Joh*. Krim Mitt. 4 198, 204 Sim*
49 NAZ 3 41, MPC 339 Hei*. Astr Circ UdSSR Nr. 93 Kiw

125 Liberatrix

40 Belgrade Bull. 5 22 Bel*
43 Turku Informo Nr. 5 Tuk*
48 MPC 260 LaP. Krim Mitt. 4 203 Sim*.
49 Astr Circ UdSSR Nr. 92 Aba*[1]). MPC 324—326 Fla*. MPC 288—290, NAZ 3 28, 31, 32 Hei*

---

[1]) Druckfehler: Statt —88° lies —8° in δ.

126 Velleda

43 Turku Informo Nr. 5 Tuk*
48 Astr Circ UdSSR Nr. 84 Kiw*. MPC 209 Kyo*. MPC 216 SFe. Krim Mitt. 4 206 Sim*. BAB 4 Nr. 3 Ucc

127 Johanna

43 Turku Informo Nr. 5 Tuk*
47 MPC 205 Tuk*
48 UC 108 Joh*. Krim Mitt. 4 198 Sim*
49 MPC 284 (?) Joh*

128 Nemesis

43 Turku Informo Nr. 5 Tuk*
47 MPC 206 Tuk*
48 MPC 232 Bar. UC 108 Joh*
49 Astr Circ UdSSR Nr. 93 Kiw. Astr Circ UdSSR Nr. 92 Lem*

129 Antigone

48 MPC 217 SFe

130 Elektra

48 MPC 232 Bar. MPC 296 Ros*. MPC 278 Tuk*.

131 Vala

39 Belgrade Bull. 4 47 Bel*
46 MPC 222, 224, 225 Tuk*
49 MPC 314 Blo. MPC 275, 276 Fla*. MPC 272 (?) Joh*

132 Aethra

49 MPC 274 Hei*. MPC 273 Joh †. MPC 273[1]) Joh*

133 Cyrene

43 Turku Informo Nr. 5 Tuk*
46 MPC 220 Tuk*
48 MPC 216 SFe. Krim Mitt. 4 205, 207 Sim*

134 Sophrosyne

43 Turku Informo Nr. 5 Tuk*
47 AA (c) 4 103 = Poznań Repr. 14 Poz. MPC 208 Tuk*
49 Astr Circ UdSSR Nr. 86 Kiw*. MPC 335 Kyo*. MPC 248, 323 Niz*. MPC 327 SFe. MPC 293 Tuk*

135 Hertha

42 Turku Informo Nr. 5 Tuk*
46 Harv Card 760[2]) Cor*. MPC 221, 222 Tuk*
47 AA (c) 4 102 = Poznań Repr. 14 Poz
48 MPC 202 Niz*
49 MPC 285 Bar. Astr Circ UdSSR Nr. 84 Kiw*. Bol. Madrid 3 Nr. 9 Mad*. MPC 326[3]) SFe
Eph MPC 231, 232, 306

136 Austria

40 Belgrade Bull. 5 18 Bel*
43 Turku Informo Nr. 5 Tuk*
48 MPC 227 Alg*. MPC 233 Bar*. MPC 217 SFe. Krim Mitt. 4 200 Sim*. BAB 4 Nr. 4 Ucc

137 Meliboea

47 MPC 333 Kyo*

138 Tolosa

40 Belgrade Bull. 5 34 Bel*
42 Turku Informo Nr. 5 Tuk*
46 MPC 221 Tuk*
48 BAB 4 Nr. 4 Ucc

139 Juewa

46 MPC 221, 222 Tuk*
48 AA (c) 4 105 = Poznań Repr. 14 Poz. Krim Mitt. 4 200, 206 Sim*

140 Siwa

42 Turku Informo Nr. 5 Tuk*
43 Turku Informo Nr. 5 Tuk*
49 MPC 230, 249, 322 Niz*. MPC 292 Tuk*. BAB 4 Nr. 4 Ucc

141 Lumen

47 AA (c) 4 103 = Poznań Repr. 14 Poz. MPC 208 Tuk*
49 MPC 247 Niz*. MPC 292 Tuk*

142 Polana

40 Belgrade Bull. 5 33 Bel*
48 Krim Mitt. 4 206 Sim*. BAB 4 Nr. 3 Ucc

143 Adria

49 MPC 286 Bar*. MPC 239 Joh*. MPC 336 Kyo*

144 Vibilia

43 Turku Informo Nr. 5 Tuk*
47 MPC 205 Tuk*
48 Krim Mitt. 4 198 Sim*
49 Astr Circ UdSSR Nr. 92 Aba*. MPC 284 Joh*

145 Adeona

40 Belgrade Bull. 5 17 Bel*
48 MPC 232 Bar
49 Astr Circ UdSSR Nr. 89 Kiw. MPC 336 Kyo*. Astr Circ UdSSR Nr. 90/91 Lem*

146 Lucina

48 MPC 232 Bar. MPC 217 SFe. BAB 4 Nr. 3 Ucc

147 Protogeneia

48 Krim Mitt. 4 206—208 Sim*. BAB 4 Nr. 3 Ucc
Eph (1949/50) MPC 318
El MPC 318

148 Gallia

42 Turku Informo Nr. 5 Tuk*
48 Bol. Madrid 3 Nr. 9 Mad*. Krim Mitt. 4 198 Sim*
49 MPC 316 Joh*

149 Medusa

43 Turku Informo Nr. 5 Tuk*

[1]) Als 1949 MD bezeichnet, MPC 383.
[2]) Als Komet 1941e bezeichnet.
[3]) Druckfehler: Statt 139 lies 135.

48 UC **108** Joh*. Krim Mitt. **4** 198, 203, 204 Sim*
49 Astr Circ UdSSR Nr. **93** Kiw

150 Nuwa

42 Turku Informo Nr. **5** Tuk*
44 Turku Informo Nr. **5** Tuk*
48 MPC 229 Niz*
49 Bol. Madrid **3** Nr. 9 Mad*. MPC 202 Niz*

151 Abundantia

42 Turku Informo Nr. **5** Tuk*
44 Turku Informo Nr. **5** Tuk*
48 Krim Mitt. **4** 198 Sim*
49 MPC 283 Joh*

153 Hilda

42 Turku Informo Nr. **5** Tuk*
46 MPC 225 Tuk*
49 MPC 247 Niz*

154 Bertha

48 UC **108** Joh*

156 Xanthippe

42 Turku Informo Nr. **5** Tuk*. Turku Informo Nr. **5** Tuk
47 MPC 208 Tuk*
49 Bol. Madrid **3** Nr. 9 Mad*. MPC 326 SFe

157 Dejanira

43 Turku Informo Nr. **5** Tuk*

158 Koronis

49 MPC 227 Alg*. MPC 268 Alg

159 Aemilia

40 Belgrade Bull. **5** 27 Bel*
43 Turku Informo Nr. **5** Tuk*
46 MPC 223, 224 Tuk*
48 MPC 236 Tuk*
49 MPC 336 Kyo*

160 Una

44 Turku Informo Nr. **5** Tuk*
46 MPC 223, 224 Tuk*
48 MPC 236 Tuk*
49 MPC 265 Joh*

161 Athor

42 Turku Informo Nr. **5** Tuk*
49 MPC 285 Bar. Astr Circ UdSSR Nr. **85, 86** Kiw*. MPC 335 Kyo*. Bol. Madrid **3** Nr. 9 Mad*. MPC 248 Niz*. MPC 294 Tuk*. BAB **4** Nr. 4 Ucc

162 Laurentia

44 Turku Informo Nr. **5** Tuk*
49 MPC 249 Niz*. MPC 292 Tuk*

163 Erigone

49 MPC 336 Kyo*

164 Eva

40 Belgrade Bull. **5** 33 Bel*. Belgrade Bull. **5** 17 Bel
49 MPC 282 Joh

165 Loreley

43 Turku Informo Nr. **5** Tuk*
48 UC **108** Joh*. MPC 208 Kyo*. MPC 216 SFe. Krim Mitt. **4** 199, 205, 206 Sim*

166 Rhodope

44 Turku Informo Nr. **5** Tuk*
49 MPC 322, 323 Niz*. MPC 292, 293 Tuk*

167 Urda

42 Turku Informo Nr. **5** Tuk*
44 Turku Informo Nr. **5** Tuk*
47 MPC 206, 207 Tuk*
48 UC **108** Joh*. Krim Mitt. **4** 199, 204 Sim*
49 Astr Circ UdSSR Nr. **93** Kiw

168 Sibylla

42 Turku Informo Nr. **5** Tuk*
47 MPC 205 Tuk*
48 UC **108** Joh*. Krim Mitt. **4** 198 Sim*
49 MPC 286 Bar. MPC 272 Joh*

169 Zelia

47 MPC 206 Tuk*
48 UC **108** Joh*

170 Maria

48 MPC 208 Kyo*. MPC 216 SFe. Krim Mitt. **4** 199, 204 Sim*

171 Ophelia

42 Turku Informo Nr. **5** Tuk*
44 Turku Informo Nr. **5** Tuk*

172 Baucis

43 Turku Informo Nr. **5** Tuk*
48 UC **108** Joh*. MPC 209 Kyo*. MPC 216 SFe. Krim Mitt. **4** 205 Sim*

173 Ino

40 Belgrade Bull. **5** 18 Bel*
43 Turku Informo Nr. **5** Tuk*
44 Turku Informo Nr. **5** Tuk
48 Krim Mitt. **4** 203 Sim*. BAB **4** Nr. 3 Ucc
49 MPC 268, 269 Alg. MPC 286 Bar. MPC 336 Kyo*. MPC 327 SFe

174 Phaedra

43 Turku Informo Nr. **5** Tuk*
49 MPC 283 Joh*

175 Andromache

44 Turku Informo Nr. **5** Tuk*
47 MPC 208 Tuk*

176 Iduna

43 Turku Informo Nr. **5** Tuk*
48 UC **108** Joh*

177 Irma

46 MPC 222, 223 Tuk*
48 MPC 236 Tuk*

178 Belisana

39 Belgrade Bull. **4** 47 Bel*
49 MPC 253 Joh*. MPC 336 Kyo

179 Klytaemnestra

48 AA (c) **4** 104 = Poznań Repr. **14** Poz. MPC 216 SFe. Krim Mitt. **4** 206 Sim* 48 MPC 233 Bar. MPC 334 Kyo*. Bol. Madrid **3** Nr. 9 Mad*. Krim Mitt. **4** 210 Sim*. BAB **4** Nr. 4 Ucc

180 Garumna

48 Krim Mitt. **4** 208-210[1]) Sim*. BAB **4** Nr. 3 Ucc

181 Eucharis

40 Belgrade Bull. **5** 17 Bel
48 Bol. Madrid **3** Nr. 9 Mad*. MPC 217 SFe

182 Elsa

40 Belgrade Bull. **5** 22 Bel*
44 Turku Informo Nr. **5** Tuk*
46 MPC 221 Tuk*
48 MPC 233 Bar. JO **32** 38 Bor. Astr Circ UdSSR Nr. **84** Kiw*. MPC 334 Kyo*. MPC 212 San. BAB **4** Nr. 4 Ucc

183 Istria

49 BAB **4** Nr. 4 Ucc

184 Dejopeja

43 Turku Informo Nr. **5** Tuk*
46 MPC 221 Tuk*
48 UC **108** Joh*

185 Eunike

46 MPC 221 Tuk*
48 UC 108 Joh*. MPC 260 LaP. BSAF **63** 143 Par*. Krim Mitt. **4** 206, 207 Sim*. BAB **4** Nr. 3 Ucc
Eph (1949/50) Pop Astr **57** 502

186 Celuta

43 Turku Informo Nr. **5** Tuk*
47 MPC 207 Tuk*
48 BSAF **63** 143 Bla*. MPC 209 Kyo*. BSAF **63** 143 Par*. MPC 217 SFe. Krim Mitt. **4** 207—210 Sim*. MPC 237 Tuk*

187 Lamberta

43 Turku Informo Nr. **5** Tuk*

188 Menippe

48 Krim Mitt. **4** 200 Sim*

189 Phthia

42 Turku Informo Nr. **5** Tuk*
43 Turku Informo Nr. **5** Tuk*

190 Ismene

43 Turku Informo Nr. **5** Tuk*
48 Krim Mitt. **4** 199, 200, 206 Sim*

191 Kolga

40 Belgrade Bull. **5** 31 Bel
42 Turku Informo Nr. **5** Tuk*
48 MPC 202 Niz*
49 MPC 227 Alg*. MPC 269 Alg

192 Nausikaa

42 Turku Informo Nr. **5** Tuk*
44 Turku Informo Nr. **5** Tuk*
46 MPC 221 Tuk*
48 MPC 334 Kyo*

193 Ambrosia

42 Turku Informo Nr. **5** Tuk*
48 UC **108** Joh*

194 Prokne

42 Turku Informo Nr. **5** Tuk*
47 AA (c) **4** 102 = Poznań Repr. **14** Poz
48 MPC 258 Ath. MPC 232 Bar. Bol. Madrid **3** Nr. 9 Mad*. AA (c) **4** 105 = Poznań Repr. **14** Poz. Astr Circ UdSSR Nr. **83** Ros*. MPC 217 SFe. MPC 278 Tui*

195 Eurykleia

42 Turku Informo Nr. **5** Tuk*
47 MPC 206 Tuk*
48 UC **108** Joh*

196 Philomela

40 Belgrade Bull. **5** 17 Bel
42 Turku Informo Nr. **5** Tuk*
44 Turku Informo Nr. **5** Tuk*
47 AA (c) **4** 103 = Poznań Repr. **14** Poz
48 MPC 334 Kyo*. MPC 212 San. Krim Mitt. **4** 210 Sim*. MPC 237, 238 Tuk*, MPC 278 Tui*

197 Arete

42 Turku Informo Nr. **5** Tuk*

198 Ampella

49 Astr Circ UdSSR Nr. **92** Lem*

200 Dynamene

43 Turku Informo Nr. **5** Tuk*
48 Astr Circ UdSSR Nr. **84** Kiw*. BAB **4** Nr. 4 Ucc
49 MPC 326 SFe

201 Penelope

43 Turku Informo Nr. **5** Tuk*
47 MPC 204 Tuk*
48 Krim Mitt. **4** 198 Sim*. MPC 237 Tuk*
49 MPC 284, 285 Fla*

202 Chryseïs

46 MPC 220 Tuk*
48 UC **108** Joh*. Krim Mitt. **4** 204 Sim*
49 Astr Circ UdSSR Nr. **93** Kiw

203 Pompeja

40 Belgrade Bull. **5** 7 Bel*
49 MPC 334, 335 Kyo*. Bol. Madrid **3** Nr. 9 Mad*. MPC 291 Tuk*

204 Kallisto

48 Krim Mitt. **4** 204 Sim*

205 Martha

42 Turku Informo Nr. **5** Tuk*
48 BAB **4** Nr. 3 Ucc

---

[1]) Statt 1180 Garumna lies 180 Garumna.

206 Hersilia

48 MPC 202 Niz*
49 MPC 291 Tuk*

207 Hedda

43 Turku Informo Nr. 5 Tuk*
48 Krim Mitt. 4 208, 209 Sim*. BAB 4 Nr. 3 Ucc*. BAB 4 Nr. 4 Ucc

208 Lacrimosa

48 MPC 334 Kyo*. Krim Mitt. 4 200 Sim*. BAB 4 Nr. 4 Ucc

209 Dido

40 Belgrade Bull. 5 27 Bel*
43 Turku Informo Nr. 5 Tuk*
46 MPC 223, 224 Tuk*
48 MPC 232[1]) Bar
49 Astr Circ UdSSR Nr. 88 Kiw*. MPC 335 Kyo*. MPC 249 Niz*. MPC 293 Tuk*

211 Isolda

42 Turku Informo Nr. 5 Tuk*
48 MPC 232 Bar. MPC 334 Kyo*. MPC 217 SFe. Krim Mitt. 4 210 Sim*. MPC 278 Tuk*. BAB 4 Nr. 4 Ucc

212 Medea

38 Turku Informo Nr. 5 Tuk
44 Turku Informo Nr. 5 Tuk
46 MPC 221 Tuk*. Turku Informo Nr. 5 Tuk
48 UC 108 Joh*
49 MPC 319 Alg

213 Lilaea

40 Belgrade Bull. 5 18 Bel*
44 Turku Informo Nr. 5 Tuk*
46 MPC 224, 225 Tuk*
49 MPC 268, NAZ 3 14 Hei*. Astr Circ UdSSR Nr. 88 Kiw*. MPC 327 SFe. MPC 294, 295 Tuk*

214 Aschera

48 UC 108 Joh*. MPC 260 LaP
49 MPC 324—326 Fla*. MPC 288—290, NAZ 3 28, 31, 32 Hei*

215 Oenone

46 MPC 222, 223, 225 Tuk*
49 MPC 303, 304 Blo

216 Kleopatra

49 JO 32 38 Bor. Astr Circ UdSSR Nr. 84 Kiw*. MPC 334 Kyo*. Bol. Madrid 3 Nr. 9 Mad*. MPC 247 Niz*. MPC 326 SFe

217 Eudora

47 MPC 206, 207 Tuk*
48 MPC 208 Kyo*. MPC 260 LaP. MPC 216 SFe. Krim Mitt. 4 205, 206 Sim*

218 Bianca

40 Belgrade Bull. 5 17 Bel*. Belgrade Bull. 5 17 Bel
46 MPC 224, 225 Tuk*
49 MPC 273, NAZ 3 22 Hei*. Astr Circ UdSSR Nr. 89, 90/91 Kiw

219 Thusnelda

44 Turku Informo Nr. 5 Tuk*
48 Krim Mitt. 4 204 Sim*

221 Eos

48 Astr Circ UdSSR Nr. 84 Kiw*

222 Lucia

43 Turku Informo Nr. 5 Tuk*
49 MPC 335 Kyo*. MPC 294 (?) Tuk*. BAB 4 Nr. 4 Ucc

223 Rosa

42 Turku Informo Nr. 5 Tuk*
47 MPC 205 Tuk*
48 UC 108 Joh*. MPC 260 LaP. Krim Mitt. 4 203 Sim*

224 Oceana

42 Turku Informo Nr. 5 Tuk*
44 Turku Informo Nr. 5 Tuk*
48 MPC 258 Ath. MPC 232 Bar. AA (c) 4 104 = Poznań Repr. 14 Poz. Krim Mitt. 4 207—210 Sim*. BAB 4 Nr. 3 Ucc*

225 Henrietta

39 Belgrade Bull. 4 43 Bel*
46 MPC 223—225 Tuk*

226 Weringia

48 Krim Mitt. 4 198 Sim*. BAB 4 Nr. 3 Ucc
49 MPC 284 Joh*

227 Philosophia

44 Turku Informo Nr. 5 Tuk*
48 UC 108 Joh*

229 Adelinda

42 Turku Informo Nr. 5 Tuk*

230 Athamantis

48 MPC 208 Kyo*. Krim Mitt. 4 205 Sim*
Eph (1949/50) Pop Astr 57 202

231 Vindobona

40 Belgrade Bull. 5 7 Bel*
42 Turku Informo Nr. 5 Tuk*
48 MPC 238 Tuk*

232 Russia

46 MPC 222, 223 Tuk*
49 MPC 274, NAZ 3 23 Hei*

233 Asterope

40 Belgrade Bull. 5 33 Bel*
43 Turku Informo Nr. 5 Tuk*
48 UC 108 Joh*. Krim Mitt. 4 198 Sim*
49 Astr Circ UdSSR Nr. 92 Aba*. Astr Circ UdSSR Nr. 90/91 Kiw

234 Barbara

48 BAB 4 Nr. 3 Ucc

[1]) Berichtigung in MPC 380.

49 MPC 336 Kyo*. MPC 327 SFe

235 Carolina
40 Belgrade Bull. **5** 18 (?)[1]) Bel
44 Turku Informo Nr. **5** Tuk*
49 MPC 249 Niz*. MPC 293 Tuk*

236 Honoria
42 Turku Informo Nr. **5** Tuk*
49 MPC 335 Kyo*. Bol. Madrid **3** Nr. 9 Mad*. MPC 248, 323 Niz*. MPC 293 Tuk*

237 Coelestina
43 Turku Informo Nr. **5** Tuk*
47 MPC 205 Tuk*
48 Krim Mitt. **4** 203 Sim*. BAB **4** Nr. 3 Ucc
49 MPC 284 Joh*

238 Hypatia
44 Turku Informo Nr. **5** Tuk*
48 Krim Mitt. **4** 205 Sim*

239 Adrastea
49 BAB **4** Nr. 4 Ucc

240 Vanadis
43 Turku Informo Nr. **5** Tuk*
47 MPC 206 Tuk*
48 UC 108 Joh*. Krim Mitt. **4** 203, 204 Sim*
49 MPC 283 Joh*

241 Germania
40 Belgrade Bull. **5** 7 Bel*

243 Ida
40 Belgrade Bull. **5** 14 Bel*
42 Turku Informo Nr. **5** Tuk*
44 Turku Informo Nr. **5** Tuk*
49 MPC 230 Niz*. MPC 292 Tuk*. BAB **4** Nr. 4 Ucc

244 Sita
48 Krim Mitt. **4** 206 Sim*. BAB **4** Nr. 3 Ucc

246 Asporina
43 Turku Informo Nr. **5** Tuk*
44 Turku Informo Nr. **5** Tuk*
47 MPC 206 Tuk*
48 MPC 208 Kyo*. Krim Mitt. **4** 198, 199, 205, 206 Sim*. BAB **4** Nr. 3 Ucc †

247 Eukrate
44 Turku Informo Nr. **5** Tuk*
47 BAC **1** 99 = Contr. Astr. Inst. Charles Univ. Prag Nr. 1 SPl
48 MPC 215 Tok*
49 MPC 239 Joh*

248 Lameia
48 BAB **4** Nr. 3 Ucc*

250 Bettina
44 Turku Informo Nr. **5** Tuk*
49 MPC 228 Alg*. MPC 269 Alg. MPC 285 Bar. Astr Circ UdSSR Nr. 84 Kiw*. MPC 335 Kyo*. Bol. Madrid **3** Nr. 9 Mad*. MPC 230, 248 Niz*. MPC 327 SFe
El BIA **4** 94

251 Sophia
42 Turku Informo Nr. **5** Tuk*
48 Krim Mitt. **4** 203 Sim*
49 MPC 273, NAZ **3** 22 Hei*

253 Mathilde
44 Turku Informo Nr. **5** Tuk*
49 MPC 274, NAZ **3** 23 Hei*

254 Augusta
42 Turku Informo Nr. **5** Tuk*
48 UC **108** Joh*

255 Oppavia
49 MPC 230 Niz*

256 Walpurga
49 MPC 336 Kyo*

257 Silesia
40 Belgrade Bull. **5** 7 Bel*
46 MPC 221 Tuk*
48 UC **108** Joh*. MPC 260 LaP
49 Astr Circ UdSSR Nr. **93** Kiw

258 Tyche
42 Turku Informo Nr. **5** Tuk*

259 Aletheia
48 UC 108 Joh*. MPC 260 LaP

260 Huberta
42 Turku Informo Nr. **5** Tuk*
47 MPC 206 Tuk*
48 Krim Mitt. **4** 203 Sim*
49 MPC 274, NAZ **3** 23 Hei. MPC 273 Joh*. Krim Mitt. **4** 203 Sim*

261 Prymno
49 MPC 272 Joh*. MPC 327 SFe

262 Valda
39 Belgrade Bull. **4** 43 Bel*

263 Dresda
40 Belgrade Bull. **5** 34 Bel*
42 Turku Informo Nr. **5** Tuk*
48 UC 108 Joh*. Krim Mitt. **4** 203 Sim*
49 MPC 287, 288, NAZ **3** 27, 28 Hei*. MPC 283 Joh*

265 Anna
48 UC 108 Joh*. MPC 233, UC 108 Joh. Krim Mitt. **4** 199 Sim*
Id mit 1933 RC, MPC 231

266 Aline
48 UC 108 Joh*. Krim Mitt. **4** 204 Sim*
49 Astr Circ UdSSR Nr. **90/91** Kiw

267 Tirza
42 Turku Informo Nr. **5** Tuk*

[1]) oder 503 Evelyn (?).

268 Adorea

46 MPC 220 Tuk*
47 MPC 333 Kyo*
48 UC 108 Joh*. Krim Mitt. 4 199, 207, 208 Sim*
49 Astr Circ UdSSR Nr. 93 Kiw

269 Justitia

42 Turku Informo Nr. 5 Tuk*
49 MPC 229, 230 Niz*. MPC 291 Tuk*

270 Anahita

43 Turku Informo Nr. 5 Tuk*
48 UC 108 Joh*. MPC 260 LaP. Krim Mitt. 4 198 Sim*
49 Astr Circ UdSSR Nr. 93 Kiw

271 Penthesilea

42 Turku Informo Nr. 5 Tuk*
44 Turku Informo Nr. 5 Tuk*
48 UC 108 Joh*
49 MPC 324, 325 Fla*

272 Antonia

44 Turku Informo Nr. 5 Tuk*
46 MPC 224, 225 Tuk*
49 MPC 253 Joh*

273 Atropos

48 Krim Mitt. 4 199 Sim*

274 Philagoria

41 Turku Informo Nr. 5 Tuk
48 MPC 227 Alg*. MPC 269 Alg[1]). UC 108 Joh*. Krim Mitt. 4 206, 207 Sim*. BAB 4 Nr. 3 Ucc*. BAB 4 Nr. 3 Ucc
49 MPC 342 Alg*

275 Sapientia

48 Krim Mitt. 4 198 Sim*. MPC 237 Tuk*
49 MPC 284, 285 Fla*. MPC 283 Joh*

276 Adelheid

49 MPC 336 Kyo*

277 Elvira

46 MPC 220 Tuk*
48 UC 108 Joh*. MPC 208 Kyo*. Krim Mitt. 4 205 Sim*

278 Paulina

42 Turku Informo Nr. 5 Tuk*
47 MPC 206 Tuk*
48 MPC 260 LaP
49 UC 108 Joh*

279 Thule

42 Turku Informo Nr. 5 Tuk*

280 Philia

48 UC 108 Joh*. MPC 233, UC 108 Joh

281 Lucretia

43 Turku Informo Nr. 5 Tuk*
48 BAB 4 Nr. 3 Ucc
49 MPC 283 Joh*

282 Clorinde

43 Turku Informo Nr. 5 Tuk*
48 MPC 209 Kyo*

283 Emma

42 Turku Informo Nr. 5 Tuk*
48 BAB 4 Nr. 3 Ucc
49 MPC 265 Joh*

284 Amalia

40 Belgrade Bull. 5 34 Bel*
44 Turku Informo Nr. 5 Tuk*
47 MPC 333 Kyo*
48 MPC 227 Alg*. MPC 269 Alg. MPC 202 Niz*. Krim Mitt. 4 210 Sim*. BAB 4 Nr. 4 Ucc

286 Iclea

40 Belgrade Bull. 5 34 Bel*
49 MPC 247 Niz*

287 Nephthys

42 Turku Informo Nr. 5 Tuk*
49 MPC 228 Alg*. MPC 269 Alg. JO 32 39 Bor. Astr Circ UdSSR Nr. 84[2]) Kiw*. MPC 334, 335 Kyo*. Bol. Madrid 3 Nr. 9 Mad*. MPC 230 Niz*. MPC 327 SFe. MPC 251 San. MPC 291 Tuk*

288 Glauke

48 BAB 4 Nr. 4 Ucc

289 Nenetta

46 MPC 222 Tuk*
49 MPC 293 Tuk*

290 Bruna

40 Belgrade Bull. 5 31 Bel
42 Turku Informo Nr. 5 Tuk*

291 Alice

44 Turku Informo Nr. 5 Tuk*
46 MPC 221 Tuk*
49 MPC 227, 228 Alg*. MPC 269 Alg

292 Ludovica

42 Turku Informo Nr. 5 Tuk*
46 MPC 221 Tuk*
48 MPC 232 Bar. MPC 334 Kyo*. Bol. Madrid 3 Nr. 9 Mad*. Krim Mitt. 4 210 Sim*

293 Brasilia

43 Turku Informo Nr. 5 Tuk*
48 Krim Mitt. 4 204 Sim*
49 MPC 284 Joh*

294 Felicia

49 BAB 4 Nr. 4 (?) Ucc

295 Theresia

44 Turku Informo Nr. 5 Tuk*

296 Phaëtusa

40 Belgrade Bull. 5 27 Bel*

297 Caecilia

44 Turku Informo Nr. 5 Tuk*
48 BAB 4 Nr. 4 Ucc

---

[1]) Berichtigung in MPC 322.

[2]) Statt 887 lies 287.

298 Baptistina
43 Turku Informo Nr. 5 Tuk*
48 BAB 4 Nr. 3 Ucc

300 Geraldina
48 MPC 334 Kyo*. Krim Mitt. 4 200, 209 Sim*. MPC 237 Tuk*. BAB 4 Nr. 4 Ucc

301 Bavaria
42 Turku Informo Nr. 5 Tuk*
46 MPC 220 Tuk*
48 BAB 4 Nr. 3 Ucc

302 Clarissa
44 Turku Informo Nr. 5 Tuk*
46 MPC 222, 223 Tuk*
Eph (1950) MPC 333
El MPC 214

303 Josephina
40 Belgrade Bull. 5 7 Bel*
48 UC 108 Joh*

304 Olga
43 Turku Informo Nr. 5 Tuk*
47 MPC 206 Tuk*
48 Krim Mitt. 4 198 Sim*

305 Gordonia
40 Belgrade Bull. 5 7 Bel*
43 Turku Informo Nr. 5 Tuk*
48 MPC 260 LaP. Krim Mitt. 4 199 Sim*
49 Astr Circ UdSSR Nr. 93 Kiw

306 Unitas
42 Turku Informo Nr. 5 Tuk*
49 Astr Circ UdSSR Nr. 86 Kiw*. MPC 335 Kyo*. MPC 248 Niz*. MPC 327 SFe. MPC 293 Tuk*.

307 Nike
48 UC 108 Joh*. Krim Mitt. 4 199 Sim*

308 Polyxo
47 MPC 333 Kyo*
48 MPC 202 Niz*. MPC 238 Tuk*

309 Fraternitas
40 Belgrade Bull. 5 22 Bel*
47 MPC 205 Tuk*
48 UC 108 Joh*

310 Margarita
43 Turku Informo Nr. 5 Tuk*
47 MPC 207 Tuk*
48 BAB 4 Nr. 4 Ucc

311 Claudia
40 Belgrade Bull. 5 17, 18 Bel*
42 Turku Informo Nr. 5 Tuk*
44 Turku Informo Nr. 5 Tuk*
49 MPC 228, 254 Alg*. MPC 269 Alg. MPC 230, 249, 322 Niz*. MPC 291, 292 Tuk*. BAB 4 Nr. 4 Ucc
Eph (1950) La Plata Circ. Nr. 6
El La Plata Circ. Nr. 6

312 Pierretta
42 Turku Informo Nr. 5 Tuk*

313 Chaldaea
46 MPC 222 Tuk*
48 MPC 236 Tuk*
49 BAB 4 Nr. 4 Ucc

315 Constantia
48 UC 108 Joh*. Krim Mitt. 4 205 Sim*

316 Goberta
39 Turku Informo Nr. 5 Tuk
48 Krim Mitt. 4 206 Sim*. BAB 4 Nr. 3 Ucc

317 Roxane
42 Turku Informo Nr. 5 Tuk*
43 Turku Informo Nr. 5 Tuk*
49 MPC 303—305 Blo. MPC 335 Kyo*. MPC 249, 323 Niz*. MPC 294, 295 Tuk*

318 Magdalena
46 MPC 220 Tuk*
48 UC 108 Joh*. MPC 260 LaP

320 Katharina
43 Turku Informo Nr. 5 Tuk*

321 Florentina
47 MPC 205 Tuk*
48 UC 108 Joh*. MPC 260 LaP. Krim Mitt. 4 203 Sim*
49 MPC 283 Joh*

322 Phaeo
48 MPC 214 Tok*
49 MPC 294 Tuk*

323 Brucia
48 Krim Mitt. 4 198 Sim*
49 MPC 274, NAZ 3 23 Hei*

324 Bamberga
47 AA (c) 4 102 = Poznań Repr. 14 Poz
49 MPC 228 Alg*. MPC 285 Bar. Astr Circ UdSSR Nr. 84—86 Kiw*. MPC 335 Kyo*. Bol. Madrid 3 Nr. 9 Mad*. MPC 247, 248 Niz*. MPC 327 SFe. MPC 251 San. MPC 292 Tuk*. BAB 4 Nr. 4 Ucc

325 Heidelberga
47 MPC 208 Tuk*
49 MPC 285 Bar. MPC 335 Kyo*. Bol. Madrid 3 Nr. 9 Mad*. MPC 247 Niz.* MPC 291, 292 Tuk*. BAB 4 Nr. 4 Ucc

326 Tamara
46 MPC 223, 224 Tuk*
49 MPC 315 Joh

327 Columbia
47 MPC 205 Tuk*
48 UC 108 Joh*
49 MPC 323 Niz*

328 Gudrun
44 Turku Informo Nr. 5 Tuk*
49 MPC 284 Joh*[1])

329 Svea
44 Turku Informo Nr. 5 Tuk*

[1]) Berichtigung zu Minor Planets 1949 in NAZ 3 22.

48 MPC 261 LaP. Krim Mitt. **4** 207, 208 Sim*. MPC 237 Tuk*

331 Etheridgea

49 MPC 292 Tuk*. BAB **4** Nr. 4 Ucc

332 Siri

47 MPC 205 Tuk*
48 UC **108** Joh*. Krim Mitt. **4** 203 Sim*

333 Badenia

42 Turku Informo Nr. 5 Tuk*
43 Turku Informo Nr. 5 Tuk*
48 Krim Mitt. **4** 210 Sim*

334 Chicago

39 Belgrade Bull. **4** 43, 46, 47 Bel*
42 Turku Informo Nr. 5 Tuk*
43 Turku Informo Nr. 5 Tuk*
48 MPC 334 Kyo*. BAB **4** Nr. 4 Ucc

335 Roberta

49 MPC 335 Kyo*. Bol. Madrid **3** Nr. 9 Mad*. MPC 247, 248 Niz*. MPC 291, 292 Tuk*. BAB **4** Nr. 4 Ucc*. BAB **4** Nr. 4 Ucc

337 Devosa

47 Astr Circ UdSSR Nr. **85**, **86** Kiw*. MPC 335 Kyo*. MPC 248 Niz*. MPC 293 Tuk*

338 Budrosa

49 Astr Circ UdSSR Nr. **84** Kiw*. MPC 334 Kyo*. MPC 230, 231 Niz*. MPC 291 Tuk*

339 Dorothea

42 Turku Informo Nr. 5 Tuk*
43 Turku Informo Nr. 5 Tuk*
47 MPC 205 Tuk*
48 Krim Mitt. **4** 203 Sim*. BAB **4** Nr. 3 Ucc

340 Eduarda

42 Turku Informo Nr. 5 Tuk*
44 Turku Informo Nr. 5 Tuk*
49 MPC 228 Alg*. MPC 285 Bar. MPC 249 Niz* MPC 292, 293 Tuk*. BAB **4** Nr. 4 Ucc

341 California

43 Turku Informo Nr. 5 Tuk*
48 BAB **4** Nr. 4 Ucc

342 Endymion

48 Krim Mitt. **4** 198, 204 Sim*

343 Ostara

42 Turku Informo Nr. 5 Tuk*
46 MPC 221 Tuk*
48 MPC 258 Ath. MPC 209 Kyo*. AA (c) **4** 105 = Poznań Repr. 14 Poz. Krim Mitt. **4** 207—210 Sim*. MPC 237 Tuk*

345 Tercidina

48 MPC 208 Kyo*. MPC 216 SFe. Krim Mitt. **4** 199, 205 Sim*

346 Hermentaria

48 MPC 227 Alg*. MPC 259 Ath. MPC 232 Bar. MPC 334 Kyo*. MPC 217 SFe. Krim Mitt. **4** 210 Sim*

347 Pariana

49 MPC 327 SFe

348 May

48 BAB **4** Nr. 3 Ucc

349 Dembowska

42 Turku Informo Nr. 5 Tuk*
44 Turku Informo Nr. 5 Tuk*
49 MPC 285 Bar. Astr Circ UdSSR Nr. **86** Kas. Astr Circ UdSSR Nr. **85**, **86** Kiw*. MPC 335 Kyo*. Bol. Madrid **3** Nr. 9 Mad*. MPC 248 Niz*. MPC 327 SFe. MPC 337 San. MPC 292 Tuk*. BAB **4** Nr. 4 Ucc
Eph Pop Astr **57** 81
El AN **277** 63

350 Ornamenta

47 MPC 334 Kyo*

351 Yrsa

40 Belgrade Bull. **5** 18 Bel*
44 Turku Informo Nr. 5 Tuk*
49 Astr Circ UdSSR Nr. **86**, **88** Kiw*. MPC 334, 336 Kyo*. MPC 249, 250, 323 Niz*. MPC 294, 295 Tuk*. BAB **4** Nr. 4 Ucc

352 Gisela

49 MPC 253 Joh*

353 Ruperto-Carola

43 Turku Informo Nr. 5 Tuk*

354 Eleonora

48 Astr Circ UdSSR Nr. **84** Kiw*. MPC 202 Niz*. Astr Circ UdSSR Nr. **83** Ros*
49 MPC 326 SFe. MPC 251 San

355 Gabriella

44 Turku Informo Nr. 5 Tuk*
46 MPC 221, 222 Tuk*
48 MPC 209 Kyo*. Krim Mitt. **4** 209 Sim*. BAB **4** Nr. 3, 4 Ucc

356 Liguria

48 MPC 236 Tuk*
49 MPC 253 Joh*

357 Ninina

49 MPC 228, 254 Alg*. MPC 269 Alg. Astr Circ UdSSR Nr. **86** Kiw*. Bol. Madrid **3** Nr. 9 Mad*. MPC 248 Niz*. MPC 292, 293 Tuk*. BAB **4** Nr. 4 Ucc

358 Apollonia

42 Turku Informo Nr. 5 Tuk*
47 MPC 206 Tuk*
48 UC **108** Joh*
49 Astr Circ UdSSR Nr. **92** Aba*. MPC 324—325 Fla*. MPC 288, NAZ **3** 28 Hei*

359 Georgia
42 Turku Informo Nr. 5 Tuk*
47 MPC 206 Tuk*
48 UC 108 Joh*

360 Carlova
48 MPC 232 Bar. JO 32 38 Bor. MPC 217 SFe

361 Bononia
48 BAB 4 Nr. 3 Ucc
49 MPC 253 Joh*

362 Havnia
47 MPC 206, 207 Tuk*
48 UC 108 Joh*

363 Padua
43 Turku Informo Nr. 5 Tuk*
48 Krim Mitt. 4 198 Sim*. MPC 237 Tuk*. BAB 4 Nr. 3 Ucc*
49 MPC 283 Joh*

364 Isara
46 MPC 221 Tuk*
49 Astr Circ UdSSR Nr. 84 Kiw*. MPC 334, 335 Kyo*. Bol. Madrid 3 Nr. 9 Mad*. MPC 247 Niz*. MPC 327 SFe. BAB 4 Nr. 4 Ucc

365 Corduba
42 Turku Informo Nr. 5 Tuk*
49 MPC 335 (?) Kyo*. MPC 248 Niz*. MPC 294 Tuk*

366 Vincentina
43 Turku Informo Nr. 5 Tuk*
48 BAB 4 Nr. 3 Ucc
49 MPC 239 Joh*

367 Amicitia
42 Turku Informo Nr. 5 Tuk*
49 MPC 268, NAZ 3 14 Hei*. MPC 250 Niz*. MPC 294 Tuk*

368 Haidea
48 Krim Mitt. 4 209 Sim*. MPC 237 Tuk*. BAB 4 Nr. 3 Ucc

369 Aëria
40 Belgrade Bull. 5 18 Bel*
48 BAB 4 Nr. 3 Ucc
49 MPC 286 Bar. JO 32 74 Bor. MPC 272 Joh*

370 Modestia
49 MPC 239 Joh*

371 Bohemia
43 Turku Informo Nr. 5 Tuk*
48 Krim Mitt. 4 208, 209 Sim*

372 Palma
48 MPC 261 LaP
49 Astr Circ UdSSR Nr. 90/91 Kiw

373 Melusina
48 BAB 4 Nr. 3 Ucc †

374 Burgundia
44 Turku Informo Nr. 5 Tuk*
45 MPC 333 Kyo*
48 MPC 208 Kyo*. MPC 216 SFe. Krim Mitt. 4 205 Sim*

375 Ursula
43 Turku Informo Nr. 5 Tuk*
46 MPC 221, 222 Tuk*
48 Krim Mitt. 4 199 Sim*

376 Geometria
47 MPC 204 Tuk*
48 MPC 208 Kyo*. MPC 216 SFe. Krim Mitt. 4 199, 204 Sim*

377 Campania
46 MPC 223, 224 Tuk*
49 MPC 265 Joh*. MPC 336 Kyo*

379 Huenna
48 MPC 227 Alg*. MPC 269 Alg. MPC 202 Niz*. Krim Mitt. 4 210 Sim*. BAB 4 Nr. 4 Ucc
49 MPC 250 Niz

380 Fiducia
43 Turku Informo Nr. 5 Tuk*
47 MPC 205 Tuk*
48 UC 108 Joh*. Krim Mitt. 4 203, 204 Sim*

381 Myrrha
40 Belgrade Bull. 5 7 Bel*
48 UC 108 Joh*. Krim Mitt. 4 206 Sim*

382 Dodona
49 MPC 334 Kyo*. MPC 202, 247, 248 Niz*

383 Janina
42 Turku Informo Nr. 5 Tuk*
43 Turku Informo Nr. 5 Tuk*
48 Krim Mitt. 4 200 Sim*

384 Burdigala
42 Turku Informo Nr. 5 Tuk*
46 MPC 221 Tuk*
48 UC 108 Joh*

385 Ilmatar
42 Turku Informo Nr. 5 Tuk*
44 Turku Informo Nr. 5 Tuk*
47 MPC 333 Kyo*
48 UC 108 Joh*
49 Astr Circ UdSSR Nr. 93 Kiw. MPC 323 Niz*

386 Siegena
40 Belgrade Bull. 5 34 Bel*
43 Turku Informo Nr. 5 Tuk*
44 Turku Informo Nr. 5 Tuk*
49 Astr Circ UdSSR Nr. 88 Kiw*. MPC 336 Kyo*. Astr Circ UdSSR Nr. 90/91 Lem*. MPC 327 SFe. BAB 4 Nr. 4 Ucc

387 Aquitania
44 Turku Informo Nr. 5 Tuk*
49 Astr Circ UdSSR Nr. 86 Kas. Astr Circ UdSSR Nr. 86, 88 Kiw*. MPC 336 Kyo*. Astr Circ UdSSR Nr. 90/91 Lem*. MPC 327 SFe. MPC 337 San

388 Charybdis
40 Belgrade Bull. 5 7 Bel*
46 MPC 220 Tuk*
48 UC 108 Joh*. MPC 209 Kyo*. MPC 216 SFe

389 Industria
42 Turku Informo Nr. 5 Tuk*
49 Astr Circ UdSSR Nr. 86 Kiw*. MPC 335 Kyo*. Bol. Madrid 3 Nr. 9 Mad*. MPC 249 Niz*. MPC 327 SFe

390 Alma
48 BAB 4 Nr. 3 Ucc

391 Ingeborg
47 MPC 208 Tuk*

393 Lampetia
49 DOB **1949** 8 Bla*
Eph DOB **1949** 7, DOPPP f° 1a, Pop Astr 57 292, Sternenwelt 1 141

394 Arduina
42 Turku Informo Nr. 5 Tuk*
43 Turku Informo Nr. 5 Tuk*
47 MPC 206 Tuk*
48 Krim Mitt. 4 198, 204 Sim*

395 Delia
48 UC 108 Joh*. Krim Mitt. 4 198, 204 Sim*

396 Aeolia
43 Turku Informo Nr. 5 Tuk*
46 MPC 220 Tuk*
48 Krim Mitt. 4 209 Sim*. MPC 237 Tuk*. BAB 4 Nr. 3 Ucc
Eph (1950) NAZvM 80

397 Vienna
48 Krim Mitt. 4 198 Sim*

398 Admete
48 Krim Mitt. 4 208—210 Sim*. BAB 4 Nr. 3 Ucc

399 Persephone
43 Turku Informo Nr. 5 Tuk*
48 BAB 4 Nr. 3 Ucc
49 MPC 253 Joh*

400 Ducrosa
38 Turku Informo Nr. 5 Tuk
39 Turku Informo Nr. 5 Tuk

401 Ottilia
44 Turku Informo Nr. 5 Tuk*
49 MPC 334 Kyo*. MPC 248 Niz*
El BIA 4 248

402 Chloë
48 AA (c) 4 104 = Poznań Repr. 14 Poz. MPC 236 Tuk*

403 Cyane
44 Turku Informo Nr. 5 Tuk*
48 Krim Mitt. 4 205, 206 Sim*

404 Arsinoë
42 Turku Informo Nr. 5 Tuk*
49 Astr Circ UdSSR Nr. 88 Kiw*. MPC 336 Kyo*. BAB 4 Nr. 4 Ucc

405 Thia
49 MPC 287, NAZ 3 27 Hei*. Astr Circ UdSSR Nr. 90/91 Kiw. Astr Circ UdSSR Nr. 90/91 Lem*

406 Erna
49 MPC 266 Joh*

407 Arachne
46 MPC 224, 225 Tuk*
49 MPC 265 Joh*

408 Fama
42 Turku Informo Nr. 5 Tuk*
49 MPC 314 (?) Blo. MPC 253 Joh*

409 Aspasia
44 Turku Informo Nr. 5 Tuk*
48 MPC 209 Kyo*. AA (c) 4 104 = Poznań Repr. 14 Poz. MPC 216 SFe. Krim Mitt. 4 206 Sim*

410 Chloris
42 Turku Informo Nr. 5 Tuk*
47 MPC 333 Kyo*
48 MPC 232 Bar. MPC 334 Kyo*. Krim Mitt. 4 210 Sim*

411 Xanthe
48 UC 108 Joh*

412 Elisabetha
43 Turku Informo Nr. 5 Tuk*
48 UC 108 Joh*. MPC 261 LaP. Bol. Madrid 3 Nr. 9 Mad*
49 MPC 316 Joh*

413 Edburga
42 Turku Informo Nr. 5 Tuk*

414 Liriope
42 Turku Informo Nr. 5 Tuk*
43 Turku Informo Nr. 5 Tuk*
46 MPC 293 Tuk*
49 BAB 4 Nr. 4 Ucc

415 Palatia
43 Turku Informo Nr. 5 Tuk*
48 Krim Mitt. 4 203 Sim*
49 MPC 272 Joh*

416 Vaticana
40 Belgrade Bull. 5 34 Bel*
42 Turku Informo Nr. 5 Tuk*
44 Turku Informo Nr. 5 Tuk*
48 UC 108 Joh*. MPC 261 LaP

417 Suevia
49 MPC 339, NAZ 3 40, 41 Hei*

418 Alemannia
42 Turku Informo Nr. 5 Tuk*
46 MPC 222 Tuk*
49 MPC 239 Joh*

419 Aurelia
42 Turku Informo Nr. 5 Tuk
49 MPC 334 Kyo*. MPC 229, 230 Niz*. MPC 291 Tuk*. BAB 4 Nr. 4 Ucc

420 Bertholda
47 MPC 207, 208 Tuk*
48 MPC 334 Kyo*. BAB 4 Nr. 4 Ucc

422 Berolina
46 MPC 225, 226 Tuk*
49 Astr Circ UdSSR Nr. **92** Aba*. MPC 284 Joh*

423 Diotima
42 Turku Informo Nr. 5 Tuk*
47 MPC 206 Tuk*
48 UC **108** Joh*. MPC 261 LaP. Bol. Madrid **3** Nr. 9 Mad*
49 MPC 315 Joh*

424 Gratia
44 Turku Informo Nr. 5 Tuk*
48 MPC 215 (?) Tok*. BAB **4** Nr. 3 Ucc

425 Cornelia
42 Turku Informo Nr. 5 Tuk*
47 MPC 206, 207 Tuk*
49 MPC 323, 324 Niz*

426 Hippo
46 MPC 222 Tuk*
49 JO **32** 39 Bor. MPC 327 SFe

427 Galene
48 UC **108** Joh*. MPC 208 Kyo*. Krim Mitt. **4** 199 Sim*

428 Monachia
49 MPC 283 Joh †

429 Lotis
43 Turku Informo Nr. 5 Tuk*
49 MPC 247 Niz*

431 Nephele
43 Turku Informo Nr. 5 Tuk*
49 MPC 230 Niz*

432 Pythia
48 MPC 238 Tuk*

433 Eros
49 MPC 269, 319, UAI Circ 1220, 1242 Alg MPC 283 Joh*. Astr Circ UdSSR Nr. **90/91** Kiw
Eph MPC 235, NAZvM **64**, UAI Circ 1213

434 Hungaria
46 MPC 221, 222 Tuk*
49 MPC 336 Kyo*

435 Ella
41/42 Turku Informo Nr. 5 Tuk*
44 Turku Informo Nr. 5 Tuk*
48 Krim Mitt. **4** 200 Sim*. BAB **4** Nr. 3, 4 Ucc

436 Patricia
49 MPC 315 Joh

437 Rhodia
49 MPC 239 Joh*

438 Zeuxo
49 MPC 335 Kyo*. Bol. Madrid **3** Nr. 9 Mad*. MPC 248 Niz*. BAB **4** Nr. 4 Ucc

439 Ohio
40 Belgrade Bull. **5** 14 Bel*
42 Turku Informo Nr. 5 Tuk*
48 Krim Mitt. **4** 200, 201 Sim*. BAB **4** Nr. 3 Ucc

440 Theodora
49 MPC 248 Niz*. MPC 294 Tuk*

441 Bathilde
42 Turku Informo Nr. 5 Tuk*
48 Krim Mitt. **4** 198 Sim*
49 MPC 323 Niz*

442 Eichsfeldia
46 MPC 221, 222 Tuk*
48 MPC 229 Niz*
49 MPC 202 Niz*

443 Photographica
42 Turku Informo Nr. 5 Tuk*
49 MPC 286 Bar*. MPC 336 Kyo*

444 Gyptis
42 Turku Informo Nr. 5 Tuk*
49 BAB **4** Nr. 4 Ucc

445 Edna
49 MPC 272 Joh*

446 Aeternitas
44 Turku Informo Nr. 5 Tuk*
49 MPC 253 Joh*. MPC 336 Kyo*. MPC 251 San

447 Valentine
41/42 Turku Informo Nr. 5 Tuk*
43 Turku Informo Nr. 5 Tuk*
48 MPC 237 Tuk*
49 MPC 266 Joh*. MPC 336 Kyo*

448 Natalie
48 UC **108** Joh*
49 MPC 324 Niz*

449 Hamburga
42 Turku Informo Nr. 5 Tuk*
46 MPC 222 Tuk*
48 BAB **4** Nr. 3, 4 Ucc

450 Brigitta
46 MPC 223 Tuk*
49 MPC 293 Tuk*

451 Patientia
49 MPC 228 Alg*. MPC 269 Alg. MPC 285 Bar. Astr Circ UdSSR Nr. **84, 85** Kiw*. MPC 335 Kyo*. Bol. Madrid **3** Nr. 9 Mad*. MPC 230, 248 Niz*. MPC 327 SFe

453 Tea
42 Turku Informo Nr. 5 Tuk*
49 MPC 272 Joh*

454 Mathesis
47 MPC 207 Tuk*
48 UC **108** Joh*. Krim Mitt. **4** 206 Sim*

455 Bruchsalia
43 Turku Informo Nr. 5 Tuk*
47 MPC 207 Tuk*
48 UC **108** Joh*

456 Abnoba
43 Turku Informo Nr. 5 Tuk*
48 Krim Mitt. **4** 200 Sim*. BAB **4** Nr. 4 Ucc

458 Hercynia
49 MPC 292 Tuk*

459 Signe
49 MPC 303—305 Blo. MPC 323 Niz*
Eph MPC 229

460 Scania
40 Belgrade Bull. 5 22
43 Turku Informo Nr. 5 Tuk*
48 UC 108 Joh*. Krim Mitt. 4 204 Sim*

461 Saskia
44 Turku Informo Nr. 5 Tuk*
46 MPC 220 Tuk*

462 Eriphyla
39 Belgrade Bull. 4 43 Bel*
42 Turku Informo Nr. 5 Tuk*
47 MPC 207 Tuk*
48 UC 108 Joh*. Krim Mitt. 4 199 Sim*

463 Lola
48 MPC 261 LaP

464 Megaira
44 Turku Informo Nr. 5 Tuk*
49 MPC 249 Niz*. MPC 294 Tuk*

465 Alekto
42 Turku Informo Nr. 5 Tuk*
48 Krim Mitt. 4 210 Sim*

467 Laura
40 Belgrade Bull. 5 34 Bel*
42 Turku Informo Nr. 5 Tuk*
49 MPC 287, 288, NAZ 3 27, 28 Hei*. MPC 283 Joh*

468 Lina
43 Turku Informo Nr. 5 Tuk*
46 MPC 221 Tuk*
48 UC 108 Joh*. UC 108 Joh

469 Argentina
43 Turku Informo Nr. 5 Tuk*
48 UC 108 Joh*. MPC 261 LaP
49 MPC 323 Niz*

470 Kilia
42 Turku Informo Nr. 5 Tuk*
43 Turku Informo Nr. 5 Tuk*
49 MPC 291 Tuk*. BAB 4 Nr. 4 Ucc

471 Papagena
40 Belgrade Bull. 5 18 Bel*. Belgrade Bull. 5 17 Bel
49 MPC 285 Bar. Astr Circ UdSSR Nr. 86, 88 Kiw*. MPC 336 Kyo*. MPC 249, 250, 323 Niz*. MPC 327 SFe. MPC 337 San. MPC 294, 295 Tuk*. BAB 4 Nr. 4 Ucc

472 Roma
40 Belgrade Bull. 5 7 Bel*
48 MPC 236 Tuk*

474 Prudentia
47 MPC 205 Tuk*
48 Krim Mitt. 4 204 Sim*. BAB 4 Nr. 3 Ucc

475 Ocllo
39 Belgrade Bull. 4 47 Bel*

476 Hedwig
40 Belgrade Bull. 5 27 Bel*
48 UC 108 Joh*

478 Tergeste
43 Turku Informo Nr. 5 Tuk*
48 MPC 209 Kyo*. AA (c) 4 104 = Poznań Repr. 14 Poz. MPC 216 SFe. Krim Mitt. 4 206 Sim*. BAB 4 Nr. 3 Ucc

479 Caprera
43 Turku Informo Nr. 5 Tuk*
44 Turku Informo Nr. 5 Tuk*
48 Krim Mitt. 4 198 Sim*. BAB 4 Nr. 3 Ucc
49 MPC 323 Niz*

480 Hansa
40 Belgrade Bull. 5 34 Bel*
48 UC 108 Joh*

481 Emita
43 Turku Informo Nr. 5 Tuk*
46 AA (c) 4 102 = Poznań Repr. 14 Poz
48 BAB 4 Nr. 3 Ucc
49 MPC 272 Joh*

482 Petrina
39 Belgrade Bull. 4 43 Bel*
40 Belgrade Bull. 5 22 Bel*
44 Turku Informo Nr. 5 Tuk*
46 MPC 224 Tuk*
49 MPC 336 (?) Kyo*

483 Seppina
49 MPC 323 Niz*

484 Pittsburghia
49 MPC 229 Niz*. BAB 4 Nr. 4 Ucc

485 Genua
43 Turku Informo Nr. 5 Tuk*

486 Cremona
49 MPC 272 (?) Joh*

487 Venetia
44 Turku Informo Nr. 5 Tuk*
49 MPC 295 Tuk*

488 Kreusa
48 UC 108 Joh*. MPC 261 LaP

489 Comacina
42 Turku Informo Nr. 5 Tuk*

490 Veritas
40 Belgrade Bull. 5 18 Bel*
48 MPC 233 Bar*. Bol. Madrid 3 Nr. 9 Mad*. Krim Mitt. 4 200 Sim*. BAB 4 Nr. 4 Ucc

491 Carina
42 Turku Informo Nr. 5 Tuk*
48 MPC 261 LaP. MPC 237 Tuk*

492 Gismonda

43 Turku Informo Nr. 5 Tuk*
49 MPC 230, 249, Niz*. BAB 4 Nr. 4 Ucc

493 Griseldis

43 Turku Informo Nr. 5 Tuk*
49 MPC 249 Niz*

495 Eulalia

43 Turku Informo Nr. 5 Tuk*
48 UC 108 Joh*

496 Gryphia

46 MPC 221 Tuk*
49 MPC 291 Tuk*

497 Iva

42 Turku Informo Nr. 5 Tuk*
47 MPC 204, 205 Tuk*
49 MPC 265 Joh*

498 Tokio

43 Turku Informo Nr. 5 Tuk*
47 MPC 205 Tuk*
49 MPC 284 Joh*

499 Venusia

48 MPC 209 Kyo*. Krim Mitt. 4 200 Sim*. BAB 4 Nr. 4 Ucc

500 Selinur

48 MPC 227 Alg*. BAB 4 Nr. 4 Ucc

501 Urhixidur

49 MPC 293 Tuk*

503 Evelyn

40 Belgrade Bull. 5 18 (?) Bel*[1])
42 Turku Informo Nr. 5 Tuk*
48 Astr Circ UdSSR Nr. 88 Kas. MPC 215 Tok*. BAB 4 Nr. 3 Ucc
49 MPC 266 Joh*. MPC 336 Kyo*

504 Cora

46 MPC 221 Tuk*
48 MPC 229 Niz*

505 Cava

44 Turku Informo Nr. 5 Tuk*
49 Astr Circ UdSSR Nr. 88 Kiw*. MPC 323 Niz*. MPC 294, 295 Tuk*. BAB 4 Nr. 4 Ucc

506 Marion

48 Krim Mitt. 4 205, 206 Sim*. MPC 237 Tuk*

507 Laodica

42 Turku Informo Nr. 5 Tuk*
48 MPC 236 Tuk*
49 MPC 314 Blo. MPC 253 Joh*

508 Princetonia

42 Turku Informo Nr. 5 Tuk*
48 MPC 261 LaP. Krim Mitt. 4 203 Sim*
49 MPC 283 Joh*

509 Iolanda

48 MPC 227 Alg*. MPC 259 Ath. MPC 232 Bar. MPC 334 Kyo*. Krim Mitt 4 200 Sim*

510 Mabella

42 Turku Informo Nr. 5 Tuk*
46 MPC 223, 224 Tuk*
49 MPC 249 Niz*

511 Davida

48 MPC 232 Bar. Krim Mitt. 4 204 Sim*. BAB 4 Nr. 3 Ucc
49 MPC 287, NAZ 3 27 Hei*. MPC 283 Joh*

512 Taurinensis

44 Turku Informo Nr. 5 Tuk*
47 MPC 205 Tuk*
48 Krim Mitt. 4 203 Sim*

513 Centesima

43 Turku Informo Nr. 5 Tuk*
48 Krim Mitt. 4 198 Sim*

514 Armida

46 MPC 223, 224 Tuk*
49 MPC 249 Niz*

516 Amherstia

39 Belgrade Bull. 4 47 Bel*
48 BAB 4 Nr. 4 Ucc

517 Edith

42 Turku Informo Nr. 5 Tuk*
48 MPC 232 Bar. MPC 209 Kyo*. Krim Mitt. 4 208, 209 Sim*. BAB 4 Nr. 3, 4 Ucc

519 Sylvania

42 Turku Informo Nr. 5 Tuk*
43 Turku Informo Nr. 5 Tuk*
47 MPC 205 Tuk*
48 Krim Mitt. 4 203 Sim*
49 MPC 282 Joh

520 Franziska

42 Turku Informo Nr. 5 Tuk*
49 MPC 284 Joh*

521 Brixia

46 MPC 221, 222 Tuk*
48 UC 108 Joh*

522 Helga

48 UC 108 Joh*
49 MPC 283[2]) Joh*. MPC 287, NAZ 3 27 Hei*

523 Ada

43 Turku Informo Nr. 5 Tuk*
48 Krim Mitt. 4 206 Sim*. BAB 4 Nr. 3 Ucc*

524 Fidelio

48 UC 108 Joh*
49 Astr Circ UdSSR Nr. 93 Kiw

526 Jena

48 Krim Mitt. 4 198 Sim*
49 MPC 272 Joh*. MPC 274, NAZ 3 23 Hei*

527 Euryanthe

48 MPC 236 Tuk*. BAB 4 Nr. 3 Ucc
49 MPC 295 Tuk*

528 Rezia

42 Turku Informo Nr. 5 Tuk*
48 Krim Mitt. 4 203 Sim*
49 MPC 272 Joh*

[1]) oder 235 Carolina (?)

[2]) Berichtigung in MPC 380.

529 Preziosa
40 Belgrade Bull. **5** 7 Bel*
46 MPC 221, 222 Tuk*

530 Turandot
40 Belgrade Bull. **5** 33 Bel*
43 Turku Informo Nr. **5** Tuk*
49 MPC 230 Niz*

532 Herculina
48 MPC 232 Bar. MPC 334 Kyo*. Astr Circ UdSSR Nr. **83** Ros*. MPC 217 SFe. MPC 278 Tuk*
Eph (1950) DOPPP f° 7

533 Sara
40 Belgrade Bull. **5** 14 Bel*
48 BAB **4** Nr. 4 Ucc

534 Nassovia
40 Belgrade Bull. **5** 27 Bel*
48 Krim Mitt. **4** 203 Sim*
49 MPC 283 Joh*

535 Montague
49 Astr Circ UdSSR Nr. **86** Kiw*. MPC 335 Kyo*. MPC 293—295 Tuk*

536 Merapi
49 MPC 250 Niz*. MPC 294, 295 Tuk*

537 Pauly
46 MPC 221 Tuk*
48 BAB **4** Nr. 4 Ucc

538 Friederike
42 Turku Informo Nr. **5** Tuk*
47 MPC 206 Tuk*
48 UC **108** Joh*
49 MPC 324—326 Fla*. MPC 288—290, NAZ **3** 28, 31, 32 Hei*

539 Pamina
47 MPC 205 Tuk*
49 MPC 273 Joh*

540 Rosamunde
44 Turku Informo Nr. **5** Tuk*
48 BAB **4** Nr. 4 Ucc

541 Deborah
42 Turku Informo Nr. **5** Tuk*
48 MPC 229 Niz*

542 Susanna
42 Turku Informo Nr. **5** Tuk*
48 Krim Mitt. **4** 204 Sim*

543 Charlotte
42 Turku Informo Nr. **5** Tuk*. Turku Informo Nr. **5** Tuk
49 MPC 228 Alg*. MPC 269 Alg. MPC 230 Niz* MPC 291 Tuk*

544 Jetta
48 MPC 236 Tuk*
49 MPC 265 Joh*

545 Messalina
46 MPC 220 Tuk*
47 MPC 205 Tuk*

546 Herodias
44 Turku Informo Nr. **5** Tuk*
46 MPC 223, 224 Tuk*
48 Krim Mitt. **4** 198 Sim*. BAB **4** Nr. 3 Ucc
49 MPC 273 Joh*

548 Kressida
42 Turku Informo Nr. **5** Tuk*
47 MPC 206 Tuk*
48 UC **108** Joh*

549 Jessonda
48 MPC 237 Tuk*

550 Senta
49 MPC 284, 285 Fla*. MPC 287, NAZ **3** 27 Hei*. Astr Circ UdSSR Nr. **90/91** Kiw. Astr Circ UdSSR Nr. **90/91** Lem*

551 Ortrud
42 Turku Informo Nr. **5** Tuk*
47 MPC 206 Tuk*
48 UC **108** Joh*
49 MPC 324—326 Fla*. MPC 288—290, NAZ **3** 28, 31, 32 Hei*

552 Sigelinde
Eph (1949) MPC 306
Eph (1949/50) La Plata Circ. Nr. **6**
El La Plata Circ. Nr. **6**

553 Kundry
42 Turku Informo Nr. **5** Tuk*
49 MPC 295 Tuk*. BAB **4** Nr. 4 Ucc

554 Peraga
42 Turku Informo Nr. **5** Tuk*
49 JO **32** 39 Bor. Astr Circ UdSSR Nr. **84** Kiw*. MPC 334, 335 Kyo*. Bol. Madrid **3** Nr. 9 Mad*. MPC 230 Niz*. MPC 327 SFe. MPC 251 San. MPC 291 Tuk*

555 Norma
39 Turku Informo Nr. **5** Tuk
48 Krim Mitt. **4** 201 Sim*

556 Phyllis
42 Turku Informo Nr. **5** Tuk*
46 MPC 224, 225 Tuk*
48 BAB **4** Nr. 3 Ucc
49 MPC 283 Joh*

558 Carmen
48 BAB **4** Nr. 4 Ucc

559 Nanon
49 MPC 202, 247 Niz*. MPC 291 Tuk*

560 Delila
42 Turku Informo Nr. **5** Tuk*
48 UC **108** Joh*

561 Ingwelde
48 BAB **4** Nr. 4 (?) Ucc

562 Salome
40 Belgrade Bull. **5** 7 Bel*
48 UC **108** Joh*

563 Suleika
49 MPC 248—250 Niz*. MPC 327 SFe. MPC 293 Tuk*

564 Dudu
48 BAB **4** Nr. 4 Ucc

566 Stereoskopia
47 MPC 206 Tuk*
48 UC 108 Joh*
49 MPC 273 Joh*

567 Eleutheria
43 Turku Informo Nr. 5 Tuk*
46 MPC 223, 224 Tuk*
49 MPC 286 Bar. MPC 267, NAZ 3 14 Hei*. MPC 336 Kyo*. MPC 250 Niz*. MPC 327 SFe. MPC 294, 295 Tuk*. BAB 4 Nr. 4 Ucc

568 Cheruskia
48 UC 108 Joh*

569 Misa
42 Turku Informo Nr. 5 Tuk*
46 MPC 220 Tuk*
48 UC 108 Joh*

570 Kythera
48 UC 108 Niz*. Krim Mitt. 4 198, 204 Sim*
49 MPC 283 Joh*

571 Dulcinea
44 Turku Informo Nr. 5 Tuk*

572 Rebekka
46 MPC 223—225 Tuk*
49 MPC 315 Blo. MPC 273, NAZ 3 22 Hei*

574 Reginhild
47 MPC 205 Tuk*

575 Renate
48 BAB 4 Nr. 3 Ucc
49 MPC 253 Joh

576 Emanuela
49 MPC 230 Niz*. BAB 4 Nr. 4 Ucc

577 Rhea
48 UC 108 Joh*
49 MPC 319 Alg*

578 Happelia
40 Belgrade Bull. 5 14 Bel*
44 Turku Informo Nr. 5 Tuk*
46 MPC 225 Tuk*
49 MPC 239 Joh*. MPC 336 Kyo*. MPC 294 Tuk*

579 Sidonia
49 MPC 335 Kyo*. Bol. Madrid 3 Nr. 9 Mad*. MPC 248 Niz*. BAB 4 Nr. 4 Ucc

580 Selene
42 Turku Informo Nr. 5 Tuk*
49 MPC 275, 276 Fla*. MPC 273 Joh*

581 Tauntonia
48 Krim Mitt. 4 198 Sim*
49 MPC 283 Joh*

583 Klotilde
44 Turku Informo Nr. 5 Tuk*
48 UC 108 Joh*

584 Semiramis
48 UC 108 Joh*. MPC 216 SFe

585 Bilkis
44 Turku Informo Nr. 5 Tuk*
46 MPC 223—225 Tuk*
48 Krim Mitt. 4 203 Sim*
49 Astr Circ UdSSR Nr. 92 Aba*. MPC 324, 325 Fla*

586 Thekla
46 MPC 222, 223, 225 Tuk*
49 MPC 285 Bar. MPC 239 Joh*. MPC 249 Niz*. MPC 295 Tuk*. MPC 294 Tuk

587 Hypsipyle
49 MPC 239 Joh

589 Croatia
40 Belgrade Bull. 5 18 Bel*
47 MPC 207 Tuk*

590 Tomyris
42 Turku Informo Nr. 5 Tuk*
47 MPC 205 Tuk*
48 Krim Mitt. 4 203 Sim*
49 MPC 282 Joh*

592 Bathseba
43 Turku Informo Nr. 5 Tuk*
48 BAB 4 Nr. 3 Ucc

593 Titania
48 UC 108 Joh*. MPC 261 LaP

594 Mireille
49 MPC 287, NAZ 3 27 Hei*

595 Polyxena
40 Belgrade Bull. 5 13 Bel*
48 MPC 209 Kyo*

596 Scheila
40 Belgrade Bull. 5 7 Bel*
48 MPC 261 LaP

597 Bandusia
49 MPC 248 Niz*. MPC 293 Tuk*

598 Octavia
42 Turku Informo Nr. 5 Tuk*
43 Turku Informo Nr. 5 Tuk*
49 MPC 283 Joh*

599 Luisa
48 UC 108 Joh*

600 Musa
44 Turku Informo Nr. 5 Tuk*
46 MPC 224, 225 Tuk*
49 MPC 295 Tuk*

601 Nerthus
44 Turku Informo Nr. 5 Tuk
49 MPC 248 Niz*. MPC 293 Tuk*

602 Marianna
44 Turku Informo Nr. 5 Tuk*
47 AA (c) 4 103 = Poznań Repr. 14 Poz
49 MPC 334 Kyo*. Bol. Madrid 3 Nr. 9 Mad*.

604 Tekmessa
43 Turku Informo Nr. 5 Tuk*
48 UC 108 Joh*. Krim Mitt. 4 205 Sim*

605 Juvisia
39 Turku Informo Nr. 5 Tuk
48 MPC 229 Niz*. MPC 246 Niz
49 MPC 229 Niz*. MPC 246 Niz
Eph MPC 229

608 Adolfine
43 Turku Informo Nr. 5 Tuk
48 BAB 4 Nr. 3 Ucc

609 Fulvia
39 Belgrade Bull. 4 46, 47 Bel*
42 Turku Informo Nr. 5 Tuk*
44 Turku Informo Nr. 5 Tuk*
48 MPC 261 LaP

610 Valeska
49 MPC 316 Joh*

611 Valeria
40 Belgrade Bull. 5 18 Bel*
42 Turku Informo Nr. 5 Tuk*
47 MPC 333 Kyo*
49 MPC 247 Niz*

613 Ginevra
43 Turku Informo Nr. 5 Tuk*
48 MPC 236 Tuk*. BAB 4 Nr. 3 Ucc
49 MPC 253 Joh*

614 Pia
49 MPC 274, NAZ 3 23 Hei*. MPC 272 Joh*

615 Roswitha
44 Turku Informo Nr. 5 Tuk*
48 UC 108 Joh*. MPC 261 LaP. Krim Mitt. 4 205 Sim*

616 Elly
49 MPC 249, 250 Niz*. MPC 294 Tuk*

617 Patroclus
48 Krim Mitt. 4 203 Sim*
49 MPC 253 Joh. MPC 336 Kyo †

618 Elfriede
49 MPC 294 Tuk*

619 Triberga
46 MPC 224 Tuk*
49 MPC 274, NAZ 3 22 Hei*

620 Drakonia
42 Turku Informo Nr. 5 Tuk*
46 MPC 220 Tuk*

621 Werdandi
49 MPC 324, 325 Fla*. MPC 289, NAZ 3 31, 32 Hei*

622 Esther
42 Turku Informo Nr. 5 Tuk*
49 MPC 293 Tuk*

624 Hektor
39 Belgrade Bull. 4 47 Bel*
42 Turku Informo Nr. 5 Tuk*
43 Turku Informo Nr. 5 Tuk*
48 UC 108 Joh*. Krim Mitt. 4 199 Sim*
49 MPC 339, NAZ 3 40 Hei*

625 Xenia
42 Turku Informo Nr. 5 Tuk*

626 Notburga
49 MPC 239 Joh*

627 Charis
42 Turku Informo Nr. 5 Tuk*
47 MPC 206 Tuk*
48 Krim Mitt. 4 198 Sim*

628 Christine
49 MPC 285 Bar. MPC 249, 250, 323 Niz*. MPC 336 Kyo*. MPC 294, 295 Tuk*. BAB 4 Nr. 4 Ucc

630 Euphemia
48 BAB 4 Nr. 4 Ucc

631 Philippina
49 MPC 253 Joh*. MPC 323 Niz*

633 Zelima
42 Turku Informo Nr. 5 Tuk*
43 Turku Informo Nr. 5 Tuk*
49 MPC 314 Blo

634 Ute
43 Turku Informo Nr. 5 Tuk*
48 MPC 236 Tuk*
49 MPC 249 (?) Niz*. BAB 4 Nr. 4 Ucc

635 Vundtia
47 MPC 207 Tuk*

636 Erika
42 Turku Informo Nr. 5 Tuk*
47 MPC 205 Tuk*
48 Krim Mitt. 4 203 Sim*

638 Moira
43 Turku Informo Nr. 5 Tuk*
47 MPC 205 Tuk*
48 UC 108 Joh*

639 Latona
42 Turku Informo Nr. 5 Tuk
48 UC 108 Joh*
49 Astr Circ UdSSR Nr. 92[1]) Aba*

640 Brambilla
48 BAB 4 Nr. 4 Ucc

641 Agnes
42 Turku Informo Nr. 5 Tuk*

642 Clara
49 MPC 229,[2]) 230[2]) Niz*. MPC 246 Niz

643 Scheherezade
48 UC 108 Joh*

644 Cosima
43 Turku Informo Nr. 5 Tuk*
48 UC 108 Joh*

645 Agrippina
47 MPC 207 Tuk*

---

[1]) Irrtümlich mit 269 Latona bezeichnet.
[2]) In MPC 229, 230 zunächst irrtümlich als 602 Marianna (?) bezeichnet, MPC 246.

650 Amalasuntha[1])
Eph (1949) NAZ 3 18
El NAZ 3 17, 18

651 Antikleia
48 UC 108 Joh* (?)

652 Jubilatrix
48 BAB 4 Nr. 4 Ucc

653 Berenike
46 MPC 221 Tuk*
48 MPC 261, 262 LaP

655 Briseïs
40 Belgrade Bull. 5 7 Bel*

656 Beagle
42 Turku Informo Nr. 5 Tuk*
49 MPC 275, 276 Fla*. MPC 273 Joh*

657 Gunlöd
42 Turku Informo Nr. 5 Tuk*
48 Krim Mitt. 4 206 Sim*. BAB 4 Nr. 3 Ucc

658 Asteria
42 Turku Informo Nr. 5 Tuk*
47 MPC 206 Tuk*
48 UC 108 Joh*
49 MPC 324—326 Fla*. MPC 288—290, NAZ 3 28, 31, 32 Hei*

659 Nestor
48 Krim Mitt. 4 199 Sim*

660 Crescentia
49 Astr Circ UdSSR Nr. 86 Kas. Astr Circ UdSSR Nr. 86 Kiw*. MPC 335 Kyo*. MPC 249, 250 Niz*. MPC 327 SFe. MPC 294 Tuk*

661 Cloelia
42 Turku Informo Nr. 5 Tuk*

662 Newtonia
44 Turku Informo Nr. 5 Tuk
48 MPC 236 Tuk*
49 MPC 336 Kyo*

663 Gerlinde
47 MPC 207 Tuk*
48 BAB 4 Nr. 4 Ucc

664 Judith
48 Krim Mitt. 4 206 Sim*

665 Sabine
42 Turku Informo Nr. 5 Tuk*

666 Desdemona
48 BAB 4 Nr. 3 Ucc

667 Denise
48 Krim Mitt. 4 199 Sim*
49 MPC 316 Joh*

669 Kypria
43 Turku Informo Nr. 5 Tuk*

670 Ottegebe
44 Turku Informo Nr. 5 Tuk*
48 MPC 236 Tuk*
49 MPC 268, NAZ 3 14 Hei*. BAB 4 Nr. 4 Ucc

671 Carnegia
49 MPC 293 Tuk*

672 Astarte
48 UC 108 Joh*

673 Edda
46 MPC 223, 224 Tuk*
49 MPC 253 Joh*
Eph (1950) La Plata Circ. Nr. 6
El La Plata Circ. Nr. 6

674 Rachele
48 MPC 232 Bar. MPC 217 SFe. Krim Mitt. 4 201 Sim*. MPC 278 Tui*. BAB 4 Nr. 3 Ucc

675 Ludmilla
48 UC 108 Joh*
49 MPC 284, 285 Fla*. MPC 287, NAZ 3 27 Hei*

676 Melitta
42 Turku Informo Nr. 5 Tuk*
47 MPC 206 Tuk*
48 MPC 232 Bar. Bol. Madrid 3 Nr. 9 Mad*. Krim Mitt. 4 204 Sim*

677 Aaltje
42 Turku Informo Nr. 5 Tuk*
48 Krim Mitt. 4 210 Sim*

678 Fredegundis
40 Belgrade Bull. 5 33 Bel*
42 Turku Informo Nr. 5 Tuk*

679 Pax
42 Turku Informo Nr. 5 Tuk*
49 DOPPP f° 6 Bla*
Eph DOPPP f° 2b, Pop Astr 57 392

680 Genoveva
49 MPC 284 Joh*
Id mit 1933 UE, MPC 271

683 Lanzia
48 MPC 237 Tuk*

685 Hermia
46 MPC 223, 224 Tuk*
49 MPC 284, 285 Fla*. MPC 287, NAZ 3 27 Hei*

688 Melanie
48 Krim Mitt. 4 203 Sim*
49 MPC 323 Niz*

690 Wratislavia
48 MPC 209 Kyo*. Krim Mitt. 4 200, 206 Sim*. BAB 4 Nr. 3 Ucc
Eph (1950) MPC 333

691 Lehigh
42 Turku Informo Nr. 5 Tuk*
43 Turku Informo Nr. 5 Tuk*
47 MPC 205 Tuk*
48 Krim Mitt. 4 203 Sim*
49 MPC 273 Joh*

692 Hippodamia
49 MPC 284 Joh*

693 Zerbinetta
42 Turku Informo Nr. 5 Tuk*
47 MPC 205 Tuk*
48 MPC 262 LaP

[1]) Id mit 1930 UK wahrscheinlich, NAZ 3 18.

694 Ekard

48 AA (c) 4 104 = Poznań Repr. 14 Poz. Astr Circ UdSSR Nr. 83 Ros*. MPC 216 SFe

695 Bella

49 Astr Circ UdSSR Nr. 92 Lem*

696 Leonora

48 Krim Mitt. 4 205, 206 Sim*

697 Galilea

42 Turku Informo Nr. 5 Tuk*
49 MPC 230 Niz*

698 Ernestina

44 Turku Informo Nr. 5 Tuk*
49 MPC 249, 250 Niz*. MPC 293 Tuk*

700 Auravictrix

43 Turku Informo Nr. 5 Tuk*
48 MPC 202 Niz*. MPC 238 Tuk*

701 Oriola

42 Turku Informo Nr. 5 Tuk*
47 MPC 207 Tuk*
48 Krim Mitt. 4 200 Sim*. BAB 4 Nr. 3, 4 Ucc

702 Alauda

48 UC 108 Joh*. MPC 262 LaP
49 MPC 265 Joh*

703 Noëmi

39 Belgrade Bull. 4 47 Bel*
42 Turku Informo Nr. 5 Tuk*

704 Interamnia

47 AA (c) 4 102 = Poznań Repr. 14 Poz
48 MPC 227 Alg*. BAB 4 Nr. 4 Ucc

705 Erminia

49 MPC 315 Joh

707 Steïna

48 UC 108 Joh*. MPC 262 LaP

708 Raphaela

40 Belgrade Bull. 5 34 Bel*
42 Turku Informo Nr. 5 Tuk*
44 Turku Informo Nr. 5 Tuk*
48 Krim Mitt. 4 206—210 Sim*. BAB 4 Nr. 3 Ucc*. BAB 4 Nr. 3 Ucc

709 Fringilla

48 UC 108 Joh*. MPC 208 Kyo*. MPC 262 LaP. Krim Mitt. 4 205 Sim*

710 Gertrud

49 MPC 202 Niz*

711 Marmulla

42 Turku Informo Nr. 5 Tuk*

712 Boliviana

39/40 Belgrade Bull. 5 7 Bel*
47 AA (c) 4 104 = Poznań Repr. 14 Poz. MPC 208 Tuk*
49 MPC 239 Joh. MPC 335 Kyo*. Bol. Madrid 3 Nr. 9 Mad*. MPC 249 Niz*

713 Luscinia

42 Turku Informo Nr. 5 Tuk*

714 Ulula

40 Belgrade Bull. 5 34 Bel*
48 Krim Mitt. 4 198 Sim*

715 Transvaalia

42 Turku Informo Nr. 5 Tuk*
43 Turku Informo Nr. 5 Tuk*
48 Krim Mitt. 4 198 Sim*
49 MPC 315 Joh*

718 Erida

48 UC 108 Joh*. Krim Mitt. 4 206, 207 Sim*. BAB 4 Nr. 3 Ucc

720 Bohlinia

43 Turku Informo Nr. 5 Tuk*
48 MPC 203 Cor
49 MPC 272 Joh*

Eph (1950) La Plata Circ. Nr. 6
El La Plata Circ. Nr. 6

721 Tabora

47 MPC 205 Tuk*
48 Krim Mitt. 4 198 Sim*

722 Frieda

42 Turku Informo Nr. 5 Tuk*
49 MPC 283 Joh*

723 Hammonia

48 MPC 202 Niz*

728 Leonisis

48 BAB 4 Nr. 3 Ucc

729 Watsonia

49 MPC 292 Tuk*

730 Athanasia

49 MPC 268, NAZ 3 14 Hei*. MPC 250 Niz*. BAB 4 Nr. 4 Ucc

731 Sorga

40 Belgrade Bull. 5 34 Bel*
42 Turku Informo Nr. 5 Tuk*
43 Turku Informo Nr. 5 Tuk*
49 MPC 266 Joh*

732 Tjilaki

43 Turku Informo Nr. 5 Tuk*
44 Turku Informo Nr. 5 Tuk*
48 Krim Mitt. 4 200 Sim*

733 Mocia

49 MPC 324—326 Fla*. MPC 315 Joh*

734 Benda

42 Turku Informo Nr. 5 Tuk*
49 MPC 226 Joh †

735 Marghanna

42 Turku Informo Nr. 5 Tuk*

736 Harvard

48 MPC 202 Niz*

737 Arequipa

44 Turku Informo Nr. 5 Tuk*
48 Krim Mitt. 4 198 Sim*. MPC 237 Tuk*

738 Alagasta
48 Krim Mitt. 4 200 Sim*. BAB 4 Nr. 3, 4 Ucc

739 Mandeville
49 Bol. Madrid 3 Nr. 9 Mad*. MPC 247 Niz*. MPC 290 Tuk*

740 Cantabia
48 MPC 232 Bar. BAB 4 Nr. 3 Ucc

741 Botolphia
49 MPC 291, 293 Tuk*. BAB 4 Nr. 4 Ucc

742 Edisona
48 MPC 202 Niz*. BAB 4 Nr. 4 Ucc

743 Eugenisis
48 Krim Mitt. 4 207—210 Sim*

744 Aguntina
42 Turku Informo Nr. 5 Tuk*
47 MPC 205 Tuk*
49 MPC 287, 288, NAZ 3 27, 28 Hei*

745 Mauritia
42 Turku Informo Nr. 5 Tuk*
49 MPC 314 Blo

746 Marlu
48 Krim Mitt. 4 207—209 Sim*. BAB 4 Nr. 3 Ucc

747 Winchester
40 Belgrade Bull. 5 17 Bel*
44 Turku Informo Nr. 5 Tuk*
49 MPC 335 Kyo*. Bol. Madrid 3 Nr. 9 Mad*. MPC 230, 246 Niz. MPC 291 Tuk*. BAB 4 Nr. 4 Ucc

748 Simeisa
41 MPC 246, Turku Informo Nr. 5 Tuk
42 Turku Informo Nr. 5 Tuk*. MPC 246, Turku Informo Nr. 5 Tuk
44 MPC 246, Turku Informo Nr. 5 Tuk*. Turku Informo Nr. 5 Tuk
48 Krim Mitt. 4 199 Sim*
El MPC 246, BIA 4 250
Id mit 1941 SU und 1944 DC, MPC 246

749 Malzovia
40 Belgrade Bull. 5 18 Bel*
43 Turku Informo Nr. 5 Tuk*

750 Oskar
47 MPC 205, 206 Tuk*
49 MPC 323 (?) Niz*
Eph MPC 229

752 Sulamitis
40 Belgrade Bull. 5 14 Bel*
48 UC 108 Joh*. Krim Mitt. 4 204 Sim*

753 Tiflis
46 MPC 224, 225 Tuk*
49 MPC 315 Joh*

755 Quintilla
42 Turku Informo Nr. 5 Tuk*
48 Krim Mitt. 4 198, 204 Sim*
49 MPC 324—326 Fla*. MPC 288, NAZ 3 28 Hei*

756 Lilliana
49 MPC 314 (?)[1]) Blo

757 Portlandia
43 Turku Informo Nr. 5 Tuk*
48 UC 108 Joh*. MPC 262 LaP. Krim Mitt. 4 206 Sim*. BAB 4 Nr. 3 Ucc*

758 Mancunia
48 UC 108 Joh*. MPC 209 (?)[2]) Kyo*. Krim Mitt. 4 206, 207 Sim*. BAB 4 Nr. 3 Ucc

760 Massinga
44 Turku Informo Nr. 5 Tuk*

761 Brendelia
42 Turku Informo Nr. 5 Tuk*
Id mit 1940 EM, MPC 383

762 Pulcova
47 MPC 208 Tuk*
48 Astr Circ UdSSR Nr. 84 Kiw*. MPC 334 Kyo*. Bol. Madrid 3 Nr. 9 Mad*. MPC 202[3]) 247[3]) Niz.*

764 Gedania
49 MPC 285 Bar

766 Moguntia
42 Turku Informo Nr. 5 Tuk*
47 MPC 206 Tuk*
49 MPC 284 Joh*

767 Bondia
43 Turku Informo Nr. 5 Tuk*
49 MPC 291, 292 Tuk* BAB 4 Nr. 4 Ucc

768 Struveana
49 MPC 293, 294 Tuk*

769 Tatjana
48 MPC 202 Niz*

770 Bali
46 MPC 224, 225 Tuk*
48 Krim Mitt. 4 203 Sim*
49 MPC 284 Joh*

771 Libera
43 Turku Informo Nr. 5 Tuk*

772 Tanete
48 UC 108 Joh*

773 Irmintraud
44 Turku Informo Nr. 5 Tuk*
46 MPC 222 Tuk*
49 MPC 248 Niz*. MPC 294 Tuk*

774 Armor
44 Turku Informo Nr. 5 Tuk*
47 MPC 204 Tuk*
48 UC 108 Joh*. Krim Mitt. 4 198

[1]) Berichtigung in MPC 333.
[2]) Berichtigung in MPC 336.
[3]) Irrtümlich als 1523 1939 BC bezeichnet, MPC 250, 445.

775 Lumière
48 Krim Mitt. 4 205 Sim*

776 Berbericia
49 Astr Circ UdSSR Nr. 84 Kiw*. MPC 327 SFe

778 Theobalda
48 MPC 236 Tuk*

780 Armenia
42 Turku Informo Nr. 5 Tuk*
49 MPC 274, NAZ 3 22 Hei*. MPC 323 Niz*

781 Kartvelia
39 Belgrade Bull. 4 43 Bel*
49 BAB 4 Nr. 4 Ucc

782 Montefiore
40 Belgrade Bull. 5 17, 18 Bel*
43 Turku Informo Nr. 5 Tuk*
48 MPC 202 Niz*

783 Nora
42 Turku Informo Nr. 5 Tuk*
46 MPC 221 Tuk*
48 MPC 202 Niz*

784 Pickeringia
47 MPC 333 Kyo*. MPC 207 Tuk*
48 UC 108 Joh*

785 Zwetana
43 Turku Informo Nr. 5 Tuk*
48 UC 108 Joh*

786 Bredichina
48 Krim Mitt. 4 203 Sim*
49 MPC 283 Joh*

787 Moskva
42 Turku Informo Nr. 5 Tuk*
46 MPC 221, 222 Tuk*

788 Hohensteina
43 Turku Informo Nr. 5 Tuk*
48 MPC 208 Kyo*. Krim Mitt. 4 205 Sim*

789 Lena
49 MPC 266 Joh

790 Pretoria
46 MPC 222 Tuk*

791 Ani
48 MPC 262 LaP

792 Metcalfia
43 Turku Informo Nr. 5 Tuk*
48 MPC 202 Niz*
49 Bol. Madrid 3 Nr. 9 Mad*. MPC 247 Niz*. MPC 290 Tuk*

793 Arizona
46 MPC 223, 224 Tuk*
49 MPC 304, 305[1]) Blo. MPC 239 Joh. MPC 249 Niz*

794 Irenaea
48 BAB 4 Nr. 4 Ucc

795 Fini
49 MPC 239 Joh. MPC 336 Kyo*. MPC 249 Niz*. MPC 294 Tuk*
Id mit 1940 GY ?, MPC 383

796 Sarita
47 MPC 207 Tuk*
48 UC 108 Joh*

797 Montana
42 Turku Informo Nr. 5 Tuk*
49 MPC 269 Alg. MPC 253 Joh*. MPC 336 Kyo*

798 Ruth
48 UC 108 Joh*. MPC 262 LaP. Krim Mitt. 4 198 Sim*

799 Gudula
47 MPC 204 Tuk*
48 MPC 262 LaP
49 MPC 323 Niz*
Id mit 1948 KB, MPC 209, 278[2])

800 Kressmannia
42 Turku Informo Nr. 5 Tuk*
44 Turku Informo Nr. 5 Tuk*
47 MPC 204 Tuk*
48 UC 108 Joh*

802 Epyaxa
44 Turku Informo Nr. 5 Tuk*

804 Hispania
49 MPC 285 Bar. MPC 239 Joh*. MPC 336 Kyo*. MPC 327 SFe

805 Hormuthia
39 Belgrade Bull. 4 43 Bel*
49 BAB 4 Nr. 4 Ucc

806 Gyldenia
49 MPC 249, 250 Niz*

808 Merxia
40 Belgrade Bull. 5 14 Bel*
42 Turku Informo Nr. 5 Tuk*
49 MPC 295 Tuk*

811 Nauheima
43 Turku Informo Nr. 5 Tuk*
48 Krim Mitt. 4 198 Sim*
49 MPC 282 Joh*

815 Coppelia
42 Turku Informo Nr. 5 Tuk*
48 UC 108 Joh*

816 Juliana
42 Turku Informo Nr. 5 Tuk*
47 MPC 204 Tuk*
49 MPC 283 Joh*

818 Kapteynia
48 Krim Mitt. 4 200 Sim*. BAB 4 Nr. 4 Ucc

819 Barnardiana
42 Turku Informo Nr. 5 Tuk*
49 MPC 253 Joh

821 Fanny
49 MPC 284, 285 Fla*. MPC 287, NAZ 3 27 Hei*

822 Lalage
48 Krim Mitt. 4 207 Sim*. BAB 4 Nr. 3 Ucc

---
[1]) Berichtigung in MPC 315.
[2]) Berichtigung in MPC 390.

823 Sisigambis
44 Turku Informo Nr. 5 Tuk*
49 MPC 293 Tuk*

824 Anastasia
44 Turku Informo Nr. 5 Tuk*
49 MPC 295 Tuk*

825 Tanina
49 MPC 285 Bar. MPC 230, 249, 322 Niz*. MPC 292 Tuk*. BAB 4 Nr. 4 Ucc

826 Henrika
48 Krim Mitt. 4 199 Sim*
Id mit 1934 HE, MPC 272

828 Lindemannia
42 Turku Informo Nr. 5 Tuk*
48 MPC 237 Tuk*
49 MPC 266 Joh*

829 Academia
43 Turku Informo Nr. 5 Tuk*
48 UC 108 Joh*

830 Petropolitana
40 Belgrade Bull. 5 34 Bel*
42 Turku Informo Nr. 5 Tuk*
48 MPC 237 Tuk*
49 MPC 265 Joh*

832 Karin
49 MPC 272 Joh*

833 Monica
42 Turku Informo Nr. 5 Tuk*. Turku Informo Nr. 5 Tuk
48 MPC 237 Tuk*

834 Burnhamia
42 Turku Informo Nr. 5 Tuk*
43 Turku Informo Nr. 5 Tuk*
49 MPC 266 Joh*. MPC 336 Kyo*. MPC 327 SFe

838 Seraphina
40 Belgrade Bull. 5 34 Bel*
49 MPC 253 Joh*

839 Valborg
49 MPC 265 Joh*

841 Arabella
49 MPC 266 Joh †

844 Leontina
42 Turku Informo Nr. 5 Tuk*
44 Turku Informo Nr. 5 Tuk*
47 MPC 205 Tuk*
48 UC 108 Joh*. Krim Mitt. 4 198 Sim*
49 MPC 273 Joh*

845 Naëma
44 Turku Informo Nr. 5 Tuk*
46 MPC 223, 224 Tuk*
49 MPC 294 Tuk*. BAB 4 Nr. 4 Ucc

846 Lipperta
46 MPC 221, 222 Tuk*
48 UC 108 Joh*

847 Agnia
39 Belgrade Bull. 4 47 Bel*
48 Krim Mitt. 4 208, 209 Sim*. MPC 237 Tuk*

848 Inna
48 Krim Mitt. 4 206, 208—210 Sim*

849 Ara
47 MPC 333 Kyo*
48 AA (c) 4 104 = Poznań Repr. 14 Poz. MPC 216 SFe. Krim Mitt. 4 206 Sim*

850 Altona
48 UC 108[1]) Joh*. Krim Mitt. 4 204 Sim*

851 Zeissia
49 MPC 292 Tuk*. BAB 4 Nr. 4 Ucc

852 Wladilena
49 MPC 266 Joh*

853 Nansenia
48 Krim Mitt. 4 204 Sim*

855 Newcombia
49 MPC 272 Joh*

857 Glasenappia
42 Turku Informo Nr. 5 Tuk*
46 MPC 224, 225 Tuk*
49 Astr Circ UdSSR Nr. 92 Aba*. MPC 284 Joh*

858 El Djezair
48 MPC 236 Tuk*
49 MPC 272 Joh*

859 Bouzaréah
42 Turku Informo Nr. 5 Tuk*
48 MPC 262 LaP. Krim Mitt. 4 198, 203 Sim*
49 MPC 272 Joh*

861 Aïda
46 MPC 222 Tuk*
48 BAB 4 Nr. 3 Ucc

862 Franzia
48 BAB 4 Nr. 3 Ucc

863 Benkoela
48 MPC 262 LaP
49 MPC 316 Joh*

866 Fatme
48 MPC 227 Alg*. MPC 269[2]) Alg

868 Lova
43 Turku Informo Nr. 5 Tuk*
49 MPC 275, 276 Fla*. MPC 274, NAZ 3 22 Hei*. MPC 273 Joh*

870 Manto
49 MPC 315 Blo

872 Holda
48 MPC 236 Tuk*
49 MPC 274, NAZ 3 23 Hei*

873 Mechthild
48 BAB 4 Nr. 3 Ucc

874 Rotraut
48 MPC 202 Niz*

877 Walküre
49 MPC 268, NAZ 3 14 Hei*. BAB 4 Nr. 4 Ucc

[1]) Berichtigung in MPC 146.
[2]) Berichtigung in MPC 322.

881 Athene
49 MPC 247 (?) Niz*

882 Swetlana
42 Turku Informo Nr. 5 Tuk*

883 Matterania
47 MPC 207 Tuk*
49 BAB 4 Nr. 4 Ucc

884 Priamus
47 MPC 206 Tuk*
49 MPC 239 Joh †

885 Ulrike
44 Turku Informo Nr. 5 Tuk*
49 MPC 283 Joh*
Id mit 1933 QQ, MPC 231

886 Washingtonia
43 Turku Informo Nr. 5 Tuk*

887 Alinda
Eph (1949) NAZvM 74
Eph (1949/50) NAZvM 80

889 Erynia
47 MPC 334 Kyo*
49 MPC 294 Tuk*. BAB 4 Nr. 4 Ucc

890 Waltraut
40 Belgrade Bull. 5 18 Bel*
49 MPC 247 Niz*

891 Gunhild
48 UC 108 Joh*. MPC 262 LaP

893 Leopoldina
40 Belgrade Bull. 5 34 Bel*
49 MPC 322, 323 Niz*. MPC 292, 293 Tuk*

896 Sphinx
897 Lysistrata
43 Turku Informo Nr. 5 Tuk*

899 Jokaste
43 Turku Informo Nr. 5 Tuk*
48 Krim Mitt. 4 206 Sim*
Eph (1949/50) NAZ 3 43
El NAZ 3 43

901 Brunsia
42 Turku Informo Nr. 5 Tuk*
48 Krim Mitt. 4 209 Sim*. BAB 4 Nr. 3, 4 Ucc

904 Rockefellia
48 Krim Mitt. 4 205 Sim*

905 Universitas
43 Turku Informo Nr. 5 Tuk*
49 MPC 229 Niz*

906 Repsolda
48 BAB 4 Nr. 4 Ucc

907 Rhoda
43 Turku Informo Nr. 5 Tuk*
46 MPC 223, 224 Tuk*
48 Krim Mitt. 4 203 Sim*
49 MPC 272 Joh*

908 Buda
48 UC 108 Joh*

909 Ulla
49 MPC 324—326 Fla*. MPC 288—290, NAZ 3 28, 31, 32 Hei*

911 Agamemnon
48 UC 108 Joh*

912 Maritima
44 Turku Informo Nr. 5 Tuk*
49 MPC 315 (?) Joh*

914 Palisana
49 MPC 239 Joh

915 Cosette
46 MPC 221 Tuk*
49 MPC 229 Niz*

917 Lyka
48 UC 108 Joh*. Krim Mitt. 4 199 Sim*

918 Itha
48 Krim Mitt. 4 199 Sim*

919 Ilsebill
48 BAB 4 Nr. 4[1]) Ucc

920 Rogeria
45 MPC 204 Tuk*
49 MPC 324 Niz*

923 Herluga[2])
Eph (1949/50) MPC 332
El MPC 332

924 Toni
42 Turku Informo Nr. 5 Tuk*
47 MPC 206 Tuk*
48 Krim Mitt. 4 204 Sim*. BAB 4 Nr. 3 Ucc
49 Astr Circ UdSSR Nr. 93 Kiw

925 Alphonsina
48 UC 108 (?) Joh*

927 Ratisbona
43 Turku Informo Nr. 5 Tuk*
46 MPC 222, 223 Tuk*
49 MPC 228 Alg*. MPC 269 Alg. MPC 286 Bar*. Astr Circ UdSSR Nr. 86 Kiw*. MPC 335 Kyo*. Bol. Madrid 3 Nr. 9 Mad*. MPC 249 Niz*. MPC 292, 293 Tuk*. BAB 4 Nr. 4 Ucc

928 Hildrun
42 Turku Informo Nr. 5 Tuk*. Turku Informo Nr. 5 Tuk
48 BAB 4 Nr. 3 Ucc
49 MPC 273, NAZ 3 22 Hei*

929 Algunde
47 MPC 207 Tuk*
48 BAB 4 Nr. 3 Ucc

930 Westphalia
44 Turku Informo Nr. 5 Tuk*
48 Krim Mitt. 4 208, 209 Sim*

931 Whittemora
42 Turku Informo Nr. 5 Tuk*
43 Turku Informo Nr. 5 Tuk*
46 MPC 225 Tuk*
48 BAB 4 Nr. 3 Ucc

932 Hooveria
48 MPC 209 Kyo*. MPC 217 SFe. BAB 4 Nr. 3 Ucc

---

[1]) Nicht zugehörig NAZ 4 28.
[2]) Berichtigung zu Minor Planets 1949 in NAZ 3 22.

933 Susi

49 MPC 255 Alg*. MPC 269 Alg. MPC 293 Tuk* BAB 4 Nr. 4 Ucc

934 Thuringia

43 Turku Informo Nr. 5 Tuk*

936 Kunigunde

46 MPC 221 Tuk*
48 Krim Mitt. 4 200, 201 Sim*. BAB 4 Nr. 3 Ucc †. BAB 4 Nr. 4 Ucc

938 Chlosinde

48 Krim Mitt. 4 206, 207 Sim*

939 Isberga

42 Turku Informo Nr. 5 Tuk*
47 MPC 207 Tuk*

940 Kordula

42 Turku Informo Nr. 5 Tuk*
49 MPC 268, NAZ 3 14 Hei*. MPC 250 Niz*. BAB 4 Nr. 4 Ucc

941 Murray

48 Krim Mitt. 4 200 Sim*. MPC 237 Tuk*. BAB 4 Nr. 4 Ucc

943 Begonia

48 MPC 238 Tuk*

944 Hidalgo

48 NAZ 3 10 Bgf. Astr Circ UdSSR Nr. 82 Kas. MPC 209, 334 (?) Kyo*. MPC 209 Kyo. Krim Mitt. 4 200, 208, 209 Sim*. MPC 215 Tok*
Eph (1949) MPC 238

946 Poësia

43 Turku Informo Nr. 5 Tuk*

947 Monterosa

42 Turku Informo Nr. 5 Tuk*
44 Turku Informo Nr. 5 Tuk*
49 MPC 293 Tuk*

948 Jucunda

42 Turku Informo Nr. 5 Tuk*

949 Hel

47 MPC 205 Tuk*
48 UC 108 Joh*

951 Gaspra

48 Krim Mitt. 4 198 Sim*
49 MPC 323 Niz*

952 Caia

44 Turku Informo Nr. 5 Tuk*

953 Painleva

44 Turku Informo Nr. 5 Tuk*
49 MPC 253 Joh*. MPC 336 Kyo*

954 Li

42 Turku Informo Nr. 5 Tuk*
48 Krim Mitt. 4 204 Sim*
49 MPC 319 (?) Alg*

955 Alstede

42 Turku Informo Nr. 5 Tuk*

957 Camelia

40 Belgrade Bull. 5 34 Bel*
46 MPC 223, 224 Tuk*
49 MPC 253 Joh*

959 Arne

49 MPC 284 Joh †

960 Birgit

48 Krim Mitt. 4 209 Sim* BAB 4 Nr. 3, 4 Ucc

961 Gunnie

43 Turku Informo Nr. 5 Tuk*

963 Iduberga

48 Krim Mitt. 4 210 Sim*. MPC 215 Tok*. BAB 4 Nr. 4 Ucc

966 Muschi

39 Belgrade Bull. 4 47 Bel*
48 MPC 237, 238 Tuk*

967 Helionape

40 Belgrade Bull. 5 17 Bel*
44 Turku Informo Nr. 5 Tuk*

968 Petunia

Id mit 1948 KC, MPC 209, 278[1])

969 Leocadia

48 Krim Mitt. 4 200 Sim*

970 Primula

43 Turku Informo Nr. 5 Tuk*

971 Alsatia

47 MPC 334 Kyo*

972 Cohnia

49 MPC 291 Tuk*

973 Aralia

48 UC 108 Joh*. Krim Mitt. 4 206, 207 Sim*

974 Lioba

42 Turku Informo Nr. 5 Tuk*
48 UC 108 Joh*. BAB 4 Nr. 3 Ucc

975 Perseverantia

43 Turku Informo Nr. 5 Tuk*
46 MPC 222 Tuk*
48 Krim Mitt. 4 200, 201 Sim*. BAB 4 Nr. 3, 4 Ucc

976 Benjamina

42 Turku Informo Nr. 5 Tuk*
48 MPC 237 Tuk*

977 Philippa

44 Turku Informo Nr. 5 Tuk*
48 Krim Mitt. 4 206 Sim*
49 MPC 294 Tuk*

978 Aidamina

40 Belgrade Bull. 5 34 Bel*

979 Ilsewa

40 Belgrade Bull. 5 34 Bel*
49 MPC 239 Joh*

980 Anacostia

42 Turku Informo Nr. 5 Tuk*
48 UC 108 Joh*. MPC 216 SFe. Krim Mitt. 4 199, 204 Sim*

[1]) Berichtigung in MPC 390.

981 Martina
39 Turku Informo Nr. 5 Tuk
42 Turku Informo Nr. 5 Tuk*
49 MPC 273 Joh †

982 Franklina
49 MPC 253 Joh*

983 Gunila
46 MPC 225 Tuk*
49 MPC 239 Joh*

984 Gretia
43 Turku Informo Nr. 5 Tuk*
49 MPC 314 Blo. MPC 253 Joh*

985 Rosina
43 Turku Informo Nr. 5 Tuk*

986 Amelia
42 Turku Informo Nr. 5 Tuk*
49 MPC 283 Joh*

987 Wallia
988 Appella
44 Turku Informo Nr. 5 Tuk*
49 MPC 283 Joh*

989 Schwaßmannia
48 Krim Mitt. 4 208, 209 Sim*

990 Yerkes
48 BAB 4 Nr. 4 Ucc*. BAB 4 Nr. 4 Ucc

992 Swasey
43 Turku Informo Nr. 5 Tuk*

994 Otthild
43 Turku Informo Nr. 5 Tuk*
47 MPC 206 Tuk*
48 UC 108 Joh*

995 Sternberga
48 MPC 208 Kyo*. UC 108 Joh*. Krim Mitt. 4 203 Sim*

996 Hilaritas
48 BAB 4 Nr. 4 Ucc

997 Priska
49 MPC 273 Joh †

999 Zachia
40 Turku Informo Nr. 5 Tuk
48 UC 108 Joh*

1000 Piazzia
44 Turku Informo Nr. 5 Tuk*

1001 Gaussia
49 MPC 249 Niz

1002 Olbersia
42 Turku Informo Nr. 5 Tuk*
44 Turku Informo Nr. 5 Tuk*
49 BAB 4 Nr. 4 Ucc

1003 Lilofee
42 Turku Informo Nr. 5 Tuk*
49 MPC 266 Joh †

1004 Belopolskya
48 Krim Mitt. 4 200 Sim*

1005 Arago
42 Turku Informo Nr. 5 Tuk*
49 MPC 239 Joh*

1007 Pawlowia
49 MPC 283 Joh †

1008 La Paz
42 Turku Informo Nr. 5 Tuk*

1010 Marlene
48 Krim Mitt. 4 200 Sim*. BAB 4 Nr. 3 (?) Ucc

1011 Laodamia
39 Turku Informo Nr. 5 Tuk

1013 Tombecka
42 Turku Informo Nr. 5 Tuk*
48 UC 108 Joh*

1015 Christa
47 MPC 206 Tuk*
48 Krim Mitt. 4 203 Sim*
49 MPC 282 Joh*

1016 Anitra
47 MPC 205 Tuk*

1017 Jacqueline
49 MPC 229 Niz*. MPC 291 Tuk*. BAB 4 Nr. 4 Ucc

1018 Arnolda
42 Turku Informo Nr. 5 Tuk*
46 MPC 222 Tuk*
48 BAB 4 Nr. 3 Ucc. BAB 4 Nr. 3 Ucc †

1020 Arcadia
48 UC 108 Joh*. UC 108, MPC 233 Joh

1021 Flammario
43 Turku Informo Nr. 5 Tuk*
49 MPC 284 Joh*

1023 Thomana
42 Turku Informo Nr. 5 Tuk*
48 Krim Mitt. 4 200 Sim*

1027 Aesculapia
48 Krim Mitt. 4 198 Sim*

1028 1923 PG
42 Turku Informo Nr. 5 Tuk*
44 Turku Informo Nr. 5 Tuk*
48 Krim Mitt. 4 210 Sim*

1029 La Plata
43 Turku Informo Nr. 5 Tuk*
48 BAB 4 Nr. 3 Ucc
49 MPC 296 Cor. MPC 275, 276 Fla*. MPC 272 Joh*

1030 1924 RQ
40 Belgrade Bull. 5 13 Bel*
42 Turku Informo Nr. 5 Tuk*
48 Krim Mitt. 4 200, 201 Sim*

1031 Arctica
42 Turku Informo Nr. 5 Tuk*
47 MPC 208 Tuk*

1032 Pafuri
48 Krim Mitt. 4 200 Sim*. BAB 4 Nr. 4 Ucc

1034 1924 SS
48 UC 108 Joh*

1036 Ganymed
49 MPC 255 Alg*. MPC 269 Alg
El **AN 277 115, BIA 4 226**

1038 Tuckia
43 Turku Informo Nr. 5 Tuk*
48 BAB 4 Nr. 4 Ucc

1039 Sonneberga
49 MPC 282 Joh*

1041 Asta
40 Belgrade Bull. 5 13 (?) Bel*

1042 Amazone
42 Turku Informo Nr. 5 Tuk*
48 Krim Mitt. 4 203 Sim*
49 MPC 273 Joh
Eph (1950) NAZ 3 42
El NAZ 3 42

1043 Beate
46 MPC 220 Tuk*
48 UC 108 Joh*. MPC 262, 263 LaP. Krim Mitt. 4 199 Sim*

1044 Teutonia
42 Turku Informo Nr. 5 Tuk*
44 Turku Informo Nr. 5 Tuk*
48 BAB 4 Nr. 3 Ucc
49 MPC 266 Joh*

1045 Michela
Eph (1949) MPC 280, 281
El MPC 280, 281

1046 Edwin
44 Turku Informo Nr. 5 Tuk*

1047 Geisha
42 Turku Informo Nr. 5 Tuk*
49 MPC 247 Niz*. BAB 4 Nr. 4 Ucc

1048 Feodosia
40 Turku Informo Nr. 5 Tuk
46 MPC 224, 225 Tuk*. Turku Informo Nr. 5 Tuk
49 MPC 255 Alg*. MPC 269 Alg. MPC 268, NAZ 3 14 Hei*. MPC 336 Kyo*. MPC 295 Tuk*

1049 Gotho
47 MPC 207 Tuk*

1050 Meta
42 Turku Informo Nr. 5 Tuk*

1051 Merope
42 Turku Informo Nr. 5 Tuk*
46 MPC 221 Tuk*
48 Krim Mitt. 4 206 Sim* BAB 4 Nr. 3 Ucc

1052 Belgica
43 Turku Informo Nr. 5 Tuk*
48 UC 108 Joh*. Krim Mitt. 4 199 Sim*.

1053 Vigdis
49 MPC 266 (?) Joh

1054 Forsytia
48 BAB 4 Nr. 3 Ucc
49 MPC 282 Joh

1055 Tynka
48 MPC 202 Niz*. BAB 4 Nr. 4 Ucc

1056 Azalea
48 Krim Mitt. 4 203 Sim*

1058 Grubba
48 Krim Mitt. 4 199 Sim*. MPC 237 Tuk*

1061 Paeonia
48 BAB 4 Nr. 3, 4 Ucc

1062 Ljuba
40 Belgrade Bull. 5 22 Bel*
46 MPC 225, 226 Tuk*
49 MPC 253 Joh*

1063 Aquilegia
39 Belgrade Bull. 4 46, 47 Bel*
46 MPC 223, 224 Tuk*
48 BAB 4 Nr. 3 Ucc
49 MPC 284 Joh*

1064 Aethusa
49 MPC 247 Niz*

1065 Amundsenia
48 BAB 4 Nr. 3 Ucc

1067 Lunaria
48 UC 108 Joh*

1068 Nofretete
49 MPC 249, 250 Niz*. MPC 294 Tuk*

1069 Planckia
44 Turku Informo Nr. 5 Tuk*
48 MPC 202 Niz*

1071 Brita
43 Turku Informo Nr. 5 Tuk*
47 MPC 205 Tuk*
48 Krim Mitt. 4 203 Sim*
49 MPC 283 Joh*

1073 Gellivara
40 Belgrade Bull. 5 27 Bel*

1074 Beljawskya
42 Turku Informo Nr. 5 Tuk*

1077 Campanula
48 UC 108 Joh*. Krim Mitt. 4 199 Sim*

1078 Mentha
48 Krim Mitt. 4 198 Sim*

1079 Mimosa
42 Turku Informo Nr. 5 Tuk*
48 UC 108 Joh*

1080 Orchis
46 MPC 223, 224 Tuk*

1083 Salvia
46 MPC 221 Tuk*
48 BAB 4 Nr. 4 Ucc
El MPC 341, NAZ 3 21

1084 Tamariwa
40 Belgrade Bull. 5 14 Bel*

1085 Amaryllis
42 Turku Informo Nr. 5 Tuk*
47 MPC 205 Tuk*
48 Krim Mitt. 4 203 Sim*
49 MPC 283 Joh*

1086 Nata
47 MPC 205 Tuk*
48 UC 108 Joh*
49 MPC 287, NAZ 3 27 Hei*. MPC 283 Joh*

1087 Arabis
43 Turku Informo Nr. 5 Tuk*

1088 Mitaka
42 Turku Informo Nr. 5 Tuk*

48 BAB **4** Nr. 3 Ucc †
49 MPC 269 Alg

1089 Tama
42 Turku Informo Nr. 5 Tuk*
49 MPC 266 Joh*

1091 Spiraea[1])
1092 Lilium
44 Turku Informo Nr. 5 Tuk*
49 BAB **4** Nr. 4 Ucc

1095 Tulipa
Eph (1949) MPC 317[2])

1096 Reunerta
44 Turku Informo Nr. 5 Tuk*
48 Krim Mitt. **4** 203 Sim* BAB **4** Nr. 3 Ucc
49 MPC 283 Joh*

1099 Figneria
42 Turku Informo Nr. 5 Tuk*

1100 Arnica
48 Krim Mitt. **4** 200 Sim*. BAB **4** Nr. 3, **4** Ucc

1102 Pepita
42 Turku Informo Nr. 5 Tuk*
48 Krim Mitt. **4** 198, 199, 204 Sim*
49 Astr Circ UdSSR Nr. **93** Kiw

1103 Sequoia
49 MPC 314, 315 Blo. MPC 275, 276 Fla*. MPC 274, NAZ **3** 22 Hei*. MPC 273 Joh*

1104 Syringa
42 Turku Informo Nr. 5 Tuk*
48 Krim Mitt. **4** 206 Sim*

1105 Fragaria
48 UC 108 Joh*

1107 Lictoria
46 MPC 221 Tuk*
48 UC 108 Joh*. MPC 263 LaP. Krim Mitt. **4** 205 Sim*

1108 Demeter
48 Krim Mitt. **4** 198 Sim*

1109 Tata
48 Krim Mitt. **4** 199 Sim*

1111 Reinmuthia
42 Turku Informo Nr. 5 Tuk*
49 MPC 274, NAZ **3** 22 Hei*. MPC 273 Joh*

1112 Polonia
44 Turku Informo Nr. 5 Tuk*
Id mit 1933 PA, MPC 231

1113 Katja
42 Turku Informo Nr. 5 Tuk*
47 MPC 205 Tuk*
49 MPC 272 Joh*

1114 Lorraine
47 MPC 207 Tuk*
48 Krim Mitt. **4** 204 Sim*

1116 Catriona
49 MPC 239 Joh*

1117 Reginita
47 MPC 207 Tuk*
48 Krim Mitt. **4** 200 Sim*. BAB **4** Nr. 4 Ucc

1118 Hanskya
44 Turku Informo Nr. 5 Tuk*
47 MPC 205 Tuk*
49 MPC 283 Joh*

1119 Euboea
48 Krim Mitt. **4** 200 Sim*

1120 Cannonia
43 Turku Informo Nr. 5 Tuk*
48 Krim Mitt. **4** 201 Sim*. BAB **4** Nr. 4 Ucc

1121 Natascha
42 Turku Informo Nr. 5 Tuk*

1123 Shapleya
43 Turku Informo Nr. 5 Tuk*
46 MPC 220 Tuk*
48 Krim Mitt. **4** 210 Sim*

1124 Stroobantia
48 BAB **4** Nr. 3 Ucc*

1126 Otero
43 Turku Informo Nr. 5 Tuk*
48 Krim Mitt. **4** 207 Sim*

1127 Mimi
42 Turku Informo Nr. 5 Tuk*
48 UC 108 Joh*

1128 Astrid
40 Belgrade Bull. **5** 27 Bel*
43 Turku Informo Nr. 5 Tuk*
47 MPC 204 Tuk*
48 Krim Mitt. **4** 198 Sim*
49 MPC 263 LaP
Eph (1950) La Plata Circ. Nr. **6**
El La Plata Circ. Nr. **6**

1129 Neujmina
42 Turku Informo Nr. 5 Tuk*
49 MPC 266 (?) Joh*

1130 Skuld
49 MPC 323 Niz*

1131 Porzia
39 Belgrade Bull. **4** 43 Bel*
El Publ. Astr. Soc. Japan **1** 51[3]) +)
Id mit 1939 TI, Belgrade Bull. **4** 47

1132 Hollandia
49 MPC 247 Niz*

1133 Lugduna
39 Belgrade Bull. **4** 47 Bel*

1134 Kepler
49 BAB **4** Nr. 4 Ucc

1135 Colchis
42 Turku Informo Nr. 5 Tuk*
44 Turku Informo Nr. 5 Tuk*
49 MPC 249 (?) Niz*. MPC 293 Tuk*

1137 Raïssa
42 Turku Informo Nr. 5 Tuk*

---

[1]) In MPC 46 fälschlich als 1941 UK bezeichnet. Berichtigung in MPC 297.
[2]) Berichtigung in MPC 333.
[3]) Unter der Bezeichnung 1939 TI.
+) = Tok Repr **50** = MPC 680.

48 Krim Mitt. 4 200 Sim*. BAB 4 Nr. 4 Ucc
Eph (1949) MPC 231

1139 Atami
48 MPC 334 Kyo*. MPC 215 Tok*

1141 Bohmia
37 MPC 203 (?) Niz
39 Belgrade Bull. 4 46 Bel*
El MPC 303

1142 Aetolia
40 Turku Informo Nr. 5 Tuk
41 Turku Informo Nr. 5 Tuk
42 Turku Informo Nr. 5 Tuk*. Turku Informo Nr. 5 Tuk
49 MPC 324—326 Fla*. MPC 288—290, NAZ 3 28, 31, 32 Hei*

1143 Odysseus
43 Turku Informo Nr. 5 Tuk*

1144 Oda
48 UC 108 Joh*. MPC 233, UC 108 Joh

1145 Robelmonte
42 Turku Informo Nr. 5 Tuk*
48 MPC 236 Tuk*. BAB 4 Nr. 3 Ucc
49 MPC 324, 325 Fla*. MPC 284 (?) Joh*

1146 Biarmia
40 Belgrade Bull. 5 34 Bel*
46 MPC 223, 224 Tuk*

1147 Stavropolis
42 Turku Informo Nr. 5 Tuk*
49 MPC 248 Niz*

1148 Raraju
43 Turku Informo Nr. 5 Tuk*
49 BAB 4 Nr. 4 Ucc

1149 1929 PF
48 UC 108 Joh*. MPC 233, UC 108 Joh

1150 Achaia
42 Turku Informo Nr. 5 Tuk*

1152 Pawona
39 MPC 246 Niz
40 Belgrade Bull. 5 34 Bel*
49 MPC 291 Tuk*. BAB 4 Nr. 4 Ucc

1153 Wallenbergia
49 MPC 248 Niz*

1154 Astronomia
48 UC 108 Joh*. MPC 263 LaP

1155 Aënna
48 UC 108 Joh*
Id mit 1941 UZ, MPC 383

1158 Luda
49 MPC 273 Joh

1159 Granada
46 MPC 221 Tuk*
48 BAB 4 Nr. 4 Ucc

1160 Illyria
49 MPC 283 Joh*

1161 Thessalia
49 BAB 4 Nr. 4 Ucc

1162 Larissa
42 Turku Informo Nr. 5 Tuk*
49 MPC 284 Joh*

1163 Saga
42 Turku Informo Nr. 5 Tuk*

1165 Imprinetta
42 Turku Informo Nr. 5 Tuk*
48 Krim Mitt. 4 209 Sim*

1168 Brandia
El NAZ 3 32, 33

1169 Alwine
48 BAB 4 Nr. 3 Ucc

1170 Siva
42 Turku Informo Nr. 5 Tuk*

1171 Rusthawelia
43 Turku Informo Nr. 5 Tuk*
49 MPC 230, 249, 322 Niz*. MPC 291, 292 Tuk*. BAB 4 Nr. 4 Ucc

1172 Äneas
49 MPC 253 Joh*

1175 Margo
48 MPC 202 Niz*. BAB 4 Nr. 4 Ucc

1176 Lucidor
43 Turku Informo Nr. 5 Tuk*
49 MPC 202 Niz*

1177 Gonnessia
48 MPC 227 Alg*. MPC 269 Alg. BAB 4 Nr. 4 Ucc
Eph (1949/50) La Plata Circ. Nr. 6, NAZ 3 42
Eph (1950) MPC 332
El La Plata Circ. Nr. 6, MPC 332, NAZ 3 42

1180 Rita
42 Turku Informo Nr. 5 Tuk*

1181 Lilith
49 MPC 248 Niz*

1182 Ilona
44 Turku Informo Nr. 5 Tuk*
49 MPC 323 Niz*

1183 Jutta
48 MPC 215 (?) Tok*
49 MPC 283 Joh*

1184 Gaea
42 Turku Informo Nr. 5 Tuk*
46 MPC 221 Tuk*

1185 Nikko
42 Turku Informo Nr. 5 Tuk*
49 MPC 268, NAZ 3 14 Hei*. MPC 250 Niz*. BAB 4 Nr. 4 Ucc

1186 Turnera
43 Turku Informo Nr. 5 Tuk*
49 MPC 250 Niz*. BAB 4 Nr. 4 Ucc

1188 Gothlandia
49 MPC 273 Joh*

1189 Terentia
49 MPC 266 Joh*

1192 Prisma
49 MPC 243[1]) Blo. BAB 4 Nr. 4 Ucc
Eph MPC 243

1194 Aletta
43 Turku Informo Nr. 5 Tuk*
48 Krim Mitt. 4 208 Sim*

1196 Sheba
48 Krim Mitt. 4 198 Sim*
49 MPC 315 Joh

1197 Rhodesia
43 Turku Informo Nr. 5 Tuk*
48 BAB 4 Nr. 4 Ucc

1199 Geldonia
42 Turku Informo Nr. 5 Tuk*
48 BAB 4 Nr. 4 Ucc

1200 Imperatrix
48 MPC 238 Tuk*

1201 Strenua
48 UC 108 Joh*. Krim Mitt. 4 204 Sim*

1202 Marina
39 Belgrade Bull. 4 47 Bel †

1204 Renzia
48 Krim Mitt. 4 206 Sim*. BAB 4 Nr. 3 Ucc*. BAB 4 Nr. 3 Ucc

1205 Ebella
49 MPC 248 Niz*

1207 Ostenia
49 MPC 293 Tuk*. BAB 4 Nr. 4 (?) Ucc

1208 Troilus
42 Turku Informo Nr. 5 Tuk*

1211 Bressole
40 Belgrade Bull. 5 33 (?) Bel*
43 Turku Informo Nr. 5 Tuk*
49 MPC 294 Tuk*

1212 Francette
49 MPC 228, 254, 255 Alg*. MPC 269 Alg. MPC 249 Niz*. MPC 292, 293 Tuk*. BAB 4 Nr. 4 Ucc

1213 Algeria
49 MPC 227, 228 Alg*. MPC 269 Alg
El MPC 256[2])

1215 1932 BA
49 MPC 255 Alg*. MPC 269 Alg

1216 Askania
42 Turku Informo Nr. 5 Tuk*
49 MPC 294 Tuk*. BAB 4 Nr. 4 Ucc

1217 Maximiliana
43 Turku Informo Nr. 5 Tuk*
48 BAB 4 Nr. 4 Ucc

1219 Britta
42 Turku Informo Nr. 5 Tuk*

1221 Amor
40 Belgrade Bull. 5 13 Bel*. Belgrade Bull. 5 31 Bel. Turku Informo Nr. 5 Tuk
48 Himmelswelt 56 134, NAZ 3 7 Bgf. UC 108 Joh. LOB 522 MtH. Turku Informo Nr. 5 Tuk. BAB 4 Nr. 3 Ucc

1223 Neckar
49 MPC 253 Joh*

1224 Fantasia
48 Krim Mitt. 4 206 Sim*. BAB 4 Nr. 3 Ucc

1225 Ariane
48 Krim Mitt. 4 200 Sim*. BAB 4 Nr. 3 Ucc

1228 Scabiosa
49 MPC 288, NAZ 3 28 Hei †. MPC 288, NAZ 3 31 Hei*

1229 Tilia
48 BAB 4 Nr. 3 Ucc

1231 Auricula
48 Krim Mitt. 4 199 Sim*

1232 Cortusa
El Publ. Astr. Soc. Japan 1 50, 51+)
Id mit 1930 OH, Publ. Astr. Soc. Japan 1 50, 51+)

1233 Kobresia
47 MPC 207 Tuk*

1235 Schorria
49 MPC 312 BoA. MPC 265 Cor
Eph MPC 277

1237 Geneviève
46 MPC 222 Tuk*
48 MPC 227 Alg*. MPC 269 Alg. BAB 4 Nr. 4 Ucc

1238 Predappia
48 BAB 4 Nr. 4 (?) Ucc

1239 Queteleta
45 MPC 204 Tuk*
48 Krim Mitt. 4 210 Sim*. BAB 4 Nr. 4 Ucc

1240 Centenaria
42 Turku Informo Nr. 5 Tuk*
46 MPC 220 Tuk*

1241 Dysona
42 Turku Informo Nr. 5 Tuk*
49 MPC 239 Joh

1242 Zambesia
47 MPC 334 Kyo*
49 MPC 228, 254 Alg*. MPC 269 Alg. MPC 230, 249, 322 Niz*. MPC 291, 292 Tuk*. BAB 4 Nr. 4 Ucc

1244 Deira
47 MPC 207 Tuk*
48 BAB 4 Nr. 4 Ucc

1245 Calvinia
48 Krim Mitt. 4 200 Sim*. MPC 215 Tok*. BAB 4 Nr. 3, 4 Ucc

1246 Chaka
49 MPC 282 Joh

[1]) Berichtigung in MPC 534.
[2]) Berichtigung in MPC 263, 380.

+) = Tok Repr 50 = MPC 679.

1247 Memoria
48 UC 108 Joh*
49 MPC 324 Niz*

1248 Jugurtha
44 Turku Informo Nr. 5 Tuk*
49 MPC 266 Joh*
El NAZ 3 33

1249 Rutherfordia
48 Krim Mitt. 4 205 Sim*. MPC 237 Tuk*

1251 Hedera
40 Belgrade Bull. 5 22 Bel*

1252 Celestia
48 UC 108 Joh*

1253 Frisia
48 Krim Mitt. 4 200 Sim*. BAB 4 Nr. 4 Ucc

1254 Erfordia
42 Turku Informo Nr. 5 Tuk*
49 MPC 255 Joh †

1256 Normannia
48 Krim Mitt. 4 207, 208 Sim*

1257 Móra
44 Turku Informo Nr. 5 Tuk*
48 BAB 4 Nr. 3 Ucc

1258 Sicilia
Eph (1950) La Plata Circ. Nr. 6
El La Plata Circ. Nr. 6

1259 Ogyalla
44 Turku Informo Nr. 5 Tuk*

1261 Legia
38 Turku Informo Nr. 5 Tuk
44 Turku Informo Nr. 5 Tuk*
49 MPC 291 Tuk*

1262 Sniadeckia
43 Turku Informo Nr. 5 Tuk*
49 MPC 294 Tuk*

1263 Varsavia
46 MPC 221 Tuk*
48 Krim Mitt. 4 206 Sim*

1264 Letaba
48 Bol. Madrid 3 Nr. 9 Mad*

1265 Schweikarda
48 BAB 4 Nr. 4 Ucc

1266 Tone
48 UC 108 Joh*. MPC 263 LaP
49 MPC 323 (?)[1]) Niz*

1268 Libya
42 Turku Informo Nr. 5 Tuk*
48 Krim Mitt. 4 207 Sim*

1269 Rollandia
42 Turku Informo Nr. 5 Tuk*
46 MPC 222 Tuk*
48 MPC 229 Niz*
49 MPC 202 Niz*

1271 Isergina
48 Krim Mitt. 4 201 Sim*
El Publ. Astr. Soc. Japan 1 50+)

1274 Delportia
42 Turku Informo Nr. 5 Tuk*

1278 Kenya
43 Turku Informo Nr. 5 Tuk*
48 UC 108 Joh*

1279 Uganda
37 MPC 231 Niz. MPC 286 Joh
44 MPC 286 Joh
48 MPC 286 Niz. Krim Mitt. 4 206 Sim*

1280 Baillauda
49 BAB 4 Nr. 4 Ucc

1281 Jeanne
49 MPC 315 Blo

1282 Utopia
39 Turku Informo Nr. 5 Tuk

1283 1925 SC
48 Krim Mitt. 4 199 Sim*

1284 Latvia
42 Turku Informo Nr. 5 Tuk*
49 MPC 253 Joh*

1285 Julietta
48 UC 108 Joh*

1286 Banachiewicza
48 Krim Mitt. 4 204 Sim*

1287 Lorcia
48 Krim Mitt. 4 199 Sim*

1289 Kutaïssi
48 Krim Mitt. 4 200 Sim*. BAB 4 Nr. 3, 4 Ucc

1290 Albertine
44 Turku Informo Nr. 5 Tuk*
48 BAB 4 Nr. 4 Ucc

1291 Phryne
47 MPC 207 Tuk*
48 UC 108 Joh*. Krim Mitt. 4 204 Sim*

1292 Luce
48 UC 108 Joh*. MPC 263 LaP

1296 Andrée
42 Turku Informo Nr. 5 Tuk*
44 Turku Informo Nr. 5 Tuk*
48 MPC 227 Alg*. MPC 269 Alg. MPC 202 Niz*. Krim Mitt. 4 210 Sim*. BAB 4 Nr. 4 Ucc

1298 Nocturna
43 Turku Informo Nr. 5 Tuk*
48 Krim Mitt. 4 205 Sim*

1299 Mertona
49 MPC 256 (?) Alg
El MPC 256[2])

1300 Marcelle
49 MPC 342 Alg*. MPC 266[3]) Joh
Eph (1950) MPC 342
El MPC 342

[1]) Berichtigung in MPC 380.
[2]) Berichtigung in MPC 263, 380.
[3]) Berichtigung in MPC 445.

+) = Tok Repr 50 = MPC 679 (mit 1930 MK bezeichnet).

1301 Yvonne
48 Krim Mitt. 4 198 Sim*

1302 Werra
48 MPC 236 Tuk*. BAB 4 Nr. 3 Ucc
49 BAB 4 Nr. 4 Ucc

1303 Luthera
40 Belgrade Bull. 5 18 Bel*

1304 Arosa
48 BAB 4 Nr. 4 Ucc

1305 Pongola
42 Turku Informo Nr. 5 Tuk*
48 Krim Mitt. 4 203 Sim*
49 MPC 283 Joh*

1307 Cimmeria
42 Turku Informo Nr. 5 Tuk*
49 MPC 253 Joh †

1308 Halleria
48 Krim Mitt. 4 207—210 Sim*. BAB 4 Nr. 3 (?) Ucc

1310 Villigera
32 MPC 274, NAZ 3 23 Hei
Eph (1949) NAZ 3 26

1315 Bronislawa
49 MPC 265 (?) Joh*

1319 Disa
44 Turku Informo Nr. 5 Tuk*
49 MPC 229, 230 Niz*. MPC 291 Tuk*. BAB 4 Nr. 4[1]) Ucc

1321 Majuba
43 Turku Informo Nr. 5 Tuk*
49 MPC 314 Blo. MPC 253 Joh*

1322 Coppernicus
49 MPC 315 Blo. MPC 266 Joh

1323 Tugela
48 Krim Mitt. 4 200 Sim*. MPC 237 Tuk*. BAB 4 Nr. 4 Ucc

1326 Losaka
48 MPC 202 (?) Niz*

1327 Namaqua
39 Belgrade Bull. 4 47 Bel †
48 UC 108 Joh*

1328 Devota
38 Turku Informo Nr. 5 Tuk

1330 1925 DB
48 BAB 4 Nr. 3 (?) Ucc
49 MPC 273, NAZ 3 22 Hei †

1331 Solvejg
48 Krim Mitt. 4 198 Sim*

1332 Marconia
48 Krim Mitt. 4 208, 209 Sim*. MPC 237 Tuk*

1333 Cevenola
49 MPC 319[2]) Alg*

1334 Lundmarka
43 Turku Informo . Nr. 5 Tuk*
49 MPC 287, NAZ 3 27 Hei*. MPC 283 Joh*
Eph MPC 264

1336 Zeelandia
42 Turku Informo Nr. 5 Tuk*
48 UC 108 Joh*

1338 Duponta
49 MPC 228 Alg*. MPC 269 Alg. BAB 4 Nr. 4 Ucc

1339 Désagneauxa
49 MPC 319 Alg*

1341 Edmée
42 Turku Informo Nr. 5 Tuk*
49 MPC 248 Niz*. MPC 291 Tuk*. BAB 4 Nr. 4 Ucc

1342 Brabantia
49 MPC 239 Joh

1343 Nicole
43 Turku Informo Nr. 5 Tuk*
49 MPC 342 Alg*

1347 Patria
39 Belgrade Bull. 4 43 Bel*

1348 Michel
49 MPC 284 Joh †

1349 Bechuana
43 Turku Informo Nr. 5 Tuk*
49 MPC 239 Joh*. MPC 239 Joh

1350 Rosselia
46 MPC 221, 222 Tuk*
48 Krim Mitt. 4 205 Sim*

1351 1934 TF

1352 Wawel
42 Turku Informo Nr. 5 Tuk*

1353 Maartje
48 Krim Mitt. 4 208, 209 Sim*

1356 Nyanza
44 Turku Informo Nr. 5 Tuk*
48 MPC 334 (?) Kyo*. MPC 237, 238 Tuk*

1357 1935 ND
48 BAB 4 Nr. 4 Ucc

1358 1935 OB
42 Turku Informo Nr. 5 Tuk*

1360 1935 OD
48 Krim Mitt. 4 199 Sim*

1362 Griqua
49 MPC 243 Blo. BAB 4 Nr. 4 Ucc
Eph MPC 244
El MPC 244

1364 Safara
42 Turku Informo Nr. 5 Tuk*
43 Turku Informo Nr. 5 Tuk*
48 Krim Mitt. 4 203 Sim*
49 MPC 273 Joh*

1365 1928 RK
48 UC 108 Joh*. Krim Mitt. 4 199 Sim*

---

[1]) In BAB 4 Nr. 4 mit 1949 U_{20} bezeichnet, MPC 542.
[2]) Berichtigung in MPC 420.

1366 Piccolo
44 Turku Informo Nr. 5 Tuk
49 MPC 248 Niz*. BAB 4 Nr. 4 Ucc

1369 1935 QB
40 Belgrade Bull. 5 34 Bel*

1371 Resi
33 MPC 275, NAZ 3 14 Hei
35 MPC 275, NAZ 3 14 Hei
38 MPC 275, NAZ 3 14 Hei

1373 1935 QN
48 LOB 522 MtH
49 MPC 296[1]), LOB 522 MtH

1375 Alfreda
48 BAB 4 Nr. 3 Ucc

1376 Michelle
48 UC 108 Joh*. MPC 263 LaP. Krim Mitt. 4 199 Sim*

1377 Roberbauxa
48 MPC 227 Alg*. MPC 269 Alg. BAB 4 Nr. 4 Ucc

1378 Leonce
47 MPC 206, 207 Tuk*

1379 1936 FC
40 Belgrade Bull. 5 13 Bel*
44 Turku Informo Nr. 5 Tuk*
48 BAB 4 Nr. 3 Ucc

1380 Volodia
El MPC 245[2])

1381 Danubia
42 Turku Informo Nr. 5 Tuk*
46 MPC 224 Tuk*

1382 Gerti
49 MPC 287, NAZ 3 27 Hei*. MPC 283 Joh*

1384 Kniertje
48 Krim Mitt. 4 206 Sim*
49 MPC 247 Niz*. BAB 4 Nrl 4 Ucc

1385 Gelria
43 Turku Informo Nr. 5 Tuk*
49 MPC 282 Joh*. Krim Mitt. 4 203 Sim*

1386 Storeria
49 BAB 4 Nr. 4 Ucc

1388 Aphrodite
49 MPC 267, NAZ 3 14 Hei*. MPC 250 (?) Niz*. BAB 4 Nr. 4 Ucc

1389 Onnie
49 MPC 324—326 Fla*. MPC 288, NAZ 3 28 Hei †. MPC 288, NAZ 3 31 Hei*

1390 1935 TA
48 Krim Mitt. 4 208, 209 Sim*. MPC 237 Tuk*

1392 Pierre
38 Turku Informo Nr. 5 Tuk

1393 1936 KD
48 UC 108 Joh*. MPC 233, UC 108 Joh
49 MPC 341 (?), 390 (?) Blo*

1394 1936 MD
40 Belgrade Bull. 5 33 Bel*
43 Turku Informo Nr. 5 Tuk*
48 Krim Mitt. 4 206 Sim*

1395 Aribeda
36 MPC 275, NAZ 3 14 Hei
37 MPC 275, NAZ 3 14 Hei
39 MPC 275 (?), NAZ 3 14 (?) Hei

1396 1936 PF
42 Turku Informo Nr. 5 Tuk*
Id mit 1933 SL_1, MPC 247

1397 1936 PG
49 MPC 275, 276 Fla*. MPC 272 Joh*

1398 Donnera
42 Turku Informo Nr. 5 Tuk*
47 MPC 207 Tuk*
48 BAB 4 Nr. 4 Ucc

1400 Tirela
El MPC 245

1403 1936 QA
43 Turku Informo Nr. 5 (?) Tuk*
Id mit 1949 MH (= Heid 9) (?), MPC 273, NAZ 3 22

1404 Ajax
48 Krim Mitt. 4 199 Sim*

1407 Lindelöf
40 Belgrade Bull. 5 33 Bel*
42 Turku Informo Nr. 5 Tuk*
49 MPC 273 Joh*

1409 Isko
42 Turku Informo Nr. 5 Tuk*
46 MPC 221 Tuk*
48 Krim Mitt. 4 207, 208 Sim*

1410 Margret
49 MPC 314 Blo

1412 Lagrula
39 Belgrade Bull. 4 47 Bel*
47 MPC 206 Tuk*
El MPC 245

1415 Malautra
48 Krim Mitt. 4 205, 207, 208 Sim*

1417 Walinskia
48 UC 108 Joh*. MPC 233, UC 108 Joh

1419 Danzig
43 Turku Informo Nr. 5 Tuk*

1420 Radcliffe
49 MPC 341, 390 Blo

1421 1936 FQ
47 MPC 206 Tuk*

1423 Jose
Eph (1949) MPC 264
Eph (1950) Mem SA It (NS) 20 241—244 = Contr.

[1]) Berichtigung in MPC 307.
[2]) Berichtigung in MPC 542.

Oss. Astr. Milano-Merate (NS) Nr. **29**
El SA It (NS) **20** 241—244 = Contr. Oss. Astr. Milano-Merate (NS) Nr. **29**

1424 Sundmania
43 Turku Informo Nr. **5** Tuk*
46 MPC 224, 225 Tuk*
49 MPC 249 Niz*. MPC 291, 293 Tuk*

1426 1937 GF[1]
38 Turku Informo Nr. **5** Tuk
49 MPC 247, 248 Niz*. MPC 292 Tuk*. BAB **4** Nr. 4 Ucc

1428 1937 ND
49 MPC 202, 247, 248 Niz*. BAB **4** Nr. 4 Ucc
Id mit 1949 FA (?), MPC 243

1430 1937 NK
49 MPC 266 Joh

1431 1937 OB
49 BAB **4** Nr. 4 Ucc

1434 Margot
48 UC **108** Joh*. Krim Mitt. **4** 199, 205 Sim*

1436 1936 YA
40 Belgrade Bull. **5** 22 Bel*

1437 Diomedes
42 Turku Informo Nr. **5** Tuk*
43 Turku Informo Nr. **5** Tuk*

1439 Vogtia
Eph (1950) La Plata Circ. Nr. **6**
El La Plata Circ. Nr. **6**

1443 Ruppina
46 MPC 225 Tuk*
49 BAB **4** Nr. 4 Ucc

1445 Konkolya
49 MPC 202 (?) Niz*

1447 1938 BB
42 Turku Informo Nr. **5** Tuk*

1448 Lindbladia
42 Turku Informo Nr. **5** Tuk*
49 MPC 291 Tuk*. BAB **4** Nr. 4 Ucc

1450 1938 DP
42 Turku Informo Nr. **5** Tuk*
Id mit 1934 GI, NAZ **3** 11

1452 1938 DZ_1
49 MPC 303, 313, 314 Blo. BAB **4** Nr. 4 Ucc
Eph (1950) MPC 332, 333

1453 Fennia
43 Turku Informo Nr. **5** Tuk*
44 Turku Informo Nr. **5** Tuk*
47 MPC 208 Tuk*
Eph (1949) NAZ **3** 26
El NAZ **3** 26

1455 Mitchella
42 Turku Informo Nr. **5** Tuk*
48 BAB **4** Nr. 3 Ucc

1456 1937 NG
48 UC **108** Joh*. MPC 233, UC **108** Joh

1457 Ankara
49 MPC 247 Niz*

1461 1937 YL
49 MPC 202, 247, 248 Niz*

1462 1938 CA
49 MPC 291 Tuk*

1463 1938 CB
42 Turku Informo Nr. **5** Tuk*
44 Turku Informo Nr. **5** Tuk*
47 MPC 207, 208 Tuk*
49 Astr Circ UdSSR Nr. **86** (?) Kas. MPC 291 Tuk*
Eph Astr Circ UdSSR Nr. **86**
El Astr Circ UdSSR Nr. **86**

1464 1939 VO
48 UC **108** Joh*. MPC 233, UC **108** Joh

1466 Mündleria
49 MPC 274, NAZ **3** 22 Hei †

1467 1938 OE
39 Belgrade Bull. **4** 43 Bel*
42 Turku Informo Nr. **5** Tuk*
48 BAB **4** Nr. 3 Ucc
49 MPC 239 Joh*

1468 1938 PA
48 Krim Mitt. **4** 209 Sim*

1469 Linzia
42 Turku Informo Nr. **5** Tuk*
44 Turku Informo Nr. **5** Tuk*
48 Krim Mitt. **4** 204 Sim*
49 Astr Circ UdSSR Nr. **92** Aba*

1471 1938 SL_1
49 MPC 247 Niz*. MPC 292 Tuk*. BAB **4** Nr. 4 Ucc

1472 1938 UQ
48 Krim Mitt. **4** 200 Sim*. MPC 237 Tuk*

1473 1938 UT
42 Turku Informo Nr. **5** Tuk*

1477 Bonsdorffia
38 MPC 245[2]) Tuk
42 MPC 245[2]), Turku Informo Nr. **5** Tuk*
El MPC 244, 245

1478 1938 CF
42 Turku Informo Nr. **5** Tuk*

1479 1938 DE
47 MPC 206 Tuk*

1481 Tübingia
43 Turku Informo Nr. **5** Tuk*

1482 Sebastiana
42 Turku Informo Nr. **5** Tuk*

---

[1]) Berichtigung zu Minor Planets 1949 in NAZ **3** 22.
[2]) Berichtigung in MPC 351, 445.

1483 1938 DI_1
42 Turku Informo Nr. 5 Tuk*
47 MPC 206 Tuk*

1484 1938 HC
42 Turku Informo Nr. 5 Tuk*

1486 Marilyn
48 BAB 4 Nr. 3 Ucc

1487 Boda
Id mit 1940 EN, MPC 383

1488 1938 XE
42 Turku Informo Nr. 5 Tuk*

1493 Sigrid
42 Turku Informo Nr. 5 Tuk*
49 MPC 275, 276 Fla*. MPC 272 Joh*
Id mit 1933 FB_1, MPC 229

1494 1938 SI
48 MPC 227 Alg*. MPC 269 Alg. MPC 202 Niz*. Krim Mitt. 4 210 Sim*

1497 1938 SB_1
48 Krim Mitt. 4 209 Sim*. BAB 4 Nr. 3, 4 Ucc

1499 1938 UF
42 Turku Informo Nr. 5 Tuk*

1500 1938 UH
43 Turku Informo Nr. 5 Tuk*
48 BAB 4 Nr. 3 Ucc

1501 1938 UI
42 Turku Informo Nr. 5 Tuk*

1502 Arenda
49 MPC 249 Niz*

1503 1938 XD
42 Turku Informo Nr. 5 Tuk*

1505 1939 HH
48 UC 108 Joh*. MPC 233, UC 108 Joh. Krim Mitt. 4 204 Sim*

1509 Esclangona
48 MPC 246 Niz

1512 1939 FE
42 Turku Informo Nr. 5 Tuk*

1513 1940 EB
Id mit 1940 EO, MPC 383

1514 Ricouxa
49 MPC 256 Alg
Eph MPC 229

1517 1938 FD
40 Belgrade Bull. 5 34 Bel*
42 Turku Informo Nr. 5 Tuk*
47 MPC 206 Tuk*
Id mit 1934 IF, MPC 324

1518 1938 UA
48 Krim Mitt. 4 200 Sim*. MPC 237 Tuk*

1520 1938 UY
43 Turku Informo Nr. 5 Tuk*

1523 1939 BC
39 Turku Informo Nr. 5 Tuk

1524 1939 SB
Id mit 1931 EL und 1939 QO, MPC 297
Id mit 1933 QO, MPC 231

1527 1939 UG[1]
El NAZ 3 3, 11

1528 Conrada
44 Turku Informo Nr. 5 Tuk*

1533 1939 BD
1534 1939 BK
42 Turku Informo Nr. 5 Tuk*

1541 1939 CK
42/43 Turku Informo Nr. 5 Tuk*
48 MPC 236 Tuk*

1542 1941 QE
41 NAZ 3 41 Tuk
42 Turku Informo Nr. 5 Tuk*
49 MPC 291 Tuk*
El NAZ 3 41
Id mit 1940 LP, NAZ 3 33

1544 1941 UK
41 MPC 47, 48 Niz*[2]
48 MPC 227 Alg*. Krim Mitt. 4 206, 207 Sim*
El NAZ 3 3[3]

1545 1941 UW
43 Turku Informo Nr. 5 Tuk*

1547 1929 CZ
48 UC 108 Joh
El MN ASSA 8 32, 33, UC 108

1548 1935 FK
42 Turku Informo Nr. 5 Tuk*
49 MPC 293 Tuk*. BAB 4 Nr. 4 Ucc

1549 Mikko
42 Turku Informo Nr. 5 Tuk*
47 MPC 206 Tuk*
48 UC 108 Joh*
El NAZ 3 11

1551 1938 DC_1
42 Turku Informo Nr. 5 Tuk*
49 MPC 291, 292 Tuk*. BAB 4 Nr. 4 Ucc

1552 1938 DE_1
43 Turku Informo Nr. 5 Tuk*
46 MPC 223, 224 Tuk*
48 BAB 4 Nr. 3 Ucc

1554 Yugoslavia
40 Belgrade Bull. 5 27, 34 Bel*. Belgrade Bull. 5 32 Bel. Turku Informo Nr. 5 Tuk
Eph Belgrade Bull. 5 27, 33

1555 Dejan
41 Turku Informo Nr. 5 Tuk
43 Turku Informo Nr. 5 Tuk*

[1]) Id mit 1932 OB sehr fraglich, Id mit 1929 TA möglich, NAZ 3 11.
[2]) Berichtigung in MPC 297.
[3]) Berichtigung in NAZ 3 22.

El Publ. Astr. Soc. Japan 1 51 [1]) +)

1556 1942 AA

43 MPC 268, NAZ **3** 14 Hei

1558 1942 BD

42 Turku Informo Nr. 5 Tuk*

1559 1942 BF

42 Turku Informo Nr. 5 Tuk*

1561 1941 CG

48 UC 108 Joh*. MPC 233, UC 108 Joh

1562 1943 EE

43 Turku Informo Nr. 5 Tuk*

1563 Noël

43 Turku Informo Nr. 5 Tuk*. Turku Informo Nr. 5 Tuk

48 BAB **4** Nr. 4 (?) Ucc

1565 1948 WA

48 MPC 269, UAI Circ 1196 Alg. UAI Circ 1190 Ucc*. BAB **4** Nr. 4, NAZ **3** 3, UAI Circ 1192, 1194 Ucc

49 MPC 303 Blo. LOB 522, MPC 242 [2]) MtH. BAB **4** Nr. 4, MPC 212, 213, 242, NAZ **3** 6, UAI Circ 1201 Ucc. MPC 213 WiB

Eph (1948/49) Harv Card 968, UAI Circ 1197

Eph (1949) Harv Card 970, MPC 213, NAZvM 57

El Harv Card 968, MPC 256, UAI Circ 1197

1908 EK[a] = 1948 KA (?)

1923 OD = 1934 RB

1924 SH = 1948 NE

1926 FG, GA$_1$

El Publ. Astr. Soc. Japan 1 50+)

1927 CR = 1949 CA

1928 SS

El Publ. Astr. Soc. Japan 1 50+)

1929 TG = 1527 1939 UG (?)

1930 OG

El Publ. Astr. Soc. Japan 1 50+)

1930 OH = 1232 Cortusa

1930 OI, OK, OL, SX, SY, SZ, SB$_1$, UH, WE, WK

El Publ. Astr. Soc. Japan 1 50+)

1931 DL

El Publ. Astr. Soc. Japan 1 50+)

1931 EL = 1933 QO = 1524 1939 SB

1931 IA, KB, RE$_1$, RF$_1$

El Publ. Astr. Soc. Japan 1 50+)

1931 TT$_1$ = 1939 BN

1931 TG$_3$

El Publ. Astr. Soc. Japan 1 50+)

1932 OB = 1527 1939 UG (?)

1932 PC = 1555 Dejan

1933 FB$_1$ = 1493 Sigrid

1933 FS$_1$ = 1949 EA

1933 MD

El Publ. Astr. Soc. Japan 1 50+)

1933 NA

Id mit 1936 HB, 1937 VE, 1940 RN und 1943 OD (?), NAZ **3** 7, 8

El NAZ **3** 7

1933 PA = 1112 Polonia

1933 QE

El Publ. Astr. Soc. Japan 1 50+)

1933 QO = 1931 EL = 1524 1939 SB

1933 QQ = 885 Ulrike

1933 RC = 265 Anna

1933 SL$_1$ = 1396 1936 PF

1933 UE = 680 Genoveva

1933 UV

El Publ. Astr. Soc. Japan 1 50+)

1934 CD

El Publ. Astr. Soc. Japan 1 50+)

1934 GI = 1450 1938 DP

1934 HE = 826 Henrika

1934 IF = 1517 1938 FD

1934 KA, NW, NC$_1$

El Publ. Astr. Soc. Japan 1 50+)

1934 RB

Id mit 1923 OD, MPC 229

1935 CW = 1949 FD

1935 FG, FH

El Publ. Astr. Soc. Japan 1 50+)

1936 HB = 1933 NA

1937 VE = 1933 NA

1938 DC

El Publ. Astr. Soc. Japan 1 50+)

1939 BG

El NAZ 3 21, Publ. Astr. Soc. Japan 1 50+)

1939 BM

El Publ. Astr. Soc. Japan 1 50+)

1939 BN

Id mit 1931 TT$_1$, Publ. Astr. Soc. Japan 1 50—51+)

El Publ. Astr. Soc. Japan 1 50+)

1939 BQ

El NAZ 3 21

1939 CI = 1943 DA

1939 DA

El Publ. Astr. Soc. Japan 1 50+)

1939 DE

El NAZ 3 21, Publ. Astr. Soc. Japan 1 50+)

[1]) Unter der Bezeichnung 1932 PC.
[2]) Berichtigung in MPC 390.

+) = Tok Repr **50** = MPC 679/81.

1939 EF, FC, FD, FQ, GA, GB, GE, GI, GL, IA, KA, KD, NA
El Publ. Astr. Soc. Japan 1 50+)

1939 QB, QD, RA, RI, RM, RN, TA, TB, TC, TG
El Publ. Astr. Soc. Japan 1 51+)

1939 TI
Id mit 1131 Porzia, Belgrade Bull. 4 47
El Publ. Astr. Soc. Japan 1 51+)

1939 TK
39 Belgrade Bull. 4 43, 46, 47 Bel*

1939 TL, TM, TN, TO
El Publ. Astr. Soc. Japan 1 51+)

1939 VC
39 Belgrade Bull. 4 46, 47 Bel*
El Publ. Astr. Soc. Japan 1 51+)

1939 VD
39 Belgrade Bull. 4 46, 47 Bel*

1939 VH, VK, VM, VN, XA
El Publ. Astr. Soc. Japan 1 51+)

1940 AM, CF[1])
El Publ. Astr. Soc. Japan 1 51+)

1940 CH
40 Belgrade Bull. 5 7 Bel*

1940 EM
40 MPC 43 Niz*[2])
Id mit 761 Brendelia, MPC 383

1940 EN
40 MPC 43 Niz*[2])
Id mit 1487 Boda, MPC 383

1940 EO
40 MPC 43 Niz*[2])
Id mit 1513 1940 EB, MPC 383

1940 GU
40 Belgrade Bull. 5 13 Bel*

1940 GW
Id mit 1940 GX, MPC 383

1940 GX
40 MPC 43 Niz*[2])
Id mit 1940 GW, MPC 383

1940 GY
40 MPC 43 Niz*[2])
Id mit 795 Fini (?), MPC 383

1940 KA
40 Belgrade Bull. 5 18 Bel*

1940 LP = 1542 1941 QE

1940 NA
40 Belgrade Bull. 5 22 Bel*

1940 ND
Id mit 1940 NF, MPC 383

1940 NE
40 Belgrade Bull. 5 34 Bel*

1940 NF
40 MPC 44 Niz*[2])
Id mit 1940 ND, MPC 383

1940 QC
40 Belgrade Bull. 5 22 Bel*. Belgrade Bull. 5 26 Bel
Eph Belgrade Bull. 5 27

1940 QD
40 Belgrade Bull. 5 22 Bel*

1940 RN = 1933 NA

1940 WI
El NAZ 3 21, Publ. Astr. Soc Japan 1 51+)

1940 WL
Kreisbahn keine Lösung NAZ 3 21

1940 WM
El NAZ 3 21

1941 DB
El MPC 278

1941 FE_1
41 TAB 553 Tok*[2])

1941 HO, SB, SC, SS
El MPC 278

1941 SU = 748 Simeïsa

1941 SV
El MPC 278

1941 UZ
41 MPC 47 Niz*[2])
Id mit 1155 Aënna, MPC 383

1941 WB_1
41 MPC 47 Niz*[2])

1942 AC
42 Turku Informo Nr. 5 Tuk*

1942 BH, BI, BK
42 TAB 706 Tok* (?)[3])

1942 CA, CB, CC, CD, CE, CF, CG, CH, CI, DA, DB, DC, DD, DE, DF, DG, DH, DI, DK, DL, DM, DN, ED, EE, EF, EI, EK, EL, EN, EO, EQ, ER, ES, ET, EU, EV, EW, EX, EY, EZ, EA_1, EB_1, EC_1, ED_1, EE_1, EF_1, EG_1, EH_1, EI_1, EK_1, EK_2[4]), FA, FB, FC, FD, FE, FF, FG, FH, FI, FL
42 Turku Informo Nr. 5 Tuk*

1942 FO, FP
42 MPC 48 Niz*[3])

1942 GC, GD, GE, GG, GH, GI, GK, GP, GQ
42 Turku Informo Nr. 5 Tuk*

1942 GS, GT, GU, GV, GW, GX
42 MPC 48 Niz*[3])

---

[1]) Irrtümlich mit 1940 CM bezeichnet.
[2]) Provisorische Bezeichnung, MPC 297.
[3]) Provisorische Bezeichnung, MPC 293.
[4]) In Turku Informo Nr. 5 mit EK_1 bezeichnet.
+) = Tok Repr 50 = MPC 679/81.

1942 HC, HD
42 Turku Informo Nr. 5 Tuk*

1942 II, IK, LH, LI, OB, OC
42 MPC 49 Niz*¹)

1942 RB, RC, RD, RH, RI, RK, RL, RM, RN, RO, RS, RT, RU, RV, RW, RX, RY, RZ, RA_1, RB_1, RC_1, TB, TC, TD, VC, VD, VE, VF, VG, VH, VI, VK, VL, VM, VN, VO, VP, VQ, VR, VS, VT, VU, VV, WW, XA, XD, XE
42 Turku Informo Nr. 5 Tuk*

1943 AB, AC, AD
43 MPC 50 Niz*¹)

1943 DA
43 Turku Informo Nr. 5 Tuk*
Id mit 1939 CI, NAZ 3 33
Eph (1949) NAZ 3 33

1943 DE, DF, DG, DH, DI, DK, DL, DM, DN, EA, EC, EK, EL, EM, EN, EO, EP, EQ, ER, ES, ET, EU, EV, EW, EX
43 Turku Informo Nr. 5 Tuk*

1943 EB_1
43 MPC 50, 51 Niz*¹)

1943 EC_1
43 MPC 50, 51 Niz²)

1943 FA, FB, FC, FD, GB, GD, GE, GF, GG, GH, GI, GK, GL, GM, GN, GO, GP, GQ, GR
43 Turku Informo Nr. 5 Tuk*

1943 GS
43 Turku Informo Nr. 5 Tuk*
Id mit 1943 GZ, MPC 383

1943 GT, GU, GV, GW
43 Turku Informo Nr. 5 Tuk*

1943 GY
43 MPC 50 Niz*¹)

1943 GZ, GA_1
43 MPC 51 Niz*²)

1943 OD = 1933 NA (?)

1943 SA, SB, SC
43 MPC 51 Niz*²)

1943 TB, TC, TD, TE, TF, TG, TH, TI, TK, TL
43 Turku Informo Nr. 5 Tuk*

1943 TO
43 MPC 51 Niz*²)

1943 VC, VD, VE, VF, VG, VH, VI
43 Turku Informo Nr. 5 Tuk*

1944 BA, BB, BC, BD, DA, DB
44 Turku Informo Nr. 5 Tuk*

1944 DC = 748 Simeïsa

1944 DD, DE, DF, DG, DH, DI, DK, DL, DM, FA, HA, RA, RC, RD, RE, RF, RG, RH, RI, SA, SB, SC, UA
44 Turku Informo Nr. 5 Tuk*

1945 AB, BD
45 MPC 204 Tuk*

1946 DA
46 MPC 220 Tuk*

1946 FA, GA
46 MPC 221 Tuk*

1946 HA, HB
46 MPC 52 Niz*³)

1946 QC, QD
46 MPC 222 Tuk*

1946 SB, SC, SD
46 MPC 53 Niz*³)

1946 SE
46 MPC 222 Tuk*

1946 TA
46 MPC 53 Niz*³)

1946 TB, TC
46 MPC 222, 223 Tuk*

1946 TD
46 MPC 223 Tuk*

1946 TE
46 MPC 222, 223 Tuk*

1946 UA
46 MPC 223 Tuk*

1946 UB, UC, UD, UE
46 MPC 223, 224 Tuk*

1946 UF, UG, UH, UI
46 MPC 224, 225 Tuk*

1946 UK
46 MPC 225 Tuk*

1946 UL
46 MPC 225, 226 Tuk*

1946 UM
46 MPC 225 Tuk*

1946 WA
46 MPC 53 Niz*³)

1946 WB, WC, WD
46 MPC 225 Tuk*

1947 AA, AB, AC
47 MPC 54 Niz*³)

1947 BF
47 MPC 205 Tuk*

1947 DB, FC, FD
47 MPC 206 Tuk*

1947 GB
47 MPC 54 Niz*³)

1947 GC, GD, GE, GF, GG
47 MPC 207 Tuk*

1947 LA
Id mit 1948 PA, MPC 306

1947 LP
47 MPC 2, 3 Fla*⁴)

¹) Provisorische Bezeichnung, MPC 298, berichtigt in MPC 390.
²) Provisorische Bezeichnung, MPC 298.
³) Provisorische Bezeichnung, MPC 204.
⁴) Irrtümlich mit 383 Janina bezeichnet, MPC 203.

1947 MA
47 MPC 333 Kyo*

1947 NH
48 LOB 522 MtH
49 MPC 265 Cor
Eph Harv Card 978, MPC 210, 211, UAI Circ 1202

1947 PA
El MPC 278

1947 RB
47 MPC 207 Tuk*

1947 RG
Eph (1949) MPC 241
El MPC 241

1947 UC
49 MPC 290, LOB 522 MtH
Eph (1949) MPC 211, 290
El MPC 211

1947 UD, UE, UF, UG, UH
47 MPC 208 Tuk*

1947 XB
47 MPC 209 Kyo*
El MPC 278

1947 XC
47 MPC 242 Fla
El MPC 242

1948 CF
48 MPC 236 Tuk*

1948 EA
48 AJ 54 164 = Cordoba Obs. Tirada aparte Nr. 35 Cor. UC 108[1]) Joh. LOB 522 MtH
Eph (1949) MPC 282

1948 EI, EL
48 BAB 4 Nr. 3 Ucc

1948 EM
El MPC 278

1948 EN
48 BAB 4 Nr. 3 Ucc
El MPC 278

1948 EO, EQ, ER
48 BAB 4 Nr. 3 Ucc

1948 EU
48 MPC 242[2]), 243[2]) Blo

1948 GC
48 MPC 269 Alg[3])

1948 GH
48 MPC 341, 390 Blo

1948 HA, IA, IB, IC, ID
48 UC 108 Joh*

1948 IG, IH, II
El MPC 278

1948 IL = σ 1[4])
1948 IM = σ 2[4])
1948 IN = σ 3[4])
1948 IO = σ 4[4])
48 Krim Mitt. 4 203 Sim*

1948 KA
48 UC 108 Joh*
Vermutlich Id mit 1908 EK[a], MPC 209
El MPC 278

1948 KB
48 UC 108 Joh*
Id mit 799 Gudula, MPC 209, 278[5])
El MPC 278

1948 KC
48 UC 108 Joh*
Id mit 968 Petunia, MPC 209, 278[5])
El MPC 278

1948 KD
48 UC 108 Joh*

1948 KF
48 UC 108 Joh
El MN ASSA 8 32, UC 108

1948 KG = σ 5[4])
48 Krim Mitt. 4 204 Sim*

1948 LB, LC, LD
48 UC 108 Joh*

1948 LL
48 MPC 341, 390 Blo

1948 MA, MB, MC, MD, ME, MF
48 UC 108 Joh*

1948 MH = σ 6[4])
48 Krim Mitt. 4 204 Sim*

1948 NA, NB, NC, ND
48 UC 108 Joh*

1948 NE
48 UC 108 Joh
Id mit 1924 SM, MPC 246
El MN ASSA 8 32/33, UC 108

1948 NF = σ 7[4])
48 UC 108 Joh. Krim Mitt. 4 205 Sim*
El MN ASSA 8 32/33, UC 108

1948 NG = σ 8[4])
48 Krim Mitt. 4 199 Sim*

1948 OB, OC, OD, OE
48 UC 108 Joh*

1948 OF = σ 9[4])
48 Krim Mitt. 4 205 Sim*

1948 PA
48 MPC 263 LaP
Id mit 1947 LA, MPC 306
Eph (1949) MPC 306

1948 PC
48 UC 108 Joh
El MN ASSA 8 32, UC 108

1948 PD, PE
48 MPC 208 Kyo*

1948 PH, PI, PK, PL
48 MPC 233, UC 108 Joh
El MN ASSA 8 33, MPC 234, UC 108

1948 PM[6])
48 UC 108 Joh*

1948 PO = σ 10[4])
1948 PP = σ 11[4])
48 Krim Mitt. 4 205 Sim*

1948 PQ = σ 12[4])
1948 PR = σ 13[4])
48 Krim Mitt. 4 199 Sim*

1948 PS = σ 14[4])
1948 PT = σ 15[4])

[1]) In UC 108 mit 1948 OA bezeichnet.
[2]) Irrtümlich 1029 La Plata bezeichnet, MPC 445.
[3]) Irrtümlich mit 1942 GC bezeichnet, MPC 322, 390, 600.
[4]) MPC 644.
[5]) Berichtigung in MPC 390.
[6]) Provisorische Bezeichnung, MPC 542.

1948 PU = σ 16[1])
1948 PV = σ 17[1])
1948 PW = σ 18[1])
1948 PX = σ 19[1])
1948 PY = σ 20[1])
48 Krim Mitt. 4 205 Sim*

1948 PZ = σ 21[1])
48 Krim Mitt. 4 206 Sim*

1948 QA, QB, QC
48 MPC 237 Tuk*

1948 QD[2]), **QE**[2]), **QF**[2]), **QG**[2]), **QH**[2]), **QI**[2]), **QK**[2]), **QL**[2]), **QM**[2]), **QN**[2]), **QO**[2]), **QP**[2])
48 UC 108 Joh*

1948 RA, RB, RD, RE
El MPC 278

1948 RQ
48 MPC 237 Tuk*

1948 RZ
Id mit 1948 TB, NAZ 3 18

1948 RA_1
48 MPC 237 Tuk*

1948 RB_1
48 BAB 4 Nr. 3 Ucc

1948 RC_1 = σ 22[1])
48 Krim Mitt. 4 206 Sim*

1948 RD_1 = σ 23[1])
48 Krim Mitt. 4 206—208 Sim*

1948 RE_1 = σ 24[1])
1948 RF_1 = σ 25[1])
48 Krim Mitt. 4 206, 207 Sim*

1948 RG_1 = σ 26[1])
48 Krim Mitt. 4 206 Sim*

1948 RH_1 = σ 27[1])
1948 RI_1 = σ 28[1])
48 Krim Mitt. 4 207, 208, 209 (?), 210 (?) Sim*

1948 RK_1 = σ 29[1])
48 Krim Mitt. 4 207, 208 Sim*

1948 RL_1 = σ 30[1])
1948 RM_1 = σ 31[1])
48 Krim Mitt. 4 207 Sim*

1948 SA
48 BAB 4 Nr. 3, 4, MPC 257 Ucc
Eph (1949/50) MPC 257
El MPC 257

1948 SB
48 BAB 4 Nr. 3, 4, MPC 281 Ucc
Eph (1949/50) MPC 281, 282
El MPC 281

1948 SD
48 BAB 4 Nr. 3 Ucc

1948 SE = σ 32[1])
48 Krim Mitt. 4 207, 208, 209 (?), 210 (?), Sim*

1948 SF = σ 33[1])
48 Krim Mitt. 4 208, 209 (?), 210 (?) Sim*

1948 SG = σ 34[1])
48 Krim Mitt. 4 208 Sim*

1948 TB
Id mit 1948 RZ, NAZ 3 18

1948 TV
48 MPC 215 Tok*

1948 TW
48 MPC 227 Alg*

1948 TX
48 BAB 4 Nr. 3, 4, MPC 302 Ucc
Eph (1949/50) MPC 302
El MPC 302

1948 TY
48 BAB 4 Nr. 3, 4 Ucc

1948 TZ
48 BAB 4 Nr. 3 Ucc*. BAB 4 Nr. 3 Ucc

1948 TA_1, TB_1, TC_1, TD_1, TE_1, TF_1, TG_1, TH_1, TI_1, TK_1, TL_1
48 BAB 4 Nr. 3 Ucc

1948 TM_1, TN_1
48 BAB 4 Nr. 3, 4 Ucc

1948 TO_1, TP_1, TQ_1
48 BAB 4 Nr. 3 Ucc

1948 TR_1 = σ 35[1])
48 Krim Mitt. 4 208—210 Sim*

1948 TS_1 = σ 36[1])
1948 TT_1 = σ 37[1])
48 Krim Mitt. 4 200 Sim*

1948 TU_1 = σ 38[1])
1948 TV_1 = σ 39[1])
48 Krim Mitt. 4 200, 201 Sim*

1948 TW_1 = σ 40[1])
48 Krim Mitt. 4 208 Sim*

1948 TX_1 = σ 41[1])
1948 TY_1 = σ 42[1])
1948 TZ_1 = σ 43[1])
1948 TA_2 = σ 44[1])
1948 TB_2 = σ 45[1])
1948 TC_2 = σ 46[1])
1948 TD_2 = σ 47[1])
1948 TE_2 = σ 48[1])
48 Krim Mitt. 4 209 Sim*

1948 UE = σ 49[1])
1948 UF = σ 50[1])
48 Krim Mitt. 4 200 Sim*

1948 VB
48 MPC 202 Niz*. MPC 250 Niz
El MPC 250

1948 VC
48 MPC 237 Tuk*

1948 VD
48 MPC 263 LaP

1948 VE, VF
48 BAB 4 Nr. 4 Ucc

1948 WA = 1565

1948 WE
48 MPC 202 Niz*. MPC 250[3]) Niz. MPC 238 Tuk*
Eph (1949) Harv Card 1004, MPC 264[3])
El Harv Card 1004, 1021, MPC 250[3]), 264[3]), 277[3])

---

[1]) MPC 644.
[2]) Provisorische Bezeichnung, MPC 542.
[3]) Berichtigung in MPC 361.

1948 WF, WG, WH, WI, WK, WL, WM, XB, XC, XD, XE, XF, XG, XH, XI, XK, XL
48 BAB 4 Nr. 4 Ucc

1948 YA, YB, YC
48 MPC 202 Niz*

1948 YD
48 MPC 237 Tuk*

1948 YE, YF
48 MPC 238 Tuk*

1949 AA, AB
49 MPC 202, 247, 248 Niz*

1949 AC
49 MPC 202[1]), 247[2]), 248 Niz*

1949 BA
49 MPC 227[3]), 228 Alg*. MPC 319 Alg
Eph (1950) MPC 321
El MPC 228, 320

1949 BB
49 MPC 229 Niz*

1949 BC, BD
49 MPC 230 Niz*

1949 BE
49 MPC 248 Niz*

1949 BF
49 MPC 291[4]), 351 Tuk*

1949 BG = 1949 U_1[5])
1949 BH = 1949 U_2[5])
49 BAB 4 Nr. 4 Ucc

1949 CA (= Objekt Arend-Patry-Wachmann) = 1927 CR
49 MPC 269, 270, UAI Circ 1202, 1210 Alg. NAZvM 58 Bgf*. NAZ 3 10 Bgf. MPC 267, NAZ 3 14 Hei*. NAZ 3 6 Hei. LOB 522, MPC 213 MtH. MPC 229—231, 322, 323, UAI Circ 1201 Niz*. MPC 256, 257 Niz. MPC 290, 291 Tuk*. UAI Circ 1200[6]) Ucc*. BAB 4 Nr. 4, MPC 209, 213, NAZvM 58, NAZ 3 6, UAI Circ 1201 Ucc. MPC 213, 296 WiB
Id mit 1927 CR, MPC 214, 231[7]), NAZvM 59, NAZ 3 6, UAI Circ 1203
Eph Harv Card 979, 993, MPC 210, 213, 241, NAZvM 59, 60, UAI Circ 1201
El Harv Card 979, 992, MPC 210, 240, 263, NAZvM 60

1949 CB
49 MPC 228 Alg*

1949 CC
49 MPC 291 Tuk*

1949 CD = 1949 U_3[5])
1949 CE = 1949 U_4[5])
1949 CF = 1949 U_5[5])
1949 CG = 1949 U_6[5])
1949 CH = 1949 U_7[5])
1949 CI = 1949 U_8[5])
1949 CK = 1949 U_9[5])
49 BAB 4 Nr. 4 Ucc

1949 U_{10} = 1319 Disa
Id mit 1319 Disa, MPC 542

1949 CL = 1949 U_{11}[5])
1949 CM = 1949 U_{12}[5])
49 BAB 4 Nr. 4 Ucc

1949 DA (= Objekt Edmondson)
49 Harv Card 980, NAZvM 60, NAZ 3 6, UAI Circ 1203 Blo*. Harv Card 981[8]), 982, MPC 226, UAI Circ 1204, 1207 Blo. MPC 226 WiB
Eph MPC 227, 239, 240, UAI Circ 1211
Eph (1950) Harv Card 991
El Harv Card 991, MPC 239

1949 DB, DC
49 MPC 248 Niz*

1949 DD, DE, DF, DG, DH
49 MPC 291 Tuk*

1949 DI = 1949 U_{13}[5])
1949 DK = 1949 U_{14}[5])
49 BAB 4 Nr. 4 Ucc

1949 EA = 1949 EC = 1933 FS_1
49 MPC 228, 254, 255 Alg*. MPC 319 Alg. MPC 292 Tuk*
Id mit 1933 FS_1, MPC 272
Id mit 1949 EC, MPC 292
Eph (1950) MPC 321
El MPC 255

1949 EB
49 MPC 228, 254, 255, Alg*. MPC 319 Alg
Eph (1950) MPC 322
El MPC 255, 320

1949 EC = 1949 EA
49 MPC 249 Niz*, MPC 292 Tuk*
Id mit 1949 EA, MPC 292

1949 ED, EE
49 MPC 292 Tuk*

1949 FA
49 MPC 243 Blo
Id mit 1428 1937 ND (?), MPC 243

1949 FB
49 MPC 249, 250 Niz*

1949 FC
49 MPC 242[9]) MtH

1949 FD
49 MPC 255 Niz*. MPC 319, 320 Alg
Id mit 1935 CW, MPC 272
Eph (1950) MPC 322
El MPC 255, 321

---

[1]) Irrtümlich mit 1523 1939 BC (?) bezeichnet, MPC 250, 445.
[2]) Berichtigung in MPC 445.
[3]) Berichtigung in MPC 380.
[4]) Irrtümlich mit 1462 1938 CA bezeichnet, MPC 351.
[5]) Provisorische Bezeichnung, MPC 542.
[6]) Berichtigung in UAI Circ 1201.
[7]) Statt 1927 BC lies 1927 CR, MPC 390.
[8]) Berichtigung in Harv Card 982.
[9]) Berichtigung in MPC 390.

1949 FE
49 MPC 292 Tuk*

1949 FF
49 MPC 293, 294 Tuk*

1949 FG
49 MPC 294 Tuk*

1949 FH
49 MPC 293 Tuk*

1949 FI
49 MPC 303 Blo

1949 FK
49 MPC 323 Niz*

1949 FN
49 MPC 250[1]) Niz*

1949 FO = 1949 U_{15}[2])
1949 FP = 1949 U_{16}[2])
1949 FQ = 1949 U_{17}[2])
1949 FR = 1949 U_{18}[2])
1949 FS = 1949 U_{19}[2])
1949 FT = 1949 U_{20}[2])
1949 FU = 1949 U_{21}[2])
1949 FV = 1949 U_{22}[2])
49 BAB **4** Nr. 4 Ucc

1949 GB
49 MPC 239 Joh*

1949 GC
49 MPC 303—305 Blo
Eph (1950) MPC 307
El MPC 307

1949 GD
49 MPC 303 Blo

1949 GE
49 MPC 303, 304 Blo

1949 GF
49 MPC 303 Blo

1949 GG
49 MPC 303, 304 Blo

1949 GH
49 MPC 303—305 Blo
Eph (1950) MPC 308
El MPC 308

1949 GI
49 MPC 303—305 Blo
Eph (1950) MPC 309
El MPC 308

1949 GK
49 MPC 303—305 Blo
Eph (1950) MPC 310
El MPC 309

1949 GL, GM, GN, GO, GP, GQ
49 MPC 303, 304 Blo

1949 GR
49 MPC 303—305 Blo
Eph (1950) MPC 311
El MPC 310

1949 HA, HB
49 MPC 253 Joh*

1949 HC (= Objekt Johnson)
49 MPC 270, UAI Circ 1220 Alg. MPC 275 Fla. MPC 253, UAI Circ 1211 Joh*. MPC 266 Joh
Eph Harv Card 998, MPC 254, UAI Circ 1215
El Harv Card 998, MPC 254, UAI Circ 1215

1949 HD = Heid 1
49 MPC 267, NAZ **3** 14 Hei*

1949 HE = Heid 2
1949 HF = Heid 3
1949 HG = Heid 4
1949 HH = Heid 5
1949 HI = Heid 6
49 MPC 268, NAZ **3** 14 Hei*

1949 HK
49 MPC 294 Tuk*

1949 HL, HM
49 MPC 304 Blo

1949 HN
49 MPC 304, 305 Blo

1949 HO
49 MPC 304 Blo

1949 HP, HQ
49 MPC 314 Blo

1949 IA = Heid 7
49 MPC 268, NAZ **3** 14 Hei*

1949 IB, IC, ID
49 MPC 314 Blo

1949 KA, KB, KC, KD, KE
49 MPC 265 Joh*

1949 KF, KG, KH, KI
49 MPC 266 Joh*

1949 KK, KL, KM, KN, KO, KP, KQ, KR, KS
49 MPC 314 Blo

1949 KT
49 MPC 341, 390 Blo

1949 MA (= Objekt Baade)
49 Harv Card 1008, 1012, 1017, MPC 270 MtP. Harv Card 1017 MtW
Eph Harv Card 1009, 1012, 1014, 1022, 1023, MPC 270, 271, 279, 280, NAZ **3** 26, UAI Circ 1227
Eph (1950) Harv Card 1049, 1050
El Astr Circ UdSSR Nr. 90—91, BAA Circ Nr. 311, 312, Harv Card 1009, 1010, 1012, 1022, 1049, MPC 270, 286, MN ASSA **8** 82, NAZ **3** 26, Obs **69** 200, Publ ASP **61** 165, UAI Circ 1226

1949 MB
49 MPC 272 Joh*

1949 MC
49 MPC 273 Joh*

1949 MD
49 MPC 273 Joh*
Id mit 132 Aethra, MPC 383

1949 ME, MF
49 MPC 273 Joh*

1949 MG = Heid 8
49 MPC 273, 274, NAZ **3** 22 Hei*

1949 MH = Heid 9
49 MPC 273, NAZ **3** 22 Hei*
Id mit 1403 1936 QA (?), MPC 273, NAZ **3** 22

[1]) Irrtümlich mit 336 Vincentina bezeichnet, MPC 445.

[2]) Provisorische Bezeichnung, MPC 542.

1949 MI = Heid 10
1949 MK = Heid 11
1949 ML = Heid 12
1949 MM = Heid 13
1949 MN = Heid 14
1949 MO = Heid 15
49 MPC 274, NAZ 3 22 Hei*

1949 MP, MQ
49 MPC 275, 276 Fla*

1949 MR, MS
49 MPC 276 Fla*

1949 MT
49 MPC 323 Niz*

1949 MU
49 MPC 273[1]) Joh

1949 NA = Heid 16
1949 NB = Heid 17
49 MPC 274, NAZ 3 23 Hei*

1949 OA (= Objekt Wirtanen)
49 MPC 313 BoA. MPC 313 Cor. Harv Card 1016, NAZvM 69, UAI Circ 1223 MtH*. Harv Card 1019, UAI Circ 1225 MtH
Eph Harv Card 1020, 1026, 1039, MPC 279, 305, UAI Circ 1226, 1227
El Astr Circ UdSSR Nr. 90—91, Harv Card 1020, 1026, MPC 279, 313[2]), NAZ 3 25, UAI Circ 1226, 1227

1949 OB, OC, OD, OE, OF, OG
49 MPC 283 Joh*

1949 OH
49 MPC 284, 285 Fla*

1949 OI = Heid 18
1949 OK = Heid 19
1949 OL = Heid 20
1949 OM = Heid 21
1949 ON = Heid 22
1949 OO = Heid 23
1949 OP = Heid 24
1949 OQ = Heid 25
49 MPC 287, NAZ 3 27 Hei*

1949 OR = Heid 26
49 MPC 287, 288, NAZ 3 27 Hei*

1949 OS = Heid 27
1949 OT = Heid 28
1949 OU = Heid 29
1949 OV = Heid 30
1949 OW = Heid 31
1949 OX = Heid 32
1949 OY = Heid 33
1949 OZ = Heid 34
1949 OA_1 = Heid 35
49 MPC 287, 288 NAZ 3 27, 28 Hei*

1949 OB_1 = Heid 36
49 MPC 288, NAZ 3 28 Hei*

1949 OD_1
49 MPC 315 Blo

1949 OH_1
49 MPC 284[3]), 285[3]) Fla

1949 PA, PB, PC, PD, PE, PF
49 MPC 284 Joh*

1949 PG = Heid 37
49 MPC 288, NAZ 3 28 Hei*

1949 PH = Heid 38
49 MPC 288—290, NAZ 3 28, 31, 32 Hei*

1949 PI = Heid 39
49 MPC 288, 289, NAZ 3 28, 31, 32 Hei*

1949 PK = Heid 40
49 MPC 288, NAZ 3 28 Hei*

1949 PL = Heid 41
1949 PM = Heid 42
49 MPC 288, 289, NAZ 3 28, 31, 32 Hei*

1949 PN = Heid 43
49 MPC 288—290, NAZ 3 28, 31, 32 Hei*

1949 PO = Heid 44
49 MPC 288—290, NAZ 3 28, 32 Hei*

1949 PP = Heid 45
1949 PQ = Heid 46
49 MPC 288, 289, NAZ 3 28, 31, 32 Hei*

1949 PR = Heid 47
49 MPC 288—290, NAZ 3 28, 32 Hei*

1949 PS = Heid 48
49 MPC 288—290, NAZ 3 28, 31, 32 Hei*

1949 PT = Heid 49
49 MPC 288, 289, NAZ 3 28, 31, 32 Hei*

1949 PU = Heid 50
49 MPC 288—290, NAZ 3 28, 32 Hei*

1949 PV = Heid 51
49 MPC 288, NAZ 3 28 Hei*

1949 QA, QB, QC, QD
49 MPC 284 Joh*

1949 QE = Heid 52
1949 QF = Heid 53
1949 QG = Heid 54
1949 QH = Heid 55
1949 QI = Heid 56
1949 QK = Heid 57
1949 QL = Heid 58
49 MPC 289, NAZ 3 31, 32 Hei*

1949 QM = Heid 59
49 MPC 289, NAZ 3 31 Hei*

1949 QN
49 MPC 324, 325 Fla*

1949 QO
49 MPC 324—326 Fla*

1949 QP
49 MPC 324, 325 Fla*

---

[1]) Irrtümlich 1331 Solvejg zugeordnet, MPC 380.
[2]) Berichtigung in MPC 380.
[3]) Vorläufige Bezeichnung, MPC 360.

1949 QQ, QR
49 MPC 324—326 Fla*

1949 QS
49 MPC 324, 325 Fla*

1949 QT, QU, QV, QW
49 MPC 324—326 Fla*

1949 QX
49 MPC 325, 326 Fla*

1949 QY
49 MPC 325 Fla*

1949 QZ, QA_1, QB_1
49 MPC 325, 326 Fla*

1949 QC_1, QD_1, QE_1, QF_1
49 MPC 326 Fla*

1949 RA
49 MPC 319 Alg*

1949 SA = Heid 60
49 Harv Card 1042, MPC 311, 339, NAZvM 76, NAZ **3** 40, 41, UAI Circ 1237 Hei*. NAZ **3** 35 Hei
Eph MPC 312, NAZvM 76, NAZ **3** 35
El MPC 312, NAZvM 76, NAZ **3** 35

1949 SB = Heid 61
49 Harv Card 1042, MPC 311, 339, 340, NAZvM 76, NAZ **3** 40, 41, UAI Circ 1237 Hei*. NAZ **3** 35 Hei
Eph MPC 312, NAZvM 76, NAZ **3** 35
El MPC 312, NAZvM 76, NAZ **3** 35

1949 SC
49 Poznań Repr. **23** = Bull. Soc. Poznań (B) **10** 249 Poz
Eph (1949/50) MPC 318[1]), Poznań Repr. **23** = Bull. Soc. Poznań (B) **10** 249
El MPC 318, Poznań Repr. **23** = Bull. Soc. Poznań (B) **10** 249

1949 SD
49 MPC 323, 324 Niz*

1949 SE = Heid 62
49 MPC 339, NAZ **3** 40 Hei*

1949 SF = Heid 63
49 MPC 339, NAZ **3** 40, 41 Hei*

1949 SG = Heid 64
49 MPC 339, NAZ **3** 40 Hei*

1949 TA = Heid 65
1949 TB = Heid 66
1949 TC = Heid 67
1949 TD = Heid 68
49 MPC 339, NAZ **3** 41 Hei*

1949 TE = Heid 69
49 MPC 339, 340, NAZ **3** 41 Hei*

1949 TF = Heid 70
49 MPC 339, NAZ **3** 41 Hei*

1949 UA (= Objekt Arend)
49 MPC 342 Alg*. UAI Circ 1247 Alg. UAI Circ 1249 Joh. NAZvM 76, UAI Circ 1238 Ucc*. MPC 317, NAZ **3** 36, UAI Circ 1241 Ucc
Eph MPC 317, NAZvM 78, UAI Circ 1242
El NAZvM 78, UAI Circ 1242

1949 UB = Heid 71
49 MPC 339, NAZ **3** 41 Hei*

1949 UC = Heid 72
1949 UD = Heid 73
49 MPC 339, 340, NAZ **3** 41 Hei*

1949 UE = Heid 74
49 MPC 340, NAZ **3** 41 Hei*

1949 WA
49 MPC 342 Alg*

7550. **Kleine Planeten. Verzeichnis der Sternwarten und Beobachter**

Abastumani	E. K. Charadse, A. Dshintschweleischwili, G. Erleksowa, G. Manowa, J. Parzewskij, J. Prodan, A. F. Torondshadse
Algier	L. Boyer
Athen	G. Adamopoulos
Barcelona	Febrer, I. Pólit, Orus
Belgrad	P. M. Djurković, M. Protić
Blaye	E. Douillet
Bloomington[2])	F. K. Edmondson
Bordeaux	Chopinet, Dupouy, Mercier, R. Rouzaud
Bosque Alegre	D. McLeish, A. Puch
Cordoba	J. Bobone, L. Mainardi, D. McLeish, A. Puch
Flagstaff	H. L. Giclas, R. D. Schaldach
Hamburg-Bergedorf	J. Ax, A. A. Wachmann, P. Wellmann
Heidelberg	K. Reinmuth

[1]) Berichtigung in MPC 360.
[2]) Koordinaten des Goethe Link Observatory in MPC 226, UAI Circ 1207.

Johannesburg	E. L. Johnson
Karlsruhe	W. Malsch
Kasan	M. Balaschowa, D. J. Martynow, F. K. Ustanowa
Kiew	A. M. Borbat, N. A. Chinkulowa, H. A. Jakowkin, W. P. Konoplewa, W. P. Pawlysch, P. Polupan, E. W. Sandakowa, E. N. Semanek, A. N. Sergejewa, S. K. Wsechswjatskij
Krim	W. A. Albizkij, P. F. Schajn
Kyoto-Kwasan	T. Higani, T. Mitani
La Plata	(G. Wallbrecher)
Lwow	N. B. Jelenewskaja, T. L. Mandrykina, W. I. Mossin, N. I. Patschoss, G. N. Rodionow, W. F. Rogatschenko, W. I. Sajko, W. E. Stepanow
Madrid	R. Carrasco
Mt. Hamilton	H. M. Jeffers, J. B. Mattson, H. D. McNamara, G. Reaves, C. D. Shane, W. W. Shane, R. C. Sill, Sterne, C. A. Wirtanen
Mt. Palomar[1])	W. Baade, S. B. Nicholson, R. S. Richardson, B. Rule
Mt. Wilson	—
Nice	M. Laugier, A. Patry
Paris	R. Rigollet, R. Weber
Pino Torinese	N. Missana
Poznań	J. Dobrzycki, H. Hurnik, A. Kwiek
Roma	G. Armellini, G. Armellini Conti
Rostow	A. A. Batyrew
San Fernando	—
Santiago	M. Dujisin
Skalnaté Pleso	L. Kresák, V. Vanýsek
Stalinabad	O. P. Wassiljanowskaja
Tokyo	H. Hirose, K. Tomita
Turku	H. Alikoski, L. Oterma, Y. Väisälä
Uccle	S. Arend, F. Rigaux, R. Roland
Washington	A. N. Adams, C. B. Watts
Williams Bay	G. van Biesbroeck, H. M. Jeffers, J. B. Mattson

7551. Kleine Planeten. Verzeichnis der Berechner

J. G. Behrens
J. Bobone
N. F. Bojewa
S. Böhme
R. C. Cameron
L. E. Cunningham
P. M. Djurković
G. H. Draper
A. D. Dubjago
W. Dziewulski
N. E. Hansen
P. Herget
T. Higami
H. Hirose
W. P. Hirst
K. Hurukawa
O. Ķippes
A. König
A. Kwiek
T. Lederle
R. D. Levee
C. Lombardi
H. v. Lüde
S. G. Makower
A. D. Maxwell
O. Möller
T. Mori
W. S. Moschkowa
P. Musen
P. Naur
S. B. Nicholson
M. Nisiyama
H. Nowacki
S. Ogata
A. Patry
M. Protić
I. I. Putilin
E. Rabe
G. Reiss
R. S. Richardson
M. J. Schmakowa
P. Sconzo
J. Steinmetz
A. V. Stern
W. Strobel
S. Szeligowski
T. Ura
J. L. White
F. Zweck

[1]) Mit Koordinaten in MPC 270.

§ 76

Jupiter

7601. **Astrometrische Beobachtungen**

Mem SA It (NS) **20** 107—115 = Oss. Astr. Roma-Monte Mario, Contr. sci. Nr. **146**. G. Armellini. — α.

Publ. US Naval Obs. (2) **16** part 1, S. 1—55, 182—185. Results of observations made with the six-inch transit circle 1925—1941. Observations of the sun, moon, and planets. C. B. Watts, A. N. Adams. — α, δ.

7602. **Physische Beobachtungen**

Gaz astr **31** 36—37. La tache blanche de Jupiter. H. Oberndorfer.

JBAA **59** neben S. 180. — Zwei Aufnahmen von Jupiter.

JBAA **59** 224—225. British Astronomical Association. Jupiter Section. B. M. Peek. — Bericht.

NAZ **3** 28. W. Löbering.

Orion Schaffhausen **2** 588—589, mit 1 Abb.

Orion Schaffhausen **3** 28.

Southern Stars **14** 67—70. Jupiter in 1948. F. M. Bateson.

Sternenwelt **1** 18—19, mit 4 Zeichnungen. Beobachtungen der Planeten. E. Pfannenschmidt.

Strolling Astronomer **3** Nr. 1 S. 1—3. The bright and dusky red spot hollow.

Strolling Astronomer **3** Nr. 3 S. 5—8. Joviana.

Strolling Astronomer **3** Nr. 8 S. 4—7. Jupiter in May and June. E. J. Reese.

Strolling Astronomer **3** Nr. 9 S. 11—12. Observations of Jupiter in July. E. J. Reese.

Strolling Astronomer **3** Nr. 10 S. 8—10. Jupiter, latesummer views. E. J. Reese.

Strolling Astronomer **3** Nr. 11 S. 5—7. Jupiter in September. E. J. Reese.

Strolling Astronomer **3** Nr. 12 S. 2—4. Jupiter report, No. 5. E. J. Reese.

UAI Circ Nr. 1230. Jupiter. R. A. McIntosh, F. M. Bateson, I. L. Thomsen.

7603. **S. Murayama,** On some changes of the surface of Jupiter. Publ. Astr. Soc. Japan **1** 69—72, mit 6 Fig.

7604. **J. H. Phocas,** Le mouvement en latitude des bandes de Jupiter. Praktika Athen **23** 57—66, mit 1 Abb., 1948 (griechisch mit französischer Zusammenfassung).

7605. **Y. Sato,** Heliocentric co-ordinates of Jupiter for the years 1960—2060 referred to the equinox 2000.0. Ann. Tokyo Astr. Obs. (2) **2** Nr. 2, S. 118—152.

7606. **E. Schoenberg,** Die äquatoreale Beschleunigung bei Jupiter. Sitzungsber. der math.-naturwiss. Klasse der Bayerischen Akad. der Wiss. München Jahrgang **1948** 115—147, mit 1 Abb. und 2 Tafeln = Mitt. Sternw. München **1** Nr. 1. — Ausgehend von der Annahme einer halb festen oder flüssigen Oberfläche des Planeten, die in der Konstanz des GRF und der mittleren Breiten der fünf Hauptstreifen des Planeten ihre Stütze hat, wird eine Theorie der Beschleunigung der äquatorialen Zone als einer rein atmosphärischen Strömung entwickelt. Die innerhalb des NEB und des SEB aus dem Innern des Planeten aufsteigenden Ströme heißen Gases liefern die Energie, die notwendig ist, die äquatoriale gegen die Oberfläche beschleunigte Strömung zu unterhalten. Verf.

7607. **E. Schoenberg,** Die Rotation des Planeten Jupiter. Sternenwelt 1 193—197, mit 5 Abb.

* * Jupiter Pluvius — origin of the name. Vgl. Ref. **1442.**

Jupitermonde

7608. **C. E. Apgar,** Jupiter and satellites I, II, III and IV during 1949. J RAS Canada **43** 280—281, 1948.

7609. **S. G. Barton,** Unusual phenomenon of Jupiter's satellites. Pop Astr **57** 150.

7610. **D. Benini,** Rapports entre les périodes de révolution des satellites de Jupiter et de Saturne. Ciel et Terre **65** 193—195.

7611. **F. K. Dalton,** Four eclipses in one evening. J RAS Canada **43** 249—250. — 1949 Sept. 24.

7612. **W. H. Haas,** An apparent occultation of a star by a Jovian satellite. Pop Astr **57** 285—286. — Bericht über eine Beobachtung am 12. April 1949.

7613. The Galilean satellites of Jupiter. MN ASSA 8 53—54, 65. — Enthält die wichtigsten Erscheinungen der vier hellen Jupitermonde von 1949 Juli 7 bis Sept. 4.

7614. Jupitermond III

E. Pfannenschmidt, Beobachtungen der Planeten. Sternenwelt **1** 185—187, mit 2 Abb.

7615. Jupitermond V

JBAA **59** 187—188. Jupiter's fifth satellite.

7616. Jupitermond VIII

H. R. J. Grosch, An integration orbit of Jupiter's eighth satellite. Publ AAS **10** 251, 1942. — Ref. AAS.

W. F. Proskurin, Über die Möglichkeit der Darstellung der Bewegung des VIII. Jupitermondes durch die analytische Theorie Browns. BIA **4** Nr. 4 (57) S. 169—205, mit 2 Fig. (russisch). — Ref. in Math. Rev. **11** **466.** — Verf. stellt fest, daß die Brownsche Theorie die Beobachtungen des VIII. Jupitermondes nicht befriedigend darstellt. Die Abweichungen der beobachteten Koordinaten von den berechneten erreichen unter Verwendung des besten Konstantensystems $2^{m}.5$ in α und $32'$ in δ. Loh.

7617. Jupitermond IX

S. Herrick, 1949 ephemeris of Jupiter's ninth satellite. Publ ASP **61** 136. — 1949 Mai 14 — Okt. 21.

7618. Jupitermond XI

P. Herget, The orbit of Jupiter XI. Publ AAS **10** 164, 1942. — Ref. AAS.

§ 77

Saturn

7701. **Astrometrische Beobachtungen**

BAB **4** Nr. 4 S. 55—61. S. Arend. — α, δ.

JO **32** 32 = Ann. Obs. Besançon Astr. Géophys. (NS) **4** 197. Observations méridiennes de planètes, effectuées à l'Observatoire de Besançon. V. Maitre, Prétot. — α, δ.

Mem SA It (NS) **20** 107—115 = Oss. Astr. Roma - Monte Mario, Contr. sci. Nr. **146**. G. Armellini. — α.

Publ. US Naval Obs. (2) **16** part 1, S. 1—55, 186—190. Results of observations made with the six-inch transit circle 1925—1941. Observations of the sun, moon, and planets. C. B. Watts, A. N. Adams. — α, δ.

7702. **Physische Beobachtungen**

BAA Circ Nr. 312. Dark area on Saturn. W. H. Haas.

Gaz astr **31** 16. Observations de Saturne à l'Observatoire populaire de Munich de septembre à novembre 1948. W. Sandner.

Gaz astr **31** 54—55. Observations de Saturne au printemps de 1949. H. Oberndorfer.

JBAA **59** 207—210. British Astronomical Association. Saturn Section. Interim Report. Intensities of belts, zones and rings 1946—48. A. F. O'D. Alexander.

JBAA **59** 225. British Astronomical Association. Saturn Section. A. F. O'D. Alexander. — Bericht.

NAZ **3** 9—10. A. Weber, M. Beyer.

Orion Schaffhausen **2** 585—586. Saturn und sein Ringsystem. R. A. Naef.

Orion Schaffhausen **2** 589—590.

Sky and Telescope **8** 263. An apparent temporary change in Saturn's color. J. C. Bartlett jr.

Sterne **25** 41—42. Saturnbeobachtungen im Frühjahr 1949. P. Ahnert, C. Hoffmeister, H. Oberndorfer, N. Richter.

Sterne **25** 87. Zu den Erscheinungen auf Saturn in seiner jüngsten Sichtbarkeitsperiode. W. Sandner.

Sternenwelt **1** 19, 42—43, 66—67, 110—111, 161—162, 209—211, mit 6 Abb. Beobachtungen der Planeten. E. Pfannenschmidt.

Strolling Astronomer **3** Nr. 1 S. 5—7. Concerning the ring C puzzle.

Strolling Astronomer **3** Nr. 4 S. 6—7. On the width of ring C.

Strolling Astronomer **3** Nr. 5 S. 1—5, Nr. 6 S. 1—4. The visibility of Saturn's shadows in February—March, 1949: Some interpretations. W. H. Haas.

Strolling Astronomer **3** Nr. 11 S. 10—11. Mars, Saturn, and Andromeda nebula object.

Strolling Astronomer **3** Nr. 12 S. 7—12. Moon, Mars, and Saturn.

7703. **Titan. Astrometrische Beobachtungen**

JO **32** 77—80. Observations micrométriques et photométriques d'étoiles doubles, avec quelques mesures du diamètre de Titan. P. Muller. — r = 0ʺ747.

MPC 335. — Beobachtungen in Kyoto. α, δ.

7704. **W. Becker,** Der physische Lichtwechsel der Planeten Saturn und Uranus. AN **277** 65—72, mit 2 Abb. = Mitt. Sternwarte Hamburg-Bergedorf Nr. **64**. — Reduktion und Zusammenstellung aller seit 1852 bekannt gewordenen Helligkeitsbeobachtungen der Planeten Saturn und Uranus. Es handelt sich fast ausschließlich um Stufenschätzungen. Für Saturn ergibt sich nach Reduktion der beobachteten Helligkeiten auf mittlere Opposition und verschwindenden Ring ein physischer Lichtwechsel, der durch abgerundete Maxima und spitze Minima gekennzeichnet ist. Die Amplitude beträgt durchschnittlich $0^m.33$. Nur in den Minima sind bisher weiße Flecke auf der Saturnoberfläche erschienen. Bei Uranus überlagern sich ein Abplattungslichtwechsel von 84jähriger Periode und ein physischer Lichtwechsel, der einigermaßen sinusförmig verläuft und dessen Periode zwischen 5.5 und 11.5 Jahre (im Mittel 8 Jahre) schwankt. Der erstere hat eine Amplitude von $0^m.255$ und führt auf Grund der Seeligerschen Beleuchtungstheorie zu einer Abplattung von $a/b = 1.16$. Der physische Lichtwechsel hat eine mittlere Amplitude von $0^m.29$. Besonders tiefe Minima koinzidieren bei Saturn und Uranus und fallen mit einem Sonnenflecken-Minimum zusammen. Jedoch läßt sich darüber hinaus aus einer vergleichenden Betrachtung des Verlaufs der Sonnenfleckenkurve und der beiden Lichtkurven kein Hinweis für einen ursächlichen Zusammenhang der Phänomene entnehmen. Verf.

* * **D. Benini,** Rapports entre les périodes de révolution des satellites de Jupiter et de Saturne. Vgl. Ref. **7610**.

7705. **H. Bucerius,** Über die Entstehung des Saturnringes. Himmelswelt **56** 146—156, mit 3 Abb. — Verf. erklärt die Entstehung des Saturnringes aus dem Zerfall eines vordem existierenden Mondes durch die Gezeitenwirkung des Planeten. Dabei wird angenommen, daß der Urmond über keine eigene Wärmequelle mehr verfügte und daß er demnach durch die Wirkung der Sonnenstrahlung eine Gleichgewichtstemperatur von nur etwa —180° besaß. Unter diesen Verhältnissen ist es nicht ausgeschlossen, daß die molekulare Kohäsion — Verf. weist auf Experimente in flüssiger Luft hin — so unbedeutend wurde, daß das Gezeitenkraftfeld des Planeten ausreichte, um den Urmond gegen seine eigene Gravitation in einen Haufen unzusammenhängender Teilchen zerfallen zu lassen. Loh.

7706. **G. N. Duboschtschin,** Über die in Reihen dargestellten Bewegungen der Saturnmonde unter Berücksichtigung der Störung durch die Sonne. Bote Univ. Moskau **4** Nr. 6 S. 45—76 (russisch).

7707. **A. J. Moran,** Saturn's satellites. MN ASSA 8 6—8. — Enthält neben Bemerkungen über die Saturnstrabanten die Zeiten der östlichen Elongationen 1949 nebst Stundenwinkeln für Rhea und Titan.

7708. **P. Müller,** La prochaine disparition des anneaux de saturne. BSAF **63** 221—224, mit 2 Fig. Mit Berichtigung in BSAF **63** 280. — Besprechung in NAT **1949** 154—156, mit 1 Fig.

7709. **E. Schoenberg,** Die Saturnringe. Geschichte ihrer Erforschung. Sternenwelt **1** 25—29, 53—56, 78—80, mit 10 Abb.

7710. Saturnus. Heelal **5** 19—22, mit 2 Fig.

§ 78

Uranus, Neptun, Pluto

7801. **Uranus. Astrometrische Beobachtungen**

JO **32** 32 = Ann. Obs. Besançon Astr. Géophys. (NS) **4** 197. Observations méridiennes de planètes, effectuées à l'Observatoire de Besançon. V. Maitre, Gondy, Prétot. — α, δ.

Mem SA It (NS) **20** 107—115 = Oss. Astr. Roma - Monte Mario, Contr. sci. Nr. **146**. G. Armellini. — α.

Publ. US Naval Obs. (2) **16** part 1, S. 1—55, 191—195. Results of observations made with the six-inch transit circle 1925—1941. Observations of the sun, moon, and planets. C. B. Watts, A. N. Adams. — α, δ.

7802. Uranus. Physische Beobachtungen

BAA Circ Nr. 308. Spots on Uranus.
BSAF **63** 94—95. Des taches sur Uranus.
BSAF **63** 274. L. Rebuffat, Schmitt.
Gaz astr **31** 39. — Zwei kleine weiße Flecke. Vgl. UAI Circ Nr. 1205.
Gaz astr **31** 55—56. Observations de l'éclat d'Uranus en 1948—1949. H. Haupt.
Himmelswelt **56** 82. Beobachtungen der Helligkeit des Uranus. W. Malsch.
Himmelswelt **56** 178. Beobachtungen der Helligkeit des Uranus. W. Malsch.
MN ASSA **8** 20. Spots on Uranus.
NAZ **3** 17. H. van Schewick. — Helligkeit.
Orion Schaffhausen **2** 590. — Helligkeiten 1949 April 14—20, Mai 26.
Sterne **25** 42. Zur Beobachtung des Uranus. H. Oberndorfer.
Sternenwelt **1** 88—89, mit 1 Abb. Beobachtungen der Planeten. Uranus im 6-Zöller. E. Pfannenschmidt. — Beobachtungen 1936—1949.
UAI Circ Nr. 1205. Spots on Uranus. G. Armellini.

* * **W. Becker,** Der physische Lichtwechsel der Planeten Saturn und Uranus. Vgl. Ref. 7704.

7802a. **D. Brouwer,** Some problems in the development of new general theories of Uranus and Neptune. Publ AAS **10** 247, 1942. — Ref. AAS.

7803. **G. P. Kuiper,** New absorptions in the Uranus atmosphere. ApJ **109** 540—541, mit 2 Tafeln. — In den Spektren von Uranus und Neptun wurde ein neues System von vier oder fünf ziemlich scharf begrenzten Banden bei λ 7471, λ 7500, λ 7524, λ 7546 und λ 7570 (?) aufgefunden. Identifizierung gelang bisher nicht, eine Reihe von Molekülen konnte als Ursprung jedoch ausgeschlossen werden. Micz.

* * **M. Pierucci,** La regolarità nel sistema solare dopo la scoperta del quinto satellite di Urano. Interpretazione quantistica e previsione dell' esistenza di uno o due pianeti ultraplutoniani. Vgl. Ref. 7018.

7804. Uranus. Son retour imminent à l'emplacement de sa découverte. Etude de ses variations d'éclat. DOB **1949** Nr. 3, mit 1 Fig.

7805. Satellites of Uranus. Nature **163** 55. — Besprechung der Arbeit von W. H. Steavenson in MN **108** 183, 1948. Vgl. AJB **48** Ref. 7805.

7806. Uranus-jubileum. PAT **30** 74—75, mit 1 Fig.

7807. Fünfter Uranusmond

G. P. Kuiper, The fifth satellite of Uranus. Publ ASP **61** 129, mit 1 Tafel. — Besprechung in Sky and Telescope 8 253.
I. I. Putilin, Miranda, der neue Mond des Uranus. Priroda **38** Nr. 11 S. 47 (russisch).
BAA Circ Nr. 312. The new satellites — Miranda and Nereid.
Gaz astr **31** 128. Le cinquième satellite d'Uranus. JBAA **60** 40.
Nature **164** 948. New satellites of Uranus and Neptune.
NAT **1949** S. 117, mit 1 Fig. Uranus' femte måne.
Orion Schaffhausen **3** 25. Miranda, der 5. Uranustrabant.

7808. Neptun. Astrometrische Beobachtungen

Publ. US Naval Obs. (2) **16** part 1, S. 1—55, 196—199. Results of observations made with the six-inch transit circle 1925—1941. Observations of the sun, moon, and planets. C. B. Watts, A. N. Adams. — α, δ.

7809. **Neptun. Physische Beobachtungen**
BSAF **63** 274. L. Rebuffat, Schmitt.
Strolling Astronomer **3** Nr. 6 S. 1.

7810. **D. Brouwer,** Comparison of Newcomb's tables of Neptune with an orbit obtained by numerical integration, and discussion of the perturbations by Pluto. Publ AAS **10** 7—8, 1940. — Ref. AAS.

* * **D. Brouwer,** Some problems in the development of new general theories of Uranus and Neptune. Vgl. Ref. 7802a.

7811. **J. Jackson,** The discovery of Neptune — a defence of Challis. MN ASSA 8 88—89.

7812. **G. P. Kuiper,** The diameter of Neptune. ApJ **110** 93—94 = Contr. McDonald Obs. Nr. **179.** — Besprechung in JBAA **60** 90, Sterne **26** 30. — Verf. hat sowohl mit einem Doppelbildmikrometer als auch mit künstlich erzeugten Planetenscheiben den Durchmesser von Neptun zu 2"044 ± 0"016 entsprechend 44600 ± 400 km bestimmt. Die Dichte wird damit noch höher als bisher angenommen wurde. Micz.

7813. **L. R. Wylie,** Comparison of Newcomb's tables of Neptune with observations, 1795—1938. Publ AAS **10** 34, 1940. — Ref. AAS.

7814. The planet Neptune. An extract from «The Recent Progress of Astronomy» by E. Loomis (1856). MN ASSA 8 89—90.

7815. **Zweiter Neptunmond**
G. P. Kuiper, New object. Harv Card 994.
G. P. Kuiper, Object near Neptune. UAI Circ Nr. 1212.
G. P. Kuiper, The second satellite of Neptune. Publ ASP **61** 175—176. — Besprechung in NAT **1950** S. 37, Sterne **26** 31. — Elemente.
AJ **54** 197—198. Positions and preliminary orbit of Nereid, Neptune's second satellite. D. Harris, G. van Biesbroeck.
Astr Circ UdSSR Nr. 87 S. 9, **90/91** S. 16.
BAA Circ Nr. 309. Object near Neptune.
BAA Circ Nr. 312. The new satellites — Miranda and Nereid.
BSAF **63** 158. Un deuxième satellite à Neptune?
BSAF **63** 252.
Gaz astr **31** 82. Un deuxième satellite de Neptune?
Gaz astr **31** 129. Le deuxième satellite de Neptune.
Hemel en Dampkring **47** 111. De tweede satelliet van Neptunus. J. J. Raimond jr.
Himmelswelt **56** 142—143. Ein zweiter Neptunmond.
JBAA **60** 40.
NAT **1949** S. 75. Ny Neptunmåne?
NAZvM Nr. 63.
NAZ **3** 13.
NAZ **3** 40. — Elemente.
Orion Schaffhausen **2** 584—585.
Publ ASP **61** 150. New satellite of Neptune.
Sky and Telescope 8 193. New Neptune satellite?
Sky and Telescope 8 254, mit 1 Fig. Neptune satellite confirmed. — Ref. AAS.
Vgl. Ref. 7807. New satellites of Uranus and Neptune.

7816. **Pluto. Astrometrische Beobachtungen**
AJ **54** 94. G. van Biesbroeck. — Williams Bay, α, δ.
Astr Circ UdSSR Nr. 88 S. 2—3. — α, δ.

BAB 4 Nr. 3 S. 17. S. Arend. — Uccle, α, δ.
BAB 4 Nr. 4 S. 57. S. Arend. — Uccle, α, δ.
Mem SA It (NS) 20 33—47 = Contr. Oss. Astrofisico Univ. Padova in Asiago Nr. 12. — Bericht über einige Verbesserungen des Plattenmeßapparates Mioni und 47 Positionen des Planeten Pluto und der zwei Kometen 1946a und 1946c. F. Z.
MPC 111, 1948.— Uccle, α, δ.
MPC 215. K. Tomita. — Tokyo, α, δ.
MPC 334. T. Mitani. — Kyoto-Kwasan, α, δ.
UAI Circ Nr. 1210. L. Boyer. — Algier, α, δ.
UAI Circ Nr. 1210. H. Hurnik, J. Dobrzycki. — Poznań (Posen), α, δ.
UAI Circ Nr. 1212. — San Fernando, α, δ.

7817. **Pluto-Ephemeride**
Astr Circ UdSSR Nr. 82 S. 7 (nach UAI Circ 1185). — 1949 Jan. 4 bis 1949 April 24.

Neunter Teil

Kometen. Meteore. Meteorite. Zodiakallicht

§ 80

Kometen im allgemeinen

8001. **F. Baldet,** Liste générale des comètes de l'origine a 1948. Annuaire pour l'an 1950 publié par Le Bureau des Longitudes B 1—B 86.

8002. **M. Beyer,** Finsternis-Kometen. (Zur Entdeckung des Kometen 1948 l). Himmelswelt 56 82—83.

8003. **N. T. Bobrovnikoff,** The brightness of comets. Publ AAS 10 6—7, 1940. — Ref. AAS.

8004. **O. W. Dobrowolskij,** Die von 1916 bis 1949 mit bloßem Auge sichtbaren Kometen. Stalinabad Circ. Nr. 72 S. 1—2 (russisch). — Liste enthält 25 Kometen.

8005. **O. W. Dobrowolskij,** Statistik der Kometenerscheinungen in den 100 Jahren von 1850 bis 1949. Stalinabad Circ. Nr. 74—75 S. 1—3, mit 2 Abb. (russisch). — Verf. weist nach, daß die große Kometenhäufigkeit 1947/48 mit der Statistik nicht vereinbar ist, sondern eine außergewöhnliche Ursache gehabt haben muß. Loh.

8006. **O. W. Dobrowolskij,** Über die Natur des Exponenten *n* im Gesetz der Integralhelligkeiten der Kometen S. W. Orlows. Stalinabad Circ. Nr. 70—71 S. 5—8 (russisch).

8007. **O. W. Dobrowolskij,** Sonnenaktivität und Integralhelligkeit der Kometenköpfe. Bull. Kommission für Sonnenforschung Nr. 1 (15) S. 25—29 (russisch).

* * **A. D. Dubjago,** Bahnbestimmung. Vgl. Ref. 4503.

8008. **R. Herman, L. Herman,** Discussion sur la possibilité de présence de OH^+ dans les spectres cométaires. Ann d'Astrophys **12** 52—65, mit 4 Fig. — Die Verf. untersuchen die Frage, ob im Bereich λ 3987 bis λ 4050 der Kometenspektren Banden des OH^+ existieren. Dazu wurden im Laboratorium mit verschiedener Dispersion aufgenommene Spektren des OH^+ vermessen und mit entsprechenden Messungen von Kometenspektren verglichen. Theoretisch von Hunaerts berechnete Wellenlängen der Rotationslinien der (0,0)-Bande des $^3\Pi-^3\Sigma$-Übergangs des OH^+-Moleküls werden zusätzlich herangezogen. Bei der Diskussion wird geschlossen, daß die Koinzidenzen wahrscheinlich zufällig sind, der OH^+-Beitrag im genannten Bereich der Kometenspektren gering ist und durch andere Banden überlagert wird. Zur endgültigen Klärung sind spektralphotometrische Messungen erwünscht. Micz.

8009. **R. Herman,** Emission de l'oxyde de carbone dans la région du groupe 4050 Å des noyaux cométaires. CR **228** 1691—1693, mit 1 Fig. — In der Umgebung von λ 4050 hat Verf. im Laboratorium CO-Banden in Emission angeregt und identifiziert die in den Spektren der Kometenkerne bei λ 4050 beobachtete Bandengruppe. Micz.

8010. **A. Monfils, B. Rosen,** New method of excitation of the cometary emission bands at 4050 Å. Nature **164** 713 = Mém. Inst. d'Astrophys. (8°) Nr. **312**. — Zur Anregung der in Kometenspektren beobachteten Bande bei λ 4050, deren Ursprung meist auf CH_2 zurückgeführt wird, sind eine Reihe von Methoden angegeben worden; die Verf. berichten über eine weitere. Ihre bisherigen Versuche sprechen nicht für CH_2 als Ausgangsmolekül der genannten Bande. Micz.

8011. **P. S. Palmer,** Comets and shower meteors. Pop Astr **57** 421—427. — Da Schauermeteore meist als Überbleibsel aufgelöster Kometen anzusehen sind, schließt die Diskussion von Kometen diejenige von Schauermeteoren mit in sich ein. Umgekehrt wird angenommen, daß die Eigenschaften von Schauermeteoren auch auf kometarische Partikel zutreffen. Im einzelnen wird auf folgende Punkte eingegangen: Kometen als Mitglieder des Sonnensystems, ihre Eigenschaften, ihre Herkunft, ihre Bahnen, die Eigenschaften kometarischer Partikel und die Zusammensetzung der Schweife. Loh.

8012. **S. M. Poloskow,** Über den Lichtdruck auf die Moleküle in den Kometenatmosphären. AJ UdSSR **26** 260—261 (russisch). — Berechnung von $1 + \mu$ für die Moleküle OH, NH, CH, CN, C_2 und CO^+.

8013. **N. Richter,** Helligkeitsschwankungen der Kometen und Sonnentätigkeit. II. Statistik und Theorie abnormer Lichtausbrüche von Kometenkernen. AN **277** 12—30, mit 2 Abb. — Es wurden alle seit dem Jahre 1880 photometrisch beobachteten Kometenerscheinungen auf abnorme Helligkeitsausbrüche untersucht. Dabei finden sich unter 358 durchgeprüften Fällen 12 gesicherte Fälle, bei denen solche Ausbrüche beobachtet wurden. Statistische Betrachtungen über die Häufigkeit der Lichtausbrüche machen es wahrscheinlich, daß auch ein großer Teil der unbestätigten Kometenentdeckungen (20 reelle Fälle von 1880 bis 1936) darauf zurückzuführen ist. Es wird auf die Wichtigkeit einer fortlaufenden photometrischen Überwachung des Kometen 1925 II hingewiesen, die eine Entscheidung über die Richtigkeit der behandelten Theorien bringen kann. Verf. (gekürzt)

8014. **N. Richter,** Bemerkenswerte und plötzliche Lichtabnahme von Kometen. Sterne **25** 36—38, mit 3 Abb.

8015. **R. Rigollet,** L'origine des comètes: la question des orbites hyperboliques. BSAF **63** 277—279.

8016. **K. H. Schütte,** Two new families of comets. Pop Astr **57** 176—182, mit 3 Fig. — Besprechung in JBAA **59** 216—217. — Zu den Kometenfamilien des Planetensystems von Jupiter bis Neptun kann neben einer Gruppe von 5 Kometen als Plutofamilie noch eine Gruppe von 8 Kometen als Transplutofamilie gerechnet werden, deren Perihelentfernungen zwischen 0,75 und 1,69 AE und deren Aphelentfernungen zwischen 75 und 89 AE liegen. Loh.

8017. **F. L. Whipple,** Comets, meteors and the interplanetary complex. AJ **54** 179—180. — Ref. AAS.

8018. Some cometary statistics. JBAA **59** 81—82.

8019. Origin and formation of comets. Nature **164** 119. — Besprechung der Arbeit von R. A. Lyttleton in MN **108** 465. Vgl. AJB **48** Ref. 8012.

8020. Origin of comets. Sky and Telescope 8 196. — Besprechung eines Vortrages von R. A. Lyttleton vor der Royal Astronomical Society (Obs **69** 8—10).

8021. Comet theory. Sky and Telescope 8 308, 320. — Ref. AAS.

§ 81

Einzelne Kometen

8101. **M. Beyer,** Die Kometenerscheinungen des Jahres 1948. Himmelswelt **56** 85—89.

8102. **G. van Biesbroeck,** Comet notes. Pop Astr **57** 27—29, 98—99, 140—141 , 192, 248—249, 300, 350—351, mit 1 Fig.

8103. **D. L. Harris III,** Comet notes. Pop Astr **57** 410, 463—464, mit 1 Fig., 521.

8104. **H. M. Jeffers,** Comet notes. Publ ASP **61** 49—50, 105, 142—143, 195, 232—233, 267—268.

8105. **D. McIntyre,** Comets in old Cape records. Cape Town, Cape Times Limited, 1949. 15 S. mit 4 Tafeln. — Besprechung in JBAA **60** 38, Obs **70** 83, Pop Astr **57** 416. — Bericht über die Kometen von 1652, 1664, 1682, 1686, 1689, 1695, 1733, 1742 und 1830.

8106. **G. Merton,** British Astronomical Association. Comet Section. JBAA **59** 225—226. — Bericht.

8107. **G. Merton,** Reports on the progress of astronomy: Comets. MN **109** 248—257. — Bericht über die Kometen des Jahres 1948.

8108. **E. Rabe,** Die Kometen des Jahres 1948. Sternenwelt **1** 106—108, mit 2 Abb.

8109. **W. Strobel,** Periodische Kometen 1949. Sternenwelt **1** 38—39.

8110. Die Kometen des Jahresendes 1948. Astr Circ UdSSR Nr. **82** S. 2—4 (russisch). — Den UAI Circ entnommene Daten der Kometen 1948i bis 1948n.

8111. Periodic comets, 1948. J RAS Canada **42** 47, 1948.

8112. Kometerne. NAT **1949** S. 32—33, 114, 142—143.

8113. Comet notes. Obs **69** 37—38, 159, 199, 239—240.

8114. Kometer 1948. PAT **30** 72—73.

8115. Kometer 1949. PAT **30** 156—158.

8116. **Vermuteter Komet**
NAZvM Nr. 67, UAI Circ 1221.

8117. D'Arrestscher Komet (1950a)
Ephemeride: R. Lelliott — BAAH 1950, UAI Circ 1245
Elemente: W. E. Beart — NAZ **3** 39

8118. Enckescher Komet (1950e)
Beobachtung: Cluj — JO **32** 39—41 = Publ. Obs. Astr. Cluj Nr. 5
Flagstaff — AJ **54** 166
Kasan — Astr Circ UdSSR Nr. 88 S. 2
Leiden — BAN **11** 12
Poznań — AA (c) **4** 105 = Poznań Repr. Nr. 14
Skalnaté Pleso — BAC **1** 99—100 = Contr. Astr. Inst. Charles Univ. Prague Nr. 1
Ephemeride: L. L. Matkewitsch — Astr Circ UdSSR Nr. 89 S 6—7
Helligkeiten: M. Mazur, J. Pagaczewski — Circ. Astr. Obs. Warsaw Univ. Nr. 23 S. 1, 3—4

A. M. Bacharew, Der Komet Encke-Backlund im Jahre 1947. Stalinabad Circ. Nr. 70—71 S. 1—5, mit 2 Abb. (russisch). — Photometrische Beobachtungen, absolute Helligkeiten, Durchmesserbestimmungen, Örter.

J. Bouška, Z. Svestka, On the variation of the coma-diameter of Encke's comet. BAC **1** 123—124, mit 3 Fig. — Über die Möglichkeit einer Korrelation zwischen Komadurchmesser und Sonnentätigkeit. Die Koma scheint ein wenig größer im Maximum als im Minimum der Sonnenaktivität zu sein. Verf.

O. W. Dobrowolskij, Über eine mögliche Ursache der Asymmetrie der Lichtkurve des Kometen Encke-Backlund. Stalinabad Circ. Nr. 76 S. 2 (russisch). — Es wird darauf aufmerksam gemacht, daß den Helligkeitsbeobachtungen vor den Perihelen zwischen 1786 und 1911, die durchschnittlich größere Helligkeiten als die Beobachtungen nach den Perihelen zwischen 1822 und 1911 (etwa $1^{m}.5$) ergeben haben, höhere Fleckenrelativzahlen zuzuordnen sind. Loh.

R. S. Richardson, Enckes comet. NAT **1949** S. 103—107. — Übersetzung von Leaflet ASP Nr. 236 von J. M. Vinter Hansen.

D. Wattenberg, Aus der Geschichte des Enckeschen Kometen. Zu seinem 50. Periheldurchgang am 27. Nov. 1947. — Vgl. Ref. 1436.

8119. Fayetscher Komet (1947f)
Beobachtung: Kasan — Astr Circ UdSSR Nr. 88 S. 2
Leiden — BAN **11** 12

8120. Forbesscher Komet (1948e)
Beobachtung: Mt. Hamilton — Lick Bull **522** S. 35

8121. Galescher Komet (1938 I)
Elemente: C. Dinwoodie — NAZ **3** 2
Ephemeride: — Astr Circ UdSSR Nr. 82 S. 6—7
J. M. A. Danby — Pop Astr **57** 141
Notiz: — BAA Circ Nr. 309, Gaz astr **31** 39, NAZ **3** 9, UAI Circ 1227

DOB **1949** Nr. 4, mit 2 Fig. L'actuel retour de la comète Gale (1927 VI—1938 I).

8122. Giacobini-Zinnerscher Komet (1946c)
Beobachtung: Asiago — Mem SA It (NS) **20** 33—47 = Contr. Oss. Astrofisico Univ. Padova in Asiago Nr. 12
Poznań — AA (c) **4** 105 = Poznań Repr. Nr. 14

V. Vanýsek, Cometary study II. Absolute brightness of the comet Giacobini-Zinner 1946c. BAC 1 66—67, mit 1 Fig. = Contr. Astr. Inst. Charles Univ. Prague Nr. 1, 2 S.

8123. **Grigg-Skjellerupscher Komet** (1947 a)

Beobachtung:	Flagstaff	AJ **54** 165
	Kyoto	MPC 75

8124. **Holmesscher Komet** (1906 III)

I. F. Polak, Die Bewegung des Kometen Holmes von 1925 bis 1950. AJ UdSSR **26** 156—159 (russisch).

8125. **Erster Neujminscher Komet** (1948 f)

Anzeige:	NAZ **3** 1	
Beobachtung:	Bosque Alegre	Harv Card 973
Elemente:	L. E. Cunningham	Harv Card 1037, UAI Circ 1234
Ephemeride:	L. E. Cunningham	Harv Card 1037, 1048, UAI Circ 1234, 1246
	S. B. Nicholson	Astr Circ UdSSR Nr. 82 S. 5

8126. **Zweiter Neujminscher Komet** (1927 I)

Ephemeride:		Astr Circ UdSSR Nr. 82 S. 5—6

8127. **Otermascher Komet** (1942 VII)

Beobachtung:	Algier	UAI Circ 1196
	Mt. Hamilton	Lick Bull **522** S. 33—34[1])
Elemente:	L. Oterma	UAI Circ 1225
Ephemeride:		Astr Circ UdSSR Nr. 90/91 S. 12, UAI Circ 1225
	L. Oterma	UAI Circ 1246

8128. **Pons-Winneckescher Komet** (1945 a)

Beobachtung:	Belgrad	Bull. Obs. Astr. Univ. Belgrade **4** 42, 1939
Notiz:		Berichtigung zu JO **31** Nr. 10 und Nr. 12 in JO **32** 96

8129. **Erster Reinmuthscher Komet** (1949 f)

Auffindung:	A. Mrkos, Skalnaté Pleso, 1949 Nov. 19. Unabhängig von H. M. Jeffers, Mt. Hamilton, 1949 Nov. 26 aufgefunden.	
Anzeige:	BAA Circ Nr. 312, BSAF **63** 359, Harv Card 1045, 1047, Kop Akt Medd 331, NAZvM Nr. 79, NAZ **3** 39, UAI Circ 1243, 1246.	
Beobachtung:	Skalnaté Pleso	NAZ **3** 39, UAI Circ 1245
Elemente:		BAAH 1949, 1950, NAZ **3** 39
Ephemeride:	H. Cunliffe, T. A. Goodchild	Astr Circ UdSSR Nr. 90/91 S. 12, UAI Circ 1226
	H. Cunliffe, C. Waterhouse	BAAH 1950, UAI Circ 1245

8130. **Erster Schwassmann-Wachmannscher Komet** (1941 VI)

Anzeige:	Pop Astr **57** 248.	
Beobachtung:	Mt. Hamilton	Lick Bull **522** S. 33
Ephemeride:	P. Herget	NAZ **3** 25, UAI Circ 1228
		Astr Circ UdSSR Nr. 82 S. 7
		Astr Circ UdSSR Nr. 90/91 S. 13

[1]) Mit Komet Oterma (1943 a) bezeichnet.

G. van Biesbroeck, The changing appearance of comet Schwassmann-Wachmann I. Publ AAS **10** 321, 1943. — Ref. AAS.

8131. Zweiter Schwassmann-Wachmannscher Komet (1947 l)
Beobachtung: Mt. Hamilton — Lick Bull **522** S. 35
Ephemeride: H. Q. Rasmusen — Astr Circ UdSSR Nr. **82** S. 5

8132. Erster Väisäläscher Komet (1949 h)
Auffindung: A. Mrkos, Skalnaté Pleso, 1949 Dez. 19.
Anzeige: BSAF **63** 359, Harv Card 1053, UAI Circ 1249.
Ephemeride: L. Oterma — BAAH 1949, UAI Circ 1228; Astr Circ UdSSR Nr. **90/91** S. 12—13

8133. Whipplescher Komet (1947 g)
Beobachtung: Algier — UAI Circ 1202
Mt. Hamilton — Lick Bull **522** S. 34
Elemente: R. N. Thomas — NAT **1949** 149, Publ AAS **10** 262, 1942
Ephemeride: — Astr Circ UdSSR Nr. **82** S. 6
H. Q. Rasmusen, Periodisk komet Whipple (1933 IV). NAT **1949** S. 149—150, mit 1 Fig.
R. N. Thomas, The 1922 approach to Jupiter of periodic comet Whipple. Publ AAS **10** 262, 1942. — Ref. AAS.

8134. Erster Wolfscher Komet (1942 VI)
M. Kamienski, The present state of investigations into comet Wolf I. Vgl. AJB **46** Ref. 6642. — Besprechung in Urania Barcelona **34** Nr. 220 S. 226.

8135. Komet 1889 I Barnard-Brooks
G. van Biesbroeck, The original orbit of the two hyperbolic comets 1889 I (Barnard-Brooks) and 1935 d (van Biesbroeck). Publ AAS **10** 30, 1940. — Ref. AAS.

8136. Komet 1932 b Houghton-Ensor
A. Przybylski, Orbite définitive de la comète 1932b (Houghton-Ensor). AA (a) **5** 1—18, mit Zusatz von J. Witkowski = Poznań Repr. Nr. **13**.

8137. Komet 1933 IV Whipple
Siehe unter Whipplescher Komet (1947 g).

8138. Komet 1935 d van Biesbroeck = 1936 I
G. van Biesbroeck, The original orbit of the two hyperbolic comets 1889 I (Barnard-Brooks) and 1935 d (van Biesbroeck). Publ AAS **10** 30, 1940. — Ref. AAS.

8139. Komet 1936 a Peltier = 1936 II
O. W. Dobrowolskij, Die Helligkeit des Kometen 1936 a und die Sonnenaktivität. Bull. Kommission für Sonnenforschung Nr. **3—4** (17—18) S. 57—64 (russisch).

8140. Komet 1939 IV Väisälä (P)
Elemente: L. Oterma — NAZ **3** 2

8141. Komet 1939 c Pons-Winnecke
Siehe unter Pons-Winneckescher Komet.

8142. Komet 1939 d Jurlof-Achmarof-Hassel
Helligkeit: J. Gadomski — Circ. Astr. Obs. Warsaw Univ. Nr. 23 S. 7

A. McKellar, The spectrum of comet 1939 d (Jurlof-Achmarof-Hassel). Publ AAS 9 266, 1939. — Ref. AAS.

8143. Komet 1939 h Rigollet
Beobachtung: Belgrad — Bull. Obs. Astr. Univ. Belgrade 4 42, 1939

8144. Komet 1940 c Cunningham = 1941 I
Beobachtung: Kyoto — Publ. Astr. Soc. Japan 1 48
Helligkeit: J. Gadomski — Circ. Astr. Obs. Warsaw Univ. Nr. 23 S. 8

P. Swings, H. Sauvenier, Le spectre de la queue de la comète Cunningham (1940 c, 1941 I). Bull. Acad. Roy. Belgique, Cl. Sci. **1949** S. 931—937 = Mém. Inst. d'Astrophys. Liége (8°) Nr. **311**. — Ein Spaltspektrogramm des Schweifs des Kometen Cunningham (1940 c) wird diskutiert. Aus der Intensitätsverteilung der Rotationslinien der CO^+-Banden folgt eine Temperatur von etwa 300° K. Identifiziert werden u. a. die Baldet-Johnson-Banden des CO^+. Einige Banden, insbesondere eine sehr kräftige bei λ 3675, die auch im Kometen Bester (1947 k) beobachtet wurden, werden versuchsweise dem Schumann-Runge-System des O_2 zugeschrieben. Den Wellenlängen nach ist die Übereinstimmung gut, jedoch bestehen eine Reihe anderer Schwierigkeiten, die die Verf. erörtern. Micz.

8145. Komet 1941 c de Kock-Paraskevopoulos
Helligkeit: J. Gadomski — Circ. Astr. Obs. Warsaw Univ. Nr. 23 S. 8

8146. Komet 1941 d van Gent-Howarth-Bernasconi = 1941 VIII
Beobachtung: Stalinabad — Stalinabad Circ. Nr. 72 S. 2—3

A. M. Bacharew, Die absolute Helligkeit des Kometen 1941 d (van Gent). Stalinabad Circ. Nr. 74—75 S. 3—4, mit 1 Abb. (russisch).

J. Bouška, Cometary study V. Absolute brightness of the comet van Gent — 1941 d. BAC 1 140, mit 1 Fig.

8147. Komet 1942 f Whipple 2
Siehe unter 1943 I Whipple-Fedtke-Tevsadse.

8148. Komet 1942 g Whipple
Siehe unter 1943 I Whipple-Fedtke-Tevsadse.

8149. Komet 1943 I Whipple-Fedtke-Tevsadse

A. McKellar, Emission bands in the violet region of the spectrum of comet Whipple II (1942 f) as obtained with relatively high spectral purity. Publ AAS **10** 330—331, 1944. — Ref. AAS.

S. Plakidis, D. Kotsakis, La comète Whipple-Fedtke (1942 g). Praktika Athen **20** 120—125, mit 1 Fig. (griechisch mit französischer Zusammenfassung). — Vergleichssterne, Helligkeiten, Lichtkurve.

W. Rabe, Ein schöner Komet. Sternenwelt 1 97—101, mit 3 Fig. und 17 Aufnahmen.

8150. Komet 1945 c Du Toit (P)
Notiz: — NAZ 3 3

8151. Komet 1946 a Timmers
Beobachtung: Asiago — Mem SA It (NS) **20** 33—47 = Contr. Oss. Astrofisico Univ. Padova in Asiago Nr. **12**

	Poznań	AA (c) 4 105 = Poznań Repr. Nr. 14
Notiz:		Berichtigung zu JO 31 Nr. 10 und 12 in JO 32 96

J. Bouška, Cometary study IV. Comet Timmers — 1946a. BAC 1 84—87, mit 2 Fig. = Contr. Astr. Inst. Charles Univ. Prague Nr. 1, 4 S. — Bestimmung der absoluten Größe der Koma und des Kernes sowie des Durchmessers der Koma. Weiter ist der Versuch gemacht, den Durchmesser und die Masse des Kernes mittels Albedo zu bestimmen. Verf.

8152. Komet 1946 c Giacobini-Zinner
Siehe unter Giacobini-Zinnerscher Komet.

8153. Komet 1946 h Jones

Beobachtung:	Flagstaff	AJ 54 165
	Leiden	BAN 11 11—12
	Mt. Hamilton	Lick Bull 522 S. 34
Ephemeride:	N. Sherman	Harv Card 969

8154. Komet 1946 i Johnson[1])

Beobachtung:	Algier	MPC 269, UAI Circ 1220
	Mt. Hamilton	Lick Bull 522 S. 37
	Williams Bay	MPC 296
Ephemeride:	L. E. Cunningham	Harv Card 989, 1011, MPC 236, UAI Circ 1209, 1221

8155. Komet 1946 k Bester

Beobachtung:	Flagstaff	AJ 54 165
	Mt. Hamilton	Lick Bull 522 S. 34

8156. Komet 1947 b Rondanina-Bester

Beobachtung:	Flagstaff	AJ 54 165

8157. Komet 1947 c Becvar

Beobachtung:	Flagstaff	AJ 54 165
	Poznań	AA (c) 4 105 = Poznań Repr. Nr. 14

8158. Komet 1947 d Bester

Beobachtung:	Flagstaff	AJ 54 165

8159. Komet 1947 g Whipple
Siehe unter Whipplescher Komet (1947 g).

8160. Komet 1947 h Wirtanen

Beobachtung:	Flagstaff	AJ 54 165
	Mt. Hamilton	Lick Bull 522 S. 34
	Uccle	MPC 13

8161. Komet 1947 j Reinmuth 2 (P)

Beobachtung:	Flagstaff	AJ 54 166
	Kasan	Astr Circ UdSSR Nr. 88 S. 2
	Leiden	BAN 11 12
	Skalnaté Pleso	BAC 1 99—100 = Contr. Astr. Inst. Charles Prague Nr. 1
	Uccle	MPC 18

8162. Komet 1947 k Bester

Beobachtung:	Cluj	JO 32 39—41 = Publ. Obs. Astr. Cluj Nr. 5

---

[1]) Mit 1946 QB Johnson Object bezeichnet.
In MPC 418 mit Berichtigung in MPC 542 als Kleiner Planet 1568 nummeriert.

	Flagstaff	AJ **54** 166
	Kasan	Astr Circ UdSSR Nr. 88 S. 2
	Leiden	BAN **11** 13
	Mt. Hamilton	Lick Bull **522** S. 34
	Poznań	AA (c) **4** 106 = Poznań Repr. Nr. **14**
	Santiago	MPC 142
	Stalinabad	Stalinabad Circ. Nr. **70**—**71** S. 5
	Uccle	BAB **4** Nr. 3 S. 17, MPC 113
Ephemeride:	L. E. Cunningham	Harv Card 974, 981, UAI Circ 1199
Helligkeiten:	P. Bourge, A. Guener, L. Rebuffat, R. Rigollet	BSAF **63** 25—26
	M. Mazur, J. Pagaczewski	Circ. Astr. Obs. Warsaw Univ. Nr. **23** S. 2, 4—5

P. Ahnert, Physische Beobachtungen der Kometen Bester (1947 k) und Honda-Bernasconi (1948 g). AN **277** 135—137, mit 1 Abb.

A. M. Bacharew, Photometrische Parameter des Kometen 1947 k Bester. Astr Circ UdSSR Nr. **86** S. 5—6 (russisch).

A. M. Bacharew, Photometrische Parameter des Kometen 1947 k (Bester) nach Beobachtungen in der UdSSR. Bull. Astr.-Geod. Ges. UdSSR. Nr. **6** (**13**) S. 34—36 (russisch).

F. Baldet, C. Bertaud, Photométrie photographique de la comète Bester (1947 k). CR **227** 960—962, mit 1 Abb., 1948.

J. Bouška, V. Vanýsek, Absolute brightness of the comet Bester — 1947k. BAC 1 62—64, mit 1 Fig. = Contr. Astr. Inst. Charles Univ. Prague Nr. 1, 3 S. — Bestimmung der absoluten Größe des Kometen 1947k und Vergleich der Genauigkeit der Methode der Kleinsten Quadrate mit der graphischen Methode. Verf.

C. Fehrenbach, G. Courtès, R. Mévolhon, Le spectre des comètes Bester 1947k et Honda Bernasconi 1948g. Ann d'Astrophys **12** 66—78, mit 6 Fig. = Publ. Obs. Haute-Provence (A) Nr. **22**. — Aus photometrischen Messungen der Swan-Banden des C_2 im Spektrum der Kometen Bester 1947k und Honda Bernasconi 1948g werden Rotations- und Schwingungstemperaturen abgeleitet, die keine Differenz aufweisen. Sie liegen — je nach den benutzten Übergangswahrscheinlichkeiten — zwischen 3200° und 3600° K. Aus ähnlichen Messungen der CN-Banden bei λ 3883 und λ 4216 werden sehr viel niedrigere Werte gefunden. Die anderweitig vermutete Zugehörigkeit der Banden zwischen λ 5900 und λ 6500 zum Ammoniak wird in einer abschließenden Bemerkung angezweifelt. Micz.

8163. Komet 1947 n

Beobachtung:	Flagstaff	AJ **54** 166
Elemente:	P. Sconzo	Publ. Obs. Astr. La Plata Circ. Nr. **6** S. 15
Aufnahme:	N. Tapia	Publ. Obs. Astr. La Plata Circ. Nr. **6** neben S. 16. — 1947 Dez. 14

J. Bouška, Cometary study I. Absolute brightness of the comet 1947n. BAC 1 65—66, mit 2 Fig. = Contr. Astr. Inst. Charles Univ. Prague Nr. 1, 2 S. — Graphische Bestimmung der absoluten Größe. Es wird auf die Veränderungen des Exponenten *n* hingewiesen. Verf.

8164. Komet 1948 a Mrkos

Beobachtung:	Flagstaff	AJ **54** 166
	Leiden	BAN **11** 13
	Mt. Hamilton	Lick Bull **522** S. 35

8165. Komet 1948 d Pajdušáková-Mrkos

Beobachtung:	Algier	UAI Circ 1196, 1202
	Flagstaff	AJ 54 166
	Kiew	Astr Circ UdSSR Nr. 83 S. 1—2
	Leiden	BAN 11 13
	Mt. Hamilton	Lick Bull 522 S. 35
	München	NAZ 3 6
	Poznań	AA (c) 4 106 = Poznań Repr. Nr. 14
	Uccle	BAB 4 Nr. 3 S. 17
Ephemeride:	L. E. Cunningham	Harv Card 987, 1047, UAI Circ 1209, 1246

8166. Komet 1948 g Honda-Bernasconi

Beobachtung:	Flagstaff	AJ 54 166
	Mt. Hamilton	Lick Bull 522 S. 35
	Poznań	AA (c) 4 106 = Poznań Repr. Nr. 14
	Uccle	BAB 4 Nr. 3 S. 17, NAZ 3 5, UAI Circ 1201
Helligkeit:	M. Mazur, J. Pagaczewski	Circ. Astr. Obs. Warsaw Univ. Nr. 23 S. 3 und 6

P. Ahnert, Physische Beobachtungen der Kometen Bester (1947k) und Honda-Bernasconi (1948g). AN 277 135—137, mit 1 Abb.

J. Bouška, Cometary study III. Absolute brightness of the comet 1948g. BAC 1 83—84, mit 1 Fig. = Contr. Astr. Inst. Charles Univ. Prague Nr. 1, 2 S.

C. Fehrenbach, G. Courtès, R. Mévolhon, Le spectre des comètes Bester 1947k et Honda Bernasconi 1948g. Ann d'Astrophys 12 66—78, mit 6 Fig. = Publ. Obs. Haute-Provence (A) Nr. 22. Vgl. Ref. 8162.

F. D. Miller, The spectrum of comet 1948g. Publ ASP 61 32.

8167. Komet 1948 h Wirtanen

Beobachtung:	Johannesburg	Harv Card 997[1]), UAI Circ 1206, 1210, 1211, 1216, 1221, 1227
	Mt. Hamilton	Lick Bull 522 S. 36
Elemente:	L. E. Cunningham	PAT 30 72
Ephemeride:	H. Cunliffe, H. Procter	BAA Circ Nr. 308, UAI Circ 1205
	L. E. Cunningham	Harv Card 988, 1041, UAI Circ 1210, 1239

8168. Komet 1948 i Ashbrook-Jackson (P)

Beobachtung:	Algier	UAI Circ 1196, 1202
	Cordoba	AJ 54 164 = Obs. Cordoba Tirada Ap. Nr. 35
	Flagstaff	AJ 54 166, 168
	Kasan	Astr Circ UdSSR Nr. 82 S. 1
	Krim	Krim Mitt. 4 202
	Mt. Hamilton	Lick Bull 522 S. 36
	München	NAZ 3 5
	Poznań	AA (c) 4 106 = Poznań Repr. Nr. 14
	Uccle	BAB 4 Nr. 3 S. 17, NAZ 3 5, UAI Circ 1201
Elemente:	L. E. Cunningham	Gaz astr 31 18, Harv Card 1031, UAI Circ 1232
Ephemeride:	L. E. Cunningham	NAZvM Nr. 60, Harv Card 974, 1032, UAI Circ 1201, 1232

[1]) Irrtümlich mit new comet (1949b) bezeichnet. Harv Card 998.

8169. Komet 1948 j Johnson

Beobachtung:	Bosque Alegre	Harv Card 973
	Cordoba	AJ **54** 164 = Obs. Cordoba Tirada Ap. Nr. **35**
	Flagstaff	AJ **54** 166
	Johannesburg	UAI Circ 1197, UC **5** Nr. 108 S. 307
Elemente:	L. E. Cunningham	Harv Card 1015, UAI Circ 1222
Ephemeride:	L. E. Cunningham	Harv Card 970, 1015, 1016, UAI Circ 1222
	H. Q. Rasmusen	UAI Circ 1196

8170. Komet 1948 k Wirtanen

Beobachtung:	Algier	UAI Circ 1196
	Mt. Hamilton	Lick Bull **522** S. 36
Elemente:	L. E. Cunningham	Harv Card 1002, NAZ **3** 1, UAI Circ 1216
Ephemeride:	L. E. Cunningham	Harv Card 1002, 1003, UAI Circ 1216

8171. Komet 1948 l Eclipse Comet

Beobachtung:	Abastumani	Astr Circ UdSSR Nr. 82 S. 1
	Algier	UAI Circ 1196, 1202, 1210
	Aschchabad	Astr Circ UdSSR Nr. 82 S. 1, Nr. 84 S. 1—3
	Athen	UAI Circ 1196, 1206
	Barcelona	UAI Circ 1207
	Canberra	UAI Circ 1210
	Cape of Good Hope	MN ASSA **8** 16—17, 48—49, UAI Circ 1198, Berichtigung zu 1187
	Cordoba	AJ **54** 164 = Obs. Cordoba Tirada Ap. Nr. **35**
	Dunedin	Southern Stars **14** 75
	Flagstaff	AJ **54** 167
	Haverford	AJ **54** 167
	Johannesburg	UAI Circ 1197, 1198, 1206, UC **5** Nr. 108 S. 308
	Kasan	Astr Circ UdSSR Nr. 84 S. 1, 84 S. 1—2
	Madrid	Bol. Astr. Madrid **3** Nr. 9 S. 67, Urania Barcelona **34** Nr. 220 S. 49
	Mt. Hamilton	Lick Bull **522** S. 36
	Poznań	AA (c) **4** 107 = Poznań Repr. Nr. 14
	Pretoria	MN ASSA **8** 48
	Rose-Hill	BSAF **63** 128
	San Fernando	Urania Barcelona **34** Nr. 220 S. 49
	Santiago	MPC 188, 197, 212, 251
	Stalinabad	Astr Circ UdSSR Nr. 83 S. 1
	Uccle	BAB **4** Nr. 4 S. 57
Elemente:	J. Bobone	NAZ **3** 9, Harv Card 983, UAI Circ 1207
	L. E. Cunningham	Harv Card 971, NAZvM Nr. 57, PAT **30** 73, UAI Circ 1197
	W. P. Hirst, R. H. Stoy	Ciel et Terre **65** 39
	P. Sconzo	Publ. Obs. Astr. La Plata Circ. Nr. **6** S. 16
Ephemeride:	L. E. Cunningham	Astr Circ UdSSR Nr. 84 S. 1, BAA Circ Nr. 307, Harv Card 972, 989,

		1038, Kop Akt Medd 327, NAZvM Nr. 57, Orion Schaffhausen Nr. 22 S. 528, Publ ASP 61 49, UAI Circ 1197, 1234
	A. D. Dubjago	Astr Circ UdSSR Nr. 82 S. 2
	W. P. Hirst, R. H. Stoy	Ciel et Terre 65 39
	P. Naur	UAI Circ 1207
Phys. Beob.:	R. A. McIntosh	Southern Stars 14 93
	M. Kœnig	BSAF 63 128
Aufnahme:	Daguillon, Duflot, Lenouvel, Mévolhon	BSAF 63 neben S. 38. — Aufnahme am Obs. Haute-Provence 1948 Nov. 15 und Dez. 5
	Gentili	BSAF 63 neben S. 39. — Aufnahme am Obs. Pic du Midi 1948 Nov. 29
	J. S. Paraskevopoulos, M. J. Bester	Sky and Telescope 8 61. – 1948 Nov. 22
	R. P. Platzeck	Sky and Telescope 8 Nr. 3 Titelblatt. — 1948 Nov. 13
	F. Quénisset, F. Baldet	BSAF 63 33. — Aufnahme in Juvisy 1949 Jan. 29
	E. Rondanina	JBAA 59 Nr. 2 Titelblatt, Sky and Telescope 8 59. — 1948 Nov. 13
	N. Tapia	Publ. Obs. Astr. La Plata Circ. Nr. 6 neben S. 16. — 1948 Nov. 12
	W. D. Victor	Sky and Telescope 8 59. — 1948 Nov. 13
		BSAF 63 35. — Aufnahme in Montevideo 1948 Nov. 13
		Sky and Telescope 8 60. — 1948 Nov. 13
Notiz:	E. Leutenegger	Orion Schaffhausen Nr. 22 S. 527–528
		Ciel et Terre 65 38—39
		UAI Circ 1201

R. M. Aller, Interesante fotografía del cometa 1948l. Urania Barcelona 34 Nr. 220 S. 46—48, mit 1 Fig. und 2 Tafeln.

F. Baldet, La grande comète australe 1948l et le monde des comètes. BSAF 63 33—41, mit 6 Fig.

D. C. Berry, The eclipse comet 1948l. Southern Stars 14 73—78, mit 3 Abb.

M. Beyer, Finsternis-Kometen. (Zur Entdeckung des Kometen 1948l). Himmelswelt 56 82—83.

S. Günther, Über eine erstaunliche Kometenaufnahme. Sterne 25 117—120, mit 3 Abb.

W. P. Harris, R. V. Symonds, The eclipse comet of 1948. Sky and Telescope 8 59—61, mit 5 Abb.

W. P. Hirst, The orbit of comet 1948l from Cape and Radcliffe Observatory places. MN ASSA 8 74—75.

P. D. Jose, The spectrum of comet 1948l. AJ 54 130—131. — Ref. AAS.

C. Lehn, Komet 1948l. Sternenwelt 1 45—46, mit 1 Fig.

R. A. Naef, Der «Sonnenfinsternis»-Komet 1948l. Orion Schaffhausen Nr. 24 S. 581—582, mit 1 Abb.

J RAS Canada 42 285—286, mit 1 Fig., 1948. The bright southern comet, 1948—L.

Sky and Telescope 8 110, 113. More on the eclipse comet of 1948.

Urania Barcelona 34 Nr. 220 S. 199—200. Sobre el cometa 1948l.

8172. Komet 1948 m Bester

Anzeige:	NAZ **3** 1, PAT **30** 73, Pop Astr **57** 27.	
Beobachtung:	Algier	UAI Circ 1202
	Johannesburg	UAI Circ 1197, UC **5** Nr. 108 S. 309
	Mt. Hamilton	Lick Bull **522** S. 37
Elemente:	K. Franklin	Harv Card 977, NAZ **3** 5, UAI Circ 1202
	W. P. Hirst	Pop Astr **57** 27
	P. Naur	NAZvM Nr. 58, UAI Circ 1199
Ephemeride:	K. Franklin	Harv Card 977, 1005, UAI Circ 1203, 1217
	G. Merton	BAA Circ Nr. 307
	P. Naur	NAZvM Nr. 58, UAI Circ 1199
		Pop Astr **57** 28
Phys. Beob.:	R. L. Waterfield	BAA Circ Nr. 307

8173. Komet 1948 n Honda-Mrkos-Pajdušáková

Anzeige:	NAZ **3** 1, PAT **30** 73, Pop Astr **57** 28.	
Beobachtung:	Algier	UAI Circ 1198
	Flagstaff	AJ **54** 167
	Johannesburg	UAI Circ 1197, 1198, UC **5** Nr. 108 S. 309—310
	Mt. Hamilton	Lick Bull **522** S. 37
	Skalnaté Pleso	UAI Circ 1214
	Williams Bay	Pop Astr **57** 28
Elemente:	L. E. Cunningham	Gaz astr **31** 18, Harv Card 975, NAZ **3** 5, PAT **30** 73, Pop Astr **57** 28, UAI Circ 1201
	A. Schmitt	Harv Card 980, NAZ **3** 1, 5, UAI Circ 1198, 1202
Ephemeride:	L. E. Cunningham	Harv Card 976
	A. Schmitt	Harv Card 980, UAI Circ 1198, 1202 mit Berichtigung in 1210
Phys. Beob.:		BAA Circ Nr. 307

Die definitive Bahnbestimmung des Kometen übernimmt A. Schmitt. Harv Card 980, NAZ **3** 6, UAI Circ 1198.

8174. Komet 1949 a Johnson

Entdeckung:	E. L. Johnson, Johannesburg, 1949 Mai 20.	
Anzeige:	Astr Circ UdSSR Nr. **87** S. 1, BSAF **63** 188, Gaz astr **31** 83, Harv Card 995, MN ASSA 8 44, NAZ **3** 13, Pop Astr **57** 350, Sky and Telescope 8 222, UAI Circ 1213.	
Beobachtung:	Algier	UAI Circ 1220
	Johannesburg	Harv Card 995, MN ASSA 8 44, UAI Circ 1214, 1216, 1221, 1227, 1230
Elemente:	J. Bobone	BAA Circ 310, 312, Gaz astr **31** 83, Harv Card 996, 1001, 1013, NAZ vM Nr. 68, Obs **69** 159, PAT **30** 157, Pop Astr **57** 351, UAI Circ 1215, 1216, 1222
	L. E. Cunningham	BSAF **63** 188, Harv Card 999, Pop Astr **57** 351, UAI Circ 1215
	W. P. Hirst	MN ASSA 8 56, NAZ **3** 13, UAI Circ 1214 mit Berichtigung in 1215, UAI Circ 1217
		MN ASSA 8 44

Ephemeride:	J. Bobone	Gaz astr **31** 127, Harv Card 999, 1001, 1013, 1016, 1030, Kop Akt Medd 332, NAZvM Nr. 68, 77, 81, Publ ASP **61** 268, UAI Circ 1216, 1222, 1230, 1234
	L. E. Cunningham	BSAF **63** 188, Publ ASP **61** 142, UAI Circ 1215
	W. P. Hirst	MN ASSA **8** 56, UAI Circ 1214 mit Berichtigung in 1215, UAI Circ 1217
	P. Naur	Kop Akt Medd 328, NAZ **3** 13, UAI Circ 1214
		Astr Circ UdSSR Nr. **90/91** S. 11, Astr Circ UdSSR Nr. **93** S. 9, MN ASSA **8** 44

8175. Komet 1949 c Bappu-Bok-Newkirk

Entdeckung: M. K. V. Bappu, B. J. Bok, G. A. Newkirk jr., Oak Ridge 1949 Juli 2.

Anzeige: Astr Circ UdSSR Nr. 88 S. 1, BAA Circ Nr. 310, BSAF **63** 240, Gaz astr **31** 83, Harv Card 1006, NAZvM Nr. 65, NAZ **3** 17, PAT **30** 157, Pop Astr **57** 351[1]), Sky and Telescope **8** 253, UAI Circ 1217.

Beobachtung:	Algier	Harv Card 1007, UAI Circ 1218, 1220, 1221, 1225, 1233, 1242
	Heidelberg	NAZ **3** 21
	Oak Ridge	Harv Card 1006, 1007
	Williams Bay?	Harv Card 1007
Elemente:	L. E. Cunningham	Harv Card 1008, 1024, NAZvM Nr. 67, PAT **30** 157, Publ ASP **61** 195, UAI Circ 1220, 1228
	Hamid, M. K. V. Bappu	Harv Card 1008, NAZvM Nr. 66, UAI Circ 1219
	A. D. Maxwell	Harv Card 1008, 1024, UAI Circ 1228
	A. Schmitt	NAZvM Nr. 66, 70, Obs **69** 159, UAI Circ 1219, 1225
Ephemeride:	G. van Biesbroeck	Pop Astr **57** 351
	L. E. Cunningham	Harv Card 1024, 1040, NAZvM Nr. 67, UAI Circ 1220
	L. E. Cunningham, M. K. V. Bappu	Harv Card 1008, 1011
	P. Naur	NAZvM Nr. 77, UAI Circ 1237
	A. Schmitt	NAZvM Nr. 66, 70, Kop Akt Medd 329, Obs **69** 159, UAI Circ 1219, 1225
	K. A. Thernöe	NAZvM Nr. 66, UAI Circ 1219
		Astr Circ UdSSR Nr. **90/91** S. 11—12, Astr Circ UdSSR Nr. **92** S. 6
Notiz:		BAA Circ Nr. 310

8176. Komet 1949 d Johnson (P)

Entdeckung: E. L. Johnson, Johannesburg, 1949 Aug. 24.

Anzeige: Astr Circ UdSSR Nr. **89** S. 7, BAA Circ Nr. 311, BSAF **63** 280, Gaz astr **31** 128, Harv Card 1025, Kop Akt Medd 330, MN ASSA **8** 83, NAZvM Nr. 71, NAZ **3** 25, Pop Astr **57** 410, UAI Circ 1228.

[1]) In Pop Astr **57** 351 mit 1949b bezeichnet.

Beobachtung: Algier — UAI Circ 1242
Johannesburg — MN ASSA **8** 83—84, 93, UAI Circ 1229, 1230 mit Berichtigung in 1239, UAI Circ 1239
Pretoria — UAI Circ 1246
Elemente: L. E. Cunningham — UAI Circ 1230
W. P. Hirst — MN ASSA **8** 83, 93, UAI Circ 1246
J. Jackson — NAZvM Nr. 72, UAI Circ 1229
N. Sherman — Harv Card 1028, PAT **30** 157
Harv Card 1027
Ephemeride: W. P. Hirst — MN ASSA **8** 83
P. Naur — NAZvM Nr. 72, UAI Circ 1229, 1230
N. Sherman — Harv Card 1028
K. A. Thernöe — UAI Circ 1246

8177. Komet 1949 e Schajn-Schaldach (P)
Entdeckung: P. F. Schajn, Simeïs, 1949 Sept. 18. Unabhängig von R. D. Schaldach, Flagstaff, 1949 Sept. 20, entdeckt.
Anzeige: Astr Circ UdSSR Nr. **90/91** S. 1, BAA Circ Nr. 311, BSAF **63** 280, 317, Gaz astr **31** 128, Harv Card 1029, Kop Akt Medd 330, NAZvM Nr. 73, NAZ **3** 31, Orion Schaffhausen **3** 26, PAT **30** 157, Pop Astr **57** 463, UAI Circ 1231, 1233.
Beobachtung: Abastumani — Astr Circ UdSSR Nr. **93** S. 2
Algier — UAI Circ 1232, 1233, 1242, 1247
Flagstaff — Harv Card 1029, 1034
Johannesburg — UAI Circ 1249
Kasan — Astr Circ UdSSR Nr. **90/91** S. 1, Nr. **92** S. 2—3, Nr. **93** S. 2, Harv Card 1029, NAZvM Nr. 73, UAI Circ 1231
Poznań — UAI Circ 1233
Simeïs — Astr Circ UdSSR Nr. **92** S. 2, Nr. **93** S. 2, NAZvM Nr. 73
Washington — Harv Card 1029, 1034, UAI Circ 1232
Elemente: A. D. Dubjago — Astr Circ UdSSR Nr. **92** S. 1—2, Nr. **93** S. 1
A. D. Maxwell — Harv Card 1033[1]), NAZvM Nr. 75, UAI Circ 1232
A. White — Harv Card 1035, NAZvM Nr. 78, PAT **30** 158, Pop Astr **57** 464, UAI Circ 1233
Ephemeride: A. D. Maxwell — Harv Card 1033[1])
K. A. Thernöe — NAZvM Nr. 75, UAI Circ 1232
A. White — Harv Card 1035, 1036, NAZvM Nr. 78, UAI Circ 1233

8178. Komet 1949 g Wilson-Harrington (P)
Entdeckung: Wilson und Harrington, Mt. Palomar Observatory, 1949 Nov. 19.
Anzeige: Astr Circ UdSSR Nr. **93** S. 2, BSAF **63** 359, Harv Card 1045, Kop Akt Medd 331, NAZvM Nr. 79, NAZ **3** 39, UAI Circ 1244.
Beobachtung: Mt. Palomar — Harv Card 1052
Elemente: L. E. Cunningham — Harv Card 1052
Ephemeride: L. E. Cunningham — Harv Card 1053, UAI Circ 1248

[1]) Mit comet Pelageja-Shajn (1949e) bezeichnet.

8179. **Kometen. Verzeichnis der Sternwarten und Beobachter**

Abastumani	A. M. Bacharew, N. Rasmadse, A. F. Torondshadse
Algier	L. Boyer, A. Schmitt
Aschchabad	I. S. Astapowitsch, M. C. Kadyrow, P. P. Sawruchin
Asiago	G. Mannino
Athen	G. Adamopoulos, S. Plakidis
Barcelona	I. Pólit
Belgrad	P. Djurković, M. Protić
Bosque Alegre	J. Bobone, M. Dartayet, L. Mainardi, D. McLeish, A. Puch
Canberra	K. Gottlieb, A. R. Hogg
Cape of Good Hope	J. Jackson, J. v. B. Lourens, T. W. Russo
Cluj	G. Chiş
Cordoba	J. Bobone, L. Mainardi, D. McLeish, A. Puch
Dunedin	D. C. Berry
Flagstaff	J. Ashbrook, H. L. Giclas, R. D. Schaldach
Haverford	R. H. Wilson jr.
Heidelberg	K. Reinmuth
Johannesburg	E. L. Johnson
Kasan	S. T. Chabibullin, M. T. Emeljanenko, D. J. Martynow, F. K. Ustanowa, I. F. Waiman
Kiew	A. M. Borbat, W. P. Konoplewa, A. N. Sergejewa, S. K. Wsechswjatskij
Kyoto	T. Higami, T. Mitani, T. Watanabe
Leiden	G. Pels
Madrid	R. Carrasco
Mt. Hamilton	H. M. Jeffers, B. J. Mattson, N. U. Mayall, G. Reaves, C. D. Shane, W. W. Shane, R. C. Sill, C. A. Wirtanen
München	A. Güttler, R. Kühn
Oak Ridge	M. K. V. Bappu, B. J. Bok, G. A. Newkirk
Poznań	J. Dobrzycki, H. Hurnik
Pretoria	W. A. Cousins, A. D. Thackeray
Rose-Hill (Ile Maurice)	M. Kœnig
San Fernando	—
Santiago	M. Dujisin
Simeïs	P. F. Schajn
Skalnaté Pleso	L. Kresák, A. Mrkos, B. Sternberk, V. Vanýsek
Stalinabad	A. M. Bacharew
Tan-Tan (Afrika)[1]	D. B. Conde
Uccle	S. Arend, F. Rigaux
Washington	E. G. Reuning, Welker
Williams Bay	G. van Biesbroeck

§ 82

Meteore

8201. **V. Anyzeski,** Memoranda on meteoritics. Pop Astr 57 196.

8202. **V. Anyzeski,** New aspects of meteoritical study suggested. Pop Astr 57 410—412.

8203. **I. S. Astapowitsch,** Über zwei detonierende Boliden in Turkmenistan. Nachr. (Iswestija) turkmen. Abteilung Akad. Wiss. UdSSR Nr. 1 = Meteorbulletin Nr. 1, 1 S. (russisch). — Zwei mit starkem Knallen und Pfeifen verbundene Meteorerscheinungen vom Juli/August 1937 (ein genaueres Datum ist nicht angegeben) und vom 17. Dezember 1941 werden beschrieben. Loh.

[1]) Mit Angabe der Koordinaten.

8204. **I. S. Astapowitsch,** Die Höhe teleskopischer Meteore. Priroda **38** Nr. 6 S. 47—48 (russisch).

8205. **A. M. Bacharew,** Zehn Radianten von Telemeteoren in der Nähe des Ekliptikpols. Astr Circ UdSSR Nr. 88 S. 7—8 (russisch). — Enthält 1942 Sept. und Okt. beobachtete Radianten.

8206. **A. M. Bacharew,** Die Meteorspur vom 11. August 1948. Bull. Astr.-Geod. Ges. UdSSR Nr. **6** (13) S. 39—40 (russisch).

8207. **A. M. Bacharew,** Der tägliche Helligkeitsgang der Telemeteore und das «mitternächtliche Minimum». Stalinabad Circ. Nr. **76** S. 2—3 (russisch).

8208. **B. Barringer, H. C. Hart,** The mechanism of the sounds from meteors. Pop Astr **57** 507—512.

8209. **J. D. Buddhue,** The annual variation of non-shower meteors. Pop Astr **57** 338—341, mit 1 Fig.

* * **V. Bumba,** Influence de l'activité solaire sur le nombre des observations de météores, de traînées météoriques et de chutes météoritiques. Vgl. Ref. **6305.**

8210. **V. Bumba,** Variation saisonnière des altitudes météoriques. BAC 1 125—130, mit 5 Fig. — Die Variation der Höhe des Aufleuchtens und Erlöschens der Sternschnuppen ist durch verschiedene Faktoren beeinflußt, insbesondere durch die geozentrische Geschwindigkeit, die Zusammensetzung der Meteore und durch die Struktur der Atmosphäre. J. B.

8211. **R. L. Chotinok,** Die Drift von Meteorspuren nach Beobachtungen in Tula. Bull. Astr.-Geod. Ges. UdSSR Nr. **6** (13) S. 36—39 (russisch).

8212. **J. G. Davies, C. D. Ellyett,** The diffraction of radio waves from meteor trails and the measurement of meteor velocities. Phil. Mag. **40** 614—626.

* * **A. D. Dubjago,** Bahnbestimmung. Vgl. Ref. **4503.**

8213. **W. W. Fedynskij,** Himmelssteine — Meteorite und Meteore. Moskau, Verlag «Prawda», 1949. 23 S. mit 8 Abb. Preis 50 Kop. (russisch).

8214. **W. W. Fedynskij, I. S. Astapowitsch,** Die Kleinkörper des Weltalls. Stalinabad, Tadshikischer Staatsverlag, 1949. 52 S. mit 23 Abb. Preis 2 R. (tadshikisch).

8215. **W. G. Fessenkow,** Die Drift der Spur des Boliden vom 11. Oktober 1948. DAN **65** 469—472 (russisch).

8216. **W. G. Fessenkow,** Über die Masse der atmosphärischen Spur des Sichoté-Aliner Meteoriten. DAN **66** 359—360 (russisch).

8217. **W. G. Fessenkow,** Meteore und Meteorite. Alma-Ata, Verlag Akad. Wiss. kasach. Sowjetrepublik, 1949. 50 S. mit 13 Abb. Preis 3 R. (russisch).

8218. **G. S. Hawkins,** Meteor light curves. JBAA **59** 245—248, mit 4 Fig.

8219. **C. Hoffmeister,** Rückschau und Ausblick auf die Erforschung der Meteore. Naturwissenschaften **36** 68—73. — Behandelt neben der Bedeutung neuerer Methoden für die Meteorforschung vor allem das Problem der kosmischen Stellung der Meteore auf Grund ihres Vorkommens als kometarische und interstellare Meteore sowie als ekliptikale Ströme. Loh.

8220. **M. Huruhata,** Radar observations of meteors. I. Publ. Astr. Soc. Japan 1 39—43, mit 7 Fig. = Tokyo Astr. Obs. Repr. Nr. **49.** — Es werden gleichzeitig ausgeführte visuelle und Funkmeßbeobachtungen von Meteoren

(August bis Dezember 1944), insbesondere die Korrelation zwischen beiden, diskutiert. Behandelt werden auch die Abhängigkeit der Echodauer von der Meteorhelligkeit und ähnliche Zusammenhänge. Micz.

8221. **L. G. Jacchia,** Photographic meteor phenomena and theory. Harv Repr (2) Nr. 31, 36 S. mit 9 Fig. — Der erste Teil der Arbeit ist der Bestimmung der scheinbaren Helligkeit der Meteore aus photographischen Aufnahmen gewidmet. Sodann wird gezeigt, wie aus vier Gleichungen die physikalischen Grundgrößen ermittelt werden können. Weitere Ausführungen betreffen die Lichtausbeute als Funktion der Geschwindigkeit, die Dauer und die Rolle der Lichtausbrüche, deren Ursache in sprunghaften Auflösungsvorgängen gesehen wird. Hoffmeister

* * **C. de Jager,** Meteoren en de hoge atmosfeer. Vgl. Ref. 7249.

8222. **A. G. Kalaschnikow,** Über die Beobachtung des magnetischen Effektes von Meteoren nach der Induktionsmethode. DAN 66 373—376 (russisch).

8223. **L. A. Katassjow, A. W. Solowjow,** Der darwaskische Bolid. Meteoritika Nr. 5 S. 29—33 (russisch).

8224. **L. Kresák,** On the connection between long-enduring meteor trains and changes of solar activity. BAC 1 87—91, mit 2 Fig. — Es wird die Korrelation zwischen langdauernden meteorischen Spuren und der Sonnentätigkeit untersucht. Die Korrelation scheint reell zu sein. J. B.

* * **M. M. Lagajew, W. W. Fedynskij,** Anleitung zur Beobachtung von Meteoren. Vgl. Ref. 2073.

8225. **L. La Paz,** Azimuth determinations in meteoritics by means of time readings. Pop Astr 57 513—516, mit 2 Fig.

8226. **B. J. Lewin,** Die Geschwindigkeiten und Höhen der Meteore. AJ UdSSR 26 115—123, mit 1 Abb. (russisch). — Diskussion der Daten von 384 Meteoren.

8227. **W. Liller,** Radio detection of meteors at 3.5 megacycles. AJ 54 131. — Ref. AAS.

8228. **C. A. Little,** Diurnal variations of meteor trails. Vgl. AJB 48 Ref. 8220. — Weitere Besprechung in JBAA 59 135.

8229. **B. Lovell,** Radio-Astronomy. A new science in Manchester. Pop Astr 57 273—276. — Populärer Aufsatz über Meteorbeobachtungen mit Hilfe von Radargeräten durch Hey und seine Mitarbeiter. Kdr.

8230. **B. Maleček,** Radar and meteors. RH 30 139—141, mit 1 Abb. (tschechisch).

8231. **L. A. Manning, O. G. Villard jr.,** On the size distribution of meteoric ionization columns. AJ 54 178. — Ref. AAS.

8232. **L. A. Manning, O. G. Villard jr.,** Investigation of meteoric radio reflections. Paper presented at the 1948 autumn meeting of National Academy of Sciences, at Berkeley, California. — Zusammenfassung in J. Geophys. Res. 54 77.

8233. **D. W. R. McKinley,** Meteor velocities determined by radio observations. AJ 54 179. — Ref. AAS.

8234. **D. W. R. McKinley, P. M. Millman,** A phenomenological theory of radar echoes from meteors. Proc. I. R. E. 37 364—375, mit 10 Fig. und 2 Tafeln = Publ. Dom. Obs. Ottawa 11 Nr. 8. — Im ersten Teil der Arbeit werden statistische Daten mitgeteilt. Die Beziehungen zwischen visuellen und

Radar-Beobachtungen werden erörtert. Der zweite Teil ist der Typologie der Echos gewidmet; es wird eine Reihe von Grundtypen aufgestellt, um die sich Nebenformen gruppieren, unter Einführung von Buchstabenbezeichnungen. Die nur kurz behandelte Theorie nimmt spiegelnde Reflexion des primären Zylinders ionisierter Gase an, worauf durch Expansion und Zerfall in Wolken ein Übergang zu diffuser Reflexion erfolgt. Hoffmeister

8235. **D. W. R. McKinley, P. M. Millman,** Determination of the elements of meteor paths from radar observations. Canadian J. Research (A) **27** 53—67, mit 5 Fig. und 1 Tafel = Contr. Dominion Obs. Ottawa **2** Nr. 5. — Eine Methode wird beschrieben, wie aus elektrischen Mehrfachanschnitten die atmosphärische Bahn und die Geschwindigkeit einzelner Meteore bestimmt werden kann. Anwendung auf einen Einzelfall führt auf eine kosmische Bahn mit a = 2.66, e = 0.87, i = 33°6, also auf eine Bahn vom Typus der planetarischen Cygniden. Hoffmeister

8236. **A. G. McNish,** A study of radio reflections from meteor trails in research on the upper atmosphere. J. Geophys. Res. **54** 285. — Zusammenfassung eines Vortrages, der auf der Konferenz über Ionosphärenforschung (27.—29. Juni 1949) am Pennsylvania State College gehalten wurde.

8237. **P. M. Millman, D. W. R. McKinley,** Three-station radar and visual triangulation of meteors. AJ **54** 132—133. — Ref. AAS.

8238. **P. M. Millman, D. W. R. McKinley,** Three-station radar and visual triangulation of meteors. Sky and Telescope 8 114—116, mit 4 Fig. = Dominion Obs. Repr. Nr. **43**. — Berichtigung in Sky and Telescope 8 141. — In summarischer Form wird über das Funkmeß- und visuelle Programm zur Beobachtung von Meteoren berichtet, das vom Dominion Observatory zusammen mit dem National Research Council, Ottawa, durchgeführt wurde. Die Diskussionsbemerkungen betreffen vor allem die Höhe der Echoquellen über dem Boden sowie die zugehörige Häufigkeitsverteilung. Micz.

8239. **P. M. Millman,** The height determination and scientific study of a fireball in 1623 A. D. Publ AAS **10** 24, 1940. — Ref. AAS.

8240. **P. M. Millman,** One hundred meteor spectra. AJ **54** 177—178. — Besprechung in Sterne **26** 32. — Ref. AAS.

8241. **C. P. Olivier,** Meteor notes from the American Meteor Society. Pop Astr **57** 82–84, 132–135, 242–245, 337–338, 393–398, 446–450, 503–506 = Flower Astr. Obs. Repr. Nr. **77**.

8242. **V. C. Pineo,** Relation of sporadic E reflection and meteoric ionization. Science **110** 280—283.

8243. **J. G. Porter,** The study of meteor velocities. JBAA **60** 4—18.

8244. **J. P. M. Prentice,** Reports. Meteor Section. Establishment of photographic network. JBAA **59** 150.

8245. **F. E. Roach,** Sodium D in the spectrum of meteors. ApJ **110** 314. — Es wird eine quantitative Abschätzung zur Frage, ob die helle Na-D-Linie in Meteorspektren auf atmosphärische Na-Atome zurückgehen kann, vorgenommen.

8246. **W. J. Rogow,** Der Woronesher Bolid. Meteoritika Nr. **5** S. 26—28 (russisch).

8247. **T. L. Stisson,** Helle, in der UdSSR 1947 und 1948 beobachtete Boliden (vorläufige Mitteilung). Meteoritika Nr. **5** S. 34—35 (russisch).

8248. **H. Werner,** Sternschnuppenforschung. Universitas **4** 55—59. — Die Erkenntnisse der Sternschnuppenforschung.

8249. **F. L. Whipple,** The Harvard photographic meteor program. Sky and Telescope 8 90—93, mit 8 Fig. = Harv Repr Nr. **319.** — Besprechung in PAT **30** 77—79, mit 1 Fig. — Nach einer Beschreibung der eigens zur Meteorphotographie konstruierten Super-Schmidtkameras (Öffnung 12¹/₄', Brennweite 8') für die motorisierten Dona Ana- und Soledad-Beobachtungsstationen in der Nähe von Las Cruces, Neu-Mexiko, in 5000 amerikanischen Fuß Höhe und einem Bericht über die Ausrüstung der Stationen werden die Ergebnisse der bisherigen Forschungen und die in das Unternehmen gesetzten Hoffnungen kurz umrissen. Loh.

8250. **F. L. Whipple,** Measures of split meteor trails. Publ AAS **10** 177, 1942. — Ref. AAS.

8251. **F. L. Whipple, S. P. Wyatt jr.,** The Poynting-Robertson effect on meteor orbits. AJ **54** 138. — Ref. AAS.

8252. Die Geschwindigkeit von Meteoren. Himmelswelt **56** 143.

8253. The daytime meteoric activity — summer 1948. JBAA **59** 80—81.

8254. Meteorer och radar. PAT **30** 159—160.

8255. Meteor research from movable base. Pop Astr **57** 94—96. — Bericht über «Whipple's Wagon Train», zwei motorisierten Wagenzügen, die zur Beobachtung von Meteoren, atmosphärischer Verhältnisse und zum Studium ballistischer Vorgänge mit photographischen Beobachtungsinstrumenten und dem notwendigen Zubehör ausgestattet sind. Loh.

8256. One hundred meteor spectra. Sky and Telescope 8 254—255. — Ref. AAS.

8257. Telescopic meteors. Sky and Telescope 8 307—308. — Ref. AAS.

8258. Streak-meteors and flash-meteors. Strolling Astronomer **3** Nr. 11 S. 11—12.

8259. About unusual kinds of meteors. Strolling Astronomer **3** Nr. 12 S. 12—13.

Meteorströme

8260. **A. Aspinall, J. A. Clegg, A. C. B. Lovell,** The daytime meteor streams of 1948. I. Measurement of the activity and radiant positions. MN **109** 352—358, mit 3 Fig. — Besprechung in Sternenwelt **2** 89. — Die durch Radioecho erstmals zwischen Mai und August 1947 beobachteten Meteorströme haben sich als eine wiederkehrende Erscheinung herausgestellt. Die Radianten dieser Ströme liegen hauptsächlich in einem zur Ekliptik parallelen Streifen, der etwa 10° breit ist und 10° nördlich der Ekliptik liegt. Er erstreckt sich von $\alpha = 1^h$ bis $\alpha = 5^h$. 1948 wurden vier weitere Ströme entdeckt, so daß sich die Gesamtzahl damit auf 14 beläuft. Loh.

8261. **C. D. Ellyett,** The daytime meteor streams of 1948. II. Measurement of velocities. MN **109** 359—364, mit 2 Fig. — Zwischen 1948 Juni 25 und August 6 wurden von 61 Tagesmeteoren scheinbare geozentrische Geschwindigkeiten mittels Radioecho bestimmt. Die Verteilungsfunktion der Geschwindigkeiten hat bei 35—40 km/sec ein Maximum. Werte unter 17 und über 62 km/sec wurden nicht beobachtet. Loh.

8262. **J. F. Foster jr.,** Notes on Harvard photographic meteor showers. Publ AAS **10** 249, 1942. — Ref. AAS.

8263. **C. Hoffmeister,** A new meteor current and its cometary connections. Pop Astr **57** 396—398. — Ende Juni 1937 hat Verf. einen Meteorstrom mit dem Radianten bei $\alpha = 192°$, $\delta = -19°$ entdeckt, der vielleicht mit dem Kometen Tempel 3 - Swift in Verbindung steht oder wenigstens gestanden hat. Loh.

8264. **C. Hoffmeister,** Meteorströme. Sterne **25** 85—87. — Enthält ein Verzeichnis der gegenwärtig beobachtbaren permanenten Meteorströme.

8265. **R. Rigollet,** Meteorschwärme des Kometen Honda-Mrkos-Pajdusakova (1948 n) und des Galeschen Kometen (1938 I = 1927 VI). NAZ **3** 9.

8266. **R. Rigollet,** Essaims météoriques des comètes périodiques Honda-Mrkos-Pajdusakova (1948 n) et Gale 1927 VI. UAI Circ Nr. 1206.

8267. **H. Rügemer,** Meteorströme. Sternenwelt **1** 247—250, mit 3 Abb.

8268. Meteor shower, 1949 January 20.6. BAA Circ Nr. 308.

8269. La radio-astronomie. BSAF **63** 108. — Enthält eine Zusammenstellung von Meteorschwärmen.

8270. Les Griggides (Canilides et Cancrides). Un nouveau courant météorique prédit par le calcul. DOB **1949** Nr. 2.

8271. Les essaims météoriques diurnes de Mai à Juillet. DOB **1949** Nr. 6, mit 2 Fig.

8272/3. Essaims météoriques de juillet-août. Delta-Aquarides, Alpha Cygnides, Perséides, Théta Cygnides. DOB **1949** Nr. 9, mit 1 Fig.

8274. **Bieliden**

J. A. Clegg, A. C. B. Lovell, J. P. M. Prentice, Radio echo and visual observation of the Bielid meteor streams in 1948. JBAA **60** 25—27.

8275. **Bootiden**

DOB **1949** Nr. 1, mit 3 Fig. L'essaim des Bootides (ou Quadrantides).

8276. **Camelopardaliden**

DOB **1949** Nr. 2, mit 1 Fig. Recurrence de l'essaim des Camélides. — Beobachtung 1948 Dez. 5.

Orion Schaffhausen Nr. **23** S. 558—559. Beobachtungen der Cameliden und Geminiden-Sternschnuppen im Dezember 1948.

8277. **Draconiden**

N. Sytinskaja, Vergleich der Intensität der Drakoniden während der Erscheinungen in den Jahren 1933 und 1946. Astr Circ UdSSR Nr. **93** S. 8—9 (russisch). — 1946 war der Drakonidenstrom doppelt so intensiv wie 1933.

N. N. Sytinskaja, Die Drakoniden. Bote Univ. Leningrad **4** Nr. 11 S. 3—10 (russisch).

8278. **Geminiden**

D. D. Cherry, C. S. Shyman, On meteor speed measurements by the radio Doppler method at low frequencies. Phys. Rev. **75** 1441—1442, mit 3 Fig. — Beschreibung eines vereinfachten Meßverfahrens und seine Anwendung auf Geschwindigkeitsbestimmungen der Geminiden. In Übereinstimmung mit Ergebnissen von anderer Seite ergab sich als mittlere Geschwindigkeit 34,8 km/sec. Loh.

S. A. Kaschanowa, Die Geminiden 1946. Bull. Astr.-Geod. Ges. UdSSR Nr. **5** (**12**) S. 24 (russisch).

J. M. Plavec, The Geminid meteor stream. UAI Circ 1211, NAZ **3** 15. — Jährliche Elementenänderungen.

F. L. Whipple, Photographic study of the Geminid meteor shower. Publ AAS **9** 274, 1939. — Ref. AAS.

DOB **1949** Nr. 12, mit 1 Fig. L'essaim météorique des Geminides.

Orion Schaffhausen **2** 558—559. Beobachtungen der Cameliden und Geminiden-Sternschnuppen im Dezember 1948.

8279. Lyriden

W. de Kort, Observations d'étoiles filantes, les 20 et 22 avril. Gaz astr **31** 49—50.

N. I. Pinegina, Beobachtungen der Lyriden und Orioniden 1947. Bull. Astr.-Geod. Ges. UdSSR Nr. **5** (**12**) S. 22—23 (russisch).

A. P. Sawruchin, Die Lyriden 1948. Bull. Astr.-Geod. Ges. UdSSR Nr. **7** (**14**) S. 33 (russisch).

DOB **1949** Nr. 5, mit 1 Fig. Les Lyrides et la comète 1861 I.

8280. Orioniden

N. I. Pinegina, Beobachtungen der Lyriden und Orioniden 1947. Bull. Astr.-Geod. Ges. UdSSR Nr. **5** (**12**) S. 22—23 (russisch).

DOB **1949** Nr. 10, mit 1 Fig. L'essaim des Orionides.

8281. β-Pegasiden

M. Plavec, Radiant and orbit of β-Pegasids. BAC **1** 91—92 = Contr. Astr. Inst. Charles Univ. Prague Nr. **1**, 2 S. — Am 2./3. August 1948 wurde auf der Sternwarte Skalnaté Pleso ein neuer Radiant bei β Peg entdeckt. Die beobachtete Frequenz 5 Meteore/Stunde war fast dieselbe wie die der Perseiden zu dieser Zeit. Die Position des Radianten und die parabolische Bahn des Stromes werden berechnet. Verf.

8282. Perseiden

S. van den Bergh, Meteor observations at the Pic-du-Midi Observatory. Pop Astr **57** 68—71, mit 1 Fig. — Beob. 1947.

L. A. Manning, O. G. Villard jr., A. M. Peterson, Radio Doppler investigation of meteoric heights and velocities. J. Applied Phys. **20** 475—479, mit 8 Fig. — Für ein auf dem Dopplereffekt beruhendes Verfahren zur Bestimmung von Meteorgeschwindigkeiten beschreibt Verf. Methodik und Apparatur und berichtet über damit erzielte Beobachtungsergebnisse bei den Perseiden. Die Ungenauigkeit der Beobachtungen beträgt nur wenige Prozente. Die Höhen der Perseiden liegen zwischen 80 und 140 km, im Mittel bei 100 km. Loh.

J. A. Russell, A composite spectrum of a Perseid meteor of 1948. Pop Astr **57** 187—192, mit 1 Fig. — Das beobachtete Spektrum gliedert sich in drei zeitlich aufeinanderfolgende Intensitätsstufen (schwach — mittel — stark) mit wechselnden Verhältnissen der Linienintensitäten. Zunächst — beim Aufleuchten — erscheinen nur schwache Fe-Linien. In der zweiten Stufe sind die H- und K-Linien anwesend, aber nicht so stark wie die Fe-Mg-Linie 3839 Å. Schließlich dominieren die H- und K-Linien. Es wird vermutet, daß diese Veränderungen im Spektrum die Ansicht stützen, daß Unterschiede in Meteorspektren ihre Ursache eher in Änderungen des Anregungsgrades des meteorischen Dampfes als in Unterschieden der Zusammensetzung der Meteore selbst haben. Loh.

J. A. Russell, A note on revised wavelengths for a composite spectrum of a Perseid meteor of 1948. Pop Astr **57** 344—345.

8283. Pisciden

S. van den Bergh, Meteor observations at the Pic-du-Midi Observatory. Pop Astr **57** 68—71, mit 1 Fig. — Beob. 1947.

Z. Ceplecha, V. Letfus, A new radiant observed. BAC 1 105—106. — Radiant und parabolische Elemente eines neuen Stromes in Pisces, der am 28./29. September 1948 in Prag entdeckt wurde. J. B.
C. Hoffmeister, Meteorbeobachtungen in München. Sterne **25** 137. — Betrifft Beobachtungen von Mitgliedern der Vereinigung Münchener Amateurastronomen vom 27. September 1949. Wahrscheinlich handelt es sich um die Pisciden.

8284. Scorpioniden

I. S. Astapowitsch, Das Maximum der Scorpioniden am 22. Juni 1949. Astr Circ UdSSR Nr. **89** S. 3—4 (russisch).

8285. Ursiden

Sternenwelt 1 281, mit 1 Abb. Ein neuer Meteorstrom (Dezember-Ursiden).

8286. Ursiliden

J. A. Clegg, A. C. B. Lovell, J. P. M. Prentice, The 1948 return of Bečvář's meteor stream. JBAA **60** 27—31, mit 1 Fig. —

Einzelne Meteore

8287. Beobachtungen von Feuerkugeln

1944	Sept.	17	Sitzber. Österreichische Akad. Wiss. (Abteilung IIa) **157** 388—389. — Meteor A—Meteor F.
1947	Juli	15	Pop Astr **57** 70. S. van den Bergh.
	Juli	23	Pop Astr **57** 71. S. van den Bergh.
	Juli	26	Pop Astr **57** 70—71. S. van den Bergh.
1948	Mai	19	NAT **1949** S. 75—76. Ildkuglen 1948 maj 19, $22^h 30^m$ M. E. T.
	Aug.	7/8	Bull. Astr.-Geod. Ges. UdSSR Nr. **7** (**14**) S. 28—31 (russisch). Bearbeitung korrespondierender Aufnahmen von zwei Meteoren. L. G. Gluschko, A. G. Starkowa.
	Aug.	11	Bull. Astr.-Geod. Ges. UdSSR Nr. **7** (**14**) S. 23—28, mit 3 Abb. (russisch). Höhe, Geschwindigkeit und Bremsung des Meteors vom 11. August 1948. S. W. Majewa.
	Aug.	12	BSAF **63** 29—30. Un météore exceptionnel. L. Lemariguier, J. Moreau.
	Aug.	14	Bull. Astr.-Geod. Ges. UdSSR Nr. **7** (**14**) S. 28—31 (russisch). Bearbeitung korrespondierender Aufnahmen von zwei Meteoren. L. G. Gluschko, A. G. Starkowa.
	Nov.	3	BSAF **63** 77. G. Broggi.
	Dez.	13	BSAF **63** 31—32. Bolides remarquables. Balmelle, Rivet.
	Dez.	24	BSAF **63** 31—32. Bolides remarquables. Bidault de l'Isle.
1949	Jan.	25	CR **228** 813—814. Le bolide du 25 janvier 1949. H. Dessens.
	Febr.	4	BSAF **63** 139. P. Constant.
	Febr.	20	MN ASSA 8 11. A vivid meteorite «explosion».
	April	3	J RAS Canada **43** 122. Detonating fireball in the Bruce Peninsula. J. F. Heard.
	April	11	Sky and Telescope 8 206. Fireball note — April 11th.
	Juni	5	Sky and Telescope 8 225, mit 1 Fig. Train-leaving fireball over Florida.
	Juni	15	Stalinabad Circ. Nr. **73** S. **4** (russisch). Der Bolid vom 15. Juni 1949. A. M. Bacharew.

1949 Juli 2 — Orion Schaffhausen Nr. **24** S. 573. Die Feuerkugel vom 2. Juli 1949.
Juli 8 — Pop Astr **57** 493—494, mit 1 Fig. Another unusual meteor. H. H. Nininger.
Juli 22 — Sky and Telescope **8** 292. The midwestern fireball of July 22nd. E. A. Halbach.
Aug. 26 — Orion Schaffhausen **3** 25—26. Außergewöhnlich lang sichtbares Meteor.
UAI Circ Nr. 1230. Unusual meteor. M. Plavec.
Sept. 4 — Ciel et Terre **65** 298—299, mit 1 Fig.
Sept. 9 — Sternenwelt **1** 263. Helles Meteor. W. Malsch.
Okt. 4, 9, 14, 19, 26 — J RAS Canada **43** 247—248. Bright October meteors over Ontario.
Okt. 13 — UAI Circ 1236. Bright meteor. A. Vaňková.
Okt. 14 — UAI Circ 1245. C. Hoffmeister.
Okt. 16 — BSAF **63** 316—317, 352. Un magnifique bolide visible en plein jour.
Okt. 22 — Sternenwelt **1** 281. W. Malsch.
Okt. 31 — Sternenwelt **1** 281. H. Krüger.

8288. Elemente von Feuerkugeln

1929 Juli 25 — Publ AAS **9** 276, 1939. The orbits of four meteors. C. C. Wylie. — Ref. AAS.
1932 Aug. 10 — Vgl. 1929 Juli 25.
1934 Jan. 24 — Vgl. 1929 Juli 25.
Nov. 24 — Vgl. 1929 Juli 25.
1939 Juni 2 — Sitzber. Österreichische Akad. Wiss. (Abteilung IIa) **157** 331—349. Meteor vom 2. Juni 1939. M. Pastor.
1943 Febr. 8/9 — Pop Astr **57** 449—450. Fireball of 1943 Febr. 8/9. C. P. Olivier.
1944 Sept. 17 — Sitzber. Österreichische Akad. Wiss. (Abteilung IIa) **157** 375—389. Das Meteor vom 17. September 1944, 20^{h} 37^{m} MEZ (Breslauer Meteor) und 6 weitere Meteore desselben Tages. M. Pastor.
1945 April 19/20 — Pop Astr **57** 448—449. Fireball of 1945 April 19/20. C. P. Olivier.
Okt. 20/21 — Pop Astr **57** 395—396. Fireball of October 20/21, 1945. T. A. Scott.
Dez. 18 — Sitzber. Österreichische Akad. Wiss. (Abteilung IIa) **157** 351—374, mit 1 Abb. Das Meteor vom 18. Dezember 1945, 17^{h} 05^{m} MEZ (Preßburger Feuerkugel). M. Pastor.
1946 Aug. 26/27 — Pop Astr **57** 447—448. Oregon fireball of 1946 August 26/27. C. P. Olivier.
1948 Juni 7 — Pop Astr **57** 242—245. Fireball of 1948 June 7. C. P. Olivier.
Aug. 4 — D. W. R. McKinley, P. M. Millman. Vgl. Ref. 8235.
Okt. 11 — Meteoritika Nr. **6** S. 48—53 (russisch). Der Bolid vom 11. Oktober 1948. W. G. Fessenkow.
Dez. 13 — JO **32** 41—48, mit 5 Fig. Le bolide du 13 décembre 1948. G. Guigay.
1949 April 3 — J RAS Canada **43** 149—160, mit 1 Fig. = Commun. David Dunlap Obs. Nr. **22**. The fireball of April 3, 1949. J. F. Heard.
April 4/5 — Pop Astr **57** 394—395. Fireball of 1949 April 4/5.
Okt. 25 — BSAF **63** 343—345. Le bolide du 25 octobre 1949. P. Muller.

8289. **Mitteilungen über Meteore**
BAF 8 54. V. Rivet. — Beobachtungen 1939 April bis 1940 September.
BSAF **63** 77, 139—140, 174, 210, 340.
Bull. Astr. Obs. Toruń Nr. **6** S. 19, 1948. Observations of meteors. W. Dziewulski.
Bull. Astr. Obs. Toruń Nr. **7** S. 17—18. Observations of meteors. W. Dziewulski. — Beobachtungen 1939 März 22 bis 1944 Oktober 8, vorwiegend Perseiden.
DOB **1949** Nr. 3 (Annexe), mit 6 Fig. E. Douillet, E. Roques, J. M. Roques, C. Roques, R. J. Bosshard.
NAZ **3** 19. Meteor mit langdauerndem Schweif. C. Hoffmeister. — Beobachtung 1949 Juni 27.
Stalinabad Circ. Nr. **72** S. 3, mit 1 Abb. Ein außergewöhnliches Telemeteor. A. M. Bacharew, O. W. Dobrowolskij. — Beobachtung 1949 Mai 2.
Stalinabad Circ. Nr. **73** S. 2. Der Radiant eines photographischen Meteores. A. M. Bacharew. — Betrifft die Zugehörigkeit eines am 22. September 1939 photographierten Meteors zum α Pegasi-Strom.
Sterne **25** 136–137, mit 3 Abb. Beobachtung von Meteorschweifen. R. Brandt. — Beobachtung vom 25. September 1949.
Sterne **25** 138. Helle Meteore. — Beobachtungen vom 14. Oktober 1949 und Aufruf zur Einsendung von Beobachtungen.
Urania Barcelona **34** Nr. 220 S. 187—190. Comision meteorica. Observaciones realizadas en 1948. A. Esplugas.

§ 83

Meteorite

8301. **V. Anyzeski,** The possible significance of magnetism in meteorites. Pop Astr **57** 249—250. — In Zusammenhang mit dem Magnetismus zweier Meteorite, des Red River iron und des Canyon Diablo iron, werden eine Reihe von Fragen über die Herkunft eines meteoritischen Magnetismus gestellt. Loh.

8302. **H. Brown,** The composition of meteoric matter and the origin of meteorites. Science **109** 251—254.

8303. **H. Brown, E. Goldberg,** A preliminary report on the distribution of Gallium, Palladium, Gold, and Nickel in 45 iron meteorites. Pop Astr **57** 398—399.

8304. **W. D. Crozier, B. K. Seely,** The collection and identification of air-borne particles (abstract). Pop Astr **57** 459.

8305. **R. L. Drejsin,** Über den Fall und das Aufsammeln des steinernen Meteoritenregens von Krymk. Meteoritika Nr. **6** S. 26—37 (russisch).

* * **W. W. Fedynskij,** Himmelssteine — Meteorite und Meteore. Vgl. Ref. 8213.

8306. **W. G. Fessenkow,** Die durch den Fall des tungusischen Meteorits vom 30. Juni 1908 hervorgerufene Trübung der Atmosphäre. Meteoritika Nr. **6** S. 8—12 (russisch).

* * **W. G. Fessenkow,** Meteore und Meteorite. Vgl. Ref. 8217.

8307. **B. J. Finnegan,** A quantity for evaluating the effectiveness of field search in meteoritics. Pop Astr **57** 343—344.

8308. **E. P. Henderson,** American meteorites and the national collection. Smithsonian Report for 1948 S. 257—268, mit 6 Tafeln = Smithsonian Institution Publ. 3962. — Der Aufsatz berichtet über die Meteoritenfunde im Gebiet der Vereinigten Staaten, die Meteoritensammlung des US-National Museum und in mehr allgemeiner Weise über die wichtigsten mineralogischen Eigenschaften der Meteoriten. Micz.

8309. **E. L. Krinow,** Kurzer Meteoritenkatalog der UdSSR (1. Januar 1949). Meteoritika Nr. 5 S. 49—59 (russisch).

8310. **F. C. Leonard,** Contributions of the Meteoritical Society. Pop Astr 57 29—37, 85—96, 136—140, 187—192, 293—297, 342—346, 398—407, 450—459, 507—518.

8311. **F. C. Leonard,** On naming new subclasses of meteorites. Pop Astr 57 137—138.

8312. **F. C. Leonard,** The polar coördinate number of a meteoritic fall. Pop Astr 57 402—404.

8313. **F. C. Leonard,** Some remarks on the origin of earthly meteorites. Pop Astr 57 404—405. — Der Unterschied zwischen niedergefallenen und den sich in der Luft verbrauchenden Meteoriten wird aller Wahrscheinlichkeit nach im wesentlichen auf ihre unterschiedliche Herkunft zurückzuführen sein. Erstere sind vielleicht planetarischen Ursprungs, Reste eines zerborstenen Planeten und größer als letztere, die kometarischen Ursprungs sein dürften und kleinere, völlig in der Atmosphäre verdampfende Massen besitzen. Loh.

8314. **D. P. Maljuga,** Zur Erkenntnis der Natur der Tektite. Meteoritika Nr. 6 S. 92—100 (russisch).

8315. **W. L. Miltschewskaja-Rutkowskaja,** Die Meteoritensammlung des geologisch-mineralogischen Museums der Metschnikow-Staatsuniversität Odessa. Meteoritika Nr. 5 S. 60—62 (russisch).

8316. **W. L. Miltschewskaja-Rutkowskaja,** Meteoritenkatalog. Die Sammlung des geologisch-mineralogischen Museums der Metschnikow-Staatsuniversität Odessa. Meteoritika Nr. 6 S. 106—108 (russisch).

8317. **R. A. Morley,** The mineralogy and origin of Josephinite. Pop Astr 57 93—94.

8318. **G. J. Neuerburg,** A second note on the exclusively meteoritic minerals. Pop Astr 57 342—343.

8319. **H. H. Nininger,** A new type of magnetometer survey at Barringer meteorite crater. Pop Astr 57 17—21.

8320. **H. H. Nininger,** Meteorites in as well as on the crater rim. Pop Astr 57 333—334.

8321. **D. K. Norris, F. S. Hogg,** A search for meteoritic matter in atmospheric dust. AJ 54 192—193. — Ref. AAS, Besprechung in PAT 31 80.

* * **S. W. Orlow,** Asteroiden und Meteorite. Vgl. Ref. 7529.

8322. **D. de Potter,** Meteoren of vallende sterren. Heelal 5 1—13, mit 4 Fig.

8323. **N. Richter,** Interstellare Herkunft und geologische Altersbestimmung der Meteorite. Naturwiss. Rundschau 2 212—214. — Aus kosmischen Vorgängen, die zur Bildung von Meteoriten führen können, wie etwa bei der Entstehung von Planeten aus einem Zentralkörper bzw. bei einem Zerfall von Planeten, bei der Entstehung eines Sternes oder durch die Sublimation des interstellaren Gases, ergibt sich auf Grund der heutigen astronomischen Erkenntnisse die Folgerung, daß Meteorite zu allen Zeiten und in allen Teilen des Sternsystems entstanden sein können. Loh.

8324. **J. S. Rinehart, M. M. Rogers,** Terminal ballistics of meteorites (abstract). Pop Astr 57 459.

8325. **R. Šimon,** Search for meteorites. RH 30 95, 98—99 (tschechisch).

8326. **A. Trofimow,** Die isotope Zusammensetzung des Schwefels in Meteoriten und in irdischen Objekten. DAN **66** 181—184 (russisch).

8327. **P. N. Tschirwinskij,** Über die magnetische Untersuchung der Struktur der Eisenmeteorite und der in ihnen enthaltenen Verbindungen Fe_2Ni und Fe_2NiP. Meteoritika Nr. **5** S. 39—48 (russisch).

8328. **P. N. Tschirwinskij,** Die Pallasite, ihre quantitative chemisch-mineralogische Zusammensetzung und ihre zahlenmäßige Rolle unter den anderen Meteoritengruppen. Meteoritika Nr. **6** S. 54—63 (russisch).

8329. **P. N. Tschirwinskij,** Oldgamit, seine Eigenschaften, die Paragenesis und die Besonderheiten der ihn enthaltenden Meteorite. Meteoritika Nr. **6** S. 64—91 (russisch).

8330. **W. S. Wassiljew,** Die Meteorite aus der Sammlung des mineralogischen Museums der Universität Saratow. Meteoritika Nr. **5** S. 63—67 (russisch).

8331. **F. L. Whipple,** The theory of micrometeorites (abstract). Pop Astr **57** 517.

8332. Meteoric dust. MN ASSA 8 102 (from «Times»).

8333. Zur Entstehung der Meteorite. Sternenwelt 1 157.

Einzelne Meteorite

8334. **C. W. Beck, L. La Paz,** A preliminary report on the mineralogy of the Norton County, Kansas-Furnas County, Nebraska, Achondrite (1000, 400). Pop Astr **57** 85—88.

8335. **C. W. Beck, L. La Paz,** The Weatherford, Oklahoma, meteorite (ECN = +988,358). Pop Astr **57** 450—454, mit 2 Fig.

8336. **J. D. Buddhue,** Reduced meteoritic iron oxide. Pop Astr **57** 293—295. — Der Sauerstoffgehalt von Stücken des Canyon Diablo Meteorits, Arizona, wurde auf drei verschiedene Weisen in recht guter Übereinstimmung zu 29% bestimmt. Loh.

8337. **J. D. Buddhue,** Miscellaneous notes on meteorites from Holbrook, Richardton, Xiquipilco, and Mount Elden. Pop Astr **57** 400—402, mit 1 Fig.

8338. **S. S. Fonton,** Die zweite Expedition zur Untersuchung des Niederfalls des Sichoté-Aliner Eisenmeteoritregens. Meteoritika Nr. **6** S. 13—25 (russisch).

8339. **E. L. Krinow,** Der tungusische Meteorit. Moskau-Leningrad, Verlag Akad. Wiss. UdSSR, 1949. 196 S. mit 42 Abb. im Text und auf 3 Tafeln und 1 Bild. Preis 8 R. 50 Kop. (russisch).

8340. **E. L. Krinow,** Die Struktur der Schmelzkruste des Sichoté-Aliner Meteorregens. DAN **64** 475—478 (russisch).

8341. **E. L. Krinow,** Über den Fall des Sichoté-Aliner Eisenmeteorregens. Meteoritika Nr. **5** S. 14—22 (russisch).

8342. **E. L. Krinow,** Zum zweihundertjährigen Jahrestag des Fundes des Meteorits Pallassow-Eisen. Meteoritika Nr. **6** S. 3—7 (russisch).

8343. **E. L. Krinow,** Ein neuer Meteorit. Priroda **38** Nr. 5 S. 43—44 (russisch).

8344. **L. La Paz,** The reported crater-producing meteoritic fall of 1947 February 12 in Eastern Siberia. Pop Astr **57** 88—92, mit 1 Fig. — Zusammenstellung einer Reihe von schwer zugänglichen Berichten.

8345. **L. La Paz,** The achondritic shower of February 18, 1948. Publ ASP **61** 63—73, mit 3 Fig. und 6 Tafeln. — Besprechung in Sky and Telescope 8 222—223.

8346. **P. M. Millman,** The Dresden meteorite. Publ AAS **10** 23—24, 1940. — Ref. AAS.

8347. **J. E. Ramírez,** The meteorites of Santa Rosa de Viterbo, Boyacá, Colombia (730,059). Pop Astr **57** 29—37, mit 2 Fig.

8348. **P. S. Suschizkij,** Die strukturell-mineralogische und chemische Zusammensetzung des steinernen Meteoritenregens von Krymk. Meteoritika Nr. **6** S. 38—47 (russisch).

8349. **P. N. Tschirwinskij,** Quantitative mineralogische und chemische Zusammensetzung des Olagu-Pallasits aus Bolivien. Meteoritika Nr. **5** S. 36—38 (russisch).

8350. **P. N. Tschirwinskij,** Zur Auffindung des ersten Pallasiten in Rußland vor 200 Jahren. Priroda **38** Nr. 5 (russisch).

8351. **O. S. Wjalow,** Chinesische Meteorite: der Eisenmeteorit Kumyss-Tjuja in der Dshungarei und der Steinmeteorit Nan-Jang-Pao im südöstlichen Kansu. Meteoritika Nr. **5** S. 23—25 (russisch).

8352. Der Niederfall eines Meteorits. Astr Circ UdSSR Nr. **89** S. 6, mit einer Berichtigung in Nr. **94** S. 6 (russisch). — Irrtümliche Meldung aus der Stadt Karschi, die durch die Explosion einer von Halbwüchsigen angefertigten Mine entstand. Loh.

8353. A giant meteorite. Nature **163** 92. — Betrifft den Sichoté-Aliner Meteorit. Nach dem Bericht in BSAF **62** 294—295, 1948. Vgl. AJB **48** Ref. **8349.**

8354. Narrow escape. Sky and Telescope 8 142. — Meldung über einen am 27. Januar 1948 unmittelbar neben einem Menschen eingeschlagenen Meteoriten.

8355. Die Meteorite von Sichoté-Alin. Sternenwelt 1 181. — Besprechung der Artikel von W. G. Fessenkow in RAJ **24** 302, 361, 1947. Vgl. AJB **47** Ref. **6777.** Weitere Besprechung in Sky and Telescope **9** 5.

Meteoritenkrater

8356. **D. Hager,** Crater Mound («meteor crater»), Arizona: Is its origin geologic or meteoritic? (Abstract). Pop Astr **57** 457—458.

8357. **C. H. Holmes,** The hidden crater of Wolf Creek. Sky and Telescope 8 163—164, mit 4 Fig. und Luftbildaufnahme auf Titelblatt des Heftes.

8358. **L. La Paz,** A possible meteorite crater in Northeastern New Mexico. Pop Astr **57** 136—137, mit 1 Fig. — Besprechung in Sky and Telescope 8 165. — Im Dezember 1948 wurde ein nahezu kreisrunder Krater von 30 amerikanischen Fuß Durchmesser und 3 amerikanischen Fuß Tiefe entdeckt, der wahrscheinlich meteorischen Ursprungs und wegen unvollständiger Vegetation im Vergleich mit der Umgebung nicht älter als 20 Jahre ist. Vielleicht ist der Krater von der Hauptmasse des Pasamonte Ranch, Union County, N. M. Falles vom 24. März 1933 ausgeschlagen worden. Loh.

8359. **C. C. Wylie,** Calculations on the probable mass of the object which formed meteor crater. Publ AAS **10** 324, 1943. — Ref. AAS.

8360. Neuentdeckter großer Meteorkrater in Australien. Orion Schaffhausen 3 26.

8361. Is the crater of Wolf Creek, Western Australia (−1278, 193) meteoritic? Pop Astr 57 138—140.

8362. Wolf Creek crater Australia. Pop Astr 57 337—338. — Kurze Beschreibung des Kraters.

8363. More about the Wolf Creek, Western Australia, crater (−1278, 193). Pop Astr 57 345—346.

8364. Further evidence concerning the Wolf Creek, Western Australia, Crater (−1278,192). Pop Astr 57 405—406. — Auszug aus einem Bericht von F. Reeves und R. O. Chalmers im Australian J. Sci. 11 154—156, 1949.

8365. Meteor crater is square. Sky and Telescope 8 62. — Betrifft den Canyon-Diablo-Krater.

8366. Meteorites in the rim of meteor crater. Sky and Telescope 9 10.

§ 84

Zodiakallicht, Gegenschein

8401. **N. B. Diwari,** Photometrische Beobachtungen des Gegenscheins. AJ UdSSR 26 355—362, mit 11 Abb. (russisch). — Nach den in der Nähe von Alma-Ata durchgeführten Beobachtungen beträgt in dem der Sonne gegenüber liegenden Himmelsgebiet die Vergrößerung der Helligkeit des Nachthimmels im Mittel 13% der allgemeinen Helligkeit. Der Gegenschein ist kein beständiges Gebilde. Form, Ausdehnung, Helligkeit und Orientierung verändern sich nicht nur von Tag zu Tag, sondern auch im Verlauf der Nacht. Die absolute Helligkeit des Gegenscheins nimmt bei Vergrößerung der Himmelshelligkeit zu.
Verf. (übersetzt)

8402. **N. Donitch,** Sur la forme et l'intensité de la lumière zodiacale. Ann. Géophysique 4 259—262, 1948.

8403. **N. Donitch,** Variations d'aspect de la lumière zodiacale observées le 24 mars 1949 à Tamanrasset (Hoggar, Algérie Méridionale). Ann. Géophysique 5 167—170.

8404. **J. Dufay,** Lumière zodiacale et activité solaire. Publ. Obs. Lyon 5 Nr. 8, 3 S. (Résumé). Mit Diskussion von L. Vegard, A. Dauvillier, J. Houtgast. — Aus den in der Literatur vorhandenen Angaben wird geschlossen, daß das Zodiakallicht häufig in den letzten zwei Jahren vor einem Sonnenfleckenminimum eine ungewöhnlich große Helligkeit aufweist, so z. B. 1900, 1911 und 1923. Photoelektrische Messungen von Dauvillier auf dem Pic-du-Midi bestätigen dies auch für das letzte Fleckenminimum 1944,2 (Helligkeitsmaximum des Zodiakallichtes März 1943). Die Beziehung dürfte mit Strukturänderungen der Korona zusammenhängen. Micz.

8405. **W. G. Fessenkow,** Das Zodiakallicht und die äußere Atmosphäre der Erde. AJ UdSSR 26 344—354, mit 4 Abb. (russisch). — Aus dem mit einem radioaktiven Photometer eigener Konstruktion im Oktober 1948 230 km nördlich von Alma-Ata erhaltenen Beobachtungsmaterial geht offensichtlich hervor, daß die äußeren atmosphärischen Schichten keine zur Erde symmetrische Form haben können. In der Ekliptikebene findet man allem Anschein nach einen gewissen Überschuß an Luftmasse, welcher sich bis etwa 1000 km Entfernung erstreckt, senkrecht zur Ekliptik aber keine nennenswerte Ausdehnung besitzt. Loh.

8406. **W. G. Fessenkow,** Probleme des Zodiakallichtes. Bote Univ. Moskau **4** Nr. 11 S. 29—42 (russisch).

8407. **W. G. Fessenkow,** Die Helligkeit der Zodiakalzone und die Gesamtmasse der asteroidischen Materie. DAN **69** 149—152 (russisch).

* * **R. A. Richardson, E. O. Hulburt,** Sky-brightness measurements near Bocaiuva, Brazil. Vgl. Ref. 72152.

8408. **H. U. Sandig,** Ein seltsamer Lichtschein. Sternenwelt **1** 34—36, mit 1 Abb.

8409. **Tcheng Mao-Lin, J. Dufay,** Nouvelles mesures de la brillance et de la polarisation de la lumière zodiacale. Publ. Obs. Lyon **5** Nr. 7, 1 S. (Résumé). — Kurzes Referat über Messungen der Helligkeit und des Polarisationsgrades des Nachthimmellichtes an der Sternwarte Haute Provence zwischen September 1942 und März 1943.

8410. **F. L. Whipple, J. L. Gossner,** An upper limit to the electron density near the earth's orbit. ApJ **109** 380—390, mit 4 Fig. = Harv Repr Nr. **324**. — Unter der Voraussetzung, daß die polarisierte Komponente des Zodiakallichts ausschließlich aus an freien Elektronen gestreutem Sonnenlicht besteht und keine zusätzliche Polarisation aus anderen Prozessen, die der durch Elektronen entgegenwirkt, auftritt, wird ein oberer Grenzwert der Elektronendichte in der Nähe der Erdbahn berechnet. Er hängt etwas von dem angenommenen Abstands-Dichte-Gesetz der Elektronen von der Sonne ab. Mit einem 1/R-Gesetz folgt für die Elektronendichte 800/cm^3, mit 1/R^3 1000/cm^3. Die beobachtete Polarisation kann aber auch durch Reflexion an größeren Partikeln erklärt werden, sodaß die wirklichen Elektronendichten noch erheblich geringer sein dürften. Micz.

8411. **Beobachtungen des Zodiakallichts und Gegenscheins**
Astr Circ UdSSR Nr. **83** S. 13. D. J. Martynow.
JBAA **59** 151—154. British Astronomical Association. Aurora and Zodiacal Light Section. Interim Report, 1948 July to December 31. W. B. Housman.
JBAA **60** 20—25. British Astronomical Association. Aurora and Zodiacal Light Section. Interim Report, 1949 Jan. 1 to June 30. W. B. Housman.
Orion Schaffhausen **2** 557—558, mit 3 Abb. Mondzodiakallicht-Beobachtungen in Locarno-Monti am 19. November 1948. K. Rapp.

Zehnter Teil
Sterne

§ 90
Allgemeines

9001. **J. Alter,** New results in astrospectroscopy. RH **30** 141—143 (tschechisch).

9002. **H. Bömmel,** Was verrät uns das Licht der Sterne? Orion Schaffhausen **2** 570—573.

9003. **P. Kirchberger,** Wie finde ich mich am Sternenhimmel zurecht? Berlin, Verlag Naturkundliche Korrespondenz. 43 S. mit 10 Abb. — Besprechung in Sterne **25** 186—187 (C. Hoffmeister).

9004. **H. de Meyer,** Orion. Heelal **5** 13—18, mit 2 Fig.

9005. Ich zeige Dir die Sternbilder. Vgl. AJB **48** Ref. **9005.** — Weitere Besprechung in Himmelswelt **56** 190 (H. Straßl).

9006. Trapezet i Oriontaagen. NAT **1949** S. 34—35, mit 1 Fig.

§ 91

Positionen, Kataloge, Fundamentalsystem, Karten

9101. **G. Adamopoulos,** Ort von BD +52° 293. MPC 187.

9102. **P. I. Bakulin,** Fundamentalkataloge. Moskau-Leningrad, Staatsverlag für technisch-theoretische Literatur, 1949. 236 S. mit 13 Abb. Preis 7 R. 85 Kop. (russisch). — Enthält eine Zusammenstellung der Untersuchungen, die sich auf die Aufstellung der existierenden Fundamentalkataloge beziehen. Inhalt: Sternkataloge, S. 14—31; Die Aufstellung der Normalsysteme, S. 32—50; Die Fundamentalkataloge der Astronomischen Gesellschaft, S. 51—107; Das Fundamentalsystem von Boss, S. 108—138; Die Fundamentalkataloge von Newcomb, S. 139—155; Der Fundamentalkatalog von Eichelberger, S. 156—166; Die vereinigten Kataloge der Sternwarte Pulkowo und des Astronomischen Institutes, S. 167—175. Loh.

9103. **I. Barney,** Progress at the Yale Observatory on the Photographic Zone Catalogues between declinations −30° to +30°. Publ AAS **10** 157—158, 1942. — Ref. AAS.

9104. **I. Barney,** Investigation of the magnitude error in the declinations of the General Catalogue from a comparison with the Yale photographic positions. AJ **54** 150—153, mit 2 Fig. — In Vervollständigung früherer Untersuchungen werden für verschiedene Deklinationszonen, die den ganzen Bereich von +30° bis −30° überdecken, und für verschiedene Helligkeitsgruppen die Abweichungen Yale—GC in Deklination in Tabellen und graphisch dargestellt. Gliese

9105. **I. Barney,** Corrections to the Albany General Catalogue. AJ **54** 154—155. — In einer ersten Liste sind Berichtigungen zum General Catalogue Vol. 2—5 zusammengestellt. Liste zwei enthält größere Abweichungen von GC-Örtern gegen Beobachtungen in New Haven, Cape oder Greenwich.

9106. **I. Barney,** Catalogue of the positions and proper motions of 7996 stars. Re-observation by photography of the Astronomische Gesellschaft Zone between declinations +1° and +5° reduced to 1950.0 without applying proper motions. Trans. Astr. Obs. Yale Univ. **20,** 14 + 164 S.

9107. **L. Courvoisier,** Nachtrag zum Katalog von 1668 Reststernen. Reduktionen der Sternörter vom A_V auf den FK3 und Berichtigungen. Veröff. Berlin-Babelsberg **12** Heft 6, 11 S.

9108. **J. Dick,** Standardkoordinaten und Eigenbewegungen des Perseusbogens für Äquinox und Epoche 1950.0. AN **277** 73—74. — Aus dem gesamten bis heute vorliegenden Quellenmaterial wurden Örter und Eigenbewegungen der Sterne des Perseusbogens abgeleitet. Verf.

* * **J. O. Fleckenstein,** Das fundamentale Koordinatensystem der Positionsastronomie. — Vgl. Ref. **3105.**

9109. **O. Heckmann,** Die Zonenkataloge der Astronomischen Gesellschaft. Forschungen und Fortschritte **25** 282—283. — Bericht über den gegenwärtigen Stand des Unternehmens.

9110. **A. Kopff,** A comparison of the systems of the General Catalogue and the Dritter Fundamentalkatalog. MN **109** 580—585. — Eine zusammenfassende Darstellung der Bildung des FK3 wird gegeben. Beim Aufbau des Systems des FK3 wurde auf die Mitnahme der Kataloge vor 1845 verzichtet, während der G. C. diese Kataloge berücksichtigt hat. Hierdurch ist es zu systematisch fehlerhaften Werten der EB beim G. C., insbesondere der $(\mu_\alpha)_\delta$, gekommen. A. Kopff

9111. **P. Labitzke,** Katalog von 615 Sternen des FK 3 und seiner nördlichen Zusatzsterne nach Beobachtungen am Repsold'schen Meridiankreis der Sternwarte Königsberg. Abh. Bay. Akad. Wiss. Math.-naturwiss. Kl. (NF) Heft **57,** 34 S. = Veröff. Sternw. München **3** Nr. 13.

9112. **W. S. McClenahan,** Catalogue of 2436 stars from observations with the reversible meridian circle, made at the Dominion Observatory, Ottawa, during the years 1911—1923. Publ. Dom. Obs. Ottawa **15** Nr. 1, 75 S.

9113. **H. R. Morgan, F. P. Scott,** Results of observations made with the nine-inch transit circle 1935—1945. Vgl. AJB **48** Ref. **9116.** — Weitere Besprechung in Publ ASP **61** 147—149 (J. B. Irwin).

9114. **H. R. Morgan,** Corrections to the fundamental catalogs. AJ **54** 145—150. — In Fortsetzung eines Programms zur Herleitung eines neuen unabhängigen Systems von Positionen und Eigenbewegungen (vgl. AJB **48** Ref. **9115**), wurden diese für 2400 Standardsterne zwischen +30° und −30° Deklination mit Hilfe von Beobachtungen der Jahre 1915—1945 bestimmt. Je 8 Tafeln geben die daraus hergeleiteten Korrektionen der Positionen und Eigenbewegungen des GC und des FK3. Gliese

9115. **A. A. Nemiro,** Rektaszensionen von 423 Sternen nach Beobachtungen am Observatorium Pulkowo in den Jahren 1936—1941. Pulkowo Publ. (2) **63** 127—204, mit 6 Abb. (russisch). — Beobachtungen von Sternen zwischen +90° und −10° Deklination.

9116. **E. Paloque,** Quatrième Catalogue de Toulouse. Positions et mouvements propres des étoiles de repère de la zone +4°, +12° pour l'époque et l'équinoxe 1900,0. (Suite.) Ann. Obs. Astr. Meteorol. Toulouse **19** 1—15.

* * **I. I. Putilin,** Beobachtungen von Örtern veränderlicher und roter galaktischer Sterne. Vgl. Ref. **11215.**

9117. **L. I. Semjonow,** Rektaszensionen von 674 Sternen nach Beobachtungen in Nikolajew (1930.0). Pulkowo Publ. (2) **63** 7—115 (russisch). — Beobachtungen von Sternen zwischen +90° und −30° Deklination.

9118. **S. Taffara,** A proposito del Catalogo Astrofotografico, Zona di Catania. Mem SA It (NS) **20** 83—84. — Kurzer Bericht über die Fertigstellung des astrographischen Katalogs in Catania. F. Z.

9119. **A. D. Thackeray,** Co.D. −62° 466 and C.P.D. −62° 1643. MN ASSA **8** 15. — Farbe und Spektren der beiden Sterne; ferner Örter von Co.D. −62° 466 und eines mit C bezeichneten Sterns relativ zu C.P.D. −62° 1643.

9120. **K. Tuzi,** Tokyo Mitaka catalogue of zodiacal stars for the equinox 1950.0. Ann. Tokyo Astr. Obs. (2) **2** Nr. 1 S. 1—117, mit 6 Fig.

9121. **K. Tuzi,** The observation of right ascensions of zenith stars. TAB (2) Nr. **15** S. 117—122.

9122. **C. B. Watts, A. N. Adams,** Results of observations made with the six-inch transit circle 1925—1941. Catalog of 2383 stars for **1925.0.**

From observations in the years 1930—1935. Reduced without proper motion to 1925.0. Publ. US Naval Obs. (2) **16** part 1, S. 1—55, 205—254.

Desgl. Catalog of 1536 stars for 1950,0. From observations in the years 1936—1941. Reduced without proper motion to 1950.0. S. 1—55, 255—287.

9123. C. B. Watts, A. N. Adams, Results of observations made with the six-inch transit circle 1925—1941. Corrections to GC and FK3. Comparison of catalog W_{25} with GC and FK3. Publ. US Naval Obs. (2) **16** part 1, S. 1—55, 289—328.

9124. Geschichte des Fixsternhimmels, enthaltend die Sternörter der Kataloge des 18. und 19. Jahrhunderts. Abteilung II: Der südliche Sternhimmel. Band **9**: 8^h Rektaszension. Erste Lieferung: 0^m—18^m. Herausgegeben von J. Haas. Karlsruhe, Verlag G. Braun, 1949. 80 S. Preis 20 DM.

Berichtigung: In AJB **47** Ref. 7108 ist der Preis für die GFH II 8, Erste Lieferung, irrtümlich mit 50 DM angegeben. Diese Lieferung kostet nur 30 DM.

9125. Second Cape Catalogue of Stars for the equinox 1925.0 consisting of Part I stars south of dec. $-30°$, Part II zodiacal stars. Compiled from observations made with the reversible transit circle at the Royal Observatory, Cape of Good Hope in the years 1925—1933 under the direction of J. Jackson. London, His Majesty's Stationary Office, 1949. 23 + 168 + 66 S. Preis 1 £ 10 s. 0 d. net.

9126. Astrographic Catalogue 1900.0. Perth Section. Dec. $-31°$ to $-41°$. From photographs taken at the Perth Observatory Western Australia and measured at the Royal Observatory, Edinburgh. Vol. **1** (In continuation of Perth Astrographic Catalogue Vol. **33**). Measures of rectangular co-ordinates and diameters of 62502 star images on plates with centres in Dec. $-40°$. R.A. $6^h\,0^m$ to $23^h\,50^m$. Published under the auspices of the International Astronomical Union. Paris 1949. 12 + 309 S.

9127. Astrographic Catalogue 1900.0. Sydney Section. Vol. **28**. R.A. 18^h to 24^h. Dec. $-57°$ to $-59°$. Sydney, 1949. 3 + 33 S.

9128. Catalogue of 1499 intermediate stars between 30° and 51° south declination for the equinox 1925.0 from observations made at Sydney Observatory during the years 1923 and 1924 under the direction of W. E. Cooke. Sydney Obs. Papers Nr. 8, 38 S.

9129. Carta Fotografica del Cielo. Specola Vaticana, Castel Gandolfo. Zona: +55° Nr. 54, 60, 63, 78. +57° Nr. 283, 287, 288, 292, 294, 308. +59° Nr. 484, 487, 489, 494, 507, 524, 526, 532, 533, 538, 539, 540, 541, 548. +61° Nr. 702, 704, 706, 707, 721, 731, 733, 736, 737, 738, 745, 748, 752. +63° Nr. 881, 890, 891, 893, 896, 901, 905, 909, 913, 914, 915, 921, 924.

Sternkarten

9130. A. Bečvář, Atlas Coeli Skalnaté Pleso. Vgl. AJB **48** Ref. **9130**. — Besprechung in Astr Circ UdSSR Nr. **89** S. 8. — Weitere Besprechungen der von der Sky Publishing Corporation, Harvard College Obs., Cambridge, Mass., herausgegebenen, verbilligten Auflage unter dem Titel «Skalnate Pleso. Atlas of the Heavens», Preis $ 5.00 in: ApJ **110** 320 (W. W. Morgan), Hemel en Dampkring **47** 114—115 (P. T. Oosterhoff), Himmelswelt **56** 135—136 (V. Oberguggenberger), JBAA **60** 59—60, J RAS Canada **43** 111—113, Nature **164** 635 (H. S. Jones), Obs **69** 158, Orion Schaffhausen Nr. **22** S. 525—526, mit 1 Abb. (R. A. Naef), PAT **30** 172—173, Publ ASP **61** 196 (W. W. Olsen), Sky and Telescope 8 203 (A. D. Williams).

9131. A. Brun, Atlas photométrique des constellations de +90° à $-30°$ pour l'équinoxe 1900.0. Le Breuil (Allier), publié par l'auteur, 1948. 59

Blätter. Preis 2000 frs. — Vgl. AJB 48 Ref. **9136**. — Weitere Besprechung in BSAF **63** 32, Heelal **5** 32 (M. Daisomont), Hemel en Dampkring **47** 114—115 (P. T. Oosterhoff), JBAA **59** 132, Orion Schaffhausen **3** 30 (M. du Martheray), Sky and Telescope 8 315.

9132. M. Chome, Cartes célestes coulissantes. Rhode-St-Genèse, Selbstverlag, 1948. Preis 36 frs. — Besprechung in Ciel et Terre **65** 42 (H. Michel).

9133. V. Guth, Gnomonicky Atlas Hvezdne Oblohy. Prague, Czechoslovak Astronomical Association, 1940. 17 S.; 50 × 50 cm. — Besprechung in J RAS Canada **43** 113.

9134. R. Henseling, Himmelskarten der zwölf Monate und des Tierkreises. Berlin, Palmen-Verlag. Preis 2 DM. — Besprechung in AN **278** 144, Sterne **25** 187 (C. Hoffmeister).

9135. M. Ignatia, An etched celestial globe. Sky and Telescope 8 64, 75, mit 1 Fig.

9136. W. J. Luyten, An atlas of identification charts of white dwarfs. ApJ **109** 528—531, mit 16 Tafeln = Publ. Astr. Obs. Univ. Minnesota **3** Nr. 5. — Für 96 weiße Zwerge werden etwa 19′ × 19′ große Umgebungskarten — Reproduktionen photographischer Blauaufnahmen — veröffentlicht. In einem Katalog werden photographische Helligkeiten, Farbenindizes und bei Doppelsternen auch Positionswinkel und Distanzen mitgeteilt. Micz.

9137. O. Thomas, Atlas der Sternbilder. Vgl. AJB **46** Ref. **7136**. — Weitere Besprechung in Himmelswelt **56** 91 (A. Kopff).

9138. Carte céleste tournante Sirius. Bern, H. Suter. Preis 7 f. s. — Besprechung in Ciel et Terre **65** 85 (H. Michel).

9139. Mappa Coelestis Nova. Containing all Stars brighter than 5,0 Visual Magnitude classified according to the Henry Draper Catalogue. Cambridge, Mass., Sky Publishing Corporation, 1949. Preis 3.50 $. — Besprechung in ApJ **110** 320, JBAA **60** 60—61, Nature **164** 635—636 (H. S. Jones), Obs **69** 158.

9140. A new popular star atlas. Edinburgh, Gall and Inglis, London W. C. 2, Strand. Preis 5/—. — Besprechung in Pop Astr **57** 415.

9141. Revision of the BD. Sky and Telescope 8 113.

9142. Der Himmelsatlas der National Geographic Society

BAA Circ Nr. 310. New photographic charts.

Himmelswelt **56** 144. Der Plan einer umfassenden photographischen Himmelskarte.

JBAA **59** 256. A great star atlas.

J RAS Canada **43** 122—123, mit 2 Tafeln. Sky survey.

Nature **164** 97. Sky survey by the Schmidt telescope at Palomar.

Orion Schaffhausen **3** 24—25. Großer photographischer Himmelsatlas.

PAT **30** 168. En ny kartläggning av stjärnhimlen.

Pop Astr **57** 357. A new definitive sky atlas.

§ 92

Eigenbewegung, Radialgeschwindigkeit

9201. I. Barney, The derivation of proper motions for the Yale Photographic Zone Catalogues between $-20°$ and $-30°$. Publ AAS **10** 245—246, 1942. — Ref. AAS.

9202. A. Blaauw, J. Delhaye, A table of systematic corrections to the proper motions of the General Catalogue. BAN **10** 473—479. — Auf

Grund eines eingehenden Vergleichs des General Catalogue mit dem FK 3, dazu aus Korrektionen der dort verwendeten Präzessionskonstanten und aus den zur Zeit am sichersten scheinenden Werten der differentiellen galaktischen Rotation werden Korrektionen berechnet, die an die Eigenbewegungen des GC anzubringen sind. Tafel 1 gibt die Summe dieser drei Korrektionen in RA für jede Stunde, in Dekl. für alle 2°; Tafel 2 gibt die differentielle galaktische Rotation allein. Gliese

* * **J. Dick,** Standardkoordinaten und Eigenbewegungen des Perseusbogens für Äquinox und Epoche 1950.0. Vgl. Ref. **9108**.

9203. **W. Dieckvoss,** Eigenbewegungen der Sterne der AG-Kataloge mit Benutzung der Photographischen Himmelskarte. Himmelswelt **56** 140. — Ref. AG.

9204. **J. Haas,** Über Sternpaare mit gleicher Geschwindigkeit und geringer tangentialer Distanz. AN **277** 184.

9205. **O. Heckmann, W. Dieckvoss, H. Kox,** Die Ableitung der Eigenbewegungen von Sternen der AG-Kataloge mit Benutzung der Photographischen Himmelskarte, insbesondere in der Zone +20° bis 25° (Berlin B). Sitzber. Deutsche Akad. Wiss. Berlin, Math.-naturwiss. Kl. **1948** Nr. 7, 32 S. — Besprechung in NAT **1950** S. 35—36. — Für 395 Platten der Zone Paris und 56 Platten der Zone Bordeaux der Photographischen Himmelskarte (PHK) wurden neue Plattenkonstanten mit verbesserten Örtern der Anhaltsterne abgeleitet. Diese Örter sind gewonnen aus dem AGK 2 nach Anbringen von EB, bestimmt aus dem Vergleich des AGK 2 mit dem nach Boss verbesserten AGK 1. Die Darstellung mit den neuen Plattenkonstanten wird wesentlich besser als früher. Zugleich werden verbesserte EB-Werte gewonnen durch Vergleich der neureduzierten PHK-Örter mit dem AGK 2. Als Nebenergebnis wird die Helligkeitsgleichung des Katalogs Berlin B abgeleitet sowie der Beweis erbracht, daß die Zone Bordeaux der PHK ebenfalls mit Helligkeitsgleichung behaftet ist. Bo.

9206. **D. Hoffleit,** Cape proper motions of Becker's giants and dwarfs. Publ AAS **10** 252—253, 1942. — Ref. AAS.

9207. **W. P. Judkina,** Über die Bestimmung der absoluten Helligkeit eines Sternes aus der parallaktischen Komponente seiner Eigenbewegung. AJ UdSSR **26** 305—306 (russisch). — Verf. untersucht die Genauigkeit der Bestimmung der absoluten Helligkeit aus der v-Komponente, wenn $v/\tau \geqq 2$ ist. Aus dem Beobachtungsmaterial von 66 Sternen mit trigonometrischen Parallaxen $> 0\overset{''}{.}030$ ergibt sich für eine einzelne so bestimmte absolute Größe ein mittlerer Fehler von $\pm 1\overset{m}{.}3$. Loh.

* * **P. van de Kamp, S. L. Lippincott,** Parallaxes and proper motions of twelve nearby stars. Vgl. Ref. **9308**.

9208. **W. J. Luyten,** New stars with proper motions exceeding $0\overset{''}{.}5$ annually. AJ **55** 15. — Liste umfaßt 16 Sterne.

9209. **W. J. Luyten,** A new star of large proper motion (L 726—8). ApJ **109** 532—537, mit 1 Tafel = Publ. Astr. Obs. Univ. Minnesota **2** Nr. 13. — Am Südhimmel wurde ein schwacher enger Doppelstern ($m_{pg} = 13\overset{m}{.}69$) mit einer Eigenbewegung von etwas mehr als $3\overset{''}{.}3$ gefunden, der ein ungewöhnliches Objekt zu sein scheint. In beiden Spektren (Gesamtspektrum dM6) sind Emissionslinien von H und Ca II vorhanden. Eine Komponente zeigt Lichtwechsel. Genauer Ort, Parallaxe, Helligkeiten und Farbenindex werden mitgeteilt. Die absoluten photographischen Helligkeiten betragen $+17\overset{m}{.}96$ bzw. $+18\overset{m}{.}46$. Eine Abschätzung über Bahnbewegung und Massen dieses ungewöhnlichen Objekts wird vorgenommen. Micz.

9210. **V. Nechvíle,** Sur quatre étoiles faibles avec mouvements propres considérables. BAC **1** 81—83, mit 4 Fig. — Stern N 113 ($\alpha = 1^h 3^m 38^s.0$, $\delta = +63° 40' 6''$), N 114 ($\alpha = 1^h 5^m 2^s.5$, $\delta = +63° 15' 6''$), N 6 ($\alpha = 0^h 10^m 22^s.0$, $\delta = +69° 3' 19''$), N 326 ($\alpha = 19^h 3^m 4^s.3$, $\delta = +32° 26' 23''$), Äq. 1950.0.

* * **E. Paloque,** Quatrième Catalogue de Toulouse. Positions et mouvements propres des étoiles de repère de la zone +4°, +12° pour l'époque et l'équinoxe 1900.0. (Suite.) Vgl. Ref. **9116.**

9211. **C. L. Stearns,** Observations of stars having variable proper motion. Publ AAS **10** 27—28, 1940. — Ref. AAS.

9212. L'étoile de Barnard. DOB **1949** Nr. 7, 8, mit 2 Fig.

9213. Faint stars with proper motions exceeding 0.″15 per annum in Hyderabad Astrographic Zones, list VI. MN **109** 379—380 = Nizamiah Obs. Repr. Nr. **6.** — Liste enthält 50 Sterne.

9214. **Eigenbewegungen einzelner Sterne**

ST Com	D. K. Karimowa, Die Eigenbewegung von ST Comae Berenices. Vgl. Ref. **12354.**
BD −18° 2528	NAZ **3** 30. J. Haas.
CoD −62° 466	Sky and Telescope **8** 125.
CPD −62° 1643	Sky and Telescope **8** 125.
L 726—8	W. J. Luyten. Vgl. Ref. **9209.** Weitere Mitteilungen über L 726—8 siehe Ref. **9314, 10124, 111111, 111112, 11230.**

Radialgeschwindigkeiten

* * **W. S. Adams,** Observations of interstellar H and K, molecular lines, and radial velocities in the spectra of 300 O and B stars. Vgl. Ref. **12501.**

9215. **A. Brown,** Measurements of radial velocity for four A-type stars. Ann d'Astrophys **12** 2—4.

9216. **F. Egger,** Zur Bestimmung der Radialgeschwindigkeit der Fixsterne. Orion Schaffhausen Nr. **23** S. 533—538, mit 4 Abb.

9217. **W. Fricke,** Die Messung von Radialgeschwindigkeiten mit dem Objektivprisma. Himmelswelt **56** 78—80. — Neben geschichtlichen Bemerkungen Besprechung einiger Arbeiten von C. Fehrenbach und P. J. Treanor. Vgl. AJB **47** Ref. 7209/10, **48** Ref. **2404, 9221.**

9218. **J. F. Heard,** An analysis of radial-velocity measures of eight stars formerly assigned to the Beta Cephei group. ApJ **109** 185—193 = Commun. David Dunlap Obs. Nr. **19.** — Neue Radialgeschwindigkeitsmessungen von acht Sternen, die der β Cephei (β Canis maioris)-Gruppe zugerechnet wurden, werden einer statistischen Analyse mit dem Ziel unterworfen, rasch verlaufende Radialgeschwindigkeitsänderungen nachzuweisen. Das Ergebnis ist negativ, jedoch wurden bei drei Sternen Radialgeschwindigkeitsänderungen anderer Art festgestellt. Micz.

9219. **J. K. McDonald,** Wave-length standards for radial-velocity determinations, IV. The solar-type stars with low dispersion. J RAS Canada **42** 220—225, 1948 = Contr. Dominion Astrophys. Obs. Victoria Nr. **12.** — Ähnlich wie in der unter Ref. **9220/21** besprochenen Arbeit von R. M. Petrie werden zur Radialgeschwindigkeitsbestimmung von F4- bis K8-Sternen 19 Standardwellenlängen zwischen 3961 und 4482 Å abgeleitet. Die damit für 11 Sterne gefundenen Radialgeschwindigkeiten stimmen mit den bereits sicher bekannten sehr gut überein. Loh.

9220. **R. M. Petrie,** Wave-length standards for radial-velocity determinations, II. The «A» stars with high dispersion. J RAS Canada **41** 311—316, 1947 = Contr. Dominion Astrophys. Obs. Victoria Nr. **10**, S. 133—138. — Unter Verwendung von 92 Spektren von 17 Sternen des Spektralbereichs A0—F2 der Taurus-, Coma- und Ursa maior-Bewegungshaufen sowie einigen visuellen Doppelsternen werden Standardwellenlängen von 23 Linien im Bereich λ 3933 bis λ 4550 für Spektralaufnahmen hoher Dispersion abgeleitet. Die Radialgeschwindigkeiten von 15 A-Sternen werden mitgeteilt. Micz.

9221. **R. M. Petrie,** Wave-length standards for radial-velocity determinations, III. The A-stars with single-prism dispersion. J RAS Canada **42** 213—219, 1948 = Contr. Dominion Astrophys. Obs. Victoria Nr. **11**. — Um Einprismenspektren von A-Sternen (30 Å/mm bzw. 51 Å/mm bei Hγ) zu exakten Radialgeschwindigkeitsbestimmungen verwenden zu können, wurden für 31 Linien zwischen 3933 und 4861 Å, die sich zum großen Teil aus Blends zusammensetzen, effektive Wellenlängen bestimmt. Die Intensitäten der sich überblendenden Einzellinien wurden dazu dem Rowlandschen Atlas und Spektren hoher Dispersion entnommen und die Wellenlänge des Linienschwerpunkts bestimmt. Die sich für 21 Sterne daraus ergebenden Radialgeschwindigkeiten wurden mit den bereits sicher bekannten verglichen. Neben geringen systematischen Abweichungen von $-0{,}4 \pm 0{,}4$ km/sec stellte sich heraus, daß die Genauigkeit der aus Einprismenspektren abgeleiteten Radialgeschwindigkeiten etwas unter 1,0 km/sec liegt. Loh.

* * **R. M. Petrie, S. S. Girling,** A new projection instrument for the rapid determination of stellar radial velocities. Vgl. Ref. **2232**.

9222. **D. M. Popper,** Radial-velocity observations with the Bruce spectrograph. ApJ **109** 100—108, mit 2 Fig. und 1 Tafel = Astr. Papers Univ. Calif. Nr. 8. — Mit einer neuen Kamera und zum Teil auch einem neuen Prisma wurden die spektroskopischen Doppelsterne bzw. Bedeckungsveränderlichen μ Ori, 4 Sex, V 380 Cyg und V 505 Sgr untersucht und dabei Bahnelemente verbessert oder neu bestimmt. Auch der schwierige A5-Stern α Oph, der spektroskopisch mehrfach der Duplizität verdächtigt wurde, wurde behandelt. Seine Radialgeschwindigkeit ist wahrscheinlich konstant. Micz.

* * **R. F. Sanford,** Spectral types and radial velocities of 21 red stars. Vgl. Ref. **9558**.

9223. **Radialgeschwindigkeiten einzelner Sterne**

η Aur	J. F. Heard. Vgl. Ref. **9218**.
42 Cam	J. F. Heard. Vgl. Ref. **9218**.
$\varkappa$ Cas	J. F. Heard. Vgl. Ref. **9218**.
β Cep	B. Smith, A study of the radial velocity of Beta Cephei. Publ AAS **10** 318, 1943. — Ref. AAS.
XZ Cyg	O. Struve, A. van Hoof. Vgl. Ref. **11173**.
ι Her	R. M. Petrie, W. Petrie, Radial velocities and spectral line intensities for Jota Herculis. Publ AAS **9** 269, 1939. — Ref. AAS.
η Lyr	J. F. Heard. Vgl. Ref. **9218**.
10 Mon	J. F. Heard. Vgl. Ref. **9218**.
ζ Ori	M. Barbière, G. Courtès, C. Fehrenbach, Note sur la vitesse radiale de l'étoile ζ Orion. JO **32** 127—128, mit 1 Fig.
σ Ori	J. F. Heard. Vgl. Ref. **9218**.
RY Sct	D. M. Popper, The radial velocity of RY Scuti. Publ AAS **10** 315, 1943. — Ref. AAS.
114 Tau	J. F. Heard. Vgl. Ref. **9218**.

g UMa J. F. Heard. Vgl. Ref. 9218.

α Vir Shu-Koo Kao, O. Struve, The radial velocity of Alpha Virginis. ApJ **110** 312—314. — Radialgeschwindigkeitsmessungen auf 1945 erhaltenen Aufnahmen bestätigen die 1934 gefundene Periode; die Geschwindigkeitskurve ist jedoch symmetrischer geworden. Im Geschwindigkeitsminimum treten zwischen den individuellen Geschwindigkeiten verschiedener Linien Unstimmigkeiten auf, die im Maximum und in der Nähe des γ-Wertes der Geschwindigkeit fehlen. Micz.

ADS 9744 J. A. Pearce, The radial velocity of the visual binary ADS 9744. Publ AAS **10** 313, 1943. — Ref. AAS.

BD +27° 2114 P. Wellmann, Ein Stern mit rätselhaften Radialgeschwindigkeitsänderungen. Himmelswelt **56** 83—84, mit 1 Abb.

P. Wellmann, Radialgeschwindigkeit von BD +27° 2114. NAZ **3** 8.

GC 25401, 28173, 29976, 32714 } A. Brown. Vgl. Ref. 9215.

HD 107325 = BD +27° 2114.

§ 93
Parallaxe

9301. H. L. Alden, The probable errors of Yale parallax plates. Trans. Astr. Obs. Yale Univ. **15** part 2 S. 135—142. — Ermittelt und untersucht wird der Einfluß verschiedener Umstände auf die Größe des wahrscheinlichen Fehlers einer Platte vom Gewicht 1. Untersucht werden folgende Faktoren: Art der Ausmessung, mittlerer Abstand der Vergleichssterne, Helligkeit der Bilder, Aufnahmetechnik (insbesondere Öffnung der Sektorenblende), Zahl der Parallax-Epochen, Spektraltyp, Zahl der Vergleichssterne, Ort am Himmel. Kö.

9302. S. Arend, La mesure des distances en astronomie. Ciel et Terre **65** 20—35, mit 7 Fig. — Inhalt der allgemeinverständlichen Zusammenstellung über die Methoden der Entfernungsbestimmung: Entfernung der Planeten und der Sonne. Die Genauigkeit der Beobachtungen von Hipparch bis jetzt. Trigonometrische Parallaxen. Sternstromparallaxen. Säkulare Parallaxen. Dynamische Parallaxen. Parallaxen aus interstellaren Linien. Photometrische Parallaxen (spektroskopische Parallaxen, Cepheidenparallaxen). Durchmesserparallaxen. Nebelfluchtparallaxen. Loh.

9303. K. Burns, Differential refraction in stellar parallax. Publ AAS **10** 159, 1942. — Ref. AAS.

9304. Z. Daniel, Report on the Allegheny parallax program. Publ AAS **10** 224, 1942. — Ref. AAS.

9305. W. Dieckvoss, Trigonometrische Parallaxen. Himmelswelt **56** 51—60, mit 10 Abb. — Das Prinzip der trigonometrischen Parallaxenbestimmung wird vom Geodätischen her erläutert, ein Verzeichnis von Sternen mit Parallaxen größer als 0ʺ3 gegeben, Meßtechnisches (visuell, photographisch) erörtert, über die Anbringung von Korrektionen berichtet, das Hertzsprung-Russell-Diagramm der Parallaxensterne dargestellt und schließlich ein Verzeichnis von Instrumenten verschiedener Länder für die Parallaxenmessung gegeben. Loh.

9306. B. N. Himmelfarb, Die nächsten Sterne. Priroda **38** Nr. 12 S. 32—33 (russisch).

9307. **D. Hoffleit,** The quest for stellar parallax. Pop Astr **57** 259—273 = Harv Repr Nr. **321**. — Beitrag über die Geschichte der Parallaxenforschung.

9308. **P. van de Kamp, S. L. Lippincott,** Parallaxes and proper motions of twelve nearby stars from photographs taken with the 24-inch Sproul refractor. AJ **55** 16—32. — Parallaxe und Eigenbewegung wurden 1937—1949 in 10—12jährigen Reihen für zwölf sonnennahe Sterne bestimmt: van Maanen's Stern; τ Cet; ε Eri; Grb 1618; BD +20° 2465; Cin. 18, 2354; 17 Lyr C; Wolf 1062; Ross 165; Cin. 20, 1213; η Cep; BD +43° 4305. Beobachtungsmaterial und Methode der Bestimmung werden angegeben. Wegen der großen Zahl der Aufnahmen haben die Resultate der Parallaxen einen wahrscheinlichen Fehler von nur ± 0ʺ003 bis ± 0ʺ008. Gliese

9309. **P. van de Kamp, H. Fried,** Parallaxes of some nearby stars. Publ AAS **10** 337—338, 1944. — Ref. AAS. — τ Cet, ε Eri, Groomb. 1618, +20° 2465, Ci 2354, +43° 4305.

9310. **W. W. Morgan,** On the parallaxes of some of the brighter helium stars. Publ AAS **10** 310—312, 1943. — Ref. AAS.

9311. **L. Rosino,** Le stelle più vicine. Coelum **17** 69—72. — Betrachtungen über die nächsten Sterne, ihre Entfernungen und Eigenschaften. F. Z.

9312. **J. Titus,** The parallax program of the Yerkes Observatory. Publ AAS **10** 238—239, 1942. — Ref. AAS.

9313. **Parallaxenlisten**

S. Askloef, Trigonometric parallaxes of eighteen stars determined by photography with the McCormick 26-inch refractor. AJ **54** 176. — Nr. 1794—1811.

D. S. Kimball, Summary of the parallaxes of forty-eight stars from plates obtained with the Yale telescope at Johannesburg, South Africa. Thirty-third list. AJ **54** 175.

S. A. Mitchell, C. Beddow, D. Watson, Trigonometric parallaxes of twenty-eight stars, determined by photography with the 26-inch McCormick refractor. AJ **54** 95. — Nr. 1766—1793.

N. E. Wagman, E. Jameson, Photographic determinations of the parallax of 50 stars with the Thaw refractor. AJ **55** 14—15. — Nr. 1601—1650.

Stellar parallaxes determined at the University of London Observatory, Mill Hill. MN **109** 478—480 = Commun. Univ. London Obs. Nr. **5**. — 20 Sterne, darunter 8 Erstbestimmungen.

9314. **Parallaxen einzelner Sterne**

η Aur	W. W. Morgan. Vgl. Ref. **9310**.
ε Cas	W. W. Morgan. Vgl. Ref. **9310**.
χ Dra	Z. Daniel, K. Burns, The parallax of Chi Draconis. Publ AAS **10** 10—11, 1940. — Ref. AAS.
26 Dra	R. G. Hall jr. Vgl. Ref. **10125**.
ζ Her	R. G. Hall jr. Vgl. Ref. **10125**.
ι Her	W. W. Morgan. Vgl. Ref. **9310**.
99 Her	K. A. Strand, D. Duke. Vgl. Ref. **10125**.
85 Peg	R. G. Hall jr. Vgl. Ref. **10125**.
η UMa	W. W. Morgan. Vgl. Ref. **9310**.
α Vir	W. W. Morgan. Vgl. Ref. **9310**.
CPD −62° 1643	Sky and Telescope 8 89. A new nearby star?
L 726—8	Astr Circ UdSSR Nr. **88** S. 9. Noch ein naher Stern (russisch).
	BSAF **63** 188—189. Notre deuxième voisine parmi les étoiles.
	BSAF **63** 359. Notre nouvelle voisine parmi les étoiles.
	Sky and Telescope 8 196, mit 1 Fig. Second nearest star.
	Weitere Mitteilungen über L 726—8 siehe Ref. **9209**, **9214**, 10124, 111111, 111112, 11230.

§ 94

Helligkeit, Farbe

9401. **L. Binnendijk,** The light variation of Pleione. AJ **54** 117—120, mit 1 Fig. — Nach den Helligkeitsbeobachtungen von Plejone zwischen 1897 und 1947 ist der Stern bis 1937 nur wenig veränderlich gewesen. Dann erfolgte eine Helligkeitsabnahme um $0^{m}.5$ mit einem anschließenden Wiederanstieg von $0^{m}.3$ bis zum Jahr 1942. Seitdem sind wiederum nur geringe Helligkeitsschwankungen zu verzeichnen. Loh.

9402. **E. K. Charadse,** Farbenindizes von 4488 Sternen in 18 Kapteynschen Eichfeldern in mittleren und hohen galaktischen Breiten. Abastumani Bull. Nr. **10** S. 125—186 (russisch mit grusinischer Zusammenfassung). — Enthält Helligkeiten und Farbenindizes von Sternen der Felder 1, 11—16, 27—37.

9403. **O. J. Eggen,** The intersection of the dwarf and subdwarf sequences in the color-luminosity array. Publ ASP **61** 258—260, mit 1 Fig. — Im Spektralbereich dG0—dK0 des Farben-Helligkeits-Diagramms der Hyaden kreuzt eine aus drei Unterzwergen des Hyadengebietes und weiteren acht nicht dazu gehörenden Unterzwergen gebildete Reihe die Zwergreihe. Loh.

9404. **S. Gaposchkin,** Photographic observations of Wolf-Rayet stars in Cygnus and Carina. Publ AAS **10** 280—281, 1942. — Ref. AAS.

9405. **B. G. Karpov,** Colors in the selected areas 39, 40, and 41. Publ AAS **10** 166, 1942. — Ref. AAS.

9406. **J. J. M. A. de Kort,** Photographic magnitudes of stars brighter than $7^{m}.75$ between +75° and +80° declination. BAN **11** 71—89, mit 5 Fig. — Es wird ein Katalog photographischer Helligkeiten von über 400 Sternen heller als $7^{m}.75$ zwischen +75° und +80° Dekl., vereinzelt auch noch weiter nördlich, und die Einzelheiten seiner Aufstellung mitgeteilt. Es ist eine Fortsetzung des Katalogs von Sternen innerhalb 10° um den Nordpol von de Sitter. Die Aufnahmen wurden mit einem Objektivgitter erhalten, der Nullpunkt beruht auf dem Mt. Wilson Polar-Catalogue. Micz.

9407. **R. Kühn,** Eine lichtelektrische Sechs-Farben-Photometrie. Himmelswelt **56** 73—75, mit 1 Abb. — Besprechung der Arbeiten von Stebbins und Whitford aus den Jahren 1940—1944.

9408. **O. J. Lee,** Red stars. Astr. Soc. Pacific Leaflet Nr. 242, 8 S.

* * **J. J. Nassau, D. A. MacRae,** Stellar spectra and colors in a clear region in Cygnus. Vgl. Ref. **12331**.

* * **J. J. Nassau, J. A. Hynek,** Magnitudes and colors in the globular cluster Messier 12 and Selected Area 108. Vgl. Ref. **12132**.

9409. **E. Rybka,** Photovisual magnitudes of 635 stars north of $\delta = +80°$. Travaux Soc. Sci. Lettres Wroclaw (B) Nr. 18 = Contr. Wroclaw Astr. Obs. Nr. **3**, 74 S. mit 2 Fig.

9410. **J. Schilt, C. Jackson,** Photoelectric determination of the colors of 286 stars south of declination −15°. AJ **55** 9—13. — Es werden die Ergebnisse des ersten Teils eines Programms veröffentlicht, das Farbbestimmungen von O—B9-, A0- und K0-Sternen des Bright Star Catalogue südlich von −15° Deklination und von den hellen Sternen der E-Regionen umfaßt. Voraus geht eine Beschreibung und Diskussion der angewandten Instrumente und Methode. Gliese

9411. **R. H. Stoy,** A simple method of calculating the statistical correction. MN ASSA 8 41—42. — Methode führt mit geringerem Arbeitsaufwand zu den gleichen Ergebnissen wie die Formeln der statistischen Korrektion von Pannekoek und Holm (vgl. AJB **33** Ref. **7402**).

9412. **K. A. Strand,** Effective wave-lengths in photovisual photography. Publ AAS **10** 260, 1942. — Ref. AAS.

9413. **G. de Vaucouleurs,** Sur les magnitudes photo-visuelles de Sirius et du Soleil. Ann d'Astrophys **12** 287—290. — Aus acht alten und modernen Beobachtungsreihen der Helligkeit (IPv) von Sirius wird als seine photovisuelle Helligkeit $-1^{m}.37 \pm 0^{m}.02$ (w. F.) abgeleitet. Die auf die mittlere isophote Wellenlänge λ 5430 des IPv reduzierten Messungen von v. d. R. Woolley und Gascoigne (MN **108** 491) der Helligkeitsdifferenz Sonne—Sirius ergeben für die photovisuelle Helligkeit der Sonne $-26^{m}.91 \pm 0^{m}.04$. Micz.

* * **B. Westerlund,** A method for the determination of stellar magnitudes and colours. Vgl. Ref. **2427**.

9414. **M. Williams,** Magnitude sequences in the Scutum region. Publ AAS **10** 177, 1942. — Ref. AAS.

9415. Résultats de la surveillance photométrique des étoiles à raies spectrales d'émission. DOB **1949** Nr. **4**. — Notizen über 21 Sterne.

9416. Die Methode der Farbdifferenzen. Sterne **25** 88. — Besprechung von AJB **48** Ref. **9408**.

9417. Rote Sterne. Sternenwelt **1** 136.

§ 95

Spektrum

9501. **W. S. Adams,** Spectra of bright stars with high dispersion. Publ AAS **9** 247, 1939. — Ref. AAS.

9502. **L. H. Aller,** The atmosphere of Gamma Pegasi. ApJ **109** 244—264. — Auf Coudé- und anderen Spektren gemessene Äquivalentbreiten von etwa 250 Linien zwischen λ 3530 und λ 4861 werden zur Konstruktion von Wachstumskurven unter Berücksichtigung der Wellenlängenabhängigkeit des kontinuierlichen Absorptionskoeffizienten benutzt. Mit Modellatmosphären werden theoretische Linienintensitäten für eine Reihe von H-, C-, N- und O-Linien berechnet. Das Verhältnis H/O ist bei γ Pegasi größer als auf der Sonne und den gasförmigen Nebeln. Verf. weist auf eine Möglichkeit hin, durch die der gefundene Wert des Verhältnisses verfälscht sein kann. Die gefundenen Häufigkeiten chemischer Elemente sind sehr empfindlich gegen Änderungen der Anregungstemperatur, so daß die Werte nur der Größenordnung nach zutreffen dürften. Abschließend wird auf die Notwendigkeit aufmerksam gemacht, für derartige quantitative Analysen bessere f-Werte und Dämpfungskonstanten zur Verfügung zu haben. Auch eine theoretische Untersuchung über die Wirkung der kontinuierlichen Wasserstoff- und Heliumabsorption auf das Strahlungsfeld ist erwünscht. Micz.

9503. **L. H. Aller,** Emission line intensities in Wolf-Rayet stars. Publ AAS **10** 157, 1942. — Ref. AAS.

9504. **L. H. Aller,** Curves of growth for Sirius and Gamma Geminorum. Publ AAS **10** 221, 1942. — Ref. AAS.

9505. **E. A. Baker,** Spectrophotometric measurements of early type stars. 1. Methods of observation and results for Oe5 stars. Publ.

Roy. Obs. Edinburgh 1 Nr. 2 S. 13—40, mit 6 Fig. — Besprechung in Obs 70 43. — Die Arbeit behandelt in erster Linie methodische Fragen der Bestimmung von Linienintensitäten bei Verwendung eines nichtregistrierenden Photometers, mit dem die Spektren nur bei einer Reihe ausgewählter Wellenlängen photometriert werden. Besondere Aufmerksamkeit wird der Festlegung des Kontinuums und seiner endgültigen Fixierung aus Messungen mehrerer Platten gewidmet. Erste Ergebnisse der Methode wurden an sieben Sternen des Spektraltyps Oe5 erhalten und mit anderweitigen Messungen verglichen. Micz.

9506. **C. S. Beals,** The spectra of the P Cygni stars. AJ **54** 182. — Ref. AAS.

9507. **C. S. Beals, M. S. Burland,** Wave lengths, equivalent widths and line profiles in the spectrum of the star H.D. 190073. Canadian J. Research (A) **27** 169—190, mit 4 Fig. = Contr. Dominion Obs. Ottawa **2** Nr. 4. — Der A-Stern HD 190073 besitzt Absorptions- und Emissionslinien mit ungewöhnlich komplexen Profilen. Auf Spektren großer Dispersion wurden die Wellenlängen und Äquivalentbreiten von mehr als 200 Linien zwischen λ 3950 und λ 4703 gemessen. Die Profile einer Reihe von Linien werden wiedergegeben. Eine Deutung des Beobachtungsbefundes wird durch Annahme einer Hülle mit relativ kleinem Durchmesser versucht. Micz.

9508. **C. S. Beals,** On the P Cygni characteristics of HD 190073 and the dimensions of its emitting and absorbing shells. Publ AAS **10** 222, 1942. — Ref. AAS.

9509. **W. P. Bidelman,** Displaced absorption lines in the spectrum of Upsilon Sagittarii. ApJ **109** 544—546 = Contr. McDonald Obs. Nr. **167**. — Verf. berichtet über das selten zu beobachtende P Cygni-Spektrum von υ Sgr. Es scheint, aber nur gelegentlich, um die Phase 20^d herum aufzutreten.

9510. **R. Bouigue, C. Fehrenbach,** Sur le spectre des étoiles carbonées. CR **229** 1207—1208, mit 1 Fig. = Publ. Obs. Haute-Provence (B) Nr. **26**. — Mit neuberechneten Übergangswahrscheinlichkeiten des roten CN-Bandensystems werden Fragen der Bandenintensitäten in den Spektren der Kohlenstoffsterne erörtert. Micz.

9511. **A. J. Cannon, M. W. Mayall,** The Annie J. Cannon Memorial Volume of the Henry Draper Extension. Harv Ann **112**, 295 S. mit 8 Fig., 275 Karten und einem Bild von Annie J. Cannon. — Besprechung in Sky and Telescope 8 278. — Der vorliegende Band setzt die mit dem Harvard Tercentenary Volume (HA 105) begonnene Gepflogenheit fort, die Spektralklassifizierungen der Henry Draper Extension nicht mehr in Tabellen, sondern auf Sternkarten zu publizieren; die neun Karten aus HA 105 werden noch einmal wiederholt. Die Karten enthalten neben den etwa 85000 neuen Bestimmungen auch die früher bestimmten Spektraltypen des H.D.-Katalogs selbst. Sie wurden durch ein Photo-Offset-Verfahren von Vergrößerungen der Harvard-Patrol-Platten hergestellt. Eine Übersichtskarte über den gegenwärtigen Stand der H.D. Extension begleitet den Band. Micz.

* * **W. W. Carter,** Measurement of f-values in the iron spectrum with applications to solar and stellar atmospheres. Vgl. Ref. **6408**.

9512. **E. Cherrington jr.,** Characteristics of super-shell stars. Publ AAS **10** 8, 1940. — Ref. AAS.

9513. **E. Cherrington jr.,** On the detection of super-shell stars. Publ AAS **9** 256—257, 1939. — Ref. AAS.

9514. **D. N. Davis,** Elements present in β Pegasi. Publ AAS **10** 160—161, 1942. — Ref. AAS.

* * **E. van Dien,** The Stark effect of the higher Balmer lines in stars of spectral types A and B. Vgl. Ref. 5107.

9515. **S. C. B. Gascoigne,** Emission in λ Pavonis. Obs **69** 30—31, mit 1 Fig. — Das Spektrum des Sterns zeigte am 28. Juli 1948 überraschenderweise Wasserstoffemissionslinien, während im Juni und August 1928 keine Emissionen vorhanden waren. Diese Erscheinung kann vielleicht damit in Zusammenhang stehen, daß der Stern, wie 1938 bemerkt wurde, seine Helligkeit um $0^m.3$ vergrößert hat. Loh.

* * **P. J. Gathier,** Magnitude effects in G-type stars. Vgl. Ref. **9703.**

9516. **W. G. Gorbazkij,** Die Deutung der Veränderungen im Spektrum von γ Cassiopeiae. AJ UdSSR **26** 307—319, mit 1 Abb. (russisch). — Die Untersuchung erstreckt sich auf die Vorgänge im Zeitraum von 1936 bis 1941, in dem γ Cas mehrere Hüllen abstieß, deren Strahlung Helligkeit und Spektrum beeinflußten. Mit Hilfe eigens abgeleiteter Formeln über diesen Einfluß werden Helligkeit und Farbtemperatur berechnet und gute Übereinstimmung mit den Beobachtungen gefunden. Weiter wird festgestellt, daß man zur Erklärung der beobachteten Intensitäten der hellen Balmerlinien die Theorie von Cillié nicht anwenden kann, weil die Hülle in diesen Wellenlängen undurchsichtig ist. Die Berechnung der Linienintensitäten kann aber auf Grund einer Theorie von Sobolew geschehen. Verf. (übersetzt)

9517. **J. L. Greenstein,** Analysis of the metallic-line stars. II. ApJ **109** 121—138, mit 3 Fig. und 2 Tafeln = Contr. McDonald Obs. Nr. **159.** — Nach einer Übersicht über die allgemeinen Eigenschaften der Metall-Linien-Sterne wird gezeigt, daß ζ Lyr A ein einfaches Objekt ist. Diese Sterne sind eigentlich F-Sterne mit scheinbar ungewöhnlicher Häufigkeitsverteilung der chemischen Elemente. Auf Strahlungsverdünnung beruhende Effekte sind nicht erkennbar. Die früher gegebene quantitative Analyse von τ UMa wird weiter fortgeführt. Bei der Diskussion der ungewöhnlichen Ionisationsverhältnisse wird vor allem auf die in Betracht kommenden Mechanismen eingegangen. Besondere Bedeutung wird dabei einem Stoßprozeß als Ionisationsquelle zugeschrieben; dieser Prozeß besteht in einer Umladung zwischen einem Ion und einem neutralen Atom bzw. einem einfachen und einem zweifach-ionisierten Partikel. Die dynamischen Verhältnisse in der Atmosphäre des Zwergsterns τ UMa (hohe Turbulenz, geringe Schwerebeschleunigung) scheinen diesen Prozeß als Ursache der Häufigkeitsanomalien zuzulassen. Micz.

9518. **J. L. Greenstein, W. A. Hiltner,** Spectrophotometry of the F stars Alpha Canis Minoris and Alpha Persei. III. ApJ **109** 265—274, mit 8 Fig. = Contr. McDonald Obs. Nr. **162.** — Messungen von Äquivalentbreiten im Photometric Atlas of Stellar Spectra und auf zusätzlichen Coudé-Platten von α CMi und α Per dienen zur Aufstellung von Wachstumskurven. Aus den abgeleiteten Daten werden theoretisch zu erwartende Linienkonturen mit ebenfalls gemessenen und wegen der Apparatefunktion verbesserten verglichen. In α CMi sind die Dämpfungsflügel der Linien infolge des Linienreichtums des Spektrums nicht erfaßbar, selbst die Flügel von K werden durch Hε und Hζ noch beeinflußt. In α Per sind die Linienkonturen breiter und flacher als die Rechnung verlangt. Ursache ist vielleicht Rotation, large scale-Turbulenz oder eine weit ausgedehnte Atmosphäre. Micz.

9519. **G. Haro,** Faint spectra showing Hα in emission in the obscuring clouds of Ophiuchus and Scorpius and in a region in Sagittarius. AJ **54** 188—189. — Ref. AAS.

9520. **G. H. Herbig,** Identification of a molecular band at λ 3682 in the spectra of late-type stars. ApJ **109** 109—115, mit 1 Tafel = Contr. Mt. Wilson Obs. Nr. **754.** — Die von Merrill in R And (Se) entdeckte Bande bei λ 3682 wurde im Spektrum von neun Langperiodischen und zwei M-Riesen, darunter o Cet, α Her und β Peg, beobachtet. Verf. schreibt sie nach eigenen und anderen Laboratoriumsbeobachtungen dem ZrO zu. Es handelt sich um den $^1\Sigma-^1\Sigma$-Übergang und wahrscheinlich dem (0,0)-Kopf eines bisher unbekannten Systems. Ein breites Absorptionsgebiet in der Umgebung von λ 3578 wird versuchsweise mit der (0,0)-Bande des OH^+ in Verbindung gebracht. Micz.

9521. **R. Herman,** Remarques sur les spectres des étoiles de Wolf-Rayet. CR **229** 579—581. — Die Anwesenheit von Sauerstoff in WN-Sternen wird bestätigt.

9522. **W. A. Hiltner,** On the presence of polarization in the continuous radiation of stars. II. ApJ **109** 471—478, mit 6 Fig. = Contr. McDonald Obs. Nr. **168**. — Ref. in Sternenwelt **1** 280. — Es wird über lichtelektrische Messungen an einigen weit entfernten Sternen berichtet, die erkennen lassen, daß ihr Licht polarisiert ist. Die Polarisationsbeträge erreichen bis zu 12% und sind unabhängig von der Wellenlänge. Polarisation wurde bisher nur an rot verfärbten Sternen nachgewiesen, jedoch wurde keine nähere Beziehung mit dem Betrag der Verfärbung aufgefunden. Abschließend werden einige Bemerkungen über einen vielleicht in Betracht kommenden Polarisationsmechanismus, der über große Entfernungen zu wirken scheint, gemacht. Micz.

9523. **W. A. Hiltner,** On the presence of polarization in the continuous radiation of early-type stars. Vgl. AJB **47** Ref. **7517**. — Besprechung in Urania Barcelona **34** Nr. 220 S. 229.

9524. **D. Hoffleit,** Notes on dually classified stars. AJ **54** 129. — Ref. AAS.

9525. **A. H. Joy, R. E. Wilson,** Stars whose spectra have bright H and K lines of Calcium. ApJ **109** 231—243 = Contr. Mt. Wilson Obs. Nr. **758**. — Die Verf. stellen einen Katalog aller Sterne zusammen, die helle H- und K-Linien aufweisen. Für jeden Stern wird die früheste diesbezügliche Literaturreferenz mitgeteilt sowie auf Mt. Wilson-Aufnahmen geschätzte Intensitäten. Ca II-Emission bei Sternen früher als G5 ist selten. Übergiganten zeigen meist die H3- und K3-Umkehr. Unterriesen und Hauptreihensterne bevorzugen dagegen einfache Emissionslinien. Bei zahlreichen Sternen werden Intensitätsänderungen der hellen Ca II-Linien vermutet. Micz.

9526. **A. H. Joy,** Bright-line stars among the Taurus dark clouds. ApJ **110** 424—437, mit 5 Fig. und 1 Tafel = Mt. Wilson and Palomar Obs. Repr. Nr. **12**. — Auf Objektivprismen-Aufnahmen in drei Feldern der Dunkelwolken im Taurus und dem nördlichen Orion wurden 40 Sterne mit Hα-Emissionen entdeckt. Mit Ausnahme von zwei Be-Sternen, die wahrscheinlich nicht mit den Wolken in Zusammenhang stehen, und einem A4pe-Stern, gehören die Sterne den späten Typen der Hauptreihe an. Die Sterne konzentrieren sich in kleinen Gebieten in oder nahe Gegenden großer Verdunklung. Die Spektren zeigen viele Merkmale der T Tauri-Sterne. Die hellen Linien von H und Ca II (H, K) sind in den Spektralklassen dGe—dM2,5e sehr kräftig, die hellen Linien von He I, Fe I, Fe II und [S II] nehmen in Intensität nach späteren Typen hin in den beiden Taurusgegenden ab, fehlen aber völlig in den Sternen der Oriongegend. Loh.

9527. **A. H. Joy,** Eight faint dwarf stars having no emission lines. Publ ASP **61** 37—38 = Mt. Wilson and Palomar Obs. Repr. Nr. **1**. — Die Sterne, für die keine sicheren Unterzwergmerkmale gefunden werden konnten, sind: 20 C 175, LPM 299, 20 C 711, 20 C 791, 20 C 851, L 1064—75, 20 C 1163 A, vM und W 119. Mit Ausnahme von 20 C 791 haben alle Sterne den Spektraltyp dM4 oder dM4,5. 20 C 791 besitzt weder Emissionen noch Absorptionen; das Kontinuum entspricht etwa dem G0-Typ. Loh.

9528. **A. H. Joy,** Glowing stellar atmospheres. Astr. Soc. Pacific Leaflet Nr. 243, 8 S.

9529. **A. H. Joy,** Lysende Stjerneatmosfærer. NAT **1949** S. 144—148. — Übersetzung aus Leaflet ASP Nr. 243 von J. M. Vinter Hansen.

* * **N. B. Kalandadse,** Die Bestimmung der absoluten Größen schwacher Sterne später Spektraltypen (G und K) aus Objektivprismenspektren. Vgl. Ref. **9709**.

9530. **P. C. Keenan,** Spectral types of stars of the North Polar Sequence. Publ AAS **10** 17—18, 1940. — Ref. AAS.

9531. **W. Krat,** Die Spektren der Kohlenstoffsterne. Priroda **38** 49 (russisch).

9532. **C. J. Krieger,** The contours of the hydrogen lines in A-type stars. Publ AAS **9** 263—264, 1939. — Ref. AAS.

9533. **O. J. Lee,** Progress of the Dearborn spectrographic survey of faint red stars. Publ AAS **10** 18—19, 1940. — Ref. AAS.

9534. **O. J. Lee, R. B. Baldwin, D. W. Hamlin,** Part I of the Dearborn Catalogue of banded spectra. Publ AAS **10** 308, 1943. — Ref. AAS.

9535. **M. W. Mayall,** The Cannon Memorial Volume of the Harvard Annals. Publ AAS **10** 231, 1942. — Ref. AAS.

9536. **A. McKellar,** Intensities of isotopic carbon bands in the λ 6191 sequence of the Swan system for some R-type spectra. AJ **54** 191. — Ref. AAS.

9537. **A. McKellar, W. H. Stilwell,** The λ 6708 Li I line in the spectra of the red carbon stars. Publ AAS **10** 254—255, 1942. — Ref. AAS.

9538. **A. McKellar,** The 4,0 isotopic $C^{13}N$ band of the red CN system in spectra of classes R and N. Publ ASP **61** 34—37, mit 1 Tafel. — Die Frage der Rückführbarkeit einer in R- und N-Spektren zwischen λ 6257 und λ 6274 auftretenden Bande auf das $C^{13}N^{14}$-Molekül wird erneut diskutiert und wahrscheinlich gemacht. Das Auftreten von $C^{12}N^{15}$-Banden in Sternen genannten Spektraltyps wird dagegen bestritten. Micz.

9539. **A. McKellar,** Isotopes in stellar atmospheres. Publ ASP **61** 199—209, mit 2 Tafeln = Contr. Dominion Astrophys. Obs. Victoria Nr. **20**. — Besprechung in JBAA **60** 118—119, Sterne **26** 34, Sternenwelt **2** 136. — Verf. diskutiert zunächst das Vorkommen der Isotopen einiger Elemente und geht dann vor allem auf das C^{12}/C^{13}-Verhältnis in einigen R- und N-Sternen ein. Unter den R-Sternen schälen sich dabei zwei Gruppen heraus: eine mit hohem (90), die andere mit niederem (3,4) C^{12}/C^{13}-Verhältnis. Es ist denkbar, daß das hohe Verhältnis aus dem niederen durch den wesentlich höheren Einfangquerschnitt von C^{13} gegenüber Protonen im Vergleich zu C^{12} in relativ kurzer Zeit hervorgegangen ist. Loh.

9540. **P. W. Merrill,** The spectrum of HD 187 399. ApJ **110** 59—62, mit 2 Fig. = Mt. Wilson and Palomar Obs. Repr. Nr. **2**. — Der A0e-Stern HD 187 399 erweist sich als ein spektroskopischer Doppelstern mit $P = 27^d.97$ und 104.5 km/sec Geschwindigkeitsamplitude. Die Absorptionslinien des Wasserstoffs sind doppelt. Das eine System macht die Verschiebungen der übrigen Linien mit, während das andere eine nahezu konstante Verschiebung von −95 km/sec aufweist. Es wird die Existenz einer Wasserstoffwolke vermutet, die den Doppelstern umgibt und deren äußere Teile rasch expandieren. Micz.

9541. **P. W. Merrill, C. G. Burwell,** Second supplement to the Mount Wilson Catalogue and bibliography of stars of classes B and A whose spectra have bright hydrogen lines. ApJ **110** 387—419, mit 1 Fig. und 1 Tafel = Mt. Wilson and Palomar Obs. Repr. Nr. 8. — Die zweite Ergänzung des Mt. Wilson-Katalogs der B- und A-Sterne mit hellen Linien enthält wie die früheren Ausgaben zunächst ein Verzeichnis neu entdeckter Objekte (422), sodann kurze beschreibende Notizen auf Grund von meist unveröffentlichtem Material über mehr als 400 Sternen, ein Verzeichnis von 37 Sternen mit Hüllenspektrum und einen ausführlichen Literaturnachweis bis zum Beginn des Jahres 1949. Micz.

9542. **P. W. Merrill,** Measurements in the spectrum of the shell star HD 218 393. ApJ **110** 420—423, mit 2 Fig. = Mt. Wilson and Palomar Obs. Repr. Nr. 7. — Die komplexen Profile der Balmerlinien des Hüllensterns HD 218393 ändern rasch ihre Struktur. Die einzelnen Linien der Balmerserie ergeben auf der gleichen Platte erheblich verschiedene Geschwindigkeiten. Darüber hinaus herrscht eine wechselnde Tendenz der Geschwindigkeiten aus den Wasserstofflinien, mit wachsender Liniennummer zu fallen oder zu steigen. Die Metallinien sind von stark wechselnder Intensität. Ihre Verschiebung entspricht gewöhnlich der der Balmerlinien an der Seriengrenze. Micz.

9543. **P. W. Merrill,** Jern i stjernerne. NAT **1949** S. 3—8. — Übersetzung aus Leaflet Nr. 233 von J. M. Vinter Hansen.

9544. **P. W. Merrill,** Peculiarities of the lines Hα and D_3 in stellar spectra of class cA. Publ AAS **9** 267, 1939. — Ref. AAS.

9545. **P. W. Merrill,** Stars having shell spectra. Publ ASP **61** 38—40 = Mt. Wilson and Palomar Obs. Repr. Nr. 1. — Besprechung in Sterne **26** 35. — Nach kurzer Darlegung der spektralen Merkmale wird ein Katalog von 32 Hüllensternen gegeben. Weggelassen sind Sterne mit P Cygni-Merkmalen und solche mit zusammengesetzten Spektren, wie Z And. Loh.

9546. **G. R. Miczaika,** Über die Absorptionslinien im Spektrum von β Cephei. AN **277** 31—32, mit 1 Abb. = Mitt. Landessternwarte Heidelberg Nr. **66**. — Die Absorptionslinien im Spektrum von β Cephei lassen keine verbürgbaren Profil- und Intensitätsänderungen in Abhängigkeit von der Phase erkennen. Die absolute Helligkeit des Sterns beträgt $-2^{m}_{.}7$. Er ist erheblich heller als aus der Periode-Leuchtkraft-Beziehung für P = $0^{d}_{.}2$ folgt. Verf.

9547. **G. R. Miczaika,** Spektrographische Beobachtungen von Be- und Ae-Sternen. AN **277** 32—36 = Mitt. Landessternwarte Heidelberg Nr. **67**. — Betrifft die Sterne $\varkappa$ Cas, HD 20336, HD 21389, ψ Per, α Cam, $\varkappa$ Dra, ϑ CrB, 66 Oph, 67 Oph, 12 Vul, P Cyg, λ Cyg, f^1 Cyg, 60 Cyg, v Cyg, o Aqr, 31 Peg, π Aqr, 8 Lac, HD 217050, β Psc.

9548. **G. R. Miczaika,** Spektrographische Beobachtungen von Be- und Ae-Sternen. II. AN **277** 167—171 = Mitt. Landessternwarte Heidelberg Nr. **71**. — Betrifft die Sterne HD 144, o Cas, φ And, HD 12953, HD 18552, HD 24479, c48 Per, HD 28497, HD 29866, 56 Eri, 11 Cam, 105 Tau, β Ori, 25 Ori, 120 Tau, ε Ori, ω Ori, ζ Ori, χ^2 Ori, HD 41335, HD 43285, ν Gem, β Mon, HD 45995, ψ^9 Aur, β CMi, γ UMa, HD 142926, HD 174237, 25 Cyg, b^2 Cyg, 20 Vul, 25 Vul, HD 194335, 55 Cyg, HD 199478, 6 Cep, 16 Peg, HD 208682, 25 Peg, HD 223385.

9549. **G. R. Miczaika,** Einige Probleme der A-Spektren. Himmelswelt **56** 141. — Ref. AG.

9550. **G. R. Miczaika,** Über die Spektren einiger schnellbewegter Sterne frühen Typs. ZfA **26** 11—15 = Mitt. Landessternwarte Heidelberg Nr. **70**. — In den Spektren einiger Schnelläufer (HD 3950, 4142, 151199, 161817, 210129, 210809, 210839) vom Typ O, B und A wurden keine Besonderheiten gegenüber normalbewegten Sternen bei Verwendung mittlerer Dispersion gefunden. Verf.

9551. **G. R. Miczaika,** Das Spektrum von 15 f Ursae Majoris. Z. f. Naturforschung **4a** 165—170, mit 2 Abb. = Mitt. Landessternwarte Heidelberg Nr. **62.** — 15 f UMa besitzt ein zusammengesetztes Spektrum (A3 + F5). Im Bereich λ 3550 Å bis λ 4900 Å wurden die Äquivalentbreiten der stärkeren Linien gemessen. Der Wasserstoffgehalt seiner Atmosphäre ist normal. Die Balmer-Linienprofile werden mit der Verweijschen Theorie diskutiert. Sie bestehen aus breiten Flügeln und tiefen Kernen. Ca II λ 3933 (K) ist für das F-Spektrum der Metalle zu schwach. Die Häufigkeit der Metalle, insbesondere Eisen, ergibt sich als stark überhöht gegenüber den normalen A-Sternen sowie B-Sternen und der Sonne. Wahrscheinlich ist der Exzeß aber nicht reell, sondern auf einen unbekannten Anregungs- und Ionisationsmechanismus zurückzuführen. Verf.

9552. **G. R. Miczaika,** Messungen des Balmer-Sprungs. Z. f. Naturforschung **4a** 640. — Verf. gibt zu einer früheren Arbeit (Vgl. AJB **48** Ref. **9529**) eine Berichtigung.

* * **J. J. Nassau, G. B. van Albada, P. C. Keenan,** New bands in the photographic infrared spectra of long-period variables. Vgl. Ref. **11197.**

* * **J. J. Nassau, D. A. MacRae,** Stellar spectra and colors in a clear region in Cygnus. Vgl. Ref. **12331.**

9553. **R. M. Petrie, C. D. Maunsell,** The absolute magnitudes of the early A-type stars from hydrogen line absorption. AJ **54** 193. — Ref. AAS.

9554. **P. J. Rubenstein,** Intensity relations in TiO in some M-type stars. Publ AAS **10** 171, 1942. — Ref. AAS.

9555. **P. J. Rubenstein,** Curves of growth for CN bands. Publ AAS **10** 259, 1942. — Ref. AAS.

9556. **M. Rudkjöbing,** En vekselvirkning mellem stjerner og interstellart stof. NAT **1949** S. 22—24, mit 1 Fig.

9557. **P. M. Ryves,** Different kinds of stars. An introduction to spectral classification. JBAA **59** 66—76, mit 1 Fig. und 1 Tafel.

9558. **R. F. Sanford,** Spectral types and radial velocities of 21 red stars. Publ ASP **61** 43—44 = Mt. Wilson and Palomar Obs. Repr. Nr. **1.**

9559. **G. A. Schajn, W. F. Hase,** Die Banden des $C^{13}N^{14}$-Moleküls in den Spektren der Kohlenstoffsterne (rotes System $^2\Pi$—$^2\Sigma$). DAN **68** 661—664 (russisch).

9560. **G. A. Schajn, P. F. Schajn,** Differentielle systematische Linienverschiebungen in den Spektren von weißen Überriesen. Krim Mitt. **4** 49—77 (russisch). — Die Ausmessung von Spektrogrammen des Sterns α Cyg, die an den Sternwarten von Simeis, Williams Bay und Fort Davis aufgenommen wurden und die den Wellenlängenbereich von 3570 bis 4457 Å überdecken, ergab verschiedene systematische Linienverschiebungen. Für die H_8—H_{28}-Linien betragen sie relativ zu den Linien der ionisierten Metalle +0.024 ± 0.007 Å oder +1.9 km/sec, während die Fe I-Linien mit einem Anregungspotential von 1.6 eV relativ zu den Linien der ionisierten Metalle um −0.021 ± 0.009 Å verschoben sind. Die Linien von Ionen verschiedener Elemente sind gegenüber den im Laboratorium gemessenen Werten systematisch nur sehr wenig verschoben. In Spektren von β Ori (Aufnahmen in Simeis) sind die H-Linien relativ zu den Ionenlinien um +0.050 ± 0.009 Å oder +4 km/sec verschoben, bei He um etwa +3 km/sec. In Spektren von 67 Oph deuten sich etwas kleinere Werte an. Die sich damit in den Atmosphären dieser Sterne andeutenden Abweichungen vom stationären Zustand sind jedoch sehr gering. Loh.

* * **E. Schatzman,** Le spectre des naines blanches et leur débit d'énergie. Vgl. Ref. **5131.**

9561. **A. Schwassmann,** Systematisches Aufsuchen von M-Zwergen am McCormick-Observatorium. Himmelswelt **56** 70—72, mit 2 Abb. — Besprechung einiger von A. N. Vyssotsky und anderen durchgeführten Arbeiten. Vgl. AJB **45** Ref. 7718/19/20.

9562. **A. Slettebak,** A catalogue of the brighter metallic-line stars. ApJ **109** 547—548. — Liste enthält 19 Sterne.

9563. **L. Spitzer jr.,** Hydrogen lines in early-type stars. Publ AAS **10** 27, 1940. — Ref. AAS.

9564. **O. Struve,** The problem of the central line-intensities in stellar spectroscopy. Publ AAS **10** 319—320, 1943. — Ref. AAS.

9565. **O. Struve, M. Rudkjöbing,** Stellar spectra with emission lines in the obscuring clouds of Ophiuchus and Scorpius. ApJ **109** 92—94, mit 2 Tafeln = Contr. McDonald Obs. Nr. 158. — Besprechung in PAT **30** 164. — Von 26 untersuchten Sternen besitzen sechs helle Linien (H, Ca II). Von ihnen gehören fünf zum Typ K—M, nur einer wird mit A: notiert. Wenn diese Emissionen dem Freiwerden der Energie einfallender Partikel zu verdanken sind, dann kommen hierfür Sterne später Typen wegen des kleineren Strahlungsdruckes auf einfallende Partikel eher in Frage als Sterne früher Typen. Nur bei kleinem Sternradius dürften letztere Emissionen zeigen. Loh.

9566. **P. Swings, O. Struve,** New results on forbidden transitions of [Fe II], [Fe III], [Fe V], [Fe VII], and [Fe X] in stellar spectra. Publ AAS **10** 29, 1940. — Ref. AAS.

9567. **A. D. Thackeray,** Line-intensities in stars of type G5 to K5. MN **109** 436—456, mit 4 Fig. — Von 78 Sternen zwischen G5 und K5 wurden an 19 Linien zwischen λ 4800 und λ 5900 Zentralintensitäten und zum Teil auch Äquivalentbreiten gemessen. Ihre Abhängigkeit von Spektraltyp und Leuchtkraft sowie die individuellen Abweichungen von den mittleren Beziehungen werden vor allem im Hinblick auf Häufigkeitsschwankungen der chemischen Elemente diskutiert. Ferner werden verbesserte Spektraltypen und absolute Leuchtkräfte abgeleitet. Die Variation einiger Linien mit Spektraltyp und Leuchtkraft wird abschließend noch spezieller behandelt. Micz.

9568. **A. B. Underhill,** A photometric study of the spectrum of Pleione. ApJ **110** 166—181, mit 5 Fig. = Contr. McDonald Obs. Nr. 171. — Coudé-Spektren vom Februar 1946 dienen zur Bestimmung von Radialgeschwindigkeiten und Profilen von Linien zwischen λ 4160 und λ 4592. Die Hülle des Sterns besteht danach aus einem inneren Teil, der mit 140 km/sec rotiert, und einem äußeren, der sich relativ zum inneren mit 12 km/sec Geschwindigkeit kontrahiert. Früher beobachtete Schwankungen der Radialgeschwindigkeit werden als abwechselndes Expandieren und Kontrahieren der äußeren Hülle gedeutet. Die B8-Photosphäre rotiert mit wenigstens 292 km/sec und dehnt sich außerdem langsam aus. Wachstumskurven werden für beide Hüllen aufgestellt und die Elektronendichte berechnet. Die für B8-Strahlung optisch dicke Hülle ist nahezu im thermodynamischen Gleichgewicht ($T \approx 8000°$), der geometrische Verdünnungsfaktor hat daher geringe Bedeutung für die Linienintensitäten. Da trotz der hohen optischen Opazität das photosphärische B8-Spektrum beobachtbar ist, handelt es sich bei der Hülle wahrscheinlich nur um einen Äquatorring. Micz.

9569. **M. E. Walther,** Anomalous spectra of stars of class A. ApJ **110** 67—72 = Harv Repr Nr. 328. — Auf Objektivprismenaufnahmen wurden 41 neue Ap-Sterne (sogenannte Strontium-, Silizium-, Europium- und Chromsterne) sowie 8 «metallische» A-Sterne gefunden; ihre Spektren werden kurz beschrieben. Die Häufigkeit der Ap-Sterne zwischen $5^m_{\cdot}5$ und $9^m_{\cdot}5$ wird in der galaktischen Ebene zu etwa 13% der A-Sterne abgeschätzt. Micz.

9570. **P. Wellmann,** Über den Spektralatlas von Morgan, Keenan und Kellman. Himmelswelt **56** 167—169, mit 1 Abb. — Fortsetzung des Berichtes in Himmelswelt **55** 19, 1948. Vgl. AJB **48** Ref. **7505**.

9571. **A. E. Whitford, J. Stebbins,** Six-color photometry of stars. Publ AAS **10** 322, 1943. — Ref. AAS.

9572. **K. O. Wright,** Intensities of titanium and vanadium lines in the spectra of K-type stars. AJ **54** 197. — Ref. AAS.

9573. **K. O. Wright,** Curves of growth derived from the spectra of four solar-type stars. Publ AAS **9** 276, 1939. — α CMi, α Per, γ Cyg, ⊙. Ref. AAS.

9574. **K. O. Wright,** Line intensities in the spectra of K-type stars. Publ ASP **61** 160. — Von α Boo und γ Dra wurden Gitterspektren 2. Ordnung zwischen 5000 Å und 6750 Å bei einer Dispersion von 7 Å/mm aufgenommen und Äquivalentbreiten von 135 V I-, 80 Ti I- und 35 Fe I-Linien mit bekannten f-Werten bestimmt und Wachstumskurven konstruiert. Die atmosphärische Turbulenz ist in γ Dra größer als in α Boo. Die mittleren Anregungstemperaturen betragen für jeden Stern 3450°. Loh.

9575. **K. O. Wright,** A study of line intensities in the spectra of four solar-type stars. Publ. Dominion Astrophys. Obs. Victoria **8** 1—116, mit 16 Fig., 1948. — Nach einer kurzen Einführung über die Bedeutung von Linienintensitäten für das Studium der Sternatmosphären werden Methode und Ergebnisse der Bestimmung von etwa je 800 Linienintensitäten im Spektrum von α CMi (dF3), α Per (cF4), γ Cyg (cF7) und der Sonne (dG2) ausführlich dargestellt. Im folgenden Abschnitt wird die Theorie der Wachstumskurve, vor allem nach Menzel, behandelt. Bei der Anwendung auf das vorliegende Material ergibt sich die Notwendigkeit verschiedener Wachstumskurven für neutrale und ionisierte Atome jedes Sterns. Turbulenzgeschwindigkeiten der ionisierten Atome sind größer als die der neutralen, ebenso für Riesen gegenüber den Zwergen. Auch die Dämpfungskonstanten fallen verschieden groß aus. Die Anregungstemperaturen sind dagegen ziemlich einheitlich und merklich geringer als die effektiven. Unter Hinzuziehung der Saha-Gleichung werden die Häufigkeiten von 21 Elementen abgeleitet und zahlreiche damit zusammenhängende Probleme erörtert. Die Anzahl absorbierender Atome in den Atmosphären der Riesen ergibt sich erheblich höher als in denen der Zwerge. Micz.

9576. Iron in the stars. JBAA **59** 188—189. — Besprechung des Artikels von P. W. Merrill in Leaflet Nr. 233.

9577. Stjerner med lyse spektrallinier. NAT **1949** S. 35—36.

9578. Photometry of the continuous spectrum. Nature **163** 338—339. — Besprechung einer Arbeit von W. M. H. Greaves in MN **108** 131, 1948. Vgl. AJB **48** Ref. **9507**.

9579. Absolute magnitudes of A-type stars. Sky and Telescope 8 306, mit 2 Fig. — Ref. AAS.

9580. P Cygni stars. Sky and Telescope 8 308, mit 1 Abb. — Ref. AAS.

9581. Der Antares-Begleiter. Sternenwelt 1 109. — Besprechung der in AJB **47** Ref. **7540** zitierten Arbeit.

9582. Spektren einzelner Sterne

Außer dieser Liste sind auch noch die in diesem Paragraphen aufgeführten Referate und die Paragraphen **111** und **112** einzusehen.

α Arg	J. L. Greenstein, The spectrum of Canopus. Publ AAS **10** 162—163, 1942. — Ref. AAS.
ε Aur	K. O. Wright, E. van Dien. Vgl. Ref. **11143**.

γ Cas	W. G. Gorbazkij. Vgl. Ref. **9516**.
β Cep	G. R. Miczaika. Vgl. Ref. **9546**.
27 CMa	O. Struve, Shu-Koo Kao. ApJ **109** 179, mit 1 Tafel. — Vgl. AJB **48** Ref. **9565**.
α CMi	J. L. Greenstein, W. A. Hiltner. Vgl. Ref. **9518**.
α^2 CVn	O. Struve, P. Swings, The problem of the rare earths in α^2 Canum Venaticorum. Publ AAS **10** 261, 1942. — Ref. AAS.
α Cyg	G. A. Schajn, P. F. Schajn. Vgl. Ref. **9560**.
γ Cyg	F. E. Roach, The spectrum of Gamma Cygni. Publ AAS **10** 169, 1942. — Ref. AAS.
32 Cyg	Spectrum of 32 Cygni. Harv Card 1043, 1044. D. B. McLaughlin, L. Goldberg.
	Early spectra of 32 Cygni. Harv Card 1046. D. Hoffleit.
ζ Gem	W. S. Adams, A. H. Joy, The behavior of the Calcium H and K lines in the spectrum of ζ Geminorum. Publ AAS **9** 254, 1939. — Ref. AAS.
17 Lep	B. Smith, O. Struve, Spectrographic observations of 17 Leporis. Publ AAS **10** 173, 1942. — Ref. AAS.
67 Oph	G. A. Schajn, P. F. Schajn. Vgl. Ref. **9560**.
β Ori	G. A. Schajn, P. F. Schajn. Vgl. Ref. **9560**.
λ Pav	S. C. B. Gascoigne. Vgl. Ref. **9515**.
β Peg	G. H. Herbig. Vgl. Ref. **9520**.
γ Peg	L. H. Aller. Vgl. Ref. **9502**.
α Per	J. L. Greenstein, W. A. Hiltner. Vgl. Ref. **9518**.
ζ Per	R. Bouigue, Sur le spectre de ζ Persei. Ann. Obs. Astr. Meteorol. Toulouse **19** 71—78, mit 1 Fig.
φ Per	J. A. Hynek, Results of the 1940—41 observations of φ Persei. Publ AAS **10** 165—166, 1942. — Ref. AAS.
υ Sgr	W. P. Bidelman. Vgl. Ref. **9509**.
	J. L. Greenstein, The spectrum of Ypsilon Sagitarii. Publ AAS **10** 14, 1940. — Ref. AAS.
ζ Tau	UAI Circ Nr. 1247. — Spektrum sehr aktiv (Harvard).
	Spectrum of Zeta Tauri. Harv Card 1050. A. Slettebak.
28 Tau	M. Kiess, W. Krogdahl, W. Bidelman, R. G. Hall, The spectrum of Pleione. Publ AAS **10** 227—228, 1942. — Ref. AAS.
	A. B. Underhill. Vgl. Ref. **9568**.
	Sky and Telescope 8 148, mit 1 Fig. History of a Pleiad. — Ref. AAS.
15 f UMa	G. R. Miczaika. Vgl. Ref. **9551**.
BD +14° 3887	J. W. Swensson, The spectrum of BD +14° 3887, an interesting bright-line star. Publ AAS **10** 321, 1943. — Ref. AAS.
Co.D. −62° 466	K. G. Henize. MN ASSA 8 64.
	A. D. Thackeray. MN ASSA 8 15.
C.P.D. −62° 1643	A. D. Thackeray. MN ASSA 8 15.
HD 168607	R. Herman, Spectre des étoiles HD 168607 et HD 168625. CR **229** 511—512.
HD 168625	R. Herman. Vgl. HD 168607.
HD 187399	P. W. Merrill. Vgl. Ref. **9540**.
HD 190073	C. S. Beals, M. S. Burland, Line profiles in the spectrum of HD 190073. AJ **54** 182. — Ref. AAS.
	C. S. Beals, M. S. Burland. Vgl. Ref. **9507**.
HD 199140	R. M. Petrie, Observations of spectral lines in the β Cephei star HD 199140. Publ AAS **10** 313, 1943. — Ref. AAS.

HD 217050 R. B. Baldwin. Vgl. HR 8731.

HD 218393 P. W. Merrill. Vgl. Ref. 9542.

HD 223385 A. McKellar, An interesting variation in the spectrum of H.D. 223385. Publ AAS **9** 266—267, 1939. — Ref. AAS.

HR 8731 R. B. Baldwin, The 1940 shell spectrum of HR 8731 (HD 217050). Publ AAS **10** 303, 1943. — Ref. AAS.

MWC 374 C. S. Beals, On the physical origin of P Cygni type absorption lines in the spectrum of MWC 374. Publ AAS **10** 303—304, 1943. — Ref. AAS.

§ 96

Temperatur, Strahlung

9601. **C. G. Abbot,** Smithsonian temperature measurements. Temperature Symposium. New York, Reinhold Publ. Corp. 1941 S. 682—684. — Ref. in Phys. Ber. **28** 542.

9602. **H. Gollnow,** Thermoelektrische Messungen der Gesamtstrahlung von Sternen am Harvard College Observatory. Himmelswelt **56** 125—126. — Besprechung einer Arbeit von T. E. Sterne und R. M. Emberson (Vgl. AJB **43** Ref. 1516).

9603. **G. P. Kuiper,** Stellar temperatures. Temperature Symposium. New York, Reinhold Publ. Corp. 1941 S. 395—405. — Ref. in Phys. Ber. **28** 545—546.

9604. **J. Stebbins, A. E. Whitford,** Color temperatures of stars. Publ AAS **10** 335, 1944. — Ref. AAS.

9605. **K. O. Wright,** Excitation temperatures of four solar-type stars. Publ AAS **10** 34, 1940. — Ref. AAS.

§ 97

Leuchtkraft, Durchmesser, Masse, Zustandsdiagramme

9701. **J. W. Abrams,** Luminosity functions for giants and super-giants. Publ AAS **9** 253, 1939. — Ref. AAS.

9702. **U. Becker,** Ein Leuchtkraftkriterium für F-Sterne. ZfA **26** 7—10, mit 1 Abb. = Mitt. Landessternwarte Heidelberg Nr. 68. — Es werden Eichkurven für den Zusammenhang zwischen Hauptquantenzahl n_m der letzten erkennbaren Balmerlinie und der absoluten Helligkeit für F0- und F5-Sterne angegeben. Mittlere Elektronendrucke und dichten werden für die gleichen Typen berechnet. Verf.

* * **S. Chandrasekhar, L. R. Henrich,** The radii of white dwarf stars. Vgl. Ref. 5209.

9703. **P. J. Gathier,** Magnitude effects in G-type stars. Kon. Nederl. Akad. Wetensch. Proc. **52** Nr. 5 S. 569—576, mit 5 Fig. — Von fünfzehn Sternen der Spektraltypen F5—G2 und absoluten Helligkeiten zwischen $+6^m$ und -6^m wurden Äquivalentbreiten der Linien Ca I λ 4227 und Sr II λ 4077 gemessen. Im Verlauf der Diskussion wird die Abhängigkeit der Linienstärken von Temperatur und Schwerebeschleunigung sowie die Häufigkeit absorbierender Ca-Atome als Funktion der beiden Parameter abgeleitet. Die Dämpfungskonstante γ erweist sich bei den Zwergen gegenüber den Riesen als fünf- bis zehnmal größer. Micz.

9704. **L. Gratton,** Ideas modernas sobre la interpretación del diagrama espectro-luminosidad. Publ. Obs. La Plata, Serie especial Nr. 8. — Kritischer und ausführlicher Vortrag über die moderne Deutung des Hertzsprung-Russell-Diagramms anläßlich einer Inaugurationsvorlesung über Astrophysik. Sconzo

9705. **D. Hoffleit,** The spectroscopic absolute magnitude of giant M stars. Publ AAS **10** 226—227, 1942. — Ref. AAS.

9706. **D. Hoffleit,** Spectroscopic absolute magnitudes for 300 southern K-type stars. Publ AAS **10** 329, 1944. — Ref. AAS.

9707. **W. R. Hossack, F. S. Hogg,** White dwarfs and short-period light variations. AJ **54** 189—190. — Ref. AAS.

9708. **J. Jackson,** An A type star of low luminosity. MN ASSA 8 29—30. — G.C. 32998.

9709. **N. B. Kalandadse,** Die Bestimmung der absoluten Größen schwacher Sterne später Spektraltypen (G und K) aus Objektivprismenspektren. Abastumani Bull. Nr. **10** S. 63—123, mit 7 Abb. (grusinisch mit russischer Zusammenfassung). — Verf. stellt sich die Aufgabe, bereits bekannte Methoden zur Bestimmung der absoluten Größe aus Spektren in gewisser Abwandlung entsprechend den Möglichkeiten in Abastumani anzuwenden, unerprobte Kriterien zu prüfen und eine Methode zur Ausmessung und Bearbeitung des Materials zu entwickeln. Für 120 G- und K-Sterne in neun Kapteynschen Eichfeldern werden absolute Größen mit einem wahrscheinlichen Fehler von $\pm 0\overset{M}{.}3$ bestimmt. Loh.

9710. **W. J. Luyten,** Three new white dwarfs. Publ AAS **10** 166, 1942. — Ref. AAS.

* * **W. J. Luyten,** An atlas of identification charts of white dwarfs. Vgl. Ref. **9136**.

9711. **A. van Maanen,** Stars with photographic absolute magnitude fainter than +15. Publ AAS **9** 265, 1939. — Ref. AAS.

9712. **P. P. Parenago, A. G. Massewitsch,** Untersuchung der Beziehung zwischen Masse, Leuchtkraft und Radius. Astr Circ UdSSR Nr. **90—91** S. 10—11 (russisch). — Besprechung in Sternenwelt **2** 279.

9713. **R. M. Petrie, C. D. Maunsell,** The Stark effect in hydrogen as a criterion of luminosity in the early A-type stars. Publ ASP **61** 158. — Aus den Äquivalentbreiten W von Hγ in 165 B8- bis A3-Sternen und den absoluten visuellen Helligkeiten M_v leiten Verf. die Beziehung $M_v = 1.90 - 11.22 \times 10^{-0.08\,W}$ ab. Loh.

* * **R. M. Petrie, C. D. Maunsell,** The absolute magnitudes of the early A-type stars from hydrogen line absorption. Vgl. Ref. **9553**.

9714. **H. Schmidt,** Zwergsterne der Spektralklasse B. Himmelswelt **56** 66—67, mit 3 Abb. — Im Hertzsprung-Russell-Diagramm der B-Sterne bekannter trigonometrischer Parallaxe geben sich deutlich zwei Äste zu erkennen: neben der Hauptreihe tritt ein durch M = konst. = $0\overset{M}{.}5$ charakterisierter Ast hervor. Die Häufigkeitsverteilung der Radialgeschwindigkeiten entfernter B-Sterne ($9.0 < m \leqq 11.0$) besitzt drei Maxima. Wie aus einem Farbenindex-Spektraltyp-Diagramm hervorgeht, sind die B-Sterne der Hauptreihe blauer als die B-Zwerge. Loh.

9715. **H. Slouka,** White dwarfs. RH **30** 63—65 (tschechisch).

9716. **O. Struve,** The two fundamental relations of stellar astronomy. Sky and Telescope 8 250—252, 262, mit 4 Fig. — Beschreibung und Deutung der Masse-Leuchtkraftfunktion, des Hertzsprung-Russell-Diagramms und des Farbhelligkeitsdiagramms der Praesepe.

* * **A. D. Thackeray,** Line-intensities in stars of type G5 to K5. Vgl. Ref. 9567.

9717. **A. N. Vyssotsky, C. A. Wirtanen,** Concerning M dwarfs found spectrophotometrically. Publ AAS **10** 176—177, 1942. — Ref. AAS.

9718. New white dwarfs. Harv Card 984, NAZ **3** 11. W. J. Luyten. — Mitteilung über sieben weiße Zwerge: BPM 16139 B, 24588, 11593, 11668, 1266, 13870, 27273.

9719. Two new white dwarfs. Harv Card 1000, NAT **1949** S. 115—116, NAZ **3** 18. W. J. Luyten. — L 817—13, L 1208—132.

9720. New white dwarf. Harv Card 1003, NAT **1949** S. 115—116, NAZ **3** 23. H. S. Hughes, W. J. Luyten. — Sterne: L 1573—31, 1065—7, 1281—37.

9721. More white dwarfs. Sky and Telescope **8** 165.

§ 98

Rotation, Magnetfeld

9801. **H. W. Babcock,** Magnetic intensification of stellar absorption lines. ApJ **110** 126—142, mit 6 Fig. = Mt. Wilson and Palomar Obs. Repr. Nr. **3.** — Die Verstärkung von Absorptionslinien, insbesondere auf dem flachen Teil der Wachstumskurve, durch Zeeman-Aufspaltung wird untersucht. Ein oberer Grenzwert des Verstärkungsfaktors ist die halbe Anzahl der Zeeman-Komponenten. Genauer entwickelt wird eine Methode zur Berechnung des magnetischen Verstärkungsfaktors für das integrierte Licht eines Sterns, der entweder aus der Richtung der magnetischen Achse oder der Äquatorebene betrachtet wird. Es scheint möglich, daß aus Äquivalentbreitenmessungen geeigneter Linien Feldstärken stellarer Magnetfelder ermittelt werden können. Verf. diskutiert die Bedeutung der Theorie für die spektrumveränderlichen A-Sterne. Bei dem genauer betrachteten α^2 CVn sind die beobachteten Intensitätsänderungen in befriedigender Übereinstimmung zu den berechneten. Unverständlich bleiben zunächst noch gelegentlich beobachtete Phasenverschiebungen zwischen verschiedenen Linien. Abschließend wird auf den Einfluß der polarisierenden Wirkung von Prismenspektrographen bei derartigen Untersuchungen eingegangen. Micz.

9802. **H. W. Babcock,** Stellar magnetic fields and rotation. Obs **69** 191—192. — Es wird darauf hingewiesen, daß eine Proportionalität zwischen Drehmoment und magnetischem Moment der bisher auf dem Mt. Wilson auf ein Magnetfeld untersuchten Sterne nicht eindeutig bewiesen erscheint. Micz.

9803. **H. W. Babcock,** Three magnetic variable stars showing reversal of polarity. Publ ASP **61** 226—227 = Mt. Wilson and Palomar Obs. Repr. Nr. **13.** — Besprechung in Sterne **26** 34, Sternenwelt **2** 42. — Die Amplituden der magnetischen Umpolung von HD 10783 und 153882 sind merklich kleiner als in HD 125248. Perioden konnten noch nicht abgeleitet werden. Der dritte Stern, α^2 CVn, ist ein Spektraltypveränderlicher mit einer Periode von 5.5 Tagen. Die maximale Feldstärke muß mehrere Tausend Gauß betragen. In diesem Fall sind die Eu II-Linien am kräftigsten, am schwächsten jedoch bei maximaler umgekehrter Polarität. Loh.

9804. **A. E. Benfield,** The possible magnetic field of a rotating metallic body containing a stress gradient. Phys. Rev. **75** 211—213. — Kurze Bemerkung zum Problem des Magnetfeldes eines rotierenden kühlen metallischen Körpers, welche die Magnetfelder von Sonne und Erde allerdings nicht zu erklären vermag. Loh.

9805. **A. Dauvillier, P. Henry,** Sur la théorie gyromagnétique. CR **229** 458—460. — Aus der Beziehung von Wilson-Blackett zwischen Drehimpuls und magnetischem Moment eines rotierenden Körpers werden die magnetischen Momente von Mond, Merkur und Venus abgeschätzt und ihre eventuelle Bedeutung für einen von Sucksdorff beobachteten Zusammenhang zwischen der magnetischen Unruhe auf der Erde und der Stellung von Mond, Merkur und Venus relativ zu Sonne und Erde besprochen. Kdr.

* * **E. van Dien,** Axial rotation of the brighter stars in the Pleiades cluster. Vgl. Ref. 12112.

9806. **A. Gião,** Sur les rapports entre gravitation et électromagnétisme déduits des équations de Codazzi. Application au champ électromagnétique général des astres. CR **228** 742—744. — Ref. in Math. Rev. **10** 581.

9807. **A. Gião,** Sur l'angle des axes magnétique et de rotation des astres. CR **228** 1203—1204. — Verf. versucht das Nichtzusammenfallen von Rotationsachse und magnetischer Achse bei Erde und Sonne auf Grund einer von ihm aufgestellten Theorie über die Beziehungen zwischen Gravitation und Elektromagnetismus zu erklären. Kdr.

9808. **W. Grotrian,** Kosmische Magnetfelder. Sterne **25** 145—160, mit 15 Abb. — Der Zeeman-Effekt. Die Magnetfelder der Sonnenflecke. Das allgemeine Magnetfeld der Sonne. Beziehung zwischen dem allgemeinen Magnetfeld der Sonne und der Erde. Die allgemeinen Magnetfelder von Sternen. Die Rotationshypothese. Die allgemeinen Magnetfelder von Erde und Sonne nach der Rotationshypothese. Die Theorie der Sonnenflecken nach Alfvén und Walén. Neuere Messungen des allgemeinen Magnetfeldes der Sonne. Der Stern HD 125248. Die Auswirkungen der kosmischen Magnetfelder.

9809. **C. Sălceanu,** Champ magnétique produit par la rotation d'une masse gravitationelle douée d'une charge électrique de volume. CR **227** 624—626, 1948. — Ref. in ZfMG **33** 335.

9810. **A. Slettebak,** On the axial rotation of the brighter O and B stars. ApJ **110** 498—514, mit 5 Fig. und 1 Tafel. — Für 123 Sterne der Spektralklassen O, B2—B5 und B2e—B5e werden durch Vergleich der beobachteten Konturen der Linie He I 4026 mit nach einer graphischen Methode theoretisch ermittelten Konturen Rotationsgeschwindigkeiten bestimmt, wobei Randverdunkelung, Gravitationseffekt und differentielle Rotation berücksichtigt werden. In allen drei Gruppen kommen Rotationsgeschwindigkeiten über 400 km/sec vor. Die höchsten Werte ergeben sich für die Be-Sterne, bei denen der Mittelwert etwa 150 km/sec über dem für die B-Sterne liegt. Kdr.

9811. **P. D. P. Smith,** A difficulty in using $mk^{1/2}$ as a residual charge to explain stellar magnetism. Phys. Rev. **76** 690. — Kurze Bemerkung zu einer Mitteilung von Mariani (vgl. AJB **48** Ref. **9816**).

9812. **P. Tempesti,** Una recente conquista dell'astrofisica: La misurazione dei campi magnetici delle stelle. Coelum **17** 120—124. — Allgemeinverständlicher Bericht über die Magnetfelder der Sterne. F. Z.

9813. **J. Veldkamp,** Het magnetisme van hemellichamen. Hemel en Dampkring **47** 21—25, mit 1 Abb. — Gemeinverständliche Übersicht über die Hypothesen der Entstehung des magnetischen Feldes von Himmelskörpern. Gü.

9814. Die Umkehrung des Magnetfeldes von BD − 18° 3789. Himmelswelt **56** 35—36. — Besprechung der Mitteilung von Babcock in Publ ASP **59** 260. Vgl. AJB **47** Ref. 7805.

9815. En hurtigt roterende kæmpestjerne af G-typen. NAT **1949** S. 36. — Besprechung von AJB **48** Ref. 9818.

9816. Magnetic oscillations of a star. Sky and Telescope 8 149. — Ref. AAS.

Elfter Teil

Doppelsterne

§ 100

Allgemeines

10001. P. Baize, Compagnons «planétaires» des étoiles. BSAF **63** 144—152, mit 1 Fig. — Es wird gezeigt, wie sich unsichtbare planetenähnliche Begleiter durch periodische Störungen der Eigenbewegung eines Sternes entdecken lassen. Die neuesten Ergebnisse dieser Forschungen werden zusammengestellt. Gliese

10002. R. Bonnet, Addenda au mémoire «Spectres, périodes et excentricités des binaires». Observatoire de Paris, 1949. 6 S. — Vgl. AJB **47** Ref. 8102.

10003. J. Dommanget, Résolution du système d'équations transcendantes conduisant à la valeur du moyen mouvement μ, dans le calcul, par la méthode de Thiele-Innes, d'orbites d'étoiles doubles. BAB **4** Nr. 3 S. 28—29, mit 1 Fig. — Während Aitken bei der Bestimmung von μ aus den Gleichungen in «The Binary Stars» S. 105 als Ausgangswert für die sukzessiven Näherungen den aus der Annahme einer Kreisbahn folgenden benutzt, was auf ein oft zu wiederholendes Verfahren führt, wird hier gezeigt, wie man auf einfache Weise aus einer graphischen Darstellung von log (x — sin x) zu einem genaueren Ausgangswert kommt, der dann nach der dritten Näherung zum endgültigen Wert führt. An acht Beispielen wird der Unterschied zwischen Aitkens und des Verf. Methode aufgezeigt. Böh.

10004. R. Jonckheere, Tables pour le calcul rapide des précessions, parallaxes, magnitudes et masses des étoiles doubles. JO **32** 1—12.

* * **O. Struve,** Some problems of the evolution of stars. Vgl. Ref. 5428.

10005. Statistische Untersuchungen der Dreifachsterne. Bote Univ. Leningrad **4** Nr. 4 S. 137—140 (russisch). — Referat über eine Dissertation.

§ 101

Visuelle Doppelsterne

10101. R. G. Aitken, The outlook for double star astronomy. Obs **69** 106. — Hinweis darauf, daß wesentlicher als die Neuentdeckung von schwachen Doppelsternen die eingehende Erforschung der bis jetzt bekannten ist. Lob.

10102. S. Arend, Orbites de neuf étoiles doubles visuelles. Ann. Obs. Roy. Belgique (3) **4** Nr. 4, 30 S. mit 9 Fig.

10103. **P. Baize,** Valeur comparée des micromètres filaires et non-filaires dans la mesure des distances d'étoiles doubles. JO **32** 97—113, mit 4 Fig.

10104. **D. Belorizky,** On Kowalsky's formulae for binary orbits. MN **109** 596—599. — Die zuerst von Kowalsky angegebenen Formeln zur Bestimmung der geometrischen Elemente der wahren Bahn eines visuellen Doppelsterns aus der scheinbaren werden auf weit einfachere Weise abgeleitet. Böh.

10105. **W. H. van den Bos,** Reports on the progress of astronomy: Double stars. MN **109** 247—248. — Bahnelemente liegen vor für ADS 1631, 2765, 7203, 8032, 8739, 10087, 12889, 16538, 16800 und $1^h\,30^m.4$ $-30°$, $8^h\,54^m.2$ $-42°$.

10106. **H. Haffner,** Visuelle Doppelsterne mit 90° Bahnneigung. Himmelswelt **56** 119—123, mit 4 Abb. — Verf. gibt eine zusammenfassende Übersicht über die Methoden der Bahnbestimmung visueller Doppelsterne für den Fall, daß die Bahnneigung $i = 90°$ beträgt. Micz.

10107. **P. van de Kamp,** Report on an astrometric study of nearby stars. Publ AAS **10** 337, 1944. — Ref. AAS.

10108. **P. G. Kulikowskij,** Über die Methode von B. K. Mlodsejewskij zur Bestimmung der Bahnelemente visueller Doppelsterne. AJ UdSSR **26** 249—250, mit 2 Abb. (russisch). — Hinweis auf die Priorität der Mlodsejewskijschen Methode.

10109. **H. Kienle,** Zur Photometrie der Doppelsterne. Sitzber. Deutsch. Akad. Wiss. Berlin, Math.-Naturwiss. Kl. **1948** Nr. 6, 20 S. mit 4 Abb. — Einleitend werden die wichtigsten Desiderata der Doppelsternphotometrie zusammengestellt. Verf. hat ein photographisch arbeitendes Photometer entwickelt, das mit Hilfe eines Biprismas gestattet, die Bilder der Komponenten eines Doppelsterns auf der Platte so weit auseinander zu legen, daß gegenseitige Störungen nicht mehr zu befürchten sind. Mit Neutralfiltern kann die Helligkeit der Komponenten genau oder angenähert gleichgemacht werden. Die photographische Platte kann auch durch eine Photozelle ersetzt werden. Zur Photometrie mit künstlich erzeugten Begleitern werden Dreh- und Jalousiegitter vorgeschlagen. Weiter wird untersucht, ob spektralphotometrisch die Gradienten der Komponenten ermittelt werden können, wenn der Doppelstern nicht aufgelöst wird. Bei engen Paaren kann Spektralphotometrie unter Verwendung des bei dem Photometer bereits benutzten Prinzips zur stärkeren Trennung der Komponenten betrieben werden. Micz.

10110. **P. Muller,** Sur la photométrie et la colorimétrie des étoiles doubles serrées. CR **228** 981—983. — Der Verf. gibt eine Übersicht über die von ihm ausgeführten Messungen der Helligkeitsdifferenz enger Doppelsternkomponenten. Micz.

10111. **P. Muller,** Observations micrométriques et photométriques d'étoiles doubles, avec quelques mesures du diamètre de Titan. JO **32** 77—80.

10112. **P. Muller,** On the photometry and colorimetry of close double stars. Pop Astr **57** 389—390. — Seit der 1946 in den Comptes Rendus (**223** 20, 1946) angekündigten Absicht, mit einem neuen Mikrometertyp Doppelsterne photometrisch zu messen, hat Verf. rund 1600 Δm-Beobachtungen der Komponenten von mehr als 200 Doppelsternen an den Sternwarten Straßburg und Pic-du-Midi durchgeführt. Loh.

10113. **F. Pavel,** Bestimmung einer Doppelsternbahn mit 90° Neigung. AN **277** 153—157. — Ref. in Math. Rev. **11** 407. — Mitteilung des Formelsystems und Erprobung an einem praktischen Beispiel (42 Com).

10114. **T. Rakowiecki,** Détermination de l'orbite vraie du compagnon d'une étoile double visuelle à l'aide de trois positions. Vgl. AJB **47** Ref. 8109. — Besprechung in Urania Barcelona **34** Nr. 220 S. 227.

10115. **T. Rakowiecki,** Calcul de l'orbite apparente et vraie d'une binaire visuelle d'après trois paires des positions opposés. Bull. Soc. Amis Sci. Lettres Poznań (B) **10** 63—74, mit 1 Fig. — In Anlehnung an die Methode von Kowalski wird das analytische Problem gelöst, die Bahn eines visuellen Doppelsterns aus drei Paaren vollständiger, diametral gegenüberliegender Beobachtungen zu bestimmen. Böh.

10116. **K. A. Strand,** Photographic observations of double stars with the Sproul 24-inch refractor. Publ AAS **10** 29, 1940. — Ref. AAS.

10117. **K. A. Strand, V. Burger,** The orbit of 61 Cygni. Publ AAS **10** 238, 1942. — Ref. AAS.

10118. **H. H. Voigt,** Die Orientierung der Bahnebenen der visuellen Doppelsterne. Himmelswelt **56** 127—130, mit 2 Abb. — Der Aufsatz enthält neben einer historischen Übersicht über ältere Versuche, die Verteilung der Pole der visuellen Doppelsterne über die Sphäre zu ermitteln, ein Referat über die diesbezügliche Arbeit von Kozlovskaya (RAJ **23** 299, AJB **46** Ref. 8111). Micz.

10119. **Å. Wallenquist,** On the photometry of double stars. Pop Astr **57** 9—14 = Uppsala Medd. Nr. **92**. — Der Aufsatz gibt eine Übersicht über die bisher photographisch oder visuell durchgeführten Messungen der Helligkeitsdifferenz getrennter Doppelsternkomponenten. Micz.

10120. **J. Witkowski,** Double star orbits. Obs **69** 150. — S. Wierzbinski übernimmt die Berechnung der Bahnen folgender ADS-Sterne: 4929, 7555, 8974, 9324, 9380, 9392, 10095, 11468, 11897, 13169, 13461.

10121. **H. Wolf,** Zur Anwendung der Methode der kleinsten Quadrate auf die Bahnverbesserung visueller Doppelsterne. (Mit einem Beispiel der Bahnverbesserung für γ Virginis). AN **277** 75—83 = Arbeiten aus dem Institut für Erdmessung Bamberg. — Zur Beleuchtung der Frage, ob man bei Doppelstern-Bahnverbesserungen außer den beobachteten Positionswinkeln auch die Distanzen mitbenützen soll, wird für ein Beispiel eine zweifache Ausgleichung durchgeführt. Die nach der Methode der kleinsten Quadrate sich ergebenden Genauigkeitsmaße werden einander gegenübergestellt, und ein Versuch zur Bestimmung der systematischen Fehleranteile in den Distanzen wird unternommen. Verf.

* * **H. Wolf,** Zur Frage der systematischen Fehler bei den Distanzmessungen an visuellen Doppelsternen. Vgl. Ref. **2506**.

10122. Den nære röde stjerne af dværgtypen. NAT **1949** 116. — Aus Harv Card 1000 und 1003.

10123. **Beobachtungen visueller Doppelsterne**

S. Arend, Mesures micrométriques d'étoiles doubles. Ann. Obs. Roy. Belgique (3) **4** Nr. 4, 24 S. — 176 Paare.

G. Armellini, Risultati delle misure micrometriche di centodue stelle doppie. Rend. Accad. Nazionale Lincei Cl. Sci. fis. mat. nat. (8) **7** 27—31 = Oss. Astr. Roma-Monte Mario Contr. Sci. Nr. **152**. — 102 Paare.

S. G. Barton, C. P. Olivier, 1162 measures of 1125 double and multiple stars made with the eighteen-inch refractor of the Flower Astronomical Observatory. Publ. Univ. Pennsylvania Astr. Series **7** Part 1, 44 S.

W. H. van den Bos, Measures of double stars — 28th series. Union Circ **5** Nr. 108 S. 312—351.

H. Camichel, Mesures d'étoiles doubles faites au Pic du Midi. JO **32** 94—96. — 33 Paare.

E. Guyot, Mesures d'étoiles doubles faites au réfracteur Zeiss de l'Observatoire de Neuchâtel. Orion Schaffhausen Nr. **24** S. 591. — Beobachtet wurden $\varkappa$ 77 Gem, Σ 1177, Σ 1245, Σ 1622, Σ 1864, 35 Psc, η 24 Cas, Σ 61.

R. Jonckheere, Mesures d'étoiles doubles effectuées avec le télescope de $0^m\!.80$ de l'Observatoire de Marseille. JO **32** 13—31. — Enthält 272 Paare.

R. Jonckheere, Mesures d'étoiles doubles effectuées à l'Observatoire de Toulouse. JO **32** 81—93. — 130 Paare.

P. Muller, Mesures photométriques d'étoiles doubles serrées. Ann. Obs. Strasbourg **5** 2e fasc., 23 S. mit 2 Fig. — Mit dem vom Verf. entwickelten Doppelsternphotometer wurden Helligkeitsdifferenzen, teilweise auch Distanzen, von 94 engen (d < 3'') Paaren gemessen. Die Messungen werden eingehend diskutiert. Micz.

P. Muller, Observations micrométriques et photométriques d'étoiles doubles, avec quelques mesures du diamètre de Titan. JO **32** 77—80. — 20 Paare.

P. Muller, Nouvelles distances fondamentales d'étoiles doubles. JO **32** 114—116. — Betrifft die Sterne ADS 683, 3297, 3353, 3734, 5436, 7034, 7286, 9338, 9737, 9969, 10526, 10597, 10905, 11640, 12962.

L. Neven, Mesures micrométriques d'étoiles doubles. Ann. Obs. Roy. Belgique (3) **4** Nr. 4, 19 S. — 154 Paare.

10124. Mitteilungen über einzelne visuelle Doppelsterne

ADS 3946 — A. Ali, Note on the double star ADS 3946. AJ **54** 199.

ADS 9744 — J. A. Pearce. Vgl. Ref. **9223**.

ADS 12050 — M. A. Giannuzzi, Sopra la doppia 12050 del Catalogo di Aitken. Rend. Accad. Naz. Lincei, Cl. Sci. fis., mat. e nat. (8) **6** fasc. **3** S. 315—319 = Oss. Astr. Roma-Monte Mario, Contr. sci. Nr. **147**. — Aus allen Beobachtungen dieses Doppelsternes zwischen 1828 und 1945 wird geschlossen, daß es sich um ein optisches Paar handelt. Bestimmung der relativen Eigenbewegung. F. Z.

44 i Boo — Sternenwelt **1** 137. 44 i Bootis dreifach.

1 Del — W. P. Bidelman, Note on the spectrum of 1 Delphini. Publ ASP **61** 32—33. — Nach Spektrogrammen niederer Dispersion von Mai und Oktober 1948 muß die hellere Komponente ein Hüllenstern sein. Die Absorptionslinien der Metalle ähneln in Stärke denen der A2-Überriesen. Nur die Si II- und Mg II-Linien sind viel schwächer. Die Anregung der Hülle ist ziemlich niedrig. Da keine He-Linien beobachtet werden, muß der Spektraltyp des unterliegenden Sternes etwa A0 sein. Loh.

μ Dra — K. A. Strand, The orbital motion of μ Draconis. Publ AAS **10** 260, 1942. — Ref. AAS.

26 Dra — P. van de Kamp, D. Hoffleit, The triple system 26 Draconis, its parallax and proper motions. Publ AAS **10** 175—176, 1942. — Ref. AAS.

70 Oph — D. Reuyl, E. Holmberg, On the existence of a third component in the system 70 Ophiuchi. Publ AAS **10** 258—259, 1942. — Ref. AAS.

BD +45° 2505 — G. van Biesbroeck, BD +45° 2505, a short-period binary. Publ AAS **10** 175, 1942. — Ref. AAS.

GC 18985 — N. E. Wagman, Recent astrometric results. AJ **54** 138. — Ref. AAS.

Sky and Telescope **8** 122. An astrometric binary. — Ref. AAS. — Besprechung in JBAA **59** 188.

HD 193576	C. S. Beals, A spectrophotometric study of the Wolf-Rayet binary HD 193576. Publ AAS **10** 304, 1943. — Ref. AAS.
L 726—8	A. H. Joy, M. L. Humason, Observations of the faint dwarf star L 726—8. Publ ASP **61** 133—134 = Mt. Wilson and Palomar Obs. Repr. Nr. **4**. — Besprechung in PAT **30** 168—169.
	W. J. Luyten, Near-by red dwarf double star. BAA Circ Nr. 309.
	W. J. Luyten, A third flare of L 726—8 B. Publ ASP **61** 179—181.
	M. Petit, Une étoile extraordinaire: L 726—8. BAF **9** 13—15.
	M. Petit, Etude des variations lumineuses de L 726—8. BAF **9** 17—19, mit 4 Fig.
	Harv Card 990.
	NAZ **3** 15.
	NAT **1949** S. 73—74.
	Sterne **25** 87.
	Weitere Mitteilungen über L 726—8 siehe Ref. **9209**, **9214**, **9314**, **111111**, **111112**, **11230**.

10125. **Massenverhältnisse von visuellen Doppelsternen**

ADS 10157	= ζ Her.
ADS 10660	= 26 Dra.
ADS 11077	= 99 Her.
ADS 17175	= 85 Peg.
η Cas	S. Leone, Sulla determinazione della mass ratio in un sistema binario visuale. I. — Il metodo analitico e la mass ratio di η Cassiopeiae. Atti Accad. sci. Lettere Palermo (4) 8, 11 S. = Pubbl. Oss. astr. Palermo **9** Nr. 16. — Betrachtungen zum analytischen Verfahren zur Ableitung des Massenverhältnisses von Doppelsternen und Anwendung auf η Cassiopeiae. F. Z.
26 Dra	R. G. Hall jr., A mass determination of 26 Draconis. AJ **54** 106—108.
ζ Her	R. G. Hall jr., The mass-ratio and parallax of ζ Herculis. AJ **54** 109—111.
99 Her	K. A. Strand, D. Duke, The parallax and mass-ratio of 99 Herculis. AJ **54** 172—174.
85 Peg	R. G. Hall jr., A mass determination of 85 Pegasi. A, **54** 102—106.

10126. **P. van de Kamp**, Photographic determinations of mass ratios in visual binaries. Publ AAS **10** 30—31, 1940. — Ref. AAS.

10127. **S. Leone**, Sulla determinazione della mass ratio in un sistema binario visuale. II — Valutazione teorica in 22 sistemi, legge statistica. Atti Accad. Sci. Lettere Palermo (4) 8, 12 S. = Pubbl. Oss. astr. Palermo **9** Nr. 17. — Ableitung einer einfachen statistischen Relation zwischen Massenverhältnis und Differenz der Helligkeiten in Doppelsternsystemen auf Grund astrophysikalischer Betrachtungen. F. Z.

10128. **Elemente visueller Doppelsterne**

ADS 221	P. Muller, Orbites des étoiles doubles ADS 221 (OΣ 4) et ADS 1598 (β 513). JO **32** 34—37, mit 1 Fig.
ADS 1598	P. Muller. Vgl. ADS 221.
ADS 3248	S. Wierzbiński, Orbite de l'étoile double visuelle Hu 1080 = ADS 3248. Bull. Soc. Amis Sci. Lettres Poznań (B) **10** 233—238 = Poznań Repr. Nr. **22**.

ADS 6483	= ΣO 185.
ADS 6871	J. Dommanget, Orbite de l'étoile double A.D.S. 6871 = B.D.S. 4668 = β 205. BAB 4 Nr. 3 S. 30—33, mit 2 Fig.
ADS 7390	= ω Leo.
ADS 7871	S. Arend. Vgl. Ref. 10102.
	M. A. Giannuzzi, Orbita provvisoria della stella binaria ADS 7871. Rend. Accad. Lincei (8) 8 120—124 = Oss. Astr. Roma-Monte Mario, Contr. sci. Nr. 154. — Vorläufige Bahnbestimmung auf Grund von zehn ausgeglichenen Örtern zwischen 1843 und 1939. F. Z.
ADS 8573	S. Arend. Vgl. Ref. 10102.
ADS 8635	S. Arend. Vgl. Ref. 10102.
	P. Baize, Eléments orbitaux de 4 étoiles doubles. JO 32 49—63.
ADS 8680	S. Arend. Vgl. Ref. 10102.
ADS 8862	S. Arend. Vgl. Ref. 10102.
	P. Baize. Vgl. ADS 8635.
ADS 8901	S. Arend. Vgl. Ref. 10102.
ADS 9301	= A 570.
ADS 9324	S. Arend. Vgl. Ref. 10102.
ADS 9352	S. Wierzbiński, Orbite de l'étoile double visuelle Hu 575 = ADS 9352. Bull. Soc. Amis Sci. Lettres Poznań (B) 10 222—226 = Poznań Repr. Nr. 20.
ADS 10157	P. Baize. Vgl. ADS 8635.
ADS 12889	= Σ 2576.
ADS 14238	S. Arend. Vgl. Ref. 10102.
	S. Wierzbiński, Orbite vraie de l'étoile double visuelle β 64 = ADS 14238. Bull. Soc. Amis Sci. Lettres Poznań (B) 10 227—232 = Poznań Repr. Nr. 21.
ADS 16539	S. Arend. Vgl. Ref. 10102.
α CMi	K. A. Strand, The astrometric orbit of Procyon. AJ 54 196. — Ref. AAS.
42 Com	F. Pavel. Vgl. Ref. 10113.
26 Dra	R. G. Hall jr., A mass determination of 26 Draconis. AJ 54 106—108.
ζ Her	= ADS 10157.
ω Leo	L. V. Scuor, La stella doppia visuale ω Leonis = ADS 7390. Oss. Astr. Trieste Nr. 229, 25 S. mit 1 Fig.
85 Peg	R. G. Hall jr., A mass determination of 85 Pegasi. AJ 54 102—106.
γ Vir	H. Wolf. Vgl. Ref. 10121.
A 347	= ADS 9324.
A 570	W. H. van den Bos, The orbit of A 570, ADS 9301. Union Circ 5 Nr. 108 S. 311—312.
A 1238	= ADS 16539.
A 1609	= ADS 8901.
A 1851	= ADS 8635.
BDS 4668	= ADS 6871.
BDS 5515	= ADS 7871.
BDS 6185	= ADS 8573.
BDS 6281	= ADS 8680.
BDS 6454	= ADS 8862.
BDS 6944	= ADS 9324.
BDS 10487	= ADS 14238.
BDS 13643	= ADS 16539.
β 28	= ADS 8573.
β 64	= ADS 14238.

β 205	= ADS 6871.
β 513	= ADS 1598.
β 9602	= Σ 2576.
BD +45° 2505	G. van Biesbroeck, Orbit of the double star BD +45° 2505 = Furuhjelm 46. AJ **54** 163.
Fu 46	E. L. Martin, La coppia stretta Kuiper 1934 I = Furuhjelm 46. Oss. Astr. Trieste Nr. **231**, 16 S. mit 3 Fig.
	= BD +45° 2505.
Hu 575	= ADS 9352.
Hu 640	= ADS 8680.
Hu 644	= ADS 8862.
Hu 1080	= ADS 3248.
J 194	R. Jonckheere, Mesures d'étoiles doubles effectuées à l'Observatoire de Toulouse. JO **32** 81.
Kuiper 1934 I	= Furuhjelm 46.
— Kuiper	= Wolf 630.
Wolf 630	P. Baize. Vgl. ADS 8635.
OΣ 4	= ADS 221.
ΣO 185	W. H. van den Bos, The orbit of ΣO 185, ADS 6483. Union Circ **5** Nr. 108 S. 310—311.
OΣ 224	= ADS 7871.
Σ 2576	B. Cester, Il sistema binario Σ 2576. Oss. Astr. Trieste Nr. **227**, 19 S. mit 2 Fig.

§ 102

Spektroskopische Doppelsterne

10201. **V. M. Blanco, A. D. Williams,** The orientation of the lines of apsides of spectroscopic binaries. Publ ASP **61** 93—97. — Eine Studie über die Verteilung der Periastronlängen von 415 spektroskopischen Doppelsternen hat ergeben, daß die Konzentration der Längen im 1. Quadranten sowohl in Bedeckungs- als auch Nichtbedeckungssystemen vorkommt. Dieser Effekt ist bei Perioden unter 5^d merklich, bei Perioden unter 2^d fällt die Häufung jedoch in den 2. Quadranten. Oberhalb von 15^d ist er verschwunden. In Systemen mit Hauptsternen vom Spektraltyp F2 und früher wird der 1. Quadrant bis zu Perioden von 15^d bevorzugt. Bei späteren Typen ist kein Effekt vorhanden. Ein solcher tritt schließlich noch in Systemen mit $a \times \sin i$ zwischen 1 und 3×10^6 km und großen Werten der Halbamplitude ($K > 50$ km/sec) auf. Loh.

10202. **S. I. Gaposchkin,** Spektroskopische Doppelsterne, die sich nicht als Bedeckungsveränderliche erwiesen haben. VS Bull **7** 39 (russisch). — Betrifft die Sterne BD +57° 28, HD 193928, HD 186943, BD +35° 3970, HD 191567, BD +55° 2721.

10203. **J. F. Heard, R. J. Northcott,** The orbits of three spectroscopic binaries H.D. 2019, H.D. 10588 and H.D. 14688. Publ. David Dunlap Obs. **1** 485—495, mit 3 Fig.

10204. **E. S. Keeping,** A note on the spectrographic orbits of HD 193576. ApJ **110** 312. — Verf. verteidigt seine Auffassung (Publ. D. A. O. Victoria **7** Nr. 23), daß bei dem spektroskopischen Wolf-Rayet-Doppelstern HD 193576 die Wellenlängen der Balmerlinien durch die He II-Linien der Pickering-Serie beeinflußt werden. Micz.

10205. **Z. Kopal,** The effects of reflection upon the velocity curves of spectroscopic binaries. Publ AAS **10** 253—254, 1942. — Ref. AAS.

10206. **D. K. Norris, W. T. Sharp, R. W. Tanner,** The orbits of four spectroscopic binaries, H.D. 3264, H.D. 158013, H.D. 170829 and H.D. 201032. Publ. David Dunlap Obs. 1 497—508, mit 4 Fig.

10207. **R. M. Petrie,** Observations of spectral-line intensities in spectroscopic binaries. Publ AAS **10** 169, 1942. — Ref. AAS.

10208. **R. M. Petrie,** The magnitude differences in forty-four spectroscopic binary systems. Publ AAS **10** 333, 1944. — Ref. AAS.

10209. **T. Rakowiecki,** Détermination de l'orbite d'une binaire spectroscopique à l'aide de deux positions. Bull. Astr. Obs. Toruń Nr. **4** S. 3—13, 1948. — Es wird eine Methode entwickelt, um die Bahnelemente eines spektroskopischen Doppelsterns aus zwei Punkten der beobachteten Radialgeschwindigkeitskurve rasch zu ermitteln. Micz.

10210. **E. L. Scott,** Distribution of the longitude of periastron of spectroscopic binaries. ApJ **109** 194—207, mit 2 Fig. — Im Hinblick auf eine von Struve aufgestellte Hypothese über die systematische Verfälschung gemessener Periastronlängen ω von spektroskopischen Doppelsternen durch Absorptionswirkung von Gasmassen in der unmittelbaren Umgebung der Sterne, werden Verteilung von ω und Bahnexzentrizität e von 419 Doppelsternen mit und ohne Lichtwechsel diskutiert. Tatsächlich ergibt sich eine ungleichförmige Verteilung der ω über 0°—360°, die im übrigen von e abhängt und sich auch noch für Sterne mit und ohne Lichtwechsel unterscheidet. Micz.

10211. **E. L. Scott,** Further note on the distribution of the longitude of periastron. ApJ **109** 446—451. — Eine statistische Untersuchung der Verteilung der Periastronlängen ω von 415 spektroskopischen Doppelsternen mit und ohne Lichtwechsel bestätigt die Hypothese von Struve, nach der die Katalogwerte ω systematisch verfälscht sind; die Ursache ist wahrscheinlich in Gasströmen oder -ringen in der Nachbarschaft der Doppelsterne zu suchen. Die Ungleichförmigkeit der Verteilung ist insbesondere bei Perioden zwischen 2^d und 5^d ausgeprägt, fehlt dagegen bei kleineren. Micz.

10212. **O. Struve,** Spectroscopic binaries. MN **109** 487—506, mit 13 Fig. und 2 Tafeln. — In dieser George Darwin-Lecture berichtet Verf. über seine langjährigen Forschungen auf dem Gebiet der spektroskopischen Doppelsterne und der spektroskopischen Beobachtung von Bedeckungsveränderlichen. Besonders wird auf Grund von Störungen der Radialgeschwindigkeitskurven und dem Verhalten von Spektrallinien auf die Existenz von Gasringen hingewiesen, in die die Komponenten eingebettet sind. Eingehend werden die Verhältnisse in U Sge und einigen anderen Doppelsternen erörtert. Kosmogonische Fragen der Doppelstern- und Gasringbildung werden abschließend kurz gestreift. Loh.

10213. **O. Struve, W. J. Luyten,** The spectroscopic binary VV Orionis (HD 36695). ApJ **110** 160—165, mit 2 Fig. und 1 Tafel = Contr. McDonald Obs. Nr. **172**. — Mit Berichtigung in ApJ **110** 517. — Es wird eine neue spektroskopische Bahn abgeleitet. Früher vermutete langsame Änderungen der Systemgeschwindigkeit werden bestätigt. Der spektrale Befund zeigt auch sonst einige Besonderheiten, die vielleicht mit Gasströmen oder Abweichungen von der Masse-Leuchtkraft-Beziehung zusammenhängen. Micz.

10214. **R. W. Tanner,** Spurious periods in spectroscopic binaries, II. Publ. David Dunlap Obs. 1 471—484, mit 8 Fig.

10215. **K. Walter,** Periods and eccentricities of close binary stars. Nature **164** 1129—1130, mit 1 Fig. — Vorläufige Mitteilung über sich in Diagrammen zwischen log Periode und Exzentrizität andeutende Gesetzmäßigkeiten aus dem Material des Fifth Lick Catalogue of Spectroscopic Binaries (1948). Loh.

10216. **O. C. Wilson,** The Wolf-Rayet spectroscopic binary HD 190918. ApJ **109** 76—80, mit 1 Fig. = Contr. Mt. Wilson Obs. Nr. **755**. — Berichtigung dazu in ApJ **109** 336. — Aus zahlreichen Radialgeschwindigkeitsmessungen werden Systemkonstanten dieses Wolf-Rayet-Doppelsterns (WN5 + B0) abgeleitet. Verf. weist darauf hin, daß die Rotverschiebung von He II λ 4686 in den WN-Sternen wahrscheinlich von der Orientierung der Polarachse der Sterne unabhängig und somit atmosphärischen Ursprungs zu sein scheint. Micz.

10217. Whirlpools around binaries. Sky and Telescope **8** 63.

10218. Mass-luminosity discordances. Sky and Telescope **8** 125. — Besprechung der Arbeit von O. Struve in Ann d'Astrophys **11** 117, 1948. Vgl. AJB **48** Ref. **10208**.

10219. Bahnen spektroskopischer Doppelsterne. Sternenwelt **1** 135—136, mit 1 Abb. — Kurzer Bericht über H. R. 5472, 14 Peg, H.D. 144208—9, H.D. 193576.

10220. Mitteilungen über einzelne spektroskopische Doppelsterne

R CMa	B. W. Sitterly, Note on the spectroscopic orbit of R Canis Majoris. Publ AAS **10** 26, 1940. — Ref. AAS.
γ Gem	C. L. Stearns, The parallax and orbital motion of Gamma Geminorum. Publ AAS **10** 174, 1942. — Ref. AAS.
σ Ori	G. R. Miczaika, σ Orionis. NAZ **3** 36—37.
BD +56° 2617	W. C. Rufus, A possible pre-fission binary. Publ AAS **10** 315—316, mit 1 Fig., 1943. — Ref. AAS.
HD 144208—9	R. M. Petrie, A spectrographic study of the composite binary system HD 144208—9. Publ AAS **10** 257, 1942. — Ref. AAS.
HD 193576	E. S. Keeping. Vgl. Ref. **10204**.
HD 193611	Sky and Telescope **8** 96. A heavy eclipsing system. — Ref. AAS.
HD 215835	Sky and Telescope **8** 96—97, mit 2 Fig. A massive double star. — Ref. AAS., Besprechung in JBAA **59** 164.
McC 11—37	F. K. Edmondson, A faint suspected spectroscopic binary. Publ AAS **10** 307, 1943. — Ref. AAS.

10221. Elemente spektroskopischer Doppelsterne

λ And	J. A. Pearce, The spectrographic orbit of Lambda Andromedae, 1898—1906. Publ AAS **10** 312, 1943. — Ref. AAS.
AO Cas	O. Struve, H. G. Horak. Vgl. Ref. **11136**.
σ^2 CrB	R. W. Tanner. Vgl. Ref. **10214**.
57 Cyg	J. A. Pearce, Apsidal revolution of the binary system 57 Cygni. Publ AAS **9** 268, 1939. — Ref. AAS.
205 Dra	R. W. Tanner. Vgl. Ref. **10214**.
η Gem	D. B. McLaughlin, S. van Dyke, The spectrographic orbit and light variations of Eta Geminorum. Publ AAS **10** 332, 1944. — Ref. AAS.
μ Ori	D. M. Popper. Vgl. Ref. **9222**.
VV Ori	O. Struve, W. J. Luyten. Vgl. Ref. **10213**.
59 d Ser	E. C. Tilley, A spectrographic study of the triple system in 59d Serpentis. Publ AAS **10** 335—336, 1944. — Ref. AAS.
4 Sex	D. M. Popper. Vgl. Ref. **9222**.
τ Tau	R. W. Tanner. Vgl. Ref. **10214**.
RS Vul	W. H. Stilwell, Dimensions of the eclipsing variable HD 180939, RS Vulpeculae. Publ AAS **10** 318—319, 1943. — Ref. AAS.
Boss 5591	R. W. Tanner. Vgl. Ref. **10214**.

HD 1826	R. W. Tanner. Vgl. Ref. 10214.
HD 2019	J. F. Heard, R. J. Northcott. Vgl. Ref. 10203.
HD 3264	D. K. Norris, W. T. Sharp, R. W. Tanner. Vgl. Ref. 10206.
HD 10588	J. F. Heard, R. J. Northcott. Vgl. Ref. 10203.
HD 14688	J. F. Heard, R. J. Northcott. Vgl. Ref. 10203.
HD 23277	R. M. Petrie, The spectrographic orbits of H.D. 23277. Publ AAS 10 25, 1940. — Ref. AAS.
HD 29763	= τ Tau.
HD 34333	J. A. Pearce, Absolute dimensions of the binary system HD 34333. Publ AAS 10 332—333, 1944. — Ref. AAS.
HD 34762	W. H. Stilwell, The spectrographic orbit of HD 34762. Publ AAS 10 237, 1942. — Ref. AAS.
HD 36695	= VV Ori.
HD 146361	= σ^2 CrB.
HD 158013	D. K. Norris, W. T. Sharp, R. W. Tanner. Vgl. Ref. 10206.
HD 170829	D. K. Norris, W. T. Sharp, R. W. Tanner. Vgl. Ref. 10206.
HD 174343—4	= 205 Dra.
HD 180939	= RS Vul.
HD 190918	O. C. Wilson. Vgl. Ref. 10216.
HD 193611	J. K. McDonald, The spectrographic orbits and dimensions of the eclipsing binary H.D. 193611. Publ. Dominion Astrophys. Obs. 8 135—140, mit 1 Fig.
HD 198784	T. S. Jacobsen, R. P. Kraft, The spectrographic orbit of H.D. 198784. Publ. Dominion Astrophys. Obs. Victoria 8 129—134, mit 1 Fig.
HD 201032	D. K. Norris, W. T. Sharp, R. W. Tanner. Vgl. Ref. 10206.
HD 206874	= Boss 5591.
HD 211433	W. A. Albizkij, Die Bahn des spektroskopischen Doppelsterns H.D. 211433. Krim Mitt. 4 144—147, mit 1 Abb. (russisch).
HD 215835	J. A. Pearce, HD 215835 — a new massive eclipsing system. AJ 54 135—136. — Ref. AAS.
HD 218154	W. A. Albizkij, Die Bahn des spektroskopischen Doppelsterns H.D. 218154. Krim Mitt. 4 78—79, mit 1 Abb. (russisch).
HR 4536	G. A. Schajn, Die Bahn des spektroskopischen Doppelsterns H.R. 4536. Krim Mitt. 4 148—151, mit 1 Abb. (russisch).

Zwölfter Teil

Veränderliche Sterne. Novae

§ 110

Ephemeriden, Allgemeines

11001. **B. W. Kukarkin, P. P. Parenago,** Generalkatalog Veränderlicher Sterne. Vgl. AJB 48 Ref. 11001. — Weitere Besprechung in Himmelswelt 56 142, Pop Astr 57 47—48 (M. W. Mayall).

11002. **B. W. Kukarkin, P. P. Parenago,** Erster Nachtrag zur ersten Ausgabe des Generalkataloges Veränderlicher Sterne. Moskau-Leningrad, Verlag Akad. Wiss. UdSSR, 1949. 48 S. — Der Katalog enthält Angaben über 265 im Jahr 1948 benannte Veränderliche sowie ausführlichere Angaben über 348 früher benannte Veränderliche.

11003. **B. W. Kukarkin, P. P. Parenago, J. I. Jefremow, P. N. Cholopow,** 45th name-list of variable stars. International Astronomical Union, 26 S. — Enthält für 306 Veränderliche: Name, Ort 1900, Präz. 1900, Max., Min., vorläufige Bezeichnung und zum Teil Angaben über Typ, Lichtwechsel, Elemente und Spektrum.

11004. Rocznik Astronomiczny Obserwatorjum Krakowskiego 1949 Suppl. Internationale Nr. **20**. Krakow 1949. 8 + 99 S. — Enthält Ephemeriden 1949 von 541 Bedeckungsveränderlichen.

11005. **A. Barangé, A. Esplugas,** Cartas para la observación de estrellas variables. Urania Barcelona **34** Nr. 220 S. 24—45, mit 38 Fig. — Enthält Karten und Vergleichssterne folgender Veränderlicher: R And, o Cet, R Tri, U Ori, R Leo, R UMa, R Crv, T UMa, R Hya, R Boo, R Ser, R Aql, R Cyg, χ Cyg, T Cep, R Aqr, R Cas, R Sct, R CrB.

11006. **R. Heiderscheidt,** Introduction à l'observation des étoiles variables. Ciel et Terre **65** 205—208. — Mitteilung zum 3. Amateurkongreß am 26. Juni 1948.

* * **B. W. Kukarkin,** Untersuchung des Aufbaues und der Entwicklung der Sternsysteme auf Grund des Studiums der veränderlichen Sterne. Vgl. Ref. **12004**.

11007. **H. U. Sandig,** Lebende Sterne. Sternenwelt **1** 43—45.

11008. **H. Schneller,** Zur Klassifizierung der Veränderlichen. AN **277** 84—88. — Es wird versucht, als Ordnungsprinzip für die einzelnen Typen der Veränderlichen ihre Zugehörigkeit zu den verschiedenen Ästen des Russell-Diagramms heranzuziehen. Verf.

11009. **W. P. Zessewitsch,** Die veränderlichen Sterne und ihre Bedeutung für die Erforschung des Universums. Kiew, Verlag Akad. Wiss. ukrain. Sowjetrepublik, 1949. 111 S. mit 48 Abb. Preis 2 R. 75 Kop. (russisch oder ukrainisch). — Verf. berichtet über das Auftreten der Veränderlichen, über die in den letzten Jahren erzielten Forschungsergebnisse und bringt abschließend noch Hinweise für die Beobachtung veränderlicher Sterne. Loh.

11010. Variable stars. Pop Astr **57** 1. — Allgemeine Bemerkung über den Sinn der Veränderlichenforschung.

§ 111

Veränderliche Sterne

Bedeckungsveränderliche

11101. **J. Ashbrook,** Apsidal motion in the eclipsing binary AG Persei. AJ **55** 2—5. — Aus 96 photoelektrischen Beobachtungen mit dem 18'-Clark-Refraktor am Amherst College Observatory werden verbesserte Elemente für Haupt- und sekundäres Minimum von AG Persei hergeleitet. Die Diskussion aller verfügbaren photometrischen Beobachtungen ausreichender Genauigkeit gibt 72^a für die Periode der Apsidenbewegung und 0.067 für die Bahnexzentrizität. Gliese

11102. **Ch'ing-Sung Yu,** Notes on a possible photometric effect from Struve's theory of whirl-pools around binary systems. AJ **54** 141—142. — Ref. AAS.

11103. **R. S. Dugan, F. W. Wright,** A study of certain eclipsing variables for variation of period. Publ AAS **9** 259, 1939. — Ref. AAS.

11104. **M. G. Fracastoro,** On the early appearance of atmospheric lines in the ultra-violet spectrum of ζ Aurigae. MN **109** 586—593. — Kurzer Bericht über das am 12'-Spektrographen in Arcetri beobachtete frühe Erscheinen einiger Linien im ultravioletten Spektrum für den Zeitraum 1947 Okt. 15 bis 1948 Febr. 1, also 60 Tage vor Beginn bis 9 Tage nach Beendigung der Bedeckung. Die Linien gehören zumeist dem Fe I an, doch finden sich auch Ti II-, Ca II- und wahrscheinlich Sm II- und Y II-Linien. Im kontinuierlichen Spektrum zeichnet sich bereits 10 Tage vor bzw. noch 8 Tage nach der Bedeckung eine allgemeine Absorption durch die Atmosphäre des gK5-Sterns ab. Loh.

* * **S. I. Gaposchkin,** Spektroskopische Doppelsterne, die sich nicht als Bedeckungsveränderliche erwiesen haben. Vgl. Ref. **10202.**

11105. **S. Gaposchkin,** Eclipsing variables that have changed astronomy. Astr. Soc. Pacific Leaflet Nr. 245, 8 S. mit 1 Fig.

11106. **S. Gaposchkin,** A new eclipsing variable of heavy mass. AJ **54** 128. — Ref. AAS. Besprechung in BSAF **63** 240.

11107. **S. Gaposchkin,** S Doradus as an eclipsing variable with a period of 40 years. Publ AAS **10** 307, 1943. — Ref. AAS.

11108. **S. Gaposchkin,** On the apsidal motion of RZ Cassiopeiae. Publ AAS **10** 12, 1940. — Ref. AAS.

11109. **S. Gaposchkin,** CC Cassiopeiae, another heavy eclipsing binary. Publ AAS **10** 12—13, 1940. — Ref. AAS.

11110. **H. L. Giclas,** A new eclipsing star in Lynx. Publ AAS **10** 13, 1940. — Ref. AAS.

11111. **V. Goedicke,** Atmospheric velocities in VV Cephei. Publ AAS **10** 162, 1942. — Ref. AAS.

11112. **K. Graff,** Die Lichtkurve von β Lyrae zwischen 1930 und 1935. Sitzber. Akad. Wiss. Wien (Abteilung IIa) **156** 69—73, mit 1 Abb., 1948. — Siehe AJB **48** Ref. 11109.

11113. **W. A. Hiltner, B. Smith, O. Struve,** Spectrographic observations of TW Andromedae. ApJ **109** 95—99, mit 2 Fig. = Contr. McDonald Obs. Nr. **160.** — Es werden Radialgeschwindigkeitskurve sowie Bahn des spektroskopischen Doppelsternes TW And abgeleitet und auf Profiländerungen der Balmerlinien aufmerksam gemacht. Micz.

11114. **W. A. Hiltner,** An ultraviolet light-curve of V 444 Cygni. ApJ **110** 95—98, mit 1 Fig. = Contr. McDonald Obs. Nr. **170.**

11115. **W. A. Hiltner, R. H. Hardie,** The spectrum of RW Tauri. ApJ **110** 438—442, mit 1 Fig. und 1 Tafel = Contr. McDonald Obs. Nr. **180.** — Aus 141 Spektrogrammen wird die Geschwindigkeitskurve von RW Tauri abgeleitet. Daraus ergeben sich k = 53.34 km/sec, ω = 36°.45 und e = 0.293. Durch die Werte für ω und e wird die Frage aufgeworfen, ob die beobachtete Geschwindigkeitskurve die wahre Doppelsternbewegung des Systems darstellt. Für die Ansicht, daß die Geschwindigkeitskurve gestört ist, spricht die Tatsache, daß die Absorptionslinien Veränderungen unterliegen, wie es von Struve in U Cep beobachtet wurde. Loh.

11116. **A. van Hoof,** A graphical method for the determination of the true orbital elements of specified eclipsing binaries. Mededelingen Kon. Vlaamse Acad. Wetensch. **9** Nr. 14, 17 S. mit 4 Fig. und 6 Tafeln. — Ein graphisches Verfahren zur schnellen Bahnbestimmung von Bedeckungsveränderlichen wird unter Beifügung der erforderlichen Diagramme entwickelt. Die Anwendbarkeit der Methode ist auf rektifizierte Lichtkurven mit totaler oder ringförmiger Bedeckung in einer Kreisbahn beschränkt. Es ist ferner notwendig, daß das Minimum bei ringförmiger Bedeckung nicht zu flach ist. Als Beispiel wird eine Bahnbestimmung von YZ Cas aus den lichtelektrisch von Kron erhaltenen Lichtkurven vorgeführt. Micz.

11117. **Y. Hosokawa,** On the determination of the coefficient of darkening in eclipsing binaries. Publ. Astr. Soc. Japan **1** 73—77, mit 1 Fig. = Sendai Astr. Raportoj **2** Nr. 8 (20). — Für den Spezialfall der Bedeckungsveränderlichen vom Typ U Cephei wird ein vereinfachtes Verfahren zur Bestimmung des Randverdunklungskoeffizienten aus dem Verlauf des ersten und der Tiefe des zweiten Minimums entwickelt und auf den Fall U Cephei selbst angewandt. Kdr.

11118. **Z. Kopal,** Detailed effects of limb darkening upon light and velocity curves of close binary systems. Harv Circ Nr. **454,** 12 S. mit 1 Fig. — Für ein allgemeines Randverdunklungsgesetz von der Form $J(\gamma) = J(0)\ (1 - u_1 - u_2 - u_3 - \ldots + u_1 \cos\gamma + u_2 \cos^2\gamma + u_3 \cos^3 \gamma + \ldots)$ werden Licht- und Geschwindigkeitskurven für enge Doppelsternsysteme berechnet, wobei Rotation und Gezeitenkräfte in der üblichen Näherung berücksichtigt werden. Die Bestimmung der numerischen Werte der u_l erfolgt im Anschluß an Chandrasekhar aus der Theorie des Strahlungsgleichgewichts in Sternatmosphären. Gegenüber einem in $\cos\gamma$ linearen Randverdunklungsgesetz resultieren Unterschiede von der Ordnung einiger Prozent. Kdr.

11119. **Z. Kopal,** Note on the theoretical light curves of close eclipsing systems. Publ AAS **10** 228—229, 1942. — Ref. AAS.

11120. **W. Krat, S. Petrow,** Tabellen der Hilfsfunktion ψ und χ zur Bestimmung der Elemente von Bedeckungsveränderlichen. Vgl. AJB **48** Ref. 11117. — Ref. in Math. Rev. **11** 213.

11121. **W. A. Krat,** Über die Bestimmung der physischen Elemente von Bedeckungsveränderlichen. II. VS Bull **6** 293—302, mit 1 Abb. (russisch). — Verf. behandelt im vorliegenden 2. Teil seiner Arbeit (1. Teil vgl. AJB **47** Ref. 8431) den Reflexionseffekt, den Schwereeffekt und den Periastroneffekt. Loh.

11122. **G. Land, P. van de Kamp,** Photographic positions of VV Cephei obtained with the Sproul 24-inch refractor. Publ AAS **10** 329—330, 1944. — Ref. AAS.

11123. **I. M. Levitt,** The problem of eclipsing binaries. J. Franklin Inst. **247** 1—24, mit 10 Fig. = Flower Astr. Obs. Repr. Nr. **76.** — In dem Aufsatz wird ein Überblick über die Theorie der Bedeckungsveränderlichen, insbesondere soweit es sich um Fragen der Bahnbestimmung handelt, gegeben. Verf. folgt dabei den Entwicklungen von Russell und Kopal. Micz.

11124. **I. M. Levitt,** Photometric research on the eclipsing variable ZZ Cassiopeiae. J. Franklin Inst. **247** 102—115, mit 7 Fig. = Flower Astr. Obs. Repr. Nr. **76.** — Neue photometrische Beobachtungen des Verf. von ZZ Cassiopeiae mit einem Keilphotometer, dessen Eichung beschrieben wird, werden zusammen mit dem gesamten Material diskutiert und eine neue photometrische Bahn bestimmt. Anläßlich der Eichung des Keils wird vermutet, daß die Absorption des photographisch hergestellten Keils im Laufe der Jahre Änderungen unterworfen gewesen ist. Micz.

11125. **N. L. Magalaschwili**, Elektrokolorimetrie des Bedeckungsveränderlichen U Ophiuchi. Abastumani Bull. Nr. **10** S. 1—62, mit 16 Abb. (grusinisch mit russischer Zusammenfassung). — Nach Beschreibung der verwandten lichtelektrischen Apparatur (Antimon-Cäsium-Zelle) und Reduktion der an einem 13'-Reflektor bei 3810 Å und 5270 Å erhaltenen Beobachtungen werden die photometrischen Bahnelemente und unter Verwendung von Plasketts a·sin i die absoluten Dimensionen berechnet. Loh.

11126. **D. J. Martynow**, Untersuchung der periodischen Ungleichheiten in den Epochen der Minima der Bedeckungsveränderlichen. Abh. Lenin-Staatsuniv. Kasan **108** Nr. 5, 208 S. mit 17 Abb. und 6 Tafeln im Anhang, 1948 = Kasan Engelhardt Obs. Mitt. Nr. **25**. — Inhalt: Teil 1. Der stellare Fall des Dreikörperproblems in Anwendung auf die Bedeckungsveränderlichen. Umarbeitung der Laplaceschen Mondtheorie auf den stellaren Fall, S. 9—27; Anwendung der umgearbeiteten Laplaceschen Mondtheorie auf die photometrischen Doppelsterne, S. 28—59; Der Einfluß der Elliptizität des dritten Körpers auf die Epochen der Minima bei den Bedeckungsveränderlichen, S. 60—77. — Teil 2. Die dynamischen Besonderheiten enger Doppelsternsysteme als Quelle der periodischen Ungleichheiten in den Epochen der Minima der Bedeckungsveränderlichen. Allgemeine Theoreme und genäherte Lösung des Problems, S. 88—106; Vollständige Lösung des Problems der Bewegung der Apsidenlinie für den Fall rotations- und gezeitendeformierter idealflüssiger, starr rotierender Körper, S. 107—132; Die Bewegung der Apsidenlinie und die Librationen der Komponenten des Doppelsternsystems im Fall starrer Komponenten, S. 132—148; Der Einfluß des physikalischen Zustandes der Komponenten auf die Bewegungen im Doppelsternsystem, S. 148—180; Die geometrischen Quellen der periodischen Ungleichheiten, S. 180—200; Literatur- und Inhaltsverzeichnis, S. 201—208. Loh.

11127. **F. Pavel**, Das Algol-System. AN **278** 57—63, mit 2 Abb. — Es wird der Versuch unternommen, die im Algol-System auftretenden periodischen Schwankungen der Umlaufszeit des Bedeckungsveränderlichen nur durch Bahnbewegungen zu erklären. Abgesehen von der spektroskopischen Bahn von 1.873 Jahren Periode werden zwei Bahnen mit 188.4 und 32.5 Jahren Umlaufszeit berechnet, die den beiden von Hellerich gefundenen Perioden entsprechen. Eine weitere Bahn mit 23 Jahren Umlaufszeit wird aus den photoelektrischen Beobachtungen der Minima nachgewiesen. Die zur Bahnrechnung benutzten Formeln werden mitgeteilt. Verf.

11128. **J. A. Pearce**, The massive eclipsing binary HD 227696. Publ AAS **10** 233, 1942. — Ref. AAS.

11129. **D. M. Popper**, The eclipsing binary SX Aurigae. Publ AAS **10** 314, 1943. — Ref. AAS.

11130. **J. Sahade**, Spectrographic observations of the eclipsing variable RS Sagittarii. ApJ **109** 116—120, mit 2 Fig. und 1 Tafel = Obs. Cordoba Tirada Ap. Nr. **31**. — Ergebnisse siehe unter § **112**.

11131. **J. Sahade**, New spectrographic investigations of the eclipsing star XZ Sagittarii. ApJ **109** 439—445, mit **4** Fig. = Obs. Cordoba Tirada Ap. Nr. **32**. — Aus den Radialgeschwindigkeitsbeobachtungen von XZ Sgr war bereits früher auf einen Widerspruch zur Masse-Leuchtkraft-Beziehung geschlossen worden. Neue Beobachtungen ergeben die gleiche Diskrepanz. Verf. diskutiert in Betracht kommende Ursachen, ohne die Frage entscheiden zu können. Anlaß zu dem Widerspruch könnten auch Störungen der Radialgeschwindigkeitskurve sein, wie sie von anderen spektroskopischen Doppelsternen her bekannt sind. Micz.

11132. **J. Sahade**, The spectrum of AR Pavonis. ApJ **109** 541—544, mit 1 Tafel = Obs. Cordoba Tirada Ap. Nr. **33**. — Ergebnisse siehe unter § **112**.

11133. **H. Schneller,** Eine einfache Methode zur Bestimmung der Systemkonstanten bei Bedeckungsveränderlichen. Veröff. Sternw. Sonneberg 1 357—406, mit 3 Abb. — Besprechung in AN 278 142 (F. Pavel). — Die neue Methode stellt eine Variante derjenigen von Fetlaar dar, von deren wesentlichstem Vorzug — Verwertung weiterer Teile der Lichtkurve durch Mittelbildung — sie schon in einem früheren Stadium des Rechnungsganges Gebrauch macht, wodurch sich die weiteren Entwicklungen kürzer und einfacher gestalten lassen. Kdr.

11134. **P. A. Schultz,** Algol, ein vierfacher Stern. Sternenwelt 1 102—105, mit 6 Abb.

11135. **O. Struve,** Spectrographic observations of the eclipsing variable SW Lacertae. ApJ **109** 436—438, mit 1 Fig. und 1 Tafel = Contr. McDonald Obs. Nr. **165**. — Mit Hilfe von 27 Radialgeschwindigkeiten wird eine spektroskopische Bahn des W Ursae maioris-Sterns SW Lac bestimmt. Aus den Strukturänderungen der Absorptionslinien wird geschlossen, daß die vorausgehende Hälfte jeder Komponente kräftigere Linien infolge einer mächtigeren absorbierenden Atmosphärenschicht erzeugt als die nachfolgende. Vermutlich ist der Spektraltyp der Gezeitenwülste jeder Komponente etwas später als der der übrigen Oberfläche. Micz.

11136. **O. Struve, H. G. Horak,** The spectroscopic binary AO Cassiopeiae. ApJ **110** 447—454, mit 1 Fig. und 2 Tafeln = Contr. McDonald Obs. Nr. **178**. — Von dem spektroskopischen Doppelstern AO Cassiopeiae, Spektraltyp O, wurde mit Hilfe von 183 Spektrogrammen die Radialgeschwindigkeitskurve beider Komponenten abgeleitet. Das die schwächere Komponente betreffende Ergebnis ist mit älteren Messungen von Pearce unverträglich, und die Verf. untersuchen die Frage, ob eine Änderung im Spektrum eingetreten oder systematische Meßfehler die Ursache sein können, ohne jedoch eine Antwort zu finden. Die Linien der zweiten Komponente sind ähnlichen Änderungen unterworfen, wie sie z. B. von α Virginis her bekannt sind. Die B—R der primären Komponente zeigen bei einigen Phasenbereichen eine systematische Verteilung. Micz.

11137. **A. Thomas,** A provisional report of an astrometric study of Algol. Publ AAS 10 261, 1942. — Ref. AAS.

11138. **E. Vandekerkhove,** Les variations d'Algol en gradients, magnitudes et discontinuité de Balmer. BAB **4** Nr. 3 S. 22—24. — Es wird die Änderung des Gradienten und der Größe des Balmersprungs im Spektrum von Algol während des Lichtwechsels unter der Voraussetzung berechnet, daß das Licht des Sterns im wesentlichen von den zwei hellsten Komponenten des Systems herrührt, in Übereinstimmung mit vorliegenden Messungen. Micz.

11139. **Å. Wallenquist,** A photoelectric study of the eclipsing variable BD +31° 3932. Ark Astr 1 59—67, mit 4 Fig. = Medd. Astr. Obs. Uppsala Nr. **96**. — Verf. bestimmt aus mehreren hundert photoelektrischen Beobachtungen des Bedeckungsveränderlichen BD +31° 3932 eine Lichtkurve und leitet die Bahnelemente einschließlich einer Bahnexzentrizität ab. Micz.

11140. **Å. Wallenquist,** En undersökning av den Tammska förmörkelsevariabeln BD +31° 3932 i Cygnus. PAT **30** 144—149, mit 5 Fig. — Bericht über lichtelektrische Beobachtungen des von N. Tamm entdeckten Bedeckungsveränderlichen BD +31° 3932 und Berechnung der Bahnelemente. Ra.

11141. **H. L. Welsh,** The extent of the chromosphere of the K-type component of Zeta Aurigae. J RAS Canada **43** 217—228, mit 2 Fig. = Contr. Dominion Astrophys. Obs. Victoria Nr. **21**. — Spektrogramme verschiedener Herkunft (Victoria, Univ. Michigan, Mt. Wilson) aus der Zeit von Dez. 1947 bis Jan. 1948 wurden zur Bestimmung der Äquivalentbreiten der H- und K-Linien herangezogen. Die K-Absorption konnte noch zehn Tage nach dem letzten Kontakt beobachtet werden. Die daraus ersichtliche Ausdehnung der Kalziumatmosphäre des K-Sterns wurde auch früher schon bei einem Eintritt und zwei Austritten beobachtet, doch war sie während des Eintritts in die Bedeckung von 1947 bis 1948 ungewöhnlich groß, da sich schon 47 Tage vor dem ersten Kontakt eine schwache K-Linie bemerkbar machte. Wahrscheinlich ist die mit dem K-Stern rotierende Atmosphäre unsymmetrisch. Loh.

11142. **E. J. Woodward,** Photographic measures of several interesting W Ursae Majoris type eclipsing binaries. Publ AAS **10** 178, 1942. — Ref. AAS.

11143. **K. O. Wright, E. van Dien,** The spectrum of Epsilon Aurigae, 1946—1948. J RAS Canada **43** 15—33, mit 4 Fig. und 1 Tafel = Contr. Dominion Astrophys. Obs. Victoria Nr. **17**. — Aus Spektren hoher Dispersion (7.0 und 4.4 Å/mm) wurden im Bereich von 3700 bis 6700 Å Äquivalentbreiten bestimmt. Die aus Fe I-Linien abgeleiteten Wachstumskurven führen zu Turbulenzgeschwindigkeiten, die stark mit dem Anregungspotential variieren: 20 km/sec bei $\chi_l = 0.5$ V bzw. 2 km/sec bei $\chi_l = 4.0$ V. Die Anregungstemperatur beträgt 6200 ± 350°. Die Stärken normaler und metastabiler Fe I-Linien weisen auf Strahlungsverdünnung hin. Die an Linien zwischen 5400 und 5550 Å beobachteten Verbreiterungen können durch eine Rotationsgeschwindigkeit oder großräumige Turbulenzgeschwindigkeit von 30—33 km/sec erklärt werden. Loh.

11144. Bedeckungs-Veränderliche. Sternenwelt **1** 136—137. — Besprechung der in AJB **47** Ref. 8414 zitierten Arbeit.

Cepheiden

* * **W. N. Abbott,** Pressure and temperature cycles in the reversing layers of Cepheid variables. Vgl. Ref. 5101.

11145. **J. Ax,** Zur Prüfung der Pulsations-Vorstellung bei einigen Delta-Cephei-Sternen. Himmelswelt **56** 30—31. — Die von Baade und Bottlinger angegebene und von W. Becker (vgl. AJB **42** Ref. 8491) nach neuen Gesichtspunkten durchgeführte Methode zur Prüfung der Pulsationstheorie der δ Cephei-Sterne wird auf zehn weitere Sterne (SU Cyg, X Lac, RR Lac, RX Cam, Z Lac, RW Cam, SV Vul, TU Cas, RX Aur, V Lac) angewandt. Loh.

11146. **G. S. Badaljan,** Die langperiodischen Cepheiden und die selektive Absorption im Raum. Bjurakan Mitt. Nr. **3**, 46 S. mit 4 Abb. (armenisch mit russ. Ref.).

11147. **J. Balázs, L. Detre,** Untersuchungen über die Perioden- und Lichtkurvenänderungen von kurzperiodischen δ Cephei-Sternen. V. RR Leonis. Mitt. Konkoly Sternw. Nr. **21**, 19 S., mit 4 Abb. — Aus 550 Beobachtungen des RR Lyrae-Sterns RR Leonis von 1936 bis 1949 wird auf eine Periodenzunahme von $0^d\!.458 \cdot 10^{-9}$ pro Epoche geschlossen. Aus dem gesamten seit 1910 vorliegenden Material folgt, daß die Periodenzunahme langperiodische Veränderlichkeit besitzt, die durch ein Sinusglied ($P = 33^a\!.3$) dargestellt werden kann. Micz.

11148. **M. C. Ballario, M. Hack,** Ricerche spettrofotometriche su SZ Tauri. Mem SA It (NS) **20** 159—168, mit 5 Fig. = Oss. e Mem. Oss. Astrofis. Arcetri Nr. **65** S. 87—98. — Vom Cepheiden SZ Tauri werden für verschiedene Wellenlängen zwischen 4000 und 6000 Å Lichtkurven, Spektraltypänderungen und Farbtemperaturen aus spektrographischen Aufnahmen abgeleitet. Nach Darstellung einer Methode zur Berechnung der Radialgeschwindigkeitskurve aus den Lichtkurven und dem Vergleich der Ergebnisse mit den direkt beobachteten Radialgeschwindigkeiten werden die Intensitäten von Hγ, Hδ und G im Verlauf des Lichtwechsels mitgeteilt. Loh.

11149. **B. J. Bok, M. Olmsted,** Colors of four faint Cepheids in Cygnus. Harv Bull Nr. **919** S. 1—4. — Betrifft die vier Veränderlichen GL, QY, V 336 und V 343 Cyg, deren interstellare Absorption trotz niederer galaktischer Breite und großen Entfernungen zwischen 6000 und 15800 pc nur etwa 2^m bis $2^m.5$ beträgt. Loh.

11150. **B. J. Bok, M. Olmsted,** Photographic colors of faint Cepheids in Cygnus. AJ **54** 123—124. — Ref. AAS.

11151. **R. Canavaggia,** Variation de la discontinuité de Balmer chez δ Cephei, η Aquilae, ζ Geminorum. I. Ann d'Astrophys **12** 21—38, mit 5 Fig. — Die Arbeit behandelt die Variation des Balmersprungs der drei Cepheiden δ Cephei, η Aquilae und ζ Geminorum mit der Phase. Bestimmt wurden ferner Gradienten aus dem Bereich λ 4020—λ 4870. Für δ Cephei allein wurden auch monochromatische Lichtkurven im Sichtbaren und UV gemessen sowie aus den Messungen bei λ 3300 und λ 3540 («Fenster»!) ein UV-Gradient bestimmt. Micz.

11152. **R. Canavaggia,** Variation de la discontinuité de Balmer chez δ Cephei, η Aquilae, ζ Geminorum. II. Ann d'Astrophys **12** 96—122, mit 10 Fig. — Frühere Messungen des Balmersprungs (Ann d'Astrophys **12** 21) von δ Cephei, η Aquilae und ζ Geminorum werden zur Bestimmung der Änderung des Elektronendrucks und der effektiven Schwerebeschleunigung mit der Phase bzw. effektiven Temperatur herangezogen. Die effektive Temperatur wurde mit einem Verfahren von Milne berechnet. Es ergibt sich für δ Cephei, daß Elektronendruck und effektive Schwerebeschleunigung auf dem aufsteigenden Ast bei gleicher effektiver Temperatur erheblich größer sind als auf dem absteigenden. Bei den anderen Sternen sind die Verhältnisse komplizierter. Ähnliche Diskussionen werden auf anders bestimmte Temperaturen (Anregungs-, Ionisationstemperatur u. a.) gegründet. Es ergeben sich ähnliche Resultate ausgenommen bei der Verwendung von Temperaturen aus radiometrischen Messungen. Micz.

11153. **A. D. Code,** Hoyle and Lyttleton's theory of Cepheids. Mit einer Erwiderung von F. Hoyle und R. A. Lyttleton. Obs **69** 63—65.

11154. **L. Dezsö,** Der kurzperiodische Cepheid RU Piscium. VS Bull **7** 30—33, mit 2 Abb. (russisch). — Aus den Beobachtungen zwischen 1931 und 1942 folgt, daß die Periode veränderlich ist und sich durch

$$P = 0^d.39040 + 0^d.00020 \sin \frac{2\pi}{1080} \cdot (t - 2429410)$$

darstellen läßt. Loh.

11155. **W. H. Dirks †, G. de Vaucouleurs,** Période et courbe de lumière photographique de la céphéide BY Cassiopeiae. Ann d'Astrophys **12** 219—226, mit 4 Fig. — Eine Diskussion des gesamten verfügbaren Beobachtungsmaterials ergibt bei Annahme linearer Elemente eine Periodizität der B–R von 13.4 Jahren und $0^d.55$ (halber) Amplitude. Falls der Effekt reell ist, handelt es sich bei BY Cassiopeiae um den ersten langperiodischen δ Cephei-Stern mit einem derartigen Verhalten. Micz.

11156. **W. Dziewulski, W. Iwanowska, A. Dziewulska, M. Mackiewicz,** Photometric observations of Cepheids in two spectral regions. Part I. Photometric results. Bull. Astr. Obs. Toruń Nr. 1 S. 3—26, mit 2 Fig., 1946. — Ergebnisse siehe § **112**. — Von zehn hellen δ Cephei-Sternen wurden gleichzeitig photographische und gelb-rote Helligkeiten ermittelt. Die Beziehung des gelb-roten Helligkeitssystems zum internationalen photovisuellen wurde bestimmt. Für alle Sterne wird eine neue Ableitung der Elemente durchgeführt. Licht- und Farbenindexkurven werden mitgeteilt, ferner Angaben über ihre Asymmetrie und Phasenverschiebungen für die beiden Spektralbereiche. Micz.

11157. **O. J. Eggen,** The period-color, period-amplitude, and period-luminosity relations for galactic Cepheids. AJ **54** 127—128. — Ref. AAS.

11158. **G. H. Herbig,** Spectroscopic observations of the short-period variable AI Velorum. ApJ **110** 156—159, mit 1 Fig. = Contr. McDonald Obs. Nr. **173**. — Der kurzperiodische Veränderliche AI Velorum (P = 0ᵈ.11) hat eine RR Lyrae ähnliche Lichtkurve, die jedoch häufig starken Unregelmäßigkeiten unterworfen ist. Diese Störungen äußern sich auch in der Radialgeschwindigkeitskurve des Verf. Der Spektraltyp schwankt zwischen A4 und F2. Micz.

11159. **C. Hoffmeister,** Über Unregelmäßigkeiten im Lichtwechsel der RR Lyrae-Sterne. Forschungen und Fortschritte **25** 150—152, mit 5 Abb. — Als Ergänzung zu den von Balázs und Detre gefundenen periodischen Lichtkurvenänderungen einiger RR Lyrae-Sterne berichtet Verf. über das Auftreten unregelmäßiger sekundärer Schwankungen in bestimmten Teilen der Lichtkurven, vor allem während des Abstiegs. Wochen- oder monatelang gestörte Lichtkurven können dann, wie am Beispiel von S 4289 gezeigt wird, wieder von ungestörten abgelöst werden. Loh.

11160. **C. Hoffmeister,** Unregelmäßigkeiten in den Lichtkurven der RR-Lyrae-Sterne. Himmelswelt **56** 130—131, mit 2 Abb. — Siehe vorstehendes Referat.

11161. **W. Iwanowska,** Photometric observations of Cepheids in two spectral regions. Part II. The discussion. Bull. Astr. Obs. Toruń Nr. 1 S. 27—37, mit 8 Fig., 1946. — Mit Hilfe von Farbenindizes einiger δ Cephei-Sterne und ihrer Vergleichssterne in den Sternbildern Auriga, Camelopardalis, Cassiopeia, Lacerta und Cygnus-Vulpecula wird der Verlauf der interstellaren selektiven Absorption untersucht. Die in Bull. Astr. Obs. Toruń Nr. 1, Part I (vgl. Ref. **11156**) mitgeteilten photometrischen Messungen von zehn δ Cephei-Sternen dienen als Grundlage zur Erörterung ihrer photosphärischen Pulsationen. Micz.

11162. **W. Iwanowska, J. Jacyna,** A spectrophotometric study of the Cepheids RT Aur, SU Cas, T Mon. Bull. Astr. Obs. Toruń Nr. **2** S. 3—16, mit 12 Fig., 1947. — Aus einer vergleichenden Linienphotometrie der δ Cephei-Sterne RX Aur, SU Cas und T Mon mit einer Reihe von Sternen ähnlichen Spektraltyps wird geschlossen, daß bei der benutzten kleinen Dispersion (74 Å/mm bei Hγ) die Spektren der δ Cephei-Sterne zu jeder Phase ihres Lichtwechsels von denen unveränderlicher Überriesen entsprechenden Spektraltyps nicht zu unterscheiden sind, wenn man von den Balmerlinien absieht. Hγ wird während der Minimumsphase schwächer als einem Überriesen gleichen Spektraltyps entsprechen würde. Aus dem Verhalten der Linien ionisierter Elemente geht hervor, daß die Oberflächenbeschleunigung ihren größten Wert unmittelbar vor dem Lichtmaximum erreicht. Micz.

11163. **T. S. Jacobsen,** Radial-velocity curves for Delta Cephei from lines of different chromospheric levels. J RAS Canada **43** 142—148, mit 1 Fig. = Contr. Dominion Astrophys. Obs. Victoria Nr. 18. — Aus zehn Spektren hoher Dispersion (10.6 Å/mm Hγ) wurden Radialgeschwindigkeiten abgeleitet und die Differenzen zwischen Linien, die in vier verschiedenen chromosphärischen Höhen erzeugt werden, gegen ihr unterstes Niveau gebildet. Eine graphische Auftragung der Radialgeschwindigkeitsdifferenzen gegen die Phase zeigt einen dem Verlauf der Radialgeschwindigkeitskurve ähnlichen, nur daß die Amplitude für jedes Niveau in einem bestimmten Verhältnis stark reduziert ist. Loh.

11164. **B. W. Kukarkin,** Der Nullpunkt der Periode-Helligkeits-Beziehung der veränderlichen Sterne. VS Bull **7** 69—75, mit 1 Abb. (russisch). — Eine Diskussion des vorliegenden Beobachtungsmaterials ergibt zwischen der absoluten photographischen Medianhelligkeit und der Periode der kurzperiodischen Cepheiden (lg P < 0.00) die Beziehung $\overline{M} = -0^m.17 - 0^m.20 \cdot \lg P$. Für die langperiodischen Cepheiden resultiert eine Aufspaltung: $\overline{M} = -0^m.74 - 1^m.67 \cdot \lg P$ für $\lg P \leqq 0.95$ bzw. $\overline{M} = -0^m.35 - 2^m.08 \cdot \lg P$ für $\lg P \geqq 0.95$. Bei den Mira-Sternen gilt zwischen lg P und der absoluten photographischen Helligkeit M im hellsten Maximum, das statistisch $0^m.8$ über einem mittleren Maximum liegt, folgende Abhängigkeit (M eingeklammert): 2.1 ($-2^m.0$); 2.2 ($-2^m.3$); 2.3 ($-2^m.1$); 2,4 ($-1^m.2$); 2.5 ($-0^m.6$); 2.6 ($+0^m.3$); 2.7 ($+1^m.0$). Loh.

11165. **B. W. Kukarkin,** Die Form der Abhängigkeit zwischen Periode und Helligkeit bei den veränderlichen Sternen. VS Bull **7** 57—68, mit 3 Abb. (russisch). — Zusammenfassende Darstellung der für langperiodische Cepheiden, kurzperiodische Cepheiden und Mira-Sterne geltenden Beziehungen zwischen Periode und Helligkeit. Loh.

11166. **N. E. Kurotschkin,** Umgebungskärtchen und Vergleichssterne für 24 kurzperiodische Veränderliche. Bull. Astr.-Geod. Ges. UdSSR Nr. **5** (**12**) S. 25—29, mit 24 Abb. (russisch).

* * **E. A. Milne,** The luminosity-velocity relation for pulsating stars. Vgl. Ref. **5227**.

11167. **P. P. Parenago,** Die Bewegungen der langperiodischen Cepheiden und die galaktische Dynamik. Abh. Lomonossow-Staatsuniv. Moskau Nr. **113** S. 71—92 = Moskau Sternberg-Inst. Publ. **16** Nr. 1 S. 71—92, mit 4 Abb. (russisch). — Nach einer Zusammenstellung bekannter Radialgeschwindigkeiten, Eigenbewegungen und photometrischer, wegen interstellarer Absorption verbesserter Parallaxen von 156 langperiodischen Cepheiden wird zunächst der Apex der Sonnenbewegung und dann die Cammsche Funktion (vgl. AJB **41** Ref. **9046**) bestimmt. Zu ihrer Sicherung werden noch Daten von planetarischen Nebeln, offenen Sternhaufen sowie O- und B-Sternen herangezogen. Aus der Cammschen Funktion ergibt sich die Oortsche Konstante A für die Sonnenumgebung ($R = 6.5$ bis 9 kpc, $R_\odot = 8$ kpc, $V_\odot = 275$ km/sec) zu 0.0208 ± 0.0004 km/sec/pc. Unter Verwendung dieser Ergebnisse werden dann mittels der für die Rotation einer stationären Galaxis geltenden Formeln das Achsenverhältnis des Geschwindigkeitsellipsoids in der galaktischen Ebene, die Rotationsgeschwindigkeit, die Winkelgeschwindigkeit, die Oortschen Konstanten, die Kraftfunktion und die Cammsche Funktion als Funktion von R zwischen $R = 0$ und 40 kpc berechnet. Beobachtung und Theorie stimmen zwischen $R = 6$ und 9 kpc gut überein. Loh.

* * **C. Prasad,** On the anharmonic pulsations of the standard model. Vgl. Ref. **5232**.

11168. **L. N. Radlowa,** Die räumliche Verteilung der RR Lyrae-Sterne. VS Bull **7** 1—6, mit 1 Abb. (russisch). — Die in einer Kartei des Sternberg-Instituts in Moskau zusammengestellten Daten über 2066 RR Lyrae-Sterne wurden zur Ableitung der räumlichen Dichte dieser Sterne benutzt. Mit Rücksicht auf die Unvollständigkeit der Unterlagen bei Sternen schwächer als 10^m wurden bei den Rechnungen nur die RR Lyrae-Sterne der bis 16^m reichenden Harvardfelder (VSF) verwandt. Der Dichteverlauf senkrecht zur Milchstraßenebene kann nur in erster Näherung durch $\varrho = \varrho_0 \cdot e \operatorname{Exp} \frac{-|z|}{\beta}$ mit $\beta = 2.00$ kpc beschrieben werden, da sich β von $|z| = 1$ kpc bis $|z| = 9$ kpc von 1.30 auf 3.00 kpc vergrößert, der logarithmische Dichtegradient sich also von -0.33 auf -0.14 verringert. Die Unterlagen reichen nicht aus, um für verschiedene Abstände von der Rotationsachse der Galaxis Unterschiede der «vertikalen» Dichteverteilung festzustellen, doch scheint es, als ob das System der RR Lyrae-Sterne aus zwei Untersystemen, einem flacheren und einem mehr sphärischen, besteht. Loh.

11169. **S. Rosseland,** The Pulsation Theory of Variable Stars. Oxford, Clarendon Press; London, Oxford University Press, 1949. International Series of Monographs on Physics. 8 + 152 S. mit 25 Fig. und 10 Tafeln. Preis 18 s. net. — Besprechung in ApJ **110** 515—517 (P. Ledoux), Mem SA It (NS) **20** 175—176 (M. G. Fracastoro), Nature **163** 703—704 (E. A. Milne), Obs **69** 112—113 (T. G. Cowling).

11170. **R. F. Sanford,** Radial velocities of RR Lyrae from Coudé spectrograms. ApJ **109** 208—214, mit 3 Fig. = Contr. Mt. Wilson Obs. Nr. **757**. — Besprechung in Sternenwelt **2** 90. — Die Phase des Medianwerts der Radialgeschwindigkeit von RR Lyrae zeigt von der Vorausberechnung mit einer linearen Formel ähnliche Abweichungen wie die Phase des Medianwertes der zunehmenden Helligkeit. Die Geschwindigkeitsamplitude variiert stark mit der jeweils betrachteten Linie. Sie beträgt z. B. 71 km/sec für H12—H8 und 112 km/sec für Hα. Für die Metallinien ergibt sich 59 km/sec. Kurze Zeit nach Erreichen der Medianhelligkeit des Anstiegs werden H, K und Hα vorübergehend doppelt. Das Intensitätsverhältnis beider Komponenten kehrt sich dabei um. Für ein symmetrisch zur Phase der ansteigenden Medianhelligkeit liegendes Intervall werden kurzwellige Emissionsbegleiter bei Hα und Hγ beobachtet. Micz.

11171. **H. Schneller,** Die Veränderlichkeit der Lichtwechselperiode von Alpha Ursae Minoris. AN **277** 185—186, mit 1 Fig. — Besprechung in Sternenwelt **2** 63. — Es wird wahrscheinlich gemacht, daß die bis jetzt erfaßten Periodenänderungen des δ Cephei-Sterns α UMi aperiodisch verlaufen. Verf.

11172. **J. Stock,** Der stark verfärbte Delta-Cephei Stern KX Cygni. Himmelswelt **56** 32—33.

11173. **O. Struve, A. van Hoof,** The radial velocity of XZ Cygni. ApJ **109** 215—230, mit 18 Fig. = Contr. McDonald Obs. Nr. **164**. — Die Verf. haben von dem RR Lyrae-Stern XZ Cygni ein umfangreiches Material von 244 Spektrogrammen innerhalb 59^d aufgenommen und benutzen es zur Untersuchung seiner sekundären Periode von 57^d. Demnach führt die Radialgeschwindigkeitskurve periodische Verschiebungen mit einer Amplitude von 0.06 P aus. Die Form und Amplitude der Radialgeschwindigkeitskurve selbst hängt etwas von der Phase der Oszillation ab. Die Geschwindigkeitsamplitude ergibt sich aus den Balmerlinien größer als aus den übrigen Linien. Das Verhalten des Sterns ähnelt sehr dem von RR Lyrae; Emissionskomponenten wurden allerdings nicht beobachtet. Der Spektraltyp schwankt zwischen A2 und F0. Micz.

11174. **N. P. Sytschewa,** Die Pulsationsparallaxen der Cepheiden. VS Bull **7** 80—84, mit 1 Abb. (russisch). — An Hand der Beobachtungsunterlagen für δ Cep wird gezeigt, daß die von A. van Hoof (vgl. AJB **45** Ref. 84100) vorgeschlagene Methode zur Bestimmung des minimalen Radius von δ Cephei-Sternen nicht zu eindeutigen Ergebnissen führt, weil sich die Radialgeschwindigkeitskurven und die Lichtkurven auf verschiedene Sternschichten beziehen und deshalb einen Phasenunterschied zeigen. Loh.

11175. **T. Walraven,** Photoelectric observations of RR Lyrae. BAN **11** 17—41, mit 5 Fig. — 3038 lichtelektrische Messungen von RR Lyrae dienen zum Studium der Variation und der Lichtkurve unter besonderer Berücksichtigung der Formel von Balazs und Detre. Neben der 41tägigen sekundären Periode scheint noch eine weitere, etwa dreimal so lange, vorhanden zu sein. Das

Auftreten der von Struve beobachteten Emissionslinien des Wasserstoffs hängt mit der Phase der 41tägigen Variation eng zusammen; sie erscheinen, wenn die Lichtkurve eine bisher nicht erkannte Verzögerung des Lichtanstiegs zum Maximum besitzt. Micz.

11176. Ungewöhnliche Wasserstofflinien im Spektrum von RR Lyrae. Himmelswelt **56** 35. — Besprechung der Mitteilung von O. Struve in Publ ASP **59** 192, 1947. Vgl. AJB **47** Ref. 8514.

11177. Remote cepheids. Sky and Telescope 8 148. — Ref. AAS.

Sonstige Veränderliche

11178. **P. Ahnert,** Der Lichtwechsel von R Sagittae 1923—1948. AN **277** 89—96, mit 3 Abb. — Im Anschluß an die Bearbeitung der älteren Beobachtungen durch Gerasimovič und Hufnagel wird auf Grund der Beobachtungen von M. Beyer und P. Ahnert der Lichtwechsel von R Sge für die Zeit von 1923 bis 1948 untersucht. Verf.

11179. **R. B. Baldwin,** A suggested physical model of Gamma Cassiopeiae. Publ AAS **10** 5, 1940. — Ref. AAS.

11180. **N. T. Bobrovnikoff,** The spectrum of Mira, 1935—1939. Publ AAS **10** 7, 1940. — Ref. AAS.

11181. **L. Campbell,** Forty years of SS Cygni. Publ AAS **10** 248, 1942. — Ref. AAS.

11182. **L. Campbell,** Mean light curves of 400 long-period variables. Publ AAS **10** 328, 1944. — Ref. AAS.

11183. **F. K. Edmondson,** The photographic light curve of BN Monocerotis from 1925 to 1939. Publ AAS **9** 259—260, 1939. — Ref. AAS.

11184. **E. A. Fath,** The three periods of variation of δ Scuti. Publ AAS **9** 260, 1939. — Ref. AAS.

11185. **C. B. Ford,** Small irregularities in the light-curves of five long-period variable stars. Publ AAS **10** 224, 1942. — Ref. AAS.

11186. **H. L. Giclas,** Color changes in BN Monocerotis. Publ AAS **9** 260, 1939. — Ref. AAS.

11187. **K. C. Gordon, G. E. Kron,** Flare of a dMe star, BD +20° 2465, observed photoelectrically. Publ ASP **61** 210—214, mit 4 Fig. — Besprechung in Sternenwelt **2** 41. — Die Helligkeit dieses dM4e-Sterns nahm am 30. April 1949 innerhalb von 7 bis 8 Minuten um $0^m.4$ zu und wieder ab. Vermutlich ist dieser Vorgang dem Lichtausbruch eines kleinen Gebietes auf der Sternoberfläche zu verdanken. Loh.

11188. **J. S. Hall,** Spectrophotometric observations of *o* Ceti near minimum light in the infra-red region of the spectrum. Publ AAS **10** 163—164, 1942. — Ref. AAS.

11189. **G. H. Herbig,** The spectrum of R Coronae Borealis at the 1948—1949 minimum. ApJ **110** 143—155, mit 2 Fig. und 1 Tafel = Contr. McDonald Obs. Nr. **174**. — Die Arbeit enthält eine ausführliche Beschreibung des spektralen Verhaltens von R CrB während des absteigenden Astes und die erste Zeit seines Minimums 1948—49. Eingeschlossen sind Radialgeschwindigkeitsmessungen sowie photometrische Messungen der H- und K-Emissionslinien. Kurz diskutiert wird der von O'Keefe vorgeschlagene Mechanismus des Lichtwechsels. Micz.

11190. **C. Hetzler,** Heterochromatic slope-index correlations in infrared variable stars. Publ AAS **10** 15—16, 1940. — Ref. AAS.

11191. **F. Hinderer,** Spektralphotometrische Untersuchungen über den Veränderlichen SS Cygni. AN **277** 193—222, mit 10 Abb. — Besprechung in Sternenwelt **2** 40. — Aus einem größeren spektralphotometrischen und kolorimetrischen Beobachtungsprogramm der U Geminorum-Sterne wird das Verhalten des Spektrums des typischen Sterns SS Cygni untersucht. Nach einer einführenden Beschreibung der Lichtkurven der U Geminorum-Sterne und einem zusammenfassenden Bericht über die umfangreiche, jedoch einseitig auf visuelle Helligkeitsbeobachtungen beschränkte, fast hundertjährige Literatur wird an Hand von 25 Spektralaufnahmen mit dem 122 cm-Reflektor und zahlreichen Objektivprismenspektren eine genaue Darstellung der spektralen Veränderungen vom Emissionsspektrum im Minimum bis zum Absorptionsspektrum im Maximum der Lichtkurve gegeben; Registrierungen von Spektren der wichtigsten Phasen sind reproduziert. Im Hauptteil der Arbeit werden aus zehn spektralphotometrischen Anschlüssen (122 cm-Reflektor) und den zugehörigen Anschlüssen der Vergleichsterne (Spiegelprismenkamera) Farbtemperaturen für alle Phasen der Lichtkurve abgeleitet. Die Umrechnung in Strahlungstemperaturen liefert eine befriedigende Darstellung der bisher ungeklärten Helligkeitsänderungen, indem der Lichtwechsel hauptsächlich durch erhebliche Temperaturänderungen und nur geringe Änderungen des Radius der Photosphäre hervorgerufen wird. Vorläufige Resultate der Bearbeitung der Linienkonturen und Radialgeschwindigkeiten werden mitgeteilt, die ein Modell des Sterns SS Cygni anzugeben gestatten. Die Ergebnisse lassen wichtige Rückschlüsse auf die Vorgänge bei den Novae zu. Verf.

11192. **C. Hoffmeister,** Die RW Aurigae-Sterne und ihre Nebenformen. AN **278** 24—40. — Auf Grund des photometrischen Befunds werden als RW Aurigae-Sterne in erweitertem Sinne alle diejenigen Veränderlichen bezeichnet, die dauernd oder zeitweilig raschen unregelmäßigen Lichtwechsel aufweisen, ohne zu einer der bereits bekannten anderen Klassen, wie Novae, U Gem-Sterne, zu gehören. Es zeigt sich, daß der so erweiterte Typus eine viel größere Anzahl von Sternen einschließt, als bisher bekannt war. Es lassen sich eine Reihe von Untertypen aufstellen, zwischen denen jedoch fließende Übergänge bestehen. Genauer untersucht werden statistische Eigenschaften und Beziehungen der RW Aurigae-Sterne zu Nebeln und Dunkelwolken. Am Schlusse wird die Ansicht vertreten, daß alle physikalischen Veränderlichen der Hauptreihe, das sind RW Aurigae-Sterne und ihre Untergruppen, U Geminorum-Sterne, Veränderliche in Nebeln und wahrscheinlich auch Novae, als eine Gruppe mit gemeinsamer physikalischer Ursache des Lichtwechsels anzusehen sind. Verf.

11193. **J. A. Hynek, S. Whitt,** The problem of Phi Persei. Publ AAS **10** 17, 1940. — Ref. AAS.

11194. **N. P. Jerpylew,** Über die Arbeit von Miczaika und Becker «Die absolute Helligkeit der U Geminorum-Sterne und der Novae». VS Bull **7** 52—54 (russisch). — Die von Miczaika und Becker ausgesprochene Vermutung, daß die Novae im Ruhezustand dieselbe absolute Helligkeit wie die U Gem-Sterne besitzen, wird als nicht mit den Beobachtungen vereinbar zurückgewiesen. Insbesondere ist $M_{min} = +11^m$ für die Novae zu niedrig. Loh.

11195. **P. W. Merrill,** The postmaximum spectrum of χ Cygni. Vgl. AJB **47** Ref. 7527. — Besprechung in Urania Barcelona **34** Nr. 220 S. 228—229.

11196. **P. W. Merrill,** The spectrum of BF Cygni. Publ AAS **10** 168, 1942. — Ref. AAS.

11197. **J. J. Nassau, G. B. van Albada, P. C. Keenan,** New bands in the photographic infrared spectra of long-period variables. ApJ **109** 333—336, mit 1 Tafel. — Im Bereich λ 7300 bis λ 8000 wurde im Spektrum von etwa 25

Langperiodischen eine größere Anzahl neuer Banden, insbesondere zwischen λ 7333 bis λ 7565 und λ 7850 bis λ 7974, gefunden, deren Ursprung unbekannt ist. Im Lichtmaximum sind sie gewöhnlich nur bei Sternen später als M7 kräftig. Im Lichtminimum sind sie stärker als im Maximum. Sie wurden auch in einem M7-Unregelmäßigen beobachtet und treten vielleicht auch bei anderen späten M-Sternen auf. Micz.

11198. **P. P. Parenago,** Über die Natur der veränderlichen Sterne im Orionnebel. Astr Circ UdSSR Nr. **93** S. 6—8 (russisch). — Vorläufige Notiz, in der folgende Ergebnisse mitgeteilt werden: 1. 20% aller Sterne im Orionnebel sind veränderlich. 2. Die Orionveränderlichen sind stark zur Mitte des Nebels konzentriert. 3. Die Zahl der Veränderlichen wächst exponentiell mit abnehmender Amplitude. 4. Der Farbenindex C von T Ori wird dargestellt durch $C = 0.15 + 0.50\ (m_v - 9)$. 5. Die Veränderlichen mit absoluten Helligkeiten zwischen -4^m und $+3^m$ sind O-A-Sterne, diejenigen zwischen $+4^m$ und $+6^m$ Unterriesen. Die erste Gruppe entwickelt sich wahrscheinlich entlang der Hauptreihe in Richtung zu schwächeren Sternen, die zweite zu G- bis M-Zwergen. Loh.

11199. **C. Payne-Gaposchkin,** Phase relations for intrinsic variables. AJ **54** 185. — Ref. AAS.

111100. **H.-U. Sandig,** Über Formänderungen der Lichtkurven von Mira-Sternen. AN **277** 129—134, mit 2 Abb. — Die in einer früheren Arbeit bei Mira Ceti aufgefundenen Formeigenschaften der Lichtkurve (Erschöpfungseffekt, Höhen-Breiten-Relation, Konstanz der Asymmetrie) können auch an 18 weiteren langperiodischen Veränderlichen aufgezeigt werden. Sterne, die in einzelnen Eigenschaften ein anderes Verhalten zeigen, sind, mit Ausnahme von S Lyr und in einem Fall auch von R Gem, noch ungenügend beobachtet. Eine Zusammenstellung der durchschnittlichen Helligkeitsänderungen auf dem auf- und dem absteigenden Ast für 145 Me-Sterne zeigt, daß die mittlere Helligkeitsänderung in Größenklassen pro Tag mit fortschreitendem Spektrum abnimmt. Es handelt sich hierbei offenbar nicht um einen durch die bekannte Perioden-Spektrum-Beziehung erzeugten Scheineffekt. Verf.

111101. **H.-U. Sandig,** Die Mirasterne. Sternenwelt 1 131—133, mit 2 Abb.

111102. **R. M. Scott,** The spectrophotometry of Mira Ceti. Publ AAS **10** 172—173, 1942. — Ref. AAS.

111103. **R. M. Scott,** The behavior of H_ε in Mira Ceti. Publ AAS **10** **234**, 1942. — Ref. AAS.

111104. **H. Shapley, V. McKibben Nail,** Further evidence of supergiant long-period variables. AJ **54** 194—195. — Ref. AAS.

111105. **H. Shimooda,** On the origin of Balmer emission of Mira-type long period variables. Publ. Astr. Soc. Japan **1** 97—98. — Es wird eine Hypothese vorgeschlagen, um das Auftreten der hellen Balmerlinien in den Spektren der Mira-Sterne aus der Schichtung und den Bewegungsverhältnissen in den Atmosphären dieser Objekte zu erklären. Micz.

111106. **B. W. Sitterly,** Note on some possible «twin» contact binaries. Publ AAS **10** 235, 1942. — Ref. AAS.

111107. **O. Struve,** An interesting observation in the spectrum of AX Monocerotis. Publ AAS **10** 335, 1944. — Ref. AAS.

111108. **Tcheng Mao-Lin,** Le spectre de Z Andromedae. Ann d'Astrophys **12** 264—274, mit 1 Fig. = Publ. Obs. Haute-Provence (A) Nr. **24**. — Auf zwei Spektren vom Sommer 1946 und einem vom Sommer 1948 wurden zwischen λ 3700 und Hα mehr als 200 Emissionslinien, darunter auch des [O I], [O II], [O III], [Ne III], [S II], [Fe II], [Fe III], [Fe V], [Fe VII], [Fe X], [K V], [N I], [N II] und [Ti VII] festgestellt. 1948 wurden auch die nach Rot abgeschatteten Banden des TiO beobachtet. Micz.

111109. **Tcheng Mao-Lin,** Le spectre de l'étoile Z Andromedae. CR **229** 348—349 = Publ. Obs. Haute-Provence (B) Nr. **24.** — Mitteilung über das Spektrum von Z Andromedae 1946 Juni 27 und August 8 sowie 1948 Juli 7 einschließlich von Verzeichnissen von Linien erlaubter und verbotener Übergänge. Micz.

111110. **Tcheng Mao-Lin,** Le spectre de χ Cygni. CR **229** 1301—1303 = Publ. Obs. Haute-Provence (B) Nr. **27.** — Kurze Beschreibung von Spektren des Langperiodischen χ Cygni, die zwischen 1948 Juli 5 und Juli 13 in der Nähe des Helligkeitsmaximums aufgenommen worden waren. Das Spektrum war durch Banden des TiO, CrO und YO charakterisiert. Vielleicht waren auch ScO-Banden vorhanden. Es unterschied sich erheblich von den Maxima-Spektren, die Merrill 1944 und 1945 erhalten hatte. Zahlreiche der damals in Emission beobachteten Atomlinien erschienen 1948 in Absorption, überhaupt war das Absorptionsspektrum stärker ausgebildet als früher. Micz.

111111. Second flare of L 726—8. Harv Card 1000, NAZ **3** 18. — Mitteilung von W. J. Luyten.

111112. Luyten's flare star (L 726—8). Harv Card 1010, NAZ **3** 29—30. — Mitteilung von sieben Helligkeitsausbrüchen seit 1890 an Hand von 569 Harvardplatten. — Weitere Mitteilungen siehe Ref. **9209, 9214, 9314, 10124, 11230.**

111113. A new R Coronae Borealis-type variable. Pop Astr **57** 37.

111114. Supergiant long-period variables. Sky and Telescope 8 306—307. — Ref. AAS.

* * Veränderliche in kugelförmigen Sternhaufen siehe § **121.**

§ 112

Listen veränderlicher Sterne, Einzelbeobachtungen

11201. **P. Ahnert, C. Hoffmeister, E. Rohlfs, A. van de Voorde,** Die veränderlichen Sterne der nördlichen Milchstraße. Teil V. Veröff. Sternw. Sonneberg 1 159—354, mit zahlreichen Abb. — Besprechung in AN **277** 276 (J. Wempe), Pop Astr **57** 415, Sterne **25** 92 (H. Vogt), Sternenwelt 1 287 (W. Sandner), Z. f. Naturforschung **4a** 395 (D. Wattenberg). — Fortsetzung der Statistik (vgl. AJB **47** Ref. 8502). Enthält die Sterne Nr. 1495—2130 in den Feldern: 62 Aql, γ Aql, ξ Her, γ Sge, $20^h 58^m$ +44°, $4^h 35^m$ +40°, 136 Tau, $6^h 59^m$ −6°.

11202. **E. A. Baker, R. W. Wrigley,** The variables in the selected areas at 75° and 60° north declination. 2. Working methods and results for areas 5—7. Publ. Roy. Obs. Edinburgh 1 Nr. 3 S. 41—49, mit 9 Fig. — Vgl. Ref. 11220, 11224.

11203. **J. Bigay, V. Rivet,** Observations d'étoiles variables à longues périodes ou irregulières effectuées par les membres de l'Association Française d'Observateurs d'Etoiles Variables et reçues pendant les mois d'août à novembre 1938. BAF 8 55—82. — Eine Reihe von Druckfehlern wurde berichtigt (AJB). — Beobachtet wurden:

And	R, T, W, X, RV, RX, TV
Aql	R, S, V, RT
Aqr	R, T, Z
Ari	R, T, U
Aur	R, X, Z, SS, AE
Boo	R, S, V, RX
Cam	R, S, T, U, V, X, Z, RS, ST
Cap	RT
Cas	R, S, T, V, RV
Cep	S, T, X, Y, Z, RR, RU
Cet	R, S, W, Z, *o*
CMi	R, S
Cnc	X, RS, RT
Com	R
CrB	R, S, V
Crv	R
CVn	R, Y
Cyg	R, U, V, W, Z, RS, RT, RU, RV, SS, TU, UX, AB, AF, χ_2
Dra	R, S, T, U, W, X, Y, TX, UU
Eri	Z
For	S
Gem	R, S, T, U
Her	R, T, U, X, RS, RU, ST, SV
Hya	R, S, T, U, V, Y
Leo	R, X
Lep	R, S, T
Lib	RS
LMi	R
Lyn	R, S, Z
Lyr	R, W
Mon	R, U, V, X, RV
Oph	R, V, X, Z
Ori	T, U, W, BL, BQ
Peg	R, S, W, RU
Per	S, U, W, Y, RR, RZ, TX, UV, XX
Psc	R
Sct	R
Ser	R
Sge	R, T, V
Sgr	R, RY
Tau	R, S, T, X, Y, RR, RV, SU
Tri	R
UMa	R, S, T, Z, RS, RX, RZ, ST
UMi	R, S, T, U, V
Vir	R, S, RS, SS, SU, SW
Vul	RT

11204. **L. Campbell,** Variable star notes from the American Association of Variable Star Observers in 1949. Pop Astr **57** 37—40, 96—98, 141—144, 245—248, 297—300, 346—350, 407—409, 460—463, 518—521 = Harv Repr Nr. **327.**

11205. **N. F. Florja,** Untersuchung von 78 Veränderlichen im Feld Nr. 24. Abh. Lomonossow-Staatsuniv. Moskau Nr. **113** S. 187—295 = Moskau Sternberg-Inst. Publ. **16** Nr. 1 S. 187—295, mit 36 Abb. (russisch). — Bericht über die Beobachtungen von 78 Veränderlichen im Feld 24 (22^{h}—0^{h}, 45°—60°), die im Maximum heller als 12^{m}0 werden. Loh.

11206. **M. Harwood,** Variable stars in the heart of the Scutum cloud; a report of progress. Publ AAS **10** 251—252, 1942. — Ref. AAS.

11207. **C. Hoffmeister,** Verzeichnis von 1440 neuen veränderlichen Sternen mit Angaben über die Art ihres Lichtwechsels. Astr. Abh. Ergänzungshefte zu den AN **12** Nr. 1, 36 S. — Bezeichnung, Ort, Helligkeit (Max., Min.), Art des Lichtwechsels (mit Anmerkungen im Anhang) von 1440 Veränderlichen. Für einen Teil der Sterne ist die Nummer der BD, CoD und CPD beigefügt.

11208. **I. M. Ischtschenko,** Ergebnisse photographischer Beobachtungen von veränderlichen Sternen im Feld Nr. 39 (α von 21^{h} 0^{m} bis 22^{h} 30^{m} und δ von +30° bis +45°). Taschkent Bull. **2** Nr. 10 (20) S. 499—553, mit 5 Abb. — Vgl. § **112.**

11209. **B. W. Kukarkin,** Untersuchung der veränderlichen Sterne in den Feldern 6 und 15. Abh. Lomonossow-Staatsuniv. Moskau Nr. **113** S. 128—186 = Moskau Sternberg-Inst. Publ. **16** Nr. 1 S. 128—186, mit 21 Abb. (russisch). — Bericht über die Beobachtungen von 55 wenig oder überhaupt noch nicht näher untersuchten Veränderlichen in den Feldern 6 (3^{h}—6^{h}, 60°—75°) und 15 (4^{h}—6^{h}, 45°—60°), die mit wenigen Ausnahmen im Maximum heller als 12^{m}0 werden und deren Amplituden nicht unter 0^{m}3 liegen. Loh.

11210. **N. E. Kurotschkin,** Über 50 veränderliche Sterne. VS Bull **6** 303—316, mit 50 Abb. (russisch). — Vgl. § **112.**

11211. **G. B. Lacchini,** Osservazioni (474) di stelle variabili (58) fatte dall' agosto al dicembre 1948 con binocolo Zeiss (a. cm 5; ingr. 18). Oss. Astr. Trieste Nr. **225,** 5 S. (Maschinenschrift).

And	R, W	Crv	R	Oph	R, V, X
Aqr	R, T, V	Cyg	W, RS, RT, SS, χ	Ori	U
Aql	η			Per	S
Ari	R	Her	S, T, U, RU, SX	Sgr	R
Aur	RS			Sct	R
Boo	R, V	Hya	T, V	Ser	R
Cnc	V	Leo	R	Tri	R
CMi	R, S	LMi	R	UMa	R, S, T, V, Z
Cas	R, T	Lep	R	UMi	R, S
Cep	T	Lyr	W	Vir	R, SS
Cet	U, W, o	Mon	X	Vul	RU
CrB	R, S, V				

11212. **G. B. Lacchini,** Stelle variabili. Oss. astr. Trieste Nr. **230.** — Allgemeine Notizen über Veränderliche, Verzeichnis von ungefähr hundert Veränderlichen der verschiedenen Typen. F. Z.

11213. **V. McKibben Nail,** List of 103 new variable stars and 28 periods in the Small Magellanic Cloud. Harv Bull Nr. **919** S. 6—8. — HV 12082 —12184.

11214. **A. V. Nielsen,** Oversigt over Astronomisk Selskabs observationer af foranderlige stjerner. NAT **1949** S. 140—142. — Betrifft den Zeitraum 1947 August 1 bis 1949 Juli 31.

11215. **I. I. Putilin,** Beobachtungen von Örtern veränderlicher und roter galaktischer Sterne. Bull. Astr.-Geod. Ges. UdSSR Nr. 7 (14) S. 3—11 (russisch). — Gibt von folgenden Sternen Ort, Spektrum und Amplitude:

And	RS, TY	Her	UW, g	BD	+49° 628
Boo	V, W, RV, RX, RY	Lyr	RR		49 3523
		Per	X		47 3292
Cnc	X, W	UMa	U, ST		47 3321
CVn	R, V, Y	Vir	R, SS		45 3349
Cas	RU, TU, WZ	Vul	T		40 4373
Com	R	BD	+59° 2342		40 4502
CrB	RR		59 2712		37 3744
Cyg	W, RU, RX		58 2586		37 3946
Dra	UW		57 2505		33 3922

11216. **H. Shapley, V. McKibben Nail,** List of 105 new variables, with 35 new periods in the Large Magellanic Cloud. Harv Bull Nr. **919** S. 4—6. — HV 11977—12081.

11217. **J. Uitterdijk, P. T. Oosterhoff,** Discussion of 157 mostly new variable stars discovered by Dr. H. van Gent in the region around BD − 18° 5206. Ann. Sterrewacht Leiden **20,** tweede stuk S. 39—115, mit 5 Fig. — Von den bearbeiteten 157 Veränderlichen sind 132 Sterne neu entdeckt. Darunter befinden sich 93 RR Lyrae-Sterne, 3 δ Cepheiden und 36 Bedeckungsveränderliche. Weitere 25 Veränderliche sind verschiedenen Typs.

11218. Observations d'étoiles variables à longues périodes ou irrégulières, effectuées par les membres de l'Association Française d'Observateurs d'Etoiles Variables et reçues durant les mois de: Décembre 1938, Janvier, Février, Mars, Avril et Mai 1939 à l'Observatoire de Lyon. BAF **9** 19—83. — Beobachtet wurden:

And	R, T, W, X, RV, RW, RX, TV
Aql	R, S, V, RT
Aqr	R, T, Z
Ari	R, T, U
Aur	R, X, Z, RW, SS, AE
Boo	R, S, V, RX
Cam	R, S, T, U, V, X, Z, RS, ST
Cas	R, S, T, V, RV
Cep	S, T, X, Y, Z, RR, RT, RU, TY
Cet	R, S, W, Z, *o*
CMi	R, S
Cnc	R, V, X, Y, RS, RT
Com	R
CrB	R, S, V
Crv	R
CVn	R, T
Cyg	R, U, V, W, Z, RS, RT, RU, RV, SS, TU, UX, AB, AF, χ_2
Dra	R, S, T, U, W, X, Y, TX, UU
Eri	Z
For	S
Gem	R, S, T, U, X
Her	R, T, U, X, RS, RU, ST, SV
Hya	R, S, T, U, V, Y
Leo	R, X
Lep	R, S, T
Lib	RS
LMi	R
Lyn	R, S, Z
Lyr	R, W
Mon	R, U, V, X, RV
Oph	R, V, X, Z
Ori	T, U, W, BL, BQ
Peg	R, S, W, RU
Per	S, U, W, Y, RR, RZ, TX, UV
Psc	R
Sct	R
Ser	R
Sge	R, V
Sgr	R, RY
Tau	R, S, T, X, Y, RR, RV, RX, SU
Tri	R
UMa	R, S, T, Z, RS, RX, RZ, ST
UMi	R, S, T, U, V
Vir	R, S, SS, SU, SW
Vul	RT

11219. Verzeichnis der in Band 6 der «Veränderlichen Sterne» (VS Bull) bearbeiteten Veränderlichen. VS Bull **6** 342—346.

11220. **Nachweis der Beobachtungen und Bearbeitungen Veränderlicher**

Die Abkürzungen bedeuten:

aD	absolute Dimensionen
Am	Amplitude
An	Anzeige
B	Beobachtung
C	Farbe
CI	Farbenindex
EB	Eigenbewegung
El	Lichtwechselelemente
Elb	Photometrische Bahnelemente
Els	Spektroskopische Elemente
Elsb	Spektroskopische Bahnelemente
Ka	Karte
Lk	Lichtkurve
Mon	Monographie
Na	Benennung
Not	Allgemeine Mitteilung
O	Ort
P	Periode
Par	Parallaxe
RG	Radialgeschwindigkeit
Sp	Spektrum
Tem	Temperatur
Typ	Typus
VS	Vergleichssterne

Außer dieser Liste sind noch die vorhergehenden Tabellen von Beobachtungen und § 111 einzusehen.

Andromeda

R	ApJ **109** 109 = MWC Nr. 754	Ref. 9520
	Pop Astr **57** 96	Not
	Pop Astr **57** 407	Not
W	AN **277** 187	B
Z	Ann d'Astrophys **12** 264 = Ref. 111108	Sp
	Pop Astr **57** 98	Not
	Ref. 111109	Sp
RS	VS Bull **6** 336	VS, B, Typ, Lk, El
RT	Bull. Astr.-Geod. Ges. UdSSR Nr. **5** (**12**) S. 25	Ka, O, VS, Typ, El
SW	BAF **8** 45	Ka, VS, B, Typ, Lk, El
	Bull. Astr.-Geod. Ges. UdSSR Nr. **5** (**12**) S. 25	Ka, O, VS, Typ, El
TW	AN **277** 40	B, El

	ApJ **109** 95 = McDC Nr. **160**	Ref. 11113
XX	AJ **54** 169	VS, B, Not, Lk, El
XZ	AN **277** 40	B, El

Apus

S	Pop Astr **57** 97	Not
	Pop Astr **57** 298	B, Not
	Pop Astr **57** 408	Not
T	Pop Astr **57** 97	Not

Aquarius

T	AN **277** 187	B
	Pop Astr **57** 408	Not
AE	AJ **54** 89 = Publ. McCormick Obs. 11 Part 2	VS, B, Not, Typ, Lk
	AJ **54** 128	Not
	Harv Bull Nr. **919** S. 24	B, Typ
	Sterne **25** 138	B, Typ
CD	AN **277** 40	B, El
	Stalinabad Circ. Nr. **67**–**68** S. 7	B, Not, Typ, El
CY	AJ **54** 137	Sp, RG
	AJ **54** 168	B, Not, Lk, El

Aquila

R	AN **277** 187	B
	ApJ **109** 109 = MWC Nr. **754**	Ref. 9520
U	MN **109** 108	Ref. 5101
Y	Astr Circ UdSSR Nr. **84** S. 6	B, Not, El
RT	AN **277** 187	B
TU	Stalinabad Circ. Nr. **72** S. 4	B, Typ, Am, El
UU	Pop Astr **57** 408	Not
CY	Stalinabad Circ. Nr. **72** S. 4	B
KO	Bull. Astr.-Geod. Ges. UdSSR Nr. **5** (**12**) S. 25	Ka, O, VS, Typ, El
V336	VS Bull **6** 321	VS, B, Typ, Lk, El
V337	Stalinabad Circ. Nr. **73** S. 2	VS, B, Typ, Lk
V346	VS Bull **6** 319	Ka, VS, Typ, Lk, El
V374	Stalinabad Circ. Nr. **73** S. 1	Not, Typ, Am
V496	Stalinabad Circ. Nr. **69** S. 2	VS, B, Lk, El
η	MN **109** 108	Ref. 5101
	Publ ASP **61** 157	RG
	Sternenwelt **1** 187	Ka, VS, Lk
	Ref. 11151/52	Sp

Ara

U	Pop Astr **57** 408	Not
RW	Publ AAS **10** 329, 1944	Not, P

Aries

R	AN **277** 187	B
S	Pop Astr **57** 96	Not, P
X	Bull. Astr.-Geod. Ges. UdSSR Nr. **5** (**12**) S. 25	Ka, O, VS, Typ, El
RS	AN **277** 40	B, El
SS	VS Bull **6** 316	Ka, VS, B, Typ, El

Auriga

R	AN **277** 187	B
	Pop Astr **57** 407	Not
Z	NAT **1949** S. 152	Not, Lk
RT	Bull. Astr. Obs. Toruń Nr. **2** S. 3 = Ref. 11162	Sp
RX	Bull. Astr. Obs. Toruń Nr. **1** S. 3	VS, B, Typ, Lk, El, CI
	Bull. Astr. Obs. Toruń Nr. **5** S. 12	VS, B, Lk, El
	Gaz astr **31** 104	B
	VS Bull **7** 85	VS, B, Not, Lk, El
SS	BAA Circ Nr. 307	B
	Pop Astr **57** 97	Not
	Pop Astr **57** 407	Not
SX	Publ AAS **10** 314, 1943	Not, aD
UU	Sternenwelt **1** 283	Ka, VS, Not
UV	Publ ASP **61** 261 = Mt. Wilson and Palomar Obs. Repr. Nr. **13**	Sp

AN	VS Bull **7** 93	Ka, VS, Lk, El
AR	Publ AAS **10** 227, 1942	Not
BH	Astr Circ UdSSR Nr. **92** S. 3	Am, El
ES	VS Bull **7** 140	Ka, VS, B
ET	VS Bull **7** 49	Ka, VS, B, Typ, El
ε	J RAS Canada **43** 15 = Ref. 11143	Sp
ζ	J RAS Canada **43** 217	Ref. 11141
	MN **109** 586 = Ref. 11104	Sp

Bootes

R	AN **277** 187	B
	Pop Astr **57** 408	Not
	Sternenwelt **1** 90	Ka
V	AN **277** 187	B
RS	BAF **9** 3	Ka, VS, B, Typ, Lk, El
	Bull. Astr.-Geod. Ges. UdSSR Nr. **5** (**12**) S. 25	Ka, O, VS, Typ, El

Camelopardalis

Z	Pop Astr **57** 97	Not
	Pop Astr **57** 407	Not
RW	Bull. Astr. Obs. Toruń Nr. **1** S. 3	VS, B, Typ, Lk, El, CI
	Bull. Astr. Obs. Toruń Nr. **3** S. 15	VS, B, Lk, El
RX	Bull. Astr. Obs. Toruń Nr. **1** S. 3	VS, B, Typ, Lk, El, CI
	Bull. Astr. Obs. Toruń Nr. **3** S. 15	VS, B, Lk, El

Cancer

V	AN **277** 187	B
RZ	Harv Bull Nr. **919** S. 27	VS, Lk, P, El, Elb, Sp
TU	AN **277** 40	B, El
TW	AN **277** 40	VS, B, El
	Orion Schaffhausen **2** 560	Not
	Orion Schaffhausen **2** 577	B
UY	VS Bull **7** 50	B, Typ, Am, El

Canes venatici

R	AN **277** 187	B
Z	Bull. Astr.-Geod. Ges. UdSSR Nr. **5** (**12**) S. 25	Ka, O, VS, Typ, El
RS	AN **277** 40	B, El
SZ	VS Bull **7** 47	Ka, VS, B, Lk, El

Canis maior

R	AN **277** 40	B, El
	Publ AAS **10** 26, 1940	Els
SY	Publ. Laboratoire Louvain Nr. **111**	Ka, VS, B, Lk, P
VY	Publ. Laboratoire Louvain Nr. **111**	VS, Not

Canis minor

S	AN **277** 187	B
ZZ	VS Bull **7** 140	Ka, VS, B

Capricornus

TY	Circ. Astr. Obs. Univ. Warsaw Nr. **24** S. 1	El

Carina

R	Pop Astr **57** 408	Not

Cassiopeia

R	AN **277** 187	B
	ApJ **109** 109 = MWC Nr. **754**	Ref. **9520**
	Pop Astr **57** 98	Not
T	AN **277** 187	B
	Pop Astr **57** 96	Not
	Pop Astr **57** 407	Not
V	AN **277** 187	B
	Pop Astr **57** 409	Not
RW	BAF **8** 47	Ka, VS, B, Typ, Lk, El
	Bull. Astr. Obs. Toruń Nr. **5** S. 13	VS, Lk, El
RZ	AJ **54** 129	P
	AN **277** 158	B, Typ, Lk, El, Elb

	Circ. Astr. Obs. Univ. Warsaw Nr. 24 S. 4	B
	Publ AAS 10 12, 1940	Not
SS	AN 277 187	B
	VS Bull 6 333	B, Not, El
SU	Bull. Astr. Obs. Toruń Nr. 2 S. 3 = Ref. 11162	Sp
	Abh. Staatsuniv. Lwow 15 (Phys. Math. Nr. 4, Astr.) 29—34	B, Typ, Sp
SV	NAT 1949 S. 114	B, Not, Lk
TU	Bull. Astr. Obs. Toruń Nr. 1 S. 3	VS, B, Typ, Lk, El, CI
	Bull. Astr. Obs. Toruń Nr. 1 S. 38	VS, B, Lk, El
TV	Circ. Astr. Obs. Univ. Warsaw Nr. 24 S. 6	VS, B
UZ	VS Bull 6 334	Ka, VS, Typ, Lk, El
VW	VS Bull 6 320	B, Typ, Lk, El
ZZ	J. Franklin Inst. 247 102 = Flower Astr. Obs. Repr. Nr. 76	Ref. 11124
AB	Circ. Astr. Obs. Univ. Warsaw Nr. 24 S. 1	El
AO	ApJ 110 443	B, Not, Lk, El
	ApJ 110 447 = McDC Nr. 178	Ref. 11136
BD	VS Bull 6 325	Ka, VS, B, Typ, Lk, El
BF	VS Bull 6 325	Ka, VS, B, Typ, Lk, El
BY	Ann d'Astrophys 12 219	Ref. 11155
	DOB 1949 Nr. 10	Ka, VS, El
CC	Publ AAS 10 12, 1940	Typ, P, Elb, Elsb, Sp
CE	VS Bull 7 124	Ka, VS, B, Not, Lk, El
	Astr Circ UdSSR Nr. 75, 1948	Not, El
	Sterne 25 181	Not, El
IY	VS Bull 7 98	Ka, VS, B, Typ, Lk
γ	Orion Schaffhausen 2 577	B
	Publ AAS 10 227, 1942	Not
	Sternenwelt 1 67	Ka, VS
ϱ	Harv Bull Nr. 919 S. 18	B, Not
	Orion Schaffhausen 2 577	B
	Sterne 25 134	Not, Sp
	Sternenwelt 1 68	Ka, VS

Centaurus

T	Pop Astr 57 408	Not
SV	Riverview Coll. Obs. Publ. 2 69	VS, B, Typ, Lk, El, Elb
KT	BAN 11 63	B, El
LZ	BAN 11 64	B, El
V377	ApJ 110 463	Typ, Am, P, Sp, RG

Cepheus

T	AN 277 187	B
	Pop Astr 57 408	Not
U	Bull. Astr.-Geod. Ges. UdSSR Nr. 5 (12) S. 25	Ka, O, VS, Typ, El
W	Gaz astr 31 106	B
RZ	Bull. Astr. Obs. Toruń Nr. 4 S. 15	VS, Lk, El
SU	Bull. Astr.-Geod. Ges. UdSSR Nr. 5 (12) S. 25	Ka, O, VS, Typ, El
SZ	Ref. 11202	Ka, O, B, Am, P
VV	Publ AAS 10 162, 1942	Not, Sp
	Publ AAS 10 329, 1944	O
VW	Publ AAS 10 227, 1942	Not
AH	Bull. Astr. Obs. Toruń Nr. 5 S. 15	VS, Lk, El
CQ	ApJ 109 471	Ref. 9522
CV	VS Bull 7 48	Ka, VS, B, Lk, P ?
CW	VS Bull 7 34	VS, B, Typ, Lk, El, Elb, Elsb

β	AN **277** 31	Ref. **9546**
	ApJ **109** 331	Not, El, RG
δ	J RAS Canada **43** 142 = Ref. 11163	RG
	Orion Schaffhausen **2** 548	B, Lk
	Publ ASP **61** 157	RG
	Sternenwelt **1** 212	Ka, VS, Lk
	VS Bull **7** 156	Lk, El
	Ref. 11151/52	Sp

Cetus

RU	VS Bull **7** 12	Ka, VS, B, Lk, El
RW	Circ. Astr. Obs. Univ. Warsaw Nr. **24** S. 1	El
SS	AN **277** 40	B, El
UU	VS Bull **7** 15	Ka, VS, B, Lk, El
o	AN **277** 187	B
	ApJ **109** 109 = MWC Nr. **754**	Ref. **9520**
	BSAF **63** 139	B
	Orion Schaffhausen **2** 578	B, Lk
	Pop Astr **57** 97	Not
	Pop Astr **57** 407	Not
	Publ AAS **10** 7, 1940	Sp
	Publ AAS **10** 163, 1942	Sp
	Publ AAS **10** 172, 1942	Sp
	Publ AAS **10** 234, 1942	Sp
	Sternenwelt **1** 162	Ka, VS, Lk

Circinus

S	Publ AAS **10** 329, 1944	Typ, Am, P

Coma Berenices

R	Pop Astr **57** 97	Not
RW	Circ. Astr. Obs. Univ. Warsaw Nr. **24** S. 2	Ka, O, VS, B, Typ, El
ST	VS Bull **7** 43 = Ref. 12354	EB

Corona austrina

R	Pop Astr **57** 97	Not

Corona borealis

R	AN **277** 187	Not, Typ
	ApJ **110** 143 = McDC Nr. **174**	Ref. **11189**
	Astr Circ UdSSR Nr. 88 S. 6	B
	BAA Circ Nr. 307	B
	BAA Circ Nr. 308	B
	BAA Circ Nr. 310	B
	Gaz astr **31** 106	B
	NAZ **3** 3	B, Not
	Orion Schaffhausen **2** 578	B
	Orion Schaffhausen **3** 29	B
	Pop Astr **57** 38	Not
	Pop Astr **57** 97	Not
	Pop Astr **57** 143	B, Lk
	Pop Astr **57** 247	B
	Pop Astr **57** 298	B, Not
	Pop Astr **57** 408	Not
	Sky and Telescope **8** 308	Not, Sp
	Sternenwelt **1** 235	Ka, VS, Not
S	AN **277** 187	B
	Gaz astr **31** 105	B
	Sternenwelt **1** 90	Ka
T	Pop Astr **57** 97	Not
U	Gaz astr **31** 106	B
X	Pop Astr **57** 408	Not

Crux

UW	BAN **11** 63	B, El

Cygnus

R	AN **277** 187	B
	Pop Astr **57** 408	Not
X	Bull. Astr. Obs. Toruń Nr. **6** S. 3, 10	VS, B, Lk, El
	JO **32** 65	VS, B, Lk, El
RT	AN **277** 187	B
	Pop Astr **57** 408	Not
RV	Taschkent Bull. **2** 499	Ka, VS, B, Typ ?, Lk
SS	AN **277** 187	B, Typ, Lk
	AN **277** 193	Ref. 11191
	BAA Circ Nr. 307	B
	Harv Bull Nr. **919** S. 19	Ka, VS, Not, Typ, Lk, Cl
	NAT **1949** S. 72	Not, Lk
	Pop Astr **57** 97	Not
	Pop Astr **57** 141	B, Lk
	Pop Astr **57** 245	Not, Lk
	Pop Astr **57** 409	Not

	Publ AAS **10** 248, 1942	Not
	Sterne **25** 138	Besprechung von Harv Bull **919** S. 19
SU	Bull. Astr. Obs. Toruń Nr. **1** S. 3	VS, B, Typ, Lk, El, CI
	Bull. Astr. Obs. Toruń Nr. **3** S. 18	VS, B, Lk, El
SZ	Bull. Astr. Obs. Toruń Nr. **4** S. 14	VS, B, Lk, El
TX	Bull. Astr. Obs. Toruń Nr. **7** S. 13	VS, B, Lk, El
	JO **32** 65	Ka, VS, B, Lk, El
UX	Pop Astr **57** 97	Not
VX	BAF **8** 51	Ka, VS, B, Typ, Lk, El
	VS Bull **7** 104	Lk, El
WY	Taschkent Bull. **2** 499	Ka, VS, B, Typ, Lk, El
XZ	ApJ **109** 214 = McDC Nr. **164**	Ref. 11173
	Bull. Astr.-Geod. Ges. UdSSR Nr. **5** (**12**) S. 25	Ka, O, VS, Typ, El
AB	Taschkent Bull. **2** 499	Ka, VS, B, Typ ?, Lk
AE	Taschkent Bull. **2** 499	Ka, VS, B, Typ, Lk, El
AH	VS Bull **7** 149	Ka, VS, B, Typ, El
AU	Astr Circ UdSSR Nr. **92** S. 3	Typ, El
BF	Publ AAS **10** 168, 1942	Sp
BO	Taschkent Bull. **2** 499	Ka, VS, B, Typ, Lk, El
CG	AJ **54** 141	Not
DM	VS Bull **6** 328	VS, B, Typ, Lk, El, EB
DR	VS Bull **7** 151	Ka, VS, B, El
GH	AJ **54** 171	B, El
GL	Harv Bull Nr. **919** S. 1 = Ref. 11149	P, Sp, Par, CI
GY	VS Bull **7** 154	Not
KR	Astr Circ UdSSR Nr. **84** S. 6	VS, B, Am, El
KX	Himmelswelt **56** 32	Ka, VS, Lk, CI
QY	Harv Bull Nr. **919** S. 1 = Ref. 11149	P, Sp, Par, CI
V336	Harv Bull Nr. **919** S. 1 = Ref. 11149	P, Sp, Par, CI
V343	Harv Bull Nr. **919** S. 1 = Ref. 11149	P, Sp, Par, CI
V360	Taschkent Bull. **2** 499	Ka, VS, B, Typ, Lk, El
V367	Bull. Astr. Obs. Toruń Nr. **7** S. 15	VS, B, Lk, El
	Stalinabad Circ. Nr. **74—75** S. 5	VS, B, Lk, El
V380	ApJ **109** 100 = Ref. **9222**	Els, RG
V386	Taschkent Bull. **2** 499	Ka, VS, B, Typ, Lk, El
V438	VS Bull **7** 153	Ka, VS, Lk, El
V444	ApJ **110** 95 = McDC Nr. **170**	Ref. 11114
V461	VS Bull **7** 140	Ka, VS, B
V464	VS Bull **7** 140	Ka, VS, El
V468	VS Bull **7** 140	Ka, VS, El
V470	VS Bull **7** 38	B, Typ, Lk, El, Elb, Elsb, Sp
V473	VS Bull **7** 140	Ka, VS, El
λ	Orion Schaffhausen **2** 579	B, Sp
υ	Orion Schaffhausen **2** 579	B, Sp
χ	AN **277** 187	B
	ApJ **109** 109 = MWC Nr. **754**	Ref. **9520**
	Bull. Astr.-Geod. Ges. UdSSR Nr. **6** (**13**) S. 41	Not
	Bull. Astr. Obs. Toruń Nr. **6** S. 17	VS, B

	Orion Schaffhausen 2 579	B, Lk
	Pop Astr 57 97	Not
	Pop Astr 57 408	Not
	Ref. 111110	Sp
25	Orion Schaffhausen 2 579	B, Sp
28	Orion Schaffhausen 2 579	B, Sp
57	Orion Schaffhausen 2 578	B
59	Orion Schaffhausen 2 579	B, Sp
60	Orion Schaffhausen 2 579	B, Sp
P	Orion Schaffhausen 2 579	B, Sp

Delphinus

BI	VS Bull 7 154	El
CH	VS Bull 7 154	Not
CZ	VS Bull 7 154	Not

Dorado

S	Publ AAS 10 307, 1943	Not, Typ, P

Draco

R	AN 277 187	B
TW	ApJ 110 63 = McDC Nr. 169	O, El, Elb, Elsb, RG
UU	Ref. 11202	Ka, O, B, Am, P

Eridanus

SV	VS Bull 7 26	Ka, VS, B, Lk, El
WX	AN 277 40	B, Lk, El
AS	AN 277 40	B, El

Gemini

U	Pop Astr 57 97	Not
	Pop Astr 57 407	Not
W	MN 109 108	Ref. 5101
SS	AN 277 187	B, Typ
YY	AJ 54 190	Not, Sp
AA	VS Bull 6 338	Typ, Lk, El
AD	VS Bull 6 338	Typ, Lk, El
AL	AN 277 40	B
DI	VS Bull 7 140	Ka, VS, Not
DL	VS Bull 7 140	Ka, VS, El
ζ	AN 277 187	B
	Sterne 25 42	B
	Sternenwelt 1 259	Ka, VS, Lk
	Ref. 11151/52	Sp

Grus

X	Publ AAS 10 329, 1944	Typ, Am, P

Hercules

S	AN 277 187	B
	Pop Astr 57 408	Not
T	AN 277 187	B
	Pop Astr 57 408	Not
U	AN 277 187	B
	Gaz astr 31 106	B
RS	AN 277 187	B
RU	AN 277 187	B
RV	Pop Astr 57 408	Not
RX	AJ 54 140	Not, El, Elb, Elsb
	ApJ 110 465	VS, B, Lk, El, Elb, Elsb, aD
	Astr Circ UdSSR Nr. 93 S. 4	VS, Typ, Am, El
SS	Pop Astr 57 408	Not
TU	Astr Circ UdSSR Nr. 93 S. 5	B, El
UX	Bull. Astr.-Geod. Ges. UdSSR Nr. 5 (12) S. 25	Ka, O, VS, Typ, El
VX	Bull. Astr.-Geod. Ges. UdSSR Nr. 5 (12) S. 25	Ka, O, VS, Typ, El
AD	Astr Circ UdSSR Nr. 86 S. 7	B, Typ, Am
AP	Astr Circ UdSSR Nr. 88 S. 6	B, El
DH	Astr Circ UdSSR Nr. 86 S. 7	B, Am, El
DI	Publ ASP 61 159	Els
DY	VS Bull 7 7	Ka, VS, B, Typ, Lk, El
MU	VS Bull 7 140	Ka, VS, El
MZ	VS Bull 7 140	Ka, VS, B
NN	VS Bull 7 140	Ka, VS, B
α	ApJ 109 109 = MWC Nr. 754	Ref. 9520
	Pop Astr 57 97	Not

Horologium

R	Pop Astr 57 97	Not

Hydra

R	AN 277 187	B
	ApJ 109 109 = MWC Nr. 754	Ref. 9520
	Pop Astr 57 408	Not
SZ	VS Bull 7 22	Ka, VS, B, Lk, El
VZ	AN 277 40	B, El
AV	Astr Circ UdSSR Nr. 85 S. 6	Typ, El
DI	Astr Circ UdSSR Nr. 85 S. 6	Typ, El

Lacerta

V	Bull Astr. Obs. Toruń Nr. 1 S. 3	B, Typ, Lk, El, CI
	Bull. Astr. Obs. Toruń Nr. 3 S. 10	VS, B, Lk, El
X	Bull. Astr. Obs. Toruń Nr. 1 S. 3	B, Typ, Lk, El, CI
	Bull. Astr. Obs. Toruń Nr. 3 S. 10	VS, B, Lk, El
Y	VS Bull 7 94	Typ, Lk, El
Z	ApJ 109 471	Ref. 9522
	Bull. Astr. Obs. Toruń Nr. 1 S. 3	B, Typ, Lk, El, CI
	Bull. Astr. Obs. Toruń Nr. 3 S. 10	VS, B, Lk, El
RR	Bull. Astr. Obs. Toruń Nr. 1 S. 3	B, Typ, Lk, El, CI
	Bull. Astr. Obs. Toruń Nr. 3 S. 10	VS, B, Lk, El
RY	Taschkent Bull. 2 499	Ka, VS, B, Typ ?, Lk
SW	ApJ 109 436 = McDC Nr. 165	Ref. 11135
VX	Taschkent Bull 2 499	Ka, VS, B, Typ,Lk,El
AR	AN 277 187	B, El
	Bull. Astr.-Geod. Ges. UdSSR Nr. 5 (12) S. 25	Ka, O, VS, Typ, El
BG	Taschkent Bull 2 499	Ka, VS, B, Lk, El
BT	Pubbl. Oss. Bologna 5 Nr. 8 S. 6	Am, El
CM	Bull. Astr.-Geod. Ges. UdSSR Nr. 5 (12) S. 25	Ka, O, VS, Typ, El
CS	Taschkent Bull. 2 499	Ka, VS, B, Typ,Lk,El
CX	Taschkent Bull 2 499	Ka, VS, B, Typ,Lk,El
DE	Taschkent Bull 2 499	Ka, VS, B, Typ,Lk,El

Leo

R	AN 277 187	B
	ApJ 109 109 = MWC Nr. 754	Ref. 9520
	Orion Schaffhausen 2 580	B, Lk
Z	AN 277 187	B, El
RR	AJ 54 198	Typ, Lk, El
UV	Bull. Astr.-Geod. Ges. UdSSR Nr. 5 (12) S. 25	Ka, O, VS, Typ, El
UZ	AJ 54 199	VS, Typ, Lk, El
VZ	Astr Circ UdSSR Nr. 85 S. 7	El

Libra

RS	Pop Astr 57 408	Not

Lyra

W	AN 277 187	B
	Pop Astr 57 408	Not
RR	ApJ 109 208 = MWC Nr. 757	Ref. 11170
	BAN 11 17	Mon, VS, B, Lk, P, El
	Bull. Astr.-Geod. Ges. UdSSR Nr. 5 (12) S. 25	Ka, O, VS, Typ, El
TT	AN 277 138	B, Typ, El
XX	VS Bull 7 154	Not
HI	VS Bull 7 140	Ka, VS, El
HK	VS Bull 7 140	Ka, VS, B
HL	VS Bull 7 150	O, Typ, Lk, El
HN	VS Bull 7 140	Ka, VS, El
HO	VS Bull 7 140	Ka, VS, El
HP	VS Bull 7 140	Ka, VS, El

HQ	VS Bull 7 140	Ka, VS, El
β	Sternenwelt 1 138	Ka, VS, Not, Lk

Monoceros

R	AJ 54 91	VS, B, Not, Lk
T	Bull. Astr. Obs. Toruń Nr. 2 S. 3 = Ref. 11162	Sp
RY	BSAF 63 179	O, Not, Am, P, Sp
TZ	VS Bull 6 338	Typ, Lk, El
AO	AN 277 40	B
AU	AN 277 40	B, Lk, P
AX	Publ AAS 10 335, 1944	Sp
BN	Publ AAS 9 259, 1939	Not
	Publ AAS 9 260, 1939	C
EP	Circ. Astr. Obs. Univ. Warsaw Nr. 24 S. 3	B, Typ, El

Musca

AY	BAN 11 64	B, El

Norma

RR	Publ AAS 10 329, 1944	Typ, Am, P

Octans

R	Pop Astr 57 407	Not

Ophiuchus

R	Pop Astr 57 408	Not
U	Abastumani Bull. Nr. 10 S. 1 = Ref. 11125	El, Elb, aD
	Publ AAS 10 227, 1942	Not
	VS Bull 7 102	P, El
W	Pop Astr 57 408	Not
Z	AN 277 187	B
RU	Pop Astr 57 408	Not
RY	AN 277 187	B
V413	VS Bull 7 23	Ka, VS, B, Lk, El
V456	Astr Circ UdSSR Nr. 88 S. 6	B, El
χ	Pop Astr 57 111	B, Not, Lk, Sp
	Sterne 25 134	B, Not

Orion

S	AN 277 187	B
U	AN 277 187	B
	ApJ 109 109 = MWC Nr. 754	Ref. 9520
	Gaz astr 31 105	B
	Orion Schaffhausen 2 580	B, Lk
W	Gaz astr 31 104	B
RS	BAF 9 3	Ka, VS, B, Typ, Lk, El
	VS Bull 6 338	Typ, Lk, El
UW	Gaz astr 31 105	B
VV	ApJ 110 160 = McDC Nr. 172 = Ref. 10213	El, Elsb, RG
DN	Harv Bull Nr. 919 S. 29	Not, Lk, El, Elb
FR	AN 277 40	B, El
	Stalinabad Circ. Nr. 69 S. 3	El
α	Orion Schaffhausen 2 580	B
25	BAF 9 11	VS, B

Pavo

R	Pop Astr 57 408	Not
AR	ApJ 109 541 = Obs. Cordoba Tirada Ap. Nr. 33 = Ref. 11132	Typ, El, Sp, RG

Pegasus

W	Gaz astr 31 106	B
RU	Pop Astr 57 409	Not
SV	Taschkent Bull. 2 499	Ka, VS, B, Typ, Lk
AG	NAT 1949 S. 33	B, Not
AT	Bull. Astr.-Geod. Ges. UdSSR Nr. 5 (12) S. 25	Ka, O, VS, Typ, El

Perseus

Y	AN 277 187	B
RW	AN 277 40	B, El
RY	AN 277 40	B, El
	Harv. Bull. Nr. 919 S. 33	B, Typ, Lk, P, El, Elb, Sp
ST	AN 277 40	B
UV	Pop Astr 57 97	Not

AG	AJ 55 2	Ref. 11101
AR	Bull. Astr.-Geod. Ges. UdSSR Nr. 5 (12) S. 25	Ka, O, VS, Typ, El
DM	VS Bull 6 335	VS, Typ, Lk, El
β	AN 277 187	B, El
	AN 278 57	Ref. 11127
	BAB 4 Nr. 3 S. 22	El, Sp
	Publ AAS 10 261, 1942	Not, Par
	Sternenwelt 1 20	Ka, VS
	Sternenwelt 1 102	Ref. 11134
φ	Publ AAS 10 17, 1940	Not

Pictor

T	Pop Astr 57 407	Not
RR	Pop Astr 57 407	Not

Pisces

R	AN 277 187	B
RU	VS Bull 7 30 = Ref. 11154	VS, B, Typ, Lk, P
SZ	Bull. Astr.-Geod. Ges. UdSSR Nr. 5 (12) S. 25	Ka, O, VS, Typ, El

Puppis

VV	MN ASSA 8 91	Not
VX	Publ. Laboratoire Louvain Nr. 111	VS, B, Lk, El
XY	Circ. Astr. Obs. Univ. Warsaw Nr. 24 S. 4	B, El
BB	VS Bull 7 20	VS, B, Lk, El

Pyxis

S	Pop Astr 57 407	Not

Reticulum

R	Pop Astr 57 407	Not

Sagitta

R	AN 277 89	Typ, Am, P
S	BAF 8 48	Ka, VS, B, Typ, Lk, El
	Bull. Astr. Obs. Toruń Nr. 6 S. 14	VS, B, Lk, Am, El
U	Bull. Astr.-Geod. Ges. UdSSR Nr. 5 (12) S. 25	Ka, O, VS, Typ, El
V	Pop Astr 57 97	Not
	Pop Astr 57 408	Not

Sagittarius

T	Pop Astr 57 408	Not
W	MN 109 108	Ref. 5101
RS	ApJ 109 116 = Obs. Cordoba Tirada Ap. Nr. 31	B, El, Elsb, Sp, RG
	Riverview Coll. Obs. Publ. 2 82	VS, B, Typ, El
RY	Pop Astr 57 97	Not
	Pop Astr 57 299	B, Lk
	Pop Astr 57 408	Not
XX	VS Bull 6 330	VS, B, Typ, Lk, El
XZ	ApJ 109 439 = Ref. 11131	Typ, P, Elsb, RG
V354	Astr Circ UdSSR Nr. 85 S. 6	B, El
V505	ApJ 109 100 = Ref. 9222	Els, RG
V525	Riverview Coll. Obs. Publ. 2 78	B, Typ, Lk, El, Elb
υ	ApJ 109 544 = McDC Nr. 167 = Ref. 9509	Sp

Scorpius

RV	Stalinabad Circ. Nr. 72 S. 4	B, Lk
μ^1	Pop Astr 57 297	aD

Scutum

R	AN 277 187	B, El
	Pop Astr 57 408	Not
RY	AJ 54 134	Not, Typ
	Stalinabad Circ. Nr. 67—68 S. 5	VS, B, Typ, Lk, El
δ	Publ AAS 9 260, 1939	P

Serpens

R	AN 277 187	B
	ApJ 109 109 = MWC Nr. 754	Ref. 9520
	Sternenwelt 1 90	Ka

S	Pop Astr **57** 408	Not
U	Pop Astr **57** 408	Not
V	VS Bull **7** 88	VS, B, Typ, Lk, El
W	VS Bull **7** 90	VS, B, Typ, Lk, El
AV	Stalinabad Circ. Nr. **69** S. 4	Typ, El
CT	Stalinabad Circ. Nr. **76** S. 1	Ka, VS, B
CV	VS Bull **7** 36	B, Not, Typ, Lk, El

Taurus

T	VS Bull **7** 76	Typ, Lk, EB, RG
RW	ApJ **110** 438 = McDC Nr. **180**	Ref. 11115
	Bull. Astr.-Geod. Ges. UdSSR Nr. **5** (**12**) S. 25	Ka, O, VS, Typ, El
SU	Pop Astr **57** 97	Not
	Pop Astr **57** 298	Not
	Pop Astr **57** 407	Not
SV	AN **277** 40	B, El
SZ	Mem SA It (NS) **20** 159 = Oss. Astrofis. Arcetri Nr. **65**	Ref. 11148
UW	VS Bull **6** 323	Ka, VS, B, Typ
28	AJ **54** 117	Ref. 9401
	DOB **1949** Nr. 11	Ka, VS, Not, Lk, Sp

Telescopium

RR	NAZ **3** 29	O, B, Sp
	Harv Bull Nr. **919** S. 15	Ka, VS, B, Lk, El, Sp, CI
	Harv Card 1019, 1020	B, Not, Sp
	Pop Astr **57** 97	Not
	Pop Astr **57** 408	Not

Triangulum

R	AN **277** 187	B
X	AN **277** 40	B, El
	AN **277** 187	B, El
	Circ. Astr. Obs. Univ. Warsaw Nr. **24** S. 5	B

Tucana

W	Publ AAS **10** 329, **1944**	Typ, Am, P

Ursa maior

R	AN **277** 187	B
	Orion Schaffhausen **2** 580	B
	Sternenwelt **1** 89	Ka
S	AN **277** 187	B
	Sternenwelt **1** 89	Ka
T	AN **277** 187	B
	Gaz astr **31** 105	B
	Pop Astr **57** 408	Not
	Sternenwelt **1** 89	Ka
W	Astr Circ UdSSR Nr. 88 S. 7	B, El
Z	Pop Astr **57** 97	Not
RS	Pop Astr **57** 408	Not
SX	AJ **54** 176	B
	Stalinabad Circ. Nr. **74—75** S. 4	B, El
TU	Bull. Astr.-Geod. Ges. UdSSR Nr. **5** (**12**) S. 25	Ka, O, VS, Typ, El
TX	AN **277** 40	B, El
	Bull. Astr.-Geod. Ges. UdSSR Nr. **5** (**12**) S. 25	Ka, O, VS, Typ, El
UX	Harv Card 986	B, Not, Typ
	Pop Astr **57** 247	B, Not
	Sky and Telescope **8** 166	Ka, B, Not, Lk, Sp
WW	VS Bull **7** 140	Ka, VS, Not
δ	Pop Astr **57** 97	Not

Ursa minor

T	Gaz astr **31** 105	B
U	AN **277** 187	B
W	Bull. Astr.-Geod. Ges. UdSSR Nr. **5** (**12**) S. 25	Ka, O, VS, Typ, El
α	AN **277** 185	P, El
	VS Bull **7** 133	B, Lk, P, El
ε	Himmelswelt **56** 123	Not

Vela

AI	ApJ **110** 156 = McDC Nr. **173**	Ref. 11158
AO	BAN **11** 64	B, El

Virgo

R	AN **277** 187	B
	Pop Astr **57** 408	Not
S	Pop Astr **57** 408	Not

W	ApJ **109** 177	VS, B, Lk, El
	Publ ASP **61** 135 = Mt. Wilson and Palomar Obs. Repr. Nr. **4**	Sp
	Sterne **26** 36	Sp

Vulpecula

R	AN **277** 187	B
	Pop Astr **57** 408	Not
T	BAF 8 50	VS, B, Typ, Lk, El
U	MN **109** 108	Ref. **5101**
V	AN **277** 187	B, Typ
X	AJ **55** 5	B, Typ, Lk, El
Z	Bull. Astr.-Geod. Ges. UdSSR Nr. **5** (**12**) S. 24	Ka, O, VS, Typ, El
RS	Publ AAS **10** 318, 1943	aD
RU	AN **277** 187	B
SV	Bull. Astr. Obs. Toruń Nr. 1 S. 3	VS, B, Typ, Lk, El, CI
	Bull. Astr. Obs. Toruń Nr. **3** S. 20	VS, B, Lk, El
SW	Pubbl. Oss. Bologna **5** Nr. 8 S. 3	B, Typ, El
12	Orion Schaffhausen **2** 579	B, Sp
20	Orion Schaffhausen **2** 579	B, Sp
25	Orion Schaffhausen **2** 579	B, Sp

11221. Veränderliche mit provisorischer Bezeichnung

31.1905	= Zi 1733	
9.1914	VS Bull **7** 154	B, Not
43.1930	= Pr 1698	
78.1931	Astr Circ UdSSR Nr. **86** S. 6	Typ, El
265.1934	= Pr 2531	
316.1934	= Pr 3072	
320.1934	= Pr 3086	
334.1934	VS Bull **7** 8	Ka, VS, B, Typ, Lk, El
506.1934	= Pr 2431	
44.1935	Astr Circ UdSSR Nr. **86** S. 6	Typ, El
158.1935	= Pr 2559	
538.1936	Stalinabad Circ. Nr. **73** S. 1	B, Typ, Lk, El
42.1939	VS Bull **6** 303	Ka, VS, B, Am
176.1940	Taschkent Bull. **2** 499	Ka, VS, B, Typ, Lk
193.1943	Astr Circ UdSSR Nr. **92** S. 4	Typ, Am, El

11222. Veränderliche BD-Sterne

BD		
+62° 2163	= CW Cep	
61 154	BSAF **63** 124	Ka, VS, Not
55 616	= DM Per	
47 4318	= RS And	
40 4115	= V 470 Cyg	
37 3890	AJ **54** 128	Typ, El, aD, Sp
	Harv Bull Nr. **919** S. 31	Typ, Lk, El, Elb, aD, Sp
31 3932	Ark Astr **1** 59 = Medd. Astr. Obs. Uppsala Nr. **96**	Ka, B, Lk, El, Elb
	PAT **30** 144 = Ref. **11139**	Lk, El, Sp
	Uppsala Astr. Obs. Ann. **3** Nr. **2** S. 16	Lk, Typ
+20° 2337	AJ **54** 129	An, Typ, Am, P, Sp
	Harv Bull Nr. **919** S. 11	Ka, O, VS, B, Typ, Lk, Sp
20 2465	Publ ASP **61** 210 = Ref. **11187**	B
+12 1177	= Pr 379	
− 0 3627	= V 336 Aql	
−16 4858	= XX Sgr	

11223. Veränderliche CPD-Sterne

CPD			
$-23°$ 2113	=	$7^h\,16^m\,37^s.6$	$-23°\,33'.4$ (1875.0)
-25 2111	=	7 8 54.6	-23 53.8 (1875.0)
-25 2261	=	7 16 52.6	-25 38.3 (1875.0)
$-25°$ 2286	=	VY CMa	
-25 2289	=	$7^h\,17^m\,53^s.6$*)	$-25°\,13'.8$ (1875.0)
-25 13054	=	XZ Sgr	

11224. Veränderliche HD-Sterne

HD		
14871	= DM Per	
36695	= VV Ori	
47396	VS Bull **6** 303	Ka, VS, B, Am, const ?
115377	Ref. **11202**	An, Ka, O, B, Am, P ?
160578	Ref. **11202**	An, Ka, O, B, Am, P ?
160777	Ref. **11202**	An, Ka, O, B, Am
168206	= CV Ser	
168710	= XZ Sgr	
175227	= DI Her	
180939	= RS Vul	
190786	= BD +31° 3932	
193611	Publ. Dominion Astrophys. Obs. 8 135 = Ref. **10221**	Els, aD, RG
	Sky and Telescope 8 96 = BD +37° 3890	Not
195175	Ref. **11202**	An, Ka, O, B, Am
200473	Ref. **11202**	An, Ka, O, B, Am
201276	= SZ Cep	
201675	Ref. **11202**	An, Ka, O, B, Am
202674	= UU Dra	
211075	Ref. **11202**	An, Ka, O, B, Am
215835	AJ **54** 135	O, Els, Elsb, aD, Sp
218066	= CW Cep	
227696	Publ AAS **10** 233, 1942	El, Elb, Elsb

11225. Harvard-Veränderliche

HV		
2447	Harv Bull Nr. **919** S. 9	B, Not, Typ, Lk, P, Sp
11091	= BD +37° 3890	
11092	= BD +20° 2337	

11226. Prager-Sterne

Pr		
160	VS Bull **6** 303	Ka, VS, B, Typ, Am
295	Desgl.	Ka, VS, B, Typ ?, Am
317	Desgl.	Ka, VS, B, Typ ?, Am
319	Desgl.	Ka, VS, B, Typ, Am
338	Desgl.	Ka, VS, B, Typ, Lk, Am, El
339	Desgl.	Ka, VS, B, Typ, Lk, Am, El
355	Desgl.	Ka, VS, B, Typ, Am
357	Desgl.	Ka, VS, B, Typ, Am
371	VS Bull **6** 303	Ka, VS, B, Typ, Am, El
376	Desgl.	Ka, VS, B, Typ ?, Am
379	Desgl.	Ka, VS, B, Am, P
384	Desgl.	Ka, VS, B, Am, P
407	Desgl.	Ka, VS, B, Typ, Am, El
449	Desgl.	Ka, VS, B, Typ, Am
455	Desgl.	Ka, VS, B, Am
1144	Desgl.	Ka, VS, B, Typ, Am, El
1698	VS Bull **7** 140	Ka, VS, B

*) Auch $7^h\,17^m\,52^s.6$ angegeben.

Pr		
2305	VS Bull 7 140	Ka, VS, B
2320	NAZ 3 34	Not, Typ, Am, P
2431	VS Bull 7 40	Ka, VS, B, Typ, P ?
2434	Desgl.	Ka, VS, B, Typ ?
2440	Desgl.	Ka, VS, B, Typ ?
2454	Desgl.	Ka, VS, B, Typ ?
2531	Desgl.	Ka, VS, B
2559	Desgl.	Ka, VS, B, Typ, El
2566	Desgl.	Ka, VS, B, const ?
2572	Desgl.	Ka, VS, B, Typ ?
2640	Desgl.	Ka, VS, B, Typ ?
2742	VS Bull 6 303	Ka, VS, B, Typ, Am
2788	Desgl.	Ka, VS, B, Am, P ?
3072	VS Bull 7 140	Ka, VS, B
3086	Desgl.	Ka, VS, B
3095	VS Bull 6 303	Ka, VS, B, Am
3097	Desgl.	Ka, VS, B, Typ, Lk, Am, El
3113	Desgl.	Ka, VS, B, Am, const
3122	Desgl.	Ka, VS, B, Not, Am
3177	= 334.1934	
3299	VS Bull 6 303	Ka, VS, B, Typ, Am, El
3344	Desgl.	Ka, VS, B, Not, Am
3358	Desgl.	Ka, VS, B, Typ ? Am
3369	Desgl.	Ka, VS, B, Typ, Am, El ?
3370	Desgl.	Ka, VS, B, Am, P ?
3373	VS Bull 6 303	Ka, VS, B, Typ, Am
3374	Desgl.	Ka, VS, B, Typ, Am
3380	Desgl.	Ka, VS, B, Typ ? Am
3381	Desgl.	Ka, VS, B, Typ, Am, P ?
3483	Desgl.	Ka, VS, B, Typ, Am
3490	Desgl.	Ka, VS, B, Am, El
3711	Desgl.	Ka, VS, B, Am, const ?
3774	Desgl.	Ka, VS, B, Am, const ?
5012	Desgl.	Ka, VS, B, Typ, Am, El
5027	Desgl.	Ka, VS, B, Typ, Am
5111	Desgl.	Ka, VS, B, Typ ?, Am, El ?
5133	Desgl.	Ka, VS, B, Typ, Am, El
5199	Desgl.	Ka, VS, B, Typ, Am
5504	BAA Circ Nr. 311, 312	An, O, B, Not, Sp
	NAZ 3 36	An, O, Not, Typ, Sp
	UAI Circ 1235, 1236, 1240, 1241, 1242	An, O, B, Not, Typ, Am, P, El, Sp
5575	VS Bull 6 303	Ka, VS, B, Typ ? Am, P
5636	Desgl.	Ka, VS, B, Typ, Am
5810	Desgl.	Ka, VS, B, Typ ? Am, El ?

11227. Ross-Sterne

Ross	
4	= Zi 267
123	= Pr 2305
128	= Pr 2320
161	= Pr 455
193	= Pr 371
194	= Pr 376
219	= Zi 1733
377	= Pr 1144

11228. SVS-Sterne

SVS	
332	= Pr 295
334	= Pr 317
492	= Pr 5504
548	= Pr 2572

SVS		
603	= CV Cep	
666	= Pr 2640	
757	= Pr 2434	
759	= Pr 2440	
762	= Pr 2454	
776	= Pr 2566	
928	= DE Lac	
930	VS Bull 7 101	Ka, VS, B, Typ
935	Desgl.	const?
936	VS Bull 7 99	Ka, VS, B, Typ, Lk, El
940	Astr Circ UdSSR Nr. 88 S. 7	El
988	= SZ CVn	

11229. **Zinner-Sterne**

Zi		
44	VS Bull 6 303	Ka, VS, B, Typ, Am
267	Desgl.	Ka, VS, B, Am
290	Desgl.	Ka, VS, B, Typ, Am, El
296	Desgl.	Ka, VS, B, Typ, Am
626	VS Bull 7 140	Ka, VS, B
1043	= 9.1914	
1733	Vgl. § 113 Nova Aql 1904	
1930	NAZ 3 34, 36, 44	B, P

11230. **Sonstige Veränderliche**

Äqu. 1855			
4h 33m.8s	+79° 28′	VS Bull 7 45	An, Ka, VS, B, Typ
5 20.6	+79 52	Desgl.	An, Ka, VS, B, Typ
5 57.6	+80 8	Desgl.	An, Ka, VS, B, Typ
5 44 52	+51 3.3	Publ AAS 10 13, 1940	An, Typ, Am, El
6 55 34.5	− 1 3.4*)	Publ. Laboratoire Louvain Nr. 111	An, Ka, VS, B, Typ, Lk, Am, P, El
6 56 41.5	−22 39.4	Desgl.	An, Ka, VS, B, Lk, El
6 57 23.2	− 2 15.5	Desgl.	An, Ka, VS, B, Typ, Lk, Am, P, El
7 0 48	+ 6 30	Stalinabad Circ. Nr. 72 S. 1	An, Ka, B, Typ, Am
7 2 49.8	−18 24.8	Publ. Laboratoire Louvain Nr. 109	An, VS, B, Typ, Lk, Am, P, El
7 3 11.5	−18 19.3	Desgl.	An, Ka, VS, B, Typ, Lk, P, Am, El
7 8 43.3	−21 59.2	Desgl.	An, Ka, VS, B, Typ, Lk, P, Am, El
7 9 30.2	−19 4.5	Desgl.	An, Ka, VS, B, Typ?, Lk, P?, Am
7 11 41.0	−18 21.7	Desgl.	An, VS, B, Typ, Lk, P, Am, El
7 11 41.3	−19 25.5	Desgl.	An, Ka, VS, B, Typ, Lk, P, Am, El
7 12 34.2	−18 18.4	Publ. Laboratoire Louvain Nr. 111	An, VS, B, Typ, Lk, P, Am, El
7 12 59.9	−18 26.9	Desgl.	An, Ka, VS, B, Lk, El
7 17 33.0	−18 39.0	Publ. Laboratoire Louvain Nr. 109	An, Ka, VS, B, Typ, Lk, P, Am, El
7 17 43.6	−18 54.0	Publ. Laboratoire Louvain Nr. 111	An, Ka, VS, B, Typ, Lk, Am, P, El

*) Äquinoktium nicht angegeben.

7ʰ	23ᵐ	41.6ˢ	−21°	18.′0	Publ. Laboratoire Louvain Nr. 109	An, Ka, VS, B, Lk, Am, P, El
7	27	37.6	−21	53.4	Desgl.	An, VS, B, Typ, Lk, Am, P, El
7	55.4		−12	37	VS Bull 7 45	An, Ka, VS, B, Typ, Am
8	9.2		−12	27	Desgl.	An, Ka, VS, B, Typ, Am
20	56	13	+34	44.8	Orion Schaffhausen 3 20	An, B
					Äqu. 1875	
6	51	39.0	−25	43.8	Publ. Laboratoire Louvain Nr. 111	An, Ka, VS, Typ, Lk, Am, P, El
6	53	46.2	−23	39.3	Publ. Laboratoire Louvain Nr. 109	An, Ka, VS, B, Typ, Lk, Am
6	55	34.2	−24	31.3	Desgl.	An, Ka, VS, B, Typ, Lk, Am
6	57	47.4	−26	6.2	Publ. Laboratoire Louvain Nr. 111	An, Ka, VS, Typ, Lk, P ?, Am, El ?
6	58	51.8	−23	34.5	Publ. Laboratoire Louvain Nr. 109	An, VS, Nova ?, Lk, Am
6	59	16.3	−24	18.3	Desgl.	An, Ka, VS, B, Typ, Lk, Am, P, El
6	59	48.7	−27	6.1*	Publ. Laboratoire Louvain Nr. 111	An, Ka, VS, B, Typ, Lk, Am, P, El
7	1	39.3	−23	45.3	Desgl.	An, Ka, VS, B, Typ, Lk, Am, P, El
7	2	20.7	−25	26.8	Desgl.	An, Ka, VS, Not, Am
7	8	54.6	−23	53.8	Desgl.	An, VS, Typ, Lk, Am
7	12	50.2	−26	4.3	Desgl.	An, Ka, VS, B, Typ, Lk, Am, P, El
7	16	37.6	−23	33.4*	Desgl.	An, VS, B, Typ, Lk, P, Am, El
7	16	52.6	−25	38.3	Desgl.	An, VS, B, Typ, Lk, P, Am, El
7	17	53.6	−25	13.8	Desgl.	An, Ka, VS, Not, Typ, Lk, Am, P, El
7	20	6.0	−27	4.7	Publ. Laboratoire Louvain Nr. 109	An, Ka, VS, B, Typ, Lk, Am, P, El
7	24	3.8	−25	55.0	Publ. Laboratoire Louvain Nr. 111	An, Ka, VS, Not, Typ, Lk, Am, P ?
7	27	35.6	−24	42.8	Publ. Laboratoire Louvain Nr. 109	An, Ka, VS, B, Lk, P, Am, El
7	29	48.1	−23	42.8	Publ. Laboratoire Louvain Nr. 111	An, Ka, VS, Typ ?, Lk, P ?, Am
7	32	33.7	−26	7.8	Desgl.	An, Ka, VS, Not, Am
7	39	56	−20	26.9	BAN 10 480	An, Ka, O, VS, Lk, P

*) Äquinoktium nicht angegeben.

		Äqu. 1900	
0^h 0^m 21^s	+54° 36 0	AJ **55** 6	An, Ka, VS, Typ, El
1 20.0	+31 51.8	VS Bull **7** 154	B, Not
5 31 30	− 2 15.3	AJ **55** 6	An, Ka, VS, Typ
5 31 42	− 0 46.0	AJ **55** 6	An, Ka, VS, Typ
6 52 12.6	+13 16 32	VS Bull **6** 303	Ka, VS, B, Typ ?, Am
8 26 5	−40 0.0	BAN **11** 66	An, Ka, VS, B, Typ, Lk, El
8 44 53	−48 17.0	BAN **11** 67	An, Ka, VS, B, Typ, Lk, El
9 25 12	−50 39.5	BAN **11** 68	An, Ka, VS, B, Typ, El
9 37 46	−53 21.5	BAN **11** 68	An, Ka, VS, B, Typ, El
19 55.9	+33 42	ApJ **109** 538	An, Ka, O, VS, B, Lk
21 30.0	+38 38	VS Bull **7** 140	Ka, VS, Not
23 18 51	+47 53.4	AJ **55** 6	An, Ka, VS, Typ, El
23 32.8	+47 51	ApJ **109** 540 = Ref. 12228	Typ, Am

HR 7886 = Zi 1930
Luyten 726—8 Ref. **9209**, **9214**, **9314**, **10124**, **111111**, **111112**
DOB **1949** Nr. 12

11231. Veränderliche Sterne. Verzeichnis der Beobachter und Berechner

W. N. Abbott
P. Ahnert
J. Ashbrook
H. Auzinger
G. S. Badaljan
E. A. Baker
M. C. Ballario
B. Bell
W. P. Bidelman
J. Bigay
L. Binnendijk
A. Blaauw
Blottiau
B. J. Bok
Bomm
R. J. Bossard
R. A. Bozula
A. Briede
Butterworth
L. Campbell
R. Canavaggia
E. W. Cavatton
Chandra
Ch'ing-Sung Yu
P. N. Cholopow
E. Conceiças
L. Dahlmark
M. S. Davis
A. Dermul
R. Deurinck
L. Dezsö
W. Dieckvoss
E. van Dien
W. H. Dirks
R. L. Duncombe
Duruy
A. Dziewulska
W. Dziewulski
F. K. Edmondson
P. Elias
T. Elvius
E. A. Fath
Ficonetti
A. J. Filin
M. G. Fracastoro
A. M. Frolow
R. I. Gabdrakinowa
S. Gaposchkin
H. L. Giclas
E. K. Giz
V. Goedicke
K. C. Gordon
H. Haage
M. Hack
J. S. Hall
R. H. Hardie
K. G. Henize
G. H. Herbig
A. Hestin
W. A. Hiltner
F. Hinderer
K. Himpel
D. Hoffleit
C. Hoffmeister
A. van Hoof
H. G. Horak
C. J. van Houten
C. M. Huffer
J. A. Hynek
W. Iwanowska
T. S. Jacobsen
J. Jacyna
J. I. Jefremow
R. L. Jolley
P. van de Kamp
J. T. Kapko
D. K. Karimowa
M. Kiessig
H. Kleibrink
M. A. Kljakotko
R. P. de Kock
W. de Kort
G. E. Kron
B. W. Kukarkin
P. G. Kulikowskij
N. E. Kurotschkin
C. O. Lampland
G. Land
F. Lause
E. Leutenegger
I. M. Levitt
J. Lienhard
B. Lindblad
A. P. Linnell
A. Lisicki
E. Loreta
J. Lorrie
A. M. Losinskij
W. J. Luyten
M. Mackiewicz
N. L. Magalaschwili
F. Mandré
T. L. Mandrykina
B. Marczewski
J. Martens

M. du Martheray
D. J. Martynow
M. W. Mayall
M. Mazur
J. K. McDonald
A. McKellar
V. McKibben Nail
R. D. McKnelly
P. W. Merrill
E. Michiels
L. Michiels
R. A. Naef
D. O'Connell
D. J. K. O'Connell
O. K. Odynskaja
M. Olmsted
P. T. Oosterhoff
J. Pagaczewski
J. S. Paraskevopoulos
P. P. Parenago
F. Pavel
J. A. Pearce
N. B. Perowa
H. Peter
M. Petit
A. A. Petrow
Pocher
D. M. Popper
W. Rabe
V. Rivet
L. Rosino
M. Rudkjöbing
J. Sahade
H. U. Sandig
R. F. Sanford
N. M. Schachowskoj
H. Schneller
P. A. Schultz
R. M. Scott
E. C. Silva
B. W. Sitterly
A. Ślizyński
B. Smith
A. W. Solowjow
G. A. Starikowa
W. H. Stilwell
J. Stock
J. Storms
O. Struve
P. Tempesti
A. D. Thackeray
A. Thomas
A. Torondshadse
Tcheng Mao-Lin
T. S. Tschernowa
T. Uranowa
B. Ustinow
E. Vandekerkhove
G. de Vaucouleurs
J. Verlooy
Å. Wallenquist
T. Walraven
K. Walter
O. P. Wassiljanowskaja
H. L. Welsh
A. J. Wesselink
B. S. Whitney
S. Whitt
P. Wild
F. B. Wood
K. O. Wright
R. W. Wrigley
E. Zepowa
W. P. Zessewitsch
W. Zonn

§ 113

Novae, Supernovae

11301. **C. Bertaud,** Répartition des novae en longitude galactique. Influence de l'amas local. CR **229** 809—811, mit 1 Fig. — Die galaktische Verteilung von 102 gesicherten Novae und Supernovae zeigt in Richtung zum galaktischen Zentrum ein ausgesprochenes Maximum. Die Hälfte der Novae fällt zwischen 300° und 360° gal. Länge, 41 davon zwischen 320° und 340°. Das Maximum der Häufigkeit der scheinbar helleren Novae ($m_{max} \approx 2^m$) wandert monoton von 38° gal. Länge zu 329° bei den scheinbar schwächeren Novae ($m_{max} \approx 10^m$). Loh.

11302. **C. E. R. Bruce,** The emission spectra of novae. Obs **69** 193. — Verf. wendet die von ihm gegebene Erklärung der Linienverbreiterung in Novaspektren durch magnetische Felder (siehe Ref. **6604**) auf zwei Beobachtungen der Nova Herculis 1934 an. Die Linienbreiten von $H_\alpha - H_\zeta$ ($H_\alpha - H_\delta$) am 13. Dezember 1934 um $6^h\!.6$ ($17^h\!.9$) stimmen gut mit den berechneten überein, wenn man eine Feldstärke von $1.2 \times 10^6\, \Gamma$ ($7.4 \times 10^5\, \Gamma$) benutzt. Loh.

* * **C. E. R. Bruce,** Zeeman effect in astrophysical spectra. Vgl. Ref. **6604.**

11303. **K. G. Henize,** A systematic search for novae. Pop Astr **57** 52—64, mit 3 Fig. = Publ. Leander McCormick Obs. **12** part 1. — Bericht über ein am Leander McCormick Observatory aufgestelltes Programm zur systematischen Suche Neuer Sterne auf Grund einer Statistik (gal. Verteilung) der bisherigen Novaentdeckungen. Die in einem Beobachtungszeitraum von elf Monaten vorläufig gesammelten Erfahrungen werden in Anschluß an die Beschreibung des Instrumentariums (Kamera 1:1.8; Öffnung 2' und Zubehör) mitgeteilt. Loh.

* * **A. van Hoof,** Four new variable stars in Canis major and Puppis. Vgl. Ref. 11230. — Der Stern $6^h 58^m 51^s.8$, $-23° 24'.5$ (1875) ist vielleicht eine Nova.

11304. **E. B. Kostjakowa,** Pränovaausbrüche. VS Bull **7** 154 (russisch). — Bei der Aufstellung der Lichtkurven Neuer Sterne wurde bemerkt, daß die Novae Circini, X Serpentis, Aquilae 1899 und Velorum 1905.9 vor ihrem Aufleuchten, und zwar 1700 bzw. 1280, 687 und 485 Tage vorher, kleine Helligkeitsausbrüche von $0^m.4$ bzw. $1^m.4$, $2^m.6$ und $3^m.6$ zeigten. Loh.

11305. **M. W. Mayall,** Six novae, one with a late-type spectrum. AJ **54** 191. — Besprechung in Sterne **26** 88. — Ref. AAS.

11306. **D. B. McLaughlin,** The relation between absorption velocity and rate of decline for galactic novae. Publ AAS **10** 21—22, 1940. — Ref. AAS.

11307. **D. B. McLaughlin,** An interpretation of the nova spectrum. Publ AAS **10** 255—256, 1942. — Ref. AAS.

11308. **D. B. McLaughlin,** Oscillatory changes in the spectra of novae. Publ AAS **10** 309—310, 1943. — Ref. AAS.

11309. **D. B. McLaughlin,** Oscillations of absorption lines of novae. Publ AAS **10** 331, 1944. — Ref. AAS.

11310. **D. B. McLaughlin,** The «transition» stage of novae. Publ ASP **61** 74—83. — Verf. sucht aus spektroskopischen Hinweisen zu entscheiden, ob das Übergangsstadium der Novae, der Übergang des Spektrums vom stellaren zum nebularen Typ also, durch Aufhören oder Veränderlichkeit des Ausströmens der Materie mit nachfolgender Helligkeitszunahme der Emissionsbänder (Grotrian) oder durch die Ausbildung einer molekularen, verdunkelnden Wolke zwischen Stern und Haupthülle (Stratton, ter Haar) zustande kommt. Es zeigt sich, daß die spektroskopischen Veränderungen besser auf Grund der Grotrianschen Deutung erklärt werden können. Loh.

11311. **E. R. Mustel,** Über die Deutung der Erscheinungen, welche den Ersatz des vormaximalen Spektrums der Neuen Sterne durch das Hauptspektrum begleiten. Krim Mitt. **4** 23—48, mit 2 Abb. (russisch). — Acht Novamodelle, in denen die obige Phase der Novaentwicklung behandelt wird, werden auf Grund der Beobachtungen und vor allem der spektroskopischen kritisch betrachtet. Lediglich das vom Verf. früher vorgeschlagene Modell (siehe AJB **46** Ref. 8617—19, 48 Ref. **11313**) ist frei von Schwierigkeiten, während die sieben anderen Modelle mit den Beobachtungen ausweglos in Widerspruch stehen. Danach wird die Verdichtung der sich umwandelnden Schicht durch die Wirkung des selektiven Strahlungsdruckes erklärt. Loh.

11312. **E. R. Mustel,** Über den Expansionsmechanismus der Neuen Sterne vor dem Helligkeitsmaximum und die Massen der Neuen Sterne. Krim Mitt. **4** 152—190, mit 3 Abb. (russisch). — Kritische Betrachtung zweier Novamodelle, ihrer Varianten und Konsequenzen. Die mit den Massenbestimmungen verbundenen Schwierigkeiten werden erörtert. Loh.

11313. **P. P. Parenago,** Die endgültigen Lichtkurven von sechs Novae und drei Supernovae. VS Bull **7** 109—123, mit 6 Tafeln (russisch). — Betrifft die Novae CP Lac 1936, V 356 Aql 1936, V 368 Aql 1936, V 630 Sgr 1936, V 841 Oph 1848, T Aur 1891 und die Supernovae S And 1885 (NGC 224), CVn 1937 (IC 4182), Persei 1937 (NGC 1003), für die alle vorhandenen Beobachtungen zur Aufstellung der vollständigen und endgültigen Lichtkurven herangezogen wurden. Loh.

* * **C. D. Perrine,** Planetary nebulae and novae. Vgl. Ref. 12220.

11314. **E. Schatzman,** Remarques sur le phénomène de novae (II). Ann d'Astrophys **12** 281—286. — Es wird eine Hypothese des Novaphänomens entwickelt, die eine durch Stoßwellen erfolgende Materieabstoßung annimmt. Die erforderliche Energie ist relativ gering, pro Gramm abgeschleuderte Materie ist die Umwandlung von 0.22 g Wasserstoff in Helium erforderlich. Kurz behandelt wird die Bewegung von Stoßwellen in der Sonne. Micz.

11315. **W. W. Sobolew,** Über den Ursprung heller Linien in Spektren der Neuen Sterne. DAN **53** 793—796, 1946. — Ref. in Phys. Ber. **28** 547.

11316. **P. Swings,** Nitrogen flaring stages of novae. Publ AAS **10** 321, 1943. — Ref. AAS.

11317. **Nova Aquilae (1904) = 31.1905 = Ross 219 = Zinner 1733**
Beobachtung: NAZ **3** 43—44. H. U. Sandig. — Notiz.

11318. **Nova Aquilae Nr. 3 (1918)**
E. R. Mustel, Über die Deutung der Formänderungen der Emissionskonturen im Spektrum der Nova Aql 1918. AJ UdSSR **26** 15—21, mit 1 Abb. (russisch). — Verf. diskutiert die mit den sekundären Helligkeitsschwankungen auf dem absteigenden Ast der Lichtkurve verbundenen Veränderungen der Konturen der Wasserstoffemissionslinien. Argumente sprechen zugunsten der Auffassung, daß im Moment der sekundären Minima die Konturen nur durch die Haupthülle bedingt waren und daß deren Strahlung durch die Umwandlung kinetischer Energie der Orionatome in strahlende Energie entstand. Loh.

11319. **Nova V 528 Aquilae (1945)**
O. D. Dokutschajewa, Die Lichtkurve der Nova Aquilae 1945 (V 528 Aquilae). VS Bull **7** 95—98, mit 1 Abb. (russisch). — Vereinigung aller Helligkeitsbeobachtungen zur Aufstellung der Lichtkurve.

11320. **Nova Aquilae (1949)**
Entdeckung: A. W. Solowjow, Stalinabad, 1949 Mai 2.
Anzeige: Astr Circ UdSSR Nr. **87** S. 1.
Beobachtung: Astr Circ UdSSR Nr. **88** S. 1. — Ort, Helligkeiten.
Astr Circ UdSSR Nr. **90/91** S. 4. — Notiz.

11321. **Nova T Coronae Borealis (1866)**
Beobachtung: Astr Circ UdSSR Nr. 88 S. 6. A. W. Solowjow. — Helligkeiten.
Atti dell'Istituto Veneto di Sci. Lettere ed Arti Cl. Sci.-mat. e nat.) **108** 95—96 = Contr. Oss. Astrofis. Univ. Padova in Asiago Nr. **13**. S. Taffara. — Helligkeiten.

R. Brahde, A spectrophotometric investigation of Nova T Coronae Borealis 1946. Stockholms Obs. Ann. **15** Nr. 7, 22 S. mit 5 Fig. und 1 Tafel. — Nach einer Übersicht über die spektroskopischen Beobachtungen der Nova T Coronae Borealis beim ersten Ausbruch 1866 und der Zeit bis zum zweiten 1946 wird zunächst über das photometrische Verfahren zur Auswertung von fünf Spektren des Verf. 1946 Februar 17, 19 und 22 berichtet. Sie dient zur Ableitung von Farbtemperaturen. Die Koronalinien [Fe X] λ 6375, [Fe XIV] λ 5303 und [Ni XII] λ 4231 wurden festgestellt, vielleicht war auch [A X] λ 5536 vorhanden. Eine Reihe von Depressionen im blauen und grünen Spektralbereich wird MgH-Banden zugeschrieben. Radialgeschwindigkeitsmessungen sowie ein Verzeichnis photometrischer Daten stärkerer Emissionslinien beschließen die Arbeit. Micz.

L. Gratton, E. C. Krüger, Lo spettro della Nova T Coronae Borealis nell'esplosione del febbraio 1946. Mem SA It (NS) **20** 197—225, mit 3 Fig. = Contr. Oss. Astr. Milano-Merate (NS) Nr. **28**. — Diskussion der 1946 in Merate erhaltenen Aufnahmen. Die beobachteten Phänomene können erklärt werden, wenn man annimmt, daß T CrB aus der eigentlichen Nova, einem M-Riesen und einem beide umgebenden Nebel von wenigen Bogensekunden Durchmesser besteht. Loh.

R. F. Sanford, High-dispersion spectrograms of T Coronae Borealis. ApJ **109** 81—91, mit 3 Fig. und 4 Tafeln = MWC **756**. — Besprechung in Sternenwelt 1 279. — Die Arbeit beschäftigt sich mit dem spektralen Verhalten der Nova T CrB, beginnend kurze Zeit nach ihrem Ausbruch 1946 Februar 9 bis etwa Mitte 1948 (Coudé-Spektren). Wenn der Stern schwächer als 9^m ist, besteht das Spektrum aus einer gM3-Komponente und novaähnlichen Emissionserscheinungen. Die Radialgeschwindigkeit der M-Komponente ist veränderlich und kann durch eine Sinuskurve mit 21 km/sec halber Amplitude und $230^d.5$-Periode dargestellt werden; die Systemgeschwindigkeit −29 km/sec entspricht der unveränderlichen Geschwindigkeit aus den Emissionslinien. Eine befriedigende Deutung für dieses Verhalten steht aus. Auf die Struktur der hellen Linien wird eingegangen, zahlreiche Spektren werden reproduziert, darunter auch eines aus dem infraroten Bereich. Micz.

S. Taffara, Grandezze fotovisuali e fotografiche della Nova T Coronae Borealis determinate intorno all' epoca del massimo del 1946. Atti Ist. Veneto sci. Lettere Arti **108** 95—96 = Contr. Oss. astrofis. Univ. Padova in Asiago Nr. **13**. — Zehn photographische und dreizehn photovisuelle Größen der Nova T Coronae Borealis zwischen Februar und Juli 1946. F. Z.

11322. Nova Cygni (1948)

Beobachtung: MPC 187, 1948. G. Adamopoulos. — Ort.
PAT **30** 83. — Notiz.

A. W. Solowjow, Helligkeiten und Farbenindizes der Nova Cygni 1948. Stalinabad Circ. Nr. **67—68** S. 1—5, mit 2 Abb. (russisch).

K. M. Yoss, The spectrum of Nova Cygni 1948. Publ ASP **61** 87—88. — Es werden zwei Spektren vom 6. Juni und 1. Oktober 1948 beschrieben und Expansionsgeschwindigkeiten aus H_β, H_γ und H_δ mitgeteilt.

11323. Nova DQ Herculis (1934)

Beobachtung: BAF **8** fasc. 2 S. 60—61, 76. E. Loreta. — Helligkeiten.
BAF **9** fasc. 1 S. 70. E. Loreta. — Helligkeiten.
Pop Astr **57** 408. — Helligkeit.

P. Swings, P. D. Jose, The spectrum of Nova DQ Herculis (1934) in 1947 and 1949. ApJ **110** 475—477 = McDC **175** = Inst. d'Astrophys. Liége Nr. **310**. — Die Verf. vergleichen auf Spektralaufnahmen aus den Jahren 1947 und 1949 der Nova Herculis 1934 das Spektrum des umgebenden Nebels mit Aufnahmen von 1942 und 1944. Während die Expansionsgeschwindigkeit unverändert geblieben ist, lassen die Nebellinien zum Teil erhebliche Intensitätsänderungen erkennen, zu deren Deutung eine kurze Erklärung vorgeschlagen wird. Micz.

11324. Nova CP Lacertae (1936)

Beobachtung: Oss. Astrofis. Catania Contr. Astrofis. Nr. **66**. E. de Caro, P. Sconzo. — Ort 1875.0 und 1936.0.

11325. Nova BT Monocerotis (1939)

F. L. Whipple, B. J. Bok, Preliminary observations of Nova Monocerotis 1939. Publ AAS **10** 32, 1940. — Ref. AAS.

11326. Nova RS Ophiuchi (1933)

Beobachtung: Pop Astr **57** 97. — Helligkeit.

C. Bertaud, Nova RS Ophiuchi. Courbe de lumière de 1933 à 1940. Variations spectrales. BA **14** 61—68, mit 2 Fig.

11327. Nova Persei Nr. 2 (1901)

D. B. McLaughlin, The rate of development of the spectrum of Nova Persei 1901. Publ AAS **10** 167, 1942. — Ref. AAS.

D. B. McLaughlin, The spectrum of Nova Persei 1901. Publ. Obs. Univ. Michigan **9** Nr. 3, S. 13—71, 6 Fig. und 2 Tafeln. — Die Publikation stellt eine ausführliche Monographie über das spektrale Verhalten der Nova Persei 1901, beginnend mit dem ersten verfügbaren Spektrum einen Tag nach der Entdeckung bis zum Postnova-Stadium 1930—40, dar. Sie beruht auf einer einheitlichen Bearbeitung zahlreicher Spcktren (Cambridge, Harvard, Lick, South Kensington und andere). Die beobachtete spektrale Entwicklung der Nova ist mit der Hypothese einer explosionsartigen Abstoßung einer Hülle innerhalb weniger Stunden, die von einer mehrere Monate anhaltenden fluktuierenden Materieemission unter hoher Geschwindigkeit gefolgt war, zu verstehen. Die Struktur der Emissionsbänder ist durch ungleichmäßige Abstoßung von Materie in verschiedenen Richtungen zu deuten. Strukturänderungen, insbesondere sehr schnelle, resultieren dagegen vermutlich überwiegend aus Änderungen der Anregungsbedingungen. Micz.

11328. Nova RR Pictoris (1925)

Beobachtung: Pop Astr **57** 97. — Helligkeit.

11329. Nova CP Puppis (1942)

Beobachtung: Pop Astr **57** 97, 407. — Helligkeiten.

D. B. McLaughlin, Notes on Nova Puppis. Publ AAS **10** 310, 1943. — Ref. AAS.

E. Pettit, Light-curve of Nova Puppis 1942. Publ ASP **61** 41—43, mit 1 Fig. = Mt. Wilson and Palomar Obs. Repr. Nr. 1. — Die mit einem Keilphotometer beobachtete Lichtkurve vom Tag der Entdeckung an bis zum Januar 1949 wird mit der Lichtkurve der Nova Persei (1901) verglichen. Die bei letzterer beobachteten Helligkeitsschwankungen 4^m bis 5^m nach dem Maximum treten bei Nova Puppis 1942 nicht auf. Von Anfang 1943 zeigt die Lichtkurve in logarithmischer Zeitskala nur leichtere Wellen. Wegen der Expansion der Hülle dürfte damit zu rechnen sein, daß die Nova frühestens im Herbst 1952 mit einem Durchmesser von 2' als Nebelchen sichtbar wird. Loh.

11330. Nova Sagittae Nr. 2 (1913)

Beobachtung: PAT **30** 82. — Notiz.
Pubbl. Oss. astr. univ. Bologna **5** Nr. 8 S. 5. L. Rosino. — Helligkeiten.

11331. Nova V 732 Sagittarii (1936)

Beobachtung: NAZvM Nr. 57. — Notiz.
UAI Circ 1196. — Notiz.

11332. Nova Sagittarii (1943)

Beobachtung: AJ **54** 191. M. W. Mayall. — Spektrum.

11333. Nova Sagittarii (1947)

Beobachtung: PAT **30** 82. — Notiz.

11334. Nova Scorpii (1949)

Entdeckung: L. E. Erro, Tonanzintla, Mexico, 1949 März 23.
Anzeige: Astr Circ UdSSR Nr. 88 S. 1, BAA Circ Nr. 309, BSAF **63** 94, Gaz astr **31** 82, Harv Card 985, MN ASSA **8** 35, NAZvM Nr. 61, NAZ **3** 11, Pop Astr **57** 247, Sky and Telescope **8** 196, UAI Circ 1208.

Beobachtung: Astr Circ UdSSR Nr. 88 S. 1. A. W. Solowjow. — Helligkeiten.
BAA Circ Nr. 309. E. L. Johnson. — Helligkeit.
Gaz astr **31** 82. — Helligkeiten, Spektrum.
Harv Card 985. — Helligkeit, Spektrum.
MN ASSA **8** 35. — Ort, Helligkeit.
NAZ **3** 11. E. L. Johnson. — Helligkeit, Spektrum.
Pop Astr **57** 247. — Ort, Helligkeit, Spektrum.
UAI Circ 1209. L. E. Erro. — Helligkeit, Spektrum.
UAI Circ 1211. E. L. Johnson. — Ort, Helligkeit.

11335. Nova Scuti (1949)

Entdeckung: C. Bertaud, Meudon, 1949 Juli 31.

Anzeige: Astr Circ UdSSR Nr. 89 S. 1, BAA Circ Nr. 310[1]), CR **229** 469—471, Gaz astr **31** 83[1]), 129, Harv Card 1017, Himmelswelt **56** 142, J RAS Canada **43** 161, Kop Akt Medd 329, NAT **1949** S. 116—117, NAZvM Nr. 69, NAZ **3** 23, Pop Astr **57** 518, Sky and Telescope 8 281, UAI Circ 1224.

Beobachtung: Astr Circ UdSSR Nr. **89** S. 1. D. J. Martynow. — Helligkeiten.
Astr Circ UdSSR Nr. **90/91** S. 2. N. E. Kurotschkin. — Vergleichssterne, Helligkeiten, Karte.
Astr Circ UdSSR Nr. **90/91** S. 3. D. J. Martynow, M. T. Emeljanenko. — Helligkeiten, Notiz.
Astr Circ UdSSR Nr. **90/91** S. 3. — Notiz.
Astr Circ UdSSR Nr. **90/91** S. 16. D. J. Martynow. — Notiz.
Astr Circ UdSSR Nr. **92** S. 3. D. J. Martynow. — Notiz.
Astr Circ UdSSR Nr. **93** S. 5. D. J. Martynow. — Helligkeit.
BAA Circ Nr. 311. F. M. Holborn, J. L. White. — Helligkeiten, Notiz.
BAA Circ Nr. 312. W. H. Steavenson. — Helligkeit.
CR **229** 469—471, mit 1 Abb. C. Bertaud. — Ort, Helligkeiten, Lichtkurve.
Gaz astr **31** 83, 129. — Helligkeiten, Spektrum.
Harv Card 1017. O. Struve, G. Münch, V. Kourganoff, L. Campbell. — Helligkeiten, Spektrum.
Harv Card 1020. L. Goldberg, O. Struve. — Helligkeiten, Spektrum.
Harv Card 1027. G. van Biesbroeck. — Ort.
Himmelswelt **56** 142. — Helligkeit, Spektrum.
JO **32** 119—122, mit 1 Fig. C. Bertaud, F. Baldet. — Photographische Helligkeiten.
J RAS Canada **43** 161. — Spektrum.
NAZ **3** 23. C. Fehrenbach, W. H. Steavenson. — Spektrum, Helligkeit.
NAZ **3** 29. W. Dieckvoss. — Ort.
NAZ **3** 29, 34. Bomm, Pocher, H.-D. Haage. — Helligkeit.
NAZ **3** 29 = Harv Card 1020.
NAZ **3** 34. H.-U. Sandig. — Helligkeit.
NAZ **3** 36. H. Auzinger. — Helligkeit.
Orion Schaffhausen **3** 19. E. Leutenegger. — Helligkeiten, Lichtkurve.
Orion Schaffhausen **3** 29. — Helligkeiten.
Pop Astr **57** 518. — Lichtkurve.
UAI Circ 1225. W. H. Steavenson. — Vergleichsstern, Helligkeit.

---

[1]) Irrtümlich mit Nova Aquilae 1949 bezeichnet.

UAI Circ 1226. G. Merton. — Helligkeiten.
UAI Circ 1227. C. Bertaud, F. Baldet. — Vergleichssterne, Helligkeiten.
UAI Circ 1229. M. Plavec, V. Vanýsek. — Vergleichssterne, Helligkeiten.
UAI Circ 1229. — Ort.
UAI Circ 1232. G. Adamopoulos. — Ort, Helligkeiten.

C. Bertaud, F. Baldet, Une nova dans la constellation de l'écu. Nova Scuti 1949. BSAF **63** 259—262, mit 3 Fig.

C. Fehrenbach, Sur le spectre de Nova Scuti 1949. CR **229** 1059—1060 = Publ. Obs. Haute-Provence (B) Nr. **25**. — Kurze Beschreibung des Spektrums der Nova Scuti 1949 August 3 und 4 einschließlich eines Verzeichnisses identifizierter Elemente.

V. Kourganoff, R. Canavaggia, G. Münch, The spectrum of Nova Scuti 1949. Sky and Telescope **9** 33, mit 1 Fig.

11336. Nova Serpentis (1948)

Beobachtung: AN **277** 190—191. P. Ahnert. — Helligkeiten, Vergleichssterne.
Astr Circ UdSSR Nr. 85 S. 1. R. A. Bartaja. — Helligkeiten.
BAA Circ Nr. 310. F. M. Holborn. — Helligkeiten.
BSAF **63** 123. E. Antonini, A. Hestin, L. Rebuffat. — Helligkeiten.
MPC 187, 1948. G. Adamopoulos. — Ort.
PAT **30** 82—83. — Notiz.
Pop Astr **57** 97. — Helligkeiten.
Stalinabad Circ. Nr. **69** S. 1—2. A. W. Solowjow. — Vergleichssterne, Helligkeiten.
UAI Circ 1214. F. Baldet, C. Bertaud. — Helligkeit, Spektrum.

W. Lohmann, Visuelle Beobachtungen der Nova Serpentis 1948. AN **277** 37—39, mit 3 Abb. = Mitt. Landessternwarte Heidelberg Nr. **69**. — Alle in den UAI-Zirkularen und Nachrichtenblättern der Astronomischen Zentralstelle veröffentlichten Beobachtungen werden mit eigenen verglichen und zusammengestellt. Die Helligkeit der Nova nahm vom 6. März bis zum 13. Oktober 1948 um $2^{m}.9$ ab. Zu Zeiten besonderer Häufung von Beobachtungen lassen sich kurzfristige Helligkeitsschwankungen nachweisen. Verf.

11337. Nova Velorum (1940)

Entdeckung: C. J. van Houten, Leiden, auf Franklin-Adams-Platten vom Jahre 1940.
Anzeige: NAZ **3** 35, UAI Circ 1233.
Beobachtung: Pop Astr **57** 519. — Lichtkurve.
UAI Circ 1233. — Ort, Helligkeit.

Supernovae

11338. C. Bertaud, Supernovae extragalactiques et galactiques. BSAF **63** 65—73, 109—115, mit 9 Fig. — Behandelt die Supernovae: 1921 NGC 4038, 1921.2 NGC 3184, 1921.9 NGC 3184, 1926 NGC 6181, 1941 NGC 4559, 1941 NGC 3254, 1941 NGC 4136, 1945 NGC 5195, 1948 NGC 6946, 1054, 1572, 1604.

11339. J. Meurers, Helligkeit und Entfernung der Supernovae. Himmelswelt **56** 30. — Das bisher vorliegende Beobachtungsmaterial reicht noch nicht zur Prüfung des aus der Jordanschen Theorie folgenden Schlusses aus, daß die Maximalhelligkeit der Supernovae mit der Entfernung abnimmt. Loh.

11340. **C. Payne-Gaposchkin, F. L. Whipple,** Synthetic spectra for supernovae. Publ AAS **9** 267—268, 1939. — Ref. AAS.

11341. **P. Tempesti,** Il problema delle supernovae. Coelum **17** 27—31. — Kurzer Bericht über neue Ergebnisse auf dem Gebiete der Supernovae. F. Z.

11342. **D. Wattenberg,** Die Supernovae des Milchstraßensystems. Z. f. Naturforschung **4a** 228—238, mit 6 Abb. = Mitt. Archenhold-Sternw. Berlin-Treptow Nr. **11**. — Im ersten Teil des zusammenfassenden Berichts wird über die charakteristischen Eigenschaften der Novae und Supernovae sowie die Theorien von Baade-Zwicky und Jordan referiert. Weitere Abschnitte berichten über die Identifizierung der Novae von 1054, 1572 und 1604 mit Supernovae. Im Hinblick auf eine Beziehung zur Supernova von 1054 wird der Krebsnebel behandelt. In einem Schlußkapitel wird allgemein auf planetarische Nebel und ihre Verwandtschaft mit den Supernovae eingegangen. Micz.

11343. Les supernovae. Gaz astr **31** 65—71.

11344. Eine neue Supernova-Erklärung. Sternenwelt **1** 160.

11345. **Supernova B Cassiopeiae (1572)**
Himmelswelt **56** 36. B Cassiopeiae als Supernova vom Typus I. — Besprechung der Mitteilung von Baade in ApJ **102** 309, 1945. Vgl. AJB **45** Ref. 8631.

11346. **Supernova Ophiuchi Nr. 1 (1604)**
Himmelswelt **56** 36. Nova Ophiuchi 1604 als Supernova. — Besprechung der Mitteilung von Baade in ApJ **97** 119, 1943. Vgl. AJB **45** Ref. 8632.
Himmelswelt **56** 36. Das Spektrum des Nebels nahe Keplers Nova 1604. — Besprechung der Mitteilung von Minkowski in ApJ **97** 128, 1943. Vgl. AJB **45** Ref. 8632.

11347. **Supernova Nr. 3 in NGC 6946**
Beobachtung: Harv Bull Nr. **919** S. 26. Supernova in NGC 6946. V. Mc-Kibben Nail. — Helligkeiten.
Pubbl. Oss. Astr. Univ. Bologna **5** Nr. 8 S. 6—8, mit 1 Fig. — Helligkeiten.
N. U. Mayall, R. C. Sill, Light-curve of supernova No. 3 in NGC 6946. Publ ASP **61** 97—100, mit 1 Fig. und 1 Tafel. — Vom 8. Juli bis 10. September 1948 schwankte die Helligkeit unregelmäßig zwischen $14^m.9$ und $15^m.7$ (pg). Dann fiel sie in zwölf Tagen auf $16^m.7$ ab und erreichte, langsam weiter abnehmend, am 28. Dezember $17^m.5$. Die absolute Helligkeit betrug am 8. Juli $-10^M.4$. Loh.

Dreizehnter Teil

Sternsysteme. Nebel. Interstellarer Raum

§ 120

Allgemeines

12001. **J. C. Duncan,** Messier's nebulae and star clusters. Astr. Soc. Pacific Leaflet Nr. 240, 8 S. — Liste und Beschreibung der Objekte Messier Nr. 1—107.

12002. **K. Graff,** Visuelle Gesamthelligkeiten von hellen Nebeln, Sternhaufen und Milchstraßenwolken. Sitzber. Akad. Wiss. Wien (Abteilung IIa) **156** 57—68, 1948. — Siehe AJB **48** Ref. **12005**.

12003. **K. Graff,** Neureduktion von Holetscheks Nebelkatalog. Vgl. AJB 48 Ref. 12006. — Besprechung in Himmelswelt **56** 80—81.

12004. **B. W. Kukarkin,** Untersuchung des Aufbaues und der Entwicklung der Sternsysteme auf Grund des Studiums der veränderlichen Sterne. Moskau-Leningrad, Staatsverlag für technisch-theoretische Literatur, 1949. 191 S. mit 28 Abb. Preis 6 R. 15 Kop. (russisch). — Besprechung in AJ UdSSR **28** 123—124 (P. Kulikowskij). — Inhalt: Das Studium der veränderlichen Sterne als Weg zur Erforschung der Galaxien, S. 15—47. Morphologische Besonderheiten der Veränderlichen verschiedener Typen in Verbindung mit ihrer Lage im Raum, S. 48—80. Die räumliche Verteilung und die kinematischen Merkmale der Untersysteme der Veränderlichen, S. 81—145. Der Aufbau der Galaxis und die möglichen Wege der Entwicklung der Sternsysteme und der sie aufbauenden Glieder, S. 146—191.

12005. **J. Meurers,** Natürliche und künstliche Sternfelder. Veröff. Univ.-Sternw. Bonn Nr. **34**, 13 S. mit 13 Abb.

12006. **H. Shapley,** Galactic explorations with the newer telescopes. Publ AAS **10** 215—216, 1942. — Ref. AAS.

12007. **P. S. Watson,** Messier's Catalogue. Pop Astr **57** 14—17. — Neudruck des Messierschen Kataloges von 1781.

12008. **L. Zappa,** Symposium sui problemi di idrodinamica relativi a masse di dimensioni cosmiche. La Ricerca Scientifica **19** 1189—1192. — Kurzer Bericht über die im August 1949 in Paris abgehaltenen Besprechungen über kosmische Aerodynamik. F. Z.

§ 121

Offene und kugelförmige Sternhaufen

12101. **K. A. Barchatowa,** Die Absorption des Lichtes und die Durchmesser der offenen Sternhaufen. AJ UdSSR **26** 251—255, mit 1 Abb. (russisch). — Verf. untersucht die Abhängigkeit zwischen der Größe der offenen Sternhaufen und der Absorption des Lichtes und zeigt, daß der Durchmesser im Vergleich mit dem wahren Durchmesser um so geringer wird, je größer die Absorption des Lichtes in Richtung des Haufens ist. Verf. (übersetzt)

12102. **K. A. Barchatowa,** Die Bewegung der offenen Sternhaufen. AJ UdSSR **26** 256—259 (russisch). — Verf. untersucht die galaktische Rotation der offenen Sternhaufen und zeigt, daß die offenen Sternhaufen in kinematischer Hinsicht eine gleichartige Gruppe von Objekten darstellen. Die sich aus der Untersuchung der Raumgeschwindigkeiten der offenen Sternhaufen ergebenden Apexkoordinaten stimmen gut mit denen des Standardapex überein. Verf. (übersetzt)

12103. **K. A. Barchatowa,** Die räumliche Verteilung der offenen Sternhaufen. AJ UdSSR **26** 336—343, mit 2 Abb. (russisch). — In der Arbeit wird die räumliche Verteilung der offenen Sternhaufen untersucht, der logarithmische Dichtegradient in Richtung des galaktischen Radiusvektors und die Rotationsgeschwindigkeit des Systems der offenen Sternhaufen bestimmt. Die galaktische Konzentration der offenen Sternhaufen ist mit der Konzentration des flachsten Untersystems (B-Sterne, O-Sterne, langperiodische Cepheiden) vergleichbar. Verf. (übersetzt)

12104. **W. Becker, V. Osvalds,** Kolorimetrische Untersuchungen an offenen Sternhaufen in den Standard-Spektralbereichen der Integralphotometrie. NGC 6823. AN **277** 177—183, mit 6 Abb. = Mitt.

Sternw. Hamburg-Bergedorf Nr. **65**[1]). — Der offene Sternhaufen NGC 6823 wurde in den drei Standard-Spektralbereichen 638, 481 und 373 mμ photometrisch vermessen. Für die Umgebungssterne, deren Spektraltypus nach der Farbdifferenz Δ FI = FI (373/481) — 1.18 FI (481/638) ermittelt wurde, ist der Entfernungseffekt in den Farbenexzessen graphisch dargestellt. Der photometrische Entfernungsmodul, ermittelt aus 29 physischen Haufenmitgliedern, deren Spektraltypen mittels ΔFI bestimmt wurden, beträgt m — M = $14^m_.37 \pm 0^m_.15$. Der mittlere Farbenexzess des Haufens ergibt sich auf die gleiche Weise zu $0^m_.60 \pm 0^m_.02$ für den Farbenindex 638/481 mμ und zu $+0^m_.70 \pm 0^m_.03$ für den Farbenindex 373/481 mμ. Die Abweichung von einem λ^{-1}-Gesetz in diesem Wellenlängenbereich ist minimal. Der Farbenexzess (638/481) paßt genau in den Entfernungseffekt in den Farbenexzessen der Umgebungssterne, so daß die Verfärbung des Haufens interstellaren Ursprungs sein muß. Nach Korrektion des Moduls wegen interstellarer Absorption ergibt sich die geometrische Entfernung zu 2400 pc und der lineare Durchmesser zu 7.1 pc.

Verf. (gekürzt)

12105. **W. Becker, J. Stock,** Kolorimetrische Untersuchungen an offenen Sternhaufen in den Standard-Spektralbereichen der Integral-photometrie. NGC 6910. AN **277** 233—240, mit 6 Abb. = Mitt. Sternw. Hamburg-Bergedorf Nr. **66**. — Der offene Sternhaufen NGC **6910**, der mit frühen B-Sternen beginnt, wurde in fünf Spektralbereichen photometriert. Aus 42 Umgebungssternen wurde mit Hilfe des langwelligen Standard-Farbenindex die interstellare Verfärbung in seiner Richtung festgestellt. Als Entfernungsmodul ergeben die sieben hellsten physischen Haufensterne den Wert m — M = $12^m_.7$, die schwächeren physischen Mitglieder aber m — M = $14^m_.37$. Die hellsten Haufensterne sind also im Mittel um $1^m_.7$ für ihren Spektraltypus zu hell. In einer Tabelle ist die Verfärbung der physischen Haufensterne angegeben. Sie läßt sich gut durch ein λ^{-1}-Gesetz darstellen. Für den Modul des Sternhaufens von $14^m_.37$ paßt die im langwelligen Standard-Farbenindex beobachtete Verfärbung von $0^m_.91$ gut in den Entfernungseffekt der Umgebungssterne hinein. Die Verfärbung des Sternhaufens ist also interstellaren Ursprungs. Verf. (gekürzt)

12106. **W. P. Bidelman,** The region of the double cluster in Perseus. Publ AAS **10** 305, 1943. — Ref. AAS.

12107. **V. M. Blanco,** A new galactic star cluster in Sculptor. Publ ASP **61** 183—184. — Besprechung in Sterne **26** 33. — Der neuentdeckte Sternhaufen ($23^h\,59^m_.1$; $-30°\,30'$ (1900), Typ III P) ist verhältnismäßig unscheinbar und enthält bei einem Durchmesser von etwa 1½° dreißig Sterne heller als 12^m. Die Entfernung beträgt 250 pc. Spektraltypen zwischen B5 und G0 sind vertreten, spätere konnten wegen Erreichung der Grenzgröße noch nicht nachgewiesen werden. Loh.

12108. **S. Chilardi,** Séquences photométriques dans les Pléiades. DOB **1949** Nr. 10 (Annexe).

12109. **J. Cuffey,** The galactic clusters NGC 2126 and NGC 2194. Publ AAS **9** 257—258, 1939. — Ref. AAS.

12110. **J. Cuffey,** NGC 6649 and NGC 6694, two heavily obscured galactic clusters. Publ AAS **10** 9—10, 1940. — Ref. AAS.

12111. **J. Cuffey,** NGC 2506 and Melotte 71. Publ AAS **10** 160, 1942. — Ref. AAS.

12112. **E. van Dien,** Axial rotation of the brighter stars in the Pleiades cluster. J RAS Canada **42** 249—261, mit 4 Fig., 1948 = Contr. Dominion Astrophys. Obs. Victoria Nr. **14**. — Die Rotationsgeschwindigkeiten von achtzehn B-Sternen wurden aus Profilmessungen der Mg II-Linie 4481 Å streng ab-

[1]) In AN irrtümlich mit Nr. 4 bezeichnet.

geleitet und bei 57 weiteren Sternen (A0—G0) aus dem visuellen Anblick der Linien geschätzt. Geschwindigkeiten unter 30 km/sec konnten nicht gemessen werden. Die maximale Geschwindigkeit beträgt etwa 300 km/sec, die mittlere etwa 90 km/sec. Eine Maxwellsche Verteilung der Rotationsvektoren stellt die beobachtete Verteilung befriedigend dar. Loh.

12113. **E. G. Ebbighausen,** Proper motions in the galactic cluster M 67 (NGC 2682). Publ AAS **10** 11, 1940. — Ref. AAS.

12114. **E. G. Ebbighausen,** Proper motions in the galactic cluster M 52. Publ AAS **10** 161, 1942. — Ref. AAS.

12115. **S. Günther,** Untersuchungen an offenen Sternhaufen. Himmelswelt **56** 140. — Ref. AG.

12116. **S. Günther,** Über das Spektrum-Helligkeits-Diagramm der hellen Plejadensterne. ZfA **26** 31—42, mit 4 Abb. = Veröff. Univ.-Sternw. Göttingen Nr. **91**. — Besprechung in Sternenwelt **2** 64. — Aus den Beobachtungen der Sechsfarbenphotometrie von Stebbins und Whitford wird für unverfärbte Sterne ein Zusammenhang zwischen dem Farbenindex V—I und der Wasserstoffabsorption W an der Balmergrenze gefunden. Aus den W kann man mit Hilfe der neuen Spektralklassenschätzungen von Morgan bzw. Adams und Joy sehr genaue Spektralklassen für die zwölf hellsten Plejadensterne bestimmen. Mit diesen wird ein Spektrum-Helligkeits-Diagramm gezeichnet und die Verfärbung der einzelnen Sterne abgeleitet. Es zeigen sich Zusammenhänge zwischen Farbenexzess und Plejadennebeln. Verf.

12117. **G. A. Gursadjan,** Über die Dynamik der Sternhaufen. Bjurakan Mitt. Nr. **4**, 23 S. mit 9 Abb. (russisch).

12118. **G. A. Gursadjan,** Über die Struktur der Sternassoziationen. DAN **64** 787—789 (russisch).

12119. **H. Haffner,** Radialgeschwindigkeiten in offenen Sternhaufen, Himmelswelt **56** 72—73. — Besprechung einiger Arbeiten von A. Behr, B. Smith und O. Struve. Vgl. AJB **42** Ref. 8712, **45** Ref. 8722/23.

12120. **E. Hertzsprung,** Catalogue de 3259 étoiles dans les pléiades contenant les mouvements propres relatifs. Tableau des détails. Ann. Sterrewacht Leiden **19**, eerste stuk, B. 3 + 243 S.

12121. **I. King,** Some new galactic clusters. Harv Bull Nr. **919** S. 41—42. — Verzeichnis von 21 Haufen, von denen 12 mit Sicherheit als solche anzusehen sind; die übrigen können Zufallsgruppierungen sein. Loh.

12122. **E. Kopff,** Photometrie der Plejaden. Himmelswelt **56** 68—70, mit 3 Abb. — Ausführliche Besprechung der Arbeit von L. Binnendijk «A study of stars in the Pleiades region, based on photographic magnitudes, colour-equivalents, spectral types and proper motions». Vgl. AJB **46** Ref. 8702.

12123. **R. F. Sanford,** Interstellar calcium lines in the spectra of stars in open clusters. ApJ **110** 117—125, mit 3 Fig. = Mt. Wilson and Palomar Obs. Repr. Nr. **6**. — Aus gemessenen Äquivalentbreiten interstellarer Linien und Radialgeschwindigkeiten aus stellaren und interstellaren Linien von 128 Sternen frühen Typs in 31 offenen Haufen werden Entfernungen abgeleitet. Die Korrelation zusammengehöriger Werte aus Geschwindigkeit und Linienintensität ist mäßig, jedoch besser als zwischen Trumplers Haufenentfernungen und den Äquivalentbreiten. Verf. schließt, daß die Äquivalentbreiten interstellarer Linien ein brauchbares Mittel zur Bestimmung von Haufenentfernungen sind. Von 14 weiteren Sternen wird die bisher nicht bekannte Zugehörigkeit zu χ und h Persei wahrscheinlich gemacht. Micz.

12124. **P. A. Sawizkij,** Der offene Sternhaufen M 11. Astr Circ UdSSR Nr. **87** S. 2—3 (russisch). — Aus zwei Aufnahmen des Haufens von Stratonow (1896) und Zukerwanik (1941) wurden Eigenbewegungen und Entfernung abgeleitet. Bis 12′ Abstand von der Haufenmitte wurden 263 Sterne als Haufenmitglieder erkannt, 52 als Feldsterne. Aus der mittleren Eigenbewegung des Haufens von $\mu = 0\overset{''}{.}0057$ (P = 140°) ergab sich bei Berücksichtigung der interstellaren Absorption eine Entfernung von 1125 pc. Loh.

12125. **A. D. Thackeray,** The Kappa Crucis cluster. MN ASSA **8** 30—31. — Auszug in Southern Stars **14** 72—73.

* * **U. van Wijk,** On the evolution of galactic clusters. Vgl. Ref. **5431.**

12126. Neue Eigenschaften von Farbhelligkeitsdiagrammen. Himmelswelt **56** 126—127, mit 1 Fig. — Besprechung der in AJB **48** Ref. **12103** zitierten Arbeit von O. J. Eggen.

* * Galactic cluster evolution. Vgl. Ref. **5434.**

Kugelförmige Sternhaufen

12127. **P. N. Cholopow,** Die Bestimmung der räumlichen Sterndichte eines elliptischen Sternhaufens. AJ UdSSR **26** 110—114, mit 1 Abb. (russisch). — Ref. in Math. Rev. **10** 746. — Unter der Voraussetzung, daß die Flächen gleicher Sterndichte eines kugelförmigen Sternhaufens ähnliche und ähnlich gelegene Rotationsellipsoide sind, leitet Verf. eine Formel zur Berechnung der räumlichen Dichteverteilung aus der scheinbaren ab. Loh.

12128. **P. N. Cholopow,** Ein numerisches Verfahren zur Bestimmung der räumlichen Sterndichte in einem elliptischen Sternhaufen. AJ UdSSR **26** 298—304, mit 1 Abb. (russisch). — Ref. in Math. Rev. **11** 467. — Verallgemeinerung des Wallenquistschen Verfahrens für den Fall von 25 ähnlichen und ähnlich gelegenen Ellipsoiden. Loh.

12129. **J. Cuffey,** The globular cluster NGC 5053. Publ AAS **10** 306, 1943. — Ref. AAS.

12130. **S. Gaposchkin,** New variables in NGC 6522. AJ **54** 185. — Ref. AAS.

* * **L. Gialanella,** Sul problema dei due corpi di masse variabili in cui la forza attrattiva è proporzionale alla distanza. — Applicazione agli ammassi globulari di stelle. Vgl. Ref. **4212.**

12131. **A. H. Joy,** Spectra of the brighter variables in globular clusters. ApJ **110** 105—116, mit 1 Fig. = Mt. Wilson and Palomar Obs. Repr. Nr. **5.** — Die spektrographische Untersuchung von 35 Veränderlichen, die nach Ausweis ihrer Radialgeschwindigkeiten echte Mitglieder von 14 Kugelhaufen sind, ergibt, daß es sich dabei neben RR Lyrae-Sternen um folgende Typen handelt: Kurzperiodische mit $1^d < P < 2^d$, W Virginis, RV Tauri und Unregelmäßige bzw. Halbregelmäßige ($60^d < P < 100^d$). δ Cephei- und Mira-Sterne sowie Halb- und Unregelmäßige mit Spektraltypen M4 bis M6 fehlen völlig oder sind zumindest äußerst selten. Teilweise bestehen kleine spektrale Eigentümlichkeiten gegen galaktische Vertreter dieser Gruppen. Die Ergebnisse sprechen für das Vorherrschen der Population II in den Kugelhaufen. Micz.

12132. **J. J. Nassau, J. A. Hynek,** Magnitudes and colors in the globular cluster Messier 12 and Selected Area 108. Publ AAS **10** 232, 1942. — Ref. AAS.

12133. **P. P. Parenago, B. W. Kukarkin, N. F. Florja,** Das System der kugelförmigen Sternhaufen. Abh. Lomonossow-Staatsuniv. Moskau Nr. **113** S. 47—70 = Moskau Sternberg-Inst. Publ. **16** Nr. 1 S. 47—70, mit 8 Abb. (russisch). — Verf. stützen sich in ihrer vorliegenden Abh. auf die bis 1939/40 erschienene Literatur. Für 94 kugelförmige Sternhaufen werden Integralhelligkeiten sowie Entfernungsmoduln und anschließend die absoluten photographischen Integralhelligkeiten tabuliert. Letztere betragen für die Haufen der Klassen I—V durchschnittlich $-8^{M}_{\cdot}1$, von VI bis XII nehmen sie linear auf $-5^{M}_{\cdot}4$ ab. Die Entfernungsmoduln werden dann noch wegen interstellarer Absorption verbessert. Aus der räumlichen Verteilung der Haufen geht hervor, daß das Zentrum des Haufensystems in der Milchstraße bei 324° gal. Länge und in einer Entfernung von 6700 pc liegt. Da schätzungsweise 25 weitere Haufen jenseits der Galaxis durch die Absorptionswirkung der interstellaren Materie nicht erfaßt sein dürften, wird durch ihre Einbeziehung das Zentrum des Haufensystems in eine Entfernung von 7800 pc verlagert. Loh.

12134. **L. Rosino,** Orientamenti e problemi nello studio degli ammassi globulari di stelle. Coelum **17** 1—4, 46—54. — Fortsetzung der schon in Coelum **15/16** (AJB **48** Ref. 12116) angefangenen allgemeinverständlichen Darstellung über Kugelsternhaufen. F. Z.

12135. **L. Rosino,** Ricerche sugli ammassi globulari. I. Distribuzione e variabilità delle stelle dell' ammasso M 30 e valutazione della sua distanza. Mem SA It (NS) **20** 63—81, mit 3 Fig. und 1 Tafel = Pubbl. Oss. astr. univ. Bologna **5** Nr. 9. — Von M 30 wurden hauptsächlich zwischen 1946 und 1948 am 24-Zoll-Reflektor der astronomischen Station in Lojano 175 Aufnahmen zu photometrischen Zwecken gemacht. Verteilungs- und Leuchtkraftfunktion der Haufensterne und Lichtkurven dreier bereits von Bailey als veränderlich erkannter Sterne vom Typ RR Lyrae werden aufgestellt. Der Entfernungsmodul beträgt $15^{m}_{\cdot}54$. Nur ein neuer Veränderlicher, aller Wahrscheinlichkeit nach ein nicht zum Haufen gehörender U Gem-Stern, wurde entdeckt. Loh.

12136. **L. Rosino,** Ricerche sugli ammassi globulari. II. Sui periodi e curve di luce di 10 stelle variabili appartenenti all' ammasso globulare NGC 5053. Mem SA It (NS) **20** 227—236, mit 4 Fig. = Pubbl. Oss. astr. univ. Bologna **5** Nr. 10. — In den vergangenen fünf Jahren sind mit dem 24-Zoll-Reflektor in Lojano 127 Platten des kugelförmigen Sternhaufens NGC 5053 aufgenommen worden. Perioden und Lichtkurven von allen zehn bisher im Haufen bekannten Veränderlichen wurden abgeleitet und mit den von H. Sawyer-Hogg gefundenen verglichen. Einige allgemeine Bemerkungen beschließen die Arbeit. Loh.

12137. **H. B. Sawyer,** The variable stars in the globular cluster Messier 28. AJ **54** 193—194. — Ref. AAS.

12138. **H. B. Sawyer,** Two RV Tauri-type variables in globular clusters. J RAS Canada **43** 38—44, mit 3 Fig. = Commun. David Dunlap Obs. Nr. 18. — Beobachtungen von Chèvremonts Veränderlichen in M 2 mit einer Periode von $67^{d}_{\cdot}086$ und Sawyers Veränderlichen Nr. 6 in M 56 mit einer Periode von $90^{d}_{\cdot}02$. Loh.

12139. **H. B. Sawyer,** Some interesting variable stars in the globular cluster Messier 56. Publ AAS **10** 233—234, 1942. — Ref. AAS.

12140. **H. B. Sawyer,** Investigations in four faint globular clusters in Ophiuchus. Publ AAS **10** 334, 1944. — Ref. AAS.

12141. **H. Shapley,** A half century of globular clusters. Pop Astr **57** 203—229, mit 6 Fig. = Harv Repr Nr. **320**. — Inhalt: Zahl und Verteilung der Kugelhaufen, Entfernungsbestimmung mittels der Cepheiden, Spektraltypen und integrierte Farben, eine Sternpopulation neuer Art, die Durchmesser der Haufen, die Klassifikation der Haufen, die veränderlichen Sterne, Bewegung und Aufbau der Haufen, Verschiedenes. Abschließend werden die wichtigsten Aufgaben und Probleme in der Erforschung der kugelförmigen Sternhaufen erörtert. Loh.

12142. **F. W. Wright,** Eleven variable stars in the globular cluster NGC 4833. Publ AAS **10** 264, 1942. — Ref. AAS.

12143. **F. Zagar,** Sui movimenti interni negli ammassi stellari sferici. Parte I e II. Pubbl. Oss. Astr. Milano-Merate (NS) Nr. **5**, 21 S. mit 2 Fig. — Im ersten Teil dieser Arbeit wird für die bekannte Schustersche Dichteverteilung in kugelförmigen Sternhaufen und für ein anderes ähnliches Dichtegesetz die Höchstgeschwindigkeit eines Sternes berechnet, damit er im Haufen verbleibt; es ergeben sich durchwegs kleine Geschwindigkeiten (1—3 km/sec). Im zweiten Teil wird die Bahn eines Sternes im Haufen näher untersucht, und es werden einzelne Teile der Bahn durch analytische Reihen dargestellt. F. Z.

12144. Les amas globulaires. BSAF **63** 224—226.

§ 122

Galaktische Nebel

12201. **L. H. Aller, M. L. White,** Forbidden lines of ionized nitrogen in the planetary nebulae. AJ **54** 181. — Ref. AAS.

12202. **L. H. Aller, C. W. Ufford, J. H. van Vleck,** Multiplet intensities for the nebular lines $^4S-^2D$ of O II. ApJ **109** 42—52 = Publ. Goethe Link Obs. Nr. **2**. — Bei diesen Linien tritt nach der bisherigen theoretischen Berechnung der relativen Linienintensitäten eine Diskrepanz zwischen Rechnung und Beobachtung auf, die nunmehr auf die Vernachlässigung der Spin-Spin-Wechselwirkung zurückgeführt werden kann. Einzelheiten über den Rechnungsgang werden mitgeteilt und die Ergebnisse mit Beobachtungen an planetarischen Nebeln verglichen. Danach besteht jetzt innerhalb der Rechengenauigkeit Übereinstimmung zwischen Theorie und Beobachtung. Kdr.

12203. **L. H. Aller,** Note on the paper, «The absorption-line spectra of the central stars of the planetary nebulae». ApJ **109** 179.

12204. **L. H. Aller,** The temperature of NGC 7662. Publ AAS **9** 255, 1939. — Ref. AAS.

12205. **L. H. Aller, D. H. Menzel,** The chemical composition of the planetary nebulae. Publ AAS **10** 245, 1942. — Ref. AAS.

12206. **L. H. Aller,** The spectra of faint planetary nebulae. Publ AAS **10** 327, 1944. — Ref. AAS.

12207. **D. Barbier,** Recherches sur les nébuleuses. III. Le spectre continu de la nébuleuse d'Orion dans la région des grandes longueurs d'onde. Ann d'Astrophys **12** 6—8, mit 1 Fig. = Publ. Obs. Haute-Provence (A) Nr. **19**. — Aus der Energieverteilung im kontinuierlichen Spektrum des Orion-Nebels wird für den Bereich λ 4550 bis λ 6250 eine Farbtemperatur von 23500° K abgeleitet. Sie ist merklich höher als die Farbtemperatur des Bereichs λ 4000 bis λ 5000, die früher zu 10000° K ermittelt wurde. Micz.

12208. **J. C. Duncan,** Galactic nebulae photographed in red light. AJ **54** 184, mit 1 Tafel. — Ref. AAS.

12209. **J. C. Duncan,** Photographic studies of nebula. VI. The great nebulous region in Cygnus photographed in red light. ApJ **109** 479, mit 2 Tafeln = Contr. Mt. Wilson Obs. Nr. **759**.

12210. **D. S. Evans,** Photometry of NGC 5128. MN **109** 94—102, mit 6 Fig. und 1 Tafel = Commun. Radcliffe Obs. Nr. **12**. — Besprechung in Sky and Telescope **9** 10. — Aus Aufnahmen im Roten und Blauen werden Isophoten abgeleitet. Sie sind angenähert kreisförmig und zeigen eine Helligkeitsabnahme mit dem Quadrat der Entfernung. Es scheint, als ob das Objekt aus einer hinter dunkler Materie befindlichen Lichtquelle besteht, die von einer kugelförmigen Gasmasse umgeben ist. Der Nebel ist wohl nicht außergalaktischen Ursprungs. Verf.

12211. **H. C. van de Hulst, M. Minnaert, J. H. Oort, L. Rosenfeld,** Lichtgevende gasnevels in het sterrenstelsel. — Vgl. AJB **47** Ref. 8802. Weitere Besprechung in Hemel en Dampkring **47** 78 (H. Zanstra).

12212. **D. Klumpke Roberts,** A question in regard to photographing Sir William Herschel's 52 nebulosities. Publ AAS **9** 270, 1939. — Ref. AAS.

12213. **C. O. Lampland,** Hubble's variable nebula, NGC 2261, during the interval 1918—1939. Publ AAS **9** 264—265, 1939. — Ref. AAS.

* * **W. M. Markowitz,** A study of the Orion region. Vgl. Ref. **12355.**

12214. **D. H. Menzel, L. H. Aller,** Electron densities and temperatures in planetary nebulae. Publ AAS **10** 22, 1940. — Ref. AAS.

12215. **F. D. Miller, E. van Dien,** A large new planetary nebula. ApJ **109** 537—538. — Mit Berichtigung in ApJ **110** 104. — $\alpha = 23^h\,33^m\!.4$, $\delta = +30°\,11'$ (1950).

12216. **R. Minkowski,** The diffuse nebula in Monoceros. Publ ASP **61** 151—153, mit 3 Tafeln = Mt. Wilson and Palomar Obs. Repr. Nr. **9.** — Besprechung in JBAA **60** 65. — Der ausgedehnte Nebel um den offenen Sternhaufen NGC 2244, dessen hellste Teile als NGC 2237, 2238 und 2246 bekannt sind, ist wegen seiner symmetrischen Gestalt und der ungewöhnlich großen Zahl kleiner und wohldefinierter, absorbierender und sich auf den Nebel projizierender Wölkchen und Kügelchen interessant. Bei der Entfernung von 760 pc dürften die kleinsten von ihnen noch weniger als $5' \approx 4000$ AE. Durchmesser haben. Die Elektronendichte des Nebels läßt sich sowohl unter Annahme einer Strömgrenschen Ionisationssphäre als auch einer thermodynamischen Vergleichbarkeit mit planetarischen Nebeln auf übereinstimmend 30—60 cm^{-3} abschätzen. Loh.

12217. **J. A. O'Keefe,** Two reddened B stars near the Omega nebula. Publ AAS **10** 25, 1940. — Ref. AAS.

12218. **T. Page,** Continuous emission in the spectra of the planetary nebulae. Publ AAS **10** 169, 1942. — Ref. AAS.

12219. **C. D. Perrine,** Status of the planetary nebulae. Pop Astr **57** 324—326. — Zur Prüfung einer älteren Vermutung, daß die planetarischen Nebel Anfangsstadien der Entwicklung von Planetensystemen darstellen, werden in großen Zügen die wichtigsten Eigenschaften der Nebel geschildert und auf Grund dessen eine Bedeutung dieser Objekte für die Planetenkosmogonie abgelehnt. Kdr.

12220. **C. D. Perrine,** Planetary nebulae and novae. Pop Astr **57** 432—435. — Verf. diskutiert die Massen der Wolken, deren Begegnung mit Sternen nach der alten Seeligerschen Novatheorie Novaausbrüche auslösen sollen. Ferner sucht er die planetarischen Nebel, die Wolf-Rayet-Sterne und die Novae in die Spektralreihe einzuordnen, und zwar auf Grund ihrer Geschwindigkeiten in Nähe der späten Spektraltypen. Kdr.

12221. **L. N. Radlowa, O. W. Katz, O. D. Dokutschajewa,** Photographische Integralhelligkeiten einiger planetarischer Nebel. AJ UdSSR **26** 160—161 (russisch). — Liste von 14 Nebeln.

12222. **V. M. Slipher,** The spectra of faint extended nebulae. Publ AAS **9** 251—252, 1939. — Ref. AAS.

12223. **W. Strohmeier,** Der diffuse Nebel nordöstlich vom Sirius. Himmelswelt **56** 84—85, mit 2 Abb. — Kurze Bemerkungen über den 6° nordöstlich von Sirius befindlichen, sich über 2° erstreckenden Emissionsnebel, dessen Einzelteile unter NGC 2327, IC 2177 und den Nummern 45, 46 und 56 des Katalogs von O. Struve (AJB **41** Ref. 8829) bekannt sind. Loh.

12224. **P. Swings, P. D. Jose,** The infrared spectra of the planetary nebulae BD +30° 3639, NGC 6572, and NGC 6543. Publ ASP **61** 181—182. — Von 21 Linien zwischen 6500 Å und 8700 Å werden Intensitätsschätzungen gegeben und diese mit denen von NGC 7027 verglichen.

12225. **P. Tempesti,** Osservazioni fotografiche di una nuova grande nebulosa planetaria nella costellazione di Pegaso. La Ricerca Scientifica **19** 1380—1381. — Kurzer Bericht über einen neuen planetarischen Nebel in der Gegend $\alpha = 23^h 33^m.4$, $\delta = +30° 11'$ (1950). F. Z.

12226. **A. D. Thackeray,** Nebulosity surrounding Eta Carinae. Obs **69** 31—33, mit 1 Fig. — Beschreibung und Zeichnung der vielgestaltigen Nebelmaterie um η Car.

12227. **E. B. Weston,** Forbidden emission lines of ionized iron in the central star of the reflection nebula NGC 7023. Publ ASP **61** 256—258, mit 1 Tafel.

12228. **B. S. Whitney,** A reflection nebula and an associated variable star. ApJ **109** 540. — Betrifft BD +47° 4220 und den Stern $23^h 32^m.8$, +47° 51′ (1900).

12229. **O. C. Wilson,** Velocities and intensities of absorption lines produced by helium in the Orion nebula. Publ AAS **9** 274—275, 1939. — Ref. AAS.

12230. **K. Wurm,** Die Temperaturen der Zentralsterne in planetarischen Nebeln. Himmelswelt **56** 140—141. — Ref. AG.

12231. **K. Wurm,** Neuere Ergebnisse und Stand der Erforschung der planetarischen Nebel. Naturwissenschaften **36** 273—279, 306—312, mit 3 Fig. — Inhalt: Das Nebelkontinuum, die Elektronentemperaturen, die hohen Intensitäten der verbotenen Übergänge, die Elektronendichten, zur Deutung der Mannigfaltigkeit der Nebelspektren, zur Theorie des Strahlungstransportes, weitere Beiträge zur Physik der Nebelhüllen, die Spektren der Nebelkerne, die Temperaturen der Nebelkerne nach der Zanstramethode, die absoluten Leuchtkräfte der Zentralsterne, die Geschwindigkeitsverteilung der freien Elektronen, der Crabnebel. Verf.

12232. **F. Zagar,** Posizioni di tre nebulose planetarie. Mem SA It (NS) **20** 55—62, mit 3 Fig. = Contr. Oss. Astrofis. Univ. Padova in Asiago Nr. **11**. — Aus acht Platten werden die Örter der planetarischen Nebel NGC 6720, 6853, 7662 in Bezug auf umgebende Feldsterne gegeben. Verf. (übersetzt)

12233. Galactic nebulae in red light. Sky and Telescope **8** 255—257, mit 4 Fig. — Beschreibung und bildliche Wiedergabe einiger mit der 18-zölligen Schmidtkamera der Mt. Palomar-Sternwarte auf Eastman 103a E-Platten durch Plexiglas 160-Filter aufgenommener Rotphotographien der Gebiete Orion, Sagittarius—Serpens—Scutum und Cygnus. Loh.

§ 123

Milchstraßensystem

Aufbau

12301. **T. A. Agekjan,** Bestimmung der Dichtefunktion und des Absorptionskoeffizienten in der galaktischen Ebene. Abh. Shdanow-Staatsuniv. Leningrad Nr. **116** (Math. Wiss. Nr. 18, Astr.) S. 93—110, mit 1 Abb. = Publ. Astr. Obs. Leningrad **13** 93—110 (russisch). — Mit Hilfe der Häufigkeitsfunktion von Seares und van Rhijn (1925) und der Leuchtkraftfunktion von Parenago (1946) wurde die Schwarzschildsche Gleichung gelöst und unter Berücksichtigung der interstellaren Absorption die Sterndichte in Sonnenumgebung bestimmt. Es ergab sich 0.069 Sterne pro Kiloparsec. Loh.

12302. **T. A. Agekjan,** Über die Abschätzung der Gesamtzahl der Sterne in der Galaxis mit Hilfe der Extrapolation der Helligkeitsfunktion. Abh. Shdanow-Staatsuniv. Leningrad Nr. **116** (Math. Wiss. Nr. 18, Astr.) S. 111—122 = Publ. Astr. Obs. Leningrad **13** 111—122 (russisch). — Die Abschätzung ergab eine wahrscheinliche Gesamtzahl der Sterne in der Galaxis von 170 Milliarden. Loh.

12303. **W. A. Ambarzumjan,** Sternassoziationen. AJ UdSSR **26** 3—9 (russisch). — Besprechung in Sky and Telescope 8 215—219, mit 5 Fig., Sterne **25** 161–162, Sternenwelt 1 255. – In der Galaxis wird die Existenz von Sternassoziationen festgestellt, deren Sterne bei gleicher Herkunft eine wesentlich geringere Konzentration besitzen als das allgemeine galaktische Sternfeld, in das die Assoziationen eingebettet sind. Die wichtigsten Beispiele der Assoziationen sind die Gruppen der veränderlichen Zwerge vom Typ T Tauri und die Gruppen der Überriesen vom Typ O und B. In den aus Überriesen bestehenden Assoziationen befindet sich häufig im Zentrum ein gewöhnlicher Sternhaufen. Die riesigen Haufen in der Großen Magellanschen Wolke stellen allen Anzeichen nach ebenfalls Sternassoziationen dar. Verf. (übersetzt)

12304. **W. A. Ambarzumjan, B. E. Markarjan,** Die Sterngesellschaft um P Cygni. Bjurakan Mitt. Nr. **2**, 18 S.

12305. **P. Annear,** An investigation of galactic structure in a region of Cygnus. AJ **54** 181. — Ref. AAS.

12306. **B. J. Bok, P. F. Bok,** The Milky Way. Vgl. AJB **45** Ref. **9003**. — Weitere Besprechung (russisch) in Priroda **38** Nr. 5 S. 77—78 (B. N. Himmelfarb).

12307. **B. J. Bok, M. Olmsted, B. D. Boutelle,** The Milky Way at the junction of Gemini, Monoceros, and Orion. ApJ **110** 21—39, mit 1 Fig. und 1 Tafel = Harv Repr Nr. **331**. — Es werden mit Hilfe von Helligkeiten, Farbenindizes und Spektraltypen die strukturellen Eigenschaften von elf Milchstraßenfeldern in der Gegend zwischen Gemini, Monoceros und Orion bestimmt. Interstellare Absorption und Verfärbung sind von Feld zu Feld zum Teil erheblichen Schwankungen unterworfen. Der Dichteverlauf wird für einzelne Spektralgruppen getrennt ermittelt. Besondere Aufmerksamkeit wurde der Frage gewidmet, wie groß die weiteste sicher bestimmbare Entfernung eines galaktischen Objektes in dieser Gegend ist. Mit Ausnahme der von drei Cepheiden in 5000 pc Entfernung beträgt sie weniger als 3000 pc. Verf. schließen daraus auf eine maximale Erstreckung des Milchstraßensystems in der Antizentrum-Richtung von höchstens 4000—5000 pc von der Sonne aus. Micz.

12308. **B. J. Bok,** Galactic problems. Publ AAS **10** 220, 1942. — Ref. AAS.

12309. **A. J. Cannon,** Faint spectra for the study of galactic structure. Publ AAS **9** 256, 1939. — Ref. AAS.

12310. **S. T. Chabibullin,** Über die Analyse von Sternzählungen in zwei Farben. AJ UdSSR **26** 219–220 (russisch). – Das Seeligersche Theorem, nach dem es ohne Kenntnis des Gesetzes über die interstellare Absorption lediglich auf Grund von Sternzählungen nicht möglich ist, die wahre räumliche Dichtefunktion der Sterne zu berechnen, bleibt auch dann gültig, wenn gleichzeitige Sternzählungen in zwei Farben vorliegen. Verf. (übersetzt)

12311. **S. T. Chabibullin,** Über die Verteilung der Sterne nach galaktischer Länge. AJ UdSSR **26** 223—232, mit 1 Abb. (russisch). — Die Arbeit gibt eine theoretische Erklärung zu der beobachteten Abweichung der Sternzahlen von der mittleren in Abhängigkeit von der galaktischen Länge. Die Verteilung der Sterne nach galaktischer Länge wird nach der verallgemeinerten Methode von Waschakidse und Oort untersucht. Die Verallgemeinerung der Methode wird für den Fall planparalleler Schichten gleicher Dichte gegeben, die mit dem galaktischen Äquator den Winkel i bilden. Es wird gezeigt, daß das Zentrum der Konzentration der schwachen Sterne bei 330° galaktischer Länge liegt. Ohne Berücksichtigung des Einflusses des Ophiuchus-Dunkelnebels ergibt sich dafür 314°. Es wird ferner gezeigt, daß die von Seares 1928 entdeckte Verschiebung des Zentrums des Systems der hellen Sterne nicht als Nachweis der Existenz eines lokalen Systems betrachtet werden kann. Die Sternzählungen van Rhijns führen zu Ergebnissen, welche den Folgerungen Seares widersprechen. Die Neigung i der planparallelen Schichten beträgt für die schwachen Sterne 10°. Verf. (übersetzt)

12312. **S. T. Chabibullin,** Die Dichteverteilung der Sterne in hohen galaktischen Breiten. AJ UdSSR **26** 288—297, mit 3 Abb. (russisch). — Unter Verwendung der van Rhijnschen Sternzählungen wird die Dichteverteilung der Sterne in hohen galaktischen Breiten nach der Brillschen Methode untersucht und dabei die interstellare Absorption nach der Parenagoschen Methode berücksichtigt. Aus dem Verlauf der Dichtefunktionen in zwei senkrecht auf der galaktischen Hauptebene stehenden Ebenen, von denen die erste zum galaktischen Zentrum, die zweite senkrecht dazu gerichtet ist, geht hervor, daß die Sterndichte in Richtung zum Zentrum stark ansteigt, während sich in der Gegenrichtung eine Zeitlang keine wesentlichen Änderungen andeuten. Das Verteilungsbild in der zweiten Ebene ist ziemlich symmetrisch und weist durch das Einsenken der Linien gleicher Sterndichte zur Sonne darauf hin, daß sich diese zwischen zwei Spiralarmen befinden dürfte. Loh.

12313. **F. K. Edmondson, E. M. Janssen, A. N. Vyssotsky,** Luminosity distribution and secular parallaxes of tenth magnitude K stars. AJ **54** 126. — Ref. AAS.

12314. **F. K. Edmondson, A. N. Vyssotsky, E. M. Janssen,** Luminosity distribution and proper motions of tenth-magnitude K stars. ApJ **110** 182—189 = Publ. Leander McCormick Obs. **12** part 2. — Verf. haben von einer größeren Anzahl von K-Sternen zwischen m_{pg} $10^m\!.0$ und $11^m\!.0$, die sich ziemlich gleichmäßig über die Sphäre nördlich von $\delta = -25°$ verteilen, auf Spaltspektrogrammen Spektraltypen und absolute Helligkeiten bestimmt und diskutieren von 681 Sternen G8—K3 die Leuchtkraftverteilung und die Eigenbewegungen. Micz.

12315. **M. S. Eigenson,** Neuere Untersuchungen über den Aufbau der Galaxis. Priroda **38** Nr. 3 S. 6—17 (russisch).

12316. **O. Eklöf,** Blue and red magnitudes in the Auriga region. I. Preliminary note. Ark Astr **1** 77—89, mit 2 Fig. = Medd. Astr. Obs. Uppsala

Nr. 98. — Zur Untersuchung der selektiven Absorption der Dunkelnebel in Auriga hat der Verf. photographische Blau- und Rothelligkeiten sowie Farbenindizes bestimmt. In der vorläufigen Mitteilung wird das photometrische Verfahren beschrieben, bei dem Rot- und Blauaufnahmen auf dieselbe Platte so exponiert werden, daß die zusammengehörigen Sternbildchen nahe beieinander liegen, um den Einfluß lokaler Empfindlichkeitsschwankungen der Emulsion auf die Farbenindizes zu verringern. Micz.

12317. **C. Fisher,** Statistical relations in n stars. Publ AAS **10** 11—12, 1940. — Ref. AAS.

12318. **G. A. Gursadjan,** Die Sterngesellschaften in Orion und Monoceros. Ber. Akad. Wiss. armen. Sowjetrepublik **10** 9—17 (russisch).

12319. **A. A. Kalinjak, W. I. Krassowskij, W. B. Nikonow,** Die Beobachtung der Umgebung des galaktischen Zentrums im infraroten Licht. DAN **66** 25—28 (russisch).

12320. **H. Klauder,** Die Größe des Milchstraßensystems. Sterne **25** 106—111, mit 1 Abb.

12321. **B. E. Markarjan,** Die Sterngesellschaft im Eichfeld Nr. 8. Ber. Akad. Wiss. armen. Sowjetrepublik **10** 61—65 (russisch).

12322. **D. J. Martynow,** Über die Bestimmung der räumlichen Sterndichte aus photographischen Aufnahmen in zwei Farben. AJ UdSSR **26** 221—222 (russisch). — Ergänzende Bemerkung zu Ref. **12310**.

12323. **S. W. McCuskey,** Variations in the stellar luminosity function. II. A region in Orion. ApJ **109** 139—148, mit 3 Fig. — Besprechung in Sternenwelt **1** 279. — Für die Entfernungen 100, 200, 400 und 600 pc werden Leuchtkraftfunktionen im Bereich $-2 \leqq M_{pg} \leqq +7$ gegeben. Gegenüber der van Rhijn'schen Leuchtkraftfunktion werden von der Entfernung abhängige Schwankungen festgestellt. In 400 pc Entfernung ist von $M_{pg} > +1^m$ ab ein Mangel, in 600 pc Entfernung aber von $M_{pg} > +3^m$ ab ein geringer Überschuß zu verzeichnen. Auffällig ist fernerhin ein Überschuß von Sternen in 600 pc Entfernung im Intervall $-2^m < M_{pg} < +1^m$. Die photographische Absorption erreicht in 2500 pc den Wert $2\overset{m}{.}8$. Loh.

12324. **S. W. McCuskey,** Variations in the stellar luminosity function. III. A region in Auriga. ApJ **109** 414—425, mit 2 Fig. — In einem 17 Quadratgrad großen Gebiet bei $\alpha = 5^h\,01^m$, $\delta = +42°$ wurden von etwa 1800 Sternen schwächer als $12\overset{m}{.}5$ (pg) Spektren, Helligkeiten und Farben bestimmt. Danach beträgt die photographische Absorption $1\overset{m}{.}2$/kpc und setzt in etwa 200 pc Entfernung von der Sonne ein. Die sich zum Teil bis 2000 pc erstreckenden Dichtefunktionen weisen bei den B5- bzw. B8- bis A0-Sternen Maxima bei 1000 bzw. 1500 pc auf. Leuchtkraftfunktionen werden im Bereich -2^M bis $+7^M$ für die Entfernungen 100, 200, 400 und 600 pc gegeben. Loh.

12325. **S. W. McCuskey,** Stellar spectra in Milky Way regions. I. A region in Aquila. ApJ **109** 426—435, mit 1 Fig. und 6 Tafeln. — Für ein 14.3 Quadratgrad umfassendes Feld in Aquila wurden Spektraltypen, photographische Helligkeiten und Rotindizes von 989 Sternen bestimmt und in einem Katalog mitgeteilt. Karten des Feldes ermöglichen die Identifizierung. Micz.

12326. **F. D. Miller,** The clustering of B and A stars near the galactic circle in Cygnus. Publ AAS **10** 23, 1940. — Ref. AAS.

12327. **J. J. Nassau, D. A. MacRae,** A study of the galactic structure in a clear region in Cygnus. AJ **54** 134. — Ref. AAS.

12328. **J. J. Nassau, W. W. Morgan,** A survey for stars of high luminosity in the galaxy. AJ **54** 192. — Ref. AAS.

12329. **J. J. Nassau, G. B. van Albada,** A study of M-type stars in Cygnus. ApJ **109** 391—413, mit 8 Fig. und 9 Tafeln. — Mit Berichtigung in ApJ **110** 104. — Auf einem 2.28 Quadratgrad großen Feld im Cygnus wurden mit Hilfe von Objektivprismaaufnahmen im Infraroten 709 M-, 4 Kohlenstoff- und 2 S-Sterne klassifiziert, einige erwiesen sich als neue Veränderliche. Für die weitere Diskussion wurden Infrarothelligkeiten und -indizes bestimmt. Nach Aufstellung eines Farbe-Spektrum-Diagramms wird die interstellare Absorption in der Feldrichtung ermittelt. Für die M0- bis M4-Sterne wird der Dichteverlauf bis in etwa 6 kpc Entfernung untersucht. Ein Katalog und ausführliche Karten des Feldes begleiten die Arbeit. Micz.

12330. **J. J. Nassau, D. A. MacRae,** A study of the galactic structure in a clear region in Cygnus. ApJ **110** 40—58, mit 6 Fig. und 2 Tafeln. — Besprechung in Sternenwelt **2** 135. — Die Verf. haben von einem 11 Quadratgrad großen Feld bei AR = $20^h\,0^m$, Decl. = +38°.0 (1950.0) photographische und photorote Helligkeiten sowie Spektraltypen von 1230 Sternen (Vollständigkeitsgrenze $m_{pg} = 12^m.0$) bestimmt. Das Hauptziel der Arbeit ist die Untersuchung von Schwankungen der Leuchtkraftfunktion in der galaktischen Ebene. Nach Ermittlung der Dichtegradienten unter Berücksichtigung der ebenfalls bestimmten allgemeinen interstellaren Absorption wird die Leuchtkraftfunktion für vier Distanzen bis zu 600 pc aufgestellt, ohne daß sich erwähnenswerte Unterschiede ergeben; dies ist auch gegenüber der Standardfunktion von van Rhijn nicht der Fall, wenn man von einem Exzeß des Feldes zwischen $-1^m.5$ und $+1^m.0$ absieht. Eine Zone des Feldes ist durch eine Wolke in 900 pc Entfernung, die eine zusätzliche Absorption von $0^m.9$ bewirkt, verdunkelt. Micz.

12331. **J. J. Nassau, D. A. MacRae,** Stellar spectra and colors in a clear region in Cygnus. ApJ **110** 478—497, mit 8 Fig. — Von 1237 Sternen heller als 12.0 (pg) innerhalb eines bei $\alpha = 20^h\,00^m$, $\delta = +38°.0$ (1950) gelegenen kreisförmigen Feldes vom Durchmesser 3°.7 werden Spektraltypen, photographische Größen und photorote Farbenindizes gegeben.

12332. **A. Pannekoek, D. Koelbloed,** Photographic photometry of the southern Milky Way after negatives chiefly taken at the Bosscha Observatory at Lembang by Dr. J. G. E. G. Voûte. Publ. Astr. Inst. Univ. Amsterdam Nr. **9**, 28 S. mit 2 Fig. und 18 Tafeln. — Besprechung in Sterne **26** 157. — Extrafokale Aufnahmen der südlichen Milchstraße — unter Verwendung eines Zeiß-Tessars (53.5 mm Öffnung, 1 : 2.7) auf der Sternwarte Lembang, eines Ross-Objektives (37.5 mm Öffnung, 1 : 4) auf der Boyden-Station — sind mittels des Hartmann-Mikrophotometers ausgemessen worden. In 15 Isophotenkarten finden die Ergebnisse ihre graphische Darstellung; zwei dieser Karten sind auch in einem Schattierungsverfahren wiedergegeben. Ausführlich werden diskutiert: der Randabfall, die photometrische Skala, die Grenzgröße und die Reduktionsformeln für die Helligkeiten und das einheitliche System. Hiermit liegt das so zu begrüßende Gegenstück zur gleichartigen photographischen Photometrie des nördlichen Himmels vor (A. Pannekoek, an Hand Heidelberger Aufnahmen von Max Wolf). Strohmeier

12333. **W. Petri,** Tintenkleckse und Sternketten. Sternenwelt **1** 176—177, mit 1 Abb.

12334. **A. M. Risley,** A bright region in Cepheus. ApJ **109** 314—320. — Ein vergleichsweise wenig von interstellarer Absorption beeinflußtes Feld im Cepheus wird mit Spektraltypen von 4300 und Farbenindizes von 200 Sternen auf Absorption, Verfärbung und Sternverteilung untersucht. In der Feldrichtung wird eine auffällige Konzentration von Sternen B8 bis A5 gefunden. Die Diskussion der Leuchtkraftfunktion erbringt einen Exzeß gegen die Standardkurve bei $M = 0^m.0$. Micz.

12335. **G. I. Russakow,** Die Helligkeitsschwankungen der Milchstraße und die physikalischen Merkmale der diffusen Nebel. Abh. Shdanow-Staatsuniv. Leningrad Nr. **116** (Math. Wiss. Nr. 18, Astr.) S. 53—79 = Publ. Astr. Obs. Leningrad **13** 53—79 (russisch). — Verf. löst die Ambarzumjansche Differentialgleichung der Helligkeitsschwankungen der Milchstraße in Gestalt einer Reihenentwicklung und wendet sie auf die Milchstraßenphotometrie von Wolf-Pannekoek an. Die mittlere Absorption eines Nebels beträgt $0^m.25$, der mittlere Durchmesser 10 pc. Loh.

12336. **C. Schalén,** Spectra, magnitudes and colours of stars in regions of different galactic latitude. II. +40° galactic latitude. Kungl. Svenska Vet. Handl. (4) **1** Nr. 4, 26 S. mit 8 Fig. = Uppsala Astr. Obs. Ann. **3** Nr. 3. — In einer Zone in +40° galaktischer Breite wurden zwischen 10^h und $15^h 50^m$ in RA auf Aufnahmen mit dem Zeiß-Heyde-Astrographen der Sternwarte Uppsala Spektraltypen, photographische Helligkeiten und Farbenindizes von 1175 Sternen bestimmt. Die Ergebnisse werden in einem Katalog mitgeteilt. Micz.

12337. **H. Schmidt,** Unser heutiges Bild von der räumlichen Verteilung der Sterne in der weiteren Sonnenumgebung. Himmelswelt **56** 2—5, mit 2 Abb.

12338. **H. Schmidt,** Neue Untersuchungen über das lokale Sternsystem. Himmelswelt **56** 140. — Ref. AG.

12339. **H. Schmidt,** Infrarotstrahlung aus den Gebieten des galaktischen Zentrums. Sterne **25** 59—62, mit 2 Abb. — Besprechung von AJB **47** Ref. **9008**.

12340. **H. Schmidt,** Untersuchungen über das lokale Sternsystem. Veröff. Univ.-Sternw. Bonn Nr. **35**, 61 S. mit 58 Abb.

12341. **H. Schneller,** Zur Bestimmung der Lage des galaktischen Pols. AN **277** 139—141, mit 1 Abb. — Bestimmung der Koordinaten des galaktischen Nordpols mit Hilfe der δ Cephei-Sterne. Zusammenstellung der bisherigen Werte und Vergleich mit den Bestimmungen aus Milchstraßenwolken.

12342. **J. Stebbins, A. E. Whitford,** Six-color photometry of stars. V. Infrared radiation from the region of the galactic center. Vgl. AJB **47** Ref. **9008**. — Besprechung in Urania Barcelona **34** Nr. 220 S. 229—230.

12343. **O. Struve,** Stellar associations. Sky and Telescope 8 215—219, mit 5 Fig. — Besprechung in PAT **30** 163. — Bericht über die von Ambarzumjan (vgl. Ref. **12303**) als Sternassoziationen bezeichneten weiträumigen Ansammlungen junger Sterne und die bereits zwanzig Jahre vorher von Pannekoek skizzierte nesterartige räumliche Verteilung der B-Sterne des Henry-Draper-Katalogs. Loh.

12344. Milky way surveys. Sky and Telescope 8 306. — Ref. AAS.

Kinematik und Dynamik

12345. **M. C. Ballario, A. Colacevich,** Moto preferenziale di 454 stelle. Mem SA It (NS) **20** 253—274, mit 3 Fig. = Oss. e Mem. Oss. Astrofis. Arcetri Nr. **65** S. 107—130. — In der vorliegenden Arbeit werden die Raumbewegungen von 454 Sternen heller als $5^m.50$ untersucht, deren Richtungen fast mit der des Ursa Major-Stromes übereinstimmen. Parallaxen, Raumgeschwindigkeiten und Apices sind tabuliert, statistische Gesetzmäßigkeiten werden diskutiert. Loh.

12346. **G. Cecchini,** Sguardo alla struttura geometrico-dinamica del nostro universo. Rend. Sem. mat. fisica, Torino 8 33—47. — Ref. in ZfMG **33** 144.

* * **J. Dufay,** Absorption interstellaire et rotation galactique. Vgl. Ref. 12507.

12347. **W. Dziewulski,** On the motion of the giant stars. Bull. Astr. Obs. Toruń Nr. 2 S. 17—21, 1947.

12348. **W. Fricke,** Über den Beitrag der Sterne hoher Geschwindigkeit zur Kinematik des Sternsystems. AN 277 241—254, mit 4 Abb. = Mitt. Sternw. Hamburg-Bergedorf Nr. 68.

12349. **W. Fricke,** Die Rotationsgeschwindigkeit der Milchstraße in Sonnennähe. AN 278 49—56, mit 3 Abb. = Mitt. Sternw. Hamburg-Bergedorf 8 Nr. 69. — Nach einer Methode, die auf der Kenntnis großer Raumgeschwindigkeiten einzelner Sterne und auf der Oortschen Hypothese beruht, daß die Entweichgeschwindigkeit in Sonnennähe die obere Geschwindigkeitsgrenze darstellt, wird die Rotationsgeschwindigkeit des lokalen Zentroids bestimmt. Aus den Geschwindigkeiten von 60 Sternen, die zu den schnellsten der Sonnenumgebung gehören, wird für die Rotationsgeschwindigkeit $v_R = 276 \pm 21$ (m. F.) km/sec gefunden. Das Ergebnis bestätigt die beiden Vermutungen von Mayall, daß die Kugelsternhaufen mit gemessenen Radialgeschwindigkeiten eine Rotationskomponente von etwa 100 km/sec um das Milchstraßenzentrum haben und daß sich die Milchstraße relativ zu den sie umgebenden Nebeln der lokalen Gruppe angenähert in Ruhe befindet. Verf.

12350. **W. Fricke,** Bemerkungen zur Theorie der Schnelläufer. Himmelswelt 56 138—139. — Ref. AG.

12351. **G. Gursadjan,** Über die Schlußfolgerung aus dem Verteilungsgesetz einer der aus Eigenbewegungen hervorgehenden Geschwindigkeitskomponenten der Sterne. AJ UdSSR 26 149—155 (russisch). — In zwei etwa je 400 Quadratgrad großen Himmelsgebieten, die je 90° von der Richtung zum galaktischen Zentrum abstehen und in denen also die zum Zentrum gerichteten Geschwindigkeitskomponenten voll in die Eigenbewegungen eingehen, werden für die Sterne der Spektralklassen F—K im Helligkeitsintervall 8^m bis $9^m\!.5$ aus den Eigenbewegungen die mittleren Geschwindigkeitskomponenten in Richtung zum galaktischen Zentrum abgeleitet. Loh.

12352. **G. A. Gursadjan,** Zur Dynamik der Sternassoziationen. DAN 69 145—148 (russisch).

12353. **J. Haas,** Darstellung von Sterngeschwindigkeiten bei unvollständig gegebenen Bestimmungsstücken nebst einer Anwendung auf die Untersuchung von Geschwindigkeitsverteilungen. AN 278 69—70, mit 1 Abb. — Bei unbekannter Entfernung oder Radialgeschwindigkeit werden die Sterngeschwindigkeiten durch Strahlen bzw. Geraden dargestellt, deren Lage in der Projektion auf die galaktische Ebene näher angegeben wird. Das Verfahren wird zur Untersuchung der Geschwindigkeitsverteilung bei den Sternen innerhalb 15 parsec verwendet; die früher gefundenen systematischen Unterschiede zwischen einzelnen Arealen treten dabei klar hervor. Verf.

12354. **D. K. Karimowa,** Die Eigenbewegung von ST Comae Berenices. VS Bull 7 43—45 (russisch). — Die Eigenbewegung des Veränderlichen wurde aus seinen Örtern auf zwei Aufnahmen der Pariser Zone der photographischen Himmelskarte (Epochen 1893 und 1896) und zwei Aufnahmen der Sternwarte Moskau (1933 und 1934) zu $\mu_\alpha \cos\delta = -0\rlap{.}''0332 \pm 0\rlap{.}''0051$, $\mu_\delta = -0\rlap{.}''0432 \pm 0\rlap{.}''0051$ bestimmt und zusammen mit der von Joy gemessenen Radialgeschwindigkeit von -100 km/sec und der photometrischen Entfernung von 1750 pc zur Ableitung der galaktozentrischen Geschwindigkeit verwandt, für die sich $V_R = +10$ km/sec, $V_\Theta = -189$ km/sec, $V_Z = -95$ km/sec ergab. ST Com gehört also zu den (wenigen) Sternen, die sich in der Galaxis rückläufig bewegen. Loh.

12355. **W. M. Markowitz,** A study of the Orion region. AJ **54** 111—117, mit 1 Fig. — Im Gebiet des Orion zwischen $\alpha = 5^h$ bis 6^h und $\delta = +7^\circ$ bis -14° wird auf Grund von Radialgeschwindigkeitsverteilungen und Entfernungen die Existenz zweier Sternhaufen nachgewiesen. Der sich im Gürtel und dem Nebel befindliche zentrale Haufen enthält etwa fünfzig O—B3-Sterne, der Rigelhaufen sechs B8—B9-Sterne. Beide Haufen dürften trotz praktisch derselben pekuliaren Radialgeschwindigkeiten und Eigenbewegungen nicht zusammenhängen, da sich beide durch ihre verschiedenen Entfernungen ($\approx$ 500 bzw. $\approx$ 100 pc) unterscheiden. Wenn die gewöhnlich für den Orionnebel angenommene Radialgeschwindigkeit richtig ist, dann müßten die sich zur Zeit im Nebel befindlichen Haufenmitglieder wegen ihrer um etwa 9 km/sec höheren Radialgeschwindigkeit aus ihm entweichen. Loh.

12356. **M. Mayot, P. Guintini,** Sur la détermination du convergent du courant du Scorpion Centaure. CR **228** 1930—1931, mit 2 Fig. — Verf. bestimmen für 639 Sterne des Scorpius-Centaurus-Stroms und auch unter einschränkenden Bedingungen für weniger Sterne des Stroms die Konvergenzpunkte, wobei sich nur unbedeutende Unterschiede ergeben. Loh.

12357. **E. A. Milne,** The vertex of star-streaming. Obs **69** 107—108.

12358. **P. P. Parenago,** Untersuchung der Raumgeschwindigkeiten der Sterne. Astr Circ UdSSR Nr. **90—91** S. 8—10 (russisch). — Kurze, vorläufige Mitteilung einer in den Publikationen des Sternberg-Instituts erscheinenden Arbeit.

* * **P. P. Parenago,** Die Bewegungen der langperiodischen Cepheiden und die galaktische Dynamik. Vgl. Ref. 11167.

12359. **R. M. Petrie,** Some problems of stellar motions. J RAS Canada **43** 1—14, mit 3 Fig. — Vor den Victoria und Vancouver Centres der Roy. Astr. Soc. Canada gehaltener Vortrag, in dem nach der Erklärung einiger Grundbegriffe über die Bestimmung der Sonnenparallaxe, Sonnenbewegung und der galaktischen Rotation berichtet wird. Loh.

12360. **R. M. Petrie,** The calculation of the convergent of a moving cluster of small apparent diameter. MN **109** 693—697. — Da die Methoden von Charlier und Bohlin zur Berechnung des Konvergenzpunktes eines Bewegungshaufens dann keine übereinstimmenden Ergebnisse liefern, wenn sich die betrachteten Sterne in einem kleinen Himmelsareal befinden und fast gleiche Eigenbewegungen besitzen, so schlägt Verf. eine sich auf eine Differentialformel stützende neue (Ausgleichungs-) Methode vor, die mit diesen Mängeln weniger behaftet und am Taurus- und Ursa Major-Haufen erprobt worden ist. Loh.

12361. **R. M. Petrie,** New radial velocities of nineteen bright members of the Ursa Major cluster and the space motion of the nucleus stars. Publ. Dominion Astrophys. Obs. Victoria 8 117—128, mit 1 Fig.

12362. **W. W. Radsijewskij,** Über die systematischen Bewegungen der B-Sterne und über die Ursache des K-Effektes. Bull. Astr.-Geod. Ges. UdSSR Nr. **6** (13) S. 16—27 (russisch).

12363. **W. W. Radsijewskij,** Über den Einfluß des Gravitationsfeldes des galaktischen Kerns auf die Radialgeschwindigkeiten der Sterne und über die systematischen Bewegungen der B-Sterne. Shdanow-Staatsuniv. Leningrad, These (russisch).

12364. **N. G. Roman,** The Ursa Major group. ApJ **110** 205—241, mit 4 Fig. — Die umfangreiche Arbeit über den Ursa maior-Strom beginnt mit einer ausführlichen Einführung in die bisherige ihn betreffende Literatur. Im folgenden wird die Auffassung vertreten, daß die Gruppe aus einem ziemlich kompakten

«Kernhaufen» und einem ausgedehnten, mäßig scharf definierten Strom gebildet wird. Der Konvergenzpunkt wird aus den Eigenbewegungen bestimmt. Die Radialgeschwindigkeiten der Kernsterne, darunter neu vom Autor gemessene, dienen zur Berechnung der Raumgeschwindigkeit des Stroms. Im Umkreis von 20 pc um das Kernzentrum wurde nach neuen Mitgliedern gesucht. Listen von Sternen, die sicher, wahrscheinlich oder unwahrscheinlich zum Strom gehören, sind beigefügt; sie enthalten u. a. neue Spektraltypen und absolute Helligkeiten. Eingegangen wird auch auf die Hertzsprung-Russell-Diagramme der Kern- und sonstigen Stromsterne sowie auf ihre Spektren. Micz.

12365. **J. Schilt,** A contraction of the stellar system in the neighborhood of the sun. Publ AAS **10** 259, 1942. — Ref. AAS.

12366. **T. Shimizu,** Space motion of stars in the vicinity of the sun. Jap. J. Astr. **1** 47—57, mit 5 Fig. — Bei einer Diskussion der Raumgeschwindigkeiten der Sterne in der Sonnenumgebung innerhalb 10 pc wird der Verf. auf die Annahme zweier verschieden bewegter Gruppen geführt (83 Sterne). Eine Ausdehnung auf Sonnenentfernungen bis zu 20 pc (355 Sterne) führt auf ein ähnliches Resultat. Eine vorläufige Bestimmung der Konstanten der Geschwindigkeitskörper wird mitgeteilt. Micz.

12367. **T. Shimizu,** Space motion of stars in the vicinity of the sun. (Third report.) Publ. Astr. Soc. Japan **1** 53—58, mit 3 Fig.

12368. **T. Shimizu,** Dynamical consideration about the hypothesis of two velocity ellipsoids. Publ. Astr. Soc. Japan **1** 90—96, mit 3 Fig.

12369. **A. F. Torondshadse,** Über die Besonderheiten der Bewegungen der O—B-Sterne im Hinblick auf die Sternassoziationen. Astr Circ UdSSR Nr. **93** S. 5—6 (russisch). — Die Besonderheiten der Bewegungen der O—B-Sterne sind genetisch bedingt und finden ihre Erklärung in der Theorie von Ambarzumjan über die Sternassoziationen. Das Alter der Assoziationen beläuft sich auf 30—40 Millionen Jahre. Loh.

12370. **O. R. Walkey,** An abstract on the solar apex. Vgl. AJB **46** Ref. **9056a**. — Besprechung in Urania Barcelona **34** Nr. 220 S. 222.

§ 124

Außergalaktische Nebel

12401. **N. M. Artjuchina,** Der Andromedanebel. Abh. Lomonossow-Staatsuniv. Moskau Nr. **113** S. 93—127 = Moskau Sternberg-Inst. Publ. **16** Nr. 1 S. 93—127, mit 19 Abb. (russisch). — Inhalt (Stand 1940/41): Hauptmerkmale, Entfernung, Ausdehnung und Oberflächenhelligkeit. Die Cepheiden, Novae und kugelförmigen Sternhaufen des Nebels. Beobachtete und wahre Rotation. Im Nachtrag wird über einige bis 1945 erschienene Arbeiten berichtet: Ausdehnung und Konturen (Williams, Hiltner), die Auflösung von M 32, NGC 205 und des Kerns des Andromedanebels (Baade) sowie Sternzählungen im Nebel (Seyfert, Nassau). Loh.

12402. **M. S. Eigenson,** Die Absorption des Lichtes im Raum zwischen den Galaxien. AJ UdSSR **26** 278—285 (russisch). — Nach dem Hinweis, daß verschiedene Argumente für die Existenz einer intergalaktischen Materie sprechen, berichtet Verf. zunächst über einige seiner früheren Arbeiten zu dem Problem und dessen geschichtlicher Entwicklung überhaupt. So ergaben sich aus den Beobachtungen von Shapley und Ames (1929) bzw. Hubble (1936) für die allgemeine intergalaktische Absorption $0^{m}.025$/mpc bzw. ein etwa halb so hoher Wert. Aus den Farbenindexmessungen der Mitglieder von vier Nebelhaufen von Stebbins und Whitford (1948) leitet Verf. dann in guter Übereinstimmung mit den obigen Werten eine selektive intergalaktische Absorption von $0^m.007$/mpc ab. In einem kosmogonischen Ausblick wird die Vermutung ausgesprochen, daß die intergalaktische Materie der Überrest der Materie darstellt, die sich nicht mit in den Galaxien zusammengeballt hat. Loh.

12403. **M. S. Eigenson,** Die Absorption des Lichtes im Raum zwischen den Galaxien. Priroda **38** Nr. 1 S. 19—25 (russisch).

* * **C. Graef Fernandez,** The bolometric correction of the magnitudes of the galaxies in Birkhoff's cosmology. Vgl. Ref. **4118**.

12404. **G. Hartwig,** Die Sterne der Population II. Die photographische Auflösung des Kernes des Andromedanebels sowie einiger elliptischer Nebel. Sterne **25** 7—15, mit 5 Abb.

12405. **G. Hartwig,** Die lokale Nebelgruppe. Sterne **25** 40—41.

12406. **E. Hubble,** Barred spirals. Publ AAS **9** 249—250, 1939. — Ref. AAS.

12407. **J. I. Jefremow,** Über die Häufigkeit der Galaxien verschiedener Typen. AJ UdSSR **26** 286—287 (russisch). — Aus dem Katalog heller Galaxien von Shapley und Ames (1932) wird das Häufigkeitsverhältnis der elliptischen Nebel und der Spiralnebel berechnet. Unter der begründeten Annahme, daß die Spiralnebel absolut etwa $4—5^m$ heller sind als die elliptischen Nebel und ferner beide Typen gleichmäßig im Raum verteilt sind, ergibt sich ein Häufigkeitsverhältnis von rund 100 : 1. Loh.

12408. **B. Lindblad, J. Delhaye,** On the distribution of light-intensity and colour in the spiral nebula Messier 63. Stockholms Obs. Ann. **15** Nr. 9, 26 S. mit 10 Fig. und 1 Tafel. — Die Helligkeits- und Farbverteilung des Spiralnebels M63 wurde in ähnlicher Weise mit Aufnahmen des Crossley-Reflektors und des Stockholmer 40-cm-Astrographen untersucht wie bereits früher im Fall von NGC 7331 (Stockholm Annaler **13** No. 8, AJB **43** Ref. 8823). Das Beobachtungsmaterial wird in Tabellen, Schnitten und Isophotendarstellungen wiedergegeben. Charakteristisch für die Lichtverteilung ist ein G-förmiger Absorptionsstreifen, dem besondere Aufmerksamkeit gewidmet wird. Über die Anordnung der Spiralarme und der Hauptabsorptionsgebiete im Nebel wird ein Schema aufgestellt. Es wird geschlossen, daß die Spiralarme in der Rotationsrichtung offen sind. Micz.

12409. **T. Page,** Beyond the Milky Way. Pop Astr **57** 475—482.

12410. **G. Randers,** Barred spirals. Publ AAS **10** 169, 1942. — Ref. AAS.

12411. **C. K. Seyfert,** Emission in the nuclei of spiral nebulae. Publ AAS **10** 317—318, 1943. — Ref. AAS.

12412. **H. Shapley,** New magellanic type galaxy in Phoenix. Harv Bull Nr. **919** S. 41. — Ort: $1^h 40^m 55^s$, $-44° 6'.1$; Größe: $5' \times 3'$; Helligkeit: $13^m.3$; Entfernung: etwa 0.5 mpc. Wahrscheinlich Zwerggalaxis vom unregelmäßigen Typ.

12413. **J. Stebbins, A. E. Whitford,** Six-color photometry of stars. VI. The colors of extragalactic nebulae. Vgl. AJB **48** Ref. **12422**. — Besprechung in Naturwiss. Rundschau **2** 476 (H. Siedentopf).

12414. **J. Stock,** Rotverschiebung und Farbe außergalaktischer Nebel. Himmelswelt **56** 164—167, mit 3 Abb. — Besprechung der Arbeit von J. Stebbins und A. E. Whitford in ApJ **108** 413, 1948. Vgl. AJB **48** Ref. **12422**.

12415. **A. D. Thackeray,** The colours of distant nebulae. MN ASSA 8 55—56.

12416. **G. de Vaucouleurs,** Sur la contribution des nébuleuses extragalactiques à la lumière du ciel nocturne. Ann d'Astrophys **12** 162—163, mit 1 Fig. — Der Beitrag, den die extragalaktischen Nebel zur Helligkeit des Nachthimmels leisten, wird berechnet und ergibt sich im photographischen Spektralbereich zu 0.28% der Gesamthelligkeit. Es ist anzunehmen, daß der Anteil im roten und infraroten Gebiet höher ist. Micz.

12417. **G. de Vaucouleurs,** A method for detecting the nearer side of the Andromeda nebula. Obs **69** 150—151. — Da zwischen den am vorderen und hinteren Rand des Andromedanebels gelegenen Sternen gleicher absoluter Helligkeit bei der relativ geringen Entfernung des Nebels mit einem Helligkeitsunterschied von $0^{m}.06$ zu rechnen ist, so müßte es möglich sein, photometrisch den näheren Spiralarm festzustellen. Gut dürften sich dazu die Cepheiden eignen. Loh.

12418. **G. Weinmann,** Die lokale Nebelgruppe. Sternenwelt **1** 243—247, mit 5 Abb.

12419. **A. E. Whitford,** Colors of elliptical and spiral nebulae in the Corona Borealis cluster. AJ **54** 138—139. — Ref. AAS.

12420. **A. E. Whitford, J. Stebbins,** Spectral distribution of the radiation from extragalactic nebulae. Publ AAS **10** 239, 1942. — Ref. AAS.

12421. **T. Widorn,** Zur absoluten Helligkeit extragalaktischer Nebel. Sitzber. Österreichische Akad. Wiss. Math.-naturwiss. Kl. Abteilung IIa **157** 321—330, mit 6 Abb. = Wien Mitt. **4** Nr. 9. — Aus den visuellen Helligkeiten des von Graff neu reduzierten Nebelkatalogs von Holetschek und den nach primären Methoden von Hubble ermittelten Entfernungen geht hervor, daß die absoluten Werte von Helligkeit bzw. Durchmesser um so kleiner werden, je geringer die scheinbaren Werte sind. Die Streuung um den mittleren Verlauf ist gering. Die möglichen Ursachen der Beziehung (systematische Fehler der Helligkeiten und Durchmesser bzw. Entfernungen) werden erörtert. Micz.

12422. **O. C. Wilson,** Proportionality of nebular red shifts to wave length. Publ ASP **61** 132—133, mit 1 Fig. = Mt. Wilson and Palomar Obs. Repr. Nr. **4**. — In den Radialgeschwindigkeiten von zwölf Emissionslinien des Kerns des Spiralnebels NGC 4151 (S6) kommt eine geringe Zunahme mit der Wellenlänge zum Ausdruck, die wohl nur zufälliger Natur ist. Loh.

12423. **E. Wolf,** Über neuere Methoden und Ergebnisse bei der Farbmessung extragalaktischer Nebel. Sterne **25** 15—22, mit 2 Abb. — Bericht über AJB **48** Ref. **12422**.

12424. H_{α} emission in M 31 and M 33. Harv Card 1018. — Mitteilung von L. E. Erro und G. Haro.

12425. Die Häufigkeit von Emissionen in außergalaktischen Nebeln in Abhängigkeit vom Nebeltypus. Himmelswelt **56** 35. — Besprechung der Mitteilung von Humason in Publ ASP **59** 180, 1947. Vgl. AJB **47** Ref. **8902**.

12426. Krökningen av spiralnebulosornas spektrallinjer. PAT **30** 167. — Besprechung von AJB **48** Ref. **12411**.

12427. Colors of galaxies. Sky and Telescope 8 148—149. — Ref. AAS, Besprechung in JBAA **59** 189—190.

12428. Emission objects in galaxies. Sky and Telescope 8 301.

12429. Which arm is the nearer? Sky and Telescope **9** 32.

§ 125

Interstellare Materie

12501. **W. S. Adams,** Observations of interstellar H and K, molecular lines, and radial velocities in the spectra of 300 O and B stars. ApJ **109** 354—379, mit 1 Fig. = Contr. Mt. Wilson Obs. Nr. **760.** — Besprechung in Sternenwelt 1 278. — Coudé-Spektren von 300 O- und B-Sternen werden im Bereich λ 3600 bis λ 4700 zum Studium der Struktur der interstellaren H- und K-Linie sowie zu Nachweis und Wellenlängenmessung anderer atomarer und molekularer Linien interstellaren Ursprungs benutzt. Die Hälfte aller Sterne zeigt komplexe H- und K-Linien, ein Viertel besitzt Linien des CN, CH I, CH II, Ca I und Fe I. H und K zerfallen in bis zu vier Komponenten. Die stärksten Komponenten haben die geringsten Geschwindigkeiten, die schwachen Komponenten erreichen gelegentlich über 50 km/sec, in einem Fall sogar fast 100 km/sec Radialgeschwindigkeit. Verschiebung und Struktur der Linien ist bei eng benachbarten sowie Doppelsternen sehr ähnlich. Die Radialgeschwindigkeiten der Moleküllinien entsprechen den stärksten H- und K-Komponenten. Plejadensterne besitzen auffallend starke Moleküllinien relativ zu H und K. Die Frage, ob bei diesem Haufen die atomare und molekulare Absorption in räumlich getrennten Gebieten erfolgt, kann nicht entschieden werden. Ein Teil der Radialgeschwindigkeiten wird zur Bestimmung der Rotationskonstanten A benutzt. Micz.

12502. **G. Alter,** On the distribution of interstellar matter. Mem. Obs. Czechoslovak Astr. Soc. Nr. **10,** 23 S. mit 2 Fig. — Es wird ein Verfahren entwickelt, um aus Farbenexzessen und scheinbaren Helligkeiten selektive Absorptionskoeffizienten und das Verhältnis von selektiver zu totaler Absorption abzuleiten. Anwendung auf den B-Stern-Katalog von Stebbins, Huffer und Whitford (ApJ **91** 20, AJB **42** Ref. **7564**) ergibt für die selektive Absorption keine Abhängigkeit von der galaktischen Länge, dagegen für die totale Absorption sowie für ihr Verhältnis zur selektiven. Zur Erklärung dieses Befunds wird angenommen, daß entweder vom galaktischen Zentrum nach außen die chemische Zusammensetzung des interstellaren Staubes sich ändert, und zwar der Anteil der Metalle und des Kohlenstoffs zunimmt, oder aber der mittlere Teilchendurchmesser in gleicher Richtung größer wird. Kdr.

12503. **R. H. Baker,** Selective absorption in the vicinity of Cassiopeia. Publ AAS **10** 221, 1942. — Ref. AAS.

12504. **W. Becker,** Über das Verhältnis der totalen interstellaren Absorption zur Verfärbung. Himmelswelt **56** 28—30, mit 1 Abb. — Für einige Gegenden der Milchstraße wird das empirische Verhältnis von totaler photographischer Absorption : Verfärbung mit dem theoretischen aus dem λ^{-1}-Gesetz verglichen. Danach ist dieses Verhältnis beträchtlich kleiner als es der λ^{-1}-Formel entspricht, etwa nur halb so groß. Loh.

12505. **B. J. Bok,** A search for comparatively unobscured fields in low galactic latitudes. Publ AAS **10** 246—247, 1942. — Ref. AAS.

12506. **L. Davis jr., J. L. Greenstein,** The polarization of starlight by interstellar dust particles in a galactic magnetic field. Phys. Rev. **75** 1605. — Unter der Voraussetzung, daß das Verhältnis der großen zur kleinen Achse von interstellaren Körnern 4/3 ist und 1/6 von ihnen im galaktischen Magnetfeld orientiert ist, kann die beobachtete fünfprozentige Polarisation des Lichtes von Sternen, die im interstellaren Raum 98% Lichtverlust erleiden, erklärt werden. Einzelheiten sollen im ApJ erscheinen. Loh.

12507. **J. Dufay,** Absorption interstellaire et rotation galactique. Ann d'Astrophys **12** 306—308, mit 1 Fig. = Publ. Obs. Lyon **5** Nr. 11. — Verf. macht einige kritische Bemerkungen über neuere Bestimmungen der Konstanten der interstellaren Absorption aus der galaktischen Rotation und kommt zu dem Schluß, daß auch die neueren Werte noch nicht als definitiv angesehen werden können. Micz.

12508. **J. Dufay,** Le problème de l'absorption neutre dans l'espace interstellaire. CR **228** 1277—1278 = Publ. Obs. Haute-Provence (B) Nr. **23**. — Eine Diskussion der Absorptionsbestimmungen von Whitford (vgl. AJB **48** Ref. **12510**) und Wernberg (vgl. AJB **43** Ref. **9023**) zeigt, daß die neutrale interstellare Absorption hauptsächlich auf einige Gebiete begrenzter Ausdehnung beschränkt ist. Außerhalb dieser Gebiete, auch in der Nachbarschaft der galaktischen Ebene, sind die großen Partikel und die freien Elektronen zu wenig zahlreich, um eine merkliche Rolle zu spielen. Loh.

12509. **N. F. Florja,** Untersuchung der Absorption des Lichtes im interstellaren Raum. Abh. Lomonossow-Staatsuniv. Moskau Nr. **113** S. 3—46 = Moskau Sternberg-Inst. Publ. **16** Nr. 1 S. 3—46, mit 8 Abb. (russisch). — Aus den von Stebbins, Huffer und Whitford (vgl. AJB **42** Ref. **7564**) lichtelektrisch gemessenen Farbenindizes von 1332 B-Sternen werden selektive und totale photographische Absorption und dann die Verteilung der absorbierenden Materie in einer 50 pc dicken galaktischen Schicht und im Umkreis der Sonne von 600 pc, ohne den Sektor von 230° bis 320° galaktischer Länge, abgeleitet. Wenn die Gebiete gleicher Absorption auch ziemlich unregelmäßig verteilt sind, so zeichnet sich doch vielfach eine gewisse radiale Erstreckung ab, die vermutlich auf die Unsicherheit der Sternparallaxen und die zu geringe räumliche Sterndichte zurückzuführen sind. Loh.

12510. **K. Graff,** Raumverfärbung in der Milchstraße nach photoelektrischen und visuell-kolorimetrischen Messungen. Sitzber. Österreichische Akad. Wiss. (Abteilung IIa) **157** 1—15, mit 2 Abb. = Wien Mitt. **4** Nr. 5. — Veröffentlichung eines Kataloges der Farbenexzesse von 697 B-Sternen nach eigenen Beobachtungen und Vergleich mit den Messungen am Washburn-Observatorium. Die Ergebnisse stimmen gut miteinander überein. Loh.

12511. **G. A. Gursadjan,** Die L_α-Strahlung im interstellaren Raum. Ber. Akad. Wiss. armen. Sowjetrepublik **9** 151—155 (russisch).

12512. **A. Güttler,** Dunkle Wolken in der Milchstraße. Sternenwelt **1** 145—148, mit 5 Abb.

12513. **J. S. Hall, A. H. Mikesell,** Observations of polarized light from stars. AJ **54** 187—188, mit 1 Fig. — Besprechung in Sternenwelt **2** 113. — Ref. AAS.

12514. **W. A. Hiltner,** Polarization of radiation from distant stars by the interstellar medium. Nature **163** 283. — Die Polarisation des Sternlichtes dürfte ihre Ursache weniger in den Sternen selbst als im interstellaren Medium haben. — Weitere Besprechung in Himmelswelt **56** 124—125.

* * **W. A. Hiltner,** On the presence of polarization in the continuous radiation of stars. II. Vgl. Ref. **9522**.

* * **A. H. Joy,** Bright-line stars among the Taurus dark clouds. Vgl. Ref. **9526**.

12515. **T. A. Kotschlaschwili,** Untersuchung der selektiven Absorption in drei Feldern der Milchstraße auf Grund der Farbenindizes von 1813 Sternen. Astr Circ UdSSR Nr. **89** S. 2—3 (russisch). — Aus den Farbenindizes von Sternen zwischen 8^m5 und 12^m5 der drei Felder in Perseus (l = 112°, b = −15°), Gemini (l = 154°, b = +3°) und Cygnus (l = 42°, b = −10°) ergab sich als selektive Absorption pro kpc $0^m.11$, $0^m.50$ und $0^m.30$ und als allgemeine photographische Absorption $0^m.52$, $2^m.35$ und $1^m.41$. Räumliche Dichten für Eisen- und Nickelpartikel wurden abgeleitet. Loh.

12516. **T. A. Kotschlaschwili,** Untersuchung der Absorption in drei Milchstraßenfeldern auf Grund von Farbenindizes von 1813 Sternen. Shdanow-Staatsuniv. Leningrad, Eigenbericht. 2 + 6 S. (russisch).

12517. **M.-T. Martel,** Absorption différentielle dans la direction perpendiculaire au plan galactique. Ann d'Astrophys **12** 275—280, mit 1 Fig. = Publ. Obs. Lyon **5** Nr. 9. — Aus Farbenindexmessungen von B-Sternen von Stebbins und Whitford wird die differentielle Absorption (λ 4170/λ 4710) in einer Richtung senkrecht zur Milchstraßenebene abgeleitet. Sie hängt von der Himmelsgegend der benutzten Sterne ab und ist in der Nähe des galaktischen Zentrums am stärksten. Micz.

12518. **C. A. Pfeiffer,** Dunkelfelder um NGC 7000 und 52 Cygni. Himmelswelt **56** 179—181, mit 2 Abb. — Mitteilung von Sternzählungen in der Umgebung von NGC 7000 und 52 Cygni.

12519. **J. R. Pierce,** Increasing space-charge waves. J. Applied Phys. **20** 1060—1066. — Ref. in ZfMG **35** 143.

12520. **J. J. Raimond jr.,** Een gloednieuw gegeven, Sterren met gepolariseerd schijnsel. Hemel en Dampkring **47** 101—105, mit 4 Fig. — Allgemeinverständlicher Bericht über die Polarisation des Sternlichts. Gü.

12521. **P. J. van Rhijn,** On the distribution of interstellar grains. Publ. Kapteyn Astr. Laboratory Groningen Nr. **53**, 44 S. mit 3 Fig. — Die Arbeit analysiert ein Material von Farbenexzessen von O- und B-Sternen (Mt. Wilson Contributions Nr. **621**, 1940) mit dem Ziel, daraus den Mittelwert und die Verteilung der Einzelwerte der differentiellen Absorption für Sterne bestimmter Entfernung und galaktischer Breite abzuleiten. Die Ergebnisse lassen sich durch die Annahme erklären, daß der staubförmige Anteil des interstellaren Mediums in einzelnen zufällig verteilten Wolken in Nähe der galaktischen Ebene angeordnet ist. Die Zahl der Wolken, die vom Visionsradius in Milchstraßennähe geschnitten werden, beträgt etwa sechs pro 1000 pc, die differentielle und photographische Absorption einer einzelnen Wolke im Mittel $0^m.035$ bzw. $0^m.27$. Kdr.

* * **M. Rudkjöbing,** En vekselvirkning mellem stjerner og interstellart stof. Vgl. Ref. **9556**.

* * **R. F. Sanford,** Interstellar calcium lines in the spectra of stars in open clusters. Vgl. Ref. **12123**.

12522. **C. Schalén,** Neuere Untersuchungen über die interstellare Materie. Naturwissenschaften **36** 33—41, mit 4 Abb. = Uppsala Astr. Obs. Ann. **2** Nr. 6. — Der Aufsatz stellt ein zusammenfassendes Referat über die wichtigsten Untersuchungen der interstellaren Materie etwa aus den letzten zehn Jahren dar. Behandelt werden vor allem Untersuchungen über Dunkelwolken, das Gesetz der Rotverfärbung, die Durchdringung der Wolken mit infrarotem Licht, beleuchtete interstellare Materie, das interstellare Gas, die Entstehung von Sternen aus interstellarer Materie sowie interstellare Materie in anderen Sternsystemen und im intergalaktischen Raum. Micz.

12523. **C. Schalén,** Nya framsteg på den interstellära materiens forskningsområde. PAT **30** 132—143, mit 8 Fig. Fortsetzung in PAT **31** 1—9. — Zusammenfassende Übersicht über die letzten Fortschritte in der Erforschung der interstellaren Materie. Ra.

12524. **E. Schatzman,** Sur l'absorption sélective des nuages interstellaires. Ann d'Astrophys **12** 227—228. — In der kurzen Note werden Beobachtungen von Stebbins und Whitford an B-Sternen (ApJ **86** 247, AJB **39** Ref. 8868) hinsichtlich der mittleren selektiven Absorption von interstellaren Wolken und deren Anzahl pro 1000 pc ausgewertet und kein Widerspruch zu entsprechenden Untersuchungen von Ambarzumjan und Gordeladse (Abastumani Bull. **2** 37, AJB **40** Ref. 8812, Abastumani Bull. **4** 17, AJB **42** Ref. 8832) festgestellt. Kdr.

12525. **E. Schoenberg, G. Tolmár,** Die Absorption und die Dichte in 31 Dunkelwolken der südlichen Milchstraße. Abh. Bayer. Akad. Wiss. Math.-naturw. Klasse (NF) Heft 56 = Veröff. Sternw. München **3** Nr. 12, 56 S. mit 4 Abb. und 14 Tafeln. — Untersuchung der Verfärbung und Absorption in kleinen Dunkelwolken von wenigen Zehntel Quadratgrad. 28 Ernostarplatten im Blau, Gelb und Rot. Das Verfärbungsgesetz ergibt den λ-Exponenten $n = 1.69$. Die Entfernung der Dunkelwolken liegt zwischen 175 und 400 pc. Die Durchmesser liegen zwischen 0.8 und 5 pc. Unter Zugrundelegung von Eisen als streuendem Material und einer Teilchengröße von 80 $\mu\mu$ ergibt sich als Masse und Dichte 0.05 bis 2×10^{33} gr bzw. 0.6 bis 5.6×10^{-24} gr/cm^3. Die Masse ist merkwürdigerweise proportional zum Quadrat des Wolkendurchmessers und die Dichte umgekehrt proportional zum Durchmesser. Abschließend ein Katalog von Blau-, Gelb- und Rothelligkeiten von 1277 Sternen. W. Becker

12526. **E. Schoenberg,** Die Dichteverteilung in den Dunkelwolken und ihre Massen. Z. f. Naturforschung **4a** 161—164, mit 2 Abb. = Veröff. Sternw. München **3** Nr. 14. — Aus der Vermessung von Aufnahmen der südlichen Milchstraße in bezug auf die Helligkeitsverteilung in isolierten kleinen Dunkelwolken wird die Verteilung der absorbierenden Materie, d. h. das Dichtegesetz innerhalb derselben abgeleitet. In einer gleichzeitig erscheinenden Arbeit (Abh. bayr. Akad. Wiss., Math.-naturwiss. Abt. (NF) Heft 56, 1949) wurden die Massen derselben Dunkelwolken berechnet, wobei sich als Durchschnittsmasse 10^{33} g, d. h. ein Wert von der Größenordnung der Sternmassen ergab. Der Verlauf der Dichte zeigt ein scharfes Maximum im Zentrum und einen Abfall in Wellen über den sichtbaren Rand der Dunkelwolken hinaus. Die mittlere Dichte der Wolken ist umgekehrt proportional dem Durchmesser derselben. Verf.

12527. **L. Spitzer jr., E. Schatzman,** Polarization of light by interstellar grains. AJ **54** 195. — Ref. AAS.

12528. **L. Spitzer jr.,** Upper limits on the abundances of interstellar Li and Be. ApJ **109** 548—550. — Es wird eine Abschätzung der maximalen Häufigkeit von Li und Be im interstellaren Raum vorgenommen und mit den Häufigkeitsverhältnissen in Erdkruste, Meteoriten und Sternen verglichen.

12529. **L. Spitzer jr.,** Galactic equilibrium of interstellar matter. Publ AAS **10** 174, 1942. — Ref. AAS.

12530. **L. Spitzer jr.,** Relative distribution of interstellar dust and atoms. Publ AAS **10** 235—236, 1942. — Ref. AAS.

12531. **J. Stebbins, C. M. Huffer, A. E. Whitford,** Interstellar absorption in the vicinity of the sun. Publ AAS **9** 273, 1939. — Ref. AAS.

12532. **J. Stebbins, C. M. Huffer, A. F. Whitford,** The colors of early-type stars near the poles of the galaxy and the mean coefficient of space absorption. Publ AAS **10** 28—29, 1940. — Ref. AAS.

12533. **O. Struve,** Polarization of starlight. Sky and Telescope 8 274—276, mit 5 Fig. — Nach einer Darstellung der physikalischen Prinzipien der Polarisation berichtet Verf. über die von Hall, Hiltner und Mikesell durchgeführten Untersuchungen über die Polarisation des Sternlichts und die sich daraus ergebenden Konsequenzen hinsichtlich Beschaffenheit und Entwicklung der interstellaren Materie sowie der Existenz magnetischer Felder im interstellaren Raum, die eine Ausrichtung länglicher ferromagnetischer Partikel bewirken. Loh.

12534. **M. A. Waschakidse,** Untersuchung der interstellaren Absorption mit Hilfe der außergalaktischen Nebel und der langperiodischen Cepheiden. Tiflis, Verlag Akad. Wiss. grusin. Sowjetrepublik, 1949. 28 S. Kostenlos. — Autorenreferat über die Dissertation.

12535. **H. F. Weaver,** Color excess, total photographic absorption, and the distance of the dark cloud in the Aquila region of the Milky Way. ApJ **110** 190—204, mit 4 Fig. und 1 Tafel = Contr. Lick Obs. (2) Nr. 24. — Farbenindizes, Spektraltypen und Sternzählungen eines Feldes in Aquila werden benutzt, um die Beziehung zwischen Farbenexzeß und Entfernung sowie das Verhältnis zwischen photographischer und selektiver Absorption zu ermitteln. Sodann werden Entfernung, Ausdehnung und Absorptionswirkung der Dunkelwolke in Aquila bestimmt. Sie beginnt in 110 pc Entfernung und erweist sich als äußerst dicht, da ihre Absorption zwischen 110 pc und 260 pc Distanz $7^{m}4$/kpc beträgt. In größeren Entfernungen sinkt die absorbierende Wirkung der Wolke, die sich mindestens 1 kpc tief erstreckt, wieder. Micz.

12536. **A. E. Whitford, J. Stebbins,** The law of interstellar absorption. Publ AAS **10** 263, 1942. — Ref. AAS.

12537. Polarized starlight. Sky and Telescope 8 142.

12538. Tiny magnets in space. Sky and Telescope 8 222.

12539. Neues über die interstellare Materie. Sterne **25** 130—131. — Besprechung von AJB **48** Ref. 12507.

§ 126

Radiostrahlung

12601. **J. G. Bolton, G. J. Stanley, O. B. Slee,** Positions of three discrete sources of galactic radio-frequency radiation. Nature **164** 101–102. – Besprechung in Sternenwelt **2** 280. — Aus Auf- und Untergangsbeobachtungen an den Küsten von Neu-Seeland und der Ostküste von Australien gelang es, mit einer Genauigkeit von durchschnittlich $\mp 40^{s}$ bzw. $\mp 8'$ drei galaktische Radioquellen an der Sphäre zu lokalisieren. Danach fallen innerhalb der Genauigkeitsgrenzen die Quellen Taurus A, Virgo A und Centaurus A mit den Nebeln NGC 1952 (Krebsnebel), 4486 und 5128 zusammen. Da die extragalaktische Natur der beiden letzten Nebel noch nicht absolut festzustehen scheint, möchten Verf. annehmen, daß es sich auch bei ihnen eventuell um galaktische Objekte handelt. Loh.

12602. **C. R. Burrows,** Radio astronomy. The Scientific Monthly **68** 299—304, mit 5 Fig.

12603. **J. L. Greenstein,** The origin of galactic radio noise. AJ **54** 121. — Ref. AAS, Symposium of micro-wave astronomy.

* * **J. P. Hagen,** The measurement of extra-terrestrial radio wave emission. Vgl. Ref. **6525**.

12604. **J. S. Hey,** Radio astronomy. MN **109** 179—214, mit 6 Fig. — Darstellung des gesamten Gebietes unter dem Obertitel: Berichte über den Fortschritt der Astronomie.

12605. **J. S. Hey,** Radio astronomy. Nature **164** 815—817. — Bericht über 3 der Section A der Royal Society vorgelegten Arbeiten von J. S. Hey, F. G. Smith und A. C. G. Lovell zu den Themen Radiostrahlung von Sonnenflecken und Flares, galaktische Radiostrahlung und Meteorforschung mittels Radar. Loh.

* * **M. Laffineur,** Radio-Astronomie 1949. Vgl. Ref. 6529.

12606. **H. Lambrecht,** Zur Theorie der kosmischen Kurzwellenstrahlung. AN 277 223—228 = Mitt. Univ.-Sternw. Jena Nr.12/1. — Unter Voraussetzung der Gültigkeit der Hypothese des interstellaren Ursprungs der kosmischen Kurzwellenstrahlung wird eine Gleichung für den Zusammenhang zwischen der Stärke des H_α-Leuchtens und der Intensität der Kurzwellenstrahlung aufgestellt und numerisch ausgewertet. Es ergibt sich, daß die Kurzwellenstrahlung auch in Gebieten minimaler Intensität mit einem beobachtbaren Leuchten verbunden sein muß und daß infolgedessen die Wasserstoffemissionen praktisch längs der ganzen Milchstraße auftreten müssen, was nach den bisherigen Beobachtungen beides nicht der Fall ist. Die daraus folgenden Einwände gegen die zugrunde liegende Theorie der kosmischen Kurzwellenstrahlung werden gestützt durch die Ergebnisse einer kurzen Diskussion der sich aus ihr ergebenden Konsequenzen in bezug auf Verteilung und Ionisationsgrad des interstellaren Wasserstoffgases und auf Elektronentemperatur und UV-Überschuß der Sternstrahlung. Verf.

12607. **M. G. Lehmann,** Les bruits radioélectriques d'origine extra-terrestre, leur influence sur la technique des télécommunications. Onde électr. 28 164—172, 200—205, 1948. — Ref. in Phys. Ber. 28 553.

12608. **G. Reber,** Radio astronomy. Sci. Amer. **181** Nr. 3 S. 35—40.

12609. **G. Reber,** Galactic radio waves. Sky and Telescope 8 139—141, mit 7 Fig. — Kurze Beschreibung der Intensitätsverteilung der galaktischen Radiostrahlung.

* * **M. N. Saha,** Origin of radio-waves from the sun and the stars. Vgl. Ref. 6537.

12610. **I. S. Schklowskij,** Die monochromatische Radiostrahlung der Galaxis und ihre Beobachtungsmöglichkeit. AJ UdSSR **26** 10—14 (russisch). — Bei Übergängen zwischen den Komponenten der Hyperfeinstruktur des Grundzustandes der interstellaren Wasserstoffatome entsteht eine monochromatische Radiostrahlung von der Frequenz 1421.3 MHz ($\lambda = 21$ cm), deren Beobachtungsmöglichkeit vom Verf. untersucht wird. Es stellt sich heraus, daß diese Radiostrahlung und auch diejenige der Moleküle CH, CH^+ und OH, welche aus Übergängen zwischen den Komponenten der Hyperfeinstruktur des Rotationsgrundzustandes herrührt, bei der gegenwärtigen Empfindlichkeit der Beobachtungsinstrumente experimentell nachweisbar sein müßte, nicht aber diejenige anderer Atome. Loh.

12611. **I. S. Schklowskij,** Emission of radiowaves by the galaxy and the sun. Nature **159** 752—753, 1947. — Ref. in Phys. Ber. **28** 552.

12612. **C. L. Seeger,** The variation of the Cygnus «radio star» at 205 Mc. AJ **54** 194. — Ref. AAS.

12613. **H. Siedentopf,** Die Strahlung der Milchstraße und der Sonne im Gebiete der kurzen elektrischen Wellen. Vgl. AJB **48** Ref. **12616**. — Besprechung in Naturwiss. Rundschau **2** 375 (H. Klauder).

12614. **O. Struve,** Progress in radio astronomy. Sky and Telescope **9** 27—30, mit **4** Fig. — Verf. stellt die Entwicklung der Radioastronomie von der Janskyschen Entdeckung des kosmischen Rauschens bis 1948/49 dar.

12615. **A. Unsöld,** Die Kurzwellenstrahlung der Milchstraße, der Sonne und des Mondes. Vgl. AJB **47** Ref. **9031**. — Weitere Besprechung in J. Geophys. Res. **54** 74—75 (H. G. Macht).

12616. **A. Unsöld,** Origin of the radio frequency emission and cosmic radiation in the milky way. Nature **163** 489—491 = Sonderdruck Sternwarte Kiel. — Besprechung in Sternenwelt **2** 113. — Neuere Untersuchungen der galaktischen Radiostrahlung unter Einschluß ihrer veränderlichen Quellen zwingen zu einer Revision der bisherigen Anschauungen über ihre Entstehung. Gegen die Annahme einer interstellaren Entstehung sprechen 1. die für frei-freie Übergänge erforderliche, aber nicht realisierte Elektronentemperatur von 100—200000° und 2. die geringe galaktische Konzentration der Radiostrahlung. Viel eher dürfte eine stellare Herkunft in Sternen hoher Aktivität, eventuell Spättyp-Sternen der Population II, zu suchen sein. Ähnliches erscheint für die kosmische Strahlung plausibel. Loh.

12617. **A. Unsöld,** Über den Ursprung der Radiofrequenzstrahlung und der Ultrastrahlung in der Milchstraße. ZfA **26** 176—199 = Sonderdruck Sternw. Kiel. — Die Arbeit stellt sowohl eine Übersicht über die Beobachtungen der kosmischen Radiofrequenz- und Ultrastrahlung als auch den Versuch ihrer theoretischen Deutung dar. Der «ruhige» Anteil der solaren Radiostrahlung wird auf frei-frei-Übergänge in Korona und Chromosphäre zurückgeführt. Die «gestörte» Strahlung ist dagegen nicht-thermischen Ursprungs, sie stammt vermutlich aus Plasmaschwingungen. Für die galaktische Radiostrahlung wird nachgewiesen, daß sie auf ähnlicher Ursache beruht wie die «gestörte» Strahlung der Sonne und nicht von frei-frei-Übergängen des interstellaren Gases herrührt, wie bisher meist angenommen wurde. Als Quelle werden Sterne der Population II, eventuell auch magnetische Sterne und kurzperiodische Doppelsterne vermutet. Die solare Ultrastrahlung führt Verf. auf magnetische Induktion bei großen Eruptionen zurück. Die allgemeine Ultrastrahlung wird mit einer ähnlichen Aktivität der übrigen Sterne in Verbindung gebracht. Diese Aktivität muß bei einigen Sterntypen weit höher sein als bei der Sonne, um Teilchen mit Energien bis 10^{15} eV zu produzieren. Micz.

12618. **R. E. Williamson,** The opacity of the galaxy for radiofrequency radiation. AJ **54** 196. — Ref. AAS.

12619. Galactic radio energy. Sky and Telescope **8** 149. — Ref. AAS.

§ 127

Kosmische Strahlung

12701. **H. Alfvén, R. D. Richtmyer, E. Teller,** On the origin of cosmic rays. Phys. Rev. **75** 892—893. — Die Entdeckung hochgeladener Kerne in der kosmischen Strahlung macht es wahrscheinlich, daß letztere ihre Entstehung elektromagnetischen Beschleunigungsprozessen verdankt. Sie wird auf oder in der Nachbarschaft der Sonne erzeugt und durch ausgedehnte magnetische Felder in der Nähe des Sonnensystems gehalten. Die manchmal im Verlauf von magnetischen Stürmen auftretenden Schwankungen der kosmischen Strahlung scheinen durch das elektrische Feld der sturmerzeugenden Strahlen erklärt zu werden. Auf Grund der Korpuskulartheorie der magnetischen Stürme entsteht das elektrische Feld beim Durchgang der Strahlen durch das solare Magnetfeld. Elektrische Partikel, die wiederholt die Strahlen durchkreuzen, können dann hochbeschleunigt werden. Eine ausführliche Darstellung wird angekündigt. Loh.

12702. **N. Arley,** Kosmisk straaling. NAT **1949** S. 122—139, mit 10 Fig.

12703. **F. Armenter de Monasterio,** El estudio de la radiacion cosmica nueva arma de las ciencias astronomicas. Urania Barcelona **34** Nr. 220 S. 55–78, mit 5 Fig. – Bericht von der Tagung in Barcelona am 18. Februar 1949.

12704. **P. Auger, J. Daudin, J. Denisse, A. Daudin,** Une variation sidérale probable des grandes gerbes de rayons cosmiques. CR **228** 1116—1118, mit 2 Fig. — Aus mehreren Meßreihen ergibt sich eine Korrelation zwischen Luftschauern und Sternzeit. Daraus wird geschlossen, daß die Galaxis Quellen kosmischer Strahlung besitzt, die in der Atmosphäre große Luftschauer hervorbringen können. Loh.

12705. **E. Bagge,** Die kosmische Strahlung. Himmelswelt **56** 6—16, mit 15 Abb. — Besprechung in Sternenwelt **2** 13. — Fortsetzung der Arbeit in Himmelswelt **55** 156 (AJB **48** Ref. **12704**). 2. Gesamtstrahlungseffekte als Funktion von Ort und Zeit. Zum Schluß wird ein zusammenfassender Überblick gegeben.

* * **L. Biermann, E. Bagge,** Über die Entstehung der solaren Komponente der Ultrastrahlung. Vgl. Ref. **6505**.

12706. **H. L. Bradt, B. Peters,** The flux of heavy nuclei of the primary cosmic radiation at geomagnetic latitudes $\lambda = 55°$ and $\lambda = 30°$. Phys. Rev. **76** 156—157, mit 3 Fig. — Beobachtungen von Primärteilchen zwischen $Z = 6$ und $Z = 26$ in 97000 amerikanischen Fuß Höhe. Bei den Beobachtungen in $\lambda = 30°$ N waren etwa 70% der Kerne Protonen, der Rest Kerne mit $2 \leqq Z \leqq 26$. Die Mehrzahl der schweren Primärteilchen hat Energien, die die geomagnetische Abschneideenergie in $\lambda = 55°$ N weit übersteigen. Loh.

12707. **H. L. Bradt, P. Freier, E. J. Lofgren, E. P. Ney, F. Oppenheimer, B. Peters,** Evidence for heavy nuclei as a component of primary cosmic radiation. Rev. Modern Phys. **21** 101—103, mit 3 Fig. — Ballonbeobachtungen in 95000 (wohl amerikanischen) Fuß Höhe lassen auf die Existenz schwerer Kerne zwischen den Ordnungszahlen 10 und 40 in der kosmischen Strahlung schließen. Loh.

12708. **J. W. Broxon,** Relation of the cosmic radiation to sunspot magnetic moments. Phys. Rev. **75** 341. — Ref. Am. Phys. Soc.

12709. **J. W. Broxon,** Relation of the cosmic radiation to sunspot magnetic moments. Phys. Rev. **75** 612—619, mit 14 Fig. — Die von Verf. in Ref. **6303** definierte (SS-MM)-Funktion wird statistisch mit der Intensität der kosmischen Strahlung verglichen. Über die induzierte elektromotorische Kraft eines Sonnenflecks werden einige Bemerkungen hinsichtlich der Beschleunigung elektrischer Partikel gemacht. Loh.

12710. **C. Darwin,** Source of the cosmic rays. Nature **164** 1112—1114. — Nach einem Hinweis auf die sich in solaren Eruptionen und Protuberanzen zu erkennen gebenden hohen Energien vertritt Verf. die Ansicht, daß die Herkunft der kosmischen Strahlung in hochturbulenten Gebieten der Sternoberflächen zu suchen sei, von denen infolge enormer Druckschwankungen gelegentlich Materiespritzer mit sehr hohen Geschwindigkeiten ausgehen. Die Atome dieser ursprünglich elektrisch neutralen Spritzer verlieren später nach und nach durch Stoß ihre Elektronen. Loh.

12711. **A. Dauvillier,** Puissante émission solaire de rayons cosmiques. CR **229** 1096—1098. — Beobachtung vom 19. November 1949.

* * **J.-F. Denisse,** Relations entre les émissions solaires radioélectriques et les rayons cosmiques. Vgl. Ref. **6521**.

12712. **E. Fermi,** On the origin of the cosmic radiation. Phys. Rev. **75** 1169—1174, mit 1 Fig. — Nach der von Verf. vorgelegten Theorie entsteht die kosmische Strahlung im interstellaren Raum durch das Einlaufen und anschließend hohe Beschleunigen elektrischer Partikel in bewegten Magnetfeldern. Loh.

12713. **S. E. Forbush, I. Lange,** Search for systematic variations in cosmic-ray intensity predicted on the basis of a permanent solar magnetic moment. Phys. Rev. **76** 164. — Ref. Am. Phys. Soc.

12714. **A. V. Gangnes, J. F. Jenkins jr., J. A. van Allen,** The cosmic-ray intensity above the atmosphere. Phys. Rev. **75** 57—69, mit 10 Fig. und Druckfehlerhinweis Seite 892. — Nach Messungen bei Raketenaufstiegen in der geomagnetischen Breite 41° N ist die Intensität der kosmischen Strahlung oberhalb von 55 km Höhe bis zu 160 km Höhe konstant. Loh.

12715. **D. ter Haar,** Note on the origin of cosmic rays. Science **110** 285—286.

12716. **J. S. Hey, S. J. Parsons, J. W. Phillips,** Fluctuations in cosmic radiation at radio frequencies. Nature **158** 234, 1946. — Ref. in Phys. Ber. **28** 550—551.

12717. **A. R. Hogg,** Measurements of the intensity of cosmic rays. Mem. Mt. Stromlo **2** Nr. 5 (10), 100 S. mit 37 Fig. — In diesem auf Beobachtungen aus der Zeit von 1935 Sept. bis 1940 Aug. fußenden Bericht wird festgestellt, daß keines der Sonnenphänomene, wie Sonnenfleckenzahlen, Bildung von Sonnenflecken, chromosphärische Eruptionen und Fleckendurchgänge durch den Zentralmeridian eine direkte kausale Beziehung mit der kosmischen Strahlung zeigte. Wenn sich doch eine Beziehung andeutet, dann kann sie der Wirkung des erdmagnetischen Feldes zugeschrieben werden. Das gleiche gilt für eine 27tägige Periode der kosmischen Strahlung. Eine beständige Periode über einem und unter einigen hundert Tagen läßt sich jedoch nicht nachweisen. Man muß danach auch annehmen, daß ein beständiger solarer magnetischer Dipol weniger als 6° (Theorie von Vallarta und Godard) gegen die Rotationsachse geneigt ist. Loh.

12718. **F. Hoyle,** Note on the origin of cosmic rays. Vgl. AJB **46** Ref. 9214. — Besprechung in Urania Barcelona **34** Nr. 220 S. 230.

12719. **R. I. Hulsizer,** Further results in the search for electrons in the primary cosmic radiation. Phys. Rev. **76** 164—165. — Ref. Am. Phys. Soc.

12720. **L. Janossy,** The primary soft component of cosmic radiation. Nature **163** 246. — Verf. zeigt, daß sich im Gegensatz zu Rossi aus Beobachtungen von Hulsizer nicht der Schluß ziehen läßt, daß eine primäre weiche Komponente nur wenige Prozente der gesamten primären Intensität ausmacht. Die Beobachtungen können zur Zeit nur so interpretiert werden, daß keine experimentelle Erscheinung gegen die Anwesenheit einer weichen primären Komponente spricht. Loh.

12721. **E. O. Kane, T. J. B. Shanley, J. A. Wheeler,** Influence on the cosmic-ray spectrum of five heavenly bodies. Rev. Modern Phys. **21** 51—71, mit 5 Fig. — Anknüpfend an Betrachtungen Alfvéns entwickeln Verf. eine quantitative Gleichgewichtstheorie für das Einfallen (trapping) kosmischer Strahlung im Magnetfeld der Sonne unter Berücksichtigung der Wirkungen von Venus, Erde, Mond und Mars. Loh.

12722. **C. W. Kissinger, C. A. Schroeder, G. J. Perlow,** Gamma-rays in the primary cosmic radiation. Phys. Rev. **76** 164. — Ref. Am. Phys. Soc.

12723. **G. Lemaître,** Rayons cosmiques et cosmologie. Louvain, E. Nauwelaerts, 1949, 37 S.

12724. **G. Lemaître,** Rayons cosmiques et cosmologie. Gaz astr **31** 1—14.

12725. **G. Lemaître,** Rayons cosmiques et cosmologie. Publ. Laboratoire Astr. Géod. Univ. Louvain Nr. **113**, 14 S. — Nach einem Überblick über die wichtigsten Beobachtungstatsachen bezüglich der kosmischen Strahlung versucht Verf. diese in die Vorstellung vom expandierenden Weltall einzubauen.

Er zeigt, daß ihre relative Bedeutung in früheren Stadien bei kleinerem Weltradius größer als jetzt gewesen sein sollte, und knüpft daran einige kosmogonische Spekulationen an. Kdr.

12726. **M. A. Pomerantz, F. L. Hereford,** The detection of heavy particles in the primary cosmic radiation. Phys. Rev. **75** 1316. — Ref. Am. Phys. Soc.

12727. **J. J. Raimond jr.,** De oorsprong van de kosmische stralen. Hemel en Dampkring **47** 111. — Kurzer Bericht über die Fermische Theorie über die Entstehung der kosmischen Ultrastrahlung. Gü.

12728. **R. D. Richtmyer, E. Teller,** On the origin of cosmic rays. Phys. Rev. **75** 1729—1731. — Die Anwesenheit schwerer Kerne in der kosmischen Strahlung macht es wahrscheinlich, daß diese durch die Beschleunigung geladener Partikel in ausgedehnten elektromagnetischen Feldern erzeugt wird. Wegen der hohen Energiedichte der kosmischen Strahlung ist eine mehr oder weniger homogene Durchsetzung des interstellaren und intergalaktischen Raumes mit ihr kaum erklärbar. Am einfachsten scheint die Annahme zu sein, daß die kosmische Strahlung in oder bei der Sonne entsteht und durch ein Magnetfeld, dessen Feldstärke etwa 10^{-5} Gauß beträgt, im Planetensystem gehalten wird. Die sich nach Tausenden von Jahren einstellende Isotropie erklärt auch, warum kein nennenswerter Zusammenhang zwischen der im Sonnensystem zirkulierenden kosmischen Strahlung und zum Beispiel dem Sonnenfleckenzyklus besteht. Die Elektronenkomponente wird durch Compton-Stöße eliminiert. Loh.

12729. **E. G. v. Roka,** Theorie der negativen Korrelation zwischen 27-tägiger Variation der kosmischen Strahlung und Ca-flocculi-Charakterzahlen. Naturwissenschaften **36** 24—25. — Kurzer Bericht über die Ergebnisse einer theoretischen Untersuchung, nach der die 27tägige Variation der kosmischen Strahlung als Temperatureffekt in der oberen Hälfte der Ozonschicht, erzeugt durch die Variation der solaren Ultraviolettstrahlung, interpretiert wird. Schon eine Temperaturschwankung von etwa 20° in 40 km Höhe reicht aus, um die beobachteten Variationen zu erklären. Loh.

12730. **M. Ryle,** Evidence for the stellar origin of cosmic rays. Proc. Phys. Soc. (A) **62** 491—499. — Neueren Beobachtungen im Kurzwellenbereich zufolge ist es durchaus denkbar, daß auch die kosmische Strahlung in den Atmosphären gewisser Sterne ihren Ursprung haben kann. Man darf weiterhin vermuten, daß der Unterschied zwischen der Richtungsverteilung der kosmischen Strahlung und der Radiostrahlung aus der Galaxis der Ablenkung der kosmischen Strahlung durch magnetische Felder zuzuschreiben ist. Diese Anschauung behält auch bei einer starken Konzentration der Quellen zum galaktischen Äquator und Anwesenheit eines allgemeinen galaktischen Magnetfeldes Gültigkeit infolge der Überlagerung der stellaren Magnetfelder über das galaktische. Loh.

12731. **T. J. B. Shanley, E. O. Kane, J. A. Wheeler,** Influence on the cosmic-ray spectrum of five heavenly bodies. Phys. Rev. **75** 1317. — Ref. Am. Phys. Soc.

12732. **H. Slouka,** Astronomical problems of cosmic rays. RH **30** 144—149 (tschechisch).

12733. **L. Spitzer jr.,** On the origin of heavy cosmic-ray particles. Phys. Rev. **76** 583. — Die schwere Komponente der kosmischen Strahlung kann dadurch entstehen, daß der Strahlungsdruck der Supernovae interstellare Partikel hoch beschleunigt. Dafür kommen nur solche feste Partikel in Frage, die sich wegen Verdampfungsgefahr außerhalb einer gewissen Mindestentfernung, jedoch noch innerhalb einer gewissen äußeren Grenze wegen der Abnahme des Strahlungsdruckes befinden. Ein Fe-Teilchen wird in 2×10^7 Jahren die Hälfte seiner Energie an interstellare H-Atome verlieren. Loh.

12734. **E. G. Steinke,** Die kosmische Ultrastrahlung. Naturwiss. Rundschau **2** 204—212. — Bericht über den Stand und die Entwicklung des Problems der kosmischen Strahlung, in dem abschließend betont wird, daß trotz aller Fortschritte in der Beantwortung der Frage nach der Natur der kosmischen Strahlung die andere Grundfrage nach ihrem Ursprung noch unbeantwortet geblieben ist. Loh.

12735. **E. Teller,** The origin of cosmic radiation. Physics Today **2** Nr. 8 S. 6—13.

* * **A. Unsöld,** Origin of the radio frequency emission and cosmic radiation in the milky way. Vgl. Ref. **12616.**

* * **A. Unsöld,** Über den Ursprung der Radiofrequenzstrahlung und der Ultrastrahlung in der Milchstraße. Vgl. Ref. **12617.**

12736. **M. S. Vallarta,** Galactic rotation effect and the origin of cosmic radiation. Rev. Modern Phys **21** 356. — Vorbemerkung zu Versuchen, die in Kodaikanal unternommen werden und die zur Klärung der Frage dienen sollen, ob primäre kosmische Strahlung von außen in die Galaxis eindringt oder ob sie ein rein innergalaktisches Phänomen ist. Es sollte möglich sein, dies unter Berücksichtigung der durch die galaktische Rotation der Sonne hervorgerufenen Relativgeschwindigkeit entscheiden zu können. Loh.

12737. Kosmisk strålning i navigationens tjänst. PAT **30** 74. — Besprechung von AJB **48** Ref. **12733.**

12738. Tung kosmisk strålning. PAT **30** 76. — Besprechung von AJB **48** Ref. **12734.**

Vierzehnter Teil

Geodäsie. Nautik

§ 130

Berichte, Höhere Geodäsie, Kartographie, Allgemeines

13001. **C. F. Baeschlin,** Lehrbuch der Geodäsie. Zürich, Orell Füssli Verlag, 1948. 892 S. mit 118 Fig. und 10 Abb. auf Tafeln. Preis 65 Fr. — Besprechung in VJS der Naturforschenden Ges. Zürich **94** 136 (M. Zeller).

13002. **A. Berroth, H. Wolf,** Beiträge zur Lotabweichungsausgleichung und Geoidbestimmung. Allgemeine Betrachtungen und Durchführung im Bereich des Zentraleuropäischen Netzes. Veröff. Inst. Erdmessung Bamberg Nr. **6** Teil 1, 106 S. mit 6 Abb. — Teil 2 enthält Beilagen zu Teil 1.

13003. **E. Gigas, K. Levasseur, H. Wolf,** Das zentraleuropäische Dreiecksnetz. Grundlagen. Veröff. Inst. Erdmessung Bamberg Nr. **1,** 112 S. mit 5 Tafeln.

13004. **M. Gonzales Fernandez,** Transformación del problema geodésico-elipsoídico en un problema esférico. Publ. Obs. La Plata, Serie especial Nr. **5,** 24 S. — Verf. behandelt die bekannte Gaußsche Lösung. Sconzo

13005. **B. Hallert,** Fotogrammetriska metoder och deras användning inom modern mätningsteknik. PAT **30** 118—131, mit 16 Fig.

13006. **W. Kitsch, H. Wolf,** Beiträge zur Ausgleichung von Dreiecksnetzen. Veröff. Inst. Erdmessung Bamberg Nr. 8, 84 S.

13007. **M. Laurent,** Table de la fonction elliptique de Dixon pour l'intervalle 0—0,1030. Bull. Acad. Roy. Belgique, Cl. Sci. (5) **35** 439—450, mit 1 Fig. = Inst. Astr. Bruxelles (2) Nr. **49**. — Besprechung in Math. Rev. **11** 135.

13008. **G. Mulert, H. Wolf,** Beiträge zur Zentrierung von Richtungen. Veröff. Inst. Erdmessung Bamberg Nr. **9**, 47 S.

13009. **G. Schulz,** La Carta del País. Su pasado, presente y porvenir. Publ. Inst. Geod. y Topogr. Tucuman Nr. **3**, Buenos Aires, Imprenta Mercur, 1944. 32 + 7 S.

13010. **P. Tardi,** Astronomie et géodésie. BSAF **63** 97—107, mit 6 Fig.

13011. **H. Wolf,** Beiträge zur Ausgleichung astronomisch-geodätischer Netze unter besonderer Berücksichtigung des zentraleuropäischen Netzes. Veröff. Inst. Erdmessung Bamberg Nr. **4**, **144** S. mit 6 Abb.

13012. Handbuch der Geodäsie. Band I. Physikalische Geodäsie. Unter Redaktion von I. A. Kasanskij. Moskau-Leningrad, Verlag des Ministeriums für Kommunalwirtschaft, 1949. 423 S. mit 384 Abb. Preis 66 R. (russisch).

13013. Procès-Verbal de la 93me séance de la Commission géodésique suisse tenue au Palais Fédérale à Berne le 7 mai 1949. Neuchâtel, 1949. 31 S.

13014. La courbure de la Terre. BSAF **63** 134—135, mit 2 Tafeln.

§ 131

Erdfigur, Erdrotation, Schwerkraft, Massenverteilung

* * **H. Berg,** Einführung in die Physik der festen Erde. Vgl. Ref. 7201.

13101. **G. Boaga,** Scostamenti normali dello sferoide terrestre dall'ellissoide di riferimento lungo allineamenti meridiani e paralleli. Geofis. pura e appl. **6** 117—119, 1944. — Ref. in Phys. Ber. **28** 569.

13102. **G. Boaga,** Livellazione astronomica lungo il meridiano di Roma. Geofis. pura e appl. **6** 1—13, 1944. — Ref. in Phys. Ber. **28** 569.

13103. **L. Cagniard, A. Gloden, M. Lucius,** Rapport sur une campagne gravimétrique effectuée au Grand-Duché de Luxembourg en octobre 1948. Ciel et Terre **65** 215—218.

13104. **D. N. Chramow,** Zur gravimetrischen Ableitung der Lotabweichung. BIA **4** Nr. 3 (56) S. 126—133, mit 5 Abb. (russisch).

13105. **F. H. van den Dungen, J. F. Cox, J. van Mieghem,** Sur les fluctuations de période annuelle de la rotation de la terre. Bull. Acad. Roy. Belgique, Cl. Sci. (5) **35** 642—655, mit 1 Fig. = Inst. Astr. Bruxelles (2) Nr. **50**. — Eine Analyse der jahreszeitlichen Luftmassenverschiebungen auf der Erde zeigt, daß diese als Ursache für die von Stoyko gefundene jährliche Schwankung der Tageslänge anzusehen ist. Böh.

* * **W. M. Elsasser,** Non-uniformity of the earth's rotation and geomagnetism. Vgl. Ref. 7210.

13106. **E. Hardtwig,** Ist die Erde ein dreiachsiges Ellipsoid? Forschungen und Fortschritte **25** 206—211. — Die Dreiachsigkeit des Geoids ist nicht erwiesen und nach allen bisher vorgenommenen Messungen auch nicht wahrscheinlich. Verf.

13107. **C. Hoffrogge,** Mit Schulerpendeln gemessene Schwereschwankungen durch Sonne und Mond. Naturwissenschaften **36** 312, mit 1 Fig. — Durch Vergleich mit einer Quarzuhr von Rhode und Schwarz wurden an zwei Schuleruhren Schwereschwankungen von der Größenordnung 10^{-7} g nachgewiesen. Die Standvergleiche wurden an drei aufeinanderfolgenden Tagen zur Zeit der Springflut mit einer Zeitwaage ausgeführt. Die Standschwankungen werden kurz diskutiert. Auf eine später erscheinende ausführliche Darstellung wird hingewiesen. Böh.

13108. **H. Jeffreys,** On the absolute measurement of gravity. MN Geophys Suppl **5** 398—408.

13109. **H. Jeffreys,** Dynamic effects of a liquid core. MN **109** 670—687. — Ref. in Math. Rev. **11** 745. — Unter Zugrundelegung eines Wiechertschen Erdmodells mit flüssigem Kern wird die bisher vernachlässigte Trägheitswirkung des Kerns auf die Gezeiten, die Breitenschwankungen und die Nutation untersucht und der Einfluß verschiedener Annahmen über die Starrheit der Hülle abgeschätzt. Es wird auf die Notwendigkeit hingewiesen, eine Theorie zu schaffen, die eine jetzt vorhandene bessere Kenntnis über die Dichte- und Starrheitsverteilung im Erdinnern zugrunde legt, als sie das Modell von Wiechert vermittelt. Böh.

13110. **W. W. Jekimow,** Der genaue Ausdruck für den Normalwert des Schweregradienten und seiner Komponenten. BIA **4** Nr. 3 (56) S. 103—125, mit 2 Abb. (russisch).

13111. **H. Jensen,** Formulas for the astronomical correction to the precise levelling. Geodætisk Institut Köbenhavn Medd. Nr. **23**, 15 S. mit 6 Fig.

13112. **L. Jones,** Note sur le levé gravimétrique de la Belgique 1947—1948. Ciel et Terre **65** 161—170.

13113. **M. Laurent,** Sur les fluctuations de période annuelle de la rotation de la terre. Bull. Acad. Roy. Belgique, Cl. Sci. (5) **35** 1125—1140 = Inst. Astr. Bruxelles (2) Nr. **51**. — Ausführliches Zahlenmaterial zu der Arbeit Inst. Astr. Bruxelles (2) Nr. **50** (vgl. Ref. **13105**), das die früheren Ergebnisse bestätigt. Böh.

13114. **K. Ledersteger,** Theoretische und numerische Studien zur genäherten Ableitung eines bestanschließenden Ellipsoides für Europa. Sitzber. Akad. Wiss. Wien (Abteilung IIa) **156** 469—566, mit 1 Fig., 1948.

13115. **T. Olczak,** The Eötvös torsion balance and the problem of determining the higher normal derivatives of the external gravity potential. AA(c) **4** 85—96, mit 2 Fig.

13116. **K. A. Popow,** Über die Bewegung der Erde um ihren Schwerpunkt. DAN **69** 755—758 (russisch). — Ref. in Math. Rev. **11** 465.

13117. **J. Ruffet,** La figure de la terre. Rev. génér. Sci. pur. appl., Bull. Soc. philomatique **56** 5—10. — Ref. in ZfMG **33** 144.

13118. **D. W. Sagrebin,** Über eine Lösung des Stokesschen Problems für den Fall des dreiachsigen Ellipsoids und Ableitung der verallgemeinerten Clairautschen Formel. Abh. Shdanow-Staatsuniv. Leningrad Nr. **116** (Math. Wiss. Nr. 18, Astr.) S. 174—186 = Publ. Astr. Obs. Leningrad **13** 174—186 (russisch).

13119. **D. W. Sagrebin,** Die normale Verteilung der Schwerkraft auf dem Krassowskijschen Ellipsoid und auf dem ellipsoidalen Geoid mit drei ungleichen Achsen. Abh. Shdanow-Staatsuniv. Leningrad Nr. **116** (Math. Wiss. Nr. 18, Astr.) S. 187—191 = Publ. Astr. Obs. Leningrad **13** 187—191 (russisch).

13120. **D. W. Sagrebin,** Über die Genauigkeit der Stokes'schen Formel. BIA **4** Nr. 3 (56) S. 134—141, mit 1 Fig. (russisch). — Ref. in Math. Rev. **11** 745.

13121. **N. Sekiguchi,** Theory of the rotation of the earth having three unequal principal moments of inertia. Jap. J. Astr. **1** 99—122 = Tokyo Astr. Obs. Repr. Nr. **47.** — Die Theorie der Rotation der Erde wird entwickelt unter Annahme eines dreiachsigen Trägheitsellipsoids. Die numerischen Ergebnisse werden mit denen Oppolzers verglichen, und es wird die Wirkung der Ungleichheit von A und B auf die einzelnen davon abhängigen mechanischen Größen im einzelnen angegeben. Böh.

13122. **I. D. Shongolowitsch,** Die Bedingungen zur Anwendung der klassischen Formel von Stokes. BIA **4** Nr. 6 (59) S. 270—282, mit 3 Abb. (russisch).

13123. **N. Stoyko,** L'irrégularité de la rotation de la Terre et les horloges astronomiques. Bull. Acad. Roy. Belgique, Cl. Sci. (5) **35** 669—670, mit 1 Fig. — In den Gangänderungen der Pendeluhren von Paris und Washington und der Quarzuhren der PTR während der Jahre 1934—1937 wird eine Schwankung der Erdrotation von jährlicher und halbjährlicher Periode nachgewiesen. Dieselbe Schwankung zeigt sich auch in den Gangänderungen der Pendeluhren von Paris und Washington und der Quarzuhren von Washington in der Zeit Januar 1946 bis April 1947 (bis auf zufällige Abweichungen und eine Phasenverschiebung von etwa einem Monat). Böh.

13124. **N. Stoyko,** De l'influence de l'attraction luni-solaire sur la pesanteur. CR **218** 308—309, 1944.

13125. **M. Torao,** Studies on the deflexion of vertical (I). TAB (2) Nr. **17** S. 129—135.

13126. The figure of the earth. Obs **69** 21—24. — Geophysikalische Diskussion der Royal Astronomical Society.

13127. Coming: 180 days to a year. Sky and Telescope 8 62.

§ 132

Geodätische Koordinaten, Polschwankung

13201. **J. Armeanca,** Vorläufige Bestimmung der geographischen Länge der Universitäts-Sternwarte zu Cluj-Timisoara. Mathematica **19** 54—59, 1943 = Publ. Obs. Astr. Cluj Nr. **1.** — $\lambda = 1^h\, 24^m\, 54^s\!.80 \pm 0^s\!.06$.

13202. **J. Armeanca,** Die Polhöhe von Timisoara nach Beobachtungen im I. Vertikal. Bull. Sci. École Polytechnique Timisoara **12,** 4 S., 1944 = Publ. Obs. Astr. Cluj Nr. **3** — $\varphi = 45^\circ\, 44'\, 49''\!.01 \pm 0''\!.08$.

* * **H. Berg,** Einführung in die Physik der festen Erde. Vgl. Ref. **7201.**

13203. **Z. M. Brkić, P. M. Durković, B. M. Ševarlić,** Observations à la lunette zénithale (de 110 mm) du service de latitude de l'Observatoire de Belgrade en 1949. Bull. Obs. Astr. Belgrade **14** 6—12, 27—35, 45—51, 58—62.

13204. **L. Carnera,** Le variazioni di latitudine ed il movimento del polo di rotazione terrestre negli anni 1946—1948. Rend. dell'Accad. della Sci. Fis. e Mat. della Societa di Scienze, Lettere ed Arti (4) **16** 39—46, mit 1 Fig. = Oss. Astr. Capodimonte-Napoli (2) **4** Nr. 6. — Aus den Beobachtungen in den Breitenstationen von Mizusawa, Carloforte, Gaithersburg, Ukiah und Kitab werden die momentanen Polkoordinaten für die Jahre 1946, 1947 und 1948 berechnet und daraus die Polhodie abgeleitet. F. Z.

13205. **G. Chiș,** Détermination des coordonnées géographiques de l'Observatoire Astronomique de l'Université «V. Babes» de Cluj. Bull. Soc. Sci. Cluj **10** 77—84, 1948 = Publ. Obs. Astr. Cluj Nr. **4**. — $\varphi = 46° 45' 33.83 \pm 0''.15$.

13206. **J. F. Cox, F. H. van den Dungen,** Sur l'analyse des déplacements du pôle instantané à la surface de la terre. Bull. Acad. Roy. Belgique Cl. Sci. (5) **35** 97—103, mit 3 Fig. = Inst. Astr. Bruxelles (2) Nr. **48**. — Es wird auf eine Beziehung zwischen der Polschwankungskurve und dem Datum des Neumondperigäums hingewiesen. Böh.

13207. **S. Drosdow,** Vorläufige Werte der Breitenänderungen des Poltawaer Observatoriums der Akademie der Wissenschaften der ukrainischen Sowjetrepublik von 1944,5 bis 1945,5. Astr Circ UdSSR Nr. **90—91** S. 6 (russisch).

13208. **E. P. Fjodorow,** Das Skalenpaar δ Ursae Min. — 24 Ursae Min. Astr Circ UdSSR Nr. **83** S. 11—12 (russisch). — Es werden die Vorzüge des Paares zur Bestimmung des Schraubenwertes aufgeführt.

13209. **E. P. Fjodorow,** Über den Einfluß der von der Polbewegung hervorgerufenen Schwankungen des Meeresspiegels auf diese Bewegung. DAN **67** 647—650 ? (russisch).

13210. **J. O. Fleckenstein,** Polhöhenschwankungen 1945/46 in Basel. Experientia **5** 279—285, mit 1 Abb. — Ableitung der Kurve der Breitenschwankungen 1945.81—1946.98 in Basel nach dem Struve-Niethammerschen Verfahren der Sternpaare im ersten Vertikal.

13211. **T. Hattori,** On the periodic components of latitude variation. Jap. J. Astr. **1** 87—97, mit 4 Fig. = Contr. Latitude Obs. Mizusawa. — Aus dem Material des Internationalen Breitendienstes von 1900 bis 1938 wird die Länge und Amplitude der Chandlerschen Periode abgeleitet. Der Einfluß der jährlichen Periode ist dabei durch geeignete Zusammenfassung der Beobachtungen eliminiert worden. Periodenlänge und Amplitude der Chandlerschen Bewegung unterliegen Änderungen, die besonders in den Jahren 1907 und 1920 auffällig sind. Sie werden in Zusammenhang gebracht mit den «Fluktuationen», den Schwankungen der Rotationsgeschwindigkeit der Erde sowie mit der Erdbebentätigkeit. Die nach Abzug der Chandlerschen Bewegung verbleibende jährliche Polschwankung ist nach Phase und Amplitude konstant. Bo.

13212. **T. Hattori,** Preliminary results of latitude observations made with the floating zenith telescope at Mizusawa. Publ. Astr. Soc. Japan **1** 1—4, mit 1 Fig. — Breitenschwankungen Okt. 1942 bis Sept. 1946.

13213. **A. K. Korol,** Die Koordinaten des Erdpoles von 1915,8 bis 1929,0. Astr Circ UdSSR Nr. **83** S. 2—4 (russisch). Siehe auch: Kiew, Verlag Akad. Wiss. ukrain. Sowjetrepublik, 1949. 7 S. (russisch).

13214. **H. Labrouste, Y. Labrouste,** Composantes périodiques de la variation des latitudes. Ann. Géophys. **2** 115—130, 1946. — Ref. in Phys. Ber. **28** 574.

13215. **G. A. Lange, D. I. Krawzew,** Die Polschwankungen in Kitab im Jahre 1948. Astr Circ UdSSR Nr. **85** S. 11 (russisch). — Enthält in einer Tabelle die Werte der Polhöhe von 1948.0 bis 1948.9.

13215a. **J. Lefèvre,** La variation des latitudes et le magnétisme terrestre. Ciel et Terre **58** Nr. 4, 7 S., 1942 = Inst. Astr. Bruxelles (2) Nr. **46**.

13216. **Loodts,** Le rattachement de l'Observatoire royal d'Uccle à la triangulation du Royaume. Commun. Obs. Roy. Belgique Nr. **12** S. 1—13, mit 5 Fig.

13217. **Loodts,** La détermination d'un azimut astronomique à l'Observatoire d'Uccle. Commun. Obs. Roy. Belgique Nr. **12** S. 14—87, mit 12 Fig.

13218. **A. W. Marinbach,** Die Möglichkeit der astronomischen Bestimmung des geodätischen Azimutes ohne Kenntnis der astronomischen Koordinaten des Punktes. DAN **64** 791—794 (russisch).

13219. **P. Melchior,** Sur les variations de la période chandlérienne du mouvement du pôle et la rigidité de la Terre. Bull. Acad. Roy. Belgique Cl. Sci. 1949 S. 424—438, mit 2 Fig. = Commun. Obs. Roy. Belgique Nr. **10.** — Unter Annahme eines Modells von Wiechert für den Erdkörper wird versucht, die verschiedenen Beobachtungen (Polhöhenschwankungen, Gezeiten, Lotschwankungen, Schwereänderungen) mit einheitlichen Elastizitätswerten darzustellen, was in erster Näherung gelingt, und Zahlenwerte für die Starrheit des Kerns und der Rinde abzuleiten. Böh.

13220. **T. Nicolini,** Serie oscillatorie ad autoregressione disturbata e moto polare di Chandler. Atti Accad. Nazionale Lincei, Rend. Cl. Sci. fis., mat. e nat. (8) **6** 329—341 = Oss. Astr. Capodimonte-Napoli, Contr. astr. (2) **3** Nr. 10. — Statistische Untersuchung der formalen Natur der Breitenvariationen auf Grund eines sogenannten autoregressiven (selbstrückkehrenden) Schemas, d. h. bei Annahme von Perioden, die Störungen unterworfen sind, aber nach Ablauf derselben zum ursprünglichen Wert zurückkehren. Nach 1890 wird eine Korrelation zwischen mittlerer Periode und mittlerer Amplitude festgestellt. F. Z.

13221. **A. J. Orlow,** Vergleich der Breitenbeobachtungen von 1915.8 bis 1929.0 in Pulkowo und Washington. DAN **67** 37—40 (russisch).

13222. **A. J. Orlow,** Die Polbewegung 1935.0 bis 1940.0. Publ. (Trudy) des zentralen Forschungsinstituts für Geodäsie, Luftbildaufnahme und Kartographie der UdSSR. Heft **43** S. 5—17 (russisch).

13223. **B. Popović, V. Oskanjan,** La liste des paires de Talcott pour les observations à la lunette zénithale. Bull Obs. Astr. Belgrade **14** 13—17. — Für Belgrad in Frage kommende Paare.

13224. **N. A. Popow,** Die Polschwankungen in Poltawa von 1947.7 bis 1949.1. Astr Circ UdSSR Nr. **84** S. 4—6 (russisch).

* * **E. Schoenberg,** Die Methoden der Koinzidenzen zweier Sterne in Höhe bei Ortsbestimmungen aus der Luft und zur See. Vgl. Ref. **3126.**

13225. **T. Shimizu,** Chandler's period appeared in the variation of the sea-level and the barometric pressure. Publ. Astr. Soc. Japan **1** 100—102, mit 3 Fig.

13226. **P. Sollenberger,** Variation of latitude at the Unites States Naval Observatory, 1948. AJ **55** 13.

13227. **M. S. Swerew,** Über die Überführung geographischer Koordinaten und Azimute in ein einheitliches astronomisches Fundamentalsystem. Publ. (Trudy) des zentralen Forschungsinstituts für Geodäsie, Luftbildaufnahme und Kartographie der UdSSR. Heft **43** S. 17—65 (russisch).

13228. Polhöhenbestimmungen in den Jahren 1932—1935. Veröff. Bayer. Kommission für die Internationale Erdmessung (Astr.-geod. Arbeiten) Heft **13.** München, 1949. 48 S. Preis 3 DM. — Polhöhenbestimmungen auf den fünf Laplace'schen Punkten: Großer Arber, Lehnbühl Hesselberg, Eichelberg und Frankenwarte.

13229. Längenbestimmungen in den Jahren 1932—1936. Veröff. Bayer. Kommission für die Internationale Erdmessung (Astr.-geod. Arbeiten) Heft 14. München, 1949. 46 S. Preis 3 DM. — Ref. in AN 278 142 (W. Strohmeier). Längenbestimmungen auf den sechs Laplace'schen Punkten: Großer Arber, Lehnbühl, Wülzburg, Hesselberg, Eichelberg, Frankenwarte.

§ 133

Navigation

13301. **E. A. Beito,** New Type 1950 Nautical Almanac. Navigation **2** 79—85. — Beschreibung des neuen für die Navigation herausgegebenen amerikanischen Nautischen Jahrbuchs, das statt der Geraden Aufsteigung den Stundenwinkel Greenwich angibt. Fr.

13302. **A. N. Black,** Precomputed altitudes. J. Inst. Navigation **2** 264—265.

13303. **A. N. Black,** A critical table for sextant corrections. J. Inst. Navigation **2** 342—343.

13304. **C. T. Dozier,** A simultaneous two-star fix. Navigation **2** 91—92.

13305. **P. V. Everitt,** The reduction of sights in high speed aircraft. J. Inst. Navigation **1949** 53—56. — Verwendung vorausberechneter Gestirnshöhen zur raschen Standortbestimmung. Fr.

13306. **H. C. Freiesleben,** Die Berechnung des Verlaufs von Großkreisen. Deutsche Hydrograph. Z. **2** 158—160, mit 1 Abb.

13307. **H. C. Freiesleben,** Die astronomische Navigation im letzten Jahrzehnt. Himmelswelt **56** 99—104, mit 3 Abb.

13308. **P. A. Gallos,** Some history of HO 214 in the Netherlands. Navigation **2** 16.

13309. **A. Gougenheim,** Computation of the fix at sea by means of Commandant Guyous «Pocket Tables». Hydr. Rev. **26** 99—106. — Astronomische Standortberechnung mit Hilfe der sogenannten Merkatorfunktion (Tafel der Meridionalteile). Fr.

13310. **M. Greenberg,** Aerial celestial positioning of ground control points for arctic mapping. Navigation **2** 98—99.

13311. **P. Hugon,** Sur une nouvelle conception d'une table a triple entrée permettant le point à la mer. CR **229** 868—871, mit 1 Fig.

13312. **R. W. Kunizkij,** Lehrbuch der Luftfahrtastronomie. Moskau, Verlag des Ministeriums der Streitkräfte der UdSSR, 1949. 376 S. mit 125 Abb. und 2 Tafeln. Preis 12 R. (russisch). — Der Hauptteil des Buches ist der Theorie und Praxis der astronomischen Methoden der Luftnavigation gewidmet. Loh.

13313. **Lane, Montgomery,** Navigation the Easy Way. Norton, 1949. 126 S. Preis $ 2.95. — Besprechung in Sky and Telescope 8 287.

13314. **J. C. Lieuwen,** Zeevaartkundige Tafels. Deel II. Kortbestek Tafel. s'Gravenhage, 1949. — Tafel zur verkürzten Berechnung astronomischer Standlinien nach Souillagouet, d. h. mit Dreieckzerlegung durch ein Lot vom Zenit auf den Stundenkreis des Gestirns. Lieuwens Verbesserungen des häufig verwendeten Gedankens dürften das Äußerste ergeben, was man bei dieser Methode an Vorteilen herausholen kann. Fr.

13315. **J. Middendorp, E. Brett Hilder,** Errors in observed altitudes. J. Inst. Navigation **1949** 338—341.

13316. **A. B. Moody,** Recent development in polar navigation. Navigation **2** 62—67. — Astronomisch von Interesse sind die Ausführungen über Dämmerungsverhältnisse und einen Astro-Kompaß. Fr.

13317. **J. Rosenhagen,** Om nya metoder och instrument i nautisk astronomi. III. PAT **30** 56—65, mit 8 Fig. — Vgl. AJB **48** Ref. **13319.**

13318. **D. H. Sadler,** Tables for astronomical polar navigation. J. Inst. Navigation **1949** 9—24. — Nach Prüfung der besonderen Bedingungen der Navigation in Polargebieten werden Möglichkeiten kurzer permanenter Tafeln angegeben, um eine Höhenstandlinie aus dem Unterschied der beobachteten Höhe gegen einen Tafelwert mit Hilfe des (auf eine Spezialkarte bezogenen Netz-) Azimuts zu zeichnen. Fr.

13319. **D. H. Sadler,** Astronomy and navigation. Occasional Notes RAS **2** 109—126, mit 2 Tafeln. — I. Background: Kurze Geschichte der See- und Luftnavigation. Prinzip der Standlinienmethode. Anteil der Roy. Astr. Soc. an der Entwicklung der Navigation durch Veröffentlichungen in den MN und Hilfe bei der Gestaltung des Nautical Almanac. — II. Modern Developments: Aufgabe für die Astronomie: Tabulierungen und Reduktionsmethoden so zu vereinfachen, daß Anwendung leicht zu verstehen und Positionsbestimmung (besonders in der Luft) schnell auszuführen ist. Übersicht über die Umgestaltung der verschiedenen nationalen See- und Luftjahrbücher etwa seit 1930; spezielle Angaben über den Abridged Nautical Almanac. Allgemein Tabulierung des Greenwicher Stundenwinkels an Stelle der Rektaszension. Kritische Übersicht über Prinzipien und praktische Hilfsmittel zur Berechnung von Azimut und Höhe innerhalb der Standlinienmethode. Verwendung der Fixsterne zur Navigation. Navigation in Polargegenden. Instrumentelle Hilfsmittel zur Auswertung der Beobachtungen. Beobachtungsschwierigkeiten bei der Luftnavigation. — III. The Future: Atomuhr. «Außenstation» (künstlicher Erdmond) als Beobachtungsobjekt für die Navigation. Gondolatsch

13320. **E. Schoenberg,** Die Methode der Koinzidenzen zweier Sterne in Höhe bei Ortsbestimmungen aus der Luft und zur See. Sitzber. math.-naturwiss. Klasse Bayerischen Akad. Wiss. München Jahrgang **1947** S. 139—154, mit 1 Abb. — 1. Die Theorie der Methoden der Koinzidenz in Höhe. 2. Die Bestimmung der Breite. 3. Die Bestimmung der Ortszeit. 4. Die Auswahl der Sternpaare. 5. Das Instrument und die Art der Beobachtung.

13321. **N. I. Schtschukin,** Das astronomische Rechengerät «Wega». Verlag der Hydrographischen Verwaltung WMS, 1949. 26 S. mit 7 Abb. Preis 3 R. 50 Kop. (russisch). — Die Broschüre enthält eine Beschreibung des Gerätes «Wega» und Regeln zur Lösung nautischer Aufgaben mit Hilfe dieses Gerätes. Loh.

13322. **C. H. Smiley,** High altitudes in surface navigation. Navigation **2** 11—13.

13323. **J. P. G. Worlledge,** Errors in observed altitudes. J. Inst. Navigation **2** 82—83.

13324. **F. E. Zaccheo,** Notes on astro navigation in polar regions. J. Inst. Navigation **1949** 180—183. — Behandelt die besonderen Dämmerungsverhältnisse der arktischen Gebiete und die Auswertung von astronomischen Höhenbeobachtungen. Fr.

13325. Navigation mit Hilfe der Höhenstrahlung. Himmelswelt **56** 143.

13326. Institute of Navigation, Astronomical navigation in the air. J. Inst. Navigation **1949** 276—314. — Enthält: J. B. Parker, The requirements for astronomical navigation. A. H. Jesell, The use of astro-navigation in fast aircraft. D. H. Sadler, The possibility of an altitude-azimuth Almanac. P. E.

Everitt, Methods of plotting and reduction. R. Genty, A new method of observation and reduction. F. Chichester, The inadequacy of present-day methods. R. d'E. Atkinson, E. Brett Hilder, Air navigation by zenith-photography. A. J. Bastien, The instrument ideal. — Die einzelnen Aufsätze dieser Reihe wurden gelegentlich einer Sitzung des Institutes unter Vorsitz von Sir H. Spencer Jones besprochen. Sie umfassen das gesamte Gebiet der astronomischen Navigation in der Luft, vor allem für schnelle Flugzeuge. Fr.

13327. Astronomical navigation in the air. Nature **164** 328—329. — Diskussion in der Royal Geographical Society über Methoden zur Erhöhung der Schnelligkeit und Genauigkeit der Luftnavigation.

13328. Sky compass. Rev. Sci. Instruments **20** 460. — Im National Bureau of Standards ist nach Untersuchungen von A. H. Pfund ein Himmelskompaß entwickelt worden, der auf dem Prinzip beruht, daß das Licht des Himmels bei Tag und in der Dämmerung teilweise polarisiert ist, und zwar so, daß der Polarisationsgrad rechtwinklig zum Sonnenstrahl ein Maximum erreicht. Die Sonnenrichtung kann danach — auch bei einer gewissen, teilweisen Bewölkung — bis auf 1° genau bestimmt werden. Loh.

13329. Navigation by solar microwave. Sky and Telescope 8 142.

13330. A sky compass for polar navigation. Sky and Telescope 8 193, mit 1 Fig.

§ 134

Astronautik, Raketen

13401. **C. Bonestell, W. Ley,** The Conquest of Space. New York, The Viking Press, 1949. 160 S. mit 18 Fig. und 48 z. T. farbigen Abb. Preis $ 3.95. — Inhalt: I. «Four, Three, Two, One . . . Rocket away!» II. Target for to night: Luna! III. The solar family. IV. «Vermin of the skies». — Besprechung in JBAA **60** 39, J RAS Canada **43** 241—242, Publ ASP **61** 269—271 (E. Pettit), Weltraumfahrt Jahrgang **1950** S. 46.

13402. **J. Chazy,** Au sujet des tirs sur la lune. CR **228** 447—450. — Es wird die Bewegung eines zum Mond fliegenden Projektils in einem ekliptikal orientierten, festen Koordinatensystem untersucht. Es zeigt sich, daß die Störung dieser Bewegung durch die Sonne sehr gering ist. Loh.

13403. **J. L. Greenstein,** The upper atmosphere studied from rockets. Aus: G. P. Kuiper, The Atmospheres of the Earth and Planets (Ref. **7030**), Kapitel **4A** S. 112—124. — Im Abschnitt II dieses Artikels wird die Energieverteilung im ultravioletten Sonnenspektrum behandelt. Bei Durchdringung der Ozonschicht ist es gelungen, das Sonnenspektrum bereits in 55 km Höhe bis λ 2300 zu photographieren. Eine Reihe von weiteren Aufgaben, die durch Raketenforschung in Angriff zu nehmen sind, wird diskutiert. A. Kopff

13404. **D. Hoffleit,** V-2 rockets in exploration and science. Pop Astr **57** 2—9, mit 2 Fig. — Neben allgemeinen Bemerkungen über Raketen und ihre terrestrische Anwendung zu Forschungszwecken wird im vorliegenden Aufsatz eine Darstellung der Hohmannschen Rundflüge Erde—Mars—Erde bzw. Erde—Venus—Erde mit den erforderlichen Massenverhältnissen gebracht. Loh.

13405. **C. Iacob,** On a necessary condition for the transformation into satellites of the planet of bodies projected from a planet. Gaz. Math., Bucuresti **54** 192—201 (rumänisch).

13406. **R. C. Knight,** The elementary mathematics of the rocket. Math. Gaz. **32** 187—194, 1948.

13407. **E. H. Krause,** High-altitude research with V-2 rockets. Smithsonian Report for 1948 S. 189—208, mit 10 Fig. und 6 Tafeln = Smithsonian Institution Publ. Nr. 3957. — Am 25. April 1947 gehaltener Vortrag über die bei V 2-Aufstiegen erzielten Beobachtungsergebnisse verschiedenster Art. Nach einer Beschreibung der V 2-Rakete wird die Übermittlung der Beobachtungsdaten an die Bodenstelle geschildert, über Versuche zur Erforschung der kosmischen Strahlung einschließlich des dazu verwandten Zählteleskops berichtet und die Ergebnisse solarspektroskopischer, ionosphärischer und sonstiger atmosphärischer Messungen gebracht. Loh.

13408. **W. Ley,** Rockets and Space Travel. Vgl. AJB **47** Ref. **10104**. — Besprechung in Pop Astr **57** 46.

13409. **W. Ley,** Rockets and Space Travel. The Future of Flight beyond the Stratosphere. London, Chapman and Hall, Ltd., 1948. 8 + 374 S. mit 14 Tafeln. Preis 18 s. net. — Besprechung in Nature **163** 820 (R. A. Rankin).

13410. **W. Ley,** Entwicklung der Raketenforschung. Naturwiss. Rundschau **2** 348—354, mit 6 Abb.

13411. **C. Lönnqvist,** Månraketproblemet. PAT **30** 37—48, mit 9 Fig. — Verf. erzählt gemeinverständlich über das Problem der Mondrakete. Ra.

13412. **P. Matthieu,** Über die Bewegung der Raketen. Schweiz. Arch. Angew. Wiss. Tech. **15** 129—137. — Ref. in Math. Rev. **11** 219—220.

13413. **M. Nicolson,** Voyages to the Moon. New York, The Macmillan Company, 1948. 297 S. Preis $ 4.00. — Besprechung in Pop Astr **57** 256—257 (J. Hauser), Sky and Telescope **9** 12 (I. B. Cohen).

13414. **J. J. Raimond jr.,** Een opstijging tot 390 km. Hemel en Dampkring **47** 112. —Kurzer Bericht über die amerikanische Rakete «WAC Corporal». Gü.

13415. **R. A. Rankin,** The Mathematical Theory of the Motion of Rotated and Unrotated Rockets. Phil. Trans. Royal Soc. (A) **241** 457—585. London, Cambridge University Press, 1949. Preis 30 s. — Besprechung in Nature **163** 971—972 (R. C. Knight).

13416. **W. Schaub,** Weltraumflug. Physikalische und astronomische Grundlagen. Eine Studie zur Himmelsmechanik. Bonn, F. Dümmlers Verlag, 1949. 93 S. mit 20 Abb. und einer Formelzusammenstellung im ergänzenden Anhang. — Unter bewußtem Verzicht auf raketentechnische Probleme bietet Verf. sowohl dem mathematisch-physikalisch weniger geschulten als auch dem anspruchsvolleren Leser eine lebendige Darstellung der astronomischen und physikalischen Grundlagen des Weltraumflugproblems. In zehn allgemeinverständlichen Kapiteln behandelt Verf. die Schwerkraft und ihre Überwindung, Geschwindigkeiten künstlicher Monde bis zum Verlassen des irdischen Schwerebereichs, das Raketenprinzip als das einzig mögliche der selbständigen Bewegung im freien Raum und die Bewegung einer Weltraumrakete als Planet im Sonnensystem. Das 11. Kapitel enthält eine Formelzusammenstellung. Loh.

13417. **A. Sternfeld,** Der Flug in den Weltraum. Moskau-Leningrad, Staatsverlag für technisch-theoretische Literatur, 1949. 140 S. mit 39 Abb. Preis 3 R. 50 Kop. (russisch). — Verf. gibt einen kurzen Überblick über den gegenwärtigen Stand der Astronautik, umreißt die Perspektiven des Weltraumfluges und erörtert die damit verbundenen Schwierigkeiten und Gefahren. Die Darstellungen verbleiben im Rahmen des streng Wissenschaftlichen. Loh.

13418. **J. Veldkamp,** Het laatste nieuws over de hoogste luchtlagen. Hemel en Dampkring **47** 41—45, mit 2 Abb. — Gemeinverständliche Übersicht über neuere Ergebnisse von Raketenaufstiegen, Ionosphärenforschung, Meteorbeobachtungen mit Radar, Untersuchungen über den Zusammenhang von Ultrastrahlen und chromosphärischen Eruptionen und Polarlichtforschung. Gü.

13419. **P. Wellmann,** Raketen im Dienst astronomischer Forschung. Himmelswelt **56** 104—108, mit 7 Abb. — In diesem ausführlichen Bericht über die in den USA 1946—48 durchgeführten V 2-Aufstiege und die dabei erzielten Ergebnisse wird die Konstruktion der Raketenspektrographen des US Naval Research Laboratory und der John-Hopkins-Universität beschrieben, aufgenommene Spektren reproduziert, die Apparatur zur Untersuchung der kosmischen Strahlung beschrieben, die Beobachtungen kurz skizziert und abschließend auf die erfolgreichen Flüge von Zweistufenraketen hingewiesen. Loh.

13420. Meteore und Raumschiffahrt. Himmelswelt **56** 192. — Besprechung des Artikels von G. Grimminger in J. Applied Physics **19** 947. Vgl. AJB **48** Ref. 8310.

13421. Rockets and space travel. J RAS Canada **42** 235—237, 1948. — Bemerkungen von W. Ley und J. W. Campbell zu der in AJB **48** Ref. 13402 zitierten Arbeit von J. W. Campbell.

13422. Die Forschungsarbeit in den USA zur Schaffung einer Rakete als Begleiter der Erde. Neuigkeiten der Raketentechnik, Referatbulletin Nr. **1** S. 7 (russisch).

13423. Die Rakete als Begleiter der Erde. Neuigkeiten der Raketentechnik, Referatbulletin Nr. **1** S. 8—11 (russisch).

13424. Die Planung einer für den Flug zum Mond bestimmten Rakete. Neuigkeiten der Raketentechnik, Referatbulletin Nr. **2** S. 9—10 (russisch).

13425. High-altitude flight. Sky and Telesope 8 165.

13426. Space travel. Sky and Telescope 8 253.

13427. More trips to the moon by 1960. Sky and Telescope **9** 10—11.

Berichtigungen

AJB 45, 1943/46 I

S. 319. Im Namen-Verzeichnis lies Guth, V. 135. anstatt 1. 35.

AJB 48, 1948

S. XI, rechte Spalte. Lies UC ... 159 anstatt 156.

S. XXXVIII, 11. Zeile von oben. Lies M. W. Wislenew anstatt M. W. Mislenew.

S. 330 Ref. 12613. Lies J Can RAS **42** anstatt **52**.

S. 331 Ref. 12617. Lies J Can RAS **42** anstatt **52**.

Namen-Verzeichnis

Das Verzeichnis verweist unter Angabe der Seitenzahlen auf die Stellen, an denen Arbeiten und Beobachtungen der Autoren besprochen sind, hingegen nicht auf Stellen, an denen auf solche Arbeiten nur Bezug genommen oder ein Name in irgend einem Zusammenhange genannt wird. Auch sind reine Personalnotizen nicht berücksichtigt, da sie schon in § 10 alphabetisch geordnet sind.

Sach-Verzeichnis

Das Sach-Verzeichnis soll ein schnelles Aufsuchen nach einem Stichwort ermöglichen. Im allgemeinen ist bei mehreren aufeinanderfolgenden Referaten über den gleichen Gegenstand nur die erste Seite nachgewiesen. Der Benutzer hat daher auch die folgenden Seiten des betreffenden Paragraphen einzusehen.

FSC
www.fsc.org
MIX
Papier | Fördert gute Waldnutzung
FSC® C083411

Kolibri 360 GmbH
Ferdinand-Jühlke-Straße 7
99095 Erfurt, Deutschland
produktsicherheit@kolibri360.de